继承民族传统工藝

促進白酒科技進步

沈怡書

一九九八年中秋

白酒生产技术全书

沈怡方 主编

中国轻工业出版社

图书在版编目（CIP）数据

白酒生产技术全书/沈怡方主编．—北京：中国轻工业出版社 2024.1
ISBN 978-7-5019-2229-1

Ⅰ．白…　Ⅱ．沈…　Ⅲ．白酒-酿造　Ⅳ．TS262.3

中国版本图书馆 CIP 数据核字（2006）第 157380 号

责任编辑：李亦兵　江　娟
文字编辑：狄宇航
出版发行：中国轻工业出版社（北京鲁谷东街 5 号，邮编：100040）
印　　刷：三河市万龙印装有限公司
经　　销：各地新华书店
版　　次：2024 年 1 月第 1 版第 21 次印刷
开　　本：787×1092　1/16　印张：64.5
字　　数：1542 千字
书　　号：ISBN 978-7-5019-2229-1　定价：120.00 元
邮购电话：010-85119873
发行电话：010-85119832　010-85119912
网　　址：http://www.chlip.com.cn
Email：club@chlip.com.cn

240238K1C121ZBQ

《白酒生产技术全书》编委会

主　审　周恒刚

主　任　王效金

主　编　沈怡方

副主编　高景炎　康明官

编　委(以姓氏笔画顺序)

王贵荣　刘洪晃　沈怡方　金佩璋

张洪亮　高景炎　高月明　栗永清

章克昌　康明官　曾祖训　赖高淮

前　言

本书是建国以来我国白酒工业第一部大型生产技术全书。我国自古以来就有编辑酒类书籍的传统。几千年来，曾经出版过不少与白酒生产技术有关的书，其中有些书受到我国和世界学者的珍视。但这些书具有一定的局限性，体例不一，少有接近现代意义上的白酒生产技术全书的类型。

白酒生产技术是我国劳动人民和科学工作者对世界酿酒工业的特殊贡献。其独特的多种微生物固态发酵酿酒、甑桶蒸馏及其生产工艺形成了白酒的各种风格。近年来，世界上又开始重视固态发酵技术，例如研究酒精固态发酵，但尚未解决其工程化的问题；而我国已在这个领域积累了许多宝贵的经验，若在原有的基础上加以深入地研究，则可望作出新的成就。此外，白酒生产多采用四大类工业微生物混合、相互交叉地进行发酵；目前，白酒生产机理是生物工程中尚未完全清楚的一大难题；近年来国际上也陆续发表了一些强调多菌种发酵意义的专著。因此，研究和开发白酒生产机理及技术，无疑具有较重要的学术意义和实用价值。

为了进一步总结和提高白酒生产技术的发展水平，做到"控制产量、提高质量、节粮降耗、调整结构、增加效益"，白酒界的专家、学者，早就有编著现代型《白酒生产技术全书》的愿望。

1996年初，在中国轻工业出版社的倡议下，由中国白酒专业协会组织，并与安徽古井集团联合发起，特邀请我国白酒界权威周恒刚先生为主审，由资深的十多位专家、学者组成编委会，并按其各自的特长进行合理分工。因为这是第一部全书，涉及面广，故编著工作的难度是可想而知的。在编写过程中，曾先后召开了5次责任编辑与主编、副主编工作会议及3次全体编委会议。参与编著的全体人员，遵循"全面、新颖、实用、精湛"的宗旨，辛勤耕耘，终于在1年多的时间内，完成了全书的全部编著任务。

全书共五篇。具体分工为：总论由高景炎编写；第一篇的第一章由康明官编写，第二章由赖高淮主写，其中第六节由沈怡方编写，第三章由曾祖训编写，第四、五、六章由高月明、栗永清编写，第七章由沈怡方主写，其中第三节由康明官执笔，第八至十章由康明官编写；第二篇的第一至三章由康明官编写，第四章由沈怡方编写，其中第二节由刘洪晃执笔，第三节由赖高淮执笔，第五章由曾祖训编写，第六章由高月明、栗永清编写，第七章由沈怡方编写，第八章由章克昌编写，第九章由高月明、栗永清编写，第十章由赖高淮主写，其中第三节由康明官编写，第十一章由沈怡方编写，第十二章由王贵荣编写；第三篇由金佩璋、刘洪晃编写；第四篇由康明官编写；第五篇由古井集团编写；附录部分的“五”由康明官编写，“六”由高月明编写，“七”由高景炎编写，其余由刘洪晃编写。

本书的出版，得到了古井集团多方面的支持；江苏洋河酒厂也为此作出了积极的贡献。茅台酒厂、洋河酒厂、古井集团、双沟酒厂、口子酒厂、山西省轻工业厅王元太、西凤酒厂邓启宝、四特酒厂、白云边酒厂、《酿酒》及《酿酒科技》编辑部等，提供了宝贵的资料。国家轻工业局潘蓓蕾副局长、中国白酒专业协会会长苗志岚、常务副会长潘裕仁，都自始至终非常关心本书的编写和出版。中国白酒专业协会常务理事陶家驰、丁柏年高级工程师，参加了本书的审稿工作；刘代凌同志也为此书的出版做了许多工作。在此一并表示诚挚的谢意。并衷心希望广大读者对本书提出批评意见，以利于再版时有所改进。

本书中凡成分的含量、浓度等以%表示的，一般均指质量分数；酒精(乙醇)含量、浓度和酒精分以%表示的，一般均指体积分数。

《白酒生产技术全书》编委会

目　录

总　论

第一章　白酒工业发展史及其地位……(3)
第一节　白酒的起源……(3)
第二节　白酒工业技术发展简史……(6)
一、改革普通白酒工艺,节约酿酒用粮……(6)
二、依靠科技进步,总结、改进优质白酒生产工艺……(7)
三、白酒微生物的选育和应用……(8)
四、新技术、新工艺、新设备的应用……(10)
第三节　白酒在国民经济中的地位……(12)
一、白酒工业是食品工业的一大组成部分……(12)
二、白酒税率高,是国家的重要财源……(12)
三、白酒的社会化生产带动了相关行业的发展……(13)
四、白酒是社交礼仪和人们生活中不可缺少的饮品……(13)
五、白酒是一种特殊的劳保用品……(13)
第四节　白酒工业的展望……(14)
一、优质、低酒度、低粮耗、卫生、营养、可混饮是白酒发展的方向……(14)
二、名优白酒、新型白酒将成为白酒的主体……(14)
三、技术进步是白酒发展的动力……(15)
四、加强管理,健康有序地发展白酒工业……(15)
第二章　蒸馏酒(含白酒)的种类……(16)
第一节　世界蒸馏酒的分类……(16)
一、白兰地……(16)
二、威士忌……(17)
三、老姆酒……(17)

四、俄得克……(18)
五、金酒……(18)
六、其他蒸馏酒……(18)
第二节 白酒的种类……(19)
一、按使用原料分类……(19)
二、按生产方式分类……(19)
三、按糖化发酵剂分类……(20)
四、按白酒香型分类……(20)
五、按酒度分类……(21)
第三章 白酒的生产方法……(22)
第一节 固态发酵法……(22)
一、大曲酒生产方法……(22)
二、小曲酒生产方法……(23)
三、麸曲酒生产方法……(23)
四、大曲与麸曲结合法……(23)
第二节 半固态发酵法……(23)
一、先培菌糖化、后发酵法……(23)
二、边糖化、边发酵法……(23)
第三节 液态发酵法……(24)
一、液态发酵法的类型……(24)
二、几种液态发酵法的优缺点……(25)

第一篇 白酒生产微生物及糖化发酵剂

第一章 白酒微生物的概念、分类、特性及其应用……(29)
第一节 白酒微生物的概念……(29)
一、白酒微生物的含义……(29)
二、白酒微生物的分布……(31)
三、白酒微生物的生存条件……(31)
第二节 白酒微生物的分类及其特性……(32)
一、微生物的分类及命名……(32)
二、各类微生物的形态及构成……(33)
三、各类微生物的生理生化特性……(35)
第三节 白酒微生物的其他特性……(37)
一、微生物的营养类型及代谢作用类型……(37)
二、遗传变异……(38)
三、种间关系……(38)
四、微生物的生长曲线……(39)
第四节 白酒微生物的应用……(40)

一、白酒微生物应用概况……(40)
二、人工菌株应用的实例……(40)
三、白酒微生物研究与应用展望……(43)
第二章　大曲……(45)
第一节　大曲微生物……(45)
一、大曲微生物的种类……(45)
二、大曲中微生物的来源……(48)
三、大曲中微生物的分布……(50)
第二节　大曲的功能……(51)
一、大曲的“三系”……(51)
二、大曲的功能……(53)
第三节　大曲培养机理和特征……(54)
一、大曲培养机理……(54)
二、大曲的特征……(57)
第四节　大曲制作的一般工艺……(58)
一、制曲原料和制曲用水……(58)
二、制曲工序技术要求……(58)
三、大曲的质量检验方法……(64)
第五节　大曲制作实例……(69)
一、高温大曲的制作工艺……(69)
二、清香型低温大曲的制作工艺……(70)
三、丢糟制曲工艺……(76)
四、凤香型大曲的制作工艺……(77)
五、微机监制大曲立体培养工艺……(79)
六、菌泥制曲工艺……(81)
第六节　大曲贮存与病、虫害防治……(82)
一、大曲贮存中的变化……(82)
二、大曲虫害……(87)
第三章　小曲……(90)
第一节　小曲的特性及所含微生物……(90)
一、小曲具有丰富的糖化酶和酒化酶……(90)
二、添加中草药是小曲培育的特色……(91)
三、根霉菌的主要特性……(91)
四、传统小曲适于中小型酒厂制作……(92)
第二节　小曲培养工艺……(92)
一、桂林等药小曲……(93)
二、广东酒饼种和酒饼曲……(94)
三、邛崃米曲……(95)

四、四川无药糠曲……(97)
五、厦门白曲……(98)
六、纯根霉、酵母散曲……(99)
七、根霉液态深层培养……(102)
第四章 麸曲……(104)
第一节 我国麸曲的诞生及发展……(104)
第二节 麸曲菌种介绍……(104)
一、曲霉菌……(104)
二、根霉麸曲菌种……(105)
三、其他常用菌种……(106)
第三节 曲霉菌的培养……(106)
一、培养条件……(107)
二、种子的培养方法……(108)
第四节 麸曲的几种制法……(109)
一、曲盘法制曲……(109)
二、帘子法制曲……(109)
三、通风法制曲……(110)
四、麸曲制作注意事项……(111)
第五节 细菌麸曲……(111)
一、细菌麸曲采用的菌种……(112)
二、细菌麸曲的培养……(112)
三、细菌麸曲的质量标准……(113)
四、细菌麸曲培养的注意事项……(113)
第五章 酒母及产酯酵母……(114)
第一节 酒母……(114)
一、概述……(114)
二、酒母的培养……(114)
第二节 产酯酵母……(117)
一、概述……(117)
二、常用产酯酵母菌种……(117)
三、产酯酵母的培养条件……(119)
四、产酯酵母的培养方法……(119)
五、产酯酵母在白酒生产中的应用……(121)
第六章 糖化酶和活性干酵母……(122)
第一节 糖化酶产品及其应用……(122)
一、糖化酶产品介绍……(122)
二、糖化酶在白酒工业上的应用……(123)
第二节 活性干酵母……(124)

一、酒用活性干酵母的性能介绍 …………(124)
二、耐高温活性干酵母 …………(125)
三、生香活性干酵母 …………(125)
四、活性干酵母的应用 …………(125)
第七章　细菌培养及应用 …………(128)
第一节　己酸菌培养及应用 …………(128)
一、菌种 …………(128)
二、培养基 …………(129)
三、培养条件 …………(132)
四、己酸菌的代谢特征 …………(134)
五、菌种保藏 …………(137)
六、生产性培养方法 …………(137)
七、己酸发酵液在浓香型酒生产中的应用 …………(138)
第二节　丁酸菌的培养与应用 …………(143)
一、丁酸菌的培养 …………(143)
二、丁酸菌的应用 …………(144)
第三节　细菌发酵产酒精 …………(144)
一、发酵产酒精的细菌种类及其特性 …………(144)
二、国际上对发酵运动单胞菌酒精发酵的研究 …………(145)
三、发酵运动单胞菌与酵母菌酒精发酵能力的比较 …………(146)
第四节　其他细菌的培养和应用 …………(147)
一、甲烷菌的培养和应用 …………(147)
二、丙酸菌的应用 …………(147)
第八章　白酒菌种的选育、复壮、保藏 …………(149)
第一节　白酒菌种的选育 …………(149)
一、菌种选育的用具 …………(149)
二、菌种的分选 …………(151)
三、育种 …………(156)
第二节　菌种复壮 …………(158)
一、菌种退化的现象和原因 …………(158)
二、菌种退化的防治 …………(159)
三、己酸菌的退化及防止实例 …………(160)
第三节　菌种的保藏 …………(161)
一、蒸馏水保藏法 …………(161)
二、白酒各类菌种保藏法择介 …………(162)
第九章　与白酒生产有关的酶类 …………(163)
第一节　白酒生产中的酶类 …………(163)
一、淀粉酶 …………(163)

二、纤维素酶类……………………………………………………………(166)
三、蛋白酶类……………………………………………………………(167)
四、酵母菌胞内酶………………………………………………………(168)
五、其他酶类……………………………………………………………(168)
六、综合认识……………………………………………………………(170)
第二节 白酒生产中的酶类状况……………………………………(172)
一、曲中的酶类状况……………………………………………………(172)
二、窖泥中的酶类状况…………………………………………………(180)
三、白酒发酵过程中酶的状况…………………………………………(181)
第三节 酶活力的测定………………………………………………(194)
一、α－淀粉酶、糖化酶、蛋白酶、酯化酶活力及
发酵力的测定(参见第三篇第二章)……………………………(194)
二、纤维素酶活力的测定………………………………………………(194)
三、果胶酶活力测定……………………………………………………(196)
四、单宁酶活力的测定…………………………………………………(197)
五、脂肪酶活力的测定…………………………………………………(198)
第十章 白酒微生物的检测、鉴定及纯种培养……………………(200)
第一节 白酒微生物检测……………………………………………(200)
一、生产过程中有害菌的检测…………………………………………(200)
二、有益的霉菌、酵母菌和细菌的检验………………………………(202)
第二节 白酒微生物的鉴定及纯种培养……………………………(204)
一、白酒微生物的鉴定…………………………………………………(204)
二、纯种培养……………………………………………………………(207)

第二篇 白酒生产工艺

第一章 白酒生产机理………………………………………………(213)
第一节 原料浸润及蒸煮过程中的物质变化………………………(213)
一、原料浸润中的物质变化……………………………………………(213)
二、原料蒸煮中的物质变化……………………………………………(213)
第二节 制曲及制酒母过程中的物质变化…………………………(219)
一、制曲过程中的物质变化……………………………………………(219)
二、制酒母等的成分变化………………………………………………(219)
第三节 糖化过程中的物质变化……………………………………(220)
一、淀粉糖化过程中的物质变化………………………………………(220)
二、蛋白质、脂肪、果胶、单宁等成分的酶解…………………………(223)
第四节 发酵过程中的物质变化……………………………………(224)
一、白酒发酵过程物质变化的类型……………………………………(224)
二、醇类的生成…………………………………………………………(224)

三、酸类的生成……(227)
四、酯类的生成……(231)
五、羰基化合物的生成……(232)
六、芳香族化合物的生成……(235)
七、硫化物的生成……(236)
第五节　蒸馏过程中的物质变化及蒸馏原理……(237)
一、物质变化……(237)
二、蒸馏原理……(237)
第六节　白酒贮存中的成分变化……(237)
第七节　白酒质量问题的成因及白酒运输保管中的变化……(237)
一、白酒异常气味的形成机理……(237)
二、白色混浊的成因……(239)
三、白酒的变色……(240)
四、白酒在运输保管中的变化……(240)
第二章　白酒的原料辅料……(242)
第一节　制曲和制酒母的原料……(242)
一、基本要求……(242)
二、制曲和制酒母原料的种类及性质……(243)
三、制曲及制酒母原料的择用及配比……(245)
第二节　制白酒的原料……(246)
一、制白酒原料的基本要求……(246)
二、制白酒原料的成分及特性……(246)
三、制白酒原料的选择及配比……(252)
第三节　制白酒的辅料……(253)
一、辅料的作用及要求……(253)
二、各种辅料的成分及特性……(253)
三、辅料的使用原则……(254)
第四节　白酒原辅料的选购、贮存、输送、处理及配比……(255)
一、原辅料的选购、贮存……(255)
二、原辅料的输送、除杂、粉碎……(256)
三、白酒的粮曲比、粮醅比、糠粮比……(257)
第三章　白酒生产用水……(259)
第一节　水源……(259)
一、水源的种类及其特性……(259)
二、水源的选择……(261)
第二节　酿造用水及非酿造用生产用水……(262)
一、生产用水的基本要求……(262)
二、白酒酿造用水的标准……(262)

三、白酒酿造用水的实例 ……(264)
第三节 白酒降度用水 ……(264)
一、降度用水的要求 ……(264)
二、水的净化处理方法及使用 ……(264)
第四章 大曲酒生产工艺 ……(270)
第一节 大曲酒生产工艺概要 ……(270)
第二节 浓香型大曲酒生产工艺 ……(270)
一、浓香型大曲酒生产的基本特点 ……(270)
二、生产工艺的基本类型 ……(272)
三、川酒的工艺操作要点 ……(277)
四、工艺参数及其控制 ……(284)
五、"六分法"工艺 ……(295)
六、苏、皖、鲁、豫浓香型大曲酒生产工艺 ……(297)
第三节 提高浓香型大曲酒质量的技术措施 ……(305)
一、延长发酵周期 ……(305)
二、双轮底糟发酵 ……(308)
三、人工培窖和加速窖泥老熟 ……(310)
四、回窖发酵 ……(315)
五、用化验数据指导生产 ……(319)
第四节 清香型大曲酒生产工艺 ……(332)
一、发展概况 ……(332)
二、工艺特点及流程 ……(332)
三、工艺操作 ……(334)
四、几个有关技术问题的讨论 ……(338)
五、其他 ……(347)
第五节 凤香型大曲酒生产工艺 ……(347)
一、香型的确立与发展概况 ……(347)
二、工艺特点及流程 ……(348)
三、工艺操作 ……(349)
四、有关传统生产工艺及产品成分的研究报告 ……(350)
第六节 酱香型大曲酒生产工艺 ……(357)
一、概述 ……(357)
二、工艺特点及生产流程 ……(357)
三、工艺操作 ……(358)
四、几个有关生产技术等问题的研讨 ……(359)
第七节 兼香型大曲酒生产工艺 ……(368)
一、兼香型的出现与发展 ……(368)
二、兼香型大曲酒的生产工艺 ……(369)

三、有关生产技术的科学试验……………………………………………(371)
第八节　特型大曲酒生产工艺……………………………………………(373)
一、香型的沿革………………………………………………………………(373)
二、工艺特点及生产流程……………………………………………………(373)
三、工艺操作…………………………………………………………………(374)
四、特型酒的科学研究成果…………………………………………………(375)
第五章　小曲白酒生产工艺…………………………………………………(379)
第一节　概述…………………………………………………………………(379)
第二节　小曲白酒半固态发酵工艺…………………………………………(379)
一、先培菌、糖化后发酵工艺………………………………………………(379)
二、边糖化边发酵工艺………………………………………………………(380)
第三节　小曲白酒固态发酵工艺……………………………………………(382)
一、原料的糊化………………………………………………………………(382)
二、摊晾培菌…………………………………………………………………(383)
三、入池发酵…………………………………………………………………(384)
四、蒸馏………………………………………………………………………(384)
五、酒的风格和质量改进……………………………………………………(385)
第四节　大小曲混用工艺……………………………………………………(386)
一、先用小曲,后加大曲……………………………………………………(386)
二、发酵、蒸馏……………………………………………………………(386)
第五节　大小曲串香工艺……………………………………………………(386)
一、董酒的工艺特点…………………………………………………………(386)
二、大曲和小曲的培制………………………………………………………(387)
三、制酒工艺…………………………………………………………………(389)
四、董酒的风格与质量………………………………………………………(390)
第六节　小曲白酒生产技术的发展与讨论…………………………………(391)
一、小曲微生物的发展………………………………………………………(392)
二、小曲白酒工艺的革新与推广……………………………………………(392)
三、对小曲白酒今后发展的意见……………………………………………(393)
第六章　麸曲白酒生产工艺…………………………………………………(396)
第一节　麸曲白酒的由来与发展……………………………………………(396)
一、麸曲白酒的诞生…………………………………………………………(396)
二、烟台试点总结的经验……………………………………………………(396)
三、麸曲优质白酒的发展……………………………………………………(397)
四、麸曲白酒的技术进步……………………………………………………(397)
第二节　麸曲白酒工艺过程…………………………………………………(398)
一、普通麸曲白酒生产工艺…………………………………………………(398)
二、优质麸曲白酒生产工艺…………………………………………………(401)

三、麸曲白酒生产的工艺原则 …………(403)
四、麸曲白酒新工艺探索 …………(406)
五、麸曲酒与大曲酒的质量对比 …………(410)
六、介绍几种麸曲白酒 …………(411)
第七章 传统白酒的蒸馏 …………(416)
第一节 固态发酵法蒸馏 …………(416)
一、甑桶蒸馏的特点及作用 …………(416)
二、甑桶蒸馏操作 …………(417)
三、甑桶蒸馏的几个技术问题 …………(417)
第二节 液态发酵醪蒸馏法 …………(421)
一、蒸馏操作 …………(421)
二、蒸馏原理 …………(422)
三、不同蒸汽进入形式对蒸馏的影响 …………(426)
第三节 固、液结合的串香蒸馏法 …………(426)
第四节 甑桶蒸馏过程中酒精及香气成分的行径 …………(430)
一、蒸馏过程香气成分的变化 …………(430)
二、酒精及一些主要香气成分的提取率 …………(434)
第五节 固态法与液态法蒸馏的差异 …………(437)
第六节 白酒传统蒸馏设备的演进 …………(439)
一、古代至近代蒸馏器的变迁 …………(439)
二、机械化蒸馏器 …………(440)
三、甑桶蒸馏过程的自动控制 …………(441)
四、减压蒸馏 …………(444)
第八章 食用酒精的塔式蒸馏 …………(446)
第一节 食用酒精的标准 …………(446)
第二节 液态发酵成熟醪的化学组成与杂质的分类 …………(447)
一、发酵成熟醪的化学组成 …………(447)
二、挥发性杂质的分类 …………(447)
第三节 酒精蒸馏的基本原理 …………(448)
一、拉乌尔定律 …………(448)
二、酒精的挥发系数 …………(449)
三、酒精－水系统的恒沸混合物 …………(449)
四、压力对平衡浓度值的影响 …………(450)
第四节 酒精精馏的基本原理 …………(451)
一、头级、中间和尾级杂质 …………(451)
二、杂质的挥发系数和精馏系数 …………(452)
三、醛酯馏分的分离 …………(455)
四、杂醇油的分离 …………(457)

五、甲醇的分离……(458)
第五节　酒精蒸馏精馏工艺流程……(459)
一、两塔蒸馏工艺流程……(459)
二、两塔蒸馏改进型工艺流程……(461)
三、三塔蒸馏工艺流程……(462)
四、多塔流程……(466)
五、差压式节能蒸馏工艺……(468)
六、间歇蒸馏工艺流程……(470)
第六节　蒸馏精馏装置的操作和控制……(471)
一、开机前的准备工作……(471)
二、开机……(472)
三、停机……(473)
四、蒸馏操作控制参数……(473)
五、醛酯馏分提取方式及其回收技术……(475)
六、杂醇油的提取方法……(476)
七、蒸馏系统的微机控制……(476)
第七节　常用的蒸馏精馏塔板……(477)
一、带溢流管式塔板……(477)
二、无溢流管式塔板……(480)
三、填料塔……(480)
第九章　新型白酒生产工艺……(482)
第一节　概述……(482)
一、新型白酒发展历程的回顾……(482)
二、新型白酒现状分析……(483)
三、新型白酒的展望……(484)
第二节　新型白酒的基础原料……(486)
一、酒精……(486)
二、增香调味物……(487)
三、各种类型普通白酒及各种香型的优质白酒……(495)
四、勾兑用水……(496)
第三节　新型白酒生产工艺……(496)
一、酒精的选用及处理……(496)
二、增香的工艺方法……(497)
三、调味的工艺方法……(502)
四、新型白酒调配实例……(503)
五、新型白酒生产中应注意的问题……(503)
六、新型白酒质量特色……(504)
第四节　营养型复制酒生产技术……(505)

一、概述 …… (505)
二、营养型复制酒的研制 …… (506)
第十章 白酒的贮存、勾兑与调味、包装、运输和保管 …… (508)
第一节 白酒的贮存与老熟 …… (508)
一、白酒老熟过程中的变化 …… (508)
二、贮存容器 …… (516)
三、贮存时间与人工老熟 …… (517)
第二节 白酒的勾兑与调味 …… (521)
一、勾兑与调味的作用及其基本原理 …… (521)
二、勾兑调味用酒 …… (523)
三、勾兑调味方法 …… (529)
四、勾兑人员 …… (538)
五、微机勾兑 …… (539)
第三节 白酒的包装、运输和保管 …… (540)
一、包装形式 …… (540)
二、包装材料 …… (541)
三、包装工艺 …… (543)
四、运输和保管 …… (546)
第十一章 低度白酒生产工艺 …… (547)
第一节 低度白酒的发展 …… (547)
第二节 低度白酒的工艺路线 …… (547)
第三节 白酒降度后混浊的成因 …… (548)
一、白色絮状沉淀物的确认 …… (548)
二、高级脂肪酸的由来及其在生产过程中的动向 …… (549)
三、高级脂肪酸乙酯对成品酒风味的影响 …… (550)
四、高级脂肪酸乙酯的物理特性 …… (552)
五、对混浊成分认识的新发展 …… (553)
第四节 低度白酒的除浊 …… (556)
一、冷冻过滤法 …… (556)
二、淀粉吸附法 …… (560)
三、活性炭吸附法 …… (562)
四、离子交换法 …… (565)
五、无机矿物质吸附法 …… (569)
六、分子筛及超滤法 …… (570)
七、其他吸附法 …… (571)
八、再蒸馏法 …… (571)
九、表面活性剂添加法 …… (572)
第五节 过滤 …… (572)

一、硅藻土过滤的工作原理……(572)
二、硅藻土过滤与其他方法的比较……(573)
三、硅藻土过滤操作要点……(573)
第六节　贮存中混浊、失光现象的产生及防治……(574)
一、可逆性白色絮状物……(574)
二、白色沉淀……(574)
三、黄色、棕色及蓝黑色沉淀……(575)
四、降低白酒中铁离子含量的处理方法……(575)
第七节　勾兑调味……(577)
一、调味酒的选取与制作……(577)
二、调味酒的使用方法……(580)
第十二章　酒糟的利用……(582)
第一节　酒糟的营养……(583)
一、固态白酒糟的营养成分……(583)
二、酒精糟的营养成分……(584)
第二节　固态白酒糟加工饲料……(585)
一、酒糟干粉加工……(585)
二、菌体蛋白……(588)
第三节　酒精糟加工饲料……(589)
一、全干燥法生产DDG和DDGS……(589)
二、酒精糟干燥与废液回用……(590)
三、利用酒精废液生产单细胞蛋白……(591)
第四节　酒糟的其他用途……(593)

第三篇　白酒的工业分析及感官质量鉴评

第一章　原料分析……(597)
第一节　取样……(597)
第二节　物理检查……(598)
一、感官检查……(598)
二、杂物测定……(598)
第三节　化学分析……(598)
一、水分测定……(599)
二、糖类测定……(599)
三、粗淀粉测定……(603)
四、含单宁量高的植物种子中粗淀粉测定……(604)
五、纯淀粉测定(麸皮淀粉测定)……(605)
六、粗蛋白测定……(606)
七、粗脂肪测定……(608)

八、粗纤维测定……(609)
九、水的分析……(610)
十、煤的工业分析……(612)
第二章 糖化发酵剂分析……(615)
第一节 大曲和小曲分析……(615)
一、取样……(615)
二、水分测定……(615)
三、酸度测定……(615)
四、液化型淀粉酶活力测定……(616)
五、糖化酶活力测定……(618)
六、蛋白酶活力测定……(619)
七、发酵力测定……(622)
八、脂肪酶活力测定……(622)
九、酯化力及酯分解率测定……(624)
十、氨基酸测定……(626)
第二节 麸曲分析……(631)
一、取样……(631)
二、外观检查……(631)
三、化学分析……(631)
第三节 酒母分析……(632)
一、取样……(632)
二、化学分析……(632)
第四节 工业用糖化酶制剂测定……(633)
一、感官检查……(633)
二、理化分析……(633)
第五节 酿酒活性干酵母测定……(638)
一、感官检查……(638)
二、理化分析……(638)
第六节 窖泥分析……(641)
一、样品处理……(641)
二、水分及挥发物测定……(641)
三、pH值测定……(642)
四、密度测定……(642)
五、氨态氮测定……(642)
六、有效磷的测定……(644)
七、有效钾测定……(645)
八、腐殖质测定……(648)
九、蛋白质测定……(650)

十、有机酸测定……(650)
第三章 发酵中间品分析……(651)
第一节 固体发酵酒醅分析……(651)
一、取样……(651)
二、水分测定……(651)
三、酸度测定……(651)
四、还原糖测定……(652)
五、淀粉测定……(652)
六、出池醅中酒精含量测定……(653)
七、酒糟中残余酒精测定……(654)
第二节 液态发酵成熟醪分析……(655)
一、取样和样品处理……(655)
二、化学分析……(655)
第四章 白酒分析……(656)
第一节 取样……(656)
第二节 物理检查……(656)
第三节 化学分析……(656)
一、酒精含量测定……(656)
二、固形物测定……(657)
三、总酸测定……(657)
四、总酯测定……(658)
五、总醛测定……(660)
六、杂醇油分析……(662)
七、甲醇分析……(664)
八、铅的测定……(667)
九、糠醛测定……(671)
第五章 气相色谱法基本原理……(673)
第一节 气相色谱原理和流出曲线……(673)
一、气相色谱原理……(673)
二、气相色谱的流出曲线……(676)
第二节 色谱柱效率和分离度……(678)
一、色谱柱效率……(678)
二、分离度……(679)
第六章 气相色谱仪……(682)
第一节 色谱仪的主要结构和流程……(682)
一、气相色谱仪的主要结构……(682)
二、气相色谱的一般流程……(682)
第二节 色谱检测器……(686)

一、氢火焰离子化检测器(FID)……(686)
二、热导池检测器(TCD)……(687)
三、其他检测器……(688)
第三节 数据处理……(688)
一、有关误差理论……(688)
二、数据处理……(689)
第七章 色谱柱……(691)
第一节 填充柱……(691)
一、填充柱的分类……(691)
二、固定相……(692)
三、气液色谱柱的制备……(697)
第二节 毛细管柱……(697)
第八章 色谱定性定量分析……(701)
第一节 色谱定性分析……(701)
一、原理……(701)
二、采用保留值定性……(701)
三、加入纯样叠加定性……(702)
四、利用化学反应定性……(703)
五、选择性检测器组合定性……(704)
六、与其他仪器联用定性……(704)
第二节 色谱定量分析……(704)
一、峰面积的测量……(704)
二、定量校正因子……(706)
三、定量方法……(707)
第九章 白酒的气相色谱分析……(710)
第一节 原理……(710)
第二节 填充色谱分析……(710)
一、DNP混合柱直接进样分析……(710)
二、PEG20M柱直接进样分析……(717)
三、己酸乙酯、乳酸乙酯快速分析……(718)
四、丙酸乙酯的测定……(720)
五、有机酸直接进样分析……(721)
六、有机酸重氮甲烷分析法……(722)
七、苄酯化分析法……(723)
八、季铵盐乙酯化分析法……(725)
第三节 毛细管色谱分析……(726)
一、原理……(726)
二、毛细管直接进样分析酸、醇、酯等……(728)

三、低度白酒中高级脂肪酸乙酯分析……(733)
四、游离有机酸分析……(735)
五、含氮化合物分析……(737)
六、多元醇分析……(740)
七、含硫化合物分析……(743)
八、挥发性酚类化合物分析……(746)
九、酒醅中香味成分分析……(748)
十、大口径毛细管柱的应用……(751)
第十章　其他仪器分析……(756)
第一节　色谱－质谱联用仪……(756)
一、原理……(756)
二、GC－MS的连接和部件……(757)
三、GC－MS的应用……(758)
第二节　色谱－傅里叶红外光谱联用……(758)
第三节　高效液相色谱……(759)
第四节　超临界流体色谱……(759)
第五节　原子吸收光谱分析……(760)
一、原理……(760)
二、原子吸收分光光度计的部件……(760)
第十一章　白酒的香味成分……(762)
第一节　利用先进技术已检出的白酒香味成分……(762)
一、分析技术的进步促进了白酒香味成分的剖析研究……(762)
二、已检出的香味成分……(764)
第二节　各种香型白酒的特征性成分……(770)
一、概述……(770)
二、不同香型白酒的特征性成分……(771)
第三节　传统白酒香味成分和其他蒸馏酒的差异……(772)
一、概述……(772)
二、传统白酒香味成分和其他蒸馏酒的差异……(773)
第十二章　白酒的品评……(780)
第一节　品评的意义和作用……(780)
一、品评的意义……(780)
二、品评的作用……(780)
第二节　品尝的生理学原理……(782)
一、视觉……(782)
二、嗅觉……(783)
三、味觉……(784)
第三节　评酒员……(786)

一、评酒员应具备的条件……(786)
二、评酒员的训练与考核……(787)
第四节 评酒环境与条件……(789)
一、评酒环境……(789)
二、评酒条件……(789)
第五节 评酒的方法、标准、规则……(790)
一、评酒的方法与步骤……(790)
二、评酒的标准……(792)
三、评酒规则……(793)
第六节 各类香型白酒的品评术语及风格描述……(794)
一、各类香型白酒的品评术语……(794)
二、各类香型白酒的风格描述……(796)
第七节 影响评酒效果及品评技巧的因素……(796)
一、影响评酒效果的因素……(796)
二、品评技巧……(797)
附表……(799)
附表1 吸光度与测试α-淀粉酶酶浓度对照表……(799)
附表2 在20℃时酒精水溶液的相对密度与酒精浓度换算表……(804)
附表3 酒精浓度与温度校正表……(807)

第四篇 白酒厂房、设备及生产定额和计算

第一章 厂房建设……(825)
第一节 选址及总平面布置……(825)
一、厂址选择的要求……(825)
二、厂房总平面布置的要求……(825)
三、厂、库最低卫生要求……(826)
第二节 白酒固态发酵法生产厂房……(827)
一、粮库……(827)
二、曲房……(827)
三、制酒车间……(830)
四、酒库……(831)
五、评酒室……(832)
六、包装车间等构筑物及设施……(833)
第三节 白酒半固态发酵法生产厂房实例……(834)
第四节 白酒液态发酵法厂房的特点……(834)
一、地面建筑……(834)
二、总平面布置的特殊要求……(834)
第二章 白酒生产设备……(836)

第一节　概述……(836)
一、白酒设备现状……(836)
二、存在的主要问题及展望……(837)
三、白酒设备及工器具的卫生要求……(838)
第二节　大曲酒生产设备……(838)
一、原料贮存及处理设备……(838)
二、制曲用具及设备……(850)
三、发酵设备……(851)
四、蒸馏设备……(852)
五、贮酒容器……(857)
六、输酒、过滤及勾兑、包装设备……(861)
七、大曲酒生产机械化实例及讨论……(865)
第三节　麸曲固态发酵法白酒设备……(869)
一、原料处理设备……(869)
二、蒸料设备……(869)
三、制曲、制酒母及发酵设备……(871)
四、蒸酒设备……(875)
五、麸曲固态发酵法白酒机械化实例……(875)
第四节　小曲酒生产设备……(876)
一、制曲用具……(876)
二、制酒设备……(876)
第五节　液态发酵法白酒设备……(881)
一、原料处理设备……(881)
二、制曲设备……(883)
三、制醪设备……(883)
四、蒸馏设备……(885)
五、液态发酵法白酒厂设备配置实例……(886)
六、综合利用的设备……(889)
第六节　低度白酒生产设备……(890)
一、水处理设备……(890)
二、低度白酒除浊设备……(891)
第七节　其他蒸馏酒的蒸馏精制设备……(893)
一、白兰地夏朗德式蒸馏锅……(893)
二、威士忌蒸馏器……(894)
三、老姆酒蒸馏设备……(895)
四、俄得克精制设备……(895)
第三章　白酒生产定额及计算……(897)
第一节　若干主要定额及规定……(897)

一、主要物料及能耗定额……(897)
二、主要设备的生产能力……(897)
第二节 白酒生产计算……(898)
一、白酒生产的物耗计算……(898)
二、白酒生产的能耗计算……(902)
三、劳动生产率计算……(903)

第五篇 白酒企业生产技术管理

第一章 白酒的生产管理……(907)
第一节 白酒生产管理概述……(907)
一、白酒生产管理的地位……(907)
二、白酒生产管理的指导思想……(907)
三、白酒生产管理的指导原则……(908)
第二节 白酒生产过程的组织……(908)
一、白酒生产劳动组织及其内容……(909)
二、白酒生产的定员编制……(909)
三、酿酒班组的组织……(910)
四、生产班次的安排与调整……(910)
第三节 白酒生产计划的编制……(910)
一、白酒生产计划……(910)
二、白酒生产计划的编制……(911)
第四节 白酒生产控制与调度……(912)
一、白酒生产的控制……(912)
二、白酒生产调度工作……(914)
三、白酒生产作业统计工作……(915)
第五节 白酒生产现场管理……(917)
一、白酒生产现场管理的内容……(917)
二、白酒生产现场定置管理……(918)
三、白酒生产现场管理的诊断程序……(918)
四、加强白酒生产现场管理的方法和措施……(919)
第六节 白酒生产过程的安全管理……(921)
一、白酒生产过程中的主要危害及安全防护措施……(921)
二、白酒生产过程中事故的处理……(923)
第二章 白酒生产工艺管理……(925)
第一节 白酒生产工艺的制定……(925)
一、有关白酒生产工艺的概念……(925)
二、白酒工艺与生产效益的关系……(925)
三、制定工艺的指导思想……(926)

四、制定工艺的依据……(926)
五、制定工艺必须注意的几个问题……(927)
第二节　制定与工艺相适应的操作规程……(929)
一、操作规程是落实工艺的基础……(929)
二、操作工具要求……(930)
三、操作方式方法要求……(930)
四、操作质量标准……(931)
第三节　工艺实施的检查与指导……(931)
一、工艺的宣传、贯彻……(931)
二、工艺实施的检查与指导……(932)
三、现场观摩交流……(932)
第四节　及时修订与完善工艺……(933)
一、及时修订与完善工艺的重要性……(933)
二、修改工艺文件的条件与范围……(933)
三、工艺文件的更改程序……(934)
第五节　强化工艺的全面实施……(934)
一、全面落实工艺的重要性……(934)
二、执行岗位操作合格证制度……(935)
三、实施工艺的原则……(935)
四、制定严格的管理制度与激励机制……(935)
第六节　技术革新……(936)
一、开展技术革新的意义……(936)
二、技术革新的内容……(936)
三、技术革新的方法……(936)
四、激励机制……(937)
第七节　白酒生产过程中的环境保护……(937)
一、污染物的来源及排放标准……(937)
二、污染物的“防”与“治”……(938)
第三章　白酒生产的质量管理……(941)
第一节　白酒生产质量管理的发展阶段……(941)
一、单纯的质量检验阶段……(941)
二、统计质量控制阶段……(941)
三、白酒生产的全面质量管理阶段……(942)
第二节　白酒生产质量管理的内容……(942)
一、建立质量保证体系……(942)
二、生产过程质量控制的内容……(943)
第四章　白酒生产的设备管理……(946)
第一节　白酒设备管理的任务和内容……(946)

第二节 设备管理机构及职责……(946)
一、主管设备的厂长(经理)职责……(946)
二、设备科科长职责……(946)
三、车间设备主任职责……(947)
第三节 购置设备的前期管理……(947)
一、购置设备规划……(947)
二、外购设备的选型与购置……(948)
三、自制设备的管理……(949)
四、设备的安装、调试和验收移交……(949)
第四节 设备的使用和维护保养……(950)
一、设备的使用……(950)
二、设备维护保养的四项要求……(951)
三、特种设备的维护、检查监测……(951)
第五节 设备的修理及更新改造……(952)
一、设备的检查、维修……(952)
二、设备的项修和大修……(953)
三、设备的更新改造……(953)
第六节 设备的基础管理……(954)
一、设备的编号与登记……(954)
二、设备的档案管理……(954)
三、闲置设备的封存与处理……(954)
四、设备的移装与调拨……(955)
五、设备的事故分析及处理……(955)
六、设备的报废……(955)
第七节 检查与评比……(956)
一、目的……(956)
二、作用……(956)

附 录

一、名词解释……(958)
二、历届全国评酒会简况及第五届全国评酒会国家名酒、优质酒名录……(963)
三、第五届全国白酒评委考试题解答……(973)
四、白酒的国家标准、行业标准……(978)
五、白酒工业书刊……(984)
六、白酒工业大事记……(988)
七、历年全国白酒及其他酒类产量状况对照……(998)

总　论

白酒是我国传统的蒸馏酒，它是世界七大蒸馏酒之一，无论在其生产技术和产品风格上，均具有独特的地位。下面从白酒的历史、白酒的价值、白酒的种类，以及白酒的主要生产方法等几方面，予以简要地说明。

第一章　白酒工业发展史及其地位

第一节　白酒的起源

白酒又名烧酒或火酒。有些少数民族则称其为阿剌吉酒，意为“再加工”之酒。

白酒是我国特有的一大酒种，它最早产生于酿造酒的再加工，因此要谈白酒的起源还得从酿造酒说起。

一般传说，酒是杜康发明的。过去有的酒厂还把杜康供作酿酒的祖师爷，连日本的清酒行业也把酿酒技师尊称为“杜氏”。这种传说的依据，可见于古书。如《事物纪原》载：“杜康始作酒”。但有的书如《世本》却说：“仪狄始作酒醪，变五味，少康作秫酒”。少康即杜康，他要比夏禹时的官吏仪狄晚得多。据此，似乎是仪狄先造的酒了。《战国策》说：“昔者，帝女令仪狄作酒而美，进之禹，禹饮而甘之……”。这里并没有说仪狄先造酒，只是说他能够酿出甜美的酒而已。其实，杜康、仪狄都只是掌握了一定技巧，善于酿酒罢了。正如大多数生产技术一样，酒的创造和发展，也是我国古代劳动人民在生活和生产实践中不断观察自然现象，反复实践，经无数次改进而来的。一般说来，白酒的由来可分下述三个阶段。

(一) 自然界造酒

自然界中的含糖野果是猿的食物，它们在成熟之后掉落下来，积集于坑洼之处，或者被猿摘下，将没有吃完的野果放在石洼中，天长日久，这些野果被附在它们表皮的、空气雨水中的或土壤中的野生酵母发酵，变成了香气扑鼻、酸甜爽口的原始果酒。《篷栊夜话》中有一段类似的记载说到了这一自然过程：“黄山多猿猱，春夏采杂花果于石洼中，酝酿成酒，香气溢发，闻数百步……”。这种现象，推测在旧石器时代就被我们的祖先注意到了。

随着社会的发展，人类开始学会了原始的牧业生产，在存放剩余的兽乳过程中他们又发现了被自然界中的微生物发酵而成的乳酒。在农耕时代前后，人类认识到野生植物的含淀粉种子(谷物等)可以充饥，便搜集贮藏，以备食用。由于当时的保藏方法原始，谷物在贮藏期间容易受潮或受雨淋而导致发芽长霉，这些发芽长霉的谷物若继续浸泡在水里，其中的淀粉便会受谷芽和野生霉菌、野生酵母菌等微生物的作用而糖化、发酵，变成原始的粮食酿造酒。另外，当有煮熟的谷物吃不完时，他们用树叶等包盖起来，或存放在树洞等中，过后这些熟粮因受根霉、酵母等野生微生物的作用变成了“酒酿”。这是另外一种方式的原始粮食酿造酒的发现。

这一阶段大概在7000至10000年前，由于自然界的作用造出酒来，逐步被人类所发现和认识。但人类还没有去模仿、去有目的地利用自然界来造福。

(二) 利用天然微生物造酒

农业生产开始以后，谷物有了富余，加上人类发现了原始的酒，尝起来又香又甜，喝过后浑身发热、精神兴奋，有心人便开始模仿起来，有意识地让谷物长霉发芽，用它来酿酒，从而进入了利用天然微生物造酒的阶段。我国在很早以前就有了农业作物，从山东大汶口遗址出土的文物中发现有与甲骨文酒字形状相似的尖底贮酒容器。由此可以推测这一阶段大概始于6000年前。《淮南子》一书说:“清醠之美，始于耒耜”。耒和耜都是古代的农具。即美味可口的酒，开始于农业生产出现之时。而且5000年前的龙山文化时期就有了尊、斝盉、高脚杯、小壶等陶制的酿酒和饮酒的专用器具。因此，到夏代初期出现掌握一定技巧、能酿出香甜美酒的仪狄这样的人，也就不足为奇了。

到商代，出现了专门的酿酒作坊。如郑州二里岗及河北藁城台西村就发现了商代酿造作坊的遗址，酿酒技术也有了发展。由此，谷芽(糵)和长霉的谷物(麴)的利用开始分家。《尚书说命篇》中有“若作酒醴，尔惟麴糵”的论述，反映了当时已用糵来制造糖化度高、酒化度低的醴，用麴来酿造酒化度较高的酒这种状况。

到周朝，统治阶级不但设置了专门掌管酿酒的官职，如“酒正”、“酒人”、“浆人”、“大酋”等，对酿酒的要点也作了经验总结。《礼记·月令仲冬》中便有记述:“仲冬之月，乃令大酋，秫稻必齐，麴糵必时，湛饎必洁，水泉必香，陶器必良，火齐必得，兼用六物，大酋监之，无有差贷”。意思即是在冬季到来之后，酒正向大酋发出命令，把优质均匀的高粱和稻米准备好，及时提供新鲜的麴糵，粮谷的浸泡和蒸煮要注意清洁卫生，用水应选择纯净的好水，酿酒器具必须精良，火候(发酵温度)要控制得当，大酋要加强监督管理，把这六件事都做好，就能做出好酒来。这些要点即使从现代的酿酒工艺要求来看也是较为全面的，可以说这是世界上最早的酿酒工艺规程。

由于醴的酒度低，口味淡薄，因此逐渐被淘汰，而用麴酿造的酒却日渐得以发展。秦汉以后制麴技术有了很大进步，麴的品种迅速增加。仅《方言》中记载的就有近10种，酿酒技术也随之提高，风味各异的酿造酒在各地纷纷出现。北魏人贾思勰在《齐民要术》中系统地、详细地总结和记述了当时的各种制麴方法和酿酒工艺，后人也有不少关于制麴酿酒的记述……。

总之，在这一阶段，我国古代的劳动人民已通过对自然现象的模仿、实践，不断总结改进，掌握了制麴酿酒的基本规律，已经能够比较有效地去利用天然微生物来酿酒了。

(三) 白酒的出现

秦汉以后，随着酿酒技术的发展，酿酒、饮酒的普及，为白酒的产生打下了基础。另一方面，历代帝王为了寻求不死之药，不断发展炼丹技术。不死药虽然没有炼出来，却积累了不少物质分离、提炼的方法，创造了种种设备(包括蒸馏器具)，为白酒的产生提供了条件。由此将蒸馏器具试用来蒸熬酿造酒，就出现了白酒，这是毋庸置疑的。至于究竟是为了想从好酒中提炼出令人兴奋愉快的精华，以作长生之妙药，试着“用好酒蒸熬取露”而产生了白酒?还是想处理贮存酸败的酿造酒以减少损失，试用了蒸馏设备，从而造出白酒，并得出了“凡酸坏之酒皆可蒸烧”的经验?则尚待进一步考证。

关于白酒的出现年代，也有不同的见解。有些人根据李时珍《本草纲目》中，“烧酒，非古法也，自元时始创……”的说法，认为白酒始于元代。但随着对历史研究的深入，现在认为白酒出现在唐代的人越来越多了。1975年在河北承德青龙县出土的一套金代铜烧酒锅，敦煌的西夏酿酒蒸馏的壁画，北宋田锡的《麴本草》中关于经二三次反复蒸馏而得到酒度高、饮少量即醉的美酒记载，这些事实都说明白酒的出现要比元代早得多。目前有关烧酒的文字和文物出现的最早时代是在唐代。唐代的白居易(772—846年)曾有“荔枝新熟鸡冠色，烧酒初开琥珀香”的诗句;雍陶(805年)也有“自到成都烧酒熟，不思身更入长安”的名句。这两位诗人的诗里不仅说到了烧酒，而且表明当时的烧酒已有密闭陈酿，使之老熟的工艺。在已发现的贵州少数民族的文献资料中，对烧酒也有所反映。《西南彝志》第15卷《播勒土司论雄伟的九重宫殿》一文，在论述隋末唐初之事时，有“酿成醇米酒，如露水下降”这样简单蒸馏工艺的记载。因此，可以推测，白酒的出现是在唐代或稍早于唐代，只是当时还未普及，到元朝则已传播开来。1343年朱德润在他的《轧赖机酒赋》中则对白酒蒸馏器的构造和蒸酒状况就作了写实。但元朝的这篇文献所记述的蒸馏方法都是用酿造酒为原料直接蒸熬的液态蒸馏;而明代李时珍(1518—1593年)的《本草纲目》所说的是“用浓香和糟入甑，蒸令汽上……”的蒸馏方法。无疑后者的蒸馏效率比前者更好，有了很大的进步。这也许是《本草纲目》中白酒出现年代较晚的原因所在。

以上是我们从白酒的产生与发展过程，阐述了对白酒起源的认识。但是，关于白酒究竟在我国何时起源，至今仍然没有定论，说法不一。

一说唐代起源，二说元时传入，三说元代始创。

第一种说法有诗词为证。除上面讲到的唐代著名诗人白居易和雍陶的名言外，还有李肇的“酒则剑南之烧春”等绝句，就是最好的说明。因为，在唐代将酒统称为“春”，显然“烧春”系指烧酒，其名在民间已广为流传。

第二种说法认为白酒是元时从印度传入我国的一种“阿刺古”的酒。1328年元朝饮膳太医忽思慧的《饮膳正要》中谈到过这种叫“阿刺古”的酒，称之谓蒸馏酒。现已查明，“阿刺古”和“阿刺吉”，还有“阿刺奇”这三个产品名称是同一种酒Arrack的译音，系用稻米和棕榈汁酿造的蒸馏酒。

第三种“元代始创”说法的依据，是明代药学家李时珍的《本草纲目》中的“烧酒非古法也，自元时始创……”一段话。

这三种不同说法虽各有其理，但有一共同点即白酒是蒸馏酒(或称烧酒、烧春)，均确证无疑。这里，就给我们提出一个问题，“既然白酒是蒸馏酒，那么，它是用什么样的器具进行蒸馏的呢?”1975年12月河北省出土了一套金代烧酒锅，专家们用此锅作了2次蒸馏实验，证明行之有效，只是出酒率偏低。因此，可以说至少在金代或金代以前就有白酒了。进而也说明“元时传入”和“元代始创”的白酒起源说难以成立。而且从已出土的隋唐文物中的15～20ml小酒杯和北宋田锡所作《曲本草》中关于“蒸馏酒度数较高，饮少量便醉”的论述来看，白酒起源于唐代乃至唐代以前的说法，终将得到确证。

从白酒的由来可以看出，我国是世界上利用微生物制曲酿酒最早的国家，要比法国人卡尔迈特氏用根霉曲制酒精、德国人柯赫氏发明固态培养微生物法早3000年左右。我们可以自豪地说，我国是世界上最早利用蒸馏技术创造蒸馏酒的国家，要比西方威士忌、白兰地等蒸馏酒的出现早六七百年。我们的祖先对酿酒生产技术和科学文化的创造、发展作出了杰出的贡献。

第二节 白酒工业技术发展简史

中国白酒发展的真正动力是科学技术的进步。新中国成立以来，白酒界的专家、学者、工程技术人员辛勤地耕耘，创造了众多的科技成果，并得以应用和推广，一次又一次地推动了中国白酒的进步与发展。

一、改革普通白酒工艺，节约酿酒用粮

白酒是耗粮高的酒种，所以，节约粮食、提高出酒率一直是酿酒行业技术工作的重点，并围绕节粮开展了一系列的科技攻关活动。

1. 组织代用原料酿酒试点，开辟原料新来源

20世纪50～60年代，为了开辟代用原料酿酒的新途径并提高酒的质量，各地开展了多次试点活动。首先是以薯类为原料的“烟台试点”及“金陵试点”；继而是以橡子原料为中心的“周口试点”及以菝葜根(金刚头)为中心的“常德试点”；以后又进行了木薯酿酒的研究及伊拉克蜜枣酿酒、甜菜酿酒新工艺推广等项工作。这些试点不仅解决了代用原料酿酒及酒质提高的问题，而且总结出经验，培养出人才，为以后中国白酒的发展打下了基础。

2. 液态法白酒工艺改进及提高酒质的研究，开创了中国普通白酒发展的新局面

采用液态发酵法生产白酒是中国白酒工业史上的一项重大革新。多年实践证明，该法具有出酒率高、文明生产、减轻劳动强度等许多优点。随着采用该法生产的白酒质量的不断提高，产量不断扩大，现在已成为我国白酒的主体品种。总结液态发酵法白酒工艺改进和质量提高工作，大致可分为以下两个阶段：

第一阶段是初馏酒精的再加工阶段。这可以从1964年的原北京酿酒厂串香工艺的采用，生产出风味达到普通白酒水平的红星白酒开始。以后，全国各地在香醅制作、香醅提香方法、采用己酸菌发酵液增香、改进酒精蒸馏设备及工艺等诸方面做了大量的工作，创造出了一条“液态发酵酒除杂，固态发酵醅增香，固液法结合的工艺路线”。这条路线不仅增加了产量，提高了效益，而且使酒的质量有很大提高。其代表产品——山东产的坊子白酒，连续荣获第三、四、五届国家优质白酒的称号。

第二阶段是以食用酒精为基酒，经科学调配而成的各类白酒阶段。这一阶段完成的技术成果有：70年代初，利用固态发酵优质酒的副产品——“酒头、酒尾、香糟、黄水”，来兑制食用酒精生产出第一代物美价廉、量大面广的低档新工艺白酒。80年代，采用优级食用酒精加部分优质白酒，经勾兑而生产出“双优型”的第二代中档新工艺白酒。90年代，黑龙江省又研制出优级食用酒精加营养物的第三代营养型复制白酒，并取得明显的经济效益和社会效益。

3. 总结普通白酒生产工艺的经验，提高了出酒率，改变了白酒生产的落后面貌

50年代“烟台白酒酿制操作法”的诞生，标志着中国白酒酿造进入了一个有法可依的新阶段。该操作法总结的十六字经验：“麸曲酒母、合理配料、低温入窖(池)、定温蒸烧”，不仅成为当时酿酒操作的先进技术代表，而且一直是指导整个白酒工艺操作的经典。

在学习烟台制酒经验的基础上，涿县酒厂又总结出了“稳、准、细、净”的白酒操作法，

这四字经验使白酒酿制操作纳入了科学管理的轨道，改变了白酒生产的落后面貌。

在这个时期，先后还有永川小曲酒操作法的制定及"安次六度"管理法的总结。这些都对规范白酒酿制操作，提高出酒率作出了突出的贡献。

二、依靠科技进步，总结、改进优质白酒生产工艺

中国白酒真正的大发展，可以说是以名优白酒的进步为代表。从60年代初到现在的30多年中，名优白酒的微量成分分析，传统工艺总结，新工艺、新设备的采用等均有新的突破和进展。这些成果不仅扩大了名优酒产量，还提高了名优酒价值。"科技是第一生产力"在名优酒的发展中得到了充分的体现。

1. 酱香型白酒

(1) 总结出气候条件对酿制大曲酱香型白酒的影响。茅台地区的自然条件是海拔409m，全年平均风速约为1.2m/s，空气相对湿度为63%～88%，平均降雨量为1088mm，平均气温约为21℃。实践表明，只有这样高温、多雨、潮湿的气候条件，才适合酱香型大曲中和酿酒工艺中微生物的网罗，才适合多轮次的发酵工艺的需要。

(2) "四高一长"是大曲酱香型白酒的工艺特点。"四高一长"，即高温制曲、高温堆积、高温发酵、高温流酒和长期贮存。同时，确定了大曲酱香型白酒是由"酱香、醇甜、窖底香"三种典型体的基酒构成及其各自所占的比例。此外，各地对酱香型白酒主体香气成分的研究也有一定的进展。

(3) 麸曲酱香型白酒的研制取得可喜成效。贵州省轻工科研所分离出高温细菌及生香酵母菌株，经人工培养后参与发酵，并总结出了高粱、小麦混合配料，场上堆积，麸曲酒母续糙30天发酵的生产工艺。在全国推广后，促进了麸曲酱香型白酒的发展。随后为提高麸曲酱香型白酒的质量，黑龙江省又创造了大曲、麸曲相结合生产酱香型白酒的工艺路线。其特点是：采用传统大曲多轮发酵工艺后，转入麸曲续糙发酵工艺。这套工艺路线很适合北方气候特点，既能提高酒质，又能提高出酒率。

2. 浓香型白酒

(1) 肯定了浓香型白酒酿造必须使用泥窖　对泥窖的建造总结出如下标准：容积要适当，尽量扩大窖泥与香糟的接触面积，窖墙要有一定斜度，便于窖泥的成熟。窖要密闭，不透气、不渗水。

(2) 发明创造"人工老窖"　首先将纯种或混种的己酸菌，经液态扩大培养后，再用以发酵窖泥。然后，把发酵好的窖泥涂于泥窖表层15～30cm，并及时将糟醅入窖发酵。这种人工老窖的产酒质量相当于十几年自然老窖的产酒水平。此项新技术推动了浓香型白酒的大发展。

(3) 采用"双轮底"发酵新工艺，提高酒中酯的含量　所谓"双轮底"，即是把上一批发酵好的窖底香糟留下一甑不出窖，滴尽黄水后，加少许大曲粉翻拌后再发酵一个周期，然后单独出窖蒸馏。这套工艺既能提高酒中酯的含量，又能提高香糟的质量，所以被大多数浓香型白酒厂所采用。

(4) 研制成功多项增香工艺，提高浓香型白酒优级品率　有的厂采用多种原料酿酒，使酒的香味丰满；有的厂采用回酒、回糟发酵，明显提高酒质；有的厂采用黄水、酒尾窖外酯

化，然后将此酯化液以不同方式参与发酵，明显地提高了酒中酯的含量；还有的厂采用“重复发酵”工艺，即把发酵好的酒醅出窖翻拌，加曲后再入窖发酵一个周期，此法被认为是浓香型白酒提高质量的重要措施。此外，还有“夹泥”发酵、“已酸菌液”灌窖发酵等工艺措施，也被有的厂所采用，这些工艺措施均收到了良好的成效。

(5) 浓香型白酒的微量成分剖析，有效地指导了白酒的勾兑工作　在泸州特曲酒中分析出香味成分136种，其中定量的108种。并对各种酯、酸、醇、羰基化合物的量比关系进行了科学的分析，其中最突出的是酯类的量比关系。已酸乙酯为主体香气，应占总酯比例的40%左右；乳酸乙酯与已酸乙酯的比值小于1，乙酸乙酯与已酸乙酯的比值小于1为好。

3. 清香型白酒

(1) 总结出地缸发酵的优点

① 便于热量散发，保持最佳发酵温度，促进酒精生成。

② 密封好，促进酵母在无氧条件下进行发酵作用，便于清洗，有利工艺卫生管理及酒体的干净。地缸发酵的这些优点决定了它是清香型大曲酒酿造的较理想的发酵设备。

(2) 分析出清茬、后火、红心三种大曲生物活性及成分上的差异，确定三种曲合理的贮存期和科学的搭配使用比例。同时对清香型白酒大曲使用的小麦、大麦、豌豆三种原料的成分和作用及其量比关系，曲料粉碎程度对大曲质量的影响等都作了较深入的探讨，起到了指导生产的作用。

(3) 剖析了清香型大曲酒的成分及其量比关系。其中主要有：乙酸乙酯为主体香气，其含量占总酯50%以上；乙酸乙酯与乳酸乙酯比例合理，一般在1∶0.6左右；β－苯乙醇、琥珀酸乙酯与形成特殊香气有关；乙缩醛、正丙醇含量较高，酯大于酸多倍。

(4) 充分利用酒头及酒尾中的有益物质，研制成功清香型低度白酒。这种工艺生产的低度酒既保持高度酒的风格，又解决了口味淡的问题。

4. 米香型白酒

科学地总结了米香型白酒中香味成分的特征。米香型白酒的香味成分特征概括起来有：主体香味成分是β－苯乙醇、乙酸乙酯和乳酸乙酯，醇含量高于酯含量，乳酸乙酯含量占总酯的73%以上，乳酸含量占总酸的90%。

5. 其他香型白酒

(1) 凤香型白酒的研究工作成绩突出。在传统工艺总结、酒质微量成分分析、贮存对酒质的影响等诸多方面均有科学、准确的结论。因此，凤香型白酒被确立为一个新的香型而立足于白酒工业。

(2) 兼香型酒的研究工作也有很大进展。总结了“一步法”与“二步法”两种生产工艺的各自特色；查定了兼香型酒微量成分特征；强调了浓酱谐调是这类酒的质量特色。

(3) 豉香型酒、芝麻香型酒、“四特”类型酒均已独立成型。“董酒”和“老白干”类型酒等的科研工作也开始起步。

三、白酒微生物的选育和应用

酿酒微生物是酒类生产过程中糖化与发酵的动力，菌种生物活性的强弱直接影响到酒的产量与质量。所以，选育优良菌种应用于白酒酿造一直是行业技术工作的重点。由于坚持不懈的努力，取得了一次又一次突破性的进展，从而带动了整个白酒行业的进步。

1. 曲霉菌的筛选、诱变及应用工作不断创新

最早用于白酒酿造的是黄曲霉和米曲霉。它们的缺点是糖化力低、耐酸性差，所以后来选用了耐酸性强的黑曲霉。随后在黑曲霉种菌性能提高上又做了大量工作，最后选用的AS3.4309菌种，其糖化能力提高10倍，用曲量减少50％，提高出酒率2％以上，是一株接近国际水平的优良糖化菌。

2. 酵母菌种保持稳定性及适应性强的特色

多年来一直沿用的酵母菌种性能稳定，适应性强。其中有适应淀粉质原料的南阳酵母，有适应糖质原料的古巴2号酵母。经多年生产实践检验，它们都具有发酵力强、适应性强、不易变异等优点。

3. 产酯酵母得到广泛应用

1963年凌川试点将“球拟”、“汉逊”、“1312”等优良产酯酵母用于优质白酒生产，达到了提高酒的酯含量、增加香味的目的。1965年祁县试点又将汾酒试点分离出的几株酵母菌和曲霉菌用于新型白酒及麸曲清香型白酒的生产，均收到良好效果，之后在全国推广。1981年，廊坊轻工研究所对产酯酵母的产酯机理、培养条件、在酿酒工业上的应用等做了卓有成效的研究。这个时期，四川省食品发酵设计院又选育出产酯量为800mg/100ml的高产酯酵母。

4. 分离培养细菌用于酿酒取得了新突破

1964年茅台试点确认了窖底香的主体成分是已酸乙酯。随后内蒙古轻化工科学研究所、辽宁大学生物系等单位，从老窖泥中分离出了已酸菌。紧接着用分离得到的已酸菌，以及含有已酸菌的老窖泥为种子，扩大培养后用于“人工老窖”和参与发酵，增加酒的主体香气等项新技术，在全国范围内普遍推广。“人工老窖”揭开了我国白酒行业应用细菌培养来提高酒质的技术工作的序幕。以后又有四川省的一些单位将甲烷菌用于窖泥培养的研究，以及进行了低乳酸含量的菌株在浓香型制酒工艺上的应用试验。贵州省从高温大曲中分离出嗜热芽孢杆菌，经人工培养后用于麸曲酱香型酒的生产等，都收到了明显的成效。

5. 根霉、毛霉曲用于小曲酒生产，提高了出酒率

中国科学院微生物研究所从小曲中选出5株念珠菌，适用于各种原料的小曲酒生产；厦门白曲由人工培养的根霉及酵母纯种曲制作获得成功；贵州研制成功根霉麸曲，可在市场上销售。这些成就对改善小曲培养方法，提高小曲酒产率均有很大的推动作用。

6. 酿酒微生物培养方法的改进

(1) 多种曲霉菌混合制麸曲，提高酒的质量。如六曲香酒被评为国家优质酒。

(2) 将酵母菌、曲霉菌、细菌人工培养后参与大曲培养，制成各方面性能较好的强化大曲。

(3) 以根霉与其他开放式多菌种配合用于生料制曲的研究工作取得进展。

(4) 固定化已酸菌及固定化酵母的研制与推广也有新的进步。

(5) 专业化生产糖化酶、耐高温及产酯活性干酵母用于白酒酿造获得成功。由于它们具有活力高、工艺操作简单、质量稳定、保存期长等特点，已被广泛地应用于各类型白酒的酿造，均起到提高出酒率、降低成本、改善工艺条件等良好作用。

四、新技术、新工艺、新设备的应用

传统的白酒工业在新技术、新工艺、新设备的应用上，发展快，进步大。大体有：

1. 新技术的应用

(1) 新的分析方法的采用，逐步揭示了酒中香味成分的秘密　60年代，采用的纸层析和柱层析的方法首先定性了酒中几十种香味成分；70年代，气相色谱用于白酒分析，使香味成分的定性组分增至百种以上；80年代，毛细管色谱和色、质谱联用，分析出了酒中定量香味成分达108种，并确定了香味成分量比关系是形成酒体特色的基础；90年代初，应用分离性能好的键合型毛细管柱和先进的仪器设备，进一步剖析阐明白酒组分的大同小异以及量比关系的重要作用，对某些香型酒的特征成分分析作出了积极贡献，进而为新香型酒的确立提供了科学的依据。

(2) 品评、勾兑、调味新技术的推广，促进了各类酒的质量稳定与提高　全国各省、市、自治区，分别先后开办了一系列培训班，培训了一大批各级品评专业人员，并不断改进了品评方法，进行了五届全国性白酒评比活动。这一切使全行业认识到品评是检验和控制白酒质量必不可少的重要手段，国家级、省市级和企业专职评酒委员的严格把关，确保了中国白酒质量的稳定提高。

勾兑、调味是项传统技术，经泸州、五粮液等厂的工程技术人员不断完善、总结后，已推广全国，并收到了良好的成效。90年代初，这项传统技术又与先进的微机系统相结合，使其对酒质提高、酒体成型、提高名优酒优级品率等方面起到了巨大的推动作用。

(3) 蒸馏新技术的采用，促进了发酵生成物的丰产丰收

① 对蒸馏过程中各馏分香味成分的查定取得了进展，从而为各类香型白酒量质取酒提供了科学依据。

② 通过分析，查明了酒头、酒尾中的主要成分，为其再利用打下基础。最重要的是查明酒尾中存在的呈香呈味的酯类、酸类物质(含油酸乙酯、亚油酸乙酯与棕榈酸乙酯)是造成白酒冬季混浊的主要因素，为低度白酒的生产指明了技术攻关方向。

③ 确定了缓慢蒸馏是丰产丰收、提取各种香味物质的最佳工艺。对甑桶的构造特点及蒸馏机理、固态蒸馏与液态蒸馏的对比等研究，均有较深入的进展。

(4) 综合利用新技术的采用，降低了成本、增加了效益

① 酒糟得到充分利用。一是再发酵增香，通过串蒸来提高酒的质量；二是经再加工变成全价饲料，提高附加值，分离的辅料又可重复利用；三是用来制曲，降低成本。

② 黄水的利用有新突破。一是经处理后用来兑酒，增加酒的香味成分；二是用来发酵窖泥，保养窖泥，提高窖泥质量；三是通过窖外酯化工艺后，再参与发酵、蒸馏，增加酒中酯的含量；四是浓香型酒工艺中形成一定量的黄水，并及时从糟中分离出来，可降低酒中的乳酸及其乙酯含量，提高酒的爽口感。

③ 酒头、酒尾不但可用来做调味酒，并且是生产低度白酒、新工艺白酒不可缺少的基础物质。

2. 新工艺的应用

(1) 低度白酒有突飞猛进的发展

① 研制成功多项解决降度后除去混浊物的工艺。其中有冷冻法、淀粉沉淀法、活性炭吸附法、硅藻土过滤法等。

② 基本上解决了口味淡的问题。各地在提高原酒质量、增加香味成分、减少除杂过程中香味损失、精心勾兑等方面，均创造了很好的工艺操作方法。

(2) 新工艺白酒生产的工艺基本形成

① 串联柱式活性炭自流酒精处理工艺被广泛采用，基本上可以除去大部分酒精中的杂味物质。

② 用串蒸固态香醅来提高酒精质量的工艺在实践中不断改进，使酒精损失减少至5%以下。

③ 用固态法优质白酒及酒头、酒尾、香糟浸出液、黄水处理液直接兑酒的工艺被企业分别或联合应用。

(3) 行之有效的安全度夏措施

① 调整配料，适当降低入窖淀粉浓度及用曲量。

② 加强滴窖，降低酸度；进行踩窖，排出氧气，放缓发酵速度；加厚窖皮，确保窖皮不裂口。

③ 调整工作时间，加强通风降温，有条件的可采取制冷降温法。

④ 采用抗生素控酸。

⑤ 采用高、低温大曲混用或添加少部分糖化酶、耐高温活性干酵母参与发酵。

⑥ 缩短发酵期。

3. 新设备的应用

(1) 目前白酒机械化生产普遍采用的有：风送式二次除尘原料粉碎系统；大曲机械成型机；麸曲机械通风系统；白酒酿造采用的吊车抓斗运输方式及活甑桶；机械通风晾糙设备等。

(2) 微机的应用：微机最早是应用于白酒的勾兑工作。它在色谱分析基础上，通过软件系统能直接完成勾兑配方的设计；同样也能完成调味工作。微机的参与不但稳定了酒的质量和风格，而且还有提高优级品率的功能。近年来，四川、江苏、山东等酒厂还试验成功微机控制架子大曲，把传统大曲培养方式改为架上堆放，然后用自动循环通风和排风来培养，其成曲质量与传统法大曲基本相当。

(3) 贮存、过滤新设备：大的贮存容器已为各大酒厂普遍采用。其中有铝容器10～50t不等，适合一般的短期贮存；水泥池100～200t，内壁涂各种无毒涂料，适合产量大的品种酒贮存；不锈钢罐20～100t不等，适合贮存勾兑用。这些大容器的采用为扩大产量创造了有利条件。

酒的老熟设备也有多种，其中有多功能的包括高频处理、超声波处理、磁场处理、微波处理的仪器设备；也有简单的冷热处理、氧气处理、紫外线处理设备。这些设备对新酒、低档酒的老熟有一定促进作用。但用于名优酒的老熟效果还有待于进一步研究。

过滤设备中，较为先进的有：硅藻土过滤机、分子筛过滤设备、超滤膜过滤设备、活性炭过滤设备、多孔吸附树脂过滤设备等。

第三节 白酒在国民经济中的地位

白酒是我国特有的传统酒种，在漫长的发展过程中，形成了独特的工艺和风格，在世界蒸馏酒中独树一帜，它以优异的色、香、味、格受到广大饮用者的喜爱。

我国白酒工业真正获得巨大变化和发展是在新中国建立以后，特别是改革开放以来，在不断挖掘、总结传统工艺的基础上，运用现代科学技术和分析手段，已经和正在剖析影响白酒风格特征差异的物质基础及其机理，在新工艺、生物工程、气相分析、微机勾兑等新技术的应用方面都取得了良好的效果，使古老的中国白酒焕发出青春活力。白酒工业与其他食品工业相比，还有投资省、上马快、积累高、能耗少等特点，在国民经济中具有重要作用，与人民生活密切相关。

一、白酒工业是食品工业的一大组成部分

食品工业是我国轻工业中的一大行业，酿酒工业又是食品工业中的一个大行业。在酿酒行业中，与啤酒相比，白酒虽然从产量上已退居第2位，但从企业数量和整体实力上看，仍然是个大行业。目前，具备一定生产规模的白酒企业有1万多家。其中年产10000t以上的企业有60余家，年产5000t以上的有100多家。在1995年中国轻工业200强企业中(按销售额排序)，酿酒企业有30家，其中18家为白酒企业。在1995年全国国有企业500强中(按净资产排序)，酿酒企业有6家，其中5家为白酒企业。目前，白酒行业各企业为响应国务院领导关于节约酿酒用粮的指示和落实“四个转变”的国家酒类产业政策，正在继续依靠科技进步，加大调整产品结构力度，向优质、低度、低粮耗、安全卫生、营养、多品种、多规格、多档次方向健康有序地发展。我们坚信白酒这个唯我中华独有的民族饮料酒，作为食品工业的一个大行业，必定会为丰富人民生活、繁荣市场、增加国家财政积累作出新的贡献。

二、白酒税率高，是国家的重要财源

白酒自建国以来一直是高税率产品，仅次于烟草，在食品行业中居第2位。1994年税制改革前，白酒的产品税为35％(扣包装纳税)；1994年税制改革后，除统一的增值税17％以外，粮食白酒的消费税为25％，薯干白酒的消费税为15％(均按销售收入计，全额纳税)，在酒类产品中，纳税率是最高的。在1995年中国轻工业200强企业中(按利税总额排序)，酿酒企业有63家，其中34家为白酒企业。1995年中国500家最大工业企业(按销售收入排序)中，酿酒企业有3家，其中2家为白酒企业。许多白酒企业还是地方财政收入的支柱(特别是在一些贫困地区)。所以，曾有“当好县长，办好酒厂”之说。

据中国白酒专业协会不完全统计，1995年全国上万个白酒企业共实现利税约100亿元，其中有20多家白酒企业实现利税均超过1亿元以上。仅17个国家名白酒企业就实现利税高达30亿元，占全行业完成数的30％左右。这些都充分说明白酒工业为增加国家和地方财政积累具有举足轻重的作用。

三、白酒的社会化生产带动了相关行业的发展

白酒是中华民族特有的产品，具有悠久的历史，因此市场很广阔，从城市到农村，从发达地区到贫困乡村均可以见到它的存在；无论是超级市场还是个体小杂货店，都把白酒作为不可缺少的商品。白酒业的繁荣促进了商业兴旺，调节市场，回笼货币。白酒在酿造过程中产生的酒糟，是深受广大农场和农户欢迎的物美价廉的饲料；牲畜多了，也就为农业增产提供了大量的优质农家肥。为此，酒糟深加工已成为全行业的热点。据分析，鲜酒糟中的蛋白质含量为4.73%～13.80%（干酒糟中含11.76%～21.80%），残余淀粉5.70%～11.34%，还含18种以上的氨基酸和多种维生素及大量矿物质，经适当调配，可作猪、牛、鸡、鱼等动物的优质饲料，从而为国家节约了大量的饲料用粮，有力地推动了贫脊地种杂粮⟶杂粮酿酒增值⟶酒糟加工饲料⟶发展畜牧业⟶农家肥肥田⟶增产食用粮这一生物链的良性循环。酒糟还可作为生产单细胞蛋白、食用菌、发酵调味品(如酱油、醋等)的原辅材料等。酒糟的深加工为企业、为社会再次创造了效益，是企业扭亏为盈的又一重要途径。所以，目前一些有识之士已响亮地说："酒糟不是副产品"。此外，白酒业的发展还可以促进印刷业、制瓶业、陶瓷业、纸箱业、机械行业、设计、科研、教育和广告行业的发展。有利于实现以大带小、以强带弱、以城带乡、以工带农、以工带牧等产业链的连锁进步，为城镇居民的就业、偏远山区农民的脱贫创造了条件。因此，在一些地方，一个白酒厂就带动一方经济发展，有效地发挥了"龙头"的作用。

四、白酒是社交礼仪和人们生活中不可缺少的饮品

中国是礼仪之邦，最讲礼节，善于交际，"酒逢知己千杯少"虽有夸张，但却反映了中国人民长期以来与酒结下的不解之缘，成为表达友情的一种方式。古代有"待坐则听言，有酒则观礼"的礼貌风俗。酒，虽然不是人们生活的必需品，但是，社会生活离不了它。现代人更把酒，特别是名白酒作为交往的馈赠佳品，成为人们联络感情不可缺少的手段。随着人民生活水平的提高，酒已是过节、喜日祝贺、好友相聚、欢庆胜利必不可少的助兴饮品，体现了中华民族特有的风俗文化，给人们的生活增添了和谐和欢乐气氛。此外，适量饮用白酒，还能引起精神兴奋，产生舒适感，利于使人解除疲劳。

白酒又可用作鱼、鸡、肉等烹调的料酒，有去腥增香的作用；在就餐时与我国传统名菜配合饮用，有增进食欲的作用。白酒也可作为食品加工的材料使用，如利用白酒制作风味别致的醉枣、醉虾、醉蟹，以及用作香肠等肉类加工时的调味调香剂，某些天然香料的浸提剂和一些食品的保存浸泡剂等。

五、白酒是一种特殊的劳保用品

酒为百药之长。白酒可用作某些中药的药引子，也可用它来配制多种药酒、补酒等，起到医疗保健作用。李时珍在《本草纲目》中指出了"酒少饮则和血行气，壮神御寒"的辩证关系，同时还记述了"酒可消冷疾寒气、燥湿疾、开郁结、止水泻"、"酒可以利小便，坚大便、洗赤目肿痛"等功效。说明适量饮用白酒可以加速血液循环，促进身体发热，利于驱寒、祛湿，并具有杀菌、消炎、化郁等作用。《本草纲目》中记载了80种药酒的功效，就是我国医

学的宝贵遗产。近代国外医学研究证明：乙醇在血液中可以增加高密度脂蛋白，能减少由于脂肪的沉积而引起的冠状动脉的血管壁发生病变，有冠心病的人，每天稍喝点酒可以减少死亡的危险。实践证明，1kg体重含有0.45g乙醇，可降低血液中的含糖量，有利于糖尿病的治疗和康复。所以，适量饮酒有利于人体健康。

此外，白酒还是广大劳动人民，尤其是矿工、林业工人、牧民、渔民、潜水员及寒冷地区工作人员御寒、舒筋活血、焕发精神的特殊劳保用品。

总之，白酒工业在国民经济中占有重要的地位，它对于工业、农业、畜牧业、医药卫生等行业的发展都起着重要的作用，应该引起足够的重视。

在这里，还需要说明的是，事物总是一分为二的。由于与其他酒种相比，白酒酒度较高，多饮不但易醉肇事，而且对身体健康也有影响。《本草纲目》中就指出："过饮败胃伤胆，丧心损寿……"。因此，在介绍白酒的地位和作用的同时，必须强调喝酒一定要适度，千万不能过量，否则有害无益。

第四节 白酒工业的展望

几千年的中国白酒发展历程，时有起伏，但总的趋势是白酒质量和技术在不断地提高和发展。进入21世纪以后，白酒工业的发展方向是什么？这是每位酿酒工作者都很关心的问题，下面讲几点意见，供参考。

一、优质、低酒度、低粮耗、卫生、营养、可混饮是白酒发展的方向

优质：就是总结、发扬传统工艺，多生产优质白酒，扩大优质白酒在白酒总产量中的比例，实现普通酒向优质酒转变。

低酒度：就是在现有基础上，继续降低成品酒度，争取用较短时间，把白酒平均酒度降至40％(酒精体积分数)以下，实现高度酒向低度酒的转变，使中国白酒酒度与国际烈性酒酒度趋于相近。

低粮耗：就是与低酒度一致，切实依靠科技进步，不断采用新原料、新菌种、新工艺、新设备，在保证产品质量的前提下，千方百计地提高原料出酒率，节约酿酒用粮。

卫生：就是确保酒质纯净、安全。要采用高新技术，尽量减少酒中不利于健康指标的成分(种类和含量)，以减轻饮用白酒对人体的副作用。

营养：下大力量改善中国白酒基本无营养的缺陷。通过吸取黄酒、啤酒、葡萄酒、果露酒有营养的优点，采用外添加的先进科学技术等多种途径，增加白酒的功能性，使其不仅是嗜好品，而且是一种营养品。

可混饮：就是合理科学地调整白酒中香味成分构成，彻底除去影响白酒色泽的物质，使白酒加冰、加水、加其他"绿色"饮料而不混浊、不变味。

二、名优白酒、新型白酒将成为白酒的主体

传统的名优白酒将有选择性地发展。那些酿造技术进步，香味成分明了，适应全国大多数人口味的名优酒类将得到进一步发展。

各香型名优酒之间相互借鉴，吸取了各家之长处的新香型、新品种，将受到欢迎。

具有当地气候、土质、原料等优势，风味独特的名优白酒产品，将长期存在，并将会以基酒流通的形式向全国扩散。

酒精工业的进步，优质食用酒精产量的扩大；各类酒香味成分分析工作的进步；勾兑、调味技术的成熟，将使新型白酒得到大发展，有可能成为白酒的主体。

营养型复制酒的研究和推广，将改变白酒的面貌，促进白酒与国际蒸馏酒接轨，逐步使白酒进入国际市场。

三、技术进步是白酒发展的动力

积极运用现代技术成果来总结、完善、提高传统工艺，加快实现白酒生产的科学化和现代化。如微机的应用；现代新技术、新设备、新工艺的采用；现代科学管理方法的应用等等，必将使白酒生产从必然王国走向自由王国，使发酵生成的有益香味物质能更多地存在于酒中，杂质能更多地排除在酒外，使白酒进入既香味丰满又酒体纯净的新阶段。

进一步探索新工艺，试制新设备，组织力量攻关，解决好酒糟综合利用的课题，以达到节约用粮、减少环境污染、增加经济效益三个目标。同时要注重酒的老熟研究，注重包装的改进，以不断提高酒的档次。

及时将其他饮料酒的新技术成果和国外发酵、蒸馏酒的先进技术，加以消化吸收，创造性地应用，使白酒工业的整体技术水平与其他饮料的发展水平相一致，并向国外先进水平靠近。

四、加强管理，健康有序地发展白酒工业

整顿生产和流通环节，扶优限劣，树立名牌，组建大的酒业集团，实现“两个根本性转变”，是白酒行业遵循市场规律向前发展的方向。

制定法规和政策，加强宏观调控力度，依法规范白酒生产和流通秩序，以保护、发展民族工业，使白酒的历史性、文化性、民族性得到充分的发挥。同时通过生产和消费的相互作用，逐步培养新的文明饮用习惯，促进白酒消费的增长。

走“健康、有序、适度”发展之路。

健康：是指按正确的指导方针，顺利向前发展，减少误导，减少波折，防止行业出现大起大落。

有序：主要是加强管理。如果能像管理烟草一样管理酒业，则中国白酒的利税积累水平会大大提高，这是促进杂粮转化增值，利国利民的好事。

适度：就是要控制生产总量，控制生产规模的无限度扩大。限制耗粮高的品种，限制酒度高的品种，使行业结构调整、企业结构调整、产品结构调整，有条不紊地顺利进行。

第二章　蒸馏酒(含白酒)的种类

世界蒸馏酒一般可分为七大类:

一是中国白酒(详见本章第二节);

二是以葡萄或其他水果为原料的白兰地;

三是以谷物及大麦芽为原料的威士忌;

四是以甘蔗糖蜜或蔗汁为原料的老姆酒;

五是以食用酒精为原料的俄得克;

六是以食用酒精串香杜松子等的金酒;

七是其他蒸馏酒。

现分述于下。

第一节　世界蒸馏酒的分类

一、白　兰　地

白兰地是以葡萄或其他水果为原料,经发酵、蒸馏、橡木桶贮存,调配而成的蒸馏酒。

白兰地是英语(Brandy)的译音,其用词由荷兰“烧酒”转化而来,有“可烧”的意思。最早将它定名时,指的就是用“葡萄酒蒸馏而成的烈酒”。以后逐步扩展至今,不仅局限于葡萄,凡是各种果实,经过发酵、蒸馏而成的酒均归属为白兰地范畴(前者称葡萄白兰地,后者称水果白兰地)。

白兰地这三个字虽然来源于英语,但是它的主要产地为盛产葡萄的法国科涅克(Cognec,又译为干邑)镇。因此,科涅克又成了世界性葡萄白兰地的代名词。现市场上常见的科涅克白兰地有:HENNESSY(轩尼诗),MARTELL(马爹利),REMY MARTIN(人头马)等。

除了法国以外,世界上不少国家如意大利、西班牙、德国、美国、澳大利亚、日本等都有本国生产的葡萄或水果白兰地,各具特色。这里就不一一介绍了。

用葡萄酒蒸馏的白兰地,在我国也有悠久的历史。李时珍在《本草纲目》中是这样记载的:“……取葡萄数十斤同大曲酿酝,入甑蒸之,以器承其滴露。”说明我国古代就会酿制白兰地了。而真正进行白兰地工业化生产,是在1892年烟台张裕葡萄酿酒公司建立后才开始的。1915年荣获巴拿马万国商品赛会金质奖章和历届国家评酒会上均被评为全国名酒的“金奖白兰地”,就是该公司的代表产品。新中国成立后,北京、青岛等葡萄酒厂也都相继生产各自的白兰地。尤其是改革开放以来,通过引进优良葡萄品种和新技术、新设备,严格发酵工艺，使用自制壶式蒸馏锅和购自法国的橡木桶，其产品质量有明显提高，已经和正在被消费者认识和接受。随着科学技术的不断进步，产品质量的继续改进和提高，国产白兰地替代进口白兰地的时间已为期不远了。

二、威　士　忌

威士忌(Whisky或Whiskey)是以谷物及大麦芽为原料，经发酵、蒸馏、贮存、调兑而成的蒸馏酒。酒精含量为40%～42%。

威士忌这个词，最早始于1715年，即是WHISKYBAE的译音。威士忌的取名，可溯源于爱尔兰的UISGE BEATHA (BHETHA)，它的拉丁语是AQUAVITE，翻译成英语是WATER OF LIFE (生命之水)，法语是EAU－DA－VIE，也就是“生命之水”的意思。

英国早在12世纪就已开始生产威士忌了。最早的生产地区是爱尔兰。苏格兰入侵爱尔兰时，通过传教士带到苏格兰，到19世纪才进行大规模生产。但以苏格兰生产的威士忌最负盛名，是英国最重要的出口商品之一。

威士忌按其所用原料及生产工艺可分为麦芽威士忌、谷物威士忌、兑和威士忌和波旁威士忌。

威士忌已有悠久的生产历史，在国际市场上销量很大，也是国际通畅型产品。我国最早生产威士忌的厂家是青岛葡萄酒厂。当时产量小，未形成大规模生产。在70年代初，轻工业部制定了威士忌的研究课题，系统地开展了试验研究工作，并取得了一定的成果。由于我国人民的饮用习惯，这种产品的产量一直没有大幅度增长。改革开放以来，国内不少厂家也纷纷生产威士忌，但因质量、包装、宣传等问题，还未见有哪种产品站稳市场，取得声誉。从今后市场预测，估计这种产品将会有发展前景。

三、老　姆　酒

老姆酒(Rum)是以甘蔗糖蜜或蔗汁为原料，经发酵、蒸馏、贮存和勾兑而制成的蒸馏酒。酒精含量为40%以上。

老姆酒的著名产地为西印度群岛的牙买加、古巴、海地、多米尼加及圭亚那等加勒比海国家。是国际上通畅型产品，也是世界上消费量较大的酒种之一。

老姆酒的主要生产特点是：选择特殊的生香酵母(产酯酵母)或加入丁酸菌等共同发酵，采用间歇或连续式蒸馏。蒸馏后的酒精含量高达75%。新酒在橡木桶中陈酿数年，再经勾兑，成品酒酒精含量为40%～43%。老姆酒应呈琥珀色，蔗香明显、浓郁，味醇和、圆润、回味甘美，没有冲辣的刺激感，杯中余香悠长，具有特殊的风格。

老姆酒可分为传统老姆酒、芳香型老姆酒和清淡型老姆酒。

我国于70年代末，广州啤酒厂利用废糖蜜进行老姆酒的生产试验，取得了较好的成果。该厂将废糖蜜进行预处理，除去糖蜜中的杂质，选择生香酵母、糖蜜产酒酵母与丁酸菌共同发酵，连续蒸馏，接取初馏液，再经蒸馏釜间歇蒸馏，分段取酒，在橡木桶贮存3年以上，制成具有老姆酒酒香和风格的产品。该产品在1984年轻工业部质量大赛中获奖。

四、俄 得 克

俄得克(Vodka)又名伏特加，是俄语Vodka“水”的译音，含有“可爱之水”的意思。

俄得克源于俄罗斯和波兰，深受这两个国家的消费者喜爱，人均饮量居世界之冠，可誉为这两个国家的国酒。

俄得克主要以小麦、大麦、马铃薯、糖蜜为原料，经发酵蒸馏成食用酒精，而后以食用酒精为酒基，经桦木炭脱臭、除杂，使酒精中所含有的甲醇、醛类、杂醇油和高级脂肪酸等成分除去，从而使酒的风味清爽，进一步改善口味，增强醇和感。成品酒要求无色、晶莹透明，具有洁净的醇香，味柔和、甘爽，无异味。

俄得克属于国际性的重要酒精饮料，除前苏联、波兰消费量较大外，美、英、法等国家的消费量也很可观。俄得克可以单独饮用，也是调配鸡尾酒以及与软饮料混合饮用的必备酒类。

我国山东青岛葡萄酒厂生产的俄得克历史较长，产品质量精良，在国内历届评酒中均获奖。安徽宿县酒精厂引进法国设备，生产的食用酒精质量好，所以该厂生产的俄得克质量也具有典型风格。

五、金 酒

金酒(Gin)是英语的译音，酒精含量为35％以上。因使用杜松子等香料，有杜松子的幽雅香气，故又称杜松子酒。杜松子具有利尿作用，开始视为特效药用的饮料，后来逐渐发展成为饮料酒中的一种定型产品。

金酒起源于荷兰，但发展于英国。

金酒是以食用酒精为酒基，加入杜松子及其他香料(芳香植物类)共同蒸馏而制成的蒸馏酒。也有采用单独制备香料，配入食用酒精而成的。

世界最负盛名的金酒有荷兰金酒和英国金酒。此外，在法国、德国、比利时均有各自独特的产品。

我国最早生产金酒的厂家是青岛葡萄酒厂，其产品质量已接近英国金酒水平。

六、其他蒸馏酒

1. 墨西哥的龙舌兰酒

龙舌兰酒(Tequla)是墨西哥的特产名酒。它是以龙舌兰为原料酿制而成的蒸馏酒。酒精含量为45％左右。

龙舌兰的枝干像凤梨或松树。在酿制时，先将龙舌兰的枝干切成四等份，然后放入蒸汽锅内加热，取出后经粉碎、压榨取汁，泵入发酵糟内发酵2天后，进行粗馏和精馏。这种酒一般不需经过贮存即可出售，但也有人将其贮存，以陈年龙舌兰酒销售。

2. 北欧、东欧的烈酒

(1) 白兰地烈酒　以谷类(主要是小麦和马铃薯)为原料，经发酵后蒸馏，再加入香菜子一起精馏而成。这种酒和金酒的味道接近，酒精含量在40％～50％。这是北欧大众化的国民酒。丹麦人在饮用此酒时，常以啤酒加以冲淡。

(2) 波兰的直布罗加酒　直布罗加酒又称Grain walk。因为在这种酒的瓶内，放有一颗野牛爱吃的直布拉草，故又称牛草酒。这是波兰所产的国民酒，酒液呈淡黄绿色，酒精含量为50%左右。

3. 利口酒

利口酒(Liqueur)也译为利久酒。所谓Liqueur是法语的甜酒，英语则叫Cordial，是芳香烈酒的意思。

利口酒是用食用酒精浸泡果实、香料或药材，经调配而成。这种酒的酒精含量为20%～40%，香气浓，常加入糖浆制成甜酒，以餐后饮用；有时边饮边喝热咖啡，使人在酒足饭饱后得到充分的享受和满足。

利口酒一般分为5类：

(1) 水果类　有一些利口酒常以所含的水果成分命名。如樱桃酒、桃子酒等。

(2) 种子类　用果实的种子所制成的利口酒。如葛桃酒、杏仁酒等。

(3) 香草类　有的用一种香草，有的由多种花、草制成。如薄荷酒、茴香酒、Benedicine chartreuse等。

(4) 果皮类　利用含有特殊香味的水果的皮制成。如橙皮酒就是用橙子皮制成的。

(5) 乳脂类　如可可奶酒(Creme de Cacao)等。

第二节　白酒的种类

白酒是以淀粉质原料或糖质原料，加入糖化发酵剂(糖质原料无须糖化剂)，经固态、半固态或液态发酵、蒸馏、贮存、勾兑而制成的蒸馏酒。我国白酒种类繁多，地方性强，产品各具特色，工艺各有特点，目前尚无统一的分类方法。现就常见的分类方法简述于下。

一、按使用原料分类

1. 粮食白酒

粮食白酒是以粮谷原料酿制的白酒。常用的原料有高粱、玉米、大米、小麦、糯米、青稞等。一般以高粱酿制的白酒质量较佳。

2. 代用原料白酒

这是以非粮谷类含淀粉或糖的原料酿制的白酒。常用的代用料有薯类(甘薯、木薯等)、粉渣、伊拉克枣(椰枣)、高粱糠、甜菜等。

二、按生产方式分类

1. 固态法白酒

固态法白酒是采用我国名优白酒的传统生产方式，即固态配料、发酵、蒸粮蒸馏的白酒。其中有大曲、小曲和麸曲白酒等。不同的发酵和操作条件，产生不同香型的白酒。

2. 半固态法白酒

半固态法白酒是指采用半固态发酵、蒸馏的白酒。我国的米香型白酒和豉香型白酒等是半固态法白酒。

3. 液态法白酒

液态法白酒是采用酒精生产方式,即液态配料、液态糖化、液态发酵和蒸馏的白酒。液态法白酒又分下列三种:

(1) 固液勾兑白酒　这是一种用固态法白酒与液态法白酒,或以食用酒精与部分固态法白酒及其酒头、酒尾等勾兑而成的白酒。

(2) 串香白酒　这是一种用食用酒精为酒基,经固态发酵的香醅串蒸而成的白酒。

(3) 调香白酒　这是一种用食用酒精为酒基,调配不同来源的具有白酒香味的食用香味液,直接勾兑而成的白酒。

4. 机械化白酒

机械化白酒是在传统的白酒生产方式中,对配料、蒸煮、蒸馏、通风晾糙,加入糖化发酵剂、出入池等工序,用机械设备代替手工操作生产的白酒。

5. 半机械化白酒

半机械化白酒是采用传统的白酒生产方式,对部分生产工序用机械设备代替手工操作生产的白酒。如出入池用电葫芦抓斗、出入甑用活甑桶、地下鼓风晾糙、扬糙机等设备,以代替手工操作,从而减轻工人的劳动强度。所生产的白酒质量可保持原有的质量水平。

6. 手工生产的白酒

手工生产的白酒是采用传统的白酒生产方式,各个工序均以手工操作生产的白酒。

生产这种白酒,生产条件差,需要肩扛人抬、人工扬糙、人工挖窖和入池、人工装甑和出甑,工人操作时汗流浃背,劳动强度大。

目前,大多数酒厂基本上已采用半机械化操作,生产环境和条件普遍得到改善。

三、按糖化发酵剂分类

1. 大曲白酒

大曲白酒是以大曲为糖化发酵剂生产的白酒。大曲使用小麦、大麦、豌豆等为原料踩制而成,因其块形大,故得此名。大曲为自然发酵,网罗多种有益的微生物群,含有形成白酒香味成分的多酶系统和前驱物质,属"多微"糖化发酵。在同一生产条件下,大曲白酒质量较好,但生产成本高。

2. 小曲白酒

小曲白酒是以小曲为糖化发酵剂生产的白酒。小曲中的主要微生物为根霉、拟内孢霉、乳酸菌和酵母菌等。其微生物种类虽不及大曲多,但仍属"多微"糖化和"多微"发酵的曲种。

3. 麸曲白酒

麸曲白酒是以麸皮为载体培养的纯种曲霉菌,加纯种酵母生产的白酒。其工艺操作与大曲白酒大体相同。

四、按白酒香型分类

1. 浓香型白酒

浓香型白酒以泸州老窖特曲为代表。过去称为泸型酒。其风格特征是窖香浓郁,绵甜醇厚，香味谐调，尾净爽口。其主体香味成分是己酸乙酯，与适量的丁酸乙酯、乙酸乙酯和乳酸乙酯等构成复合香气。

2. 酱香型白酒

酱香型白酒以茅台酒为代表，又称茅型酒。由于它类似酱和酱油的香气，故称酱香型白酒。其实称作酱香也不确切。但因其主体香味成分尚未确定，正在研讨之中，故而暂称之为酱香型。其酒质特点是酱香突出，幽雅细腻，酒体醇厚，后味悠长，空杯留香持久。

3. 清香型白酒

清香型白酒以山西汾酒为代表。主要特征是清香纯正，醇甜柔和，自然协调，后味爽净。其主体香味成分是乙酸乙酯，与适量的乳酸乙酯等构成复合香气。

4. 米香型白酒

米香型白酒以桂林三花酒和全州湘山酒为代表。其特点是米香纯正、清雅，入口绵甜，落口爽净，回味怡畅。初步认为其主体香味成分是β－苯乙醇、乳酸乙酯和乙酸乙酯。

5. 凤香型白酒

凤香型白酒以陕西西凤酒为代表。其主要特点是醇香秀雅，醇厚甘润，诸味谐调，余味爽净。以乙酸乙酯为主，一定量的己酸乙酯为辅，构成该酒酒体的复合香气。

6. 其他香型白酒

其他香型白酒系指上述五种香型之外的白酒类型。它们往往是两种或两种以上的香型风格兼而有之，是吸取某些香型白酒的工艺精华，因地制宜糅合而成各自独特的典型风格，其工艺也各不相同。这类型酒在全国品种较多，产量较大。截止到1996年，除豉香型酒、芝麻型酒、四特型酒也已独立成型外，尚未独立定为新香型酒的，暂且都称其为其他香型酒。它们的共同风格特征是，各自的香气舒适独特，香味谐调，醇和味长。

五、按酒度分类

1. 高度白酒

酒精含量为51％以上的白酒，称为高度白酒。

2. 降度白酒

酒精含量为41％～50％的白酒称为降度白酒，又称中度酒。

3. 低度白酒

酒精含量为40％以下的白酒称为低度白酒。

第三章 白酒的生产方法

第一节 固态发酵法

一、大曲酒生产方法

1. 续粒法

续粒法是生产大曲酒应用最为广泛的酿造方法之一。它是将粉碎的原料，配入出窖(池)的酒醅，经蒸酒和蒸料，扬晾后，加入大曲(糖化发酵剂)进行糖化发酵的生产过程。由于这一操作法是在发酵成熟的酒醅中继续补充新原料(又称粒子)，既蒸酒又蒸料，扬晾后，加入大曲糖化发酵再蒸馏，故称续粒法。在续粒法中，又分为混烧法和清蒸混入法两种。

(1) 续粒混烧法　这是将酒醅和新原料混匀后，蒸酒和蒸料(糊化)同时进行，然后扬晾，加入大曲和水，继续糖化发酵，再蒸馏的制酒操作法。这种操作法有如下优点。

① 有利于增香：制酒的粮食原料本身含特有的香味物质，在蒸馏糊化时，随上升的气流带入酒中，对酒起到增香作用。这种香气，有人称其为粮香。

② 有利于原料的糊化：原料与酒醅混合，能吸收酒醅中的酸和水分，促进原料吸水膨胀和糊化。而且由于蒸料又蒸酒，可节约能源。

③ 可减少辅料(疏松剂)的用量，有利于改善酒质。

(2) 续粒清蒸混入法　此法是将原料加入辅料后进行单独蒸料糊化(清蒸)，再与蒸酒后的母糟混合，加入大曲和水，入窖糖化发酵，单独蒸馏出酒。这种操作法与混烧法的共同点是配醅发酵。但是，由于蒸料和蒸酒分别进行，故能耗较高。其优点是有利于排除原料中夹带的异杂味，以提高白酒质量。

2. 清粒法

清粒法是生产大曲酒的又一种传统酿造方法。它是将粉碎的原料拌入辅料后，经蒸料糊化，扬晾后加入大曲和水，进行糖化发酵和出窖蒸馏的生产过程。由于这一操作法不需配醅，原料经1次蒸煮糊化、2次加大曲糖化发酵和蒸馏后直接丢糟，故称清粒法，又称清蒸二次清法。它是清香型大曲酒的典型生产方法。国家名酒之一的汾酒就是代表。其所用的高粱原料粉碎后拌入辅料，经清蒸糊化，扬晾后加曲，放入埋于地下的陶瓷缸中(地缸)，发酵28天，蒸馏取酒(头粒酒)；蒸馏后的糟醅不补充新原料，而是只加大曲进行第2次为期28天的发酵，再蒸馏取酒(二粒酒)后直接丢糟。最后，将头粒酒和二粒酒经贮存勾兑，即为成品酒。

采用清粒法，原料只进行1次清蒸、2次发酵，因此，操作简便，易于掌握和控制。而且有利于以乙酸乙酯为主的复合香味的生成。由于此法在工艺上贯彻以清为主，一清到底的原则，故可实现文明生产，保持设备和场地清洁干净，尤其是采用地缸发酵，可大大减少杂菌污染，从而确保了清香型大曲酒的典型风格。

二、小曲酒生产方法

小曲酒是我国传统民族白酒中独具特色的酒种。它是以小曲为糖化发酵剂生产的白酒。小曲酒生产所使用的原料有大米、高粱、玉米、稻谷、小麦等。由于采用的原料不同，制曲和糖化发酵工艺也有差异，因而小曲酒的生产方法不尽相同。按糖化发酵工艺可分如下三类: (1) 先固态培菌糖化、后发酵法;(2) 边糖化、边发酵法;(3) 配醅固态发酵法。

三、麸曲酒生产方法

麸曲酒是以高粱、玉米、薯干及高粱糠等为原料，采用纯种培养的麸曲为糖化剂和酒母(酵母菌的扩大培养液)为发酵剂生产的白酒。由于麸曲酒具有生产周期短、出酒率高、物美价廉的特点，所以它是一种深受广大消费者，特别是广大农民和工薪阶层欢迎的酒种。麸曲酒又分为普通麸曲酒(大众白酒)和优质麸曲酒。在同一原料和同一生产工艺的条件下，通常麸曲酒的质量与大曲酒相比稍逊一筹。在现有的17种国家名酒中，尚未见到有麸曲酒列入。然而，在国家优质酒中的麸曲酒已有多见。麸曲酒的生产方法，按采用的生产工艺又分为以下几种: (1) 续楂法;(2) 清蒸混入四大甑法;(3) 清蒸清烧一排清法。

四、大曲与麸曲结合法

大曲、麸曲相结合生产的白酒，是采用先大曲后麸曲的两种工艺相结合生产的优质酱香型白酒。这是黑龙江省13个酒厂、科研所，经过3年的试验，总结出来的新工艺和新技术成果。应用该新成果，可提高麸曲酒优级品率23%，降低耗粮30%，缩短产品的生产周期35%。此项新技术不仅适用于酱香型白酒的生产，其他香型酒也可效仿，具有普遍的应用意义。

第二节　半固态发酵法

一、先培菌糖化、后发酵法

先培菌糖化、后发酵法是生产米香型白酒的典型生产工艺。它是以大米为原料，采用药小曲半固态发酵法，前期是固态，主要进行培菌和糖化过程，发酵期为20～24h，后期为半液态发酵，发酵期约7天，再经蒸馏而制成的米香型白酒。其产品具有米香纯正、清雅，入口绵甜、爽洌，回味怡畅的典型风格。广西桂林三花酒和全州湘山酒是米香型白酒的典型代表。这两种产品自1963年第二届全国评酒会被评为国家优质酒以来，于1979年、1984年和1988年蝉联四次国家优质酒的光荣称号。

二、边糖化、边发酵法

边糖化、边发酵的半固态发酵法，是以大米为原料、以酒曲饼(小曲的扩大培养)为糖化发酵剂，在半固态状态下，经边糖化、边发酵后，蒸馏而成的小曲米酒的酿制方法。它是我国南方各省酿制米酒和豉味玉冰烧酒的传统工艺。豉味玉冰烧酒是豉香型白酒的典型代表，为广东地方的特产。其历史悠久，深受广大群众和华侨以及港澳同胞的欢迎；生产量大，出口量也相当可观，是一种地方性和习惯性的酒种。

该酒种要求新蒸出的斋酒，放入贮酒池中静置后，分离表面油质及酒脚，再继续贮存，使酒体基本澄清，然后放入肉埕中酝浸。

肥肉酝浸是玉冰烧生产工艺中重要的环节。经过肥肉酝浸的米酒，入口柔和醇滑，而且在酝浸过程中产生的香味物质与米酒本身的香气成分互相衬托，形成了突出的豉香。因此，这种陈酿工艺是独树一帜的。

第三节 液态发酵法

液态发酵法是采用酒精生产方法的液态法白酒生产工艺。它具有机械化程度高、劳动生产率高、淀粉出酒率高、原料适应性强、改善劳动环境、辅料用量少等优点。因此，它是白酒生产的发展方向。采用液态发酵法以代替传统的固态发酵法，是一项重大的技术改革，曾被列为国家重点科研项目。在50年代就做过酒精加香料人工调制白酒的尝试。由于当时技术条件所限，产品缺乏白酒应有的风味质量而未获得成功。直到60年代中期，在总结我国某些名白酒的生产经验之后，将酒精生产的优点和白酒传统发酵的特点有机地结合起来，才使液态发酵法白酒的风味质量与固态发酵法白酒逐渐接近。目前，液态发酵法生产的白酒质量不断改进和提高，产量不断增大。据不完全统计，采用液态发酵法生产的白酒约占全国白酒总产量的60％以上。

一、液态发酵法的类型

1. 全液态发酵法

全液态发酵法俗称“一步法”。本法从原料蒸煮、糖化、发酵直到蒸馏，基本上采用酒精生产的设备，在工艺上注意吸取白酒的传统操作特点，完全摆脱了固态发酵法生产方式，使生产过程达到机械化水平。这种方法大致有以下4种形式：

(1) 直接投入产香微生物参与发酵。在酒精发酵醪中投入产香微生物，如大曲、产酯酵母、复合菌类等，发酵成熟后蒸馏。

(2) 加入己酸菌发酵液参与发酵。在酒精发酵初期加入己酸菌发酵液，再经2～3天共同发酵后蒸馏。

(3) 己酸菌发酵液经化学法或生物学法酯化后与酒精发酵醪一起蒸馏。

(4) 酒精醪液与香味醪液分别发酵，按比例混合后蒸馏成酒。

2. 固液结合法

固液结合法是综合固态和液态的生产方法的优点，以液态法生产的优级食用酒精为酒基，经脱臭除杂，利用固态法的酒糟、酒头、酒尾或固态法白酒增香来提高液态法白酒的质量。故又被称之为液态除杂，固液结合增香法。

3. 复蒸增香法

(1) 串香法　这是贵州省遵义董酒厂生产董酒的经验在液态法白酒生产中的应用。串香法的具体做法很多。有的与麸曲固态法白酒相结合，即先将酒精放入底锅再将酒醅装甑，而后蒸馏，使酒精蒸气通过酒醅而将酒醅中的香味成分带入酒中，以增加白酒的香味。有的在固态法白酒中加入产酯酵母培养液，培养香糟后，再装甑串香。还有的用酒醅加曲再发酵做成香醅后，进行串香等，各有特色。

(2) 浸蒸法　将香醅与酒精混合、浸渍，然后复蒸取酒。一般香醅用量为酒基的10%～15%，浸渍时间在4h以上。

4. 调香法

以脱臭的食用酒精为酒基，配入具有白酒香气的香味液或食用香精香料，经勾兑而成液态法白酒，这一工艺又称为调香勾兑法。它与串香法或浸蒸法相比，省略了酒精复蒸操作，从而避免了酒精的损耗，节约了蒸汽与劳动力，生产效率高。虽然这一方法最简单，而且设想不同风格香型的白酒都可以人为地予以控制，因此，也是众所期望的一种好方法。但在实际工作中发现，由于白酒的香味成分复杂，含量少而种类多，不可能以少数几种化学香料调制出合乎要求的白酒来。又由于白酒的香味成分剖析工作尚不够完善，对它们之间的量比关系和平衡关系还未完全了解清楚，这就造成了调香勾兑技术的复杂性。到目前为止，除了浓香型白酒用调香法勾兑稍见成效以外，其他的香型白酒则有待于继续摸索研究。

二、几种液态发酵法的优缺点

1. 串香法和浸蒸法

产品虽有明显的固态法白酒的风味，也适用于一般酒厂的生产条件，但此法仍不能摆脱繁重的体力劳动，而且串香法的酒精损耗较大，一般为2%～10%。

2. 固液勾兑法

生产操作简单，酒精等物料损耗少，是目前较好的生产方法。但仍保留固态法生产方式。

3. 调香法

生产操作简便，物料损耗少。但由于调香技术要求高而难以达到，故产品风味较差，缺乏协调和自然感。

4. 全液态发酵法

可完全摆脱固态法生产方式。但产品质量尚不够完善，在增香与蒸馏等方面还需进一步改进提高。

第一篇

白酒生产微生物及糖化发酵剂

第一章　白酒微生物的概念、分类、特性及其应用

第一节　白酒微生物的概念

一、白酒微生物的含义

(一) 白酒微生物的研究范围

白酒微生物的研究范围，应包括以下4个方面。

1. 充分了解白酒传统工艺的菌况

目前，一些大曲酒及小曲酒的生产，大多是采取天然制曲和自然发酵的方式，其菌况很复杂，可以说每厂、每地、每季、每批都不尽相同，甚至存在很大的差异。为了进一步完善和改进传统工艺，就必须将原来的菌况基本上搞清楚。在这方面，几十年来已取得了较好的成绩，但仍须努力，应从宏观向微观方向深入研究。例如放线菌在大曲酒生产中起良好作用的是哪些种?未知的耐热芽孢杆菌有哪些?等等，这项工作要划上句号还为时太早。

2. 提高纯种的选育水平

在基本了解传统工艺菌况的基础上，有目的地进行优良菌种的选育。在这方面应注意两个问题：一是选种的范围不要太狭窄，也不要像打排球那样，上场的运动员都盯着1个球;二是不要只选而不育，因为从自然界和生产中分离到的一些菌，基本上可称为野生菌，它们各自具有某种优势，但如果再加以育种，例如采取遗传工程等手段，则可事半功倍。

3. 处理好纯种与天然菌的关系

纯种应用于强化曲，在促进发酵、优化窖泥等方面，均已取得了较好的效果。在这方面，也应注意两个问题。一是某种酒使用纯种菌株的数量，是只能用1株还是多多益善?这不能一概而论，应因酒而宜。纯种应用于大曲酒，可由原来的天然菌混战一场，优胜劣汰转变为有些主要菌始终占绝对优势。二是纯种如何加人，何时加，加多少?这要与其他条件相配套。是否一些名酒就绝对不能使用一些纯菌种?这可由实践结果来回答。是否能从天然菌与人工菌株相结合，逐步走向基本上完全使用纯种?同样要通过实践来作出应有的结论。

4. 应用纯种不是一项孤立的工作

纯种及酶的作用，与原料、工艺、设备是密切相关的。有时其中一项改变，其余各项不变;有时某项改变，则要牵动其他一项或多项。在使用纯种时，尤其是工艺条件，例如制曲和发酵的温度变化、pH、需氧状况、酒醅含水量，以及发酵时间等，很可能不能按传统的天然制曲和发酵的要求和变化规律加以控制。当然，某些产品的老工艺可与不断改进的工艺在一定时期内长期并存，但绝对不变的事物是没有的，也未必有利于传统产品的生命力。

(二) 关于有益菌和有害菌

这里所说的有益菌和有害菌，是因不同种类的白酒及其生产过程的各个阶段，相对而言的。每种菌在生长的同时，往往可以产生以某一种酶为主的多种酶，这些酶类将培养基中的成分分解或合成各种产物，并合成菌体成分。

1. 有益菌

主要有糖化菌和包括产香味菌在内的发酵菌两大类。糖化菌最好是能耐温、耐酸、耐酒精且产糖化酶较多，产蛋白酶适量而不产果胶酶的菌；发酵菌要生成适量的酒精及各种香味成分。

(1) 霉菌　曲霉和根霉是主要的糖化菌。其中黑曲霉的糖化力较高；根霉也具有较高的糖化力，且不产转移葡萄糖苷酶，并能产多种有机酸，若与其他菌株配合使用，则有利于麸曲白酒口味的改善；白曲(霉)的糖化力稍低，但所制得的成品酒风味较好；米曲霉的糖化力较低，且不耐酸，但液化力及蛋白质分解力较强，一般用于制米曲汁的米曲培养。

在许多名优酒大曲中，大多能分离到红曲霉及拟内孢霉，它们均有产糖化酶的能力。红曲霉也能产多种有机酸，并能分泌酯化酶；拟内孢霉能产多元醇，有利于增强白酒的绵甜感。

少数犁头霉也有较高的糖化力。木霉能产纤维素酶，若菌株优良且培养得法，并与其他糖化力高的菌株一起使用，则能提高出酒率。

(2) 酵母　酿酒酵母、产酯的异常汉逊酵母、球拟酵母等，均为有益菌。

(3) 细菌　己酸菌在浓香型白酒生产中是主要的产香菌；耐高温芽孢杆菌在酱香型白酒的大曲中占主导地位。白酒醅中含产适量乳酸、醋酸、丙酸等有机酸的细菌，有利于白酒的风味。窖泥中含有适量的甲烷菌及丁酸菌也有利于浓香型白酒风味的形成。

(4) 放线菌　窖泥中存在的某些放线菌，具有脱臭及生香的作用。

2. 有害菌

(1) 霉菌　青霉菌的生长温度较低，在制曲过程中极易污染此菌，能使成品酒呈苦味。灰绿曲霉及孢子呈灰褐色的小克银汗菌，是以AS3.4309菌株制麸曲时污染的“水毛菌”。

念珠霉是制大曲中“穿衣”及小曲挂白粉的主要菌，多被视为不良菌。但也有人分离到对淀粉分解力较强的念珠霉，这说明念珠霉中不一定都是不良菌。所以在选育优良菌株时，不能因某一株菌种某些性能较差而轻易地将与该菌同属、同种的菌均下同样的结论。链孢霉的生存能力很强，一旦侵入曲房，就很难根除，常在酒糟上生长。如果将酒糟运至远离白酒生产车间，可用此菌或某些细菌等在酒糟上培养成营养价值较高的饲料。

在大曲中，犁头霉含量较多，一般表现为糖化力很低，且其大量的孢子使成品酒呈苦涩味或霉苦味。但在汾酒曲中也分离到糖化力较高的菌株，被用于六曲香酒的生产中。

(2) 野生酵母　在以自然发酵的方式的白酒生产中，所谓野生酵母是相对于酿酒酵母和产酯酵母而言的。当然也存在有害的杀伤酵母。

(3) 细菌　乳酸菌在大曲、小曲及其酒醅、酒醪中均存在。酒醅、酒醪中含有少量的乳酸菌和醋酸菌，如前所述，对白酒的口味有利，但含量较多则不利。若在麸曲及酒母培养中大量污染这两种菌，则会导致酸败。

丁酸菌在麸曲培养过程中进行堆积而不翻拌时可常见，它会影响出酒率。粘液菌及大多存在于陈酒糟及窖头泥中的枯草芽孢杆菌和马铃薯菌等，通常也是白酒生产中的有害菌。但枯草芽孢杆菌在酱香型大曲制作中可谓有益菌，它能分泌多量蛋白酶。

在传统的大曲酒和小曲酒的培曲和发酵过程中，通常是有益菌和有害菌共存，且这些菌的相对数量，在不断变化之中。由于制曲或发酵条件等控制不当，有时也会滋长某些腐败性的细菌等，使成曲及酒质劣化。

二、白酒微生物的分布

除液态发酵法白酒生产中比较严格地使用纯菌种之外，传统的大曲酒及小曲酒的生产，多利用天然菌；固态发酵法麸曲酒的生产，虽然使用人工菌株制曲和酒母，但也采用堆积法及敞口发酵法。故就广义而言，白酒微生物的分布范围很广。从原料、用水、空气、曲、醅和醪、糟到场地、工用具、设备、窖池，乃至人手及鞋等，无所不在，微生物无所不包。关于曲、窖泥及醅、醪中的微生物，可参见本书有关的章节。

三、白酒微生物的生存条件

1. 营养

白酒微生物的营养，与普通微生物一样要求有以下5源，但具体的菌类则具有一定的特殊要求。

(1) 水分　一切其他营养成分，都要先溶解于水中，才能通过微生物的细胞膜进入细胞内；细胞内酶的合成等生理生化反应，也必须在水溶液中进行。当然，水本身也是一种营养源，因为它含有各种无机离子。

(2) 碳源　凡能供给微生物碳素营养的物质均称为碳源。例如糖类、淀粉、有机酸及醇类等。白酒生产中的霉菌及酵母，多以糖类为碳源，己酸菌以乙醇为碳源，甲烷菌以CO_2为碳源。

(3) 氮源

① 有机氮：如蛋白质、蛋白胨、氨基酸、尿素、玉米浆、豆饼粉、花生饼、鱼粉等。

② 无机氮：如分子氮、硝酸盐、铵盐等。

微生物对氮源的要求，因菌别而异。例如能将淀粉糖化的黑曲霉能以硝酸盐和铵盐等无机氮为氮源；而产酒精的酵母则只能以铵盐为无机氮源，不能利用硝酸盐。

有机氮与无机氮相比，微生物较易利用无机氮，若两类氮共存时，通常微生物先利用无机氮后，再利用有机氮。

(4) 无机盐类　无机盐是构成菌体及酶，以及促进酶作用的成分。微生物所需的无机盐类包括磷酸盐、硫酸盐、氯化物及含钾、钠、钙、镁、锰、铁等元素的化合物。尤其是磷酸盐与微生物的代谢和遗传等密切相关。有机物中也含有有机磷，但只有在被磷酸酯解酶分解为无机磷的状态下才能被微生物所利用。若将微生物置于不含无机盐的蒸馏水中，则它不能进行繁殖，只能保存而已。

(5) 生长素　狭义的生长素是指维生素。例如有些微生物因缺乏维生素而生长不良或不能生长，若能供给其少量麦芽汁或酵母浸出液，则可较好地繁殖，因为它们含有某些微生物自身不能合成的生长素。

2. 环境

微生物的营养，通常是指培养基的成分；而微生物生长所需的环境，是指培养的条件，大体包括如下4个方面。

(1) 温度 微生物的生长温度范围，总的可在0～80℃之间，有些微生物还能在更低的温度下生长。每个菌株按其生长速度可分为3个温度界限，即最低生长温度、最适生长温度及最高生长温度。白酒生产中的微生物，在繁殖和发酵时通常是放热的，故固态发酵法白酒生产中要注意“低温入窖、缓慢发酵”。

(2) pH 微生物细胞的原生质膜具有胶体的性质，每种菌在一定的pH值内，原生质带正电荷，而在另一pH范围内，原生质带负电荷。这直接影响到原生质膜对某些离子及其他营养的吸收状况。例如一般酿酒酵母在pH5左右时，主要产物为乙醇；而在pH8时，则可产多量的甘油。

一般酵母及霉菌适于在pH＜7的酸性条件下生长；而细菌则适宜于微碱性或接近中性的条件下生长。每个菌株均有其最适生长的pH值。

白酒生产中所谓的酸度，以1g曲或酒醅在滴定其酸度时所消耗的0.1mol/L NaOH溶液的毫升数表示。下窖的醅中保持一定的酸度，有利于抑制产酸细菌的繁殖，称为“以酸制酸”措施。

(3) 需氧状况 各菌株的需氧状况是不同的，有的厌氧，有的需微量氧，有的则需要较多的氧才能生长或发酵。在固态发酵法白酒生产中，利用曲坯或酒醅的疏松程度，来调节其含氧量。空气中的氧，只有溶解于水中呈溶解氧状态，才能被微生物所利用。

(4) 界面 所谓界面，是指气相、液相、固相之间的接触面。在固态曲及固态酒醅中，实际上存在上述3相。物质从某相传递到另一相的过程称为传质过程或扩散过程，这与生长于两相接触面上的微生物的生化作用密切相关。为什么固态曲与液态曲的质量有明显差异呢?为什么液态发酵、半固态发酵及固态发酵法生产的白酒质量各不相同呢?为什么己酸菌接种于窖泥中的效果优于接种于酒醅呢?这都是因为界面的关系。

此外，还有压力、物质浓度等，也与微生物的生长和发酵状况有关。

第二节 白酒微生物的分类及其特性

一、微生物的分类及命名

1. 微生物的分类

地球上生物的分类以界、门、纲、目、科、属、种为序。按Whittaker提出，经Margulis在1971年修订的五界系统说，生物可分为原核原生物界(细菌、蓝藻或称蓝细菌)、原生生物界(原生动物、粘菌、绿藻、金藻、红藻、褐藻)、真菌界(真菌)、植物界(苔藓植物、维管束植物)、动物界(多细胞动物)。由此可见，微生物跨占三个界，还涉及病毒界。据推测，高等动物、高等植物及微生物都由同一祖先原始病毒进化而来的。过去有些学者主张三界说，即微生物既不属于动物界，也不属于植物界，应独立为微生物界；但也有些学者认为有的微生物类型接近于动物，应归属于动物界，如原生动物；有些类型接近于植物，应归属于植物界，如细菌、真菌等。

在白酒生产中，通常将所涉及的微生物分为细菌、酵母菌、霉菌和放线菌四大类。

2. 发酵微生物的命名

发酵微生物的命名，采用林奈氏(Linnaeus)双名法，即属名在前，种名在后，有的还在最后附变种、菌株及命名者的姓名。属名和种名都使用拉丁语，属名用名词，第一个字母大写；种名用形容词，第一个字母不大写。属名描写菌的主要形态特征或形态及生理特征。例如链球菌属(*Streptococcus*)表示其球状细胞呈链状排列；而乳酸杆菌属(*Lactobacillus*)则表示其形态和生理特征。种名只说明菌的次要特征。例如黑曲霉(*Aspergillus niger*)中，*niger*是拉丁文黑色之意。

科名的语尾为－aceac；目名的语尾为－ales；纲或亚纲名的语尾为－mycetes，通常读为2个音节，也有读成3个音节的。纲、目、科名的第一个字母要大写，但不印成斜体字。

二、各类微生物的形态及构成

1. 细菌的形态及构造

细菌按形态可分为球菌、杆菌及螺旋菌三大类。其中球菌按细胞排列方式又可分为单球菌、双球菌、四联球菌、八叠球菌及链球菌等；杆菌按其细胞长宽比和排列方式又可分为长杆菌、短杆菌、棒杆菌、链杆菌。各种杆菌的长宽比差别很大；两端呈不同形状，如半圆形、钝圆形、平截形、稍尖形等；菌体呈笔直、稍弯或梭状。例如白酒生产中的己酸菌等为梭状芽孢杆菌；甲烷杆菌稍弯曲连成链，或呈短而直的杆状。成都生物所分离到的甲烷菌呈长杆状、小球状、梨形、八叠形。螺旋菌按其弯曲状况又可分为弧菌、螺旋菌和螺旋体。螺旋菌主要为病原菌。白酒工业中常见和常用的是球菌和杆菌，尤以杆菌为主。

细菌由于外界条件及培养期过长等原因，也会呈现畸形和衰颓形。

球菌直径为0.2～1.5 μm；大型杆菌的宽×长为(1.0～1.5) μm×(3～8) μm，中型杆菌为(0.5～1.0) μm×(2.0～3.0) μm，小型杆菌为(0.2～0.4) μm×(0.7～1.5) μm。

例如泸州白酒生产中的己酸菌长为2～5 μm，宽为0.6 μm；成都生物所的布氏甲烷杆菌的长为2～5.5 μm，宽为0.5 μm。

细菌的一般构造为：细胞壁之内是与细胞内部相隔的细胞膜；细胞内含有细胞质、间体、核糖体、内含物颗粒及细胞核。有些细菌的外表还有鞭毛或线毛。有些细菌能形成芽孢。芽孢是在原来的细菌细胞营养体内形成1个圆形、卵圆形或圆柱形的休眠体，又称为内生孢子。芽孢具有外皮层、内皮层及核等多层构造，芽孢与营养体在结构上的不同之处，主要就在于那些层次构造。芽孢可在适宜条件下萌发、发育为营养体。

2. 霉菌的形态和构造

霉菌也称为小型丝状真菌。凡可在一定基质上形成绒毛状、网状或絮状菌丝体的真菌，除极少数之外，均称为霉菌，即人们日常生活中见到的长毛的菌。

霉菌的生长，与一般的植物有些相似。即由一个作用类似谷粒的孢子发芽生长为菌丝。菌丝通常分两种：一种是如植物的根那样，长人培养基内吸收营养的菌丝，称为营养菌丝或基生菌丝；另一种是向空气中生长的菌丝，称为气生菌丝，气生菌丝可发育成子实体。菌丝还有有无横隔之分，无横隔的菌丝整个菌丝体就是1个大细胞，胞内含有很多个细胞核，如毛霉、根霉、犁头霉等；有横隔的菌丝体，整个菌丝体由多细胞组成，每一段菌丝就是1个细胞，每个细胞内含有1个、2个或几个核，在横隔的中央有极小的孔，使细胞间的细胞质及营养相互沟通，如曲霉的菌丝即具有横隔。

子实体是真菌特有的繁殖机构，含有或产生有性或无性孢子。其形态多样，大小相差悬殊。白酒工业应用的菌株，多生无性孢子，有内生和外生之分。如袋状内含有多个孢子的根霉、犁头霉等的子囊孢子；如红曲霉等着生于菌丝或其分支顶端、呈单生、成链或成簇的分生孢子等。

霉菌的菌丝细胞也由细胞壁、细胞膜、细胞质、细胞核及其他内含物组成。

菌丝的宽度一般为3～10μm，细胞壁的厚度为100～250nm，细胞膜厚度为7～10μm，细胞核直径为0.7～3μm。幼嫩的细胞质很均匀，老菌丝的细胞质中有液泡。

霉菌的孢子可呈不同的色泽。

从汾酒大曲及酒醅中分离到的霉菌菌株的形态状况如下：根霉以米根霉为主，其孢子囊呈圆形或近圆形，开始为无色，成熟后为深褐色或黑色；子囊孢子为圆形、卵形、不规则形、不正六角形或柠檬形，有的有棱角，表面具皱褶或沟纹，呈无色或灰黑色。犁头霉的菌落呈浅灰色至青灰色，菌丝纤细、疏松、网状，孢子囊小、呈梨状，孢子较小，为圆形或椭圆形。毛霉菌种为卷枝毛霉种，菌丛较低，菌丝整齐有光泽，呈灰褐色或黄褐色，汾酒大曲及酒醅中毛霉很少。红曲霉菌株的菌落呈茸毛状，有白色、黄色、红色、紫红色甚至黑褐色之分，但菌落反面均有很规则的放射状皱褶。米曲霉菌株的菌落呈浅黄色或黄绿色。黑曲霉菌株的菌落呈白色茸毛状，分生子穗为黑色至炭黑色。

白酒生产中常见的黄曲霉、米曲霉及黑曲霉的一般形态特征如表1－1－1所示。

表 1-1-1 米曲霉、黄曲霉、黑曲霉一般形态特征

菌别 项目	米曲霉	黄曲霉	黑曲霉
菌落	培养10天后，菌落直径为5～6cm，变为疏松、突起。初呈白色，逐渐变为黄色、带黄褐色至淡绿褐色	生长较快，培养10～14天后，直径为6～7cm。由带黄色变为带黄绿色，最后色泽发暗。菌落平坦或呈放射状皱纹，背面无色或略带褐色	菌落较小，培养10～14天后直径为2.5～3cm。菌丝开始为白色，常呈现鲜黄色区域，厚绒状黑色，背面无色或中部略带黄褐色
分生孢子头	呈放射状，直径为150～300μm，少见疏松柱状	呈疏松放射状，后变为疏松柱状	幼时呈球形，逐渐变为放射形或分裂成若干放射的柱状，为褐黑色
分生孢子梗	长约2mm，壁粗糙且较薄	大多直接自基质长出，直径为10～20μm，长度通常不足1mm；较粗糙	自基质直接长出，长短不一，为1～3mm，直径为15～30μm
分生孢子囊	顶囊似球形或烧瓶形，直径为40～50μm。小梗为单层，偶有双层，也有单、双层小梗并存于一个顶囊的状况	顶囊呈球形或烧瓶形，直径为25～45μm。小梗单层、双层或单双层并存于一个顶囊。在小型顶囊上仅有一层小梗	顶囊球形，直径为45～75μm。小梗双层，全面着生于顶囊，呈褐色

续表

项目＼菌别	米曲霉	黄曲霉	黑曲霉
分生孢子	幼时呈洋梨状或椭圆形，老后似球形，直径通常为4.5～7 μm。表面粗糙或近于光滑	呈球形，粗糙，直径为3～6 μm	呈球形，直径为4～5 μm。褐色素积于内壁和外壁间，成为短根状或块状而较粗糙

3. 酵母菌的形态及构造

酵母菌为单细胞微生物，其形态有球形、椭圆形、卵圆形、柠檬形、腊肠形、胡瓜形、菌丝状等。研究酵母菌的特征，应采用米曲汁、麦芽汁等营养丰富的培养基，并以新鲜的细胞来表示。因为每株酵母菌的形态，随培养时间、新鲜营养分的状况，以及其他条件而变化。

酵母菌细胞的长度为1～10 μm、宽1～5 μm。在白酒工业中常用的酵母菌的直径多为4～6 μm。

酵母菌的细胞壁和细胞膜之内，含有线粒体、1个或多个液泡、细胞核及核糖体、内质网、微体、微丝、内含物等。还有出芽痕和诞生痕。通常酵母菌是无鞭毛的，不运动性的。

在汾酒酿造中分离到酵母菌属的酵母、汉逊酵母、拟内孢霉、假丝酵母、柠檬酵母及芽裂酵母等。将它们在麦芽汁琼脂培养基上培养，其菌落呈软泥状、蜡脂或奶油状，有光泽或无光泽；近似霉菌的酵母菌，其菌落呈粉状或短茸毛状，白色、灰白奶油色至粉红色等。老的菌落色泽变深，表面呈皱褶或无皱褶；在液态培养基中培养时，大多能发生气泡，少数发酵微弱或不发酵，生醭或不生醭。从酵母孢子的形态观察，也不难识别汾酒酵母菌的种类。具有如礼帽形孢子的是汉逊酵母；椭圆形孢子是酵母菌属菌株的特征；拟内孢霉菌株的孢子呈礼帽形，也有为半圆形的。

4. 放线菌的形态特征

放线菌的菌丝也有基生菌丝和气生菌丝之分。气生菌丝有分支，有的呈直立簇状，有的如开放的螺旋状，有的为闭合的螺旋状，还有呈轮生状的。气生菌丝的末端，生成屈折率较大的孢子。孢子有球形、椭圆形、杆形、瓜子形等。

基生菌丝一般无横隔膜，直径为0.2～1.2 μm，比气生菌丝细。

气生菌丝、基生菌丝及孢子，均呈不同的色泽。

菌落呈圆形，秃平或有许多皱褶或呈地衣状。因放线菌的气生菌丝生长缓慢，菌丝分支相互交错，故其菌落质地致密，表面呈绒状、坚实、较干，菌落较小而不延伸。

白酒工业中对放线菌的研究刚刚起步。

三、各类微生物的生理生化特性

所谓微生物的生理，是指其繁殖方式，以及在一定条件下生长及产酶等状况。例如按微生物对氧气的不同要求，可分为很多类，但一般可分为3类，即好气、厌气及兼性厌气微生物。白酒生产中常见的霉菌、醋酸菌等，即为好气菌，即在生长及发酵时均需要氧，但各株菌种的需氧状况差别很大。已酸菌、丁酸菌、甲烷菌等，为厌气菌或称为厌氧菌，它们在生长和发酵时不需要氧。乳酸菌通常也称为厌氧菌，但实际上很多乳酸菌生长时也需要极微量的氧。酿酒酵母为兼性厌(嫌)气菌，即在生长时需要一定量的氧(1～7mg/L)，但在发酵时就不需要氧。有的学者也将己酸菌列为兼性厌气菌。

所谓微生物的生化特性，是指其在酶的作用下进行代谢形成产物的状况。

1. 细菌的生理和生化特性

细菌由细胞横向分裂而繁殖，故称裂殖菌。

细菌若能在明胶培养基中生长，则表明其能产生明胶酶，即蛋白酶。明胶被酶解后会形成溶解圈。白酒生产中的芽孢杆菌，能产生纤维素酶、半纤维素酶、葡萄糖异构酶及蛋白酶等酶类。

将细菌在肉汤中培养1～3天，可观察液面膜或环的生成状况、混浊程度、沉淀和气泡有无及色泽等。

中国科学院成都生物所从泸州窖泥中分离到的己酸菌，其生理生化特性与克氏菌有明显不同。菌体末端轻度膨大后，可呈鼓锤状。能利用乙酸或乙醇合成己酸及少量丁酸；能发酵葡萄糖产生乙酸、丁酸和少量己酸。最适生长温度为30～35℃，在碱性条件下生长良好。不分泌细胞色素氧化酶，产过氧化氢酶，水解明胶，产氨试验阳性，硝酸盐还原试验阴性，不利用丙二酸盐。

该所还从大曲酒糟中分离到1株甲烷氧化杆菌，其生理特征为：专以甲烷为营养，对甲烷以外的有机物很敏感。不能利用葡萄糖等20余种有机碳源，也不能利用甲醇和普通牛肉膏生长。在Mg^{2+}、Cu^{2+}、Fe^{2+}、Ca^{2+}浓度变化时，对该菌的生长无影响；对生长素也无特殊要求。该菌为好氧菌。对有机醇有很强的抗性，最高能耐受2％甲醇和5％乙醇。对卡那霉素、链霉素、四环素敏感；对100μg/ml浓度的放线菌素和0.2g/100ml浓度的丙酸钠不敏感。

该所从老窖中分离到的产甲烷菌CS菌株，对多种抗生素不敏感。在青霉素G浓度5600u/ml、红霉素400μg/ml、卡那霉素75μg/ml、四环素70μg/ml下，均不影响其生长，但四环素浓度增至150μg/ml时，则产生明显的抑制作用。基质利用能力：在HCOONa、CH_3OH、CH_3COONa、$N(CH_3)_3$浓度均为0.05mol/L和H_2-CO_2为0.1MPa大气压下，接种量10％，35℃静置培养时，结果表明该菌不能利用甲酸钠、甲醇、乙酸钠和三甲胺；培养2个月也无生长迹象；只能利用H_2-CO_2为生长和产甲烷的基质，甲烷产量在第7天和第14天分别为65.17μmol/管和224.26μmol/管。最适生长参数：生长温度为25～45℃，最适温度为35℃；在pH6.0～9.0之间，均可生长，最适生长pH为7；最适NaCl浓度为7.5m mol/L。添加剂的影响：CS菌株在以H_2为能源、CO_2为碳源、简单的无机盐培养基上即能生长。若添加窖泥浸出液、胰酶水解酪蛋白液及硫酸镍和乙酸钠，则有不同程度的刺激作用；复合微量元素能刺激生长，若与维生素溶液并用，则刺激作用可增强；但单独使用维生素溶液时，就无刺激作用；而添加酵母膏则完全无刺激作用。甲烷生成、氢化酶活力及光吸收值关系：以H_2-CO_2为基质，在35℃下以100r/min的转速进行振荡培养，生长迅速。培养2天即进入对数生长期，甲烷生成量及光吸收值在第6天均达最高值；氢化酶活力在第5天即达高峰，此后迅速下降。光吸收值的下降，可能与该菌自溶产生原生质体有关。

2. 霉菌的生理生化特性

霉菌主要由孢子进行繁殖。由一种孢子萌发成菌丝，经生长发育，最后又产生同一种孢子。白酒工业中应用的霉菌，多为无性繁殖。

霉菌的酶，概括地说，有淀粉酶、蛋白酶、脂肪酶、纤维素酶、半纤维素酶、果胶酶、单宁酶、酯化酶等。从这些酶类，不难推知其酶解产物。

3. 酵母菌的生理生化特性

酵母菌的繁殖方式有无性繁殖和有性繁殖之分。其中无性繁殖又有芽殖和裂殖之分。白酒工业中常用的酵母多为芽殖。酵母菌以形成子囊孢子的方式进行繁殖的过程，称为有性繁殖。

酵母菌能分泌淀粉酶、蛋白酶、脂肪酶、酒化酶等。既有分解作用的酶，又有合成作用的酶。

在大曲酒的酒醅中，也存在这样的酵母菌：以乙醇为唯一的碳源；同化而不发酵葡萄糖，对其他糖类不同化；对硝酸盐微同化或不同化；能生成1～4个半圆形孢子。也有的酵母菌以乙醇为惟一碳源；同化葡萄糖，微同化麦芽糖，但对糖无发酵作用；不形成孢子。

4. 放线菌的生理生化特性

放线菌以无性方式繁殖，可由孢子萌发成菌丝，再生长发育形成孢子；也可通过菌丝断片繁殖，在液态培养基中，主要靠这种方式繁殖。

气生菌丝生长到一定阶段，即分化为孢子丝，孢子丝成熟即形成许多孢子；也可在菌丝上形成孢子囊，在孢子囊内形成子囊孢子。

放线菌的酶，有淀粉酶、蛋白酶、脂肪酶、酸性磷酸酶、角质分解酶、果胶酶、甘露糖苷酶及苯基甘露糖苷酶等。

白酒生产中的放线菌，有些菌株具有脱臭、生香的功能，应进一步进行研究。

白酒生产中有关的酶类及其作用，可参见本篇第九章的有关内容。

第三节　白酒微生物的其他特性

一、微生物的营养类型及代谢作用类型

1. 微生物的营养类型

过去，生物学家认为生物仅存在两种营养类型，即以植物为代表的能完全靠无机养料生存的自养型，以及以动物为代表的需要有机养料生存的异养型。但这种简单的分法，与微生物营养类型的多元化不吻合。微生物学家通常按微生物所用的能源和碳源的性质对微生物的营养类型进行分类。

(1) 有机营养菌　又称异养型菌，即需要各种外源有机化合物才能生长和繁殖的微生物。白酒生产中所用的菌，大多属于此类。这类菌又按其在细胞内是借助于光反应还是暗反应(利用化合物)进行氧化作用获取能量，可分为光能有机营养菌和化能有机营养菌。

(2) 无机营养菌　又称自养型菌，即能摄取并利用无机化合物为氧化底物获取能量、进行生长和繁殖的菌。例如某些甲烷杆菌。这类菌又按其在细胞内借助光反应还是暗反应进行氧化作用，可分为光能无机营养菌和化能无机营养菌。或称光能自养菌和化能自养菌。

2. 微生物的代谢作用类型

微生物的代谢作用，总的可分为如下两大类型。

(1) 同化作用　又称合成代谢或组成代谢。包括如下两种含义：

① 微生物细胞将小分子的前体物质合成为大分子和复杂物质的过程。

② 微生物在新陈代谢过程中，将从外界摄入的养料和体内的小分子物质，合成自身的组成物质，并贮存能量的过程。很多书中通常所指的同化作用，就是狭义地表示这一过程。

(2) 异化作用　又称分解作用。包括如下两种含义：

① 微生物在新陈代谢过程中，将自身的组成物质或其他的大分子物质在胞内分解并释放能量的过程。所释放的能量，一部分供同化作用之需，其余供维持生命活动或以热量形式发散；分解而成的小分子物质，一部分作为同化作用的原料，其余则排至体外。

② 细胞分泌至胞外的酶，将基质中的大分子物质分解为小分子物质的过程。

二、遗传变异

1. 遗传

遗传是指亲代的性状在其后代中重显的现象，微生物也具有这种属性。但在遗传中必包含有变异。

2. 变异

可遗传的变化称为变异。这是工业微生物产生变种的根源，也是育种的基础。遗传的物质基础和变异的物质基础是相同的，即遗传物质的基本单位是基因，基因是带有决定某种蛋白质全部组成所需信息的DNA(脱氧核糖核酸)最短片段，是一个能自我复制、重组、突变的基本单位。

白酒酿造工作者的主要任务，就在于如何操纵微生物的代谢，即实现代谢控制发酵。包括两个方面：一是进行遗传型控制，即采用遗传学或其他生化手段，人为地在DNA的分子水平上改变和控制微生物的代谢，使有用产物大量生成、积累；二是条件型控制，即在基质、温度、pH、压力、需氧量等条件方面予以控制。也就是应在菌种的选育及发酵工艺等方面进行研究。

三、种间关系

不同种的两种微生物生活在一起，会存在寄生现象、拮抗现象、竞争现象、共生现象等现象。在传统法白酒生产中，这些现象均存在。

1. 寄生现象

细菌或放线菌与噬菌体之间的关系是典型的寄生现象。

2. 拮抗现象

一种微生物产生不利于另外的微生物生存的代谢物质，并引起生长环境的pH、渗透压、氧和二氧化碳张力等变化，使它们的生长受到抑制，甚至死亡的现象，称为拮抗现象。

例如白酒生产中乳酸菌或醋酸菌不断产酸降低pH，致使绝大多数不耐酸的菌无法生存而趋向灭亡；酵母菌将糖发酵为酒精达一定浓度时，其他微生物就不能生存。

3. 竞争现象

当两种菌对相同的条件有共同要求时，就会互相竞争。例如酿酒酵母和野生酵母在一起，在酒精浓度较低时，可能野生酵母较易繁殖。

4. 共生现象

共生或谓共栖，有下列几种状况：

(1) 中性共生现象　两种菌虽生存在一起，但无直接的生态关系。如湖泊中的某些藻类与水生细菌，彼此间无利害关系。

(2) 共栖现象　一种菌从另一种菌获利，而后者不受影响。例如白酒生产中甲烷菌在无氧条件下生成的甲烷，在好气条件下可被甲烷氧化菌所氧化；酵母菌将糖发酵，糖浓度的下降有利于不耐渗透压的菌生长，生成的酒精又被某些醋酸菌氧化为醋酸；能分泌淀粉酶的霉菌等将淀粉水解为糖，使直接利用糖的菌得以生长和发酵；好气性的霉菌或细菌等可降低氧化还原电位，因而适合于厌氧菌生长。

(3) 互惠共生现象　又称互养作用。例如3种能分解纤维素的高湿厌氧菌，仅有1种能单独分解纤维素，而另2种可利用纤维素分解中产生的酒精和乳酸等物质。这样就可加速纤维素的分解。

在白酒生产中，甲烷菌与己酸菌共酵时，既产甲烷，又增加己酸及己酸乙酯的产量；共同培养时，生长旺盛，菌体量增加，并能使出酒率提高1.47%，优质品率提高7.2%。这充分说明甲烷杆菌与己酸菌是互惠共生的。但它们互惠的成分是什么？对己酸和己酸乙酯的生成起何种作用？这些均应深入研究、探明。

四、微生物的生长曲线

微生物的生长曲线，是用以表示微生物群体生长时细胞数量的增加与生长时间关系的曲线。以裂殖方式增殖的细菌和以芽殖方式为主的酵母，当接种于液态培养基中后，在适宜的生长条件下，以细菌或酵母细胞数的对数为纵坐标、生长时间为横坐标所绘制的生长曲线，可分为4个主要部分，分别反映其生长的4个主要阶段，即迟滞、对数生长期、静止期及衰亡期。但多细胞的霉菌因其繁殖方式不同于细菌和酵母，故生长曲线也不同，通常不经对数生长期。

对于微生物生长的测定，有显微计数法(适用于单细胞)、Coulter电子计数器法、比浊法、干重测定法、湿重测定法、菌丝长度测定法、细胞堆积体积测定法及细胞生长估量法等。其中细胞生长的估量，又可采用以下5法：根据细胞的一种大分子成分的量来估计，从培养基内某营养成分的耗量来估计，从细胞生长中的伴生产物如CO_2等的质量来估计，由发酵的粘度来估计，从发酵的放热量来估计。

在实际生产中，必然要涉及微生物的菌龄及接种量这两个问题。所谓菌龄，不能简单地以生长时间或菌的老嫩程度来表示，还应注意菌的生理、生化状况；所谓接种量，不能简单地以菌液或固态含菌物的体积、数量来表示，也不能只以笼统的菌数来表示，还应注意菌体的实在质量。

鉴于白酒生产中涉及到细菌、酵母菌、霉菌及放线菌四大类微生物，包括空气、土壤、水中等大自然的菌系，故在本书中将有关微生物及酶的最基本的知识作最简略地介绍，并尽可能联系实例予以说明，以免一些基本概念的混淆。

第四节 白酒微生物的应用

一、白酒微生物应用概况

近30年来，白酒微生物的研究和应用，进展很快。兹将有关状况归纳如下。

1. 已研究和应用的菌类及菌株

已研究或应用的霉菌，包括黑曲霉、米曲霉、红曲霉等曲霉及犁头霉、根霉、毛霉、白地霉等；细菌有醋酸菌、乳酸菌、丙酸菌、丁酸菌、己酸菌、甲烷菌、甲烷氧化菌、利用甲醇的细菌等；酵母菌有各种酵母菌属的酵母、汉逊酵母、拟内孢霉、假丝酵母、柠檬酵母、芽裂酵母等；也分离到若干株对白酒风味有益的放线菌。

由此可见，白酒生产中所研究和应用的种类，不仅是酒类工业中最多的，即使与其他发酵食品相比，也是少有的。

2. 按各个单元工序看菌类的使用状况

(1) 单一菌类的使用　例如己酸菌培养液拌入醅中后入窖；在发酵中、后期，将己酸菌液灌入醅中；或将己酸菌液用于培窖泥、淋窖壁，以防止人工窖的老化；或在液态发酵法的发酵液中加入适量的已酸菌发酵液，经共酵后再蒸馏得到含己酸乙酯量较高的白酒。甲烷菌和甲烷氧化菌共同接入窖泥中，更有利于甲烷菌和已酸菌的生长和发酵。产酯酵母制麸曲，可制曲盘曲、簸箕曲、通风曲。各种霉菌菌株，可单株或多株用于制强化大曲或麸曲。

(2) 两结合　是指两大类菌使用于同一对象。如将优良的米曲霉、根霉及红曲霉等霉菌菌株，与优良的酵母菌种一起，用于制强化大曲；将球拟、汉逊酵母等产酯的酵母菌株，接种于己酸菌培养液中共酵后，用于制作人工窖泥。

(3) 三结合　如将放线菌、产酯酵母及已酸菌、甲烷菌、甲烷氧化菌三大类菌，共同使用于窖泥；或将霉菌、酵母菌、细菌的优良菌株，共同使用于制曲，或单独或混合培养成液态培养物后再共同用于发酵醅或醪。

3. 各单元工艺相结合

例如将人工菌株按各种方式组合应用于制曲、制酒母、制窖泥后，应用于发酵，以及制成香醅应用于串香或浸香；再将各单元工艺按生产需要进行各种组合，或二结合，或三结合……换言之，即通常所说的配套措施。这里所说的酒母，也是广义的，即酵母菌液和己酸菌液等发酵剂的统称，是白酒之母，含有多种菌类。其实用酒药制成的黄酒酒母，也不只含有酵母菌，而含有一定量的乳酸菌等微生物；啤酒等酿造酒的发酵，只需要酵母菌，其酒母中当然只含酵母菌；至于酒精发酵使用的酒母，实际上是酒精之母，能产酒精则可。因此，酒母的含义，应因酒而宜，应酒而异。在国外的老姆酒生产中，其发酵剂中除使用酵母菌外，还含有某些细菌。

二、人工菌株应用的实例

人工菌株应用的实例，在本书第二篇的有关章节中多有介绍。这里再列举若干，供参考。

1. 霉菌的应用

将从大曲中分离到的曲霉、根霉和毛霉制成麸曲后，代替部分大曲，不但可减少大曲用量，并能提高原料出酒率和提高酒质。麸曲的培养工艺如下。

(1) 斜面试管培养　经高压灭菌的麦芽汁琼脂试管斜面，接种后于30℃培养3天，待孢子丰满后备用。

(2) 三角瓶培养　麸皮60%、新鲜酒糟20%，按原料质量20%加水拌匀后，分装于500ml三角瓶中。经0.1MPa蒸汽灭菌1h，冷却后接种斜面菌种。在30℃保温箱中培养3～4天后备用。

(3) 浅盘培养　按麸皮60%，新鲜酒糟40%配料，并加入原料质量20%的水拌匀。常压蒸1h后立即转入曲室。待冷至35℃时，分别接入0.5%的三角瓶种子。在28～30℃下培养2～3天。其间曲室相对湿度保持95%，并视品温升高状况进行划盘、错盘。

也可将曲霉、根霉和毛霉混合接种后培养；或先接种根霉，待根霉开始生长而品温上升时，再接种曲霉和毛霉，使3种菌的生长相对平衡。这种分期接种的效果较好，其糖化力比大曲高2倍以上，液化力约高19倍。

2. 细菌的应用

(1) 己酸菌的应用

① 微好气性SA－1己酸菌的发现和应用：中国科学院成都生物所按好气培养、平板分离、微好气发酵、检测产酸的程序，从四川文君酒厂的发酵糟中分离得到SA－1型菌。该菌的营养细胞为长杆状，多呈链状排列；在含钙培养基中易形成端生芽孢；在试管液态培养基中，菌体常集结于液面附近，并产生白色絮状膜，而试管底部的菌体浓度则很低。发酵时除产大量己酸外，也产异丁酸和氢气。在培养发酵中，添加$CaCO_3$有利于产己酸，发酵7天后，己酸积累量可达20mg/ml以上。该菌在好气条件下生长很快，而在厌氧状态下则生长极慢；在液态培养基中培养时菌体浓度很低；在微氧环境下产己酸量最高。

这种菌的发现，冲击了此类菌主要存在于无氧的窖泥中的传统说法，而表明在酒醅环境中同样广泛地存在着产己酸能力强的细菌。从发酵工艺学的角度看，决定浓香型大曲酒质量成分的生成，最终还应着眼于酒醅(糟)上。因此，积极进行诸如“新糟老熟”、“老糟新用”等方法的研究和应用，是继人工老窖之后新的技术开发途径，也进一步揭示了传统浓香型大曲酒的发酵奥秘。

② 己酸菌固定化发酵产己酸：从某种意义上说，发酵窖池的窖泥也可视为己酸菌的载体。例如有的厂采用吸附法以阴离子交换树脂、活性炭和陶土为载体，将己酸菌细胞吸附后，产酸状况尚可。但窖泥的作用仍然与应用现代的物理和化学技术的微生物固定化有着本质的不同。己酸菌可固定于海藻酸钙、琼脂、卡拉胶、聚丙烯酰胺凝胶、魔芋葡苷露聚糖等多种载体上，而以海藻酸钙包埋法固定化己酸菌的活力为最高。在最适条件下，己酸产量可高达15mg/ml。某科研单位经200余天、18批的发酵，固定化己酸菌产己酸活性稳定性较好。在4℃下贮存2个月的固定化己酸菌，其发酵产己酸能力基本不变。若将固定化己酸菌与空气进行短暂接触，对其活性也几乎无影响。与游离己酸菌相比，固定化细胞的己酸生成速度加快，己酸产量明显提高，单位体积内的细胞数可高于游离培养菌约10倍。现将包埋法固定化细胞的技术介绍几例如下。

1) 琼脂包埋法：将菌体细胞的悬乳液1份，置于4份浓度为2.5%的琼脂溶液中。混匀后加热至50℃，并喷射于冷的甲苯或四氯乙烯溶液中，就可形成球状颗粒，或经冷却后切为一定大小的块状。此法简易，但在发酵时，气体、底物及产物的扩散受到一定的限制，该凝胶的机械强度也较差些。

2) 海藻酸钙包埋法：将含海藻酸钙2.5%的溶液与3%～5%的湿菌体细胞混合均匀后，滴加至2%的氯化钙溶液中，即可形成含固定化增殖细胞的凝胶小球。此法具有成本低、生产能力高、大规模制备方便，以及机械强度高等优点。

3) K－角叉莱聚糖包埋法：利用K－角叉莱聚糖包埋细菌。

(2) 丙酸菌的研究和应用　四川食品发酵研究设计院酿酒工业研究所选育到有较强降解乳酸能力的丙酸菌，降解乳酸率达90%以上。

丙酸菌主要来自窖泥，分布在上层为19.98%，中层26.67%，下层53.35%。

丙酸菌对浓香型大曲酒芳香成分的形成起重要作用。该菌的培养基以葡萄糖、乳酸钠或高粱糖化液为碳源，液态深层培养期为7～14天，培养温度为30～32℃，在pH4.5～7.0的范围内能生长良好和发酵。

(3) 混合降乳菌株的应用　降乳菌以乳酸为碳源，不利用葡萄糖，其代谢产物为琥珀酸和丙酸。因乳酸是乳酸乙酯的前源，故降乳菌能降低酒醅中乳酸乙酯的生成量。某厂在降乳菌应用方面的情况如下。

① 降乳菌的培养及乳酸降解度的测定：

1) 降乳菌的培养：

菌种：为混合菌株，均属无芽孢兼性厌氧细菌。

三角瓶培养基：乳酸钠0.5%，酵母膏0.5%，氯化钠0.05%，pH5.0。0.1MPa蒸汽灭菌30min后备用。

卡氏罐及大罐培养基：乳酸钠0.1%，酵母膏0.1%，氯化钠0.05%，pH4.5～5.0。0.1MPa蒸汽灭菌60min后备用。

培养：传代培养为32℃，7天；生产应用时，培养天数以乳酸降解而异，一般为7～10天。

2) 乳酸降解度的测定：

原理：乳酸在2价铜存在下，用硫酸氧化为乙醛，再以对羟基联苯显色，溶液呈紫罗兰色，在560nm波长下测定吸光度，用乳酸锂或乳酸钠溶液绘制标准曲线，求得含量。

试剂：乳酸锂或乳酸钠标准溶液，20%和40% $CuSO_4$溶液，1.5%对羟基联苯－0.5% NaOH溶液。

测定：将培养液稀释后，用分光光度计测出OD值，再从标准曲线上查出乳酸含量。菌液与对羟基联苯反应后，须呈无色或微蓝色方可使用。在生产过程中，酒醅内的乳酸含量，通常在发酵结束后才测定。

② 降乳菌在酒醅发酵中的应用：

1) 降乳菌培养液用量的确定：对大楂和二楂进行不同菌液量的试验。大楂用菌液量为0.3%、0.5%、1.0%、1.5%。分别于淡旺两季各做3排。结果以淡季用菌液量大楂为1.5%，二楂为1.0%；旺季用菌液量大楂为1.0%，二楂为0.5%为宜。

2) 不同排次的试用：在乳酸乙酯含量较高、优质品率较低的生产班组，做1排、连续2

排及隔排添加乳酸菌液的试验。每次各选发酵池6个，对照池1个。发酵结束后，取各池的大、二楂混合酒样，分析四大酯类含量。结果表明，应用降乳菌对降低成品酒中乳酸乙酯的含量，效果很明显。但因该厂原产品的“乳己比”通常为2∶1左右，故若连续2排添加降乳菌液，会使酒中乳酸乙酯含量降幅太大，反而造成主体香成分与其他酯的比例失调，所以以隔排添加降乳菌液效果较为理想。隔排使用降乳菌液时，“乳己比”始终在1∶1～2。成品酒经专家品评，试样窖香突出、绵甜柔顺、余味爽净、无明显邪杂味，达到预期要求。

由于降乳菌利用了乳酸，故酒醅中其他酸与乙醇的结合率有所提高，相应地促进了其他酯类的生成。此外，降乳菌的使用，使酒醅中的异戊醇及乙缩醛的含量略有增加，但异戊醇的总量未超过70～80mg/ml，对酒体影响不大；而乙缩醛本身是能提高喷头香的成分，并有利于酒的柔和感。它的存在，是白酒老熟程度的标志之一；还可相应地使正丁醇的生成量减少，因而降低了酒的苦味。

通常，酒醅中形成乳酸的高峰期在入池后25天左右，故在此前的1～2天前添加降乳菌液的效果较好。另外，由于酒醅成分、条件的多变性，故应将降乳菌在一定的温度、酸度，以及其营养范围内加以驯化，以提高其适应性。

③ 降乳菌与人工老窖泥结合应用：将从优质老窖泥中富集出的微生物，逐级扩大培养成老窖泥培养液，将其按2％与降乳菌液0.5％的比例，加入到退化窖池中，使酒醅发酵产生的乳酸不至于渗入窖壁而形成乳酸钙结晶物。

3. 酵母的应用例

某厂使用耐酸耐高温酵母菌株HS－1，每池添加其培养液3L，发酵57天。结果表明，试验窖的出酒率比对照窖高5.87％。试验窖的酒样，己酸乙酯含量略高于对照样，而乳酸乙酯则相对为低，具有“增己降乳”的效果。

三、白酒微生物研究与应用展望

1. 优选菌源

目前研究和应用的菌株，已涉及到四大菌类。但这项工作应向深层次进展。只有在比较充分地了解各类菌的作用及相互间关系的基础上，才能进行有目的地优选菌源。例如哪些霉菌能产酯？红曲霉、根霉、米曲霉在白酒生产中究竟起哪些作用？哪些酵母菌能产酯？哪些酵母菌产杂醇油量少？哪些细菌与酱香型白酒的香气有关？哪些细菌能氧化甲醇等有害成分？为什么生成己酸的菌有厌氧的，也有需要微量氧的？甲烷氧化菌的作用有哪些？哪些放线菌是有益的？哪些是有害的？为什么选种不能受前人经验的局限等等，这些问题均应在选种工作中找到答案。此外，采样的范围也不应有框框，有时往往会在空气中、土壤中，甚至下水道中分离到效果较好的野生菌。

2. 方式和方法

在研究和应用白酒微生物的工作中，在方式和方法上也应深化和改进。例如应将分离到的野生菌应用现代遗传工程等手段加以改造；酵母菌相互间的细胞融合，霉菌与酵母菌之间的杂交等工作也需开展，要打破菌的种类之间的界限。菌与菌之间如何组合？用量比例如何？往哪儿添加？何时添加？等等，也值得探讨。培养的方式和应用的方法也可多样化，例如可将菌体固定化，固定化的菌体使用方式也很多，如能否将其装在有孔的袋子里，置于池底，使其与流下去的酒液，黄水等充分作用，以改善酒质，菌体也得以反复使用；活性干菌体不仅限于活性干酵母，活性干酵母的品种也应多些。千万不要孤立地研究菌，应将其生理与生化特性等结合起来研究。期望能在研究白酒微生物时发现一些新的酶，至少应了解酱香型白酒生产中的蛋白酶究竟有哪几种？哪种是主要的？是由哪些细菌产生的？等等。

与菌体的培养一样，应在液态、半固态、固态，或先固后液，或先液后固的状态中进行研究和应用，不要只盯住名优酒。例如可将菌体附着于蜂窝海绵状的材料上，加入液态基质进行发酵后，再压出发酵液，又加入新基质……。名优酒生产中能否使用人工菌株?应通过实践来回答。新产品要不要开发？人工菌株在新产品开发中起哪些作用？也需通过实践来解释。

第二章　大　　曲

制曲技术是我国特有的一份民族遗产,它的出现代表了一个时代的进步。在曲与酒的关系上,曲是占先导地位的。尽管在无曲之前就有酒,但毕竟也是曲类微生物作用于糖类或淀粉类物质而生成的,只是可把这类微生物的载体看作曲的前身罢了。当制曲技术出现后,酒业就得到了规模化、规范化、较先进的发展,从此酒就离不开曲,曲决定酒。俗语说:"有美酒必备佳曲","曲为酒骨"(酿造酒中把醅作肉,水作血,曲为骨)。不难想象,没有曲的酒会是何等质量。

在曲的发展过程中,大曲远远落后于其他酒曲。据考证,迄今为止,大曲或大曲酒的历史尚不足500年,也即在明代后期才开始出现大曲。但其技术的发展,是其他酒曲所无法比拟的。大曲的作用具有明显的优势。"曲定酒型"说的确立,就足以证明其地位的重要。就拿已享誉多年的中国"四大名白酒"来说尤为突出。酱、浓、清、兼,各曲无论是工艺、原料配比、发酵特点,均有所不同。总括起来,大曲具有易培养、原料易得、工艺简单、功能多、内涵复杂等特点。

大曲可分为三类。一是按其品温分为高温大曲,中温大曲,低温大曲;二是按所作用原料生产的产品来分有酱香型大曲、浓香型大曲、清香型大曲、兼香型大曲;三是按工艺区分为传统大曲、接种的强化大曲和纯种大曲。但无论是怎样区分,大曲的原料都不超过4种,即: 大麦、小麦、高粱、豌豆。

目前大曲酒香型有较大发展,如凤型、药香型等。但其大曲的制作工艺和原料组成大同小异,所以统称大曲。

大曲的基本定义为: 以小麦为主要原料制成的形状较大并含有多菌酶类的曲块。事实上,大曲的块大是较之小曲而言的。

第一节　大曲微生物

一、大曲微生物的种类

大曲的微生物主要有四类: 即霉菌、细菌、酵母菌、放线菌,但放线菌为数不多,而且在大曲中的作用尚不十分明显。现将大曲中微生物的作用分述如下。

(一) 霉菌

霉菌不仅在酿造中作用大,就生活中也常见其功过。大曲的制作原理就是最大限度地让适合于发酵的或叫有益的霉菌着生繁殖。由于霉菌的结构和形态独特,因而在大曲的培制过程中使大曲形成五颜六色的曲块,在很大程度上,大曲的质量是由其颜色来判定的。

由此可见霉菌对于大曲的重要性。特别是霉菌的功能分化，对大曲的培养起着关键性的作用。当菌丝长入大曲坯体时，会引出曲块中的水分，不至于使大曲中的水因无出口而膨胀裂口，所以有"菌丝内插，水分挥发"的培养原理。这里要区别的功能是，菌丝起引水作用，孢子起着色作用，故而霉菌的这些特殊功能决定了大曲的质量特性。

1. **曲霉属**(*Aspergillus*)

曲霉是大曲和其他曲中最多的菌，其时常呈现的颜色有黑、褐、黄、绿、白五色。

曲霉作用于大曲后可形成糖化力、液化力、蛋白质分解力和形成多种有机酸。曲霉中的黑曲霉具有多种活力较强的酶系，并可产生少量酒精。曲霉的生长和发酵温度都在35～40℃之间，其习性同根霉。事实上，大曲发酵中的培菌过程主要指霉菌的生长过程。

2. **根霉属**(*Rhizopus*)

根霉分为黑根霉、米根霉、中华根霉、无根根霉几种。除具有假根的特征外，主要和毛霉、酵母菌共存。在制曲过程中，曲块表面用肉眼可以观察到的形状如同网状似的菌丝体就是根霉(其间可并存毛霉等)。根霉菌丝初为白色，随着大曲发酵的品温不断上升和水分的挥发变为灰褐色或黑褐色。如果用显微镜观察，可以明显地看到其孢子囊。根霉如同曲霉，随着发酵的深入，菌丝插到大曲的基质中去。在某个方面，大曲菌丝的生长情况主要看根霉的着生状态，比如大曲中有断面整齐一说，就是看根霉菌丝的健壮与否。

大曲中的根霉实际上以米根霉为主。米根霉除具有较强的糖化力外，还兼有一定的发酵力。另外可以产生相当量的乳酸，这显然对大曲和大曲酒的发酵不利。酿酒行业中在20世纪60年代提出了"增已降乳"一说，主要是指酿酒过程，而对大曲的降乳问题显然无知，因此，控制米根霉的生长和繁殖主要是代谢产物的积累量问题。换言之，既要保证它在曲中的地位，又要抑制它生成乳酸的含量。这对大曲来说是一个难题。不过当掌握和了解了米根霉的生活习性以后，就不难做到这点。

米根霉的最适生长温度为37～41℃，但它的最适发酵(作用)温度在30～35℃之间。因此不难看出，如制曲培菌品温不超过38℃即可达到控制米根霉大量生长繁殖的目的。所以，目前国内各香型大曲的前期培养品温，规定不超过40℃，其目的是了然的。但由于米根霉是较强的糖化菌，无论在大曲和酿酒上都至关重要，所以恰到好处地控制它是生产工艺上的质量管理点。由于米根霉所产生的L(＋)乳酸已占总产酸的70％，以及丁烯二酸等物质对大曲酒的酒质影响较大，故大曲的生产过程始终把根霉属的总量和品种，以大曲的工艺加以固定。

3. **毛霉属**(*Mucor*)

毛霉因其形状似头发状而得名，与根霉极相似，所需的生长发酵温度也差不多。毛霉主要着生于大曲培养的"低温培菌"期，特别是温高湿大，两曲相靠时，更易生长。生产上常常叫做长"水毛"的大多数就是毛霉。在大曲的微生物区分中，属于感染菌，也可以说是有害菌。但毛霉作用于培养基后所代谢的产物和自身积累的酶系又具有蛋白质分解力，或可产生乙酸及草酸、琥珀酸、甘油等。因此，少量的毛霉可能对大曲的"综合能力"有一定的作用。

4. **青霉属**(*Penicillium*)

青霉在大曲或酿酒生产上完全属于有害菌。青霉系列菌都喜好在低温潮湿的环境中生长，它具有对大曲中其他有益微生物的极大抑制力。另一方面青霉也可能在大曲入库以后，由于管理不善，又有适合它的生长条件时会滋生。无论如何，大曲是不需要此类菌的，因此在制作大曲时要注意防湿。

5. **红曲霉属**(*Monascus*)

红曲霉的菌落初为白色，成熟后变为淡粉色、紫红色或灰黑色等，一般以红色呈现。红曲霉的生长温度为26～42℃，最适温度为32～35℃，pH为3.5～5.0，能耐pH2.5和10％的酒精。可以看出它的生长温度范围大，偏酸性。特别是它可利用糖、酸为碳源，产生淀粉酶、麦芽糖酶、蛋白酶、柠檬酸、琥珀酸、乙酸等。大曲中心所呈现的红、黄色素就是红曲霉作用的结果。

6. **犁头霉属**(*Absidia*)

任何一种大曲都含有犁头霉，尽管作用不大或是有害，但其数量是大曲中最多的。由于其分布广以及环境适应性较强，所以几乎无处不有，是无法避免的。大曲中如这种菌太多，则对曲质不利，因其糖化力、液化力均不高。

念珠霉在大曲中的作用目前尚不十分清楚，但大曲的“上霉”、“穿衣”主要是念珠霉的表现。如果说“穿衣”好与差可以决定曲质的话，那么肯定地说念珠霉是有益菌种。特别是有一个作用是明显的，当其着生于曲的表面后，可以保护曲块不至于裂口。有一个说法较形象，念珠霉犹如“无名英雄”。

(二) 细菌

无论是大曲培制和酿酒都离不开细菌。有人把几种菌类的作用说成：糖化动力——霉菌，发酵动力——酵母菌，生香动力——细菌。这种说法不一定正确，但由此可见细菌在酿造中的作用是举足轻重的。大曲中的细菌主要是球菌和杆菌两种类型，最多的是乳酸菌。以制曲的培养阶段区分各种细菌的呈现趋势，情况如下。

1. **乳酸菌属**(*Lactobacter*)

大曲中的乳酸菌有三个显著特点：一是既有纯型(同型的)，又有异型的；二是球菌居多，占70％；三是所需温度偏低，在28～32℃之间，并具有厌气和好气双重性。大曲中乳酸含量不可过多，主要生成区域是在高温转化时由乳酸菌作用于己糖同化成乳酸，其量的大小往往取决于大曲中乳酸菌的数量和大曲生产发酵时对品温的控制，特别是顶点品温不足，热曲时间短时，更会使乳酸大量生成。

乳酸含量的多少是反映曲质量的一个方面。由于乳酸所呈现的味是馊、酸、涩等，特别是乳酸酯在量大时又呈青草味，因此，在酿酒上带来的危害就较大。一般说来，大曲酒中乳酸酯都偏多。所以酒界多年前就提出的“增己降乳”论是对的，但在做法上却疏忽了大曲的乳酸含量或乳酸酯的控制，所以“增己降乳”应考虑大曲的“降乳”问题。

2. **醋杆菌属**(*Acetobacter*)

醋酸菌的形态各异，但在大曲中以杆菌居多，且是典型的好气性菌。它的作用主要是氧化葡萄糖生成醋酸和少量酒精。它的发酵温度是30℃，偏酸环境。醋酸的功过取决于其含量的大小。在一定量时，它是与醇合成酯的必要成分；但当其量大时，不但会使酒味变异，更主要的是它会抑制酵母菌的生长和作用。

醋酸菌主要是在大曲发酵前、中期生长繁殖，尤其是在新曲中含量最多。醋酸菌有一个致命的弱点是干燥低温的环境下芽孢会失去发芽能力。所以，在制备大曲时，要求新曲必须贮存3个月或半年以上，这就是为了使醋酸菌以最少的数量进入窖内发酵。

3. 枯草芽孢杆菌(*Bacillus subtilis*)

枯草芽孢杆菌是大曲细菌中数量最多的一种，它有厌气和好气两种类型，一般最适生长温度为37℃，适应于微酸、湿度大的环境。初时，大曲中芽孢杆菌不多，但其繁殖速度较快，特别是在大曲的高温、高水分、曲块软的区域繁殖较快，此时枯草芽孢杆菌得以大量生长。枯草芽孢杆菌具有分解蛋白质和水解淀粉的能力，它是生成酒体的芳香类物质如双乙酰等的菌源，所以是大曲中不可少得的细菌。可以说枯草芽孢杆菌于曲于酒都有益。

其余的梭状芽孢杆菌以及放线菌在大曲中的数量和作用尚不十分明了。

(三) 酵母菌

酵母顾名思义即发酵之母。实际上制大曲并不是单一的追求在发酵中有哪一种微生物，而是要综合性地取得微生物菌群的数量及其相应的代谢产物。大曲中的酵母菌有酒精酵母、产酯酵母、假丝酵母等。

1. 酒精酵母(*Sacharomyces cerevisiae*)

酒精酵母是大曲的主要酵母，其主要特点是生长作用温度低，酒精生成能力强，喜偏酸环境生长，最佳生长温度为28～32℃，pH值在4.5～6.2之间。酵母菌一般在曲坯入房2天(48h)便大量生长繁殖了，其后随着品温的上升而死亡或休眠。酒精酵母与其他酵母相比其数量不算多，但在酿酒上是必不可少的，而且对大曲、大曲酒的产品质量起着决定性的作用。

2. 产酯酵母

产酯酵母能以糖、醛、有机酸、盐类等作为养料，在酯酶作用下将乙酸与乙醇结合成乙酸乙酯或其他酸酯，所以又把它称为生香酵母。正因为其主要作用是酸醇结合而产生酯，所以该酵母的发酵力不强。但其生活习性和所需的生长环境却同酒精酵母。

3. 假丝酵母属(*Candida*)

假丝酵母属包括有产朊假丝酵母、解脂假丝酵母、热带假丝酵母等。

假丝酵母有很多种都具有酒精发酵能力。它与拟内孢霉共同存在于大曲的表面层，通常呈现为黄色的小斑点，由于其所需温度较低，故主要在“低温培菌期”存活繁殖。当大曲进入高温转化期时，就随其他酵母菌转入休眠或死亡。

二、大曲中微生物的来源

从大曲的制作到成曲的贮存管理，都是一个敞口作业的过程，所以微生物不难进入到大曲生产的全过程。归纳起来，大曲中微生物的来源主要有空气、水、原料、器具和房屋环境等方面，而且一般规律为空气细菌多，原料霉菌多，场地酵母菌多。

1. 空气

空气素有微生物的天然运输者之称。无论是土地、水域、动植物之中的微生物，只要被卷入空中就会被带到远离原地而落入其他诸如制曲场地的地方。所以可以看出，空气中的微生物在数量、品种上都较之任何一方多。但由于空气是流动性的，故而无法固定某种微生物长期在某个地方或空气中呆着，同时又由于空气中缺乏营养物质和足够的水分，所以微生物在空中不会有大量的繁殖，特别是光照直射也不利于微生物的发育。显然空气仅作载体将微生物迎来送走，充当帮忙角色。

由于空气的流动受着季节的影响，故空气中的微生物在数量和种类上也受着季节影响。如冬天细菌多于夏天，霉菌和酵母菌夏天多于冬天等。正因为有这一现象，才出现了大曲制“伏曲”、南方曲优于北方曲等制作的自然现象。

2. 水

微生物在水中的数量取决于水质，因水源不同，其微生物的种类各不同。天然水中的微生物，以杆菌居多；土地水分中所含微生物的品种和数量都较多，但仍以芽孢杆菌为主；地下水道的污水废物所含微生物以寄生菌和腐生菌为主。微生物之所以能在水中大量存在和生长繁殖，是因为水中的有机物可作为其营养。

制曲时所使用的是自来水，即饮用水。据测定，1ml自来水平均含微生物总数为96.3个，其中细菌就有95个，而霉菌只有1.3个。细菌中一般以大肠杆菌居多。由此可知，制曲用水的微生物含量和种类是有限的，在参与制大曲发酵过程中也只以细菌行列加入，其作用是十分明显的。

3. 原料

大曲所需的原料如大麦、小麦、豌豆、高粱等都是未经任何化学的、物理的(高温、高压)处理而直接进入大曲制作现场的。可见其微生物含量之丰富。以小麦为例，每1g小麦含霉菌7.3×10^3个，酵母菌4.39×10^4个，细菌2.85×10^5个，其间包括空间网罗一些其他的菌种。准确地说，原料是大曲微生物的主要来源，较之其他环节占优势。原料从土壤，经晒去水分，到贮藏、运输等过程，都是在敞开的自然环境中进行的。原粮上的微生物主要是其表面，个别的微生物可以侵入到原料内部，因而原料(粮食)上有“外部菌”、“内部菌”之分。就霉菌而言，对粮食是有害的，但对大曲发酵则有些是有益的。原料上霉菌的数量依次为曲霉、青霉、根霉、毛霉、镰刀菌等。酵母菌在原料上无多大危害，只有当原料霉变时，酵母菌才起进一步的危害作用，但带入大曲生产中却是有益无害的。

4. 器具

大曲的制作是敞口的，不但原料可以网罗空间微生物，而且用于大曲生产的器具也都可以网罗微生物，器具还另有储备“残留”微生物的特点。无论是机制还是人工踩制大曲，其所用器具或多或少地残留有曲料，这曲料好比菌种，会带入下次的制曲操作中，尽管可能带入下次的菌种是有害的，但都无可奈何地、自然地重复地交替作业。只不过人为地在打扫场地和制作生产上注意罢了。

器具微生物中不可忽视的是曲室和有些大曲生产所使用的草帘或谷草物品。这两个环节的微生物不但品种数量多，且是经老熟驯化后的“精品”，也即优良菌。特别是使用谷草物的大曲生产，如控制管理好的话，这谷草物可以说是微生物菌种的“千年老窖万年糟”了。因栖息在其上的微生物或孢子不可能在每次更换谷草物中全部地换完，因而在发酵时将其覆盖在曲上时，完全起到了菌源无偿提供的作用，从而促进发酵向有益方面进行。

以上从4个方面简要地把大曲微生物的来源作了介绍，那么这些微生物在大曲发酵时的表现如何呢？从目前分析得到的数据情况来看，很难说明哪个微生物在大曲生产中起到

“老大”的作用。实际情况是：发酵前期即“低温培菌期”时，细菌占绝对优势，其次为酵母菌，最后为霉菌。当发酵进入高温转化期时，细菌大量死亡，霉菌中的耐热菌种取而代之，又占强大的优势。所以，大曲的发酵过程是犬牙交错的过程，兼容“互生、共生、抗生”之特色。事实上影响微生物生长的因素较多，除温度外，还有水分、pH值、养料、氧分等。因此，一般来讲，大曲生产过程中微生物的消长都包括“适应期、增殖期(繁殖期)、平衡期、衰老期”的“四期运动”。

适应期——低温培菌时微生物富集于曲坯，以逐渐适应其培养环境。由于水分和低温的因素，使得细胞体积增大，原生质均匀，贮藏物消耗，代谢开始，放出热量，即曲坯开始发酵。

增殖期——微生物代谢繁殖的强盛阶段。积累物质开始，产生的热量致使曲转入高温阶段。

平衡期——微生物耗尽营养，代谢产物积累达到顶点。此时，大曲水分挥发得太多而迫使微生物无条件生长和代谢。由于微生物不活动，故而大曲品温(曲坯温)开始下降，此时微生物细胞的原生质内开始积累贮备物质，绝大多数微生物在经过高温、耗尽养料后都以孢子的形式保存下来，以待当环境条件适应时重新生长繁殖。

衰老期——当耗尽养料后的微生物，其死亡的速度或数量远比新生的多时，就进入了衰老期。表现为活菌数少，代谢无力，放不出热量，曲坯品温再度降低，大曲进入老熟阶段。

三、大曲中微生物的分布

大曲的曲块一般分两个层面，即表面层和曲心。从发酵阶段来看，由于好氧的关系，曲皮的菌高于里层和曲心。后期，曲块水分挥发完全，曲心的菌类便开始生长了。发酵阶段大曲中的微生物分布情况，如表1－2－1所示。

表 1-2-1　　发酵阶段微生物在大曲中的分布

低温期在麦汁琼脂上各类微生物总数/10^6个·(g干曲)$^{-1}$			
部　位	细　菌	酵 母 菌	霉　菌
曲　皮	100.68	23.71	2.12
曲　心	81.19	4.28	1.11

我们又从另一方面以微生物总数来观察其结果(见表1－2－2)。

表 1-2-2　　大曲培养各阶段微生物的总数

部位 \ 阶段	在麦汁琼脂上生长的微生物总数/10^6个·(g干曲)$^{-1}$		
	低 温 期	高 温 期	出 房 期
曲　皮	126.52	2.81	1.04
曲　心	86.59	0.04	0.76
在肉汁琼脂上生长的微生物总数/10^6个·(g干曲)$^{-1}$			
曲　皮	103.73	2.80	1.00
曲　心	4.01	0.05	0.06

表1－2－1和表1－2－2都表明了两个现象：一是细菌数以及低温期的微生物总数始

终占绝对优势，二是曲皮无论在哪个阶段其微生物总数都多于曲心。这里对曲皮、曲心及大曲培养各阶段的定义是：

曲皮为曲表向内深度1cm的范围，其余为曲心。

在低温期，曲坯的品温在40℃以内；在高温期，曲坯的品温在55～60℃之间。

成曲贮存期内微生物的变化，如表1－2－3所示。

表 1-2-3　成曲贮存期内微生物的变化　单位：个/g干曲

贮存天数	总　数	细　菌	酵母菌	霉　菌
新　曲	1.10×10^5	1.00×10^5	9.00×10^4	2.00×10^4
3	1.21×10^5	3.49×10^5	4.45×10^5	4.01×10^5
6	7.36×10^5	7.82×10^4	7.55×10^5	3.03×10^5
9	5.31×10^5	4.45×10^4	8.94×10^4	3.97×10^5
12	3.32×10^5	3.75×10^4	4.29×10^4	2.52×10^5
24	1.07×10^5	5.20×10^4	1.73×10^4	3.72×10^4

从表1－2－3可以看出，成曲贮存时间越长，细菌总数、酵母菌总数越少；反之霉菌增加。通过对大曲部位和贮存中的微生物状况了解，可知一般大曲贮存期以6个月为好，除微生物变化趋于稳定外，感官判别大曲的质量也最佳(生化性能另述)。

第二节　大曲的功能

要知道大曲的功能，也即它的作用有哪些，首先应对其定义和大曲的“三系”要清楚(菌系、酶系、物系)。

曲是指含有大量能发酵的活微生物或酶类的糖化发酵剂。大曲是因其块大而命名，后因大曲的产品较为单一(白酒)，故而大曲一词已有取代某些酒的产品名称了。但多年来未曾对大曲下一个权威的、规范的定义。如今大曲的定义一般有以下两种。

第一个定义是：大曲是酿酒用的一种糖化剂和发酵剂，多为一种砖块形的粗酶制剂。其微生物区系为霉菌、酵母菌和细菌，并有一定量的放线菌。在制曲过程以品温决定香型。它是经贮存准备用于生产的曲块。这个定义几乎把大曲的全部含义都包容了。

第二个定义是：大曲是以小麦为主要原料制成的形状较大的、且含有多种菌类和酶类物质的曲块。

一、大曲的“三系”

大曲中众多的物质归纳起来只有3种：

微生物——菌系；生物酶——酶系；化学成分——物系。

虽然目前不是完全清楚这“三系”的全部种类及含量，甚至有的作用还不十分明了，但总得从已掌握的东西中追根寻源。

(一) 微生物(菌系)

大曲中的微生物上面已讲到，但微生物的主要作用尚未介绍，现仍然以它的数量多少来依次说明。

1. 细菌

大曲中的细菌具有种类多、数量多和功能多三大特点。大多数细菌除可产酸外，同时作用于曲料后会产生热量，放出CO_2及少量酒精。经代谢后产生众多的物质积累，如生成水解酶类和氨基酸等。特别是芽孢杆菌具有蛋白质的分解能力和形成少量的双乙酰，更是酒中不可缺少的芳香成分。有的杆菌如大肠杆菌还与2,3－丁二醇、醋酴等香味成分的生成有关，并有较强的乙酰甲基醇反应。所有的这些都足以表明大曲中细菌的作用十分明显。我们称细菌为产香的主力军是不过分的。

2. 霉菌

大曲中的霉菌不下20种，不过以大曲的“三力”(糖化力、液化力、蛋白质分解力)来区分主要有6种：根霉、犁头霉、毛霉、黄曲霉、黑曲霉、红曲霉。霉菌类主要具有较强的糖化力兼有蛋白质分解力等。最近经试验表明，黄曲霉有合成己酸乙酯的能力，它能在含有酒精和己酸的溶液中生成达10g/L左右的己酸乙酯。这说明大曲中的微生物与酿造中己酸乙酯的生存有重要的关系。霉菌是大曲中主要的菌。

3. 酵母菌(略)

(二) 生物酶(酶系)

酶是一种生物催化剂，可按其专一性和作用对象而分类。

1. α－淀粉酶

α－淀粉酶主要由枯草芽孢杆菌、霉菌等产生，专起液化作用。

2. β－淀粉酶

该酶可以将直链淀粉全部分解，但对支链淀粉中的α－1,6葡萄糖苷键无作用。作用的最终产物是麦芽糖。

3. 糖化型淀粉酶

大曲中的糖化酶主要由霉菌所分泌。根霉的糖化酶活力最强，其次为黑曲霉。作用的最终产物是葡萄糖。

此外，还有麦芽糖酶、转移葡萄糖苷酶及异淀粉酶等。

4. 蛋白酶

蛋白酶有酸性和碱性两大类，大曲中的蛋白酶是酸性蛋白酶。它作用的最终产物是氨基酸。

酸性蛋白酶对活酵母无分解力，但对死亡的酵母菌则有极强的分解作用。故近些年在制曲上出现了以“丢糟制曲”或直接用酒醅制曲的实例，也就是完成发酵后的酵母菌体蛋白被蛋白酶充分利用，从而为酒体提供充足的香味物质。

此外，还有纤维素酶等。关于上述酶的作用机制等有关内容，可参见本篇第九章。

(三) 大曲的成分(物系)

大曲中含量最多的是淀粉等碳水化合物，其余依次为水分、粗蛋白、粗脂肪、灰分、氨基酸。而氨基酸又包含亮氨酸、异亮氨酸、缬氨酸、酪氨酸、丙氨酸、苏氨酸、甘氨酸、丝氨酸、谷氨酸、天冬氨酸、赖氨酸、精氨酸、羟赖氨酸、脯苯氨酸、羟脯氨酸、鸟氨酸等16种。大曲的成分含量，如表1－2－4所示。

表 1-2-4　大曲的成分含量　单位：%

曲名	水分	淀粉	粗蛋白	粗脂肪	灰分
茅台曲	14.75	57.43	13.49	1.16	2.24
全兴曲	15.07	57.62	13.7	1.12	2.16
五粮液曲	17.41	55.64	14.18	0.97	2.38
西凤曲	16.95	42.30	18.87	0.85	4.27
汾酒曲	13.79	45.61	20.52	1.07	3.88
董酒曲	14.66	54.93	16.85	1.25	2.58
古井贡酒曲	16.51	50.80	16.91	1.00	3.79
泸州大曲	13.50	57.00	14.20	1.68	2.74

二、大曲的功能

在了解到大曲所具有的如此众多的成分后，对其作用就不难理解了。归纳起来，大曲在酿酒中的功能如下。

(一) 提供菌源

大曲中数量众多的几大类微生物，都是作为经过大曲发酵驯化后的“纯种”菌而提供到酿酒中去的，可以说大都是有益菌。当然如醋酸菌之类太多时，则可能会给窖内发酵带来不利。比如生酸多时，酒精则少，这是因为有害菌抑制了酵母菌的作用和争夺了窖内的营养。俗话讲“酸高倒窖”就是有害的表现。

(二) 糖化发酵

由于大曲的酶系作用和酵母菌的作用，大曲的“双边效应”十分明显。即窖内发酵时，可以边糖化(液化)、边发酵。

(三) 投粮作用

众所周知，大曲的残余淀粉较高，占大曲成分的一半以上。特别是大曲的这些残余淀粉是经过大曲发酵阶段的高温过程的，可以叫做可发酵的熟淀粉。这些淀粉不但可作为产生酒精的原料，更重要的是带入了众多的香味成分。因而大曲酒的产酒率规定了两种计算方式：一是原料出酒率(不含曲)；二是淀粉出酒率(含曲)。但无论哪种计算方式，都把大曲的残余淀粉列入其中，即以此证明大曲的产酒作用。

问题的关键还在于大曲的残余淀粉是属于“二次发酵”的产物，其利用价值远远大于高粱经蒸煮后进入窖内发酵的淀粉。按“复式发酵”的理论，大曲淀粉加入到窖内发酵，可称得上是“双轮底”了。

(四) 生香作用

大曲中除有众多的微生物及酶外，其发酵过程所积累的氨基酸类的芳香类物质对酒体香味的呈现起着重大的作用。已知的16种氨基酸在参与窖内发酵作用时，生成一些微量的花香类物质，使酒体软绵细腻。大曲生香作用的重点是酸醇酯化而得到大曲酒的主体香。由于曲的含量不同或作用不同，从而影响多种香型白酒的形成，由此可见曲的重要性。还有人认为被用作制曲原料小麦的表皮，含有一种物质，在60℃左右温度的作用下，可以转化生成阿魏酸、香草醛、香草酸、4－乙基木酚等芳香族化合物，以提供酒中的香气成分。

第三节 大曲培养机理和特征

一、大曲培养机理

任何微生物的培养都需要基本的五个因素：养料、水分、pH、温度、氧分。其中尤以养料的不同和水分的大小来控制某种发酵的进程。大曲的生产过程如前述是开放式的，除自生原料带去的微生物外，并在制作和发酵中网罗了空间、环境中的微生物群(系)，它们以大曲作养料，在上面富集、生长、繁殖、分泌代谢出众多的产物(酶系、物系、菌系)。当大曲成熟后(安全水分内)，这些微生物的细胞、酶等就被大曲这个基质所固定下来。显然，能够固定细胞和酶的大曲基质(物系)主要是淀粉、粗纤维、葡聚糖、多糖类代谢产物等。经研究证明，固定的方式为:(1) 物理吸附：微生物细胞或酶蛋白通过界面自由能的降低被吸附住。(2) 离子吸附：酶蛋白和细胞表面的带电基因与大曲基质之间因静电引力而形成复合物。(3) 共价结合:酶蛋白的非必需基因、自身的游离氨基、游离羧基与基质形成共价结合。以这3种方式固定上去的微生物，又以3种状态存在于大曲中：一是失去功能(如催化作用)的死亡细胞称为“固定化死细胞”;二是“固定化静息细胞”，即微生物处于“休眠”状态(只生存而不再繁殖的状态);三是当条件适合这些菌细胞作用时，又恢复其功能的称之为“固定化增殖细胞”。

有人把大曲的发酵比喻为培养微生物的工程是正确的。大曲根据其作用的不同，采用的制作方法和控制发酵的模式也不同，虽然都是以品温来确定其产品的，但几大种大曲培养的机理是共同的。归纳起来可以用几句话来总结:“自然富集，开放作业，堆积升温，翻转调节，排潮降温，总温控制”。

制成的曲坯入室后先采取低温(40℃内)，以培养三大曲种在曲坯上繁殖生长。由于水分含量大的因素(一般为35％左右)，生成量最大的是细菌。尽管各种大曲入房的堆码要求不同和低温期要求的培养时间、温度不一致，但品温上升，水分挥发是绝对的。曲坯升温主要是靠微生物呼吸代谢作用产生的热量。在呼吸作用中不但放出热量而且排放出CO_2。大曲发酵中水分和温度的高低都有促进微生物生长繁殖的作用或限制作用。唯CO_2当室内含量大时(如超过1％时)，可完全阻止微生物的生长发育，酶活力也随之下降。因此，当发酵进入“高温转化”状态时，不但要控制所需的顶点温度，要持续持久，借以促进微生物的分泌代谢和产物的积累(如形成氨基酸类物)，同时还应排去曲室内的水分和CO_2，以供给微生物作用所需的充足氧分。

高温转化中除去微生物自身的代谢和生成其他物质外，关键还在于促使原料中蛋白质的分解，以增加“曲香”，原因是蛋白质分解的最佳温度是60℃，故“高温曲香而不好看，低温曲好看而不香”，就是这个道理。

大曲培养过程注重的是“穿衣”和堆积;也有的大曲作业偏爱于翻曲。但无论如何，“多热少凉”是它的培养规律。有的适当开启曲室窗户，翻曲达七八次;但有的翻曲时，即使在夏天也不打开曲室的门窗，生怕“闪火”。这各有其道理。特别是“穿衣”(上霉)是很讲究的，“穿衣”的优劣往往可决定大曲的内在质量。尽管“穿衣”的菌不全是大曲质量所需，但起码可肯定几点：一是大曲必须是表面有浆，才可能“穿衣”；二是“穿衣”表明微生物群已经正常地富集在上面；三是大曲“穿衣”后不会裂口。因为大曲水分的挥发是靠菌系的内插而引出的，如随温度的升高，引出水分，则曲块肯定膨胀无规律，表面膨胀裂口，裂口后的曲块中心部分进入大量氧气，就会出现“色不正，味不端，物不要”的局面。因此“穿衣”为低温期的主要特征。

经反复的翻曲升温，大曲的菌、酶、物三系均已形成，此时已制成“成品曲”(生产上又称“鲜曲”、“在制曲”、“陈曲”)。由于陈曲水分较低，迫使细菌干涸死亡，失去发芽能力。故而大曲讲究一定的贮存期，其理即于此。从上面不难看出，大曲的培养就是微生物利用曲料水分营养，在各个培养阶段进行着代谢和产物积累作用的一系列物质交换的过程。

此外，大曲的物理和生化变化更能阐明其培养原理。要真正了解大曲的变化，还得从培养过程中的物理变化和生化反应去认识。

(一) 物理变化

1. 温度的上升

制曲中消耗最多的是淀粉，每50kg淀粉在制曲培养过程中被消耗掉8%～12%，消耗蛋白质较少。

在实际生产中，以曲坯入室5000g(含水量1568g)，出房曲量3160.5g计算，其消耗淀粉217.5g，蒸发水分1749g(曲坯原有水分1568g，加上淀粉氧化后生成水分181g)。消耗1g淀粉需0.85L氧，并产生热量19.07kJ。

由淀粉氧化产生的热量为：

$$217.5 \times 19.07 = 3729.93(\text{kJ})$$

蒸发水分由20℃上升至50℃吸收的热量是：

$$1749 \times (50-20) \times 4.186 = 219.64(\text{kJ})$$

蒸发水分吸收的潜热是：

$$1749 \times 0.57 \times 4.186 = 4173.20(\text{kJ})$$

曲块散发出的总热量是：785.09(kJ)

按曲块的比热容为0.5J/(kg·K)计，曲块上升的温度为：

$$785.09 \div 3160.5 \div 0.5 \div 4.186 = 118.6(℃)$$

如曲坯入房温度以20℃计，可达温度：

$$118.6℃ + 20℃ = 138.6℃$$

这是一份很大的热量，由于热量损失实际上达不到这个品温，但足以使曲坯发酵时品温上升到近60℃，并经历多天不降。

2. 曲坯中的水分

曲坯的水分依其与曲料的结合方式可分为吸附水分、毛细管水分、溶胀水分。

吸附水分：是曲坯表面上附着的水分。在任何温度下，表面水分的蒸汽压等于纯水在此温度下的饱和蒸汽压。

毛细管水分：是曲料空隙中所含的水分。这种水分的蒸发是借毛细管的吸引力转移到曲块表面的。曲料空隙大时，所含的水分如同吸附水分一样，它的蒸汽压也等于在此温度下的饱和蒸汽压；曲料空隙小时，所含水分的蒸汽压将小于同温下的蒸汽压，而且这种蒸汽压将随着水分的进一步挥发而下降。因为逐渐减少的水分是保留在更小的毛细管中的。

溶胀水分：作为曲料的组成部分，它透入曲料的细胞壁中。因此，曲料的体积为之而增大。

3. 水分的蒸发

曲块水分的蒸发可以明显地划分为恒速和降速两个阶段。

恒速阶段：当水分由曲内部迁移到外表的速度大于或等于水分表面的汽化速度时，称为恒速阶段。增大空气流速，提高品温，降低湿度都能促进这一阶段的水分蒸发速度。显然，曲坯入房湿度和加盖草的多少，起着十分重要的作用。又因为蒸发速度是以单位面积为计算的，所以曲坯的大小也是一个重要因素。

降速阶段：当水分由曲块内部向表面移动的速度小于表面水分的汽化速度时，进入了降速阶段。首先是曲块表面出现干燥(硬)区域，表面湿度逐步下降。随后曲块表面的水分完全汽化，水分的汽化由曲块表面向内部移动。随着内部水分含量的梯度下降，内部水分的迁移速度或水分蒸发速度不断下降，水分的汽化表面继续内移，直至曲块含水量降至与外界空气的相对湿度相平衡时，曲块水分才停止蒸发。在降速阶段，除了较高的湿度有利于内部水分的迁移外，水分的蒸发速度主要取决于曲块的结构、形状、大小、厚薄、松紧、粉碎度等因素。

(二) 生化变化

曲块培养中，微生物在原料中生长繁殖，它们分泌各种各样的酶，除了对酿酒至关重要的淀粉酶将淀粉变糖和酒化酶将糖变成酒外，还引起了基质的变化，合成了各种香味成分及其前驱物质，从而构成了曲的特殊香味。

1. 蛋白质的分解

蛋白质是高分子量的物质，除了碳、氢、氧外，还有氮。当蛋白质水解时，便产生氨基酸类物质。

曲料中的蛋白质，经蛋白酶作用逐步转化为氨基酸。这些氨基酸在微生物作用下进一步分解为高级醇，高级醇与脂肪酸结合生成酯类。氨基酸和糖发生美拉德反应而生成各种含氮有机化合物。这些成分就构成了酒的香味。

氨基酸分解成高级醇时，同时放出氨基为微生物利用。一般讲，曲坯含水量大有利于蛋白质的分解，但要严格控制，不然，水大可以造成杂菌繁殖，使蛋白质腐败，并破坏羧基，使之转变为碱类物质如胺类，致使曲质不好。

2. 糖的进一步分解

糖在微生物作用下，能进一步分解成酒精、乳酸、醋酸等。这些酸与醇酯化，给麦曲带来香味。

3. 酚类化合物的变化

以小麦为原料，在微生物作用下，生成了挥发性酚类物质。如小麦中的糖类前体“沙克林”就是最好的成分。

经研究表明，在使用以小麦为主的大曲培养中，当菌丝发育到最旺盛时，酚类含量状况为最好，此时的阿魏酚占绝大部分；当品温继续上升时，香草醛、香草酸大量生成，所以高温制曲有利于香味物质的形成。

二、大曲的特征

大曲的特征包括制作、培养、产品三个方面。

(一) 制作特征

大曲的制作具有生料制作、开放制作、机械化程度低和操作简单四个特点。

大曲的生料制作是大曲培养和产品质量的关键所在。许多研究表明，生料上生长的微生物群比熟料上的生物群要适用得多。如生料上的菌可以产生酸性羧基蛋白酶，可以分解加热变性后的蛋白质，且霉菌的生成量也十分可观，由此而形成的大曲多种作用刚好适用于以高粱为原料酿酒的窖内发酵。之所以如此，是因为小麦(大麦、豌豆)自身所带的霉菌在制作时所起的作用。这也说明用生料制作的优越性。

大曲的开放式制作方式也是区别于其他曲种的一种作业模式。开放式制曲最大限度地网罗了环境中的微生物，以增加大曲培养过程中微生物的总量。特别是在好氧和厌氧之间的兼性发酵方式较为独特。正因为如此，大曲的酶系活化能不是很高。

此外，大曲的作业水平长期处于一种原始的小作坊式的机械化程度不高的状态，这也是其不足的特点之一。即便目前已采用了机械磨粉、人工拌和、人工踩制、绞笼拌料、机制成型曲坯操作以及制作架子大曲等技术，但仍需耗费大量人力。就连现代的“微机控制架式大曲培养技术”也须亟待改进。所以，提高大曲机械化程度，加快微机控制，势在必行。

(二) 培养特征

大曲的培养具有“自然培养、堆积升温、季节性强、易培养、周期长、菌酶共存”等六大特点。

由于大曲是生料制作，故微生物群类是自然的、野生的、培养的条件也是自然的，特别是培养中温度的变化也纯属自然控制，如采取开门窗排潮和关门窗、加盖保温物等，无需施加任何升温的化学或物理的必需条件而随其自然得到产品。

大曲培养的另一特点是季节性较强。无论是大曲自身带来的或空间网罗的微生物都比较容易培养。但正因为要网罗空间微生物以及培养任其自然，故气温对大曲的培养有至关紧要的影响。如夏天所含的微生物(霉菌)比冬天的要多，加之气温高，故而培养易彻底，大曲泡气、色味也均优于冬天的大曲。前人总结的“制伏曲”，正基于此理。季节和气温的差异，还有地区的不同，使曲质也相应变化。北方制曲比南方差，平原比山区差，城市比农村差，楼房比平房差等，足以证明气温以及空气所包含的微生物对大曲产品质量的影响。

堆积培养大曲是几种大曲共同的特点。根据工艺和产品质量的需要来调节各阶段的品温，可借以控制微生物的种类、代谢和生长繁殖。目前大曲的堆积形式只有“井”形和“品”形两种，井形易排潮，品形易保温，各有其优缺点，只不过可以按实际需要而互补罢了。

大曲培养最突出的特点，则要算菌酶的共生共效现象。由于菌种繁多，酶系复杂，故在大曲培养中产生了丰富的物质，这是任何一种纯种曲所无法比拟的。大曲酒比其他纯种曲酿制的酒的口感和风味更为突出。可以说大曲的这些优越性是其他曲种无法替代的。

大曲的培养周期长，一般为120天，这也是其功能独特的一个重要因素。

(三) 产品特征

大曲虽然具有成分众多，并“菌酶并用”等优越性，但“一高两低”又是它显然不足的特点。“一高两低”为“残余淀粉高，酶活力低，出酒率低”。

残余淀粉即为未被利用完的淀粉。大曲培养后，仍含有高达57%左右的淀粉，在发酵的全过程中只消耗了淀粉总量的8%左右。一般可以用残余淀粉的高低来判定发酵的好坏。虽然大曲具有边糖化边发酵的功能，但酶活力较之纯种曲子低得多，因而导致窖内发酵缺乏活力，出酒率也低。一般大曲原料(含曲)的出酒率不会超过40%，而纯种曲的出酒率却在60%以上，差距之大自不必多说，更不尽人意的是用曲量太大。大曲酒用曲量一般是粮曲比为1：0.6左右(酱香型酒为1：2)，近年来，有些大曲酒的用曲量又呈上升趋势，直追酱曲，令人堪忧。“曲多酒辣”、“曲大酒苦”之说有其一定的道理。但毕竟是传统工艺，以慎重而不随意改动为好。

第四节 大曲制作的一般工艺

大曲制作工艺目前仍以“四大名酒”为前提来区分。如按形状区分则只有“平板曲”和“包包曲”；而原料却有4种，即小麦、大麦、豌豆、高粱。因此，本节大曲生产工艺不以香型、曲状来介绍，只以“掌握原料标准、了解环节作用”为主要内容来介绍。至于各大曲的实际工艺技术要求(指标)则在本章第五节叙述。关于大曲的质量标准也不易统一和全面介绍，只能在可操作和适用的情况下介绍一些实例，如“大曲的抽样检验方法”，对同一个香型的质量标准等作适当地介绍。

一、制曲原料和制曲用水

关于制曲原料和制曲用水的有关内容，可参见本书第二篇第二章和第三章。

二、制曲工序技术要求

(一) 制坯及入室工序

1. 润麦

润麦须掌握润麦的水量、水温和时间三项条件。一般应遵守“水少温高时间短，水大温低时间长”的原则。用水量视其所采用的原料而定。一般都按粮水比100：3～8计；时间以不超过12h为好。如果考虑原料的吸水性，则润麦的时间应适当缩短，并且应减少水量，提高水温，一般遇此情况，时间控制在4h内即可。润麦的水温夏天保持在40℃左右，冬天以80℃左右为宜。

润麦时在操作上要注意翻造堆积。翻造旨在使每粒粮食都均匀地吸收水分，要求是“水洒均，翻造匀”。

润麦后的标准是：表面收汗，内心带硬，口咬不粘牙，尚有干脆响声。如不收汗，说明水温低，如咬之无声，则说明用水过多或时间过长，即通常所说的“发粑了”。

2. 粉碎

为了破坏植物组织以及使淀粉释放而采用的机械加工的方法叫粉碎。因此，粉碎的目的十分明确：释出淀粉，吸收水分，增大粘性。

粉碎的方式由最初的“石磨”改为现在的“电磨”，无论粉碎方式如何，其粉碎物料的粗细标准不会变，粉碎前应在磨粉机上端放上隔筛，以阻止硬、大件杂物损伤磨辊。

由于原料的不同，各自的粉碎标准也不同。但主料小麦却是一致的。

事实上，大多数厂家仍以感官来判定小麦的粉碎度。小麦的感官标准是："烂心不烂皮"、"梅花瓣"。小麦的粉碎度对大曲的发酵和大曲的质量有很大的影响。

若粉碎过细，则曲粉吸水强，透气性差，由于曲粉粘着紧，发酵时水分不易挥发，顶点品温难以达到，曲坯升酸多，霉菌和酵母菌在透气(氧分)不足、水分大的环境中极不易代谢，因此让细菌占绝对优势，且在顶点品温达不到时水分挥发难，容易造成"窝水曲"。另一种情形是"粉细水大坯变形"。即曲坯变形后影响入房后的摆放和堆积，使曲坯倒伏，造成"水毛"(毛霉)大量滋生。此种曲质量不会高，一般都在二级曲以下。所以，粉碎不可太细。

粉碎粗时，曲料吸水差，粘着力不强，曲坯易掉边缺角，表面粗糙，穿衣不好，发酵时水分挥发快，热曲时间短，中挺不足，后火无力。此种曲粗糙无衣，曲熟皮厚，香单、色黄，属二级曲以下。因而粗粉也不利。

无论是何种粉碎设备，都有粉碎度的调节方式。最初的石磨子是以石圆磨中的孔眼扦以竹扦的粗细(或根数)来控制原料的流量，也即在转速不变的前提下以流量的多少来调节粉碎度;现在使用的钢磨是以标尺来调节粉碎度的。有经验的曲师一般用手接一些小麦观看即可判断出粉碎度。应该承认的是：石磨子的"梅花瓣"与钢磨子的"梅花瓣"在程度上有区别。石磨可以完全做到"烂心不烂皮"，而钢磨由于原料通过压碎的时间较短，则难以达到要求，麦皮上所附着的粉子较多，或是"心皮同烂"。因此，采用钢磨时，润麦水分、温度、时间是关键的因素，务必掌握好。

关于曲料粉碎的其他内容，可参见第二篇第二章第四节。

3. 拌料

拌料主要包括配料和拌料方式两个环节。配料是指小麦、水、老曲和辅料的比例，拌料方式有手工拌料和机械搅拌两种。不管采用哪种拌料方式，都是以曲坯的成型或含水量为其标准的。

手工拌料是两人对立，以每锅30kg麦粉加老曲、水均匀地拌和。一般时间在1.5min，曲料含水量在38%左右，标准是"手捏成团不粘手"。手工拌料的特点是操作复杂，体力劳动强，但易控制。

机械拌料时，要待曲料落入料箱时才能判定拌料是否合适。其特点是操作简单，但控制难度较人工大些。拌料的标准与人工拌料相同，只是含水量一般在36%左右。

拌料用水的温度以"清明前后用冷水，霜降前后用热水"为原则。热水温度控制在60℃以内较好。如水温过高则会加速淀粉糊化或在拌料时淀粉糊化，发酵时过早地生成酸、糖被消耗掉，造成大曲发酵不良，并且大曲的成型也差，俗语叫"烫浆"了。但如果水温太低(特别是冬天)，则会给大曲的发酵造成困难。低温曲坯中的微生物不活跃，繁殖代谢缓慢，曲坯不升温，无法进行正常的物质交换。所以掌握好用水的温度是拌料中的一个重要因素。

拌料的目的就是使原料粉子均匀地吃足水分，而曲料(坯)含水量的多少一直是制曲工序长期的话题。究竟是常规水分好还是水分多些好，应根据客观情况具体确定。

首先，因曲料的品种不同，而应不同对待，比如用三种原料和单一原料的曲坯含水量绝对不可相提并论。显然，含水量的多少取决于大曲原料自身。

另一方面，由于制曲工艺的不同(如人工拌、踩和机械拌压)，其曲坯含水量也不尽相同。很显然，人工拌、踩的曲坯含水量肯定要大于机械操作的。机制曲并非不要求曲坯增大含水量，而实际情况是一旦增大拌料用水量，压坯时几乎就溃不成型。至于想采用其他办法增大含水量，则在操作中还是有办法的。

第三，因香型的不同，对大曲制作的工艺要求也不同，特别是发酵周期不同和品温控制不同，其曲坯含水量也不同。

第四方面，从大曲发酵规律及微生物对水分需要的角度来看水分与制曲的关系。

重水分曲(水分在40%以上)在发酵时排出的水分多，CO_2也多，这样就会中止曲中的代谢或减少代谢的速度和产物积累的总量，特别是顶点温度来得快。由于水分大的关系，成品曲生酸量多，除有机酸如柠檬酸、草酸、乳酸等外，pH也随之增高。一般重水分曲的酸度都在1.5以上，而常规水量(38%左右)的酸度则不会超过1。重水曲的特点是“外观雅，曲心正，糖化力不高，酸度大”，故有“曲好看力不佳”之说。

从微生物的需求水分来看，一般规律是细菌＞酵母菌＞霉菌，由于微生物的代谢受水分的支配，故有“水分活性(A_w)”的概念。

细菌是好在高温大水环境中生长的，发酵阶段的大火期以细菌占绝对优势，而霉菌在有足够水分的条件下，在发芽期和迟滞期明显增长，曲温超过40℃以上时基本上不再繁殖生长;从培养基上的试验表明，霉菌的生长发育水分以35%左右为最佳。酵母菌不喜大水，低温(32℃)期酵母菌需水量为30%～35%。

再从酶的生成量看，也只需35%以内的水分。

如上所述，大曲水分超过40%以上并不十分理想，特别是大水时产生的香味前驱物质较少，这就更不可取，故而目前大曲的含水量仍然停留在“各师各教”上。

拌料中有一个配料问题，其实例可参见第二篇第二章第四节。

多数厂家在拌料时都加有曲种，即优选出的陈曲，以起到接种的作用。

4. 成型

成型有机制的压制成型，又有人工的踩制成型。机械成型又分一次成型和多次(5次)成型。另按曲坯成型的型式有“平板曲”和“包包曲”之分。现分别介绍如下。

(1) 人工踩制　曲箱尺寸一般为(30～33)cm×(18～21)cm×(6～7)cm。人工踩制可由一人完成或合伙完成。一人完成即将曲料装入曲箱，按先中后边踩3遍，首先用脚掌从中心踩一遍，再用脚跟沿边踩一遍。要求“紧、干、光”。上面完成后将曲箱翻转，再将下面踩一遍，完毕又翻转至原来的面重复踩一遍，即完成一块曲坯。

合伙踩曲即由3～5人共同完成，1人装料后往下交，每人只踩一面一遍，一人踩完交给另一人踩，如此四五次完成。无论采用哪种方式都具有“百脚一坯”的特点，即一块曲要踩压100次才成型。人工踩曲讲究一个“溜”字，用脚掌、脚跟将曲坯表面反复溜光，以提浆于曲表，给以后的“穿衣”创造条件，最终曲坯皮张薄。

踩完后，将曲坯倒出置于一旁晾置，此时曲坯温度为25～30℃，待曲表收汗，曲坯由微黄色变为微乳白色时可立即入房。

(2) 机制成型　机制成型也有一个发展过程。最初的机制曲是没有间断的连续长条曲坯，用人工将其切断。以后进一步到单独成型且机型较多，有多次成型的。

机械化制曲毫无疑问适合于大生产，速度快，成型好，产量高，不费力。但缺点也很明显，提浆不起就是突出的弱点。另一点是拌料时间短，麦粉吃水时间不长，曲料不滋润等，均有待于完善。

两种成型的曲坯要求是一致的，“表面光滑，不掉边缺角，四周紧中心稍松”。

“包包曲”只有“五粮型”的曲才如此，其标准要求大同小异。

5. 曲坯入室

曲坯入室(房)后，安放的形式有斗形、人字形、一字形三种。

斗形：这是较为广泛采用的一种，也是最早使用的一种。即每4块曲为一个方向，曲端对准另一组曲的侧面，均匀地排列，4组16块为一斗。

斗形和人字形较为费事，但可以使曲坯的温度和水分均匀，可任意安放，每斗大约0.6m^2。三种形状的曲间、行间距离是相同的，不能相互倒靠(包包曲除外)。根据不同季节，对曲间距离有不同要求，一般冬天为1.5～2cm，夏天在2～3cm。曲间距离有保温、保湿、挥发水分、热量散失等调节功能，需要时，将其收拢和拉开。

除高温大曲外，入房时均安放一层稻壳等。曲坯入房前，应将曲室打扫干净，并铺上一层稻壳之类的物料，以免曲坯发酵时粘着于地，视其情况，要求适量洒上一些清水于地面(热天必须洒)。曲室的地面最好是泥地。

曲坯入房后，应在曲上面盖上草帘、谷草之类的覆盖物。为了增大环境湿度，应按每100块曲洒7～10kg水的量洒水，并根据季节确定水的温度，原则上用什么水制曲就洒什么水，但冬天气温太低时，可用80℃以上热水洒上，借以提高环境温度和增大湿度，夏天太热时，洒上清水可以降低或调节曲坯温度，当湿度大时，温度不至于直接将曲坯表面的水分吸干挥发，以水作为导体降温是可行的。洒水时应注意不能洒“乌棒水”，要均匀地铺洒于覆盖物上。如无覆盖物，可向地上和墙面适当洒水。

曲坯入室完毕后，将门窗关闭。制曲有“四边操作法”，即边安边盖边洒边关。同时要作好记录。

此时曲坯进入发酵阶段。

(二) 培养管理

培菌是大曲质量的关键环节，有什么样的管理就有什么样的产品质量，不管哪种香型曲，均把这个阶段放在首位。大曲的制作技术也在于此。

大曲的培养管理是可以操作的，而不像窖池，一旦“糠、水、温”给定后就密封了事。大曲的培养管理就是给不同微生物提供不同的环境，从而达到各种物质贮备于大曲之中的目的。

1. 低温培菌期(前缓)

目的：让霉菌、酵母菌等大量生长繁殖；

时间：3～5天；

品温：30～40℃，相对湿度＞90％；

控制方法：关启门窗或取走遮盖物、翻曲。

由于低温高湿特别适宜微生物生长，所以入房后24h微生物便开始发育。24～48h是大曲“穿衣”的关键时刻。所谓“穿衣”(上霉)就是大曲表面生长针头大小的白色圆点的现象。穿衣的菌类对大曲并不十分重要,甚至无用或有弊的也无妨,但它却是微生物生长繁殖旺盛与否的反映,且“穿衣”后这些菌的菌丝布满曲表,形成一张有力的保护网,充分保证了曲坯皮张的厚薄程度。若穿衣好,则皮张薄,反之则厚。应该说,这些菌在大曲质量的保证上立下了头功。

由于霉菌的生长温度较低,所以低温期间霉菌和酵母菌均大量生长。培菌就是培养以霉菌为主的有益菌,并生成大量的酶,最终给大曲的多种功能打下基础。

低温培菌要求曲坯品温的上升要缓慢,即“前缓”。在夏天最热阶段,品温难以控制。如气温在30℃以上时,曲坯入房也就达到了培养的温度,此时要“缓”,采取加大曲坯水分,降低室内温度,将曲坯上覆盖的谷草(帘)加厚,并加大洒水量等措施,以控制或延长“前缓”过程。又如冬天“前缓”太慢时,可按加热的方式操作,以加速反应进程,不至于影响下一轮的培养。

在低温阶段翻曲有两种情形:一是按工艺规定的时间,如48h原地翻一遍,或72h翻一次;二是以曲坯的培养过程为依据进行翻曲,这些依据是:

(1) 曲坯品温是否达标(含湿度);

(2) 前缓时间是否够;

(3) 曲坯的干硬度;

(4) 取样分析数据。

用一句话可概括翻曲的上述原则:“定温定时看表里”。

一般来说,曲不宜勤翻,因每翻一次曲都是对曲坯(堆)的一次降温过程。有些厂家规定翻曲不开门窗,也就是为了保持现有的曲坯(堆)品温不变,但事实上办不到。曲坯培养讲究“多热少凉”和“不闪火”,因为如霉菌之类的微生物,当温度超过40℃时则生长停止,降下温度则又可复活继续生长繁殖。但复活时间较长,在10h以上,因而一旦曲坯“闪火”,会直接影响主要菌的生长,其产品质量可想而知。

翻曲的方法是:取开谷草(帘),将曲垒堆,将底翻面,硬度大的放在下面,四周翻中间,每层之间以竹竿相隔,楞放,上块曲对准下层空隙,形成“品”字形,视不同情况留出适宜的曲间距离。又重新盖上谷草之类的覆盖物,关闭门窗,进入第二阶段的发酵。

2. 高温转化期(中挺)

目的:让已大量生成的菌代谢,转化成香味物质;

品温:50~65℃,相对湿度大于90%;

时间:5~7天;

操作方法:开门窗排潮。

经过低温阶段,以霉菌为主的微生物生长繁殖已达到了顶峰,各种功能已基本形成,特别是能够分解蛋白质之类的功能菌、酶在进入高温后,利用原料中的养料形成酒体香味的前驱物质的能力已经具备。前面我们讲到的大曲中氨基酸的形成就是借助高温下,由菌、酶作用而生成的。因此,高温阶段要求顶点温度要够,且时间要长,特别是热曲时间绝不能闪失,其间须注重排潮。

由低温(40℃)进入高温时,曲堆温度每天以5~10℃的幅度上升,一般在曲坯堆积后(5层)3天,即可达到顶点温度。在这期间曲坯散发出大量水分和CO_2,绝大多数微生物停止生长，以孢子的形式休眠下来，在曲坯内部，进行着物质的交换过程。

试验表明：曲室中如CO_2含量超过1％时，除对菌的增殖有碍外，酶的活力也下降。为了保证菌、酶的功能不损失，必须排出水分和CO_2，送进氧气以供呼吸，故以开启门窗为手段的排潮可以达到此效果。由于各种菌对氧气的吸收程度不同，因而可根据工艺上实际所需来决定通风排潮的时间和次数。如曲霉在通风条件好时(吸氧量大)产生柠檬酸和草酸，厌氧时，则生成大量的乳酸，其中根霉产乳酸较多。所以，排潮送氧应作为大曲生产的必不可少的操作技术。排潮时间应在每天的上午9:00、中午12:00、下午3:00几个钟点，每次排潮时间不能超过40min。

随着水分的挥发，曲中物质的形成，此时曲堆品温开始下降，当曲块含水量在20％以内时，就开始进入后火生香期。

关于大曲的升温和生香的一般原理，如前所述;各种大曲的生香过程，在以后作介绍。

3. 后火排潮生香期(后缓落)

目的：以后火促进曲心少量多余的水分挥发和香味物质的呈现;

品温：不低于45℃，相对湿度小于80％;

时间：9～12天;

操作：继续保温、垒堆。

后火生香也是根据不同香型大曲来管理的。但不管怎样，后火不可过小，不然，曲心水分挥发不出，会导致“软心”，严重的会存窝水，直接影响质量。

当高温转化后，品温仍在40℃以上时，可按翻曲程序翻第3次曲而进入后火生香期。除垒堆曲块层数多2层(7～9层)外，其余要求和操作同其他各次翻曲。视具体情况曲间距离稍拢一些，目的在于保温。因为此时曲块尚有5％～8％的水分需要排出，所以保温很重要。一般讲“后火不足，曲无香”。

所谓后火生香并非此时大曲才生成香味物质，而是高温转化以后的香味物质在此阶段呈现而已。这也要看保温得当与否，否则“煮熟的鸡都会飞”，反而会影响曲质。如果曲心少量的水分在无保温措施下挥发不出来，则细菌会借机繁殖，争夺已成熟的营养物质，迫使曲质变差或蛋白质变性，呈现在我们面前的大曲是:“曲软霉酸，色黑起层，无香无力”。

若后火期间品温能保持5天不降，则即可达到要求了。即使是降温，也要注意不可太快，应控制缓慢下降，所以此阶段叫“后缓落”。当时间达到要求和品温降至常温(30℃左右)时，可进入下一轮的“打拢”养曲阶段。此时应进行第4次翻曲。

4. 打拢

打拢即将曲块翻转过来集中而不留距离，并保持常温，只需注意曲堆不要受外界气温干扰即可。其方法同前，但层数增加为9～11层。经15～30天后，曲即可入库贮存。

(三) 成品曲

1. 入库曲

从开始制作到成曲进库，共约需60天，然后还需贮存3个月以上方可投产使用，所以大曲比大曲酒的生产周期还长。曲块入库前，应将曲库清扫干净，铺上糠壳和草席，并保证曲库通风良好。

入库时，按曲库的设置留出相应间距，两端和顶部应用草席之类的覆盖物将曲堆遮盖好，以免受空气中微生物的直接侵入，而被污染。

关于曲库的管理有两个方面：一是基础的管理；二是技术上的(产品质量)管理。

基础管理主要是认真、准确地做好包括曲的数量、等级、原始数据等记录。技术上的管理包括温、湿的控制和曲虫的治理。目前已查明了曲(成品曲)中主要有这样一些昆虫：蟑螂、麦蛾、豆象和扁谷盗，其中尤以扁谷盗为主要害虫。这些昆虫(除蟑螂外)都有趋阳性。特别是夏天黄昏时，集中出房。每个昆虫吃掉曲子的数量是自身体重的5～8倍。以扁谷盗(大曲中以土耳其扁谷盗居多)为例，该虫寿命长，其幼虫都隐藏在曲块的中心层，危害极大。以年产7000t大曲计，每年被吃掉的曲为50～80t，这是十分可观的经济损失。所以，治理虫害已成为大曲生产的当务之急。由于大曲是食品的半成品，故而在治理曲虫时不可太多地使用化学药品，常以物理的方法治理。如鼓风吸收、紫外灯吸收、封闭曲库(扁谷盗不能飞出，无法与其他同类虫害接触而减少繁殖生育的能力)、清晨扫集等效果较佳。另有用一种粘着力较强的无气味药物液体涂抹于曲库的纱窗门中，当虫害飞上去时被粘住而死亡，此法也有效果。

2. 出库曲

当贮存期满后，即可将曲坯出库，粉碎后用于酿酒生产。对曲块粉碎度的要求，可参见第二篇第二章。

三、大曲的质量检验方法

大曲的检验方法包括抽样方法、分析方法和质量判定方法。

抽样方法应统一，这样也好操作。在现场按规定的程序抽取一定的样本。下面介绍一种现场的抽样方法。

每一批曲入库时，应本着“上不封顶，左留空间，空气对流”的原则进行操作。其高度为9～13层。当抽样时，可采取“定位法”，即当半成品曲入库前，先选定好曲取样的层、排、点，每抽一个点的一块曲，其相邻的左或右的一块同时作为样曲。如此，可保证样曲的合理和随机性。如当选定的那一块曲或相邻的那一块曲为不完整或有严重缺陷时，应考虑移位取样。合起来每点取2块曲，取样数以10块较为合理。

大曲的分析方法另述。

大曲的规范抽样和质量检查应按GB2828—87之《逐批检查计数抽样程序及抽样表》来进行。

1. 使用的术语

① 大曲：以小麦制成而形状较大的含有多菌酶类物质的曲块。

② 皮张：大曲发酵完成后，曲坯表面的生淀粉部分，叫皮张。

③ 窝水：大曲发酵完成后，曲块内心留有不能挥发水的严重现象。

④ 穿衣：大曲培养时，霉菌着生于曲坯表面的优劣状态。或大曲培养时霉菌着生于大曲表面出现的白色针尖大小的现象。

⑤ 泡气：培养成熟后的大曲，其断面所呈现的一种现象。

⑥ 生心：大曲培养后曲心有生淀粉的现象。

⑦ 整齐：培养成熟后的大曲，其切面上出现较规则的现象。这里主要指菌丝的生长

健壮与否。

⑧ 死板：培养成熟后的大曲，其断面表现出一种结实、硬板、不泡气的现象。

⑨ 菌斑：大曲表面和内部感染杂菌所呈现的斑点现象。主要是霉菌等。

⑩ 香味(浓香)：大曲香味指大曲在成熟贮存以后散发出的一种扑鼻的气味中带有浓厚的香味。

2. 不合格和不合格品

(1) 成品曲按项目的重要性或严重程度，可区分为A类不合格，B类不合格和C类不合格。

(2) 每块曲有一个或一个以上项目不合格，该块曲即为不合格品。

(3) 不合格品的分类

① A类不合格品：有一个或一个以上A类不合格(也可兼有B类、C类不合格)。

② B类不合格品：有一个或一个以上B类不合格(也可兼有C类不合格，但不得有A类不合格)。

③ C类不合格品：有一个或一个以上C类不合格(但不得兼有A类、B类不合格)。

(4) 抽样方案，如表1－2－5所示。

抽样方案各要求的规定：

① 合格质量水平(AQL)

A类不合格品(AQL)＝6.5％

B类不合格品(AQL)＝2.5％

C类不合格品(AQL)＝1.5％

② 批量(N)的划分

1) 每个检验批的批量(N)小于或等于35000块。

2) 当批量(N)小于或等于抽样方案样本时，实行全检。

3) 检验批的划分，不得跨仓(库)或混批。

4) 每个检验批必须分仓堆放，仓(库)内应留有空间并挂检验状态标志或说明。

检查水平，采用特殊检查水平S—3。

表 1-2-5　　抽 样 方 案

不合格品类别	正常检查			加严检查			放宽检查		
	样数 n	合格判定数AC	不合格判定数Re	样数 n	合格判定数AC	不合格判定数Re	样数 n	合格判定数AC	不合格判定数Re
A 类	20	1	2	20	1	2	8	0	1
B 类	20	3	4	20	2	3	8	1	2
C 类	20	7	8	20	5	6	8	3	4

3. 检查严格度的确定和转移

(1) 检查开始一律使用正常检查。

(2) 检查严格度的转移应遵守以下规则，并同时报经质检部门同意。

① 从正常到加严：进行正常检查时，若在不超过5批中连续有两批经初次检查(不包括再次提交检查批)不合格，可转移到加严检查。

② 从加严到正常：在加严检查时，若连续5批经初次检查合格，可转到正常检查。

③ 从正常到放宽：当进行正常检查时，若下列条件满足，则从下一批转到放宽检查。

1) 连续10批经初次检查合格；

2) 连续10批所抽取的样本中，无A类不合格品，B类不合格品应≤10块，C类不合格品总数≤30块；

3) 生产正常。

④ 从放宽到正常：在进行放宽检查时，若出现下列情况，则从下一批转到正常检查。

1) 有一批放宽检查不合格；

2) 生产不正常；

3) 质量管理部门认为有必要回到正常检查。

⑤ 检查的暂停和恢复：加严检查开始后，若不合格批数(不包括再次检查批)累计到5批(不包括以前转到加严检查出现的不合格批数)，则暂时停止按照本标准进行的检查。并立即向质检和生产部门报告，停止生产，查找原因，采取措施。当质检部门确认可恢复生产后，再从加严检查开始。

4. 特殊批的检查

特殊批成品曲需全检时，由质量负责人或质量部临时通知。

5. 抽样和检查方法

(1) 样品一律从仓库内堆放的成品曲中抽取。

(2) 每仓(库)成品曲采取随机抽样(以曲堆端面和顶面进行抽样，抽样时用掷骰子或类似方法确定该块曲所在的行、列、层)，根据抽样数抽足块数。

(3) 按本标准规定的不合格项目，逐块检查成品曲。

首先检查每块曲的外观质量，再逐块检查其他项目。

(4) 对不合格项目(包括A、B、C三类不合格)要逐项记录，按不合格品的分类确定每个不合格品的类别，并将其挑出，分类放置。

(5) 逐项统计不合格品数目，并将其反馈给生产单位，用于生产质量改进。

(6) 分类统计各类不合格品的数目，用于对检验批进行合格判定。

6. 批的合格判定

对每批成品曲的合格判定由质检中心大曲检评组负责，首先逐个确认各类不合格品，并核实数量，然后按抽样方案判定该批成品曲是否合格。

当各类不合格品数量均等于或小于该类合格判定数时，该批成品曲判定为合格。

当一类或一类以上不合格的数量等于或大于该类不合格判定数时，该批成品曲判定为不合格。

7. 检查后的处置

(1) 判定为合格的批就封仓(库)待用，并做出合格标志。

(2) 判定不合格的批，如仅理化指标质量不合格，而感官质量合格，可酌情降级使用，并在检查记录上注册。

(3) 判定不合格的批，生产单位应详细记录统计该批产品的各种不合格数，据此分析研究产生不合格的原因，采取对策。若不采取相应对策，则不得继续生产。

8. 质量责任

(1) 质检部门对每批成品曲的合格判定的正确性应负质量责任(但出现标准中未规定的不合格项目除外)。

(2) 大曲车间生产人员应对自己岗位有关的不合格品负质量责任。

(3) 大曲车间生产办公室应对各工序不合格品负有监督检查的责任;对不合格的批,如不查找原因、采取措施而继续生产,则应负质量责任。

(4) 保管员如将判定为不合格的批或未经检验的成品曲发放到酿酒车间,则应对该批成品曲质量负质量责任;如系领导批准发放(入库)的,则由批准人员负质量责任。

(5) 大曲样品理化分析由质检部门负责检验;感官鉴评由质检部门和大曲生产车间共同负责。

(6) 综合判定后由质检部门出具"大曲质量检测结果通知单"。

9. 大曲的检验内容(见表1-2-6)

表 1-2-6　　大曲的检验内容

检查项目	A 类不合格	B 类不合格	C 类不合格
1. 外　观	A.1.1　青霉病斑污染面占块曲表面的10% A.1.2　粗糙无衣为80%以上	B.1.1　严重裂口 (1) 青霉病斑达5% (2) 无衣为70% B.1.2　穿衣均匀面积小于块曲表面积的70% B.1.3　粗糙无衣	C.1.1　轻微裂口 (1) 青霉病斑达5% (2) 无衣为50% C.1.2　穿衣均匀面积小于块曲表面积的30% C.1.3　光滑有衣(无衣)
2. 香　味	A.2.1　有异味 A.2.2　无浓香扑鼻气味	B.2.1　严重霉味,馊味占块曲表面积的40%	C.2.1　轻微霉味,馊味占块曲表面积的20%
3. 断　面	—	B.3.1　不泡气死板 B.3.2　生心严重面积>15mm² B.3.3　窝水严重面积>20mm² B.3.4　皮张厚度>3mm	C.3.1　欠泡气 C.3.2　有生心面积>10mm² C.3.3　有窝水面积>10mm² C.3.4　皮张厚度>2mm
4. 色泽	A.4.1　无灰白色一片,并带有异色面积占80%以上	B.4.1　黑褐色、黑色、褐色絮状面积>60%	C.4.1　灰白色有异色 C.4.2　灰白色夹褐色
5. 发酵力	发酵力<0.1gCO_2/(g·72h)	B.5.1　发酵力<0.2gCO_2/(g·72h)	C.5.1　发酵力<0.38gCO_2/(g·72h)
6. 糖化力*	糖化力<100mg葡萄糖/(g·h)	B.6.1　糖化力1000mg葡萄糖/(g·h)以下,200mg葡萄糖/(g·h)以上	C.6.1　糖化力800mg葡萄糖/(g·h)以下,300mg葡萄糖/(g·h)以上
7. 液化力**	液化力<0.1g淀粉/(g·h)	B.7.1　液化力<0.2g淀粉/(g·h)	C.7.1　液化力<0.4g淀粉/(g·h)
8. 水　分	—	B.8.1　水分>15%	C.8.1　水分>13.5%
9. 酸　度	—	B.9.1　酸度>1.5%	C.9.1　酸度>1.2%
10. 淀　粉	—	B.10.1　淀粉>63%	C.10.1　淀粉>60%

*　糖化力按原轻工业部食品工业局制定的固体曲检验法,以1g绝干曲在35℃、pH4.6、60min分解可溶性淀粉为葡萄糖的毫克数表示,即mg葡萄糖/(g·h)。

**　液化力以碘退色法测定,以1g绝干曲在60℃、pH6.0、60min内液化可溶性淀粉的克数表示,即g淀粉/(g·h)。

10. 大曲的质量标准

(1) 感官标准和理化要求(见表1－2－7、表1－2－8)

表 1-2-7 大曲感官质量标准

项 目	一 级 曲	二 级 曲	三 级 曲
外 观	灰白一片,无异色,穿衣均匀,无裂口,光滑	灰白一片,无异色,穿衣不匀,轻微裂口,欠光滑	灰白表面有异色,穿衣不好,裂口严重,粗糙并有少量菌斑
断 面	灰白色一片,泡气,皮张厚≤1.5mm	灰白色,允许少数红黄点菌丛,欠泡气,皮张厚≤2.0mm	灰白色,允许少数黑色絮状,欠泡气,皮张厚＞2.5mm
香 味	浓香扑鼻,无异味	较浓香,无异味	浓香差,有异味

表 1-2-8 大曲理化要求

等级	发酵力/ $gCO_2\cdot(g\cdot72h)^{-1}$	糖化力/ mg葡萄糖·$(g\cdot h)^{-1}$	液化力/ g淀粉·$(g\cdot h)^{-1}$	水分/ %	酸 度	淀粉含量/%
一级	≥1.2	300≤糖化力≤700	≥1.0	≤13.0	0.9～1.3	≤58
二级	≥0.6	250≤糖化力≤300 700≤糖化力≤900	≥0.8	≤13.0	0.6～0.9	≤60
三级	≥0.4	≤250 ≥900	≥0.5	≤13.0	0.4～0.6	≤61

(2) 大曲的评分标准

大曲的评定按感官占60％,理化占40％来计算该批曲的等级,打分标准如表1－2－9、表1－2－10所示。

表 1-2-9 大曲感官评分标准

项目	等级	指 标 要 求	额 定 分
香味	1	曲香味浓烈纯正,曲香明显大于陈香	21～25
	2	曲香味较浓,无异味,曲香与陈香均等	15～20
	3	曲香淡薄,有异味,陈香明显大于曲香	11～14
断面 1/2	1	整齐,泡气,呈灰白色,菌丝生长丰满	13～15
	2	灰白色,较泡气,有少量黄红斑	10～12
	3	灰白色,欠泡气,少许黑点或青霉感染	8～9
皮厚	1	≤1.5mm	10～12
	2	≤2.0mm	8～9
	3	＞2.5mm	6～7
外表面	1	灰白色,菌丝生长良好	7～8
	2	多数为灰色,菌丝不均匀,无其他色	5～6
	3	多数为灰白色,有灰黑色,絮状菌丝或呈棕色	3～4

表 1-2-10 大曲理化评分标准

项 目	数 据 范 围	得 分
发 酵 力/ $gCO_2\cdot(g\cdot72h)^{-1}$	≥1.80	10
	0.80～1.70	6～9
	0.50～0.75	3～5
	≤0.45	0

续表

项　目	数据范围	得　分
酸　度	0.90～1.30	8
	0.60～0.85	6～7
	0.40～0.55	5～6
	<0.40	0
液　化　力/ g淀粉·$(g·h)^{-1}$	≥1.0	8
	0.7～0.9	6～7
	0.5～0.6	3～5
	<0.6	0
淀粉含量/%	≤57.5	7
	58.0～59.5	5
	60.0～62.0	3
糖　化　力/ mg葡萄糖·$(g·h)^{-1}$	300～700	5
	700～900　250～290	3～4
	<250或>900	0
水　分/%	≤13	2
	>13	−2

第五节　大曲制作实例

为了便于对大曲工艺的多方面了解，特地介绍几种不同香型大曲的制作工艺。

一、高温大曲的制作工艺

高温大曲主要用于生产酱香型白酒，以茅台酒为典型。高温曲酱香浓郁，直接影响到白酒的香味。

1. 工艺流程

高温大曲一般是以纯小麦为原料培养而成的。其工艺流程如下：

母曲（↓拌料）　水（↓踩曲）　稻草谷壳（↓堆积培养）

小麦→润料→磨碎→粗麦粉→拌料→踩曲→曲坯→堆积培养→出房→贮存→成品曲

2. 工艺操作

(1) 原料预处理　小麦经除尘、除杂后，加入2%～3%的水，水温60～80℃。拌匀并润湿3～4h后，用钢磨粉碎，把小麦皮压成“梅花瓣”薄片。粉碎度要求粗粒及麦皮不可通过20目筛，而细粉要求通过20目筛，混粉中细粉要占40%～50%。

(2) 拌料踩曲　拌曲料时，一般加水量为原料量的37%～40%。如加水量过多或过少都将影响曲的质量。母曲用量夏季为4%～5%，冬季为5%～8%。母曲应选用前一年的优质曲。如母曲用量不按季节要求而变化，则会使曲块含菌数不足或过量，影响大曲的培养及糖化发酵。踩曲有人工踩曲和机器压制两种，目前多用踩曲机压制成砖状，曲坯要求松而不散。

(3) 堆积培养　高温大曲着重于“堆”，覆盖严密，以保温保潮为主。堆积培养时要注意以下几个环节：

① 堆曲：压制好的曲坯首先要放置2～3h，即常说的“收汗”，曲坯表面略干，待变硬后可运入曲室培养。曲坯入室前先在靠墙及地面上铺一层稻草(约15cm)，起保温作用。然后将曲坯三横三竖相间排列，坯间距为2～3cm，并用稻草隔开，排满一层后，每层也同样用一层稻草隔开，草层约厚7cm。上下排列也同样应错开，以起到通风保温的作用，促进霉衣生长。一直排列到四层至五层。一行曲坯排列好后，紧挨着开始排列第二行曲坯。最后留一行空位置作翻曲用。

② 翻曲：曲堆经覆盖稻草，洒水以后，要马上关闭曲室的门窗，保温保湿，使微生物繁殖，品温逐渐上升，曲堆内温度达63℃左右，夏季需5～6天，冬季需7～9天。当曲坯表面霉衣已长出，即可进行第1次翻曲。第1次翻曲后再过7～8天，可进行第2次翻曲。为什么要进行翻曲呢?其一，调温、调湿;其二，促使每块曲坯均匀成熟与干燥。翻曲时应注意:尽量将曲坯间湿草取出，地面及曲坯间应垫以干草，为促使曲坯的成熟与干燥，便于空气流通，可将坯间的行距加大，竖直堆曲。曲坯经翻曲后，菌丝开始从曲坯表面向内生长，曲的干燥过程即为霉菌、酵母菌体由曲坯表面向内部逐渐生长的过程。此过程要注意曲坯水分含量不要过高，如水分过高，则推迟霉菌的生长速度。翻曲的时间要掌握好，时间过早或过迟都不利制曲。翻曲过早，曲坯品温偏低，致使成品大曲中白色曲多;翻曲过晚，黑色曲多;翻曲时间适中，黄色曲多，成品曲质量佳。目前主要是依靠曲坯温度及品尝来确定翻曲时间。曲坯温度应为60℃左右，测曲坯的品温时，温度计要插在曲坯中层处;口尝曲坯具有香味，即可翻曲。第1次翻曲为高温制曲的关键，生产中应十分注意。

③ 拆曲：翻曲后曲块品温要下降8～12℃;6～7天后逐渐回到最高点;而后，品温又逐渐下降，曲块逐渐干燥。翻曲14～16天后，可略微打开门窗，换气通风。经40～50天，曲块品温可与室温接近，曲块绝大部分已干燥。这正是拆曲的时机。拆曲时如发现有的曲堆下层的曲块过湿，含水分大于15%，则应置通风处，促使曲坯干燥。拆出曲室的曲还是半成品。

二、清香型低温大曲的制作工艺

汾酒大曲为典型的低温大曲，热曲顶点升温在50℃以下，其踩曲和培养工艺如下。

(一) 曲坯入房前的准备

踩曲场和曲室的要求：踩曲场所需面积为70～100m²。踩曲前先将踩曲场的踩曲设备及工用具用清水洗净，扫去地面污水和残剩曲料。传统的人工踩曲要求用光脚踩，但现在冬季可用磨光的胶底鞋踩曲，此鞋仅为踩曲场专用，避免污染杂菌。曲室的面积约70m²，可取10m×7m，要求保温、降温、通风良好，常采用平房、水泥地面、人字架屋顶，地平至标底标高约2.5m，以不超过3m为宜，前后墙各设3个相对的窗户，窗户为大开升降式，顶窗有1～2扇小活页，用滑轮控制倾斜角，避免直风吹在曲坯上。冬季曲室可采暖至36℃。曲坯入房前，将曲室门窗大开，扫去室内的陈旧谷壳和尘土，地面喷洒净水，待其阴干。曲室的工用具应提前在阳光下曝晒，再收回曲室，喷洒净水，吸潮阴干。

(二) 曲料配比和粉碎度

汾酒大曲以大麦、豌豆为原料，不得混杂小麦和杂豆，大麦和豌豆的配料比为6∶4(质量比)。制曲原料先经清杂、去石、吸铁处理，以免损伤磨辊，然后用配料混合机将大麦和豌豆拌和均匀，先用脱壳机脱出曲料中的皮壳，脱壳后的曲料用钢磨粗碎，再进第1道磨辊粉碎机。从第1道磨辊粉碎机出来的粗细混合料，提升到1.5mm筛孔的倾斜振动筛上，筛面粗粉与脱出的皮壳混合，筛底细粉进第2道磨辊机进一步细粉碎。然后将带有皮壳的粗粉与细粉都提升到搅拌机内混合均匀，再可投入踩曲工序。由于汾酒大曲要求所踩制的曲坯，比中温曲或高温曲更加紧密，又要在吸水、排潮、保温和散热，以及曲坯的透气性等方面都要恰到好处，所以曲料的粉碎度是制造优质大曲的关键。适宜的粉碎度应达到皮粗面细的要求，每次踩曲前要先经曲师认定曲料的粉碎度。经验判断粉碎度的方法为“手握团柔软而不散，三指插直立而不倒”，但只能作参考。科学判断粉碎度是否合格的方法为，用1mm筛孔的马尾箩筛，将粉碎料入筛里筛1min，筛面粗粉应占18%～22%，过筛的细粉占78%～82%。按季节掌握冬季略粗，夏季稍细。而红心曲比清花曲、后火曲的粉碎度略粗。比较适宜的粉碎度如表1－2－11所示。

表 1-2-11　清香型低温大曲曲料的适宜粉碎度

筛孔大小/mm	>2.5	>1.0	>0.6	>0.3	>0.15
粉 碎 度/%	4.86～6.88	18.56～20.48	29.54～42.90	60.94～66.27	83.57～80.71

新安装的粉碎设备要作粉碎度的调试，粉碎度基本合格后，每次踩曲前还要再调一次磨牙及磨辊间距，直至曲师认可完全合格为止。

(三) 踩曲

根据季节变化，每房曲的投粮量冬季为7.5t，夏季为6.8t。曲料的加水量以踩成的曲坯化验水分为准，冬季为38%～40%，夏季为39%～41%，和面用水以深井水为好，要求水质清洁，含杂菌少，无异味。

1. 人工踩曲

所谓人工踩曲指手拌脚踩自然堆积升温，所以拌面(粉)锅的支架应适合于人工操作，高度约为800mm。拌粉前分别将和粉容器和盛水桶定容、定量，使粉和水的比例恰好达到曲坯所需的水分含量，通常掌握料水比为1∶0.46～0.48(质量比)。即盛面容器可盛曲面10～15kg，而盛水桶容水约为此质量的一半，拌料由2～4人操作，一人加面，一人加水，一人迅速用双手在和面锅里将面和水搅拌并推至地下。地面的曲料由一人铲入扬楂机，将料和水打匀后即可装入曲模。人工曲模比机器曲模面积较大，但较薄。踩曲人数为20余人，多至36人。踩曲有两种形式：一种是个人单独完成一块曲坯，一种是曲料铲入曲模后，第一人将曲料在曲模内踩平，先用足掌踩曲模中心的曲料，后踩曲模边缘，成型后将曲模翻转，传给第2人。第2人用脚跟着力在曲模内踩两遍，翻转，传给第3人，如法操作，直至传给最后一人脱模。脱模曲坯要求质量一致，光滑平整，边角无损，无飞边。合格曲坯用小车推入曲室制曲;不合格曲坯用扬楂机打碎后重新拌均踩制。

2. 机制曲坯

曲料由提升机提升到定量供料器，供料器将曲料定量供给螺旋搅拌机，螺旋搅拌机与定量给水器同步配合，将曲料与水混合均匀，由传送带将曲料送至踩曲机。机制曲模的大小为275m×175m×60m，曲料装入曲模后经7～9个曲锤分别压制成型。为防止曲料沾粘曲锤，在曲锤上设若干注水小孔，曲锤外包两层毛巾，再包两层白布，水从注水孔流出将布淋湿，而不至沾粘曲料。曲模为链条传动。要求成型曲坯的量为(3.25±0.15)kg。机制曲坯的外观质量要求与人工曲坯相同，如个别曲坯过厚或过薄，或不够紧密，或因拌料不匀过软或过硬，断面有生心或有过多疙瘩等，则均视为不合格曲坯。不合格曲坯用扬糙机打碎后返回踩曲机重新踩制，但应力求一次合格，如返工曲坯过多，曲坯内疙瘩过多，则所培养的大曲，在疙瘩周围形成空隙，生长气生菌丝，影响成曲的质量。必须指出的是，清香型低温大曲培养，要求所踩制的曲坯足够紧实。浓酱香型白酒厂所用的踩曲机，对清香型白酒厂并不适用。汾酒的机制曲坯，每分钟踩制12块。

(四) 培养工艺

1. 清茬曲

(1) 卧曲　在气候条件可能时，卧曲前将曲室门窗打开，调整曲室温度至12～15℃。卧曲时在地面铺撒新鲜谷壳。入房曲坯的排列方法为，曲间距5cm，行间距1～1.5cm，上层与下层曲坯相压，整齐地排列成3层，每层曲坯间以5～10根苇秆或竹竿相隔。每放一层曲坯在下层曲坯和竹竿上撒少许新谷壳。每间曲房夏季卧曲不超过3600块，冬季卧曲不超过4200块。曲坯入房后视外界风向和风力大小调整曲室窗户的开关，在室温下使曲坯风干8～12h，冬季风干时间宜长，夏季风干时间宜短。待曲坯表皮干燥，手感不粘手时覆盖草席。先入房的曲坯，表皮过于干燥，可用喷壶在曲坯表面洒少许水，再将草席盖严，勿令漏风。盖席后，用喷壶在盖席上和人行道间喷洒一点冷水(但不使曲坯淋湿)，起保潮和降温作用。为保持曲室温度为12～15℃，夏季要将踩曲时间推延到半夜，或凌晨盖席;为取得较低的室温，夜间也可开窗降温。

(2) 上霉　曲坯入房后，控制曲室缓慢升温有利于曲坯上霉，一般在盖席后12h内曲坯不升温。为控制曲室温度偏低，可用冷水喷洒席片(勿使淋湿曲坯)。上霉期夏季2天，冬季3天。待盖席后曲间品温已上升到40℃时，如曲坯上霉仍不良好，则可揭去上层席片，降温放潮1～2min，再盖好席片，以后每升至40℃时，都要揭席散热，直至上霉完好。夏季气温较高，盖席后曲间品温上升较快，上霉时间不足2天，已升至40℃，往往要多次揭席降温，但每揭席一次后，曲坯升温更快，此时宁可不要霉衣而不可延长上霉时间。曲坯表皮没有明显霉衣的曲，俗称“光板曲”。光板曲的表层面上霉极少，但表皮以内的曲心水分充足，温度较低，微生物生长良好。春秋季和冬季曲坯上霉良好，但也不能霉衣过重，通常待曲坯表面微露霉点(切不可明显变白)时，即可揭席晾霉，因晾霉时曲坯上的霉点还可少量生长。如曲坯霉衣过重，如同曲坯表面加了一层厚厚的保护层，影响了曲坯的透气性，热曲时温度不易进入曲心，曲心水分也不易向外散发。适宜的上霉程度称为“一撒芝麻点”，即所上霉点以拟内孢霉、假丝酵母、汉逊酵母等为主;应控制曲坯表面有过多的根霉气生菌绿，尤其要控制犁头霉等“水毛”菌的生长。控制上霉的操作要点是控制曲室缓慢升温，如外界温度低于室温时，可以适当开窗降温。

(3) 晾霉　当曲坯表面上霉良好时，即可关闭门窗，揭去盖席，此时曲块表面润湿，稍等水分缓慢蒸发后开始翻曲。晾霉期夏季为2天，冬季为3天，要求每天翻曲1次。第1次翻曲，因曲坯表面潮湿，切忌立即开窗降温，并应关窗翻曲，否则因冷风急吹，使曲块形成许多裂缝，裂缝中容易生长菌丝和孢子，使酒质呈霉苦味。另外，晾霉时虽然曲块的表皮很薄，但曲心尚凉。如开窗翻曲，则不利于曲心升温。每次翻曲的方法大体相同，即上下层曲块相间排列成品字形，曲间距5cm，行间距1～1.5cm。翻曲时应注意将底层曲块翻至上层，上层曲块翻至底层。同一块曲的上下边要调换，尤其应注意将底层曲的底边翻为上边，上边翻为底边;同时应注意每块曲的手感重量，应将轻曲(薄曲)放曲堆外围，重曲(厚曲)放曲堆中间。每次翻曲后应掌握曲间品温，如表1－2－12所示。

表 1-2-12 清茬曲晾霉期温度控制

翻曲次数	翻曲方法	热曲顶点升温后的温度(曲间品温)/℃	晾曲最低温度(曲间品温)/℃	制曲品温的控制方法
第 1 次	品字形3层翻4层	28～30	26～28	以调整顶窗为主，两封两敞，热曲6～7h，晾曲5～6h
第 2 次	品字形4层翻4层	31～33	28～30	昼夜窗户两封两敞，热曲6～7h，晾曲5～6h
第 3 次	品字形4层翻3层	34～36	30～33	昼夜窗户两封两敞，热曲、晾曲各6h

晾霉的作用是使曲坯发硬固形，应注意曲心温热，跟火稍紧，千万不要晾了曲心。热曲时以曲间温度计所示品温为准，晾曲时曲间温度计所示品温只供参考，主要靠双手摸曲，如手掌感到曲心温热，即可关窗热曲。

(4) 起潮火 晾霉期结束，即为起潮火前的最后一次热曲，此时应将曲间品温升至38℃，随即进行起潮火后的第1次翻曲。翻曲时抽去竹竿，由5层翻至6层。潮火期6～7天。潮火前期隔天翻曲1次，潮火后期每天翻曲1次，由6层翻7层，直至7层翻7层。曲块排列方法为人字形，曲间距为6cm。其翻曲方法为，起行时底层曲略向左倾斜，第1层排完后，第2层曲块略向右倾斜，上下层曲块对接角压角，第3层再左倾，第4层又右倾，直至排列至所需层次，所以每层曲块俯视为人字形(或N字形)。每次翻曲都应做到底层曲翻上层，同一曲块的底边翻上边，轻曲放曲堆边缘，重曲放曲堆中间。潮火期曲间品温控制如表1－2－13所示。

表 1-2-13 清茬曲潮火期曲间品温控制

翻曲次数	翻曲方法	关窗，热曲顶点升温后的温度(曲间品温)/℃	开窗，晾曲最低温度(曲间品温)/℃	热曲时间/h	晾曲时间/h
第 1 次	抽去竹竿排列人字形，6层翻7层	38～40	28～32	7	5
第 2 次	人字形7层翻7层	39～40	30～32	6.5	5.5
第 3 次	人字形7层翻7层	41～42	31～32	6	6
第 4 次	人字形7层翻7层	42～43	32～33	6	6
第 5 次	人字形7层翻7层	43～45	32～34	6	6

潮火期曲块表面的微生物大量向曲心繁殖，曲心升温较高，并大量向外排放水分。因曲室又潮又热，故名起潮火。此时应保持曲心水分，不使曲块过早干燥。其操作要点为控制缓慢升温，以满足大火期热曲所必须的水分，并延长了热曲时间，有利于提高制曲质量。热曲和晾曲时，昼夜窗户两封两敞，热晾时间基本掌握对半(各6h)。热曲时曲间品温以温度计为准，如起火缓慢，冬季可稍开暖气协助升温；如来火太快，过早达到热曲顶点升温，可稍开顶窗微调，以保证所需热曲时间。晾曲时曲间品温仅供参考，主要以手感摸曲为准，有的曲师以面部感觉为准，待曲间上升的热气无明显刺激时即可关窗热曲。总之，看曲的经验是长期积累的，应结合季节、风向、风力大小、外界气温等条件而灵活掌握。如晾曲降温过快，可适当将窗户关小，以保证晾曲所需时间，绝不可将曲心晾冷，以避免“风火圈”、“干皮”、“鼓肚”等劣质曲的发生。控制热晾，原则上应依靠曲块上菌丝繁殖的“自来火”，而不应大开暖气。有的初学制曲者，因曲块来火缓慢，就在潮火或大火期大开暖气，帮助曲室升温，再在曲堆上盖上席片或塑料布，其结果是捂得越严，越不升温，反使曲块中的水分蒸发不出来，曲室呈酸臭味。特别是用小豌豆制曲，容易发生上述情况，因此小豌豆不适于踩制清香型低温大曲。如遇上述情况，应注意开窗晾曲，保证所需晾曲时间，但晾曲温度可适当提高。如将曲心晾冷，则热曲时曲心温度不容易起来。

(5) 大火期 清香型低温大曲制曲品温控制的原则为：“前缓、中控、后缓落”。要求曲坯入房后第13～15天起大火，适当推迟大火期，有利于曲块成熟，并与大曲质量的优劣密切相关。大火期又称干火期，此时曲块断面内只有约三分之一的水分区，热曲时曲室潮度不大，感觉干热。大火期为7～8天，大火前期每天翻曲1次，大火后期隔天翻曲1次。翻曲方法仍为人字形，7层翻7层，曲间距6cm，但中间留出火道，以利散热。所谓“火道”，即曲堆呈马蹄形，中间留出够1人侧身行走的操作过道，一头堵死，只一头通行。大火期的头3天，每天关窗，热曲的顶点温度为45～46℃(但实际用温度计插入曲心，曲心温度比曲间品温高6～8℃)；开窗晾曲降温至32～34℃，仍以手感摸曲或面部刺激为准，热晾时间基本掌握对半；大火后期的3～4天，因曲心水分不多，热曲温度能高则高，如热曲温度起不来，可适量用暖气辅助，多热少晾，例如热曲7h，晾曲5h。

(6) 后火期 大火期结束，曲坯断面有约1cm宽的水分线，曲心尚留余热。热曲时温度能高则高，必要时需用暖气辅助，以达到需要的热曲升温顶点。后火期应控制曲间品温的升温顶点逐步下降，每天约下降1℃；晾曲时曲间品温保持在31～32℃。为不使曲心晾冷，在开窗晾曲时窗户可开得小些，或边开窗晾曲，边辅以暖气，即不可不晾，也不可过晾。为保持曲心余热，注意多热少晾。后火期5～6天，每2～3天翻曲1次，7层翻7层，不留火道。

(7) 养曲期 养曲期曲心尚留一点余水，曲坯断面约有蚕豆大小的水分区，应保持曲心温热，注意多热少晾。保持热曲温度32～34℃，晾曲温度29～31℃。晾曲时不宜开窗过大，冬季晾曲时也可适当开暖气。养曲期3～4天，目的是挤出曲心一点余水，曲间距可适当减小。从入房至出房，清茬曲培养26～28天。成曲出房后，要求断面茬口清亮，故名“清茬曲”。

2. 后火曲

后火曲的上霉、晾霉、起潮火操作与清茬曲基本相同，唯大火期的热曲顶点温度比清茬曲高2℃，最高热曲顶点升温可达48～49℃；各制曲阶段的晾曲温度比清茬曲也高

2～3℃。曲坯从入房至出房培养25～27天。成曲出房后断面茬口火色较重，故名“后火曲”。

3. 红心曲

红心曲的断面茬口(曲心)呈橙黄色，主要是红曲霉，制曲工艺上要求曲料的粉碎度相对稍粗，热曲时赶火较紧。其上霉操作与清茬曲、后火曲相同。但从晾霉至起潮火无明显界限，边晾霉边控制窗户大小起潮火。通常比清茬曲、后火曲提前2～3天起大火，在曲坯入房后第11～12天起大火。从晾霉期开始，就采取爬坡法逐日提高热曲顶点温度，在潮火前期晾曲温度不低于33～34℃，至大火期又有一个“座火期”。“座火期”约3天，热曲顶点升温可达46～47℃，晾曲降温至34～36℃，热曲时间6～7h，晾曲时间5～6h。制曲温度升降的控制方法，可采用昼夜调整窗户大小法，也可采用两封两敞法，但都应有一定的温差起落。座火3天后整房曲块约有50％出现红心。然后采用下坡法，即热曲温度每天降1℃，晾曲温度不低于32℃，热曲时间7h，晾曲时间5h，曲坯入房至出房培养时间约25天。

上述三种曲“热”和“晾”的温度比较：清茬曲的操作要点为“大热大晾”；后火曲的操作要点为“大热中晾”；红心曲的操作要点为“大热小晾”。

(五) 贮曲

出房大曲按清茬、后火、红心三种类别分别贮放于贮曲棚内。使用时按4∶3∶3的比例混合粉碎。贮曲棚的总面积为曲室的2/3，不超过3/4，每个贮曲棚的面积为70m²。四面通风，保持冷凉干燥状态，为防止雨淋日晒或受潮返火，贮曲棚周围可加1.5m的花墙(底层为实墙，上层为花墙)。出房大曲整齐地排列成人字形交叉，墙高13层，曲间距2cm，贮曲期4～6个月，以淘汰生酸细菌，防止发酵时前火过猛。但大曲的贮存期不是越陈越好，不同贮曲期的大曲糖化力、发酵率如表1－2－14所示。

表 1-2-14　清香型大曲贮存中的生化特性变化

贮曲期 / 测定项目	出房曲	1个月	2个月	3个月	4个月	5个月	6个月
糖化力/mg葡萄糖·(g曲·h)$^{-1}$	1349	969	845	—	802	483	434
发酵率/％	72	—	94	92	83	78	70

(六) 质量检评

1. 清茬曲

优质的清茬曲，曲块断面茬口应清亮光泽如玉，不得呈粉红色或灰雾色，曲心不得有明显的水分区，有曲香味，曲表干皮层较薄，表皮无过多的气生菌丝和孢子。基本合格曲应无明显的裂缝、烧斑和风火圈等，允许有少量的“火红心”和“晾红心”(粉红色为晾曲温度过低)。不合格曲的断面茬口灰雾，曲心有明显的水分区域，呈软泥状，有霉味和酸臭味；或表皮干厚，裂缝较多，且空心鼓肚，内有明显的气生菌丝和孢子。

2. 后火曲

优质的后火曲，曲块断面茬口光泽发亮，但火色较重，有较浓的曲香味，曲心不得有明显的水分区。基本合格曲应无明显的裂缝和气生菌丝及孢子，允许有少量的“烧斑”和“风火圈”。所检曲块，允许有20％以下的“火红心”(黄褐色)。不合格曲的鉴别方法与清茬曲基本相同。

3. 红心曲

优质的红心曲，曲块断面茬口有明显的“火红心”，但不得有“晾红心”，曲心干燥，无明显的水分区。因红心曲的曲料较粗，赶火较紧，应允许有少量的“风火圈”，一般每房曲的被检曲块有30％以上有红心者则视为红心曲。基本合格曲和不合格曲鉴别方法同清茬曲、后火曲。

清香型低温大曲，不应偏面追求茬口清亮和糖化力，应有一定的火色，而鼓励曲师用火。通常茬口很亮、糖化力较高的曲，没有火色较重、糖化力略低的曲发酵有后劲。而火色很轻的曲，“眉眼”虽好，但发酵没后劲，这类曲又称“哼哼曲”。因此，在评价大曲优劣时，要注意茬口清亮与糖化力的关系，即糖化力要适中。若糖化力过大，则用火较小；糖化力过小，曲心菌丝生长不好，或形成生曲、鼓肚曲等，糖化力也上不去。因此，汾酒大曲质量的优劣，以感官指标为主，而以理化指标作为参考。理化指标检验的项目，主要有糖化力、液化力、蛋白质分解力和发酵率等。

三、丢糟制曲工艺

1. 制曲工艺流程 (见图1-2-1)

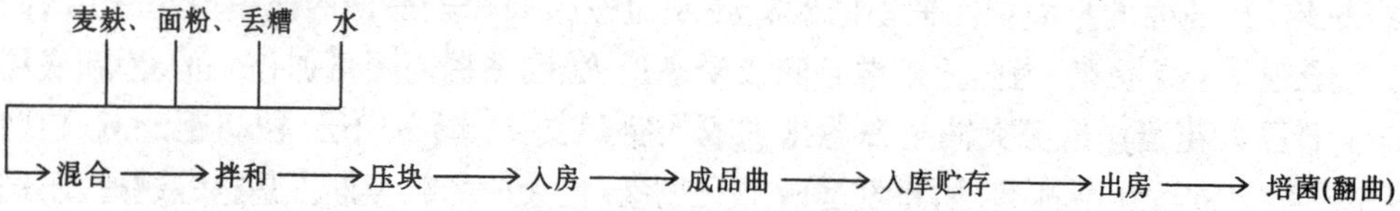

图 1-2-1 丢糟制曲工艺流程

2. 原辅料要求

(1) 面粉 符合国家食用的标准粉，色白干燥、无杂质、无霉变结块、无邪杂气味。

(2) 麦麸 大瓣麸皮，质好干燥，无霉变结块，无杂质和邪杂气味。

(3) 糟醅 当天出售的新鲜丢糟，pH值6.5以下，晾冷后使用。也可使用无邪杂味的丢糟干粉。

3. 原料配比

冬春季节，面粉、麦麸、丢糟之比为4.5∶4.5∶1.0。丢糟以干燥量计。

4. 制曲操作要求

(1) 拌料 先将面粉、麦麸、丢糟按比例倒进拌料斗，要求配料准确。翻拌均匀后，缓慢地边加水边搅拌，达到无团块为好。加水量一般视气温情况而定，夏秋季节水分挥发较快，加水量应较大一点，一般控制在38％～40％；冬春季节，水分挥发较慢，稍减1％～2％。

(2) 压块 压块时要求下料均匀，每块大小为24cm×13cm×6cm，以厚薄一致，软硬适宜，表面光滑，棱角分明，内无干粉和裂缝等为合格品曲。

(3) 入房 合格品曲入房时要求曲坯整齐，搬运中翻烂的曲要求重新压制。摆放时，曲房地面应先垫一层1～2cm厚的稻壳，使曲不接触地面，便于透气，有利于发酵。夏秋季节，气温较高，控温难度大，一般摆单坯，曲与曲之间的间隙为3～4cm。冬春季节，气温较低，为达到发酵温度，入房曲增加1层，摆双坯，摆放形式为上下呈斜格井字形。入房后的曲，春、冬季盖干稻草保温，夏、秋季盖湿稻草保潮。

(4) 培菌(翻曲)　培菌可分上霉、晾霉、前火、大火、后火、晾曲等过程。在制曲的不同阶段，必须严格按制曲操作规程进行翻曲，掌握好温湿度，及时做好曲坯的保潮、排潮、保温、散温等工作，使培菌工作达到最佳状态，并做好记录。一般在发酵1个月后出房，入库堆积贮存3个月再使用。其发酵时各阶段的品温、室温和湿度控制指标，见表1－2－15。

表 1-2-15　　发酵各阶段的品温、室温和湿度控制指标

季　节	时间/d	阶　段	翻积次数	堆积层数	室温/℃	品温/℃	湿度/%
夏　秋 冬　春	2 3～4	晾　霉	—	—	21～32	38～40	95～99
夏　秋 冬　春	3～4 5～6	潮　火	1	2 4	27～32	39～42	90～98
夏　秋 冬　春	5～7 7～9	大　火	2	3 5	29～32	46～55	85～90
夏　秋 冬　春	8～10 10～13	大　火	3	5 6	28～31	45～53	85～90
夏　秋 冬　春	11～18 14～20	后　火	4次并房	7 8	27～29	40～46	80～85
夏　秋 冬　春	19～25 —	晾　曲	出　房	— —	环境温度	接近室温	50～80

(5) 出房　晾曲后一般在25～30天以上均可入库贮存，出房曲质要求内积湿，长霉好，水分在16%以下。

(6) 入库贮存　贮存曲库必须做到通风条件良好，避免日晒雨淋，按曲质堆放，留有间隙。堆放量较多时，还应加放竹编制的通气罩(散热用)，防止受潮返火，长青霉菌变质。

(7) 大曲的质量鉴定

1) 感官指标：断面色泽均一，呈灰白色或有菊花心，无火圈及黑圈，有麦曲的特有香味。

2) 理化指标：水分小于或等于13%，酸度0.814，淀粉含量大于或等于40.0%，糖化力为600～800mg葡萄糖/(g曲·h)，液化力35min以上。

四、凤香型大曲的制作工艺

凤香型大曲是采用大麦、豌豆为原料、经混合粉碎、机制成型，入房培养1个月而成的中、高温固态大曲。

(一) 流程简介

1. 工艺流程图

大麦(60%)
豌豆(40%)
→混合→粉碎→加水拌匀→机械制坯→入房排列→上霉→晾霉→潮火→大火→后火→晾架→出房→贮存→成品

2. 流程简介

粉碎后的合格曲料，通过皮带平运机械入料仓，再经料仓下料口进入搅拌桶。其流量通过下料控制器进行控制。在搅拌中加水拌和后进入横卧叶片绞龙，然后再经扬糙机输入

制曲机压制成型。曲块出机后通过手工检测及化验曲块水分，调节料水比。出机成型曲块抹去毛边后装车运入曲房培养。

(二) 入房管理

1. 管理原则

凤香型大曲发酵培养注重入房培养阶段的管理工作。其间控制的主要措施有：保温排潮、增湿降温、通风供氧、堆积、排列、关门窗等。

凤香型大曲的培制过程要把好“三关”、做到“四调”。“三关”即为“上霉关、大火关、收火关”；“四调”即为“冷热互调、轻重对调、软硬兼调、边向里调”的原则；曲房升温管理按照“前火稳、中火挺、后火紧”的规律进行。

2. 曲坯入房

(1) 准备工作　曲坯入房前，将曲房打扫干净，调节曲室温、湿度，地面撒一层谷糠，润湿席子，备好竹竿、麻袋等保温围盖材料，控制室温在20℃左右，以利曲坯入房后发酵上霉。

(2) 排列形式　先由曲室一边开始，依次向另一边进行排列，一般为3层。每块曲坯平行排列，2层以上按品字排列，上层曲坯正对下层曲坯。层与层之间铺上7～8根竹竿并撒上谷糠，以防曲坯间相互粘连。每房曲坯数量为4000～4500块。曲坯排列完毕后，曲顶用湿润芦席覆盖，周围用麻袋或芦席围严密，将曲室全部门窗关闭，进行发酵上霉。

3. 上霉

曲坯入房后1～3天为上霉期，要求上霉温度不能超过40℃。上霉是曲坯入房培养的第一个关口。上霉的好坏，标志着微生物在曲坯上生长繁殖的状况。曲坯上霉好了，就要及时揭房，进行第1次翻曲。

4. 晾霉

揭房后，3天内连续翻曲3次，并充分开窗放潮，降低曲室和曲坯的水分和温度，这一时期称做晾霉期。晾霉期温度要控制在28～36℃。此时，曲坯层数增加为4层，曲坯排列呈品字型。

5. 潮火

第3次翻曲后，将曲室的门窗关闭，保温起火。此阶段因培养温度提高，曲坯水分大量挥发，致使曲室内温度增高，故称为潮火。潮火阶段为4～5天，中间经过第4、第5次翻曲；在第5次翻曲的同时，进行“清糠扫霉”，即清除地面和粘附在曲坯表面上的谷糠和浮霉，并将曲坯增至5层，拉开曲间距离，以利于进一步排潮。

6. 大火

大火潮(即大曲入房培养的最高温度期)，是凤香型大曲培养的关键环节，是微生物在曲坯中代谢的旺盛期。由于曲坯内热量散发较快，故须特别注意曲坯间距的调整，严防烧曲。此阶段大曲曲心温度达58～60℃，维持3天以上。之所以采用如此高温，一是为了加速原料蛋白质的分解，促进氨基酸的生成，增进大曲曲香，也可增加酵母在发酵过程中的必需营养源；二是可以驯育有益菌类，淘汰低温菌；三是可以增强大曲中的有益微生物在酿酒过程中的适应性，增加发酵后劲。

7. 后火

经8次翻曲后，曲坯品温、室温都开始下降，发酵进入后火期。后火是大火的继续，是曲坯的成熟阶段。此时，要及时缩小曲坯间距，注重保持曲温的缓慢下降。凤香型大曲的收火办法主要有两种：即分次收(两次收，初次靠拢，紧收保温)和一次收。

8. 晾架

待曲坯品温降至室温，即可打开全部门窗，排出室内潮气，将曲坯堆高至9～10层，进行通风晾曲。经4～5天后出房入库。至此，大曲培养过程即告结束。

(三) 大曲贮存

出房新曲含水分大，酸度高，菌落多(当然杂菌也多了)，故须经过一段时间的干燥贮存，俗称陈化。

1. 陈化时间

由于大曲贮存过程中酶活力会下降，故大曲的贮存期不是越长越好。若时间过长，则酶活力大幅度下降，会导致酿酒时出酒率下降。根据检测分析，凤香型大曲贮存3～6个月，即可使用。

2. 贮存要求

若大曲贮存不善，将前功尽弃。故要求曲库必须通风良好，防潮、防雨、避晒。入库之曲，底层应与地面隔离，铺上油毡、竹竿等防潮物，然后排列至高。

曲块相互间要留有一定空隙，不能太近，促进通风散热。曲块不能堆摞过高，以防倒塌，同时保持顶部空气流通，预防发倒烧。有条件时应装备风扇，采取排潮、降温等设施。

(四) 成曲质量

1. 曲质分类

(1) 凡皮薄、色白、茬青发亮、无杂色、气味清香、质块坚硬者称为青茬曲；内部有金黄斑点或金黄一条线的称为槐瓤曲；曲块断面呈红者称为红心曲。以上各曲均为优曲。

(2) 由于培曲过程中水分挥发过慢，温度急剧上升或下降，揭房过早等原因，使曲块表面呈棕色而无霉，或内部有水圈或火圈者为次曲。

(3) 曲块内有生心，空心，质块松软，水圈严重或带有酸味者为劣曲。

2. 成曲的鉴定与定级

(1) 成曲的鉴定　分为感官检查及分析检验两部分。其中感官检查包括色泽、曲皮厚薄、上霉、茬口、香味和成品率等方面。理化分析项目有液化力，糖化力和发酵率等内容。采用百分制打分法鉴定，感官检查占60分，理化检测占40分。

(2) 定级依据　以上述得分依据，划分成曲等级及合格标准，优质曲为90～100分，一等曲为80～90分，二等曲为70～80分。以优质大曲占25％以上，一等大曲50％以上，二等大曲25％以下为合格标准，据此计算合格率。

五、微机监制大曲立体培养工艺

(一) 工艺过程

微机监控大曲立体培养是将成型的鲜曲坯置于一个半封闭(或全封闭)的环境中，在微机内设置一个最适合大曲有益微生物繁殖的温、湿度曲线，通过多个传感器的测试，经计算机对采集的数据处理而达到控制大曲培养，使产品质量符合设计要求的目的。该生产工艺应用计算机对大曲培养过程中微生物最佳生态环境进行了智能模拟，监测控制，从而保证了大曲生产的高产、优质、低耗、不翻曲(或少翻曲)、不污染环境。

该工艺集计算机工程、通讯工程、生物发酵工程为一体，是多学科的有效结合。

制曲是一门很古老的工艺技术，在酿酒中大曲作为复合糖化发酵剂，不管在糖化发酵、蛋白质分解以及酒体定型上均表现出极重要的作用。毫无疑问曲是酿酒的一个先决条件，是酿酒成败中的重要因素。自古以来大曲都是采用自然发酵方法培制的，这种方法受气温、环境影响大，质量不易保证，一个生产周期需多次人工翻曲，由于曲房内高温、高湿，二氧化碳含量高，灰尘浓度大，严重影响了工人健康，并且曲房占用面积大。因此，为了提高单产，稳定产品质量，保护工人的身体健康，大曲培养改为封闭(半封闭)式立体培养很有必要。

(二) 目前微机控制大曲立体培养的概况

现一般采用三级控制系统，一级上位机采用与IBM兼容的AST386/20SX微机，二级下位机采用新型STD总线工业控制机，三级为分产配电设备执行系统。各司其职，可分开使用。

1. 上位机

上位机系统配有防病毒卡，北大方正汉卡及多功能鼠标器，上要有管理控制软件，具有文字处理、生产控制、工艺选择、工艺修改、实时数据采集、曲线显示、打印、实时曲房检索、表格输出等多项功能，可完全满足大曲发酵自动监控要求。

启动采用授权密码方式进入，达到系统限用保密的目的。

可直接调用文字处理系统，便于文字操作。

它具有的生产控制功能，可监视下位机的语音发送方式，登录工艺投产时间及曲房曲块数目，实现曲房投产数据收集，系统标准工艺曲线参数的修改和校正曲房投产时间。

它具有的曲房控制功能，可分别选择系统各通道的发酵工艺，适时巡视报告或监控报告特定通道曲房的适时生产状况，可随时检索和显示系统当时采用的工艺状况。

它具有的表格输出功能，可实现表格即时打印、定时打印等各项功能，输出表格数据齐备，易于归档保存。

它具有的图形显示功能，可绘制并打印曲房生产工艺曲线(含柱状图和线状图)，具有形象直观的优点。

2. 下位机

DFWJ—931是采用近期国际流行的STD—BVS工业控制微机作成的一个测量和控制系统。它对曲房中的大曲发酵过程进行定时监测和控制。根据某厂多年积累的发酵工艺和生产状况，以提供一个适合各类微生物生长的生态环境，确保大曲生产工艺稳定和优质高产。

下位机可完成曲房环境温度、湿度复测量及发酵过程的控制，并将数据贮存显示，定时打印出来，同时定时向上位机传送。

3. 电子分户控制执行系统

由电子分户控制执行系统完成对曲室最佳生态环境的模拟。

分户控制框功能与下位机二极管显示屏功能相对应，即传感器将实测数据通过通讯系统传给下位机，下位机根据实测数据进行运算。得出结论后，立即将指令反馈给执行机构——分户控制柜，分户控制柜各功能根据指令或升温、降温、送氧等执行。而对流和增湿是设定时间常数的，根据发酵时间长短设定对流、增湿时间，以确保大曲发酵环境的稳定。

这样往复多次即完成一轮大曲的监控发酵。

最后将上位机菜单翻到数据统计上，逐步收集，将其储存于机内，随时可取出，以备分析。

微机监控大曲立体培养的工艺流程如图1－2－2所示。

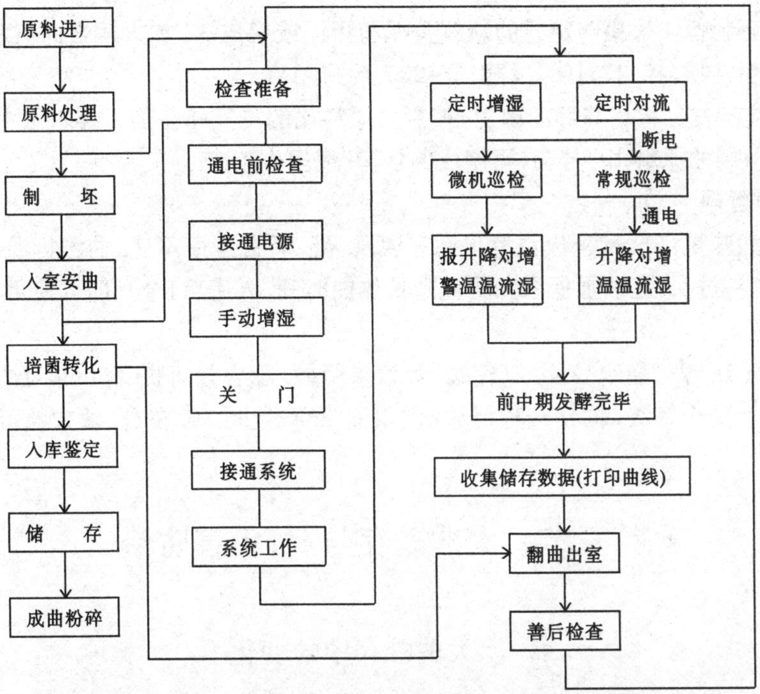

图 1－2－2　微机监控大曲立体培养的工艺流程

从图1－2－2可看出，微机监控大曲立体培养系统主要抓住大曲的主发酵期进行强化发酵，以取得更优良的产品品质；而它的发酵曲线和环境以及制作，则完全取于原传统发酵方式中的精髓，是继承传统，而又以现代化技术的合理性和可取性来使传统工艺之花更臻完美。

六、菌泥制曲工艺

1. 原理

酿酒行业在20世纪60年代以前均是“酒曲不分家”，即酿酒工人自己踩制大曲。由于酿酒产量少，用曲量不大，加之窖少、甑口不足，故酿酒工人有时间自制。独特的是踩制大曲是在“晾堂”中操作或窖的空隙之地等培养的，又由于“晾堂”的地面是吸水、保水性强的黄泥地面，因而在大曲的生产中或多或少地卷入一定量的“晾堂泥”。

土坯是微生物的大本营，微生物种类多、数量大是其特点。但微生物的栖息也具有一定的环境选择性，按不同的水、氧、氮、pH等各选择。而“晾堂”的泥地则是pH值偏小的环境，因而栖息着一些耐酸、耐温(出甑时，酒醅温高达100℃以上，将其铺于地面)的细菌类微生物。这些菌以孢子的形式富集于大曲的表里，在其后的发酵中以优先(经过酸、温环境)的资格在大曲中表现十分活跃，故老传统的曲具有“色正味浓，红黄菌点”的特征。由此可见，含有适应窖内环境的微生物菌参与大曲发酵是十分有益的。

在已知的晾堂泥中，含有己酸菌类。由于嫌氧关系，曲心欠缺细菌，故而把含有己酸菌的菌泥加到大曲中，使曲心中己酸菌类活跃，以达表里如一的效果，起到接种和强化发酵的效果。

2. 制作

(1) 菌泥制备　采集一定量的新鲜黄泥和污泥或窖皮泥，加入适当的黄水(酒醅液)、曲药或少量腐殖质，拌匀、封闭，发酵15～25天后待用。

(2) 曲块制作　将培养好的菌泥，按制曲原料比的1%～2%加入拌料水中。搅拌均匀后，加入麦粉(制曲原料)中，拌匀，再制成曲坯。其他操作不变。

3. 培养管理

培养时酸味重，升温快。应注意保潮和通风。翻、转曲程序不变。曲堆挺温时间相对缩短，顶点温度易过头。应加强保温和尽量延长热曲时间。入库后1个月即可使用。

4. 用途

该曲用于新窖和翻沙窖及“双轮底”等效果明显。酯含量可提高50mg/L以上；且酿出的酒口感可上两个等级。同样一种用途，但用曲量可减少10%左右，故效益可观，用途广泛。

第六节　大曲贮存与病、虫害防治

一、大曲贮存中的变化

大曲作为酿造大曲酒的糖化、发酵剂，在培养制造过程中依赖于自然界众多的野生微生物，在生淀粉质原料上进行繁殖生长，从而使成熟的曲块既蕴藏着各种酿酒微生物，同时还含有多种酶系。因此，大曲的质量的优劣直接关系到大曲酒的产量与质量。

以往经验认为培养成熟的大曲，必须经过一定的贮存期后方可应用于酿酒发酵，甚至有人误认为贮存期越长越好。根据近年来对于大曲在贮存过程中微生物及酶系消长变化的初步测定，说明大曲不仅要培养制作好，还要确立合理的贮存期，并且要搭配使用好。

(一) 清香型大曲贮存中的变化

1. 汾酒大曲酶活力的测定

汾酒酿造采用清茬、后火和红心3种大曲，分别测定出房大曲和经1、3、6个月贮存后的贮存曲的酶活力和发酵率等，其结果见表1－2－16。

表 1-2-16　　3种大曲的酶活力

时间	项目 \ 种类	清茬曲				红心曲				后火曲			
		糖化力*	液化力**	蛋白酶活力***	发酵率/%	糖化力	液化力	蛋白酶活力	发酵率/%	糖化力	液化力	蛋白酶活力	发酵率/%
出房大曲	曲皮	936.0	1.40	18.8	79.0	723.0	1.32	20.0	73.5	849.5	1.33	14.2	79.0
	曲心	880.0	1.09	21.2	82.5	297.0	0.52	17.3	70.0	432.0	0.68	21.2	63.0
	混合	1107.7	1.55	18.5	73.5	666.7	1.24	20.4	67.0	673.7	1.30	16.1	71.7
贮存曲	1个月	1273.0	2.06	15.3	61.5	896.3	1.38	14.7	76.7	867.0	1.09	13.6	79.3
	3个月	1510.0	1.94	16.3	79.3	1211.3	1.29	16.6	87.0	1089.5	1.31	16.7	84.3
	6个月	1264.0	1.39	21.7	66.0	1151.7	1.38	21.4	66.0	892.0	0.79	24.0	65.3

* 糖化力单位为mg葡萄糖/(g·h)。

** 液化力单位为g淀粉/(g·h)。

*** 蛋白酶活力单位为μg酪氨酸/(g·min)。

从上表可见:

(1) 清茬曲的糖化酶、液化酶活力及发酵率均高于后火曲和红心曲;蛋白酶活力以红心曲为高。

(2) 3种大曲经贮存,糖化酶活力1个月后呈上升趋势,至3个月达最高值,6个月均下降;液化酶活力3个月基本平稳,至6个月除红心曲外均有下降之势;蛋白酶活力在6个月的贮存期内呈上升趋势;发酵率则在3个月时最高,6个月下降较多。详情见表1－2－16。

2. 宝丰大曲贮存变化

宝丰大曲属低温大曲,其原料按小麦50%、大麦30%、豌豆20%配料,分别粉碎后混合,加45%水拌匀,机械制成曲块,入房培养25～30天。成熟后出房贮存,定期取样测定,结果见表1－2－17。微生物测定细菌用牛肉汁培养基,霉菌用查氏培养基,酵母菌用米曲汁

表 1-2-17　　麦曲贮存过程中生化性能测定　(3次平均值)

项目 \ 指标 \ 月数	刚出曲	1个月	3个月	6个月	9个月	12个月
水分/%	15	13	13	13	12.1	12
酸度	1.0	0.85	0.65	0.60	0.6	0.6
糖化力/mg葡萄糖·$(g·h)^{-1}$	1020	1320	1680	1680	1080	950
液化力/g淀粉·$(g·h)^{-1}$	1.34	1.41	1.98	4.7	3.38	1.98
蛋白酶活力*/μg酪氨酸·$(g·min)^{-1}$	560	360	184	57.98	47.78	28.61
升酸幅度	0.23	0.27	0.29	0.24	0.2	0.15
发酵力**/酒精质量分数%	5.90	6.10	6.69	6.6	4.7	3.5
酯化酶活力***/mg总酯·$(g·96h)^{-1}$	0.63	0.091	0.243	0.381	0.67	0.62
酯分解率****/%	87.69	81.2	35	26.1	25.6	24.80

* 蛋白酶活力采用福林－酚法测定,以1g绝干曲,在40℃、pH3.0、1min水解酪蛋白为酪氨酸的微克数表示。

** 发酵力采用酒精密度法测定,在100ml的12°Bx的米曲汁中添加相当于绝干曲1g的曲,在28～30℃培养72h后,将发酵液调为中性,立即蒸馏,取蒸馏液用密度瓶测定密度,再查表得酒精质量分数。

*** 酯化酶活力以1g绝干曲在12°Bx糖液中30℃、96h所产总酯的毫克数表示。

**** 酯化解率以1g绝干曲在12°Bx糖液中30℃、96h所分解酯的百分率表示。

培养基，在保温箱(细菌35℃，酵母菌28℃，霉菌32℃)培养48h，菌落计数。其测定结果见表1－2－18。

表 1-2-18　　麦曲贮存过程中微生物变化(3次平均值)　　单位：10^4个/g

菌数＼月数 项目	刚出曲	1个月	3个月	6个月	9个月	12个月
细　菌	420	880	291.95	165	156	144.5
霉　菌	135	167	158.62	134	109.6	91.7
酵母菌	87	37	29.2	22.1	21.6	20.2

从表1－2－17可见，糖化力、液化力、发酵力自大曲出房至贮存3个月中都呈增长势头，贮存6个月液化力仍然继续上升，糖化力、发酵力基本不变。6个月后三者均逐步下降。酯化酶活力在贮存9个月前都是持续上升，之后开始下降。蛋白酶与酯化酶活力自出曲至贮存1年中不断下降，后者自6个月后下降缓慢。

从表1－2－18可知，微生物的变化是大曲出房后1个月细菌大幅度上升，以后急剧下降。酵母菌在贮存中一直下降，这与发酵力的变化有矛盾，推测可能有其他因素形成发酵力。霉菌贮存3个月后逐步下降。

综合测定结果，大曲贮存3个月糖化力、液化力、发酵力、酯化酶活力上升，细菌数大幅度下降。据此，大曲贮存期不能低于3个月，但也不能超过9个月，以3～6个月较为适宜。

(二) 浓香型大曲贮存中的变化

1. 泸州老窖酒厂大曲贮存中的变化

通过对不同贮存期的大曲微生物菌系变化、生化性能测定和酿酒试验，提出了大曲的合理贮存期。

(1) 贮存过程中微生物的变化(见表1－2－19)

表 1-2-19　　大曲贮存期微生物数量变化(3次平均)　　单位：个/g绝干曲

贮存期/月	细　菌	酵母菌	霉　菌
3	3.49×10^5	4.45×10^5	4.01×10^5
6	7.82×10^4	7.55×10^5	3.03×10^5
9	4.45×10^4	8.94×10^4	3.97×10^5
12	3.75×10^4	4.29×10^4	2.52×10^5
24	5.20×10^4	1.73×10^4	3.72×10^4

大曲在贮存过程中，由于处于干燥环境之中一些抵抗能力较差的微生物逐渐衰亡。从表1－2－19可知，酵母菌、霉菌、细菌的数量均随贮存期延长而下降，其中酵母菌在6个月后尤为明显，细菌在6个月后基本稳定，霉菌在1年内有所下降，1年后减少幅度较大。

(2) 生化性能变化(见表1－2－20)

表 1-2-20　大曲不同贮存期生化性能变化比较

项目＼月	3	6	9	12	24
水分/%	14.22	12.37	12.09	12.09	12.10
酸度	0.7	0.86	0.71	0.82	0.80
淀粉含量/%	68.10	67.04	67.47	67.26	60.63
糖化力/mg葡萄糖·$(g·h)^{-1}$	940	660	663	868	240
液化力/g淀粉·$(g·h)^{-1}$	1.32	1.37	1.24	1.03	0.53
发酵力/酒精质量分数%	2.11	2.07	1.36	0.94	0.43

从表1－2－20显示，贮存期的长短对酸度影响不大。淀粉在1年内变化也不大，1年后则明显下降。大曲中的糖化力、液化力在1年内有所下降，但幅度不大。大批生产样的分析结果也证实了这一情况(见表1－2－21)，贮存12个月的大曲，则糖化力、液化力下降显著。发酵力随贮存期延长，酵母数量减少，致使发酵力也显著下降，尤其是贮存1年后的陈曲，其发酵力更低。

表 1-2-21　出入库曲生化性能变化比较

曲别	检测时间	贮存期/月	比较样品/批	水分/%	酸度	淀粉含量/%	糖化力/mg葡萄糖·$(g·h)^{-1}$	液化力/g淀粉·$(g·h)^{-1}$
入库曲	1988－01～1989－01		57	14.88	0.76	66.95	776.7	0.91
出库曲	1988－09～1990－01	4～12	57	12.06	0.76	66.65	749.4	0.78

(3) 酿酒试验　在生产工艺操作及设备条件基本一致的情况下，将3、6、9、12、24个月不同贮存期的大曲，分别进行酿酒试验，结果见表1－2－22。贮存期在1年之内，出酒率差异不明显，唯独24个月贮存期的大曲，出酒率明显下降，产品理化指标分析无规律可循，受窖池影响等因素在所难免。

表 1-2-22　不同贮存期大曲对酒质及出酒率的影响　单位: g/L

贮存期/月	出酒率/%	总　酸	总　酯	丁酸乙酯	乙酸乙酯	乳酸乙酯	己酸乙酯
3	35.01	0.9460	4.090	0.2614	1.4738	1.8411	1.6930
6	36.01	0.9288	3.869	0.2332	1.4085	2.0694	1.5152
9	35.36	0.8632	3.671	0.1936	1.3350	2.0019	1.3231
12	38.22	0.6072	3.814	0.1485	1.3956	2.1809	2.0662
24	28.02	0.7710	3.510	0.2403	1.1707	1.2479	1.5021

综观上述试验结果可认为，大曲贮存期3～6个月较为适宜，最长不能超过1年，在使用上以新、老曲混合搭配最为理想。

2. 洋河酒厂大曲贮存中的变化

洋河酒厂对于库存大曲比较重视，对成品大曲合理贮存，搭配使用，在灭鼠防虫方面也做了工作。为了确立大曲的合理贮存期进行了试验，结果见表1－2－23。

从表1－2－23看，酸度在贮存1个月中为最高，这与细菌数相对应，说明细菌仍有继续活动之势。糖化力与液化力1个月后逐步下降，蛋白酶活力在6个月内变化不大，但贮存1年均呈现下降，从微生物测定结果看，细菌、酵母菌、霉菌在1个月贮存期都有增长，并处于顶点，说明出曲后微生物尚未停止活动，随后逐步下降，酵母菌减量较大。

表 1-2-23 洋河大曲贮存测定

项目 \ 贮存期/月	出曲	1	3	6	12
水分/%	13.5	14.1	14.0	13.5	11.0
酸度	1.22	1.41	1.33	1.25	1.35
糖化力/mg葡萄糖·(g·h)$^{-1}$	177	306	257	177	147
液化力/g淀粉·(g·h)$^{-1}$	2.53	7.40	6.80	5.83	2.38
蛋白酶活力/μg酪氨酸·(g·min)$^{-1}$	113.90	115.63	116.10	117.84	89.70
发酵力/酒精质量分数%	3.7	4.0	4.0	3.8	2.5
氨态氮含量/mg·(100g)$^{-1}$	0.286	0.245	0.203	0.196	0.161
升酸幅度	0.49	0.54	0.40	0.30	0.21
酯化酶活力/mg总酯·(g·96h)$^{-1}$	0.17	0.21	0.35	0.37	0.33
酯分解率/%	44.68	42.21	40.91	38.56	25.90
细菌数/10^4个·g^{-1}	244.19	455.12	397.56	265.89	103.90
酵母数/10^4个·g^{-1}	50.0	50.0	30.6	17.5	0.9
霉菌数/10^4个·g^{-1}	110.45	185.17	146.70	123.31	117.92

根据以上综合分析，大曲贮存期以3个月为最佳时期，不宜超过6个月。

(三) 西凤酒大曲贮存中的变化

以大麦、豌豆为原料的西凤酒大曲，为求得合理的贮存期，也进行了大曲不同贮存期的生化测定，结果见表1－2－24。

表 1-2-24 不同贮存期西凤酒大曲的测定

项目 \ 含量 \ 时间	刚出房	贮存	贮存	贮存	贮存	贮存
	刚出房	1个月	2个月	3个月	4个月	5个月
水分/%	13.5	8.0	9.0	10.3	9.0	9.0
酸度	0.45	0.47	0.52	0.56	0.54	0.54
糖化力/mg葡萄糖·(g·h)$^{-1}$	758.4	489.6	729.6	532.8	422.4	422.4
液化力/g淀粉·(g·h)$^{-1}$	0.200	0.256	0.276	0.190	0.188	0.138
酸性蛋白酶活力/μg酪氨酸·(g·min)$^{-1}$	0.314	0.400	0.644	0.528	0.575	0.575
α－氨基氮含量/g·(100mg)$^{-1}$	1.360	1.420	0.984	0.960	0.980	0.930
酯化酶活力/mg总酯·(g·96h)$^{-1}$	0.020	0.021	0.021	0.022	0.023	0.023
酯分解率/%	5.000	6.190	6.657	9.090	17.400	17.400

从表1－2－24看出，酸度变化不大，糖化力、液化力、酸性蛋白酶活力贮存2个月达最高值，随后逐步下降。酯化酶活力基本不变，随贮存期延长略有上升。发酵力(产酒精)以3个月时最高。不同贮存期的大曲进行小型发酵产酒试验的结果表明，贮存1～2个月的大曲产酒精分别为5.0％～4.8％；贮存3、4、5个月的大曲产酒精为4.5％～4.0％。根据以上测定，认为西凤酒大曲贮存期不能超过3个月，以2～3个月为适宜。

(四) 大曲的合理贮存期

我国地域辽阔、自然地理条件相差悬殊，各地野生微生物群也极不相同，同时各厂所用原料、制曲工艺、贮存条件的不同，导致大曲成品质量变化较大。但就以上各厂测定结果看，大体上也有某些共性。

(1) 贮存期1个月内，微生物及酶仍有变化。霉菌稍有增长，细菌增长较大，酵母菌维持平衡或略有下降。说明在此期间微生物仍有活动，酶活力也在消长。

(2) 一般大曲贮存3个月后，细菌数下降；贮存半年以后，绝大部分生化指标都明显下降，酵母菌更为突出；贮存1年的大曲应用于酿酒发酵，出酒率降低显著。根据各厂实际情况及上述实际测定结果，大曲贮存期在2～6个月为宜。个别的大曲，其贮存期最长也不应超过9个月。贮存期长的陈曲，其发酵力及酵母菌的数量严重下降，使用时应采取相应的补救措施。

(3) 对于大曲的生产和使用，都应做到有计划地安排，以确保大曲质量，合理贮存，并要根据本厂大曲的不同质量，科学地搭配使用。成品曲的贮存，必须加强管理，严格控制成曲水分在12%以下，防止反潮，注意通风干燥，防止鸟、鼠、虫害，以减少损耗。

二、大曲虫害

(一) 曲虫在大曲贮存中的危害

危害大曲的昆虫俗称曲虫。曲虫历来就有发生，以至以往不了解大曲合理贮存期时，有人误认为大曲贮存越长越好，并且被曲虫蛀成千疮百孔为好。在80年代前，白酒厂大部分生产规模较小，用曲量也少，因此大曲虫害长期以来并未引起生产厂的注意。随着生产规模的扩大，大中型白酒厂不断的出现，制曲量大幅度地上升，同时曲的贮存缺乏科学管理，形成了有利于曲虫大量繁殖的环境条件，致使各厂的曲虫发生和危害日益严重。据泸州市酿酒研究所与泸州酒厂查定，某厂1988年5～10月间入库时，平均每块曲重3.26kg，由于贮曲条件较差，大量曲块被虫蛀鼠咬，至翌年7月盘查时，平均每块曲重仅有2.44kg，损耗率高达25.2%，损失大曲达8807kg。南京农业大学对洋河酒厂的两个小曲库进行了测定，据推算，每间贮存量为125t的小曲库，曲块经贮存6个月后，损失达11.4t，贮存3个月后，损失6.9t。如按该厂年产大曲7000t计，在贮存3～6个月的情况下，每年将损失粮食384～638t，经济损失达57.5～95.7万元。

虫害还影响大曲的质量，据宋河酒厂酿酒试验，综合防治后的大曲，其出酒率提高3.8%，优质酒率提高1.1%。

虫害严重污染了生产及生活环境，尤其在每年7～9月份种群发生高峰期，成虫在厂区内外到处飞舞，对曲库附近的生产或生活区造成严重影响。有的进入包装酒瓶内形成质量事故；有的干扰办公及休息。因此，防治曲虫的危害，已成为酒厂的迫切要求。

(二) 大曲害虫种类调查

南京农业大学对洋河酒厂粉碎、制曲、酿酒车间以及曲房、曲库等地，通过四季的广泛采集和全年室内饲养，并根据分类特征进行虫种鉴定，共查得直接危害大曲块的害虫11种。其中发生量大的主要是土耳其扁谷盗、咖啡豆象、药材甲和黄斑露甲等4种。而黄斑露甲仅发生在曲房潮湿环境中，只造成局部危害。前3种是危害大曲的主要昆虫。在其他酒厂调查也发现此相同种类。

宋河酒厂调查结果是曲库害虫种类多，发生量大，危害严重。如表1－2－25所示。

表 1-2-25 宋河酒厂曲库虫害调查结果

目	科	种	发生场所	发生数
鞘翅目	拟步甲科	赤拟谷盗	曲堆，墙壁，窗台	＋＋
		黑菌虫	曲堆，墙角	＋＋
	皮蠹科	黑皮蠹	曲堆，墙壁	＋＋
	露尾甲科	黄斑露尾甲	阴暗潮湿处	＋＋＋＋
	扁甲科	土耳其扁谷盗	曲堆，墙壁，窗台	＋＋＋＋
	锯扁谷盗	锯谷盗	曲堆，墙壁，窗台	＋
	窃蠹科	药材甲	曲堆，墙角	＋＋＋
	豆象科	咖啡豆象	曲堆，墙角，窗台	＋＋＋＋
啮虫目	飞虱科	飞虱	曲堆，墙角	＋
蜱螨目	粉螨科	卡氏长螨	曲堆，墙角	＋＋＋

注：发生量表示法：＋为偶见；＋＋为较常见；＋＋＋为常见；＋＋＋＋为极多。

西北农业大学在西凤酒厂初步采集鉴定曲虫23种，其中有害昆虫22种，害螨1种。优势种群是黄斑露甲和土耳其扁谷盗。

(三) 曲虫优势种群的主要生物学特性

(1) 3种大曲害虫均为多代性害虫。土耳其扁谷盗1年发生3～4代，咖啡豆象1年3代，药材甲1年2～3代，世代明显重叠。曲虫不同，各自活动发生的高峰期也不同。4月底至5月中旬为药材甲成虫的高峰期，6月下旬至7月上旬为土耳其扁谷盗活动高峰期，7月下旬至9月下旬为咖啡豆象活动高峰期。曲虫的高峰期形成与温度、湿度有关，可提前或推迟。

3种曲虫均以幼虫在曲库内的曲块中越冬，土耳其扁谷盗还可以成虫越冬。越冬虫在曲库内发育、化蛹、羽化、繁殖蔓延，春季4月份开始飞出。因此，在秋春季控制曲库内越冬虫源，对翌年整个种群的消长有重要意义。

(2) 从白酒厂车间环境调查，发现3种曲虫都只在曲库内繁殖、危害。曲房内温湿度变化大，前期升温阶段，湿度大。此时仅适合黄斑露尾甲的生存，对靠近门窗的地面曲块造成局部危害。制曲中期高温阶段，温度高，不适合曲虫的生存。后期温度降低，湿度也逐渐变小，此时土耳其扁谷盗飞来取食、产卵。也发现有药材甲虫，但不见其产卵。在大曲培养过程4～12天的这段时间，部分土耳其扁谷盗卵发育成幼虫，尚有很多卵未孵化，随曲块进入曲库，发育危害。在曲房内未发现咖啡豆象的成虫。3种曲虫对于曲香味均有强烈的正趋性，吸引着大量曲虫飞入曲库繁殖生长。因此，曲库是曲虫的滋生和严重危害的场所。厂区内外白天飞舞的曲虫，到傍晚均又飞回曲库栖息。曲虫的生存、扩散途径如图1－2－3所示。

(3) 3种曲虫都有白天因曲库温度升高而飞出库外，傍晚天黑后又飞回曲库的习性。飞出的时间受季节性气温的影响。春季气温低，常在下午4时后飞出，夏季则提前到中午。成虫到处飞舞或群集停留在外墙、门窗等缝隙间。它们又都有强烈的趋光性，试验显示咖啡豆象、药材甲对日光灯、黑光灯、双色灯的趋光性显著高于其他光波较长的灯源。故可利用这些习性，采取防治措施，切断其扩散蔓延途径或作毁灭性诱杀。

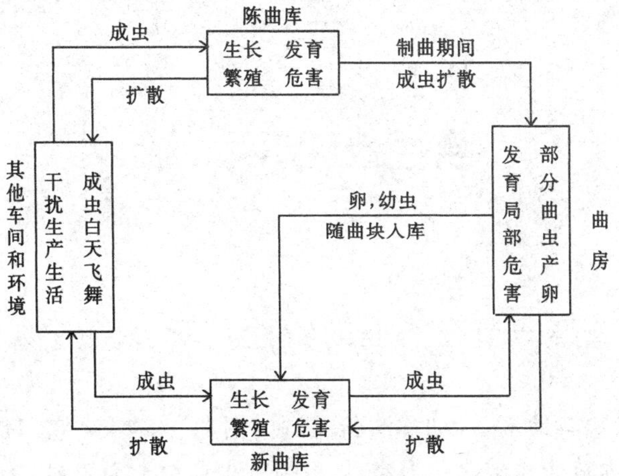

图 1-2-3 曲虫生存扩散图

(四) 综合治理曲虫及防治效果

综合治理曲虫的具体措施是:

(1) 加强大曲的生产计划性。根据各厂大曲所需的合理贮存期及酿酒生产班组数,计划生产,基本做到产需平衡,减少不必要的库存曲。

(2) 曲库建设应以单元小库为宜,一个年产10000t大曲酒厂,一般一个曲库贮曲125t左右为宜。凡大库房的,必须改建成小曲库,加强曲库管理,用完一库大曲再开启另一库使用,并立即清扫干净,用药喷洒地面和墙角。然后用纱窗纱门把曲库封闭,阻止曲虫传播。

(3) 以上两点是防治曲虫的根本性措施。但当酒厂已经出现大量曲虫飞舞时,则采用药膜触杀方法,效果十分显著。由于大曲本身是存有多种微生物及酶系的酿酒糖化、发酵剂,故忌用化学杀虫剂直接在实仓内处理曲块,也不宜采用毒剂熏蒸措施,以免杀灭微生物群落,影响酒的产量与质量。为此,南京农业大学研究利用3种曲虫的习性,将“灭曲虫灵”药液喷施在曲库及曲房的窗台、窗纱、门帘、门框的四周。当曲虫在进出曲库时触药而死。每隔1～2天喷药一次,取得了极好的杀虫效果。该法由洋河酒厂首先实施,继而在江苏省内外推广,均获得了显著的效果。其防治效果见表1-2-26。

表 1-2-26 曲虫治理前后对照表

厂名＼项目	年制曲量/t	治理前1990年虫害大曲损失率/%	治理后1991年虫害大曲损失率/%	挽回大曲量/t	年节约资金/万元
高沟酒厂	9000	6.00	2.6～2.9	270～297	32～36
汤沟酒厂	5500	5.50	2.5～2.0	137～160	16～20
五醍浆酒厂	1500	6.50	2.3～2.8	55～63	6.6～7.5
双洋酒厂	1300	7.00	0.85～1.35	83	10
洋河酒厂	13800	5.38	1.05	575	69.1

曲虫的彻底消灭需要一个过程。有了杀虫的技术措施,关键还在于加强曲房的管理。把综合治理落实到车间,坚持下去就能把曲虫控制到无害程度。

第三章 小 曲

第一节 小曲的特性及所含微生物

我国小曲的叫法各地不一，如称酒药、酒饼、白曲、米曲等。它们是用米粉或米糠为原料，有的添加少量中草药或辣蓼粉为辅料，有的加少量白土为填料，接入一定量的母曲，和适量水制成坯，在控制温湿度的条件下培养而成。因其曲块体积小，故习惯上称为小曲。小曲原本是利用野生根霉，自然培养在米粉上，并利用少量中草药抑制杂菌生长；后又发展为接种少量母曲，经长期传代培养，不断纯化与驯化，至今已近于纯种，如厦门白曲、贵州麸皮小曲等。甜酒曲的制作已达纯种机械化生产程度。小曲是生产小曲白酒的糖化发酵剂，具有糖化与发酵的双重作用，也可用于生产黄酒。小曲酒属于固态或半固态发酵酒。

一、小曲具有丰富的糖化酶和酒化酶

小曲所含的微生物主要是霉菌和酵母菌。霉菌一般包括根霉、毛霉、黄曲霉、黑曲霉等，而主要是根霉(*Rhizopus*)。根霉是藻状菌纲、毛霉目、毛霉科，根霉属单细胞微生物，菌丝没有横隔膜，借孢子囊孢子进行繁殖。

小曲中常见的根霉有河内根霉(*Rhizopus tonkinesis*)，米根霉(*Rhizopus peka*)，日本根霉(*Rhizopus japonicus*)，爪哇根霉(*Rhizopus javanicus*)，华根霉(*Rhizopus chinesis*)，德氏根霉(*Rhizopus decemar*)，黑根霉(*Rhizopus nigricans*)，台湾根霉(*Rhizopus formosaensis*)等。各菌种之间主要是在适应性、生长特征、糖化力强弱以及代谢产物上有所差异。

应用于生产小曲酒的根霉菌，要求其生长迅速，适应力和糖化力强，具有一定的产酸能力；对根霉发酵生成酒精的能力，要求不高。生产中最常使用的菌株是河内根霉AS3.866、白曲根霉、米根霉和Q303根霉等。其中AS3.866根霉糖化力强，能生成乳酸等有机酸，酒化酶活力也高，是广泛使用的菌种；白曲根霉、米根霉糖化力强，产酸力高，有一定产酒能力，多用于米糠制曲和散曲中；Q303菌株生长速度快，糖化力、产酸力比AS3.866更强，酒化酶活力较弱，性能稳定，是一株优良菌种。

根霉含丰富的糖化型淀粉酶，它与液化酶的比例为1∶3.3；米曲霉为1∶1；黑曲霉为1∶2.8。根霉能将大米淀粉结构中的$\alpha-1,4$键和$\alpha-1,6$键切断，使淀粉绝大部分转化为可发酵性糖。因根霉含有酒化酶系，故能边糖化边发酵，使淀粉利用率提高。但根霉菌缺乏蛋白酶，对氮源要求比较严格，喜欢有机氮，若缺乏有机氮，则会影响菌丝的生长和酶活力的提高，或导致菌种退化。

传统小曲中的酵母种类很多。有酵母属(*Saccharomyces*)，汉逊酵母属(*Hansenula*)，假丝酵母属(*Candida*)，拟内孢霉属(*Endomycopsis*)，丝孢酵母(*Trichosporon*)等酵母。但起主要作用的是酵母属和汉逊酵母属。培养散小曲经常使用的酵母是Rasse XⅡ(德国12号)、南洋混合酵母1308和米酒酵母等。其中1308和K氏酵母发酵力很强，速度快，能耐22°Bx糖度和12%的酒精浓度，并能耐较高的发酵温度，pH值为2.5～3时生长良好，最适生长温度为33℃，适用于半固态发酵。Rasse酵母和米酒酵母适应性好，发酵力强，产酒稳定，酒质也好。

为了提高白酒的质量，有的在小曲中接入一些生香酵母，以增加酒中的总酯含量。常用的菌株有汉逊酵母属中的AS2.297、AS1.312、AS1.342、AS2.300及汾Ⅰ、汾Ⅱ等。这些酵母的共同特点是能产生强烈酯香，主要是乙酸乙酯。但酒精发酵力低，培养时需充足的氧。若用量过大，则酯香过分突出，酒体不协调；并能生成较多的异戊醇，使酒品带苦味。

由于固态小曲酒生产系统是开放式的，因此给细菌的侵入创造了条件。如何减少细菌对生产的污染，是一个不可忽视的问题。

侵入小曲酒生产的细菌绝大部分是杆菌，但发酵糟及配糟中却以球菌占优势，而发酵后期杆菌占统治地位，如乳酸菌。在小曲酒生产中，称“杂菌污染”的菌种主要是乳酸菌、醋酸菌、丁酸菌等，污染严重，可使培菌糟、发酵糟生酸量过大而影响产酒率和酒质。纯型乳酸菌多为嫌气性杆菌，生成乳酸能力强，而白酒生产的发酵糟多是异型乳酸菌(乳球菌)，具有偏嫌气性或好气性，能将己糖转变成乳酸、酒精及二氧化碳。醋酸菌是氧化细菌的重要菌种，在温度、时间等不同培养条件下，其形态差别很大，有球形、链球形、长杆形、短杆形等，它的产酸能力也很强，对酵母菌的影响很大；能将部分糖转化成酸，但一定量的酸对生香、控制生产有好处，过多则造成危害。但在实际生产中不是醋酸不足，而是过剩。其次还有丁酸菌、己酸菌、粘液菌、枯草芽孢杆菌和放线菌等，生成的一些微量物质，可以影响酒的风味，有的使材料发粘，曲料板硬，妨碍正常发酵等。

应用于小曲制作的微生物，以往是靠自然选育来维持其优良性状；现在生产上用纯种，应进行人工选育，以防止优良性状的变异和退化。

二、添加中草药是小曲培育的特色

小曲中添加中草药是我国古代人民的重要发明。早在20世纪40年代，方心芳先生经过对添加中草药药理的研究，结果发现30种中药材对酵母菌的作用，多数是有益的，其中最好的有10种，如薄荷、杏仁、桑叶等；黄连对酵母菌有害；木香对根霉有害等。小曲生产中添加适量与合宜的中草药，对酿酒菌类的营养和抑制杂菌生长起到一定的作用，也给白酒带来特殊的药香风味。

应用中草药的方式各不相同，有的多达几十甚至上百种，有的还带有“无药不成曲”的神秘观念。但随着科技的进步，消费与生产的发展，逐步认识到应采用必要的、适量的中草药，并减少到最低限度。目前小曲生产大部分已向无药、纯种化方向发展。

三、根霉菌的主要特性

1. 根霉菌具有边生育、边糖化、边发酵的作用

小曲酒生产一般是将蒸好的原料拌入小曲，经堆积、保温，使其培菌糖化，主要是起根霉和酵母菌扩大培养和部分糖化的作用。可以很少量的曲(量最少的为0.1%～0.2%)，而达到较高的糖化发酵能力，这主要是利用了边生育、边糖化，同时还边发酵的作用。此种菌的性能和生产方式是很独特的。

2. 根霉在熟料上生长不好，酶活力低

根霉在熟料上的生长，不及在生料上生长得好。由于根霉缺乏酸性羧基蛋白酶(羧肽酶)，因此不能分解利用加热后的变性蛋白。经试验证明，若在蒸熟的大米上添加17种氨基酸或大豆蛋白水解液，则根霉的繁殖能力大为增强。若在熟料麸皮及生料麸皮上培养根霉，则生麸曲比熟麸曲糖化力高61.8%。

3. 根霉适宜多菌混合培养环境

从混合培养上看，根霉与其他菌类相比具有一定的“共栖性”，这是根霉的一大优点。在小曲坯上，多种野生菌类“杂居”在一起，根霉却能“和平共处”，并在小曲中充当主力军；而曲霉的“共栖性”较差，不能在混合培养中旺盛生长。

4. 根霉具有一定的产酸能力

根霉产有机酸的能力比黄曲霉大得多。根霉菌株的产酸种类与该菌的生态分布有关，产乳酸者多自白酒曲中分离出，产延胡索酸者多从五谷中分离出。若发酵初期即产乳酸，则对形成乳酸乙酯有利，对形成小曲白酒风格有利。另外，保持酒醅一定的酸度，可抑制杂菌生长。根霉所产的乳酸是L型的，能被人体及微生物直接利用，故在医药上也有广泛的用途。

四、传统小曲适于中小型酒厂制作

传统小曲培养工艺是劳动人民经过几百年反复实践而总结出的一套方法，具有一定的科学原理和技术水平，至今仍有重要价值。它主要有下列几个特点。

(1) 采用最适合根霉繁殖的米粉为原料。

(2) 采用固态曲粒的培养方法，有利于根霉和酵母菌的繁殖，有利于曲种的保藏。

(3) 不断筛选优良曲种，采用传代方法，保证了小曲的质量。

(4) 选择适合小曲繁殖的7、8、9月份生产，不需特殊的设备和保温设施。

第二节 小曲培养工艺

小曲是生产小曲酒的糖化发酵剂。以根霉、酵母菌等微生物生长为主的小曲，糖化力比大曲强，繁殖快，酿酒时用曲量少，在我国南方普遍应用。我国小曲酿酒历史悠久，由于酿制工艺的不同，故小曲的品种较多。按添加中草药与否可分为药小曲和无药小曲；按制曲原料又可分为粮曲(大米粉)和糠曲(全部或部分米糠)；按形状可分为酒曲丸、酒曲饼及散曲；按用途可分为甜酒曲和白酒曲。其中尤以四川邛崃米曲和糠曲、厦门白曲、桂林酒曲丸、广东酒曲饼等较为著名。

通过实践和科学验证，在制备小曲时，少用或不用中草药也能制得质量好的小曲。目前采用纯种根霉和酵母菌制成的纯种无药小曲，或以麸皮为原料制成的散曲均有良好的效果，是小曲生产上的重大进步。采用深层通风发酵生产的浓缩甜酒药比老法酒药，其功效要大幅度地提高，并节约大批粮食原料，为小曲的液态法生产走出了新路。

一、桂林等药小曲

在药小曲制作中，使用一种中草药者称为单一药小曲。如桂林三花酒用小曲。多药小曲使用中草药有10多种，如五华长乐烧酒用曲。

1. 单一药曲

(1) 流程

大米＋水⟶浸泡⟶粉碎⟶配料接种⟶制坯⟶入房培养⟶出房⟶干燥⟶成曲

香草药⟶干燥⟶粉碎⟶（配料接种）

(2) 配料　大米粉20kg，其中15kg(75％)米粉用于制坯，5kg细米粉用于裹粉。香草药为本地特产，用量为坯粉的13％，并粉碎成细粉。所用的曲母，为上一生产周期生产的优良药小曲，要求其质量良好，用量为米粉量的2％，为裹粉量的4％(以米粉量计)。加水量为坯粉量的60％左右。

(3) 生产工艺

① 浸米：大米加水浸泡，夏天2～3h，冬天6h左右，使大米浸透后，滤干备用。

② 粉碎：将沥干后的大米用石臼捣碎，再用粉碎机粉碎成米粉，用180目筛筛出5kg细米粉做裹粉用。

③ 制坯：制坯即小曲原料成型。其制法是将米粉15kg添加香药草13％，曲母2％，水60％左右，混合均匀，制成饼团，然后在饼架上压平，做成2cm见方的小块，在竹筛上筛圆，即成酒药坯。

④ 裹粉：将5kg细米粉与0.2kg曲母粉混合均匀，然后撒少量裹粉于簸箕中，同时洒少量水于酒药坯上，使坯外表润湿。再倒入簸箕，开振动筛，使坯外层裹粉。再洒水，再裹粉，直至裹粉被裹完为止。洒水量共约0.5kg。最后酒药坯呈圆型，将其分装于竹筛内并摊平后，即可入曲室培养。酒药坯入室水分在46％左右。

⑤ 培养管理：酒药坯入室管理主要是控制培养温度。并同时观察根霉菌外观生长情况。根据小曲微生物生长规律，培养可分下述3个阶段：

前期培养：酒药坯入室后，为保温保湿，有利于菌体繁殖，可盖一空簸箕。此时室温控制在28～31℃。培养20h后，霉菌菌丝生长旺盛，直至菌丝体倒下，表面出现白泡时，即可将药曲上面盖的簸箕掀开。此时品温宜控制在33～34℃，最高不得超过37℃。

中期培养：酒药坯培养24h后，酵母菌开始大量繁殖，此时控制室温以28～30℃为宜，品温不超过35℃，培养24h。

后期培养：曲子水分逐渐挥发，微生物代谢能力减弱，品温开始逐渐下降。后期培养48h，待曲坯成熟后即可出房。

⑥ 出曲和贮存：曲子出房后，可置于烘房烘干或放在外面晒干，但不得曝晒。然后将成熟的药小曲放在阴凉干燥的库内贮存。曲坯自入室至成曲入库，共需5天。

⑦ 成曲质量要求：外观白色或淡黄色，无黑色，质地松，具有酒药特殊香气。水分12％～14％，总酸不超过0.6g/100g。

2. 多药纯种药曲

多药纯种药小曲是采用十几种中草药和纯种根霉菌及酵母菌制成的。其工艺如下:

将大米浸渍2～3h，淘洗干净后，磨成米浆。然后用布袋滤干水分，至可用手捏成颗粒状酒药坯为度。

加入的中草药配方(以大米用量计): 桂皮0.3%，香菇0.1%，小茴香0.1%，细辛0.2%，三利0.1%，荜拨0.1%，红豆蔻0.1%，元茴0.2%，苏荷0.3%，川椒0.2%，皂角0.1%，排草香0.2%，胡椒0.05%，香加皮0.6%，甘草0.2%，甘松0.3%，良姜0.2%，九本0.05%，丁香0.05%。上述19种中草药需先干燥后，再经磨碎、过筛，混匀为中草药粉。

制曲坯时，在压干的米粉浆中，按原料大米用量加入4%～5%以面盆米粉培养的根霉菌种子和2.6%～3%米曲汁三角瓶培养的酵母菌种子液，1.5%中草药粉，掺拌均匀，捏成酒药坯，其直径为3～3.5cm，厚1.5cm。将成型的坯摆放于底部预先垫以新鲜稻草的木格内。将装格后的酒药坯移入培曲室内保温保湿培养58～60h后，即可出房。经干燥后，贮存备用。贮存期雨季和夏季为1个月，秋冬季可适当延长。

二、广东酒饼种和酒饼曲

1. 酒饼种

酒饼种是制酒饼曲的种子，各地制法略有不同，但其主要工艺都是用大米、饼叶、药材、饼种与水拌和成型，经培菌、干燥而成。

(1) 几例配方

① 大米50kg，饼叶5～7.5kg，饼草1～1.5kg，饼种2～3kg，药材1.5～3kg。

药材配方: 白芷0.5kg，草果1kg，花椒1.5kg，苍术1.25kg，川支1.75kg，赤苏叶1.25kg，丁香0.75kg，秤不必1.25kg，大茴香1.5kg，牙皂0.5kg，香菇1.25kg，波和1.5kg，机片0.05kg，小茴香1kg，年见0.75kg，吴仔0.75kg，肉蔻0.75kg，樟脑0.2kg，大皂1kg，甘松0.75kg，薄荷2kg，陈皮2.5kg，中皂0.5kg，灵先1.5kg，桂通1kg，麻五1.5kg，桂皮3kg，北产1.5kg。

② 大米60kg，桂皮9kg，大青4.5kg，大麦4.5kg，饼种1.75kg，药材(川椒1.6kg，良姜0.15kg，小皂0.15kg，荜拨0.15kg，甘草0.15kg，甘松0.15kg，山柰0.15kg)1.7kg。

③ 大米12kg，橘叶3kg，大青叶1kg，桂皮2kg，饼种1.5kg，饼泥35kg。

(2) 曲饼种制法 将上述原料粉碎，筛分，放入容器，加水拌匀后，倒在木板上，用四方木格压成饼。再用刀横直切成小四方形。用竹筛筛圆，放入培养室，在25～30℃保温培养48～50h，然后取出晒干即成。

2. 酒饼曲

酒饼曲即为成熟小曲，其工艺流程为:

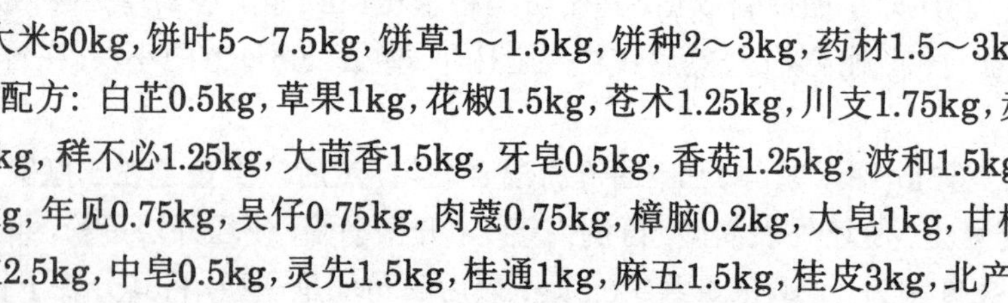

(1) 原料配比　各地均不相同。

例①　大米48kg，黄豆9kg，饼叶3.6kg，饼泥9kg。

例②　麸皮45kg，黄豆15kg，饼叶6kg，饼种4kg，桂皮0.5kg，饼泥15kg。

(2) 制曲工艺　将大米，黄豆分别煮熟，装入饭床混合，冷却后撒布饼种、饼叶及饼泥等，搓揉均匀。再取出放入长方形饼格中，踏实成型，最后移入曲室，25～30℃保温培养，约经10天即培养成熟。

三、邛崃米曲

四川邛崃米曲(药曲)有着悠久的历史，明末清初就已发展极盛。邛崃米曲中所加入的72种中药，后经科学试验证明：部分药材有促进有益菌繁殖，抑制杂菌生长的作用；有一部分药材作用不显著，有的对制曲生产有妨碍。其中独活、白芍、川芎、砂头、北辛等可促进小曲中有益菌如根霉的生长，起到清糊、绒子的作用；硫磺、桂皮等对醋酸菌的生长有抑制作用；薄荷、牙皂、木香等又能抑制念珠霉的生长。至于中药材对酿酒微生物的影响，还有待深入研究。

1. 工艺流程

大米、水→浸泡→碾碎→配料(加入曲母、中草药)→制坯→进箱→培养→出箱→烘干→米曲

邛崃米曲分大曲母和小曲母两种。小曲母是培养大曲母的种子，其大小为3cm见方，重约20g；大曲母为圆形，直径约8cm，厚3cm，重约110g。对小曲母的质量要求较高，除选用精碾大米，配足药材外，一般选择湿度较低、气候温和的3、4、9月份制作，成品除供大曲母用外，还供下季生产小曲母的种子使用。大曲母和小曲母的培菌要求和变化是一致的，只在制坯、曲箱管理方面略有差别。

2. 原料处理

① 原料配比：大米80kg，中药材2.75kg，曲母0.25kg。

② 浸泡：浸泡一般用冷水，时间视大米精熟程度、水温高低而定。一般浸泡20～40min，随即滴干水分。泡米要求以手捻易碎，微带硬心为宜。若时间过长，米粒含水多，则碾后易发烧，滋生杂菌，产酸馊味；若泡米时间短，米质硬，则不易碾碎，曲面粘结差，制坯成型困难。一般浸泡后大米含水分为30％～32％。

③ 碾碎：将滴干余水的大米倒入碾槽，碾至手捻成片、无半截米时加入曲母粉，再碾1～2min，并加入中药粉，碾匀。碾后的曲粉要求粗细适度，太粗不易成型，过细透气性差，影响微生物生长繁殖。经测定大米的碾细度为：不能通过孔径1mm筛孔的占30％，通过1mm而不能通过0.5mm筛孔的占40％左右。

3. 拌料、制坯

① 拌料：碾碎的原料不能放置过久，立即倒入木盆，加水拌和。加水量为22％～25％。要求拌和均匀。

② 制坯：小曲母多制成3cm的方形曲块，大曲母制成直径为8～9cm，厚约3cm的圆形曲坯。制坯时将曲面和匀揉紧，以免碎烂。曲坯大小要求均匀一致，便于控制温度和水分

的变化。

4. **曲箱管理**

(1) 入箱 制坯完毕，将曲坯逐行错综排列于箱内。要求摆放均匀，稀密一致，不得重叠。

曲箱管理是制曲的中心环节。小曲中微生物发育生长时，经过生皮、干皮、过心三个阶段。根据不同阶段，掌握好温度和湿度，是做好曲子的关键。

(2) 生皮阶段 入箱后应着重控制好温度和湿度，在14h左右品温达到32～33℃，为软坯；在18h左右达到34～35℃，即生皮。

所谓软坯，是微生物在适宜的培养基质和温湿度下生长繁殖，产生水分，曲坯变软，甚至变形。为适应微生物生长的需要，应严格控制温度，入箱后2h内，箱温不得低于25℃。14h左右，为有氧呼吸的旺盛繁殖阶段。故箱温高低是控制软坯的关键。

生皮是在软坯后3～4h，坯表面布满菌膜，在显微镜下观察时，曲块中主要的微生物根霉大量繁殖，菌丝包裹着曲块，谓之生皮。在此阶段霉菌在表皮生长极盛，曲心未生长，酵母数量不多。但曲皮多于曲心时，细菌也大量生长，酸度开始上升。

(3) 翻箱 入箱后24～26h，当品温达到37～38℃时，即可进行翻箱。翻箱是掉换曲块的位置，边换中，中换边。目的是调节箱内的水分、湿度和品温，并排除因发酵而积聚的二氧化碳。判别翻箱的条件是，一般曲块水分从43％降到约38％，此时已培养出大量微生物，霉菌在外表发育健壮、已占优势，并产生皱纹，翻动时曲块能保持原有的状态。

(4) 发泡 翻箱后14～16h，曲块水分继续挥发，体积不变，重量减轻，曲块内部形成很多空隙，此现象称发泡。此时应主要控制水分。翻箱后14h左右，曲块水分从38％降到33％左右，酸度约为0.8，从翻箱到发泡，不必供给过多氧气，应控制温度不再升高，并使水分适当蒸发。从发泡时镜检发现，霉菌已从表面向心部扩展，酵母数增多，约为翻箱时的一倍半。细菌较前健壮，生酸量增多，达最高峰。

(5) 揭烧 主要目的是降低品温。因发泡阶段，开始是霉菌繁殖旺盛期，需足够的空气，可利用揭烧来调节品温和供氧。

揭烧是将箱上所盖的草帘全部揭去，使曲块裸露于空气中，待品温降到28～30℃时，再用草帘保温，直至出箱。

(6) 过心 揭烧后检查曲块心部，霉菌已在心部布满白色菌丝，此时曲块水分降至28％左右，酸度稍有下降。过心时镜检，霉菌繁殖很快，全部过心；酵母菌大量增殖，达到足够数量；细菌已基本上受到抑制。

5. **出箱烘干**

(1) 出箱 当曲块内部菌丝布满后，即可出箱。此时镜检，可以看到曲块内除有较多的霉菌、酵母菌外，还保持着多量的细菌。细菌中主要是醋酸菌、乳酸菌、丁酸菌、枯草芽孢杆菌等。这些菌对生成白酒中的有机酸，形成酒的风味，起着一定的作用。

(2) 烘干 将出箱的曲块倒入烘烤灶内，盖上稻草，用木炭在灶内生火烘烤，品温以40～50℃为宜，最高不超过60℃。烘烤24h后，翻动1次，取出，将上部换于下部，再烘烤24h，待曲块含水分降至10％左右时，即可包装。

6. **成曲的感官鉴定**

(1) 皮张　检查曲药表皮皱纹多少及其厚薄，可以判断微生物的繁殖情况。

(2) 颜色　表皮、底部、心部的颜色应一致，为白色。若保温培养期间操作不慎，会产生不正常的颜色。

(3) 泡度　微生物在曲中繁殖，产生大量二氧化碳并消耗部分碳水化合物。当水分蒸发后即造成空隙，使曲块发泡。从发泡程度可判断曲药的好坏。

(4) 菌丝　曲药内部应布满白色菌丝，油润发光。若颜色灰暗，即表示不够健壮。更不应有黄色、黑色等异色。

(5) 闻香　应有独特的曲香。若有酸、馊味，则是细菌大量繁殖所致，不能使用。

四、四川无药糠曲

1. 工艺流程

碎米、水→浸渍→碾细→浸泡→煮沸↓

大米细糠→碾细→拌和→拌和→踩曲→切曲→团曲→生火入房摆曲→关门保温

种曲→碾细↑（入拌和）

穿衣粉↓（入团曲）

加大火力↓（入烘曲）

→通气→亮门→带门→关烧→烘曲→成品出房→无药糠曲

2. 配料、碾料

大米细糠87%～92%，碎米5%～10%，种曲3%，水64%～74%(占总料的%)。

在配料过程中，应严格控制加水量。若水分过少，则易产生干皮，霉菌菌丝长不出来；若水分过多，则曲子粘手，易酸败，不利于霉菌生长、代谢而影响曲子质量。

大米细糠要碾细，过筛；种曲可与最后碾细糠合碾，再碾碎大米。在碾米前1.5～2h，先在米内浇水20%～25%，碾好后应及时使用。夏天因气候炎热，大米浸水后易变馊，也可采用干磨法。

3. 制坯与培曲

(1) 煮米粉　先将应加水量煮沸，再用少量水加入米粉，然后将湿米粉倒入沸水中，煮沸后即可使用。加入的水总量应考虑水的蒸发量，需多加3%左右，记下用水量。

(2) 拌和　在拌料场上将米糠、种曲粉、米粉用木锨拌匀，加水和成面团，用手握曲料能从指缝滴出1～2滴水珠为好。曲料含水量控制在45%～48%为宜。

(3) 踩曲、切曲、团曲　踩曲时可两人同踩一箱，要求踩紧、踩平。踩后用曲刀按紧，用木枋赶紧、打平。要求切断、切正、均匀。团曲以团去楞角和团光为准。团曲每次团60～70转。团曲时每100kg干料撒穿衣粉0.6kg。所谓穿衣粉是事先用0.3kg种曲粉与0.3kg碎米粉混合而成。团好后即可入房培养。当天的曲料必须当天用完，以防变质，影响成曲质量。

(4) 生火、摆曲　曲子入房室温控制在22℃左右，除夏季外，应在入房前生火保温。

摆曲次序由上而下，由边角而后中心，曲间稍留间隙，不宜靠拢。除夏季外，摆曲时均应关闭门窗，以保持室温、湿度和水分。

(5) 曲房管理　培养过程中应注意调节温度和湿度。经过关门保温，开气筒流通空气，收汗关门窗，排潮，关气筒，烘曲，成品出房等曲房管理程序，品温由22～25℃升至

40℃，共需90h左右。

4. 成品曲

外观检查为具有清香的气味，菌丝生长均匀、密致，曲心有很多空隙，色白有光润，菌丝过心，水分控制在9%～10%，成曲率约为原料的82%。。成曲贮藏在干燥通风良好的库房内，室内相对湿度要求不超过75%。

五、厦 门 白 曲

厦门白曲是将酵母菌培养在米曲汁中，根霉培养在米粉中，做成的种子接种到米糠和米粉中培养而成，以其产地得名。

厦门白曲采用纯种根霉和酵母菌，根霉菌种为*Rhizopus taiada* No.2，酵母菌种为*Saccharomyces miyanrae*。

1. 种子培养

(1) 酵母菌培养　酵母菌种子培养分两个阶段，即固体试管和液体三角瓶培养。

固体试管和液体三角瓶培养基均使用米曲汁；接种应无菌操作，具体方法可参阅微生物实验部分。

(2) 根霉培养　根霉菌试管培养基与接种，与酵母菌培养方法相似。

① 根霉培养基的制备：根霉菌三角瓶培养系采用米粉培养基，其制法为：大米经粉碎后用60～67目筛过筛，采用压汽装甑的办法装甑，装满后加盖蒸90min。再取出物料放入已杀菌的锌盘中，冷却后按1kg米粉加200～240ml无菌水的量，用喷壶将无菌水均匀地喷在米粉上。拌匀后再通过20目筛子，分装于500ml三角瓶中，每瓶约80g，如装盒每盒0.75～1kg。中间可装薄些，四周略厚。再常压杀菌60min，连续2天，每天杀菌1次。如用加压杀菌，采用0.1MPa汽压、30min，共计2次。

② 三角瓶培养：接种方法参阅微生物实验法，注意无菌操作，在33℃培养48h。

面盆培养采用三角瓶的种子，在无菌室内接种后，加盖放入培菌室，33℃培养，品温不超过37℃。如品温高于37℃，则用无菌玻璃棒划盆降温。操作中注意卫生，严防污染。培养时间约48h，待菌种长出丰满孢子后，停止培养。

2. 制曲

(1) 原料及配比　原料选用精白米，碾成米粉，米糠碾成粉状，水质清洁，符合饮用水标准。

料水配比：米糠50kg，米粉5～7.5kg，无菌水34～35.5kg(采用加热杀菌制成)。接种前曲房应消毒杀菌，工具也同时洗刷杀菌，备用。

(2) 蒸料　米粉混合拌匀，用20目筛过筛，开汽装甑，见汽撒料，圆汽后蒸料60min。再出甑晾散，冷却至30～32℃备用。

(3) 接种培养　将冷却后的料分装于锌盘中，每盘为20～25kg，按米糠量的4%～5%接种培养。培养好的面盆根霉曲，拌匀后，再加68%～75%的无菌水。酵母种子可预先倒入此无菌水中，同时拌入曲中。酵母种子接入量按50kg米粉接220～240ml计。将料、水、根霉曲、酵母菌拌匀，用水捏成直径3.5cm的曲粒，曲粒以光滑为好。将曲粒放入曲盘中，入室按品字形排列培养。曲盘入室后，关闭门窗并生火，在火炉上置水盆，以调节曲室温、湿度。

培养期间的品温变化：入室后4～5h，室内温度可升至32～33℃，湿球温度与干球温度差0.5～1℃。再经4～5h，曲面可长出菌丝，酵母菌也开始繁殖。由于微生物的代谢产生热量，曲子品温上升，室内湿度也开始增大，此时应逐渐减小火力，使水分少蒸发。并开窗4～8h，使二氧化碳和水分排出，控制品温在35～36℃，切勿超过37℃，温湿度差在1～1.5℃，观察上下曲粒品温是否一致。当培养40h后，可将曲盘搬至副曲室，保持品温35～36℃，培养到64～68h，根霉菌丝开始萎缩，品温也开始下降。为了保温，可将两曲粒合入一盘。如在夏季，因温度和湿度均较高，可将曲粒翻动。约经80h培养，品温下降到30～32℃，曲粒生长成熟，在阳光下晒干，但不宜曝晒，时间不宜过长；如遇阴天可用37℃以下温度烘干，控制成曲水分在12%以下。

3. 成曲质量

成曲率一般在75%～78%。成曲淀粉含量为27%左右，酸度0.9，糖化力23.35u/g，水分11.5%～12.5%。

外观无杂菌，曲粒内部无生心、发黑现象，无不良气味，手压有弹性。因成品曲极易受潮，故应及时使用。若需长期保存，则可放入缸中密封。

六、纯根霉、酵母散曲

根霉、酵母散曲是采用纯种培养技术，将根霉和酵母菌分别在麸皮上培养后再混合配制而成的。

我国利用根霉酿酒的历史已有千余年。但长期以来停留在混菌培养的各种形式的小曲上，多以上等大米为原料，配以多至数十种的中药材，生产周期长，曲箱温度不易管理，淀粉利用率较低。解放后随着科技进步，中国科学院等单位，对其主要糖化菌——根霉进行了系统的分离鉴定，获得了一批优良根霉菌株，并在全国推广应用。

中科院5株优良菌种，其编号分别为AS3.851，AS3.866，AS3.868，AS3.867，AS3.852，其中AS3.851，AS3.852，AS3.866适宜各种原料的小曲酒生产，AS3.866用于玉米和粳高粱效果更佳，AS3.867适宜薯干原料；AS3.868适宜糯米和大米原料。其次有四川邛崃的3、5号根霉菌种，具有耐高温、抗杂能力强、生长缓慢、残余糊精分解力强的特点，适于制糯高粱酒。贵州、四川分离诱变出Q303、YG5－5等优良根霉菌种，它们的特点是糖化力、液化力、残余糊精分解力均强，生长速度快，是生产中被广泛应用的菌种。

以麸皮为原料制取纯种根霉曲，不仅节约了大量的上等白米和中药材，而且原料出酒率也大幅度地提高。目前，根霉曲的生产已遍及全国各地。但由于生产规模多为个体作坊式，设备简陋，卫生条件较差，技术素质较低，故有待于进一步提高与完善。

1. 试管培养

试管种子称为一级种子。在生产上由于频繁移接，易造成菌种的污染，会严重影响出酒率，故培养时必须保证质量。有关试管菌种的制备、灭菌、接种、培养，可参见本书第一篇第八章第一节的有关内容。

目前根霉曲的生产是根据季节和各地实际情况而定的。常用的菌种有：

根霉AS3.866，Q303；酵母AS2.109，AS2.541，K氏酵母及南洋混合酵母。

2. 三角瓶扩大培养

(1) 流程

试管菌种↓

麸皮、水→润料→装瓶→杀菌→冷却→接种→保温培养→扣瓶→出瓶→干燥

(2) 润料、装瓶、接种　称取麸皮倒入容器内，加水70%～80%，充分拌匀。用大口径漏斗将湿料分装入经洗净烘干的500ml三角瓶内，每瓶装料40～50g。塞好棉塞，用牛皮纸包扎瓶口，在0.1MPa压力下灭菌30min。取出，趁热轻轻摇动，将结块的麸皮摇散，并将瓶壁附着的冷凝水回入培养基内。待冷至30～35℃后，以无菌操作接入根霉试管菌种，摇匀，使菌体分散利于培养基中。

(3) 培养、烘干　三角瓶接种后，置于恒温箱内保温28～30℃，培养2～3天。待菌丝布满培养基、麸皮连结成饼时，进行扣瓶。将瓶轻轻振动放倒，使麸饼脱离瓶底，悬于瓶的中间，以增大与空气的接触面，促进根霉的生长。扣瓶后继续培养1天，即可出瓶烘干。

三角瓶种子烘干，一般是在培养箱内进行的，温度为35～40℃，使之迅速除去水分，菌体停止生长，以便保存。烘干后在无菌条件下用乳钵研磨成粉，装入无菌干燥的纸袋中，于干燥器内保存。

3. 浅盘曲种培养

(1) 流程

试管菌种→三角瓶种子↓

麸皮、水→润料→灭菌→冷却→接种→装盒→培养→烘干→浅盘种曲

(2) 润料、灭菌　称取麸皮，加水70%～80%，充分拌匀，打散团块，用纱布包裹或装入竹箩中，在高压锅内0.1MPa压力下灭菌30min。

(3) 接种、培养　麸皮灭菌后，置无菌室内冷至30℃左右，接入三角瓶根霉种子0.3%，充分拌匀后，即行装盒，装盒应厚薄均匀。再放入保温箱内，叠成柱形，在28～30℃培养8h左右，孢子萌发。约12h品温上升，至18h左右品温升至35～37℃时，将曲盒摆成X形或品字形，使品温稍有下降。培养至24h左右，菌丝已将麸皮连结成块状，即行扣盒。再继续培养至品温接近30℃左右，便可出曲烘干。

(4) 烘干　烘干最好分两个阶段，前期烘干时因曲中含水量较多，微生物对热抵抗力较差，一般控制温度在35～40℃。随着水分蒸发减少，根霉对热的抵抗力逐渐增加，温度可提高到40～45℃。

4. 制根霉曲

制根霉曲的方法有曲盘法和通风制曲法两种。

(1) 曲盘制曲

① 流程：

试管菌种→三角瓶曲种→浅盘曲种↓　　麸皮固态酵母↓

麸皮、水→润料→上甑→蒸料→出甑→降温→接种→装盒→培养→烘干→调配→根霉曲

② 润料：浅盘生产投料量少，一般在盘内进行。而大生产投料量大，润料多用扬麸

机，多在地面操作场地要洗扫干净。麸皮加水60%～80%，用铲子初拌后铲入扬麸机内拌匀，打散团块。润料加水量视气候、季节、原料及生产方式、设备条件等而定。

③ 蒸料：蒸料是使麸皮中淀粉糊化，并杀死料内杂菌。生料与熟料要分开，工具须杀菌后使用。

采用常压蒸料，上汽后将麸皮轻撒入甑内，装满并圆汽后蒸1.3～2h。

④ 接种：麸皮蒸好后，采用扬麸机或人工扬冷。待品温降至35～37℃（冬季），夏季接近室温时即可接种。接种量一般为0.3%～0.5%（冬多夏少）。方法是先将浅盘种曲搓碎混入部分曲料，拌匀后再撒于整个曲料上，充分拌匀，装入曲盘，入室培养。

⑤ 培养：接种后将曲盘叠成柱形，在曲室内保温28～30℃培养。

曲室管理：主要是根据根霉不同阶段的生长繁殖情况，调节品温和控制湿度。采用柱形、X形、品字形、十字形等不同形状来控制品温，保持品温在30～35℃，使根霉正常生长繁殖。具体操作与浅盘种曲相同。

⑥ 烘干：操作和要求与浅盘种曲相同。

⑦ 粉碎：干燥后的根霉曲要经过粉碎，使根霉孢子囊破裂，释放出孢子，以提高根霉使用效果。粉碎时注意品温不能超过55℃，以免影响小曲的质量。

(2) 通风制曲　通风制曲具有节省厂房面积、节省劳力、设备利用率高等特点。

① 流程：

试管菌种⟶三角瓶种⟶浅盘曲种↴
麸皮┐
　　├⟶拌料⟶蒸料⟶扬冷⟶接种⟶入池⟶通风培养⟶烘干
水　┘
　　　　　　　　　　　　　　　　　　　　　　　↓
试管酵母菌种⟶三角瓶酵母液⟶麸皮固态酵母⟶配合⟶根霉曲

② 拌料、蒸料、冷却、接种等操作同曲盘制曲。

③ 通风培养：物料冷却、接种、拌匀后，迅速装入通风培养池内，厚度一般为25～30cm。先静态培养，使孢子尽快发芽，品温控制在30～31℃。装池后4～6h，菌体开始生长，品温逐渐上升，待品温升至36℃左右，开始自动间断通风，使曲料降温。培养约15h，根霉开始旺盛生长。由于根霉的呼吸作用，品温上升较快，可连续进行通风培养，使品温维持在30～37℃。一般入池后24h，曲料内布满菌丝，即可进行干燥。

④ 烘干：同曲盘制曲。

5. 麸皮固态酵母培养

麸皮固态酵母供配制根霉曲使用。具有容易制备，便于贮存和运输等特点。

(1) 流程

试管酵母菌种⟶三角瓶酵母液↴
麸皮┐
　　├⟶拌料⟶蒸料⟶冷却⟶接种⟶培养⟶烘干⟶固态酵母
水　┘

(2) 三角瓶液态酵母的培养　取麦芽汁或5%葡萄糖豆芽汁培养基，装入500ml三角瓶中。塞上棉塞，包扎好瓶口，高压灭菌25min，冷却后以无菌操作接入试管酵母菌种1～2环，于28～30℃保温培养24～36h，待培养液内气泡大量上升，酵母菌繁殖旺盛时，即可作生产固态酵母种子用。

(3) 固态酵母的培养 原料处理与根霉曲制作基本相同，但润料时加水量稍有增加。充足的水分更利于酵母菌生长繁殖。因酵母菌培养时翻动次数较多，水分损失较大，故一般应比培养根霉时增加水分5%～10%。若麸皮较细，可加入5%左右的稻壳，以增加疏松程度。

麸皮经灭菌、降温后，接入2%～5%的三角瓶酵母液，拌匀(也可同时接入0.2%的根霉曲种，为酵母菌生长提供更充足的糖分)。装入曲盘或簸箕中，置曲室内保温28～30℃培养。至8～10h品温上升，翻拌1次，并变换曲盘或簸箕的位置。隔4～5h再翻第2次。至15h，酵母细胞繁殖旺盛。因品温变化大，应随时注意翻拌，以控制温度变化。24～30h可培养成熟，随即干燥。其操作同根霉曲。

在固态酵母培养过程中，翻拌操作极为重要。因酵母菌在繁殖过程中需大量空气，并放出二氧化碳，翻拌操作，既能排除培养基内的二氧化碳，补充氧气，又能使繁殖后的酵母细胞分布到全部培养基中，增加固态麸皮酵母中的细胞数，提高曲的质量。

(4) 根霉曲与固态酵母的配比 将培养成熟的根霉曲和固态酵母按一定比例配合，使成“市售根霉曲”。根霉中加入固态酵母的数量视固态酵母质量而定。若固态酵母中酵母细胞数为4×10^{8}/g左右，则配入的固态酵母可为6%。

6. 根霉曲的质量要求

根霉曲的产品质量，还没有统一的标准。现将贵州企业标准的主要内容摘述如下:

(1) 外观 为粉末状至不规则颗粒状，颜色近似麦麸，色泽均匀一致，无杂色，具有根霉酒曲特有的曲香，无霉杂气味。

(2) 试饭要求 饭面均匀，无杂菌斑点，饭粒松软，口尝甜酸适口，无异嗅味。

(3) 水分 根霉酒曲≤12%，根霉甜酒曲≤10%。

(4) 试饭糖分 以葡萄糖计，根霉酒曲≥20g/100g饭，根霉甜酒曲≥22g/100g饭。

七、根霉液态深层培养

固态培养根霉甜酒曲的传统生产工艺，耗粮多，劳动强度大。上海藕粉食品厂，采用液体深层通风培养法生产甜酒曲或称浓缩小曲，可实现纯种培养，机械化程度高，劳动强度低，生产效率提高，产量增加，质量稳定。但菌体分离过程较复杂，需大量米粉作后期培养，干燥时间较长。这是因为根霉在固态培养与液体深层通风培养时，其形态、生理特性和酶系均有所不同。固态培养根霉时，无性繁殖，酶系丰富多样，糖化型淀粉酶活力特别高;而液态培养时菌丝不易形成，糖化酶活力较低，但液态培养的根霉菌丝体，在米粉固体培养基内培养10h后，可清楚地看到根霉无性繁殖各生理阶段的正常形态立即恢复，孢子囊孢子典型形态清晰，糖化酶活力很快提高。

菌种是从安徽野草中分离的根霉。种子罐与发酵罐培养基的配方为粗玉米粉7%，黄豆饼水解物3%。黄豆饼粉水解的工艺条件是: 黄豆饼粉加水量为30%，加入食用盐酸调节pH值为3.0，通蒸汽使温度在90～100℃，水解1h。或加压245kPa，保压水解15min。水解后不中和。种子罐容积为400L，充满系数为60%，发酵罐容积2.3t，充满系数为70%。种子罐与发酵罐培养的工艺条件: 培养基浓度10%，98～128kPa蒸汽压力下实消35～40min，冷却到(33±1)℃接种，接种量为16%左右，于(33±1)℃通风培养18～20h。种子罐通常培养18h，pH值降至3.8便可移种。种子罐内搅拌转速为210r/min，通风量为1∶0.35。发酵罐内搅拌转速为210r/min，通风量为(1∶0.35)～(1∶0.4)。发酵罐培养成熟后，通过70目孔振动筛，弃去醪液，水洗，收集菌体。再于离心机(1000r/min)脱水，以清水冲洗数次。取出菌体，加入2倍质量的米粉作为填充料，充分搅拌，入模压成小方块，分散放在筛子上，即可送入二次培养室，进行低温培养。培养室温度35～37℃，培养10～15h。待根霉菌体生长，品温达到40℃，即翻动几次，使其停止生长，并同时转入低温干燥室。干燥温度为48～50℃，干燥到含水10%，即可出室，经粉碎包装即为成品。

第四章 麸 曲

第一节 我国麸曲的诞生及发展

麸曲是以麸皮为原料，蒸熟后接入纯种曲霉菌或其他霉菌，人工培养的散曲。这种曲具有制作周期短，出酒率高，节约粮食等优点。它适合于中、低档白酒的酿制，并且具有成本低，资金周转快的特点。

亚洲人擅长于用曲来酿酒。历史上在亚洲有两种制曲方法：一种是以中国为代表的生料制块曲，另一种是以日本为代表的熟料制散曲。麸曲制作属熟料制曲范畴。最早是1906年前后，日本开始选用人工培养的优良纯菌种来制曲。这株优良菌种就是从稻曲中经自然纯化的米曲霉，它有很强的淀粉酶和蛋白酶活力。随着时代的进步，对曲霉的研究日益深入，不断有新的菌种选育、应用成功。现在工业上应用的曲霉菌已不下数百种。

我国使用纯种制麸曲技术，是40年代由日本传入的。开始时，使用的菌种多为米曲霉、黄曲霉。后来，因这两个菌种糖化力低，耐酸性差，故逐渐被糖化力高、耐酸性强的黑曲霉所取代。解放以来，我国的科学工作者，在黑曲霉菌种性能提高上，做了大量工作。中国科学院微生物研究所诱变的黑曲霉种AS3.4309，1g曲可糖化淀粉40g以上，是一株接近国际水平的优良糖化菌。目前，国内白酒酿造，糖化酶制剂生产，多数都采用这个菌种。从黑曲霉变异而来的河内白曲霉，因具有耐酸性强、酸性蛋白酶含量高等特点，所以它被广泛地应用于麸曲优质白酒的生产。从70年代开始，我国酶制剂工业有了很大的发展，大多数酶制剂厂都选用优良的菌种，生产出了高酶活力的产品。这些产品以其质量稳定，用量少，成本低等诸多方面的特色，被白酒厂、酒精厂广泛地采用。在普通白酒生产中，麸曲基本上被糖化酶制剂产品所取代已成为事实。

第二节 麸曲菌种介绍

我国用于酿造白酒的麸曲菌种有几十株。这些菌种，从类别上可分为曲霉、根霉、纤维素分解霉、其他霉菌等四大类。现将各类常用的菌种介绍如下。

一、曲 霉 菌

1. 黑曲霉AS3.4309菌种

该菌原名叫UV－11，是中国科学院微生物研究所从土壤中分离出一株黑曲霉，经诱变而培育成的一株高性能糖化菌。

该菌种在查氏平板上培养，性能稳定。菌落生长成扩散形，直径为5.5～6.5cm。菌丝初为白色，有时出现黄色区域，绒状，有明显的辐射状皱纹，无渗出液，边缘生长较薄，有霉味，成熟时呈咖啡色，反面为浅黄色。分生孢子头，幼时呈球形，大部分直径为140～160μm，老熟时裂开成3～4瓣，一般直径为250～280μm，褐色。分生孢子梗自基质长出，直径约为12～16μm，壁光滑，厚度1μm左右，稍带黄色。顶囊球形，一般直径为23～31μm，小梗双层，自顶囊全面着生，小梗大小为(6.2～8.4)μm×(2.1～2.5)μm。分生孢子呈球形，直径为3.5～4.0μm，壁粗糙。菌种可用冷冻干燥或砂土管保存。

该菌酶系较纯，主要有糖化酶、α－淀粉酶、转苷酶，酸性蛋白酶含量很少。

该菌含的糖化酶，适合的pH范围为3～5.5，最适pH值4.5左右，最适温度60℃(在pH 4.0、温度50℃以下时比较稳定)。采用该菌制曲酿酒，具有出酒高，用曲量少的优点。又由于该菌酶系纯，酶活力强，被广泛用来液体培养后制成酶制剂。

2. 黑曲霉变异菌种——河内白曲霉

该菌在试管米曲汁斜面培养基上培养，菌落由初期白色变成土黄色。菌丝宽4～6μm。菌足膨大，宽10～15μm，厚15μm。分生子柄大小为(3.5～10)μm×(400～750)μm。顶囊球形，直径为20～30μm。单梗，2.5μm×(7.5～10)μm，分生孢子，土黄色，球形，粗面，3～3.5μm。

该菌分泌α－淀粉酶、葡萄淀粉酶、酸性蛋白酶及羟基肽酶等多种酶系。其中突出的是酸性蛋白酶分泌较多。该酶能分解蛋白质为L－氨基酸，可供微生物直接利用。优质白酒的酿造离不开酸性蛋白酶，所以白曲被广泛用于优质白酒酿造。

该菌还有产酸高、耐酸性强的优点。它的pH值适应范围为2.5～6.5。该菌制曲时在35℃培养48h，曲子酸度最高可达7.0。该菌还有耐高温，有一定生淀粉分解能力的特点。通过多年实践总结，用河内白曲酿酒有如下优点：

(1) 白曲生酸量大，对制曲、制酒过程中的杂菌起到抑制作用。

(2) 白曲酶活力高，耐酸性强，耐酒精能力强。在发酵过程中，各种酶的安定性好，持续作用时间长。

(3) 白曲酸性蛋白酶含量高，对白酒的香味成分生成及颗粒物质的溶解，都能起到重要的作用。

(4) 白曲从种子培养到制曲，生长旺盛，杂菌不易侵入；而且操作容易，很少出现培养事故，因此很受酒厂欢迎。

二、根霉麸曲菌种

50年代末，南方几个省份开始研制根霉麸曲，简称根霉曲。当时使用的菌种是从小曲中分离的。后来采用了中国科学院微生物研究所分离的5株优良根霉菌种，制成根霉曲向各酒厂推广。到了90年代，根霉曲的工艺比较完善，采用了麸皮为主要培养基原料，并且与酵母菌分开，单独进行培养。这些进步，促进了根霉曲的大面积的推广，使它成为小曲酒酿造的主力军。在四川、贵州、湖南、广西等省，根霉曲基本上取代了传统小曲。有的地方酿制黄酒，也采用根霉曲。

(1) 中国科学院微生物研究所分离的5株根霉菌种介绍　菌种编号为AS3.851，AS

3.866，AS3.867，AS3.852，AS3.868。前三者属东京根霉，后两者属日本根霉。东京根霉产酸力强，繁殖速度快。尤其AS3.868，生长速度快，生孢子多，对各种原料适应性都很强，在过去一个时期内是应用最多的菌种。

(2) 贵州轻工研究所分离的4株根霉菌种介绍　菌种编号为Q301，Q302，Q303，Q304。这4个菌种均有糖化速度快，糖化发酵力强的特点。其中Q303，属台湾根霉，糖化发酵率最高，而且产酸低，性能稳定，能产蜂蜜似的香味物质，是目前全国应用最多的菌种。

(3) 根霉曲用于酿酒的特性

① 根霉具有边生育边糖化的作用。在小曲酒酿造中，根霉必须是活的、健壮的。因此用曲量很小。

② 根霉适宜多菌混合培养环境。从混合培养的实践中可以看出，根霉具有一定的"团结"性，能与其他菌"和平共处"。过去根霉曲曾与酵母菌一起培养，现在已发展到各自单独培养后混合使用。

③ 根霉能产酸。日本专家把产酸的根霉分为三类：一类是产延胡索酸为主，二类是产乳酸为主，三类是延胡索酸、乳酸都产。使用根霉曲酿造的酒类，一般酸度都较高。

④ 根霉能糖化生淀粉，在生料培养基上生长旺盛，国内已有用根霉曲生料酿酒的试验。

三、其他常用菌种

1. 含纤维素分解酶的菌株——龙轻52号

该菌株是1972年黑龙江省轻工研究所选育的，属木霉菌科。该菌含有纤维素分解酶，能部分分解纤维素为可发酵性糖类，70年代曾把它与曲霉菌共同制成混合曲，提高了出酒率。

该菌试管培养时，使用的是土豆浸汁加葡萄糖琼脂培养基，每支试管中再加入6cm×1cm的滤纸条。成熟的菌体在试管中呈草绿色，无混杂，无白色再生菌。孢子呈椭圆形，较小，整齐一致。孢子大小约为2.2μm×3.2μm。

该菌种子培养时，使用麸皮加10%的玉米芯粉。制成的菌种，孢子丰满，草绿色。孢子数应在40～50亿个/g曲，将该种子与β号曲霉种子按2∶8的比例，混合制成通风麸曲。该曲的糖化力在700～800mg/g曲以上，纤维素酶活力在35mg/g曲以上。该混合曲各种酶的活力均高于单一曲。试验表明，混合曲酶液对淀粉细胞的胞间层物质有明显的崩坏作用。这种作用有利于淀粉细胞壁的分解，加速糖化作用的进行，进而提高出酒率。测试证明，这些作用均是混合曲中所含纤维素分解酶所致。这种酶能部分分解纤维素为可发酵糖类。但就目前国内所选用的含纤维素分解酶的菌种而言，分解纤维素的能力还不高，单独用于发酵工业还未成熟。但这是我国发酵工业中的一个有前途的课题。现已有不少省份在选育菌种，在进行酶制剂的生产和应用。

2. 红曲霉属中的重要菌种(略)

第三节　曲霉菌的培养

采用固态培养基，经过试管、原菌、曲种、制曲4代培养，每代培养都要注意营养、空气、水分、酸度、温度、时间等最适宜的培养条件的提供。整个培养的目的，前期是使种子数量足、健壮、繁殖力强，后期是要求成品酶活力高。

一、培养条件

1. 营养成分的要求

曲霉菌在生长过程中所需热由碳水化合物分解而产生，故此培养基中必须有一定量的碳源。曲霉菌对碳源的选择顺序是：淀粉、麦芽糖、糊精、葡萄糖，以淀粉为最好。麸皮中有足够的淀粉可供曲霉利用。曲霉的菌体及所含酶类是由蛋白质所组成，因此制曲时需要有足够的氮源。曲霉对碳源有很强的选择性。当培养基中含有硝酸钠、硫酸铵、蛋白胨3种氮源时，曲霉菌首先利用蛋白胨，再消化少量硫酸铵，根本不消化硝酸钠，但只有一种硝酸钠为氮源时，曲霉却利用得很好。实践证明，氮源的种类对曲霉糖化力的多少，也就是对其酶的生成有一定的支配作用；同时对其菌体生成量也有一定的支配作用。这两个作用并非是平行关系。因此，有“外观好看的曲子，糖化力并非很高”的说法。曲霉培养时，还需少量无机盐类，主要有磷盐、镁盐、钙盐等。其中磷盐最重要，其含量多时，菌体内酶活力强；含量少时，则体外酶活力强。

2. 制曲原料的配比

制曲的最好原料是麸皮。麸皮中含有丰富的淀粉、粗蛋白、灰分等营养成分，足以供制曲时所需求。为了废物利用，降低成本，制曲时普遍应用加糟这项新技术。利用酒糟制曲有许多优点：一是能调节酸度，控制杂菌的生长。二是能提供蛋白质、核酸等有效成分。这些成分对菌体生长及酶的生成有一定的促进作用。三是节约曲粮，降低成本。如果制曲时鲜糟用量保持在20%，一个年产1000t白酒的工厂，每年可节约曲粮700t。

3. 制曲对水分的要求

制曲过程中，曲霉菌的生长与作用均受到水分的支配。微生物与水的关系，体现在水分含量、渗透压、水分活性三个指标上。制曲时水分的参与是通过配料加水，蒸料吸水，及培养室湿度三个环节来完成的。在曲霉培养的不同阶段，对水分有不同的要求，因此加水量应根据季节不同而调整；培养室湿度也应根据培养的不同阶段而作调整，要与曲池大小、曲层厚度及通风条件相适应。总之，要为曲霉菌在不同时期所需水分提供最佳的条件。

4. 温度对制曲的影响

曲霉菌从孢子发芽到菌体生长及酶的生成，每个阶段都离不开适宜的温度。为此，在整个制曲过程中，通过温度调节，保证曲的质量是最主要的工艺操作环节。其中的关键有两条：一是处理好品温与室温的关系，掌握住互相调节的时机；二是后期的培养温度要高于前期，这有利于酶的生成，提高曲的质量。

5. 空气与pH值对制曲的影响

曲霉菌是好气性微生物。不但生长繁殖需要足够的空气，而且酶的生成量也与空气供给量有关。制曲时空气的供给由两个环节完成。一是配料时添加稻壳与酒糟，使曲料疏松，提高其空气含量。二是培养中通过通风与排潮两个途径来完成空气供给工作。掌握好通风时间，风量大小，及排潮的时机是制曲时温度调节的主要手段。pH值是曲霉菌生长繁殖所要求的基本条件之一。不同曲霉菌有不同的pH值适应范围；同一曲霉菌，每次配料中pH值有变化，均会影响到其生成酶的种类和数量。实践证明，pH值稍高，曲的糖化力增高;pH值稍低，曲的液化力增高。同时，一定的pH值对杂菌也有控制作用。加糟制曲是调整pH值的最佳方法。

6. 培养时间对制曲的影响

曲霉培养的最终目的是使其生成最多的酶类。所以培养时间的确定是根据某一曲霉菌生成酶的高峰期而定的，不可过早出曲，否则曲的糖化力将受到很大影响。同时，制好的曲子要及时使用，不可放置时间过长，以防止糖化力的损失。

二、种子的培养方法

曲霉种子的培养分3代进行，即固体试管培养，原菌扩大培养，曲种培养。各代培养方法如下。

1.试管培养

(1) 米曲汁琼脂培养基的制作

① 米曲的培养：将洗净的大米，在常温下浸泡18h，中间换水2次。将水滤去后，蒸米40min，取出加25％的冷水，并将米粒搓散，再蒸40min，散冷后接种黄曲霉或米曲霉的三角瓶原菌，接种量为0.25％，在28～30℃保温箱中，培养30h，待米粒变黄未生出孢子时，取出干燥备用。

② 米曲汁制备：取米曲1份，加水4份，于60℃糖化3～4h。用碘液试之不呈蓝色反应后，继续加热到90℃，用白细布过滤备用。

③ 试管培养基的制备：取米曲汁100～200ml，加琼脂1.5％，加热溶解后，分装在10～20支试管中，加棉塞，高压灭菌30min后放置成斜面，待其凝固后，在32℃保温箱中培养干燥7天，等试管壁上无凝结水，培养基上无杂菌后即可应用。

(2) 试管培养　在无菌条件下，向试管斜面培养基上接曲霉菌孢子少许，在32℃保温箱中培养6天，等孢子成熟后，检查无杂菌，取出放在冰箱中备用。

2. 原菌培养(又叫扩大培养)

① 配料和灭菌：取过筛后的大片麸皮加水1∶1，然后装入250ml的三角瓶内，每瓶装干料10g，瓶底料厚度3～5cm，加棉塞，高压灭菌1h。

② 培养：灭菌后的三角瓶冷却后，在无菌条件下，将试管中的孢子少许接种于麸皮上，摇匀。将三角瓶斜放，使曲料成堆状，放在32℃保温箱中，培养38～40h，每隔8h摇瓶1次，待曲料刚结成饼时，扣瓶1次，然后继续培养4天，孢子成熟后，从三角瓶中取出，放于纸袋中，干燥后，放冰箱保存备用。

3. 曲种制作

根据生产规模的大小，可采用盒子制曲种法或帘子制曲种法。前者适于小厂，后者适于大厂。

①　配料蒸料：麸皮85％，鲜酒糟15％，加入占麸皮量的90％～100％的水，拌匀过一遍筛或扬楂机，使曲料匀散后装锅蒸料。待锅圆汽后蒸1h。

② 接种和堆积：将蒸好的曲料，边冷却边打匀打散，至34℃时接三角瓶培养的原菌0.4％～0.5％，拌均匀，继续冷却至31℃，放于培养室内的床上进行堆积，此时室温不得低

于28℃，品温保持不超过35℃，中间隔4h倒堆1次，总堆积时间不超过8h。

③ 装盒(上帘)和培养：将堆积好的曲料品温调节至28℃后，开始装盒(上帘)，盒内曲料厚度为1～3cm，帘内曲料厚度为2～4cm。装料后，曲盒上下四层摆放，曲帘外加塑料布棚罩。装料后5～6h进行1次倒盒或打开帘子罩，控制品温为28～30℃，再过5～6h进行第2次倒盒开帘，控制品温在32℃。在培养20～24h时，进行1次划盒或划帘，保持品温在32℃。再过12～20h，曲料开始生孢子，这时应注意保潮及提高室温，保持品温为32℃。曲料入房后55h，开始改变颜色，可揭去盒盖或塑料罩，并开始排潮，然后提高室温在32℃以上，进行曲种的干燥，待干燥至水分8%～10%，即可出房，保管备用。

第四节　麸曲的几种制法

常用的制麸曲的方法有曲盘法(又叫曲盒法)、帘子法及通风法3种。前两种方法适合规模小的企业，后一种方法适合生产量大的企业。无论采用哪种方法，只要掌握好培养条件，均能生产出质量高的曲子。

一、曲盘法制曲

(1) 曲盘制作　曲盘一般采用0.5cm厚的椴木板制作，规格为45cm×25cm×6cm，每个曲盘能生产成品曲0.8kg左右。生产两种曲霉时，最好曲盘能分开使用。

(2) 曲室要求　曲室面积以100m^{2}左右为宜，每1m^{2}投料量为6～8kg，培养2种曲霉时，最好用2个培养室。曲室四壁要平滑，天棚呈拱形，以免凝结水滴入曲内。每次作业前，曲室要彻底灭菌消毒。

制曲配料：麸皮75%～85%，鲜酒糟以风干量计15%～25%，加水80%～85%。

(3) 蒸料、散冷、接种　曲料在专用锅内圆汽后蒸1h，然后出锅扬冷至38℃时进行接种，接种量为0.25%～0.4%，拌匀降温到32～34℃时可入室堆积。

(4) 堆积、装盒　品温保持在32℃，堆积6～8h，中间可翻拌1次。装盒前应将曲料翻拌均匀。每盒装料厚度2cm，将装料的曲盒上摞，每摞不超过10盒为宜。最上曲盒用空盒或草帘盖上，然后放在木架上培养。

(5) 倒盒、拉盒、划盒　装盒后品温为30～31℃，室温控制在28～30℃，经3～4h后，品温升至34～35℃，应倒盒1次。再经3～4h，品温升至37℃时，将盒拉开，摆成品字形，控制品温在36℃左右。拉盒后，品温升得较快，过3～4h后，应再倒盒1次。再过3～4h，待曲料连成片时，进行1次划盒。划盒后，品温猛升，此时应降低室温，控制品温不超过39℃，以后每隔3～4h倒盒1次，使品温保持在39～40℃，直至从堆积算起30～34h，曲的糖化力最高时，即可进行干燥或出曲。

二、帘子法制曲

(1) 帘子制作　一般都用塑料布做的帘和塑料布罩，即钢筋支架上铺上塑料布，罩上塑料布。支架高1m，宽0.5m，长1.2m。罩底的空间高度为0.5m左右。塑料帘和罩每次用过后，都应彻底清洗、消毒。

(2) 配料、蒸煮、接种　帘子法制曲配料与盒子法基本相同。麸皮75%～85%，鲜糟15%～25%。曲料拌匀后，常压蒸1h，然后散冷至32℃，接入曲种0.3%～0.5%。

(3) 堆积、装帘、培养　接种后的曲料入室堆积8h，中间倒堆1次，保持品温不超过34℃。堆积结束后，把品温调至30℃左右，开始装帘，帘内曲料厚度2～3cm，装帘后12h，品温上升缓慢，以后品温开始上升。此时应降低室温控制品温为34℃，最高不超过35℃。上帘后20h左右，菌丝长成时，可划帘。划帘后，曲中水分降低、品温下降。可适当提高室温，并进行揭罩排潮等工作。从堆积算起培养35h左右，即可出房。

三、通风法制曲

(1) 通风池　一般的容积为10m×12m×0.5m，装干曲料800kg，曲层厚度不超过30cm。

(2) 配料、蒸料、接种　通风法制曲的配料为麸皮80%，鲜糟15%，稻壳5%。加水占麸皮量的70%～80%。将各种原料与水拌匀，用扬楂机打1遍后装锅，常压蒸1h，出锅扬冷到33～34℃，接入曲种0.3%～0.5%，然后入房堆积。

(3) 堆积、装池、培养　堆积的开始温度不低于28℃，不超过30℃，每隔4h，倒堆1次，总堆积时间8～12h。终了时品温在32～33℃。将堆积后的曲料降温至28～30℃。开始入池，曲料厚度25～30cm。曲料入池后应提高室温，待品温升至32℃时开始通风。以后就通过给风次数及风的温度来控制前期品温保持在32℃。入池后10～17h，进入中期，此时应控制品温在33～34℃，加强通风，掌握好风温。入池后20h左右，进入后期，此时应提高室温，利用室内循环风，保持品温在34～35℃，提高风压，排出曲料中的水分。整个培养时间为33～35h，即可出曲。麸曲生产工艺流程见图1－4－1。

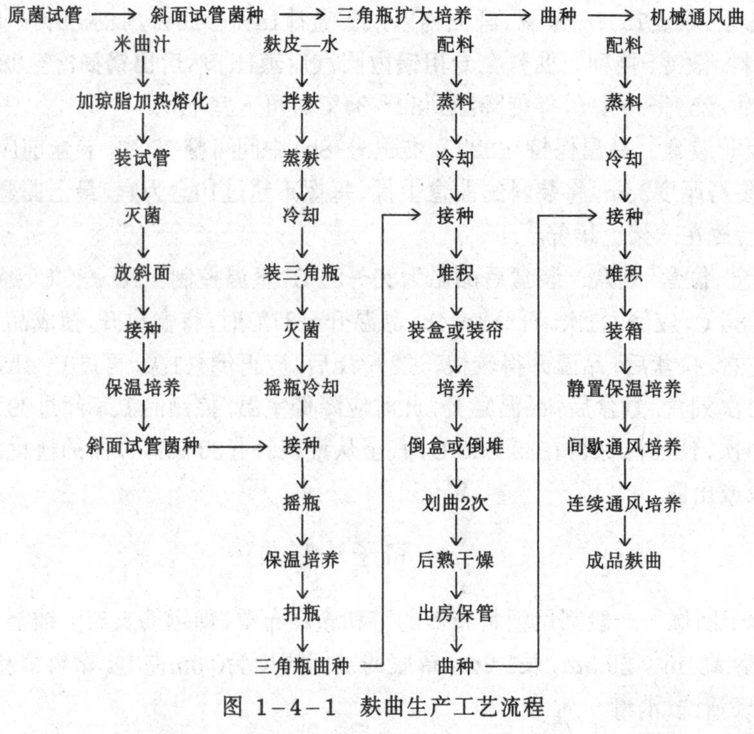

图 1－4－1　麸曲生产工艺流程

四、麸曲制作注意事项

制酒厂的技术人员和工人师傅们，在长期的生产实践中，总结出了许多制曲的宝贵经验，提出了许多在生产工艺中应注意解决的问题。我们只要认真学习，真正掌握这些技术上、管理上的关键问题，就能生产出质量高的曲子。

1. 试管培养应注意的问题

(1) 如用查氏培养基传代，大生产使用前应接在营养丰富的米曲汁培养基上，进行菌种的复壮。这样才能保证生产用菌繁殖力强，功能不退化。

(2) 菌种经多次传代培养后，应进行分离筛选工作。方法是将菌种稀释，单菌进行培养，然后进行单菌性能测试，选优者继续传代应用。

(3) 试管培养基的糖分不可过高，否则曲霉在高糖条件下，易产酸，使培养基色变黄，皱纹增多，妨碍曲霉正常生长。

2. 原菌培养应注意的问题

(1) 掌握好“扣瓶”时机。过早，曲块未接好，容易扣碎;过晚，菌丝连结过紧，影响透气，使孢子生长不好。

(2) 配料时，水分要适当，使瓶内尽量减少凝结水珠，以防杂菌污染。

(3) 成熟后的原菌，最好从瓶内取出，干燥后备用，以防在瓶内放置时间过长，污染杂菌。

3. 曲种培养注意事项

(1) 曲种原料蒸后，应将装料的布包，移至已灭菌的培养室内扬冷、接种。

(2) 无论是曲盒或帘子制曲种，都应注意凝结水不能滴在曲料上，否则，滴水处极易长“水毛”。

(3) 掌握好划盒、划帘时机，促进菌丝的生长。

(4) 前期培养注意保潮，后期培养注意排潮，尤其帘子法更要及时揭罩通风干燥，防止“踏底”现象的发生。

4. 制曲注意事项

(1) 如果使用酒糟制曲，一定要选用正常发酵的当天出甑的鲜糟。

(2) 制曲的麸皮要选用大片的、细粉不超过20%的无霉烂麸皮，如麸皮过细，可过筛后再用。

(3) 制曲时，最易感染青霉和“水毛”。为此曲室灭菌要彻底;工具要洗净，消毒后再用;制曲过程中，生熟料一定要分开;成曲要通风干燥保管。这样才会减少杂菌的感染。

(4) 曲子后期培养既要适时排潮，又要保持室内有一定的湿度，防止曲层干皮现象的发生。

第五节　细菌麸曲

80年代初，贵州省在麸曲酱香型酒研制、生产中，首先应用细菌麸曲获得成功。后经技术转让，该项技术在全国很多省份推广，均收到了提高酒的产量和质量的良好效果。

一、细菌麸曲采用的菌种

一组6株细菌，是从茅台酒酿造工艺中分离筛选后得到的，以后又经过单菌性能培养试验，6株菌混合培养试验，大生产应用试验等多次试验总结，成熟后，才开始推广应用。

这6株菌均属芽孢杆菌属。其中两株为球形，直径为0.6～0.8 μm；两株为长杆形，(0.5～0.8) μm×(2～4) μm；两株为短杆形，(0.2～0.4) μm×(1.8～2) μm。这组菌都具有嗜热性，55℃高温下，仍可生长。这组菌耐酸性差，pH5.0以下，大多数不生长。耐酒精分却很强，在10％酒精分环境中，仍能生长。将6株菌先单独后混合传代培养，制成帘子曲，每1g该曲的细菌数可达2亿个以上。该曲具有蛋白酶、脂肪酶活力，具有一定糖化力、液化力和酒精发酵能力。

二、细菌麸曲的培养

1. 工艺流程(见图1-4-2)

斜面试管→液体试管→三角瓶液体培养→液体种子

麸皮→调pH→蒸料→装盘→接种→培养→浅盘种子

麸皮→调pH→蒸料→装盘→接种→培养→曲盒种子

麸皮→调pH→蒸料→上帘→接种→培养→成品帘子曲

图 1-4-2 细菌麸曲工艺流程

2. 工艺操作

(1) 斜面试管培养　采用肉汁胨琼脂培养基，具体配方及培养操作是：牛肉膏3g，蛋白胨10g，氯化钠5g，溶于1000ml自来水中，用10％氢氧化钠溶液调pH7.0～7.4，加2％琼脂，高压灭菌30min，放斜面，培养检查无菌后，接种，37℃培养3天。

(2) 液体试管培养　所用培养基与固体管相同，只是不加琼脂。每支试管装入培养基5ml，高压灭菌后，每种固体试管接种于1支液体试管中，37℃培养24h。

(3) 浅盘培养　取麸皮1.5kg，加水900ml，水中先溶有氢氧化钠9g，拌匀后装入6个搪瓷盘中，高压灭菌40min，冷却后，每个盘接入1支液体试管种子，置37℃，培养48h。

(4) 曲盒种子培养　取麸皮15kg，加水13.5kg，水中溶有氢氧化钠90g，高压灭菌冷却后，接入6株菌混合后的曲盒种子1.25kg，37℃培养48h。

(5) 帘子曲制作

① 配料蒸料：取麸皮25kg，加水20kg，水中溶有氢氧化钠150g，拌匀，常压蒸1h。

② 接种：将蒸好的原料冷却至45℃左右，接入曲盒混合种子1.25kg。

③ 培养：每帘装干料计9kg，先在帘上堆积4h，然后摊平，保持室温34～37℃，控制品温不超过55℃，培养36h，即可出房使用。

④ 成品曲质量：具有鲜艳的微黄色，显微镜检查，菌体数量多，整齐、肥大，不含其他杂菌。感官鉴定：手感疏松柔软，有一定的酱香及焦糊香味，有时会有一定的氨味。理化分析：糖化力130mg/g曲，水分小于40％，酸度小于0.6。

三、细菌麸曲的质量标准

黑龙江省在推广应用细菌麸曲的实践中，根据各个工厂的实际产品水平，制定了细菌麸曲的企业标准。

1. 主题内容和适用范围

本标准规定了细菌麸曲的技术要求，试验方法，检验规则。

本标准适用于以麸皮为主要原料，固态法培养，应用于麸曲酱香型白酒生产的半成品细菌曲。

2. 感官要求

① 色泽：微黄或金黄色，有光泽。

② 香气：有酱香或焦糊香，略有氨味。

③ 形态：手感疏松，柔软。

3. 理化要求

① 水分：30%～40%。

② 总酸：小于0.6。

③ 氨基氮：小于0.15mg/100g曲。

④ 中性蛋白酶：150～250mg/100g曲。

⑤ 酸性蛋白酶：200～300mg/100g曲。

⑥ 脂肪酶：10～50u(40℃作用15min消耗氢氧化钠1mg的酶量为100u)。

四、细菌麸曲培养的注意事项

(1) 调整pH值　可用工业烧碱，用量为0.8%；也可用工业纯碱，用量为0.6%。必须先加入水中，再加于原料中。

(2) 注意原料品种的变化　液体培养基所用的试剂、品种、批次更换时，须先做试验，合格后，再投入大生产使用。

(3) 应加大接种量　实践证明，增加接种量有利于细菌的快速繁殖，有利于减少杂菌的侵入。各代最大的接种量可达10%。

(4) 必须严格各环节的灭菌消毒工作　高压灭菌不得低于0.1MPa；各代接种时，尽量在无菌条件下进行。细菌麸曲应有单独的培养车间，并在每次使用前严格进行灭菌消毒工作。

第五章 酒母及产酯酵母

第一节 酒 母

一、概 述

1. 酒母的定义

酒母是指含有大量能将糖类转化为酒精的酵母等的人工培养液。它与酵母的概念有区别,酵母是指个体的微生物酵母菌。

2. 培养酒母的目的

白酒生产之所以要使用人工培养的酒母,其主要目的是为了提高出酒率。白酒生产工艺中网罗的野生酵母也可以产酒,但出酒率很低。为了提高出酒率,选用优良的酵母菌种,进行传代扩大培养后用于白酒酿造,是50年代就在全国广泛应用的技术。

酒母将糖转化为酒精是通过菌体内的酒化酶的作用来完成的,所以,酒母培养的标准是使培养液中有足够数量的、活的、健壮的酵母菌。

3. 酒母的培养方法

酒母的培养方式可分为液态和固态两种方式。产酒精的酒母以液态培养方式为主,产酯的酒母以固态培养方式为主。

在液态方式中又有边糖化边培养方法和先糖化后培养方法两种。形式上前者用大缸为培养容器,又叫大缸培养法;后者用铁罐为培养容器,又称为罐式培养法。

固态方法中有曲盘培养法、地面培养法、帘子培养法、机械通风培养法等多种。

生产企业选择酒母培养方法主要是根据产量的需要及质量的需要和每个企业的实际情况而灵活采用。可以说无论采用哪种方法,只要认真操作,均会培养出高质量的酒母。

二、酒母的培养

1. 白酒生产常用的产酒精酵母菌种及扩大培养

白酒生产要求酵母有较强的产酒精能力,较高的耐酒精能力和耐酸能力,而且会给成品酒带来好的口味。根据这些要求,各地常用的产酒精为主的酵母菌种有:拉斯12酵母、K字酵母、南阳5号酵母、南阳混合酵母、古巴2号酵母、德国20号酵母。前4种适于淀粉质原料酿酒,后2种适于糖质原料酿酒。

(1) 固体斜面试管培养 采用米曲汁琼脂培养基,在无菌箱内接种少许,然后放置保温箱中,30℃,培养3天。质量要求:酵母泥表面有光泽,颜色新鲜,生长肥厚,菌环整齐。显微镜检查：要求细胞肥大，原形质分布均匀，内容物明显，空泡小，无杂菌。

(2) 液体试管培养 采用米曲汁为培养基，每支试管装入培养液10ml，灭菌后在无菌箱中接入固体管中心部位酵母泥少许，放入保温箱中，30℃，培养24h。

(3) 第1代三角瓶培养 取250ml的三角瓶，装入米曲汁100ml，灭菌后，接入液体试管1支，于30℃培养12～15h。

(4) 第2代三角瓶培养 用1000ml三角瓶，装入糖化液550ml(糖化液的制备见卡氏罐培养糖化醪的制备)，灭菌后接入第1代三角瓶种子，30℃，培养12～15h。成品检查：三角瓶底部有较多的白色酵母泥沉淀，糖液混浊，有气泡上升。镜检：细胞健壮、肥大、整齐，芽生率25%以上，无杂菌。

(5) 卡氏罐培养

① 卡氏罐准备：卡氏罐最好用锡制作。卡氏罐每次使用前最好灭菌。如灭菌有困难，也要充分刷洗冲净。

② 制糖化醪：原料为玉米面或薯干粉。1kg原料加水5.5kg。先将2/3的水放入锅内加热到60℃，然后放入用温水调成粥状的玉米粉，加热到沸腾，保持40min。然后加入其余的水，调温为60℃，加入占原料数量10%左右的黑曲，55～58℃保温糖化3h。然后加入占原料量0.5%的硫酸，然后加热到沸腾(此糖化醪用布过滤后的糖化汁可做第2代三角瓶培养液)。

③ 装罐灭菌：糖化醪的滤液，浓度应在7～8°Bx，酸度在0.45～0.55之间。趁热装入卡氏罐中，装入量为容量的2/3，塞上棉塞，加热灭菌1h后取出，放置于25℃左右处备用。

④ 接种培养：将成熟的第2代三角瓶培养液倒入卡氏罐中，塞上棉塞摇匀，放置于25～28℃温室中培养12～14h。中间摇罐1次。

⑤ 成品质量要求：

1) 糖液消耗不超过原糖度的2/3。

2) 升酸幅度不超过原酸度的0.1。

3) 气味正常，不得有酸味、馊味及其他异味。

4) 显微镜检查：细胞数每1ml 0.8～1.2亿个，芽生率为25%以上，死亡率不超过2%。形状：健壮整齐，均匀一致。无杂菌。

2. 酒母培养的几种方法

(1) 大缸培养法 该法经“烟台酿制白酒操作法”公布实施以来，一直是固态发酵法白酒生产采用的比较成熟的方法。此法具有设备简单，操作容易，质量稳定，有利于酒味提高等诸多优点。大缸酒母工艺流程如图1－5－1所示。

① 配料：酵母用原料占投料量的4%～5%。最好选用能食用的玉米面。可以配10%的鲜酒糟或5%的稻壳，加10%～15%的黑曲为糖化剂。

② 润料：先把占原料量1%的硫酸加入水中，用此水(占原料量的50%～60%)与原料混拌均匀，堆积润料1h。

③ 蒸料：装锅圆汽后，常压蒸50min。蒸好的原料必须当班用完，最好不存放。

④ 下缸：每公斤熟料加水3～4kg，然后将原料放入缸后，打耙，调节品温为27～28℃。再接入卡氏罐种子，接种后再打耙1次，然后盖上缸盖保温培养。

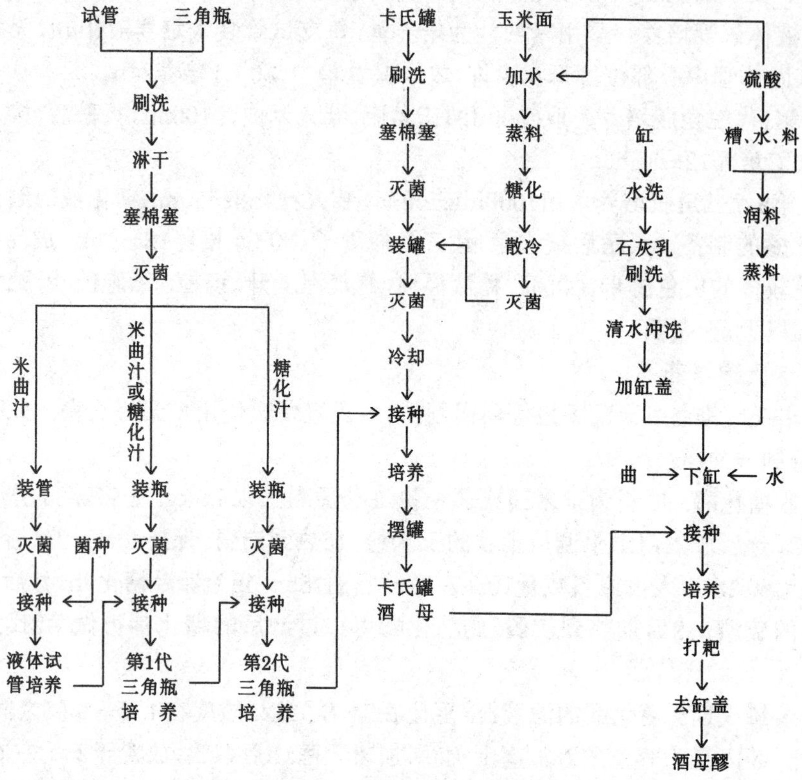

图 1-5-1　大缸酒母工艺流程

⑤ 培养：培养时间为8～10h，品温控制不超过30℃，不低于26℃，待形成醪盖时，进行第1次打耙，以后每隔一定时间应打耙1次。

⑥ 大缸酒母质量：升酸幅度不超过0.2，细胞数0.8～1.2亿/ml，芽生率20%～30%，死亡率不超过4%，杂菌极少。显微镜检查：细胞健壮，整齐，细胞中无空泡。

(2) 罐式培养法

① 酒母罐的制造：一般用铁制，最好用不锈钢制。容积大小根据生产量而定，一般为2～5m²。罐内设直接加热管和蛇形冷却管，并设通风搅拌器，搅拌器转数一般为80～100r/min。

② 酒母制备：根据生产量加入必需的水量。在罐内将水加热至50～60℃，然后加入占水量1/5左右的玉米粉，开搅拌器，煮沸，开始糊化。一般糊化50min左右。然后开冷却水进行蛇管冷却，降温至60℃。加10%左右的麸曲，保温糖化4h。而后加热煮沸20min，再冷却至28℃，接卡氏罐种子，将比例扩大为1：20，28℃保温培养6～8h即可供生产使用。

③ 产品质量：细胞数1.2～1.5亿/ml，酸度0.4～0.7，芽生率20%左右，死亡率4%以下。显微镜检查：细胞整齐一致，极少有空泡，杂菌极少。

3. 酵母培养注意事项

(1) 试管培养，米曲汁糖度应在8～9°Bx。三角瓶培养，糖化汁的糖度应在7～8°Bx。糖分过高不利于酵母菌的生长及代谢作用的增强。

(2) 培养基中加入硫酸，调整pH值在4～5.5，既有利于酵母菌的繁殖，又能起到抑制杂菌(主要是细菌)的作用，同时驯化了酵母菌的耐酸能力。

(3) 酵母培养的最适宜温度为25～28℃。酵母菌耐高温能力较差，温度超过30℃，酵母菌的生长将受到抑制。

(4) 培养酵母的最好原料是玉米面，粉碎细度以全部能通过20目筛孔为好。如用可食用的玉米面，效果更好。

(5) 大缸酵母，缸内物料总量应占缸容积的80%，便于及时排出二氧化碳，不对酵母菌繁殖产生抑制作用。

(6) 为了减少多次传代的繁琐工序，有的小酒厂发明了用1支固体酵母菌管接入大缸原料中，28℃培养24h，后期多打几次耙。这种方法培养的大缸酵母与多次传代法基本相同。只要注意原料糊化彻底，加入的冷水，保持无菌即可。

第二节　产 酯 酵 母

一、概　　述

1. 产酯酵母的定义

产酯酵母也叫生香酵母，是指对醇、酸有酯化能力的酵母菌。其中包括许多属及种，但它们共同的特点都具有不同程度的酯化能力。

2. 产酯酵母的研究成果

使用大曲酿酒是我国应用产酯酵母的成功先例。在大曲自然培养中，网罗的大量野生产酯酵母，对形成大曲酒的酯类香气起到重要作用。目前我们人工纯种培养应用的产酯酵母，许多是从大曲中分离得到的。

1964年，辽宁省凌州试点，开始了我国对产酯酵母的研究及应用工作。以后又有西北协作区试点，内蒙古包头试点，山西祁县试点，茅台、金县、芦台等试点都对产酯酵母的培养条件及应用做了大量的试验工作，获得了许多成果。

(1) 各地选育了许多优良菌种。主要有：1312、1342、1343、1274(轻工业部发酵工业研究所编号)；汉逊、球拟酵母(茅台酒醅中分离得到)；汾1、汾2(汾酒大曲中分离得到)；AS2300(中国科学院微生物研究所编号)；耐高渗透酵母(无锡轻工大学选育)。

(2) 各地所用菌种因多次传代培养，其繁殖能力和产酯能力均有下降，所以应定期进行菌种的分离和复壮。

(3) 产酯高的菌种，一般产酒精能力都比较低。所以在生产使用时，产酯酵母要与一定量的产酒精酵母搭配使用。

(4) 选择产酯酵母时，既要看到其产酯能力，又要注意到其对酯的分解能力。最终剩余酯多者，为好菌种。

二、常用产酯酵母菌种

1. 汉逊酵母

该菌种是从茅台酒厂酒醅中分离得到的。汉逊酵母属子囊菌纲，原子囊菌亚纲，内孢霉目，酵母科。细胞有圆形、椭圆形、卵圆形、腊肠形等。多边芽殖，有假菌丝，也有的生成真菌丝。有子囊孢子，其中有单倍体的、双倍体的、也有单双兼有的。

该菌在麦芽汁琼脂斜面培养基上，菌落平坦，乳白色，无光泽，边缘丝状，在米曲汁中，液面有干而皱的白色菌膜，液体混浊，并有菌体沉淀。

汉逊酵母能产乙酸乙酯，在米曲汁中培养96h，一般产酯量都在400mg/100ml左右。该菌能以酒精、甘油、乙酸乙酯为碳源。在培养基中添加2％乙醇或乙酸，其产酯能力有所提高;若添加1.5％乙酸乙酯，它不但产酯量不增加，反而会消耗掉50％左右。

该菌最适培养温度25℃，最适pH值5。酯的分解能力在同类中居中等。

2. 球拟酵母

该菌是从茅台酒厂酒醅中分离得到的。球拟酵母属丛梗孢目，隐球酵母科，球拟酵母属。细胞有球形、卵形，或稍带长形。多边芽殖，无子囊孢子，无假菌丝。

该菌在麦芽汁斜面培养基上，菌落乳白色，表面皱褶，有光泽，边缘整齐。在液体培养基内，生成湿润的菌膜，有时成环状，有菌体沉淀。

球拟酵母对酸度和温度的适应范围较广，在温度35℃、pH值5以下，仍有产酯能力。因此，该菌被广泛用于酱香型酒的生产。在同类中，该菌的酯分解能力最低。

3. 1274酵母

该菌是由原轻工业部食品发酵所选育的。该菌在麦芽汁斜面培养基上，菌落平坦、光滑、乳白色。在米曲汁固体培养基上，呈米黄色，边缘不整齐，子囊孢子呈礼帽形，每囊1～4个孢子。在麦芽汁液体培养基里，菌体呈圆形、卵圆形，个别呈梨形。在液体表面有白色菌膜，且培养液混浊，有菌体沉淀。

该菌最适pH值5，最适温度30℃，最佳的产酯条件是密闭定期通风发酵。培养基中加入2％醋酸、2％酒精，有利于酯的生成。固态法培养比液态法培养，其代谢产物提高8～9倍。

该菌不产乙酸乙酯，但能产丙酸乙酯、丁酸乙酯、己酸乙酯等多种酯类，所以在优质白酒酿造选菌种时，1274这个菌种必选。

4. 1312酵母

该菌是由原轻工业部食品发酵所选育的。该菌在麦芽汁斜面培养基上，菌落呈乳白色，无光泽，边缘有较大的缺刻。子囊孢子礼帽形，每囊1～4个孢子。该菌在麦芽汁液体培养基里，菌体呈圆形、卵圆形、腊肠形，个别呈茄形，在液体表面有菌膜形成，培养液混浊，有菌体沉于瓶底。

该菌产酯能力较高，仅次于高渗酵母，与同类比，其产酸能力居中，产酒精能力最高，但酯的分解能力也最高，可达55％。

5. 2300酵母

该菌种是由中国科学院微生物研究所选育的。该菌在麦芽汁琼脂平板上培养，菌落干燥，有皱纹，灰白色，边缘不整齐。子囊孢子呈礼帽形，每囊多数2个孢子。在麦芽汁液体培养时，菌体呈圆形、椭圆形、腊肠形，在液体表面形成厚的膜，中间形成岛状。

该菌产酒精能力在同类中最高，但酯和酸的生成能力较低，酯的分解能力较高，仅次于1312菌种。

6. 耐高渗透酵母

该菌种是由无锡轻工大学选育的。该菌在麦芽汁琼脂斜面上，菌落干燥，有皱纹，灰白色，边缘缺刻。子囊孢子呈礼帽形，每囊1～4个。该菌在麦芽汁液体培养基里，菌体呈椭圆形、腊肠形，个别茄形。在培养液表面有菌膜形成，培养液混浊，有菌体沉于瓶底。

三、产酯酵母的培养条件

产酯酵母的产酯能力是以酵母的胞内酶为主，所以只有活的、健壮的酵母，其产酯能力才会高。那么怎样才能获得大量健壮的酵母细胞呢?答案是必须具备适宜的培养条件。

1. 不同的pH值对产酯酵母有一定的影响

用米曲汁调整不同的pH值。在28～30℃，产酯酵母培养12h，从测定各种酵母的代谢产物中可以看出:

(1) 产酯酵母与酒精酵母对比，产酒精能力低3～4倍，产酯能力却高2～6倍。

(2) 汉逊酵母、1274酵母的最适pH值5，高于或低于5时都对产酯有影响。

(3) 大多数产酯酵母的最适pH值都在4.5左右。这范围与白酒酒醅的pH值接近，所以这些产酯酵母很适合在白酒生产中应用。

2. 不同的温度对产酯酵母有影响

用上面相同的培养条件，测定结果表明：汉逊酵母、1274酵母，25℃培养时，代谢产物最高;30℃时产酯能力下降;35℃时成倍下降。球拟酵母在35℃时产酯能力最高，直至40℃时仍有很强的产酯能力。

另有文献记载，酵母发酵过程中，总酯的生成量以28℃时为最高，并随温度升高而下降，所以低温发酵产酯多。这与白酒生产实践是一致的。

3. 空气对产酯酵母影响很大

许多产酯酵母，在液体培养基表面产膜。这种产膜的酵母都有好气性，所以培养产酯酵母时，需要一定量的空气。但空气的供给又不能过剩，空气过多，会加速酵母对酯的分解。

通过相同菌种，在液态和固态不同培养对照可以看出:

(1) 在液态培养时，随着空气量的增加，酯的产量大幅度地上升。

(2) 两种培养方式对比结果是:固态法培养较液态法培养，总酸提高3～4倍;总酯提高幅度更大，汉逊酵母增加126倍，1274酵母提高7.8倍，球拟酵母提高3.1倍。

(3) 固态法培养产酯酵母，空气供给量也不能过剩。否则酵母呼吸旺盛，品温急剧上升，会加速酯的分解。为此，产酯酵母不适于通风法培养。

4. 界面增加对产酯酵母有促进作用

在酵母的正常液体培养基中，加入玻璃丝，测试结果表明：无极性界面对酵母产酯有一定促进作用。这从另一个侧面证明了产酯酵母适于固态法培养。

5. 磷盐对产酯酵母很重要

在米曲汁培养基中，加入0.1％KH_2PO_4，30℃培养72h后，测定结果表明：增加磷盐可以使细胞数增多;产酯、产酸量都有增加。这证明，磷盐对酵母的生育及代谢都很重要。

四、产酯酵母的培养方法

1. 液态培养法

(1) 固体试管培养　采用12°Bx的麦芽汁或米曲汁琼脂培养基，接种产酯酵母原菌，保温28～30℃，培养5天即可。

(2) 液体试管培养　在20mm×200mm试管中，装入20ml、12°Bx的玉米糖化液，经高压灭菌冷却后，接少许固体试管菌泥，保温28～30℃，培养24h即可。

(3) 种子瓶培养或浅盘培养　为增加培养液与空气的接触面积，采用克氏瓶为容器，或用搪瓷浅盘为容器，加入与液体试管相同的糖化液，灭菌冷却后，按10％的接种量加入培养好的液体试管酵母，保温28～30℃，培养24h即可。

(4) 卡氏罐培养　可采用多层或槽式改良卡氏罐，装入制作好的灭菌后的玉米糖化醪，冷却至30℃，接入上代种子5％，塞上棉塞，在25～30℃下保温培养。若作为下代培养的种子，培养24h即可;若直接用于白酒生产，则需培养3～4天。

2. 固态培养法

大多数酒厂均采用从固体试管到卡氏罐各菌种单独培养，在制作固体酒母时，才进行各菌种混合培养。

(1) 固体试管培养　与液态法固体试管培养相同。

(2) 液体扩大培养　从液体试管到小三角瓶、大三角瓶到卡氏罐，均扩大10倍，接种后，分别在30℃培养24h。

(3) 固体培养

① 配料: 玉米面20％，麸皮50％，鲜酒糟30％，混合后，加水25％～27％，拌均匀。

② 蒸料、接种: 加水后的原料，常压蒸1h，出锅冷却至28～30℃，接入占原料总量10％的多种酵母混合培养液，拌匀后进行培养。

③ 培养:

1) 曲盒培养: 将接种后的原料，装入曲盒中，放在木架上。4个盒摞在一起，保温30～31℃，培养16～22h，中间进行倒盒，控制品温不超过34℃。

2) 帘子培养: 将接种后的原料，放入帘中，厚度不超过4cm，30℃左右保温培养15～18h。中间可进行划帘，控制品温不超过34℃。

3) 地面堆积培养: 将接种后的原料放在清洗过的水泥地面上，堆成高度不超过40cm的方堆。保持品温不超过35℃，培养15h左右，中间可适当倒堆降温。

④ 固体培养的产酯酵母质量标准: 细胞数2～5亿/g，细胞健壮，整齐，杂菌很少。有很浓的乙酸乙酯香气。

3. 培养产酯酵母的注意事项

(1) 液体培养时，培养基的糖度要比培养酒精酵母的高，一般以12°Bx为好。培养时间要比酒精酵母的长，一般以15～20h为好。

(2) 液体培养时，容器要留有足够的空间，以便供应必要的空气。一般容器空间占总容量的8/10～9/10。

(3) 固体培养时，培养时间不可过长。以15h以内细胞数量不超过5亿/g为适宜。产酯酵母培养时间的确定，不以细胞数为主要依据，而要以酯的积累量最高时，确定为最佳培养时间。

(4) 产酯酵母连续传代培养后，应进行菌种的分离、复壮工作。这样才能保证菌种代谢能力的稳定。

(5) 选择使用产酯酵母时，应注意到其对酯的分解。应选择产酯高而分解酯能力低的菌种，并掌握好培养时间，尽量减少酯的分解。

五、产酯酵母在白酒生产中的应用

产酯酵母在白酒生产中应用的范围很广，普通白酒、新型白酒、各香型优质白酒均可用它来提高酒的质量。同时，产酯酵母在白酒生产中的应用方法也很多，归纳起来，大体上分两大类，现分别介绍如下：

1. 制成香醅增香法

(1) 堆积制香醅

① 液体培养种子制香醅：取正常发酵蒸馏后的大楂酒醅一部分，加入2％的麸曲，5％液体培养的产酯酵母，加入少量酒尾，拌匀后，堆成小丘，起堆温度25℃，待品温升至32～34℃时，将料堆拍紧，保持这样的温度培养16～20h，即制成香醅。香醅中酯的含量可达0.2％以上。

② 固体培养种子制香醅：同样的大楂酒醅，加入2％麸曲，加入10％固体培养的产酯酵母，同样方法堆积15h左右，即制成香气很浓的香醅。

(2) 发酵制香醅

① 利用扔糟制香醅：将发酵蒸馏完毕的大曲酒丢糟，加入20％左右的新原料，加10％的麸曲、10％的固体产酯酵母，再入窖发酵一个周期，或更长时间，制成香气很浓的香醅。

② 利用专用窖制作长期发酵的香醅：按正常生产工艺，酒醅入窖前增加5％～10％的固体培养的产酯酵母。入专用窖，发酵期延长半个或1个周期，制成特殊香醅。

以上各种方法制成的香醅，均可用来串蒸酒精，提高新型白酒质量；也可与发酵好的酒醅一同蒸馏，提高酒的酯含量；也可以将其一小部分回窖再发酵，提高全窖酒醅的质量。

2. 参与发酵增香法

这是各酒厂普遍采用的提高酒质的有效方法。在各香型麸曲优质白酒工艺中效果更明显。根据各厂生产实践，大家总结的经验有：

(1) 产酯酵母必须与一定量的酒精酵母配合使用，才能达到提高质量、提高产量的双重目的。一般的配比量，产酯酵母：酒精酵母为2：1左右。

(2) 产酯酵母应选择一组搭配使用，一组的数量一般都在3种以上。根据生产不同香型酒的需要，组成最佳的组合。

(3) 适当增加产酯酵母使用比例，适当延长发酵期，尽量造成低温、缓慢发酵条件，有利于产酯酵母作用的发挥。

(4) 把清香型、浓香型、酱香型、大曲酒的丢糟，加入麸曲与产酯酵母再发酵，所得的酒有很高的使用价值。

第六章 糖化酶和活性干酵母

我国的白酒及酒精酿造工业，自50年代开始，就一直在糖化菌种、酵母菌种的选育、推广及应用方面不懈地进行工作，可以说取得了很好的成果。新的菌种不断涌现，菌种的性能也不断提高，对提高酒的得率与质量，作出了很大的贡献。但是这些优良的菌种，由于是各白酒厂、酒精厂自己传代培养的，设备的简陋，技术的落后，加之菌种多次传代后复壮工作跟不上去，所以出现了优良菌种的性能发挥不出来，各厂使用的效果相差悬殊等弊端。

我国在60年代中期，开始专业化的糖化酶的生产。到70年代已日趋成熟，成为我国发酵工业的新行业之一。我国80年代末期开始固体活性干酵母的生产。到90年代中期，其品种、数量、性能均有很大提高，发展成为又一个发酵新兴行业。

酶制剂工业的发展，彻底改变了白酒厂、酒精厂的生产工艺。专业化的分工实现了酿酒工业的技术改革。现在我国白酒、酒精行业，使用糖化酶、活性干酵母的企业越来越多，使用的范围越来越广，产生的效果也越来越好。

第一节 糖化酶产品及其应用

我国的酶制剂生产和应用是解放后逐步发展起来的，1965年，无锡建立酶制剂厂，并开始生产微生物酶制剂商品。以后全国各地相继建立酶制剂厂，酶制剂品种也发展到30多种。目前用于酿酒工业的主要有淀粉酶、糖化酶、果胶酶、蛋白酶等。酶制剂的应用，改革了酿酒工艺，提高了质量与得率，降低了成本，减轻了劳动强度，为社会化、专业化生产打下了基础。

一、糖化酶产品介绍

糖化酶又称葡萄糖淀粉酶，即α－1，4－葡萄糖水解酶，是由优良的黑曲霉菌株，经深层液体培养而制得的。成品分液体、固体两种形态。液体的糖化力在3000～6000u之间，固体的糖化力有20000u、30000u、40000u、50000u等不同规格。

1. 糖化酶的性能及使用方法

(1) 糖化酶不但能水解直链淀粉，还能水解支链淀粉，而且糖化的速度较快。

(2) 糖化酶最适作用温度60℃，高于、低于此温度，糖化力有所下降，糖化酶最适pH值4.5。偏离此范围，糖化力受到一定的影响。

(3) 糖化酶使用前必须用温水(水温不超过40℃)进行溶解。加水量自行掌握。一般1：5以上。加酶时原料温度应在58～60℃之间，酶要与底物混合均匀。

(4) 糖化酶用量，应根据原料品种不同，工艺不同有所区别，但一般的用量是每1g原料用酶80～200u。

2. 使用糖化酶酿制白酒应注意的问题

(1) 提高加酶时酒醅的温度，以不低于45℃、不高于60℃为宜。

(2) 由于糖化酶糖化速度快，因此应降低入池温度或缩短发酵时间。

(3) 为提高酒的质量，应增大回醅比。

(4) 用糖化酶制酒，取酒酒度应适当降低，以便增加酒中的酸度。如能配合使用生香酵母，则能适当增加酒中的酯含量，效果更好。

二、糖化酶在白酒工业上的应用

目前糖化酶在白酒工业上的应用范围越来越广泛。液态法白酒、普通白酒、优质白酒、串香酒等等，如用法得当，效果均很明显。

1. 糖化酶在液态法白酒(酒精)工业上的应用

糖化酶已普遍应用于我国酒精工业，其操作要点如下：

(1) 糖化酶与淀粉酶配合使用　后者在调浆时加入，作用是降低醪液粘度；前者在糖化时加入，主要起糖化作用。

(2) 液化、蒸煮和糖化　原料与水的配比为1∶4左右。在原料调浆时加入α－淀粉酶0.05％(对玉米原料，酶活力2000u/g)拌匀后，升温45～50℃，液化5min。然后蒸煮糊化。将糊化好的醪液降至62℃，用工业硫酸调pH4.2～4.8。加入糖化酶，1g原料加酶量为80～100u。糖化温度58～60℃，时间30min，间歇搅拌。

(3) 发酵　酶法糖化醪的还原糖比曲法高，因此应控制发酵温度不超过34℃。另外，酶法糖化醪的入罐酸度比曲法低，如能把醪液pH值控制在3.5～4.0更为理想。

2. 糖化酶在普通白酒酿造上的应用

以玉米粉为原料，每班投料1000kg，加固体糖化酶3kg(糖化酶活力50000u)，折算成淀粉用量为273u/g。采用老五甑酿酒工艺，发酵期为4天。平均淀粉出酒率为72％以上。

经测算，使用糖化酶代替麸曲生产普通白酒，每吨酒的成本可下降50元以上，而且有出酒率稳定，班产差距小等优点，而且为工厂节省了能源，减少了半成品车间厂房及设备。因此，全国普通白酒的生产基本上采用了糖化酶代替麸曲和小曲的新工艺。

3. 糖化酶在优质白酒酿造上的应用

目前，糖化酶在优质白酒酿造工艺上的应用还限于局部范围内。其中主要应用项目有：

(1) 减曲发酵　在清香型大曲优质酒酿造中，减少大曲用量25％，增加糖化酶1.2％(糖化酶活力为40000u)，配合使用活性干酵母1.2％，可使大曲酒出酒率提高5％以上，而且酒质与原工艺基本相同。浓香型大曲酒工艺中也可用糖化酶来减曲发酵。有的企业取得减曲50％，酒质稳定的效果。

(2) 用于丢糟再发酵　清香、浓香、酱香型的丢糟中含有大量可发酵的成分及已生成的大量香味物质，用糖化酶代替麸曲及大曲进行丢糟的再发酵，效果非常明显。

例1：取浓香型酒工艺丢糟0.9t，加糖化酶310g(酶活力50000u)，加纤维素酶248g(酶活力10000u)，加活性干酵母68g，用喷洒法加入。发酵期15天，可产60％酒精分白酒

18～27kg，而且酒的理化指标与加大曲发酵的对照酒相差不大，口感比较干净。

例2：取7轮发酵后的大曲酱香型酒工艺的丢糟1.3t，加糖化酶780～1000g(酶活力40000u)，加耐高温活性干酵母750～1000g，将出甑后的丢糟降温至36～38℃，将稀释后的糖化酶及复活后的活性干酵母均匀洒入。加入部分稻壳后，先堆积20～30h，待品温上升3～5℃后，再入窖发酵20～30天。每甑丢糟可产60％酒精分酱香型白酒40kg。酒的质量基本相当于第7轮发酵产的酒的质量水平。

第二节 活性干酵母

酒用活性干酵母(简写为AADY)是高科技生物制品。80年代末，在我国兴起后迅猛发展，全国绝大多数省、市、自治区都推广应用了这项新技术。到90年代中期，这项技术的应用范围越来越广泛，酒精、白酒、黄酒、果酒、葡萄酒上应用的效果都十分明显，同时这项技术也不断地发展进步，相继有耐高温活性干酵母、生香活性干酵母新品种问世，使活性干酵母参与各类优质酒的酿造成为可能。

一、酒用活性干酵母的性能介绍

酒用活性干酵母的定义是，将具有活性的纯种酒精酵母，经压榨处理后，保存在不影响活性的干燥固体基质(载体)中。这种活性酵母具有含水分低(8％以下)，活性高，保存期长，贮运方便，使用时灵活简便，适于专业化生产，商品性强等特点。

1. 酒用活性干酵母的分类

(1) 按照酿酒种类分类　有啤酒用、葡萄酒用、黄酒用、白酒用、酒精用5大类。

(2) 按酵母的数量分类　有低活性(每克含酵母数小于50亿个)，中活性(每克含酵母数50～200亿个)，高活性(每克含酵母数大于200亿个)3类。

(3) 按酵母的耐温度分类　有适宜发酵温度20～30℃条件的中温酵母，在发酵温度达39～42℃时能力不降低的耐高温酵母两类。同时，耐高温酵母还有耐酸高、耐酒精分高的优点。该类酵母可简写成TH－AADY。

(4) 按酵母代谢的副产物分类　有产酯(又叫生香)干酵母，产酸干酵母，产高级醇干酵母等。

2. 酒用常温活性干酵母性能

该产品复水后立即恢复成正常细胞状态。适应主发酵温度为20～30℃，适应pH值2.0～9.0，耐酒精浓度11％，耐蔗糖浓度60％。

该产品适于各种粮谷原料及糖质原料的酿酒工艺，具有生酸少、出酒高的特点。

3. 活性干酵母的使用方法及用量

(1) 复水活化。取高于干酵母量5～10倍的38～40℃温水，将干酵母搅拌并溶解其中，保温34℃，活化3～4h。如用2％的红糖水或用稀释3～4倍的玉米糖化醪，可起到提高出芽率和促进酵母增殖的作用。

(2) 活性干酵母在酒精发酵工艺上用量为原料的0.5％～1％。麸曲白酒工艺上的用量为1％～1.2％。大曲酒工艺上如减曲10％～30％，可添加活性干酵母0.5％～1％，并补充糖化酶0.5%(酶活力为50000u)。

二、耐高温活性干酵母

(1) 性能 适应温度20～42℃，适应pH值2.5～9.0，耐酒精浓度13%，耐蔗糖浓度60%，适用于各种原材料酿酒工艺。

(2) 耐高温酵母的优点体现在以下6个方面：

① 该酵母适用各种原料发酵，在30～42℃条件下发酵正常，出酒率稳定。

② 该酵母适于夏季气温高时，可把主发酵温度提高至40℃，解决白酒生产夏季操作难的问题。

③ 该酵母在42℃条件下，升酸幅度在0.2～0.4。证明其有较强抑制杂菌的能力。

④ 用于酒精生产，发酵期可缩短20%～30%，提高设备利用率。

⑤ 用于酒精或白酒生产，均可提高出酒率0.2%～1%。

⑥ 在酒精工艺上使用量仅为原料的0.5%，在白酒工艺上的使用量为0.8%～1.2%，从成本上计算，使用该酵母是最经济的。

三、生香活性干酵母

1. 生香活性干酵母的性能

(1) 菌种 宜昌酵母基地生香活性干酵母的生产菌种为汉逊酵母属。

(2) 主要质量指标 外观呈粉状或不规则颗粒状，有酯香气味。水分小于10%，细胞数为80～120亿个/g，出厂活细胞率大于75%。

2. 生香活性干酵母的产酯

该酵母的产酯能力不仅取决于所用菌种，同时与培养基的种类及培养条件有关。

(1) 原料与糖化剂的影响 从原料上看，按大米、高粱、玉米、糖蜜的顺序，其产酯能力依次增高。从糖化剂看，黄曲制成的糖化液产酯较低，黑曲制成的糖化液产酯较高，糖化酶制成的糖化液产酯很少。

(2) 酒精与酸度的影响 培养基中含有一定量的酒精及酸类，对生香酵母产酯有促进作用。液体培养时，酒精含量以2%～4%，醋酸含量以0.2%为宜;固体培养时，用酒尾调整酸度2.0%左右及酒精分2%～4%，对产酯有利。

(3) 通气的影响 生香酵母具有好气性，但供气又不能过量，因此，必须提供适量的空气。液态培养时，容器装料量以1/3为宜。固态培养时，采取间歇性供气方法供气为好。

(4) 温度与时间的影响 该酵母最适产酯温度为25～30℃。超过37℃，产酯量急剧下降。最高产酯量与培养时间及条件有关。黑曲玉米糖化液培养6天，产酯量最高，而固态法堆积培养20～24h，产酯最高，再延长时间产酯含量迅速下降。

四、活性干酵母的应用

1. 用于普通白酒生产

活性干酵母用量为原料的0.5%～0.7%，糖化酶用量1g原料180u，在小桶中先加入糖化酶，再加40℃的自来水，搅匀，静置25min，然后加入AADY，搅匀，静置30min，即可入窖发酵。

2. 用于酒精生产

(1) 酵母活化 取大生产用的糖化醪加4倍水，加入占原料量0.5%的活性干酵母，保温38～40℃活化3h。活化后的酵母：细胞数44750万个/ml，芽孢率10%，死亡率0.05%，无杂菌。

(2) 发酵控制 糖化醪浓度15.2°Bx，前12h控制发酵温度30～32℃，后12～48h控制温度12～39℃，发酵48h，可产酒精8.5%～10%。

3. 用于优质白酒

(1) 清香型优质酒 大曲用量减少25%，加耐高温活性干酵母1.2%，糖化酶1.2%(40000u)，按正常工艺发酵，出酒率提高10%，酒质基本相当于原工艺酒的质量水平。

(2) 浓香型大曲酒 在正常用曲率前提下，增加0.3%耐高温活性干酵母和每1g原料50u的糖化酶，夏季入窖温度为32℃以上，出酒率可提高9%，保证夏季不掉排。

(3) 兼香型丢糟酒 取3次投料、9轮发酵后的白云边丢糟3000kg左右，出甑降温至31℃，加固体糖化酶1.0kg(40000u)，加耐高温活性干酵母1.0kg，另外加中温大曲105kg。25℃入窖发酵15天，第5天后品温升至最高温度，第9天后，品温开始下降。出酒率平均为3.41%，比用曲对照工艺高出3%左右。该酒具备正常用曲工艺所产酒的基本特征。

(4) 小曲酒 小曲用量减少至0.3%～0.4%，添加耐高温活性干酵母1%，及少量糖化酶(100u/g原料)，仍采用先培菌后糖化发酵工艺，其出酒率可提高5%～8%。酒质风味不变。

(5) 串香酒

① 用生香活性干酵母制作香醅：配料为玉米粉10%，麸皮40%，鲜糟50%，加水25%左右。常压蒸1h，出甑冷却至45℃左右，加糖化酶(1g原料150u)，加生香活性干酵母(1g原料0.2亿个细胞)，于室内水泥地面堆积培养20～24h。中间倒堆1次，控制品温28～32℃，最高不超过34℃。香醅总酯含量可达0.2%～0.3%。

② 用法：制作好的香醅，可用于酒精串香，也可混入正常工艺生产的酒醅一同蒸馏，来增加酒的香气。也可把制作好的香醅按5%～6%的比例混入正常发酵白酒醅中进行再发酵，以此来提高整个发酵酒的香味水平。

4. 活性干酵母用于酿酒应注意的问题

(1)使用的技术关键是复水和活化

① 复水：自然状态的酵母组织含水78%左右，而AADY的含水仅为4%～5%，此时酵母细胞处于一种休眠状态，要使其恢复生理活性，必须先复水，以达正常含量。如复水不好，必然会影响其活力。适宜的复水温度，不但能使AADY迅速吸水，而且会形成一层均匀的半透膜，这层膜可保持细胞内物质不流失，提高活力。复水温度在35～38℃之间，时间在15～30min较为适宜。

② 活化：活化与复水同时进行。活化液可以用自来水、4～5°Bx的糖化醪稀释液或2%的蔗糖溶液。使用自来水活化时间不超过30min，温度以34℃为佳;使用糖液，活化时间不得超过2h，温度以31℃为佳。

(2) 采用AADY酿酒，最好与糖化酶配合使用，两者配合的比例应因工艺不同而有区别。

(3) 采用AADY酿酒，也必须坚持传统工艺的“稳、准、细、净”的操作原则，尤其应在喷洒、翻拌均匀上下功夫。

(4) 对进厂的AADY，要进行化验分析;对放置时间较长、包装有损坏的产品，也应进行化验分析。根据化验结果来确定使用量，会保证大生产中产酒率的稳定。

(5) 应进一步摸索AADY用量与气候变化的关系;应总结AADY在各类酒发酵工艺中的最佳发酵时间;应继续探索耐高温AADY、生香AADY在优质酒酿造上应用范围及应用方法。

第七章 细菌培养及应用

第一节 己酸菌培养及应用

在浓香型大曲酒生产中，发酵窖越老，产酒的质量越好，这是传统工艺的经验总结。有的名酒厂的发酵窖号称为300年老窖。为了揭示老窖出佳品的奥秘，自本世纪60年代起，我国开展了浓香型白酒与窖泥微生物关系的研究，发现老窖泥中富集多种厌氧功能菌，主要为嫌气性梭状芽孢杆菌，它们参与浓香型白酒发酵的生香作用。参照当时茅台试点的研究成果，发现己酸乙酯是浓香型白酒的主体香成分，无疑，其中的己酸菌就是老窖发酵生香的一种主要功能菌。70年代中期以后，白酒技术工作者在己酸菌的分离、培育和应用方面，作了不少报道。但绝大部分侧重于生产性的实用技术，而有关微生物学方面的研究，尤其是菌种的鉴定和生理学的研究的内容，则报道甚少。

自1942年巴克(Barker)等首次报道并定名克氏梭菌(*Clostridium kluyveri*)以来的50多年中，对该细菌进行了一些研究，但至今可认定在培养液中可积累己酸的梭状芽孢杆菌，仍仅此一个种。

一、菌　种

在1964年10月茅台试点期间，发现己酸乙酯是茅台酒的窖底香成分后，即开始从窖泥及周边土壤中着手分离己酸菌，并对其形态、生理特性进行测定，以至开展生产试验。但试点结束后，这些工作因故而中止。

1975年，内蒙古轻工科学研究所从四川、江苏和河北的几个浓香型名、优质酒厂采集窖泥、酒醅、发酵泥样品35个，进行了己酸菌的分离。从中筛选出由宜宾五粮液酒厂窖泥中分离到的1株优良己酸菌株，编号为内蒙古30#，产己酸量最高可达0.7%以上。并对其适宜的培养基、培养条件、大罐培养工艺、采用铜盐快速测定己酸法，以及己酸的酯化与应用于液态发酵工艺等方面，进行了广泛的研究，获得了不少可喜的成果。

1975年，黑龙江省轻工所在玉泉酒厂分离得黑轻80#己酸菌。

1979年，辽宁大学与沈阳老龙口酒厂合作，对分离而得编号为L－Ⅱ的己酸菌进行了生产性试验。

1986年，中国科学院成都生物研究所吴衍庸等从泸州酒厂及五粮液酒厂的老窖泥中，又分离到产己酸的优秀菌株，并对其进行了形态、生理、生化特性的鉴定；同时，对菌株产酸条件作了研究，发现其中有的菌株产酸高达2%以上，还进行了生产应用试验。由泸州老窖泥中分离的10株己酸菌，与克氏梭菌在生理生化特性上有明显不同，而这10株己酸菌，其形态生理特性相似，应视为一个种的不同株，可暂定名为泸型梭菌。菌种编号有L_4、L_1等。

1994年，中国科学院微生物研究所梁家騵等，从白酒厂窖泥、池塘淤泥和处理豆腐废水的上流式厌氧污泥床反应器中，分离到1株克氏梭菌M_2。该菌株严格厌氧，细胞呈杆状，芽孢端生膨大，革兰氏染色显阳性，在改良的培养基中可利用乙醇和乙酸产生丁酸、己酸和氢气。在此之前，各地也分离到一些产己酸的菌株，并应用于浓香型白酒的发酵，但由于分离及应用条件的限制，所用的菌株，基本上属于泸型梭菌。其生理生化特性主要不同点之一，在于兼性厌氧培养及发酵葡萄糖可产生少量己酸。兹将几株产己酸细菌的特征比较列于表1－7－1。

表 1-7-1　　几株产己酸细菌的特征比较

菌株		菌株K_{21}	菌株W_1	菌株M_2
来源		淡水与污泥	窖　泥	厌氧消化器中的颗粒污泥
菌落形态		圆形，边缘整齐或呈绒毛状，灰白色，光滑，微凸，直径1～3mm	圆形，边缘有绒毛，乳脂色，不透明，直径1.5～3mm	圆形，边缘整齐，灰白色，光滑，微凸，直径1～3mm
细菌形态		杆状，(0.9～1.1)μm×(3～11)μm	杆状，(0.6～0.7)μm×(3.5～4.6)μm	杆状，(0.9～1.0)μm×(4～9)μm
革兰氏染色		阳　性	阴　性	阳性，易变阴性
底物	乙醇＋乙酸	利　用	利　用	利　用
	葡萄糖	不利用	利　用	不利用
生长条件	pH范围	6.0～7.5	—	5.4～7.9
	最适pH	6.8	6.5～7.5	6.5～7.0
	温度范围	19～37℃	20～45℃	20～46℃
	最适温度	34℃	34℃	35～36℃
厌氧情况		严格厌氧	耐　氧	严格厌氧
对二氧化碳的需求		需　要	不需要	需　要

注：(1) 此表摘自梁家騵等发表于《酿酒科技》(1994，5)的有关文章。
(2) 菌株K_{21}为克氏梭菌；W_1为吴衍庸等分离所得之菌种。

二、培　养　基

巴克根据己酸菌的独特营养要求，确定了14种成分的合成培养基。基于生产应用的目的，内蒙古轻工科学研究所于1975年，以内蒙古30#菌种通过试验证明：乙醇、乙酸是己酸菌重要的营养成分，而且没有这两种成分，就不能产己酸；对氨基苯甲酸和生物素是己酸菌的生长因子，缺了它们就会严重影响其产酸能力，但可用酵母膏或酵母自溶液代替；碳酸钙可以中和由己酸菌生成的己酸，同时释放出二氧化碳，故有利于己酸菌生长，有促进己酸生成的明显效果；适量的铵盐、磷酸盐、镁盐均能促进己酸菌的生长和产酸。从而提出经改进和简化了的7种成分合成培养基，具体组成是：

乙醇　20ml　(灭菌后、接种前添加)　　硫酸铵　0.5g
乙酸钠　5g　　磷酸氢二钾　0.4g

硫酸镁 0.2g 碳酸钙 10g (灭菌后、接种前添加)

酵母膏 1g 水 1000ml

随后又根据白酒厂的实际情况,以固态发酵的酒糟为原料替代合成培养基,即将酒糟加4倍水过滤所得的滤液,添加工业级乙酸钠1.0%～1.5%,乙醇2%,碳酸钙1%。结果表明,可以接近或达到7种成分的合成培养基的产酸水平。

在生产性培养基配方的选择上,中国科学院成都生物研究所王西倦等,以从泸州曲酒厂老窖泥中分离得到的10株己酸菌做了不同的配方试验。培养条件为: 30℃深层培养9天,装量系数为95%。结果见表1－7－2。

表 1-7-2 不同培养基的产酸效果 单位: mg/L

培养基编号及配方	丁 酸	己 酸
1# 巴氏培养基(7种组成分)	1032	4118
2# 乙酸钠合成培养基	1814	6238
3# 小麦粉1%,高粱粉0.5%,$(NH_4)_2SO_4$ 0.5%,酵母膏0.05%,乙酸钠0.2%,酒尾2%,酒糟浸液25%	4550	1734
4# 2#合成培养基再添加小麦粉1%,高粱粉0.5%	4297	1332
5# 乙酸钠0.5%,$(NH_4)_2SO_4$ 0.5%,酵母膏0.05%,酒尾2%,酒糟浸液25%	1497	5503
6# 乙醇2%,$CaCO_3$ 0.5%,酒糟浸液100%	5516	1372

上述结果表明,在培养基中添加淀粉类碳源对产己酸不利,而向产丁酸转移,3#及4#培养基都显示了这一趋向。从5#及6#和2#培养基的对比中,说明应用酒糟水时添加适量的乙酸钠是十分必要的。当培养基中缺少乙酸钠时,也会导致丁酸积累,己酸生成量严重下降的结果。随后以2#培养基为基础,培养条件同上,进行了不同浓度乙酸钠和乙醇对己酸产量影响的试验。其结果见表1－7－3,证实了乙酸钠对己酸产量颇有影响。当培养基中乙醇含量2%时,丁酸产量随乙酸钠用量增加而上升,己酸产量则以乙酸钠含量1.5%时为最高,且超过丁酸产量。乙酸钠含量的增加,往往使发酵产物中丁酸量大于己酸,有的可达10倍之多。

表 1-7-3 乙酸钠、乙醇对己酸发酵的影响 单位: mg/L

培养基中乙酸钠、乙醇用量/%		乙 酸	丁 酸	己 酸
乙 醇 2	NaAc 0.5	1541	3192	5492
2	1.0	1354	6253	6930
2	1.5	1521	5847	8217
2	2.0	549	6763	5700
2	2.5	701	11188	6060
2	3.0	1284	12895	6471
1	1.0	887	6700	6317
3	1.0	946	5815	2979
1	2.0	2242	8533	5136
3	2.0	932	10114	3492
1	3.0	5371	12263	5752
3	3.0	2148	21491	2054

辽宁大学刘复今等对己酸菌L－Ⅱ使用的培养基某些组成分作了调整，试验结果见表1－7－4。该菌在不加$CaCO_3$的培养基中也能产己酸，若增加酵母膏的含量，则能促进己酸的生成。若用酒糟做培养基，也能得到较高产量的己酸。试验结果见表1－7－5。

表 1-7-4　不同培养基对L－Ⅱ菌株产酸影响　单位：mg/100ml

菌　种	处　理	己　酸	培　养　基
L－Ⅱ	对照	16.54	巴氏液体培养基(7种组成分)
L－Ⅱ	无Ca	179.5	巴氏培养基去除$CaCO_3$
L－Ⅱ	2%$CaCO_3$	143.2	增加1倍$CaCO_3$，其他成分同对照
L－Ⅱ	0.5%酵母膏	180.5	增加5倍酵母膏，其他成分同对照
L－Ⅱ	1%酵母膏	216.6	增加10倍酵母膏，其他成分同对照

表 1-7-5　不同发酵培养基试验　单位：mg/100ml

试样编号	培养基组成	发酵液		备　注
		己　酸	丁　酸	
1	巴氏液体培养基	141.9	23.6	500ml三角瓶装 500ml发酵液
2		156.0	152.0	
3		178.9	142.4	
1	酒糟、尾酒、黄土、白酒或酒精，用石灰浆调pH至7	181.5	69.6	大缸：装150kg
2		172.0	104.0	
3		245.0	175.0	

泸州市酿酒研究所廖建民等，以L_1己酸菌株，就改良的7种组成分合成培养基，对不同含量的酵母浸出汁、硫酸铵、磷酸二氢钾进行培养试验，结果见表1－7－6、表1－7－7。试

表 1-7-6　各培养基组成变化表

编号＼组成 含量/%	变化部分			不变部分			
	酵母浸出汁	硫酸铵	磷酸二氢钾	硫酸镁	乙酸钠	碳酸钙	乙　醇
A_1	0.1	0.05	0.04	0.02	0.5	1.0	2.0
A_2	0.1	0.05	—	0.02	0.5	1.0	2.0
A_3	0.1	0.50	0.10	0.02	0.5	1.0	2.0
A_4	0.1	0.10	0.04	0.02	0.5	1.0	2.0
A_5	0.1	—	0.04	0.02	0.5	1.0	2.0
A_6	1.0	0.05	0.04	0.02	0.5	1.0	2.0

表 1-7-7　培养后有机酸分析结果及细菌总数　单位：mg/100ml

编号＼项目	乙　酸	丁　酸	乳　酸	己　酸	细菌总数/个·ml^{-1}
A_1	6.02	56.04	＋	180.00	7.50×10^7
A_2	4.82	28.02	＋	234.00	1.14×10^8
A_3	4.82	23.35	＋	324.00	1.44×10^8
A_4	3.61	＋	—	198.00	1.67×10^8
A_5	3.86	18.68	＋	255.80	2.07×10^8
A_6	48.20	233.50	＋	828.00	1.90×10^8

验条件为温度32℃，己酸菌液接种量10%，培养9天。

试验结果表明，氮、磷和酵母浸出液3种成分含量的增减，对己酸菌的生长影响不大，而对己酸的代谢，磷有促进作用，酵母浸出汁的促进作用更为显著，氮则无甚作用。

梁家骝等用克氏梭菌M_1菌株，在实验室对比了两种培养基。培养基Ⅰ是国内目前常用的7种组成分的简化合成培养基，并调整pH为7。培养基Ⅱ的组成及配制操作如下：

NaAc	2.5g	$FeSO_4 \cdot 7H_2O$	50mg
冰 HAc	2.5g	$MnSO_4 \cdot 4H_2O$	20mg
K_2HPO_4	0.3g	$Na_2MO_4 \cdot 2H_2O$	20mg
KH_2PO_4	0.2g	对氨基苯甲酸	2mg
NH_4Cl	0.25g	指示剂刃天青	1mg
$MgSO_4 \cdot 7H_2O$	0.2g	加蒸馏水溶解成1000ml，调整pH为7	
$CaCl_2 \cdot 2H_2O$	0.1g		

将以下成分分别单独配成溶液后，用细菌过滤膜除菌(容器中充氮气)：50%乙醇溶液，2%$Na_2S \cdot H_2O$，10%$NaHCO_3$，10%酵母膏溶液，每100ml含50mg$Na_2S_2O_3$溶液，每100ml含20μg生物素溶液。然后用享格特(Hungate)厌氧技术配制培养基。首先将按上述分量配好的液体培养基盛于200ml圆底烧瓶中，在氮气保护下煮沸并冷却，分装于带丝扣的试管(每管5ml)或血清瓶中(每瓶20ml)，加塞拧紧后再用氮气进行置换，使容器中不含有氧，121℃灭菌30min后备用。接种时在每个试管中加入2%$Na_2S \cdot H_2O$溶液0.05ml，$Na_2S_2O_3$溶液0.1ml，$NaHCO_3$0.2ml，生物素溶液0.05ml或酵母膏溶液0.1ml，无水乙醇0.15ml。本培养基的特点是降低了培养基的氧化还原电位，增加了克氏梭菌产己酸所需要的CO_2(由$NaHCO_3$而来)和酵母膏。每管接种0.5ml，在35℃培养4天后测定挥发酸含量。结果见表1－7－8。

表 1-7-8 两种培养基产酸量比较 单位：g/L

类别 \ 组成	乙酸		丁酸	己酸
	底物量	剩余量		
培养基 Ⅰ	2.3	1.7	0.47	1.2
培养基 Ⅱ	4.8	0.95	1.9	7.4

三、培养条件

(一) 热处理

己酸菌孢子有耐热性，而其营养细胞是不耐热的。所以为了菌种纯化，多采取热处理法。梭菌生活史见图1－7－1。

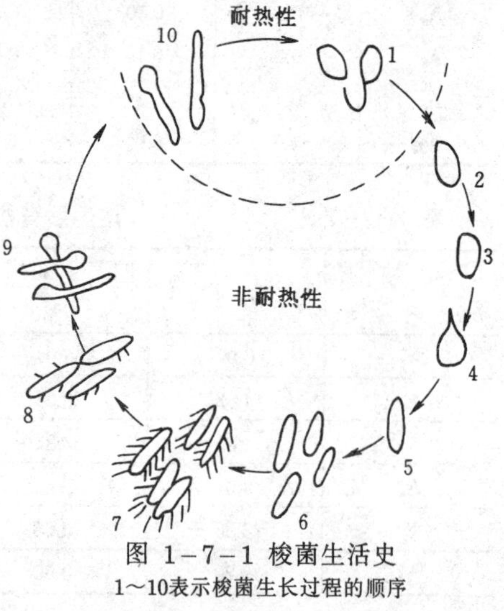

图 1－7－1 梭菌生活史
1～10表示梭菌生长过程的顺序

菌种经热处理后，菌数大幅度减少，因而培养时间需要延长，以使健壮纯化菌逐步繁殖，产酸量增加。由老窖泥中分离所得的L菌经80℃热处理10min后，培养7天，己酸产量为456mg/L；至13天后上升为13695mg/L，超过了未处理对照样的己酸产量(3000mg/L)。黑龙江轻工研究所对己酸菌热处理的结果，见表1－7－9。经热处理，使菌种复壮，活菌数和己酸产量都有明显提高。

表 1-7-9　己酸菌种经热处理、活菌数及己酸生成量

类别＼项目	己酸含量/mg·(100ml)$^{-1}$	活菌数/10^8个·ml^{-1}
未经热处理的保藏菌种	296	3.4
80℃热处理6min	370	2.7
100℃热处理2min	355	2.5
对照复壮菌	380	5.1

经热处理，测定培养后的气体组成分也有变化。用以下3种样品：1#为沙土管保藏己酸菌，35℃培养7天；2#是将培养7天后的沙土管菌培养液于80℃处理10min，再接种于新培养基中，35℃培养7天；3#为古井酒厂老窖泥种，35℃培养7天。测定结果见表1－7－10。与老窖泥种相对照，菌种经热处理后，H_2量增长，CO_2量下降。

表 1-7-10　己酸菌产气量的测定　单位：%

类别＼项目	H_2	CO_2	CH_4
1#	40.04	27.32	0
2#	58.50	10.77	0
3#	72.15	1.76	1.43

据介绍，己酸菌孢子的耐热性，与处理过程中的pH有关。一般pH7时耐热性最高，随着pH的降低或升高，发芽率逐步下降，在酸性条件下，比碱性条件下的下降率更为显著。

热处理能提高己酸产量，和日本北原分离的巴氏梭菌的试验结果是一致的。

(二)　酒精浓度

培养基中酒精浓度是影响己酸产量的重要因素之一。内蒙古轻工科学研究所以内蒙古30#为菌种在7种成分的简化合成培养基中观察了不同酒精浓度对己酸产量的影响。在32℃培养7天，结果证明，培养基中酒精浓度以2%～3%为宜；1%或4%时己酸量减少；至5%，己酸产量明显减少。

沱牌曲酒厂用本厂老窖泥经热处理，在7种简化合成培养基中富集培养后，接种于不同酒精浓度的上述培养基中，30～34℃培养3天后，采用革兰氏染色法染色，用显微镜观察梭状菌。结果表明，酒精浓度为2%～5%时，生长良好，菌体整齐；在8%～11%时，菌体短小，有芽孢出现；在14%～20%的条件下，看不到活菌体。

(三)　pH的影响

内蒙古轻工科学研究所用上述菌种及培养基，以盐酸调节培养基pH为3、4、5、6及自身pH7，经32℃培养7天，定性测定己酸。结果表明pH4以下时，不产己酸，在pH5～7范围内，均能产己酸。

沱牌曲酒厂用上述本厂菌种及培养基，用含乳酸70%、乙酸20%、丁酸10%的混合酸，其浓度为20%，调节培养基pH为2.5、3.5、4.5、5.5、6.5、7.5，在30～34℃培养3天，经革兰

氏染色法染色，显微镜观察。结果表明，梭状菌在pH2.5～7.5都能存活；但在pH4.5～6.5，生长良好，菌体整齐，粗壮，数量多；在pH2.5～3.5和pH7.5，菌体数量少且短小有芽孢；在pH2.5时有时看不到活菌体。

利用合成培养基，逐代接种己酸菌进行培养，有时会出现瓶底碳酸钙变黑的问题。最初部分变黑，镜检菌体生长良好，整齐健壮并无杂菌感染；但随着培养时间的延长，有的瓶底全部变黑，以至培养液也变黑，镜检己酸菌数量严重减少。这是由于pH值偏大，使合成己酸的酶系受到抑制，而另一酶系发生作用，在肽酶作用下使蛋白质水解，进而使氨基酸脱氨而产生硫化氢、硫醇，使发酵液变黑甚至产生臭味的缘故。据此，用乙酸调整培养基pH至6.5～6.7，减少$CaCO_3$量到0.1％，则可解决上述问题。

(四) 厌氧条件对产己酸的影响

巴克最初报道的克氏梭菌，是在厌氧条件下才能产己酸的梭状芽孢杆菌。为了认清无氧条件对内蒙古30#菌产己酸的影响，进行了以下对比试验。即在7种成分的简化合成培养基上，32℃培养7天。

1#：抽真空培养。

2#：培养基加热后迅速冷却，利用加热排除培养基及容器中的氧，并立即接种后，于普通条件下培养。

3#：培养基用冷水配制，不经灭菌即接种，于普通条件下培养。

定性测定结果表明，都能很好地产己酸，并无差别。说明内蒙古30#菌为兼性厌氧菌。这一特性，无疑为白酒厂对己酸菌的培养应用，提供了极为有利的经验。在国内各地所分离到的己酸菌，基本上具有同一属性。

(五) 接种量的影响

己酸菌发酵十分缓慢，日本北原氏认为己酸发酵时间长达20～50天是难于工业化的主要原因。巴克也认为己酸菌繁殖缓慢，即使在比较适宜的培养条件下培养，己酸菌干菌体含量也仅有0.015％(150mg/L培养液)。我国在培养己酸菌过程中，同样也出现类似情况。当扩大培养接种量少于5％时，发酵缓慢，一般产己酸到最高峰需8～10天或更长一些时间；当接种量提高到10％时，产己酸便快一些，在7天左右。若利用己酸菌菌体下沉到沉淀物中的特性，将发酵己酸上清液倾出，剩下的菌体沉淀物全部作种子，再加入一定量的新鲜培养基，使接种量更大，则培养5天左右己酸产量即可达最大量。因此，为了解决发酵缓慢问题，在生产上，种子瓶扩大培养接种量不宜低于10％；在己酸发酵阶段，也可将菌体沉淀物全部作为种子，直至发酵产己酸能力下降时再换新种，上清己酸发酵液可供生产使用。

四、己酸菌的代谢特征

华南理工大学吴水清对己酸菌L－Ⅱ的代谢进行了研究。选用前述改良简化合成培养基，其中乙醇改为2.5％，$CaCO_3$改为0.5％。

(一) 不同有机酸的代谢

分别用0.3％(体积分数)的各种不同有机酸取代改良简化巴克培养基中的乙酸钠，再用20％NaOH液调节pH至7.0，其他组分不变，装瓶灭菌后，按10％接种量，于34℃培养10天。培养液中的代谢产物用气相色谱分析进行定量。结果见表1－7－11。可见，在不添加有机酸时，己酸产量为110.3mg/100ml；当添加0.3％的乙酸、丙酸，或丁酸时，己酸产量大为增加；添加甲酸、异丁酸、戊酸、庚酸时，己酸产量反而减少。通常，产己酸量与菌种生长旺盛程度成正比。对乳酸只能微量利用，且产物几乎没有变化。以乙酸、乙醇为底物时，己酸产量最大，产物主要是丁酸和己酸；以丙酸、乙醇为底物时，代谢产物为己酸、戊酸、乙酸、庚酸及丁酸。以丁酸、乙醇为底物时，代谢产物主要是己酸和乙酸。

表 1-7-11 己酸梭菌L－Ⅱ对不同有机酸的代谢情况 单位：mg/100ml

添加有机酸的种类	基质消耗量		产物生成量					OD值
	乙醇	酸类	乙酸	丁酸	己酸	戊酸	庚酸	
甲酸	270.4±9.6	109.8±2.8	24.80±3.0	5.2±0.3	44.2±7.2	—	—	0.08
乙酸	930.1±13.1	301.0±1.0	—	50.3±0.8	506.0±3.5	—	—	0.52
丙酸	824.9±31.2	295.6±0.8	125.2±5.1	34.6±1.0	206.5±2.1	150.7±3.2	61.2±0.7	0.47
正丁酸	539.6±32.8	260.5±1.2	68.8±1.0	—	276.2±1.2	—	—	0.10
异丁酸	150.3±11.0	—	148.4±7.4	8.4±2.0	7.0±1.0	—	—	0.09
戊酸	187.0±10.0	67.6±3.0	115.4±3.2	13.2±0.5	55.1±4.3	—	—	0.09
庚酸	124.3±15.2	64.8±1.6	80.9±1.0	7.4±0.4	6.8±0.5	—	—	0.08
乳酸	401.6±23.2	84.2±1.2	56.8±3.4	—	109.5±0.5	—	—	0.11
不加酸	406.7±12.7	12.0±4.5	60.2±2.6	—	110.3±7.0	—	—	0.10

注：(1) 表中数据为平行实验的平均值±平均绝对偏差。
(2) 混浊度OD值用721－分光光度计测定。

(二) 不同醇类的代谢

分别用2％的不同醇类或1％其他醇和1％乙醇取代改良简化巴克培养基中的乙醇，其余组分不改变，装瓶灭菌后，按10％接种量接种后，于34℃培养10天，测定培养液中的代谢产物。结果见表1－7－12。可见，当不加醇类、只加乙酸时，其主要产物是丁酸及少量己酸，对乙醇、丙醇能很好地代谢利用，对正丁醇、异丁醇也能部分利用。当添加乙醇时，主要产物为己酸，可达430.4mg/100ml。以正丁醇或异丁醇替代乙醇时，则产酸受到抑制；但当部分替代时则产酸量大为提高。当单独添加丙醇时，其代谢产物主要是戊酸和丙酸。在丙醇

表 1-7-12 己酸梭菌L－Ⅱ对醇类的代谢情况 单位：mg/100ml

添加的醇类	基质消耗量			产物生成量				OD值
	乙酸	乙醇	其他醇	丙酸	丁酸	戊酸	己酸	
乙醇	148.6±10.2	905.9±4.1	—	—	71.3±1.4	—	430.4±0.7	0.50
丙醇	249.9±2.1	—	405.0±34.5	178.8±6.1	39.5±2.5	193.7±0.5	98.0±1.0	0.49
正丁醇	—	—	180.7±7.2	—	11.0±0.3	—	19.5±0.5	0.09
异丁醇	24.4±4.0	—	121.2±17.4	—	51.5±1.2	—	23.4±5.4	0.09
乙醇＋正丁醇	60.0±5.3	639.1±15.0	257.3±18.6	—	114.7±1.2	—	350.0±10.0	0.30
乙醇＋异丁醇	136.3±5.8	570.5±31.9	201.1±9.0	—	65.2±3.7	—	408.6±12.0	0.31
乙醇＋丙醇	123.4±3.1	642.5±15.2	322.0±14.3	16.7±3.0	40.0±1.9	71.9±0.8	323.2±7.8	0.51
不加醇	100.2±4.5	84.8±8.6	—	—	109.6±6.0	—	25.1±5.0	0.09

注：(1) 表中数据是梭菌L－Ⅱ代谢醇类平行实验的平均值±平均绝对偏差。
(2) 甲醇、异戊醇、2,3－丁二醇等不被梭菌L－Ⅱ利用，表中未列出。

和乙醇混合添加时，L－Ⅱ菌优先利用乙醇，代谢产物己酸最多，并有一定量的戊酸、丁酸及丙酸。

(三)　以不同酸、醇为底物时的代谢过程

分别以乙酸和乙醇、丙酸和乙醇、丙醇和乙酸为底物，定期测定酸组成分的变化，了解其代谢过程。其结果分别见图1－7－2、1－7－3、1－7－4。

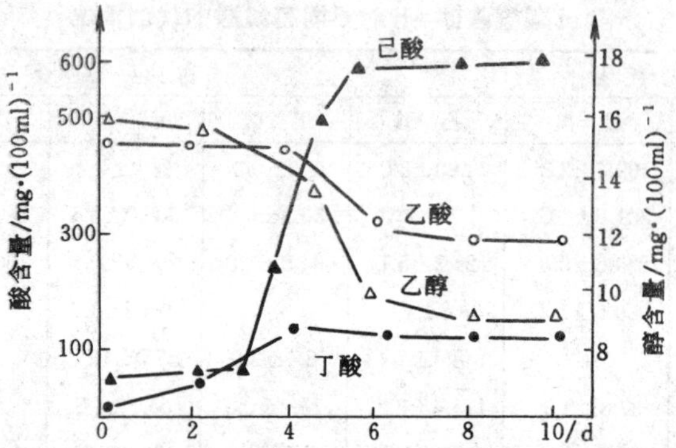

图 1－7－2　L－Ⅱ菌以乙醇和乙酸为底物的代谢过程

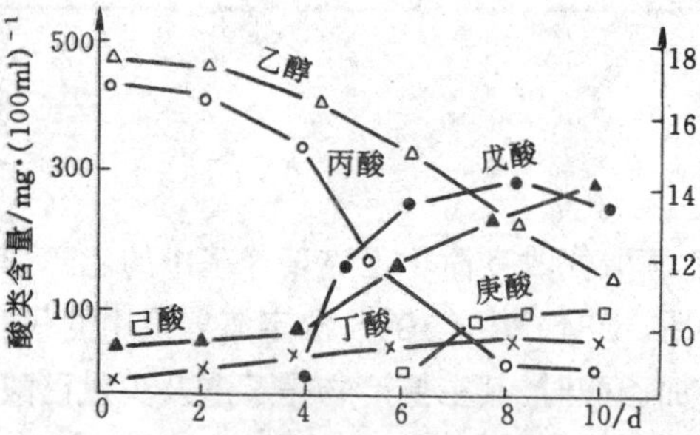

图 1－7－3　L－Ⅱ菌以乙醇和丙酸为底物的代谢过程

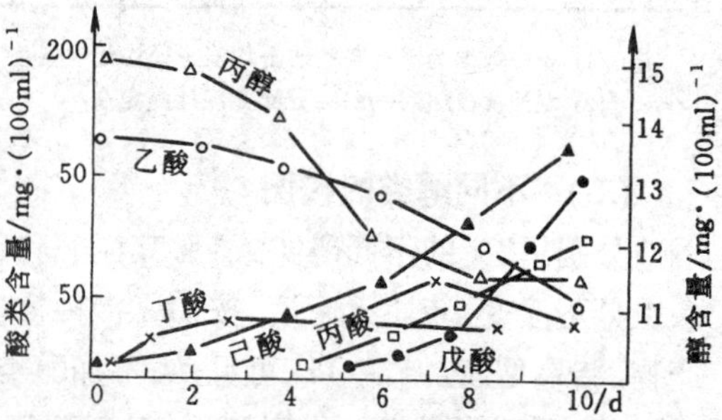

图 1－7－4　L－Ⅱ菌以丙醇和乙酸为底物的代谢过程

从图1－7－2可知，L－Ⅱ己酸梭菌先利用乙醇和乙酸形成丁酸，自第4天起乙醇再与丁酸形成多量的己酸。代谢过程中，丁酸处于动态平衡，同时还发现产生大量氢气。其代谢途径和克氏梭菌基本相同。

以丙酸和乙醇为底物时，图1－7－3显示在培养的前3天己酸、丁酸缓慢形成，第4天后乙醇、丙酸被迅速消耗的同时，己酸、丁酸开始增长，随后戊酸大量合成。至第7天，当戊酸生成一定量后，庚酸开始产生，反映了丙酸和乙醇缩合成戊酸，戊酸和乙醇进一步合成庚酸的状况。

从图1－7－4中可见，在培养的前3天，丙醇、乙酸消耗比较平缓；第4天起丙酸开始增长；第5天戊酸出现，代谢过程中还有丁酸、己酸产生。丁酸开始比乙酸增长快；但到第7天后，丁酸急剧下降，而己酸则大量增加。

五、菌种保藏

黑龙江省轻工业研究所杨福祺对黑轻80#己酸菌进行了菌种保藏法的对比选择。

(1) 液体培养基保藏法 将简化巴氏合成培养基灭菌后，接种，在35℃培养7天。当培养液混浊度最大，气泡上升也较多时，用石蜡封口，在4℃冰箱中保存。

(2) 固体培养基保藏法 在简化巴氏合成培养基中加入2%琼脂，灭菌后冷却凝固。在其表面滴入己酸菌液，再加入已灭菌而将要凝固的培养基，倒满试管，凝固后用石蜡封口。在厌氧条件下35℃培养7天，取出放在4℃冰箱中保存。

(3) 沙土管保藏法 在安瓿管内装满120目细沙50%及140目细沙50%，干热灭菌后接入发酵己酸菌液，使沙湿润后抽真空封口。另一种方法是接种后使沙土完全干燥，抽真空后封口。

(4) 窖泥管保藏法 取酒厂老窖的窖底泥装入试管灭菌后，再接入黑轻80#己酸菌液，抽真空后封口。另一种方法是将窖泥干燥后，抽真空封口。

采用以上几种不同保藏方法，经存放2年后做产己酸能力的对比试验。结果见表1－7－13，以第4法为优。

表 1-7-13 菌种不同保藏方法产酸量及成活率对比

类别 \ 项目	产己酸量/mg·(100ml)$^{-1}$	菌种成活率/%
1	210	46.1
2	231	45.2
3 (未干燥封口)	262	61.2
3 (干燥后封口)	241	60.5
4 (未干燥封口)	310	82.1
4 (干燥后封口)	301	75.8
对照(保藏前)	332	88.5

注：菌种成活率(%)是在3500倍电子显微镜中观察发酵48h芽孢的发芽率。

内蒙古轻工所的内蒙古30#己酸菌的保藏，采用的是将在简化巴氏合成培养基培养好的己酸菌，在无菌室中将上清发酵液倒去，然后在无菌操作条件下将$CaCO_3$沉淀泥分装入安瓿瓶中，冷冻干燥后封口保存。

六、生产性培养方法

对于己酸菌的研究。目的为了提高浓香型白酒的质量。自70年代中期起，各地在生产性培养己酸菌方面做了大量工作，培养规模依各厂实际情况，从0.5～10t以上不等。己酸发酵设备有简易的陶缸，也有用不锈钢罐的。产酸量基本稳定。

培养方法，在原菌种子扩大培养阶段是一致的。所采用的培养基都是改良简化合成培养基。己酸菌种保藏后，首先需要活化，在投产使用前要经过热处理。将保藏菌种接入无菌水中，比例为1：4，利用水浴80℃、6min处理后，接入试管培养液中，在32～35℃培养10天，待培养液变混浊并有小气泡上升时，即可进行逐代扩大培养。接种量为10%，培养温度为32℃，培养时间可逐步缩短，由初始的10天变为7天、5天乃至3天，以保证菌种在繁殖旺盛期接种。由试管逐代扩大培养至3000～5000ml三角瓶时，种子可再扩大一次到卡氏罐，至此，种子扩大培养阶段才基本结束。在生产量大的酒厂，就进入种子罐扩大培养，再到大罐发酵。生产量小的工厂，即可入陶缸扩大培养。

待扩大培养至卡氏罐以后，为了降低生产成本，一般不再使用合成培养基，而改用酒糟为原料的培养基。常用的配方为固态酒糟加4倍水＋2％酒精＋0.5％乙酸钠＋0.5％碳酸钙。在设备较为简陋的工厂，设备容器可用20％次氯酸钠浸泡1h消毒处理。具体操作为将细口大缸用水冲洗干净，加入固态酒糟、乙酸钠、碳酸钙及少量的水，用蒸汽加热至沸，保持30min。然后加水至需要量，并冷却至36℃左右，加入酒精，并用碱调整至pH6.5～6.8，接入10％量的种子，封口，在32℃培养7天。在培养过程中，可采用铜盐快速测定法及时了解种瓶、缸(罐)的产酸情况，不合格的种子绝不能使用。

有的工厂将生香酵母逐代扩大培养至陶缸，然后再接种卡氏罐己酸菌发酵液进行扩大培养。关于固定化己酸菌，可参阅第一篇有关章节。

七、己酸发酵液在浓香型酒生产中的应用

(一) 应用于液态发酵法白酒

1975年，内蒙古轻工科学研究所将分离到的内蒙古30#己酸菌，扩大培养成己酸发酵液，首先应用于液态发酵醪中，以期提高“一步法”液态发酵白酒的质量。

生产试验证明，在液体发酵醪中，添加己酸发酵液可较多地增加白酒中己酸乙酯的含量，同时还增加了己酸、丁酸和丁酸乙酯的含量。为了有利于己酸菌的生长和产酸，必须单独进行己酸发酵，待己酸发酵液有较多量的己酸积蓄时，将其加入酒精发酵醪中，再进行混合共酵，使之转化为相应的乙酯而生香。对比各种条件试验结果，在酒精发酵24h后，添加相当于醪液量5％的己酸发酵液，再继续发酵3天是适宜的。蒸馏后的成品酒中，己酸乙酯的含量一般可在70mg/100ml，最高时可达150mg/100ml以上。闻香较为浓郁，饮后有回甜感。对比分析结果见表1－7－14。

表 1-7-14 添加己酸发酵液于液体发酵醪的成品酒对比分析 单位: mg/100ml

项目 类别	正丙醇	异丁醇	异戊醇	正丁醇	仲丁醇	己醇	乙酸乙酯	乳酸乙酯	丁酸乙酯	己酸乙酯
不加己酸发酵液	36.30	53.30	130.70	1.40	12.10	—	27.00	21.70	—	0.80
加5％己酸发酵液共酵	44.56	32.62	115.29	5.46	116.24	0.97	96.00	45.82	6.64	65.07

虽然曾在70年代盛行一时的一步法液态发酵法白酒，由于其风味质量和传统的固态法白酒仍有差异而被固液结合的二步法所替代，但就己酸乙酯的产生可以完全脱离窖泥而能在较短的发酵期内得到一定量这一事实，对人们却是一个新的启示。

(二) 在人工培养窖泥中的应用

自70年代中期分离得到己酸菌后，使60年代出现的以老窖泥起肥作种培养老窖泥的方法，开始转为以己酸菌为种源进行人工培养窖泥。各地相继积累了不少实际经验，对提高传统的固态发酵浓香型白酒质量起到了积极的作用。1987年，林山等报道了四川省某些酒厂窖泥的微生物组成，为该应用提供了理论依据。在新窖、中龄窖和老窖的窖池泥层3～4cm处，分别采样分析了六大类厌氧细菌的数量，结果如表1－7－15所示。可见在窖泥

中的己酸菌数量，不同窖龄有明显差异，老窖＞中龄窖＞新窖；丁酸菌则变化不大，反而在新黄泥中居多；乳酸菌、硫酸盐还原菌和硝酸盐还原菌，老窖泥均多于新窖，后者有随窖龄而递增的趋势；甲烷菌随窖龄而增加，以老窖为最多。

表 1-7-15　各类厌氧细菌在不同窖泥中数量分布特征　单位：个/g干土

厌氧菌	新黄泥	中龄窖				新窖			老窖	
		H_{17}#	G_{218}#	C_{13}#	G_{221}#	G_{279}#	G_{21}#	G_{350}#	C_{1}#	C_{2}#
己酸菌	1.74×10	7.30×10^{5}	3.20×10^{5}	6.80×10^{6}	7.60×10^{5}	4.00×10^{3}	3.93×10^{2}	5.84×10^{3}	8.10×10^{7}	3.80×10^{7}
丁酸菌	9.75×10^{5}	1.07×10^{4}	2.80×10^{5}	5.12×10^{4}	3.10×10^{4}	1.66×10^{4}	2.18×10^{4}	1.41×10^{4}	6.70×10^{4}	5.20×10^{5}
乳酸菌	2.57×10^{4}	0.47×10^{6}	1.90×10^{6}	6.26×10^{6}	9.91×10^{5}	1.32×10^{5}	6.00×10^{5}	0.29×10	3.60×10^{6}	7.70×10^{6}
甲烷菌	0.61×10	2.17×10	2.10×10^{3}	8.60×10^{2}	2.20×10^{2}	0.10×10	0.16×10	2.03×10	3.31×10^{4}	2.60×10^{3}
硫酸盐还原菌	4.00×10	1.07×10^{3}	8.30×10^{5}	2.1×10^{3}	2.60×10^{3}	2.80×10^{3}	7.00×10	2.03×10	1.82×10^{5}	6.20×10^{2}
硝酸盐还原菌	1.11×10	5.80×10^{3}	3.20×10^{3}	7.60×10^{4}	2.30×10^{3}	5.31×10^{2}	3.20×10^{2}	1.20×10^{2}	2.80×10^{5}	9.31×10^{4}

注：C、G分别代表四川成都酒厂和剑南春酒厂，H代表四川汉源酒厂，下标数字代表窖号。

经人工培养窖泥筑窖后形成的微生物组成，与老窖泥的比较结果，见表1－7－16。可见，H_{2}#除甲烷菌及硝酸盐还原菌明显少于老窖外，其他细菌均接近；H_{10}#则六大类群细菌数量基本与老窖相同。

表 1-7-16　人工窖泥与老窖泥厌氧功能菌群比较　单位：个/g干土

窖别＼项目		己酸菌	丁酸菌	乳酸菌	甲烷菌	硫酸盐还原菌	硝酸盐还原菌
人工窖泥	H_{2}#	1.2×10^{7}	2.7×10^{5}	2.3×10^{5}	5.2×10	5.7×10^{4}	3.8×10^{2}
	H_{10}#	1.6×10^{7}	1.8×10^{5}	8.2×10^{5}	2.3×10^{3}	1.4×10^{4}	2.8×10^{5}
老窖泥	C_{2}#	3.8×10^{7}	5.2×10^{5}	7.7×10^{6}	2.6×10^{3}	6.2×10^{3}	9.3×10^{5}

注：H_{2}#为窖泥培养接种己酸菌，H_{10}#为窖泥培养接种己酸菌和甲烷菌。

发酵窖池窖龄(即窖泥质量)与酒质的关系，见表1－7－17。说明人工培养窖确能提高

表 1-7-17　不同类型窖池产酒质量的微量成分分析　单位：mg/100ml

窖别＼组分	C_{2}# (老窖)	H_{17}# (中龄窖)	C_{21}# (新窖)	H_{c2}# (人工培养窖)		$H_{(C+M)10}$# (人工培养窖)	
				第3排	第4排	第3排	第4排
己酸乙酯	212.64	100.75	56.78	169.45	183.47	197.33	232.13
乳酸乙酯	103.42	181.07	184.92	188.54	201.54	175.68	158.86
乙酸乙酯	99.83	102.38	212.35	127.34	164.74	163.90	173.44
丁酸乙酯	19.32	22.36	23.13	21.83	20.60	18.33	24.44
乙　酸	34.20	32.60	41.40	46.50	39.48	36.74	30.40
丙　酸	0.50	0.61	0.58	0.31	0.70	0.50	0.45
丁　酸	8.20	13.60	15.20	13.20	12.80	12.43	10.40
戊　酸	1.20	1.50	1.80	1.30	1.21	0.92	1.12
己　酸	19.20	18.42	15.47	19.30	17.42	22.30	18.80
乳　酸	28.50	15.90	18.40	16.60	17.43	31.65	29.20

注：H代表汉源酒厂，C代表成都酒厂，$H_{(C+M)}$代表己酸菌＋甲烷菌的培养窖泥技术，H_{c}代表己酸菌培养窖泥技术。

以己酸乙酯为主体香成分的浓香型白酒质量。用己酸菌加甲烷菌，效果优于单一己酸菌。

关于人工培养窖泥的种源，有3种方法取得。一是以窖泥为种子逐级扩大培养；二是用分离菌种扩大培养，由70年代的己酸菌而发展至今己酸菌和甲烷菌的混合培养；三是以纯菌种和老窖泥为种子，各50％，先分别培养，最后混合培养成功能菌液。诚然，利用分离的己酸菌或再增加甲烷菌为种子，在新培窖泥中可能使它们形成优势菌群，有利于筑窖后的己酸发酵，为进一步提高酒醅中己酸乙酯的含量，创造了条件。但窖泥中的微生物群是复杂的，它们之中还有不少作用尚未被认识，然而可以肯定对白酒风味的形成是有影响的。对窖泥中细菌分析的结果，可见表1－7－18。因此，某一成分的突出，还不能说是理想的

表 1-7-18　　不同窖龄窖泥中的细菌分类计数　　单位：10^4个/g干土

细菌数 \ 窖别	老窖	中龄窖	新窖	老窖/新窖
细菌总数	104.1	39.3	33.7	3.1
好气细菌数	17.3	11.0	12.1	1.4
嫌气细菌数	86.3	28.3	21.6	4.0
嫌气菌/好气菌	5.0	2.6	1.8	
芽孢细菌总数	46.1	21.6	20.5	2.3
好气芽孢菌数	9.9	5.2	6.5	1.5
嫌气芽孢菌数	36.2	16.4	14.0	2.6
嫌气芽孢菌/好气芽孢菌	3.6	3.1	2.1	

注：取样于泸州老窖酒厂营沟车间老窖。

结果。用老窖泥作种子，可保持一定的菌群组成，但有时也难以保证己酸菌的优势和窖泥质量。在目前对窖泥微生物群作用尚未完全清楚的情况下，采用第三种方法作种子可能是较适宜的。四川省某厂窖泥培养的种源为：一半用由老窖泥分离得的己酸菌，在改良简化巴氏合成培养基中逐级扩大培养至10kg的塑料桶；另一半则以本厂老窖泥作种源，在含黄水10％、出甑粮糟10％、大曲5％，并用石灰水调节pH值为5.5～6.0的培养基中，也逐级扩大培养至10kg塑料桶。将这两个种子塑料桶接种到250kg的陶坛中，其培养基改为含黄水15％～20％、出甑粮糟10％、大曲5％、发酵窖泥5％，以碳酸铵调节pH值为5.0～5.5。其培养流程为：

50ml三角瓶己酸菌液　　　　50ml三角瓶老窖泥种液
↓34℃，3天　　　　　　　　↓34℃，3天
500ml三角瓶己酸菌液　　　　500ml三角瓶老窖泥种液
↓34℃，3天　　　　　　　　↓34℃，3天
10kg塑料桶己酸菌液　　　　10kg塑料桶老窖泥种液
1　：　1
↓34℃，4天
250kg大坛窖泥种子液
34℃，5～7天→经检测合格后，去窖泥培养

关于己酸菌与甲烷菌的共生，早为人们所了解，1937年巴克用奥氏甲烷杆菌作研究时

就已发现这一现象。在对四川浓香型名、优质酒厂的窖泥微生物测定中发现，己酸菌和甲烷菌的数量分布具有相同的特点。即老窖>中龄窖>新窖；在同一窖内，窖底>窖中>窖面。随后，在窖泥中又分离到甲烷菌，并进一步和己酸菌一起应用于窖泥培养。筑窖后，使酒质比单一使用己酸菌作种源为优。有关试验结果均已有报道。发酵泥窖中共栖着己酸菌与甲烷菌，在厌氧环境下，有的称之为存在着厌氧细菌间的"种间氢转移"关系。所谓"种间氢转移"就是两种细菌为了利用共同的基质建立了一种互利共生关系。试验结果证实了甲烷菌的存在对己酸菌生长是有益的。对比单一己酸菌和另加甲烷菌应用于窖泥培养，经2个月发酵后，己酸细菌数以个/g土计，前者为0.7×10^4，后者为1.1×10^5。将甲烷菌和己酸菌混合发酵和两种菌分别单独发酵对比，产己酸比对照增加8.69%，产甲烷比对照增加22.2%。

(三) 利用己酸发酵液淋窖或灌窖

1. 淋窖

在发酵酒醅出窖后，将窖的四壁及窖底用扫帚清扫干净，再将己酸发酵液用喷壶均匀地淋洒于窖壁及底部，作为保养泥窖、防止退化的一项措施。某厂以25kg己酸发酵液淋洒泥窖，同时在入窖酒醅中添加10kg生香酵母培养液，按原有生产工艺入窖发酵60天后蒸酒，结果使酒质得以提高。试验结果见表1－7－19。

表 1-7-19 5#窖实验前后酒的气相色谱分析结果 单位：mg/100ml

项目＼样品	某名酒合格酒	实验前酒 1984－07	开始实验酒 1985－05	一排实验酒 1985－07	二排实验酒 1985－09	三排实验酒 1985－11	实验平均增加率/% 比1984－07	比1985－05
乙醛	30～110	—	—	9.5	50.2	34.6	—	—
乙酸乙酯	110～200	85	63	166	141.1	161	83	148
正丙醇	15～30	20.6	5.2	8.9	8.8	9.4	－56.1	73.7
仲丁醇	15～20	9	3.9	9.8	8.6	12.7	8.5	150.5
异丁醇	6～20	14.4	7.8	13.2	38	19.7	64	198.7
正丁醇	10～40	18.3	7.8	9	8.6	7	55.19	5.13
丁酸乙酯	15～50	15.4	15.2	24.3	18.6	25.7	48.5	50.5
异戊醇	20～45	47.6	31.1	51.3	37.4	37.5	－11.6	35.3
乳酸乙酯	70～170	121.6	12.5	28.8	223.3	116.1	0.9	881.8
己酸乙酯	140以上	51.4	188	258.1	325.5	282.9	461.93	53.6
总酯	335～560	273.4	278.8	476.8	708.5	585.7	—	—
总醇	625～155	109.9	55.8	92.2	99.6	86.3	—	—
醇：酯	1：3.6～5.36	1：2.5	1：4.99	1：5.2	1：7.1	1：6.8	—	—

2. 灌窖

某麸曲浓香型酒厂在大楂酒醅入窖发酵15天后，将投料量10%的己酸发酵液灌入酒醅，再发酵25天，出窖蒸酒，使成品酒己酸乙酯含量得到提高。即在酒醅主发酵期产酒精已近完成后，在后发酵生香期增加己酸量，为进一步酯化成己酸乙酯提供了基础物质。但在酒醅入窖时不能加入己酸发酵液，试验发现其有碍于淀粉的糖化发酵，而使出酒率下降。

也有在酿制双轮底酒醅时，拌入己酸发酵液，也能获得提高酒中己酸乙酯的效果。

(四) 与窖泥质量有关的两项试验

1. 泥对己酸菌生育代谢的影响

(1) 界面作用 己酸菌培养液测定菌数后,添加不同量经过酸、碱处理洗净干燥的陶土,使其不带入其他干扰物质。分别称取不同量陶土加入发酵液中,振荡30min,静置12h,吸出上清液测定*OD*值和经平面培养后测活菌数,并进行己酸发酵试验。结果见表1-7-20。

表 1-7-20 陶土对己酸菌数及己酸生成量的影响

项目 \ 陶土/%	0	5	10	15	20
OD 值	0.305	0.160	0.115	0.092	0.0675
活菌数/10^7个·g^{-1}	46.5	15	12.5	9.5	2.5
己酸含量/mg·$(100ml)^{-1}$	185	228	222.3	236.5	291.5

可见,随着己酸菌被陶土吸附,陶土加量增大,在上清液中活菌数与*OD*值均下降。栖息泥中己酸菌5%泥与空白相比,液内活菌数下降3.1倍。以此推算,泥中己酸菌大于液内62倍。因界面关系,促使己酸产量随泥量增加而上升。

(2) 不同泥浸出液的影响 取黄粘土100g常温干燥后搓碎,并通过200目筛,加10倍水于沸水中煮30min;另取窖龄1.5年的窖泥,按干物计加10倍水,在沸水中煮30min,分别用滤纸过滤得浸出液。随后按不同量加入简化巴氏培养基中,接种己酸菌液10%量,在35℃,80kPa真空条件下培养5天。结果见表1-7-21。

表 1-7-21 添加不同泥浸出液对己酸菌生育代谢上的影响(3次平均)

项目 \ 添加量/%	己酸菌活菌数/10^6个·g^{-1}		窖泥浸出液培养己酸菌产酸量	
	黄泥	窖泥	丁酸含量/mg·$(100ml)^{-1}$	己酸含量/mg·$(100ml)^{-1}$
空白	77.5	75.9	73	5.6
5	138.5	187.7	138	6.2
10	197.5	275.5	183	6.5
15	225.6	435.9	229	7.4
20	270.0	580.2	307	8.1

上表说明添加泥浸出液对己酸菌的生育及代谢都有明显效果,而窖泥浸出液更佳。

2. 乳酸铁和乳酸钙对己酸菌的影响

随着人工培养窖泥筑窖的普及,有些地方出现了窖泥使用后退化现象,泥中出现白色颗粒状或针状结晶,成品酒中己酸乙酯含量大幅度下降,严重影响产品质量。对白色物质分析的结果,主要成分是乳酸铁和乳酸钙盐的混合物,其中大部分是乳酸亚铁。于是在简化巴氏合成培养基中,以内蒙古30#为菌种试验了它们对己酸菌生育与代谢的影响。结果见表1-7-22。说明基质中有微量乳酸亚铁和乳酸钙对己酸生成量反而有促进作用,但达到0.1%以上时,则有阻碍作用。在己酸菌生育上,只要有微量乳酸亚铁和乳酸钙存在,即有明显的阻碍作用。

表 1-7-22　乳酸铁、乳酸钙对己酸菌生育与代谢影响

添加量/%	己酸生成量/mg·(100ml)$^{-1}$		活菌数/10^7个·g^{-1}	
	加乳酸亚铁	加乳酸钙	加乳酸亚铁	加乳酸钙
0	278.0	250.8	19.7	19.7
0.025	327.4	273.6	15.5	13.0
0.05	306.6	252.9	14.0	12.7
0.1	257.6	221.9	8.3	12.0
0.5	247.1	173.6	10.0	10.0
1.0	241.2	149.1	9.5	9.3

第二节　丁酸菌的培养与应用

一、丁酸菌的培养

(一) 试管培养

1. 培养基

葡萄糖30g，蛋白胨0.15g，氯化钠5g，硫酸镁0.1g，牛肉膏8g，氯化铁0.5g，碳酸钙5g，磷酸氢二钾1g，水1000ml。

2. 培养方法

将沙土管的菌芽孢接入已灭菌的上述细颈试管液体培养基中，置真空干燥器中抽气至真空度为80kPa，保温35～37℃，培养24～36h。待液面出现菌膜，但无大量气泡产生时，再转接至另一细颈试管液体培养基中。如此培养活化1～2次，即可转接至三角瓶培养。

(二) 三角瓶培养

丁酸菌芽孢的萌发，要求较高的嫌气条件，但一旦成为营养体后，则嫌气性要求并不很高。

三角瓶培养基的配方同试管液体培养基。可取容量为300ml的三角瓶(若用平底细口烧瓶则更好)，装入培养基250ml。经灭菌、冷却后，接入上述10％的试管菌液，可用橡皮塞塞住瓶口，橡皮塞上引出玻璃导管，导入另一盛有无菌水的三角瓶中，以此水封为嫌氧条件。保温35～37℃，培养24～36h即可。

(三) 卡氏罐培养

玉米粉加麸皮10％，加7～8倍的水。常压糊化1h，冷至50～60℃，加入粮麸总量10％的麸曲，保温糖化3～4h后，加入1％的碳酸钙及0.25％的硫酸铵。将此外观糖度为7～8°Bx的培养基装入卡氏罐，以120kPa蒸汽灭菌30min。待冷却至35～37℃，接入三角瓶种子液10％。同上法配以水封，培养24～36h即可。若需继续扩大培养，可采用种子罐，具体工艺条件同卡氏罐培养。

(四) 丁酸菌等混合菌的培养

若以优质老窖泥为种子，可仍按上述步骤进行培养。即在灭菌的培养基中，接入3％～5％的老窖泥，再在试管或三角瓶中加热至沸后立即冷却，可将大部分营养细胞杀

灭，只留下具有芽孢的耐热细菌。在35℃温度下水封培养，在接种后16～24h开始产气，水封鼓泡，用显微镜检查可见大量杆菌及少量大型梭菌。然后在细颈平底烧瓶或卡氏罐中扩大6～7倍培养，或同法再继续扩大培养。

二、丁酸菌的应用

广州饮料厂在老姆酒酿造过程中有丁酸发酵。在浓香型酒的老窖泥中也存在丁酸菌，在酒醅发酵过程中有微量的丁酸发酵。1974年，内蒙古轻工科学研究所在分离己酸菌的同时，从泸州曲酒厂和宜宾五粮液酒厂的老窖泥中曾分离得到18株丁酸菌。其中部分丁酸菌和广州饮料厂的产酸结果，如表1－7－23所示。

表 1-7-23 几株丁酸菌的产酸结果

菌种＼项目	挥发酸含量/%		
	己酸	丁酸	乙酸
24 A	0.075	1.260	0.170
24 B	0.053	0.950	0.167
35 A	0	0.466	
广饮	0.130	1.000	0.210

该所在未分离得到己酸菌时，曾以丁酸菌为菌种进行人工窖泥培养。将丁酸发酵液加到入池的麸曲酒母优质白酒中，以及将丁酸发酵液加到入池的液态发酵醪中进行了各种试验，以期得到浓香型麸曲优质白酒。试验结果，在当时的条件下，以人工培养窖泥最为满意。即用纯丁酸菌为菌种培养得到的窖泥，筑窖后进行麸曲优质白酒发酵28天，蒸馏得之白酒感官品尝为浓香型，经色谱分析，成品酒中己酸乙酯含量大于丁酸乙酯，显示了在此种环境条件下，其代谢产物有向己酸发酵转化的倾向。巴克在30年代发现己酸菌时，当时并未称之为己酸菌，而是称之为不定型的丁酸菌。但当丁酸发酵液直接加至入池酒醅时，不论是固态或液态发酵，结果均不产丁酸或己酸乙酯，而是产乙酸乙酯。因此，发酵条件直接影响到其代谢的产物。

第三节 细菌发酵产酒精

利用细菌发酵产酒精，这是个较新的课题，但可能是探索的方向。以往多以酵母发酵产酒精，而将细菌视为污染的杂菌。现将有关文献的报道简述如下。

一、发酵产酒精的细菌种类及其特性

1. 发酵产酒精的细菌种类

能发酵产酒精的细菌，有发酵糖类为酒精，直接利用淀粉变为酒精及直接发酵纤维素为酒精之分，这里仅介绍发酵糖类变为酒精的细菌，即发酵运动单胞菌(*Zymomonas mobilis*)。

早在1911年，Barker和Hillier就从酸败的苹果酒中分离到1种运动性杆菌。其细胞呈单个或成对，大小为2μm×1μm，两端呈圆形；为兼性厌氧菌；不产生孢子。在固态培养基上生长缓慢，菌落为乳白色且有粘性；能较快地将葡萄糖和果糖发酵为酒精和二氧化碳；不发酵蔗糖、麦芽糖及乳糖。

在1923～1924年间，Lindner又从墨西哥的龙舌兰酒Pulqne中分离到上述这种菌，并将其定名为*Zymomonas mobilis*。目前，已发现有*Z.mobilis*和*Z.Pomaceae*2个亚属，共计40多株菌种，但其中大多归于*mobilis*亚属。

2. 发酵运动单胞菌的形态特征及生理生化特性

(1) 形态特征　*Z.mobilis*为革兰氏阴性菌。细胞单个或成对，细胞长2～6μm、宽1～1.5μm，比一般细菌宽些，约有30%的菌株能运动，有1～4根鞭毛，有45%的菌株鞭毛丛生；有33%的细胞拉长成丝状，长达28μm；不产孢子和荚膜，胞内不产油脂及肝糖；在标准培养基上，深层的菌落呈双凸镜状、卵形，白色或乳白色，培养2天后直径达1～2mm，但表面的菌落呈扩散性、卵形或瘤形，直径为3～4mm。

(2) 生理生化特性　*Z.mobilis*为厌氧菌。其生长需要葡萄糖或果糖，若干菌株可利用蔗糖。在如下培养基中均能生长良好：蛋白胨培养基加2%葡萄糖；啤酒加2%葡萄糖；棕榈汁。在上述液态培养基中，有67%的菌株能生成较紧密的沉淀；有33%的菌株可生成粘性的颗粒状沉淀。

*Z.mobilis*的生长最适温度为36℃；死亡温度为60℃、5min，也有的文献报道为55℃、5min。

该菌的生长pH为3.5～7.0，适应范围较广，较能耐酸。

此菌是从酒精浓度为2%～10%的各种发酵液中分离而得的。故其在酒精浓度为5.5%时，现存的40多株菌种均可生长；在酒精浓度7.7%～10%下，有73%～74%的菌株尚能生长。在高浓度的葡萄糖溶液中的生长情况为：在葡萄糖浓度为20%的培养基中，所有的菌株可在34h之内开始生长；葡萄糖浓度为33%时，有88%的菌株可在2～5天后开始生长；葡萄糖浓度达40%时，约有54%的菌株可在4～20天内生长。

对葡萄糖及果糖的代谢状况，因菌株而异。40株菌种可将1mol葡萄糖发酵为1.5～1.9mol的酒精。若初始pH为6.1，则在30℃下发酵3天后，pH可降为4.8～5.2；若于38℃下发酵，则pH值的下降程度更为明显，其中有些菌株发酵液的pH可降至4。例如菌株*Z.mobilis* ATCC10980的代谢式为：

1mol葡萄糖⟶1.8mol酒精+1.9mol二氧化碳+0.15mol乳酸

另外，还可能生成少量乙醛等成分。

而菌株*Z.mobilis* NCIB8938的代谢式则为：

1mol葡萄糖⟶1.93mol酒精+1.8mol二氧化碳+0.53mol乳酸

*Z.mobilis*对葡萄糖的降解，是按Entner－Doudoroff途径进行的：

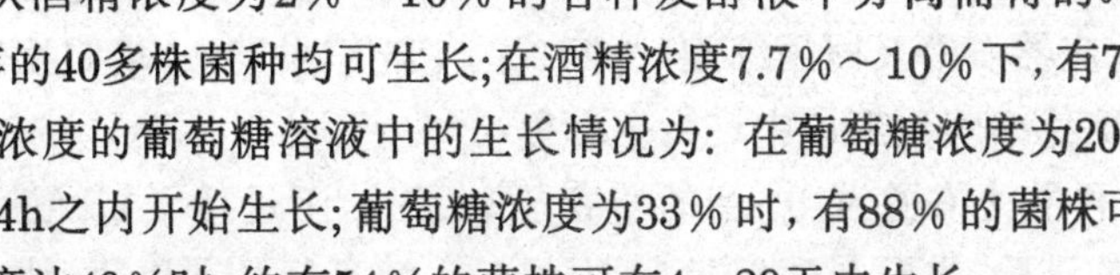

这是迄今为止所发现的厌氧菌中，按ED途径降解葡萄糖的唯一实例。

二、国际上对发酵运动单胞菌酒精发酵的研究

1. 菌种的选育

从现有的40余株菌种中，利用分选和诱变的手段，获得具有絮凝性等特殊性能的新菌种。

2. 对原料及培养基组成的研究

最初对*Z.mobilis*进行酒精发酵的研究，仅限于以葡萄糖为原料;后来扩展到糖蜜等原料;近年来又发展到纤维素酶及淀粉酶的水解液。

法国人Jean－Pierre Belaich试验了培养基组成对该菌生长的影响。结果表明，若培养基中无酵母汁，则必须加泛酸盐，因它是必需的生长因子;且在合成培养基中加泛酸盐，此菌的生长速度及细胞产量仅为加酵母汁的半合成培养基的一半。若在该菌生长和发酵过程中进行通风，则会使部分酒精氧化为醋酸。采用C^{14}葡萄糖同位素示踪测定，可知在合成或丰富培养基中被代谢的葡萄糖有2%～3%合成了细胞。另有报道，细胞中的碳有52%来源于酵母汁或蛋白胨。

3. 发酵动力学的研究

加拿大Jared E.Fein研究了*Z.mobilis*在天然、半合成及限制性3种培养基中的酒精发酵动力学，证明它们的各动力学参数值基本相似。

4. 不同发酵方法的研究

近年来，各种专家采用多种发酵方法，对该菌的酒精发酵进行了研究，取得许多重要的参数值，对今后进一步扩大试验有较高的参考价值。这些发酵方法是: 游离细胞利用连续搅拌反应器进行发酵并回用细胞;真空发酵;凝聚细胞的连续搅拌反应器发酵并回用细胞、真空连续搅拌反应器发酵及回用细胞、分割式的半连续发酵法、塔式发酵法;在角叉莱凝胶或海藻酸钙固定化细胞反应器中进行发酵等。

无锡轻工大学利用糖浓度为10°Bx的培养基，在39℃下进行了絮凝性发酵运动单胞菌的酒精连续发酵的试验，发酵强度为60.5g/(L·h)。上海某厂已利用絮凝性发酵运动单胞菌进行酒精发酵的生产性试验。

三、发酵运动单胞菌与酵母菌酒精发酵能力的比较

经各国学者的一系列研究，认为*Z.mobilis*进行酒精发酵与酵母菌相比，具有如下优点。

(1) 糖的吸收速度比酵母菌快1～2倍。

(2) 酒精产率比酵母菌高，1mol葡萄糖可生成1.9mol酒精。

(3) 采用连续发酵法并回用细胞时，产酒精能力高达120g/(L·h)，而酵母菌最高仅为30～40g/(L·h)。

(4) 生长和发酵完全不需要氧，而酵母菌生长及在细胞高浓度下发酵时均需微量氧。

(5) 正常发酵温度为36～37℃，比酵母菌高6～7℃，故可节省冷却水。

(6) 细菌比酵母菌易于选育，以获得具有耐高温、耐酒精及能利用多种碳源等优良性能的基因工程菌株。

近年来，美国等西方国家，还开始重视了酒精固态发酵的研究。在我国的自然发酵白酒醅中，是否存在细菌酒精发酵，应予以探究;也可将具有酒精发酵能力的优良细菌菌株引入白酒生产，并进行其发酵机理等相关的研究，为白酒技术的发展作出新的成绩。

第四节　其他细菌的培养和应用

一、甲烷菌的培养和应用

1. 甲烷菌的培养

培养基的组成为：醋酸钠1.11%、氯化镁0.02%、磷酸氢二钾0.05%、氯化铵0.075%、酒精2%、硫化钠1%与碳酸铵5%混合的去氧剂3%，pH7.0。将培养基在0.1MPa蒸汽下灭菌30min，冷却后接入纯甲烷菌。再塞上带排气管的胶塞，并用石蜡密封瓶口。在35℃下厌氧培养7～10天。再进行逐级扩大培养，培养基成分同上。

2. 应用

可将甲烷菌与强化大曲、已酸菌及人工窖泥一起进行综合利用。

也可将甲烷菌与已酸菌共酵培制"香泥"。例如中国科学院成都生物研究所从泸州酒厂及五粮液酒厂的老窖泥中分离、纯化得到泸型梭状芽孢杆菌系列W_1及CSr1～10菌株；从泸州老窖泥中分离而得布氏甲烷杆菌CS菌株。以粘性红土、熟土为主，添加氮源、磷盐、酒尾、丢糟、曲粉等配料为培养基。踩泥接入上述甲烷菌及已酸菌共酵液，收堆、密封，经培养40～60天成熟后的"香泥"，进行筑窖。窖底搭"香泥"厚度为20cm；窖壁敷"香泥"厚度为10cm。

关于甲烷菌在窖泥中的作用机理，还须加以探明。

二、丙酸菌的应用

1. 丙酸菌应用的价值

为了减少浓香型白酒中过多的乳酸及乳酸乙酯含量，有的厂向酒醅中灌入已酸菌发酵液或添加抑制乳酸菌生长的抗生素；有的厂在酒醅中夹窖泥层，或掐取含乳酸及乳酸乙酯较少的前段馏分作酒基。这些措施均有一定效果。为从微生物利用方面开辟新的途径，有人分离得到能将乳酸生成丙酸的丙酸菌，并试图在某种条件下把丙酸进一步转变为戊酸、庚酸。再在其他微生物所产的酯化酶作用下，产生丙酸乙酯、戊酸乙酯、庚酸乙酯等奇数碳原子的酯类，以增强浓香型白酒的典型性。

2. 丙酸菌发酵的条件及机理

丙酸菌(*Propionibacterium*)为兼性厌氧杆菌，可进行液态深层培养和发酵，设备的充满系数可在95%以上；培养和发酵温度为30℃；pH为4.5～7.0；时间为7～14天。该菌在厌氧条件下，可利用乳酸、葡萄糖等生成丙酸及乙酸，副产物为二氧化碳、琥珀酸等。在乳酸及糖类共存时，先利用乳酸，而对糖的利用率较低。其总的发酵反应式为：

$$\underset{\text{乳酸}}{3CH_3CHOHCOOH} \longrightarrow \underset{\text{丙酸}}{2CH_3CH_2COOH} + \underset{\text{乙酸}}{CH_3COOH} + \underset{\text{二氧化碳}}{CO_2} + \underset{\text{水}}{H_2O}$$

$$\underset{\text{葡萄糖}}{3C_6H_{12}O_6} \longrightarrow \underset{\text{丙酸}}{4CH_3CH_2COOH} + \underset{\text{乙酸}}{2CH_3COOH} + \underset{\text{二氧化碳}}{2CO_2} + \underset{\text{水}}{2H_2O}$$

3. 丙酸菌选育及应用实例

丙酸菌主要来自窖泥，分布在上层为19.98％，中层为26.67％，下层为53.35％。

四川省食品发酵研究设计院酿酒工业研究所，选育到具有较强降解乳酸能力的丙酸菌，乳酸降解率达90％以上。

丙酸菌对浓香型大曲酒芳香成分的形成起重要作用。该菌的培养基以葡萄糖、乳酸钠或高粱糖化液为碳源，液态深层培养期为7～14天，培养温度为30～32℃，在pH4.5～7.0范围内能生长良好和发酵。由于该菌株对培养条件要求不严，故便于在生产中应用，能较大幅度地降低酒中的乳酸及其酯的含量，使己酸乙酯与乳酸乙酯的比例适当，因而有利于酒质的提高。但在生产中应用时，必须与窖泥的其他功能菌、产酯酵母，以及相应的工艺配套，方能全面地提高浓香型大曲酒的质量和名优酒比率。

此外，一些厂从窖泥中分离到放线菌菌株。在培养己酸菌及窖泥时，添加放线菌培养液，能促进己酸菌的生长及己酸和己酸乙酯的生成，并有明显的脱臭效果，还能增加一种特殊的芳香。关于放线菌在窖泥中的作用，须加以探明，应有具体反应机理、成分变化及其数据作佐证。

第八章　白酒菌种的选育、复壮、保藏

第一节　白酒菌种的选育

菌种的选育包括分选和育种两个方面，实际上这两者不是截然分开的，在育种过程中就需要结合分选工作。所以，人们通常将分选和育种统称为选育。但为叙述清楚起见，这里还是将它们分别介绍。

一、菌种选育的用具

1. 无菌箱或超净台

(1) 无菌箱　若无菌操作的工作量不大，可不利用无菌室杀菌后操作，而使用无菌箱。无菌箱置于洁净的房间内，也可放在无菌室。无菌箱由专业厂生产，其材质为有机玻璃。正面有2个手孔，上面装有套袖；左面有物料进出的孔，以转动孔门的螺纹而开闭；箱顶装有照明灯、紫外灯，并设装有过滤介质的通气柱。

(2) 超净台　设有一套空气层流装置。屋内的空气经预过滤器，由风机送入加压箱，再通过超细玻璃纤维过滤后，进入均压层，以水平层流恒速状态流至操作区。

超净台由专业厂生产，有单人或双人操作2种，可按需选购。其气流速度为0.3～0.5m/s，空气净化率能达99.95％以上。可放置于洁净的室内，使用时工作台上应尽可能少放物品，以免干扰空气层流；也须定期检查无菌效果。超净台适用于酿酒酵母及细菌的操作，对于带孢子的霉菌则未必适用，因孢子经空气吹动会飞扬。

2. 接种用具

接种用具为若干接种针及1盏酒精灯。

接种针由针部和杆部组成。针部可为23号铂丝，但其质地较软；也可用粗细适当的电炉丝代替，但在操作时应注意其散热较慢的特点。杆部可采用市售的金属接种棒，可将针部插入，用螺帽夹紧，也可随时取下针部；或以长20cm左右、粗细合适的铜棒为杆部，用小钻子在其一端中央钻1个小孔后，再将电炉丝插入孔内，然后用小锤砸牢；也有用玻璃作杆部的，是将长约7cm的电炉丝的一端用镊子夹住，把另一端插入在酒精喷灯上加热而融软的玻璃棒内。以金属为杆部时，应在手握到的部位包以绝热材料。

针部的一端可作成直径约2mm的圆环，称为环状，常用于液态种子的微量移植；针端呈针状，常用于平板菌体与固态试管培养基或固态试管培养基与试管固态原菌之间的转接；针端呈钩状，一般用于转接固态的霉菌等菌丝体。

使用后的接种针，可放入盛有酒精的量筒内。

若移植较多的液态菌体，则需无菌吸管。吸管的玻璃管部分，可预先用牛皮纸包好后进行干热灭菌;橡皮吸头部分，可泡于酒精内，待使用时取出。

3. 高压灭菌锅

(1) 小容量高压灭菌锅　可以煤气或电等为热源。

(2) 容量较大的高压灭菌锅　可用蒸汽为电源。可对在高温高压下不会有大变化的培养基及玻璃仪器进行灭菌。有芽孢的细菌，以70kPa的蒸汽灭菌20min，或98kPa的蒸汽灭菌15min，即可完全杀灭。

灭菌锅必须安装压力表和安全阀，安全阀要经常检查，以免生锈失效。在使用高压锅灭菌时，一定要将锅内的冷空气排尽，以免造成压力表的指示压力已到规定值而锅内温度较低的假象;灭菌结束后，要缓慢地或间歇式进行排汽，以免降压太快而使液态培养基喷染棉塞。

通常每个厂应置备上述2种容量不同的高压灭菌锅，可根据平时的实际需要轮换使用。

若无高压灭菌锅，可用100℃的常压蒸汽灭菌3次，即1天1次。其原理是对于普通不形成芽孢的细菌，经100℃蒸汽灭菌30min即可全部杀灭;但芽孢杆菌则难以杀灭，然而第1次未杀死的芽孢杆菌，在30～37℃下，第2次即能变为营养体，可被第2次的常压蒸汽杀灭。如此经3次常压灭菌，即可保证杀菌安全，称之为间歇灭菌法。

4. 干热灭菌箱

干热灭菌箱设有双层门;有2组电热丝，分别用以升温和恒温;箱顶有气孔，若用于干燥，则应配有小的风机。使用时，应经常注意该设备的恒温装置是否失灵，以免升温过高而引起火灾。

将需灭菌的已塞棉塞的试管、三角瓶，或用牛皮纸包好的培养皿等玻璃用具，放入干热灭菌箱内，注意不要使棉塞或纸接触箱壁。以150℃灭菌0.5～1h，即可达到杀灭所有细菌的目的;不能使灭菌温度高至170℃以上，以免棉塞和报纸发黄、易燃烧或纸变脆而破裂。在灭菌过程中或灭菌后未降温时，不宜打开箱门，以免引起纸、棉塞燃烧和玻璃仪器破裂。

5. 培养箱

培养箱又称恒温箱或保温箱。使用时也应经常注意温度控制系统是否失灵。

6. 冰箱

冰箱供存放菌种及无菌培养基用。注意不要放液态而敞口的物品，以免液体蒸发，使菌种的棉塞受潮而容易污染杂菌。

7. 显微镜

白酒厂所用的显微镜为光学显微镜。使用时应严格按说明书的内容操作。

上述设备及仪器的说明书，应由专人保管，别人借阅后须及时交还;或将说明书用粗线绳串起来，挂于安置设备或仪器的墙上。有的人工作了很多年，但从未认真看过这些说明书，而自以为已很懂得，问题往往由此而产生。

8. 玻璃器皿

(1) 试管　不要使用翻口的试管。试管的长度通常为其直径的10倍。例如18mm×

180mm的试管，通常用于液态培养或盛倒平板用的固态培养基；15mm×150mm的试管，可装酵母和细菌培养用的斜面培养基；10mm×100mm者，用于生理试验或保存原菌。

(2) 培养皿　培养皿以其直径分有6cm、9cm、12cm、15cm、18cm、21cm等多种。一般分离酵母或细菌时多使用直径为9cm的培养皿，因其操作方便且不易污染杂菌；分离霉菌等产生大量菌丝及孢子的微生物时，可采用较大的培养皿。

(3) 三角瓶　三角瓶又名锥形瓶。它以其容量定规格，应选用带有刻度的三角瓶。

(4) 其他　常用的载玻片，其大小为7.5cm×2.5cm×(0.1～0.13)cm；盖玻片为18mm×18mm，盖玻片有厚薄之分，薄片用于镜检，厚片用于血球计数计测细胞数。

涂布器：用于菌种分离及平板活菌计数时涂布平板培养基。可用直径为3～4 mm、长25cm的玻璃棒，在酒精喷灯上将其一端弯成每边长为3cm的等边三角形，再把该三角形平面与柄之间弯成140°的角即可。

二、菌种的分选

顾名思义，所谓微生物的分选，即分离或筛选之意，是将各种混杂的菌加以分开。

(一) 分离源

白酒微生物的分离源是极为广泛的，大致包括如下几个方面。

1. 从制酒原材料的走向看

从制曲、制酒母及酿酒的原料，到各种曲、酒母、酒醅、酒醪的不同培养和发酵阶段，乃至堆放过程中的酒糟，无一不是可取的分离源。取样时应详细记录，例如从大曲中取样，应写明曲龄、曲块的部位等；从醅中取样，应写明醅的名称。浓香型发酵醅的黄水，也是良好的分离源。有时酿造用水也是微生物分离的对象。

2. 原菌

正在使用或保存的原菌，其单细胞等也是参差不齐的，何况也从来没有绝对纯的，而且原菌在培养、保存和使用过程中会发生微妙的变化，因此对原菌也可进行定期分离。

3. 环境及用具

环境及用具的分离源，包括窖泥、下水道、空气、操作场地的泥土等。窖泥又分窖皮泥、窖壁泥及窖底泥，窖底泥又有上、中、下层之分。有时往往会在泥土或下水道或其他的环境中分离到优良菌株。

(二) 分离方法及实例

1. 分离的常用方法

微生物分离的常用方法，实际上可统称为稀释分离法，现介绍如下。

(1) 试管稀释法

① 取3支固态试管培养基加热溶化后，冷却到50～55℃并保持此温。

② 用接种环取1环含菌试样于上述第1支试管培养基中；用双手搓匀后，取其1环于第2支试管培养基中；搓匀后，将其1环的量转接于第3支试管培养基中搓匀。

③ 将上述3支试管中逐次稀释的培养基与菌样混合物，分别倒于3个无菌培养皿中，分布均匀后，倒置于恒温箱中。待单个菌落长出，再有选择地转接于试管斜面培养基上培养。

(2) 试管、培养皿稀释法

① 菌液先布于培养皿法:

1) 取3支各盛有9ml无菌水的试管。用无菌吸管吸取1ml含菌试样于第1支试管无菌水中,用无菌吸管吸吹3次混匀,记为10^{-1};另取1支无菌吸管,从"10^{-1}"试管中吸取菌液1ml至"10^{-2}"试管中;同上操作,得"10^{-3}"试管稀释菌液。

2) 将上述10^{-1}～10^{-3}的试管稀释菌液,各取其1ml分别置于3个无菌培养皿中,摇布均匀。

3) 在上述3个培养皿中,各加入未凝固的50℃左右的琼脂培养基,旋转布匀、凝固后,再置于保温箱中培养。挑选单个菌落转接于试管斜面培养基上,继续培养。

② 菌液涂布法:

1) 同上述(2)①,制得"10^{-1}～10^{-3}"的试管稀释菌液。

2) 在3个无菌培养皿中,各加入10～15ml溶化的琼脂培养基,旋转布匀,使之凝固。

3) 用无菌吸管,分别吸取10^{-1}、10^{-2}、10^{-3}3个稀释度的菌液0.2ml,各加于上述已凝固的无菌平板培养基上。

4) 分别用涂布棒迅速将上述菌液均匀涂布。即左手握培养皿,并使皿盖开启一缝;右手持涂布棒在培养基表面涂布,切勿用力不当,而使培养基破开。

5) 培养: 将涂布后的平板,倒置于37℃或28℃恒温箱中,培养出单菌落。

6) 转接: 将上述典型的单菌落,转接到适宜的试管斜面培养基上培养。

(3) 平板划线法

① 倒平板: 将溶化的琼脂培养基12～15ml倒入直径为9cm的培养皿内,使之凝固。

② 划线:

划线时应注意如下各点:

1) 划线用的接种环要光滑。

2) 划线时,动作要轻巧、线条要平行而密集,以充分利用培养基的表面积。

3) 因平板划线的4个区具有不同的作用,故各区的面积也不相等。

4) 挑取的菌量不宜过多;在划完A区后,应将环上残留的菌体烧灭。

划线过程如下:

1) 挑菌 用灭过菌的接种环挑取少量含菌试样。

2) 划A区 左手持培养皿底,使其几乎垂直于桌面。再将接种环上的菌样在平板培养基的A区划3～5条平行线后,烧灭接种环上剩余的菌样。

3) 划其他各区 将烧红的接种环在平板培养基的边缘冷却后,将平板转动60°,用接种环通过A区的最后2条线向B区作平行划线约6条;同法在C和D区划线。注意区与区之间的夹角应成120°,使D区与A区的线条相平行,以免两区的线条相接触。

划线的方式还有很多。譬如可在平板培养基上采用扇形划线法、方格划线法、平行划线法等进行划线。

③ 培养、转接: 将划线后的培养皿倒置于恒温箱,待培养出单个菌落后,再转接于试管斜面,进行培养。

在使用上述稀释法分离菌种时,应预先将含菌试样作适度的稀释,并进行菌的计数,以保证成功。

除上述3法外，还可采用毛细管分离法分离霉菌孢子、单细胞培养法分离酵母等分离方法。

对厌氧菌的分离，可采用厌氧袋法等，可参阅介绍微生物实验的有关书籍。

2. 微生物的分离实例

(1) 霉菌的分离实例

① 根霉菌的分离：

1) 分离用培养基：采用葡萄糖豆汁琼脂培养基。其配方为豆汁100ml，酵母膏2g，葡萄糖3g，自然pH，琼脂2g。取黄豆100g，加水1000ml，煮30～40min后取汁，即为豆汁。

2) 分离过程：

从小曲中分离：取1小块小曲置于无菌研钵中，加无菌水10ml，研磨成均匀的材料后，将其用无菌水稀释成10^{-6}、10^{-7}、10^{-8}。再各取这3个稀释度的含菌液0.5ml，分别加到葡萄糖豆汁琼脂培养基上，用涂布棒涂布均匀后，在25℃恒温箱中培养18h。此时根霉菌丝较细短，且其色泽与培养基相近，故难以发现，须在光线较强处侧视才能见到。可用接种钩挑取1段菌丝，移接于试管豆汁斜面培养基上，于25℃下培养后，再观察其形态及进一步作生理试验。

从大曲中分离：将大曲粉放入无菌研钵中磨细后，取少量曲粉撒于馒头培养基上，28℃培养1～2天，使根霉菌长出菌丝和孢子囊。再挑取不同的典型菌落，转接至试管豆汁葡萄糖琼脂斜面培养基上，于28℃下培养2～3天，长出根霉孢子囊后再进行分离：用接种钩挑取含有若干孢子囊的菌丛，投入盛有无菌水的小三角瓶中，利用无菌玻璃珠将菌丛打散后，再用无菌水稀释为10^{-1}、10^{-2}、10^{-3}。然后分别取其0.5ml含菌液，各加于豆汁葡萄糖琼脂平板上，用涂布棒涂布均匀。将培养皿倒置于28℃恒温箱中培养18h左右，挑取单个菌落转接到试管豆汁葡萄糖斜面培养基上培养。

有的名酒厂取大曲试样时，先从曲皮和曲心两处取样，再混合均匀。有的厂在分离大曲中的各种霉菌和酵母时，统一采用7～8°Bé麦芽汁琼脂培养基，或7～8°Bé米曲汁琼脂培养基，或土豆汁琼脂培养基。

② 红曲霉分离例：可用大曲或小曲为试样。

1) 分离用培养基：酸性麦芽汁酒精液或曲汁琼脂培养基。

2) 分离过程：取10°Bx麦芽汁，加入0.7%乳酸，经高压灭菌后，再加10%酒精。将少量大曲粉或小曲粉加入上述液体中，在35℃恒温箱中培养长出红曲霉曲丝后，挑取菌丝体转接于新的酸性麦芽汁酒精液中，35℃、培养7天，再转接到试管麦芽汁琼脂斜面培养基上。

也可将经酸性麦芽汁酒精液培养后的菌液，采用前述的试管、培养皿稀释法或菌液涂布法，在曲汁琼脂平板培养基上进一步分离。

③ 黑曲霉分离例：

1) 原理：黑曲霉等曲霉菌的孢子很难分散，若在制备孢子悬浮液时添加0.01%～0.001%的月桂基磺酸钠作为分散剂，则效果较好；也可采用玻璃珠打散法。

在分离糖化力强的黑曲霉菌株时，可使用淀粉琼脂培养基为分离培养基。因淀粉遇碘呈蓝色；而菌落周围由于淀粉被糖化酶分解而遇碘呈无色透明，透明圈的大小，反映菌落糖化力的强弱。据此可分离得糖化力强的优良菌株。

2) 材料：大曲或小曲。分离用淀粉琼脂察氏培养基：淀粉2％，$NaNO_3$ 0.3％，KCl 0.05％，K_2HPO_4 0.1％，$FeSO_4$ 0.001％，$MgSO_4$ 0.5％，琼脂2％，pH6.7，121℃下灭菌20 min。试剂：0.02mol/L碘液，无菌水。器材：培养皿、三角瓶、玻璃珠、涂布棒、纱布。

3) 分离过程：将淀粉琼脂察氏培养基加热溶化后，在3个无菌培养皿中每个倒入12～15ml，旋转布匀。取少量大曲或小曲粉，加于盛有无菌水和玻璃珠的10ml容量的小三角瓶中，用力振荡，将孢子团粒打散后，用几层无菌纱布过滤于1支无菌试管内。再将上述滤液用无菌水稀释至10^{-1}、10^{-2}、10^{-3}。取3个稀释度的含菌液各0.2ml，分别加至淀粉琼脂察氏平板培养基上，并用涂布棒涂布均匀后，将培养皿倒置于30℃的恒温箱中培养。待菌落初步形成、还未产生孢子时，在菌落周围滴加碘液，挑选透明圈大的菌落转接于淀粉琼脂察氏斜面培养基上，保温30℃，培养约5天后，测定比较各菌株的形态及糖化酶活力等性能。

④ 其他霉菌的分离：如欲分离蛋白酶分解能力强的米曲霉，可采用酪素琼脂培养基为分离用平板培养基；凡菌落周围的透明圈大的，表示蛋白质分解力强。若欲选育液化力强的菌株，则可采用察氏琼脂平板培养基分离。若分离毛霉或犁头霉，则可参考前述根霉菌的分离方法。

在分离霉菌时，通常在平板分离培养基中添加0.1％的链霉素或0.5％的结晶紫，以抑制细菌的生长。

(2) 酵母菌的分离实例

① 分离酿酒酵母：

1) 原理：在液体培养基中，酵母的生长速度快于霉菌；酵母与细菌相比，酵母适于在酸性条件下生长，酵母对抗生素不敏感。可利用上述特性，将大曲或酒醅等试样中的霉菌及细菌数逐渐减少，而使酵母占绝对优势，并进一步分离到优良的酵母菌株。

2) 材料：以大曲为试样，以麦芽汁为富集培养基，麦芽汁琼脂培养基为分离培养基。试剂：乳酸、无菌水。用具：培养皿、小刀、吸管、涂布棒。

3) 分离过程：

富集培养：用无菌小刀从大曲曲块的所需部位，挖取如米粒大小的1块试样，加于无菌的10ml麦芽汁试管中，并加入1滴乳酸摇匀后，于25℃恒温箱中培养24h。取上述培养物1ml，转接于另1支无菌的麦芽汁乳酸试管中，再次培养。若在培养过程中发现有菌丝生长，则须立即挑出、烧灭。经如此3～4次的转接、培养后，即可进行平板分离。

平板分离：取上述最后1代酵母增殖液1ml，用无菌水稀释至10^{-1}、10^{-2}、10^{-3}。再取3个不同稀释度的酵母液各0.1ml，分别加至无菌的麦芽汁琼脂平板上，用无菌涂布棒涂布均匀后，于25℃下培养48h。在平板上挑取典型菌落转接于试管麦芽汁琼脂斜面培养基上培养后，可再次进行平板分离，转接于试管固态培养，并检测其形态和生理性能。

② 分离产酯酵母：以窖泥、母糟、黄水、大曲或小曲为分离试样，以含有0.5％乳酸的麦芽汁为酵母富集增殖培养基，以链霉素麦芽汁琼脂培养基为平板分离用培养基，再将分离到的单菌落酵母，进行产酯能力的对比试验，以筛选到优良的产酯酵母菌株。

③ 分离耐酸耐温酵母：浓香型大曲酒的酸性酒醅，发酵品温可高达39～40℃，一般酵母在此条件下，发酵力大为降低而影响原料出酒率，故分离耐高温耐酸酵母具有重

要的实用价值。

1) 试样: 浓香型白酒的双轮底酒醅。

2) 分离用培养基:麦芽汁琼脂培养基。

3) 分离过程: 称取双轮底酒醅1g,置于10ml无菌水中搅匀后,再稀释为10^{-2}、10^{-3},并分别作平板涂布。将培养皿倒置于42℃的保温箱中培养3天后,选取不同的典型酵母菌落,在麦芽汁琼脂平板培养基上,进行划线、培养,直至纯化。最后将典型菌落转接于麦芽汁琼脂试管斜面培养基上培养后,再进行形态观察及相应的生理试验。

(3) 细菌的分离实例

① 乳酸菌的分离:

1) 原理: 乳酸菌在含有表面活性剂吐温80的葡萄糖西红柿液中,能迅速增殖;乳酸菌的平板菌落,能溶解碳酸钙生成乳酸钙而形成碳酸钙溶解圈。

2) 增殖及分离用培养基:

增殖培养基: 葡萄糖20g,酵母汁10g,西红柿汁400ml,蒸馏水60ml,微量吐温80,A、B液各10ml。将上述培养基装3ml于各试管中,在70kPa蒸汽压力下灭菌30min。其中A液为磷酸二氢钾25g,磷酸氢二钾25g,蒸馏水250ml;B液为硫酸镁10g,氯化钠、硫酸亚铁及硫酸锰各0.5g,蒸馏水250ml。

分离用培养基: 在增殖培养基中,再加入碳酸钙及琼脂各2%。

3) 增殖及分离过程:

增殖: 用无菌小刀切取大曲试样1g,置于上述增殖培养基中摇匀后,恒温30℃培养24h。若发现生长有好气细菌膜或霉菌菌丝,须立即挑出烧灭。培养48h后,即可进行平板划线分离。

分离: 将上述乳酸菌增殖液,在平板分离培养基上进行多次划线分离,使菌落形态基本一致后,再转接于试管斜面培养基培养,并进行生理试验及形态观察。

② 己酸菌的分离: 以老窖泥为试样,先进行富集培养,再作平板分离。

1) 培养基:

富集培养基: 酒精25ml,醋酸钠8g,氯化镁200mg,氯化铵500mg,硝酸锰2.5mg,硫酸钙10mg,硫酸亚铁5mg,钼酸钠2.5mg,对氨基苯甲酸100μg,生物素5μg,pH7.0的1mol/L磷酸二氢钾－磷酸氢二钠25ml,含1%硫化钠、0.05%碳酸钠的溶液20ml,蒸馏水1000ml。

分离用培养基: 在上述富集培养基中,加入10%酵母自溶液及2%琼脂即可。

2) 富集培养及分离过程:

富集培养: 在盛有富集培养基的试管中,加入老窖泥土样1g,于80℃的热水浴中处理10min,冷却后置于真空干燥器中,抽真空度至80kPa。再保温30～35℃培养7天,或延长至产气为止。然后选产气的试管液,转接于新的富集培养基中,再在30～35℃下培养7天。根据培养液的己酸定性分析结果,选取产己酸的培养液,进一步作平板分离。

分离操作: 将上述经富集培养的典型试样,先经80℃热处理3min,并用无菌水稀释5次后,吸取少量不同稀释度的菌液,接种于溶化并冷却至50℃的试管分离用培养基中,趁热在两手掌中搓匀。待凝固后,置于真空干燥器中抽真空至80kPa,保温30～35℃培养5天。挑选菌落清晰的试管,打破试管下部,用无菌毛细管吸取单个菌落,接种于液态培养基中。在真空条件下培养7天后，选取产气的试管，若其培养液经定性分析确定含有已酸，并用显微镜观察菌体为梭状芽孢杆菌，则可初选为己酸菌株。

③ 芽孢杆菌群的分离：将1g大曲粉加于9ml无菌水中，在80℃下热处理10min后，再在肉汤琼脂平板培养基上进行划线或涂布分离即可。

④ 布氏甲烷杆菌的分离：

1) 试样：用25ml无氧管采取老窖泥，密封后注入2%$Na_2S·9H_2O$及10%$NaHCO_3$各0.1ml，使试样保持无氧状态。

2) 培养基：

分离用滚管培养基：无菌水1000ml，K_2HPO_4 0.4g，KH_2PO_4 0.4g，NH_4Cl 1g，$MgCl_2$ 0.1g，酵母膏2g，胰酶解酪蛋白2g，盐酸半胱氨酸0.5g，复合微量元素溶液10ml，复合维生素溶液10ml，0.1%浓度的刃天青1ml，琼脂20g，在121℃的温度下，蒸汽灭菌20min。在接入试样前数小时，再加入5%$NaHCO_3$、2%$Na_2S·9H_2O$之类的无氧贮备液，使pH为7.0～7.2。

富集培养基：在不加琼脂的分离用滚管培养基中，再加入甲酸钠、乙酸钠0.2%即可。

3) 富集培养及分离：采用Hungate的严格厌氧操作技术，所有的气体在使用前，均须通过灼热的还原铜柱去氧；培养基制备及试剂制备均须在100%N_2下进行；培养基中试剂及试样的加入，均须采用以无氧气体换气后的注射器进行。

富集培养：在盛有窖泥试样的试管中，加入等量的富集培养基，使成悬浊液，作为试样种液。在容量为60ml的血清瓶中，加入18ml富集培养基，并接入试样种液2ml，通入0.1 MPa的H_2-CO_2混合气体(两者比例为1∶4，下同)，置于35℃下增殖。如此反复进行几次富集培养。在富集过程中，须用最终浓度为2800u/ml的青霉素处理富集液。经多次富集，在荧光显微镜下可见到大量发蓝绿色荧光的菌体后，即可进行分离。

分离：将富集液稀释为10^{-1}～10^{-8}，并分别接入滚管后，充入H_2-CO_2气体，在35℃下培养至出现菌落。再选择稀释度高、产甲烷的试管，在无氧条件下，挑取发荧光的菌落，转接至液态培养基中。按培养液中甲烷含量的增加状况，在菌体对数生长期的中期，再转接至滚管分离培养基中进一步稀释。反复进行上述操作，直至滚管中的菌落均发荧光且形态一致。将菌株经镜检及革兰氏染色符合纯度要求后，可转入纯度鉴定培养基进一步检验。

检测的仪器及基本条件：以Leitz荧光显微镜和相差显微镜作形态观察及显微摄影；采用JEM－100CX型电子显微镜作磷钨酸负染和超薄切片观察，以JEM－35C型扫描电镜进行电子扫描。对甲烷含量的测定，使用SC－6型气相色谱仪，以Porapark Q作柱填充剂、N_2为载体，测试柱温为40℃，以热导池法检测，用带有活塞的注射器，每次抽取培养液上部气体0.5ml注入分析。分析所得数据即为血清瓶或试管液面的上部有效空间内的甲烷总量，单位为μmol/瓶或管。

三、育　　种

育种是以原有的菌株为出发株，人为地通过诱变法、细胞融合法、基因重组法及驯育法等，使其许多菌体的生理特性或形态发生变化。或细胞融合、基因重组、基因突变，或有的菌体大量死亡，而极少数生存下来，再从中分离出所期望的优良菌株。目前，在实际生产中，仍然多采用诱变等传统的方法进行育种。

通常，霉菌和细菌比酵母易于诱变。如白酒工业等生产中广为应用的黑曲霉UV－11菌株及其进一步变异株，就是将野生菌株202经紫外线、钴60和亚硝基胍，以及高能电子进行反复交替诱变而得到的。有人将台湾根霉R13－5连续地用紫外线及MNNG(亚硝基胍)进行处理，得到了1株温度敏感型变异株，用麸皮为原料进行固态培养，其产糖化酶活力比亲株高5～7倍；若采用深层液态培养法，则酶活力比亲株高15倍。若以紫外线等因子处理白酒生产用的糖化菌，其变异株可提高耐单宁及分解单宁的能力。

白酒生产中应用的酵母，可根据生产需要，进行耐酒精度、耐高温及提高产酯能力等定向育种。有人试验，将具有糖化能力的酵母(*Saccharomyces diastaticus*)与酿酒酵母(*S. cerevisiae*)进行杂交，可获得既具有糖化能力，又有发酵能力的新株。现举实例如下。

(一) 酵母耐高酒精度的育种实例

1. 浓缩法

(1) 菌源　以发酵后期未死亡的酵母为亲株，接种于6°Bx米曲汁中。于20℃下培养5天后离心分离，将菌体水洗2次后加少量pH4.2的醋酸缓冲液。

(2) 酵母消化　在葡萄糖1％、酒精含量20％的pH4.2醋酸缓冲液中，酵母数为9×10^7个/ml。在15℃下放置7天，其中待分离株比亲株生存率高100倍左右。

(3) 菌株筛选　将上述消化后的菌悬浊液适当稀释后，平板培养3～4天。再转接于米曲汁斜面试管培养，约共得80株。

(4) 反复筛选　将上述菌株再用米曲汁培养后，重复以上操作。如此反复筛选，可最终获得耐高酒精度的菌株。

2. 溶菌法

(1) 分离源　将原酵母菌株培养液经紫外线处理后，加米曲汁培养2天。再离心分离，用无菌水洗菌体，并以pH7.5的磷酸缓冲液使菌体悬浊，菌体浓度为10^8个/ml。

(2) 酶解　将上述酵母悬浊液加入L形管中。再加40％的酒精1ml，棕黄色生菌溶解酶液0.5ml，其酶活力为5000u，酶浓度为2mg/ml。在30℃下振荡3～5h。

(3) 再培养　取上述反应终了液0.03ml接入米曲汁中，于25℃下培养2天后，接1白金耳培养液于曲汁，在20℃下培养2天。

(4) 如上反复操作，将最终所得菌株作耐酒精度验证试验。

(二) 酵母菌株的诱变驯育法实例

1. 平板分离培养基(YPDI)

酵母膏1％，蛋白胨2％，葡萄糖2％，玫瑰红0.003％，丙酸0.19％，琼脂2％。

2. 原菌诱变

将原菌稀释培养于培养皿中，置于20kW紫外灯下30cm处照射25s，能引起原菌较好的变异。挑取典型菌落进行发酵试验，最后选得2株菌种。

3. 驯化

(1) 直接驯化　将上述2株菌种分别接入酒精浓度为6％、9％的麦芽汁培养基中，于30℃培养48h，比较酵母的存活率。反复转接至存活率相近。再经YPDI培养基平板分离，选出1株较理想的菌种。

(2) 将浓发酵醪菌株继续驯化　将诱变后所得2株菌种进行浓醪发酵，酒精浓度为

13%。取该发酵醪少许,接入酒精浓度为8%的麦芽汁中培养24h后,经YPDI培养基分离,挑选若干典型菌落,进行3次发酵对比试验,最后得到2株较理想的菌株。

第二节 菌种复壮

生产菌株特性的劣化或遗传研究菌遗传标记的丢失,均称为菌种退化。

一、菌种退化的现象和原因

1. 菌种退化的现象

(1) 在形态上 例如霉菌分生孢子的减少甚至不生成孢子,或霉丛色泽的明显变化等。

(2) 生理上 如霉菌淀粉酶活力的下降,酵母生长缓慢及发酵力下降等。

应该指出,若由于培养基的改变或因工艺条件的不当,以及污染杂菌等因素而菌种显示其性能低下的现象,则不能视为退化,因为这些暂时的外界原因一经消除,菌种原有的性能即可恢复。因此,必须识别所谓退化的假象,正确地判断菌种是否退化,以便采取适当的措施,加以防治。

2. 菌种退化的原因

菌种退化的主要原因是其基因的负突变。若与控制生产性状的有关基因发生负突变,则可使菌种的生产性状严重劣化。例如控制产品产量的基因发生负突变,则会使产量下降;若控制霉菌孢子生成的基因发生负突变,则会使菌种产孢子的能力下降。

(1) 移植代数的增加 1个经常处于旺盛生长状态的菌体细胞,发生基因负突变的机率,要比处于休眠状态的细胞大得多。而且在实际生产中,菌种的培养基及培养和发酵的条件是因批而异的,如果环境有利于负突变细胞的繁殖,则菌种的群体细胞经多次移植后,退化的细胞会很快占优势,使退化的性状明显起来。

(2) 菌种筛选方法的不当 在菌种筛选中,往往在初筛时产量较高,但随着复筛的进行,则因产量逐步下降而被淘汰,这在霉菌筛选中更为多见。因为菌落若由1个以上的孢子或细胞繁殖而成,而其中只有1个是高产的正突变孢子或细胞,则传代的结果必然是高产的菌体数量逐渐减少而使产量下降;若菌落确由1个孢子或细胞组成,但此菌为多核细胞,则在1次突变中几个核的变异状况各异,随着代数的增加,因核的分离会使菌体性状呈现多元化,产量也随之而变。即使为单核孢子,若在双链的DNA上只有1条链上的某个部位发生突变,则在不断的移植过程中,也会产生性状分离而形成群体不纯。为尽可能地降低上述现象的产生机率,应采取得当的菌种选育手段。

(3) 培养及保藏条件的影响 这种影响可由自发突变率来反映,也可在基因不变的情况下显示。在自发突变方面,例如培养或保存时间长,则对菌种的有毒害作用的成分积累较多而引起的突变率也较高。温度升高也会使菌株的突变率增加。培养基中某些成分的缺乏,也可促使野生型回复突变株的生长占据优势。

(4) 基因不产生突变而菌种退化的原因 例如某种曲霉菌若以分生孢子传代,则所产子囊孢子的数量逐渐减少,最终呈现不产子囊孢子的似乎“突变”;但若用子囊孢子传代，则生成分生孢子的数量逐渐减少。这种状况可用形成异核体的事实加以说明。若将黄色分生孢子的突变株，用子囊孢子多次传代，则可得到很少产分生孢子的黄色菌株；而将另一产生绿色分生孢子的野生株，多次以分生孢子传代，则可得到不产子囊孢子的绿色菌株；若将上述2株退化菌株接种于一起培养，则可得到1株既能产子囊孢子，又能产很多分生孢子的菌株，即表明形成了新的异核体。考察该异核体的分生孢子或子囊孢子重新分离的性状，若上述退化现象是由基因突变而造成的，则重新分离所得的黄色菌株，应产分生孢子很少，绿色菌株应不形成子囊孢子。但事实上分离的结果是这2个菌株均能产子囊孢子，且生成大量分生孢子，这表明上述退化性状并非由基因突变所致。这类退化现象的原因尚未十分明了。

二、菌种退化的防治

1. 菌种退化的预防

(1) 菌种选育要得法　例如加强分离纯化；使用单核菌株进行诱变；提高诱变剂量，使单核细胞的DNA双链中的一条链的某一位点产生突变，而另一条链则完全丧失作为模板复制的能力，以减少回复。

(2) 防止基因自发突变　从菌种的培养基和培养条件方面加以注意。例如产麦芽糖酶能力强的酵母，用于白酒生产时出酒率较高；但若将其长期培养于葡萄糖培养基时，则产麦芽糖酶的能力也会下降；若将其在液态麦芽汁中培养1～2代后，再接回到米曲汁试管斜面培养基上培养，则可有效地增强原有的能力。又如UV－11黑曲霉或UV－48黑曲霉菌株，采用察氏培养基培养时，开始几代长势良好，色泽正常，糖化力也可保持在5000～8000u；但继续传代后，相继呈现菌膜增厚、皱褶增大、孢子稀疏、色泽变淡及糖化力下降等现象。即使对其进行诱变和筛选，也无明显效果。但若采用下述固态试管斜面培养基，则可有效地防止这2株菌种的退化。即蔗糖3.0%，氯化钾0.05%，硝酸钠0.3%，磷酸氢二钾0.1%，硫酸镁0.05%，硫酸亚铁0.0001%，琼脂2%，蒸馏水85%～90%，麸皮浸出液10%～15%(取鲜麸皮1kg，加6kg水，浸泡6～8h后煮沸、过滤，滤液即为麸皮浸出液)。不难理解，如果产生糖化酶能力强的曲霉等，长期生长于葡萄糖培养基上，则生成糖化酶的能力必然退化，因其不必分泌糖化酶而可直接利用葡萄糖了。

(3) 尽可能地减少传代次数　在每次转接生产用的菌种时，应保证满足一定生产期内的数量，以减少传代次数。

霉菌不要用菌丝传代，而采用孢子传代，或交替使用分生孢子和子囊孢子传代，也可防止菌种退化。

在一般情况下，斜面每移植1代，酵母可保藏3个月，霉菌、芽孢杆菌在低温下可保藏半年左右，无芽孢杆菌可保藏1个月左右。

(4) 分离纯化　在生产过程中，菌种的许多细胞或孢子的变化趋势及程度是不可能相同的，大部分菌体可能随着时间的推移而某些性能发生相对的退化。但有些菌体的某些主要特性可能会增强，故应经常将后一部分菌体分离出来；或在试管原菌中，将优良的细胞菌体分离出来。由于菌落及试管原菌的不纯，有时还会污染杂菌，故定期进行单细胞分离纯化是完全必要的。

(5) 消除退化的假象 例如在利用UV－11菌株制麸曲时，有的厂在工艺上忽视了它要求培养温度较低、不应超过32℃的特点，品温高达37～38℃，致使杂菌大量繁殖，但因曲表面有黄色掩盖而误为菌种退化。也有的厂片面地防止"水毛"，而忽视了UV－11要求水分偏高的特点，致使成曲孢子瘦小且色泽浅、萌发率低下。还有的不重视卫生和灭菌工作，在制曲过程中招致称为白虮子的腐败菌的侵染，使成曲的糖化力很低。若缺乏理论知识和实际生产经验，而将诸如上述的种种假象视为菌种退化，则必然贻误生产的正常进行。

2. 菌种的复壮

既然菌种退化是菌体退化细胞占相当数量后，所显示的生产性能下降的现象，则完全有可能采取相应的措施予以复壮。

(1) 分离纯化 将已退化的菌株用无菌生理盐水制成悬浊液，并放入装有无菌玻璃球的三角瓶中，放在摇床上振荡20～30min，利用玻璃珠的滚动，使菌体细胞均匀分散。再按通常的稀释操作将菌液稀释至10^{-4}～10^{-6}，分别作平板培养。然后挑取若干典型菌落，接到试管斜面培养基上培养，并分别作发酵试验，从中选出优良菌株供生产用。因为自发突变使菌体退化是负突变，有时也会发生正突变，产生个别高产细胞，故在复壮工作中获取好菌株的可能性是存在的。

(2) 用高剂量U.V.和低剂量MNNG(NTG)联合对退化菌株进行诱变处理，以期得到发生正突变的优良菌株，或使负突变的细胞回复。

三、己酸菌的退化及防止实例

据黑龙江省轻工业研究所杨福祺撰文报道，在应用黑轻80#己酸菌的过程中，积累了防止其退化的一些经验。现将有关内容整理转述如下。

1. 菌种退化的现象

(1) 菌落变小，色泽变深 在巴氏琼脂平板培养基上，35℃厌氧培养3天后，菌落似针头状的圆形，其直径由原来的0.5～0.8mm变为0.2～0.3mm，色泽由原来的白色变成淡黄色。

(2) 菌体变小，鞭毛消失 游离孢子由原来的圆形变为椭圆形，其直径由原来的0.15～0.19μm变为0.10～0.12μm，营养体和芽孢也明显变小；周生鞭毛由原来的4～8根转为消失。

(3) 发酵缓慢 退化菌株接种至巴氏液态培养中，35℃发酵48h才发现有白色小气泡升向液面；到第6天气泡才剧烈上升，液面泡层为0.5cm；第10天以上达发酵液混浊度最大，并有己酸气味。发酵速度要比正常菌株慢3～4天；通常，正常菌株发酵24h即有小气泡上升。

(4) 产己酸性能衰退 原菌株传接50代产己酸能力并未降低，发酵液己酸含量稳定在300mg/100ml以上；但退化菌株发酵液己酸含量为210mg/100ml。

(5) 使窖泥退化 由于退化菌株的性能变化，致使窖泥板结，呈现乳酸铁、乳酸亚铁等针状结晶，并使成品酒窖香淡化、酒质下降。

2. 己酸菌种退化的原因

(1) 菌种保藏方法不当 采用巴氏液态培养基、巴氏琼脂培养基及沙土管等保藏，均效果不好。

(2) 菌种使用前未经热处理　没有杀灭营养体及非芽孢杆菌等杂菌。

退化菌株在窖内窖泥缺水，酒醅酸度过高，以及酒醅过于疏松和封窖不严的情况下，更不利其产己酸。

3. 己酸菌退化的防止措施

(1) 采用恰当的菌种保藏方法　将老窖泥装入试管，经常压蒸汽灭菌1h，冷却后加入为窖泥质量2.5%的95%酒精，用无菌棒搅匀。再接入己酸菌发酵液10%，35℃培养8天后，抽真空封严管口，保存于4℃的冰箱内。

(2) 菌种使用前进行热处理　将菌种接入4倍于菌泥的无菌水中，以80℃的热水浴处理6min，再转接到培养液中。第1级接种量为15%，以后逐级扩大时接种量为10%。

(3) 扩大用的培养基配方　乙酸钠0.2%，硫酸铵0.05%，酵母自溶液2%，黑土2%，老窖泥3%，酒糟水5%，酒精2.5%，在灭菌后加入，pH6.8。

为了防止已酸菌在发酵过程中性能的退化，应适当加大酒醅的水分，降低酒醅的酸度；封窖时表面要踩实，窖顶以黄泥及塑料布密封；每次酒醅出窖后，用己酸菌培养液和黄水喷洒窖的四壁。

第三节　菌种的保藏

菌种保藏的方法很多，但国内外有关的专著几乎没有。李钟庆编著的《微生物菌种保藏技术》一书，将中国科学院微生物研究所数十年来有关的成果作了较全面的介绍。其中包括定期移植法、冷冻真空干燥法、L－干燥法(Annear氏法、NCIB法、IFO法等)、液氮超低温冻结法、矿油封藏法、其他干燥法(沙或土、明胶片、硅胶、麸皮、滤纸保藏法及Sordelli干燥保藏法等)、蒸馏水及其他溶液保藏法等。还详述了细菌、放线菌、酵母菌、小型丝状真菌、担子菌等各类微生物的重要菌种的培养条件和保藏法。

白酒工业中采用的菌种保藏法也很多，不必一一介绍。现将李钟庆专著中的蒸馏水保藏法，以及从白酒各类菌种保藏法中择其一二，简述如下。

一、蒸馏水保藏法

1. 悬浮细胞法

(1) 取使用玻璃器皿蒸馏的蒸馏水，每支试管装5ml，塞上棉塞后，利用0.1MPa蒸汽灭菌30min。

(2) 用接种环从试管斜面或平板上挑取1环细胞，移入1管蒸馏水中，将细胞分散开。再取下棉塞，在无菌条件下改换无菌的橡皮塞，于10℃下保存。

(3) 恢复培养时，可从上述管中挑取1环，接入新鲜培养基上。原管加塞后可继续保存。

2. 悬浮菌块法

(1) 从平板的真菌菌落边缘，切取约6mm见方的小块菌样，连同琼脂培养基一起悬浮于盛有无菌蒸馏水的试管中。将棉塞改换无菌橡皮塞塞严。

(2) 将上述试管菌样保存于低温处。

(3) 恢复培养时,从试管中取出1块悬浮菌块,移植于新鲜培养基上培养。

二、白酒各类菌种保藏法择介

1. 酵母的石蜡保藏法

将医药用液态石蜡或试剂液态石蜡(简称液蜡)装于500ml三角瓶内,塞好棉塞并包上牛皮纸,在98kPa蒸汽下灭菌1h。再放至120℃干热灭菌箱中烘2h,使液蜡中的水分蒸发掉。冷却后,按无菌操作手续将液蜡倒入刚培养好的酵母试管斜面菌种内,液面应高于斜面顶端约2cm。然后用油纸将试管的棉塞包好,并将试管菌种直立放在盛器内,置于冰箱或室温下保存。保存期可达半年至1年。使用时倒去石蜡,移植于新鲜斜面培养基培养。液蜡经上法处理后可继续使用。

对于能利用液蜡的菌种,例如假丝酵母及某些产酯酵母,则不宜采用上法保存。

2. 霉菌麸皮保藏法

将麸皮加1倍量的水,拌匀后装入试管成斜面状,经98kPa蒸汽灭菌1h。冷却后接种曲霉菌等霉菌,待保温培养至孢子成熟后,用溶化的石蜡封固棉塞。可在室温下保存3～6个月。若用真空泵抽去水分和空气,则保存期可更长。

3. 己酸菌菌种保藏法

(1) 巴氏液态培养基(参见本章第一节)保藏法　将巴氏培养基灭菌后,加入2%酒精。接入己酸菌种,35℃下培养7天,待培养液浊度最大、气泡上升最快时,用石蜡封住棉塞,入4℃冰箱内保藏。

(2) 巴氏固态培养基保藏法　在巴氏液态培养基中,加入2%琼脂,灭菌冷却后,在固态培养基表面滴入己酸菌种液。再将已灭菌约50℃未凝固的上述培养基倒入管内至满管。然后用石蜡封口,在无氧条件下,35℃培养7天后,入4℃冰箱保存。

(3) 沙土管保藏法　按50%的120目细沙和50%的140目土的比例,将安瓿管装满。经干热灭菌后接入己酸菌液,使沙土湿润,抽真空后直接封口。也可在接种后使沙土完全干燥,抽真空,再封口。

(4) 窖泥试管保藏法　参见本章第二节。

各种保藏方法,并非均适用于各类菌。通常,定期移植法、液态石蜡法、超低温法、冷冻真空干燥法,基本上通用于各类菌。其他保藏法则因菌而宜,下述方案可供参考。

保藏好气性细菌可采用蒸馏水法、硅胶法;厌氧细菌可采用预先减氧灭菌培养基法,即PRAS培养基法,在分装培养基时,使其通过加热的还原铜的炉,以排除氧气,并喷入CO_2和N_2。

酵母菌可用蒸馏水法或使用糖液保藏。

丝状真菌类的曲霉及子囊菌等,可用土壤法或硅胶法保藏。

放线菌也可用土壤法或制曲干燥法等保藏。所谓制曲干燥法,是将菌接种于已灭菌过的谷类颗粒上,待生长良好后,减压干燥至湿度为8%以下再保藏。这样,因每一谷粒上的孢子数基本接近,故在转接时可定量化。

有关菌种的冰箱保藏法、沙土管保藏法及冷冻升华保藏法等,可参考有关的微生物保藏书籍。

第九章　与白酒生产有关的酶类

由于参与白酒制曲、制酒母及糖化发酵的微生物有霉菌、酵母菌、细菌及放线菌四大类，故酶系也非常复杂，可以说，几乎涉及到酿酒工业生产中所有的酶类。但在本章的叙述中，则侧重于与糖化、发酵有关的主要酶类。

第一节　白酒生产中的酶类

本节主要介绍白酒生产中有关酶类的来源、作用方式及作用条件，以便白酒酿造工作者在实际工作中参考。

一、淀　粉　酶

淀粉酶也称淀粉水解酶，它是能分解淀粉糖苷键的一类酶的总称。包括α－淀粉酶、糖化酶、异淀粉酶、麦芽糖酶等。

(一) α－淀粉酶

1. 来源

产生α－淀粉酶的主要菌类是细菌和霉菌。例如枯草芽孢杆菌、马铃薯杆菌、溶淀粉芽孢杆菌、凝结芽孢杆菌、嗜热脂肪芽孢杆菌、假单胞杆菌、巨大芽孢杆菌、地衣芽孢杆菌，以及米曲霉、白曲霉、黑曲霉、根霉等。

在以麸皮为主要原料进行固态曲的培养时，碳氮比对产酶的影响不大明显；在微酸性条件下产酶较稳定，就枯草芽孢杆菌而言，产酶的最适品温为37℃，品温达45℃时，产酶能力就降低。若使用枯草芽孢杆菌生产α－淀粉酶酶制剂时，则通常采用液态发酵法。

2. 别名及作用方式

α－淀粉酶，因其生成产物的还原末端葡萄糖单位的C_1为α－构型，故名；又称液化淀粉酶，因它能使淀粉糊化物的粘度迅速降低；因其能快速将淀粉切割为大、小糊精，故又名淀粉糊精酶或淀粉糊精化酶；由于它很容易将淀粉长链从内部切成短链的糊精，而对外侧的α－1,4键不易切割，故又名内切型淀粉酶；由于它不能切割α－1,6键，也不能分解紧靠于α－1,6键的α－1,4键，故又称淀粉－1,4－糊精酶。

α－淀粉酶作用于直链淀粉(链淀粉)，将α－1,4键不规则地切割为短链糊精后，糊精被继续酶解，最终产物为13%的葡萄糖及87%的麦芽糖。但实际上若单靠α－淀粉酶的作用，则从糊精转化为糖的过程是非常缓慢的，在它还未将糊精全部变成糖之前，糊精早已污染杂菌而变质了。因此，通常由α－淀粉酶与葡萄糖淀粉酶及异淀粉酶等酶共同作用，或采取“接力”的方式将淀粉进行分解，则可达到预期的目的。而实际上白酒生产中各种曲所含的淀粉酶多为复合酶，因而能较好地完成糖化作用。

α－淀粉酶作用于支链淀粉(胶淀粉)时，同样任意切割α－1，4键，而留下含α－1，6键的所谓界限糊精，最终产物为界限糊精、麦芽糖和葡萄糖。

由于α－淀粉酶作用于以氧桥连结的糖苷键C_1—O—C_4的裂解是在C_1—O之间进行的，故生成产物的还原末端葡萄糖单位C_1碳原子为α－构型。

还有一类α－淀粉酶的作用结果是生成较多的还原糖，对淀粉的水解率达75%，故称为糖化型－淀粉酶。

3. α－淀粉酶的作用条件

α－淀粉酶的作用机制及条件等特性，如表1－9－1所示。

表 1-9-1 各种α－淀粉酶的特性例

酶的来源	作用机制			作用条件		
	淀粉水解限度/%	主要水解产物	碘反应消失点分解限度/%	耐热性/℃(15min处理)	适宜pH	Ca^{2+}保护作用
枯草芽孢杆菌(液化型)	35	糊精、30%麦芽糖、6%葡萄糖	13	65～80	5.4～6.0	+
枯草芽孢杆菌(糖化型)	70	41%葡萄糖、58%麦芽糖、麦芽三糖、糊精	25	55～70	4.8～5.2	−
枯草芽孢杆菌(耐热型)	35	糊精、麦芽糖、葡萄糖	13	75～90		+
米曲霉	48	50%麦芽糖	16	55～70	4.9～5.2	+
一般黑曲霉	48	50%麦芽糖	16	55～70	4.9～5.2	+
黑曲霉(耐酸型)	48	50%麦芽糖	16	55～70	4.0	−
根霉	48	50%麦芽糖	16	50～60	3.6	+
拟内孢霉	96	96%葡萄糖	50	35～50	5.4	+
卵孢霉	37	糊精、麦芽糖	14	50～70	5.6	+

注：枯草芽孢杆菌(液化型)及拟内孢霉对麦芽糖有分解力，其余菌无分解力；卵孢霉、拟内孢霉、枯草芽孢杆菌(耐热型)及枯草芽孢杆菌(液化型)对淀粉有吸附性，其余菌无吸附性。

(二) 糖化酶

1. 别名及作用方式

糖化酶是习惯上的简称，其系统名为淀粉α－1，4－葡聚糖葡萄糖水解酶；或称作α－1，4葡萄糖苷酶、糖化型淀粉酶、葡萄糖淀粉酶。

该酶能自淀粉的还原性末端将葡萄糖单位一个一个地切割下来。在水解到支链淀粉的分支点时，一般先将α－1，4键断开，可再继续水解。即糖化酶对底物的专一性不很强，它除了能切开α－1，4键外，也能切开α－1，6键和α－1，3键，只是对这3种键的水解速度不同，如表1－9－2所示。故此酶在理论上能将支链淀粉全部分解为葡萄糖，并在水解过程中也能起转位作用，产物为β－葡萄糖。

表 1-9-2 黑曲霉糖化酶水解双糖的速度

双糖	α－键	水解速度/mg葡萄糖·$(u·h)^{-1}$	相对速度/%
麦芽糖	1，4－	2.3×10^{-1}	100
黑曲霉糖	1，3－	2.3×10^{-1}	6.6
异麦芽糖	1，6－	8.3×10^{-1}	3.6

2. 来源

产生糖化酶的微生物几乎全部是霉菌，其中主要为黑曲霉、根霉、内孢霉及红曲霉。比较而言，米曲霉的α－淀粉酶活力较强，而糖化酶活力较弱。黑曲霉则α－淀粉酶活力较低，而糖化酶活力较强；由于黑曲霉的转移葡萄糖苷酶的活力也较强，故作用的结果往往残留较多异麦芽糖等非发酵性糖。根霉、拟内孢霉及红曲霉的α－淀粉酶活力弱，糖化酶活力强，转移葡萄糖苷酶活力弱，故几乎能100%地水解淀粉。

当固态培养根霉时，麸皮是最好的原料。根霉喜湿，例如根霉菌AS3042以麸皮为原料，加水130%，使含水量在64%以上，曲室相对湿度为90%时，在30℃下培养30h，则糖化酶活力可达最高值：1g绝干麸曲，可糖化20g淀粉生成葡萄糖，*DE*值达97%。

3. 作用条件

各个菌株所产糖化酶的作用条件略有区别。例如AS3.4309黑曲霉产的糖化酶，其最适作用温度为60℃；在该温度下，最适作用pH为3.5～5.0，是耐酸型的。

(三) 异淀粉酶

1. 别名及其作用方式

异淀粉酶的最初含义是指一种能分解淀粉分子中“异麦芽糖”键的特殊淀粉酶。其特点是能切开支链淀粉型多糖的α－1,6－葡萄糖苷键，故又名脱支链淀粉酶或淀粉α－1,6－糊精酶。它能将支链淀粉的整个侧链切下变为分子较小的直链淀粉。很明显，异淀粉酶也是属于作用淀粉分子内部键的酶。它也能作用界限糊精的α－1,6键。

2. 来源

产生该酶的多为细菌类的杆菌。例如产气杆菌、蜡状芽孢杆菌、多粘芽孢杆菌、解淀粉芽孢杆菌，以及某些假单胞杆菌。霉菌、酵母菌、某些放线菌也能产异淀粉酶，但产酶的能力差异很大。

3. 作用条件

异淀粉酶的作用适温为45～50℃，适宜pH为6～7。由于支链淀粉被切端多具有还原能力，故开始作用时淀粉的还原性能也增加。但随着切支作用的进行，淀粉对碘的呈色反应则由红变蓝，这种呈色反应的变化，呈现了直链淀粉的特性，这与其他淀粉酶分解淀粉时的变化正好相反，因此不能误认为该酶有合成淀粉的作用。该酶也不能单独作用于淀粉而水解成单糖或二糖，而只有与α－淀粉酶及糖化酶等共同作用时才能将淀粉转化为较多量的糖。

(四) β－淀粉酶

1. 别名及其作用方式

该酶从淀粉分子的非还原性末端，作用于1,4糖苷键依次切下一个个麦芽糖。但它不作用于支链分支点的1,6键，也不能绕过1,6键去切开分支点内侧的1,4键。故此酶若单独作用于支链淀粉的结果，除产生麦芽糖外，还产生β－界限糊精。所以，β－淀粉酶又名外切型淀粉酶或淀粉－1,4－麦芽糖苷酶。

该酶在切下麦芽糖的同时，发生瓦尔登转位反应(Waden inversion)，将α－构型的麦芽糖转变为β－构型，故名β－淀粉酶。

因此，β－淀粉酶不能使淀粉分子迅速变小，不易使淀粉的粘度下降，糊精化的程度也参差不齐;作用过程中的碘显色反应也只能由深蓝变浅蓝,通常不会变为红色或无色。

2. 来源

β－淀粉酶广泛存在于高等植物中,如大麦、麸皮、甘薯等;也存在于巨大芽孢杆菌、多粘芽孢杆菌、吸水链霉菌及某些假单胞杆菌中。

3. 作用条件

β－淀粉酶是一种耐热性能较差、作用较缓慢的糖化型淀粉酶。其作用的适温为60～62℃,适宜pH为5.0～5.3。

(五) 麦芽糖酶

1. 别名及作用方式

麦芽糖酶又名α－葡萄糖苷酶。此酶能将麦芽糖迅速分解为2个葡萄糖。通常认为,麦芽糖酶对酒精发酵影响较大,麦芽糖酶活力越高,则酒精发酵率越高。

2. 来源

存在于大麦芽中,酵母菌及大多曲霉中也均含有此酶,其含量高低按菌种而异。

3. 作用条件

酵母菌的麦芽糖酶的最适作用温度为40℃,最适pH为6.75～7.25;曲霉的麦芽糖酶的最适作用温度为47～55℃,最适pH为4.0。

(六) 转移葡萄糖苷酶

此酶又称葡萄糖苷转移酶,简称转苷酶。这是一种不利于白酒发酵的酶,因其作用是将由麦芽糖等水解下来的一分子的葡萄糖,转移给作为“受体”的另一分子葡萄糖或麦芽糖,生成通常被认为非发酵性的异麦芽糖或潘糖,致使出酒率下降。

该酶大多由黑曲霉产生。因此,在筛选制取麸曲等的糖化酶菌种时,应尽可能地挑选产这种酶最少的菌株。

(七) 磷酸酯酶

该酶能将磷酸与醇式羟基结合成酯的磷酸糊精,水解成葡萄糖,并释放出磷酸,使原来不能被酵母菌等直接利用的有机磷得以利用。此酶还具有极明显的液化力。

磷酸酯酶的最适作用温度为57℃左右,最适pH为5.5～6.0。

黑曲霉等微生物能产此酶。

二、纤维素酶类

纤维素酶类包括纤维素酶和半纤维素酶。

(一) 纤维素酶

1. 作用方式

纤维素酶是指能水解纤维素的β－1,4－葡萄糖苷键的酶,使纤维素变为纤维二糖和葡萄糖。微生物产生的纤维素酶是几种酶的混合物,包括C_1酶、C_X酶和β－1,4－葡萄糖苷酶等。C_1酶能将天然纤维素分解为短链纤维素;C_X酶则能将直链纤维素内部切断,水解为纤维二糖和纤维寡糖,它也能把羧甲基纤维素水解为纤维二糖;β－葡萄糖苷酶能将纤维二糖水解为葡萄糖。纤维素的酶解机理如图1－9－1所示。

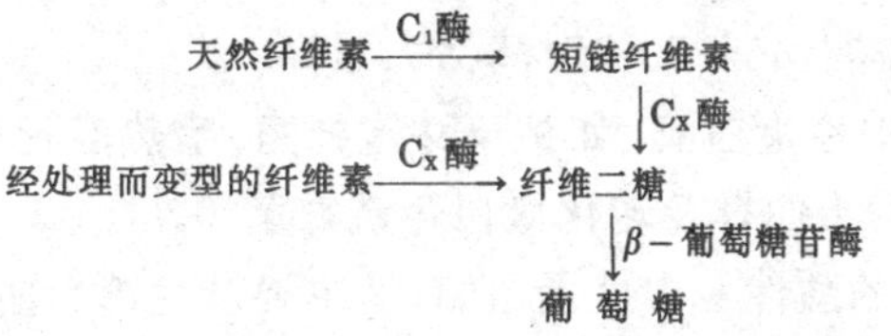

图 1-9-1　纤维素的酶解机理

纤维素酶将纤维素分解至葡萄糖，在理论上是可以实现的，但由于纤维素与果胶、半纤维素等成分交织在一起，处于高度不溶于水的状态，故很难被纤维素酶接触而分解。另外，在实际生产中应用的某些纤维素酶，大多含有半纤维素酶，当其作用于细胞壁时，会使细胞裂解，因而细胞内容物得以被较充分地利用，故提高了出酒率。通常，制酒的谷类、麸皮、薯干等原料，经纤维素酶处理后，由于细胞破裂，易于蒸煮，原料利用率得以提高。

2. 来源

能产生纤维素酶的微生物有细菌、放线菌、霉菌等，以霉菌为主，尤其是绿色木霉、黑曲霉、青霉及根霉。木霉产生的纤维素酶活力最强，其中包括C_1酶、C_X酶、纤维二糖酶及淀粉酶等酶；黑曲霉产的纤维素酶中，尚含有较多的淀粉酶、果胶酶和蛋白酶。市售的商品纤维素酶制剂中，一般含有半纤维素酶等酶类。

纤维素酶也是一种诱导酶，可采用固态麸曲法培养、产酶。

3. 作用条件

纤维素酶作用的适温为40～50℃，高于60℃时，酶会迅速钝化；最适pH为4.0～5.0。纤维素酶的反应产物，包括纤维二糖，都是酶作用的抑制剂；Cu^{2+}及Hg^{2+}会抑制某些纤维素酶的活力；醌也是抑制剂。

(二) 半纤维素酶

所谓半纤维素，是一种杂聚多糖化合物。它与纤维素一样，同属于多糖类。但纤维素由葡萄糖苷组成，是由β－D－葡萄糖以β－1,4－葡萄糖苷键相联的(不同于淀粉和糖原)，无支链；半纤维素则由2种或2种以上的单糖构成，且具有支链。其相对分子质量低于纤维素，化学稳定性也小于纤维素；水解产物为木糖、葡萄糖、阿拉伯糖、甘露糖、半乳糖、糖醛酸等。

半纤维素酶包括昆布多糖酶、内－木聚糖酶、外－木聚糖酶、木二糖酶及阿拉伯糖苷酶等β－葡聚糖酶和戊聚糖酶。如昆布多糖酶，可由霉菌产生，可内切水解β－葡聚糖的1,3键或1,4键。其作用温度在低于60℃时，很稳定，短时间内作用可达70～80℃；最适pH为4～5。

三、蛋白酶类

蛋白酶按其作用的不同pH值可分为酸性蛋白酶、中性蛋白酶及碱性蛋白酶。与白酒生产有关的为酸性蛋白酶、中性蛋白酶及介于两者之间的酸性－中性蛋白酶。

(一) 酸性蛋白酶

因该酶的作用最适pH在2～5内，故名。该酶与动物的胃蛋白酶和凝乳酶的性质相似，在pH升高时酶活力很快丧失。

能产该酶的微生物主要为米曲霉、黑曲霉和根霉等。

(二) 中性蛋白酶

该酶的最适作用pH为7左右，45～50℃时酶活力最高。

不少细菌和霉菌都能产中性蛋白酶。如枯草芽孢杆菌、嗜热溶朊芽孢杆菌、蜡状芽孢杆菌及米曲霉、灰色链霉菌、栖土曲霉及转化微白色链霉菌等。

最适作用pH为5～7之间的酸性－中性蛋白酶，其主要产生菌为曲霉菌。

四、酵母菌胞内酶

酵母菌细胞内的酶有二三十种，直接参与白酒发酵的有十几种。其中最主要的胞内酶有3种，即酒化酶、杂醇油生成酶及酯化酶。

酒化酶是指参与自葡萄糖到酒精和CO_2的各种酶和辅酶的总称，主要包括己糖磷酸化酶、氧化还原酶、烯醇化酶、脱羧酶、磷酸酶及乙醇脱氢酶等。酒化酶的作用温度为30℃左右，最适pH为4.5～5.5。

杂醇油生成酶包括脱氨酶、脱羧酶及还原酶等。

酯化酶包括酰基辅酶A及醇酸缩合酶等。

五、其他酶类

(一) 脂肪酶

脂肪酶是分解脂肪的酶，这里所说的脂肪是指生物产生的天然油脂，即三脂肪酸甘油酯。分解的部位是油脂的酯键。该酶是一种特殊的酯键分解酶，其底物的醇部是甘油，即丙三醇;酸部是不溶于水的12个碳原子以上的长链脂肪酸，即通常所说的高级脂肪酸。

能产生脂肪酶的微生物有黑曲霉、白地霉、毛霉、荧光假单胞菌、无根根霉、圆柱形假丝酵母、耶尔氏球拟酵母、德氏根霉、多球菌及粘质色杆菌等。

脂肪酸分解三脂肪酸甘油酯所得的部分甘油酯、脂肪酸及甘油等，除供给生物体所需的能量外，也是合成磷脂等具有重要生理功能的类脂的主链和前体。

(二) 单宁酶

单宁酶即单宁酰基水解酶，又称鞣酸酶。这是一种对带有2个苯酚基的酸(如鞣酸)具有分解作用的酶。其分解产物为没食子酸及葡萄糖。

产生单宁酶的微生物大多为霉菌，如黑曲霉及米曲霉等。

(三) 果胶酶

1. 分类及作用方式

果胶酶是分解果胶质的多种酶的总称。可分为解聚酶及果胶酯酶两大类。而解聚酶又可按如下三点进一步分类：即对底物作用的专一性，是对高度酯化的果胶作用还是作用于果胶酸;对D－半乳糖醛酸间的糖苷键的作用机理，是水解作用还是反式消去作用;切断糖苷键的方式，是无规则地切断还是顺序逐个加以切断，即采取外切式还是内切式，可用比较粘度的降低、还原力增加等方法予以区分。果胶酶的具体分类如下。

(1) 果胶质解聚酶

① 主要对果胶作用的解聚酶：

1) 聚甲基半乳糖醛酸酶：按作用方式，又分为以下2种酶。

内聚甲基半乳糖醛酸酶：经水解作用，无规则地切断果胶分子(先于对高度酯化果胶)

的α－1,4糖苷键。

外聚甲基半乳糖醛酸酶：经水解作用，顺次切断果胶分子非还原性末端的α－1,4糖苷键。

2) 聚甲基半乳糖醛酸裂解酶 (PMGL):

内聚甲基半乳糖醛酸裂解酶：经反式消去作用，无规则地切断果胶分子的α－1,4糖苷键，生成在非还原性末端的C_4和C_5之间具有不饱和键的半乳糖醛酸酯。

外聚甲基半乳糖醛酸裂解酶：经反式消去作用顺次切断果胶分子的α－1,4糖苷键，生成具有不饱和键的半乳糖醛酸酯。

② 对果胶酸作用的解聚酶:

1) 聚半乳糖醛酸酶 (PG):

内聚半乳糖醛酸酶：经水解作用无规则地切断果胶酸分子的α－1,4糖苷键。

外聚半乳糖醛酸酶：经水解作用顺次切断果胶酸分子的α－1,4糖苷键。

2) 聚半乳糖醛酸裂解酶 (PGL):

内聚半乳糖醛酸裂解酶：经反式消去作用无规则地切断果胶酸分子α－1,4糖苷键，生成具有不饱和键的半乳糖醛酸酯。

外聚半乳糖醛酸裂解酶：经反式消去作用顺次切断果胶酸分子的α－1,4糖苷键，生成具有不饱和键的半乳糖醛酸酯。

(2) 果胶酯酶(PE)　这类酶使果胶分子中的甲酯水解，最终生成果胶酸。

2. 来源

果胶酶广泛存在于植物果实和微生物中，通常动物细胞不能合成这类酶。

霉菌能产生多种解聚酶，大多可产内聚半乳糖醛酸酶；少数酵母菌也能产果胶酶；假单胞菌能产生内聚半乳糖醛酸裂解酶。在少数霉菌和细菌中，也有果胶酶存在。

3. 作用条件

由曲霉菌属产生的聚半乳糖醛酸酶，可随机分解果胶及其他聚半乳糖醛酸中的α－1,4糖苷糖醛酸键。该酶在40℃以下作用时，性能稳定；最适pH为4.0～4.8，低于3.0时酶迅速失活。高浓度的可溶性成分对该酶有抑制作用，当可溶性干物质浓度达50％时，则酶几乎全部失活；酚类化合物也是该酶的抑制剂。

与该酶并存的，可能还有甲基半乳糖醛酸裂解酶，作用的最终产物为单半乳糖醛酸或双半乳糖醛酸。

(四) 氧化还原酶

催化两分子间发生氧化还原反应的一类酶的总称。其代表性反应式为：$A\cdot 2H+B \rightleftharpoons A+B\cdot 2H$。式中A·2H为氢的供体，B为氢的受体。按供氢体的性质，通常可分为氧化酶和脱氢酶两类。

1. 氧化酶类

(1) 催化底物脱氢，氧化生成H_2O_2。其通式为：

$$A\cdot 2H+O_2 \rightleftharpoons A+H_2O_2$$

这类酶需要FAD(黄素腺嘌呤二核苷酸)或FMN(黄素单核苷酸)为辅基。该酶作用时，底物脱下的氢先交给FAD，使之成为FAD·2H；FAD·2H再与氧作用，生成H_2O_2，放出

FAD。例如葡萄糖氧化酶等。

(2) 催化底物脱氢，氧化生成水。其通式为：

$$A\cdot 2H+\frac{1}{2}O_2\rightleftharpoons A+H_2O$$

例如多酚氧化酶，先催化酚基的化合物氧化成醌，再经一系列脱水、聚合等反应，最终可生成黑色物质。

2. 脱氢酶类

这类酶能直接从底物上脱氢。例如脱氢酶、谷氨酸脱氢酶等。

氧化还原酶是已知数量最多的一类酶。按所作用的供体类别可分为17个亚类，分别作用于供体的CH—OH基团、醛基或酮基、CH—CH基团、CH—NH_2基团、CH—NH基团、NADH或NADPH、其他含氮化合物、含硫基团、血红素基团、二酚类……各亚类中，又按受体的类别分亚亚类。

六、综合认识

综上所述，我们不难得出如下4点认识。

1. 酶的分类易统一，酶的命名不易统一

酶的种类很多，已研究的约2000种，但国内外应用于生产的约120种。与白酒生产有关的酶系非常复杂，涉及到各大酶类，所以有必要对酶的总的常识作简要的介绍。

关于酶的命名，绝大多数酶是以其底物命名的，如淀粉酶是指分解淀粉的酶；某些酶是按底物和所催化的反应性质命名的，如乳酸脱氢酶是指催化乳酸分子脱氢的酶；某些酶则以其来源物命名，如枯草芽孢杆菌蛋白酶；某些酶则冠以特性，如酸性蛋白酶、液化型淀粉酶、外切型淀粉酶、β－淀粉酶等等。这些均为习惯命名，或称常用名，比较简单，但缺乏系统性。往往出现1酶数名或1名数酶的混乱现象。例如前面提到的α－淀粉酶，1酶有7名。但这些酶名都是经学者们根据酶的特性提出后，得到公认而沿用至今的，具有形象化和生命力，因此一时难以取消。

1972年，国际生物化学协会酶学委员会提出了酶的系统命名和分类规则，并开列了当时所知的全部酶的完整目录。这个新的系统，按酶的催化反应的类型，将酶分成六大类，再根据更具体的作用方式和性质进一步分成亚类、亚亚类。

这六大酶类为：氧化还原酶类，转移酶类，水解酶类，裂合酶类，异构酶类，合成酶类。

每1种酶还指定1个推荐名称、系统名称和分类编号。推荐名称简短，适于日常应用，即如前所述的常用名。系统名称则按其所催化的作用命名，要求列入底物及作用类型，即××底物××反应类型酶；若为双分子反应则2种底物的名称均须列入，并在两者间加冒号。分类编号用4个数字表示。编号的前面为EC，表示酶学委员会；第1个数字(1至6)表示它属于六大酶类的哪一类；第2和第3个数字表示它属于哪个亚类和亚亚类；第4个数字表示该酶的序号。很明显，系统名称较复杂，难以记忆，故至今未普遍应用。

2. 一酶产自多菌，一菌产多酶

任何一种微生物甚至是某一菌株，不可能只产一种酶，往往产几种或几类酶，但各菌株所产的各种酶必有主次之分。例如黑曲霉与米曲霉相比，黑曲霉产糖化酶较多，而产α－

淀粉酶及蛋白酶较少，黑曲霉也产较多的果胶酶；而米曲霉则与此相反。同样，一酶可产自多菌。如果胶酶可产自霉菌、细菌等多类微生物。

因此，在白酒生产中如何按产品的成分要求，结合酶学和微生物学，合理地组合应用各类微生物，是酿造工作者们须经常考虑和研究的课题。

现将与白酒生产有关的若干主要酶的作用条件及相关的微生物归纳于表1-9-3中。

表 1-9-3　与白酒生产有关的若干主要酶的作用条件及相关微生物

酶大类	酶名	酶来源	最适作用条件	
			pH	温度/℃
氧化还原酶	乙醇脱氢酶	酵母菌	6.0	30
	过氧化氢酶	黑曲霉等	6.8	25
	葡萄糖氧化酶	黑曲霉等	5.6	30～38
转移酶	胱丙转氨酶	酵母菌	—	—
水解酶	α-淀粉酶	枯草芽孢杆菌、黑曲霉、米曲霉等	6.2	90
	糖化酶	黑曲霉、红曲霉等	4.6	62
	蛋白酶	枯草芽孢杆菌、米曲霉、黑曲霉、白曲霉、灰色链球菌等	6.8～7.0	40～45
	脂肪酶	假丝酵母、类酵母、米根霉等	7.5	40
	纤维素酶	木霉、根霉、黑曲霉等	4.5	45
	半纤维素酶	木霉、黑曲霉等	4.5	40
	果胶酶	黑曲霉、黄曲霉、米曲霉、枯草芽孢杆菌、马铃薯芽孢杆菌等	3.0～3.5	50
	单宁酶	黑曲霉等	—	—
裂解酶	脱羧酶 脱氨酶 脱水酶 醛缩酶	酵母菌等	—	—
异构酶	葡萄糖异构酶	酵母菌等	6.0～9.0	65
合成酶	酯化酶	酵母菌等	—	—

3. 酶的协同作用

各种酶的协同作用，犹如“接力赛”。譬如淀粉在α-淀粉酶的作用下，生成大量的糊精，须由糖化酶及β-淀粉酶进行分解，否则影响发酵的速度。有的厂在添加酶制剂时，没有仔细分析醅中各种淀粉酶的状况，使α-淀粉酶的用量过大，不但未能达到加速糖化的目的，反而阻碍了发酵。其表面现象是发酵温度下降了，但因不知各种机理之间的联系，故不能解释这种现象并采取改进措施。

白酒的固态和半固态发酵均为并行复式发酵，或称为同步发酵，即糖化与发酵是同时进行的，在不同的发酵阶段，要求糖化和发酵的速度相对平衡。譬如添加活性干酵母，实际上等于加入酒化酶等酶。总之，一切生化反应都是酶的作用，酶则来源于微生物。因此，只有在对各种微生物的生理及各类酶的生化特性基本了解的基础上，才能理清错综复杂的各种关系，进而掌握白酒制曲、发酵过程中的规律。酶则贯穿于全过程中。

白酒生产中的黑曲霉能产生很多种酶；某些酵母菌也含有多种酶。但由于白酒成分的复杂性，因此单靠这些酶往往还不能达到预期的目的。但也决不是酶越多越好，应予以深入地研究和探讨。

4. 未知的酶还有很多

前面介绍的与白酒生产有关的酶，仅仅是全部酶中的一小部分。由于认识的局限，目前还不能展示全貌；即使在若干年后，也只能说是在这方面的认识有所相对的扩展。黑曲霉等霉菌大多产胞外酶、诱导酶；酵母多产胞内酶，也产胞外酶。所谓诱导酶，又称适应酶，是微生物适应于底物或底物的类似物(诱导物)而产生的一类酶；酶的反应产物和反应产物的类似物也可作为酶的诱导物。如纤维素酶为诱导酶，该酶只有在纤维素及纤维二糖等存在时才能产生。所谓胞外酶，是指由微生物的细胞在胞内合成后分泌至胞外，在胞外进行作用的酶。主要为水解酶，如淀粉酶、蛋白酶、脂肪酶、果胶酶、单宁酶等。目前工业生产的酶制剂，大多为胞外酶。胞内酶是由细胞合成后并不分泌到胞外而在胞内作用的酶。这类酶的种类很多，如氧化还原酶、转移酶、裂解酶、异构酶及合成酶等。不同胞内酶在细胞内都各自有一定的区域，大多在细胞的原生质内活动，有些在细胞表面的质膜上活动。在原生质中作用的酶，呈可溶性的游离状态存在；或与原生质的特定成分结合在一起。因各种胞内酶有严格的作用区域划分，故使胞内的许多物质代谢活动得以有规则地进行。目前市售的酶制剂，仅有少数是胞内酶。因胞内酶受反馈阻遏的影响，在胞内的数量基本上恒定；正因为胞内酶存在于细胞内，虽易与培养液分开，但要将其从细胞分离出来并与其他酶分开，则较为困难。另外，对未知的酶如何进行定性和定量分析，均须有理论指导和必要的仪器、药品及方法等条件作保证。但随着科学技术的日益发展，白酒生产中的酶系状况，将会越来越清晰。

第二节 白酒生产中的酶类状况

各类白酒生产中酶的种类及其活力，与菌系、原料、生产条件等许多因素密切相关，尤其在以天然微生物进行开放式制曲和发酵的情况下，酶状况的相对稳定性较差，产品的优质品率也相对为低。因此，白酒生产的目标是原料及菌株的良种化，工艺及设备的科学化、自动化，即现代化。为此，我们应在微生物学及酶学等方面做大量的研究工作。在酶的范围内，白酒酿造工作者们已经做了不少工作，并将继续深入研究。现将有关情况归纳介绍如下。

一、曲中的酶类状况

(一) 不同曲中酶的状况与微生物密切相关

如前所述，白酒曲中尤其是大曲中的微生物，包括发酵工业中常用的霉菌、细菌、酵母菌及放线菌四大类。人们往往较注重于霉菌，尤其是曲霉菌。但各种曲霉的产酶状况有明显的差异。例如黑曲霉的α－淀粉酶和蛋白酶活力不强，而糖化酶活力较强，并含有果胶酶及单宁酶等；米曲霉的α－淀粉酶及蛋白酶活力较强，但糖化酶活力较低；白曲霉则介于黑曲霉与米曲霉之间。

很多大曲的培养温度较高，不适于霉菌和酵母菌的生长和产酶；即使在低温阶段形成的一些酶，在进入较高温阶段后也损失不少。因此，在实际发酵中，添加一些酶和酵母等酶源是必要的。当然在较高的温度下，一些耐热的芽孢杆菌等细菌则能够生成，并产生相应的酶，同时形成一些特殊的成分，为以后的发酵产香准备了条件。

小曲中的主要霉菌——根霉产多种淀粉酶，也含有少量酒化酶；其酵母菌含量多于大曲。但由于其用量较小，故在发酵时也有外加酶源的必要。

麸曲及液体曲培养时采用人工菌种黑曲霉，该霉菌虽能产若干种酶，但对于要求具有复合香气的白酒而言，仍为酶系较单纯。故在发酵时也有必要外加一些酶或含酶并能继续产酶的活菌体。

(二) 大曲中的酶类状况

1. 各种大曲的酶况比较

有关单位对各种大曲的酶，进行了分析和比较，现归纳如下。由于各例的取样、操作条件及表示方法等有所差异，故所列数据仅供参考。

(1) 各种香型酒大曲的酶活力比较　如表1－9－4、表1－9－5、表1－9－6、表1－9－7所示。

表 1-9-4　各种香型酒大曲的酶活力比较例一

项目 曲源	糖化力/mg葡萄糖·$(g·h)^{-1}$	液化力/g淀粉·$(g·h)^{-1}$	蛋白质分解力(pH3～3.5，耗0.1mol/L NaOH的ml数)
五粮液	270.0	174	0.57
古井贡酒	596.3	67	0.67
全兴酒	383.8	146	0.68
茅台酒	232.9	(4h碘液不退色)	0.61
西凤酒	506.1	119	0.59
汾　酒	488.2	120	0.65
董　酒	523.7	145	0.48

从表1－9－4可知，茅台酒曲的糖化力和液化力均最低。

表 1-9-5　各种香型酒大曲的酶活力比较例二

曲　源	糖化力/mg葡萄糖·$(g·h)^{-1}$	液化力/g淀粉·$(g·h)^{-1}$	酸性蛋白酶活力/μg酪氨酸·$(g·min)^{-1}$
酱香型酒	164.1	1.96	85.36
浓香型酒	960.8	6.12	51.57
清香型酒	1254.0	8.28	28.58
凤 型 酒	1590.0	8.07	40.41
特 型 酒	9.3	7.38	39.20
景 芝 酒	1310.0	8.16	45.50

由表1－9－5说明，酱香型白酒曲的酸性蛋白酶活力最强，这可能与成品酒的香型有关。为什么该曲能有较高的蛋白酶活力呢?这大概与菌系及培养的全过程有关。

表 1-9-6 各种香型酒大曲的酶活力比较例三

曲 名	试次	液化力/g淀粉·(g·h)$^{-1}$	糖化力/mg葡萄糖·(g·h)$^{-1}$	发酵力/酒精质量分数%
汾酒大曲	1	1.86	30.6	—
	2	0.66	31.9	
泸州大曲	1	1.33	1.2	27.4
	2	0.31	0.8	19.2
茅台大曲	1	0.24	5.2	10.3
	2	0.00	3.2	29.1
西凤大曲	1	0.66	27.0	—
	2	3.00	24.5	

表 1-9-7 各种香型酒大曲的酶活力比较例四

曲 源	糖化力/mg葡萄糖·(g·h)$^{-1}$	酸性蛋白酶活力/μg酪氨酸·(g·min)$^{-1}$	备 注
酱香型酒	270	111.00	取2样平均值
浓香型酒	1045	61.23	取4样平均值
清香型酒	1480	38.74	取3样平均值
兼香酒(中温)	870	61.50	取2样平均值
兼香酒(高温)	330	82.28	取2样平均值

(2) 架子曲与中、高温地面曲的酶活力比较 如表1-9-8所示。

表 1-9-8 架子曲与中、高温地面曲的酶活力比较例

项 目	洋河曲酒厂			景芝酒厂		
	架子曲	地面中温曲	地面高温曲	架子曲	地面中温曲	地面高温曲
糖化力/mg葡萄糖·(g·h)$^{-1}$	1932.00	480.00	336.00	2100.00	1310.00	660.00
液化力/g淀粉·(g·h)$^{-1}$	15.50	3.09	2.44	13.87	8.16	3.65
酸性蛋白酶活力/μg酪氨酸·(g·min)$^{-1}$	45.60	44.64	50.88	42.88	45.50	59.30

从表1-9-8可知，架子曲的糖化力和液化力均高于传统的地面中温曲和高温曲，故有推广价值。

(3) 不同温度培养的大曲酶况 将入曲室培养2天上霉后的曲块，分别置于30℃、40℃、50℃的恒温箱内培养，其间每天开门1次，为10～15min，以供氧并排放CO_2。25天后测定酶活力，结果如表1-9-9所示。

表 1-9-9 不同温度培养的大曲酶况

项 目	30℃	40℃	50℃
糖化力/mg葡萄糖·(g·h)$^{-1}$	804	288	78
液化力/g淀粉·(g·h)$^{-1}$	9.60	5.60	120min不退色

续表

项　　目	30℃	40℃	50℃
酸性蛋白酶活力/μg酪氨酸·$(g·min)^{-1}$	51.22	60.13	68.32
酯化酶活力/mg总酯·$(g·96h)^{-1}$	0.41	0.41	0.41
酯分解率/%	39.4	39.4	39.4
发酵力/酒精质量分数%	6.5	5.3	5.5

从表1－9－9可见，在30～50℃的温度范围内，大曲的液化力和糖化力随温度升高而减弱;酸性蛋白酶活力随温度升高而增强;其他酶况基本相同。

2. 浓香型白酒大曲的酶况

关于浓香型白酒大曲的酶况，有关的科研单位和企业的科技人员做了大量的工作。现将情况综述如下。为了便于较清晰地比较，未将曲中酶以外的成分列出，读者可查阅“制曲工艺”部分的有关内容。

(1) 泸州大曲及五粮液大曲的质量标准　如表1－9－10、表1－9－11所示。

表 1-9-10　泸州大曲的酶活力指标

等　级	糖化力/mg葡萄糖·$(g·h)^{-1}$	液化力/g淀粉·$(g·h)^{-1}$
1 级	300～600	≥1
2 级	500～800	≥0.8
3 级	＜500或＞800	≥0.6

表 1-9-11　五粮液大曲的酶活力质量标准

等　级	糖化力/mg葡萄糖·$(g·h)^{-1}$	发酵力/mlCO_2·$(g·72h)^{-1}$
1 级	≥700	≥200
2 级	≥600	≥150
3 级	＜600	≥150

(2) 部分中、高温泸型曲的酶活力　如表1－9－12所示。

表 1-9-12　部分中、高温曲的酶活力

曲　名	糖化力/mg葡萄糖·$(g·h)^{-1}$	液化力/g淀粉·$(g·h)^{-1}$
双沟高温曲	140	268
双沟中温曲	320	97
洋河高温曲	120	320以上
洋河中温曲	465	37
濉溪高温曲	70	320以上
濉溪中温曲	720	32

注: 酶活力的测定方法参考江苏省轻工业厅编的《白酒化验操作法》一书。

从表1－9－12可知，高温曲的糖化力及液化力低于中温曲。高温曲也呈水分低、酸度高及淀粉消耗多的特点。

(3) 大曲贮存中酶活力的变化　如表1－9－13、表1－9－14所示。

表 1-9-13 泸州大曲贮存中的酶活力变化例

项目 \ 贮存期/月	3	6	9	12	24
糖化力/mg葡萄糖·$(g·h)^{-1}$	944.0	660.0	663.0	868.0	240.0
液化力/g淀粉·$(g·h)^{-1}$	1.32	1.37	1.24	1.03	0.53
发酵力/酒精质量分数%	2.1078	2.0707	1.3589	0.9379	0.4312

表 1-9-14 泸型曲的新曲与陈曲酶活力比较例

项目 \ 曲别	新曲	贮存6个月的陈曲
糖化力/mg葡萄糖·$(g·h)^{-1}$	1574	1488
液化力/g淀粉·$(g·h)^{-1}$	2.9	2.8
发酵率/%	67	42

从表1－9－14可见，贮存6个月后的曲，其发酵率明显下降，即酒化酶损失较多。

(4) 4季曲酶活力比较 五粮液酒厂将1年4季大曲的酶活力作了比较，如表1－9－15所示。说明“伏曲”的糖化力及发酵力偏低。但“伏曲”对增强曲的酒香是有利的，因其蛋白酶活力等较强。

表 1-9-15 4季曲酶活力比较例

项目	夏曲(6、7、8月)	春秋曲(3、4、5、9、10、11月)	冬曲(12、1、2月)
糖化力/mg葡萄糖·$(g·h)^{-1}$	572	590	735
发酵力/mlCO_2·$(g·72h)^{-1}$	240	240	388

注：表中数据为200个试样的平均值。

(5) 强化大曲的酶况例

① 中科院成都生物所曾与四川汉源县酒厂协作，进行了强化大曲的试验；并将强化大曲与普通大曲的酶况作了比较。其结果如表1－9－16所示。

表 1-9-16 强化大曲与普通大曲的酶活力比较例

曲别 \ 项目	蛋白酶活力/μg酪氨酸·$(g·min)^{-1}$		糖化酶活力/mg葡萄糖·$(g·h)^{-1}$
	中性	酸性	
强化大曲	102.0	96.0	330.8
普通大曲	28.0	142.0	118.2

从表1－9－16可知，强化大曲除酸性蛋白酶活力低于普通大曲外，其他各酶的活力均高于普通大曲。

② 河北廊坊市食品工业研究所科研人员，对浓香型大曲的强化和酶的状况做了很多工作，按原料质量计，添加培养酵母0.5%、根霉0.6%、细菌0.2%，照常法培养约30天，其结果如表1－9－17、表1－9－18、表1－9－19、表1－9－20所示。

表 1-9-17　浓香型强化大曲与非强化大曲酶况比较例

项目 曲别	糖化力/mg葡萄糖·$(g·h)^{-1}$	液化力/g淀粉·$(g·h)^{-1}$	蛋白酶活力/μg酪氨酸·$(g·min)^{-1}$	发酵力/酒精质量分数%	酯化酶活力/mg总酯·$(g·96h)^{-1}$	酯分解率/%
强化大曲	856	3.82	62.71	2.2	0.013	40.72
非强化大曲	642	3.20	51.86	1.5	0.014	42.28

强化大曲的细菌、霉菌和酵母数也均多于非强化大曲，强化大曲的酸度也高于非强化大曲。

表 1-9-18　强化大曲培养期的酶活力变化例(取两曲室平均值)

项目 \ 培养期/d	2	5	10	15	20	25	30
糖化力/mg葡萄糖·$(g·h)^{-1}$	1031	684	753	824	763	662	683
液化力/g淀粉·$(g·h)^{-1}$	—	0.57	2.80	2.99	2.60	2.40	2.60
蛋白酶活力/μg酪氨酸·$(g·min)^{-1}$	9.75	36.90	46.38	46.23	49.60	54.07	51.14
发酵力/酒精质量分数%	0.35	1.45	2.40	3.30	3.20	2.40	2.55
酯化酶活力/mg总酯·$(g·96h)^{-1}$	0.0125	0.0225	0.0219	0.0180	0.0177	0.0125	0.0134
酯分解率/%	18.28	38.79	34.70	36.42	36.95	36.01	34.06

从表1－9－18可知，强化大曲的糖化力和液化力在15天时为最强；蛋白酶活力在25天时最强；酯化酶活力在第5天时最强，酸度也在此时最高。培养25～30天即可出曲，培养时间比普通大曲快10～15天。

表 1-9-19　强化大曲曲块各部位的酶活力例

项　目	曲块表层	曲块表皮下层	曲　心
糖化力/mg葡萄糖·$(g·h)^{-1}$	910	548	346
液化力/g淀粉·$(g·h)^{-1}$	2.8	3.5	5.6
蛋白酶活力/μg酪氨酸·$(g·min)^{-1}$	23.66	36.92	56.23
发酵力/酒精质量分数%	1.94	1.10	0.44
酯化酶活力/mg总酯·$(g·96h)^{-1}$	0.006	0.008	0.009
酯分解率/%	46.17	45.58	44.58

表1－9－19中的酶活力状况，是与微生物相对应的：曲块表层糖化力高，是由于好气的产糖化酶的曲霉等霉菌数量较多；曲心的液化力及蛋白酶活力较高，是由于需气量较小的细菌含量较多；但放线菌则在曲块表皮下层较多；酵母数在表层及表皮下层较多，这也与发酵力基本上是吻合的。

从表1－9－20可知，强化大曲的贮存期以3～4个月为宜。

(6) 微机控制温湿度的架式大曲的酶况　四川大学新星应用技术研究所与贵州湄潭

表 1-9-20 强化大曲贮存期内的酶活力变化例(取3个贮室平均值)

项目 \ 贮存时间/月	0	1	2	3	4	5	6
糖化力/mg葡萄糖·$(g\cdot h)^{-1}$	1680	1808	1745	1147	1145	1131	1064
液化力/g淀粉·$(g\cdot h)^{-1}$	5.15	7.55	4.57	3.77	3.71	3.23	2.95
蛋白酶活力/μg酪氨酸·$(g\cdot min)^{-1}$	38.85	36.34	38.59	37.43	40.36	36.87	38.46
酯化酶活力/mg总酯·$(g\cdot 96h)^{-1}$	0.014	0.014	0.015	0.012	0.014	0.013	0.012
酯分解率/%	36.14	34.44	32.14	30.39	36.52	37.40	36.84

酒厂协作,利用微机监控系统,有效地控制了曲室的温度和湿度,对架式大曲进行培养;并将其酶况与传统的地面大曲作了对比,其结果如表1－9－21所示。

表 1-9-21 微机监控架式大曲与地面大曲的酶况对比例一

批次	地面曲		微机监控架式大曲	
	糖化力/mg葡萄糖·$(g\cdot h)^{-1}$	液化力/g淀粉·$(g\cdot h)^{-1}$	糖化力/mg葡萄糖·$(g\cdot h)^{-1}$	液化力/g淀粉·$(g\cdot h)^{-1}$
4	423	1.78	761	3.28
9	617	1.03	859	2.87
16	522	1.17	1021	4.85
21	700	2.04	973	3.12
25	478	0.98	794	3.44

北京市食品酿造研究所与山东景芝酒厂协作,也进行了微机控温架式大曲的试验,并与地面大曲作了酶况对比。其结果如表1－9－22所示。

表 1-9-22 微机控温架式大曲与地面大曲的酶况对比例二

培养时间/d	0	5		10		15		20		25		30	
项目	曲坯	架式曲	地面曲	架式曲	地面曲	架式曲	地面曲	架式曲	地面曲	架式曲	地面曲	架式曲	地面曲
糖化力/mg葡萄糖·$(g\cdot h)^{-1}$	7980	984	1038	1506	1360	1920	1764	2280	1938	2100	2160	2304	2070
液化力/g淀粉·$(g\cdot h)^{-1}$	3h不退色	1.76	9.76	5.28	5.53	7.06	7.41	13.33	11.27	13.87	11.59	16.47	14.18
蛋白酶活力/μg酪氨酸·$(g\cdot min)^{-1}$	3.77	24.91	29.3	0.147	31.4	33.91	34.84	37.65	50.24	42.70	50.24	49.11	50.87
发酵力/酒精质量分数%	—	4.4	4.6	5.6	5.3	5.0	5.2	4.5	4.6	4.4	4.4	4.7	4.2
酯化酶活力/mg总酯·$(g\cdot 96h)^{-1}$	—	0.34	0.36	0.21	0.22	0.21	0.3	0.26	0.38	0.27	0.32	0.26	0.26
酯分解率/%	—	27	30	27	28	24	30	26	32	38	36	40	40

注: 培养品温最高为54℃,培养期30天。

3. 清香型白酒大曲的酶况

(1) 汾酒3种大曲的酶况 如表1－2－16所示。

从表1－2－16可知，贮存3个月时，糖化力最高，液化力也较稳定；蛋白酶活力在贮存6个月内一直呈上升趋势；发酵力在贮存3个月时最强。

(2) 宝丰大曲贮存期内酶况变化例 如表1－9－23所示。

表 1-9-23 宝丰大曲贮存期内酶况变化例

项目 \ 贮存时间/月	0	1	3	6	9	12
糖化力/mg葡萄糖·$(g\cdot h)^{-1}$	1020	1320	1680	1680	1080	950
液化力/g淀粉·$(g\cdot h)^{-1}$	1.34	1.41	1.98	4.7	3.38	1.98
蛋白酶活力/μg酪氨酸·$(g\cdot min)^{-1}$	560	360	184	58	48	29
发酵力/酒精质量分数%	5.9	6.1	6.7	6.6	4.7	3.5
酯化酶活力/mg总酯·$(g\cdot 96h)^{-1}$	0.63	0.09	0.24	0.38	0.67	0.62
酯分解率/%	87.7	81.2	35.0	26.1	25.6	24.8

从表1－9－23可见，宝丰大曲的糖化力、液化力及发酵力，在贮存3个月内都有明显增长；3～6个月内，糖化力和液化力仍在上升；贮存6个月后，三者的数值均逐渐下降。酯化酶活力在9个月内，一直持续上升，尔后呈下降趋势。蛋白酶和酯分解酶活力，在6个月内大幅度下降，尔后则下降缓慢。因此，综合考虑诸多因素，贮曲期以3～6个月为宜。

4. 酱香型白酒大曲的酶况

高水分曲在第1次翻曲时的糖化力为mg葡萄糖/(g·h)左右；而低水分曲为300mg葡萄糖/(g·h)以上；水分适中曲为230～280mg葡萄糖/(g·h)。有的新曲的糖化力为295mg葡萄糖/(g·h)；陈曲糖化力为119mg葡萄糖/(g·h)。通常麦曲的糖化力为200～300mg葡萄糖/(g·h)。

酱香型白酒曲块的糖化力主要来源于表层，尤以白色曲块表层为高。因培养过程中过早地干皮，故品温较低而保存了小麦粉原有的糖化力。

在测定麦曲糖化力时，以可溶性淀粉为底物，但制酒原料中的可溶性淀粉含量很少。故仅仅考察糖化力以表示酶况是远远不够的。酱香型白酒大曲的主要指标是曲香，所以应从蛋白酶系等方面去探索酶的组分，以利于将酶与微生物、曲、发酵及成品酒的成分等方面联系起来，找到其中固有的规律。

(三) 小曲中的酶类状况

小曲中的霉菌主要是根霉，还含有少量的酵母菌及细菌。据分析，根霉中的液化型淀粉酶与糖化型淀粉酶之比为1∶3.3；米曲霉为1∶1；黑曲霉为1∶2.8。因此，小曲能产生较多的可发酵性糖。根霉还能产一定量的酒化酶，这也是其他霉菌所没有的特性。河内根霉及中国根霉等还能产生生成乳酸等有机酸的酶，这与小曲酒主要香气成分乳酸乙酯的形成也不无关系。根霉菌与酵母菌一起培养的人工小曲，则尚含较多的酒化酶等酵母的酶类。

(四) 麸曲中的酶类状况

通常的麸曲培养采用AS3.4309黑曲霉菌株。其酶系比较清楚，故这里不予重复。利用酶系较为清楚的根霉和白曲霉制作麸曲，也已有报道；利用多种霉菌及酵母菌等制作麸曲，也取得了较好的成绩，但在酶系方面尚未较深入的探究。

贵州省轻工科研所在利用人工菌株试制酱香型白酒的工作中注意了有关的酶系。发现嗜热芽孢杆菌具有一定的液化力、糖化及蛋白质分解力，有利于产生酱香；酵母属酵母及球拟酵母具有酒化酶；汉逊酵母及假丝酵母等产膜酵母具有较强的酯化酶，也能生成酱香成分。因此，在酿制麸曲酱香型白酒时，使用含有多种酶系的菌株是必要的。

(五) 液态曲中的酶类状况

液态曲因采用人工菌株进行密闭式培养，故基本上无杂菌；培养条件也较稳定，所以产酶状况也较稳定。目前使用最多的是黑曲霉等曲霉，也有使用根霉和细菌的。液态曲中的酶主要是糖化酶及α－淀粉酶。若在液态曲培养至一定阶段时接入酵母，继续混合培养到成熟，称为液态曲酒母，则也含有较多的酒化酶等由酵母产生的酶类，因而具有糖化剂和发酵剂的双重功效。液态曲目前仅应用于液态发酵法白酒生产。

关于更多微生物共同培养的多菌种液态曲的酶系状况，目前尚未见报道。

二、窖泥中的酶类状况

窖泥中的微生物和酶系很复杂。河南省食品研究所曾与伊川杜康酒厂协作，取窖泥的表层、中层和深层的试样，进行了若干酶活力的测定。其结果如表1－9－24所示。

表 1-9-24　　各层窖泥若干酶活力例

编号	试样的窖泥深度/cm	酸性磷酸酯酶活力/mg酚·(g·d)$^{-1}$	中性磷酸酯酶活力/mg酚·(g·d)$^{-1}$	碱性磷酸酯酶活力/mg酚·(g·d)$^{-1}$	蔗糖酶活力/mg葡萄糖·(g·d)$^{-1}$	脲酶活力/mg氨态氮·(g·d)$^{-1}$	蛋白酶活力/mg氨态氮·(g·d)$^{-1}$	过氧化氢酶活力/0.1 mol/L $KMnO_4$mg·(g·20min)$^{-1}$
111	0～3	0.99	0.44	1.52	12.5	1.41	19.19	4.05
112	3～10	0.83	0.53	0.66	9.9	0.57	16.74	4.45
113	10～20	0.41	0.40	0.56	13.5	0.41	8.84	4.54
121	0～3	1.18	0.31	1.47	17.4	1.09	18.65	3.84
122	3～10	0.55	0.21	0.60	15.0	0.65	16.91	4.42
123	10～20	0.39	0.10	0.66	13.0	0.45	11.88	4.49
140	封窖泥	1.89	0.63	1.62	15.6	1.13	19.19	4.45
211	0～3	1.17	0.55	1.19	9.0	0.94	21.28	4.45
212	3～10	0.45	0.40	2.18	9.9	0.56	11.21	4.56
213	10～20	0.59	0.40	0.87	9.0	0.45	10.45	4.58
221	0～3	1.09	0.75	1.59	9.0	0.44	18.29	9.47
222	3～10	0.68	0.28	1.76	9.0	0.69	11.21	4.58
223	10～20	0.49	0.33	0.60	9.0	0.40	9.69	4.58
240	封窖泥	2.19	0.92	3.66	55.0	0.69	23.75	4.42
259	黄粘土	0.24	0.20	0.31	9.0	0.29	3.80	4.65

从表1－9－24的数值及其他试验的结果，可说明如下几点：

(1) 窖泥中酸性及碱性磷酸酯酶活力,自表层至底层逐渐降低,变化较为明显;且窖底高于窖壁。中性磷酸酯酶活力各层窖泥差别不太明显,但基本上也是上高下低,且酶活力均较低。可能是窖泥表层无机磷含量较高,对中性磷酸酯酶的合成存在反馈阻遏作用。窖泥表层的无机磷,来自酒醅的渗透,并非来源于中性磷酸酯酶对有机物分解而释放的磷;无机磷为窖泥微生物提供了繁殖和合成酶的磷源。

(2) 窖泥各层中蛋白酶的活力,与窖泥中的总氮及碱性氮的变化规律相吻合,也是自表层至底层逐渐降低,且窖底高于窖壁。

(3) 脲酶活力的变化规律同上,也是自表层至底层逐渐降低。在人工培养优质窖泥时的一定条件下,能生物合成尿素。

(4) 过氧化氢酶的变化规律与上述各酶相反,即自表层向底层逐渐升高。如在有氧条件下可产生过氧化氢,则对己酸菌等生长不利。

(5) 蔗糖酶的活力不强;且各层窖泥变化不明显。

(6) 表层0～3cm的窖泥层的质量至关重要。故若表层窖泥呈现退化现象而影响酒质时,应及时采取有效措施予以补救。

(7) 从上述测定若干酶活力的结果,可粗略地判断窖泥的质量。但尚待深入探究。

三、白酒发酵过程中酶的状况

(一) 酒母及酒醅(醪)中的酶况

白酒生产中,除类似于酒精生产的先糖化后发酵的单行复式液态发酵外,其余均为糖化和发酵同时进行的并行复式发酵。这种发酵方式,使曲及酒母中的微生物及酶全部转入发酵醅或醪中,在新的基质和条件下,这些原有的和操作中新进入的微生物继续繁殖并产酶。这样,各种酶系随着发酵醅或醪的成分及条件的不断变化,进行各种生化反应。因此,情况是错综复杂的。是否需要将这些酶的种类、作用及其变化规律了解得十分清楚呢?当然如能做到固然很好,但实际上这不是件容易的事情。就指导生产而言,还是应首先把握诸如淀粉酶、蛋白酶、醇脱氢酶及酯化酶等几种主要酶及相应的微生物的变化规律,由粗及细、由总及分,再进行综合分析,准确地掌握若干关键酶的状况,以利于使生产中的问题迎刃而解。但目前在这方面的报道还很少。这里仅就两例介绍如下。

1. 大缸酒母培养一例

测定了培养过程微生物和酶的变化,如表1－9－25所示。实际上酵母的状况即代表了酒化酶等各种酶的状况。

表 1-9-25 大缸酒母培养中酵母及酶的变化例

培养时间/h	酵母数/10^8个·ml^{-1}	酵母芽生率/个·(100个)$^{-1}$	酵母死亡率/个·(100个)$^{-1}$	液化力/mg葡萄糖·(g·h)$^{-1}$	糖化力/g淀粉·(g·h)$^{-1}$
1	0.13	34	很少	0.38	60
4	0.40	20	—	0.30	50
6	0.62	24	0.4	0.42	73
8	0.94	17	少	0.40	55
10	1.08	8	少	0.42	55

从表1－9－25可知，大缸酒母在培养过程中的酵母总数在不断增加，芽生率在逐渐减少，死细胞数基本稳定。液化力和糖化力也相对稳定。因此不难推测，在曲及酒母转入发酵醅或醪中后，淀粉酶等酶的活力在发酵过程中也可持续保持。

2. 浓香型白酒醅发酵过程中的酶况例

这里着重考察了醅中淀粉酶活力的变化状况：在封窖后第3天，α－淀粉酶及糖化酶的活力均达最高值，即α－淀粉酶活力由原来的0.30u/g增长为0.42u/g，糖化酶活力由22u/g增长为27u/g。以后就逐渐下降，至第15天时达最低值，α－淀粉酶及糖化酶的活力分别为0.1u/g和16u/g。此后又逐步回升，到第40天时，α－淀粉酶及糖化酶的活力分别为0.41u/g及22u/g。

淀粉酶的这种变化规律，与醅中含酒化酶等酶的酵母的变化和作用情况基本上是吻合的。即在这种糖化和发酵同时进行的发酵法中，只有当糖化和发酵的速度保持相对的动态平衡时，才能保证发酵安全而长时期地进行。在发酵最初的3天内，由于下窖前的操作使醅中的空气较多，致使需氧量较大的霉菌得以较快地繁殖，因而淀粉酶活力迅速增强；而当醅中的溶解氧含量低至一定限度时，霉菌的生长和产酶状况还受到了醅中还原糖浓度较高的反馈阻遏，因而淀粉酶活力下降。但随着酵母菌及细菌等微生物对还原糖的发酵能力的增强，霉菌所产淀粉酶的活力也随之增强。

酵母菌在醅中生长、产酶及作用的情况是：刚进入醅时，是它的适应期，尔后是对数生长期，进入平衡期时，发酵力较强。

因此，在醅的低温长时间的缓慢发酵过程中，淀粉酶的形成、活力及作用产物，始终与发酵菌的生命活动及作用紧密相关。只有两者彼此协调，才能收到理想的效果。当然，也可按醅的发酵规律，适时适量地外加一些糖化剂及发酵剂，予以辅助性的调节。尤其在发酵过程尚未实现自动控制前，这种辅助性的调节的措施是必要的。目前，白酒酿造工作者们已经在这方面做了一些工作。

(二) 酶在白酒发酵中的应用

在白酒发酵中，已经使用的外加酶有糖化酶、蛋白酶、酯化酶及纤维素酶。现分述如下。

1. 糖化酶的作用

在本篇第六章中，已谈到这方面的内容。这里再补充若干实例。

(1) 将糖化酶应用于麸曲酱香型白酒

① 原来工艺：以高粱为原料，采用原料量25％的高温大曲、麸皮酵母曲及极少量糖化酶进行发酵。由于糖化力及发酵力均较弱，故发酵前期升温过缓，致使乳酸乙酯生成量过多而成品酒口味较差。

② 添加糖化酶等改进后的工艺：大曲用量减为原料量的6.25％，大曲的糖化力为250u/g。用糖化酶补充减用大曲部分的糖化力。糖化酶为四川泸州酶制剂厂的产品，其酶活力为4×10^4u/g，使用菌株为AS3.4309。考虑到大曲酶系的复杂性，故糖化酶在使用时，其糖化力以3×10^4u/g计，用量为原料量的0.3375％，即1g原料需糖化力110u。另外，以宜昌市食用酵母基地生产的“安琪牌”耐高温活性干酵母取代原用的麸皮酵母曲，其用量为原料的0.1％。采用如上方案后，不仅加快了前酵的糖化、发酵升温速度，并大幅度地降

低了成品酒中乳酸乙酯的含量，且乙酸乙酯的含量也得以提高，成品酒的口味也明显改善，同时还提高了出酒率和经济效益。

(2) 糖化酶等应用于清香型大曲白酒　某厂采用“清蒸二次清”工艺生产清香型大曲酒。大曲的糖化力为500～600u/g，液化力为0.8～1.0u/g。原工艺的大曲用量为原料量的20%。

改进后的工艺为：大曲用量减为原料量的13%；用糖化力为4×10^4u/g的糖化酶补充，其用量为原料量的0.12%，加入经蒸煮冷却后的粮醅中。同时使用原料量0.08%的“安琪牌”活性干酵母：先将其溶于35～38℃、糖度为1%的活化液中搅匀，复水活化1h后，再加入28～30℃的粮醅中。结果：出酒率比原工艺提高3%；理化分析，除总酯含量略低于原工艺外，其余成分相近，且杂醇油的含量低于原工艺；经品尝，成品酒的口味也明显优于原工艺的产品。若能同时采取添加生香酵母等增香措施，则效果会更好。

(3) 糖化酶应用于浓香型白酒生产

① 实例一：用于浓香型大曲酒的粮醅发酵。

1) 原工艺：每窖使用大曲粉30kg。

2) 改进后的工艺：每窖使用大曲粉20kg，酶活力为50000u/g的糖化酶3.6kg，“安琪牌”活性干酵母0.7kg，发酵期为30天。

糖化发酵剂的用法：糖化酶制剂与曲粉及活性干酵母混匀后，加入已蒸馏、冷却并加量水的粮醅中，充分拌和后入窖发酵。活性干酵母应预先溶于20倍37～40℃的自来水中，并加入酵母量43%的蔗糖活化1～2h后使用。

结果：出酒率比原工艺提高约9%，但成品酒的总酸、总酯、己酸乙酯及乙缩醛的含量均低于原工艺。其原因除减少大曲用量1/3以外，发酵期缩短也是一个重要因素。将发酵期适当延长后，成品酒的成分含量与原工艺相近，且在口感上也毫不逊色。上述方案，也是保证安全度夏的有效措施。

该厂丢糟内的残余淀粉含量高达7%～10%。将其添加糖化酶及活性干酵母进行再发酵，效果也较明显。

② 实例二：在下述三方面的应用。

1) 在酒醅发酵中的应用：减用30%的大曲，添加酶活力为5×10^4u/g的糖化酶，糖化酶应吸水后再使用，其用量为50u/g淀粉；并添加经复水活化后的“安琪牌”活性干酵母，其用量为原料量的0.06%～0.08%。

在使用糖化酶及活性干酵母的同时，采取如下配套措施：增大入窖、出窖时物料的淀粉含量，即“高进高出”、养窖保糟，通常入窖时淀粉浓度控制在22%左右，才能保证下轮母糟的质量；利用热季平均气温为30℃以上的有利条件，培养并使用液态窖泥培养液；采用回糟发酵技术；在提高制曲品温的前提下，培曲时添加多功能菌液；夏季适当少用曲量，但使用高温曲；采用可控蒸馏技术。

结果：可安全度夏，前发酵期可提前结束，后发酵期及生香阶段则相应延长；淀粉出酒率最高达60%以上，比原工艺提高9.91%；成品酒口感更为醇和、甜净，优质品率提高5.66%。

2) 在丢糟再发酵中的应用：将每1g淀粉30u的糖化酶、原料量0.04%的“安琪牌”活性干酵母，以及适量的大曲和生香功能菌液混合后，均匀地加于丢糟中，按曲酒生产工艺条件再发酵1个月。成熟糟醅色泽暗红，具有浓郁的酒香和酯香，每窖可比原工艺多产酒精含量为65％的白酒20kg。

3) 用于制串香酒：将糖化酶及活性干酵母用于制作香醅，以充分利用残余淀粉，并提高香醅中的酒精及香味成分的含量。再以基础酒串蒸香醅，即得串香酒。

③ 实例三：糖化酶等的一窖分层使用。即只在面糟中添加糖化酶及活性干酵母；粮糟只加活性干酵母；双轮底或多轮底发酵增香。如此将新工艺和原工艺有机地结合起来。

结果：成品酒总酯含量高于原工艺，并避免了传统工艺酒乳酸乙酯偏高的缺点；经品尝，新工艺酒窖香纯正浓郁、味甜净，名基酒及优级酒的感官质量均符合要求；名基酒率达55.95％，名优酒率合计达83.48％，比传统工艺高23％；红糟残余淀粉含量为11％～13％，丢糟残余淀粉比传统工艺低2％，并保证了安全度夏。

④ 实例四：将糖化酶及活性干酵母应用于食用酒精、串香白酒及泸型大曲酒三大产品中，均取得了较满意的效果。现仅介绍应用于泸型大曲酒生产的情况如下。

使用方案：高温曲和中温曲用量各半，由原来的总用量为原料的30％减为20％；糖化酶活力为5×10^4u/g，其用量为80u/g原料；“安琪牌”活性干酵母用量为原料量的0.08％；发酵期为45天。糖化酶预先与少量水拌匀，再与复水比为1∶10，在39～40℃活化10～15min的活性干酵母混合，并加水稀释后均匀地泼入粮醅。

结果：原料出酒率比原工艺高4.18％；成品酒的四大酯类含量比例较合理，虽总酯和总酸含量略低于原工艺，但乳酸乙酯含量较低；窖香纯正，口味甘净，具有泸型酒的固有风格。

若配以生香活性干酵母，则酒质可望进一步提高。

⑤ 实例五：用于大曲泸型酒的减曲和不减曲发酵。

方案一：不减曲发酵，投料量为1500kg，大曲用量为375kg，其糖化力为200～350u/g。若大曲糖化力以250u/g计，则1g原料得糖化力为:1500×25％×250÷1500＝62.5(u)。若以糖化酶补充到原料糖化力为120u/g，则应加糖化酶量为:1500×(120－62.5)÷40000＝2.2(kg)。式中40000为糖化酶活力。“安琪牌”活性干酵母的用量，难以计算出准确数，故取经验数据为原料量的0.05％。糖化酶及活性干酵母的用法：先将糖化酶置于一水桶中，倒入半桶40℃左右的温水搅匀后，静置15min，使糖化酶吸水。再加入活性干酵母搅匀，在35～38℃下吸水活化15～20min后，待液冒小气泡时，即可泼至粮糟上。然后加曲粉拌和，入窖发酵。注意上述活化液的配制量，应以甑为单位分甑活化，分别添加；不宜大量活化，以免污染杂菌和酵母衰老。

方案二：糖化酶用量为3.0kg；活性干酵母用量为原料量的0.08％。其余内容同方案一。

结果：两个方案效果均较好，升温幅度比原工艺高2～3℃，这与淀粉耗量基本吻合；发酵后期降温速度缓慢，酒醅出池品温相对为高。

新方案的第1、2排酒醅发酵后的残余淀粉，均比原工艺低约1.45％。故可将原来的夏季投料减粮的操作改为不减粮；冬季则可适当增加投料量，以利于酒醅的正常发酵，并提高出酒率。

新方案的个别酒样的香味略逊于原工艺。这个问题，可采取浇灌酯化液、回醅发酵等辅助性的配套措施，以及加强成品酒的勾调等方法解决。

⑥ 实例六：应用于泸型麸曲白酒生产。

方案：各楂次糖化发酵剂及原辅料的用量，如表1-9-26所示。其中糖化酶为上海新型发酵厂的产品，酶活力为5×10^4u/g；活性干酵母为宜昌食用酵母基地产品；麸曲为河内白曲，其糖化力约为490u/g；固态生香酵母细胞数为2.45×10^8个/ml以上，出芽率在16%以上。另外，还同时采用了双轮底、回窖中上部适量酒醅并加麸曲及生香酵母、回酒、夹层泥袋发酵、品温最高时在窖顶打孔灌入已酸菌液等措施。

表 1-9-26　各楂次糖化发酵剂及原辅料用量　单位：kg

楂　次	投　粮	辅　料	麸　曲	生香酵母	糖化酶	活性干酵母
大　楂	250	62.5	37.5	12.5	0.2	0.125
二　楂	250	62.5	37.5	12.5	0.2	0.125
三　楂	250	62.5	37.5	12.5	0.2	0.125
四　楂	150	37.5	22.5	7.5	0.4	0.125
合　计	900	225.0	135.0	45.0	1.0	0.500

结果：原料出酒率达48.9%，比原工艺提高1.7%；成品酒主要成分含量稳中有升；窖香浓、入口绵、味协调、尾净爽、余味长。

⑦ 实例七：应用于泸型大曲酒的回楂及丢糟发酵。配套措施：多轮底增香；回酒和回醅发酵；使用已酸菌液及酯化液。

用于回楂发酵：55～58℃最高培曲温度的大曲，用量为10kg，其糖化力为450～600u/g；糖化力为5×10^4u/g的糖化酶500g；"安琪牌"活性干酵母95g。发酵期为45天；蒸得的回糟酒再经增香除杂处理。此法不但提高了原料出酒率，且保证了回楂酒的质量，使其具有窖香浓郁、味甜爽净的特点。

用于丢糟发酵：将丢糟所含的淀粉量折算成原粮量，再以120u/g原粮计算出所需的糖化酶量，与原料量0.05%的"安琪牌"活性干酵母和10%的大曲粉一起，加于丢糟中发酵15～18天。蒸取的丢糟酒再经增香除杂处理。经集中发酵后的丢糟，其淀粉含量仅为7%左右。

⑧ 实例八：应用于粮楂发酵。

方案一：在投粮量为300kg大楂酒醅中，加入糖化力为750u/g的大曲粉35kg，即大曲粉用量由原来的25%降低为18%；添加糖化力为5×10^4u/g的糖化酶0.075kg；"安琪牌"活性干酵母用量为0.15kg。使用结果：出酒率稳定在52%左右，比原工艺提高约8%；成品酒质量仍保持原有水平。

方案二：大曲用量由原来的24%减为12%；糖化力为4×10^4u/g的糖化酶用量为原料量的0.133%；"安琪牌"活性干酵母用量为原料量的0.1%。经试验，确认活性干酵母复水活化的最佳方法为：以活性干酵母量20倍的2%浓度糖液，28～30℃活化2～2.5h；或40～42℃活化15～21min。这样细胞死亡率低于5%；生长繁殖速度最快；细胞数最多，为1.2×10^8/ml；出芽率在20%以上。结果：平均原料出酒率为44.34%，比原工艺高5.44%；成品酒口味较纯净；但总酯、已酸乙酯及总酸含量均略低于原工艺。若将减曲幅度变小些，并采取相应的配套措施，则可望得到更好的效果。

方案三：投粮850kg；糖化力为300u/g的大曲用量为120kg，为原工艺的50%；糖化力为5×10^4u/g的糖化酶用量为2kg；"安琪牌"活性干酵母用量为0.77kg。结果：与方案二基本相同。

⑨ 实例九：应用于粮醅、面糟醅及丢糟发酵。

应用于粮糟：每甑投粮440kg；大曲粉用量为原料量的22%；糖化力为5×10^4u/g的糖化酶用量为22g；"安琪牌"活性干酵母用量为35～44g。在保证酒质的前提下，出酒率有较大幅度的提高。

应用于面糟醅发酵：不加粮和谷壳，只加大曲粉的面糟醅，尚含淀粉9%～12%，其中1/3～1/2可再糖化发酵。可将1.45t面糟醅冷却至55～60℃时，喷入糖化力为5×10^4u/g的344g糖化酶的溶液。拌匀后降温至35～40℃时，再喷入含"安琪牌"活性干酵母38.5g的活化液。然后均匀地撒入大曲粉15kg，拌匀、收堆、入窖发酵。每甑醅可产酒精含量为60ml/100ml的酒49.95kg。

应用于丢糟发酵：丢糟中一般含可利用淀粉3%～5%，该厂为2%～3%。容积为1.8m^{3}的甑，每甑可出丢糟0.9t。可加入含糖化力为5×10^4u/g的糖化酶310g的溶液，以及含酶活力为1×10^4u/g的纤维素酶248g的溶液，并加入含"安琪牌"活性干酵母68g的活化液。入窖发酵15～20天后蒸酒，每甑可产酒精含量为60ml/100ml的白酒18～27kg。其成分与原来加大曲的对照样相比，差别不大，且口感比对照样干净。

⑩ 实例十：应用于粮醅、回活、丢糟及翻沙发酵。

1) 材料：制大曲的最高品温为55～62℃的成曲，糖化力为300～400u/g；AS3.4309糖化酶，糖化力为5×10^4u/g；"安琪牌"活性干酵母；酯化液的培养基配方为酒尾30%、黄水50、大曲粉10%、丢糟适量。以窖泥作种子。调pH发酵7天后，再加入一定量活性干酵母的活化液，共酵3天即可。酯化液用于粮醅发酵、回活发酵及翻沙发酵新工艺，每甑用量为6L。

2) 方法及结果：

用于粮醅发酵：夏季发酵的原工艺投粮600kg、大曲粉103kg，入池品温为26～28℃，最高品温为30～33℃；新工艺投粮600kg、大曲粉103kg、糖化酶1kg、活性干酵母400g，入池品温为23～25℃，最高品温为30～33℃，出酒率为43%，比原工艺高5%。冬季发酵的原工艺投粮600kg、大曲粉150kg，入池品温为18～20℃，最高品温为25～28℃，出酒率为39%～42%；新工艺投粮600kg、大曲粉120kg、糖化酶1kg、活性干酵母500g，入池品温为18～20℃，最高品温为28～33℃，出酒率为45%。成品酒有甜净感，但浓香味不足，故可减少糖化酶的用量，并采用相应的增香提香措施。

用于回活发酵：原工艺为使用大曲粉60kg，入池品温为23～25℃，最高品温为27℃，产酒80～100kg；新工艺大曲粉用量仍为60kg，糖化酶2.5kg，α－淀粉酶0.5kg，活性干酵母500g，入池品温为23～25℃，最高品温为30～31℃，产酒240kg，出酒率相当于粮醅发酵。回活可集中由专窖发酵。回活酒可用于双轮底、翻沙、回酒发酵或用以培制酯化液。

用于丢糟发酵：原工艺为使用大曲粉60kg，入池品温23～25℃，最高品温26℃，产酒53kg；新工艺的大曲粉用量仍为60kg，糖化酶2.5kg，α－淀粉酶0.5kg，活性干酵母500g，入池品温23～25℃，最高品温27℃，产酒140kg。丢糟也可专窖发酵，所产酒的用途同回活酒。

用于冬季翻沙：原工艺投粮600kg，大曲粉132kg，入池品温18～20℃，最高品温25～28℃，出酒率36%～37%；新工艺投粮600kg，大曲粉132kg，糖化酶1.25kg，活性干酵母250g，入池品温18～20℃，最高品温30～32℃，出酒率为40%，且酒的口感水平达到或超过原工艺，已酸乙酯含量达到160mg/100ml以上。

⑪ 糖化酶等应用于泸型大曲酒生产的综述

1) 泸型大曲酒传统工艺的问题及原因：

A. 问题：主要存在以下3个问题。

第一，原料出酒率较低。生产1t浓度为60ml/100ml的酒精，约耗粮1.9t。但生产1t酒精含量为60ml/100ml的泸型大曲酒，则制曲加制酒共需耗粮约3.5t。当然白酒原料中的淀粉，有一部分需生成香味成分，但主要是淀粉变为酒精的转化率太低。粮醅的入窖淀粉浓度为18%左右，而丢糟淀粉含量为8%～9%，残余淀粉太多。若将丢糟再加大量大曲再发酵，则酒质差且成本高，故只得丢作饲料。

第二，名优品率低。汾香型和茅香型大曲酒的名优品率分别为98%和95%左右；而泸型大曲酒因生香速度和缓、提香效率较低等原因，致使已酸乙酯含量不足，而乳酸乙酯含量偏高，杂味也较重，因而限制了其可勾调率，使名优品率仅为20%～30%。

第三，难以安全度夏。当物料入窖品温在25℃时，酒醅发酵即受影响；入窖品温28℃以上时，出酒率下降10%以上。故大多数厂就此停产，少数厂采取一些措施继续生产。

B. 原因：主要是酒醅的糖化和发酵速度不协调，且糖化力和酒精发酵力均嫌不足。而要保证糖化和发酵两者的相对平衡，就必须解决糖化发酵剂的种类及其量比关系问题，并与基质及发酵条件联系起来，才能达到高产、安全、优质的目的。因此，添加一些糖化剂和发酵剂是必要的。

2) 如何使用好糖化酶及活性干酵母：纵观上述应用实例，可见范围较广，其效果也不尽相同。总的看来，这项新工艺不能孤立地应用，应与传统的或新型的其他措施相配套，理顺各种关系，找到一条较完整、系统的工艺路线，方能收到事半功倍的效果，否则就会顾此失彼，甚至适得其反。

A. 应用于粮醅发酵：这里所说的粮醅即粮糟，包括大楂和小楂等。

不减曲法：添加糖化酶及活性干酵母，尤其适用于北方的冬季，可使酒醅正常地升温。其效果是既能提高原料出酒率，又可保证酒质。但在气温较高的季节，因地温在25℃以上，故大曲的糖化速度已超过酵母发酵速度，致使生酸菌大量繁殖而生酸过多，所以可在不有损母糟和酒质的前提下，只使用少量的活性干酵母。主张气温高的季节不使用糖化酶的另一层理由也是为了保证酒质，以免酒的香味淡薄。

减曲法：比较一致的意见是不宜采用全酶法。但究竟减曲至什么程度，则众说纷纭。可能关键还在于各厂的配套措施和发酵条件不同；另一个前提是产品的档次，高档及中档大曲酒对糖化发酵剂的种类及其量比要求是不同的。因而，对于减曲并同时使用糖化酶和活性干酵母，可归纳为如下几种意见：

因配套措施及包括入窖条件在内的发酵条件不同，而有4种说法。有的主张减曲10%～20%；有的认为应减曲20%～25%；有的赞成减曲25%～33%；有的经验证明可减曲33%～50%。

因产品档次不同而认为优大曲酒可减曲25%;普通大曲酒可减曲50%。

因季节而异,对同一种酒而言,春秋两季及冬季,减曲量可大些;夏季,减曲量可少些。

也有人认为采用减曲、添加糖化酶和活性干酵母的新工艺,会使酒糟色泽加深,且酒带酶味,故这条路线是不可行的。

B. 应用于面糟发酵: 糖化酶及活性干酵母的用量,可按面糟的淀粉含量、入池条件,根据经验数据予以计算。发酵后蒸得的酒,可用于串香,即将酒装入底锅,甑内装香醅或大楂酒醅蒸馏取酒;或用于不同酒醅的回酒发酵,以资增香。

C. 应用于丢糟发酵: 通常生产1t酒精含量为60ml/100ml的泸型大曲酒,约有3t丢糟。其中含可利用淀粉5%以上。若添加适量的糖化酶和活性干酵母,发酵10天后,品温升高5~6℃,淀粉下降约2.2%,可产丢糟酒60~70kg。这样成本较高,且酒质也差。故有的专家主张加一些粮为好。丢糟再发酵有多种方式,可由专窖集中发酵;也可在面糟上强化发酵。一般总出酒率可提高2%~4%。但丢糟酒较淡薄,已酸乙酯含量仅为60mg/100ml左右,乙酸乙酯约为200mg/100ml。通常这种酒上不了档次,可如同面糟酒那样用于串香和增香。

D. 在翻沙中添加糖化酶及活性干酵母。

E. 配套措施: 主要有以下几项。

第一,淡酒的增香和提香。对上述的添加糖化酶和活性干酵母而生产的面糟酒和丢糟酒,可采用如下的方法进行增香和提香。

增香: 将1/3的淡酒回入窖底的醅中,同时添加酒尾、黄水和大曲粉,成为生香层。随着酒精和已酸浓度的增加,生成已酸乙酯的速度也大为加快;与此同时,在大曲中各种酶的作用下,生成诸多微量成分,加之其他一系列生化反应产生香味,约需消耗6%的酒精发酵成底糟。

提香: 将上述2/3的淡酒置于锅底,上述底糟装于甑中进行串蒸。传统的蒸馏工艺,底锅主要盛水,并加入少量前几排的酒尾,这样蒸馏时提香效率较差,因为酯类和高级醇大多易溶于醇而难溶于水;已酸乙酯和丁酸乙酯等成分也都是醇溶性的。据有的专家研究认为,当底锅中溶液保持酒精浓度为30ml/100ml时,则馏出液中已酸乙酯浓度达到极大值;当加入淡酒等使底锅中水溶液的酒精含量达15ml/100ml以上时,则全甑酒醅均置于有效的提香范围内。因此,如果仅将糖化酶和活性干酵母的作用停留于多产淡酒阶段,则其意义极为有限;但若将此新工艺与传统工艺进行更深层次的有机结合,则其实用价值就较高。

第二,注意入窖条件。有的厂提出在冬季使用糖化酶和活性干酵母时,应坚持酒醅进出窖的淀粉浓度"高进高出"的原则,以利于养窖保糟,这是有其一定道理的。但在夏天则应注意入窖温度和淀粉浓度。酒醅的最高品温等于入窖品温加升温幅度。升温幅度与酒醅淀粉浓度有关,热量来自酵母的呼吸和发酵所产的热能。

第三,加酯化液。在主发酵结束后,灌入酯化液。但必须注意使用优良的酯菌液,否则反而会降低出酒率。

第四,蒸馏采用薄层串蒸提香法。

第五,采取如制曲中加入多功能菌、适当延长发酵等措施,均有利于酒质的改善。

3) 糖化酶及活性干酵母的应用效果：基本上克服了泸型酒传统工艺存在的三大缺点。

A. 提高了原料出酒率：至少将丢糟中的淀粉含量降低2.2%，因而提高了出酒率。

B. 提高了名优品率：若采用添加糖化酶及活性干酵母的方法，进行面糟追酒，并只添加活性干酵母强化粮醅发酵，同时采用双轮底生香和薄层串蒸的配套措施，可使名优品率由原来的20%～30%提高到55%以上。

若采用添加糖化酶及活性干酵母，对面糟和丢糟进行追酒、粮醅传统发酵、多轮底生香、高酒度串香的一整套工艺，则名优品率可达70%以上。

C. 安全度夏：使安全度夏成为现实，初步做到夏季不减产、不停产。

总之，上述新工艺的成果值得充分肯定。但这项工作尚需进行深入研究。例如在菌源和酶源等方面可进一步开掘，使各种产酯的活性干制菌及不同的酶类等参与其中，各显其能，共呈香韵和美味。

(4) 糖化酶等应用于早籼米小曲酒生产

① 糖化发酵剂用量：小曲用量为大米原料的0.6%，糖化力为4×10^4u/g的糖化酶用量为每甑酒醅300g，“安琪牌”活性干酵母的用量为每甑酒醅150g。

② 生产工艺：大米用27℃水浸泡一定时间后沥干，加适量稻壳，上甑初蒸并喷淋热水焖50min后，再加稻壳复蒸30min。然后出甑摊晾，添加糖化酶液及活性干酵母活化液，入桶并添加酒尾，发酵28天后出桶蒸馏。

③ 结果：出酒率为55%，比原来提高7%。

(5) 糖化酶等应用于兼香型大曲白酒的丢糟发酵

① 方法：出甑糟醅冷却至31℃后，加入糖化力为4×10^4u/g的糖化酶0.5kg；待冷却至22～25℃时，加入糖化力为760u/g的中温大曲粉75kg，为原工艺用量的35%；再加入1.5kg“安琪牌”活性干酵母的活化液，上层适当少加。按常法入池、封窖。发酵期为15天左右。

② 效果：

1) 酒醅品温变化：发酵5天即可达最高品温，第9天品温开始缓慢下降。原工艺发酵12天才达最高品温。

2) 出酒率：可提高3%～5%。

3) 成品酒成分：产总酸较多。但总酯含量偏低，乙酸乙酯及乳酸乙酯含量略低，乙酸乙酯＞乳酸乙酯＞己酸乙酯＞丁酸乙酯；正丙醇含量较高；乙醛及乙缩醛含量较多；其余成分接近于原工艺。

2. 纤维素酶的应用

世界上对纤维素酶的研究和应用，已有二十几年的历史。日本在食品、酿造、医药及化工等领域，已较广泛地应用于纤维素酶，并取得了较好的经济效益。美国、巴西、印度等国，利用纤维素酶水解工农业废纤维，发酵成酒精，也已处于中型试验阶段。我国也曾于70年代试验生产过粗的纤维素酶制剂，并在白酒、酱油生产及饲料加工等方面进行了试用，但因菌株均为绿色木霉，嫌有毒性，且酶活力也较低，故在食品工业中未被正式使用。

据报道，近年来中国科学院沈阳应用生态研究所与沈阳酒厂协作，利用无毒性且纤维素酶活力较高的曲霉EA181变株，进行制曲，并应用于白酒生产，取得了较好的效果。现将有关情况介绍如下。

(1) 制含纤维素酶的曲

① 曲的制取

1) 菌株培养：试管斜面培养基的配方为1L中含马铃薯20g，纤维素粉10g，葡萄糖10g，KH_2PO_4 3.0g，$MgSO_4 \cdot 7H_2O$ 1.5g，维生素B_1微量，琼脂20g，0.1MPa蒸汽灭菌30min后置呈斜面；接种后，于29～30℃培养3～4天。

2) 种曲培养：培养基配方为通过ϕ1mm筛孔的稻草或谷草粉60%，麸皮40%，加2.5倍水拌匀后，0.1MPa蒸汽灭菌30min，冷却；接种后于室温28～30℃，相对湿度为90%～95%的条件下培养5天。

3) 帘子曲培养：培养基配方为稻草粉70%，麸皮30%，加2倍的营养盐溶液。营养盐溶液的组分为：$NaNO_3$ 1.5%，$(NH_4)_2SO_4$ 0.8%，$(NH_4)_2HPO_4$ 0.2%，$MgSO_4 \cdot 7H_2O$ 0.05%。经常压蒸汽蒸煮1h后，含水量为70%。物料经冷却后接入上述种曲2%，拌匀后置于竹帘上，料层厚度为2.5cm；于28～30℃，相对湿度90%～95%的条件下培养3～4天即可。经测定，滤纸酶活力为208mg葡萄糖/g(DMh)。

② 酶活力测定法

1) 制取酶液：取鲜曲6g，加40℃蒸馏水40ml，30℃保温1h后，用中速新华定性滤纸过滤得酶液。另取鲜曲5g，在105℃烘干2h，测定水分，求出鲜曲的干物质含量，并计算酶液的稀释倍数。

2) 酶活力测定法：

A. 分解CMC(羧甲基纤维素)酶活力：取经适度稀释的酶液0.5ml，加入浓度为2/300的羧甲基纤维素钠溶液(1%CMC溶液200ml、加0.05mol pH为4.5的醋酸缓冲液100ml)1.5ml。于50℃水浴中保温30min后，加入DNS试剂3ml，并煮沸5min，冷却，用比色法测定还原糖。对照样为取同样的酶液直接加于呈强碱性的DNS试剂，使其失活，其余操作同上。酶活力表示单位为mg葡萄糖/g(DMh)。

B. 分解滤纸酶活力：在试管底部，放置1张重约50mg卷曲的1cm×6cm新华1号滤纸，加入经适度稀释的酶液1ml，并加入0.1mol、pH为4.85的柠檬酸缓冲液1ml。其余操作及酶活力单位的表示法，均同A法。

C. 分解棉花酶活力：将50mg脱脂棉置于具塞试管，加入经适度稀释的酶液1ml。保温50℃ 24h后，加入DNS试剂3ml。其余操作及酶活力单位的表示法，同A法。

(2) 纤维素酶曲应用于白酒生产试验的条件

① 用于固态发酵

1) 试验方案：每窖使用玉米粉1000kg，稻壳300kg，回醅3000kg。蒸料、冷却后添加含糖化酶制剂4kg的溶液和含1.1kg活性干酵母的活化液，以及上述帘子曲15kg。匀料后入窖发酵4天。

2) 对照窖：除不加纤维素酶曲外，其余条件及操作同试验窖。

定时按生产常规取样测定发酵醅的成分。

② 用于液态发酵玉米粉1500kg加水6000kg，混匀后预热至65～70℃，加α-淀粉酶

1.2u/g原料，液化20～30min。再在0.3～0.4MPa下蒸煮90min。糊化醪添加原料量0.03%的NaF抑制杂菌污染，待冷却至60℃时，添加糖化酶100u/g原料。继续冷却至57℃时，加入15kg纤维素酶曲(预先用40℃、16倍的水浸泡1h，过滤除渣，以酶液加于糖化锅)，55℃保温糖化1h。糖化醪冷却至40℃时，加入活性干酵母1.5kg。待冷却至28℃时，转入发酵罐发酵72h。

对照罐不加纤维素酶曲，但加入与酶液等量的40℃水。其余发酵条件及操作同试验罐。

定时按生产常规测定发酵醪的成分。

(3) 试验结果

① 制帘子曲：以曲料水分69%～70%、培养温度28～30℃、相对湿度90%～95%、培养期3天为好。培养时间为63～69h，曲的酶活力最高，达280u/g(DMh)；75h后，酶活力开始下降；至81h，酶活力降至171.5u/g(DMh)。

② 纤维素酶曲可提高出酒率

1) 应用于固态发酵：提高酒精产率14%。

2) 应用于液态发酵：出酒率提高3.24%，发酵周期比原工艺缩短1/6。

3. 蛋白酶的应用

(1) 蛋白酶在白酒生产中的作用　蛋白酶来源于细菌、霉菌及放线菌等微生物。在开放式的制曲过程中，蛋白酶与淀粉酶等酶均在不断地消长；同时，蛋白酶又将蛋白质分解成中分子的含氮物及低分子的氨基酸。这些成分除了反过来又作为微生物繁殖和合成酶的原料之外，还与其他成分相互作用，或分解成杂醇油等成分。蛋白酶及上述成分，又随曲一起进入发酵醅(醪)，继续发生作用和变化，生成白酒的色、香、味等各种成分。况且，蛋白酶的作用也不是孤立的。例如单有α－淀粉酶的存在，则饭粒的溶解非常迟缓，而酸性蛋白酶则对饭粒的溶解起极大的辅助作用。试验证明，酱香型白酒大曲中的蛋白酶活力，远高于中温曲。这种蛋白酶是由嗜热芽孢杆菌生成的。酱香型白酒的香味，与蛋白酶的作用有着密切的关系。

(2) 蛋白酶在白酒生产中应用的情况　近年来，中国科学院成都生物研究所及天津轻工业学院等单位，在这方面做了很多工作。现将有关内容简述如下。

① 浓香型白酒大曲蛋白酶活力及窖泥氨基酸含量与酒质的关系：如表1－9－27、表1－9－28所示。

从表1－9－27可见，大曲中的蛋白酶活力强，则酒中的杂醇油成分含量高，酯类含量也较高。这与蛋白酶使蛋白质变为氨基酸，氨基酸又变为杂醇油，以及氨基酸有利于产酯菌的生长等道理是相吻合的。

从表1－9－28可知，窖泥中的氨基酸含量，与酒中的杂醇油及已酸乙酯成正比关系。

② 将蛋白酶制剂应用于浓香型大曲酒及二锅头酒生产：成品酒的成分变化如下。

1) 乙酸乙酯：乙酸乙酯的含量增加。由于蛋白酶分解蛋白质而得的氨基酸，使酵母等微生物生长及产酶状况良好，因而促进了酯化作用。

2) 己酸乙酯及丁酸乙酯：己酸乙酯及丁酸乙酯的含量也增加。这是因为氨基酸对窖泥功能菌生长也有良好的促进作用。

表 1-9-27 大曲中蛋白酶等酶的活力与酒质的关系

项目		1	2
大曲的酶活力及酸度	糖化力/mg葡萄糖·$(g·h)^{-1}$	754	383
	液化力/g淀粉·$(g·h)^{-1}$	0.88	0.587
	蛋白酶活力/μg酪氨酸·$(g·min)^{-1}$	2.50	0.68
	酸度	1.40	1.10
酒的成分含量/$g·L^{-1}$	丙醇	0.2566	1.1550
	仲丁醇	0.2642	0.0880
	异丁醇	0.1220	0.1310
	丁醇	0.5360	0.1240
	异戊醇	0.4044	0.2780
	己酸乙酯	2.7507	2.2780
	丁酸乙酯	0.3984	0.1780
	乳酸乙酯	2.3134	1.6700

表 1-9-28 窖泥中氨基酸含量与酒中成分的关系

组号	氨基酸含量/g·$(100g)^{-1}$	总酯含量/$g·L^{-1}$	杂醇油含量/$g·L^{-1}$	己酸乙酯含量/$g·L^{-1}$
1	3.57	4.14	0.562	1.11
	4.83	4.54	0.532	1.22
	5.22	5.62	0.765	2.30
2	4.43	5.34	0.509	1.86
	4.43	5.34	0.509	1.86
	4.06	5.42	0.549	2.13
	6.04	8.33	0.720	3.34
3	4.96	5.76	0.460	1.60
	10.06	7.08	0.863	3.23

3) 乳酸乙酯：浓香型大曲酒的乳酸乙酯含量明显降低，这是因为在使用蛋白酶的同时，也添加了糖化酶及活性干酵母而减少了大曲用量，故带入酒醅中的异型乳酸菌等微生物相对为少。但二锅头酒的乳酸乙酯含量略有增加，这是因为二锅头生产中原来就不用大曲，而氨基酸的增加，促进了由麸曲和酒母带来的乳酸菌及酵母菌的生长，故乳酸、酒精及乳酸乙酯的生成量均有所增加。

4) 总酸：大曲酒中总酸含量有减;二锅头酒中有增。

5) 杂醇油：在大曲酒及二锅头酒中，正丙醇的含量均有所增加;异丁醇及异戊醇的含量有所下降。

另外，由于使用了蛋白酶，使原料出酒率提高了2%～4%，并使成品酒的口味得以改善，减轻了基础酒的苦味，使酒质绵甜柔顺。

4. 酯化酶的应用

酯化酶不是酶学上的术语，酶学上名为解脂酶，是脂肪酶、酯合成酶、酶分解酶及磷酸酯酶的统称。酯化酶的种类很多，但白酒生产中已应用的多为乙酸乙酯合成酶及己酸乙酯合成酶。根霉菌能产乳酸乙酯酶；一些生香酵母能产乙酸乙酯酶；某些红曲霉能合成己酸乙酯酶并排至胞外。现将有关己酸乙酯合成酶的内容简述如下。

(1) 己酸乙酯合成酶的应用的必要性　浓香型大曲酒中的己酸乙酯、乳酸乙酯、乙酸乙酯及丁酸乙酯的含量占总酯含量的95%以上。其中己酸乙酯含量可达49%。故浓香型白酒中己酸乙酯的含量及其与其他3种酯的比例,决定了成品酒的质量。

浓香型白酒己酸乙酯的形成原理,其说不一,但多数学者认为它由己酸菌群产生的己酸与乙醇酯化而成。据此原理,长期以来,白酒界的酿造工作者们在分离优良的己酸菌株,研究己酸培养的配方及培养条件方面做了许多工作,以利于多产己酸;或改造窖泥,使其多产己酸和稳定己酸产率,并向酒醅中灌入己酸菌液。但采用上述提高成品酒中己酸乙酯含量的方法,因酯化速度太慢,故在极有限的时间内,酯化率较低。所以有必要将己酸乙酯合成酶应用于浓香型白酒生产。近年来,中国科学院成都生物研究所在这方面取得了较好的成绩。

(2) 红曲霉胞外己酸乙酯合成酶的制取和作用条件

① 菌株及酶制剂:中国科学院成都生物研究所名酒组科研人员从酒曲中采样分离得烟色红曲霉A—8菌株,并加以鉴定,制成粗酶粉,进行己酸乙酯的合成试验。

② 红曲霉A—8菌株酯化酶的作用条件:

1) 可直接催化己酸与乙醇合成己酸乙酯。在蒸馏水或有机相中均有催化作用。在蒸馏水中静置酯化7天,己酸乙酯浓度为1.5g/L;在有机相中的酯化效果明显优于水相,尤以环己烷为佳,静置酯化3天,己酸乙酯含量为27.9g/L。但在磷酸缓冲液中,则无催化作用。

2) 该酶催化反应的温度范围为20～35℃。最适作用温度为28℃;于15℃及40℃下,仅能产生微量的己酸乙酯。

3) 用3A分子筛脱去水分后,试验初始含水量对酯化的影响。加水量为1g/L及不加水的酶粉的酯化率分别为65.3%及67.9%,差别不大,表明冻干酶粉中的残存水分可满足酯化要求。但若酶粉的初始含水量较多时,则可明显影响己酸乙酯的合成。例如,初始含水量为10g/L及50g/L的酶粉,其酯化率分别为14.4%及27.4%。

4) 底物己酸及乙醇的初始浓度以0.5mol/L为最好,经酯化反应48h后,生成的己酸乙酯浓度可达60.7g/L,酯化率为85%。

5) 酶用量也影响酯化率。当酶浓度从1g/L增至10g/L时,在反应初期对酯化率的影响不甚明显;但随着反应时间的延长,酶浓度高者,己酸乙酯的生成量则明显增高。经试验,用酶量以10g/L为宜。

在最适条件下,使用该酶在环己烷中催化己酸乙酯合成,反应3h,己酸乙酯生成量为1.7g/L;至48h左右,己酸乙酯的生成量已趋恒定,其酯化率为98%。

(3) 酯化酶应用的效果　在大曲中加入2%酶活力为238mg/(g·100h)的酯化酶进行发酵,则对照窖酒液的己酸乙酯含量为3.005g/L;试验窖酒液的己酸乙酯含量为5.378g/L,这说明酯化酶的作用是显著的。

但酯化酶在水相中表现出脂肪水解酶的活力。它可将酒醅中的脂肪水解为甘油及脂肪酸;脂肪酸与乙醇酯化成油酸乙酯、亚油酸乙酯、棕榈酸乙酯等高级脂肪酸酯。就此而言,酯化酶对成品酒的风味同样具有一定的作用。

第三节 酶活力的测定

酶活力测定是在一套规定的条件下进行的。这些条件包括温度、pH、酶的浓度、基质浓度及反应时间。可采用如恒温水槽等恒温器保持恒定的反应温度。为了保持一定的pH，一般在溶液中加入缓冲剂溶液。在使用缓冲剂时应注意某些酶或底物可能严重影响试液的pH，也要注意反应产物可能会引起pH的改变；同时也应注意缓冲剂本身对pH的影响。另外，不要过分相信pH计指针所指示的度数，而应经常予以校正。在测定酶活力的过程中，要避免任何微量杂质混入而造成不良后果。为了保证在测定时间内使试液不受外界微生物侵入，有时用甲苯、1－甲基－4－异丙苯酚或氯仿防腐。酶反应不同于单相化学反应，其过程较为复杂。事实上在一般情况下，表现酶活力的酶反应速度，是随时间而减弱的。其原因很多，例如反应产物的积累；因逆反应倾向的增强而抑制了酶的作用；由于温度或pH等因素的影响，使酶逐渐失活等。所以，应测定在酶开始作用后的反应初速，因为一般在酶反应的初始阶段，干扰因素不会产生严重的影响。

对酶活力测定方法的要求，与其他化学定量法一样，即准确、简便、快速，具有高度的灵敏性和特异性。酶的测定方法很多，有仪器测定法、滴定法及气体交换法等。例如量压法、分光光度计量法、旋光法等都是特用的方法。有时一种酶往往有多种测定方法。

关于酶活力的单位，国际上还无统一的标准。同一种酶，往往因所用的方法不同而酶活力的单位也不同。如胃蛋白酶活力的测定方法有十几种，故酶活力单位也有十几种。有时单位名称虽相同，但所代表的内容并不一样。这点应予以注意。

一、α－淀粉酶、糖化酶、蛋白酶、酯化酶活力及发酵力的测定(参见第三篇第二章)

二、纤维素酶活力的测定

纤维素酶通常是复合酶。对C_1和C_X的概念及作用方式的认识不统一；被纤维素酶作用的底物也较复杂，有对纤维素酶作用抗性很强的棉花、微晶纤维等结晶纤维素，也有很易作用的羧甲基纤维素等可溶性纤维素。对于固态纤维素，由于酶与底物接触及反应产物扩散均受限制，故影响酶的作用；加之反应产物的各异，使纤维素酶活力的测定方法较多。各国采用不同的方法，如美国Mandels等主要测定CMC(羧甲基纤维素)糖化力、滤纸糖化力及棉花糖化力；日本外山等主要测定酶使滤纸的崩溃活力；Yamane等主要测定CMC糖化力和液化力。国内一些单位又将上述方法作了许多修改，故方法更多种多样，致使无法比较酶活力。

CMC糖化力主要表示外切β－1,4－葡聚糖酶及内切酶活力，因糖化力按还原基的多少而定，而内切酶作用后也释放1个还原基。CMC液化力主要表示内切β－1,4－葡聚糖酶的活力。滤纸崩溃法及棉花糖化力则主要表示C_1酶的活力。滤纸糖化力表示纤维素糖化酶活力或总纤维素酶活力。

如前所述，酶作用的温度、pH、底物浓度、酶浓度，以及反应时间都能影响酶的活力，故只有在特定的条件下反应时的酶活力才有比较的价值。在纤维素酶的测定中，pH和温度的确定因酶源及其性质而异；底物的影响也较特殊。如用CMC作底物时，因其可溶性，故反应比较容易，但也受分子中羧甲基取代度和分子链长短的影响；而用滤纸、棉花等固体纤维素作底物时，其浓度不能满足酶的需要，故测定结果受酶稀释度的影响，因此应调整酶液浓度，使每个试样中的反应产物还原糖的量相近，在这种情况下，酶活力的比较才是比较可靠的。

常用的纤维素酶测定方法有以下几种。

1. 滤纸崩溃法

在200ml三角瓶中，加入8ml酶液和pH为4.6的2ml 0.2mol醋酸－醋酸钠缓冲液，再放入2张1cm×1cm新华滤纸，保温45℃，以100r/min不断振荡，并每隔一定时间观察，记录滤纸的崩溃程度。最终统计滤纸完全消失所需的时间。

2. CMC糖化力(以还原糖表示)

有以下两种测定和表示法：

(1) 在0.5ml经适度稀释的酶液中，加入2ml 0.625％羧甲基纤维素钠盐溶液。该溶液即在500ml的1％CMC溶液中，加100ml 0.05mol/L柠檬酸－0.1mol/L磷酸氢二钠缓冲液及200ml蒸馏水，pH为4.4。于50℃水浴中反应30min后，加入2.5ml DNS试剂终止反应，再煮沸3min，在540nm波长下比色。由比色读数换算成1ml酶液作用30min后生成的葡萄糖毫克数。

(2) 在0.5ml经适度稀释的酶液中，加入溶于0.05mol/L柠檬酸缓冲液、pH为5.0的1％CMC溶液0.5ml；50℃保温30min；加1ml DNS试剂生成的还原糖量，换算成1ml酶液作用30min后生成的葡萄糖毫克数。规定在上述反应条件下，每1min生成1μmol葡萄糖为1个酶活力单位。

3. CMC液化力(以粘度表示)

在2.5ml经适度稀释的酶液中，加入2.5ml 0.2mol/L、pH5.0的醋酸缓冲液，以及1％的CMC溶液5ml；30℃反应10min后，用粘度计测定并求得反应前后反应液的比粘度。按下式求出CMC酶活力：

$$\text{CMC酶活力}=\left(\frac{1}{\text{反应后比粘度}}-\frac{1}{\text{反应前比粘度}}\right)\times\frac{1000}{\text{反应时间(min)}}$$

4. 滤纸糖化力

有以下2种操作法：

(1) 4ml经适度稀释的酶液，加入1ml 0.05mol/L柠檬酸－0.1mol/L pH4.8的磷酸氢二钠缓冲液；投入1张1cm×3cm新华1号滤纸，50℃保温1h，取反应液0.5ml，以DNS试剂测定糖量，扣除空白部分的糖量后，再换算成1ml酶液1h生成的葡萄糖毫克数，简称为滤纸糖。

(2) 在试管底部竖放1张约重50mg卷曲的1cm×6cm的Whatman1号滤纸；加入1ml 0.05mol/L、pH4.8的柠檬酸缓冲液，以及0.5ml经适度稀释的酶液，混匀后50℃保温1h，用DNS试剂定糖，扣去空白部分的还原糖量后，换算成1ml酶液生成的葡萄糖毫克数，简称滤纸糖。

5. 棉花糖化力

50mg脱脂棉和1ml 0.05mol/L、pH4.8的柠檬酸缓冲液，加入1.0ml经适度稀释的酶液;50℃保温24h，加DNS试剂定糖，减去空白部分的还原糖量，换算成1ml酶液作用24h生成的葡萄糖毫克数，简称棉花糖。

有关纤维素酶的作用底物和测定产物，如表1－9－29所示。

表 1-9-29 有关纤维素酶的作用底物和测定产物

酶名		作用底物	测定产物
纤维二糖酶	β－葡萄糖苷酶	纤维二糖	葡萄糖
		纤维糊精	
		水杨苷	水杨醇
		对硝基苯－β－葡萄糖	对硝基苯酚
内切β－1,4－葡聚糖酶	C_x	CMC(羧甲基纤维素)	粘度下降
	CMC酶	无定形纤维素	还原糖
		Walseth	
		Sweco	
		纤维糊精	
外切β－1,4－葡聚糖酶	葡萄糖纤维素酶	无定形纤维素	葡萄糖
		Walseth	
	纤维二糖水解酶	结晶纤维素	纤维二糖
	CBH	Avicel	
	C_1	纤维糊精	
纤维素酶	C_1+C_x	结晶纤维素	失重
	微晶纤维素酶(Avicel)	Avicel	还原糖
	水解纤维素酶	水解纤维素	OD值减少
	滤纸酶(FP′ase)	滤纸	
		纤维糊精	
		棉花	
其他	膨胀因子	棉花	碱的吸收
	滤纸纤维素酶	滤纸	浸渍作用
		棉线	断裂强度
		着色纤维素	染料的释放

三、果胶酶活力测定

(一) 一般测定法

1. 粘度降低法

对含有PE、PMGL和PG的果胶酶液，可采用粘度降低法测定酶活力。即在一定的温度、pH、酶浓度、果胶浓度下，于一定的反应时间内，测定标准果胶溶液粘度的降低。

(1) 测定步骤 将1ml酶液加于5ml含1％果胶的0.1mol/L、pH4.2柠檬酸盐缓冲液中;在30℃下作用1h后测定粘度降低程度。对照试验使用经过热处理失活的酶液。

(2) 酶活力表示　用下式计算：

$$A=100\times(T_o-T)\div(T_o-T_a)$$

式中T、T_o、T_a分别为反应混合液、对照混合液和缓冲液流出的时间(s)。酶液应先经稀释，要求粘度降低程度在20%～80%范围内。因为在此范围内，酶液浓度对数与粘度降低成正比。规定在上述条件下使粘度降低50%的酶量为10个酶活力单位。

2. 筛选果胶酶菌株时的酶活力测定

可采用如下的简易测定法：取蒸馏水加入2%的琼脂和2%果胶，加热溶解后倒于培养皿中，使呈约4mm厚的薄层，自然冷却；将直径为0.6cm浸上含有果胶酶的发酵液的滤纸片置于上述薄层底物上；30℃保温24h后，测量透明圈的直径大小，以示果胶酶的活力。

(二) PE(果胶酯酶)、PGL(聚半乳糖醛裂解酶)、PG(聚半乳糖醛酸酶)的测定法

1. PE活力测定法

(1) 原理　因PE能将果胶中的甲酯水解成果胶酸，故可测定所释放的羧基量。

(2) 测定方法　以果胶甲基为反应底物，在20ml含0.4mol$NaCl$的0.01mol/L、pH4.0的醋酸盐缓冲液中，加入0.15g低分子果胶酸甲酯、1ml去离子水和1ml酶液；30℃保温反应30min，再在100℃下热处理5min；然后调pH为7.5，并加入去离子水，定容至50ml后，测定所释放的羧基量。

(3) 酶活力表示　规定在上述条件下，于30℃每分钟释放1ng羧基的酶量为1个PE活力单位。

2. PGL活力测定方法

(1) 原理　这类酶可由反式消去作用切断果胶分子的α-1,4糖苷键，生成不饱和半乳糖醛酸低聚物。故可测定产生不饱和糖醛酸物的数量。

(2) 测定方法　反应混合液组成为：一定浓度的酶液、0.25%聚半乳糖醛酸钠、0.5m mol/L $CaCl_2$、pH为9.0的0.05mol/L甘氨酸-氢氧化钠缓冲液。保温30℃，pH9.0，先测定235nm下反应混合液中的吸光度变化，再将235nm下消光值读数转换为mol，采用1mol消光系数为5200。

(3) 酶活力表示　规定在上述反应条件下，每1min从聚半乳糖醛酸释放1ng不饱和糖醛酸物所需的酶量为1个PGL活力单位。

3. PG活力的测定方法

(1) 原理　PG的作用方式有内切和外切两种方式。内切式可测定作用后的粘度变化；外切式可测定作用后的还原力的变化。

(2) 方法　若测定反应后的粘度变化，则反应混合液除聚半乳糖醛酸钠浓度为0.5%之外，其余操作同前述；若测定反应后的还原力变化，则反应混合液为：一定浓度的酶液量、0.25%聚半乳糖醛酸钠、5×10^{-5}mol/L的EDTA(钠盐)，以及0.005mol/L、pH9.0的甘氨酸-氢氧化钠缓冲液。

四、单宁酶活力的测定

1. 原理

将单宁酶于一定条件下和相当时间内作用于底物时，包括一种酯键的水解，而释放出羧基和羟基。可测定反应前后的单宁含量。

2. 测定方法

取一部分反应混合液，在靛胭脂的存在下，用高锰酸钾规定溶液滴定。为了防止误差，每次滴定时，应将靛胭脂单独滴定。这种滴定，包括可被高锰酸钾所能氧化的一切物质。为了测定单宁以外的与高锰酸钾相当的物质，可将部分反应液添加酪素，若是单宁即沉淀而出。将沉淀物除去后，所余澄清液，再按上法滴定。这两次的滴定差数，即为和单宁相当的高锰酸钾量。用单宁酶水解后，所生成的没食子酸滤去后而未变化的单宁，可按上述两次滴定法测定。

五、脂肪酶活力的测定

脂肪酶活力的测定，其底物有多种，酶反应的条件也不尽统一。现介绍常用的方法如下。

1. 方法

(1) 我国产的阿氏假囊酵母脂肪酶活力的测定　酶反应混合系统为：以25％橄榄油乳化液〔2％PVA(聚乙烯醇)20kHz声波击碎器乳化2min〕2ml作底物，pH8.0的Tris或0.2mol/L的磷酸缓冲液2ml，蒸馏水0.5ml，酶液0.5ml。40℃保温15min后，用1∶1的乙醇、丙酮中止反应，以酚酞为指示剂，用0.05mol/L NaOH滴定。

(2) 我国产的解脂假丝酵母脂肪酶的测定　反应混合液组分为：以25％橄榄油乳化液〔3％PVA以高速组织捣碎机8000～10000r/min分两次处理，共处理6min〕4ml为底物，0.025mol/L、pH7.5的磷酸缓冲液5ml，酶液1ml。40℃保温15min后，加入15ml乙醇中止反应，再以酚酞为批示剂，用0.5mol/L的NaOH溶液滴定。注意PVA溶液在80℃不断搅拌下溶解；磷酸缓冲液由磷酸二氢钾和磷酸氢二钠配制而成；酶液应充分溶解；测定取样时，可将试样摇匀后用口较大的吸管吸取；若试样中颗粒太多时，可用双层纱布过滤后测定。

2. 酶活力的计算

为便于比较，多采用国际单位。规定每1min从底物中释放出1 μmol脂肪酸的酶量为1个国际单位。当然也可自定单位，但在比较时应予以折算。

酶活力的计算公式如下：

$$脂肪酶活力单位=\frac{(V-V_1)\times n\times f}{t}$$

式中　V ——试样耗碱液的体积(ml)

V_1——对照试样(煮沸酶液)耗碱液的体积(ml)

n ——1ml碱液的物质的量(μmol)(1ml 0.05mol/L NaOH溶液有50 μmol的NaOH)

f ——稀释倍数

t ——作用时间(min)

例如：浓度为5％的发酵液，反应15min，用0.05mol/L NaOH溶液滴定，耗碱液

3.0ml，对照试样耗碱液0.6ml。则发酵液的酶活力为：

$$\frac{(3.0-0.6)\times 50\times 20}{15}=160\text{u/ml发酵液}$$

因缓冲液的离子强度较低，故为了测得反应初速度及减少测定操作误差，酶液的浓度应以反应后净耗0.05mol/L NaOH1.5～2.5ml为宜，通常控制为2.0ml。

大曲及小曲中脂肪酶活力的测定，可参见本书第三篇第二章第一节八。

第十章 白酒微生物的检测、鉴定及纯种培养

第一节 白酒微生物检测

一、生产过程中有害菌的检测

这里所谓的有害菌，主要是指菌种纯培养的液态发酵法白酒及麸曲固态发酵法白酒和小曲酒而言的。

1. 水、空气、管道中微生物检测

(1) 水的检测 将水样1ml于无菌培养皿中，与肉汤琼脂培养基混匀制成平板，在37℃下培养24～28h后，计菌落数。若菌落为0～100个/ml，则为清净水;100～1000个/ml为可疑水;1000个/ml以上为污染水。

(2) 空气 将麦芽汁琼脂及肉汤琼脂平板，放在待检房间的中央，打开皿盖5min后再盖好。麦芽汁琼脂培养皿倒置于30℃保温箱，肉汤琼脂培养皿倒置于37℃保温箱，分别培养24h后，计菌落数。通常认为在5min内100cm^{2}表面沉降的微生物量，相当于10m^{3}空气中的微生物量，据此可求得1m^{3}空间的微生物数。

过滤空气纯度的检查，可用酒精棉球将压缩空气的排放口擦拭消毒。先使压缩空气排放1min，再将平板培养基对准排气口1min。然后加盖，置于保温箱中培养。

(3) 管道 先堵住管道的一端，再加入一定量的无菌水浸泡10～20min。然后使水从另一端流入无菌容器。取其1ml作平板检测。

2. 曲、酒母、发酵醪(醅)的检测

(1) 镜检法

① 直接法: 在载玻片中央，用滴管注入1滴无菌水。用接种环挑取酒母，或醪液，或曲的浸泡液1环，加入上述无菌水中。涂匀后小心地盖上盖玻片，要避免产生气泡，再用显微镜观察菌况。

因试样中往往会含有蛋白质及树脂等杂质，其形状类似于某些细菌，故可在酵母菌液中滴加10%NaOH溶液，使蛋白质等溶解后再镜检。

镜检时，通常应找20个视野，每个视野中可有约50个菌体细胞。如此可观察到约1000个细胞，以反映镜检的相对可靠度。根据20个视野内各种菌的比例，可知试样的质量。

优良的酿酒酵母多呈圆形或椭圆形，大小整齐，通常为6～10μm;健壮的细胞具有紧密附着的原生质薄膜，原生质均一或略呈颗粒状;液泡较小或无液泡;细胞繁殖活跃。若细胞具有大量粒状原生质，液泡大，无芽殖细胞，则表明酵母菌已衰老。

② 染色法：如对细菌的革兰氏染色法，测定酵母死活数的美蓝染色法和测定酵母细胞肝糖含量的碘液染色法等。可参阅有关微生物实验方面的书。

通常优良的种酵母的死细胞数应少于10%；正常的酿酒酵母，应有70%～75%的细胞含有肝糖。

(2) 培养法

① 野生酵母检查法：通常除产酯酵母及发酵力强并能赋予成品酒良好口味的酿酒酵母之外的酵母，均可称为野生酵母。其检查方法有如下几种。

1) 酒石酸法：将酵母种液接种于含有2%酒石酸的无菌麦芽汁中，于30℃培养24～48h。若能进行发酵，则表明有野生酵母存在。但某些野生酵母也能发酵该培养基，故此法不能检出所有的野生酵母。

2) 加热法：将被检酵母液在50℃下加热20min，杀死绝大多数酿酒酵母后，立刻用冷水冷却。再将其转接于麦芽汁中，观察野生酵母的生长状况；或于醋酸钠琼脂培养基上，观察子囊孢子的形成状况。酿酒酵母通常不易生成子囊孢子，若形成子囊孢子，也需72h以上；但野生酵母容易生成子囊孢子，且只需24～48h。采用该法，在5×10^5个/ml酵母浓度下，只要有1个野生酵母存在，也能检出。

3) 高氏(Golloway)法：培养基为：$CaCO_3$ 0.5g，琼脂1.5g，自来水100ml，自然pH，121℃灭菌20min。使用时将其制成平板，并尽可能地使$CaCO_3$在保持悬浮状态下而被凝固。由于培养基不含营养成分，酵母菌不能增殖，故接种量应大些，也可划线培养。在25℃下培养数天后，大部分能产生孢子的酵母菌即可形成子囊孢子。

此外，检出野生酵母的方法还有很多，如酒石酸蔗糖法、结晶紫法、对生长素的要求试验、血清试验、巨大菌落形态观察等。但在酿酒酵母存在下，任何方法均难检出各类野生酵母，因能产生混浊的野生酵母，本身即属于酵母属，故要识别其为哪一种类是困难的。

② 比较法：取盛有250ml麦芽汁的500ml三角瓶2个，经121℃蒸汽灭菌、冷却后，1瓶接种10～20ml纯培养酿酒酵母，另1瓶接入10～20ml被检液。于25℃培养48h，比较其酸度，检验是否污染杂菌。

③ 酵母浸出汁培养法：将酵母培养液1ml接入酵母浸出汁中，25℃保温培养。若在1～2天内即产生混浊，则表明污染杂菌；无杂菌存在，则数日后培养液仍为清澈。

酵母浸出汁的制法为：称取200g无淀粉压榨酵母及2g干蛋白，拌入2L水中。待蛋白溶解后，在121℃蒸汽下加热10min。冷却后，将浸出液过滤，分装于三角瓶中，110℃蒸汽灭菌15min即可。

④ 克兰西思(Chanseen)氏法：取发酵液3ml，加入1%氰化铵3ml摇匀，静置1h后，加2ml无菌水稀释。取上述稀释液2ml，与15ml麦芽汁琼脂培养基混匀后，倾入培养皿，于25℃培养5天。挑取典型菌落进行形态观察和生理生化试验，检测酸败菌的种类。

⑤ 基塞耳(Kissel)与达金(Dakin)氏法：培养基配方为：酵母膏5g，硫酸锰0.2g，麦汁100ml，三氯化铁0.005g，磷酸二氢钾0.5g，放线菌酮0.005g，氯化钙0.15g，氯化钾0.4g，琼脂15g，蒸馏水1000ml。将污染醪液在上述平板培养基上划线培养，凡乳酸菌均能生长良好，再挑取典型菌落进行形态观察和生理生化试验。

必要时，还应对原料上的霉菌等进行检测。如采用改进的马铃薯葡萄糖培养基培养犁头霉;用麦芽汁氯化钠培养基检测青霉菌等。

二、有益的霉菌、酵母菌和细菌的检验

1. 霉菌孢子数的测定

霉菌孢子数的测定,可采用镜检法,也可采用下述的摇落孢子数法:称取种曲10g,烘干后摇落其孢子,经筛孔直径为0.2mm的筛子,求得干孢子与干物质的百分数。

2. 酵母菌检验

(1) 酵母菌发酵力及酵母活细胞率测定 参见本书第三篇第二章。

(2) 酵母菌死灭温度测定 经液态培养基培养的酵母菌,在10min内即被杀死的温度,称为该菌的死灭温度。若死灭温度较高,则往往混有野生酵母。若死灭温度发生变化,则说明酵母不纯或发生变异。

在3支无菌的5ml麦芽汁试管中,加入用麦芽汁培养24h的酵母悬液0.1ml。其中1支试管插入温度计,另2支不插温度计。将3支试管浸入40℃水浴中保温。待插温度计的试管温度达40℃时,即开始计时,到10min后,立即取出,放入冷水中冷却。同法作42℃、44℃……至60℃的试验。再将各组试管置于25℃的保温箱中,在7天之内无发酵现象的最低温度,即为该酵母菌的死灭温度。但通常在这最低温度上再加1~2℃,作为该酵母菌的真正死灭温度。

(3) 酵母菌耐酒精浓度测定 酿酒酵母在糖液中发酵至一定的酒精浓度,就停止发酵。每株酵母菌能忍耐的最高酒精浓度,是检验其特性的一个重要指标。

① 材料:

1) 酿酒酵母曲汁或麦芽汁琼脂斜面试管菌株。

2) 10°Bx曲汁或麦芽汁。

3) 10ml V字型发酵管7支,无菌的2ml及10ml刻度吸管各1支,酒精灯,接种环,无水酒精。

② 操作:在各发酵管中按下表加入曲汁或麦芽汁,在100kPa蒸汽下灭菌20min后,再于无菌条件下加入无水酒精,静置2天,使酒精扩散均匀。

发酵管号	1	2	3	4	5	6	7
加曲汁或麦芽汁量/ml	9.4	9.2	9.0	8.8	8.6	8.4	8.2
加无水酒精量/ml	0.6	0.8	1.0	1.2	1.4	1.6	1.8
酒精含量/ml·(100ml)$^{-1}$	6	8	10	12	14	16	18

挑取试管斜面菌泥1环,接入各发酵管。在25℃下培养7天,每天观察管中产生气泡的状况。无气泡产生的管,说明酵母菌生长和发酵受到酒精的严重抑制,故可将比此管低1级的酒精浓度,作为该酵母菌株的耐酒精浓度。

此外,还可采用合适的培养基,对酵母菌的发芽率、耐酸能力及产酯能力等进行测定。

3. 细菌性能的测定

关于已酸菌、嗜热芽孢杆菌及甲烷菌的性能测定,报道很多。现将丙酸菌及丁酸菌产酸能力的测定法介绍如下。

(1) 丙酸菌产酸能力的测定

① 菌源: 可采取窖泥为试样,以乳酸盐为碳源,酵母煮汁和消化蛋白为氮源,进行多次增殖后,在无氧条件下作平板分离而得菌株。

② 发酵:

1) 培养基: 葡萄糖2g,消化蛋白1g,酵母煮汁100ml,$CaCO_3$ 1g,在59kPa蒸汽压力下灭菌20min。

2) 发酵过程: 取1环原菌,接种于上述培养基中发酵1天后,再添加适量$CaCO_3$继续发酵2周即可。

③ 测定:

1) 原理: 丙酸菌能将乳酸等发酵为丙酸和乙酸,而丙酸和乙酸均为挥发酸,故测定发酵液中挥发酸的含量,可知该菌的发酵能力。

2) 测定过程及计算: 取发酵液50ml,加入2ml浓度为2.5mol/L的H_2SO_4。用水蒸气蒸馏,先将冷凝器直立,煮沸10min后,再蒸馏至馏出液为400ml。

取馏出液20ml,测其酸度。若改算为滴定200ml馏出液的酸度所需的0.1mol/L NaOH的毫升数,则此数称为总酸度,以a表示。

再取馏出液200ml,加入上述蒸馏器中,缓慢地蒸馏出100ml,称为半量馏出液。用0.1mol/L NaOH滴定中和,所消耗的毫升数以b表示。

以P表示水蒸气馏出液200ml(相当于原发酵液25ml)中所含丙酸在中和时所消耗的0.1mol/L NaOH毫升数;以E表示水蒸气馏出液200ml中乙酸在中和时所消耗的0.1mol/L NaOH毫升数。则P及E的计算式如下:

$$P=\frac{b-0.366\times a}{0.219} \qquad E=a-P$$

100ml发酵液中丙酸及乙酸的含量分别为:

$$丙酸=7.4\times P\times 4(ml)$$

$$乙酸=6\times E\times 4(ml)$$

(2) 丁酸菌产酸能力的测定

① 菌源: 可采取窖泥为土样,将葡萄糖豆芽汁培养基煮沸片刻后,加入少量土样。继续煮沸4~5min,加塞冷却至35℃,保持此温度培养2天后,用厌氧分离法分离得到原菌。

② 发酵:

1) 培养基: 采用碳酸钙葡萄糖豆芽汁培养基: 葡萄糖10g,豆芽汁100ml,59kPa蒸汽灭菌15min后,加入经干热灭菌的$CaCO_3$ 5g,再常压蒸汽灭菌30min。

2) 发酵过程: 将原丁酸菌接种于上述培养基中,称瓶重。在40℃下培养14天后,再称重。瓶的减轻量为丁酸菌发酵产生的氢气和CO_2量,部分CO_2为丁酸及其他酸类与$CaCO_3$化合时产生。瓶的减重多少,表明丁酸菌发酵力的强弱。

③ 测定及计算: 取发酵液5ml,经滤纸过滤,将2ml滤液加入小试管中。再加$CaCl_2$-HCl液0.5ml及氯仿1ml。用手指压住管口,上下翻转10次后,静置于管架上。管中上部液体分为2层,下层为溶解丁酸铜的氯仿液。若氯仿液呈无色,则表明丁酸含量很少或无丁酸;若为蓝色或绿色,色泽越重,表明丁酸含量越多。

将含丁酸盐的发酵液全部过滤所得的滤液及洗渣液，进行蒸发浓缩，则丁酸钙结晶成鳞片状先析出。趁热过滤、烘干后，将粗丁酸钙称重，可计算出100g葡萄糖经丁酸菌发酵后所得的粗丁酸钙的克数。

第二节　白酒微生物的鉴定及纯种培养

一、白酒微生物的鉴定

研究某种微生物的性状，确定其是否属于已知的某分类单元，这种工作称之为鉴定。鉴定工作要进行到分类学上哪个分类单元的水平，则需看研究的目的。所以，有时人们将鉴定叫做分类，这种说法其实是错误的，至少是不确切的。因为所谓分类，是将许多微生物的分类群加以排列。而在排列这些分类群时，对于多细胞生物，则多半带有系统发生学的含义。但就目前来说，微生物形态学的特征在鉴定和分类工作中占有重要的地位。当然，也正在逐步地确立根据微生物的组成成分进行分类的化学分类学的地位。

关于各类微生物的鉴定方法，人们往往借助于一些经典著作，在本书中不必综述。这里仅将白酒工业中某些菌种鉴定的实例，简介如下。

1. 产酯酵母的鉴定例

四川省食品发酵工业研究设计院名优酒研究中心，曾以娄德酵母分类著作为依据，从形态和生理特征两方面，对2株产酯酵母进行了鉴定。

(1) 材料和方法

① 菌株: 2.155，2.182。

② 菌株纯化: 将上述2菌株制成菌悬浊液，在麦芽汁平板培养基上划线，于28℃培养3天后，挑取典型菌落，转接于麦芽汁琼脂试管斜面上，培养后作为测试菌株。

③ 形态特征的试验内容:

1) 在麦芽汁中培养3天，在室温下1个月后观察其形态特征。

2) 在麦芽汁琼脂试管斜面培养基上培养3天，在室温下1个月后观察其形态。

3) 在加盖片的马铃薯琼脂培养基上培养3天后观察假菌丝。

4) 采用石膏块、高氏、麦氏及克氏培养基，观察子囊孢子的形成及其形态。

④ 生理特征的试验项目: 包括能发酵的糖类、能同化的糖类、同化乙醇及硝酸钾的状况、能否利用盐酸乙胺，以及产酯能力等。

(2) 试验结果

① 形态及培养特征:

1) 2.155菌株: 在麦芽汁中，28℃培养3天，细胞呈圆形、卵形、椭圆形、腊肠形，多边芽殖；细胞大小为(2.6～1.5) μm×(5.1～16.7) μm。能发酵麦芽汁，培养液呈轻微混浊；在室温下1个月后，培养液变清，沉淀较紧密。

在麦芽汁琼脂试管斜面培养基上，28℃下培养3天，细胞呈圆形、卵形、椭圆形、腊肠形。细胞大小为(2.6～6.2) μm×(5.1～17.4) μm. 菌落呈乳白色，无光泽；中间隆起，有细皱纹，稠如奶油；边缘呈细齿状；直径为2.5～5mm。在室温下1个月后，菌落呈乳黄色，略扩展。

在加盖片的马铃薯琼脂培养基上，能生成假丝酵母状的假菌丝。

在石膏块、高氏、麦氏及克氏培养基上，未能形成子囊孢子。

2) 2.182菌株：在麦芽汁中28℃培养3天，细胞呈圆形、卵形、椭圆形、腊肠形，多边芽殖。细胞大小为(2.6～5.1)μm×(6.4～18.0)μm。发酵液呈微浊状态，在室温下1个月后，发酵液变清而沉淀较紧密。

在麦芽汁琼脂试管斜面培养基上，28℃下培养3天，细胞呈圆形、卵形、椭圆形、腊肠形。细胞大小为(3.2～5.5)μm×(7.2～18.0)μm。菌落呈乳白色；中间隆起，呈似放射状，有细皱，稠若奶油；边缘为细齿状；直径为2～3.5mm。在室温下1个月后，菌落呈浅乳黄色，略有扩展。

在加盖片的马铃薯琼脂培养基上，生成假丝酵母状假菌丝。

在石膏块、高氏、麦氏、克氏培养基上，未能生成子囊孢子。

② 生理特性：

1) 发酵糖类：2株菌种均能发酵葡萄糖、麦芽糖、蔗糖、1/3棉子糖；对乳糖、蜜二糖及可溶性淀粉均不能发酵。2.182能发酵半乳糖，但2.155无此能力。

2) 能同化的碳源及氮源：2株菌种对葡萄糖、半乳糖、乙醇、赤藓醇、甘露醇、乳酸、甘油、硫酸铵、硝酸钾均能同化；而对乳糖、棉子糖、蜜二糖、海藻糖、纤维二糖、可溶性淀粉、D－木糖、鼠李糖、肌醇、甜醇、阿东醇、D－阿拉伯糖、L－阿拉伯糖等均不能同化。

③ 定名结果：2株菌种均具有如下特征：多边芽殖，无掷孢子，无子囊孢子，有假菌丝而无冬孢子，菌落无色素等，故属于半知菌纲、丛梗孢目、隐球酵母科、假丝酵母属(*Candida*)。又因它们均具有如下生理性能：均可发酵葡萄糖、麦芽糖、蔗糖、棉子糖，2.182尚可发酵半乳糖，均能同化硝酸盐、赤藓醇，均不同化蜜二糖，均能在25～30℃下生长，故可定名为产膜假丝酵母(*Candida pelliculosa*)。

2. 己酸菌的鉴定例

据报道，某单位从泸酒老窖泥中分离所得产己酸的梭状芽孢杆菌菌种，其形态特征及生理特性相似，故属于同一种的不同株。按经典著作《伯杰氏细菌鉴定手册》第八版分类系统，被列入梭菌属中产己酸的己酸菌仅有1个种，命名为克氏梭状芽孢杆菌(*Clostridium kluyveri*)，并认为严格厌氧；在普通实验室培养基上不生长，不利用葡萄糖，不水解明胶；不能直接由乙酸合成己酸。上述特性，与老窖泥中分离所得的己酸菌菌株的特性不吻合，故这些菌种难划入《伯杰氏细菌鉴定手册》中梭菌属水解明胶的5个种内。所以，从泸酒老窖泥中分离得到己酸菌菌株，被初步定名为泸曲梭菌(*Clostridium lushun*)。

对己酸菌菌株发酵液中己酸的测定，定性分析可采用硫酸铜显色法和纸层析法；定量分析可采用比色法或气相色谱法。

3. 甲烷菌的鉴定例

《伯杰氏细菌鉴定手册》将产甲烷细菌列为1个科(甲烷菌科)、3个属、9个菌种。20世纪70年代发展了利用分子生物学技术鉴定菌种的方法，至今已发表的产甲烷菌种有30多个种。

某单位从泸酒老窖泥中分离所得的布氏甲烷杆菌(*Methanobacterium bryatii* CS)的形态及生理特性如下。

(1) 形态　该菌细胞呈长杆状，两端钝圆，中部略细，直或不规则弯曲，单个或双连，液态培养时成几个和几十个细胞的长链，也有成团的。菌落宽为0.45～0.5μm，长2～5.5μm。细胞能均等分裂或不等分裂。芽孢染色为阴性，不耐热；革兰氏染色呈阳性，菌体不运动；鞭毛染色呈阴性，电镜观察未见鞭毛。采用滚管培养7天后，呈现针状大菌落，其直径为0.1～0.25mm；菌落为丝状，中部较细，向外缘渐趋稀疏，边缘扩散，菌落表面呈不规则凸起；菌落呈黄褐色，荧光明亮且持久。

菌体超微结构：负染电镜照片显示出菌体具有深色的小斑点；超薄切片有薄而平滑的细胞壁，有些细胞可看到内膜结构；均显示接近细胞全长的纤丝状DNA区。与产甲烷杆菌科(Methanobacteriaceae)绝大多数种的特征相似。

(2) 生理特性　该菌只能利用H_2为能源、以CO_2为碳源进行生长和产甲烷；不能利用甲酸、乙酸、丙酸、丁酸、甲醇、乙醇、葡萄糖及三甲胺。属中温性细菌，生长温度为25～45℃，最适生长温度为35℃。生长pH为6.0～9.0，生长最佳pH为7。

4. 乳酸菌、醋酸菌及芽孢杆菌的鉴定例

在白酒生产中，通常将乳酸菌、芽孢杆菌等均认为有害菌，但也不宜一概而论，应分别研究。研究细菌的方法，在形态上首先要分清是球菌还是杆菌，并作一系列的生理试验。最重要的形态鉴别方法为革兰氏染色法、芽孢染色法及鞭毛染色法；经常采用的生理生化鉴别法包括糖发酵、糖产酸、V.P.反应、吲哚反应、甲基红试验、H_2S生成及过氧化氢酶的生成等。

(1) 乳酸菌的鉴定　贝吉氏(Borgcyls)细菌分类系统，将同型或异型乳酸菌统归于乳酸菌科(Lactobaoillaceae)，包括乳杆菌和乳球菌的各个属；而在克拉西尼柯夫的系统中，则将各种乳酸菌归于各个科。

有的白酒厂，主要从如下几方面对生产中分离到的乳酸菌株作鉴定：观察菌落形态，作革兰氏染色，观察细胞形状、大小、排列，异染颗粒和荚膜的有无。大多数乳酸菌不产过氧化氢酶，用5％～10％浓度的双氧水，滴至菌落表面时，不产生气泡，这一特性，可明显地与芽孢杆菌、肠杆菌及醋酸菌区分开。可是，足球菌在葡萄糖基质上偶尔也产过氧化氢酶，但在蔗糖基质上则不产过氧化氢酶。进行牛磺胆酸钠或抗胆汁试验，是区别双球菌和乳链球菌的重要依据。在1ml培养24h的新鲜肉汁菌液中，添加0.1～0.3ml的10％牛磺胆酸钠或甘油酸钠，若呈白色均匀的混浊，则为牛磺胆酸钠不溶解菌体的象征，谓抗胆汁；若加入牛磺胆酸钠后，菌液清亮透明，则证明菌体已被溶解，谓不抗胆汁。硝酸盐还原性是足球菌的重要特性，产生乳酸的足球菌能将硝酸盐还原为亚硝酸盐。亚硝酸盐与托洛斯独夫(Tros dorf)氏试剂和格利斯氏(Gress)试剂反应，分别呈蓝色和红色。采用上述试验，可将乳球菌鉴定到属。鉴定乳杆菌的方法则更为简易，将乳杆菌的发酵液进行纸上层析，若产乳酸且革兰氏染色为阳性，则即可鉴别。

通常，从清香型大曲及酒醅中分离到的乳酸菌，多为同型发酵乳杆菌。

(2) 醋酸菌的鉴定　也是从形态及生化两方面进行鉴定：醋酸杆菌呈短杆至球杆状，有些变异型呈丝状体，有单个、双链或短链。培养24h的新鲜醋酸菌，革兰氏染色呈阴性。醋酸菌除过氧化菌群之外，其余群不产过氧化氢酶。醋酸菌在酵母汁葡萄糖液中培养5天后，纸上层析证明有醋酸或非挥发性酸层析不显酸斑。具有如上特性者，即为醋酸菌。

醋酸杆菌为极毛杆菌科的1个属。大部分醋酸菌能利用葡萄糖产醋酸;除过氧化菌群外，均可氧化乙醇为醋酸;醋酸菌能氧化葡萄糖为葡萄糖酸;氧化甘油生成磷酸二羟丙酮;氧化甘露醇为5－酮葡萄糖酸。醋酸菌是清凉茶醇发酵的重要微生物。因此，醋酸菌在固态清香型大曲酒醅中不能简单地认为是有害杂菌，应保证其一定的含量。清香型白酒的中温大曲中的醋酸菌，其生酸能力较强，通常1ml发酵液在滴定酸度时要消耗0.1mol/L的NaOH2～3ml。若需将醋酸菌菌种鉴定到种，则可根据佛拉都(Frateur)氏醋酸群和种的检索表加以鉴定。

(3) 芽孢杆菌的鉴定　鉴定的主要依据为: 甘露醇生酸和各种糖发酵试验、厌氧培养、铵盐利用、V.P.反应、淀粉水解、酪素水解、硫化氢及吲哚产生等试验。

芽孢杆菌在清香型白酒的大曲和酒醅中，几乎随时都能分离到。这类菌在发酵液中往往形成菌膜并具有异味。但芽孢杆菌中的某些种，主要如枯草芽孢杆菌，则具有分解淀粉和蛋白质的能力。在臭曲中含有巨大芽孢杆菌。

二、纯种培养

1. 固态斜面试管培养基的制备

(1) 试管准备　培养霉菌用180mm×18mm试管;培养酵母用150mm×15mm试管。将使用过的菌种试管放入铝锅中加水煮沸，使培养物溶化除去。再在水龙头上借助于肥皂、洗涤剂或去污粉，用试管刷洗至无水珠挂在管壁为止。新试管应用2%稀盐酸浸泡30min，以除去游离碱，并用清水冲洗干净。再将试管倒放于铁丝筐内沥干。然后用上等的非脱脂棉制成长约3.5cm的棉塞，塞入管内约2cm，要求在试管内的部分无裂痕。棉塞要松紧适度，两头圆而整齐。不能使用已用过的棉花。再将试管放入干热灭菌箱中，以150℃灭菌1h后备用。

(2) 制米曲汁　米曲汁用以制酵母菌及霉菌的试管斜面培养基。其制法是: 将大米用水洗净后，置于铝锅中，1kg大米加水约5kg，放在蒸锅内常压蒸1h，取出冷至60℃左右。再加入大米量50%的米曲，并补加米曲量4倍的55℃热水搅匀，在50～55℃保温糖化3～4h。然后加热至90℃静置，使酶及蛋白质等凝固沉淀。再用豆包布做成漏斗状布袋进行过滤，初滤液混浊，应倒回重新过滤。滤液应较清。

米曲是将米曲霉接种于大米饭粒上培养而成的。即取大米500g，用水淘洗干净后，浸泡1夜并沥干。再用豆包布包好，以常压蒸汽蒸1h，泼入175ml清水拌匀后，继续蒸30min。取出摊晾至36～38℃，接种1支米曲霉斜面菌株，将孢子与饭粒拌匀后，把废斜面培养基弃去。再把接种后的饭粒放入洁净的曲盒中摊匀，置于30℃保温箱中培养20h，待饭粒表面长出白色菌丝后，用玻璃棒将曲块划碎。培养至约40h，菌丝已长满饭粒表面即可。若不立即使用，应将米曲晾干，放阴凉处保存。

(3) 斜面制备　要求米曲汁的浓度为12°Bx左右，pH为4～4.5。若米曲汁浓度较低，则不宜加热浓缩，以免生成焦糖而影响菌种生长;应在制米曲汁时减少加水量，以提高米曲汁的浓度。

取已调整好浓度的米曲汁，按季节不同，加入2%～3%琼脂后，在水浴锅中加热溶化。若琼脂不干净，则应用清水洗净、沥干，干燥后再用。若试管培养基在高压灭菌时温度过高或时间太长，则因水解作用而pH偏低，使琼脂不凝固。

待琼脂加热溶化后，趁热装入已干热灭菌的试管中，装量约为试管容积的1/4。要防止培养基沾到试管的上部内壁，以免污染杂菌。装完后塞好棉塞，再用牛皮纸将棉塞包住，放在铁丝筐内，以98kPa蒸汽灭菌15～20min;或常压间歇灭菌3次，每次30min，第1、2次灭菌后应保温28～30℃ 1天。

灭菌后，趁热将试管斜放，使培养基斜面长度约为试管长度的1/2，斜放时切忌培养基接触棉塞。待培养基凝固后，将试管平放于25～30℃保温箱内6～7天，使管壁水珠及培养基表面多余的水分蒸发，并考察有无杂菌生长。若发现污染杂菌，则应将全部斜面培养基弃而不用。

2. 接种培养

(1) 无菌箱灭菌　无菌箱最好置于无菌室内。无菌室应尽量保持无菌状态，每周用紫外灯或硫磺、甲醛灭菌1～2次。开紫外灯灭菌时，操作者应离室。

接种前，先用脱脂棉或纱布蘸浓度为70％～75％的酒精充分拭擦箱内壁，再用0.1％氯化汞溶液或0.1％～0.2％甲醛溶液喷雾。氯化汞溶液中加2％～5％食盐，以提高灭菌效果。喷雾后密闭箱门30min后备用。接种后，应如接种前对无菌箱进行拭擦和灭菌。若无氯化汞及甲醛溶液，也可用70％的酒精喷雾灭菌，但应注意防火。

(2) 接种操作　操作者在接种前须将手洗净，并以脱脂棉蘸75％的酒精拭擦双手。再将菌种、斜面培养基及其他用具用酒精拭擦。并将试管的棉塞头在酒精灯火焰上轻烧后放入无菌箱。然后点燃接种箱内的酒精灯，左手持菌种及培养基试管，用右手将棉塞旋转松动。然后，右手拿接种针在酒精火焰上灼烧并冷却后，用右手拔去棉塞，左手迅速把管口移近火焰。拔去的棉塞应以右手的手指夹住，自试管进入无菌箱至移出无菌箱，均不得使棉塞接触箱底。然后将接种针伸入菌种试管内，在距管底约1.5cm处挑取健壮菌种少许，稍离开火焰迅速伸入待接种的试管内，将针端在离管底0.5cm处的培养基表面，自下而上轻轻地划线接种，注意不要将培养基表面划破。接种后，将需塞入试管部分的棉塞头在火焰上稍烧后，塞入已接种的试管内，再把该试管放在铁丝筐内。通常1支菌种可接种很多支待接的斜面培养基。在接种过程中，第1支试管培养基接种后，接种针应灼烧，在新培养基上冷却，再伸入菌种试管内，取少许菌落接种于第2支试管培养基上。接种量以少为宜，以保证菌体生长整齐、健壮。菌种试管仍在左手上。注意凡拔去棉塞的试管口，不能离火焰1cm以外。

接种操作结束后，将试管取出，在刚接种的试管上，分别贴上填写好菌名及接种日期的标签。若2株以上不同菌名的菌种转接，则应在接种前，先将待接种的培养基试管的标签填写并贴好后，再放入接种箱内进行接种，以免差错。

转接过的菌种试管，不能留作下次再用，应及时用水煮沸并洗净。

(3) 保温培养　将接种后的试管斜放于30℃保温箱中培养。应每天检查1～2次，防止温度波动。通常霉菌培养3～6天，酵母菌培养2～3天。培养好的菌种试管，经检查后即可用于扩大培养或放入低温干燥处保存。

3. 菌种检查

(1) 外观检查　用肉眼或放大镜从试管外观察，各种菌株在特定的培养基及条件下生长成熟后，均应具有该菌株固有的色泽，并均匀一致，无异常颜色。酵母一般呈乳白色，菌苔光面平滑有光泽，无杂菌斑；曲霉菌应菌丝健壮，孢子丛生，不得有异状菌丝及杂菌存在。

(2) 显微镜检查　检查酵母菌时，可在无菌室或无菌箱中，用无菌接种针在酒精灯火焰旁挑取试管菌株的酵母泥少许，用试管中的无菌水稀释后，取1滴稀释液于载玻片上，并加上盖玻片，注意不要使菌呈气泡。再用放大率为600倍的镜头观察。酵母菌应健壮，形态正常并整齐一致，原生质分布均匀，且无杂菌。

检查霉菌时，也同检查酵母菌那样，挑取试管菌株的少许孢子，用盛于试管中的酒精稀释后，取1滴稀释液于载玻片上，待酒精挥发后，为使孢子分布均匀，再加1滴水：甘油：酒精＝3：2：1的混合液，盖上盖玻片。然后以显微镜检查，孢子形状应整齐一致，且无杂菌。

第二篇
白酒生产工艺

第一章　白酒生产机理

所谓机理，即通常听说的机制或原理。本书讨论白酒生产机理的范围是广义的，即原料中的各种成分是如何一步步变为成品酒的成分的；也包括产品出厂后的变化。上述变化又包括物质的物理变化和化学变化。

第一节　原料浸润及蒸煮过程中的物质变化

一、原料浸润中的物质变化

1. 固态发酵法白酒原料的润水

在蒸料前对原料进行润水，俗称润料。在这一操作中，淀粉颗粒吸取水分，稍有膨胀，为蒸煮糊化创造条件。但润水的程度即加水比及润料时间的长短，由原料特性、水温、润料方法、蒸料方式及发酵工艺而定。如汾酒虽以水温90℃的高温润料，但因采用清蒸二次清工艺，故润料时间为18～20h；浓香型大曲酒的生产，以酸性的酒醅拌和润料，因淀粉颗粒在酸性条件下较易润水及糊化，又为多次发酵，故润料只需几小时。

2. 小曲酒生产中大米浸洗时的物质变化

(1) 洗米中的成分变化　主要流失淀粉、钾、磷酸及维生素。若间歇式水洗4次，则白米减重约2.3%，粗脂肪的65%、灰分的49%流失。洗米过程中，还除去附于白米上的糠、尘土及夹杂物。

(2) 浸米过程中米的成分变化　浸米时，米中的钾和磷酸最易溶出，洗米和浸米共溶出钾约50%。边浸边流1h，钾流失60%～70%，磷酸流失20%。浸米时，钠、镁、糖分、淀粉、蛋白质、脂质及维生素等，均有不同程度的溶出。相反，水中的钙及铁却被米粒吸着。

二、原料蒸煮中的物质变化

原料蒸煮的目的主要是使淀粉颗粒进一步吸水、膨胀、破裂、糊化，以利于淀粉酶的作用；同时，在高温下，原辅料也得以灭菌，并排除一些挥发性的不良成分。但实际上，在原料蒸煮中，还会发生其他许多物质变化；对于续糙混蒸而言，酒醅中的成分也会对原料中的成分作用。因此，原料蒸煮中的物质变化也是很复杂的。

(一) 碳水化合物的变化

1. 淀粉的特性及其在蒸煮中的变化

(1) 淀粉的特性　含于原料细胞中的淀粉颗粒，受到细胞壁的保护。在原料粉碎时，部分植物细胞已经破裂，但大部分仍需经蒸煮才能破裂。

淀粉颗粒实际上是与纤维素、半纤维素、蛋白质、脂肪、无机盐等成分交织在一起的。即使是淀粉颗粒本身，也具有抵抗外力作用的外膜。其化学组成相同于内层淀粉，但因其水分较少而密度较大，故强度也较大。

淀粉颗粒是由许多呈针状的小晶体聚集而成的，用X射线透视，生淀粉分子呈有规则的结晶构造。小晶体由一束淀粉分子链组成，而淀粉分子链之间，则由氢键联结成束。

$$\text{淀粉分子链}\xrightarrow{\text{氢键}}\text{针状晶体}\xrightarrow{\text{聚集}}\text{淀粉颗粒}$$

在显微镜下观察，淀粉颗粒呈透明，具有一定的形状和大小。大体上可分为圆形、椭圆形和多角形三类。通常含水分高、蛋白质含量低的植物果实，其淀粉颗粒较大，形状也较整齐，多呈圆形或卵形。如白薯淀粉颗粒为圆形，结构较疏松，大小为15～25μm；玉米淀粉颗粒呈卵形近似球形，也有呈多角形的，结构紧密坚实，其大小为5～26μm；高粱的淀粉颗粒呈多角形，大小为6～29μm。据测试，1kg玉米淀粉约含1700亿个淀粉颗粒，而每个颗粒又由很多淀粉分子组成。

淀粉颗粒的大小与其糊化的难易程度有关。通常颗粒较大的薯类淀粉较易糊化；颗粒较小的谷物淀粉较难糊化。

(2) 淀粉在蒸煮中的变化

① 物理化学变化：

1) 淀粉的膨胀：淀粉是亲水胶体，遇水时，水分子因渗透压的作用而渗入淀粉颗粒内部，使淀粉颗粒的体积和质量增加，这种现象被称之为淀粉的膨胀。

在淀粉颗粒的膨胀过程中，淀粉颗粒犹如一个渗透系统，其中支链淀粉起着半渗透膜的功能。渗透压的大小及淀粉颗粒的膨胀程度，则随水分的增加和温度的升高而增加。在40℃以下，淀粉分子与水发生水化作用，吸收20%～25%的水分，1g干淀粉可放出104.5J热量；自40℃起，淀粉颗粒的膨胀速度就明显加快。

2) 淀粉的糊化：当温度达到70℃左右、淀粉颗粒已膨胀到原体积的50～100倍时，各分子间的联系已被削弱而引起淀粉颗粒之间的解体，形成为均一的粘稠体。这时的温度称之为糊化温度。这种淀粉颗粒无限膨胀的现象，称之为糊化，或称淀粉的α－化或凝胶化，使淀粉具有粘性及弹性。

经糊化的淀粉颗粒的结构，由原来有规则的结晶层状构造，变为网状的非结晶构造。支链淀粉的大分子组成立体式网状，网眼中是直链淀粉溶液及短小的支链淀粉分子。

据有关学者发现，淀粉的糊化过程与初始的膨胀不同，它是个吸热过程，糊化1g淀粉需吸热6.28kJ。

由于淀粉结构、颗粒大小、疏松程度及水中盐分种类和含量的不同，加之任何一种原料的淀粉颗粒大小都不均一，故不宜采用某一个糊化温度，而应自糊化起始至终了，确定一个糊化温度范围。例如玉米淀粉为65～75℃，高粱为68～75℃，大米为65～73℃。对粉碎原料而言，其糊化温度应比整粒者高些。因粉碎原料中的糖类、含氮物及电解质等成分会降低水对淀粉颗粒的渗透作用，故使膨胀作用变慢。植物组织内部的糖和蛋白质等对淀粉有保护作用，故欲使糊化完全，则需更高的温度。

实际上，原料在常压下蒸煮时，只能使植物组织和淀粉颗粒的外壳破裂。但一大部分细胞仍保持原有状态;而在生产液态发酵法白酒时,当蒸煮醪液吹出锅时,由于压差而致使细胞内的水变为蒸汽才使细胞破裂。这种醪液称为糊化醪或蒸煮醪。

3) 液化: 这里的"液化"概念,与由α－淀粉酶作用于淀粉而使粘度骤然降低的"液化"含义不同。

当淀粉糊化后,若品温继续升至130℃左右时,由于支链淀粉已几乎全部溶解,网状结构完全被破坏,故淀粉溶液成为粘度较低的易流动的醪液,这种现象称之为液化或溶解。溶解的具体温度因原料而异,例如玉米淀粉为146～151℃。

淀粉糊化和液化过程中,最明显的物理性状的不同是醪液粘度的变化。但糊化以前的粘度稍变不足为据。即在品温升至35～45℃时,因淀粉受热吸水膨胀而醪液粘度略有下降;继续升温时,粘度缓慢上升;当温度升至60℃以上时,部分淀粉已开始糊化,随着直链淀粉不断地溶解于热水中,致使粘度逐渐增加;待品温升至100℃左右时,支链淀粉已开始溶解水;温度继续上升至120℃时,淀粉颗粒已几乎全部溶解;温度超过120℃时,由于淀粉分子间的运动能增高,网状结构间的联系被削弱而破坏,断裂成更小的片断,醪液粘度则迅速下降。

上述的糊化和液化现象,也可以氢键理论予以解释: 氢键随温度升高而减少,故升温使淀粉颗粒中淀粉大分子之间的氢键削弱,淀粉颗粒部分解体,形成网状组织,粘度上升,发生糊化现象;温度升至120℃以上时,水分子与淀粉之间的氢键开始被破坏,故醪液粘度下降,发生液化现象。

淀粉在膨胀、糊化、液化后,尚有10％左右的淀粉未能溶解,须在糖化、发酵过程中继续溶解。

4) 熟淀粉的返生: 经糊化或液化后的淀粉醪液,绝不同于用酸水解所得的可溶性淀粉溶液。当其冷却至60℃时,会变得很粘稠;温度低于55℃时,则变为胶凝体,不能与糖化剂混合。若再进行长时间的自然缓慢冷却,则会重新形成结晶体。若原料经固态蒸煮后,将其长时间放置、自然冷却而失水,则原来已经被α－化的α－淀粉,又会回到原来的β－淀粉状。

上述两种现象,均称为熟淀粉的"返生"或"老化"或β－化。据试验,糖化酶对熟淀粉及β－化淀粉作用的难易程度,相差约5000倍。

老化现象的原理是淀粉分子间的重新联结,或者说是分子间氢键的重新建立。因此,为了避免老化现象,若为液态蒸煮醪,则应设法尽快冷却至65～60℃,并立即与糖化剂混合后进行糖化;若为固态物料,也应从速冷却,在不使其缓慢冷却且失水的情况下,加曲、加量水入池发酵。如果条件允许,则可将刚蒸好的米饭迅速脱水至白米的含水量,可防止老化。这种干燥后的米饭,称为α－米,即通常所说的方便米饭。在使用时加入适量的水,即可复呈原来的米饭状态。α－米的制作,按脱水方法不同可分为3种: 高温通风干燥法;酒精脱水法;限定吸水的高压蒸饭通风干燥法。其中酒精脱水法较易于工业化,该法还能使米饭的粗脂肪及灰分降低。

② 生化变化: 白酒的制曲及制酒原料中,也大多含有淀粉酶系。当原料蒸煮的温度升到50～60℃时,这些酶被活化将淀粉分解为糊精和糖,这种现象称之为"自糖化"。例如甘薯主要含有β－淀粉酶,故在蒸煮的升温过程中会将淀粉变为部分麦芽糖及葡萄糖。整粒原料蒸煮时,因糖化作用而生成的糖量很有限;但使用粉碎原料蒸煮时,能生成较多量的糖,尤其是在缓慢升温的情况下。

以续楂混蒸的方式蒸料时，因酸性条件而使淀粉水解的程度，并不明显。

2. **糖的变化**

白酒生产中的谷物原料的含糖量最高可达4%左右；在蒸煮时的升温过程中，由于原料本身含有的淀粉酶对淀粉的水解作用，也产生一部分糖。这些糖在蒸煮过程中会发生各种变化，尤其是在高压蒸煮的情况下。

(1) 己糖的变化　多为有机化学反应。

① 部分葡萄糖等醛糖会变成果糖等酮糖。

② 葡萄糖和果糖等己糖，在高压蒸煮过程中可脱水生成的5－羟甲基糠醛很不稳定，会进一步分解成戊隔酮酸及甲酸。如下式所示。

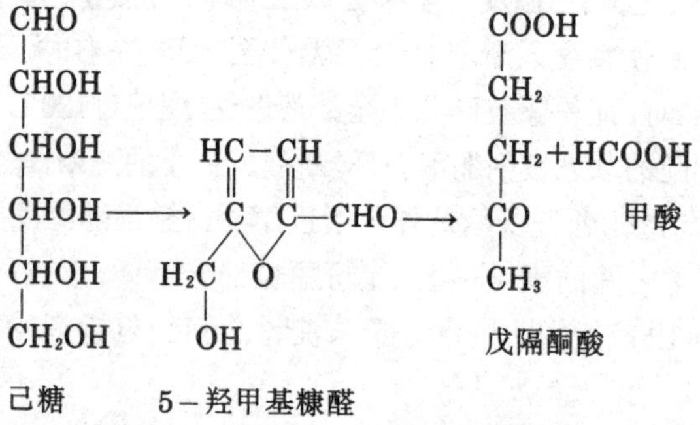

上述反应均是不可逆的，按一级动力学反应公式进行。

部分5－羟甲基糠醛缩合，可生成棕黄色的色素物质。

(2) 美拉德反应(Maillard reaction)　由法国的Mauap于1912年首先发现，又称氨基糖反应。即己糖或戊糖在高温下可与氨基酸等低分子含氮物反应生成氨基糖，或称类黑精、类黑素，这是一种呈棕褐色的无定形物质。它不溶于水或中性溶剂，但能部分地溶于碱液。因其化学组成类似于天然腐殖质，故也被称为人工腐殖质。

	C	H	N	O
氨　基　糖	58.85%	4.82%	4.35%	31.88%
天然腐殖质	56.10%	4.40%	4.90%	34.60%

氨基糖的生成，不是一个简单的凝聚反应，其反应过程很复杂。例如糖源为葡萄糖，则变化过程大致如图2－1－1所示。

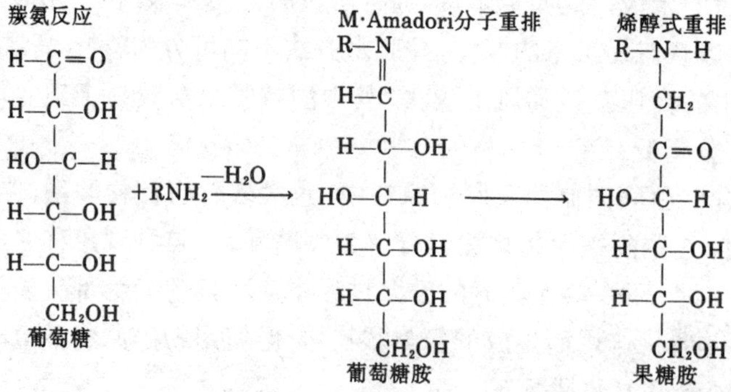

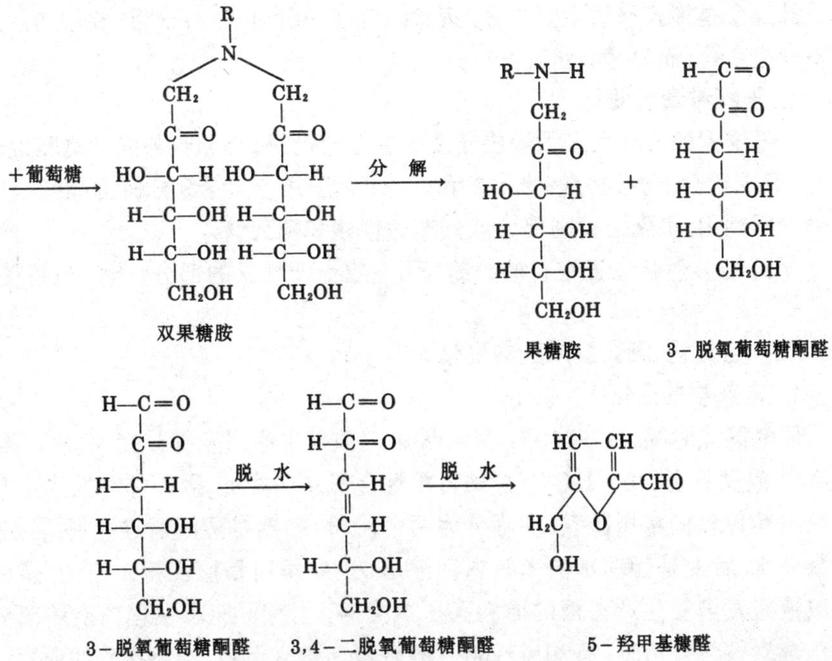

图 2-1-1　以葡萄糖为糖源的氨基糖生成过程

己糖经上述一系列反应生成羟甲基糠醛等中间产物，戊糖则生成糠醛等中间产物。这些中间产物再继续与氨基酸等作用，进行一系列的聚合和缩合反应，最终生成氨基糖：

己糖、戊糖 ⟶ 糠醛、羟甲基糠醛、其他醛、酮类等中间产物 $\xrightarrow{+RNH_2、聚合、缩合}$ 氨基糖

生成氨基糖的速度，因还原糖的种类、浓度及反应的温度、pH而异。通常五碳糖与氨基的反应速度高于六碳糖；在一定的范围内，若反应温度越高、基质浓度越大，则反应速度越快。据报道，美拉德反应的最适温度为100～110℃，pH为5。但也有学者认为在碱性条件下更有利于类黑精的生成。

若酒醅经水蒸气蒸馏将微量的氨基糖带入酒中，可能会起到恰到好处的呈香呈味作用；但生成氨基糖要消耗可发酵性糖及氨基酸，且氨基糖的存在，对淀粉酶和酵母的活力均有抑制作用。据报道，若发酵醪中的氨基糖含量自0.25％增至1％，则淀粉酶的糖化力下降25.2％。

(3) 焦糖的生成　当原料的蒸煮温度接近糖的熔化温度时，糖会失水而成黑色的无定形产物，称为焦糖。糖类中，果糖较易焦化，因其熔化温度为95～105℃；葡萄糖的熔化温度为144～146℃。

焦糖的生成，不但使糖分损失，且焦糖也影响糖化酶及酵母的活力。

蒸煮温度越高、醪的糖度越大，则焦糖生成量越多。焦糖化往往发生于蒸煮锅的死角及锅壁的局部过热处。

在生产中，为了降低类黑精及焦糖的生成量，应掌握好原料加水比、蒸煮温度及pH等各项蒸煮条件。

3. 纤维素变化

纤维素是细胞壁的主要成分。蒸煮温度在160℃以下，pH为5.8～6.3范围内，其化学结构不发生变化，而只是吸水膨胀。

4. 半纤维素的变化

半纤维素的成分大多为聚戊糖及少量多聚已糖。当原料与酸性酒醅混蒸时，在高温条件下，聚戊糖会部分地分解为木糖和阿拉伯糖，并均能继续分解为糠醛。这些产物都不能被酵母所利用。多聚已糖则部分地分解为糊精和葡萄糖。

半纤维素也存在于粮谷的细胞壁中，故半纤维素的部分水解，也可使细胞壁部分损伤。

(二) 含氮物、脂肪及果胶的变化

1. 含氮物的变化

原料蒸煮时，品温在140℃以前，因蛋白质发生凝固及部分变性，故可溶性含氮量有所下降；当温度升至140～158℃时，则可溶性含氮量会增加，因为那时发生了胶溶作用。

整粒原料的常压蒸煮，实际分为两个阶段。前期是蒸汽通过原料层，在颗粒表面结露成凝缩水；后期是凝缩水向米粒内部渗透，主要作用是使淀粉α－化及蛋白质变性。只有在以液态发酵法生产白酒的原料高压蒸煮时，才有可能产生蛋白质的部分胶溶作用。在高压蒸煮整粒谷物时，有20%～50%的谷蛋白进入溶液；若为粉碎的原料，则比例会更大些。

2. 脂肪的变化

脂肪在原料蒸煮中的变化很小，即使是140～158℃的高温，也不能使甘油酯充分分解。据研究，在液态发酵法的原料高压蒸煮中，也只有5%～10%的脂类物质发生变化。

3. 果胶的变化

果胶由多聚半乳糖醛酸或半乳糖醛酸的甲酯化合物所组成。果胶质是原料细胞壁的组成部分，也是细胞间的填充剂。

果胶质中含有许多甲氧剂($R\cdot COOCH_3$)，在蒸煮时果胶质水解，甲氧基会从果胶质中分离出来，生成甲醇和果胶酸，其反应式如下：

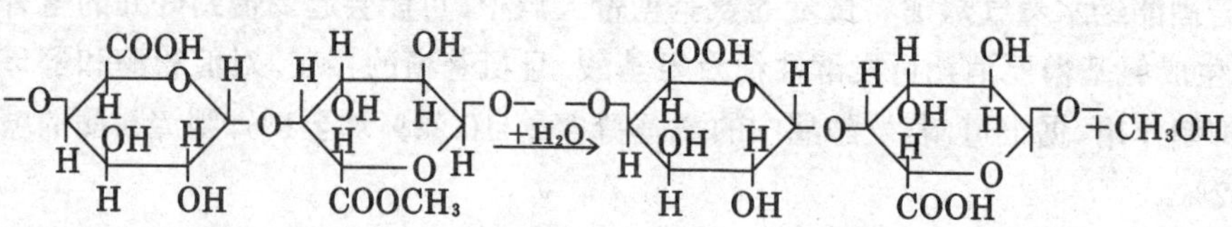

果胶质　　　　果胶酸　　　　甲醇

原料中果胶质的含量，因其品种而异。通常薯类中的果胶质含量高于谷物原料。温度越高，时间越长，由果胶质生成甲醇的量越多。

甲醇的沸点为64.7℃，故在将原料进行固态常压清蒸时，可采取从容器顶部放气的办法排除甲醇。若为液态蒸煮，则甲醇在蒸煮锅内呈气态，集结于锅的上方空间，故在间歇法蒸煮的过程中，应每间隔一定时间从锅顶放一次废汽，使甲醇也随之排走。若为连续法蒸煮，则可将从汽液分离器排出的二次蒸气经列管式加热器对冷水进行间壁热交换；在最后的后熟锅顶部排出的废汽，也应通过间壁加热法以提高料浆的预热温度。如此，可避免甲醇蒸气直接溶于水或料浆。

(三) 其他物质变化

蒸料过程中，还有很多微量成分会分解、生成或挥发。例如由于含磷化合物分解出磷酸，以及水解等作用生成一些有机酸，故使酸度增高。若大米的蒸饭时间较长，则不饱和脂肪酸减少得多；而醋酸异戊酯等酯类成分却增加。据分析，饭香中有114种成分，其中38种是挥发性的。饭香中还检出α－吡咯烷酮。米粒的外层成分对饭香的生成具有重要的作用。通常使淀粉α－化的最短时间为15min，因此无论是使用蒸桶或蒸饭机蒸饭，自蒸汽接触米粒算起，均需至少蒸20min；但要获得饭香，则需蒸40min以上。

物料在蒸煮过程中的含水量也是增加的。例如饭粒吸水率指自浸渍前的白米至饭粒的总吸水率，通常为35％～40％，比蒸饭前浸过的米多10％。

第二节　制曲及制酒母过程中的物质变化

一、制曲过程中的物质变化

若制取非纯培养的大曲或小曲，则通常认为其主要目的是繁殖一定量的有利于糖化和发酵的微生物，并积累大量的酶源。因此，过去着重注意为达到这两个目的而所需的条件及其结果，同时也注意曲的色、香、味等感官指标。但对制曲过程中，尤其是制大曲过程中的各种物质变化，研究得很不够。而事实上在制曲过程中，生料本身带来的酶及制曲时新生的酶，都每时每刻都在起各种作用；各种微生物、特别是某些特种微生物，在特定的高温等条件下，进行着特殊的新陈代谢活动，产生着特别的成分。这些尚未被人们所认识的极为微量的成分，可能具有举足轻重的作用。或这些成分本身单独起作用；或作为前体再继续进行一步或多步反应而生成特殊成分；或与别的一些成分形成恰到好处的量比关系……，使成品酒构成特有的风格。

因此，我们不应将天然大曲和小曲看成单纯的糖化剂，只着重考察其淀粉酶及菌数等内容；而同时应将其看作一种进行糖化发酵的极为重要的特种原料，由微生物和酶类等在特殊条件下进行生理生化反应，将初始原料中的成分转变成许多新的成分，其中也包括有特别的成分，而且这些成分之间也在进行着错综复杂的种种反应。大曲酒的用曲量如此之大，制曲操作又那么复杂，制曲周期又那么长，很有必要探究其间形成的一些成分。只有将制曲条件、菌的消长、酶的形成、制曲过程中的成分变化、糖化发酵，以及酒的色、香、味等六个方面联系起来，找出关键所在，才能掌握并主动地运用白酒酿造的客观规律。

对于纯种培养的曲，则往往着眼于其对糖化是否有利。但白酒曲与酒精生产用曲不同，如六曲香的曲，其成分也较复杂。这些曲中的成分也与发酵及酒质密切相关，其中某些成分起到微妙的作用。因此，即使是纯培养曲，我们对其的认识也应进入更深的层次。

二、制酒母等的成分变化

在利用酵母等微生物制取酒母时，除了微生物的生长、呼吸等生理现象外，也有许多物质变化。这些物质变化，很多与发酵时的物质变化相同，但也有区别。因此，对酒母培养过程中的成分变化的分析，也不能仅停留在糖、酒、酸及菌数等项目上，应注意与发酵及成品酒的风味相关的某些成分的分析。

总之，对制作糖化发酵剂过程中的成分变化，我们原来的认识显然是已经远远不够了。

已故的我国著名微生物学家方心芳先生曾在《谈高温曲》一文中提到茅台酒曲的高温培养及晾堂堆积(有人将此称为二次制曲)。那末，在高温制曲及高温堆积中，究竟除了有关的微生物之外，其成分变化又是怎样呢?固态培养曲与液态培养曲的成分变化有何不同?其原因何在?高温曲与中温曲的成分，主要区别又是什么呢?所有这些，都是值得我们探究的内容。

据报道，日本的铃木昌治等人，以活性炭来吸附捕集米曲在培养过程中放出的气体，再加以萃取后，采用气相色谱及薄层层析法进行分析，证明这些挥发性的米曲香成分中有乙醇、正丙醇、异丁醇、正丁醇、异戊醇、正戊醇、正己醇、正辛醇、β-苯乙醇9种醇;乙酸乙酯、乙酸正丙酯、正丁酸乙酯、正己酸乙酯、己酸异丁酯、正己酸异戊酯、乳酸己酯、月桂酸乙酯、醋酸苯乙酯、琥珀酸二乙酯、反丁烯二酸二乙酯等23种酯;乙醛、丙醛、丙酮、异丁醛、正丁醛、双乙酰、正戊醛、正己醛、乙偶姻9种羰基化合物。另有人将米曲霉、黑曲霉、棕曲霉、寄生曲霉、产黄青霉、桔青霉、绳状青霉、瑞氏青霉、纯绿青霉、交链孢霉、头孢霉、镰刀霉等接种于麸皮上培养5天后，采用低温减压蒸馏法获得挥发性成分，并以气相色谱、高压液相色谱、质谱及官能团化学反应等方法进行分析，证明这些挥发物的浓缩馏分中，有67%～97%是3-甲基丁醇、3-辛醇、1-辛烯-3-醇、2-辛烯-1-醇、1-辛醇及3-辛酮。还发现有辛烷、异丁醇、丁醇、乙酸丁酯、乙酸戊酯、乙酸辛酯、吡啶、已醇、壬酮、二甲基吡嗪、四甲基吡嗪、苯乙醛、丙烯苯及苯乙醇等14种痕量成分。

当然也可以采用萃取法等测定曲中的非挥发性成分，但尚未见到这方面的有关报道。

第三节 糖化过程中的物质变化

将淀粉经酶的作用生成糖及其中间产物的过程，称为糖化。

在白酒生产中，除了液态发酵法白酒是先糖化、后发酵外，固态或半固态发酵的白酒，均是糖化和发酵同时进行的。为清晰起见，将糖化和发酵过程中的物质变化分节予以叙述。

糖化过程中的物质变化，以淀粉酶解为主，同是也有其他一系列的生物化学反应。

一、淀粉糖化过程中的物质变化

1. 淀粉的酶解及其产物

淀粉酶解成糖的总的反应式如下：

$$\underset{\text{淀粉}}{(C_6H_{10}O_5)_n} + \underset{\text{水}}{nH_2O} \xrightarrow{\text{淀粉酶}} \underset{\text{葡萄糖}}{nC_6H_{12}O_6}$$

由上式中各成分的相对分子质量不难算出，在理论上100kg淀粉可生成111.12kg葡萄糖。

但实际上如第一篇第九章所述，淀粉酶包括α-淀粉酶、糖化酶、异淀粉酶、β-淀粉酶、麦芽糖酶、转移葡萄糖苷酶等多种酶。这些酶都同时在起作用，故产物除可发酵性糖以外，还有糊精及低聚糖等成分。其中转移葡萄糖苷酶还能将麦芽糖等低聚糖变为α－1,6键、α－1,2键及α－1,3键结合的低聚糖，它们不能被糖化酶分解，是非发酵性糖类；转移葡萄糖苷酶还能将葡萄糖与酒精结合，生成α－乙基葡萄糖苷。

另外，酸性蛋白酶与α－淀粉酶等协同作用，进行淀粉的糖化，这说明淀粉酶的作用也不是孤立进行的。

2. 淀粉及其酶解产物的分子组成及其特性

(1) 淀粉的结构及其特性　淀粉的分子式为$(C_6H_{10}O_5)_n$，是由许多葡萄苷(1个葡萄糖分子脱去1分子水)为基本单位连接起来的。可分为直链淀粉和支链淀粉两大类。凡是糯性的高粱、大米、玉米等的淀粉，几乎全是支链淀粉；而呈粳性的粮谷中，大约有80％是支链淀粉，20％左右是直链淀粉。

① 直链淀粉：由大量葡萄糖分子以α－1,4键脱水缩合，组成不分支的链状结构。其相对分子质量为几万至几十万；易溶于水，溶液粘度不大，容易老化，酶解较完全。

② 支链淀粉：呈分支的链状结构，且在分支点的2个葡萄糖残基以α－1,6键结合，每隔8～9个葡萄糖苷单位即有1个分支。其相对分子质量为几十万至几百万；热水中难溶解，溶液粘度较高，不容易老化，糖化速度较慢。

(2) 淀粉酶解产物的特性　糖化作用一开始，就生成中间产物及最终产物，但以中间产物为主。随着糖化作用的不断进行，碳水化合物的平均相对分子质量、物料粘度及比旋度等会逐渐降低；但还原性逐渐增强，对碘的呈色反应渐趋消失。通常，可溶性淀粉遇碘呈蓝色→蓝紫色→樱桃红色；淀粉糊精及赤色糊精遇碘也呈樱桃红色；变为无色糊精后的产物，遇碘时不再变色，即为呈黄的碘液色泽。淀粉糖化产物的若干特性，如表2-1-1所示。实

表 2-1-1　淀粉酶解产物的若干特性

名　称	相对分子质量	聚合度	比旋光度 $[\alpha]_D^{20}$	还原糖含量％
可溶性淀粉	208000	1300	199.7	0.073
淀粉糊精	10000	61	196	0.5
赤色糊精	6000	38	194	2.5
无色糊精	3200	20	192	5.0
四　糖	661	4	168	25
三　糖	504	3	164	33
双糖(麦芽糖)	342	2	136	60
葡萄糖	180	1	52.5	100

际上，除液态发酵法白酒外，醅和醪中始终含有较多的淀粉。淀粉浓度的下降速度和幅度受曲的质量、发酵温度和升酸状况等因素的制约。若酒醅的糖化力高且持久、酵母发酵力强且有后劲，则酒醅升温及生酸速度较稳，淀粉浓度下降快，出酒率也高。通常在发酵的前期和中期，淀粉浓度下降较快；发酵后期，由于酒精含量及酸度较高、淀粉酶和酵母活

力减弱，故淀粉浓度变化不大。在扔糟中，仍含有相当浓度的残余淀粉。淀粉糊精可沉淀于40％的酒精中，赤色糊精可用65％的酒精沉淀，无色糊精和寡糖则需96％的酒精才能沉淀。

① 糊精：糊精是介于淀粉和低聚糖之间的酶解产物。无一定的分子式，呈白色或黄色无定形，能溶于水成胶状溶液，不溶于乙醚。淀粉酶解时，能产生如上所述的不同糊精，通常遇碘呈红棕色(或称樱桃红色)，生成的无色糊精遇碘后不变色。

通常认为，糊精的分子组成是10～20个以上的葡萄糖残基单位；按其相对分子质量的大小，又有俗称为大糊精和小糊精之分，凡具有分支结构的小糊精，又称为α-界限糊精或β-界限糊精。

② 低聚糖：人们对低聚糖定义说法不一。有说其分子组成为2～6个葡萄糖苷单位的，或说2～10个、2～20个葡萄糖苷单位的；也有人认为它是二、三、四糖的总称；还有称其为寡糖的。但一般认为的寡糖是非发酵性的三糖或四糖。在转移糖苷酶的作用下，使1个葡萄糖苷结合到麦芽糖分子上形成1，6键结合，成为具有3个葡萄糖苷单位的糖，称之为潘糖。因其是我国学者潘尚贞在1951年首次发现的，故名。但该糖不能与异麦芽糖混为一谈，因后者是具有α-1，6葡萄糖苷键结合的二糖，它也是淀粉的酶解产物。低聚糖以二糖和三糖为主。

凡是直链淀粉酶解至分子组成少于6个葡萄糖苷单位的低聚糖，都不与碘液起呈色反应。因每6个葡萄糖残基的链形成一圈螺旋，可以束缚1个碘分子。

③ 二糖：又称双糖，是相对分子质量最小的低聚糖，由2分子单糖结合成。重要的二糖有蔗糖、麦芽糖和乳糖。1分子麦芽糖经麦芽糖酶水解时，生成2分子葡萄糖；1分子蔗糖经蔗糖酶水解时，生成1分子葡萄糖、1分子果糖；1分子乳糖经乳糖酶作用，生成1分子葡萄糖及1分子半乳糖。

麦芽糖的甜度为蔗糖的40％；乳糖的甜度为蔗糖的70％。

④ 单糖：是不能再继续被淀粉酶类水解的最简单的糖类。它是多羟醇的醛或酮的衍生物，如葡萄糖果糖等。单糖按其所含碳原子的数目又可分为丙糖、丁糖、戊糖和己糖。每种单糖都有醛糖和酮糖。如葡萄糖，也称右旋糖，是最为常见的六碳醛糖。其甜度为蔗糖的70％，相对密度为1.544(25℃)，熔点146℃(分解)，溶于水，微溶于乙醇，不溶于乙醚及芳香烃，具有还原性和右旋光性。在淀粉分子中，葡萄糖单位呈α-构型存在；酶解时，生成的葡萄糖为β-构型，但在水溶液中，可向α-构型转变，最后两种异构体达到动态平衡。果糖也称左旋糖，是一种六碳酮糖，是普通糖类中最甜的糖。其甜度高于蔗糖，水溶解度较高，熔点为103～105℃，能溶于乙醇和乙醚，具有左旋光性。葡萄糖经异构酶的作用，可变为果糖。

通常，单糖及双糖能被一般酵母所利用，是最为基本的可发酵性糖类。

白酒醅中还原糖的变化，微妙地反映了糖化与发酵速度的平衡程度。通常在发酵前期，尤其是开头几天，由于发酵菌数量有限，而糖化作用迅速，故还原糖含量很快增长至最高值；随着发酵时间的延续，因酵母等微生物数量已相对稳定，发酵力增强，故还原糖含量急剧下降；到发酵后期时，还原糖含量基本不变。发酵期间还原糖含量的变化，主要受曲的质量及酒醅酸度的制约。发酵后期醅中残糖的含量多少，表明发酵的程度和酒醅的质量。

不同大曲酒醅的残糖也有差异。例如，清蒸清糁的大糁酒醅的淀粉浓度很大，发酵后酒醅中的残糖为0.8％左右；混蒸续糁发酵后的酒醅残糖可低至0.2％ ～0.5％。

二、蛋白质、脂肪、果胶、单宁等成分的酶解

1. 蛋白质的酶解

蛋白质在蛋白酶类的作用下，水解为际、胨、多肽及氨基酸等中、低分子含氮物，为酵母菌等及时地提供了营养。

2. 脂肪的酶解

脂肪由脂肪酶水解为甘油和脂肪酸。一部分甘油是微生物的营养源；脂肪酸的一部分受曲霉及细菌的β-氧化作用，除去2个碳原子而生成种种低级脂肪酸。

3. 果胶的酶解

果胶在果胶酶的作用下，水解成果胶酸和甲醇。

$$\underset{\text{果胶质}}{(RCOOCH_3)_n} \xrightarrow[nH_2O]{\text{果胶酶}} \underset{\text{果胶酸}}{(RCOOH)_n} + \underset{\text{甲醇}}{nCH_3OH}$$

4. 单宁的酶解

$$\underset{\text{单宁}}{CH_2O(CHOR)_5} \xrightarrow{\text{单宁酶}}$$

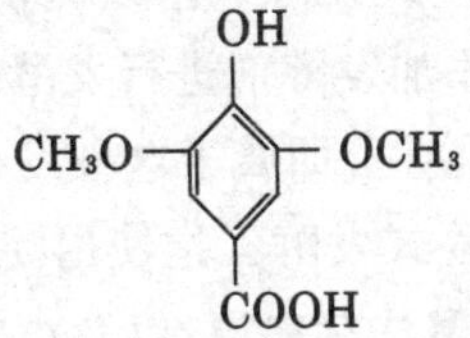

丁香酸

5. 有机磷酸化合物的酶解

在磷酸酯酶的作用下，磷酸自有机磷酸化合物中释放出来，为酵母等微生物的生长和发酵提供了磷源。

6. 纤维素、半纤维素的酶解

部分纤维素、半纤维素在纤维素酶及半纤维素酶的催化下，水解为少量葡萄糖、纤维二糖及木糖等糖类。

7. 木质素的酶解

木质素在白酒原料中也存在，它是一种含苯丙烷邻甲氧基苯酚等以不规则方式结合的高分子芳香族化合物。在木质素酶的作用下，可生成酚类化合物，如香草醛、香草酸、阿魏酸及4-乙基阿魏酸等。若粮糟在加曲后、入窖之前采用堆积升温的方法，则可增加阿魏酸等成分的生成量。

此外，在糖化过程中，氧化还原酶等酶类也在起作用；加之发酵过程也在同时进行，故物质变化是错综复杂的，很难说得非常清楚。

第四节　发酵过程中的物质变化

一、白酒发酵过程物质变化的类型

通常的发酵类型有常压或带压、间歇或半连续及连续、敞口或半密闭及密闭发酵之分；但从原料及发酵进程中的生物化学变化来分，则有单式及复式发酵两大类，复式发酵又有单行及并行之分。而白酒发酵包括了上述所有的发酵类型，故其复杂性是其他任何酒类所无可比拟的。

1. 单式发酵

单式发酵是指使用糖质原料，无需糖化过程的一类发酵。例如以各种果类及制糖副产物等为原料制取烧酒等。

2. 复式发酵

复式发酵是指使用含淀粉的原料(淀粉质原料)，需经淀粉酶进行糖化的一类发酵。

(1) 单行复式发酵　指以淀粉质原料经蒸煮后，先由曲类等糖化剂将淀粉糖化为可发酵性糖，再添加发酵剂进行发酵的一类发酵。例如以高粱、玉米、薯类等为原料，采用液态发酵法生产白酒，即属于这种发酵类型。

(2) 并行复式发酵　指使用淀粉质原料，糖化和发酵同时进行的一类发酵。例如大曲及麸曲固态发酵法制白酒，以及小曲酒的生产，均属这种发酵类型。在小曲白酒生产中，如三花酒的发酵前期，物料呈固态，以糖化作用为主，故人们习惯上称其为先糖化；然后再加水继续进行糖化发酵。但实际上由于小曲本身既是糖化剂，又是发酵剂，且物料呈固态状的发酵前期的温度等条件，也适于发酵菌的发酵，故总的说来，其整个发酵过程仍应称为并行复式发酵，因为它与上述的液态发酵法制白酒的单行复式发酵有实质性的区别。

现将发酵过程中六大类物质的生成机理，分述如下。

二、醇类的生成

包括一元醇、多元醇和芳香醇，由霉菌、酵母菌、细菌等微生物利用糖、氨基酸等成分而生成。

(一) 酒精生成机理(含细菌产酒精)

酵母菌、细菌及根霉都能将葡萄糖发酵成酒精(乙醇)，但发酵机理不同。

1. 酵母菌的酒精发酵机理

酵母菌由酒化酶作用于葡萄糖生成酒精和二氧化碳，这是无氧发酵过程。这一过程包括葡萄糖酵解(简称EMP途径或EM途径)和丙酮酸的无氧降解两大生化反应过程，但通常将它们总称为葡萄糖酵解。整个过程分四阶段、十二步。简言之，由1mo1葡萄糖生成2mo1丙酮酸；丙酮酸先由脱羧酶脱羧生成乙醛，再由乙醇脱氢酶还原成乙醇。总的反应式为:

$$\underset{\text{葡萄糖}}{C_6H_{12}O_6}+2ADP+2H_3PO_4\xrightarrow{\text{酒化酶}}\underset{\text{酒精}}{2C_2H_5OH}+2CO_2+2ATP+10.6kJ$$

ADP是二磷酸腺苷;ATP是三磷酸腺苷;酒化酶是从葡萄糖到酒精一系列生化反应中各种酶及辅酶的总称，主要包括已糖磷酸化酶、氧化还原酶、烯醇化酶、脱羧酶及磷酸酶等。这些酶均为酵母的胞内酶。

从上式可算出，100kg葡萄糖在理论上可生成51.1kg酒精。

在实际生产中，理论值与实际产率总有差距。如在发酵过程中，酒精仅是主产物，伴生的副产物很多;菌体繁殖和维持生命，以及生成酶类、各工段的损失和发酵残留的糖分等，都要消耗糖分。在酒的贮存过程中，还会发生很多化学反应或酒精挥发而使酒精含量降低。

在正常条件下，酒醅中的酒精含量随着发酵时间的推移而不断增加。在发酵前期，因酒醅中含有一定量的氧，故酵母菌得以大量繁殖，而酒精发酵作用微弱;发酵中期，因酵母菌已达足够数量，酒醅中的空气也已基本耗尽，故酒精发酵作用较强，醅的酒精含量迅速增长;发酵后期，因酵母菌逐渐衰老或死亡，故酒精发酵已基本停止，酒醅中的酒精含量增长甚微，甚至略有下降。通常混蒸续楂法大曲酒的大楂酒醅出窖时的酒精含量约为6%，高者达7%～8%;清蒸清楂法大曲酒大楂酒醅出缸时酒精含量为11%～12%，但二楂酒醅出缸时酒精含量仅为5%左右。

2. 细菌的酒精发酵机理

细菌由ED(Entner Doudoroff)途径将葡萄糖发酵成酒精。即葡萄糖被磷酸化后，再氧化成6-磷酸葡萄糖酸。这时，因脱水而形成2-酮-3-脱氧葡萄糖酸-6-磷酸(KDPG)后，再经KDPG缩酶的分解作用，可由1mol葡萄糖生成2mol丙酮酸，并生成1mol ATP。

ED途径的具体过程如图2-1-2所示。

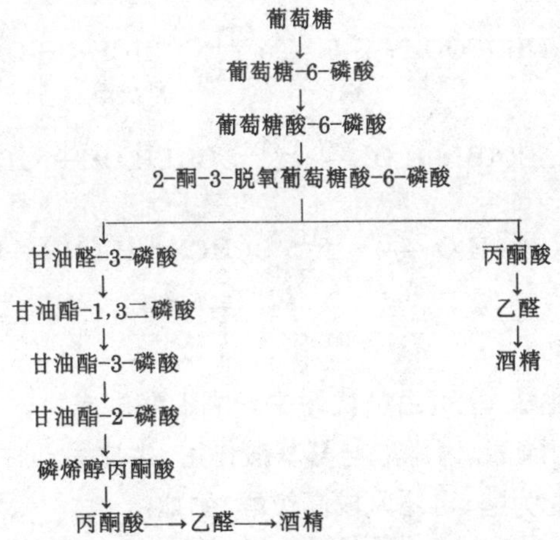

图 2-1-2　由葡萄糖生成酒精的ED途径

上述EMP与ED途径相比，EMP途径由1mol葡萄糖生成2mol ATP;而ED途径只生成1mol ATP。通常，ATP的生成量与菌体生成量成比例，故利用细菌发酵产酒精时，生成的菌体量也约为酵母菌之半。因细菌菌体生成量较少，故酒精产率较高。但能产酒精的细菌，大多同时生成一些副产物，诸如丁醇、2，3-丁二醇等醇类，甲酸、乙酸、丁酸、乳酸等有机酸，阿糖醇、甘油和木糖醇等多元醇，以及甲烷、二氧化碳、氢气等气体。

(二) 杂醇油的生成机理

杂醇油是碳原子数在2个以上的一元醇的总称，故又名高级醇。以异戊醇为主，包括正丙醇、异丁醇、异戊醇、活性戊醇等;因其溶于高浓度乙醇而不溶于低浓度乙醇及水并呈油状，故名杂醇油。

杂醇油的生成途径有3条，主要为前2条，即由酵母利用糖及氨基酸合成杂醇油。而在这2条途径中，α-酮酸及醛均为重要的中间产物，如下式所示:

$$\begin{array}{c} RCH(NH_2)COOH \\ \text{氨基酸} \\ {\scriptstyle +NH_2}\uparrow\downarrow{\scriptstyle -NH_2} \\ \text{糖代谢} \longrightarrow \underset{\alpha\text{-酮酸}}{RCOCOOH} \xrightarrow{-CO_2} \underset{\text{醛}}{RCHO} \xrightarrow{+2H} \underset{\text{杂醇油}}{RCH_2OH} \\ \uparrow \\ \text{蛋白质酶解成氨基酸} \end{array}$$

(1) 由氨基酸脱氨、脱羧(去CO_2)，生成比氨基酸分子少1个碳原子的高级醇。这是伊里氏(Ehrlich)早在1905年～1909年首先发现的。

这种反应在酵母菌细胞内进行，其反应通式为:

$$R—\underset{NH_2}{\underset{|}{CH}}—COOH + H_2O \longrightarrow RCH_2OH + NH_3 + CO_2$$

例如:

$$\underset{\text{亮氨酸}}{(CH_3)_2CHCH_2CH(NH_2)COOH} + \underset{\text{水}}{H_2O} \longrightarrow \underset{\text{异戊醇}}{(CH_3)_2CHCH_2CH_2OH} + \underset{\text{氨}}{NH_3} + \underset{\text{二氧化碳}}{CO_2}$$

$$\underset{\text{缬氨酸}}{(CH_3)_2CHCH(NH_2)COOH} + \underset{\text{水}}{H_2O} \longrightarrow \underset{\text{异丁醇}}{(CH_3)_2CHCH_2OH} + \underset{\text{氨}}{NH_3} + \underset{\text{二氧化碳}}{CO_2}$$

$$\underset{\text{异亮氨酸}}{(CH_3)(C_2H_5)CHCH(NH_2)COOH} + \underset{\text{水}}{H_2O} \longrightarrow \underset{\text{活性戊醇}}{(CH_3)(C_2H_5)CHCH_2OH} + \underset{\text{氨}}{NH_3} + \underset{\text{二氧化碳}}{CO_2}$$

正丙醇可由苏氨酸生成，也可由糖代谢中α-酮丁酸生成。

(2) 由糖代谢生成丙酮酸，丙酮酸与氨基酸作用，生成另一种氨基酸和另一种有机酸(α-酮酸);该有机酸脱羧变为醛，再还原成高级醇。例如:

$$\text{丙酮酸}+\text{胱氨酸} \left\langle \begin{array}{l} \nearrow \text{丙氨酸} \\ \searrow \alpha\text{-酮基异己酸} \xrightarrow{\text{脱羧}} \text{异戊醛} \xrightarrow{\text{还原}} \text{异戊醇} \end{array} \right.$$

酵母菌生成杂醇油的组分和含量，与原料、菌种、种量、酒醅成分及发酵条件等有关。若原料的蛋白质含量高，曲的蛋白酶活力强，则杂醇油生成量也较多;乙醇发酵力弱的酵母菌，产杂醇油量较少，尤其是戊醇的生成量少;酒母用量大时，会迅速将糖分消耗，而对氨基酸的作用不充分，也可大大降低杂醇油的生成量;若酒醅中含有比氨基酸更容易被酵母菌利用的无机氮等氮源时，则能阻止或延迟酵母菌对氨基酸的分解，但蔗糖的存在，却可促进杂醇油的生成;发酵温度及pH值高、醅中含氧量多,均有利于杂醇油的生成;发酵后期,酵母菌自溶时也会产生杂醇油。

(3) 丙酮酸与乙酰辅酶A结合,由于碳链的增长,在蔗糖存在下,也可促进杂醇油的生成。

(三) 多元醇生成机理

多元醇是指羟基数多于1个的醇类。如2,3-丁二醇、丙三醇(甘油)、丁四醇(赤藓醇)、戊五醇(阿拉伯醇)、己六醇(甘露醇)、环己六醇(肌醇)等。其中甘油和甘露醇在白酒中含量较多。

多元醇虽属于不挥发醇类,但在用甑蒸馏酒醅时,会由水蒸气将其部分地带入酒中。多元醇是白酒甜味及醇厚感的重要成分,其甜度随羟基数增加而增强。

1. 甘油的生成

酵母菌在产酒精的同时,生成部分甘油。酒醅中蛋白质含量越多,温度及pH值越高,则甘油的生成量也越多。甘油主要产于发酵后期。其反应式为:

$$\underset{\text{葡萄糖}}{C_6H_{12}O_6} \longrightarrow \underset{\text{甘油}}{C_3H_5(OH)_3} + \underset{\text{乙醛}}{CH_3CHO} + \underset{\text{二氧化碳}}{CO_2}$$

或

$$\underset{\text{葡萄糖}}{2C_6H_{12}O_6} + \underset{\text{水}}{H_2O} \longrightarrow \underset{\text{甘油}}{2C_3H_5(OH)_3} + \underset{\text{乙酸}}{CH_3COOH} + \underset{\text{酒精}}{C_2H_5OH} + \underset{\text{二氧化碳}}{2CO_2}$$

或

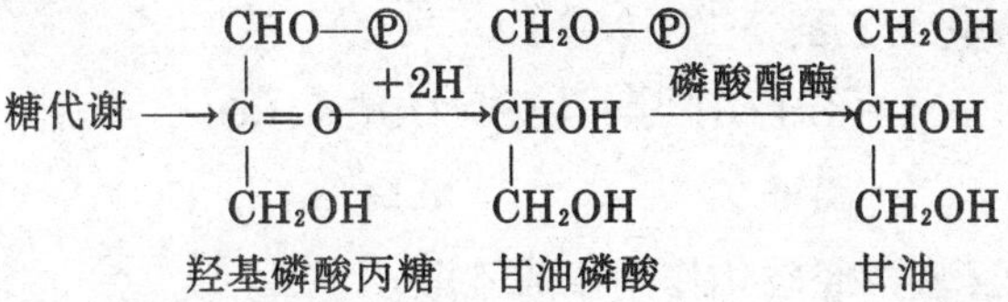

某些细菌在有氧条件下也产甘油。

2. 甘露醇的生成

许多霉菌能产甘露醇,故大曲中含量较多。甘露醇在大曲名酒、麸曲酒及小曲酒中都有检出。某些混合型乳酸菌也能利用葡萄糖生成甘露醇,并生成2,3-丁二醇、乳酸及乙酸。

3. 2,3-丁二醇的生成

除如上"2"所述的由混合型乳酸菌可生成该醇外,还有如下4条途径。

① 由双乙酰生成。分两步进行,先由双乙酰生成醋酚及乙酸,再由醋酚如下式生成2,3-丁二醇。

$$\underset{\text{醋酚}}{CH_3COCHOHCH_3} + \underset{\text{还原型辅酶A}}{AH_2} \longrightarrow \underset{\text{2,3-丁二醇}}{CH_3CHOHCHOHCH_3} + \text{辅酶A}$$

② 由多粘菌及产气杆菌生成。

$$\underset{\text{葡萄糖}}{C_6H_{12}O_6} \longrightarrow \underset{\text{2,3-丁二醇}}{CH_3CHOHCHOHCH_3} + \underset{\text{二氧化碳}}{2CO_2} + \underset{\text{氢气}}{H_2}$$

③ 由赛氏杆菌(*Serratia* sp)生成。反应式同②。

④ 由枯草芽孢杆菌生成。同时生成甘油。

$$\underset{\text{葡萄糖}}{3C_6H_{12}O_6} \longrightarrow \underset{\text{2,3-丁二醇}}{2CH_3CHOHCHOHCH_3} + \underset{\text{甘油}}{2CH_2OHCHOHCH_2OH} + \underset{\text{二氧化碳}}{4CO_2}$$

三、酸类的生成

糖化和发酵均需在一定的pH范围内进行,醅中酸度过低或过高都不利于糖化、发酵。

故在白酒生产中应掌握好入窖(缸)物料的酸度，并需控制好发酵过程中的酒醅升酸幅度。酵母菌在产酒精时，也产多种有机酸；根霉等霉菌也产乳酸等有机酸；但大多有机酸是由细菌生成的。通常在发酵前期及中期生酸量较少，发酵后期则产酸较多。一般大曲酒醅的酸度增长幅度为0.7～1.6。但清蒸清楂法大曲酒因大楂的入缸酸度很低，故发酵前期及整个发酵过程的升酸幅度较大。

白酒醅(醪)中形成的有机酸种类很多；产酸的途径也很多。很多有机物都能经生物化学等反应生成有机酸，低级的酸也可逐步合成较高级的酸，醇和醛也可氧化为相应的有机酸。

(一) 甲酸的生成

甲酸是酒精发酵的中间产物之一。

$$\underset{\text{丙酮酸}}{CH_3COCOOH}+\underset{\text{水}}{H_2O}\longrightarrow\underset{\text{乙酸}}{CH_3COOH}+\underset{\text{甲酸}}{HCOOH}$$

(二) 乙酸(醋酸)的生成

(1) 酵母菌酒精发酵产乙酸

$$\underset{\text{葡萄糖}}{2C_6H_{12}O_6}+\underset{\text{水}}{H_2O}\longrightarrow\underset{\text{酒精}}{C_2H_5OH}+\underset{\text{乙酸}}{CH_3COOH}+\underset{\text{甘油}}{2CH_2OHCHOHCH_2OH}+\underset{\text{二氧化碳}}{2CO_2}$$

(2) 醋酸菌将酒精氧化为乙酸

$$\underset{\text{酒精}}{CH_3CH_2OH}\xrightarrow{[O_2]}\underset{\text{乙酸}}{CH_3COOH}+H_2O$$

(3) 糖经发酵生成乙醛，再经歧化作用生成乙酸

$$\underset{\text{乙醛}}{2CH_3CHO}+H_2O\longrightarrow\underset{\text{乙酸}}{CH_3COOH}+\underset{\text{酒精}}{CH_3CH_2OH}$$

因歧化作用，乙酸和酒精是同时形成的。当糖分发酵约50％时，醅中乙酸含量最高；在发酵后期，醅中酒精含量较多时，则乙酸生成量较少。通常，在酵母菌的生长及发酵条件较好时，乙酸生成量较少。若酒醅中进入枯草芽孢杆菌，则乙酸生成量较多。

(4) 异型乳酸菌也产乙酸　见下述。

(三) 乳酸的生成

乳酸是含有羟基的有机酸，它也可由多种微生物产生。

(1) 由乳酸菌发酵生成乳酸

① 正常型乳酸菌发酵：又称同型或纯型乳酸发酵，即发酵产物全为乳酸。

$$\underset{\text{葡萄糖}}{C_6H_{12}O_6}\longrightarrow\underset{\text{乳酸}}{2CH_3CHOHCOOH}$$

② 异型乳酸发酵：或称异常型乳酸发酵。其发酵产物因菌种而异，除生成乳酸外，还同时生成乙酸、酒精、甘露醇等成分。大体有以下3条反应途径。

$$\underset{\text{葡萄糖}}{C_6H_{12}O_6}\longrightarrow\underset{\text{乳酸}}{CH_3CHOHCOOH}+\underset{\text{酒精}}{C_2H_5OH}+\underset{\text{二氧化碳}}{CO_2}$$

$$\underset{\text{葡萄糖}}{2C_6H_{12}O_6}+\underset{\text{水}}{H_2O}\longrightarrow\underset{\text{乳酸}}{2CH_3CHOHCOOH}+\underset{\text{乙酸}}{CH_3COOH}+\underset{\text{酒精}}{C_2H_5OH}+\underset{\text{二氧化碳}}{2CO_2}+\underset{\text{氢气}}{2H_2}$$

$$3C_6H_{12}O_6+H_2O \longrightarrow 2C_6H_{14}O_6+CH_3CHOHCOOH+CH_3COOH+CO_2$$

葡萄糖　水　甘露醇　乳酸　乙酸　二氧化碳

(2) 由霉菌产乳酸　毛霉、根霉等也能产L-型乳酸。

(四) 琥珀酸的生成

琥珀酸又名丁二酸。主要由酵母菌产生于发酵的后期，通常延长发酵期可增加其生成量。反应途径有如下两条。

(1) 由酵母菌作用于葡萄糖和谷氨酸而生成琥珀酸　生成的氨被酵母合成自身的菌体蛋白。

$$C_6H_{12}O_6+COOHCH_2CH_2CHNH_2COOH+2H_2O \longrightarrow COOHCH_2CH_2COOH$$

葡萄糖　谷氨酸　水　琥珀酸

$$+NH_3+CO_2+2CH_2OHCHOHCH_2OH$$

氨　二氧化碳　甘油

(2) 由乙酸转化为琥珀酸

$$2CH_3COOH+NAD+ATP \longrightarrow COOHCH_2CH_2COOH+NADH_2+AMP$$

乙酸　琥珀酸

NAD为烟酰胺腺嘌呤二核苷酸，是脱氢酶的辅酶;$NADH_2$为还原型NAD;ATP为三磷酸腺苷;AMP为一磷酸腺苷。

红曲霉等霉菌也能生成极微量的琥珀酸。

(五) 丁酸(酪酸)的生成

(1) 由丁酸菌将葡萄糖、氨基酸、乙酸和酒精生成丁酸

$$C_6H_{12}O_6 \longrightarrow CH_3CH_2CH_2COOH+2CO_2+2H_2$$

葡萄糖　丁酸　二氧化碳　氢气

$$RCHNH_2COOH \xrightarrow{[H]} CH_3CH_2CH_2COOH+NH_3+CO_2$$

氨基酸　丁酸　氨　二氧化碳

$$CH_3COOH+C_2H_5OH \xrightarrow{[H]} CH_3CH_2CH_2COOH+H_2O$$

乙酸　酒精　丁酸　水

(2) 丁酸菌将乳酸发酵为丁酸　有如下2条途径:

① $CH_3CHOHCOOH+CH_3COOH \longrightarrow CH_3CH_2CH_2COOH+H_2O+CO_2$

乳酸　乙酸　丁酸　水　二氧化碳

② $CH_3CHOHCOOH+H_2O \xrightarrow{-2H_2} CH_3COOH+CO_2$

乳酸　水　乙酸　二氧化碳

再由乙酸变为丁酸:

$$2CH_3COOH+2H_2 \longrightarrow CH_3CH_2CH_2COOH+2H_2O$$

乙酸　丁酸　水

(六) 己酸的生成

1963年，巴克(Barker)等在研究甲烷菌时偶然发现产己酸的细菌。该菌与奥氏甲烷菌共栖，能将低级脂肪酸合成较高级的脂肪酸，被命名为克拉瓦氏梭菌(*Clostridium kluyveri*)。它可将乙酸和酒精合成丁酸和己酸;也可由丁酸和酒精结合成己酸;还能将丙酸和酒精合成戊酸，进而合成庚酸。

(1) 由酒精和乙酸合成丁酸或己酸

① 当醅中乙酸多于酒精时，主要产物为丁酸。

$$\underset{\text{酒精}}{CH_3CH_2OH}+\underset{\text{乙酸}}{CH_3COOH}\longrightarrow\underset{\text{丁酸}}{CH_3CH_2CH_2COOH}+\underset{\text{水}}{H_2O}$$

② 当醅中乙醇多于乙酸时，主要产物为己酸。

$$\underset{\text{酒精}}{2C_2H_5OH}+\underset{\text{乙酸}}{CH_3COOH}\longrightarrow\underset{\text{己酸}}{CH_3CH_2CH_2CH_2CH_2COOH}+\underset{\text{水}}{2H_2O}$$

这一过程实际上极为复杂。学者们经过长期的研究，普遍认为克拉瓦氏梭菌等在合成己酸时，须经过如下11步反应。

1) 由酒精、乙酸或丙酮酸转化为乙酰辅酶A。

2) 由2分子乙酰辅酶A缩合成乙酰乙酰辅酶A。

3) 由乙酰乙酰辅酶A还原为β-羟丁酰辅酶A。

4) 由β-羟丁酰辅酶A脱水成巴豆酰辅酶A。

5) 由巴豆酰辅酶A还原为丁酰辅酶A。

6) 由乙酸接受丁酰辅酶A中的辅酶A，生成乙酰辅酶A，并释放出丁酸。

7) 与6) 同时，部分丁酰辅酶A与乙酰辅酶A缩合成β-酮己酰辅酶A。

8) 由β-酮己酰辅酶A还原为β-羟己酰辅酶A。

9) 由β-羟基酰辅酶A脱水为α,β-烯己酰辅酶A。

10) 由α,β-烯己酰辅酶A还原为己酰辅酶A。

11) 由己酰辅酶A水解生成己酸，并释放出辅酶A。

上述11步反应，可用图2－1－3示意。

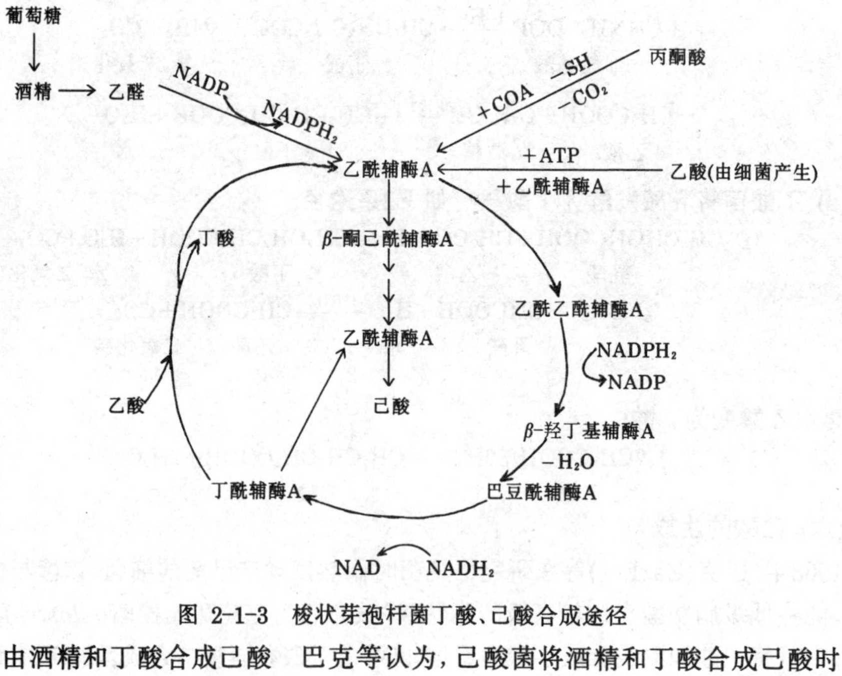

图 2-1-3 梭状芽孢杆菌丁酸、己酸合成途径

(2) 由酒精和丁酸合成己酸 巴克等认为，己酸菌将酒精和丁酸合成己酸时，必须先由丁酸菌将酒精与乙酸合成丁酸。

$$\underset{\text{丁酸}}{C_3H_7COOH}+\underset{\text{酒精}}{C_2H_5OH}\longrightarrow\underset{\text{己酸}}{C_6H_{11}COOH}+\underset{\text{水}}{H_2O}$$

(3) 先生成丙酮酸，丙酮酸再变为丁酸，丁酸再与乙酸合成己酸。各反应式如下：

$$\underset{\text{葡萄糖}}{C_6H_{12}O_6}\longrightarrow\underset{\text{丙酮酸}}{2CH_3COCOOH}+\underset{\text{氢气}}{2H_2}$$

$$\underset{\text{丙酮酸}}{2CH_3COCOOH}+\underset{\text{水}}{2H_2O}\longrightarrow\underset{\text{丁酸}}{CH_3CH_2CH_2COOH}+\underset{\text{乙酸}}{CH_3COOH}+2O_2$$

$$\underset{\text{丁酸}}{CH_3CH_2CH_2COOH}+\underset{\text{乙酸}}{2CH_3COOH}+\underset{\text{氢气}}{2H_2}\longrightarrow\underset{\text{己酸}}{CH_3(CH_2)_4COOH}+\underset{\text{乙酸}}{CH_3COOH}+2H_2O$$

(七) 戊酸及庚酸的生成

先由丙酸菌将丙酮酸羧化为草酰乙酸，再还原成苹果酸后，进一步脱水、还原为琥珀酸，然后脱羧成丙酸，最后，由梭状芽孢杆菌经类似丁酸、己酸的合成路线，将丙酸合成戊酸和庚酸。

$$\underset{\text{丙酮酸}}{CH_3COCOOH}\xrightarrow{-CO_2}\underset{\text{草酰乙酸}}{\begin{array}{c}COCOOH\\ |\\ CH_2COOH\end{array}}\xrightarrow{+2H}\underset{\text{苹果酸}}{\begin{array}{c}COOH\\ |\\ COH\\ |\\ CH_2COOH\end{array}}$$

$$\xrightarrow{-H_2O+2H}\underset{\text{琥珀酸}}{\begin{array}{c}CH_2COOH\\ |\\ CH_2COOH\end{array}}\xrightarrow{-CO_2}\underset{\text{丙酸}}{CH_3CH_2COOH}$$

$$\xrightarrow{CoASH}\underset{\text{丙酰辅酶A}}{CH_3CH_2CO\sim SCoA}\longrightarrow\underset{\text{戊酸}}{CH_3(CH_2)_3COOH}\longrightarrow\underset{\text{庚酸}}{CH_3(CH_2)_5COOH}$$

四、酯类的生成

白酒中的酯主要是乙酸乙酯、乳酸乙酯、丁酸乙酯及己酸乙酯，称之为四大酯类。酯是由醇和酸的酯化作用而生成的。其途径有二：一是通过有机化学反应生成酯，但这种反应在常温条件下极为缓慢，往往需经几年时间才能使酯化反应达到平衡，且反应速度随碳原子数的增加而下降。二是由微生物的生化反应生成酯，这是白酒生产中产酯的主要途径。存在于酒醅中的汉逊酵母、假丝酵母等微生物，均有较强的产酯能力。

本世纪50年代初期，Peel等人曾研究利用汉逊酵母将乙醇和乙酸合成乙酸乙酯的条件。马场为三等人也曾研究清酒酵母的酯化反应。60年代初，Nordströn利用啤酒酵母探究酯化机理，发现乙酸需先活化成乙酰辅酶A，才能与酒精在酵母细胞内合成乙酸乙酯，否定了酸与醇可直接结合为酯的观点。

$$\underset{\text{酰基辅酶A}}{RCO\sim SCoA}+\underset{\text{醇}}{R'OH}\longrightarrow\underset{\text{酯}}{RCOOR'}+\underset{\text{辅酶A}}{CoASH}$$

催化这一反应的酶被称为酯化酶。Wheele和Rose确认啤酒酵母的酯化酶存在或靠近于细胞外膜，或存在于液泡，故为胞内酶。他们还分离得到两个呈酯化酶活力的蛋白质，并测定其相对分子质量分别为67000和130000。

(一) 乙酸乙酯的产生

由丙酮酸脱羧为乙醛，再氧化成乙酸，并在转酰基酶作用下生成乙酰辅酶A;或由丙酮酸氧化脱羧为乙酰辅酶A。乙酰辅酶A在酯化酶作用下与酒精合成乙酸乙酯。

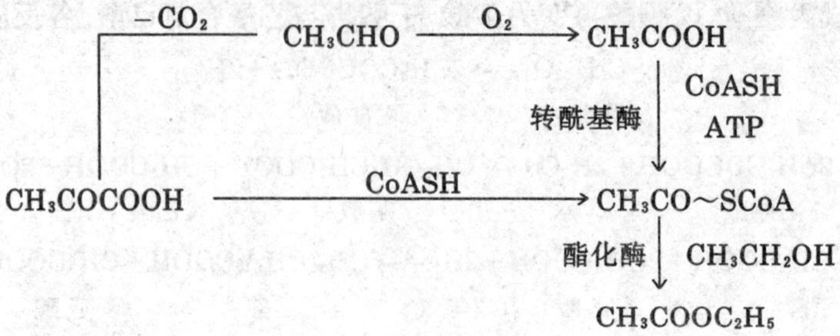

(二) 乳酸乙酯的产生

乳酸乙酯的合成，符合一般脂肪酸乙酯的共通途径。即乳酸经转酰基酶活化成乳酰辅酶A，再在酯化酶作用下与乙醇合成乳酸乙酯。

$$CH_3CHOHCOOH \xrightarrow[\text{转酰基酶}]{CoASH\ ATP} CH_3CHOHCO \sim SCoA$$

$$\xrightarrow[\text{酯化酶}]{C_2H_5OH} CH_3CHOHCOOC_2H_5$$

(三) 丁酸乙酯和己酸乙酯的产生

Nordström在含有丁酸和己酸的麦芽汁培养基中接入啤酒酵母进行发酵后，用气相色谱仪检测发酵液，发现有丁酸乙酯和己酸乙酯生成。由此，他提出了关于脂肪酸与醇生化酯化为脂肪酸酯的如下通式:

$$RCOOH + ATP + CoASH \longrightarrow RCO \sim SCoA + AMP + PPi$$

$$RCO \sim SCoA + R'OH \longrightarrow RCOOR' + CoASH$$

这在前面已提到过。据此理论，丁酸乙酯及己酸乙酯的合成途径，可用以下的反应式表示。

1. 丁酸乙酯的生成

$$C_3H_7COOH \xrightarrow[\text{转酰基酶}]{CoASH\ ATP} C_3H_7CO \sim SCoA \xrightarrow[\text{酯化酶}]{C_2H_5OH} C_3H_7COOC_2H_5$$

2. 己酸乙酯的生成

$$C_5H_{11}COOH \xrightarrow[\text{转酰基酶}]{CoASH\ ATP} C_5H_{11}CO \sim SCoA \xrightarrow[\text{酯化酶}]{C_2H_5OH} C_5H_{11}COOC_2H_5$$

另外，Krebes还提出了由氨基酸生成酯的如下途径:

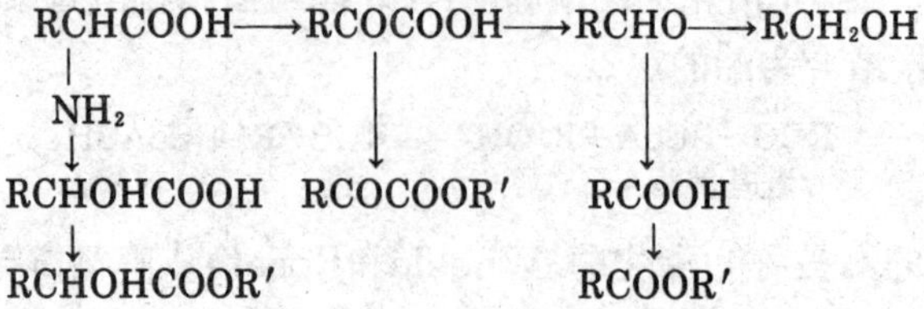

五、羰基化合物的生成

醛类及酮类，因均含有羰基(>C=0)，故统称为羰基化合物。其生成途径很多。如醇经氧化、酮酸脱羧、氨基酸脱氨、脱羧等反应，均可生成相应的醛、酮。以下简述白酒发酵中几种主要的羰基化合物的生成机理。

(一) 乙醛的形成

有如下几种说法。

1. 由葡萄糖酵解生成的丙酮酸脱羧而成

$$C_6H_{12}O_6 \xrightarrow{-2H_2} 2CH_3COCOOH \xrightarrow{-2CO_2} 2CH_3CHO$$

葡萄糖　　　丙酮酸　　　乙醛

2. 由酒精氧化而成

$$2C_2H_5OH + O_2 \longrightarrow 2CH_3CHO + 2H_2O$$

酒精　氧　乙醛　水

3. 由丙氨酸脱氨、氧化而成的丙酮酸脱羧而成

$$CH_3CH(NH_2)COOH \xrightarrow{-NH_3, +[O]} CH_3COCOOH \xrightarrow{-CO_2} CH_3CHO$$

丙氨酸　　　丙酮酸　　　乙醛

4. 由丙氨酸水解、脱氨、脱羧生成的乙醇氧化而成

$$CH_3CH(NH_2)COOH \xrightarrow[-CO_2, -NH_3]{+H_2O} C_2H_5OH \xrightarrow{-2H} CH_3CHO$$

丙氨酸　　　酒精　　　乙醛

(二) 丙烯醛的形成

丙烯醛又名甘油醛。酒醅中含有甘油。当酒醅或醪感染大量杂菌时，则可产生多量的丙烯醛。其反应途径如下。

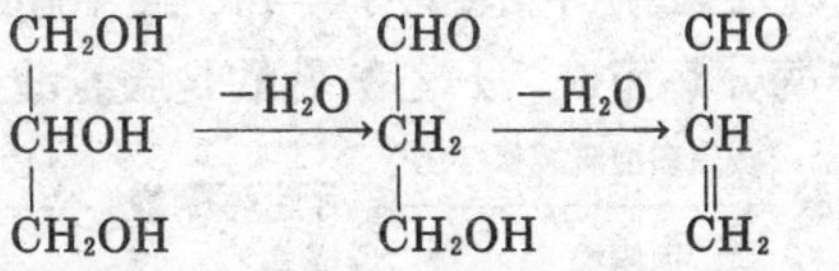

甘油　　　丙烯醇　　　丙烯醛

(三) 糠醛、缩醛、高级醛酮的形成

1. 糠醛的形成

半纤维素经半纤维素酶分解成的戊糖，由微生物发酵生成糠醛。

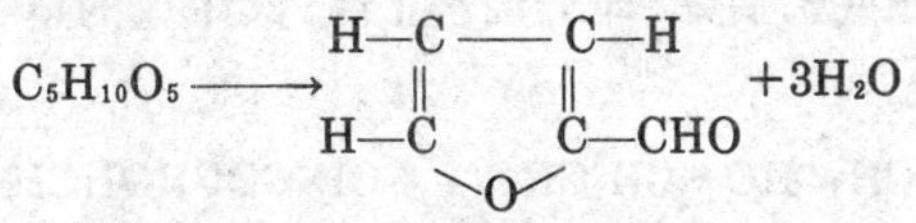

戊糖　　　糠醛

白酒中含有糠醛、醇基糠醛(糠醇)及甲基糠醛等呋喃衍生物。糠醛可进一步转化为甲基醛和羟基醛;白酒中可能还存在以呋喃为分子结构基础的更复杂的物质。它们也许均为焦香或酱香的成分之一。这尚需进一步研究证实后下较为确切的结论。

2. 缩醛的形成

缩醛由醛与醇缩合而成。其反应通式为:

$$RCHO + 2R'OH \rightleftharpoons RCH(OR')_2 + H_2O$$

醛　　醇　　缩醛　　水

例如 $$CH_3CHO + 2C_2H_5OH \longrightarrow CH_3CH(OC_2H_5)_2 + H_2O$$

乙醛　酒精　乙缩醛　水

白酒中的缩醛主要为乙缩醛，其含量高者几乎接近于乙醛。

3. 高级醛、酮的形成

高级醛、酮是指分子中含3个碳以上的醛、酮。白酒醅或醪中的高级醛、酮，由氨基酸分解而成。结合前述有关醇、酸的生成机理，可将由氨基酸分解而生成的产物归纳如下式。

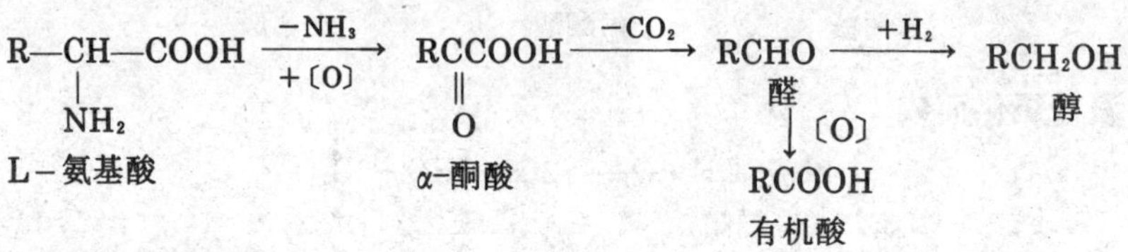

(四) α－联酮的形成

因2,3－丁二醇虽是二元醇，但它也具有酮的性质，故通常将双乙酰、醋酴及2,3－丁二醇，统称为α-联酮。2,3－丁二醇的生成机理已在前面论述。

1. 双乙酰的生成

有如下3条途径:

(1) 由乙醛与乙酸缩合而成

$$CH_3CHO + CH_3COOH \longrightarrow CH_3COCOCH_3 + H_2O$$

乙醛　乙酸　双乙酰　水

(2) 由乙酰辅酶A和活性乙醇缩合而成　即酵母的辅酶A与乙酸作用形成乙酰辅酶A，再与活性乙醇作用。

乙酰辅酶A＋活性乙醇 ⟶ 双乙酰＋辅酶A

(3) 由α-乙酰乳酸的非酶分解而成　α-乙酰乳酸是缬氨酸生物合成的中间产物。

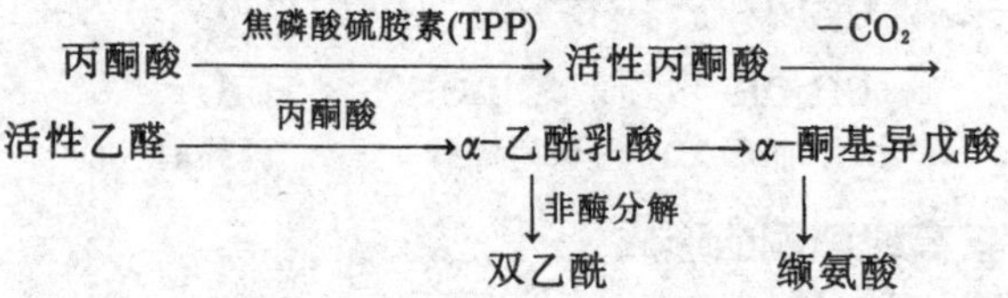

2. 醋酴的生成

醋酴又称α-羟基丁酮或乙偶姻，即3-羟基丁酮。其生成的途径有4条。

(1) 由乙醛缩合而成

$$CH_3CHO + CH_3CHO \longrightarrow CH_3COCHOHCH_3$$

乙醛　乙醛　醋酴

(2) 由丙酮酸缩合而成

$$2CH_3COCOOH \longrightarrow CH_3COCHOHCH_3 + 2CO_2$$

丙酮酸　醋酴　二氧化碳

(3) 由双乙酰生成，同时生成乙酸

$$2CH_3COCOCH_3 \xrightarrow{+2H_2} CH_3CHOHCOCH_3 + 2CH_3COOH$$

双乙酰　醋酴　乙酸

(4) 由双乙酰和乙醛经氧化还原生成醋酴

$$\underset{\text{双乙酰}}{CH_3COCOCH_3}+\underset{\text{乙醛}}{CH_3CHO}+\underset{\text{水}}{H_2O}\longrightarrow\underset{\text{醋酶}}{CH_3COCHOHCH_3}+\underset{\text{乙酸}}{CH_3COOH}$$

实际上，2，3－丁二醇、双乙酰及醋𬭩三者之间是可经氧化还原作用而相互转化的。

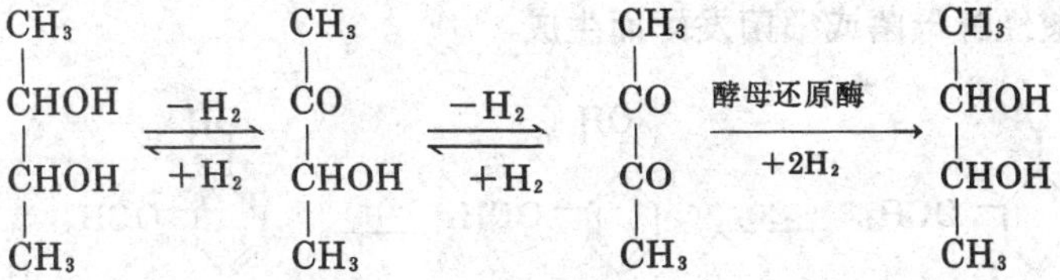

2，3－丁二醇　　醋𬭩　　双乙酰　　2，3－丁二醇

六、芳香族化合物的生成

所谓芳香族化合物是指苯及其衍生物的总称。凡羟基直接连在苯环上的称为酚，羟基连在侧链上的称为芳香醇。白酒中的芳香族化合物多为酚类化合物。它们来自小麦或在制麦曲过程中由微生物生成；或在制麦曲时形成中间产物，再由酵母菌或细菌发酵而生成，并在发酵过程中相互进行转化；或由某些氨基酸及高粱中的单宁生成。

(一) 阿魏酸、香草醛、香草酸、香豆酸的生成

小麦中含有少量的阿魏酸、香草酸及香草醛。在使用小麦制曲时，曲块升温至60℃以上，小麦皮能产生阿魏酸；由微生物的作用，也能生成大量香草酸及少量香草醛。

4－甲基愈创木酚也可氧化为香草醛：

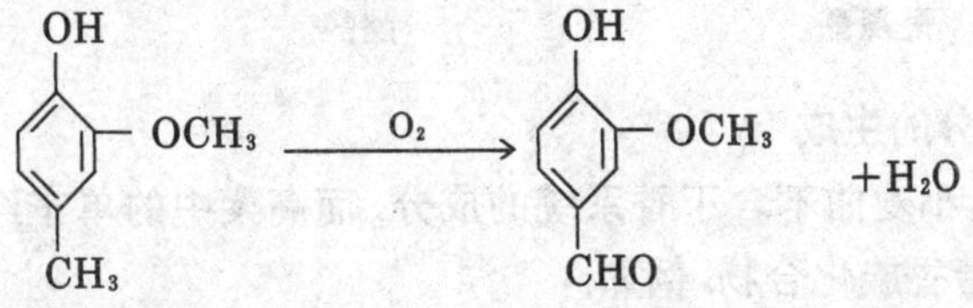

4－甲基愈创木酚　　香草醛

据1979年福住俊郎报道，木质素可在微生物产生的酚氧化酶(漆酶)的作用下，变为可溶性成分；再在细胞色素有关的氧化酶类作用下，进一步生成阿魏酸、香草醛、香草酸、香豆酸等产物。

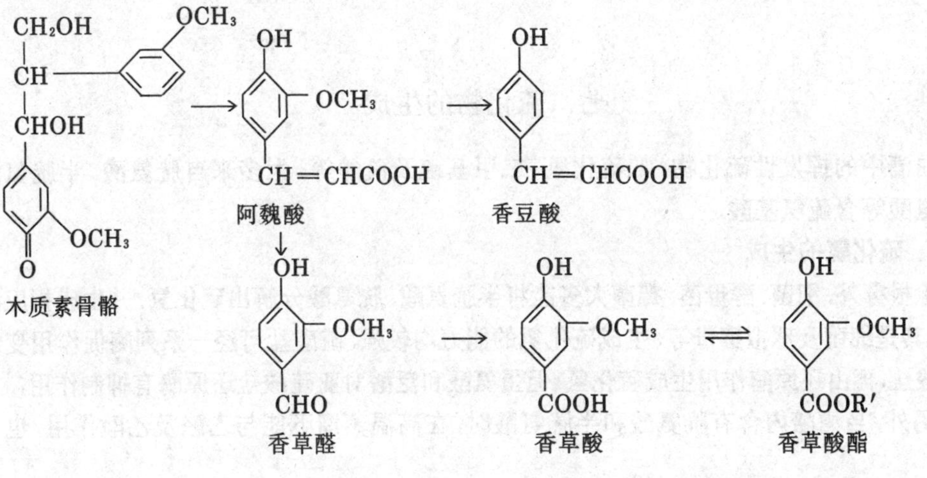

上述反应均可由酵母和细菌发酵而进行。

(二) 4-乙基愈创木酚、酪醇及丁香系统成分的生成

1. 4-乙基愈创木酚的生成

(1) 由阿魏酸经酵母菌或细菌发酵而生成。

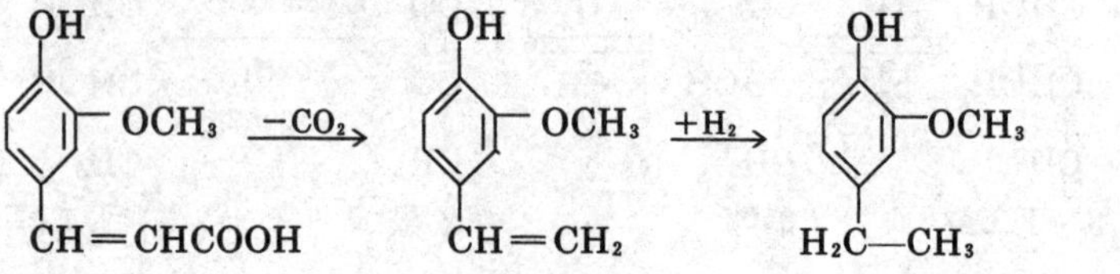

阿魏酸　　4－乙烯基愈创木酚　　4－乙基愈创木酚

(2) 香草醛经酵母菌及细菌发酵生成4－乙基愈创木酚。

(3) 大曲经发酵后，部分香草酸生成4－乙基愈创木酚。

2. 酪醇的生成

酪醇又名对羟基苯乙醇。可由酵母菌将酪氨酸脱氨、脱羧而成。

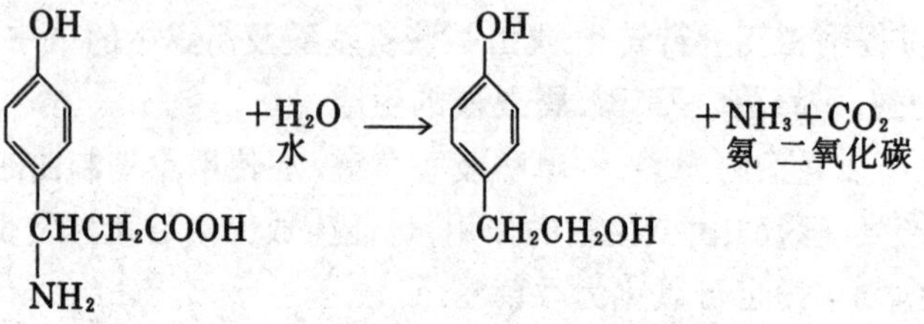

酪氨酸　　酪醇

3. 丁香系统成分的生成

据分析，小麦及小麦曲不含丁香系统的成分。而高粱中的单宁经酵母菌发酵后生成丁香醛及丁香酸等芳香族化合物。例如：

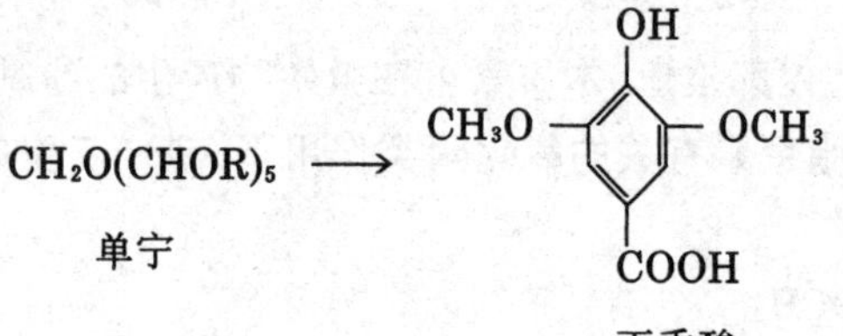

丁香酸

七、硫化物的生成

白酒中的挥发性硫化物，如硫化氢、二甲基硫及硫醇等，大多来自胱氨酸、半胱氨酸及蛋氨酸等含硫氨基酸。

1. 硫化氢的生成

除根霉外，细菌、酵母菌、霉菌大多能将半胱氨酸、胱氨酸分解出硫化氢，并生成相应的醛，尤其是细菌及球拟酵母等，生成硫化氢的能力均较强。硫酸盐可经一系列酶促作用变为亚硫酸盐，再由还原酶作用生成硫化氢。但蛋氨酸和泛酸对亚硫酸盐还原酶有抑制作用。

另外，当酒醅内含有胱氨酸和半胱氨酸时，在高温蒸馏下能与乙醛及乙酸作用，也可

生成硫化氢。若接酒温度较低，则硫化氢不易挥发。若冷凝器的锡不纯而含铅量高时，则蒸馏过程中会与硫化氢生成黑色的硫化铅，沉积于盛酒器的底部。

2. 二甲基硫的生成

二甲基硫由酵母作用于蛋氨酸而生成。

在生产中，通常对白酒酒醅或醪中成分的变化，在宏观方面较为重视。例如观察到酒醅水分不断增加、升酸幅度符合要求，则表明发酵进行正常。若酒醅在不同发酵期的水分含量相差大，淀粉浓度下降快，还原糖含量小，而酒精分高，则说明发酵彻底，出酒率高。通常酒醅的水分增长幅度为5%～10%。但对发酵过程中某些微量成分形成的研究，尚需深入进行。

第五节 蒸馏过程中的物质变化及蒸馏原理

一、物质变化

在白酒蒸馏过程中，通常对馏分中几大类成分较为注意。例如对酒精含量、酯类、酸类及杂醇油在馏分中变化规律的摸索等，这无疑是完全必要的。但实际上在蒸馏过程中，由于传热、传质的作用，来自酒醅或醪的很多成分本身的变化，以及相互之间复杂的作用，往往会产生一些新的成分。例如在第五节中已提到的酒醅中的胱氨酸、半胱氨酸与乙醛和乙酸能生成硫化氢等。另外，酒精等醇类在高温下与有机酸也有一定的酯化作用；蒸馏时产生少量的乙醛；还可发生诸如美拉德反应等其他许多反应。

在注意“提香”的同时，也应探究蒸馏过程中的“增香”作用及其条件。为什么白兰地的蒸馏设备以铜为材质呢？据说铜在白兰地的蒸馏过程中起着特殊的作用；又如为什么有的白兰地蒸馏器至今仍以直接火加热呢？这恐怕也与某些成分的变化有关吧……。当然我们不必照搬这方面的内容用于白酒蒸馏，但由此可得到一些启发，即不应停留在原有的认识上，须运用各种知识去探究白酒蒸馏过程中的各种成分变化，并与蒸馏设备的材质和构造、蒸馏的操作和工艺条件等因素联系起来，使这方面的研究工作不断取得进展。

二、蒸馏原理

有关蒸馏的原理请参见本篇第七、八章。

第六节 白酒贮存中的成分变化

有关白酒贮存中的成分变化请参见本篇第十章。

第七节 白酒质量问题的成因及白酒运输保管中的变化

一、白酒异常气味的形成机理

白酒中诸多不良气味的形成，与原辅料、用具及操作不当等因素有关。现择要分析如下。

(一) 异常臭气的形成

1. 原辅料

各种优质原料本身以及经蒸煮后形成的特殊成分，能赋予白酒不同的香气，这属正常现象。但若原、辅料发霉，或辅料未经清蒸即使用，则均会给成品酒带来霉气或辅料臭气；采用未经脱胚芽的玉米或小黄米糠等原辅料时，会带给成品酒因脂肪氧化而产生的哈喇味或脂肪本身的油腥气；使用蛋白质含量过高的原料，会生成大量的杂醇油及硫化物，使成品酒不仅不符合卫生指标，且产生特殊的臭气。

2. 用具

使用橡皮管输酒或瓶盖中用橡胶垫，或以新木甑蒸酒，均会产生不良臭气。

3. 工艺操作

因不重视卫生、配料或品温控制不当而污染大量的生酸菌、产硫化物等杂菌，则会产生丙烯醛、巴豆醛、硫醇、硫化氢等腐败臭；以大火大汽蒸酒，使酒醅中的含硫氨基酸在其他有机酸的影响下产生硫化氢等含硫的挥发性气体而带入酒中，出现类似臭鸡蛋味的臭气；大火大汽蒸酒，也会将部分高沸点的成分，如番薯酮等蒸入酒中而增加特殊臭气；流酒温度过低，使具有强烈刺激性的低沸点挥发物逸散不充分；窖泥培养质量差、蛋白质含量高，或蒸酒时酒醅中夹有泥块等，也均会带给成品酒泥臭等异常臭气。

(二) 异常酒味的形成

白酒要求甜、酸、苦、辣、涩等诸味协调，不能显露其中之一；酒中的不良呈味成分，则不允许存在。

1. 苦味及涩味突出

白酒中的苦、涩味往往同时呈现。其形成的原因较复杂，与原料、曲子、酵母菌、工艺条件、污染杂菌等多种因素有关。

(1) 原料　如使用有黑斑病的薯干原料，则含有极苦的番薯酮。使用单宁及其衍生物过多的原料，生成某些呈苦涩味的酚类化合物。使用蛋白质含量过高的原料，则生成多量的杂醇油。如亮氨酸生成异戊醇；缬氨酸生成异丁醇；异亮氨酸生成活性戊醇；苏氨酸生成正丙醇，以及仲丁醇、壬醇等，在白酒中的含量达到一定值时，均会呈现苦味或苦涩味。其中正丙醇苦味较重，异丁醇苦味极重。

(2) 用曲　若麸曲等贮存期过长(过老)且用量过大，则因曲中孢子量太大，并能使酪氨酸变为较多的酪醇而使酒带苦味。若曲受潮，滋长青霉菌或醅污染青霉菌，也均会使白酒后味苦涩。

(3) 酵母菌　若使用产杂醇油多的产酯酵母，则也会使酒显露苦味。酒中的这些苦味成分，大多是酵母菌的代谢产物。凡质量差的曲酒，通常正丙醇及异丁醇的含量均较高。

(4) 工艺条件　若原料蒸煮或制曲温度过高，或发酵时生成的糠醛过多，则酒呈焦苦味。若发酵时污染杂菌而生成一定量的丙烯醛，则不但刺眼和有辣味，并有持久的苦味。白酒的苦涩味还与发酵温度及酒的贮存期有关。通常冬天因入池品温较低、升温缓慢，而使成品酒较甜；夏天则相反。大曲酒及多种人工菌株生产的麸曲酒，若贮存时间太短，则也呈明显的苦涩味。

由于苦味成分的阈值很低，故对味蕾特别敏感，且持续时间也较长，会给人以难忘的不悦感。

2. 不良酸味的成因

曲或酒母用量过大、发酵期过长、品温过高、醅中水分或淀粉含量过多，以及生酸菌大量繁殖等，均可使酒醅的酸度较高。但白酒中的有机酸有挥发的与非挥发性的，这些酸大多集中于后馏分中，且被蒸出的非挥发酸只是酒醅中总量的一部分。故只要在蒸馏时注意合理地掐酒尾，往往酸度较高的酒醅，蒸出的酒未必显露酸味。但若使用变质的原料，或润料水温低、堆积时间长而使酒醅呈一股酸、馊味，则在蒸馏时会带入酒中。例如在汾香型白酒生产中，若和糁、倒糁操作不当，则会制出酸、馊味酒。但经贮存，其酸、馊味有所减弱。

3. 辣味突出的原因

呈辣味的成分有杂醇油、糠醛、乙醛、硫醇及丙烯醛等。若用糠量过大且不清蒸，则会使多缩戊糖在高温下生成较多的糠醛。酒醅发酵温度高，生长大量杂菌，如异型乳酸菌作用于甘油会生成丙烯醛；酒醅入窖后品温猛升骤降，发酵期不适当地延长，致使酵母早衰，可生成较多的乙醛。蒸馏时接酒温度过低及未经贮存的新酒，均呈燥辣味。

4. 油味

使用含脂肪较多的细谷糠等辅料，或以杂豆、黑豆等原料制大曲，以及摘取酒尾的时间太迟，均会使成品酒带油味。

5. 劣质大曲味

例如生产酱香型白酒制高温大曲的操作不得法，会使酒呈明显的焦香味而欠酱香风格。在制作清香型白酒大曲时，因原料粉碎度达不到皮粗面细的要求，而是皮细粉粗，加上压曲机的性能较差，致使成曲发生霉变等而成为劣质曲，带给酒霉苦味及生曲味。市售的清香型白酒大曲，曲料中掺有小麦，成曲外观虽好，但易使成品酒风味出格；有的曲料中掺入玉米粉、高粱粉，使成曲带有杂粮自身的气味而有损酒质。浓香型白酒的包包曲，若晾曲过久、赶火不紧，则曲块断面产生霉变并生孢子，使酒呈霉苦味。

6. 底锅水、窖底水邪味及窖泥味

底锅水中含有淋浆、酒尾、残糟等，若不每天清换，则会使酒呈异味及焦糊味；普通白酒生产用的砖窖及水泥窖，若缝隙不用水泥抹平，则会产生臭泥味。窖底水不排尽，会使底糟带臭的气味蒸入酒中。生产浓香型白酒的窖，若选用泥土不当，或含沙过多，或碱性较大，含腐殖质少，则筑成的人工老窖会使酒呈窖泥味或泥腥味。

7. 其他邪杂味

水质不良，例如加浆用水有咸味等均会使成品酒呈不良气味；原料中杂物多，会使酒呈特异味、土腥味。使用新的锡制冷凝器，会使酒色发黄且带松香味；使用新木甑蒸的酒呈木味；使用新的酒篓、不同涂料的新贮酒池、新铁罐贮酒，会使酒呈特殊的邪杂味、铁锈味。故各种容器和设备在使用前应采用适当的办法进行处理。蒸馏时装甑不匀或摘酒不当，会使酒呈梢子味。

二、白色混浊的成因

白色混浊的成因请参见本篇第十一章第三节。

三、白酒的变色

白酒的变色请参见本篇第十一章第三节。

四、白酒在运输保管中的变化

白酒在运输保管过程中，除继续进行缔合、氧化还原、酯化、缩合反应外，尚有如下一些变化。

1. 挥发

由于白酒中的酒精等挥发性成分的沸点比水要低得多，故在包装容器封口不严时很易挥发。其挥发的速度与温度、风速及挥发面积成正比。空气中的酒精饱和蒸气量比水的饱和蒸气量大得多。通常说酒的酒度“跑”后变成水，就是指酒精比水易挥发，挥发量也比水多。

不同温度下，1m³空气中所能容纳的水和酒精的饱和蒸气量，如表2-1-2所示。

表 2-1-2 不同温度下1m³空气所能容纳的水和酒精的饱和蒸气量 单位：g/m³

温度/℃	水蒸气饱和含量	酒精蒸气饱和含量	温度/℃	水蒸气饱和含量	酒精蒸气饱和含量
0	4.80	33.03	30	30.04	192.21
5	6.76	45.99	35	39.18	248.85
10	9.33	61.64	40	50.06	319.49
15	12.72	82.63	45	65.50	404.40
20	17.12	110.70	50	83.20	508.45
25	22.80	146.33	—	—	—

注：酒精饱和蒸气量，是指空气中的酒精蒸气含量达到最大限度，即达饱和状态时的酒精蒸气量，以g/m³表示。若超过这个限度，则酒精蒸气会凝成液珠下滴。

2. 渗漏

有的陶瓷容器，因有很小的砂眼，在存放过程中会渗漏。有人将1瓶名酒放在柜内，平时在室内总能闻到一股酒香气味，因此全家人夸这酒真是好酒。几个月后，家有贵客来访，主人想取这瓶酒共享时，没有料到瓶中酒已所剩无几，但瓶底外壁却有一处呈湿润状态。

3. 分层

酒精与水是无限相溶的。但由于两者密度不同，故在酒精与水的缔合度有限的情况下，容器中上层的酒精含量略高、下层的酒精含量略低。因此，在零售普通白酒时，应予以适当搅拌。

4. 变色、变味、混浊、沉淀

若用铅桶等金属容器装白酒，则会溶出铜、铁、锌等重金属离子，很易发生氧化等反应，使酒变色、变味或混浊，这不利于人体健康。故除了真正的不锈钢容器外，一般金属容器的内壁，应涂以食用的无毒涂料。若用涂血料的(竹篓、荆条篓、木箱)装白酒，则俗话“皮吃”(指容器内壁吃进的酒液)较大；如果盛装酒精含量低于30%的白酒，则因含水量过大而可溶解血料蛋白，使血料逐渐发软而渗漏，以致酒带有血腥味。若用食用塑料桶装白酒，时间稍长会使酒略带塑料气味。白酒中侵入铁锈，遇酸而氧化成高价铁，会产生黄色混浊和沉淀;白酒感染血料，会出现变褐混浊和沉淀;白酒中侵入锌，与酸起作用生成氧化锌，使酒液呈粉红色;加浆用水中含钙离子等无机离子较多，瓶中白酒会出现白色粉状沉淀物。

综上所述，在白酒生产中，自原辅料投料起，直到成品酒包装，乃至出售后饮用前，一直在发生各种各样的物质变化。不断地深化这方面的研究和认识，是广大白酒酿造工作者们长期而艰巨的任务。

第二章 白酒的原料辅料

白酒的原料包括制曲原料、制酒母原料及制酒原料三部分;白酒的辅料主要是指固态发酵法白酒生产中用于发酵及蒸馏的疏松剂(填充料)。白酒原、辅料的种类很多,只有在充分了解它们性质的基础上,才能准确、合理地加以选用,以达到预期的目的。

第一节 制曲和制酒母的原料

一、基本要求

根据白酒曲及酒母的作用和制作工艺特点,其原料应符合如下要求。

1. 要适于有用菌的生长和繁殖

大曲中的有用微生物为霉菌、细菌及酵母菌,麸曲中有霉菌等,小曲中有根霉及酵母菌等。这些菌类的生长和繁殖,必须有碳源、氮源、生长素、无机盐、水五大类营养成分,并要求有适宜的pH、温度、湿度及必要的氧气等条件。故制曲原料应满足有用微生物生长的上述两方面的要求。例如制大曲和小曲的大麦及大米等原料,除富含淀粉、维生素及无机元素外,还应含有足以使微生物生长的蛋白质。制麸曲的原料麸皮,既是碳源,又是氮源。又如为了使曲坯具有一定的外形,并适应培曲过程中品温升降、散热、水分挥发、供氧的规律,则须考虑曲料的粘附性能及疏松度,并注意原料的合理配比。此外,对于多种菌的共生,应兼顾各自的生理特性。凡含有抑制有用菌生长成分的原料,不宜使用。

广义的酒母,包括由酿酒酵母、产酯酵母,以及细菌或霉菌等培养而成的液态、半固态或固态发酵剂。不同的菌应在碳源及氮源等成分上予以区别对待。例如己酸菌的培养,应以乙醇为碳源。

2. 适于产酶

白酒曲是糖化剂或糖化发酵剂。故除了要求成曲含有一定数量的有用微生物以外,还须积累多种并多量的胞内酶和胞外酶,其中最主要的是淀粉酶。而此类酶多为诱导酶,故要求制曲原料含有较多量的淀粉,以及促进淀粉酶类形成的无机离子。蛋白质也是产酶的必要成分,故制曲原料应含有适宜的蛋白质。

酒母中酵母所产的酶多为胞内酶,故菌体的数量和质量可反映酶的状况。但在制取其他菌的培养物时,应结合所产酶种的状况,考虑原料的成分。

3. 有利于酒质

大曲及麸曲,其用量很大,故广义地说,制曲原料和成曲也是制酒原料的一部分。例如大曲原料的成分及制曲过程中生成的许多成分,都间接或直接与酒质有关。另外,制曲原料不宜含有较多的脂肪，这也是与制酒原料的相同之处。

通常，酒母培养基的成分基本上与发酵基质相同，只是前者为了培养较多的菌体和产较多的酶而营养更丰富些。酒母成熟时的成分，有很多是接近于发酵醪(醅)在主发酵期的成分。因此，广义地说，酒母也是发酵醪(醅)的一个组成部分。

二、制曲和制酒母原料的种类及性质

1. 制曲原料的种类及性质

(1) 大曲原料的种类及性质　白酒大曲的原料，南方以小麦为主，用以生产酱香型及浓香型酒；北方生产清香型白酒，多以大麦和豌豆为原料。

① 大曲主要原料的成分比较，如表2－2－1所示。

表 2-2-1　**大曲主要原料的成分例**　单位：%

名　称	水　分	粗淀粉	粗蛋白	粗脂肪	粗纤维	灰分
小　麦	12.8	61.0～65.0	7.2～9.8	2.5～2.9	1.2～1.6	1.7～2.9
大　麦	11.5～12.0	61.0～62.5	11.2～12.5	1.9～2.8	7.2～7.9	3.4～4.2
豌　豆	10.0～12.0	45.2～51.5	25.5～27.5	3.9～4.0	1.3～1.6	3.0～3.1

从表2－2－1可知，制大曲的3种主要原料的主要成分的总的含量，相差很大。另外，对于无论是制大曲的原料和其他曲的原料，以及制酒母和制酒的原料成分，均应注意以下两点。

1) 对于每种主要成分，不应只看其总的含量。例如淀粉含量中存在支链淀粉与直链淀粉的比例问题；每种原料的淀粉分子大小也千差万别。又如蛋白质的种类有清蛋白、球蛋白、谷蛋白、醇溶谷蛋白、精蛋白、组蛋白及硬蛋白之分，这是就单纯蛋白质而言的；按结合蛋白质分，又有色蛋白类、脂蛋白类、糖蛋白类、磷蛋白类、核蛋白类。每种原料中各类蛋白之间的比例也不同。此外，每种成分在每粒原料各部位的分布状况也有差异；各种成分之间相互粘结和缠连的状态也不尽相同。

2) 除主要成分外，每种原料所含的维生素等微量成分的量也差别较大。例如小麦中的尼克酸含量高达10mg/100g，比大麦高1倍以上。而某些微量成分有时往往具有重要的作用。

② 大曲主要原料的特性：

1) 小麦：含淀粉量最高，富含面筋等营养成分，含氨基酸20多种，维生素含量也很丰富，粘着力也较强，是各类微生物繁殖、产酶的优良天然物料。若粉碎适度、加水适中，则制成的曲坯不易失水和松散，也不致于因粘着力过大而存水过多。

2) 大麦：粘结性能较差，皮壳较多。若用以单独制曲，则品温速升骤降。与豌豆共用，可使成曲具有良好的曲香味和清香味。

3) 豌豆等：粘性大，淀粉含量较大。若用以单独制曲，则升温慢，降温也慢。故一般与大麦混合使用，以弥补大麦的不足。但用量不宜过多。大麦与豌豆的比例，通常以3:2为宜。也不宜使用质地坚硬的小粒豌豆。若以绿豆、赤豆代替豌豆，则能产生特异的清香。但因其成本较高，故很少使用。其他含脂肪量较高的豆类，会给白酒带来邪味，不宜采用。

(2) 麸曲原料　麸皮是制麸曲的主要原料。其在成分及性能上具有营养源种类全面、吸水性强、表面积及疏松度大等优点，它本身也具有一定的糖化能力，而且还是各种酶的良好载体。故质量较好的麸皮，其碳氮比适中，能充分满足曲霉等生长繁殖和产酶的需要。但因小麦加工时出粉率的不同，麸皮的质量也有很大的差异。例如对于质量较差的红麸皮，以及含氮量低、而出粉率高达95%以上的“全麦面麸皮”之类，在用以制麸曲时，应添加适量的硫酸铵等无机氮源或豆饼粉等有机氮源。但在白麸皮的淀粉含量已较高，而氮含量不足的情况下，采用添加玉米粉的方法则不可取，这会使碳源过剩而升温迅猛，导致烧曲现象的发生。

麸皮的成分及其含量例，如表2-2-2及表2-2-3所示。

表 2-2-2　一般麸皮的成分含量例　单位：%

水　分	碳水化合物	淀　粉	粗蛋白	粗脂肪	粗纤维	灰　分	钙	磷
10～14	48～57	19～22	2～14	3～4	9～11	4～6	0.095	0.235

表 2-2-3　红麸皮、白麸皮成分含量比较例　单位：%

名　称	水　分	淀　粉	总　氮	灰　分
白麸皮	8.98	20	13.39	5.35
红麸皮	9.13	20	2.20	5.02

(3)小曲的原料　小曲的原料通常为精白度不高的籼米或米糠。因为大米的糊粉层中蛋白质及灰分含量较高，糠层中的灰分更高，有利于有用菌的生长和产酶。有的小曲还使用一些中草药。其中含有丰富的生长素，可补充早籼米中生长素的不足，以促进根霉和酵母菌的生长，还能起疏松作用和抑制杂菌繁殖的作用。小曲原料的成分及其含量如表2-2-4、表2-2-5所示。

表 2-2-4　小曲原料成分含量例　单位：%

种　类	水　分	粗蛋白	粗脂肪	淀　粉	纤　维	灰　分
脱脂糠	11.0	19.0	7.9	37.5	16.5	16.5
米　粞	11.8	8.9	1.0	77.0	0.7	0.7

注：脱脂糠指已榨过油的米糠饼；米粞指在碾米时产生的细小碎米粒，米粞中的五碳糖含量为1.7%左右。

表 2-2-5　米粒各组成部分的成分含量例　单位：%

名　称	水　分	粗蛋白质	无氮抽出物	粗脂肪	粗纤维	灰　分
糙　米	12.2	9.1	74.5	2.0	1.1	1.1
胚　乳	12.4	7.6	78.8	0.3	0.4	0.5
胚	12.4	2.2	29.1	20.7	7.5	8.7
米　糠	13.5	14.8	35.1	18.2	9.0	9.4

注：胚乳中的无氮抽出物主要是淀粉。

2. 制酒母的原料

以培养酵母菌为主要微生物的酒母的原料，以玉米粉为好。霉烂的及含单宁或生物碱较多的高粱糠或橡子粉等，不宜用作酒母的原料。若用薯干粉作原料，最好补加少量的硫酸铵或尿素等无机或有机氮源。

培养其他微生物为发酵剂的原料，应因菌而异。

三、制曲及制酒母原料的择用及配比

1. 大曲原料的配比例

有关酱香型、清香型、浓香型大曲酒大曲原料的配比，如表2-2-6所示。

表 2-2-6　**不同香型大曲酒大曲原料配比例**　单位: %

酒　名	小　麦	大　麦	豌　豆	高　粱	曲　母
茅台酒	100	—	—	—	3～8
汾　酒		60	40	—	—
泸州老窖特曲酒	90～97	—	—	3～10	—
五粮液	100	—	—	—	2～8
剑南春酒	90	10	—	—	—
古井贡酒	70	20	10	—	—
洋河大曲酒	50	40	10	—	—
全兴大曲酒	95	—	—	4	1
口子酒	60	30	10	—	—
西凤酒	—	60	40	—	—

清香型青稞白酒大曲的原料配比为青稞: 豌豆＝7:3。四特酒大曲的原料及其配比较为特殊，面粉占35%～40%，麦麸为40%～50%，酒糟(以干燥计)为20%～15%。

各种大曲原料的拌水量因地区、季节、原料配比、培曲温度而异，水温也各不相同。

2. 小曲原料的配比例

小曲的原料配比，因地区、传统工艺及原料种类而异。举例如下，以作比较。

(1) 桂林曲丸配方　以大米粉为原料，其中制坯米粉占75%，裹粉用细米粉占25%。香药草粉用量为制坯米粉的13%。曲母用量为制坯米粉的2%，为裹粉量的4%。加水量为制坯米粉的60%左右。

(2) 四川无药糠曲丸配方　统糠87%～92%，米粉5%～10%，曲母3%，凉开水为原料的64%～74%。

(3) 厦门白曲配方　以米糠为主，米粉为米糠量的10%～15%，根霉种子为米糠量的4%～5%，酵母种子液为米糠量的0.22%～0.24%，冷开水为米糠量的70%～75%。

(4) 四川邛崃米曲饼配方　以大米粉为主，中药材粉用量为大米粉的2.86%，曲母为大米粉的0.86%，加水量为大米粉的45.7%～48.6%(包括浸米吸水量及拌料用水)。

(5) 广东酒曲饼　大米粉为96.38%，中药粉占3.31%，曲母占0.31%。

(6) 纯种根霉、酵母曲　以麸皮为原料，加水量为麸皮的60%～80%。根霉接种量为

0.3%～0.5%，酵母液接种量为2%。根霉及酵母固态曲经分别培养后，按一定比例混合后备用。

3. 麸曲配方例

(1) 帘子麸曲配方例　麸皮加鲜酒糟15%～20%，加水量为麸皮量的75%～80%，接种量为0.3%～0.5%。

(2) 机械通风麸曲配方例　麸皮为85%，鲜酒糟以风干量计占15%，或用15%稻壳代替鲜酒糟，加水后曲料含水量为45%～48%。

4. 液态曲原料配比例

液态曲的原料及其配比，因菌株而异。例如使用黑曲霉菌株，可使用如下的配方：玉米粉6%，豆饼粉2%，麸皮1%。

5. 酒母配方例

如一般的大缸酒母，其配方通常为：玉米粉85%～90%，鲜酒糟10%～15%，麸皮或稻壳5%～10%。润料时将原料量0.6%～1%的硫酸加入水中，加水量为原料量的50%～60%，加麸曲量为原料量的10%～15%，接种卡氏罐酒母量为1/12～1/15。

第二节　制白酒的原料

制白酒的原料有粮谷、以甘薯干为主的薯类以及代用原料三大类，后一类用者很少。这与世界上其他蒸馏酒的情况类似。例如威士忌以谷物及麦芽为原料，俄得克以玉米或马铃薯为原料，金酒以玉米及杜松子为原料，日本烧酎以薯类为主要原料，老姆酒以糖蜜和糖泡为原料。

一、制白酒原料的基本要求

白酒界有"高粱香、玉米甜、大麦冲、大米净"的说法，概括了几种原料与酒质的关系。对制白酒原料总的基本要求，可归纳为以下3项。

1. 名优大曲酒原料

一般列为国家名优酒的大曲酒，必须以高粱为主要原料，或搭配适量的玉米、大米、糯米、小麦及荞麦等。

2. 粮谷原料

粮谷原料以糯者为好。要求籽粒饱满，有较高的千粒重，原粮水分在14%以下。

3. 对制白酒原料的一般要求

优质的白酒原料，要求其新鲜，无霉变和杂质，淀粉或糖分含量较高，含蛋白质适量，脂肪含量极少，单宁含量适当，并含有多种维生素及无机元素。果胶质含量越少越好。不得含有过多的含氰化合物、番薯酮、龙葵苷及黄曲霉毒素等有害成分。

二、制白酒原料的成分及特性

制白酒的原料，按主要成分含量可分为淀粉质原料和糖质原料两大类。糖质原料如糖蜜之类只用于制液态发酵法白酒，其成分及特性可参见一般的《酒精工艺学》等书籍。故本书仅介绍淀粉质原料的状况。淀粉质原料又可分为粮谷原料及薯类两大类。粮谷原料还可分为黍类、稻谷类及麦类。

为清晰起见，采用“由总及分”的叙述方法。制白酒各种原料成分含量的总的比较，如表2－2－7所示。

表 2-2-7 白酒主要原料成分含量总的比较例 单位：%

名称	水分	淀粉	粗脂肪	粗纤维	粗蛋白	灰分
高粱	11～13	56～64	1.6～4.3	1.6～2.8	7～12	1.4～1.8
小麦	9～14	60～74	1.7～4.0	1.2～2.7	8～12	0.4～2.6
大麦	11～12	61～62	1.9～2.8	6.0～7.0	11～12	3.4～4.2
玉米	11～17	62～70	2.7～5.3	1.5～3.5	10～12	1.5～2.6
大米	12～13	72～74	0.1～0.3	1.5～1.8	7～9	0.4～1.2
薯干	10～11	68～70	0.6～3.2	——	2.3～6	——

(一) 黍类的成分及特性

1. 高粱

高粱又称蜀黍、蜀秫、芦祭、红粮等。高粱按粘度分为粳、糯两类，北方多产粳高粱，南方多产糯高粱。糯高粱几乎全含支链淀粉，结构较疏松，能适于根霉生长，以小曲制高粱酒时，淀粉出酒率较高。粳高粱含有一定量的直链淀粉，结构较紧密，蛋白质含量高于糯高粱。通常将粳高粱称为饭高粱。现在已有多种杂交高粱种植。

高粱按色泽可分为白、青、黄、红、黑高粱几种，颜色的深浅，反映其单宁及色素成分含量的高低。

(1) 高粱的成分　不同品种高粱成分的含量，如表2－2－8所示。高粱的内容物多为淀粉颗粒，外包1层由蛋白质及脂肪等组成的胶粒层，易受热而分解。高粱的半纤维含量约为2.8%。高粱壳中的单宁含量在2%以上，但籽粒仅含0.2%～0.3%。微量的单宁及花青素等色素成分，经蒸煮和发酵后，其衍生物为香兰酸等酚元化合物，能赋予白酒特殊的芳香；但若单宁含量过多，则能抑制酵母发酵，并在开大汽蒸馏时会被带入酒中，使酒带苦涩味。

高粱除含有上述主要成分外，每100g可食部分还含有硫胺素0.14mg、核黄素0.07mg、尼克酸0.6mg、钙17mg、磷230mg、铁5mg，发热量为1525.7J。

表 2-2-8 不同品种高粱成分含量例 单位：%

品种	水分	淀粉	粗蛋白	粗脂肪	粗纤维	灰分	单宁
东北11种粳高粱平均	13.13	62.46	10.12	——	——	——	——
贵州糯高粱Ⅰ	12.20	61.03	8.96	4.03	——	1.76	0.60
贵州糯高粱Ⅱ	12.77	61.62	8.26	4.57	——	1.80	0.57
四川泸州糯高粱	13.87	61.31	8.41	4.32	1.84	1.47	0.16
四川永川糯高粱	12.78	60.03	6.74	4.06	1.64	1.75	0.29

(2) 高粱的结构特点　高粱蒸煮后疏松适度，粘而不糊。不同粳高粱构成部位的比

例，如表2－2－9所示。

表 2-2-9 不同粳高粱构成部位的比例 单位：%

构成部位	白高粱	青高粱	黄高粱	红高粱	黑高粱
胚 乳	83.3	81.1	81.1	79.9	79.1
胚	6.8	7.4	6.8	6.6	6.7
种 皮	9.9	11.6	12.1	13.5	14.2

2. 玉米

玉米也称玉蜀黍、包谷、包芦、包米、珍珠米。玉米有黄玉米和白玉米、糯玉米和粳玉米之分。

(1) 玉米的成分　通常黄玉米的淀粉含量高于白玉米。玉米的胚芽中含有大量的脂肪，若利用带胚芽的玉米制白酒，则酒醅发酵时生酸快、升酸幅度大，且脂肪氧化而形成的异味成分带入酒中会影响酒质。故用以制白酒的玉米必须脱去胚芽。玉米中含有较多的植酸，可发酵为环己六醇及磷酸，磷酸也能促进甘油(丙三醇)的生成。多元醇具有明显的甜味，故玉米酒较为醇甜。不同地区玉米的主要成分含量，如表2－2－10所示。

表 2-2-10 不同地区玉米的成分含量比较例 单位：%

玉米产地	水 分	粗蛋白	粗脂肪	碳水化合物	粗纤维	灰 分
杭 州	10.20	7.70	4.80	74.60	1.40	1.30
安 徽	12.60	9.20	3.80	70.90	2.00	1.50
德 州	11.30	7.30	4.00	73.80	1.30	1.50
内蒙古	9.90	8.00	3.90	75.40	1.20	1.60
兰 州	11.60	8.60	5.30	70.50	2.50	1.50
甘 肃	16.90	9.40	1.50	68.40	1.80	2.00
新 疆	15.70	5.90	4.00	71.80	1.10	1.50
东 北	11.30	7.20	4.50	73.00	1.30	1.40

从表2－2－10可知，玉米的主要成分含量适中。玉米的半纤维素含量高于高粱，因而常规分析时淀粉含量与高粱相当，但出酒率不及高粱。

(2) 玉米的结构特点　因淀粉颗粒形状不规则，呈玻璃质的组织状态，结构紧密，质地坚硬，故难以蒸煮。但一般粳玉米蒸煮后不粘不糊。

(二) 稻谷类的成分及特性

大米是稻谷的籽实。大米有粳米和糯米之分。但粳米中又有粘度介于糯米和籼米之间的优质粳米和籼米之分。江浙等地将优质粳米简称为粳米，北京等地称为好大米。北方有些地区将籼米称为机米。现在已有多种杂交稻谷。各种大米又均有早熟和晚熟之分，一般晚熟稻谷的大米蒸煮后较软、较粘。

(1) 大米的成分　大米的淀粉含量较高，蛋白质及脂肪含量较少。故有利于低温缓慢发酵，成品酒也较纯净。一般粳米与糯米的成分比较，如表2－2－11所示。

表 2-2-11　粳米与糯米的成分含量比较例　单位：%

米种	水分	淀粉	蛋白质	脂肪	粗纤维	灰分
粳米	15.8	68.12	9.15	1.61	0.53	0.92
糯米	15.8	70.91	6.93	2.20	0.34	0.63

从表2－2－11可知，粳米的蛋白质、纤维素及灰分含量较高；而糯米的淀粉和脂肪含量较高。

(2) 大米的特性　粳米淀粉结构疏松，利于糊化。但如果蒸煮不当而太粘，则发酵温度难以控制。大米在混蒸混烧的白酒蒸馏中，可将饭的香味成分带至酒中，使酒质爽净。故五粮液、剑南春酒、叙府大曲酒等均配用一定量的粳米；三花酒、玉冰烧、长乐烧等小曲酒均以粳米为原料。糯米质软，蒸煮后粘度大，故须与其他原料配合使用，使酿成的酒具有甘甜味。如五粮液及剑南春酒等均使用一定量的糯米。

(三) 麦类的成分及特性

大麦和小麦除用以制曲外，还可用于制酒。小麦中的碳水化合物，除淀粉外，还有少量的蔗糖、葡萄糖、果糖等(其含量为2%～4%)，以及2%～3%的糊精。小麦蛋白质的组分以麦胶蛋白和麦谷蛋白为主，麦胶蛋白中以氨基酸为多。这些蛋白质可在发酵过程中形成香味成分。故五粮液、剑南春酒及叙府大曲酒等，均使用一定量的小麦。但小麦的用量要得当，以免发酵时产生过多的热量。大麦及小麦的其他特性，可参见本章第一节。

五粮液生产原来使用过荞麦，但因其去壳不尽而使酒呈苦涩味，故后来改用小麦。小麦的成分含量因产地、气候及品种而异。冬小麦和春小麦的成分含量比较例，如表2－2－12所示。

表 2-2-12　冬小麦和春小麦成分含量比较例　单位：%

名称		水分	蛋白质	碳水化合物	脂肪	纤维素	灰分
冬小麦	饱满籽粒	15.0	10.0	70.0	1.7	1.6	1.7
	中等籽粒	15.0	11.0	68.5	1.9	1.9	1.7
	不饱满籽粒	15.0	13.5	64.0	2.2	2.7	2.6
春小麦		15.0	13.2	66.1	2.0	1.8	1.9

青稞又名裸大麦，是大麦品种的变种。其耐寒性强，生长期短，可种植于海拔3000m以上的地区。

青稞的特征与大麦相似，也有4棱、6棱之分。青稞与大麦不同处是籽粒与颖壳能脱离，即不带谷壳。青稞的色泽和形状也多种多样，有黄、褐、紫蓝、黑色和椭圆、卵形、长形之分。青稞多为硬质，籽粒的透明玻璃质在70%以上，蛋白质含量在14%以上，淀粉含量为60%左右，纤维素含量约2%。不同青稞的外观和成分如表2－2－13所示。

表 2-2-13 不同青稞的外观及成分含量比较例 单位：%

青稞品种	类型	形状	色泽	粗蛋白	粗淀粉	粗脂肪	粗纤维	灰 分
白浪散	4棱	椭圆	黄	16.99	59.67	3.78	1.76	2.23
白 6 棱	6棱	卵形	黄	15.75	61.57	2.52	2.75	2.17
门源亮蓝	4棱	椭圆	蓝	15.70	58.64	4.42	2.47	2.20
黑老鸦(黑青稞)	4棱	椭圆	黑紫	15.93	57.50	4.49	2.01	2.17
福 8-4	4棱	椭圆	黄	13.00	60.77	3.32	1.86	1.71
西北16种青稞平均	—	—	—	14.54	60.57	3.65	2.15	2.02

鉴于青稞具有蛋白质含量较高、颗粒质地坚硬等特点，在生产中须采用相应的工艺，以保证生产的可操作性，以及产品的质量和出酒率。同时，应尽可能地选用福8-4、南繁3号及昆仑11号等淀粉含量高、蛋白质含量较低的原料。

(四) 薯类的成分及特性

1. 甘薯

甘薯又名山芋、甜薯、红薯、番薯、白薯、地瓜、红苕等。按肉色分为红、黄、紫、灰4种，按成熟期分为早、中、晚熟3种。

(1) 甘薯的成分 鲜甘薯及薯干，各含有2%及7%的可溶性糖，有利于酵母的利用。各地鲜甘薯及薯干的成分含量比较例，如表2-2-14所示。

表 2-2-14 各地鲜甘薯及薯干成分含量比较例 单位：%

薯 别	水 分	淀 粉	粗蛋白	粗脂肪	粗纤维	灰 分
四川鲜薯	69.8	27.7	1.1	0.2	0.7	0.7
华北鲜薯	81.6	14.6	1.3	0.1	0.3	0.5
广东鲜薯	74.6	18.2	0.6	0.5	0.2	0.6
上海鲜薯	75.3	21.5	1.1	0.2	——	0.6
天津薯干	10.9	70.2	2.3	3.2	3.3	2.0
河南薯干	10.1	68.1	4.6	0.9	——	2.8

薯干的淀粉纯度高，含脂肪及蛋白质较少，发酵过程中升酸幅度较小，因而淀粉出酒率高于其他原料。但薯中含有以绝干计为0.35%～0.4%的甘薯树脂，对发酵稍有影响；薯干的果胶质含量也较多，使成品酒中甲醇含量较高；染有黑斑病的薯干，将番薯酮带入酒中，会使成品酒呈"瓜干苦"味。若酒内含有番薯酮100mg/L，则呈严重的苦味和邪味。以黑斑病严重的薯干制酒所得的酒糟，对家畜也有毒害作用。

病薯的病毒有黑斑病、烂心的软腐病、内腐病、经冻伤的坏死病，以及受水浸泡后的水腐病等，尤以黑斑病危害最大。黑斑病薯经蒸煮后有霉坏味及有毒的苦味，这种苦味质能抑制黑曲霉、米曲霉、毛霉、根霉的生长，影响酵母的繁殖和发酵，但对醋酸菌、乳酸菌等抑制作用则很弱。其成分番薯酮的分子式为$C_{15}H_{22}O_3$，是由黑斑病菌作用于甘薯树脂而产生的油状苦味物质。

若在甘薯培植薯苗时将薯块在55℃热水中浸泡1h，则可预防黑斑病发生。对于病薯原料，采用清蒸配醅的工艺，尽可能将坏味挥发掉。但对黑斑病及霉坏严重的薯干，清蒸也难于解决问题。若制液态发酵法白酒，则可采用精馏或复馏的方法，以提高成品酒的质量。对于苦味较重的白酒，若用$KMnO_4$处理后再复蒸也收效甚微；可采用活性炭吸附法使苦味稍为减轻，但也不能根除，且操作复杂并造成酒的损失。

甘薯的软腐病和内腐病是感染细菌及霉菌所致，这些菌具有较强的淀粉酶及果胶酶活性，致使甘薯改变形状。使用这种甘薯制酒并不影响出酒率，但在蒸煮时应适当多加填充料及配醅，并采用大火清蒸，缩短蒸煮时间，以免糖分流失和生成多量的焦糖而降低出酒率。使用这种原料制成的白酒风味很差。

(2) 甘薯的特性　甘薯的淀粉颗粒大，组织不紧密，吸水能力强，易糊化。

2. 马铃薯

马铃薯又名洋山芋、土豆等。若以马铃薯为原料采用固态发酵法制白酒，则成品酒有类似土腥气味。故多先以液态发酵法制取食用酒精后，再进行串蒸香醅而得成品酒。通常以鲜马铃薯制成马铃薯干的得率为25％左右。马铃薯的原料出酒率为14％～16％，淀粉出酒率为75％～80％。

(1) 马铃薯的成分　如表2－2－15所示。马铃薯发芽呈紫蓝色，其有毒的龙葵苷含量为0.12％左右；经日光照射而呈绿色的部分，其龙葵苷含量增加3倍；幼芽部分的龙葵苷含量更高。龙葵苷对发酵有危害作用。

表 2-2-15　马铃薯成分含量例

品　种	碳水化合物含量/％	蛋白质含量/％	脂　肪含量/％	粗纤维含量/％	灰分/％	维生素含量/mg·(100g)$^{-1}$
黑龙江马铃薯	24.60	1.68	0.62	1.24	—	18.08
北京马铃薯	16.00	1.90	0.70	1.40	1.20	18.54

(2) 特性　马铃薯的淀粉颗粒较大，其长为35～50μm、宽为25～37μm，较易糊化。但应防止一冻一化，以免组织破坏，使有用物质流失并难以糊化。若以固态发酵法使用马铃薯制白酒，则辅料用量较大。

3. 木薯

木薯又名树薯。多产于广东、广西、福建等地。木薯有野生和人工种植，苦味和甜味木薯之分。苦味木薯的氢氰苷含量大于甜味木薯。

一般采用木薯干制酒。因木薯干中含有较多的果胶质及氢氰苷等有害成分，故应用大量水浸泡后清蒸。

以木薯为原料，可以麸曲为糖化剂、酒母为发酵剂进行固态发酵；也可采用液态发酵法生产食用酒精后，再用香醅串蒸得成品酒。通常淀粉出酒率可达80％以上。

木薯的成分含量，如表2－2－16所示。

表 2-2-16　木薯成分含量　单位：%

名　称	水　分	粗蛋白	粗脂肪	碳水化合物	粗纤维	灰　分
鲜木薯	70.25	1.12	0.41	26.58	1.11	0.54
广西木薯干	13.12	——	——	73.36	——	1.69
广东木薯干	14.71	2.62	0.86	72.10	3.55	2.85

除上述原料外，制白酒的原料还有甘蔗糖蜜和甜菜糖蜜、柿子、橡子、土茯苓、玉米皮、高粱糠等。但目前使用代用原料者已很少见。若以高粱糠生产白酒，则配醅量应稍小些，以保证入窖的淀粉浓度，且多采用四大甑、清六甑的操作法。

三、制白酒原料的选择及配比

1. 大曲酒原料的选择及配比

大曲酒的原料多为高粱，而且通常是糯高粱。即使是大曲和小曲并用的董酒，也以糯高粱为原料。有的大曲酒除使用高粱外，还搭配其他原料。其中最典型的例子是五粮液和剑南春酒，具体配方如表2－2－17所示。

表 2-2-17　五粮液和剑南春酒的原料配比　单位：%

酒　名	高　粱	小　麦	玉　米	糯　米	大　米
五粮液	36	16	8	18	22
剑南春酒	40	15	5	20	20

2. 小曲酒的原料

小曲酒以大米、高粱、玉米为原料。如玉冰烧、三花酒、长乐烧等以大米为原料；四川的一些小曲酒，多以高粱或玉米为原料。

3. 麸曲酒的原料

麸曲固态发酵法白酒以高粱、高粱糠、玉米、薯干、大曲酒糟为原料。如金州曲酒及六曲香酒等以粳高粱为原料。目前以薯干为原料者甚少；多以脱胚玉米等为原料。

4. 液态发酵法白酒的原料

液态发酵法白酒以高粱搭配大麦和豌豆、玉米、酒糟、薯干等原料。用薯干者甚少。

5. 使用白酒原料的注意事项

(1) 注意原料的变动　原料要尽可能地保持相对稳定。原料变动时，应根据不同原料的特性，采用相应的菌种和工艺条件。通常在由谷物原料改用薯干时，因薯干淀粉含量高于粮谷，故入窖品温应比原来低1～2℃。一般优质酒不宜使用薯干酒母，也不能与使用有异味或霉腐原料的班组共用甑桶或贮酒容器。

(2) 注意原料的成分　应分析原料中的有用及有害成分的含量，并注意有用成分之间的比例。对有害成分，应在原料预处理、浸泡、蒸煮、蒸馏等工序设法除去。

(3) 注意原料的外观

① 对含土及杂物多的原料，应进行筛选，以免成品酒带有明显的辅料味及土腥味。

② 原料入库水分应为14％以下，以免发热霉变而使成品酒带霉、苦味及其他邪杂味。

对于产生部分霉变和结块的原料，应加强清蒸，蒸酒时须注意合理地掐头去尾，摘取酒精含量较高的原酒，并适当延长贮存期等。对于霉腐严重的原料，其成品酒的邪杂味难以根除，可采用复馏的办法使酒质得以改善。切忌使用不良原料生产名优酒。

霉变的原料中含有霉菌毒素，已知的霉菌毒素有100多种，其中致癌力最强的为黄曲霉毒素。联合国世界卫生组织和粮农组织建议在饲料中的黄曲霉毒素含量不得超过30μg/L；日本规定在食品中的限量为10μg/L。若使用含黄曲霉毒素的原料制白酒，则部分黄曲霉毒素会在蒸馏时被水蒸气带入酒中，而大部分残留在酒糟中。

(4) 注意原料的农药污染　原料中残留的六六六、滴滴涕等农药，若采取蒸煮前的浸泡等措施，可使其较少地转入酒和酒糟中。

第三节　制白酒的辅料

制白酒所用的辅料，按其作用可分为两大类。一类是利用其成分，如固态或液态发酵均使用的酒糟及液态发酵中使用的少量豌豆、大麦等；另一类则主要利用其物理特性，如稻壳等。

一、辅料的作用及要求

1. 作用

利用辅料中的某些有效成分；调剂酒醅的淀粉浓度，冲淡或提高酸度，吸收酒精，保持浆水；使酒醅具有适当的疏松度和含氧量，并增加界面作用，使蒸馏和发酵顺利进行；有利于酒醅的正常升温。

2. 对辅料的要求

辅料要求杂质较少、新鲜、无霉变；具有一定的疏松度及吸水能力；或含有某些有效成分；少含果胶、多缩戊糖等成分。

二、各种辅料的成分及特性

1. 辅料的理化性质

各种辅料的理化性质，如表2－2－18所示。

表 2-2-18　各种辅料的理化性质比较　单位：%

名称	水分	淀粉		果胶	多缩戊糖	松紧度	吸水量
		粗淀粉	纯淀粉				
高粱壳	12.7	29.8	1.3	—	15.8	13.8	135
玉米芯	12.4	31.4	2.3	1.68	23.5	16.7	360
谷糠	10.3	38.5	3.8	1.07	12.3	14.8	230
稻壳	12.7	—	—	0.46	16.9	12.9	120
花生皮	11.9	—	—	2.10	17.0	14.5	250
鲜酒糟	63	8～10	0.2～1.5	1.83	6.0	—	—

续表

名　称	水分	淀　粉		果　胶	多缩戊糖	松紧度	吸水量
		粗淀粉	纯淀粉				
玉米皮	12.2	40～48	8～28	——	——	15.6	——
高粱糠	12.4	38～62	20～35	——	——	13.2	320
甘薯蔓	12.7	——	——	5.81	11.9	25.7	335

白酒厂多以稻壳、谷糠、酒糟为辅料；花生壳、玉米芯、高粱壳、甘薯蔓、稻草、麦秆等用者较少。因为玉米芯等含有多量的多缩戊糖，在发酵过程中会产生较多的糠醛，使酒梢呈焦苦味；高粱壳的单宁含量较高，能抑制酵母的发酵；甘薯蔓含果胶质较多，经曲中黑曲霉等分泌的果胶酶作用后，会生成多量的甲醇。

2. 辅料的特性比较

(1) 稻壳　又名稻皮、砻糠、谷壳，是稻米谷粒的外壳。一般使用2～4瓣的粗壳；不用细壳，因细壳中含大米的皮较多，故脂肪含量高，疏松度也较低。稻壳因质地坚硬、吸水性差，故使用效果及酒糟质量不及谷糠。但经粉碎适度的稻壳的吸水能力增强，可避免淋浆现象。又因价廉易得，故被广泛用作酒醅发酵和蒸馏的填充料。但稻壳含有多量的多缩戊糖及果胶质，在生产过程中会生成糠醛和甲醇，故需在使用前清蒸30min。

(2) 谷糠　是小米或黍米的外壳，不是稻壳碾米后的细糠。制白酒所用的是粗谷糠。其用量较少而使发酵界面较大。故在小米产区多以它为优质白酒的辅料；也可与稻壳混用。使用经清蒸的粗谷糠制大曲酒，可赋予成品酒特有的醇香和糟香；若用作麸曲白酒的辅料，则也是辅料之上乘，成品酒较纯净。细谷糠为小米的糠皮，因其脂肪含量较高，疏松度也较低，故不宜用作辅料。

(3) 高粱壳　指高粱籽粒的外壳。其吸水性能较差。故使用高粱壳或稻壳作辅料时，醅的入窖水分稍低于使用其他辅料的酒醅。高粱壳虽含单宁量较高，但对酒质无明显的不良影响。故西凤酒及六曲香酒等均以新鲜的高粱壳为辅料。

(4) 玉米芯　指玉米穗轴的粉碎物，粉碎度越大，吸水量越大。但多缩戊糖含量较多，故对酒质不利。

(5) 其他辅料　高粱糠及玉米皮，既可制曲，又可作为制酒的辅料。花生壳、禾谷类秸秆的粉碎物、干酒糟等，在用作制酒辅料时，须进行清蒸排杂。使用甘薯蔓作辅料的成品酒质量较差；麦秆能导致酒醅发酵升温猛、升酸高；荞麦皮含有紫芸苷，会影响发酵；以花生皮作辅料，成品酒甲醇含量较高。

三、辅料的使用原则

1. 辅料的用量

辅料的用量与出酒率及成品酒的质量密切相关，因季节、原辅料的粉碎度和淀粉含量、酒醅酸度和粘度等不同而异。通常，优质粮谷及薯干原料的辅料用量为20%～25%。在一定的范围内，辅料用量大，加水量也相应增加，故产酒较多；但若辅料用量过多，则相对地降低了设备利用率，还会增加成品酒的辅料味。故辅料用量须严格控制。通常以辅料对投粮的比表示辅料用量，习惯上称为粮糠比，实际应为糠粮比。辅料的用量范围：优质大曲白酒一般为25%以下，茅台酒的辅料用量极少，清香型及浓香型大曲酒辅料用量分别为22.5%以下和15%以下；一般手工操作的麸曲白酒的辅料用量为25%～30%，发酵期较短的麸曲白酒，辅料用量为25%以下，优质麸曲白酒的辅料用量不超过20%。合理调整辅料用量的原则如下：

(1) 按季节调整辅料用量　随气温变化酌情增减，冬季应适当多用些，以利于酒醅升温而提高出酒率。有的厂在夏天为降低酒醅的入池酸度，不加控制地加大辅料用量，其结果使酒醅升温迅猛，品温顶点很高。如此降低入池酸度，却更增高了出池酸度，形成恶性循环。

(2) 按底醅升温情况调整辅料用量　因辅料有助于酒醅的升温，故发酵升温快、顶火温度高的底醅可适当少用辅料。每次增减辅料用量时，应相应地补足或减少量水，以保持原来的入池水分标准。

(3) 按上排的底醅酸度及淀粉浓度调整辅料用量　只有在上排底醅升温慢而酸度低且淀粉含量高的情况下，才可适当加大辅料用量。当上排底醅酸度高及淀粉浓度大时，应适量退出底醅，并坚持低温入池的原则，待再下一排时补足原有的底醅量，仍以低温入池。当出池底醅酸度较低、淀粉浓度也较低时，也应适量退出底醅，或适当提高入池温度。

(4) 尽可能地少用辅料　在出酒率正常时，不允许擅自增加辅料用量。作为酿酒技师，应真正懂得调整底醅用量的理由和具体方法。例如在班组加大投粮量时，可相应地扩大底醅用量，以保持原来的粮醅比；在班组减少投料量时，应缩减底醅量，或稍扩大粮醅比；在压排或相应延长发酵时，也不要增加辅料用量，而应相应地增加底醅用量，扩大粮醅比，或采取降低入池品温的措施。

2. 相应的工艺

为了防止辅料的邪杂味带入酒内，应将辅料清蒸排杂，这在清香型白酒生产中尤为重要。对混蒸续楂的出池酒醅，应先拌入粮粉，再拌入辅料，不得将粮粉与辅料同时拌入，或把粮粉与辅料先行拌和。清蒸清楂或清蒸续楂的出池酒醅，可直接与辅料拌和。

第四节　白酒原辅料的选购、贮存、输送、处理及配比

一、原辅料的选购、贮存

1. 原辅料的选购

要注意就地取材，并考虑原辅料对酒质的影响及酒糟的饲用价值。有的厂采购的原辅料，含土及其他夹杂物，或含水量过高且有霉变、结块现象，并带有大量杂菌，污染酒醅后使酒呈严重的邪杂味。对质量不合格的原辅料，应进行必要的筛选和处理，并注意酒醅的低温入池，以控制杂菌生酸过多。

2. 原辅料的贮存

白酒制曲、制酒母及制酒的多品种原料，应分别入贮库。入库前，要求含水分在14%以下，已晒干或风干的粮谷入库前应降温、清杂。粮粒要无虫蛀及霉变。高粱等粒状原料，一

般采用散粒入仓;稻谷、小米、黍米等带壳贮存,临用前再脱壳;麦粉、麸皮等粉状物料,以麻包贮放为好。辅料要妥善地保持一定数量的储备,但不应露天任其风吹雨淋。

二、原辅料的输送、除杂、粉碎

1.原辅料的输送

原辅料的出入仓及粉碎、供料过程,均需进行物料输送。通常采用气流输送和机械输送两种方式。具体设备可参见本书第四篇。

2. 原料的除杂

白酒厂通常采用振动筛去除原料中的杂物,用吸式去石机除石,用永磁滚筒除铁。

3. 原料的粉碎

白酒原料的粉碎,采用锤式粉碎机、辊式粉碎机及万能磨碎机。粉碎方法有湿式粉碎及干式粉碎两种。

(1) 制曲原料的粉碎

① 制大曲原料的粉碎:总的要求将小麦粉碎成烂心不烂皮的梅花瓣。但各种大曲原料的粉碎要求有所不同。

1) 酱香型大曲酒大曲原料的粉碎要求:例如茅台酒大曲用的小麦加5%～10%的水用钢磨粉碎成麦皮为薄片;麦心部分粉碎成细粉,无大颗粒的粗麦粉。能通过20目筛孔的细粉占40%～50%;未通过20目筛孔的粗粒及麦皮占50%～60%。郎酒大曲用的小麦粉碎成2～3mm。

2) 浓香型大曲酒大曲原料的粉碎要求:例如五粮液大曲的原料粉碎成能通过20目筛孔的细粉占30%～35%;洋河曲料粉碎成能通过40目者占50%。古井贡酒的曲料粉碎成粗粉占60%左右。

3) 清香型大曲酒曲料的粉碎要求:例如汾酒的曲料粉碎成能通过20目筛孔的细粉,冬天占20%,夏天占30%;通不过的粗粉冬季占80%,夏季占70%。

4) 其他香型大曲酒曲料的粉碎要求:例如白云边酒曲料粉碎至能通过20目筛孔者占27%～30%;通过40目筛孔者为15%～20%;通过60目筛孔者为10%～15%。

② 小曲原料的粉碎要求:例如四川邛崃米曲饼的曲料碾至不能通过1mm筛孔的粗粉占30%,通过1mm筛孔而不能通过0.5mm筛孔者占40%;通过0.5mm筛孔的细粉占30%。无药糠曲的统糠不刺手,米粉能通过20目筛孔。

(2) 制酒原料的粉碎

① 大曲酒原料的粉碎要求:

1) 茅台酒原料的粉碎要求:下沙高粱整粒占80%,碎粒占20%;糙沙高粱整粒占70%,碎粒占30%。

2) 泸州大曲酒高粱的粉碎要求:破碎成4～6瓣。一般能通过40目的筛孔,其中粗粉占50%。

3) 五粮液原料的粉碎要求:高粱、大米、糯米、小麦均粉碎成4、6、8瓣,成鱼籽状,无整粒混入;玉米粉碎成颗粒,大小相当于上述4种原料,无大于1/4粒者混入;五粮粉混合后能通过20目筛孔的细粉不超过20%。

4) 洋河大曲酒原料的粉碎要求：高粱粉破为4～6瓣。对坚硬的黑壳高粱，可适当破碎得细些。

5) 汾酒原料的粉碎要求：高粱破碎成4～8瓣。其中通过1.2mm筛孔的细粉占25%～35%；粗粉占65%～75%；整粒高粱不超过0.3%。按气候调节原料粉碎细度，冬季稍细，夏季稍粗。

6) 西凤酒原料粉碎要求：高粱破碎为8～10瓣。通过1mm筛孔者为55%～69%；整粒为0.5%以下。

7) 口子酒原料的粉碎要求：高粱粉碎成6～8瓣，无整粒。能通过40目筛孔者不超过20%。

② 小曲酒原料的粉碎要求：大米、玉米、高粱均为整粒。

③ 麸曲固态发酵法白酒原料的粉碎要求：清蒸清烧法薯干、玉米、高粱用锤式粉碎机粉碎成能通过直径为1.5～2.5mm的筛孔；清蒸混入老五甑法薯干、玉米、高粱粉碎至60%以上能通过20目筛孔，取通过20目者用于三楂及酒母，其余用于大楂和二楂。

④ 液态发酵法白酒原料玉米，粉碎至能通过40目筛孔者90%以上。

(3) 大曲的粉碎　大曲的粉碎以细为好。但各种大曲酒的大曲的粉碎度也有差异。例如茅台酒大曲先用锤式粉碎机粉碎，再用钢磨磨成粉，能通过20目筛孔者占80%以上。泸州大曲酒的大曲粉碎至能通过20目筛孔者占70%，其余能通过0.5cm筛孔。西凤酒的大曲粉碎至能通过1mm筛孔者占35%～40%。口子酒的大曲粉碎至能通过40目筛孔的不超过20%，最大颗粒不超过3mm。汾酒大曲用于头楂的曲稍粗，要求粉碎至大者如豌豆，小者如绿豆，能通过1.2mm筛孔的细粉不超过55%；二楂用曲稍细，要求大者如绿豆，小者如小米粒，能通过1.2mm筛孔的细粉为70%～75%。

三、白酒的粮曲比、粮醅比、糠粮比

1. 白酒的用曲量

各种白酒的用曲量差别较大，分述如下：

(1) 大曲酒用曲量例　茅台酒用曲量为原料的110%；洋河大曲酒的用曲量为投料量的10%～15%；汾酒用曲量为原料的9%～11%。

(2) 小曲酒的用曲量　一般小于原料量的1%。

(3) 麸曲白酒的用曲量　例如将黑曲和白曲等混合使用，则生产酱香型白酒时，用曲量为投料量的100%；生产清香型白酒时，用曲量为12%左右，生产其他香型白酒时，用曲量不高于20%。一般麸曲的用量为原料量的8%～25%。

(4) 液态发酵法白酒的用曲量　一般为原料量的11%～15%。

2. 白酒的粮醅比

大曲酒及麸曲酒的粮醅比通常为1∶(4～5)；小曲酒为1∶(2～3)。举例如下。

泸州大曲酒的粮醅比为1∶(4～5)；洋河大曲酒的大楂新粮∶底醅＝1∶(4～5)；五粮液的粮醅比，冬季为1∶4.5，夏季为1∶(5～5.5)。汾酒大楂不配糟。

以整粒玉米或高粱为原料的小曲酒，冬季粮醅比为1∶4，夏季为1∶5.5。董酒的粮醅比为1∶(2.3～2.5)。

麸曲酒以高粱或薯干为原料时，粮醅比冬季为1∶(4～5)，夏季为1∶(5～6.5)。

3. 白酒生产的糠粮比

例如茅台酒辅料用量极少，仅在第4轮取酒后加少量稻壳。五粮液的糠粮比为23%～27%。泸州大曲酒的稻壳用量为17%～22%。汾酒大楂酒醅加辅料量为22.5%。

麸曲酒的糠粮比在25%以下，一般为20%。

第三章 白酒生产用水

白酒生产用水是指在白酒生产过程中各种用水的总称，包括酿造用水及锅炉用水、冷却用水和洗涤用水等非酿造用的生产用水。就广义而言，厂内花草树木的浇灌用水等，均可列为生产用水。

第一节 水 源

一、水源的种类及其特性

水源的种类，如图2-3-1所示。

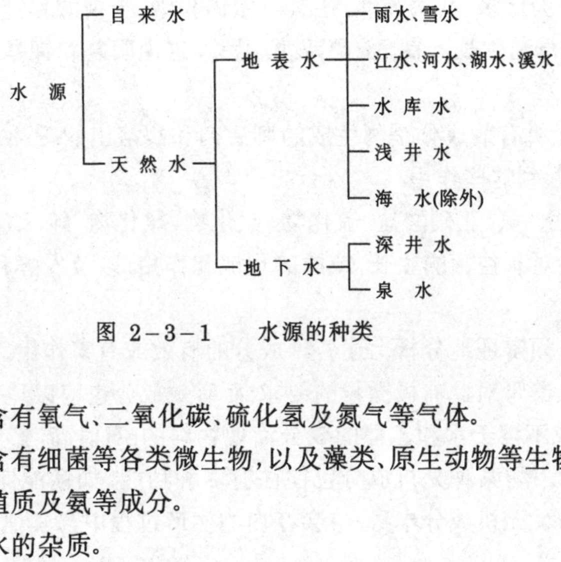

图 2-3-1 水源的种类

1. 天然水的组分

(1) 气体 天然水含有氧气、二氧化碳、硫化氢及氮气等气体。

(2) 生物 天然水含有细菌等各类微生物，以及藻类、原生动物等生物。

(3) 有机物 如腐殖质及氨等成分。

(4) 泥沙等不溶于水的杂质。

(5) 盐类

① 硬度：水的硬度是指溶解在水中的碱金属盐的总和，而其中钙盐和镁盐是硬度指标的基础。我国水的硬度曾采用德国硬度(°d)表示，即1L水中含有相当于10mg氧化钙的钙、镁离子称为1°d。现使用的硬度单位为mmol/L，1mmol/L＝2.804°d。一般分为6个等级：硬度0～1.427mmol/L(0～4°d)的水为最软水；硬度1.462～2.853mmol/L(4.1～8.0°d)的水为软水；硬度2.889～4.280mmol/L(8.1～12°d)的水为中等硬水；硬度4.315～6.420mmol/L(12.1～18°d)的水为较硬水；硬度6.455～10.699mmol/L(18.1～30°d)的水为硬水；硬度10.699mmol/L(30°d)以上的水为很硬水。

② 无机成分的作用：水中的无机成分有几十种，除表2－3－1所列之外，还有铜、硼、镉、钴、铬、锗、镍、铅、锌、锡、锶等微量存在。它们可分为有效和有害两类，在白酒整个生产过程中起各种作用。

表 2-3-1　水中无机成分的作用

名称	作用	在水中的状态
钾	霉菌和酵母菌生长及酯(醪)发酵所必需，酵母菌增殖必要量为156mg/L	氯化钾、硫酸钾、碳酸钾
钠	酵母菌不特需，但当钾不足时能起替代作用	氯化钠、硫酸钠
钙	促进曲中酶的产生和溶出	碳酸钙、硫酸钙
镁	微生物生长及发酵所必需	氯化镁、碳酸镁
磷酸	酵母菌增殖约需30mg/L，发酵约需15mg/L	水中含量少，可以酸性磷酸钾补给
氯	糖化酶自曲中溶出所必需	天然水中含量少，与多种阳离子结合
碳酸	使水具有缓冲能力	游离型或与钙等结合呈结合型
铁	会给白酒带来铁腥味	$Fe(HCO_3)_2$为多
硫	硫化氢等有特异臭	硫酸根或硫化氢
硅酸	使锅炉结垢，使窖泥板结	离子状等多态

1) 有效作用：主要反映于以下两方面。

磷、钾等无机有效成分是微生物生长的养分及发酵的促进剂。在霉菌及酵母菌的灰分中，以磷酸和钾为最多，其次为镁，还有少量钙和钠。当磷酸和钾不足时，则曲霉生长迟缓，曲温上升慢；酵母菌生长不良；酯(醪)发酵迟钝。这说明磷和钾是酿造水中最重要的两种成分。

钙、镁等无机有效成分是酶生成的刺激剂和酶溶出的缓冲剂。如前所述，无机成分中的钙和氯等均起到这些作用。

2)有害作用：氨、亚硝酸盐、硫化物、氟化物、氰化物、砷、硒、汞、镉、铬、锰、铅等，即使含量极微，也会对有益菌的生长，或酶的形成和作用，以及发酵和成品酒的质量，产生不良的影响。

应当指出，须辩证地分析上述各种成分的有效或有害作用。如有害成分中的铁、铜、锌等金属，曲霉及酵母对此有极微量的要求；而有效成分也应以适量为度，如钙、镁等过量存在，会与酸生成不溶于水和乙醇的成分而使物料的pH值高，影响曲霉和酵母菌的生长以及酶的活性和发酵；某种无机成分也往往有多种功能，如锰能促进着色，却又是乳酸菌生长所必需的元素。无机成分本身，也会在白酒生产过程中与其他物质进行离子交换而发生各种变化。

2. 天然水的感官特征

天然水的上述诸多组分，可归纳为悬浮物质、胶体物质和溶解物质三类，所反映的感官特征如下。

(1) 色度　水的色泽主要由胶质悬浮物(如硅酸盐胶体及高分子化合物的腐殖质胶体等)和溶解性物质所形成，不包括可沉淀的悬浮物质。即水的色度可分为真色和假色，水中存在悬浮物质所造成的色泽称为假色，除去这些悬浮物之后呈现的色泽称为真色。水质标准中色度不超过15度是指水的真色。纯洁的水应为无色、透明、无沉淀。江、河、湖泊、水库的水层浅时呈无色，深时似浅蓝色，但实际真色仍为无色；有色的水是受到严重污染的水，被腐殖质污染时呈浅黄色乃至棕黄色；低铁化合物含量多时水为浅蓝色，高铁化合物使水呈黄色；硫化氢被氧化后析出的硫也使水呈浅蓝色；沼泽水通常因植物的单宁与铁化合而呈灰黑色。

(2) 混浊度　混浊度由悬浮物质和胶体物质所形成的。悬浮物由不溶于水的泥土、有机物、微生物及矿物质等微粒组成。水质标准规定不超过5度，即1L水中悬浮物含量相当于白陶土5mg。天然水在略呈混浊，混浊度在5度以下时，虽无多大害处，但也应避免。

(3) 气味　水质标准规定，清洁的水，冷水或煮沸后，均应无异常的气味。水中若有藻类、有机物、硫化氢、矿物质等天然成分，或受工业废水的污染，则均会呈现异臭和异味。如水接触污泥呈泥土臭及涩味；水中藻类较多时有鱼腥气和霉味；氯化钠多时呈咸味，氯化镁、硫酸镁、硫酸钠多时呈苦味，氯化钠、氯化镁、硫酸镁的味觉阈值分别为16.5mg/L、135mg/L、250mg/L，铁盐的味觉阈值为0.15mg/L，水中含铁量在0.3mg/L以上时呈涩味。

(4) 肉眼可见物　水生物及令人厌恶的物质，通常是致病菌及病毒的载体，更不允许存在。

二、水源的选择

应选择水源充足、水质优良的地点作为厂址。

1. 地表水

地表水通常为软水，但受到不同程度的污染，含有较多的杂质，混浊度较高；其水质随季节和气温变化也较大，故一般不宜选用。

对于水质较好的河川水，应注意其水质变化状况，慎重选用。应在早上取用河川底部有砂处且流动的水，并经充分过滤后使用。

2. 地下水

地下水具有以下几个特点：一年间水温变化较小，通常比年平均气温高1～2℃；较为清洁，含有机物、悬浮物及胶体物质较少，含微生物也较少，不含水生动物和植物；水的硬度高于河川水，可溶解盐类的含量较高。

(1) 深井水　是酿制白酒的较好水源，但其硬度因地而异，应适当改良后使用。在分析井水的成分时，应待水质稳定后再取样。在酿造期前，应将井水的卵石或砂取出洗净，并向井中加入5～10g/100L的漂白粉消毒。

挖掘新井，应选择距旧井200m以外的水量充足处。

(2) 溪水和矿泉水　是首选的水源。因其硬度较低，含杂质及有害成分少，微生物含量也较少，且含有适量的无机离子。

3. 自来水

自来水以供饮用为目的，故铁、锰等含量与酿酒用水的要求不同，尤其是送水管和送水泵为普通的碳钢时，其铁量较高。

自来水中通常残留游离氯0.1mg/L以上(结合氯为0.4mg/L以上)时，呈氯臭感，但用作制曲、制酒母、醅(醪)的投料用水，会在生产过程中自行消失；若用于成品酒勾兑时，应在使用前一天用活性炭滤除氯臭。

第二节　酿造用水及非酿造用生产用水

一、生产用水的基本要求

按白酒生产过程中水的用处不同，大体上可分为以下三种。

1. 酿造用水

酿造用水或称工艺用水。凡制曲时拌料，微生物培养，制酒原料的浸泡、糊化、稀释，设备及工具的清洗，成品酒的加浆用水，因其均与原料、半成品、成品直接接触，故统称为酿造用水。

如前所述，水中所含的各种组分，均与有益微生物的生长，酶的形成和作用，以及醅或醪的发酵直至成品酒的质量，密切相关，应予以足够的重视。

2. 冷却用水

在液态发酵法或半固态发酵法白酒的生产过程中，蒸煮醪和糖化醪的冷却，发酵温度的控制，以及各类白酒蒸馏时冷凝，均需大量的冷却用水。因其不与物料直接接触，故只需温度较低，硬度适当。但若硬度过高，也会使冷却设备结垢过多而影响冷却效率。为节约用水，冷却水应尽可能予以回用。

3. 锅炉用水

锅炉用水通常要求无固形悬浮物，总硬度低；pH在25℃时高于7，含油量及溶解物等越少越好。

锅炉用水若含有砂子或污泥，则会形成沉渣而增加锅炉的排污量，并影响炉壁的传热，或堵塞管道和阀门；若含有多量的有机物质，则会引起炉水泡沫、蒸汽中夹带水分，因而影响蒸汽质量；若锅炉用水硬度过高，则会使炉壁结垢而影响传热，严重时，会使炉壁过热而凸起，引起爆炸事故。

二、白酒酿造用水的标准

1. 首先应符合我国生活饮用水的标准

如表2-3-2所示。

2. 白酒酿造用水与生活饮用水的区别

白酒酿造用水(加浆用水除外)，在下述几方面的要求应高于一般生活用水的标准。

表 2-3-2　生活用水水质标准

编　号	项　　目	标　　准
	感官性状指标	
1	色	色度不超过15度，并不得呈现其他异色
2	混浊度	不超过5度
3	臭和味	不得有异臭、异味
4	肉眼可见物	不得含有

续表

编　号	项　　目	标　　准
	化学指标	
5	pH值	6.5～8.5
6	总硬度(以CaO计)	不超过250mg/L
7	铁	不超过0.3mg/L
8	锰	不超过0.1mg/L
9	铜	不超过1.0mg/L
10	锌	不超过1.0mg/L
11	挥发酚类	不超过0.002mg/L
12	阴离子合成洗涤剂	不超过0.3mg/L
	毒理学指标	
13	氟化物	不超过1.0mg/L,适宜浓度为0.5～1.0mg/L
14	氰化物	不超过0.05mg/L
15	砷	不超过0.04mg/L
16	硒	不超过0.01mg/L
17	汞	不超过0.001mg/L
18	镉	不超过0.01mg/L
19	铬(6价)	不超过0.05mg/L
20	铅	不超过0.1mg/L
	细菌学指标	
21	细菌总数	1ml水中不超过100个
22	大肠菌群	1L水中不超过3个
23	游离余氯量	在接触30min后应不低于0.3mg/L,管网末梢水不低于0.05mg/L

(1) pH为6.8～7.2。

(2) 总硬度2.50～4.28mmol/L(7～12 °d)。

(3) 硝酸态氮0.2～0.5mg/L以下。

(4) 无细菌及大肠菌群。

(5) 游离余氯量在0.1mg/L以下。

3. 水质简易判定法

(1) 测蒸发残留物　将适量酿造用水,加于白瓷蒸发皿上,加热蒸发。若残留物呈纯白色,则表示有害成分少;残留物呈灰黄色至黄褐色,表明铁等有害成分多;若有机物含量高,则残留物为黑色。

(2) 次氯酸钠法　将内壁呈白色的500L容量的罐装满水,加入次氯酸钠5g,静置一昼夜,若产生褐色沉淀,则表明铁含量高。

(3) 测定细菌酸度

① 培养基: 酵母膏10g,蛋白胨5g,葡萄糖25g,硫酸镁0.1g,硫酸锰0.0025g,硫酸亚铁0.0025g,放线菌酮0.005g,氮化钠0.1g,蒸馏水1000ml,调pH值为6.8。将上述YAS培养基盛于烧杯中加热至沸腾后,每支无菌试管注入9.5ml,并立即加棉塞,在沸水浴中放置15min后用冷水冷却。

② 培养: 将0.5ml水样,在无菌环境下注入上述试管培养基中。再置于30℃左右的恒温箱或曲室内培养48h。

③ 滴定酸度: 准确吸取上述培养液5ml,用溴百里蓝－中性红作指示剂,以0.1mol/L

NaOH溶液滴定。其滴定值的2倍即为细菌酸度。正常水的细菌酸度在0.5ml以下;0～0.2ml为良好;1ml以上表示污染生酸菌。

三、白酒酿造用水的实例

许多名酒厂多使用井水、泉水或河水酿酒。如泸州南城有“龙泉井”,300余年前泸州老窖大曲酒第一家作坊即建于此;剑南春酒采用城西“诸葛井”酿制;汾酒、古井贡酒、西凤酒等也均使用井水;川南的郎酒采用“郎泉”酿制;洋河大曲酒使用当地的“美人泉”;茅台酒使用赤水河上游河水酿制。

有的名酒酿造用水硬度较高(见表2－3－3),但效果较好。

表 2-3-3 汾酒酿造用水(非勾兑用水)

项　目	古井亭水	老 井 水	新 井 水
色	无色透明	无色透明	无色透明
味	无味	微碱味	无味
pH	7.9	8.0	7.9
总硬度/$mmol \cdot L^{-1}$	13.41	23.32	5.20
固形物含量/$g \cdot L^{-1}$	1.420	2.760	0.630

第三节 白酒降度用水

降度用水是高度白酒勾兑用水(又称加浆)及由高度原酒制成低度白酒时稀释用水的总称。

一、降度用水的要求

降度用水是白酒酿造用水中的一个特殊组成部分,不同于一般酿造用水,对其有特定的如下要求。

① 总硬度应小于1.783mmol/L;低矿化度,总盐量少于100mg/L。因微量无机离子也是白酒的组分,故不宜用蒸馏水作为降度用水。

② NH_3含量低于0.1mg/L。

③ 铁含量低于0.1mg/L。

④ 铝含量低于0.1mg/L。

⑤ 不应有腐殖质的分解产物。将10mg高锰酸钾溶解在1L水中,若在20min内完全退色,则这种水不能作为降度用水。

⑥ 自来水应用活性炭将氯吸附,并经过滤后使用。

若降度用水的水质不符合规定要求,应予以适当处理。

二、水的净化处理方法及使用

1. 处理方法

(1) 吸附过滤曝气法

① 砂滤、炭滤、曝气法：该法适用于处理混浊及有机物含量较高的原水，作为进一步处理水的预处理。采用陶缸或水泥池，也可以瘦长形容量为400～1000L的木桶为容器，在桶底出水口上装有筛板，上垫竹席或铺一层棕垫。再依次放置小石、细砂、棕垫、木炭、粗砂、棕垫及小石，其中细砂及木炭层可相对厚一些。小石、粗砂和细砂的主要功能是滤除水中的混杂物，使水变清；木炭具有脱色、除臭的吸附作用，但时间较长则达饱和状态。小石及砂粒的污物积累多了，也会使过滤速度下降，故使用10～14天后，应将桶内物料及时取出冲洗后再使用。通常以若干桶轮换使用。正常运作时，原水经桶上方的布水器喷成细雾，再缓慢地通过上述滤层。由于水接触大量空气，使水溶性的二价铁氧化成难溶性的三价铁。若将砂子经稀盐酸处理并洗净后再用，则效果较好。

也有采用非曝气式的过滤法的，滤层也较为简单，分三层：筛板上铺放密致的编织物及白煤，厚约10cm；中层为直径10～35mm的砾石，其高度为40～50cm；上层是直径0.3～1mm的砂子，厚度为80～100cm。该法的装置分慢过滤器和快过滤器两种。前者为敞口式池子，水靠自身重力流经滤层，滤材须定期清洗；后者为密闭式池，水在一定的压力下流经滤层，由阀门节制流量，在接近筛板的上方有排污口。

② 硅藻土过滤法：硅藻土过滤器的结构可参见第四篇第二章第六节。使用时，关闭排污口和冲洗水的进口阀门，原水由进水口压入，待器内空气排尽后，关闭排气阀门，清水由出口流出。冲洗时，将原水进口、清水出口及排气口阀门均关闭，冲洗水将硅藻土管外的污泥反冲，由排污口排走。再取出棒芯，用砂纸将表面擦至恢复原色后，即可安装好，并用纯水压滤干净。若污垢严重，则应以5％H_2SO_4、2％硝酸钠、93％蒸馏水的比例配成的洗液，将棒芯浸泡12～14h后，再用清水洗净，安装好并用清水压滤至出水无酸根，即可再用。这种设备操作较为方便。

③ 活性炭吸附、过滤：活性炭表面及内部布满孔径为2～5mm的微孔，能将水中的细微胶体粒子等杂质吸附；再采用过滤法将活性炭与水分离。活性炭的用量为0.1～0.2g/100ml。

先将粉状活性炭与水混匀，并静置8～12h后，吸取上清液，经石英砂层或上置硅藻土滤层的石英砂层过滤即可。也可使用活性炭过滤器，即在过滤器底部装填0.2～0.3m厚的石英砂，再铺0.75～1.5m厚度的活性炭。原水自顶部压入，由底部出水。

吸附饱和后的活性炭再生时，先用清水、蒸汽自器底反冲，再从器底通入40℃、浓度为6～8g/100ml的NaOH溶液，其用量为活性炭体积的1.2～1.5倍。然后将原水从器顶通入，正洗至出水水质符合规定要求时，即可正常运转。一般运转周期可达3年。若经再生后的活性炭已无法恢复吸附能力，则应更新。

④ 砂滤棒过滤：

1）砂滤棒过滤器：是外壳为铝合金的密闭容器，内有固定于筛板上的几根乃至几十根砂滤棒，砂滤棒是以玻璃熔制或烧结成一端出口的棒芯。整体结构如前述的硅藻过滤器。天津过滤器厂的玻璃砂芯有106、110、111等型号；苏州前进化工厂生产的玻璃砂芯有ϕ50、ϕ75等型号。

2）操作：用饮料泵加压，工作压力为100～200kPa。运转时的操作方法同硅藻土过滤器。玻璃砂芯可在清水中洗净内、外壁，安装后再用纯水压滤干净，即可再用。

(2) 水质软化法

① 煮沸法：在适当的容器中，将暂时硬度较高的原水常压煮沸几十分钟后，形成碳酸钙自然沉淀。再采用倾析法得处理水。若在沸腾过程中不时搅拌，或通入压缩空气以强化扬波卷浪状态，则效果更好。如果原水中含重碳酸镁较多，则由于沸腾时生成碳酸镁沉淀的速度很慢，且其溶解度随水温下降而增高，故须在煮沸后即行过滤，或添加凝聚剂一并过滤。

② 加石灰软化法：该法适用于处理永久硬度低而暂时硬度2.853mmol/L(8°d)以上的水。若处理后的水各项指标已达降度用水的要求，则即可使用，否则该法仅为其他方法的前处理。

石灰能降低水的暂时硬度和其他有害成分，其反应式如下：

$$Ca(HCO_3)_2+Ca(OH)_2 \longrightarrow 2CaCO_3\downarrow+2H_2O$$

$$Mg(HCO_3)_2+Ca(OH)_2 \longrightarrow MgCO_3\downarrow+CaCO_3\downarrow+2H_2O$$

$$4Fe(HCO_3)_2+8Ca(OH)_2+O_2 \longrightarrow 4Fe(OH)_3\downarrow+8CaCO_3\downarrow+6H_2O$$

$$H_2SiO_3+Ca(OH)_2 \longrightarrow CaSiO_3+2H_2O$$

应先准确测定原水的碳酸盐含量，通常将1t水的暂时硬度降低0.35663mmol/L(1°d)需用纯CaO10g。一般工业石灰含CaO仅50%～80%。应以1m³水加石灰1kg，即配成0.1%饱和石灰乳溶液，再添加到原水中。不能将工业石灰投入原水中。具体操作为：将原水注入圆柱体锥形底的水槽中，加入计算量的已消化的石灰乳溶液。同时通压缩空气10～20min后，静置4～5h。在容器的适当部位引出处理后的水，在锥底排放沉淀物。若原水中碳酸盐含量较少时，加石灰乳不能形成大片状沉淀，则还须添加凝聚剂辅助。经石灰乳处理后的水，最好再经砂滤，去除细小颗粒。

石灰准确添加量的计算式如下：

$$m=28\ \frac{V}{w}\ (H_1+H_2+c_1+c_2)$$

式中　m——石灰加量(g)

28——CaO物质的量(mol)

V——处理水量(m^3)

w——工业石灰含CaO的量(g/100g)

H_1——原水的重碳酸钙硬度(mmol/L)

H_2——原水的重碳酸镁硬度(mmol/L)

c_1——原水的CO_2含量(mmol/L)

c_2——原水的铁含量(mmol/L)

采用该法处理后的水，硬度可降至0.357～0.891mmol/L(1～2.5°d)，有机物去除率为25%，硅酸盐含量降低30%～35%，残余铁离子含量低于0.1mg/L。

③ 石灰－纯碱法：即添加生石灰和纯碱，以降低水的永久硬度。其反应式如下：

$$CaSO_4+Na_2CO_3 \longrightarrow CaCO_3\downarrow+Na_2SO_4$$

$$CaCl_2+Na_2CO_3 \longrightarrow CaCO_3\downarrow+2NaCl$$

$$MgSO_4+Na_2CO_3 \longrightarrow MgCO_3+Na_2SO_4$$

$$MgCl_2+Na_2CO_3 \longrightarrow MgCO_3+2NaCl$$

$$MgCO_3+Ca(OH)_2 \longrightarrow CaCO_3\downarrow+Mg(OH)_2\downarrow$$

纯碱耗量m(g)为:

$$m=\frac{53\times m_1(H+c)}{w}$$

式中　m_1——软化水量(t)

53——Na_2CO_3物质的量(mol)

H——原水永久硬度(mmol/L)

c——纯碱过剩量(取1.0～1.5mmol/L)

w——工业用纯碱纯度(%)

在采用此法的同时,通常也加入凝集剂,以增强除杂效果。

④ 离子交换法:

1) 原理: 使用离子交换树脂与水中的阴阳离子进行交换反应。再以酸、碱液冲洗等再生法将离子交换树脂上的钙镁等离子洗脱后,即可继续使用。

2) 离子交换树脂及交换柱: 阳离子交换树脂分为强酸型、中性和弱酸型三类;阴离子交换树脂有强碱型、弱碱型和中碱型等多类。若只须除去钙、镁等离子,则可选用弱酸型阳离子交换树脂;若还须除去氢氰酸、硫化氢、硅酸、次氯酸等成分,则可选用弱酸型阳离子交换树脂与强碱型阴离子交换树脂联用,或强酸型阳离子交换树脂与弱碱型阴离子交换树脂联用。

离子交换柱: 有1个柱内装1种树脂或2种树脂的单元装置;也可由2个或多个柱串联使用,按水处理量及水质要求而定。一般柱体的直径相当于柱高的1/5;柱材为有机玻璃;在柱内的筛板间,填装离子交换树脂,树脂高度通常为1.2～1.8m。

3) 操作: 通常含氯量高的自来水,应先经活性炭吸附后,再从柱顶部通入,1h的出水量为树脂体积的10～20倍。树脂再生的具体过程为: 先用相当于树脂体积1.5～1.7倍的纯水进行反洗10～15min;然后用再生剂冲洗。阳离子交换树脂一般以盐酸或硫酸为再生剂;阴离子交换树脂通常以氢氧化钠为再生剂。再生剂的具体浓度、温度,以及冲洗的流速、流量及时间等条件,以再生后达到的水质要求而定。最后,再用纯水正洗,其用量为树脂体积的3～12倍。

用离子交换树脂处理得到的降度用水,不必达到无离子的水平,可按实际需要予以控制。

(3) 凝集法

① 凝集剂、pH调节剂、助凝集剂: 如表2－3－4所示。此外,凝集剂还有硫酸铁及明矾等。明矾的分子式为$Al_2(SO_4)_3\cdot K_2SO_4\cdot 24H_2O$,工业上处理水时,通常使用硫酸铝,因其含铝量多于明矾。氧化铝酸钠又名偏铝酸钠,硫酸亚铁又名绿矾,其水溶液呈酸性,有较强的腐蚀作用,但因其来源充足,生成的凝絮比$Al(OH)_3$大,温度的影响也小,故应用者仍较多。但因其生成的$Fe(OH)_2$溶解度较大,故凝集效果较差。

② 作用原理: 所谓凝集作用,即向水中加入具有凝集能力的试剂,会使微小颗粒凝

表 2-3-4 凝集剂等的种类

凝集剂	pH调节剂	助凝集剂
硫酸铝	消石灰	藻酸钠
聚氧化铝	碳酸钠	活性硫酸钠
氧化铝酸钠	氢氧化钠	羧甲基纤维素钠
硫酸亚铁	——	氢氧化淀粉
氯化铁	——	——

集，这属于胶体化学反应：一是凝集剂本身发生水解形成胶体和凝集；二是水中杂质以中和、吸附及过滤等作用参与上述反应，共同形成大颗粒而得以沉降。例如：

1) 硫酸铝：投入水中后，发生如下反应：

$$Al_2(SO_4)_3+6H_2O=\!=2Al(OH)_3+6H^++3SO_4^{2-}$$

$$\text{或}Al_2(SO_4)_3\cdot 18H_2O+3Ca(HCO_3)_2\longrightarrow 2Al(OH)_3+3CaSO_4+6CO_2+18H_2O$$

氢氧化铝溶解度极小，似胶体状态从水中析出，在近乎中性的天然水中，氢氧化铝带正电荷，而天然水中的自然胶体多带负电荷，两者起电性中和作用；同时，氢氧化铝也可吸附水中的悬浮物，因而生成由氢氧化铝胶体等相互结成的长链，搭成架桥，组成许多网眼的絮状物，通称为凝絮或矾花，在其沉降过程中，这一张张过滤网将悬浮物带走。$Al_2(SO_4)_3$的用量为：1L水添加20～100mg。

其他铝盐的反应同上。使用聚氯化铝，其絮状物形成较好；氯化铝酸钠为碱性液体，使用时碱度较高，必要时可适量加酸。

2) 硫酸亚铁：添加硫酸亚铁的反应式如下：

$$FeSO_4\cdot 7H_2O+Ca(HCO_3)_2\longrightarrow Fe(HCO_3)_2+CaSO_4+7H_2O$$

$$Fe(HCO_3)_2+2Ca(OH)_2\longrightarrow Fe(OH)_2+2CaCO_3+2H_2O$$

$$FeSO_4+Ca(OH)_2\longrightarrow Fe(OH)_2+CaSO_4\downarrow$$

硫酸亚铁凝集作用的pH须在10以上，可用消石灰或氢氧化钠调pH，并同时进行软化处理。由上述反应式产生的氢氧化亚铁经曝气或添加氯而氧化时，可生成氢氧化铁。当pH为4以上时，氢氧化铁的溶解度很低，但因除锰和软化处理在同时进行，故实际操作中，凝集作用的pH应掌握在8.5～11范围内。

若用氧化铁作凝集剂，则生成氢氧化铁的速度与上述相同。

以铁盐为凝集剂，絮状物的沉降速度快于硫酸铝，可有效地去除混浊物质、着色成分及有机物。但由凝集剂生成的硫酸根和氯离子，以及因调pH而产生的钙或钠离子会有所增加，故水中的蒸发残留物也增多。

除上述3类9法外，还有很多水处理法适于制取降度用水。如加酸法、加石膏法降低水的硬度；电渗析法、反渗透法去除水中的各种盐类。但后2法投资较大，耗电量也较高，一般中、小型白酒厂难以采用。

2. 水处理法的选择和组合

可以说，上述的水处理法，无一是完美的。如煮沸法能耗较高，效果也不甚理想；单用铝盐净水法，处理后的水涩味较重，不宜降度；有些方法只能作为其他方法的预处理，等等。因此，按原水的水质，往往须进行如下的综合处理：

(1) 自来水→活性炭吸附→硅藻土吸附→绒布过滤或砂滤棒过滤→杀菌→使用。在水质净化器中，底层筛板上铺置绒布，上放硅藻土，再上层为活性炭，硅藻土和活性炭以筛板相隔。水为上进下出，以流动式操作。

(2) 原水→混合池→絮凝池→沉淀池→砂滤池→清水池→闸阀控制室→使用。在混合池中加入试剂;在絮凝池中搅拌，形成絮凝物，再流入沉淀池;砂滤池的下层为卵石，上层为直径0.25～0.35mm的砂粒，砂粒也可用陶粒和烟煤替代，砂石层厚度约1.2m。

(3) 自来水→活性炭过滤→绒布或砂棒过滤→离子交换树脂处理→紫外线杀菌(酌情而定)→使用。

(4) 自来水→活性炭吸附→用阴、阳两种离子交换树脂串联处理→使用。

(5) 井水→加明矾→曝气、砂滤→加漂白粉杀菌→活性炭柱→离子交换树脂→净水。

(6) 深井水→喷入贮器，氧化72h，其间搅拌2～3次→砂滤棒过滤→净水。

(7) 除铁、除锰 铁和锰有金属味，且能呈色和生成沉淀物。其去除法如下:

① 除铁: 铁在井水中多以重碳酸亚铁形式存在，或与腐殖质结合;江河水中的铁，多以氧化铁形式存在，亚铁盐甚多。如前所述，亚铁盐可经曝气或用氯氧化成氢氧化铁后，使之凝集并过滤而除去。氧化作用须在pH7以上的条件下进行。1mg铁理论上需氧0.14mg，或需氯0.63mg。但因水中含有机物及还原性成分，故应以实际耗氧量而计。水中若含氨态氮，则氧化时需消耗多量氯。

② 除锰: 锰多与铁并存，多以重碳酸锰及硫酸锰等形式存在。如除铁一样先进行氧化，以除去不溶性的二氧化锰。用空气氧化时pH须在10以上;用氯氧化的pH为9以上。上述反应在与锰氧化物共存时，锰氧化物则为触媒，即使pH较低，也可促进氧化。其反应式为:

$$Mn(HCO_3)_2 + MnO_2 \cdot 2H_2O + Cl_2 \longrightarrow 2MnO_2 \cdot H_2O + 2HCl + 2CO_2$$

据此原理，可使用盖有锰氧化物的滤材，进行接触过滤，以除去微量的锰。1mg的锰，理论需氯量为1.29mg，但也应考虑到其他还原性物质的存在。在水中含铁量多时，应先除铁后再采用本法除锰。

第四章 大曲酒生产工艺

第一节 大曲酒生产工艺概要

以高粱为原料，大曲为糖化发酵剂的大曲酒，是千百年来我国独特的传统生产工艺的一种产品。以往盛产于我国北方地区。自1963年由轻工业部组织全国部分省、市的技术人员对茅台酒、汾酒的生产工艺进行科学总结以来，随着科技的进步，人们从分析、微生物及酿酒工艺等方面，对产品质量的研究日益深化，发现不同的生产工艺，其产品香味风格截然不同。至今已发掘出的有清香、浓香、酱香、米香、凤香及其他香六大香型，在其他香中有兼香、药香、豉香、特型及芝麻香5个类别。其中属大曲酒的有6种。这在世界各种蒸馏酒中品种是最多的。

白酒作为一种含酒精的饮料嗜好品，具有鲜明的民族性、地区性及习惯性。脍人口味的各种香型酒的生产地区分布中心也不同。一般清香型酒以山西省及华北、东北、西北地区为主；浓香型酒以四川省及华东地区为多；酱香及药香型酒主要在贵州省；凤香型酒以陕西省为主；豉香型酒产于广东省珠江三角洲；米香型酒主产地为广西壮族自治区；特型酒产于江西省；兼香型酒产于湖北、黑龙江省；芝麻香型酒产于江苏、山东省。各种香型酒质量上乘的代表产品绝大部分均先后被评为国家名、优质酒。本章将就以大曲为糖化发酵剂的各种香型酒的酿酒工艺分别予以叙述。

第二节 浓香型大曲酒生产工艺

一、浓香型大曲酒生产的基本特点

1. 基本特点

浓香型大曲酒，是大曲酒中的一朵奇葩。自全国第一届评酒会后，把泸州老窖作为浓香型大曲酒的典型代表，因此，在酿酒界又称浓香型大曲酒为泸型酒。该酒窖香浓郁，绵软甘洌，香味协调，尾净余长。这体现了整个浓香型大曲酒的酒体特征。

浓香型大曲酒酿造的基本特点，可归纳为几句话，即以高粱为制酒原料，优质小麦或大麦、小麦、豌豆混合配料，培制中、高温曲，泥窖固态发酵，采用续糟(或糙)配料，混蒸混烧，量质摘酒，原度酒贮存，精心勾兑。

最能体现浓香型大曲酒酿造工艺特点的，而有别于其他诸种香型白酒工艺特点的三句话则是“泥窖固态发酵，采用续糟(或糙)配料，混蒸混烧”。现作如下简要阐述。

泥窖，用泥料制作的窖池。窖池与缸、桶功能一样，是一种发酵设备，仅作为蓄积糟醅进行发酵的容器。但浓香型大曲酒的各种呈香呈味的香味成分多与泥窖有关。故泥窖固态发酵是其酿造工艺特点之一。

在各种类型、不同香型的大曲酒生产中，配料方法不尽相同，而浓香型大曲酒生产在工艺上，则采取续糟配料。所谓续糟配料，就是在原出窖糟醅中，按每一甑投入一定数量的酿酒原料高粱与一定数量的填充辅料糠壳，拌和均匀进行蒸煮。每轮发酵结束，均如此操作。这样，一个窖池的发酵糟醅，连续不断，周而复始，一边添入新料，同时排出部分旧料。如此循环不断使用的糟醅，在浓香型大曲酒生产中人们又称它为“万年糟”。这样的配料方法，又是其特点之二。

所谓混蒸混烧，是指在将要进行蒸馏取酒的糟醅中按比例加入原料、辅料，通过人工操作上甑将物料装入甑桶，调整好火力，做到首先缓火蒸馏取酒，然后加大火力进一步糊化高粱原料。在同一蒸馏甑桶内，采取先以取酒为主，后以蒸粮为主的工艺方法，这是浓香型大曲酒酿造的工艺特点之三。

在生产操作过程中，人们十分重视匀、透、适、稳、准、细、净、低。

匀，指在操作上，拌和糟醅，物料上甑，泼打量水，摊晾下曲，入窖温度等均要做到均匀一致。

透，指在润粮过程中，原料高粱要充分吸水润透；高粱在蒸煮糊化过程中要熟透。

适，则指糠壳用量、水分、酸度、淀粉浓度、大曲加量等入窖条件，都要做到适宜于与酿酒有关的各种微生物的正常繁殖生长，这才有利于糖化、发酵。

稳，指入窖、转排配料要稳当，切忌大起大落。

准，指挖糟、配料、打量水、看温度、加大曲等在计量上要准确。

细，凡各种酿酒操作及设备使用等，一定要细致而不粗心。

净，指酿酒生产场地、各种工用器具、设备乃至于糟醅、原料、辅料、大曲、生产用水都要清洁干净。

低，则指填充辅料、量水尽量低限使用；入窖糟醅，尽量做到低温入窖，缓慢发酵。

2. 发酵过程中，发酵段的划分

浓香型大曲酒生产从酿酒原料淀粉等物质到乙醇等成分的生成，均是在多种微生物的共同参与、作用下，经过极其复杂的糖化、发酵过程而完成的。依据淀粉成糖，糖成酒的基本原理，以及固态法酿造特点可把整个糖化发酵过程划分为三个阶段。

第一阶段：主发酵期

当摊晾下曲的糟醅进入窖池密封后，直到乙醇生成的过程，这一阶段为主发酵期。它包括糖化与酒精发酵两个过程。

密封后的窖池，尽管隔绝了空气，但霉菌可利用糟醅颗粒间形成的缝隙所蕴藏的稀薄空气进行有氧呼吸，而淀粉酶将可溶性淀粉转化生成葡萄糖。

这一阶段是糖化阶段。而在有氧的条件下，大量的酵母菌进行菌体繁殖，当霉菌等把窖内氧气消耗完了以后，整个窖池呈无氧状态，此时酵母菌进行酒精发酵。

酵母菌分泌出的酒化酶对糖进行酒精发酵。

固态法白酒生产，糖化、发酵不是截然分开的，而是边糖化边发酵。因此，边糖化，边发酵是主发酵期的基本特征。

在封窖后的几天内，由于好气性微生物的有氧呼吸，产生大量的二氧化碳，同时糟醅逐渐升温，温度应缓慢上升。当窖内氧气完全耗尽时，窖内糟醅在无氧条件下进行酒精发酵，窖内温度逐渐升至最高，而且能稳定一段时间后，再开始缓慢下降。

第二阶段：生酸期

在这个阶段内，窖内糟醅经过复杂的生物化学等变化，除生成酒精、糖的大量生成外，还会产生大量的有机酸。在窖内产生大量的有机酸，主要是乙酸和乳酸，也有己酸、丁酸等其他有机酸。

在窖内除了霉菌、酵母菌外，还有细菌，细菌代谢活动是窖内酸类物质生成的主要途径。由醋酸菌作用将葡萄糖发酵生成醋酸，也可以由酵母酒精发酵支路生成醋酸。乳酸菌可将葡萄糖发酵生成乳酸。糖源是窖内生酸的主要基质。酒精经醋酸菌氧化也能生成醋酸。

糟醅在发酵过程中，酸的种类与酸的生成途径也是较多的。

总之，固态法白酒生产属开放式，在生产中自然接种大量的微生物，它们在糖化发酵过程中自然会生成大量的酸类物质。酸类物质在白酒中既是呈香呈味物质，又是酯类物质生成的前驱物质，即“无酸不成酯”，一定含量的酸类物质是体现酒质优劣的标志。

第三阶段：产香味期

经过20多天，酒精发酵基本完成，同时产生有机酸，酸含量随着发酵时间的延长而增加。从这一时间算起直到开窖止，这一段时间内是发酵过程中的产酯期，也是香味物质逐渐生成的时期。

糟醅中所含的香味成分是极多的，作为浓香型大曲酒的呈香呈味物是酯类物质，酯类物质生成的多少，对产品质量有极大影响。在酯化期，酯类物质的生成主要是生化反应。在这个阶段，由微生物细胞中所含酯酶的催化作用而使酯类物质生成，化学反应的酸、醇作用生成酯，速度是非常缓慢的。在酯化期，都要消耗大量的醇和酸。

在酯化期除了大量生成己酸乙酯、乙酸乙酯、乳酸乙酯、丁酸乙酯等酯类物质外，同时伴随生成另外一些香味物质，但酯的生成是其主要特征。

用下列图示可表示浓香型大曲酒的三个不同发酵段：

主发酵期 →	生酸期 →	产香味期
淀粉→糖→酒精(边糖化，边发酵)，温度缓慢上升，产生二氧化碳	乳酸、醋酸大量生成；温度稳定	酯类生成，尤其是己酸乙酯、乙酸乙酯、乳酸乙酯、丁酸乙酯的生成以及芳香族化合物等的产生；温度下降，达到稳定

二、生产工艺的基本类型

(一) 工艺类型

以四川省为代表产的浓香型大曲酒是我国特有的传统产品之一，历史久远，风格独特，在国内外享有盛名。在工艺上，有其自已的特点，但在具体操作上，又大致可分为三大类：以四川酒为代表的原窖法工艺类型，跑窖法工艺类型，以苏、鲁、皖、豫一带为代表的老五甑法工艺类型。现对上述三种工艺类型分述如下。

1. 原窖法工艺

原窖法工艺，又称原窖分层堆糟法。采用该工艺类型生产浓香型大曲酒的厂家，著名的有泸州老窖、成都全兴大曲酒等。

所谓原窖分层堆糟，原窖就是指本窖的发酵糟醅经过加原、辅料后，再经蒸煮糊化、打量水，摊晾下曲后仍然放回到原来的窖池内密封发酵。窖内糟醅发酵完毕，在出窖时，窖内糟醅必须分层次进行堆放，不能乱堆。一个窖内的糟醅分为上、中、下三个层次，实践证明下层糟醅最优，中层次之，上层较差。万年糟的使用应依照留优去劣的原则，如果不进行分层堆糟，就达不到这个原则要求。

具体做法是，开窖后首先去掉覆盖于窖面上的丢糟，依次将母糟运至堆糟坝，堆放面积一般为15～25m^2，高1.5m左右。在全窖糟醅取出约3/5时，要滴黄水数小时，然后再取运，按层次堆放，最后将剩余部分全部取运完。这样按层次取运和堆放糟醅的操作，使堆糟坝堆放的糟醅与窖内原有的糟醅位置恰恰相反。

一个窖的糟取运完毕后，又开始该窖的又一轮生产。在配料使用糟醅时，则首先使用的是底部的下层糟醅，最后不加原料的红糟则使用的是上层糟醅。全窖糟醅依然放入原窖进行密封发酵。

以上所述的方法，就叫做"原窖分层堆糟"法。其工艺特点为：糟醅分层堆放，除底糟、面糟外，各层糟混合使用、蒸馏。摊晾下曲后的糟醅仍然回入原窖进行发酵。

原窖分层堆法，其具体操作工艺流程，如图2－4－1所示。

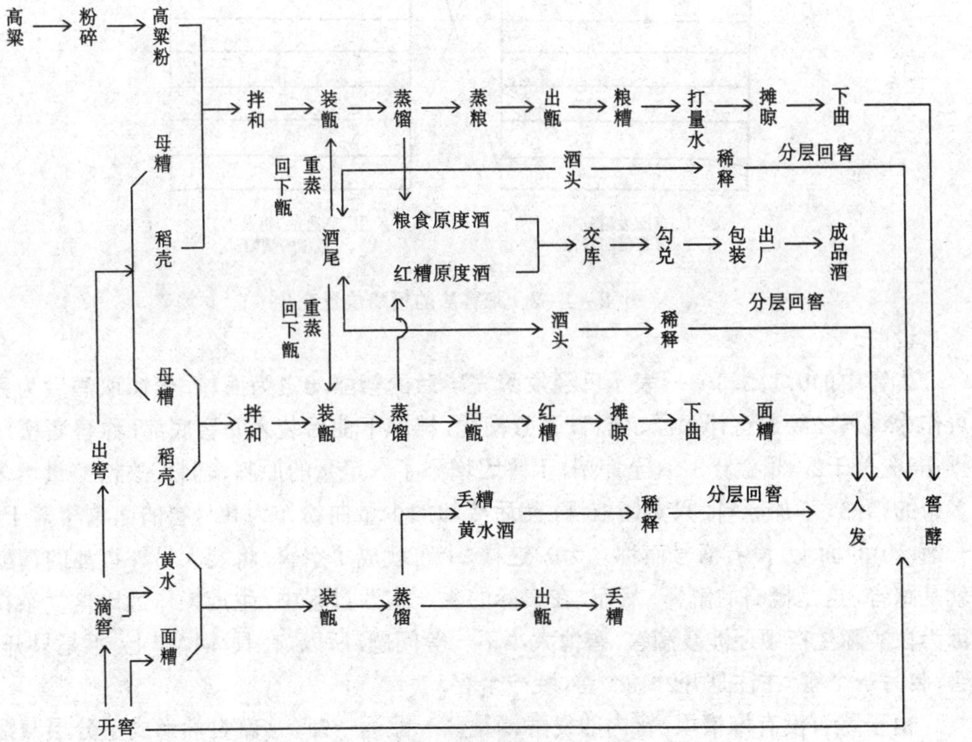

图 2－4－1　原窖分层堆法工艺流程

2. 跑窖法工艺

跑窖法工艺又称跑窖分层蒸馏法工艺。使用该工艺类型生产的，以四川宜宾五粮液最为著名。

所谓“跑窖”，就是在生产时先有一个空着的窖池，然后把另一个窖内已经发酵完成后的糟醅取出，通过加原料、辅料、蒸馏取酒、糊化、打量水、摊晾冷却、下曲粉后装入预先准备好的空窖池中，而不再将发酵糟醅装回原窖。全部发酵糟蒸馏完毕后，这个窖池就成了一个空窖，而原来的空窖则盛满了入窖糟醅，再密封发酵。依此类推的方法称为跑窖法。

跑窖不用堆糟坝，窖内的发酵糟醅可逐甑逐甑地取出进行蒸馏(而不是上、中、下三个层次的发酵糟醅混合蒸馏)，故称之为分层蒸馏。在白酒界称这种工艺类型为“跑窖分层蒸馏”法。

概括该工艺的特点是：一个窖的糟醅在下轮发酵时装入另一窖池(空窖)，不取出发酵糟置于堆糟坝，而是逐甑取出分层蒸馏。

跑窖的糟醅位置变化，如图2－4－2所示。

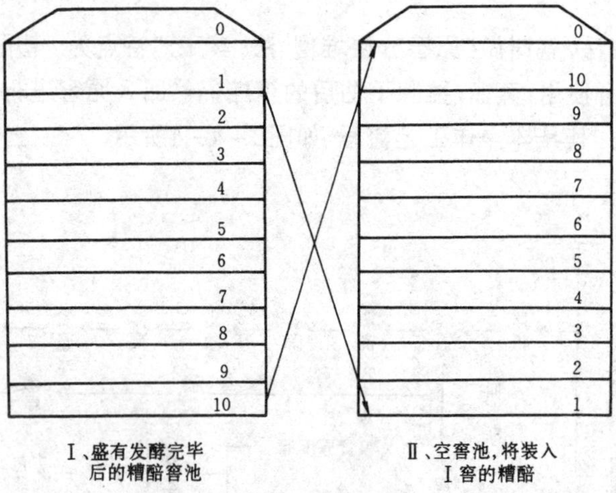

图 2－4－2　跑窖法的糟醅位置变化

说明：

Ⅰ窖中的0、1、2、3…… 表示已经发酵完毕后的糟醅。0、1为面糟，蒸馏取酒后为丢糟，可作为饲料。2经出窖拌入原、辅料，蒸煮糊化，摊晾下曲后装入Ⅱ窖底部，称窖底糟，依此操作3覆盖于2，4覆盖于3，直至完毕。Ⅰ窖因增添了一定量的原料、辅料，故糟醅量增多。这多余的糟醅，不加原料，只蒸馏取酒，然后冷却加少量曲粉作为Ⅱ号窖的面糟覆盖于最后一甑(10)的面上，没有甑号而称之为0。这样，Ⅰ窖就成了空窖，将装入另外窖池的糟醅。这就是跑窖。这是概略的解释。然而，在实际的生产实践过程中，生产操作远比这复杂得多。因为在实际生产中还涉及滴窖、窖池大小不一等问题。所以，在具体操作上，不是只开一个窖，装另一个窖，往往是开2～3个窖，装一个窖。

由于跑窖没有堆糟坝，窖内的发酵糟是蒸一甑运一甑，这就自然形成了分层蒸馏，因此，跑窖法不失为一种特殊的工艺操作法。其流程如图2－4－3所示。

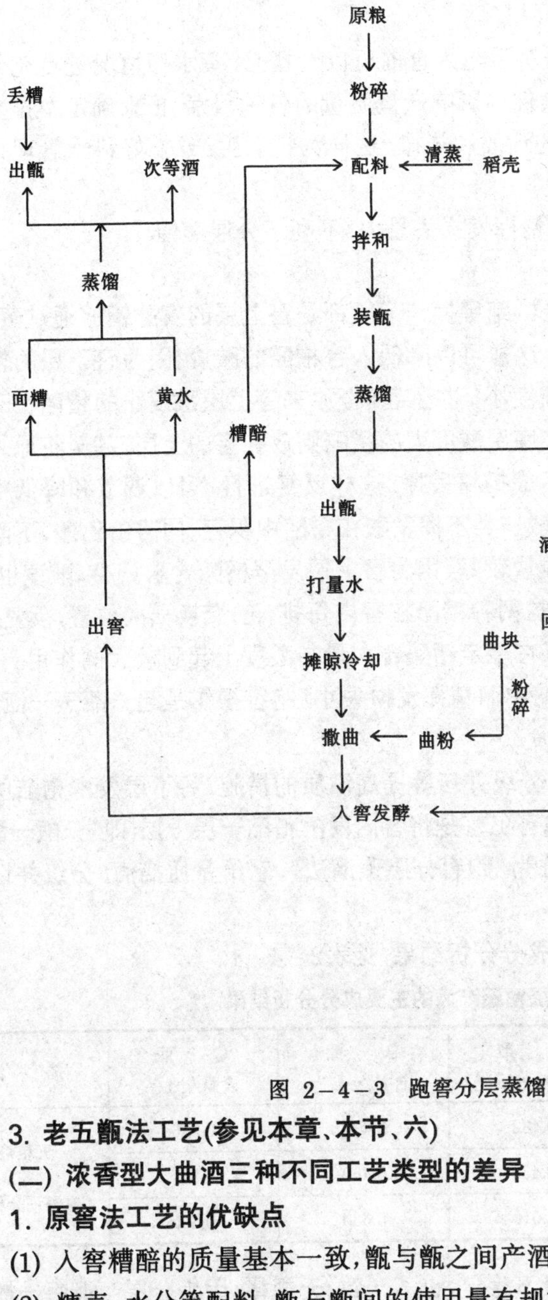

图 2-4-3　跑窖分层蒸馏法工艺流程

3. 老五甑法工艺(参见本章、本节、六)

(二) 浓香型大曲酒三种不同工艺类型的差异

1. 原窖法工艺的优缺点

(1) 入窖糟醅的质量基本一致,甑与甑之间产酒质量比较稳定。

(2) 糠壳、水分等配料,甑与甑间的使用量有规律性,易于掌握入窖糟醅的酸度、淀粉含量,糟醅含水量基本一致。

(3) 有利于微生物的驯养和发酵。因为微生物长期生活在一个基本相同的环境里。糟醅经过滴窖、分层堆糟后,能保持入窖糟醅的一致,并装入在同一个窖池里,这样糟醅中和窖池中的微生物的营养成分、环境条件变化不大,使生长繁殖顺利地进行,从而提高其作用能力,克服了微生物不适应或重新适应新环境的困难。

(4) 有利于"丢面留底"措施。即每一排均把窖上少许质量较差的粮食糟醅堆放在堆糟坝的一角，蒸成面糟(红糟)，窖中、下层的糟醅继续蒸成粮糟入窖，这对提高糟醅质量、提高酒质均有积极作用。

(5) 有利于总结经验与教训。开窖后与入窖前可以对糟醅、黄水等情况进行充分讨论与分析，找出上排配料、操作、入窖条件中影响产量质量的各种因素，再来确定本排操作应该采取的措施，摸索出每一个窖池的性质和规律。这样为扩大生产、搞好科学管理打下了良好的基础。

(6) 操作上劳动强度大，糟醅酒精挥发损失量大，不利于分层蒸馏。

2. 跑窖法工艺的优缺点

(1) 有利于调整酸度和提高酒质。跑窖操作一般都是窖上层的发酵糟醅通过蒸煮后，变成窖下层的粮糟或者红糟(回醅)，这样可以降低入窖糟醅的酸度(因为窖下层的糟醅在发酵后酸度大，而窖上面的糟醅则酸度小)。在入窖时，原来窖上层酸度小的糟醅在蒸煮后成了粮食糟醅装在窖的底层，而原来底层酸度大的糟醅则放在窖的上层，甚至将原来底层酸度大的糟醅蒸成红糟(回醅)，最后成扔糟丢掉。这样反复进行，可以调节和降低糟醅酸度，有利于酸的代谢作用，避免了乳酸一类不挥发酸在糟醅中积存，同时给乙酸、丁酸等挥发酸的生成创造了条件，所以产品质量较好。因为窖上层发酵糟醅含水量小，酸度也小;而窖下层的糟醅含水量大，酸度也大，这两种糟醅在窖内每排(轮)交换一次位置，反复循环，有利于调节糟醅的水分与酸度，所以在稳定糟醅含水量与酸度上起到极大的作用。

(2) 操作上，劳动强度较小，糟醅中酒精挥发损失小。跑窖操作是起一甑蒸一甑，从而减少在堆糟坝堆放时造成的酒精挥发。

(3) 有利于分层蒸馏量质摘酒、分级并坛等提高酒质的措施。窖下层发酵糟醅所产酒质都优于上层发酵糟醅所产酒质，跑窖工艺是将窖内发酵糟醅一层一层(即“一甑一甑”)地分开进行蒸馏，所以这一操作方法称为“跑窖分层蒸馏法”，它给量质摘酒、分级并坛创造了良好条件。

分层蒸馏各层糟醅产酒的主要成分分析结果，见表2－4－1。

表 2-4-1　　分层蒸馏各层糟醅产酒的主要成分分析结果

项　目	酒精含量/%	总　酸 含量/g·L^{-1}	总　酯 含量/g·L^{-1}	总　醛 含量/g·L^{-1}	备　注
上　层	68.1	0.432	2.430	0.326	五粮液 酒厂分析
中　层	74.5	0.432	3.440	0.337	
下　层	70.0	1.010	5.630	0.355	

(4) 该工艺配料、配糠、量水用量不稳定，也不一致，无规律。因为分层蒸馏每一甑酒醅的含水量、酸度也均不一致，故给操作配料带来了一定的困难。

(5) 不利于培养糟醅。部分质量优的窖底醅料被挤掉了，故这种方法不适合发酵周期较短的窖池，而只适应发酵周期长的窖池。

(6) 要克服糟醅水分不均匀的缺点，解决的方法是加冷水润料拌料。若窖上层的糟醅含水量不足，则粮粉吃水不透会影响糊化效率。每甑糟醅加水多少，应根据该糟醅的水分含量而定，一般差一个百分点含水量的，应加18kg水(甑桶容积为1.3m^{3}左右)，也有加冷酒尾的。总之，以确保粮粉吃足水分为准。加水的方法，有直接加到粮粉上拌和均匀后再与糟醅拌和的，也有加水到糟醅再与粮粉共同拌和的。其目的均为使粮粉充分吸水，利于糊化。

3. 老五甑法工艺的特点

(1) 窖池体积小，容糟醅量不多，糟醅接触窖泥面积大，有利于培养糟醅，提高酒的质量。

(2) 劳动生产率高。因窖池小，甑桶大，投粮量多，粮醅比为1：(4～4.5)，入窖淀粉含量高(17%～19%)，所以产量大。如果每班4人，每班投粮700～750kg，蒸馏糟醅5甑，产酒250～350kg，生产时间7h左右。它比其他两法的劳动生产率高1/4左右。

(3) 老五甑操作法，原料粉碎较粗，辅料糠壳用量小，按粮食比为12%～15%，比其他操作法的用量都小。

(4) 此法操作上还有一个明显的特点，即不打黄水坑，不滴窖。

(5) 糟醅含水量大，拌和前糟醅(大楂、二楂)含水量一般在62%左右，加料拌和后，水分为53%左右，不利于己酸乙酯等醇溶性香味成分的提取，而乳酸乙酯等水溶性香味成分易于馏出，这对浓香型白酒质量有一定影响，应注意这个问题的解决。

(6) 老五甑操作法是一天起蒸一个窖，一班人完成，有利于班组管理，如果生产上出现了差错也容易查找原因。

通过对浓香型大曲酒生产三种不同工艺类型的初步分析，可知它们之间存在着差异，有各自的优缺点，应注意扬长避短。

三种操作法各自特点为：1、2法窖大甑小，淀粉含量低，发酵周期长；3法则窖小甑大，淀粉含量高，有利于养楂挤醅，发酵周期短，水分大，不滴窖。2法面糟(红糟)集中在一个窖内发酵，该窖叫回楂窖或挤醅窖，不像其他两法将面糟放在本窖的上面或底部。

三、川酒的工艺操作要点

1. 原料、辅料的处理

用于酿造浓香型大曲酒的原料主要是高粱，但也有少数厂家使用多种谷物原料混合酿酒的。

对原料高粱的质量要求是，颗粒饱满，新鲜，无虫蛀霉烂，无异杂味，夹杂物甚少，干燥，其含水量应低于13%，淀粉含量应在62%以上。

高粱分糯高粱和粳高粱，因为糯高粱的支链淀粉含量高，易于糊化，磷含量也高，所以出酒率高且酒质佳，因此糯高粱是最理想的酿酒原料。

酿造浓香型大曲酒的原料必须粉碎。其目的是使颗粒淀粉暴露出来，扩大蒸煮糊化时淀粉的受热面积，容易煮熟煮透；同时也扩大了与微生物的接触面，为糖化发酵创造良好条件。由于浓香型大曲酒生产发酵周期长，以及采用续糟配料，糟醅反复经过多次发酵，因此，高粱无须粉碎较细。粉碎后高粱的粒度要求均匀一些，粒度相差不宜太大。其粉碎程度以通过20目筛孔的占70%左右为宜。

酿酒行业所用的辅料主要是填充辅料。糠壳(稻壳)是酿造浓香型大曲酒较好的填充辅料。生产上使用量大，倘若使用不当，对酒的风格、质量都有严重的影响。糠味是白酒中的杂味。因此，在生产上使用糠壳时，都要对糠壳进行清蒸。将糠壳置于甑内，加大火力清蒸，时间不少于30min。清蒸透了的糠壳，应摊晾在清洁干净的地面上使其水分、杂味尽量排除。生产上必须使用熟糠，严禁使用生糠。

对填充辅料糠壳的质量要求也是很高的。要求糠壳新鲜洁净，干燥无霉变，清新无异味，壳瓣适度，当然粗细度以4、6瓣为最好，通过20目筛孔的不超过8%，$1m^3$糠壳的质量不大于133kg。

大曲是大曲生产的糖化发酵剂。大曲在用于生产前要经过粉碎。曲粉的粉碎程度以未通过20目筛的占70%为宜。如果粉碎过细，曲中各种微生物和酶与糊化后的淀粉接触面扩大，糖化发酵速度加快，但持续能力减小，没有后劲;如若过粗，接触面减小，微生物和酶没有充分利用，糖化发酵缓慢，影响出酒率。因此，必须严格要求大曲的粉碎度。

粉碎后用于生产的曲粉要妥善保管，防止日晒雨淋，也要防潮，否则会霉烂变质，酶的活力减弱甚至消失，这都会严重影响酿酒生产。大曲在使用时才粉碎，不要过早地粉碎后搁置。大曲的贮存期也不宜太久。

2. 开窖起糟

剥窖皮：将盖窖的塑料薄膜及四周的泥揭去，把泥倒入泥坑。若窖池是用全泥封窖，则用刀具将封窖泥划成约$20cm^2$的小方块，用手一块一块揭起，擦掉泥上粘住的糟子，然后将泥迅速倒入泥窖，待下次封窖时再用。

起丢糟：将丢糟起运到靠近甑桶附近的堆糟坝堆放，尽量堆高一点，要拍紧拍光，用塑料薄膜覆盖，以免酒精挥发。在起丢糟时要注意将丢糟与发酵母糟严格分开，丢糟与母糟之间用竹篾隔开，操作时不要伤及母糟。丢糟起完后，应迅速清扫丢糟残渣，使窖四周及路面洁净。最后用塑料薄膜将全窖覆盖严密。

起上层母糟：在起母糟之前，堆糟坝要彻底清扫干净，以免母糟受到污染。揭去塑料薄膜，依据该窖红糟甑口量，将窖帽部分的母糟起至堆糟一角，尽量堆积高一点(不低于1.5m)，踩紧，拍光，撒上糠壳，并作记号以便于分辨。紧接着起窖内母糟，进行分层堆放，待起至见黄水时，即停止起窖。要将窖池周围掉有糟子的地面及堆糟的卫生工作搞好。上半层的糟子分层堆放，要求踩紧拍光，撒上糠壳覆盖。

打黄水坑、滴窖：在窖内母糟的一端或一角打挖一个黄水坑，用于滴窖。打在一角的坑子长宽不少于1m，打在一端的宽度不少于0.5m，深度为直至窖底。至于每个窖池内的黄水坑，该打多大才合适，还得视窖池的体积大小而定。打黄水坑时，坑内的糟醅要先远后近，含水量极大的湿糟醅尽量近一点，要注意不要把窖内的糟醅过多踩压和翻动。整个黄水坑打完毕后，下层糟子也要用塑料薄膜覆盖。黄水滴出来后，要做到勤舀，有一桶舀一桶(每一桶约25kg)，节假日也要派人勤舀黄水。滴窖时间不得少于10h，使母糟含水量保持在60%左右。若滴窖时间过长或过短，均会影响母糟含水量。

起下层母糟：滴窖10h左右后，即可起下层母糟。起糟时要注意不触伤窖池，不使窖壁、窖底的老窖泥脱落。下层母糟起到堆糟坝后，要注意分层堆放，这样全窖的水分、酸度、淀粉的含量就较为均衡。母糟起完后，窖内窖外操作场地要清扫干净，堆糟坝的糟子要踩紧、拍光，清洁干净，覆盖严密。

开窖鉴定：在滴窖期间，组长和管窖人员要选定适当的时间，召集全组人员，对该窖的母糟、黄水进行技术鉴定。会上，大家可充分发表意见，进行技术鉴定，分析发酵情况，配料情况，及应采取的措施等。待统一意见后，才确定本排配料及采取的措施。意见一致后，就不能随意更改。这种开窖鉴定法，充分发扬了技术民主，集思广益，既有利于总结生产上的经验教训，也有助于工人们技术水平的提高。

3. 续糟配料

浓香型大曲酒的配料，采用的是续糟配料法。即在发酵好的糟醅中投入原料、辅料进行混合蒸煮，出甑后，摊晾下曲，入窖发酵。因是连续、循环使用，故工艺上称之为续糟配料。

每甑投入多少原料，要视甑桶的容积而定。即要按一定粮、糟(醅)比例，投入的原料淀粉不宜太多，也不宜太少。比较科学的粮糟比例，一般是1：(3.5～5)，即以1：4.5之间为宜。如果蒸馏甑桶容积在1.25～1.4m^3之间，则可装入糟醅1200～1300kg，可投入原料淀粉260kg左右。

辅料的用多用少，应根据原料的多少来定。正常的辅料糠壳用量为原料淀粉量的18%～24%。当然，糠壳的粗细与用糠量也有关系。

量水的用量，也是以原料量来确定。正常的量水用量为原料量的80%～100%。这样可保证糟醅含水量在53%～55%之间，才能使糟醅正常发酵。

续糟配料的作用如下：

(1) 可以调节糟醅酸度，使入窖粮糟的酸度降到适宜范围，本法为1.5～2.0之间。这样既适合发酵所需的酸度，又可抑制杂菌的繁殖，促进“酸”的正常循环。

(2) 可以调节入窖粮糟的淀粉含量，从而也调节了窖内温度，使酵母菌在一定的酒精浓度和适宜的温度条件下生长繁殖。为了更好地达到上述目的，可以根据不同季节，在规定范围内调节配料比例。

(3) 降低了粮糟水分，再添入新鲜水分，以增强糟醅的活力。

(4) “酸”有利于淀粉的糊化和糖化。

4. 蒸馏摘酒

润粮、拌和：在蒸馏之前，要将发酵糟醅、原料、糠壳三者进行充分均匀的拌和。其拌和步骤如下：

首先，依据甑桶容积量切开一定数量的发酵糟，按比例加入原料高粱粉，充分拌和。工艺上称第1次拌和为润粮。润粮的目的是使淀粉能充分吸收糟醅中的水分，以利于淀粉糊化。其工艺操作要求是：润粮要在离出甑前50～60min进行。润粮拌和时要均匀，疏松，无灰包疙瘩。要求拌和两遍，才能达到上述标准。润粮完毕，要收拢成锥形，四周收紧，清扫干净，并在上面放入应加量的糠壳，严密覆盖。

其次，在离出甑时10～15min进行第2次拌和。拌和时要矮铲低翻，糠壳拌和后要分布均匀，不能起疙瘩。拌和操作要迅速，尽量减少酒精挥发。

最后将拌和后的糟醅堆好拍光，撒上一点糠壳，将场地彻底清扫干净后，准备上甑。

上甑时，装入甑桶内的糟醅量要准确，上下不能超出±25kg，这样才能保证配料准确。过多、过少均会影响糊化、发酵、产品质量。因此在拌和前要求操作者能准确挖糟，这也是一项认真细致的工作。

除拌和粮糟外，还要拌和红糟(下排是丢糟)。红糟不加原料，在上甑10min前加糠壳拌匀。红糟中加入的糠壳量，要看红糟水分大小来定。拌和时也要拌2次，要求充分拌匀。拌和完毕，立即收拢拍光，清扫场地。

固态法白酒生产，是通过人工操作将发酵物料一下一下地装入甑桶内进行蒸馏取酒的。因此，人工操作技术的熟练程度，直接影响到糟醅中成分的分离浓缩和酒的质量。

在即将上甑前，要检查底锅水是否加够，水是否清洁卫生；蒸馏器具，包括甑桶、甑篦是否清洁干净，通常都要用干净水彻底清洗两次，甚至数次；在甑篦上撒上一些经清蒸后的糠壳。然后调节好火力，待水沸腾后开始上甑。上了二三撮后，倒入酒尾，塞紧水眼，再继续上甑。

上甑操作的基本方法：将糟醅轻松地装入端撮，人体下身贴紧甑桶，将料轻轻地、均匀地铺撒于甑内，先外边后里边，使物料逐步形成外高内低的“锅底”形。上甑到一定部位，要试探穿汽的深度，如汽穿透尚有一定距离，则要停止上甑，否则会造成穿汽不均，甚至压汽、塌汽，会影响蒸馏效果，甚者造成“夹花吊尾”，严重影响产品的产量和质量。如果汽已到上面，要层层上甑盖上，不然酒精蒸气会逸出，造成酒精蒸发而损失。在上甑即将完毕时，要圈边，即先在甑桶四周堆砌糟醅，然后轻轻地用手拇指撒向内边，形成一个“锅底”形。甑中央对准弯筒中心的距离称窝心距，这个小的空间，使酒精蒸气逐步回流进入弯筒，最后冷凝。窝心距要求为2～4cm。最后用小扫帚将糟醅扫平，然后盖盘，接好弯筒。盘盖与甑桶四周接触处，要放水封闭，以防气体逸出。最后准备摘酒，并在盛酒桶上放一块洁净的白布，防止渣滓入桶，同时也便于观察酒花的变化。

上甑操作要求做到调整汽压，使上甑时间控制为35～40min；盖盘后5min内必须流酒。

流酒、摘酒：在盖盘数分钟后，酒精蒸气经冷凝而流出酒来。流酒时，要调整好火力，做到“缓火流酒”，流酒速度以3～4kg/min为宜。刚流出来的酒，称酒头。因酒头含有低沸点的物质多，如硫化氢、醛类等，故一般应除去酒头0.25～0.5kg，贮存另作它用。流酒温度也要控制好，一般要求流酒温度在30℃左右，称之为“中温流酒”。

所谓摘酒，在流酒时，随着蒸馏温度不断升高，流酒时间逐渐增长，酒精浓度则由高浓度逐渐趋向低浓度。而按照质量要求则需要中、高浓度的酒精，把中、高浓度与低浓度酒精分离开的一种工艺操作过程称为摘酒。

摘酒方法：传统工艺操作上是“断花”摘酒。“花”这儿是指水、酒精由于表面张力的作用而溅起的泡沫，通常称为“水花”、“酒花”等。

酒精产生的泡沫，由于张力小而容易消散，随着蒸馏温度的升高，酒精浓度逐渐降低，酒精产生的泡沫(酒花)的消散速度不断减慢。这时，混溶于酒精中的水含量逐渐增多，因为水的相对密度大于酒精，张力大，水泡沫(水花)的消散速度慢。因此，在操作上，工人把酒花与水花消散速度的变化作为鉴别酒精浓度的依据来进行摘酒。上述摘酒方法，工艺上称为“断花摘酒”。

不同厂家对入库的酒精浓度有不同的要求，多数厂家要求酒精浓度必须在63％以上方能准许入库。因此生产上在摘酒时把63％以上的酒精浓度作为摘酒的标准。不够入库标准的部分作为酒尾处理。

关于量质分段摘酒的问题，简述如下。

一甑糟醅在蒸馏过程中，大致分为四个不同的馏分段。

第一馏分段：流酒后，约5min，该段酒的酒精浓度在70％以上。最初馏出的0.5kg作为酒头另装，其余部分的酒，其显著的特点是酒精浓度高、总酯含量高；口感尝评，香气浓郁，酒质好。

第二馏分段：在流酒以后15～20min内馏出的酒为第二馏分段的酒，其酒精浓度为60％～70％，约占总量的2/3。其特点是酒精浓度高，总酯含量较高；口感尝评，香气浓而纯正，诸味协调。

第三馏分段：是第二段流酒后的3～5min内馏出的部分，其酒精浓度在50％～60％之间。其特点是酒精浓度明显下降；口感有香气，但不浓、不香，味寡淡，酸含量上升。

第四馏分段：该段酒的酒精浓度在50％以下，可作为"二道"尾子处理。最后酒精浓度更低的部分则纯粹是酒尾子了。

作为半成品的酒，要求酒精浓度高，酒质好，因此在流酒摘酒时，一般摘取第一馏分段与第二馏分段的酒，用坛另装。其余部分的酒，也用坛另装。酒尾部分倒入底锅再蒸馏取酒。

这种按不同馏分段摘取酒的方法，工艺上称为量质摘酒或分段摘酒。在浓香型大曲酒生产中，在蒸馏取酒时一定要把一甑糟醅中蒸馏出来的最优部分摘取出来单独存放，以便提高产品的合格率。

原料糊化(蒸粮)：由于浓香型大曲酒生产采用混蒸混烧工艺，因此原料糊化与酒的分离浓缩是在同一蒸馏甑桶内进行。粮食糟醅在"断尾"以后，应该加大火力进行蒸粮，以达到淀粉糊化和降低酸度的目的。在正常火力下，蒸粮时间从流酒开始到出甑时止，以60min为宜。如果火力小，其蒸粮糊化时间则应相应延长。蒸粮合格标准应是"内无生心，外不粘连"，既熟透，又不起疙瘩。

5. 出甑、打量水、摊晾

(1) 出甑　蒸粮时间已到时，应及时出甑。出甑是将蒸煮后的糟醅从甑桶内取出的一种工艺操作。过去，是两个人面对面用铁铲取出，劳动强度大。现在出甑，因使用了金属蒸馏活甑桶，所以用行车起吊，一次性就把糟醅倒了出来，十分轻便。

出甑以后，应及时掺够底锅水，将甑桶内及上甑场地清扫干净，作好上甑准备。从甑桶取出来的糟醅要收堆，上部分要挖平整，四周也要清扫干净，作好打量水的准备。

(2) 打量水　蒸煮后的糟醅必须加入一定数量温度符合要求的水，工艺操作上称为打量水。为什么要打量水？根据发酵基本原理，糊化以后的淀粉物质，必须在充分吸水以后才能被酶作用，转化生成可发酵性糖，再由糖转化生成酒精。

量水用量应视生产季节、窖池新老和糟醅的含水量大小等因素而定，并以该窖使用原料量的比例来计算。例如一个窖池有14甑，每1甑投入原料高粱粉155kg，量水用量为80％，则量水用量＝14×155×80％＝1736(kg)。然后将这些量水分甑打入。

具体操作方法是：粮糟出甑前5min左右，应按所需的量水数将量水从冷凝器内抽出，水质应清洁卫生，水温应在80℃以上。出甑以后，把糟醅立即摊平整，并四周拢齐，将甑脚周围的糟醅铲至离甑边0.6m以外的晾堂上，然后开始向四周打量水。操作时，量水泼撒要均匀，不能冲泻在一处。泼撒到应打量水数的60％～70％时，应用工具挖糟1次，挖糟完毕，再泼撒剩余部分。此时，再用杁梳、锨铲翻松。这样就可将糟醅在晾堂上进行摊晾冷却。

打量水时应该注意：窖池底部的糟醅在第1甑时，按传统工艺操作是不打量水或少打量水的。其余粮糟则按全窖量水的总数分2至3次打量水，但差距不能太大。

打入一定数量的量水是使糟醅能保持正常的含水量，以促进正常的糖化发酵。正常的出甑糟醅含水量为50%，打入量水后，入窖粮糟的含水量以53%～56%为宜，因此使用量水的数量应计算准确。

量水必须清洁卫生，水温要达到80℃以上，这样才能减少杂菌，同时也能使糟醅中的淀粉粒能充分、迅速地吸水，以保持淀粉粒中有足够的含水量，增加其溶胀水分。如果量水温度低，则水分只能附于淀粉粒的表面，吸收不到粉粒的内部，即仅是表面水分而不是溶胀水分，这就是行话所说的"水鼓鼓的"，"不收汗"。若使用了这样的量水，则糟醅入窖后，水分很快会渗透沉于窖池底部而造成上层糟醅干燥，下层糟醅水分过大的现象。即如行话描述的"上层干，下层淹"的状况。

(3) 摊晾　所谓摊晾，就是将经高温蒸煮后的糟醅，使其冷却至符合一定温度要求的过程。

固态法白酒生产十分强调"低温缓慢"发酵，出甑后的糟醅温度高达100℃左右，如此高温的糟醅，显然是不能直接入窖进行糖化发酵的。因此，必须经过摊晾冷却处理。通过通风冷却，直到符合入窖温度时为止，这就是摊晾的目的。

摊晾操作的具体方法是：在打完量水后，先打开电风扇，听其声音是否正常，若运转正常，可打开晾糟机的传动开关，然后一锨一锨地上糟。要求操作工人将糟铺满铺齐，甩散后，糟子不起堆、不起疙瘩。撒在晾糟机上的糟醅厚薄应均匀一致，厚薄程度应根据不同的季节和糟别来定，一般控制在2～3cm之间。在操作上，通常由2人进行。一人负责翻拌、摊薄、摊均匀；另一人则负责上糟摊晾。2人操作可以互相交换。操作上要注意温度保持一致。

以上讲的是用晾糟机进行摊晾。另外再简要介绍"地晾堂"摊晾的方法如下。

在晾糟机尚未问世之前，人们是在地晾堂上进行摊晾冷却的。

地晾堂原用纯黄泥，后用砖相砌，面积约40m²。在糟醅打完量水后，再经充分翻拌，然后用锨一铲一铲地从晾堂的外端开始撒开，要求撒平整，一直撒到内端。在接近甩撒完毕时，由1人从外端开始犁埂，一行一行的，在犁了数埂后，再由一人将犁好的埂子破开，行话称这种操作为"拉犁埂"、"打冷铲"。"打冷铲"要将糟醅甩平甩匀，厚薄要大体一致，这样才易于冷却。打冷铲接近完毕时，再由1人用耙来回上下、左右拉，这时用冷风吹凉(过去用竹扇，后用电扇)，直吹至温度合适为止。

采用地晾堂摊晾劳动强度大，时间较长，故现已基本上被淘汰。

上糟过程中要测量温度，"斗"与"斗"之间的温差在±1℃之间。每斗检查温度2～3次。残糟必须严格回蒸灭菌。摊晾时间不宜拖得过长。

6. 加曲入窖

在晾糟机尾部的上端有一曲槽，是盛装大曲粉的。晾糟机转动时，当摊晾冷却的糟醅将要流入"斗"时，开始打开曲槽，启动齿轮，曲粉均匀地流落下来，撒在糟醅面上，再流入"斗"内。在流落的过程中，曲粉与糟醅得到充分拌匀。

每一甑流曲速度，要以恰好用完为准。下曲的速度要根据糟醅的厚薄而严格控制。操作人员要经常注意调节，不能前多后少，也不能后多前少，造成大曲没有使用完，或不够用。

在摊晾下曲后，要把摊晾设备彻底打扫干净，尤其是绞龙叶上的糟醅和竹篾上的残物要清扫干净。然后将下一甑要使用的大曲，经准确计量后倒入曲糟。最后彻底清扫工作场地。

摊晾下曲后的糟醅盛装在"斗"内，用行车起吊倒入窖池。窖池内的糟醅要挖平整，要根据糟醅情况适当踩窖。糟醅在入窖前再准确量一次温度(若是第1甑入窖糟，则应量一下窖体温度，包括窖池的底部及四周的温度)，入窖后在平整的糟面上，在不同的部位上插上温度计，在下一甑摊晾前取出，并将看准的温度记录在原始记录本上。

地晾堂放大曲，是在摊晾合适后，由2人持盛有计量后的大曲曲斗，由前端用手拨撒，人逐渐后退，边退边拨撒，直至曲斗中大曲用尽。

要求在撒大曲时，曲粉要均匀铺盖在糟醅上，不能裸露糟醅，曲粉覆盖厚度也要均匀，不能有前多后少或前少后多的现象出现。拨撒大曲过半时，就可用耙来回上下、左右拉一遍，大曲和糟醅基本拌和均匀后，再拉拢收堆放入窖池。

7. 封窖和窖池管理

每个窖的最后一二甑粮糟入窖后，要随即理好、踩紧、拍光，放好竹篾，放上红糟，入窖的红糟也要踩紧、拍光、理好，不能马虎。糟醅高出地面部分，称为窖帽。窖帽不宜太高，一般不要超过60cm。这些工作完毕后，应将窖池周围清扫干净，方能进行封窖。用泥封窖，用泥掌(工具)刮平、抹光滑。

封窖的目的在于隔绝空气，防止空气中的杂菌侵入，同时抑制窖内好气性细菌的生长繁殖，也避免了酵母菌在空气充足时大量消耗可发酵性糖，影响正常的酒精发酵。酵母菌只能在空气缺乏、整个窖池呈无氧状态时才能进行正常的酒精发酵，将可发酵性糖转化生成酒精。因此，严密封窖，隔绝空气是一项重要的工艺操作。

窖池封闭完以后，管窖人员就要担负起该窖的发酵管理工作。窖池管理工作大致有如下4项。

(1) 清窖　封窖后，从第2天起开始每天清窖1次。先在窖泥上洒上一点水，管窖人员用木皿子(一种抹泥巴，使其平整光滑的工具)上下、左右将封窖泥抹平，使其严密、光滑，这样泥巴就不易裂缝，空气也就不会进入。

(2) 看吹口　所谓"吹口"，就是在封窖后数天内，窖内产生二氧化碳量多少的一种现象。观察吹口，如是全泥封窖，则用一铁扦子插入窖内1～2m，二氧化碳则从内向外排出，用燃烧的火柴接触，火焰立刻灭掉;用耳贴近，可听见"呼呼"的声音。

通过对二氧化碳量产生的多少以及缓慢或迅猛的情况，可判定窖内糖化发酵的基本情况。

(3) 观察温度　温度是影响糖化发酵的主要因素之一。温度在窖内变化是否符合"前缓、中挺、后缓落"的升温规律，这是在封窖以后应十分关注的问题。尤其是在封窖后的十几天内，温度是否上升或是不升温，升温是急、是缓，只有通过对窖内温度进行详细观察方可得出结论。

在封窖前，在离窖端部分插入一根直径为3～4cm的竹竿，插入窖内深度约70cm，封窖时抽掉竹竿，在此放入一支计量为50℃的温度计，用细绳系好，绳的另一端置于窖外，然后封窖。当管窖人员要观察温度时，可轻轻地将系有温度计的绳子拉上，迅速观察，否则温度要发生变化，读数就不准确。

(4) 看“跌头”　“跌头”也称“走窖”，是行话，即指糟醅在入窖发酵中，由于微生物的作用，其体积在缩小，糟醅慢慢地向下跌落，窖帽也在向下沉。这种现象，说明了酿酒微生物在正常地进行代谢活动，也同时说明窖内在进行正常的糖化发酵。

清窖、看吹口、观察温度、看跌头，这些管理工作都要持续约15天，同时将观察的结果，真实地记录在窖池的原始记录本上。这些都是可贵的技术资料。

四、工艺参数及其控制

(一) 概述

在浓香型大曲酒生产中，有关的一些生产数据，对白酒的产量、质量起着影响作用。如粮醅比例、用填充料量、用水量等，以及糟醅发酵期的长短、发酵中酸度的大小、淀粉含量的多少、水分大小及其变化等，构成了一系列的相关参数。在实际生产中研究这些参数，准确找准工艺数据，无疑对浓香型大曲酒的生产研究有着十分重要的意义。同时，也可从这些科学的参数中，掌握它的变化规律，进一步推动浓香型大曲酒生产的发展。

(二) 配料

浓香型大曲酒生产采用续糟配料的工艺方法，即在发酵好了的糟醅中，按比例加入淀粉原料，同时也要按照一定的比例加入填充辅料糠壳。如上整个操作过程就是配料过程。在混蒸混烧出甑后，要打入一定数量符合温度要求、清洁干净的水，并加入一定量的糖化发酵剂曲粉，这也属于配料范畴。

如何准确配料?现分述如下。

1. 投粮量与粮糟比例

每一甑投入的用粮量与糟醅用量的比例，通常称为粮醅比。投粮量应以甑桶容积的大小来确定。

粮醅比是依据工艺特点、对酒质的要求、发酵期的长短、粮粉的粗细等认定的，一般为1：(4～5.5)。

糟醅从形态上看，应符合“疏松不糙，柔熟不腻”的质量要求，同时使糟醅入窖淀粉能控制在17%～19%的正常范围内。

当然，粮醅比不是一成不变的，还应考虑生产季节、糟醅发酵的情况等因素。上面所列举的只是在正常生产情况下和酿酒旺季时的数据。如果在淡季生产或残余淀粉过高时，则应适当调整粮醅比。

2. 加糠量

糠壳在酿酒生产上主要起填充疏松作用。合理使用糠壳能调整淀粉浓度，稀释酸度，促进糟醅升温，利于保水、保酒精，同时也能提高蒸馏效率。总之，在固态法白酒生产上，是离不开它的。但因糠壳有糠杂气味，因此在生产中要控制其用量。

(1) 在生产中正确使用糠壳应遵循的原则

① 热减秋加的原则：一年中，9～12月加糠量为21%～23%(与投粮比，下同)；1～4

月为20%～22%;5～7月为17%～20%。为什么要热减秋加呢?其理由是：经过热季后，糟醅酸度高，转排生产应加糠稀释酸度，增加疏松度，增强糟醅的力度(即“骨力”)，以利糟醅发酵。

② 根据糟醅含残余淀粉的高低确定用糠量的原则：如若糟醅所含残余淀粉高，则应多用糠壳;反之，则少用。

③ 根据糟醅含水量的大小(或水量多少)确定用糠量的原则：糟醅在发酵过程中，由于诸多原因，其糟醅含水量的大小是不完全相同的。如果糟醅含水量大(超过62%)，则应该多使用糠壳;反之，则少用。

出窖糟含水量通过滴窖后应控制在60%～61%范围内。水分大了会影响蒸馏效果，不利于酒精的分离与浓缩。因此，要以加大用糠量的方法来调节出窖糟的含水量。这是一个“无可奈何”的补救措施。但长期加大用糠量会造成糟醅粗糙，同时也影响酒质。因而，要严格掌握正常的出窖糟水分。

在糟醅含水量低于60%，甚至更少时，就要减少用糠量。长期的减少用糠量，会造成糟醅发粘，这也对生产不利。

只有在生产中，严格控制好出窖糟醅的正常水分含量，才能保证糟醅质量的提高。加大或减少用糠量，是一种不正常现象。在工艺操作上应该严格地把好这一关。

④ 根据淀粉的粗细确定用糠量的原则：淀粉经过粉碎后，如果粗了，则少使用糠壳;反之，则多用糠。因此，在生产中要掌握好原料淀粉的粉碎程度。淀粉过粗或过细都会对生产产生不利影响，应该保持稳定。

⑤ 窖底糟多用糠，面糟少用糠的原则：这是因为，窖底糟承受的压力大，尤其是深窖、大窖;窖底糟接触空气稀少，微生物在发酵初期生长繁殖受到影响，故增大一点糠壳用量，使其疏松，透气，有利微生物繁殖生长;底部糟醅酸度较高，在开窖后要滴窖渗透黄水，而面糟在发酵前期、后期都需要保持水分。

⑥ 根据糟醅酸度的大小确定用糠量的原则：在同一个时期内，酸度大的糟醅要多用糠，酸度小的则少用。一般说来，增加3%的用糠量(按投粮比例)可降低0.1的酸度。在糟醅残余淀粉高、酸度又大时，可采用加糠的办法，以达到降酸和稀释淀粉的双重目的。

(2) 在生产中使用糠壳应注意的几个问题

① 注意糠壳的质量问题：糠壳应新鲜、无霉烂、未变质。糠壳的粗细度以4～6瓣开为标准。决不能使用霉烂变质或有怪异味的糠壳。

② 注意“熟糠配料”的问题：糠壳在使用时，必须经过清蒸，通过清蒸减少其杂味成分，同时也可排除一些异味。生产上严禁使用生糠。

③ 注意糠壳体积与重量的关系问题：参见本篇本章第三节中的五、(二)、1、(6)。

3. 加水量

酿酒生产是离不开水的。淀粉糊化、糖化，微生物的生长繁殖、代谢活动等，都需要一定数量的水。酿酒生产用水有量水、糟醅水、黄水、加浆水、底锅水、冷却水等多种。但就“加水量”来看，主要是讲“量水”。

(1) 量水在酿酒生产中的基本作用

① 稀释酸度，促使糟醅酸度挥发。

② 保证发酵用水，使糟醅有充足的水分，以供微生物生长、代谢所需，从而保证发酵的正常进行。

③ 调节窖内温度。水分蒸发时需要热量，从而降低了窖内温度，以利微生物在适当的温度条件下进行繁殖、代谢。

④ 降低了入窖糟醅的淀粉浓度，有利于酵母菌的发酵作用。

⑤ 促进糟醅的新陈代谢。由于除去了糟醅中的部分黄水，添加了新鲜水分，故促进了糟醅的吐故纳新，增强了糟醅的活力。

(2) 使用量水应遵循的原则

① 冬减热加的原则：冬季因生产入窖温度低，升温慢，最终发酵温度不高，水分挥发量小，水分损失也小，所以冬季使用量水应少一些。而热季生产时，量水用量相应要多一些。冬季量水用量为60％～80％(新窖除外)，热季量水用量为80％～100％。

② 根据滴窖后糟醅含水量大小确定量水用量的原则：糟醅水分小，量水应多用。糟醅水分含量应在61％左右。若出入太大，尤其是含水量太多，则属不正常现象，会影响发酵效果。糟醅含水分小的问题，可采取加水润粮的方法来解决;糟醅含水量偏大时，可采取滴窖的方法来调整。用减少量水、加大填充料糠壳或减少糟醅用量等方法，都会带来不良的副作用。

③ 根据酿酒原料的差异考虑量水用量的原则：一般地讲，粳高粱用水应稍多一点，糯高粱用水稍少一点。贮藏时间长的原料，多用一点水;贮藏时间短的新鲜原料，则可少用一点水。

④ 糠大水大、糠小水小的原则：在配料中用糠量大时，应增加一点水;用糠量小时，应少加一点水。

⑤ 根据糟醅中残余淀粉的高、低确定量水用量的原则：糟醅含残余淀粉高的，应多用水;反之，则少用水。

⑥ 根据新、老窖池确定量水用量的原则：一般新窖(建窖时间不长的窖池)用水量宜大一些;老窖(几十年以上的窖池)用水量宜小一些。另外，窖池容积大的用水量应稍大些;窖池容积小的用水量应稍少些。新窖、大窖用水量在80％～100％范围内，而老窖、小窖用水量为60％～80％。

⑦ 窖底糟少用水，窖面糟多用水的原则：即工艺操作上打“梯梯水”的原则。

为什么采取此分配原则呢?其理由如下：

1) 窖池底部水分多，而窖池上半部分水分少，因此下半部分的糟醅失水少，而窖上半部分水分损失多。

2) 下半部分糟醅入窖后，水分挥发少，而上半部分水分挥发大。

3) 上半部分糟醅在发酵过程中受热大，而窖下半部分的糟醅在生酸过程中受热小，因而上半部分所需水分大，下半部分所需水分小。

4) 采用原窖分层堆糟法时，糟醅在堆糟坝堆放过程中，水分会不断流失(包括挥发)，而采用跑窖法则可减少流失和挥发。因此，先蒸馏的糟醅(即装入窖池的下半部分)含水分稍大，而以后逐渐蒸馏的糟醅(即装入窖池的上半部分)含水分则逐渐减小。

5) 分配方法一般为：例如，一个装糟10甑的窖池，将其分为3层，下层少打5％左右的量水，中层按标准使用，上层多打5％左右的量水。

根据量水的使用原则，正常量水的使用范围是：正常范围为60％～90％(与投粮比)；新窖增加20％～30％。

4. 加曲量

大曲是糖化发酵剂，由小麦、大麦、豌豆等淀粉原料，经粉碎，用水拌和压制而成块状，入室培菌而成。

(1) 大曲在生产上所起的作用

① 提供有益微生物及酶：大曲是酿造浓香型大曲酒有益微生物的主要来源。从生产实践分析结果看，在1g入窖粮糟中，活酵母菌数为2800万个左右，其中约有60％是由大曲提供的，其余是工用器具和空气带入的。此外，大曲中还含有淀粉酶、糖化酶、蛋白酶、酯化酶等多种酶。

② 提供淀粉，起到投粮作用：大曲除含有大量的有益微生物外，还含有大量的淀粉，其含量一般在57％左右。所以经糖化发酵也能产部分酒精，而这类酒属二次发酵酒，香味特殊，酒质优良，是构成浓香型白酒独特风格的不可缺少的一部分。

③ 大曲是浓香型白酒微量香味成分的主要来源之一：大曲中含有丰富的蛋白质、氨基酸和芳香化合物等，它们在发酵过程中通过微生物、温度的作用而生成少量的芳香呈味物质，从而使浓香型白酒酒体更加丰满。

(2) 使用大曲的原则

① 根据入窖温度的高低(或不同季节)，确定大曲用量的原则：入窖温度高(热季)，用曲量小些；入窖温度低(冬季)，可多用些曲。

② 按投粮多少及残余淀粉高低确定用曲量的原则：投粮多，多用曲；投粮少，少用曲。残余淀粉高，多用曲；残余淀粉低，少用曲。

③ 以曲质的好坏确定用曲量的原则：大曲质量好，可少用曲；大曲质量差，可适当多用曲。

(三) 窖池发酵参数

糟醅在窖池中进行发酵时，其发酵好坏受到多种因素的制约和影响。为了达到“优质高产低消耗”的目的，人们在酿酒生产时，要严密对影响发酵好坏的诸多因素进行监测控制。

温度、淀粉浓度、酸度、水分等因素对窖池发酵就有极大的影响。长期的生产实践与科学分析证明，在一定的数值范围内，其窖池发酵才是正常的，否则就会影响发酵，达不到优质高产低消耗的目的。

本节阐述的窖池发酵参数，主要有入窖温度、入窖淀粉浓度、出窖淀粉浓度、入窖酸度、出窖酸度、入窖水分、出窖水分等。

1. 入窖温度

温度是发酵不可缺少的条件。微生物的生长繁殖都需要有一定的温度，在低温下(如0℃左右，或更低一些)酶活力降低，但酶的活力不致于受到破坏，一旦温度升到适宜范围，就能恢复其原有的催化活力。

各种酶促反应有其最适宜的温度范围，在最适温度下，酶的反应速度最快。在酶的最适温度以下，温度每升高10℃，其反应速度相应地增高1～2倍。如蛋白酶在30～40℃时，保温10min，酶活力最稳定；超过50℃酶活力迅速下降；60℃时几乎全部变性失活。没有一定的温度，微生物的生命活动就会停止，所以没有适宜的温度，窖池发酵就不能正常进行。但温度偏高了，也会影响酵母菌的活力，阻碍发酵，严重影响产品的质量。由此可以看出温度在酿酒生产中的重要地位。

入窖温度究竟在什么范围内恰当？对入窖温度高低的问题，经过长时期的讨论与研究，基本上已达共识，无论在理论上或生产实践上都认为"低温入窖，缓慢发酵"对酿酒生产有百利而无一弊。最佳的入窖温度为13～17℃。

入窖温度受季节影响较大。符合13～17℃的最适入窖温度是在冬天和初春，这是酿酒的最佳季节。8月份是酷暑盛夏，入窖温度极高，因而多数厂家都停止生产。

低温入窖(13～17℃)，缓慢发酵有哪些好处呢？

第一，糟醅入窖后，温度缓缓上升，如在24h内，窖内温度可升高1℃左右，升温幅度大，一般升温幅度在15℃左右，主发酵期长，糟醅发酵完全，出酒率高，质量好。

第二，可以抑制有害菌的繁殖生长。入窖温度低，使有益菌得到了生长繁殖的条件和机会，而不适合有害菌如醋酸菌、乳酸菌等的生长繁殖。这些细菌的耐酸性强，适宜生长繁殖的温度高，最适温度一般为32～35℃。所以，当窖内温度升到32℃左右时，生酸菌才开始生长繁殖，而此时有益菌已繁殖壮大，优势压倒了劣势，且窖内发酵已基本完成，生酸菌的生长受到了阻碍。

第三，升酸幅度小，糟醅不易产生病变。因为入窖温度低，生酸菌的生长繁殖受到阻碍，所以生酸量较少，淀粉、糖分、酒精的损失就会大量减少，这样发酵糟醅正常，母糟基础好，有利于下排生产。

第四，有利于醇甜物质与酯类物质的生成。窖池内，酵母菌在厌氧条件下进行酒精发酵的同时，能产生以丙三醇为主的多元醇，增强了酒的甜味感。多元醇在窖内的生成是极其缓慢的，但在酵母活动末期则产生较多。如果入窖温度过高，窖内升温迅猛，酵母易早衰甚至死亡，那么醇甜物质的生成量就会减少。正因为醇甜物质生成缓慢，所以一般认为发酵期长一点为好；但绝不是越长越好，相对而言，在适当的期限内，醇甜物质产生的量就会多一些，酒的质量也要好一些。酒中的甜味物质除多元醇外，还有诸如α－联酮、三羟基丁酮、2,3－丁二醇等，它们可以相互转化，在低温缓慢发酵时，有利于这些微量香味成分的生成。

低温缓慢发酵，使窖内糟醅发酵完善。根据测试，在封窖后的10天左右，酒精含量较大增加，窖内温度升至最高，且能稳定。此时，窖内大量生酸。窖内有高浓度的酒精和适当的酸，这对酯类物质的生成是大有益处的。

从酯类物质生成的机理来看，酯类物质在窖内的生成是非常缓慢的。如果入窖温度高，发酵速度就会加快，温度也会迅速上升，酸度也会上升，这样就会造成酒精含量少而酸度大的后果。这对酯类物质的生成极为不利。

另从微生物代谢产酯的机理来看，酯的生成受有机酸发酵和酒精发酵的制约。如果两者发酵都不正常，则酯的生成也不正常。

第五，确定13～17℃为正常入窖温度，无论在理论上和生产实践中都已得到了充分的证明。

从理论上讲，有益微生物(主要是酵母菌)的最适宜温度是28～30℃。但在5℃时，也还能生存，并有繁殖能力。在生产中，糟醅在窖内发酵时，正常的升温幅度在15℃左右。如果糟醅入窖温度在13～17℃这个范围内，则加升温幅度15℃，就等于28～30℃，这正好是酵母菌发酵最适宜的温度范围。发酵初期，窖内糟醅中的营养成分都非常适合酵母菌生长繁殖与代谢，只是温度较低，因此使之发酵缓慢。随着发酵期的延长，酵母菌的代谢产物逐渐积累，供给生长繁殖的营养成分也在逐渐减少，使酵母菌的活力受到影响。但随着窖内温度逐渐上升，又增强了酵母菌的活力，使之在发酵期间一直处于平衡状态，发酵得以缓慢进行。尽管在这个阶段，供给酵母菌所需的营养成分在糟醅中有所减少，但此时窖内的温度是酵母菌最适合的条件，这也能使酵母菌继续保持活力，最终使窖内糟醅发酵完全。据分析，入窖温度在13～17℃之间时，酵母菌的总活力最高，它起到了使糟醅发酵缓慢进行的作用，同时也使发酵比较彻底。

从生产实践上讲，13～17℃这个入窖温度范围也是正确的。自50年代中期，白酒行业推广山东烟台试点的“低温发酵，定温蒸烧”的经验以来，全国各白酒生产厂家经过20多年的不断试验、总结，都得到了一个同样的结论:“低温入窖好”。这个观点，已被白酒生产行业所公认。

综上所述，入窖温度应掌握在13～17℃这个范围内，总的升温幅度在15℃左右，否则可视为不正常。

2. 淀粉浓度

浓香型大曲酒生产使用的酿酒原料是高粱，其所含的淀粉在配料中有着十分重要的作用。

入窖淀粉，是指在生产时投入的淀粉。投入量的多少，关系到发酵好坏及产品质量的优劣。究竟每一甑该投入多少?前面已讲到，投入淀粉量的多少是以糟醅多少来确定的。其比例为1∶4～5，即1份淀粉需要4份或5份糟醅，这样才能使糟醅中入窖淀粉浓度保持在17%～19%之内。低于或超过这个数值范围，都会对生产产生不利的影响。

淀粉是酿酒生产不可缺少的原料，除此外，淀粉在配料操作中还起下列作用:

(1) 降低糟醅酸度和水分作用。发酵糟醅中加入原料淀粉后，可降低水分10%左右，降低酸度1/6左右。如果糟醅水分为60%，加入淀粉与糟醅拌和后，其水分只有50%;如果糟醅酸度为3.3，加入淀粉拌和后，其酸度只有2.75。

(2) 提供发酵转化时所需要的温度(这是促使糟醅在窖内升温的主要来源)和微生物所需的营养成分。在正常的嫌气性发酵条件下，每消耗1%的淀粉，可使糟醅升温1.2～1.6℃。

(3) 促进糟醅内正常的新陈代谢。

根据长期的生产实践及各种生产数据统计，以及现在生产使用的糖化发酵剂(大曲)的发酵能力，正常的入窖淀粉含量及粮醅比参数应为:

① 入窖淀粉含量16%～17%或17%～19%。

② 正常出窖糟的残余淀粉含量为8%～10%。

③ 正常粮醅比为1∶4.5或1∶(5～6)。

大曲中的微生物之一酵母菌，能在不同的温度和酸度条件下，将糟醅中的一部分淀粉发酵生成酒精。从实践经验中得出，入窖温度在20℃以下、入窖酸度在1.5～1.7时，酵母菌能将糟醅中9％左右的淀粉发酵生成酒精。当入窖温度在25℃以上、入窖酸度在1.9时，酵母菌只能将糟醅中7％左右的淀粉发酵生成酒精。所以，在旺季生产时，一般都把入窖淀粉控制在17％～19％之间，而在热季生产时都把入窖淀粉含量控制在15％～16％之间，就是这个道理。如果投入淀粉原料太多，则造成入窖淀粉含量太高，酿酒微生物利用不完，出窖糟醅的残糖与残余淀粉含量就会很高，最终造成浪费。再加上工艺操作不当，还会给有害微生物提供大量的营养成分，使之在糟醅孳生繁殖，严重阻碍生产，造成严重后果。如果投入的原料淀粉太少，入窖糟醅淀粉含量太低，则不能充分满足酿酒微生物的需要，使劳动生产率下降，同时也会影响酒的质量。因此，必须有一个比较科学的、且符合生产实际的入窖淀粉含量。

投入原料淀粉与糟醅淀粉含量之间有什么关系呢?

糟醅中所含的淀粉来源于原料中的淀粉。糟醅单位体积的投入原料淀粉多，则糟醅中淀粉含量也多;反之，投入原料淀粉少，糟醅中含淀粉量也少。粮醅比例小的，糟醅中含淀粉量多;粮醅比例大的，糟醅中含淀粉量少。另外，糟醅发酵好，产酒多，糟醅中所含残余淀粉就会少;反之，发酵不好的，产酒会少，含残余淀粉就会多。在糟醅中还有一部分不能被微生物作用，经发酵而不能生成酒精的“虚假淀粉”(实为半纤维素、纤维素)，占淀粉总量的7％左右。

增加糟醅1％淀粉含量，需要投入多少原料呢?这与甑桶的容积有关。若甑桶容积在1.3m^3左右，它能盛装650kg左右的糟醅。假定高粱原料淀粉含量为60％，则每增加15kg原料淀粉，就可提高糟醅1％淀粉含量。

在正常的发酵中，消耗糟醅1％淀粉含量，每50kg发酵糟醅可产60％酒精分白酒0.5kg，消耗9％淀粉，就可产60％酒精分白酒4.5kg。所以，根据每甑糟醅量和消耗淀粉的百分率，就可计算出应产酒量。

掌握入窖淀粉含量的高低有哪些原则呢?

根据入窖糟醅温度的高低确定投粮量的原则。入窖温度低，入窖糟淀粉含量可稍高一点;入窖温度高，入窖糟淀粉含量可稍低一点。

根据糟醅中残余淀粉的含量确定投粮量的原则。糟醅中残余淀粉高，应减少投粮量;相反，残余淀粉低，应增加投粮量。

根据产品质量的要求确定投粮量的原则。要求产量高，入窖糟醅淀粉含量可略偏低一点;要求产品质量好，入窖糟醅淀粉含量可偏高一点。

根据大曲中酵母菌发酵能力的强弱确定投粮量的原则。大曲中酵母菌的发酵力强，入窖淀粉含量可大一些;反之，则小一些。

3. 水分

这里讲的“水分”是指“入窖水分”和“出窖水分”。

糟醅在发酵过程中通过打量水而获得所需的水分。一个窖池该用多少量水，这是根据糟醅的出窖水分来确定的。当然，使用量水多少，也还要遵循其他的原则，这在前面已讲到。

打量水后，糟醅经过摊晾下曲，放入窖池，这时糟醅的正常入窖水分应该为54％左右。要使入窖水分保持在54％左右，究竟该打多少量水呢?这里有一个计算公式。

量水的用量是依据原料投入量来计算的。根据生产实践，每打入按原料投入量比例100％的量水，即可获得入窖水分6％。经过蒸煮糊化后的糟醅的含水量是50％。现在，按投料量80％打入量水，那么糟醅的入窖水分是多少呢?其计算方法是:

打入100％的量水　　增加入窖水分6％

打入80％的量水　　增加入窖水分为x

所以增加的入窖水分为:

$$x=\frac{6\%\times80\%}{100\%}=4.8\%$$

那么打入了80％的量水，入窖水分为:

$$50\%+4.8\%=54.8\%$$

因此，在酿酒生产上，在正常的情况下，控制量水用量都在80％～90％这个范围内，只有这样，才能保证正常的入窖水分在54％左右。

糟醅打量水、冷却、下曲入窖后，进行密封发酵，在发酵过程中产生了大量的“黄水”。到开窖取糟时，糟醅所含的水分(严格地讲这里讲的“水分”也不完全是水了，还有酸、醇等物质)，即为通常讲的“出窖水分”。出窖水分究竟多少合适呢?生产实践证明，出窖糟醅所含水分应保持在60％～62％为宜。实际上，此时的出窖糟水分含量，远远大于60％～62％，一般都在64％～65％。因此，过量的水分在工艺操作上，是通过打黄水坑、滴窖、舀黄水来减少的。

糟醅中水分正常变化规律是:

开窖时，糟醅含水量为64％～65％，通过滴窖再取出糟醅，此时水分为62％左右，经拌料、上甑、蒸煮、出甑，水分为50％。打入量水后，含水量为54％左右。从密封发酵到开窖，此时出窖水分为64％左右。

糟醅中含水量或大或小，均会影响生产。如果含水量偏少，生产上就会出现诸如糟醅入窖后升温迅猛，糟醅发酵不完全，糟醅现干，黄水少，易“倒烧”，润粮不透，影响原料糊化等现象;水分含量少还会严重影响微生物的正常代谢活动。同样，糟醅水分含量过大，生产上就会出现糟醅发酵升温缓慢，发酵期长，微生物繁殖快，生酸量大，产出酒的酒味淡薄，无香气等现象。因此，在生产上必须要准确掌握好入窖水分与出窖水分，这样才有利于生产。

4. 酸度

酸是形成浓香型白酒香味成分的前躯物质，是各种酯类的主要组成部分，酸本身也是酒中呈味的主要物质。所以糟醅中的酸度不够时，所产酒不浓香，味单调;但酸度过高又会抑制有益微生物(主要为酵母菌)的生长繁殖，因而不产酒或少产酒。因此，我们必须正确地认识酸在酿造浓香型白酒中正反两个方面的作用，从而有效地利用它，使它更好地为生产服务。

(1) 酸的作用

① 酸有利于糊化和糖化作用。酸有把淀粉、纤维等水解成糖(葡萄糖)的能力。

② 糟醅中适当的酸，可以抑制部分有害杂菌的生长繁殖，而不影响酵母菌的发酵能力，叫做“以酸防酸”。

③ 提供有益微生物的营养和生成酒中有益的香味物质。

④ 酯化作用。酸是酯的前驱物质，有酸才能有酯，没有酸就没有酯，有什么样的酸才能有什么样的酯，所以酒中酯的来源离不开酸。酸和酯构成了浓香型白酒的主要香和味。

(2) 正常入窖糟醅的适宜酸度范围

① 入窖糟醅的适宜酸度范围为1.4～2.0。

② 出窖糟醅的适宜酸度范围为2.8～3.8。

③ 根据多年来生产实践的经验而确定入窖糟醅的酸度，例如1965年泸州曲酒厂统计的入窖糟醅酸度与粮耗关系如下:

入窖糟醅酸度: 1.3～1.5　　每100kg酒粮耗: 180～210kg。

入窖糟醅酸度: 1.5～1.7　　每100kg酒粮耗: 220～230kg。

入窖糟醅酸度: 1.7～1.9　　每100kg酒粮耗: 230～240kg。

入窖糟醅酸度: 1.9～2.2　　每100kg酒粮耗: 240～310kg。

因为酵母菌具有一定的耐酸能力，而且在发酵过程中还要生酸，所以入窖酸度不宜过大。从实践中得到上述统计结果，仅供参考。

(3) 掌握适宜酸度范围的原则

① 根据入窖糟醅温度的高低确定入窖糟醅酸度的原则。入窖糟醅温度高，酸度可适当高一点，以达到以酸控酸，防止杂菌繁殖的目的;相反，入窖糟醅温度低时，酸度宜稍低些。

② 根据对产品产量质量的不同要求确定入窖糟醅酸度的原则。要求产量高(出酒率高)，入窖糟醅酸度应稍低些;要求产品质量好，入窖糟醅酸度应稍高些。

③ 根据入窖糟醅淀粉含量的高低确定入窖糟醅酸度的原则。入窖糟醅淀粉含量高，酸度宜稍低些;入窖糟醅淀粉含量低时，酸度可稍高些。

④ 根据发酵周期长短确定入窖糟醅酸度的原则。发酵周期长的，入窖糟醅酸度可高些;发酵周期短的，入窖糟醅酸度宜低些。

(4) 生产过程中糟醅酸度的变化情况

① 发酵周期为45～60天的，发酵升酸的幅度一般应在1.5左右为好。

② 从出窖到入窖，糟醅降酸幅度在1.5左右。

1) 通过滴窖，减少糟醅中的黄水，从而可降酸度0.2左右。

2) 通过加粮加糠拌和后(糟醅比1：4.5左右;糠粮比20%左右)可降酸度0.6左右。

3) 通过蒸馏酒可降酸度0.7左右，约每流3.75kg原度酒可降酸度0.1左右(包括应流出的酒尾在内)。

(5) 糟醅升酸的原因

① 入窖糟醅温度高，杂菌易于生长繁殖，活力强。

② 糠壳用量多，糟醅糙，发酵升温高，窖内空气多，致使升酸幅度大。

③ 窖池管理不善，窖皮裂口，空气侵入，引起酵母菌和好气性杂菌大量生长繁殖，致

使酸度和温度升高。

④ 发酵周期长，杂菌生长繁殖的时间长，生酸菌较为活跃，所以酸度升幅大。

⑤ 糟醅水分过大，杂菌易于生长繁殖，因而引起酸度升幅大。

⑥ 量水温度过低，量水温度不足80℃，水分大部分附着于糟醅表面，易于被杂菌利用而生长繁殖。

⑦ 清洁卫生工作搞得不好，糟醅污染杂菌而升酸幅度大。

⑧ 入窖糟醅酸度过低。在春季，入窖糟醅酸度在1.5以下，控制不了杂菌的生长繁殖，易造成升酸幅度大。在冬季，糟醅酸度不能低于1.0，否则也会引起升酸幅度大。

(6) 酸度过大的危害

① 入窖酸度高，有益菌(主要是酵母菌)就不能很好地生长繁殖，活力下降，开始钝化，呈抑制状态，发酵作用就不能正常进行，糖分就变不成酒精和二氧化碳，出现粮耗高，酒质差或不出酒的现象。

② 发酵后期杂菌繁殖，造成糖分和淀粉的损失。入窖糟醅酸度大，酵母菌的发酵能力减小，但糖化作用反而增强，糟醅中的糖分大量增加，有益的酵母菌又不能利用，给有害杂菌(如耐酸的醋酸菌)提供了丰富的营养。致使杂菌增多，酸度增高，造成糖分和淀粉的浪费。

③ 酸度大对生产设备的腐蚀性强。如对底锅、冷却器等的腐蚀大，这样不但缩短了这些设备的使用期限，更严重的是影响酒的质量。如酒中产生黑色的硫化物沉淀和硫化氢的臭烂味道，以及铅和重金属含量的增大，都是酸对设备腐蚀的结果，使酒质不纯，卫生指标易于超过。

(7) 调(降)酸措施

①低温入窖是降酸的主要措施。

② 细致操作，搞好清洁卫生，加强窖的管理，残糟(楂)回蒸杀菌等，均可防止杂菌的繁殖，保证糟醅酸度的稳定。

③ 加强滴窖勤舀工作，是降酸的好办法。

④ 在滴窖时，如遇黄水粘而不易滴，或滴不出来的情况，则可采取以酒代黄水(或以酒尾代黄水)的办法来降低糟醅中的酸度。

⑤ 串香降酸。在蒸馏时(或在摘酒后)，在底锅中加入一般曲酒，以降低糟醅中的酸度。

⑥ 加青霉素(四环素)控酸。在入窖的糟醅(粮糟)中，加入一定量的青霉素(一般是1g糟醅中加1u或0.5u青霉素)，可以控制升酸幅度在1.0以内。青霉素对酵母菌和霉菌无杀伤力，但可杀死细菌而降酸。

⑦ 在淡季采取减粮措施，可以降低升酸幅度。在进入旺季的一排，则采取加粮措施，以稀释糟醅酸度，从而降低入窖酸度，以保证转排快，产品产量高，质量好。

⑧ 抽底降酸。在淡季(热季)糟醅酸度高时，可采取红糟打底的办法，利用滴窖，减少糟醅含水量，从而降低糟醅酸度。

⑨ 适当的发酵期是稳定酸度的有效措施。缩短发酵周期可以降低糟醅酸度；相反，延长发酵周期则可提高糟醅酸度，而且主要是不挥发性的酸。

⑩ 在入窖时或发酵中期加入生香酵母菌液，可抑制糟醅升酸。这样升酸幅度在2.0以内，对质量也有一定的好处。

⑪ 采用石灰水中和或用石灰水刷洗堆糟坝、工用器具的方法，杀灭部分杂菌，达到降酸和控酸的目的。

⑫ 双轮底糟分多甑(层)入窖(采用稀释的方法)，以降低双轮底糟的酸度，使双轮底糟能继续使用。这对提高糟醅风格有很大作用，尤其在新窖糟醅中采用这种方法，效果更为显著。

⑬ 糟醅酸度低时，可加黄水(最好用老窖黄水或好黄水)，或加酯化液，以提高糟醅酸度，达到以酸控酸的目的。

⑭ 在发酵中期(入窖后20天左右)，采取回灌老窖黄水，人为地提高糟醅酸度(这种酸度用滴窖的方法可以解决)，以防止有害杂菌的生长繁殖，减小升酸幅度，减少糖分、淀粉和酒精的损耗，并有利于酯化反应，对提高产品产量和质量均有一定的作用。

(8) 在生产中酸度过高过低的现象

① 入窖糟醅酸度过高，在窖内不升温，不"来吹"，15天左右取样(窖内糟醅)化验分析，糖分很高，淀粉含量很低。这种窖应提前开窖，根据糟醅残余淀粉量，采取减少投粮量的办法，以挽回损失，使糟醅酸度转入正常范围。

② 糟醅硬，黄水甜，产品质量差，产量也不高，糟醅含糖分高，这是入窖酸度偏大的现象。

③ 因发酵时间太长等原因，而引起糟醅酸度大。这时，从出窖糟醅和黄水等化验分析结果，看不出什么问题，酒的产量和质量都不错，尤以质量为好。但若不注意解决糟醅的酸度已经升高的问题，则下排入窖就会出现入窖酸度高所产生的弊病和危害。

④ 入窖酸度(或糟醅酸度)低，产量虽高，但质量差。

5. 入窖条件相互之间的关系

所谓"入窖条件"，是讲浓香型大曲酒在生产酿制过程中，与糖化发酵密切相关的一些因素。这些因素对酒质的优劣，酒数量的多少有着重要的影响，因此正确掌握这些因素是十分必要的。入窖条件包含糠壳用量、水分、温度、淀粉浓度、酸度、大曲用量等。在上述的"发酵参数"中已作了一点分析。现就入窖条件相互之间的关系阐述于后。

(1) 温度与淀粉浓度成反比关系　入窖温度低时，入窖淀粉的浓度宜大；入窖温度高时，淀粉浓度宜小。这是因为淀粉在转化过程中要产生大量的热量。若入窖温度低，淀粉浓度大，则在转化过程中产生的大量热能，使窖内升温幅度大，发酵温度最终能达到32℃左右，即达到酵母菌生长繁殖的最适温度，使糟醅发酵完全、正常；反之，入窖温度高时，减少淀粉含量，产生的热量也会相应少一些，同样也可使糟醅发酵正常、良好。

(2) 温度与水分成正比关系　入窖温度随季节不同而不同，最佳的入窖温度是13～17℃，但这个最佳入窖温度不是永远存在的。因此"温度"这一入窖条件，是人们不能完全控制的。当温度高时，水分也要相应高一点；反之，当温度低时，水分也要相应低一点。这无论是在理论上，还是生产实践中都得到充分的验证。

(3) 温度与酸度成正比关系　温度高、酸度高，温度低、酸度低，这是一个重要的关系。温度高时，糟醅发酵迅猛，窖内生酸量大，酸度过高会影响酒精生成，严重时会造成"倒窖”。入窖温度低，发酵缓慢进行，生酸幅度小，有利于生产。现在许多厂家在炎热夏季停产，也就是这个原因。

(4) 温度与大曲用量成反比关系　入窖温度高时，大曲用量应少一些。如果入窖温度高，而用大曲量又大，则会造成升温快，生酸快，发酵期缩短，糟醅发酵不完全，产出的酒数量少，质量差。因此，在生产上都是在入窖温度低时，多用一些大曲，而入窖温度高时，则少用一些大曲。

(5) 温度与糠壳用量成反比关系　糠壳在酿酒生产上起填充作用，因它具有的填充性、疏松性、透气性，能促进窖内糟醅升温。因此，在入窖温度高时，应少用一些糠壳;反之，当入窖温度低时，则多用一些糠壳。

(6) 淀粉浓度和水分在理论上成正比关系　在理论上，当淀粉多时，则应多用一些水，这才有利于淀粉的糖化、糊化。然而，在实际的酿酒生产中，淀粉与水分则是反比关系。热季生产时，水用量大，淀粉用量减小;冬季生产时，水用量减小，淀粉用量增大。为什么这样呢?这是温度在起支配作用，其他的入窖条件都受着“温度”的制约和影响。

(7) 淀粉浓度与糠壳用量成正比关系　糠壳具有调节淀粉浓度的作用，当淀粉多时，糠壳也应多一点。如果淀粉多而糠壳少，淀粉浓度高，糟醅密度大而不疏松，就会造成糟醅发粘，发酵不完全。

(8) 酸度与水分成正比关系　水分能稀释酸而降低酸度。当糟醅酸大时，用水量也应大;反之，酸度小时，用水量也应小一点。但在实际生产中，如果酸度过高而影响生产时，不是采取加大用水量的方法来解决酸度高的问题。加大用水量，只能增加糟醅的表面水分，而淀粉吸收的溶胀水分是有限的。糟醅表面水分过多，有利于杂菌繁殖，易污染糟，反而对生产不利。

(9) 酸度与糠壳用量成正比关系　糠壳可稀释酸度，当糟醅酸度大时，宜多用一点糠壳来降低酸度。但由于受入窖温度的制约，往往在生产上，冬季生产时，酸度低而多用糠壳;夏季生产时，酸度高反而少用糠壳。

五、“六分法”工艺

(一) 概述

所谓“六分法”工艺，即指分层投粮、分层发酵、分层堆糟、分层蒸馏、分段摘酒、分质并坛等综合工艺操作方法，简称为“六分法”工艺。

在我国固态法浓香型白酒生产的工艺操作中，人们把它分为三种类型，即“原窖法”工艺、“跑窖法”工艺和“老五甑法”工艺。其中，“原窖法”是一种主要的、传统的工艺操作方法。“原窖法”是指发酵糟醅在循环酿制的过程中，每一个窖池的糟醅经过配料、蒸馏取酒、摊晾下曲后依然返回本窖池发酵;而不像“跑窖法”那样，将这一窖的糟醅在配料后，经蒸馏取酒、摊晾下曲后，而装入另一个窖池，一窖撵一窖地进行生产。“原窖法”每窖的甑口(容量)不强求固定，窖内糟醅配料上下一致;而不像“老五甑法”工艺那样，每一窖固定为五个甑口，窖内配料上下不同。

传统的“原窖法”工艺生产，每窖糟醅区分为两个层次，即母糟层与红糟层。每一甑母糟统一投粮(即与投粮量相应的糠、水、曲)。每窖的母糟在配料后，增长的糟醅在使用时不投粮，只下曲覆盖在糠糟上面，称为红糟。红糟、母糟均入同一窖池，同期发酵入窖。每窖糟醅发酵完毕后，要全部取出，堆置在堆糟坝上，以便配料蒸馏后，重新将糟醅返回原窖。堆糟的方法是，红糟单独堆放，单独蒸馏，蒸后即丢弃(称丢糟)。母糟则按由上而下的秩序逐层从窖内取出，一层压一层地堆满在堆糟坝上，上层母糟在下面，下层母糟在上面。在蒸馏时像切豆腐那样一方一方地挖取母糟，再均匀拌料，上甑蒸馏。每甑蒸馏取酒时，均采取“断花摘酒”的方式。断花前所摘取的酒为基础酒，酒精浓度保持63%以上，断花后摘取酒尾。丢糟酒(即前一排的红糟)单独装坛，母糟酒和红糟酒则统一装坛贮存，用于勾兑成品酒。

“六分法”工艺，就是在“原窖法”工艺基础上，吸取了“跑窖法”工艺和“老五甑法”工艺的优点而发展起来的一种新型工艺，在发酵和蒸馏上作到扬长避短，缩小差异，分别对待，从而达到优质高产、低消耗的目的。

(二) 工艺特征及操作要点

1. 分层投粮

针对窖池内糟醅发酵的不均匀性，在投入原料时，予以区别对待，这就是分层投粮的基本特征。在全窖总投粮数量不变的前提下，下层糟醅多投粮，上层糟醅少投粮，使一个窖池内各层糟醅的淀粉含量呈“梯度”结构。其层次的划分，最好以“甑”为单位。在具体生产时，为了操作上的方便，可大体分为3层。第1层是面糟(约占全窖糟量20%左右)；第2层是“黄水线”以上的糟醅，可按全窖平均量投粮；第3层是“黄水线”以下的糟醅(包含双轮底糟)，每一甑投粮可比全窖平均数多1/3左右。

2. 分层发酵

针对窖内各层发酵糟在发酵过程中的变化规律，在发酵时间上予以区别对待，这是分层发酵的基本特征。上层糟醅在生酸期后，酯化生香微弱，如让其在窖内继续发酵意义不大，故可提前出窖进行蒸馏。窖池底部糟醅生香幅度大，就可延长其酯化时间。一个窖的糟醅，其发酵期不同。

面糟在生酸期后(在入窖后30～40天)，即将面糟取出进行蒸馏取酒，只加大曲，不再投粮，使之成为“红糟”，将其覆盖在原窖的粮糟上，封窖后再发酵。粮糟发酵60～65天，与面上的红糟同时出窖。每窖的底糟为1～3甑，两排出窖1次，称为双轮底糟(第1排不出窖，但要加大曲粉)。其发酵时间可在120天以上。

3. 分层堆糟

为了保证各层次糟醅分层蒸馏以及下排的入窖顺序，操作时应将各层次的糟醅分别堆放。面糟和双轮底糟分别单独堆放，以便单独蒸馏。母糟分层出窖，在堆糟坝上由里向外逐层堆放，便于先蒸下层糟，后蒸上层糟，以达到糟醅留优去劣的目的。

4. 分层蒸馏

各层次糟醅在发酵过程中，其发酵质量是不同的，所以酒的质量也不尽相同。生产中为了尽可能多地提取优质酒，避免由于各层次糟醅混杂而导致全窖酒质下降，各层次的糟醅应该分别蒸馏。这是其基本工艺特征。

在操作上，面糟和双轮底糟应分别单独蒸馏。二次面糟在蒸馏取酒后就扔掉。双轮底糟蒸馏取酒后仍然装入窖底。母糟则按由下层到上层的次序一甑一甑地蒸馏，并以分层投粮的原则进行配料，按原来的次序依次入窖。

5. 分段摘酒

针对不同层次糟醅的酒质不同和在蒸馏过程中各馏分段酒质不同的特点，在生产上为了更多地摘取优质酒，要依据不同的糟醅适当地进行分段摘酒，即对可能产优质酒的糟醅，在断花前分成前后两段摘酒。其具体操作方法是:

(1) 每甑摘取酒头500g左右。

(2) 面糟(包括红糟和丢糟)蒸出来的酒质要差一些，可不分段;双轮底糟蒸出来的酒质优良，也不必分段。上述两种糟醅，均采取断花摘酒法。

(3) 母糟酒的摘取，应视窖池的新老、糟醅发酵的好坏，以及母糟的不同层次分成前、后两段摘酒。一般的操作原则是:

① 新窖池黄水线以上的母糟前段摘取总量的1/3左右，后段摘取2/3左右;黄水线以下的母糟，前后段各摘取1/2左右。

② 老窖池或发酵特别好的新窖池，黄水线以上的母糟，前后段各摘取1/2左右;黄水线以下的母糟，前段摘取2/3左右，后段摘取1/3左右。

③ 前段酒的酒精浓度要保持在67%以上，最低不低于65%;后段酒的酒精浓度保持在60%以上，最低不低于59%。

6. 分质并坛

采取分层蒸馏和分段摘酒之后，基础酒的酒质就有了显著的差别。为了保证酒质，便于贮存勾兑，蒸馏摘取的基础酒应严格按质合并装坛。操作原则如下:

(1) 酒头和丢糟酒应分别单独装坛。

(2) 红糟酒和黄水线上层母糟后段酒可以并坛。

(3) 黄水线上层母糟前段酒和黄水线下层母糟后段酒可以并坛。

(4) 黄水线下层母糟前段酒单独并坛。

(5) 双轮底糟酒单独并坛。

以上各种类型的基础酒，其酒质有明显的区别，故便于分等定级和勾兑成品。如果条件许可，还可分得细一些。例如，可以区分新、老窖酒。如果糟醅发酵不正常，并坛时可按上述原则适当调整。

(三) 工艺流程

“六分法”工艺流程，如图2-4-4所示。

六、苏、皖、鲁、豫浓香型大曲酒生产工艺

(一) 概述

苏、皖、鲁、豫等省生产的浓香型大曲酒，在风格特征上与川酒有所差异，自然形成了两个不同的流派。前者是纯浓香型的流派，后者是浓中带陈味型的流派。这两个流派的产生与其生产工艺密切相关。

四川的浓香型大曲酒的生产工艺，如前所述，所采用的是原窖分层堆糟法、跑窖分层蒸馏法等工艺;苏、皖、鲁、豫等省生产的浓香型大曲酒所采用的是混烧老五甑法工艺。在发酵周期上也各有所不同，前者为60～90天，后者为45～60天。

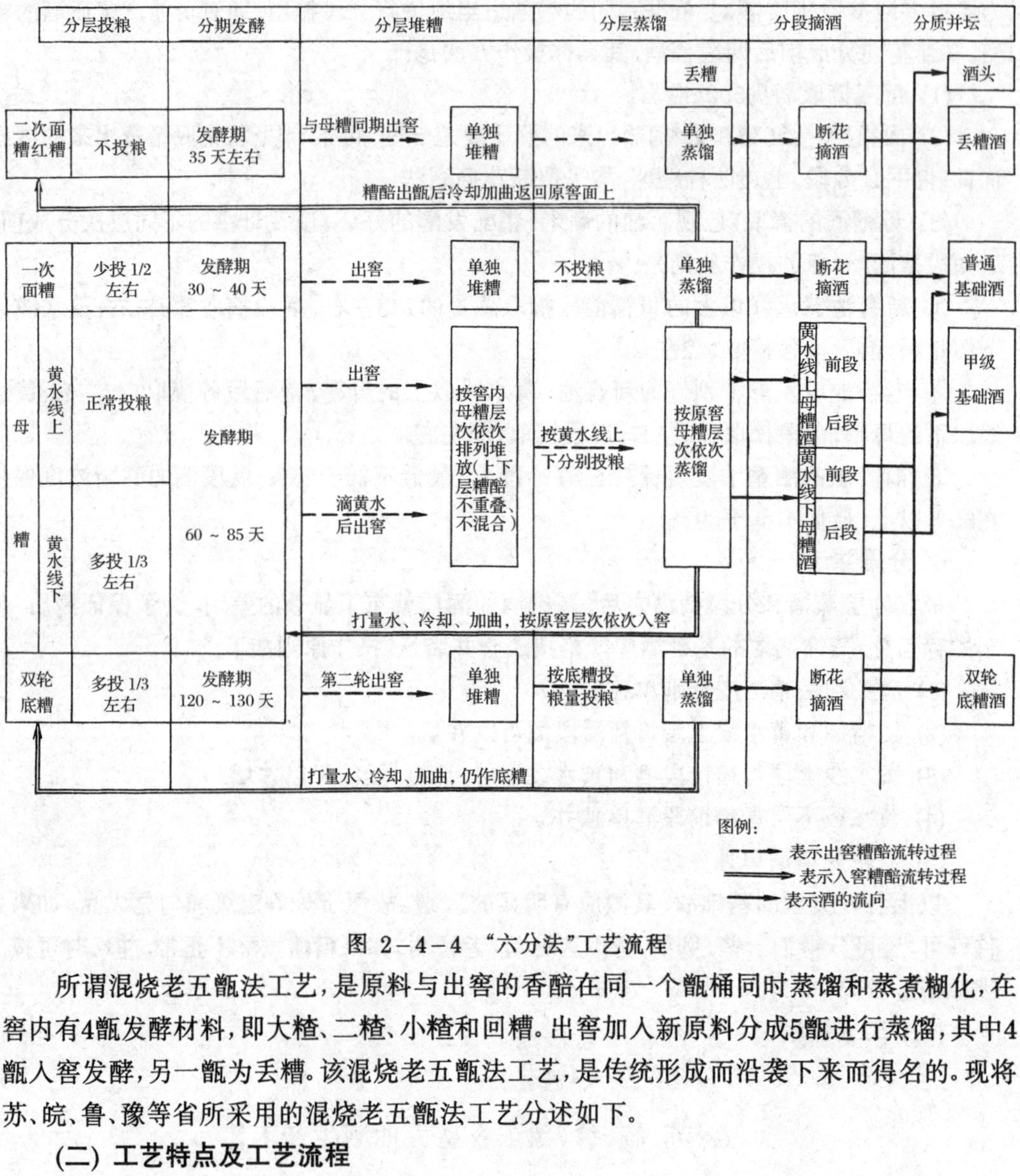

图 2-4-4 “六分法”工艺流程

所谓混烧老五甑法工艺，是原料与出窖的香醅在同一个甑桶同时蒸馏和蒸煮糊化，在窖内有4甑发酵材料，即大楂、二楂、小楂和回糟。出窖加入新原料分成5甑进行蒸馏，其中4甑入窖发酵，另一甑为丢糟。该混烧老五甑法工艺，是传统形成而沿袭下来而得名的。现将苏、皖、鲁、豫等省所采用的混烧老五甑法工艺分述如下。

(二) 工艺特点及工艺流程

1. 工艺特点

(1) 原料与酒醅同时蒸馏和糊化　各种粮谷原料本身含有的香味物质，如含有少量的酯类及芳香族化合物(香草醛等)，在蒸馏和蒸煮糊化时，与由于热变而产生的香味物质一起随酒蒸气带入酒中，起到了增香作用，有人称之为粮香。

(2) 原料和酒醅混合后能吸收香醅中的酸和水分　这有利于原料的糊化，并通过蒸馏而使酒精浓度提高，对控制和提高酒质有促进作用。

(3) 在酒醅中混入新原料　可减少辅料的用量，蒸馏和糊化同时进行，可节约热能。

(4) 原料经过多次发酵　可提高原料和淀粉出酒率，并有利于积累香味前驱物质，增加白酒的香味成分。

2. 工艺流程

(1) 混烧老五甑法工艺流程　如图2－4－5所示。

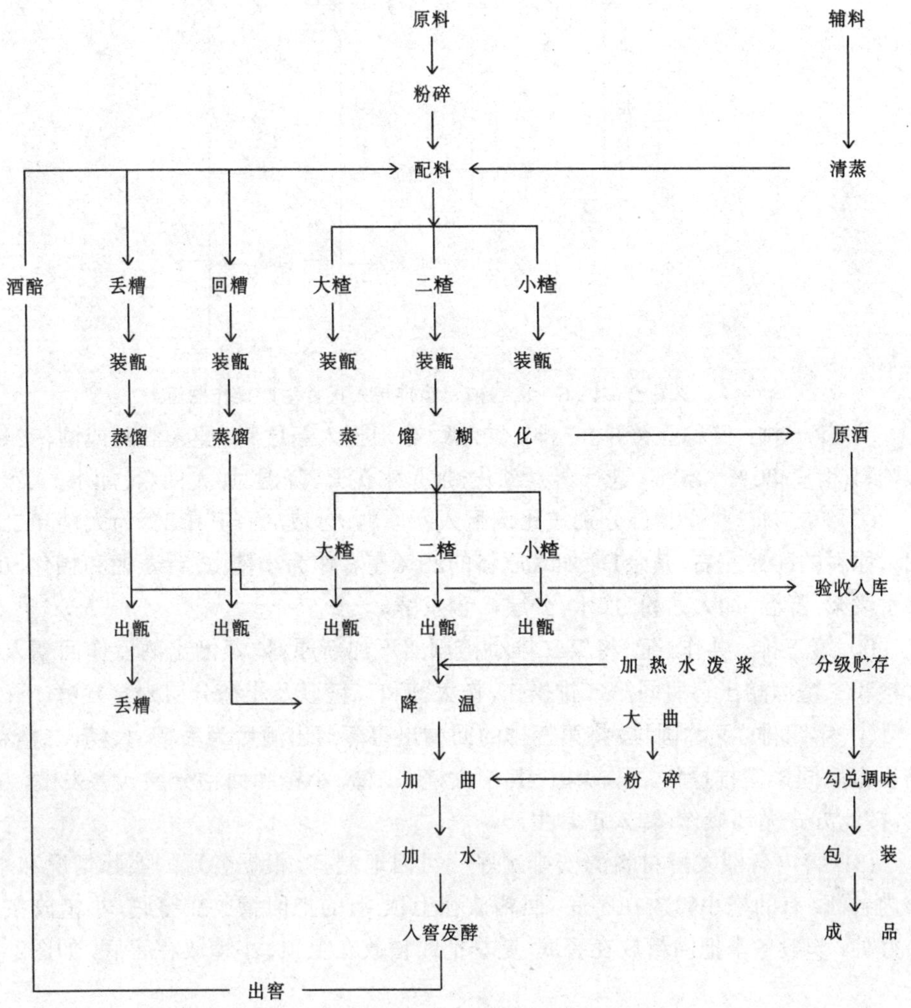

图 2－4－5　混烧老五甑法工艺流程

这是苏、皖、鲁、豫等省生产的名、优质浓香型大曲酒的典型生产工艺流程。如图2－4－6所示，原料经粉碎和辅料经清蒸处理后进行配料，将原料按比例分配于大楂、二楂和小楂中，回糟为上排的小楂经发酵、蒸馏后的酒醅，不加新原料。回糟经发酵、蒸馏后为丢糟。各甑发酵材料，经蒸馏出原酒，再验收入库、贮存、勾兑和调味，达到产品标准，包装为成品。

(2) 从立楂到圆排转入正常生产操作图解　如图2－4－6所示。

从投产开始，按以下生产程序进行操作：

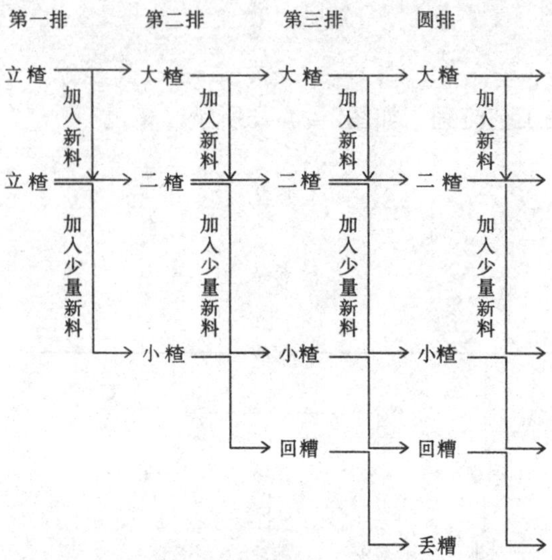

图 2-4-6　从立楂到圆排转入正常生产操作图解

① 第一排：又称立楂排(立排)。共2甑，分别投入新原料，配入酒醅或酒糟2～3倍，加入辅料(稻皮)30%～40%，进行蒸煮糊化，加热水泼浆、降温、加大曲粉、加水，入窖发酵。

② 第二排：共作3甑。分别按比例配入新原料，分成3甑，其中2甑为大楂和二楂，一般加入原料的80%左右，其余1甑加入原料的20%左右作为小楂。进行蒸馏和糊化，出甑后加热水泼浆、降温、加大曲粉、加水，分层入窖发酵。

③ 第三排：共作4甑。将第二排小楂酒醅不加新原料，蒸馏出酒后作回糟入窖发酵。大楂和二楂酒醅出窖后同第二排操作，作大楂和二楂以及小楂分层入窖发酵。

④ 第四排：又称圆排。将第三排的回糟出窖蒸馏出酒后为丢糟。大楂、二楂和小楂酒醅出窖后同第三排操作，配成4甑，其中大楂、二楂、小楂和回糟分层入窖发酵。从圆排开始，按此方式循环操作，转入正常生产。

(3) 窖内各甑发酵材料的安排顺序　可因地制宜，根据各厂的实际情况和季节安排窖内各甑。有的把小楂放在窖底，回糟放在上顶；有的把回糟放在窖底，小楂放在上顶，各有好处。一般冬季把回糟放在窖底；夏季把回糟放在上顶，小楂放在窖底。如图2-4-7所示。

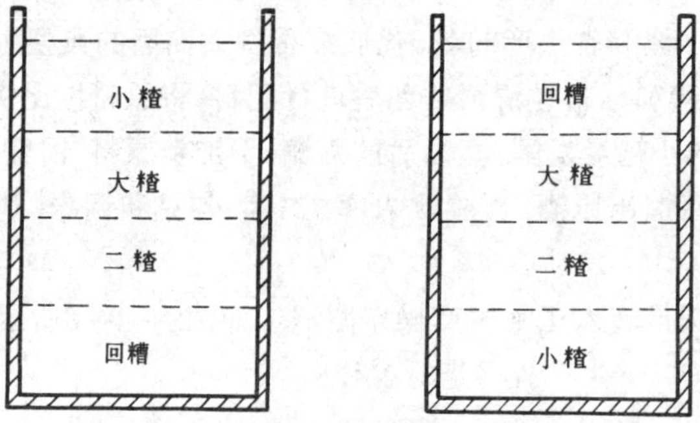

图 2-4-7　窖内各甑发酵材料排列顺序

(三) 工艺参数及操作要点

1. 工艺参数

(1) 原辅料及粉碎度的要求　见表2－4－2和表2－4－3。

表 2-4-2　原辅料感官及理化要求

品　名	感 官 要 求	理 化 要 求		
		水分	淀粉	杂质
高　粱	色泽正常,无霉变,粉碎成6～8瓣	15%以下	58%以上	无
辅　料	色泽正常,干燥,无霉变,清蒸除邪杂味	—	—	—

表 2-4-3　原料粉碎度的要求

品　名	粉 碎 度 要 求
高　粱	通过2mm孔径分析筛的为65%～70%
大　曲	通过2mm孔径分析筛的为90%～98%

(2) 配料比要求　见表2－4－4。

表 2-4-4　配料比要求

项　目	要　求
原料：酒醅	1：(4.5～5.0)
原料：辅料	1：(0.15～0.20)
原料：大曲粉	1：(0.20～0.26)

(3) 各甑配料要求见表2－4－5。

表 2-4-5　各甑配料要求

项目	大 楂	二 楂	小 楂	回 糟	备注
高 粱	40%	40%	20%	0	——
大曲粉	6%～8%	6%～8%	5%～6%	3%～4%	为原料的质量分数
辅 料	5%～6%	5%～6%	4%～5%	4%～5%	为原料的质量分数

(4) 蒸馏和糊化要求

① 蒸馏时,应控制流酒速度,流酒温度为25～35℃,入库酒精浓度为63%以上。

② 蒸煮糊化要求熟而不粘,内无生心。

③ 蒸煮糊化时间,见表2－4－6。

表 2-4-6　蒸煮糊化时间　单位: min

项　目	大 楂	二 楂	小 楂
要　求	70～85	65～80	60～75

(5) 酒醅出入窖要求　见表2－4－7和表2－4－8。

表 2-4-7　酒醅入窖要求

项　目	水分/%	酸　度	糖分/%	淀粉含量/%	温　度
楂　醅	53～56	≤1.5	≤0.6	18～23	冬季13～18℃,其他季节略低于室温
回糟	——	——	——	——	28～32℃

表 2-4-8　酒醅出窖要求

项　目	酒精含量/%	酸　度	糖分/%	淀粉含量/%	水　分/%	温　度/℃
要　求	2.0～4.0	1.8～3.0	≤0.5	11～14	58～62	25～38

2. 操作要点

(1) 出窖、配料

① 出窖前,首先将窖头清理干净,铺好出窖时使用的挡板或接放物。

② 出窖时,应轻挖轻放,严格按分层出醅进行操作,务必保证各甑分开,严禁混杂。

③ 出窖完毕,要进行清窖工作,用扫帚将窖底、窖壁的残留醅子打扫干净。然后用10～15kg酒精含量为2%～3%的酒尾喷洒窖底及窖边,并撒入少量(约250g)大曲粉,以保养窖池,防止窖泥退化。

④ 配料要严格按粮醅比、粮辅料比进行,将发酵成熟的酒醅与原辅料充分拌匀,并彻底消除疙瘩。

⑤ 拌料操作要做到稳和准,各甑分清,按甑次分成堆,并撒一层稻壳拍紧。

(2) 装甑

① 装甑前,首先检查锅底,打开阀门放水,然后关闭阀门,用辅料铺甑篦,再打开蒸汽阀门。

② 装甑时,要做到轻、松、匀、薄、准、平,见潮撒料,不跑汽,不压汽,使甑内蒸汽均匀上升,达到甑满汽平。蒸汽压力不超过0.2MPa。

(3) 蒸馏　装甑完毕,立即盖严甑盖进行蒸馏。流酒前必须放尽冷凝器中的尾酒或水酒,然后接取酒头0.5～2.0kg,再行量质摘酒。以“花酒”断尾,大汽追尾。流酒时,蒸汽压力应控制在0.05～0.1MPa,流酒温度在25～35℃,入库酒的酒精含量在63%以上。

(4) 蒸煮糊化　待酒将淌完后,即开大汽门,进行蒸煮糊化和排酸。要掌握好糊化时间,要求蒸熟蒸透,达到熟而不粘,内无生心。

(5) 出甑、加热水泼浆　糊化好的醅子出甑后,要迅速在鼓风晾楂机(帘)上摊平,并立即加入洁净的70～80℃热水泼浆,使淀粉颗粒充分吸收水分。

(6) 降温、加大曲粉、加水

① 降温: 醅子加入热水泼浆后,要立即翻醅,并趁热用扫帚、木锨消除疙瘩,然后开鼓风机降温。在降温过程中,要勤翻醅子,消除疙瘩,以免影响发酵。

② 加大曲粉、加水　待醅温达到工艺要求时,即可加大曲粉和水,在加曲粉时,要求撒匀,加水量要准。然后收堆,用扬片机打一遍,圆堆后再入窖。入窖醅应新鲜、疏松、柔而不粘、水曲均匀、温度适宜。

(7) 入窖发酵

① 封窖：醅子入窖时，必须各甑分清，每甑入窖完毕后要摊平，并用少量稻壳分隔，用泥封窖。封窖泥要求和细和匀，无结块，泥厚应保持在7～10cm，四周边口要封严，上盖塑料薄膜。冬季要加强保温，可加盖4～6包稻壳。

② 窖池管理：各班组要专人管理窖池。在发酵前期，每天要进行踩窖边(跟窖)、平窖以及卫生工作，以免产生裂缝，引起霉变，影响酒的质量和产量。

(8) 窖池的保养与培养　因窖池的窖底泥活性的强弱与产品质量有直接关系，为保持和强化窖底泥的发酵活性，对窖底泥必须进行经常的保养与培养。根据安徽省古井贡酒厂总结历年的经验，可采取以下3种保养与培养方法。

① 小培养：又称窖底培养。窖底泥外观正常，泥质较绵软，可踩出脚印深1cm左右，为活性较好的窖底。其保养方法是：

1) 用叉子扎眼，行间距10cm，眼深15cm。

2) 撒热水(50～60℃)适量，以窖底见明水为宜。

3) 用约2kg曲粉均匀布满窖底，等待楂醅入窖。

② 中培养：窖底泥外观较硬，脚踩微见脚印，称作窖底活性一般。其培养方法是：

1) 将5kg曲粉均匀布满窖底。

2) 用叉子排行斜叉或用抓勾斜刨10～15cm深，将窖底原地掀起后仍放置原处，行间距为10cm。

3) 撒热水(50～60℃)适量，以窖底见明水为宜。

4) 将窖底整平；用约1kg曲粉均匀布满窖底，等待楂醅下窖。

③ 大培养：窖底外观较板结，脚踩不见脚印，称作窖底活性较差。其培养方法：

1) 将50kg曲粉均匀布满窖底。

2) 用抓勾深刨窖底15～20cm，并将窖底泥块翻起打碎，最后将整个窖底搂平。

3) 加热水(50～60℃)至饱和。

4) 用脚反复踩和，用锨多次翻抄，使泥达到柔软细腻。

5) 将窖底整平，用约2kg曲粉布满窖底，等待楂醅入窖。

6) 窖底经大培养后，应注意楂醅一甑的入窖方法。即醅运到窖边时，用木锨轻撒匀铺入窖内，严禁整车醅子直接倒入。

7) 质量要求：培养操作要细致，用水要适量；培养好的泥必须呈不稀不硬的泥状；应达到柔软、细腻、无疙瘩的要求。

(9) 搞好清洁卫生工作

① 蒸馏室、晾楂场、发酵室等场地，每天下班前要打扫干净，经常保持厂房周围卫生。

② 通风的通道，夏季要每天清扫1次；冬季2～3天清扫1次。

③ 每甑蒸馏前用清水冲洗冷凝器。

④ 每天清洗锅底和换水1次。

⑤ 每周冲洗冷却箱和换冷却水1次。

⑥ 经常保持酒篓、甑盘和其他工器具、设备的清洁卫生，在交接班时要互相检查。

(10) 做好原始记录　各班组的工艺记录员必须认真负责，实事求是地做好原始记录，为了解和分析生产问题、总结技术经验提供可靠的依据。

(四) 浓香型大曲酒两个不同流派的分析

我国白酒风格的形成，原料是前提，曲子是基础，制酒工艺是关键。苏、皖、鲁、豫等省生产的浓香型大曲酒与川酒同属于以己酸乙酯为主体香味成分的浓香型白酒，但由于在生产工艺等方面存在着某些差异，再加上地理环境等因素的影响，出现了不同的风格特征，形成了两个不同的流派。现从生产技术上作如下分析。

1. 原料

酿酒原料是左右产品质量的物质基础。我国的浓香型白酒大多以高粱为主要原料。但高粱因品种不同，所含的成分也不一样，因而在制酒过程中生成的香味成分也有所差别。

苏、皖、鲁、豫等省生产的浓香型大曲酒大多以东北和华北地区产的粳高粱为原料。而川酒大多以本省产的糯高粱为原料，特别是五粮液和剑南春酒都是以高粱、大米、糯米、小麦和玉米为原料，沱牌曲酒以高粱和糯米为原料。因而，由于所用原料品种的不同，故所产酒的风味也不一致。

2. 制曲的原料及配比

苏、皖、鲁、豫等省生产的浓香型大曲酒，所用的大曲是以大麦、小麦和豌豆为原料的；而川酒用小麦原料制作大曲。大麦含粗蛋白质约10.8%，小麦含粗蛋白约12.1%，豌豆约含22.5%。由于制曲原料及配比不同，故组成的碳氮比也不一样，在制曲过程中，提供的营养物质也有所差异，加上自然条件不一，所网罗的有益微生物群也不同，这就必然造成成品酒质量风味有所差别。

3. 生产工艺

(1) 入池条件的控制　苏、皖、鲁、豫等省生产的浓香型大曲酒坚持较低温度入池。根据洋河酒厂的经验，生产旺季的入池温度为13～14℃，发酵最高温度(顶火温度)为27～29℃，窖内升温幅度为14～15℃，所产的酒香味和甜味好。

川酒在控制入池酸度和淀粉浓度方面有其特点。根据剑南春酒厂的经验，认为酸高、淀粉高是提高浓香型酒质量的关键技术之一。

酸高，即入池酸度高。把入池酸度控制在2.0～2.4范围内，出池酸度达到3.6左右，所产酒的己酸乙酯含量平均增加50～80mg/L，而且基础酒的香和味也比入池酸度低的浓而谐调。

淀粉高，即入池淀粉浓度高。一般而言，由于入池酸度高，原料出酒率略有下降，但该厂采取了高淀粉入池，解决了影响出酒率的问题，并通过试验也证明了在相同入池酸度条件下，把淀粉浓度控制在14%～20%进行发酵，蒸馏出的基础酒己酸乙酯含量也高，酒质具有香浓、醇甜、净爽、味长的独特风味。

(2) 生产工艺和操作方法的控制　苏、皖、鲁、豫等省生产的浓香型大曲酒采用混烧老五甑操作法，按不同糟醅入池发酵，分别蒸馏、分段摘酒、分级入库贮存。

川酒则采用原窖法和跑窖法及原窖分层发酵法的生产工艺。泸州酒厂采用的原窖分层酿制工艺，对提高浓香型白酒质量提供了经验。该厂的主要经验是分层投粮、分层发酵、分层堆糟、分层蒸馏、分段摘酒、分质并坛。在窖内糟醅的分布是底层双轮底，中层母糟(糙醅)，上层二次面糟，其中一次面糟少投粮，二次面糟(红糟)不投粮。双轮底发酵期

120～180天，母糟60～65天，一次面糟20～40天，二次面糟35天。这种操作法的特点是养糟(楂)挤回，素有千年老窖万年糟之俗称。以上的技术措施，构成了川酒香气浓厚带有陈味的重要条件。当然川酒的陈味，除与生产工艺有关外，贮存条件也是不可忽视的因素。

此外，在蒸馏工序操作上，川酒出窖酒醅滴黄水，大窖小甑桶蒸馏，一窖酒醅从开窖到封窖需6～8天，五粮液更有跑窖特点。在苏、皖、鲁、豫等省为当天开窖蒸酒，一般不滴黄水，续料入窖，当天封窖发酵。

(3) 发酵周期的控制　如前所述，苏、皖、鲁、豫等省生产的浓香型大曲酒以45天为主，川酒的发酵期均在60天以上。由于发酵期的差异，也会导致酒质风味的不同。

4. 地理环境的影响

浓香型大曲酒的风格特征除了受原料、大曲和生产工艺的制约外，地理环境因素的影响也是一个重要条件。地理环境包括气候、土壤、水质及空气中的微生物。我国是一个领土辽阔的国家，气候千差万别，而且水文地质及空气中的微生物群系等情况各异。各个地域生产的浓香型大曲酒的风格特征必然会受到地理环境的影响。

以苏北地区为例，该地区属暖温带和亚热带的分界地，为湿润、半湿润季风气候，年平均气温13～15℃。川酒的产地分布在川东和川南地区，属于亚热带湿润季风气候，具有冬暖、春早、夏热、秋雨、湿度大、云雾多等特点。年平均气温在－1～19℃之间。由于气候等地理环境不同。所产酒的风格特征也有差异。

第三节　提高浓香型大曲酒质量的技术措施

浓香型大曲酒的发酵，是多种微生物群的多种酶催化的、复杂的生物化学反应体系。如何满足糟醅在窖池发酵过程中微生物生长繁殖和相互作用的条件，以便生成丰富的、为人们感官上所喜爱的各种香味成分，从而提高产品的质量，是白酒界广大科技工作者和酿酒工人长期以来深入研究的课题。人们在从事浓香型大曲酒生产的过程中，经过坚持不懈的努力，已探索、研究、总结出了一些诸如“回酒发酵”、“回泥发酵”、“人工培养老窖泥”、“延长发酵期”等有利于提高浓香型大曲酒质量的技术措施，并在实际生产过程中取得了良好的效果。

但是，科学知识是无止境的，到目前为止，对于浓香型大曲酒的发酵机理、成香机理等仍未彻底明了，对参与发酵的各类微生物及相互之间的作用也远远没有弄清楚。所以，人们仍须进一步研究分析，为探索和揭示白酒生产中的深层次问题作努力。现将目前各浓香型大曲酒生产厂家，在生产上采用的提高酒质的一些成功的技术措施，介绍于下。

一、延长发酵周期

在窖池、入窖条件、工艺操作大体相同的情况下，酒质的好坏在很大程度上取决于窖池发酵周期的长短，因此，延长发酵期已成为提高浓香型大曲酒质量的重要技术措施之一。窖池的发酵生香过程，要经历微生物的繁殖与代谢、代谢产物的分解或合成等过程。而酯类等物质的生成，则是一个极其缓慢的生物化学反应过程，这是由于微生物，特别是己酸菌、丁酸菌、甲烷菌等窖泥微生物生长缓慢等因素所决定的。所以，酒中香味成分的形成，除了提供适当的工艺条件外，还必须给予较长的发酵时间，否则窖池中复杂的生物化学反应就难以完成，自然也就得不到较多的、较丰富的香味物质。

(一) 发酵时间与产品产量和质量的关系

从淀粉生成糖，再由糖生成酒精这一生物化学反应过程的完成，只需20多天。但这时生成的酒，通过尝评，其主体香气成分不足，口味也不浓，十分淡薄。其主要原因就在于发酵期较短。四川某名酒厂在20世纪50年代初期，把窖池发酵期定为30天，而在60年代发酵期也多为30天和45天，但到了70年代则将发酵期普遍延长到60～70天。生产实践证明，发酵期短的酒，其产量高，质量差；发酵期长的酒，其酒质好，产量低。从香味物质，尤其是酯类物质的生成来看，酯的生成要消耗酒精，因此随着发酵期的延长，酒精则减少。

数据表明，发酵期在30天左右的窖池，原料出酒率一般在50％左右(不计大曲消耗，只计投粮数，酒精含量以60％计，下同)；发酵期在45天左右的，出酒率一般在45％左右；发酵期延长到60天左右的，出酒率在40％左右。自然，再延长发酵期，出酒率则更低。所以，既要考虑酒的质量，同时也要考虑酒的产量。现在四川某名酒厂把多数的窖池发酵期定为45～60天，少数窖池发酵期延长到60天以上，长的发酵期可到6个月或1年。

(二) 发酵周期的科学确定

在浓香型大曲酒生产中，延长发酵周期，无论是产品的尝评还是理化指标检测，酒的质量确实较好。那么发酵周期究竟该多长?是否发酵越长越好?对这个问题可作如下分析。

延长发酵周期的目的，是促使香味成分种类增多、含量增大，尤其是酯类物质生成量增大。如果发酵期延长至60天以上，一个窖池做一二排，则酒质确可明显提高；但若继续做，则质量反而下降。这是为什么呢?首先，因为连续延长发酵周期在60天以上，会使糟醅酸度增高，抑制了微生物的正常繁殖生长，使糟醅活力减弱；其次，长期延长发酵周期，不利于窖泥微生物的扩大培养与代谢产物的积累，易使窖泥退化变质，窖泥失水，以及营养成分的消耗而使窖泥严重板结，破坏了微生物生存的载体。因此，发酵周期过长，会严重影响生产。

一个窖池发酵期为30天，窖泥中的微生物每月就得到一次扩大培养的机会。因为窖泥微生物的繁殖生长，也需要一定的温度、水分，新的碳、氮源物质，而这是满足窖泥微生物正常繁殖生长的条件，只有在每排(轮)发酵的前期和中期才能获得。即只有在糟醅入窖发酵的1～20天内，才是窖泥微生物生长繁殖的适宜时期。但在20天以后，窖泥微生物由于受到一些来自于温度、水分、酸度、二氧化碳等因素的影响而逐渐衰老死亡。只有等到第二排(轮)入窖发酵时，在1～20天内才能又重新获得适宜的生长繁殖条件，原来残存的微生物又重新活跃起来。这是一次又一次地选育扩大有益菌种，积累丰富的代谢产物的良性循环过程。

若一个窖池的发酵期为60天，则窖泥中的微生物需要2个月的时间才能得到一次扩大培养的机会和获得必要的生长繁殖所需的物质条件。因而凡是发酵时间长的窖池，在后期，窖泥微生物均处在不利的生长环境中。发酵时间越长，不利的环境条件也就保持越久，衰老死亡的微生物也就越多，致使窖泥活力大大减弱。

从上述分析中可清楚地看出，30天发酵的窖池，窖泥微生物有20天是处于其适宜生长繁殖的良好环境中，而只有10天是处于其不适宜生长繁殖的环境中。但60天发酵的窖池情况就不同了，有利的时间只有20天，而不利的时间就有40天。发酵时间长，糟醅中包含的水分逐渐渗透沉于窖池底部，这就造成了上半部分糟醅含水量不足，糟醅干糙，同样也会使上半部分的大片窖泥失水，致使窖泥板结退化，破坏了窖泥微生物赖以生存的环境。根据试验结果表明，发酵周期长达45天以上的窖池对窖泥老熟不利，使窖泥生香的能力逐渐减弱。这样，不仅不会提高产品质量，反而会使质量下降。

另外，发酵周期长，使设备利用率下降，在制品率增大，资金周转慢，成本上升，同时产量也会下降。

究竟发酵周期以多长为好呢?在白酒界其说不一，各持己见。

第一，从科学研究的角度看，应该是稳定传统的发酵期，同时要采用先进的酿酒技术，研究提高产酒质量的措施，缩短传统发酵期，而不能只靠延长发酵周期来提高酒的质量。前者是科学的，后者是不科学的。

第二，浓香型白酒的质量除与发酵周期有关外，还与窖泥、糟醅、大曲等的质量有关，并与工艺条件、入窖条件、设备使用、操作方法等因素有关。因此，只要其他条件配合得当，符合要求，那么发酵周期短一点，也是可提高酒质的。相反，若其他条件配合不当，不符合要求，那么发酵周期再长，也不会提高酒的质量。这一点，已被长期的生产实践充分证明。

总之，提高酒的质量，应该从多种因素考虑，不能片面地强调发酵周期。一般而言，发酵周期以45天为宜。

(三) 延长发酵周期的工艺方法和措施

在生产上，为了勾兑调味，需要一定量的调味酒。通过延长发酵期，可得到酯含量较高的酒。发酵期在60天以上的发酵窖池，都可获得已酸乙酯含量在250mg/100ml的成品;若发酵期再长一点，已酸乙酯酯含量也相应增高。在一个生产班组，都要选上几个窖池作长期发酵的窖来进行生产。

以四川某名酒厂生产为例，延长发酵期为0.5～1年的工艺方法是:

首先要经过认真、严格的选窖。窖池应是优质窖池，窖泥芳香浓郁，含水量丰富，且窖池不漏气、漏水;再是要选择发酵正常的糟醅，要求糟醅色泽红润，团粒大颗，疏松不糙，柔熟不粘。选窖、选糟醅，这是第一步。

确定窖池后，应在合适的时间内进行操作。半年窖在4～5月份进行，这段时间正是生产上的"小转排期"，气温由冷逐渐转暖，微生物活力旺盛，有较适宜的、易于控制的温度。经过半年时间的发酵，在当年的10～11月开窖。1年窖，也在这一时间范围内进行，发酵1年后才开窖。选择操作时间，这是第二步。

在具体生产操作时，做发酵周期长的窖池更应严格操作，注意入窖条件的合理选择。入窖酸度不宜太大;入窖淀粉浓度应比正常的窖池略高一点;量水使用应大一点;做到低温入窖，严格密封窖。选择正确的入窖条件，这是第三步。

在进行发酵周期长的窖池操作时，应采取的技术措施是:

(1) 清洁卫生工作要彻底。清洁卫生包括生产场地、工用器具、原辅料和糟醅不被污染等。如果在生产操作过程中，忽视了这方面的工作，会对长时间的窖池发酵带来不利影响，例如大量的杂菌侵入，致使生酸幅度大，糟醅质量不良等。

(2) 用全泥密封窖池。因为发酵时间长达半年或1年，故窖池必须使用全泥封窖，而不使用塑料薄膜封窖。封窖泥选用粘性强、细密的新黄泥，经热水浸泡松散，反复踩柔后才能使用。要求封窖泥厚度不低于10cm，而且各部分的厚度要求基本一致。

(3) 严格管理窖池。因为窖池发酵时间较长，故窖池的管理工作十分重要。除了经常清窖外，还需经常检查，如果发现封窖泥有裂缝、泥土掉落等现象，要及时纠正。总之，窖池要密封好，不能使空气进入，否则窖池会废于一旦。

(4) 半年或1年的发酵期到后，在起窖过程中应加强滴窖，以降低酸含量。

(5) 长期发酵窖所蒸取的酒，均应作为调味酒使用。

二、双轮底糟发酵

在浓香型大曲酒生产中，采用双轮底发酵能够提高酒质，这是毫无疑义的。所谓"双轮底发酵"，即在开窖时，将大部分糟醅取出，只在窖池底部留少部分糟醅(也可投入适量的成品酒、曲粉等)进行再次发酵的一种方法。

双轮底发酵已被绝大多数浓香型大曲酒厂使用，且收到了明显的效果。

(一) 使用双轮底糟的意义

双轮底糟发酵，其实质是延长发酵期的一种工艺方法，只不过延长发酵的糟醅不是全窖整个糟醅，而仅仅是留于窖池底部的一小部分糟醅。

底部糟醅与窖泥有较长时间的接触，因此有利于香味物质的大量生成与积累，这是因为：

(1) 窖底泥中的微生物及其代谢产物最容易进入底部糟醅。

(2) 底部糟醅营养丰富，含水量充足，故微生物容易生长繁殖。

(3) 底部糟醅酸度高，有利于酯化作用。

双轮底糟发酵就是利用这部分质量好的糟醅进行连续发酵2次或3次，以达到生产优质酒的目的。它是制造调味酒而采用的一种有效措施，在浓香型大曲酒生产中具有十分重要的意义。

双轮底糟酒的主要酯、酸含量，如表2－4－9所示。

表 2-4-9　　双轮底糟酒的主要酸、酯含量　　单位：g/L

项目 名称	酸				酯			
	乙酸	己酸	不挥发酸(乳酸汁)	总酸	己酸乙酯	乙酸乙酯	不挥发酯(乳酸乙酯汁)	总酯
双轮底酒	1.050	2.652	0.394	2.685	4.406	2.059	2.730	6.791
边糟酒	0.915	2.146	0.236	2.182	3.186	1.595	1.313	4.532
中糟酒	0.60	0.325	0.117	0.906	1.037	1.179	0.342	2.297

(二) 使用双轮底糟的工艺措施

目前在双轮底糟发酵中，常用的方法主要有两种：一种叫连续双轮底，一种叫隔排双轮底。此外，还有三排、四排、"夹沙"双轮底等。下面着重介绍连续双轮底和隔排双轮底的基本操作方法。

1. 连续双轮底

用来作连续双轮底糟发酵的窖池，于第1次起窖时，于窖池底部留1.5甑左右的糟醅不出窖(留糟量的多少，应根据窖池的大小而定，一般10甑左右的窖池留1甑底糟;16甑以上的窖池留2甑底糟)，并投入一定量的曲粉及次酒，进行再次发酵。在留下的底糟上面放置2块竹篾作记号，以便区分底糟与母糟。然后再在底糟上面逐甑放上经摊晾下曲后的粮糟。待发酵期已到时，即可开窖取糟，当起到接近放有2块竹篾作记号处时，就把双轮底上面约1甑半量的糟醅，扒到黄水坑内堆高，或堆放在窖池边，等待双轮底糟起完以后，再把留在黄水坑内的或窖池边的那1.5甑糟醅作底糟扒平，作为下排的双轮底糟。再放上2块竹篾作记号，再逐甑放入粮糟。以后每排均按此法操作，循环进行。实质上连续双轮底糟发酵，每一排都有双轮底糟，故称为连续双轮底，或每排双轮底。

2. 隔排双轮底

作隔排双轮底的窖池，在第一排放入粮糟时，当入完第一甑后，立即将入窖粮糟刮平整，放上2块竹篾作记号，然后再逐甑逐甑装入粮糟。待第二排起窖时，起到有竹篾作记号处，即停止起窖，将竹篾下面的糟醅留下再发酵一次，在它的上面装进粮糟。在第三排起窖时，当起到有竹篾的地方时，就停止起窖，并打黄水坑，做到勤舀黄水。或起到专门堆放双轮底的地方，滴出黄水。在准备蒸本窖第一甑糟醅时，再将底糟全部起出。以后每排均按此循环进行，每隔一排才产一次底糟酒，所以称作隔排双轮底。

双轮底糟发酵，无论采用哪一种方法，产出来的酒都是可作调味酒使用的精华酒，这也被白酒界同行所公认。

为什么双轮底糟发酵能产质量优良的精华酒呢?其基本原理是:

第一，通过延长发酵期，增加了酯化时间，故酯类物质也增多。

第二，双轮底糟在进行酯化作用时(也就是第2次发酵时)，由于竹篾上面的粮糟在糖化发酵时产生了大量的热能(温度)、二氧化碳、糖分、酒精等物质，这些物质不但促进了双轮底糟的酯化作用，而且还给双轮底糟中的大量微生物提供了生长繁殖的有利条件和所需的各种营养成分，增强了有益微生物的代谢作用，同时也积累了大量的代谢产物，因而使酒质提高。

在进行双轮底糟发酵操作过程中，采取的措施和应该注意的问题有如下三个方面:

第一，双轮底糟出窖后要单独堆放在滴双轮底糟的堆糟坝上，再滴24h，堆糟坝要有坡度，堆糟坝上要有装黄水的坑。通过再滴黄水，使双轮底糟水含量在60%左右，这是一个十分关键的问题。如果双轮底糟的含水量降不下来，而为了蒸馏，就势必要加大填充料糠壳的用量。糟醅水分大，容易现腻，上甑也十分困难，会严重影响酒的分离、浓缩。因此，要注意双轮底糟的含水量。通常是把起上来的双轮底糟放置在本窖的、已拍好的发酵糟醅上面，使多余的黄水滴出。虽然这样操作较为麻烦，但效果很好，尤其是新窖池在旺季生产时，其作用更为明显。

第二，双轮底糟要单独进行蒸馏，酒也要单独存放，且都作为调味酒使用。

第三，因双轮底糟酸度大，故在开始做双轮底时，没有把双轮底糟蒸成粮糟，而是蒸成红糟丢弃。双轮底糟发酵应在气温较低的冬天进行，而不能在气温较高的夏天做。生产实践证明，双轮底糟虽然酸度大，但酯类物质和其他香味成分含量高，故将双轮底糟扔掉实在是一种损失，因此将双轮底糟留下，酸度在2.0以下的，可原甑入窖，2.0以上的可一边蒸双轮底糟，一边蒸粮糟，分数甑混合后入窖，这样就解决了糟醅酸度大的问题。在措施上，滴窖滴得好的，酸度都在2.0以下。由于解决了酸度大的问题，生产上一年四季都可做双轮底糟发酵。

第四，无论是连续双轮底，还是隔排双轮底，为使酒质更优，在第2次发酵前都要加入适量的麦曲粉和一般的成品酒。

总之，在生产上采用双轮底糟发酵，采取正确的技术措施，能取得明显的质量效果。

三、人工培窖和加速窖泥老熟

浓香型大曲酒优良的酒质，与“百年老窖”有关。这些产优质酒的窖池，经历了上百年的过程，它是自然老熟而成的，所以现在要提高浓香大曲酒质量，除了采取其他措施外，加速窖泥老熟也是一项极其重要的技术措施。因此，运用现代科技知识、科技手段，提出了人工培窖和加速窖泥老熟的新课题。

(一) 窖泥对酒质的影响

浓香型大曲酒呈香显味物质的生成，绝大多数与窖泥有关，它对酒质起着十分重要的作用。

“百年老窖”能产优质酒，这都是被人们所公认的，这充分说明了窖泥对酒质的影响极大。窖泥，是浓香型白酒功能菌生长繁殖的载体。浓香型大曲酒的主体香味物质是已酸乙酯，而已酸乙酯是由栖息在窖泥中的梭状芽孢杆菌在生长繁殖过程中先产生已酸，然后再与酒精作用而生成的。这一复杂的酯化过程是由窖直接影响着各类微生物的生长和代谢活动，进而产生浓香型大曲酒所含有的已酸乙酯等香味成分的。生产实践证明，在窖泥中产生大量的有机酸，在糟醅中产生大量的酒精，这两种不同的有机物，在发酸过程中受到酯化酶的催化作用，生成了相应的酯类物质。而这些酯类物质，又是浓香型大曲酒的主体呈香呈味物质。

窖泥中微生物区系极为复杂，窖泥中栖息的微生物除已酸菌、丁酸菌外，还有对产生香味物有着影响的具有特殊功能的甲烷菌、甲烷氧化菌和丙酸菌、嗜热芽孢杆菌等微生物。甲烷菌和甲烷氧化菌相互依存，它们以CH_4作为碳源和能源，有刺激产酸的功能。它们共同参与窖池生态环境中的碳素循环，协调了酒中各种有机化合物的相互关系。

窖泥中的微生物，大多为厌氧菌，尤其以芽孢杆菌为多。老窖泥中的细菌总数超过新窖泥中的2倍多。老窖泥中的甲烷菌、甲烷氧化菌、已酸菌、丁酸菌等明显多于新窖。这充分说明了窖泥对酒质有着十分明显的影响，也充分说明了这样一个事实，即“老窖”优于“新窖”。老窖之所以能产优质酒，其奥秘也在于此。

不同窖泥中的微生物分布，如表2－4－10所示。

表 2-4-10　不同窖泥中微生物分布　单位：10^4个/g干土

细菌数	老窖	中龄窖	新窖	老窖/新窖
细菌总数	104.1	39.3	33.7	3.1
好气细菌数	17.3	11.0	12.1	1.4
嫌气细菌数	86.3	28.4	21.6	4.0

续表

细　菌　数	老　窖	中龄窖	新　窖	老窖/新窖
嫌气菌/好气菌	5.0	2.6	1.8	
芽孢杆菌总数	46.1	21.6	20.5	2.3
好气芽孢菌数	9.9	5.2	6.5	1.5
嫌气芽孢菌数	36.2	16.4	14.0	2.6
嫌气芽孢菌/好气芽孢菌	3.6	3.1	2.1	——

(二) 新、老窖泥成分对比

窖泥成分通常包括水分、总酸、总酯、腐殖质、氨态氮、有效磷等。窖泥各种成分含量的多少，是衡量窖泥质量的标准。

若窖泥中上述成分在一定范围内含量较高，则窖泥微生物生长繁殖、代谢活动旺盛；反之，则差。试验表明，老窖泥中，各种成分的含量都高于新窖泥。自然老窖能产出优质酒，新窖产优质酒的比率就小得多。

从表2－4－11中，可清楚地看出窖泥成分含量的差异。

表 2-4-11　　不同等级窖泥成分分析结果

项目 样别	总酸含量/ $g\cdot(100g干土)^{-1}$	总酯含量/ $g\cdot(100g干土)^{-1}$	腐殖质含量/ $g\cdot(100g干土)^{-1}$	氨态氮含量/ $mg\cdot(100g干土)^{-1}$	有效磷含量/ $mg\cdot(100g干土)^{-1}$	水分/%
特曲窖泥	0.8010	0.9929	20.06	304.5	253.8	53～80
头曲窖泥	1.0556	0.8157	14.21	350.4	289.7	50～75
二曲窖泥	1.2749	0.5658	10.13	736.0	132.2	50～69
人工窖泥	0.4015	0.3342	3.69	358.8	164.4	45～55

从表2－4－2的数据说明：老窖泥总酸含量一般在1.0g/100g干土左右；总酯含量为0.5～1.0g/100g干土；腐殖质含量在10～20g/100g干土，一般老窖泥腐殖质平均在13g/100g干土左右；越老的窖池水分含量越大，这是一般的规律。从总酸、总酯、腐殖质、水分4项指标考察，证明自然老熟的窖泥与人工培养的新窖泥相比还存在一定的差距。但有效磷、氨态氮的含量分析结果表明，新、老窖泥无明显差异。

对新、老窖泥进行了感官鉴定，情况如下：

老窖泥的表面层，呈灰白色，厚度为2～4cm，水分大，有较强的粘稠性，具有浓郁的窖底香气。中间层，呈乌黑色，厚度为3～5cm，泥质脆，无粘稠性，水分少，有轻微的硫化氢气味，也有黄、红、绿等各种颜色。在表面层与中间层的相邻处，有许多呈颗粒状的无色晶体物质。最里层是窖墙泥，呈黄、褐色，有臭蛋味、泥生味，有一定的粘稠性。而新窖泥就无上述感官特征。

(三) 人工培养老窖泥的方法

人工培养老窖泥是提高浓香型大曲酒质量的一项重要措施而被广泛应用。而如何科学地、有效地培养窖泥，名酒厂都有自己的一套方法，但无论采用什么方法，总的都是加速窖泥老熟，达到提高酒质的目的。

人工培养老窖泥是人们在生产实践中初步认识“老窖”能产优质酒的基础上得到启发后所采取的一项生产措施。人们通过科学的认识，同时采取科学的手段，用人工的方法加速窖泥老熟，使之接近、甚至达到老窖泥泥质水平。

如何有效地提高窖泥中有效成分的含量，为窖泥微生物提供丰富的、大量的营养基质，这是人工培养老窖泥的最根本的目的。四川省有关研究单位与企业结合曾于20世纪60年代末期作过多次试验。试验情况如下：

人工培养老窖泥所需要的基本材料是：优质黄泥(沙含量较少，具有粘性)，窖皮泥(已用于封窖的泥)，大曲粉，黄水，酒尾等。对5种不同配方进行配料试验如下：

第1种：用50％的窖皮泥与50％的头曲窖泥混合。要求通过人工培养，泥质达到头曲窖泥的质量标准。其配方如下：

老窖皮泥	1600kg	优质头曲窖泥	1600kg
黄水	225kg	大曲粉	50kg
尿素	6kg	过磷酸钙	30kg
酒尾	15kg		

将上述材料充分拌和均匀后，保温发酵15天。

第2种：用60％的窖皮泥与40％的二曲窖泥混合。要求通过人工培养后达到二曲窖泥的质量标准。其配方如下：

二曲窖泥	1265kg	窖皮泥	1922.5kg
二曲窖红糟	160kg	过磷酸钙	36kg
尿素	7kg	黄水	150kg
大曲粉	50kg		

密封发酵30天。

第3种：50％的窖皮泥，25％二曲窖泥，5％优质泥混合。要求通过人工培养后达到二曲窖泥目的。其配方如下：

窖皮泥	1600kg	二曲窖泥	800kg
优质泥	160kg	黄水	150kg
大曲粉	50kg	尿素	10kg
过磷酸钙	54kg		

拌和均匀后，堆积发酵15天。

第4种：70％优质泥与30％的窖皮泥混合拌匀，接人老窖泥培养液，再充分拌匀。通过人工培养后，达到二曲窖泥质量标准。其配方如下：

优质泥	2240kg	窖皮泥	960kg
黄水	200kg	大曲粉	50kg
尿素	12.5kg	磷酸铵	60kg
丁酸菌培养液	22L	己酸菌培养液	6L

充分拌和均匀后，堆积保湿发酵15天左右。

第5种：在二、三曲窖泥中，接人老窖泥培养液，添加青肥腐殖质。要求通过人工培养后，达到头曲窖泥的质量标准。其配方如下：

二、三曲窖泥	3200kg	黄水	150kg
大曲粉	50kg	尿素	12kg
过磷酸钙	82kg	酒尾	12kg
青肥腐殖质	15kg	丁酸菌液	40L
己酸菌液	11L	碳酸钠溶液	3L

拌和均匀后，堆积保温发酵15天左右。

以上5种窖泥配方是某名酒厂首次做的试验，从整体试验情况看：

(1) 对5种不同窖泥配方进行了窖泥发酵前后的泥质分析，化验分析结果如表2-4-12所示。

表 2-4-12　5种不同窖泥配方发酵前后的分析结果

种次	样品名称 \ 分析项目	pH值	氨态氮含量/mg·(100g干土)$^{-1}$	腐殖质含量/mg·(100g干土)$^{-1}$	有效磷含量/mg·(100g干土)$^{-1}$	发酵升温幅度/℃
1	发酵前泥	5.91	64.43	5.08	183.88	7
	发酵后泥	6.10	160.28	5.67	158.42	
2	发酵前泥	6.51	54.18	7.53	198.62	7
	发酵后泥	6.64	229.40	7.89	674.64	
3	发酵前泥	6.95	62.36	3.13	115.72	7
	发酵后泥	5.20	189.37	4.00	598.58	
4	发酵前泥	6.75	17.59	3.43	75.16	7
	发酵后泥	5.80	105.26	3.79	322.14	
5	发酵前泥	7.10	100.76	3.70	178.31	13
	发酵后泥	6.62	249.87	4.62	928.19	

从表2-4-12分析结果看，各种人工配方的窖泥通过15天左右的堆积密封发酵后，pH值略有下降，腐殖质稍有增加，有效磷和氨态氮增加幅度很大。

(2) 从对5种不同窖泥配方发酵前后的泥质感官鉴定看，其变化也是十分明显的。泥土颜色由黄褐色变成黑褐色，土腥味消失，特有的老窖泥香味增加了。

(3) 人工培养窖泥发酵前后，窖泥中的微生物也向有益方面转化，使有益微生物生长繁殖扩大，而有害微生物逐渐被淘汰，分析结果如表2-4-13所示。

表 2-4-13　人工培养窖泥发酵前后微生物的变化　单位：10^4个/g干土

泥样 \ 菌数 \ 菌类	霉菌					酵母菌			细菌	
	曲霉	根霉	毛霉	青霉	犁头霉	酒精酵母	生香酵母	其他	好气菌	嫌气菌
发酵前	——	——	2633	——	——	——	——	——	573.30	10.35
发酵后	——	——	1.0	——	0.33	2.10	0.75	33.50	356.60	1123.33

通过发酵培养，人工培养窖泥中的嫌气性细菌大量增加，而好气性细菌减少，故有利于提高窖泥质量。酵母菌在窖泥培养后，也有明显增加。

某厂在通过5种不同配方的人工培养窖泥试验后，作出如下结论：

(1) 大幅度地增加了人工培养窖泥中氨态氮、有效磷的含量，使之接近、甚至超过了老窖泥中的含量，达到了理想的要求。

(2) 纯化了窖泥微生物，嫌气性有益细菌大幅度地增加。

(3) 增加了有益组分，如己酸、丁酸，己酸乙酯、丁酸乙酯等；减少了杂质含量，消除了泥中的异味，提高了窖泥的质量。

(4) 人工培养窖泥是一项新技术，还要继续深入研究，找出最佳最好的窖泥配方，使之更科学，更完备。上述5种窖泥配方试验，仅仅是试验的开始，尚有许多不足之处，提出来仅供参考。

表2－4－14是某名酒厂利用5种配方建窖以后，进行三排生产所产酒质的尝评结果。

表 2-4-14　　5种窖泥配方所建窖所产三排成品酒尝评结果

评定等级 产酒排次 / 配方种次	第一排	第二排	第三排	初步评语
1	头曲	头曲	头曲	能产头曲
2	二曲、少许头曲	头曲	二曲、头曲	提升头曲
3	二曲	二曲、头曲	二曲	稳定二曲
4	二曲	二曲	二曲	较稳定二曲
5	头曲	二曲	头曲、少许头曲	能产头曲

上述5种配方建造的窖池，距今有30多年了，可以说早在20多年前，这些窖池所产酒的质量就均已在头曲、特曲以上了。

其后，某名酒厂进一步对人工培养窖泥做了许多试验，并试验一次总结一次。与此同时，从理论到实践找出了最好的窖泥配方，认识到要提高人工培养窖泥质量，必须注意以下几点：

(1) 窖泥配方要合理，要有科学依据。如在窖泥中加入烂菜叶、肠衣水、霉坏的水果等杂物，则不但不能提高窖泥质量，反而会给窖泥带来恶臭。

(2) 窖泥配方要有利于窖泥微生物的正常繁殖生长。人工培养窖泥的最根本目的是为窖泥微生物提供一个良好的栖息环境，背离了这个目的的窖泥配方，都谈不上提高酒的质量。因此，在配方中选用有利于窖泥微生物生长繁殖的物质，则是十分必要的。因为人工培养窖泥的实质，就在于培养窖泥中的有益微生物。

此后，某厂又提出了下述人工培养窖泥配方：

第一种配方：

优质泥	5000kg	老窖皮泥	1000kg
黄水	10%	大曲粉	1%
酒尾	2%	老窖泥扩大培养液	500L

适量的无机盐或有机化合物(含氮、磷、钾)。

将上述物质均匀拌和后，置于窖内密封发酵。

第二种配方：

优质泥	4000kg	窖皮泥	1000kg
黑色河塘泥	1000kg	黄水	5%

大曲粉	1.5%	老窖泥扩大培养液	300L
酒尾	适量	糟子粉	适量

充分拌匀，密封发酵。

以上2种窖泥配方效果都很好，尤其是在泥中加入了老窖泥扩大培养液，该培养液中有大量的己酸菌、丁酸菌、甲烷菌等与酿酒有关的功能菌。其后，这种人工培养窖泥的方法被广泛地推广使用。

目前，从白酒界看，人工培养窖泥技术虽说已有20多年，但其方法却是"百花齐放"。不过有关如何提高人工培养窖泥质量，总的认识已趋于一致。这就是：通过人工培养窖泥，为窖泥微生物提供一个良好的生长繁殖环境，能有的放矢地富集和培养老窖泥中的功能菌，同时对厌氧功能菌进行强化。在具体配方中，明确了加入的各种物质要能充分提供窖泥微生物生长繁殖所需的各种营养成分，与此无关的有副作用的物质则不宜加入。

根据有关资料、杂志、书籍，现引录一些厂家对人工培养窖泥所采用的配方，供参考。

四川某酒厂的配方：老窖皮泥、大曲粉、黄水、酒尾、丢糟粉新黄泥、老窖泥培养液。

安徽某酒厂的配方：荷塘泥、黄粘泥、大曲粉、豆饼粉、黄水、己酸菌、丁酸菌培养液。

黑龙江某酒厂的配方：黄粘土、酒糟、黄水、低度酒、己酸菌培养液。

河南某酒厂的配方：黄粘土、大曲粉、酒糟粉、黄水、酒尾、无机盐、甲烷杆菌培养液、己酸菌培养液、丁酸菌培养液。

上述配方建造的窖所产的酒，其质量都有较大的提高。

总之，要建造出优质的人工窖池，一要注意配方，选好泥土；二要讲究菌源；三要方法得当，加强保养。这是各厂在实践中总结出的普遍结论。

四、回 窖 发 酵

浓香型大曲酒的发酵过程，是多种微生物参与并经过极其复杂的生化反应而完成的。而要提高产品质量，除了诸如原料、辅料、糟醅、工艺操作方法、糖化剂、窖池等诸多因素外，还要采取有利于窖内有益微生物生长繁殖的环境条件，以促进浓香型主体香味成分的生成。

根据发酵过程中香味物质生成的基本原理和传统工艺生产的实践经验，采用回窖发酵方法，能较大幅度地提高质量。这种方法易于掌握，效果极好。回窖发酵，是糟醅在发酵过程中增加一些物质参与发酵，并能提高主体香味物质的一种方法。就目前而言，回窖发酵包括回酒发酵、回泥发酵、回糟及翻糟发酵、回己酸菌液发酵、回综合菌液发酵等。下面逐一予以介绍。

(一) 回酒发酵

1. 意义和作用

回酒发酵始于四川省泸州曲酒厂，是该厂的传统工艺。所谓"回酒发酵"是把已经酿制出来的酒，再回入正在发酵的窖池中进行再次发酵。也有称其为"回沙发酵"。由于在窖池发酵过程中，将酒回入窖池，增加了酒精，同时也增加了酸、醇、醛、芳香族化合物等成分，因此，首先它们被酵母菌及窖泥微生物作为中间产物再次进行生化反应，除酯含量增加外，醛类物质、杂醇油也能转化生成有益的香味成分；其次，由于回入了酒精，故有助于控制窖池内升温幅度，使窖内温度前缓、中挺、后缓落；三是回入酒精后，在窖池内生物酶活跃、窖内温度、酸度适中的有利条件下促进了酯化反应，使酒质在窖内陈香老熟。

回酒发酵可明显地提高酒质，这已被酿酒界所公认。若长期采取这一措施，还能使窖泥老熟，窖泥中已酸菌、丁酸菌、甲烷杆菌数量增多，窖泥水分、有效磷、氨态氮、腐殖质等窖泥成分大幅度增加。同时优质的糟醅风格也能迅速形成。

2. 工艺方法

回酒发酵方法有两种：一是分层回酒，二是断吹回酒。

(1) 分层回酒

① 材料准备：

1) 将原度酒(丢糟黄水酒、三曲酒)加水稀释到酒精含量为20%后备用。

2) 低度酒尾。

② 操作方法：在第二甑粮食糟醅下窖前1～2min时，将上述低度酒7.5kg，用洒水壶或瓢均匀地洒在糟醅上。回入到窖内的酒，窖池的边上，量要多些。然后立即装入糟醅，以后的各甑糟醅均按此法回酒。

注意事项：

1) 稀释用水必须清洁卫生。

2) 回酒温度应与入窖糟醅温度一致。

3) 回酒至窖坎时(平窖)即止，如还有剩余，就沿边淋窖。

4) 分层回酒的数量，上层糟多些，下层糟略少。应扣减该甑糟醅的量水用量。

(2) 断吹回酒

① 材料准备：

1) 酒精含量为63%左右的原度三曲酒或丢糟黄水酒。

2) 老窖黄水50%和酒尾50%，配成混合液装坛密封发酵1个月以上，再加酒精含量为63%左右的原度三曲酒备用。

② 操作方法：在封窖后15～20天这段时间里，也就是酒精发酵基本终止时，按全窖投粮量的1%，将上述两种之一的酒回入窖内。其具体做法是：将封窖皮揭去，用工具将覆盖的面糟扒开，把已备好的酒均匀地泼洒在糟醅上面，使其逐步渗透于窖底，然后又将面糟覆盖上，再密封窖池。因这样回酒比较麻烦，因此现在多采用竹竿打洞，通过洞孔将酒灌入。竹竿长2.5～3m，直径约4cm，将竹竿头部削尖。在窖的两侧交叉方向打两个孔，洞孔深至离窖底1m处。将竹竿插进醅内，合格后再将竹竿抽出，用直径为2cm的胶管将酒吸出放入洞孔，吸酒管必须插入糟醅上，切勿放在面糟处。回酒操作结束后，再将窖池密封好。

③ 注意事项：

1) 抽酒管不宜过粗，以直径2cm为宜；流酒速度不宜过快，每分钟流酒量应为5kg。

2) 一个窖池中应隔排或隔两排灌一次酒，不能连续灌酒、回酒。

3) 老窖池宜回酒精含量为63%的原度酒，而新窖池宜回老窖黄水、酒尾混合液。

4) 灌酒、回酒后应加强窖池管理，封窖皮或封窖泥不能有丝毫裂缝。

5) 凡漏水、漏气的窖池不能采取这一措施。

④ 效果:

1) 泸州曲酒厂多采用冬季隔排灌酒。经20余年的生产实践证明,灌酒窖所产酒可提高1～2个等级,在香气、回味、陈味等方面都有显著增强。回一次酒可收到两排以上的效果,即不仅当排可产好酒,下一排也能产好酒。所以一般都采取灌一次酒,隔排再灌。

2) 灌酒可提高母糟(万年糟)的质量。灌酒后的母糟,总酯含量都有所增多,其他有益成分也均增加。

3) 在7～8月间采取全面灌酒的措施,效果非常显著。

(二) 回泥发酵

1. 意义和作用

浓香型大曲酒的香型与泥土有着密不可分的关系。老窖就充分地说明了这一点。如果没有泥土,那就会影响酒的香型与风格。采取回泥发酵也就是基于这个道理。

由于浓香型大曲酒的生产设备和工艺操作在不断更新,这些变化对酒的香型、风格产生了影响。例如传统的摊晾是在泥制的或砖块镶嵌的地晾堂上进行的,糟醅常与泥土接触,泥土中的微生物容易进入窖池参与发酵。而现在摊晾则在金属制造的或竹木制造的摊晾机上进行,故载有微生物的泥土进入窖池的量大为减少。因此,有人尝评成品酒时认为,现在的酒,窖香味没有以前那么浓了。

为了不致于使浓香型酒产生型变,丢失固有的酒体风格,故提出了回泥发酵这一措施。

2. 工艺方法

(1) 材料准备

① 新鲜黄泥加酒尾浸泡后,拌和成糊状备用。

② 以特制窖皮泥用酒尾浸泡后,拌和成糊状,备用。

③ 用发酵泥加酒尾浸泡后,拌和成糊状,备用。

④ 特制窖皮泥的制作方法: 新黄泥加黄水、酒尾,黄水与酒尾用量之比为1∶2;加2%～5%的糟醅和发酵母糟,两者用量之比为1∶1;再加大曲粉1%,充分搅拌均匀,作为封窖泥封在窖上,用塑料薄膜密封,发酵15天以后使用。

(2) 操作方法

① 每甑糟醅回泥用量的计算: 经初步估计,每甑入窖粮糟中的泥含量在1%～2%之间(泥土以60%的含水量计算),试验中第1次回泥量为:

$$m=850\times N$$

式中　m——每甑糟醅需用60%含水量的泥量(kg)

N——糟醅中含泥百分率(%)

850——每甑糟醅的质量(kg)(可按甑的大小而变)

第2次及以后每甑回泥量为:

根据糟醅的增长比例来计算每甑糟醅的用泥量。以泸州曲酒为例,糟醅的增长比例为20%,其计算公式如下:

$$m=850\times N\times 20\%$$

例如: 若要求入窖糟醅的含泥量为1.5%,则第1次每甑用泥量为:

$$m=850\times1.5\%=12.75(\text{kg})$$

第2次及以后每甑用泥量为:

$$m=850\times1.5\%\times20\%=2.55(\text{kg})$$

以上所用泥的水分含量均为60%。

② 操作方法:

1) 将每甑所需要加入的泥量,放入到该甑应打入的量水中,一并打进糟醅。

2) 将每甑所需要加入的泥量,加入2倍左右的酒尾,将泥搅拌成糊状,如分层回酒那样,逐甑逐甑回入到粮糟上,并迅速覆盖糟醅,依此循环加入。

(3) 效果

① 用作回泥发酵的窖池,所产出的酒经尝评鉴定,香气浓郁,有窖糟香味,质量明显提高。

② 从酒质分析结果来看,总酸、总酯等均有所增加。从微生物镜检看,芽孢杆菌大量增加。

(4) 注意事项

① 每甑加入多少回泥,尚无定论,应视糟醅情况而定。根据传统工艺操作计算,糟醅中含泥量以1.5%～2%为宜。

② 如果糟醅中含泥量偏大,则会导致糟醅发腻,也会影响蒸馏效果,致使填充辅料用量增大。

③ 在回泥时,应将泥均匀地回到糟醅上面。

(三) 回糟及翻糟发酵

1. 意义和作用

回糟发酵及翻糟发酵是在回酒发酵的基础上进一步发展而来的。它是冬季酿酒提高产品质量、提高发酵糟醅风格的一项有效措施。这两种方法不仅起到分层回酒的作用,而且回进了大量的有益微生物和酸、酯、醇、醛等有益香味成分,对提高酒质,尤其对提高发酵糟醅的质量有显著的效果。许多资料表明,不少生产浓香型大曲酒的厂家,采用了回糟发酵、翻糟发酵的方法后,生产上取得了良好的效果,产品质量明显提高。故这些方法得以广泛推广,促进了浓香型大曲酒生产的向前发展。

2. 工艺方法

(1) 回糟发酵

① 材料准备: 选择发酵正常、良好的糟醅或者好的双轮底糟,准确地估计出所需的用量,将其单独存放,备用。

② 操作方法: 选择上述原料之一种,在每甑糟醅上用其20～50kg充分拌和入窖,入窖后不再进行分层回酒。

依照各个窖池甑口数量,确定回糟总量。这些工作都要在操作之前作好充分准备。

③ 效果: 四川某名酒厂在1973年四季度生产时,产酒质量下降,糟醅质量差,于是在全厂范围内采用了回糟发酵法。只经过一排生产,糟醅质量即得到了提高,逐渐形成了好的糟醅风格,收到了良好的效果。

④ 注意事项:

1) 这一方法对新窖产生的效果最明显,是提高新窖池酒质、糟醅质量的好方法。

2) 这一方法,不适宜热季生产采用。

3) 用作回糟发酵的糟醅要求质量高,坚决不能使用劣质糟醅。

(2) 翻糟发酵　翻糟发酵,行业术语称“翻沙”,是四川某名酒厂在20世纪70年代首创的,并取得了成功。

翻糟发酵实质上是集二次发酵、回酒发酵、延长发酵周期等三项措施于一体的技术措施。因此,它的效果是可以充分肯定的,可使浓香型大曲酒的优质品比率大幅度地提高。

① 材料准备:

1) 符合质量要求的大曲粉。

2) 原度酒(达到二曲标准以上的)。

3) 经过培养、符合质量标准的黄水酯化液(勿用冷酯液,使其温度在35℃左右)。

将上述材料按量准备好,以便及时使用。

② 操作方法:

1) 将已经发酵达30天左右的窖池剥去封窖皮。

2) 将面上的丢糟去掉。

3) 将窖池内的发酵糟全部取出。

4) 每甑使用15kg大曲粉,将其拌和均匀,上层糟醅先入窖,底层糟醅后入窖。

5) 每甑入窖后,回入原度酒或酯化液15～25kg,用瓢泼撒均匀。回酒、回酯液的数量是下少上多。

6) 发酵糟醅翻完以后,要拍紧拍光。

7) 密封窖池,将场地清扫干净。

③ 注意事项:

1) 选择正常发酵窖池进行,糟醅含水量须正常。

2) 用作翻沙的窖池,不宜连续使用。

3) 翻沙时应注意场地、器具清洁卫生,不要造成糟醅污染。

4) 加强翻沙窖池的管理工作。

五、用化验数据指导生产

(一) 找准、选定生产中的标准数值

在认真总结各名白酒的工艺操作的基础上,各自应找出生产中的各项标准数值。现在各名白酒厂的各项标准数值已经找出,如某厂老窖大曲酒生产中的各项标准数值如下。

1. 入窖粮糟的标准数值

① 粮、糟比: 旺季是1∶(5～4.5),淡季是1∶(5～5.5)。

② 粮、糠比: 旺季为22%～26%,淡季为18%～20%。

③ 粮、水比: 旺季为60%～80%,淡季为80%～100%。

④ 粮、曲比: 旺季为20%,淡季为18%。

⑤ 入窖温度: 旺季为13～20℃,淡季25℃左右。

⑥ 入窖粮糟各项化验数据的标准：淀粉含量旺季为17%左右，淡季为15～16%左右；水分旺季为53%～54%，淡季为55%～56%；酸度旺季为1.4～1.7，淡季为1.6～2。

2. 出窖母糟(发酵糟)的正常标准数值

酸度旺季为2.5～3.1，淡季为3.0～3.5；淀粉含量7%～8%；水分60%(滴窖后，出窖前应为64%左右)；酒精含量旺季为9%～10%，淡季为7%～8%。

(二) 运用化验数据指导配料和操作

其基本原理是化验分析出窖糟(发酵糟)的淀粉含量、水含量的酸度，从而确定入窖粮糟的配料数(比例)，使入窖粮糟达到各项标准正常数值，以利于正常发酵。怎样根据出窖糟的化验结果来确定配料，使之达到入窖粮糟的各项标准正常数值呢?现分别叙述如下。

1. 根据出窖糟的淀粉含量确定入窖粮糟的糠壳配料用量

出窖糟淀粉含量在8%时，其糠壳用量采用标准数值。若出窖糟淀粉含量低于8%时，则应减少糠壳用量；出窖糟淀粉含量高于8%时，则应增加糠壳用量或减少投粮数。

这是基本方法，用投粮量和投糠壳量来调节入窖粮糟的淀粉含量。

(1) 怎样准确计算出窖糟的淀粉含量?出窖糟淀粉含量以出窖糟含水分60%为基础计算，也就是说出窖糟淀粉含量要计算成出窖糟含水分为60%标准时的淀粉含量。例如：出窖糟的淀粉含量为9.2%，水分为61%，则换算成标准淀粉含量为：

$$\frac{61\% \times 9.2\%}{60\%} = 9.35\%$$

(2) 出窖糟的加糠量　一般窖下层的粮糟用糠比例大(用最高数)，窖上面的粮糟用糠比例小(用最小数)。也就是说在这个范围内从窖下到窖上逐渐减少投糠量。根据母糟淀粉含量确定投糠量范围的参考数据如表2－4－15所示。

表 2-4-15　根据母糟淀粉含量确定投糠量　单位：kg

用量 \ 窖别 出窖淀粉含量/%	深窖(25m以上)		一般窖池	
	旺　季	淡　季	旺　季	淡　季
7	50.6～55.2	22.0～46.2	46.0～50.6	37.8～42.0
7.5	53.9～58.8	45.0～49.5	49.0～53.9	40.5～45.0
8	57.2～62.4	48.0～52.8	52.0～57.2	43.2～48.0
8.5	60.2～66.0	51.0～56.1	55.0～60.5	45.9～51.0
9	63.8～69.6	54.0～59.4	58.0～63.8	48.6～54.0
9.5	67.1～73.2	57.0～62.7	61.0～67.1	51.3～57.0
10	70.4～76.8	60.0～66.0	64.0～70.4	54.0～60.0

注：旺季指1、2、3、4、5、10、11、12月，其余为淡季。旺季投粮130kg，淡季投粮120kg。

(3) 用加糠或减糠来调节入窖粮糟淀粉含量的作用及其优缺点

① 用加糠或减糠的方法使入窖粮糟始终保持一定标准的淀粉含量，以保证入窖粮糟不腻不糙，提供微生物的良好适宜环境，使之发酵正常。如果不用糠壳用量来调节入窖粮糟的淀粉含量，则当出窖残余淀粉高时，母糟会越做越腻；当出窖淀粉含量低时，母糟会越做越糙，均会影响发酵的顺利进行。

② 用加糠来调节入窖粮糟淀粉含量有以下优点：1)操作方便简单，易于掌握;2)能降低入窖粮糟酸度(与减粮措施比较);3)效果也比较明显。但是它也有以下缺点：1)不能挽回损失。上排残存在母糟中的过剩淀粉(因上排发酵不良而造成的)不能利用，而被糠壳稀释后，转入红糟，增大了红糟的比例，红糟的甑口增加，因此下排丢掉的丢糟甑口也随之而增加。这不但会使丢糟的淀粉含量增高(因为红糟中的淀粉不易被发酵而造成)，而且由于丢掉的甑口多，丢掉的淀粉总量也会更多。所以，用加糠的办法解决入窖粮糟淀粉高时，只考虑了本排加入的淀粉的利用而没有考虑上排残存的多余淀粉的利用问题，这样就使上排没有发酵的残余淀粉大部分被丢掉。2)不利于提高劳动生产率。由于增加了糠壳，使红糟、丢糟比例增大，丢红糟的甑口增加，这样就要多蒸甑口，从而降低了劳动生产率。

(4) 用加粮或减粮的办法来调节入窖粮糟淀粉含量，以利于正常发酵　根据实际经验总结和初步计算得出，每增加或减少入窖粮糟1％淀粉含量，每甑需增加或减少投粮15kg，从而使入窖粮糟的淀粉含量在标准范围内。用加粮或减粮的办法来调节入窖粮糟的淀粉含量有以下的优缺点：

①优点：1)能将上排因发酵不良而残剩下来的淀粉进行再发酵，以节约粮食，降低消耗。2)不增加丢红糟甑口，不影响劳动生产率。3)节约糠壳用量，有利减少辅助料的消耗，降低成本。

②缺点：1)做法比较麻烦，每个窖、每个甑投粮不一致，工人不易记清楚，保管人员核算困难，容易搞错。2)不利于降低入窖酸度。

用加粮调节入窖淀粉含量时应注意以下问题：

①不管是加粮或减粮，糠壳用量应按正常发酵窖的标准而不变。

②用大曲量也应按正常发酵窖的用量而不变。

③用水量应根据化验数据来确定。

用减粮的措施来调节入窖粮糟的淀粉含量，对挽回上排因发酵不良而造成的损失，效果是很显著的。如1961年泸州曲酒厂发生“倒窖”事故后，用减粮措施挽回了大部分损失。由原来正常每甑投粮140kg减到每甑投粮75kg左右(出窖糟残存淀粉在12％左右，最高的达14％)。若只按当排投粮(75kg左右)计算，出酒率可高达80％，大大超过了理论数据。1978年3月泸州曲酒厂3车间12组生产不正常，出窖糟残存淀粉在11％左右，他们对一部分窖采取加糠措施，一部分窖采取减粮措施(每层减少投粮20kg)，4月底，5月初开窖，所有窖池都有了好转，粮耗比原来降低27％左右。尤其是减粮的窖效果更为显著，每甑单位产酒量比没有减粮的要多，或者与没有减粮的窖每甑单位产量一样，粮耗在85kg左右，不但没有降低劳动生产率，而且为国家节约了大量的粮食。所以遇到很不正常的窖池，采取减粮措施是完全必要的。

(5) 在正常生产中，一般应采取调节投粮量和投糠壳量两者综合的办法。当出窖残余淀粉含量在10％以下(不含10％)时，可用加糠或减糠的办法来调节入窖粮糟的淀粉含量。当出窖糟残余淀粉含量在10％以上时，就应用减粮的办法来调节入窖粮糟的淀粉含量(这应根据各厂的具体情况而定)。这样大多数窖用加糠或减糠的办法调节入窖粮糟的淀粉含量，而只有个别的发酵很不正常的窖池或班组，才用减粮的办法来调节入窖粮糟的淀粉含量。从而不经常变动投粮数，相互吸取优点而克服各自的缺点。

当出窖糟残余淀粉高时，可根据酸度的大小来确定加糠还是减粮。酸度高应采取加糠措施;酸度小则应采取减粮措施。

(6) 在用糠量中应注意一个问题，即目前糠壳粗细很不统一，细糠的密度大，粗糠的密度相对为小，因此单按质量分数来计量就会造成很大的差异。例如同样是用20％的糠壳，但糠壳粗的体积大，糠壳细的体积小，粗糠与细糠的体积差异高的可达1/3。近年来由于糠壳的来源紧张，细糠也必须用于生产。因此，在计算时，先应计算出粗糠的标准用糠量的体积，然后得出同一体积的不同细度糠壳的不同质量分数。如某名酒厂以粗糠28.5kg的体积为标准，经计算粗糠28.5kg的体积为$0.25m^3$，与每甑母糟的体量比约为1∶4，甑子的体积约为$1.4m^3$。也可以增大红糟的比率来观察用糠壳量是否适合，正常的红糟增长率为旺季30％，淡季20％(与粮糟甑口的比例，也就是说在旺季每10甑粮糟的发酵糟，下排除了再蒸10甑粮糟外，还要蒸3甑红糟;在淡季每10甑粮糟的发酵糟，下排除了蒸10甑粮糟外，还要蒸2甑红糟)。在当前糠壳来源紧张，细度很不一致的情况下，换算成标准糠壳的体积来计算加糠量，这一点是很重要的。另外，在用糠时，下层的粮糟多用些糠壳，而上层的逐渐少用些糠壳。其理由：一是窖下层的粮糟受力大，所以需要稍为疏松点，以抵抗上层的压力。二是窖下层的粮糟疏松点，以利于滴窖，而窖上层的粮糟略为紧实点，以利于保住水分，使上层的粮糟有一定的含水量，不致干烧或倒烧。

1964年曾采用过按出窖残余淀粉含量下粮的措施，收到了很好的效果，全年平均粮耗有显著下降，提高了出酒率。但后来母糟正常，出窖糟淀粉含量一般均在8％左右，加上这个措施比较麻烦，所以才放弃了这个办法。

2. 根据出窖的含水量确定滴窖时应舀黄水数量和入窖粮糟的量水用量

(1) 根据窖内母糟含水量确定滴窖时应舀黄水数量　窖内发酵良好的母糟含水量一般在64％左右(取窖内母糟上、中、下的混合样分析)。根据每个窖的粮糟甑口计算，每甑粮糟应舀黄水40kg左右。窖内母糟含水量若是63％，则每甑粮糟应舀黄水30kg。若窖内母糟含水量是65％，则每甑粮糟应舀黄水50kg。其全窖应舀多少黄水的计算公式为:

$$m=(w_1-w_2)\times 900n$$

式中　m——全窖应舀黄水质量(kg)

w_1——窖内母糟含水量(％)

w_2——理想母糟含水量(％)

n——本窖粮食糟子甑口数(甑)

例如: 窖内母糟含水量为63.5％，所要求的母糟含水量(理想水分)为60％;本窖粮糟甑口是15甑，在滴窖中应舀多少黄水为正常?

$$m=(63.5\%-60\%)\times 900\times 15$$
$$=472.5(\text{kg})$$

(2) 根据堆糟坝母糟含水量确定每甑应打量水数量

① 根据粮、糠、糟比例，计算出拌料后的粮糟含水量:

$$w(\%)=\frac{(w_1m_1)+(w_2m_2)+(w_3m_3)}{m}\times 100$$

式中　w——拌糟后的粮糟含水量(％)

w_1——堆糟坝母糟含水量(%)

w_2——高粱含水量(%)

w_3——糠壳含水量(%)

m_1——每甑粮糟用堆糟坝母糟质量(kg)

m_2——每甑粮糟用粮量(kg)

m_3——每甑粮糟用糠壳量(kg)

m——每甑粮糟在蒸馏前的总质量(包括母糟、粮食、糠壳,不包括量水和大曲)(kg)

例如: 堆糟坝母糟含水量为60%,每甑粮糟用母糟650kg,高粱含水量为12%,每甑粮糟用高粱130kg,糠壳含水量为13%,每甑粮糟用糠壳为35kg,则拌料后的粮糟含水分应为:

$$w(\%)=\frac{650\times60\%+130\times12\%+35\times13\%}{815}\times100$$
$$=49.94(\%)$$

从计算结果和无数次的实验,得出了这样的一个规律,即: 拌料后的粮糟含水分等于糟堆坝母糟含水分减去10%。若堆糟坝母糟含水分是60%,则拌料后粮糟的含水分为50%;若堆糟坝母糟含水分为61.5%,则拌料后粮糟的含水分为51.5%;若堆糟坝母糟含水分为58%,则拌料后的粮糟含水分是48%;其差值均在10%左右。

为了便于计算每甑粮糟的量水数量,必须进一步弄清拌料后的粮糟水分与蒸粮后出甑时的粮糟水分的关系。通过无数次化验分析,得出的规律是: 拌料后的粮糟水分和蒸馏出甑时的粮糟水分是基本一致的。即拌料后的粮糟水分是多少,蒸馏后出甑时的粮糟水分也是多少。从总量来说,蒸馏后出甑的粮糟略比拌料后的粮糟重25kg左右,其增重的主要原因是水蒸气代替了母糟中的酒精。

② 根据堆糟坝母糟的含水量,确定应打量水的量: 先计算出1kg粮食用1kg量水,能增加入窖粮糟多少含水分。其计算公式如下:

$$w(\%)=\frac{mw_1+m_1}{m+m_1}\times100$$

式中 w——打量水后入窖粮糟含水量(%)

m——拌料后粮糟质量(kg)

w_1——拌料后粮糟含水量(%)

m_1——加入量水质量(kg)

例如: 每甑下粮130kg,拌料后的粮糟含水量为50%(即堆糟坝母糟含水量为60%),现按投粮量打100%的量水(即打量水130kg),其入窖粮糟的含水量为:

$$w(\%)=\frac{815\times50\%+130}{815+130}\times100=57.2(\%)$$

实际化验结果为56%,其0.8%则是在冷却过程中挥发损失。因无数次的化验分析结果和实际相吻合,故可按投粮比计算每增加10%的量水数就增加入窖粮糟水分0.6%。其计算结果和实际水分如表2-4-16所示。

表 2-4-16　计算结果和实际水分

用量水比/%	每甑投粮量/kg	实际用量水量/kg	计算粮糟含水量/%	挥发损失系数	入窖粮糟实际含水量/%
110	260	286	57.4	0.8	56.6
100	260	260	56.8	0.8	56.0
90	260	234	56.2	0.8	55.4
80	260	208	55.6	0.8	54.8
70	260	182	55.0	0.8	54.2
60	260	156	54.4	0.8	53.6

注：母糟含水量为50%。

从表2－4－16的结果可以清楚地看出，每打10%的量水，刚好增加入窖粮糟含水分0.6%。假如拌料后的粮糟含水量是50%，打60%的量水，就等于增加水分60×0.6%＝3.6%。如果列成公式，即是用打入量水的百分比(对粮食而言)×0.6就是入窖粮糟增加的水分。若换算成增加入窖粮糟1%的含水量需打多少量水，则为：

$$13kg \div 0.6 = 21.66kg$$

这就是说打量水13kg增加入窖粮糟水分0.6%，打量水21.66kg，就可以增加入窖粮糟1%的水分。

另外又作了其他条件不变而投粮量增加时对入窖粮糟含水分的影响。从计算结果可见，影响也不大。例如：每甑投粮数140kg时，若打100%量水，则增加粮糟水分6.1%水分。如果每甑投粮量变为120kg，量水仍打100%，则增加入窖粮糟水分为5.7%。

从实际化验的分析结果看，投粮量对入窖粮糟含水量的影响更小，基本上仍符合“加10%的量水，增加粮糟含水量0.6%”的规律。其原因是当粮食增加后，糠量也会随之增加，相反，母糟数量则会有一定数量的减少，这样实际的含水量则比计算含水量偏低。同理，当投粮减少时，投糠壳量也随之减少，而母糟用量则稍有增加。所以，粮糟实际的含水量就会比计算结果略高。因此投粮数的增减，对“加10%的量水，增加粮糟含水量0.6%”的规律无影响，只是母糟含水量变化，对入窖粮糟水分有影响。其计算结果如表2－4－17所示。

表 2-4-17　母糟含水量变化对入窖粮糟水分的影响

拌料后的粮糟含水量/%	每甑投粮量/kg	实际用量水量/kg	计算粮糟含水量/%	挥发损失系数	入窖粮糟实际含水量/%	实际增加水分/%
51	130	130	57.7	0.8	56.9	5.9
50	130	130	56.8	0.8	56	6
49	130	130	56.0	0.8	55.2	6.2
48	130	130	55.7	0.8	54.3	6.3
47	130	130	54.2	0.8	53.4	6.4

从表2－4－17可以看出，当母糟含水分逐渐减少时，实际用水量逐渐加大，这与化验结果也是吻合的。在大生产中，拌料后的粮糟含水量一般均在48%～51%之间，超出这个

范围者很少，尤其是在48％以下的情况更少，所以都很少考虑这个因素。当拌料后的粮糟含水分在48％以下(不包括48％)，即堆糟坝母糟的含水量在58％以下时，粮糟中的粮粉就吸不足水分(从感官上看拌料后的粮糟不转色，现灰白色)，则将严重影响糊化。所以在这种情况下，应于加粮粉前在母糟中添加适当的冷酒尾，以提高母糟的含水量达到60％左右为宜。从生产实际和计算结果，都证实了每添加19kg冷酒尾，可以提高拌料粮糟1％的含水量。例如，堆糟坝母糟含水量57.5％，拌料粮糟的水分为47％，若在加粮粉前，往一甑量的母糟中撒入19kg冷酒尾，再倒入粮粉和糠壳，则拌料后的粮糟水分可提高1％，而实际含水量为48.5％。以此类推，即可算出各种不同母糟含水量应加入的冷酒尾数量。

为什么当母糟含水量不够时，宜加冷酒尾，而不加生水或加黄水呢?加冷酒尾是传统工艺，从理论上讲，因为冷酒尾中无杂菌(没有微生物或微生物很少)且含有部分有益物质，如酸、酯和高级醇等，酸度也不高，故有利于提高酒质或至少不影响酒质(因为酒尾按工艺操作规定，也回到底锅中重蒸回收)，有利于粮粉糊化。若加生水，则容易导致母糟倒烧(或产生不利于质量的因素)。因生水中有较多的杂菌，所以一般都不主张加生水。若加黄水，则因黄水酸度大，虽有利于糊化，可以增加部分有益物质，但同时会增大入窖粮糟酸度而不利于发酵，所以一般也不主张加黄水。若采用新窖，母糟酸度又偏低，则加老窖黄水代替冷酒尾更为有利。因此，是加冷酒尾还是加老窖黄水，应根据母糟酸度的具体情况而定。

(3) 在用量水中，应注意的几个问题

① 量水温度宜高，一般都应严格要求在80℃以上。

② 目前采用打梯梯水的办法，即窖下层的粮糟少打量水，而窖上层的粮糟多打量水。其具体作法是将全窖总的量水用量分成三个不同的数值来分配，叫做三截打水。例如一个窖粮糟甑口是26甑，计划打量水80％，前10甑按80％计算后，每甑少打15～30kg量水，第11甑到16甑(即中间部分)，可按80％计算打入量水；第17甑到26甑，按80％计算外，每甑还增加15～30kg量水，(一般是窖最下面的两甑少用30kg量水，窖最上面的4到6甑多用30kg量水)，但全窖平均量水用量仍为80％。为何采取这种分配法?这是传统工艺，目前认识也不尽一致。采用这样分配法有以下三点理由：1)堆糟坝母糟的含水量由于逐渐挥发和流失而减少，所以刚开始蒸粮时，母糟含水量要大些，出甑粮糟的含水量就会大些。但由于母糟含水量逐渐减少，因此，出甑粮糟的含水量也逐渐减小，这就需要在分配量水时予以调整。2)从窖内粮糟发酵产热情况来分析，热气往上走，因此越是上面的糟子受热越大，所以需要的水分要多些，才能适应。在传统工艺中打梯梯水(尤其是窖最下层的一二甑粮糟打量水最少)，控制“宝塔式温度”(窖下层高，尤其是刚入窖的一二甑粮糟的温度要比窖最上面的粮糟温度高4～5℃，以后逐甑降低，即下高上低)，可能也是这个原因。3)窖下面的粮糟水分的挥发损失较小，而窖上层的物料，尤其是平窖坝后的入窖粮糟，其水分挥发损失较大，所以应在量水分配上进行适当的调整。

③ 梯梯水的各甑粮糟化验数据：小窖(14甑以下)1甑，大窖2甑底糟粮糟的含水量，比计划应打量水的含水量低1.0％～1.5％。第1、2甑以后的1/3的粮糟水分比标准水分低0.5％；1/3的粮糟为标准水分；上层1/3的粮糟水分比标准水分高0.52％，最后两甑可高1.5％。堆糟坝母糟含水分的损失，没有规律性，出入很大。如果有条件，最好是每8h左右分

析化验1次，以便调整量水用量。若每窖只开头分析化验1次，就只能凭经验来调整，一般也较好掌握。

④ 水分挥发损失系数为0.8%左右；因季节和气候条件不同而略有变化，在实践中可进一步的探索。

⑤ 以上数据不是绝对统一的，各个酒厂应根据自己生产的工艺特点、设备条件等找出各自的适宜数据，以指导生产，不能完全照搬。

⑥ 为了正确地控制入窖粮糟含水量，起窖倒在堆糟坝的母糟必须干湿均匀，即须认真严格地做好分层堆糟工作，否则将影响入窖粮糟水分的准确性或给化验分析工作带来不必要的困难。

3. 酸度的控制

酸度分出窖母糟酸度、入窖粮糟酸度以及发酵生酸等几种。

(1) 出窖母糟酸度　在正常情况下，出窖母糟酸度旺季是2.5～3之间，淡季是2.8～3.2之间。若出窖母糟酸度的化验分析结果接近或者超过了不同季节的最高正常值时(即旺季2.8，淡季3.2)，就应采取加强滴窖勤舀的措施来降低母糟酸度。经计算和实践证明，每降低母糟1%的含水量，即每甑多舀10kg黄水，就可以降低入窖粮糟酸度0.1；黄水的酸度比母糟的酸度几乎大1倍，因为母糟中的酸是溶解在黄水之中的。再加上降低母糟1%的含水量，就可以增加入窖粮糟21.5kg左右的量水，用量水代替了黄水，可以达到明显降低酸度的目的。因此，当出窖母糟酸度超过正常值时，应尽量设法降低母糟含水量，从而降低入窖粮糟酸度。目前有效的措施是提前打洞滴或打黄水坑勤舀黄水等。有人提出用撒冷酒尾以挤出黄水(当窖不易滴时)的办法，滴出更多的黄水，以更有效地降低酸度。

① 加入酒尾后，可以把黄水挤出来，而酒精以及溶解在酒精中的香味成分不受影响。

② 加粮加糠拌料后，可以降低酸度0.2左右。如出窖糟酸度是3.0，则可降低酸度0.6左右。在蒸馏过程中，每流5kg 65%酒精分的酒可降低母糟酸度0.1左右。若流40kg酒可降低酸度0.8左右，通过加粮、加糠，蒸馏后可降酸1.4左右，使入窖酸度控制在理想的标准范围内。

(2) 入窖粮糟酸度　正常入窖粮糟酸度是：旺季1.0～1.6，淡季1.5～1.7。如入窖粮糟酸度超过各季不同的正常值时，则应采取如下措施：①大火冲酸；②进一步提高量水温度，有条件的可以用100℃的开水；③以加糠来适应酸度较大的特点，每超过酸度0.1可加2%的糠壳，加5%的量水。例如入窖粮糟酸度1.9，则可在标准用糠量上加4%的糠，在标准用水量上加10%的水。这个方法在入窖糟酸度2.0以内都可采用；④入窖粮糟酸度在2.2以上，应采用以石灰水中和的措施来降酸(有人提出用NaOH代替石灰水效果更好)。入窖粮糟酸度超过正常值时，可以用增加酒精酵母的办法来提高出酒率(用干酵母更好)。

(3) 发酵生酸(也叫升酸幅度)　正常的发酵生酸一般是1.0～1.2之间。如没有达到1.0，则为发酵和微生物生长不良。若超过了1.5，则为有杂菌感染，这是因窖池管理不善或因发酵周期延长等原因所致，会给下排降低酸度带来困难。如果是因为发酵周期延长而增大了酸度，则在加糠壳时，可在标准用量的基础上增加5%～10%的糠，以扭转被动局面。水一般不添加，可适当沿边踩窖。

4. 温度的控制

温度分入窖温度和发酵升温两种。

(1) 入窖温度　入窖温度是指入窖粮糟在入窖时的温度。近年来都一致强调低温入窖。低温入窖的标准是当地温在13℃以下时，入窖温度控制在13～15℃；若地温上升到15℃以上后，则尽量做到平地温或降地温入窖，这就要根据设备条件而定，能降地温就尽量降地温。原则是入窖粮糟入窖后不返烧，不能因降温而侵入杂菌，不能降地温的就平地温入窖或高于地温1℃入窖。按上述温度入窖的就叫做低温入窖。因为入窖温度受到气温等因素的影响，故各酒厂还不可能做到一致。例如泸州大曲酒目前的低温极限是13℃，这是根据四川的气候和大曲酒发酵周期长的特点，经过长期的实践而摸索到的。各种酒应根据当地的气候特点和工艺条件正确地决定低温极限和低温入窖的温度范围，不能简单搬用。另外，在收温时每个窖的最下两甑窖底粮糟要比一般粮糟高1～2℃，其他粮糟的温度应尽量做到一致，尤其是在窖上面的粮糟温度不宜高。

(2) 发酵升温　发酵升温是封窖后，粮糟在发酵时放出的热量使窖内母糟温度逐渐升高所致。因此可从发酵升温情况初步判断粮糟的发酵好坏。正常发酵升温是：淡季每天上升1～2℃，升温幅度为10℃左右，直至发酵期7天左右。旺季每天上升0.5～1℃，升温幅度12℃左右，主发酵期10天左右。如果升温速度快，升温幅度大，主发酵期短，则证明入窖粮糟糙了，一般是糠多，或是杂菌侵入感染等原因所致。若升温速度慢，升温幅度不大，主发酵期不明显(倒吹快或没有吹)，则是入窖粮糟淀粉含量高，糠壳少，母糟做腻了，或是大曲质量不好等原因所致。若发酵后期或发酵中期升温，则是因窖池管理不好，窖皮有裂口而漏气，浸水或入窖温度低，母糟腻等原因所致。

5. 根据母糟(发酵糟)酒精含量计算蒸馏效果、挥发损失

(1) 根据出窖母糟酒精含量计算蒸馏效率　正常出窖母糟的酒精含量淡季为4.5%～5%；旺季5.5%～6%，用化验分析数据，结合甑子的容量就可以算出蒸馏效率。例如：出窖母糟的酒精含量是5.2%，而每甑装母糟650kg，拌料粮糟所产酒平均为51.5kg(以酒精含量60%计)，则蒸馏效率为：

$$\eta(\%)=51.5\div(\frac{5.2}{60}\times 650)\times 100=91.5(\%)$$

列为公式：

$$\eta(\%)=m\div(\frac{\varphi}{60}\times m_1)\times 100$$

式中　η——蒸馏效率(%)

m——每甑实际产酒量(kg)(酒精含量以60%计)

φ——母糟酒精含量(%)

60——换算量成酒精含量60%

m_1——每甑装母糟的量(kg)

(2) 挥发损失的计算　用出窖时母糟酒精含量减去拌料时母糟酒精含量或拌料后粮糟的酒精含量，以得出挥发损失，从而计算出经过各个工序后母糟酒精含量的损失。

① 起窖过程中，母糟酒精含量损失的计算：

例如：起窖前窖内母糟的酒精含量为5.2%，含水量是65%；经过滴窖，母糟起到堆糟坝时的母糟酒精含量是5%，含水量为59.5%。问经过起窖、滴窖，在起窖过程中母糟挥发损失了多少酒精含量(黄水含酒精含量是4%)?

$$\rho(\%)=\left[\frac{65\times5.2-(65-59.5)\times4}{59.5}-5\right]\times100=0.31(\%)$$

列成公式为：

$$\rho(\%)=\left[\frac{w\times\varphi-(w-w_1)\varphi_2}{w_1}-\varphi_1\right]\times100$$

式中　ρ——母糟酒精含量的挥发损失(%)

w——起窖前窖内母糟含水量(%)

φ——窖内母糟的酒精含量(%)

w_1——起到堆糟坝时的母糟含水量(%)

φ_1——起到堆糟坝后母糟的酒精含量(%)

φ_2——滴出来的黄水中的酒精含量(%)

② 母糟酒精含量在堆糟坝上的损失的计算：

例如：母糟起到堆糟坝时的酒精含量是5%，每隔8h或24h再分析化验1次堆糟坝母糟的酒精含量：8h是4.95%，24h是4.85%等，然后用前者减去后者就可以计算出酒精的损失，根据各种不同的要求和目的，可以计算出各个时间的损失量。

③ 拌料时母糟酒精含量的挥发损失计算：

例如：拌料前，母糟的酒精含量为4.85%；质量是650kg，加高粱粉130kg，糠壳30kg，拌料后的粮糟酒精含量是3.7%，问拌料过程中酒精挥发损失是多少?

$$\rho(\%)=\frac{650\times4.85\%-(650+130+30)\times3.7\%}{650}\times100=0.15(\%)$$

列公式为：

$$\rho(\%)=\frac{m\varphi-(m+m_1+m_2)\varphi_1}{m}\times100$$

式中　ρ——母糟拌料后酒精含量的损失(%)

m——每甑拌粮糟用母糟量(kg)

m_1——每甑拌粮糟用高粱粉量(kg)

m_2——每甑拌粮糟用糠壳量(kg)

φ——拌料前母糟的酒精含量(%)

φ_1——拌料后粮糟的酒精含量(%)

前述蒸馏效率实际上包括了挥发损失在内，为了避免数据复杂，减少分析化验项目，以利于迅速得出结果，及时指导生产，故将全部挥发损失和蒸馏损失统一列为蒸馏效率来计算。因此要提高蒸馏效率，不但要注意上甑工序，而且还必须注意减少开窖后母糟酒精含量的损失。但是确切的蒸馏效率应是上甑时拌料粮糟的酒精含量的理论产酒数除以实际产酒数。例如：拌料粮糟的酒精含量是3.7%，每甑产60%酒精分的酒45.5kg，每甑母糟650kg，投粮130kg，下糠30kg，则蒸馏效率为：

$$\eta(\%)=45.5\div(\frac{3.7}{60}\times 810)\times 100=91.1(\%)$$

(三) 关于化验分析问题

为了用化验指导生产，逐步走向科学酿酒，化验分析工作必须做到：取样要具有代表性，分析结果准确、及时。这样才能起到指导生产的作用，并不断总结经验，推动生产向前发展，从而实现酿酒科学化的目标。根据化验分析应准确、及时、有代表性的原则，目前的具体做法是：

1. 窖内发酵粮糟(即母糟)的取样和分析

(1) 取样　取样采用竹片取样法，在本窖入窖装粮糟时，就将预先准备好的竹片放入窖内，让粮糟逐层均匀地装入竹片内，装完粮糟后，使竹片上端刚露出粮糟表面，并作一记号(以便开窖时好找)。再装入红糟，然后让竹片封入窖内发酵。待开窖前的1～2天，从窖内抽出竹片，窖内上、中、下层发酵粮糟由竹片带出，然后混合均匀，取样进行化验分析。

(2) 化验分析项目和作用

① 化验分析窖内发酵粮糟的含水量，以确定该窖应舀多少斤黄水，并用化验结果通知单，提前告诉班组。

② 化验分析窖内发酵粮糟酸度，以确定滴窖方法和采取的降酸措施等，使班组在开窖前就知道本窖粮糟的酸度情况，以便提前做好必要的准备工作。

③ 化验分析窖内发酵粮糟的淀粉含量，并折算成在60％的含水量时的淀粉含量，使班组提前知道本窖的发酵情况，残余淀粉的情况，初步决定本排的投糠量。

④ 化验分析窖内发酵粮糟的酒精含量，通过计算，可以初步了解本窖的原料出酒率和粮耗，以便分析研究发酵好坏的原因。

⑤ 必要时可化验分析窖内发酵粮糟的总糖含量或微生物数量、活动情况等，以了解窖内发酵状况。

取样分析的主要目的是解决窖内发酵粮糟的水分和酸度问题，其次是初步了解本窖本排的发酵情况，预计粮耗和原料出酒率，研究确定配料等。

2. 堆糟坝母糟的取样和分析

(1) 取样　当窖内发酵粮糟起到堆糟坝后，在踩拍整理堆糟坝母糟时，要在堆糟的上、中、下三层母糟均匀取样，尽量使样品具有代表性。取样完后，要立即进行化验分析，因为母糟起到堆糟坝后，很快就要配料蒸馏入窖，所以化验分析结果应在配料前通知班组。一般可在取样后2h内得出化验分析结果，用以指导生产。

(2) 化验分析项目和作用

① 堆糟坝母糟含水量的化验分析：根据化验分析结果，确定本窖全窖用量水的比例(与投粮量的比)和每甑应打量水的量。使入窖粮糟达到理想的标准含水量。

② 化验分析堆糟坝母糟的残余淀粉含量，并与窖内发酵粮糟的淀粉含量比较，是否一致。然后较正确地得出母糟的残余淀粉含量，结合母糟酸度的大小和水分的多少，确定本排本窖的用糠比例，和每甑粮糟用糠壳的量，使入窖粮糟达到柔熟不粘，疏松不糙的标准，使淀粉含量达到合理的标准。

③ 化验分析堆糟坝母糟的酸度，并与窖内发酵粮糟的酸度比较，了解滴窖降酸情况，

确定冲酸时间以及是否采用提高量水温度等降酸措施;同时提供确定用糠壳量和用量水量的参考依据。

④ 化验分析堆糟坝母糟酒精含量,并与窖内发酵粮糟的酒精含量相比较,了解起窖和滴窖时的挥发损失程度,进一步确定本窖、本排粮耗和原料出酒率;还可确定每甑粮糟或高粱应产酒的数量,计算其蒸馏效率,了解蒸馏过程中的损失情况。

⑤ 堆糟坝母糟的化验分析结果应与窖内发酵粮糟的各项化验分析数据相符合,出入不能过大,否则应重新取样,以确保结果的准确。

3. 入窖粮糟的取样和分析

(1) 取样 入窖粮糟应按每甑入窖粮糟,即不同甑次的粮糟进行化验分析。这种粮糟应在入窖时均匀取样,尽量做到具有代表性,并应记下该甑粮糟的量水用量和该甑拌料粮糟是否刚好装完。如果有余或不足,以及前一甑遗留有尚未装完的拌料粮、料等,均会影响分析结果的准确性。

若为全窖粮糟,应在开始装粮糟时就放入事先准备好的竹片,等该窖粮糟装完后准备装红糟时,把竹片抽出,取出粮糟,拌匀后取样化验分析。

(2) 化验分析项目和作用

① 不同甑次入窖粮糟(每甑入窖粮糟)应化验分析水分、酸度、淀粉含量等是否符合理想的标准含量,如果不符合,在下一甑就要进行调整。若水分不适合,就应根据计算结果增加或减少量水数量,使之达到入窖水分的标准含量。又如酸度大了,冲酸和提高量水温度后仍没有达到理想的入窖酸度,就应采取相应措施,使入窖酸度达到标准。化验分析不同甑次的入窖粮糟,主要是检验各项指标是否符合标准,不适宜就要再进行调整。必要时可测定糊精含量,以了解糊化程度是否完全,以指导蒸馏工艺,同时也可供下排分析研究生产参考。

② 化验分析全窖入窖粮糟的水分、酸度、淀粉含量等,也可以化验分析含糖分和糊精,以供下排分析研究发酵情况作参考。

4. 化验分析结果要与生产结合,并能及时指导生产

现举一个简单的实例: 某年4月某车间某组某号窖,每甑投粮130kg,全窖共装粮糟25甑,窖池深度为2.7m。

(1) 开窖前2天,在打有记号处将塑料薄膜揭开,或将窖泥扒开,抽出事先放入的竹片后,再将窖泥封好窖池。然后将竹片内的发酵粮糟取出,拌和均匀后取样化验分析,分析结果为: 水分65.4%,酸度3.2,残余淀粉8.3%,酒精含量5.4%。根据窖内发酵粮糟的上述化验分析结果,应提出以下指导生产的初步意见:

① 含水分较大,全窖应舀黄水1350kg,其计算公式为:

$$(65.4\%-60\%)\times 1000\text{kg}\times 25=1350\text{kg}$$

② 窖内发酵粮糟酸度偏高,应加强滴窖勤舀工作,尽量降低母糟含水量,从而降低酸度。经过滴窖措施舀出1350kg黄水后,母糟含水量降到60%,酸度可以下降0.54。经过加粮加糠拌料后,酸度还可下降1.0左右。再加强冲酸,入窖酸度可望降到1.4左右。

③ 根据母糟残余淀粉含量和酒精含量分析,本窖发酵正常,原料出酒率达52.3%～58.1%,其计算方法为:

$$\left(\frac{5.4}{60}\times 845\div 130\right)\times 100\%=58.5\%\cdots\cdots\text{理论数}$$

$$\left(\frac{5.4}{60}\times 845\div 130\right)\times 90\%\times 100\%=52.65\%\cdots\cdots\text{实际数}$$

如果有上一排的入窖粮糟的化验分析数作比较，就可以计算出：在发酵过程中消耗用了多少淀粉，增加了多少酸度和增加了多少水分等。例如上一排入窖粮糟水分是55.5%，淀粉是17.5%，酸度是1.5。那么，发酵过程中耗用淀粉为17.5%－8.3%＝9.2%，增加的酸度为3.2－1.5＝1.7，增加的水分为65.4%－55.5%－5.4%＝4.5%。由此可以确定发酵是比较正常的。

(2) 母糟起到堆糟坝后，立即按化验分析结果，提出指导生产的初步意见。堆糟坝母糟的水分是60.8%，酸度2.53，残余淀粉含量8.5%，酒精含量5.4%。

① 根据堆糟坝母糟的含水量和理想标准水分56%，可确定本窖应打量水的比例为85%，其计算依据为：

$$[56-(60.8-10)]\div 6\times 100\%=86.60\%$$

平均每甑粮糟实际应打量水110kg。第1、2甑每甑打量水82.5kg；第3～6甑每甑打量水90～105kg；第10～16甑每甑打量水112kg；第17～23甑每甑打量水119～134kg；最后两甑粮糟每甑打量水142.5kg。

全窖量水总量为112×25＝2800(kg)

各班组可根据上述原则，结合母糟具体状况分配量水的量，但全窖用量水应在2800kg左右，即85%左右。

② 根据堆糟坝母糟的残余淀粉含量，用糠的标准范围，并参考堆糟坝母糟的酸度和水分，确定投糠数量。例如残余淀粉是8.5%时，用糠量为30.25～33kg，由于母糟酸度过大，含水分偏高，糠壳用量应略偏大一点，可确定全窖平均每甑用糠为32.5kg(即为25%糠量)。又依据深窖窖下多用，窖上面少用的原则，确定前12甑粮糟，每甑用糠34kg(或相当34kg粗糠的体积数)，后面13甑每甑用糠31kg(或相当于粗糠31kg的体积数)。

③ 根据堆糟坝母糟酸度为2.53，确认滴窖状况不太理想，酸度和水分均未降到理想标准，即酸度仍偏高，水分略高。为确保窖酸度达到理想标准，应采取大火冲酸，提高量水温度等降酸措施，继续解决酸度问题。否则将不利于生产，影响发酵的正常进行。

④ 根据堆糟坝母糟酒精含量，计算每甑粮糟应产60%酒精分的酒的质量，并进一步核实窖内发酵粮糟酒精含量是否正确，所算结果有无差异等。堆糟坝母糟的酒精含量为5.4%，每甑粮糟应产60%酒精分的酒58.5kg。其计算方法为：

$$\frac{5.4}{60}\times 650\text{kg}=58.5\text{kg}$$

然后根据班组每甑粮糟的实际产酒数量，就可以计算出蒸馏中的损失量和蒸馏效率等情况，从而促进班组提高蒸馏效率，减少蒸馏中的损失，总结蒸馏过程中的操作经验等，以利于提高操作技术水平。

(四) 注意事项

(1) 为了使化验分析结果能正确地指导生产，实现稳产高产、优质低耗的目的，除了化验分析结果必须准确、及时、无误外，在生产操作上应严格做好以下几点：

① 堆糟坝的母糟必须认真地做到分层堆糟，使每甑母糟干湿基本均匀一致。

② 拌和粮糟时，挖糟必须稳定，所拌和的粮糟每甑至少要超过15kg。只有这样，才能保证配料稳准，入窖粮糟淀粉、酸度、水分达到标准。否则甑与甑间就会有较大差异，影响发酵正常和一致。

③ 每甑粮糟的大曲一定要加够，并拌和均匀；要做到低温入窖，使每甑入窖粮糟的温度都能达到标准。

(2) 化验分析方法要统一，标准溶液须严格校正，尽量克服分析误差。

(3) 生产设备力求做到标准化，尤其是每甑的体积要一致。只有这样，才能统一计算方法，克服计算上的误差。

化验指导生产的前提是首先找准入窖糟各项配料的指标和各项化验项目的标准以及达到这些标准的措施。由于各厂的工艺操作和设备条件、气候等的差异，各项标准和各种计算中的常数都是不相同的。

第四节　清香型大曲酒生产工艺

一、发展概况

清香型大曲酒是以产品香气清雅纯正而取名。也有因该香型的代表产品为汾酒而称之为汾型酒。汾酒产于山西省汾阳县杏花村。据古碑文记载，可资稽考者已有1400余年的历史。1933年是建国前产量最高年份，日产量为400kg。1947年停产至1948年汾阳县解放后才重建汾酒厂恢复生产，发展至今已是一个年产30kt以上的大型企业。这类香型酒在我国北方地区曾盛行一时。汾酒在1916年巴拿马万国博览会上曾荣获一等优胜金质奖章，1952年在我国第一届全国评酒会上荣获国家名酒称号。随后，武汉市特制黄鹤楼酒和河南宝丰大曲酒相继获得国家金质奖。1996年全国清香型酒协作组在汾酒厂成立。

二、工艺特点及流程

清香型大曲酒，其风味质量特点为清香纯正，余味爽净。主体香气乙酸乙酯和乳酸乙酯在成品酒中的比例以55%：45%为宜。酿酒工艺特点是“清蒸清楂、地缸发酵、清蒸二次清”。所谓清蒸清楂是指经清理除杂质后的原料高粱，粉碎后一次性投料，单独进行蒸煮。然后在埋于地下的陶缸中发酵，缸口与地平相齐，用石板作缸盖密封，发酵成熟酒醅蒸酒后的醅再次加曲发酵、蒸馏，最后成扔糟。其总的工艺流程如图2－4－8所示。

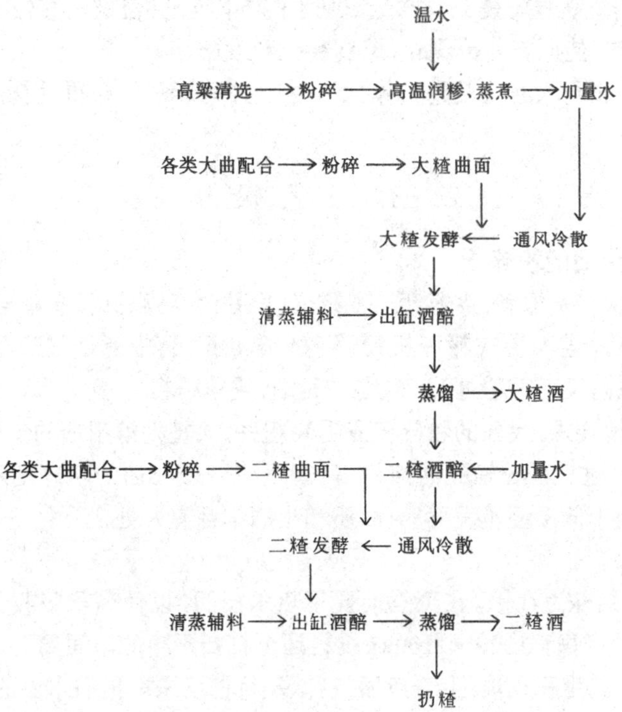

图 2-4-8　大曲清香型白酒生产工艺流程

清香型大曲酒的技术要点在于必须有质量上等的大麦、豌豆曲以及在酿酒工艺中以排除影响酒体的一切邪杂味为中心环节。汾酒有总结古代酿酒的7条秘诀，并有所发展。

(1) 人必得其精　酿酒技师及工人要有熟练的技术，懂得酿造工艺，并精益求精，才能出好酒、多出酒。

(2) 水必得其甘　要酿好酒，水质必须洁净。“甘”字也可作“甜水”解释，以区别于咸水。

(3) 曲必得其时　指制曲效果与温度、季节的关系，以便使有益微生物充分生长繁殖。即所谓“冷酒热曲”，就是说使用夏季培养的大曲(伏曲)质量为好。

(4) 粮必得其实　原料高粱籽实饱满，无杂质，淀粉含量高，以保证较高的出酒率。故要求采用粒大而坚实的“一把抓”高粱。

(5) 器必得其洁　酿酒全过程必须十分注意卫生工作，以免杂菌及杂味侵入，影响酒的产量和质量。

(6) 缸必得其湿　创造良好的发酵环境，以达到出好酒的目的。因此，必须合理控制入缸酒醅的水分及温度。位于上部的酒醅入缸时水分略多些，温度稍低些。因为在发酵过程中水分会下沉，热气会上升。这样掌握，可使缸内酒醅发酵均匀一致些。酒醅中水分的多少与发酵速度、品温升降及出酒率有关。

另一种解释为若缸的湿度已饱和，就不再吸收酒而减少酒的损失，同时缸湿易于保温，并可促进发酵。因此在汾酒发酵室内，每年夏天都要在缸旁的土地上扎孔灌水。

(7) 火必得其缓　有二层意思：一是指发酵控制，火指温度，也就是说酒醅的发酵温度必须掌握“前缓升、中挺、后缓落”的原则才能出好酒；二是指酒醅蒸酒宜小火缓慢蒸馏才能提高蒸馏效率，既有质量又有产量，做到丰产丰收，并可避免穿甑、跑汽等事故发生。蒸粮则宜均匀上汽，使原料充分糊化，以利糖化和发酵。

此外，又进一步将人必得其精具体化为：工必得其细，拌必得其准，管必得其严，勾贮必得其适。

三、工艺操作

(一) 高粱和大曲的粉碎

原料高粱要求籽实饱满、皮薄、壳少。霉变、虫蛀的高粱忌用。高粱经过清选、去除杂物和除铁屑、砂石后，进入辊式粉碎机粉碎为4、6、8瓣。其中能通过1.2mm筛孔的细粉占25%～35%，整粒高粱不得超过0.3%，冬季稍细，夏季稍粗。

根据酿酒发酵要求，大曲的粉碎度应适当粗些，大楂发酵用曲的粉碎度，大者如豌豆，小者如绿豆，能通过1.2mm筛孔的细粉占70%～75%。大曲的粉碎度和发酵升温速度有关，粗细适宜有利于低温缓慢发酵，对酒质和出酒率都有好处。

(二) 润糁

粉碎后的高粱称为红糁，在蒸煮前要用热水浸润，以使高粱吸收部分水后有利于糊化。先前的操作是将每班1000～1100kg投料运至打扫干净的车间场地，堆成凹形，加入定量的温水翻拌均匀，堆积成堆，上盖芦席或麻袋。目前已采取提高水温的高温润糁操作。用水温度夏季为75～80℃，冬季为80～90℃。加水量为原料量的55%～62%，堆积时间18～20h，冬季堆温能升至42～45℃，夏季为47～52℃。中间翻堆2～3次。若发现糁皮过干，可补加原料量2%～3%的水。高温润糁有利于水分吸收、渗入淀粉颗粒内部。在堆积过程中，有某些微生物进行繁殖，故掌握好适当的润糁操作，则能增进成品酒的醇甜感。但若操作不严，有时因水温不高，水质不净，产生淋浆，场地不清洁，或不按时翻堆等原因，会导致糁堆酸败事故发生。润糁结束时，以用手指搓开成粉而无硬心为度。否则还需适当延长堆积时间，直至润透。

(三) 蒸糁

润好的糁分2甑装入能移动的活甑桶内加热蒸煮，使高粱的淀粉颗粒进一步吸水膨胀糊化。先将湿糁翻拌1次，并在甑帘上撒一薄层谷糠，装一层糁，打开蒸汽阀门，待蒸汽逸出糁面时，用簸箕将糁撒入甑内，要求撒得薄，装得匀，冒汽均匀。约需40min装完料。待蒸汽上匀料面(俗称圆汽)后，将1.4%～2.9%(粮水比)的水泼在料层表面，称为加闷头量。泼水量视糁的粗细而定，糁粗量大，糁细量少。再在上面覆盖谷糠辅料一起清蒸。蒸糁的蒸汽压力一般为0.01～0.02MPa，甑桶中部红糁品温可达100℃左右，圆汽后蒸80min即可达到熟而不粘，内无生心的要求。蒸糁前后的水分变化为由45.75%上升到49.90%，酸度由0.62升到0.67。

清蒸的辅料用于当天蒸馏。

(四) 加水、冷散、加曲

蒸熟的红糁出甑后，立即加量水30%～40%(对投料量)，边加水边搅拌，捣碎疙瘩，在冷散机上通风冷却，开动糁料的搅拌器，将料层打散摊匀，使物料冷却温度均匀一致。红糁疙瘩妨碍曲粉和红糁的有效接触，影响糖化发酵，应尽可能地搓碎。冬季冷散到比入缸发酵温度高2～3℃时即可加曲，其他季节可冷散至入缸温度加曲。加曲量为投料量的9%～10%。搅拌均匀后，即可入缸发酵。

不同季节入缸前的操作条件如表 2－4－18所示。

表 2-4-18　不同季节入缸前的操作要求

名　称	春	夏	秋	冬
糁加水量/%(对投料量)	35～38	35～40	30～35	30～35
曲粮比/%	9～11	9～11	9～11	9～11
加曲温度/℃	20～22	20～25	23～25	25～30

(五) 大楂入缸

第一次入缸发酵的糁称为大楂。传统生产的发酵设备容器为陶缸，埋在地下，缸口与地面平齐，缸的间距为10～24cm。1100kg原料占大缸8个或小缸16个。缸在使用前，应清扫干净，对于新使用的缸和缸盖，首先用清水洗净，然后用7.5kg开水加60g花椒配制成浓度为0.8%的花椒水洗净备用。夏季停产期间还得将地缸周围的泥土挖开，用冷水灌湿泥土，以利地缸传热。

正确掌握大楂的入缸条件，是保证发酵过程温度变化达到“前缓升、中挺、后缓落”原则的重要基础，同时也为二楂的再次发酵创造有利条件。因此，这是出好酒、多产酒的前提。大楂是纯粮发酵，入缸酒醅的淀粉含量在30%以上，水分53%左右，酸度在0.2左右，初始发酵处于高淀粉、低酸度的条件下，掌握不当极易升酸幅度过大而影响酒的产量和质量。为了控制发酵的适宜速度和节奏，防止酒醅升酸过大，必须确定最适的入缸温度。根据季节、气候变化，入缸温度也有所不同。在9～10月份，入缸温度一般以11～14℃为宜;11月份以后为9～12℃;至寒冷季节以13～15℃为宜;3～4月份以8～12℃为宜;5、6月份后进入夏季，入缸温度能低则低。经验证明，大楂酒醅入缸发酵，春秋季在6～7天内达到顶火温度，这就是最适的入缸温度。兹将某厂一班组的有关温度的实测数据列于表2－4－19中。

表 2-4-19　不同季节大楂的入缸温度

月份 / 温度/℃	9	10	11	12	1	2	3	4	5	6
室　温	18.2	13.8	8.2	4.0	2.4	5.7	10.0	15.2	19.7	—
发酵室地温	18.4	14.8	10.8	8.7	6.0	8.9	10.8	15.7	18.7	21.5
入缸温度	14.3	13.7	11.7	17.7	15.8	15.0	11.8	12.7	14.7	13.8

大楂加曲拌匀后，温度降至入缸要求时即可入缸发酵，封缸用清蒸谷糠沿缸边撒匀，加上塑料薄膜，再盖上石板或水泥板。

(六) 大糙发酵

传统工艺的发酵期为21天，为了增强成品酒的香气和醇和感，可延长至28天。个别缸更长些。

1. 发酵温度变化及管理

大糙酒醅的发酵温度应掌握“前缓升、中挺、后缓落”的原则。即自入缸后，发酵升温应逐步上升;及至主发酵期后期，温度应稳定一个时期;然后进入后酵期，发酵温度缓慢下降，直至出缸蒸馏。

前缓升: 掌握适宜的入缸条件及品温，就能使酒醅发酵升温缓慢，控制生酸。一般正常发酵在春秋季节入缸6～7天后，品温达到顶点最高;冬季可延长至9～10天;夏季尽量控制在5～6天。其顶点温度以28～30℃为宜，春秋季最好不超过32℃，冬季入缸温度低，顶温达26～27℃即可。凡能达到上述要求的，说明酒醅逐步进入主发酵期，则出酒率及酒质都好。

中挺: 指酒醅发酵温度达最高顶点后，应保持3天左右，不再继续升温，也不迅速下降。这是主发酵期与后酵期的交接期。

后缓落: 酒精发酵基本结束，酒醅发酵进入以产香味为主的后酵期。此时发酵温度回落。温度逐日下降以不超过0.5℃为宜，到出缸时酒醅温度仍为23～24℃。这一时期应注意适当保温。

发酵温度变化是检查酒醅发酵是否正常的最简便的方法。管理应围绕这一中心予以调节。冬季寒冷季节入缸后的缸盖上须铺25～27cm厚的麦秸保温，以防升温过缓。若入缸品温高，曲子粉碎过细，用曲量过大或不注意卫生等等原因，而导致品温很快上升到顶温，即前火猛，则会使酵母提前衰老而停止发酵，造成升酸高，产酒少而酒味烈的后果。在夏季气温高时，会经常出现这种现象，以致掉排。

2. 发酵过程中的成分变化

大糙酒醅在正常发酵时各成分的变化状况如表2－4－20所示。水分由入缸初的52％逐步增加到72％。由于淀粉在被微生物糖化发酵成酒精时副产大量水分，陶缸又无渗漏，因此都积存于酒醅内。水分的增长多少与生成酒精成正比。淀粉逐步减少，在入缸后第3～7天内下降最快，与酒精生成成反比关系。主发酵期结束后，两者降升趋于平稳状态。在进入第3天主发酵期之前，糖化作用较强，故糖分最高，随后糖分逐步下降，在后发酵期基本平稳。酸度除在主发酵期间，由于酵母菌旺盛发酵产酒时升幅较小外，在入缸初始及后发酵期均呈增长快的趋势。应注意后期生酸的控制，才能保持比较高的出酒率。

3. 酒醅的感官检查

经过长期的实践，已摸索出了一些感官检查酒醅质量的方法。

(1) 色泽　成熟的酒醅应呈紫红色，不发暗。用手挤出的浆水呈肉红色。

(2) 香气　未启缸盖，能闻到类似苹果的乙酸乙酯香气，表明发酵良好。

(3) 尝味　入缸后3～4天酒醅有甜味，若7天后仍有甜味则发酵不正常。醅子应逐渐由甜变略苦，最后变成苦涩味。

(4) 手感　手握酒醅有不硬、不粘的疏松感。

表 2-4-20　　大糙发酵品温及成分变化

发酵天数	品温/℃	水分/%	淀粉含量/%	糖分/%	酸　度	酒精含量/%
入　缸	16	52	31	0.727	0.2214	—
1	18	54	30.5	1.905	0.2460	1.0
2	21	55	29.3	2.560	0.3690	1.4
3	24	56	28.6	2.500	0.6150	1.9
4	25.5	58	27.4	2.490	0.860	3.4
5	27.5	60.5	24.3	1.670	0.925	4.1
6	28	64	22.6	1.350	1.480	7.7
7	29	65.6	21.8	1.335	1.530	8.4
8	30	66.4	21.0	1.190	1.600	8.7
9	29	67.6	20.2	1.070	1.680	9.2
10	28	68	20	0.990	1.710	9.9
11	28	68.4	19.4	0.980	1.720	10.7
12	28	68.9	18.4	0.960	1.730	11.2
13	27.5	70	17.3	0.952	1.740	12.0
14	27	70.5	17.0	0.950	1.750	12.2
15	27	71.2	16.8	0.948	1.766	11.9
16	26.5	72	16.3	0.940	1.780	11.8
17	26.5	72	15.9	0.931	1.820	11.8
18	26	72	15.5	0.912	1.880	11.7
19	26	72	15.2	0.897	1.970	11.7
20	25	72	15.0	0.857	2.080	11.6
21	24	72.2	14.8	0.828	2.20	11.4

(5) 走缸　发酵酒醅随发酵作用进行而逐渐下沉，下沉愈多，则出酒也愈多，一般正常情况可下沉缸深的1/4，约30cm。

(七) 出缸、蒸馏

发酵21或28天后的大楂酒醅挖出缸后，运到蒸甑边，加辅料谷糠或稻壳22%～25%(对投料量)，翻拌均匀，装甑蒸馏。截头去尾得大楂汾酒。

(八) 二楂发酵及蒸馏

为了充分利用原料中的淀粉，将大楂酒醅蒸馏后的醅，还需继续发酵一次，这在清香型大曲酒中被称之为二楂。

二楂的整个操作大体上和大楂相似。发酵期也相同。将蒸完酒的大楂酒醅趁热加入投料量2%～4%的水，出甑冷散降温，加入投料量10%的曲粉拌匀，继续降温至入缸要求温度后，即可入缸封盖发酵。

二楂的入缸条件受大楂酒醅的影响而灵活掌握。如二楂加水量的多少，决定于大楂酒醅流酒多少，粘湿程度和酸度大小等因素。一般大楂流酒较多，醅子松散，酸度也不大，补充新水多，则二楂产酒也多。其入缸温度也需依大楂酒醅质量而调整。现将某厂一班组有关温度列于表2－4－21中。

表 2-4-21 不同季节二楂的入缸温度

温度/℃ \ 月份	9	10	11	12	1	2	3	4	5	6
室　温	18.3	14.6	9.5	1.4	0.7	3.5	10.2	15.5	19.8	23.2
地　温	23.2	22.1	20.4	19.1	17.0	19.3	20.3	22.6	23.0	23.5
入缸温度	19.3	21.1	24.8	24.2	22.6	18.9	17.4	18.8	22.0	22.8

由于二楂酒醅酸度较大，因此其发酵温度变化应掌握“前紧、中挺、后缓落”的原则。所谓前紧即要求酒醅必须在入缸后第4天即达到顶温32℃，可高达33～34℃，但不宜超过35℃。中挺为达到顶温后要保持2～3天。从第7天开始，发酵温度缓慢下降，至出缸酒醅的温度仍能在24～26℃，即为后缓落。二楂发酵升温幅度至少在8℃以上，降温幅度一般为6～8℃。发酵温度适宜，酒醅略有酱香气味，不仅多产酒而且质量好。发酵温度过高，酒醅粘湿发黄，产酒少。发酵温度过低，酒醅有类似青草气味。

由于二楂含糠量大而疏松，故入缸后可将其踩紧，并喷洒一些酒尾。

二楂酒醅入缸水分一般以58%～62%，不超过63%为宜。淀粉含量幅度较大，为14%～20%。酸度可达1.0～2.0，正常发酵的酒醅为1.1～1.4，以不超过1.5为宜。出缸成熟酒醅的成分为:

水　分	58.50%～67.20%	酸　度	1.92～2.85
酒精含量	5.20%～5.80%	淀粉含量	8.85%～11.03%
糖　分	0.31%～0.34%		

发酵成熟的二楂酒醅，出缸后加少许谷糠，拌匀后即可装甑蒸馏，截头去尾得二楂酒。

蒸完酒的酒糟可作饲料，或加麸曲和酒母再发酵、蒸馏得普通白酒。

(九) 贮存、勾兑

大楂酒与二楂酒各具特色，经质检部门品评、化验后分级入库，在陶瓷缸中密封贮存1年以上，按不同品种勾兑为成品酒。

四、几个有关技术问题的讨论

(一) 大曲原料粉碎度与成品酒产量的关系

大曲原料的粉碎度是许多酒厂容易忽视的问题。一些质量低劣的大曲，除制曲培养工艺掌握不当外，往往是曲料粉碎度不合格也是重要的原因之一。曲料过粗，影响吸水，曲坯压得不紧，表面不易上霉而形成干皮或曲坯升温过猛，水分散失过早，致使微生物在曲心生长不好、成品曲糖化力不高、发酵力不强、出酒率下降。曲料过细，吸水量大，曲坯压得较紧，曲坯表面上霉迅速，霉衣较重，曲心水分不易蒸发，热量也不易散失，造成窝水、积热、形成黑心或软泥状，甚至酸臭变质，出酒率必然不高。

清香型大曲的原料粉碎要求达到皮粗面细。即大麦和豌豆皮要粗，面要细，有皮有面。既使曲坯有一定的空隙，增加透气性，又要使曲坯有足够的紧实度，粘结性，无大空隙，使大曲在培养过程中散热蒸发，保温保潮达到恰到好处的程度。粉碎的曲料以通过1mm筛孔的细粉占80%～82%为宜。实测结果如表2－4－22所示。

表 2-4-22 清香型白酒中温大曲曲料的粉碎度

粉碎曲料末通过标准筛孔占总量的%	标准筛孔直径/mm						
	5	2.5	1.2	1.0	0.6	0.3	0.15
	0.044～0.18	4.86～6.86	9.54～12.48	18.54～20.48	29.54～42.90	60.94～66.27	83.57～80.71

要使曲料达到上述皮粗面细的粉碎度要求，必须采用辊式磨面机，而不能使用锤式粉碎机粉碎。因为锤式粉碎机粉碎曲料时，将麦皮、麦粉全部打碎成细小颗粒，难以达到曲料的粉碎要求。

(二) 地缸、地温、花椒水

1. 地缸

陶缸是清香型大曲酒采用的传统发酵容器，其大小规格大致为缸口直径0.80～0.85m，缸底直径0.54～0.62m，缸高1.07～1.20m。根据计算，总体积为0.43～0.46m³。一般每缸盛装发酵原料高粱150kg左右。在发酵室内将缸埋在地下泥土中，缸口与地面平齐。缸与缸之间距离为10～24cm。俗称地缸。

采用何种材料及其结构、大小、形状的发酵容器盛装固态发酵酒醅，对于白酒的香气组成分和质量风格具有直接的影响。这是由于酒醅和发酵容器所接触的内壁材料中所栖息或附着的微生物群直接参与了发酵。因此，对于各种香型酒的发酵容器都有不同的工艺要求。曾经试验用砖砌水泥涂面发酵池及白色陶瓷板砌成的长方形发酵池进行清香型大曲酒的生产，结果产品质量均不及陶缸好。

地缸有新旧之别，将使用多年的老缸破碎后，发现从缸口至缸底各部位的陶碎片，其气味显著不同。依次顺序是：糟味→酸味→重酸味带甜→老咸菜味→污泥味→浓重污泥味→有己酸乙酯气味→己酸乙酯气味较明显。从颜色上看，凡缸有裂缝的其断面都已变色。从上部至下部，依次是浅红→红褐→黑褐→黑紫，颜色愈深，其异味愈重。无裂缝处的断面多呈阴暗色，并带有酸味。缸外粘土也有气味，重者有臭污泥味。色泽深浅不一，轻者灰乌，重者发黑。陶缸外表瓷釉并不均匀，内部砂眼无数，酒醅长期发酵，营养丰富，砂眼就可能成为微生物的栖息地，并使其代谢产物与缸外土壤微生物相互渗透，影响产品质量。在生产实践中证实，将陈旧破缸换成新缸发酵，优质品率即刻上升。据此，切忌使用陈年老缸和破缸，以保证产品质量。

2. 地温对发酵的影响

地缸容积小，缸壁与地下土壤的接触面较大，因此缸内发酵温度与地温互有影响。温度对微生物的生长、糖化发酵作用均有影响。某厂测定发酵室的全年地温、室温变化如表2-4-23所示。

表 2-4-23 全年地温、室温变化表

项目＼月份	1	2	3	4	5	6	7	8	9	10	11	12
地温/℃	11～14	12～15	14～17	16～20	17～24	21～28	22～33	28～37	23～35	19～25	18～21.5	12.5～17
室温/℃	4～9	5～12	5～17	12.5～26	13～27	22～35	24～35	29～35	26～36	18.5～26	11.5～22	4.5～14

从该厂生产实际看，全年中3～4月份与11～12月份所产的酒出率高，质量好。由表2-4-23可见，此时室温在5～22℃，地温在7～20℃。发酵升温符合“前缓升、中挺、后缓落”的工艺要求。

1～2月份气候较冷，地温和室温为全年最低。由于二楂淀粉含量低，需要适当提高入缸温度，使发酵顶温达到28～30℃，同时应加强车间保温措施。

夏季气温高，通常地温高于25℃，此时大楂入缸后3～4天即可达顶温37～40℃，造成出酒率下降，故一般是停产检修。也有向缸的周围灌注冷冻水，以降低地温至20℃，这对减缓前期发酵速度有效。

3. 花椒水洗缸作用试验

自古以来，人们在自然培养糖化发酵剂(如我国的小曲)或酿造某种某地产的酒时，为了抑制有害菌，促进有益菌的生育，常添加一些植物中草药或树皮之类的物质。以此推理，在清香型白酒生产中采用花椒水洗缸是否也有类似的作用呢?邢晓晰等对此进行了试验，结果如下。

(1) 细菌　选用含蛋白胨10g，牛肉膏10g，葡萄糖10g，酵母膏5g，吐温80 0.5ml，番茄汁200ml，自来水800ml，pH6.8～7.0的番茄汁培养基；分别加入10％的花椒水溶液0、5％、10％、15％、20％、25％，加入溴甲酚紫指示剂3滴。

取出缸酒醅5g，加无菌水45ml摇匀，在无菌条件下，将试样稀释至10^{-6}。然后分别将试样接入上述不同花椒水培养基中，摇匀后，在30～32℃保温培养24h后进行镜检。其细菌形态为杆状、短杆状、呈链状较多而单体少。大小为(0.5～0.8)μm×(1～3)μm。结果如表2-4-24所示。

表 2-4-24 不同浓度花椒水对酒醅细菌的影响

项目＼添加量/%	0	5	10	15	20	25
发酵情况	+++	+++	+++	+++	+++	+++
pH	5	5	5	5	5	5
活菌数/个	389.1	356.9	377.1	388.7	369.2	355.8

(2) 霉菌　取麸皮100g，分别添加10％的花椒水溶液5％、10％、15％、20％、25％及水110ml。各自装入三角瓶后高压灭菌，冷却后，用无菌注射器分别接入曲霉及根霉孢子悬浮液2ml，摇匀后在30～32℃保温培养36h，测定糖化力，其结果如表2－4－25所示。

表 2-4-25　不同浓度花椒水对霉菌糖化力的影响　单位：u

菌别 \ 添加量/％	0	5	10	15	20	25
UV－48	8970	9060	8880	8590	8770	8870
AS 3384	7320	7440	7260	7140	7200	7080
河内自曲	1740	1690	1740	1600	1680	1470
AS 3866	1660	1620	1740	1740	1780	1680

(3) 酵母菌　在12°Bx米曲汁中分别加入10％的花椒水溶液5％、10％、15％、20％、25％。用无菌注射器接入培养成熟的酵母种子液，接种量为10％。在28～30℃保温培养24h，以血球计测定酵母细胞数及芽生率。其结果如表2－4－26所示。

表 2-4-26　不同浓度花椒水对酵母菌生长的影响

菌别	项目 \ 添加量/％	0	5	10	15	20	25
1274	细胞数/10^8个·ml^{-1}	0.86	0.94	0.81	0.945	1.05	0.91
	芽生率/％	23.2	19.1	21.51	17.5	18.2	20.3
1300	细胞数/10^8个·ml^{-1}	1.85	2.05	1.85	2.05	2.05	2.07
	芽生率/％	11.6	9.1	10.6	8.29	8.52	10.3

注：酵母菌均无死细胞。

(4) 生产实际洗缸水的测定　宝丰酒厂的洗缸方法为酒醅出缸后，先用清水冲洗缸1次，第2次则用经沸水浸泡1.5h的2％花椒水冲洗，稍等片刻，再用清水第3次洗缸。然后投料发酵。本测定的空白对照为3次均用清水洗缸而不用花椒水。其洗缸水中残留微生物经培养测定结果见表 2－4－27。

表 2-4-27　各次洗缸水残留微生物的测定

项目 \ 菌数 \ 次数		第1次洗缸水		第2次洗缸水		第3次洗缸水	
		菌　数	残存率/％	菌　数	残存率/％	菌　数	残存率/％
空白对照	细菌数/10^6个·ml^{-1}	190.7	100	137.3	72.02	78.0	40.91
	酵母菌数/10^4个·ml^{-1}	221.6	100	157.1	70.89	48.9	22.07
	霉菌数/10^4个·ml^{-1}	24.9	100	10.2	40.96	4.3	26.00
花椒水洗缸	细菌数/10^6个·ml^{-1}	241.7	100	142.0	58.76	69.1	28.55
	酵母菌数/10^4个·ml^{-1}	287.0	100	167.1	58.22	38.6	13.45
	霉菌数/10^4个·ml^{-1}	18.6	100	7.1	38.17	5.6	30.11

从以上实验室测定结果说明，花椒水对酒醅中细菌并无杀菌及抑制作用，对霉菌及酵母菌也无促进作用。在生产实际查定中，虽菌的残存率有所波动，但总的说来并无大的出入，与实验室结果大体上是一致的。就杀菌作用而言，试验采用其他杀菌剂效果更好。

(三) 大曲清香型白酒发酵过程中微生物的消长

汾酒发酵微生物主要来自大曲，此外在空气、操作工具及场地等也有少量混入酒醅中。对于发酵全过程微生物变化动向，经分离、鉴定，结果如表 2-4-28～2-4-30所示。发酵所用大曲为清茬、红心及后火曲混合使用。

表 2-4-28　　大楂与二楂发酵酒醅中霉菌的消长变化　　单位：100个/g干酒醅

楂别	发酵时间/d（菌别、数量）	犁头霉 数量	犁头霉 占总量%	曲霉 数量	曲霉 占总量%	毛霉 数量	毛霉 占总量%	根霉 数量	根霉 占总量%	红曲霉 数量	红曲霉 占总量%
大楂	0	326	99.9	0.087	±	0.0434	±	0.022	±	—	±
	4	28	97.2	0.112	0.4	—	0	0	0	0.671	2.4
	8	2.63	77.2	0	0	0.025	0.8	0	0	0.75	22
	14	0.002	0.5	0	0	0	0	0	0	0.405	99.5
	21	0	0	0	0	0	0	0	0	0.104	100
	28出缸	0	0	0	0	0	0	0	0	0	0
二楂	0	811	99.10	1.26	±	—	—	1.20	±	76.05	0.85
	3	6.63	5.70	1.32	±	—	—	0.13	±	108.50	93.10
	7	0.14	±	0.06	±	—	—	±	±	13.50	99.90
	14	0.06	±	±	±	—	—	0	0	72.40	99.90
	21	0.03	±	±	±	—	—	0	0	18.50	99.90
	28出缸	0.05	±	0	0	—	—	0	0	63.39	99.90

根据以上表所列数据可以看出，在汾酒大楂发酵进程中，其微生物的消长变化情况如下：

(1) 霉菌　以糖化力不高的犁头霉在酒醅中数量为最多，入缸时占总量的99.9%，随发酵进程而急剧下降，至14天后消亡。由于发酵前期它占据主导地位，因此可看作它是汾酒酿造中的主要糖化菌。曲霉的液化力、糖化力、蛋白分解力都较高，但其在酒醅中数量远较犁头霉为少。根霉的糖化力也较强，但其含量更少，它们只能作为次要的糖化菌。毛霉则在酒醅中极少。值得注意的是糖化力低、产酸力强的红曲霉，可能由于其耐酸和耐酒精力较强的原因，在发酵过程中始终能存在。这在酸度较大的二楂酒醅中更为明显，在发酵后期当其他霉菌死亡后，成为主要的霉菌。

(2) 酵母菌　产酒能力极弱的拟内孢霉在入缸时占据主导地位，数量最多。但随发酵进程急剧下降，在7～8天后消失。而产酒精能力最强的酵母菌属入缸后急速繁殖，成为汾酒酒醅中进行发酵产酒的主要菌。其次是有一定产香(乙酸乙酯)和产酒精能力的汉逊酵母和假丝酵母。

表 2-4-29　大粒与二糙发酵酒醅中酵母菌的消长变化　单位：100个/g干酒醅

糙别	发酵时间/d	拟内孢霉 数量	拟内孢霉 占总量%	假丝酵母 数量	假丝酵母 占总量%	酵母菌属 数量	酵母菌属 占总量%	汉逊酵母 数量	汉逊酵母 占总量%
大糙	0	87.0	97.8	0.0022	±	1.96	2.2	1.01	±
	4	51.5	±	0.38	±	43600	99.8	0.0043	±
	8	0.0013	±	0.0385	±	118×10^6	99.9	0.038	±
	14	0	0	—	—	811×10^7	99.9	0.0003	±
	21	0	0	0.0009	±	28200	99.9	0	0
	28	0	0	0	0	398	100	0	0
二糙	0	1584	99.90	3.80	±	5.32	±	0.76	±
	3	0.27	±	0.53	±	80090	99.90	1.98	±
	7	±	±	1.79	±	10454	99.90	0.41	±
	14	0	0	0.37	±	377	99.90	0.15	±
	21	0	0	0.15	7.0	1.85	93.00	±	±
	28	0	0	0.03	100	0	0	0	0

表 2-4-30　二糙酒醅中细菌的消长变化　单位：100个/g干酒醅

发酵时间/d ＼ 菌别	芽孢杆菌	格氏阴性无芽孢杆菌	乳酸菌	醋酸菌
0	4055	±	76044	50.70
3	17241	±	12262	132265
7	19257	28	26.13	1350
14	0.58	0.15	5.36	28
21	0.14	±	3.69	31
28	0.95	±	4.75	15.84

(3) 细菌　在二糙酒醅中，细菌以乳酸菌、醋酸菌及芽孢杆菌为主。它们的盛衰随发酵进程而不同。乳酸菌在入缸时数量最多，在发酵过程中急剧下降。醋酸菌则在入缸后大量繁殖，3天后开始下降。芽孢杆菌入缸后繁殖至第7天，随后急剧下降。这3种菌至出缸仍有存在。在以后的再次分离时，发现大曲中乳球菌占70%，乳杆菌占30%；而酒醅则相反，乳杆菌占80%，乳球菌占20%。乳球菌发酵3天后就消失，乳杆菌发酵12天后很少出现。这些细菌对形成清香型酒的风味有一定的作用。但也是主要的产酸菌。因此，在生产工艺中需要控制得当。

(四) 大糙和二糙酒的产量及质量变化

虽然清香型大曲酒的成品合格率高，但是由于其采用清蒸二次清的工艺操作，造成大糙与二糙的入缸发酵配料条件不同，成品酒的质量势必有差异。同时，固态发酵受自然气温变化的影响极大，故而各季度的产量和质量随之而变。按每班投料量1100kg计，大楂产量在240～400kg，二楂则在100～270kg不等，两者之间大体上为60：40，各季之间波动幅度较大。一般大楂产酒偏多，二楂产量随之减少；若大楂产量偏少，则二楂相应产量可以提高。但也常有发酵情况不够正常，大楂产酒少往往又影响到二楂产酒也不多的。原料出酒率随季节而变化的规律比较明显。某厂1989年全厂出酒率及优质品率的统计见表2-4-31。优质品率是指绵、香、甜三特酒的产率。

表 2-4-31　　1989年某厂出酒率及优质品率统计表

项目＼月份＼季度	1			2			3			4		
	1	2	3	4	5	6	7	8	9	10	11	12
原料出酒率/%	45.28	45.96	44.77	44.30	42.82	39.62	39.02	—	43.00	43.74	44.31	44.90
优质品率/%	4.47	3.17	3.02	3.03	3.19	2.47	0.94	—	3.94	6.00	6.65	7.56

由表2-4-31可见，原料出酒率随气温降低而升高。出酒率最高的季节在每年的1、2月份，达45%以上；最低则在炎热的第3季度，7月份为39%，至8月份可下降到35%以下，因而停产检修。

产品质量大体上和产量成正比关系，一般冬季酒质优于夏季。大楂酒与二楂酒的感官风味质量及其主要香气组成分相差明显，在不同生产季节也具有规律性的变化。尝评后口感上的不同点是：

大楂酒：清香突出，入口醇厚绵软回甜，爽口，回味较长，并具有一定的粮香味。

二楂酒：清香但欠协调，常伴有少量的辅料味，入口较冲辣，后稍带苦涩感，回味较长。

它们的香气组成分见表2-4-32。

表 2-4-32　　大、二楂原酒理化数据统计表　　单位：mg/100ml

项目＼楂别＼时间	10月份	11月份		12月份		1月份		2月份	
	大楂	大楂	二楂	大楂	二楂	大楂	二楂	大楂	二楂
乙醛	16.34	14.45	39.24	11.22	42.37	17.50	42.73	20.39	34.45
甲醇	10.51	9.21	14.12	9.97	15.29	11.40	16.64	12.43	18.32
乙酸乙酯	233.60	249.21	287.63	245.00	270.44	223.55	257.04	260.89	282.30
正丙醇	15.72	13.60	17.40	12.93	14.98	14.51	16.82	16.80	28.34
乙缩醛	23.25	15.12	50.13	12.52	47.01	22.20	52.24	26.04	43.21
异丁醇	16.67	14.45	15.00	14.36	13.76	15.70	14.45	15.44	14.64
异戊醇	39.28	39.27	50.46	40.67	52.76	43.50	54.47	43.72	55.30
乳酸乙酯	120.50	143.73	239.42	132.56	186.85	120.50	154.60	147.01	140.87
乙酸	54.88	60.90	72.00	56.66	65.34	50.00	63.45	54.51	66.04
乳酸	11.80	15.59	11.40	11.65	10.60	6.47	9.45	7.99	8.83
β-苯乙醇	0.55	0.75	0.49	0.62	0.50	0.68	1.02	0.85	0 63
棕榈酸乙酯	2.79	2.55	1.67	2.30	2.03	2.20	2.40	3.20	2.43
油酸乙酯	1.82	1.40	1.27	1.84	1.32	1.37	1.67	1.80	1.61
亚油酸乙酯	2.06	2.07	1.40	2.24	1.54	1.60	2.00	2.07	1.87

续表

项目 \ 楂别 \ 时间	3月份		4月份		5月份		6月份		7月份
	大楂	二楂	大楂	二楂	大楂	二楂	大楂	二楂	二楂
乙醛	16.52	40.22	16.89	40.84	13.36	34.80	13.25	49.70	84.38
甲醇	12.52	19.74	11.86	19.47	12.06	18.10	12.37	18.97	16.82
乙酸乙酯	264.45	284.79	246.32	297.84	239.71	306.42	229.28	320.15	366.89
正丙醇	14.28	26.27	17.18	28.73	14.05	20.77	15.04	22.67	19.04
乙缩醛	20.97	50.98	20.17	49.87	14.92	41.95	15.21	55.92	98.69
异丁醇	15.82	15.14	14.39	15.31	15.94	16.42	17.77	16.76	18.12
异戊醇	42.61	56.87	40.81	55.80	43.21	59.81	44.66	59.02	49.36
乳酸乙酯	220.27	120.21	254.09	138.11	255.09	173.98	436.08	208.90	261.80
乙酸	54.17	70.53	54.62	75.16	57.37	76.92	61.56	80.28	92.48
乳酸	8.17	9.64	8.21	12.21	10.52	12.88	11.35	13.48	15.85
β-苯乙醇	0.97	0.97	0.55	0.91	0.94	1.10	0.89	1.12	0.85
棕榈酸乙酯	2.74	3.08	2.27	3.23	3.35	3.29	3.25	3.40	2.79
油酸乙酯	1.52	1.92	1.46	1.93	2.15	2.18	2.21	2.37	1.76
亚油酸乙酯	1.75	2.26	1.70	2.23	2.50	2.52	2.62	2.69	2.06

从表2－4－32可见大楂与二楂酒香气成分间的差异如下：

(1) 酯类　乙酸乙酯二楂酒含量大于大楂酒；乳酸乙酯除2～6月份外也是如此。这两种乙酯在夏季6～7月份增长尤多。

(2) 酸类　乙酸含量二楂酒大于大楂酒，乳酸除个别月份外也如此。两种酸在夏季6～7月份的增长与酯类相对应，在二楂酒中增长较多。

(3) 醇类　二楂酒的高级醇中，异戊醇、正丙醇的含量均多于大楂酒。醇类受季节气候变化的影响不大。

(4) 醛类　二楂酒中的乙醛和乙缩醛含量均高于大楂酒，尤其在夏季6～7月份在二楂酒中增长更多。

香气成分的绝对量仅是反映质量的一个方面，重要的还在于众多微量香气成分间的平衡。经过贮存勾兑，才能成为出厂产品。大、二楂原酒和成品酒的香气成分组成大体上如表2－4－33所列。

表 2-4-33　原酒及成品酒的香气成分　单位：mg/100ml

项目 \ 名称	大楂酒	二楂酒	成品酒
乙醛	10～15	35～45	25～30
甲醇	8～12	15～20	10～15
乙酸乙酯	230～270	250～300	240～280
正丙醇	12～15	15～25	15～20
乙缩醛	15～20	40～50	25～40
异丁醇	14～17	14～17	14～17
异戊醇	35～45	50～60	40～55
乙酸	50～60	65～75	55～70
乳酸	8～14	8～14	8～14
乳酸乙酯	150～220	150～220	150～220

(五) 耐高温活性干酵母的应用

依靠自然网罗、经扩大培养野生微生物而制成的大曲，其糖化、发酵力较低是众所周知的事实。但由于大曲包含的菌类繁多，加之酿酒发酵时间又长，故产品风味质量比较丰满，适合于传统消费习惯的口味。我国在60年代后期出现了酶制剂工业，生产出了糖化力强的糖化酶，80年代末又出现了发酵力强的酒用耐高温活性干酵母(TH-AADY)的商品。行业中有识之士为了在保证风味质量的基础上，提高出酒率，以节约粮耗和降低成本，积极开展了应用试验。在清香型优质大曲酒的生产中，对此进行了探索和研究，并于1990年底在宝丰酒上有了突破，获得了成功。该项新技术至今已推广应用，取得了明显的经济效益。试验结果如下：

1. TH-AADY不同添加量试验

在大生产中投料1300kg高粱，按清蒸二次清的酿酒工艺进行操作，操作条件相同，将TH－AADY在40℃的1％糖液中活化80min，立即和酶活力为4×10^4u/g的糖化酶一起加入酒醅中混匀后入缸发酵24天，进行不同添加量的试验。结果见表2－4－34。

表 2-4-34　　TH-AADY不同添加量试验

项目 名称	加TH－AADY量/kg	加糖化酶量/kg	加大曲量(对投料量)/％	原粮出酒率/％			
				1	2	3	3次平均值
对照	0	1.5	20	—	—	—	31.67
试验Ⅰ	1	1.5	20	37.56	37.91	38.24	38.90
试验Ⅱ	1.5	1.5	15	40.26	42.86	42.53	41.89
试验Ⅲ	2	1.5	10	30.78	32.77	31.12	31.56

结果是添加TH－AADY 1.5kg(对投料量为0.115％)者，用曲量可减少25％，出酒率比对照可提高10.22％，产品质量较好。

2. 添加TH-AADY对产品质量的影响

生产试验条件同上所述，仅将TH－AADDY添加量减少为1kg(对投料量为0.077％)。经连续50天的试验，结果见表2－4－35、表2－4－36及表2－4－37。

表 2-4-35　　50天累计产酒量对比　　单位：kg

级别 酒样	各级酒的产量				优级品率/％
	A	B	C	D	
试验酒样	950	1786	7682	9560	13.69
对照酒样	714	1556	7708	8260	12.45

表 2-4-36　　成品酒香气成分分析对比结果　　单位：g/L

项目 酒别	总酸	总酯	乙醛	甲醇	乙酸乙酯	正丙醇	仲丁醇	乙缩醛	异丁醇	丁酸乙酯	异戊醇	乳酸乙酯	己酸乙酯	正丁醇
试验酒样	0.601	3.89	0.115	—	3.464	0.112	—	0.054	0.129	—	0.400	0.662	—	0.011
对照酒样	0.584	3.81	0.118	—	3.266	0.114	—	0.086	0.143	—	0.411	0.721	—	0.008

表 2-4-37　成品酒感官品评评语

试验酒样	无色透明，清香纯正，较爽净
对照酒样	无色透明，清香纯正，较爽净

从以上对比结果说明，在清香型宝丰酒生产中使用0.077％TH－AADY与大曲共同发酵，除产量有提高外，对质量并无不良影响，其优级品率还有增长。在大曲酒中使用TH－AADY，必须将其活化后立即应用，同时要选择其合理的使用量和部分大曲共同发酵，才能达到在保证风味质量的基础上，提高出酒率之目的。

3. 添加TH－AADY有利于适当控制夏季掉排现象

生产实践还显示了使用TH－AADY可适当控制夏季掉排的现象。这是由于在大曲酒生产中，使用的大曲糖化发酵剂中酒精酵母数量不多，细菌和其他微生物较多。当夏季气温高时，入缸温度就偏高，致使细菌、野生酵母等其他微生物生长旺盛。当加入耐高温活性干酵母后，它本身在高温下并没有衰老而能取得生长优势，从而抑制了杂菌的生长，因此酒醅发酵升酸的幅度较低。与此同时，补充一部分糖化酶也属必要。分泌糖化酶所使用的菌种能耐酸，在pH3.5以下还能很好地将淀粉变糖，克服了酒醅酸度大而导致淀粉酶及糖化酶的钝化。两者结合，弥补了大曲糖化、发酵力低的缺陷，使发酵得以顺利进行。当然，气温过高，还是逃不出掉排的厄运，因而在最热的8月份停产检修是合理的。

五、其　　他

在清香型大曲酒中，还有采取清蒸混入或续糙法老五甑生产工艺和采用当地独产的原料的，如青海省的青稞酒。由于工艺、设备或原料不同，因此所产的酒虽属清香型范畴，但风味略有不同。是否可视为这一香型酒中的不同流派，还有待于讨论。

第五节　凤香型大曲酒生产工艺

一、香型的确立与发展概况

历史悠久的凤香型酒，其代表产品为西凤酒，早在1952年第一届全国评酒会上，就被命名为4大名白酒之一。在第二届全国评酒会上，又蝉联名酒称号。但在1979年全国第三届评酒会上，按香型分组评比时，由于香型不明，申报失误，列在清香型白酒中参评，结果名落孙山，降级为国家优质酒。随后西凤酒厂在陕西省主管部门的重视与支持下，振奋精神，发奋图强，积极组织科技队伍，认真总结传统生产经验，剖析香气成分，较系统地提出了西凤酒既非清香又不同于浓香的特征所在，在1984年第四届全国评酒会上，在其他香型酒中再次荣获国家名酒称号。1989年第五届全国评酒会蝉联国家金质奖。

作为该香型的龙头厂西凤酒厂，发展至今年产白酒能力达15kt，已成为全国白酒生产重点大型企业，陕西省利税大户之一。自1980年起至1992年的12年中，一方面坚持不懈地深入科学研究工作，邀请专家学者对研究成果予以鉴定，召开西凤酒香型定型论证会。在此基础上，起草制订了产品国家标准。一方面于1989年牵头组成了全国凤香型白酒协作组。每年召开一次年会，就凤香型酒改进工艺、应用新技术、开发新产品、提高产品质量、降低消耗等方面进行经验交流。推动横向联合，促进凤香型白酒发展。西凤酒厂还先后举办了各种技术培训班，派员到全国各凤香型酒厂给予技术指导，帮助开展质量升级创优活动，取得了优异的成绩。凤香型酒厂由陕西省逐步扩展到9省、自治区的30多个酒厂，年生产量达100kt。至此，该香型由其他香型酒中脱颖而出，独立成型条件已经成熟。于1993年经国家主管部门批准，正式确定为凤香型酒。继清香、浓香、酱香、米香之后成为五大香型之一。

二、工艺特点及流程

凤香型大曲酒其风味质量特征为醇香秀雅、甘润挺爽、诸味协调、尾净悠长。按习惯说法为酸、甜、苦、辣、香五味俱全，不偏酸、不偏苦、不辛辣、不呛喉而有回甘味。从香气成分上分析，具有乙酸乙酯为主并含有一定量己酸乙酯为辅的复合香气，国家标准规定优等品的乙酸乙酯含量≥0.60g/L，己酸乙酯0.15～0.5g/L。其工艺特点为：

(1) 大麦、豌豆中高温大曲　采用清香型大曲的制曲原料而不用其培养工艺；采用接近浓香型大曲的高温培养(凤香型大曲培养过程中最高品温为60℃)工艺而不选用其制曲小麦原料。因此，凤香型大曲具有集清香与浓香型大曲两者兼有的特点。

(2) 发酵期短　凤香型酒传统发酵期仅为11～14天，目前适当延长至18～23天，是国家名酒中发酵周期最短的。原料出酒率较高，可稳定在40%左右。采用续楂配料混烧酿酒工艺。1年为1个大生产周期。每年9月立窖，次年7月挑窖，整个过程经立、破、顶、圆、插、挑窖6个顺序。

(3) 新泥窖池发酵　泥土发酵窖池，每年需要去掉窖内壁、底的老窖皮泥，再换上新土，更新一次。以控制成品酒中己酸乙酯的含量，保持凤香型酒的风格。

(4) 以酒海为贮存容器　用荆条编成大篓，内壁糊上百层麻纸，涂以猪血、石灰，然后用蛋清、蜂蜡、熟菜子油按比例配制成涂料涂擦，晾干作为贮酒容器称之为酒海。其容量为100kg～8t。凤香型酒经贮存，酒内由酒海中溶解出的物质要比陶缸的多。因此，其固形物指标相应提高到≤0.80g/L。

凤香型酒的生产工艺流程，如图 2－4－9所示。

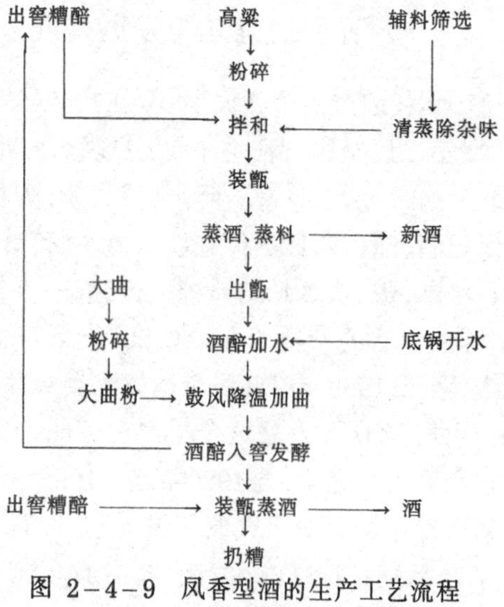

图 2－4－9　凤香型酒的生产工艺流程

三、工 艺 操 作

一年一个大生产周期，采用续楂配料混烧酿酒工艺的凤香型酒，每年自9月份开始投粮立窖生产，到次年7月份挑窖扔糟停产。其在窖内发酵酒醅的增减状况，以图2－4－10示之。

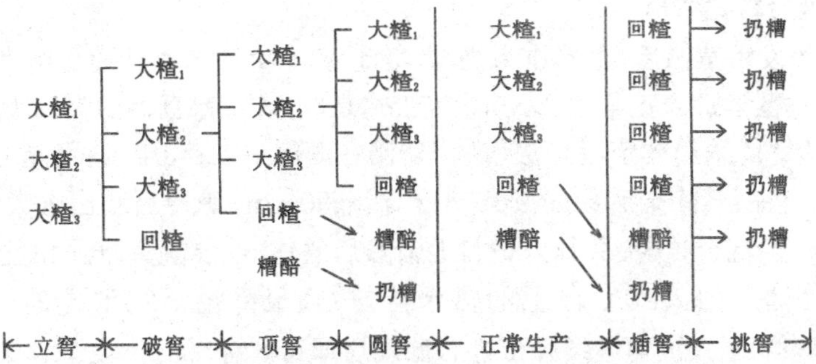

图 2－4－10　凤香型大曲酒窖内发酵酒醅的增减状况

1. 立窖(第1排生产)

每个班组每日立1个窖，投高粱原料1000kg，辅料600kg，酒糟500kg。粮： 水为1：(1.0～1.1)加入90℃以上的热水拌匀，堆积24h。其间翻拌2次，使水分润透粮心。然后分3甑蒸煮，每甑蒸煮时间自圆汽计为90min，高粱楂达到熟而不粘后即可出甑。立即加入底锅开水适量，经降温加入200kg大曲粉(3甑总量)，入窖泥封发酵14天后出窖蒸酒。

2. 破窖(第2排生产)

在发酵成熟出窖的酒醅中，加入粉碎后的高粱900kg及适量辅料，分成3个大楂、1个回楂共4甑蒸酒。出甑酒醅加底锅开水，降温加大曲，泥封发酵同上述操作。

3. 顶窖(第3排生产)

出窖酒醅，仍在3个大楂中加入高粱900kg，分成3个大楂1个回楂共4甑蒸酒。其加水、加曲、降温操作同前。上次入窖的回楂，经蒸酒后不再投粮，入窖成糟醅，加曲、降温后，入窖封泥、发酵。

4. 圆窖(第4排生产)

出窖酒醅，在3个大楂中加入高粱900kg，分成3个大楂、1个回楂。上次入窖的回楂蒸酒后成糟醅入窖发酵。上次入窖的糟醅蒸酒后为扔糟。自第4排起即进入正常生产，每日投料、扔糟各1份，保持酒醅材料进出平衡。以后每发酵14天为1排。其酒醅入窖条件如表2－4－38所示。

表 2-4-38　　正常生产时的酒醅入窖条件

类　别	温度/℃	水分/%	淀粉含量/%	酸　度
大　楂$_1$	20～22	57	16～18	0.8～1.8
大　楂$_2$	17～18	58	—	—
大　楂$_3$	15～16	59	—	—
回　楂	20～22	—	—	—
糟　醅	26～28	—	—	—

及至6月底，由于气候炎热，影响正常发酵，同时泥窖需要更新内壁泥土，故随即停产。在停产前1排生产称为插窖。

5. 插窖

该排酒醅中不再加入新料，仅加适量辅料，全部按糟醅入窖发酵。加少量大曲及水，入窖温度提高到28～30℃。

6. 挑窖(最后1排生产)

上排糟醅经发酵蒸酒后，全部作为扔糟，至此，整个大生产周期遂告结束。

圆排后凤香型酒进入正常生产。其生产工艺是以大麦、豌豆制的大曲为糖化发酵剂，以高粱为制酒原料，采用续楂混烧法，所产新酒在酒海中贮存3年，再经精心勾兑而成产品。具体操作是将高粱除杂后粉碎成6～8瓣，清蒸30min，晾冷后和出窖大楂酒醅按1：(4.5～5.5)(粮：醅)混合拌匀，并加入适量经清蒸后的辅料，装甑蒸馏，同时进行原料的蒸煮糊化。然后出甑，加入80℃以上的热水拌匀，通风降温至30℃左右，加入大曲粉19%～21%(对投料量)，混匀继续降至入窖温度后即可入窖，泥封、发酵14天。出窖，如上述配料后蒸得新酒，经贮存、勾兑为产品。

四、有关传统生产工艺及产品成分的研究报告

(一) 西凤酒的香气成分

在1979年全国第三届评酒会上，对西凤酒提出了究竟是什么香型的问题。会后由陕西省轻工业科学研究所和西凤酒厂共同对西凤酒的香气成分作了剖析，进行了大量的科学研究工作。经过近10年的努力，应用气相色谱、高压液相色谱仪，共分离出了近300种化合物，应用质谱、红外光谱、核磁共振仪等先进分析仪器鉴定、确认了100种微量成分，初步清楚了西凤酒香气成分的特征，为自立凤香型提供了科学的依据。

研究结果表明：

(1) 西凤酒的总酯含量较低，一般为1.60～2.80g/L，为汾酒的65%左右，泸州特曲的40%左右。其中已检出28种酯类。

(2) 乙酸乙酯的含量为0.8～1.6g/L。接近浓香型酒，但只有清香型酒的50%左右。

(3) 己酸乙酯含量为0.1～0.5g/L。若己酸乙酯低于0.1g/L，则口感显得偏清香；但超过0.5g/L时，浓香味又会出头。这是西凤酒区别于清香型酒和浓香型酒的重要指标之一。

(4) 丁酸乙酯含量为0.032～0.085g/L。高于清香型酒的0.01g/L以下含量，低于浓香型酒的0.1g/L以上的含量。

(5) 乳酸乙酯含量为0.80～1.0g/L。酸和酯有相对应的关系。高级醇含量比清香及浓香型酒都高，而总酯含量又较低，因此其醇酯比值就较大。在西凤酒中还检出了6种酚类，4种吡嗪化合物。首次发现了丙酸羟胺和乙酸羟胺的特征性成分。在已经定量的82种微量香气成分中，有44种含量介于清香型和浓香型酒之间，占53.7%。某些主要香气成分对照，见表 2－4－39、表2－4－40。

表 2-4-39　　西凤酒某些主要香气成分对比　　单位：g/L

酒别＼项目	乙酸乙酯	己酸乙酯	丁酸乙酯	乳酸乙酯	正丁醇	异戊醇	异丁醇	正丙醇	己　酸	丁　酸
西凤酒	1.18	0.26	0.07	0.90	0.21	0.52	0.21	0.22	0.09	0.10
汾　酒	3.06	0.07	0.01	1.33	0.01	0.39	0.14	0.12	0.002	0.009
泸州特曲酒	1.70	2.20	0.26	1.54	0.06	0.28	0.10	0.14	0.35	0.14

表 2-4-40　　不同香型酒的醇酯比值表　　单位：g/L

项目＼酒别	西　凤　酒	汾　　酒	泸州特曲酒
总　酯	2.30	4.00	5.68
总　醇	1.27	0.73	0.76
总酯/总醇	1∶0.55	1∶0.18	1∶0.13

西凤酒的主要香气成分组成是与其生产工艺密切相关的。对西凤酒微量香气成分的研究，使人们加深了对其生产工艺的科学认识。发酵期短使其产品酯含量较低，乳酸乙酯也较少。发酵容器采用泥窖但又有别于浓香型酒的“百年”老窖。每年更换一次窖内壁及底的泥土，控制了栖息在泥土中的梭状芽孢杆菌己酸菌的作用，使产品中含有一定量的己酸乙酯，而具有己酸乙酯含量比清香型酒多得多，比浓香型酒少得多的特色。采用传统的酒海容器贮存，酒经长期存放，必然与其内壁涂料产生化学作用而出现了乙酸羟胺、丙酸羟胺等特征性成分。它们易溶于水，沸点较高，导致产品中固形物含量也较高。

(二) 凤香型酒与窖泥

对西凤酒的研究结果表明，凤香型酒的香味既不偏清，又不偏浓。这是由于其己酸乙酯的含量控制在0.10~0.50g/L之间，这个含量范围是由凤香型酒采用的独特工艺所决定的。

关于己酸乙酯的形成在浓香型大曲酒一节中已有详细叙述。主要是栖息在筑窖泥土中的梭状芽孢杆菌、己酸菌等微生物在发酵过程中代谢己酸，进一步和发酵酒醅中的酒精经酯化酶作用而合成。因此，产生己酸乙酯的条件，发酵容器窖泥的质量是关键所在。尽管凤香型酒生产采用的是泥土窖，但和浓香型酒相比却有较大的区别。它仅只利用泥土中自然生存的梭状芽孢杆菌等微生物而不经过人工扩大培养窖泥微生物，因此其己酸菌数量必然较少。随着发酵期的延长，土壤中的菌种自然筛选增殖，已有可能增加己酸产量时，却已到了挑窖更换新泥的时期。此外，己酸乙酯的形成还有个发酵条件问题，一般需要较长的后发酵期，在浓香型酒生产中，均在30天以上。但凤香型酒的后发酵期最多也仅在10天左右。以上两个因素制约了凤香型酒的己酸乙酯的含量只能在有限的范围之内。

窖泥质量的优劣，除了含有一定数量优质的己酸菌等微生物群外，还须含有提供菌种生长代谢的土壤营养。在对西凤酒发酵作进一步研究时，发现西凤酒的质量与“窖龄”有一定关系。窖龄已有30多年的老车间生产的酒质量较窖龄仅几年的新车间为好。前者己酸乙酯偏近上限，后者偏于下限。分析对比了新、老车间的窖泥，并与浓香型古井贡酒厂的老窖泥对照，结果见表2－4－41。

表 2-4-41　　西凤酒新、老车间窖泥质量对比　　单位：%

项目＼类别	新车间窖泥	老车间窖泥	古井贡酒厂窖泥
氨态氮	0.045	0.077	0.235
全磷	0.044	0.059	0.086
速效钾	0.66	0.82	0.88
腐殖酸	6.44	7.42	8.40
天冬氨酸	0.08	0.16	0.42
谷氨酸	0.13	0.26	0.53
丙氨酸	0.08	0.17	0.40
亮氨酸	0.08	0.19	0.43
氨基酸总量	0.89	1.56	3.56
氨基酸种类/种	16	15	15
			单位：mg/100ml
乙酸根离子	28.46	48.65	161.49
丙酸根离子	1.32	2.14	10.67
丁酸根离子	4.20	9.13	61.60
异戊酸根离子	微	1.17	6.36
戊酸根离子	0.30	1.37	6.04
己酸根离子	2.29	36.75	218.05

上述所测定的14种窖泥成分数据表明，老车间泥中的含量均高于新车间，但尚远低于浓香型酒窖泥。西凤酒生产用的是泥土窖而并非老窖。1年更换1次窖泥的传统工艺防止了泥窖变老，然而也使老窖泥中富含的氮、磷、钾和腐殖酸的含量都偏低。在新、老车间的窖泥成分上也有所差别，由于微生物死菌体及发酵酒醅产物渗透到土窖中，其营养及发酵前驱物质老车间要优于新车间，使酒质也高于新车间。因此，似乎也应适当提高新窖池泥土的内在质量，以达到提高酒质之目的。

通过逐排分析8个窖所产酒的香气成分，其中4种主要酯的平均值如表2－4－42所示。结果显示乙酸乙酯和乳酸乙酯变化不大；丁酸乙酯逐排下降；己酸乙酯呈逐排上升趋势。酒质向有利方向发展。

表 2-4-42　　逐排4种主要酯含量变化　　单位：g/L

项目＼排数	1	2	3	4	5	6	7
乙酸乙酯	0.682	0.666	0.658	0.715	0.642	0.822	0.715
丁酸乙酯	0.141	0.125	0.094	0.102	0.077	0.081	0.051
己酸乙酯	0.336	0.402	0.454	0.663	0.545	0.596	0.588
乳酸乙酯	0.883	0.931	0.889	0.852	0.696	1.243	0.737

适当延长发酵期，也可以提高己酸乙酯的含量，试验结果见表2－4－43。可见随着发酵期的延长，酯类逐步增长。就凤香型酒而言，己酸乙酯含量不能过高，浓香不能露头，故发酵期应控制在30天以内。

表 2-4-43　凤香型酒不同发酵期酒的香气成分分析　单位: mg/100ml

项目＼发酵时间/d	16	30	40	50	60
乙酸乙酯	97.1	102.0	139	180.7	236.3
正丙醇	27.4	62.8	83.7	82.6	82.1
仲丁醇	3.8	7.3	9.4	10.8	15.3
乙缩醛	59.8	43.0	74.1	75.1	63.0
正丁醇	25.8	33.2	89.1	144.1	121.3
丁酸乙酯	9.8	16.0	45.1	65.4	54.5
异戊醇	33.3	64.3	99.7	79.8	77.5
乳酸乙酯	76.9	106.8	116.7	121.9	172.2
己酸乙酯	24.7	62.6	88.5	80.8	82.5

(三) 凤香型酒与酒海

西凤酒的传统贮酒容器为酒海，它与一般用陶缸为贮酒容器有何差异呢?进行了以下对比试验。取贮存3～6个月的新酒勾兑一批酒样，分别盛装入2个5t酒海和2个500kg陶缸。将1个酒海和陶缸放在常温酒库内，另1对则放在保温(冬季室温不低于18℃)酒库内。每半年取样1次，分别做理化测定和感官品评。结果见表2－4－44、2－4－45及表2－4－46。

表 2-4-44　不同贮酒容器、方法及时间的酒质分析

项目＼类别	酒样	陶瓷缸(常温)	陶瓷缸(加热)	酒海(常温)	酒海(加热)	陶瓷缸(常温)	陶瓷缸(加热)	酒海(常温)	酒海(加热)
贮存期	5个月	11个月	11个月	11个月	11个月	17个月	17个月	17个月	17个月
酒精含量/ml·(100ml)$^{-1}$	55.7	55.8	56.0	56.0	56.4	55.8	55.7	55.6	55.8
总酸含量/g·L^{-1}	0.8923	0.8614	0.8733	0.5644	0.3386	0.9172	0.9586	0.4852	0.3018
总酯含量/g·L^{-1}	3.2665	2.7883	2.9016	2.8754	2.6576	3.0083	2.9822	2.9219	2.7653
总醛含量/g·L^{-1}	0.2618	0.2499	0.2592	0.2196	0.1566	0.2424	0.2438	0.1326	0.1122
甲醇含量/g·L^{-1}	0.06	0.2	0.2	0.15	0.1				
杂醇油含量/g·L^{-1}	1.0	0.3	1.2	1.2	1.2				

从以上的对比试验可以看出，酒海与陶缸的主要不同点在于:

① 用酒海贮酒，随着贮存期的延长，总酸和总醛有较多的下降，而在陶缸中基本不变。总酸下降与酒海涂料内含石灰粉有关。

② 从感官品尝结果看，在常温下贮酒时间短时，陶缸酒质优于酒海酒，但贮存17个月则反之。保温贮酒有利于加速酒的老熟。可是在酒海中贮酒时间长会使酒色变黄，且产生特有的酒海杂味。

③ 为了证实西凤酒固形物较高的成因，用新酒分别盛装入小陶缸和10kg容量的小

表 2-4-45 不同贮酒容器、方法及时间西凤酒的香气成分 单位: mg/100ml

项目 \ 类别	陶瓷缸(常温)	陶瓷缸(加热)	酒海(常温)	酒海(加热)	陶瓷缸(常温)	陶瓷缸(加热)	酒海(常温)	酒海(加热)
贮存期	11个月	11个月	11个月	11个月	17个月	17个月	17个月	17个月
乙醛	35.0	36.5	30.4	23.6	31.7	32.2	17.0	24.9
甲醇	12.9	12.8	12.4	12.5	11.7	9.5	8.7	8.7
乙酸乙酯	120.8	120.3	106.1	113.4	98.3	99.2	92.1	84.0
正丙醇	52.4	52.6	50.8	54.6	47.2	47.4	51.0	46.8
仲丁醇	3.0	2.85	4.1	3.0	2.68	2.97	3.21	2.91
乙缩醛	28.3	34.8	31.2	23.9	26.7	26.8	18.9	19.6
异丁醇	17.3	17.8	17.1	18.8	16.9	17.0	19.1	17.4
正丁醇	12.6	12.6	12.8	13.3	11.4	11.2	12.5	12.0
丁酸乙酯	10.8	5.8	10.2	10.7	9.96	9.9	10.1	9.17
异戊醇	50.5	50.8	49.3	52.4	47.3	46.1	50.9	48.2
乳酸乙酯	229.2	227.9	218.4	209.0	198.7	207.15	192.6	196.2
己酸乙酯	39.1	40.5	37.2	40.7	36.2	36.4	41.0	33.8
正己醇	微	3.0	微	2.9	3.24	2.33	3.94	2.71

表 2-4-46 不同贮酒容器、方法及时间酒质品评结果

品评日期	贮酒容器	平均得分	综合评语
贮存11个月	陶瓷缸(常温)	88	平顺,协调,略有新酒味,微杂
	陶瓷缸(加热)	89	平顺,略有陈酒香,协调,微苦
	酒海(常温)	86	香气略淡,平顺,后味欠净
	酒海(加热)	90	色微黄,平顺,略有陈酒香,略有酒海味
贮存17个月	陶瓷缸(常温)	85	香气好,较协调,略杂
	陶瓷缸(加热)	86.5	香气好,平顺,协调,味长
	酒海(常温)	87.17	香正,协调,回味略杂
	酒海(加热)	85	色黄,有陈酒味,有酒海味

注: 两次评酒参加人员不同,打分的标准也不一样,所以评分高低,只能在同一次中对比。

酒海中,定期测定结果见表2-4-47。说明固形物的增加来自酒海涂料中的可溶物,这与在研究西凤酒香气成分时发现的乙酸羟胺、丙酸羟胺化合物有关。该两种化合物被认为是酒中乙酸、丙酸和酒海涂料成分作用所产生的。

表 2-4-47 不同贮酒容器固形物的变化 单位: g/L

时间 \ 类别	陶缸	酒海
贮酒起始	0.014	0.015
1.5月	0.014	1.350
2.5月	0.014	1.770
4.0月	0.013	2.131

④ 酒海和陶缸某些经济指标的对比情况是,贮酒年均损耗率酒海为2%～3%,普通陶缸据有关酒厂报道为6%～9%;1t酒占用库房的面积,酒海要比陶缸少。近10年来随着产量的大幅度增加,大容器(25t以上)贮酒容器得到了发展。凤香型酒厂也有采用水泥池内壁涂以酒海涂料的大型容器。

酒海贮酒容器有其一定的优点,但也存在一些不足之处。因此有人建议作些调整,如先在酒海中贮存一段时间后再转放入陶

缸中贮存，以及进行采用其他材质容器的研究。

(四) 西凤酒生产的微生物研究

陕西省轻工业科学研究所在西凤酒厂的大力支持下，自1980年始对西凤酒酿造微生物作了较系统的研究。从菌种分离、初步鉴定、筛选优良菌株，一直到将优良菌株接种于大曲中培养及进行小型酿酒试验。对提高产品质量和改进生产工艺有了个良好的开端。

1. 微生物的种类

通过对西凤酒厂的大曲、酒醅、窖泥以及车间环境空气、水、曲粮、辅料等各处所分离到的微生物的初步鉴定，其中主要的微生物有霉菌属中的黄曲霉群、菌核曲霉、红曲霉等；根霉属有匍枝根霉、米根霉；伞霉属有伞卷霉；还有犁头霉属、青霉状曲霉等。酵母菌有拟内孢霉、白地霉、汉逊酵母属等。细菌类有芽孢杆菌、乳酸菌及醋酸菌等。不同场所分离出的微生物种类和所占比例有所不同。例如大曲中的微生物种类比例霉菌占总菌数的76.95%，酵母菌占17.25%，细菌占5.79%。入窖发酵3天的酒醅中，酵母菌占总菌数的51.75%，细菌占47.1%，霉菌占1.13%。挑窖窖泥中，细菌占61.7%，霉菌占36.16%，酵母菌占2.13%。同时，同一类菌在不同的环境下，其种属及数量也不相同。如大曲中的霉菌种类以毛霉、曲霉、根霉数量最多，而酒醅和窖泥中则以红曲霉数量为多，其次是毛霉、根霉、曲霉。

对西凤酒厂厂区环境微生物的分离结果，其种类基本是相同的，只是在不同酿造工序，不同种属的比例有所差别。

2. 微生物的生化性能测定

将所分离到的菌株进行了生化测定，结果如下：

测定了32株霉菌。糖化力曲霉菌最高，依次为毛霉、红曲霉、根霉、米曲霉、伞卷霉。液化力由高到低依次为毛霉、伞卷霉、黄曲霉、根霉、米曲霉、红曲霉。发酵力仍以黄曲霉为最高，红曲霉其次，而后为伞卷霉、根霉。4项生化性能均较高的菌株为黄曲霉群，其次是红曲霉、毛霉、伞卷霉、根霉。有的菌株制麸曲后在三角瓶中培养2～5天有果香味出现。部分霉菌测定结果见表2－4－48。

表 2-4-48　　部分霉菌的测定结果

项目 / 菌号	糖化力/ mg葡萄糖·$(g·h)^{-1}$	液化力/ g淀粉·$(g·h)^{-1}$	发酵率/ 酒精质量分数	酒精含量/ %	单株培养麸曲香气
1004	883.2	—	—	—	—
1008	710.4	1.04	未记录	5.3	—
1003	571.2	1.21	59.0	7.2	—
1007	412.8	0.68	未记录	2.7	—
1022	864.0	0.81	—	—	—
1012	535.2	1.35	0.11	1.5	—
1024	192.0	0.63	0.25	1.8	—
1010	530.4	1.35	0.27	2.1	有香味
1006	595.5	0.36	41.4	4.5	—
1031	523.2	1.17	—	—	—
1016	511.2	1.22	0.61	—	苹果香味
1019	230.4	0.44	未记录	2.3	苹果香味
1020	427.2	0.70	0.42	3.7	香蕉苹果香浓
1028	568.8	0.92	55.6	5.0	有香味
1032	715.2	1.25	0.083	0.3	—
1030	436.8	0.42	19.7	1.8	有香味

测定了17株酵母菌，产酒能力都不够强。最好的3019，其酒精含量也仅为5.3%。除表2－4－49所列之外的酵母菌发酵率都很低。

表 2-4-49　　部分酵母菌的测定结果

项目 编号	发酵率/ 酒精质量分数%	酒精含量/%	备注
3019	56.8	5.3	麸曲有香蕉气味，培养液有香味
3030	53	4.7	—
3029	48	5.3	发酵液有香味，麸曲有捞糟香味
3003	43.4	5.1	麸曲有苹果香气
3011	34.6	3.4	—
3005	3.3	0	发酵液有香味

细菌共测定了21株，均无糖化力。仅有1株发酵率高达48.47%，产酒精为4.1%。见表2－4－50。

表 2-4-50　　部分细菌的测定结果

编号 项目	2012	2009	2008	2006	2007	2004	2013	2011	2010	2003
发酵率/酒精质量分数%	48.47	13.23	11.84	11.57	9.06	6.91	5.59	5.25	1.26	0
酒精含量/%	4.1	0.7	0.4	—	—	—	—	—	—	0

综合以上结果，西凤酒的大曲糖化作用主要是多种霉菌所为，其中1株曲霉属菌的糖化力最高。霉菌、酵母菌、细菌均有发酵作用，特别其中1株黄曲霉的发酵力竟大于酵母菌。因此西凤大曲中的微生物以曲霉属为主，尤其是黄曲霉群的多种霉菌是西凤大曲中的主要微生物。

3. 强化大曲试验

将筛选出的优良菌株经混合培养后制成菌液，喷到曲坯上以提高大曲质量。试验结果糖化力平均提高23.23%，液化力平均提高30.08%，发酵率平均提高8.73%。从大曲培养过程中微生物变化及生化性能的测定结果看，曲皮的糖化力始终高于曲心，这说明高温有碍于糖化力的提高。

(五) 改进生产工艺的研究成果

1. 降低西凤酒中乳酸乙酯的研究

西凤酒在80年代前，酒中乳酸乙酯始终稳定在30～50mg/100ml，然后却处于逐年上升的趋势，曾高达200mg/100ml，使酒中乙酸乙酯和乳酸乙酯的比例失调，影响到酒的风味质量。经多方试验，使用富马酸(即反丁烯二酸)能抑制乳酸菌生长，达到降低乳酸乙酯的目的。具体操作是在入窖酒醅中加入0.03%～0.05%(对酒醅用量)的富马酸，经发酵蒸馏，酒中乳酸乙酯从150mg/100ml左右降至50～80mg/100ml，效果良好。同时试验窖酒醅的酸度下降，从而出酒率有所提高，酒质柔和。此外，应坚持缓慢蒸馏、高酒度摘酒、加强车间卫生管理等工作，这对于降低乳酸乙酯含量都是行之有效的措施。

2. 大曲性能对发酵影响的初步研究

陕西太白酒厂的凤香型大曲，按控制的最高品温不同，分为青茬曲、槐瓤曲和红心曲3种。青茬曲顶点温度控制在55℃以下，属于轻水、中火、小热、大晾。整个培养过程以通风排潮为主，故俗称晾大曲。曲子外观霉清亮，茬口整齐，糖化力较高。槐瓤曲顶点温度控制在60℃3天以上，属大火、大水、大热、少晾，故俗称闷火曲。断面周围呈麦仁青色，中间部位呈金黄或淡黄色。红心曲，顶火温度在55～58℃，属低水、强火、中热、小晾；断面周围呈麦仁青色，中心部位有红点或一条红线。将此3种大曲单独及混合配比进行酿酒试验的初步结果表明，无论是产量还是质量均以混合曲为优。其配比为青茬曲：红心曲：槐瓤曲＝3：3：4。

3. 耐高温活性干酵母的应用

陕西西秦酒厂在原凤香型酒生产工艺中进行了添加耐高温活性干酵母的应用试验。每班投粮850kg，加大曲量为投料的20％，夏季减为18％，添加活化后的耐高温活性干酵母0.25～0.5kg，其余操作不变，发酵12天。经春夏二季试验，结果是春季比对照班出酒率提高3.4％，夏季提高4.11％。发酵酒醅升酸幅度小，尤其有利于夏季生产。酒的质量经理化常规及色谱分析，均维持原有水平。

第六节　酱香型大曲酒生产工艺

一、概　　述

酱香型大曲酒以其香气幽雅、细腻，酒体醇厚丰满为消费者所喜爱。但酒之酱香和酱之香或酱油之香截然不同。茅台酒是该香型代表产品，故也称茅型酒。它产于贵州省仁怀县西，赤水河畔的茅台镇，因地取名。1940年，茅台镇有烧坊不下20家，年产量为0.17kt。中华人民共和国成立后，茅台酒的生产技术有了迅速的发展，质量提高，产量成几十倍地增长。茅台酒厂已成为国家大型企业。茅台酒曾定为国宴用酒。早在1916年举行的巴拿马万国博览会上，茅台酒就荣获金质奖。在建国后的历届全国评酒会上，均蝉联国家名酒称号。

酱香型大曲酒生产历史悠久，源远流长。建国初期主要仅在贵州省仁怀县茅台镇周围生产。第四届全国评酒会被评为国家名酒的郎酒，其生产厂四川省古蔺县郎酒厂与茅台镇以赤水河相隔。随着各省同行间的广泛技术交流和相互学习，这一香型酒已延伸到全国10余个省、市、自治区。尤其是由茅台大曲中分离得优良微生物，经纯培养后，吸取茅台酿酒工艺的关键工序，开创了麸曲酱香型酒的新品种。由于酱香酒家族的发展壮大，为了互相学习，交流生产技艺，1990年由茅台酒厂牵头成立了全国酱香型协作组。

二、工艺特点及生产流程

酱香型大曲酒其风味质量特点是酱香突出，幽雅细腻，酒体醇厚，空杯留香持久。独特的风味来自长期的生产实践所总结的精湛酿酒工艺。其特点为高温大曲，两次投料，高温堆积，采用条石筑的发酵窖，多轮次发酵，高温流酒。再按酱香、醇甜及窖底香3种典型体和不同轮次酒分别长期贮存，勾兑贮存成产品。

酱香型酒生产工艺比较复杂，周期长。原料高粱从投料酿酒发酵开始，需经8轮次，每次1个月发酵分层取酒，分别贮存3年后才能勾兑成型。它的生产十分强调季节，传统生产是伏天踩曲，重阳下沙。就是说在每年端午节前后开始制大曲，重阳前结束。因为伏天气温高，湿度大，空气中的微生物种类、数量多又活跃，有利于大曲培养。由于在培养过程中曲温可高达60℃以上，故称为高温大曲。当然随着科学水平的提高，采用必要的技术措施，有的厂已可全年制曲。

在酿酒发酵上还讲究时令，要重阳(农历九月初九)以后才能投料。这是因为此时正值秋高气爽时节，故酒醅下窖温度低，发酵平缓，酒的质量产量都好。1年为1个生产大周期。

酿酒生产工艺流程如图 2－4－11所示。

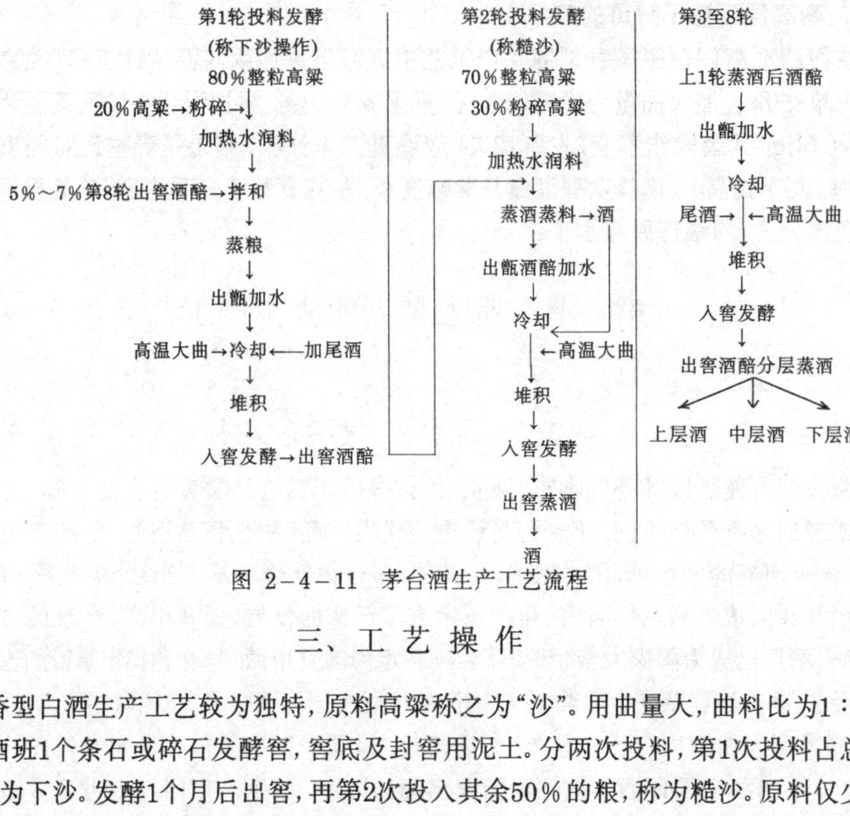

图 2－4－11 茅台酒生产工艺流程

三、工 艺 操 作

酱香型白酒生产工艺较为独特，原料高粱称之为“沙”。用曲量大，曲料比为1∶0.9。1个生产酒班1个条石或碎石发酵窖，窖底及封窖用泥土。分两次投料，第1次投料占总量的50％，称为下沙。发酵1个月后出窖，再第2次投入其余50％的粮，称为糙沙。原料仅少部分粉碎。发酵1个月后出窖蒸酒，以后每发酵1个月蒸酒1次，只加大曲不再投料，共发酵7轮次，历时8个月完成1个酿酒发酵周期。

(1) 下沙操作　取占投料总量50％的高粱。其中80％为整粒，20％经粉碎，加90℃以上的热水(发粮水)润粮4～5h，加水量为粮食的42％～48％。继而加入去年最后1轮发酵出窖而未蒸酒的母糟5％～7％拌匀，装甑蒸粮1h至7成熟，带有3成硬心或白心即可出甑。在晾场上再加入为原粮10％～12％量的90℃热水，拌匀后摊开冷散至30～35℃。洒入尾酒及加对投料量10％～12％的大曲粉，拌匀收拢成堆，温度约30℃，堆积4～5天。待堆顶温度达45～50℃，堆中酒醅有香甜味和酒香味时，即可入窖发酵。下窖前先用尾酒喷洒窖壁四周及底部，并在窖底撒些大曲粉。酒醅入窖时同时浇洒尾酒，其总用量约3％，入窖温度为

35℃左右，水分42%～43%，酸度0.9，淀粉浓度为32%～33%，酒精含量1.6%～1.7%。用泥封窖发酵30天。

(2) 糙沙操作　取总投料量的其余50%高粱，其中70%高粱整粒，30%经粉碎，润料同上述下沙一样。然后加入等量的下沙出窖发酵酒醅混合装甑蒸酒蒸料。首次蒸得的生沙酒，不作原酒入库，全部泼回出甑冷却后的酒醅中，再加入大曲粉拌匀收拢成堆，堆积、入窖操作同下沙，封窖发酵1个月。出窖蒸馏，量质接酒即得第1次原酒，入库贮存，此为糙沙酒。此酒甜味好，但味冲，生涩味和酸味重。

(3) 第3轮至8轮次操作　蒸完糙沙酒的出甑酒醅摊晾、加尾酒和大曲粉，拌匀堆积，再入窖发酵1个月，出窖蒸得的酒也称回沙酒。以后每轮次的操作方法同上，分别蒸得第3、4、5次原酒，统称为大回酒。此酒香浓、味醇、酒体较丰满。第6次原酒称小回酒，醇和、糊香好、味长。第7次原酒称为追糟酒，醇和、有糊香，但微苦，糟味较大。经8次发酵，接取7次原酒后，完成一个生产酿造周期，酒醅才能作为扔糟出售做饲料。

四、几个有关生产技术等问题的研讨

(一) 关于酱香型大曲酒的香气成分

对于众所关注的酱香型大曲酒的香气成分。自1964年轻工业部组织的茅台酒科学总结试点起至今，从当时采用的纸色谱法到现今的气相色谱分析法，已检出百种以上的成分。但其中究竟哪些成分或某些成分间的量比关系是构成酱香的主体香源，至今尚无定论。由于各种客观原因，该项研究工作还未结束。但工作由浅到深，研究者发表了各自的见解，无疑对今后的工作颇有参考价值。

1. 高沸点酚类化合物说

日本学者横冢保在研究酱油的主体香气成分时发表了一系列的报告。在1953年发表的关于酱油香气的研究报告中，首次论及在酱油香气的高沸点酚类化合物中，发现了4－乙基愈创木酚。进而又于1958年更为详细地论述了4－乙基愈创木酚在酱油香气中的地位、性质和生成路径。指出酱油中的4－乙基愈创木酚主要来源于小麦，在发酵过程中经酵母作用而形成。并以愈创木酚为原料，合成了4－乙基愈创木酚纯品，认为该物质具酱油特征香。几年后，他又对全日本的主要名牌酱油进行了分析，却发现了其中75%的产品不含有此成分。在1967年他发表的报告中，虽然再次肯定了4－乙基愈创木酚在酱油中的地位和作用，但也指出日本酱油在口味上越来越倾向于淡味酱油，致使大部分名牌酱油不含有4－乙基愈创木酚。

1964年茅台酒技术试点时，引用了横冢保的试验成果，应用纸色谱分析在茅台酒中检出了存有4－乙基愈创木酚。首次提出该成分可能是茅台酒的主体香。但在随后的有关单位工作中发现该成分除茅台酒外，同样在某些别的香型酒乃至普通固态法白酒中也存在，有的含量也不低。其对比酒样的纸色谱定性分析结果见表2－4－51。说明4－乙基愈创木酚并非是酱香型酒的主体香气成分。1982年，贵州省轻工业科学研究所在贵阳召开的“茅台酒主体香成分解剖及制曲酿酒主要微生物与香味关系的研究”成果鉴定时，提出运用气相色谱仪等测试手段，反复印证了4－乙基愈创木酚不是茅台酒的主体香成分而是茅台酒

表 2-4-51 不同香型酒的4-乙基愈创木酚含量定性分析表*

成分 \ 酒种	茅台酒	泸州特曲	五粮液	全兴大曲酒	汾 酒	西凤酒	董 酒
4-乙基愈创木酚	+++	+	++	+	+++	+++	+

注：以“+”多少表示含量多少。

和某些固态发酵白酒香味的一个组分。同时认为茅台酒的主体芳香组分可能是由高沸点的酸性物质和低沸点的酯类物质组成的复合香。前者为后香，后者为前香。所谓后香即喝完酒后残留在杯中经久不散的“空杯香”；所谓前香即开瓶后首先闻到的那种幽雅细腻的芳香。酱香型酒的闻香与众不同的是由这两部分香气所组成。

2. 以吡嗪类化合物为主说

近20年来，由于气－液色谱仪和气相色谱－质谱联用仪先进分析仪器应用于食品检验，发现食品中的香味化合物，除了糖类、酯类、醇类、酚类、醛类和酮类外，还有多种杂环化合物。这些杂环化合物以极微量存在于香味混合物中。吡嗪类化合物为其中之一。1879年，首次从甜菜的糖蜜中分离得到四甲基吡嗪及其同系物。1928年，从咖啡中检出甲基吡嗪、2,5－二甲基吡嗪和2,6－二甲基吡嗪。后来发现许多天然食品中或食品在煮、炒，以及发酵过程中都能检出吡嗪类化合物，它们是分布最广泛的杂环化合物，大约包括近百种衍生物。1962年，Kosuge等报道了从枯草芽孢杆菌的培养物中分离得到四甲基吡嗪，这种化合物有像酱油、豆豉、豆面酱的发酵大豆味。除了发酵产生这类化合物外，由食品的基本组成分，即还原糖、游离的氨基酸或二肽以及甘油三羧酸酯或它们的衍生物，在加热中也能变成杂环芳香化合物。这些反应称为非酶褐变反应。此反应是1912年Maillard首次提出，故又称为美拉德反应。例如咖啡、可可、茶和硬壳果品的烘烤，肉类的烧煮，烤面包、土豆以及其他食品的烤制等等，在加工过程中都可以产生杂环芳香化合物。它由一个复杂的反应体系而产生，但以还原糖和氨基酸起主要作用。同时它们具有独特的嗅觉性质，有的具有极低的嗅觉阈值，如2－异丁基－3－甲氧基吡嗪在水中的嗅觉阈值仅为0.002μg/L。

在老姆酒及威士忌中已报道检出有甲基吡嗪、2,5－二甲基吡嗪、2,6－二甲基吡嗪及三甲基吡嗪等。余晓等学者在兼香型白酒白云边酒中共鉴定出36种含氮化合物，其中29种是吡嗪类化合物，说明白酒中的含氮化合物主要为烷基吡嗪类。进一步对其中17种做了定量分析，发现在酱香型白酒中四甲基吡嗪、三甲基吡嗪、2,6－二甲基吡嗪、2－乙基－6－甲基吡嗪、2－乙基－3,5－二甲基吡嗪、2－甲基吡嗪、2,3－二甲基吡嗪等含量出众。

基于酱香型酒的生产工艺特点是采用具有类似酱香气的高温大曲、高温堆积、高温发酵及蒸馏，在酒中又检出数量多、品种多的吡嗪类化合物，从而推测这类杂环芳香化合物有可能是酱香型酒的主体香气成分。

3. 呋喃类和吡喃类衍生物说

1983年，周良彦先生推测酱香型酒的主体香气成分有很大可能是呋喃类、吡喃类衍生物。但他同时指出要验证这一观点，还需要调和的配比、被添加物的性质、陈酿期的长短等条件，否则不会得到满意的结果，甚至失败。因为酒中成分多达上百种以上，某一物质会产生增之一分则长，减之一分则短的结果。并列举以下具有酱香或焦香的化合物：

① 4－羟基－2,5－乙基－5(2)－甲基－3(2*H*)－呋喃酮(简称HEMF)。

② 4－羟基－2,5－二甲基－3－(2*H*)－呋喃酮(简称HDMF)。

③ 3－羟基－4,5－二甲基－2(5*H*)－呋喃酮。

④ 4－乙基－3－羟基－5－甲基－2(5*H*)－呋喃酮。

⑤ 5－乙基－3－羟基－4－甲基－(5*H*)－呋喃酮。

⑥ 4－羟基－5－甲基－3(2*H*)－呋喃酮(简称HMMF)。

⑦ 4－甲羟基－2,5－二甲基－3(2*H*)－呋喃酮。

⑧ 麦芽酚。

⑨ 2－乙基－3－羟基－吡喃酮。

⑩ 2－异丙基－3－羟基－吡喃酮。

⑪ 2－正丙基－3－羟基－吡喃酮。

⑫ 2－苯基－3－羟基－吡喃酮。

⑬ 5－羟基麦芽酚。

⑭ 2－乙基－3－羟基－6－甲基－4(4*H*)－吡喃酮。

⑮ 2－甲基－3－甲氧基－(4*H*)－吡喃酮。

⑯ 2－羟基－3－甲基－2－环戊二烯酮。

⑰ 3－乙基－2－羟基－2－环戊二烯酮。

⑱ 2－羟基－3－丙基－2－环戊二烯酮。

⑲ 2－羟基－3,4－二甲基－2－环戊二烯酮。

⑳ 2－羟基－3,5－二甲基－2－环戊二烯酮。

㉑ 异麦芽酚。

㉒ 4－乙基－2－甲氧基酚。

㉓ 醋鎓(3－羟基丁酮)。

以上列举的物质，它们的分子结构中基本上都含有羟基或羰基等呈酸性物质，具有5～6个碳原子的环状化合物。其环大都含氧原子，分子中具有芳构化活性很强的烯醇或烯酮结构。这些物质的来源是淀粉组成的各种糖类经水解等因素变成单糖、低糖类和多糖类。单糖本质上是多羟醛类，糖类以它半缩醛性质可用环状结构来表示。其中包括C－4或C－5。前者形成包括一个氧原子的五环结构，后者形成了包括一个氧原子的六环结构，即为五环醚呋喃和六环醚吡喃。其基本结构如下：

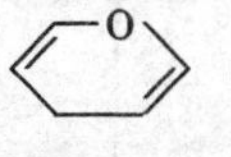
吡喃

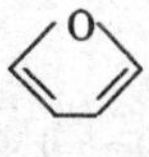
呋喃

可见，凡属呋喃类、吡喃类酱香型香气物质均为它们的衍生物，而这些衍生物分子结构上所共有的羟基、羰基正是单糖的实质。

有人认为除此而外，还有高级醇类的作用。

4. 酱香型酒的特征性香气成分

虽然上述对酱香型酒主体香气成分的3种推论都还未能得到明确的结论，但对酱香型酒香气成分的研究工作也还是能看出其与别的香型酒成分上的差异和特征。酿酒科技工作者围绕酱香型酒的独特生产工艺，如小麦原料制曲，用曲量大，反复多轮次发酵，意味着酒醅含氨量多，以及高温堆积，高温发酵等，推论其主体香气成分；从起初的单一成分发展到探讨由多种成分组成的复合香气；同时，除了清香型、浓香型、米香型和凤香型等的主体香成分以脂肪族乙酯类为主外，更注意与开拓了带环状的芳香族化合物的重要作用。这些思路与实践都是值得科技工作者所借鉴的。根据目前已报道的对酱香型酒的剖析，可以认为它具有以下特征：

(1) 酸含量高。其中除乙酸、乳酸最多外，还含有多量的异丁酸、异戊酸。

(2) 酯含量虽不及浓香型酒多，但从低沸点的甲酸乙酯到中、高沸点的辛酸乙酯、棕榈酸乙酯都存在。其中多量的丙酸乙酯、异丁酸乙酯、异戊酸乙酯时有出现。

(3) 醛酮类含量大。除含有多量的乙醛、乙缩醛外，糠醛含量为所有各香型白酒之冠。同时异戊醛、苯甲醛、丁二酮、3－羟基丁酮的含量也是出众的。

(4) 含氮化合物为各香型白酒之最。其中尤以四甲基吡嗪、三甲基吡嗪最为突出，详见表2－4－52。

表 2-4-52　　白酒中含氮化合物定量结果　　单位：μg/L

组分 \ 含量 \ 样品名称	茅台酒(1)	茅台酒(2)	郎酒	迎春酒	五粮液	洋河大曲酒	双沟大曲酒	白云边酒	景芝酒	汾酒
吡　嗪	37	33	10	88	—	—	—	—	23	—
2－甲基吡嗪	323	292	199	282	21	25	26	191	154	12
2,5－二甲基吡嗪	143	116	110	87	8	10	21	83	57	9
2,6－二甲基吡嗪	992	969	673	901	376	75	96	792	341	—
2,3－二甲基吡嗪	660	562	117	112	11	18	22	157	48	11
2－乙基－6－甲基吡嗪	796	886	349	399	108	73	78	418	244	—
2－乙基－5－甲基吡嗪	27	25	23	32	—	4	—	—	21	—
三甲基吡嗪	4965	4007	712	627	294	53	69	729	217	27
2,6－二乙基吡嗪	247	166	36	127	—	14	8	88	40	—
3－乙基－2,5－二甲基吡嗪	83	111	23	42	8	4	12	27	31	—
2－乙基－3,5－二甲基吡嗪	1402	83	231	149	57	28	14	299	93	—
四甲基吡嗪	53020	30782	731	653	195	23	120	482	156	75
2－甲基－3,5－二乙基吡嗪	420	277	40	74	23	10	12	61	17	—
3－异丁基－2,5－二甲基吡嗪	143	164	139	48	45	4	14	62	12	14
2－乙基－3－异丁基－6－甲基吡嗪	46	27	10	15	—	13	17		33	64
3－异戊基－2,5－二甲基吡嗪	151	260	300	—	—	—	18	—	7	—
3－丙基－5－乙基－2,6－二甲基吡嗪	105	75	15	—	—	—	13	—	26	10
吡　嗪	180	181	114	188	82	42	59	160	101	19
3－异丁基吡啶	80	60	50	22	—	—	5	67	3	—
噻　唑	138	108	88	54	98	39	46	100	49	22
三甲基恶唑	375	324	30	474	—	22	104	—	49	59

(5) 正丙醇、庚醇、辛醇含量高也时有出现。

白酒中的数百种香气成分，在各种香型酒中绝大多数都有存在，但含量多少不等。它们间的量比关系是决定其风格的重要因素之一，已为众所公认。对于酱香型酒的主体香问题，目前趋向于香气成分的综合因素所形成。

庄名扬等最新发表的研究报告认为酱香型白酒香味物质的产生，风格的形成，是美拉德反应的结果。而高温大曲中的地衣芽孢杆菌所分泌的生物酶，对美拉德反应起了较强的催化作用。由美拉德反应所产生的糠醛类、酮醛类、二羟基化合物、吡喃类及吡嗪类化合物，对于酱香型酒风格的形成起着决定性的作用。根据各类化合物的香味特征，5－羟基麦芽酚为酱香型酒的特征组分，其他成分起着助香呈味作用。

(二) 高温大曲的研究

高温制曲是酱香型酒特殊工艺之一。大曲是酿酒发酵的基础，由于酿酒生产用曲量大，与原料高粱比达1∶1。若折算成制曲原料小麦，则其用量超过高粱。因此，高温大曲在酿酒时既作为糖化发酵剂，又是原料的一半有余，显然大曲质量与酒的风味密切相关，历来认为曲的香气是酱香的主要来源之一。

贵州省轻工业局科学研究所为了了解各种微生物在制曲中的变化及其作用，曾对茅台酒大曲进行了研究。

1. 制曲过程中化学成分的变化及微生物动态

为了解制曲过程中微生物及化学成分的变化，对高温大曲培养工艺进行了查定。从大曲入房到出房，定期记录温度，取样分析及进行微生物分离，以不同培养基稀释32万倍进行平板培养，根据菌落外观形态、镜检观察，分别对酵母菌、霉菌、细菌计数。测定结果见图2－4－12、图2－4－13及图2－4－14。

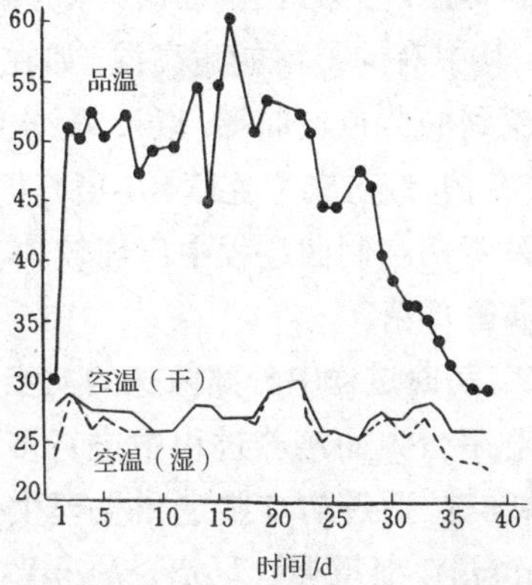

图 2－4－12　制曲过程中发酵温度的变化(第7、14天翻曲)

从图2－4－12可见，大曲入房后，随着微生物的生长繁殖和代谢活动，产生了大量的热量，品温迅猛上升，入房第2天升温幅度达

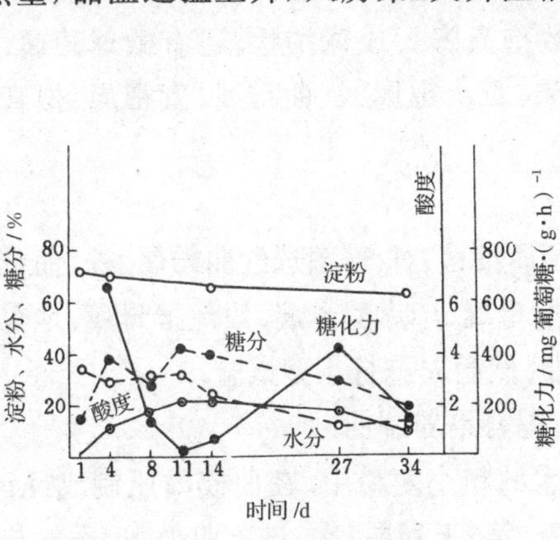

图 2－4－13　制曲过程中化学成分的变化

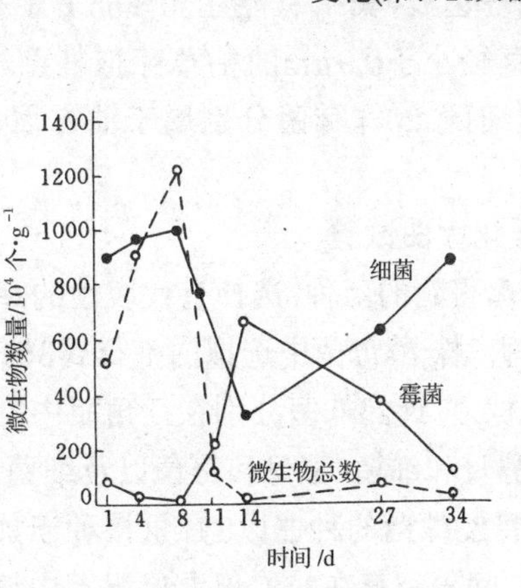

图 2－4－14　制曲过程中微生物数量的变化

21℃。以后随微生物生长及第7天第1次翻曲，温度不断变化，待到第14天第2次翻曲后，品温高达60℃以上。约在16天后，大曲水分降低，微生物生长由表及里，温度逐渐下降。

图2－4－13说明大曲入房后淀粉平稳下降，酸度和糖分逐渐上升，在第2次翻曲前达高峰。由于小麦粉本身存在的β-淀粉酶，因此起始的糖化力高，随着品温上升而显著下降。至第2次翻曲后，水分减少，霉菌增殖，糖化力又有所回升。但高温大曲的糖化力是较低的。

图2－4－14清楚地表示出微生物的变化情况。大曲中的微生物主要来源为曲母及小麦粉。此外还有水、场地环境、工具及隔绝曲块用的稻草。旧稻草带有很浓的曲香，试验说明旧稻草浸泡水制的大曲香气好，有促进曲块早熟生香的作用。

细菌在制曲过程中占有绝对优势。在高温阶段分离到的细菌多数是嗜热芽孢杆菌，它们在100℃煮沸30min至1h仍能存活。它们具有分解蛋白质和水解淀粉的能力，能利用葡萄糖发酵产酸，在曲坯入房后第4天可以闻到浓郁的酱香味，显示了其在酱香型酒中的重要性。

当大曲培养开始时，在曲块表面生长的霉菌主要是毛霉类。随着品温的上升，霉菌生长受到抑制。至第2次翻曲时，水分减少，曲霉类和红曲霉类代之而起，直至出房曲霉经常出现。其中有的霉菌能耐高温，如在入房11天分离到的烟色曲霉，从贮存半年以上的陈曲中分离到的紫色红曲霉，以及第2次翻曲时分离出的1株孢子束密集、浅褐色、菌丝有横隔的7号霉菌，经过55℃连续40h培养仍能生长。

酵母菌在制曲过程中出现较少，从入房至第11天偶尔可分离到假丝酵母、拟内孢霉和地霉属酵母菌。

2. 制曲过程中分离菌株的初步鉴定

对茅台大曲培养过程中进行多次微生物分离，共分得细菌47株，霉菌29株，酵母菌19株，共95株。通过初步鉴定和生理生化特性测定，19株酵母菌分别属于拟内孢霉属(*Endomycopsis*)、地霉属(*Geotrichum*)、汉逊酵母属(*Hansenula*)、假丝酵母属(*Candida*)、毕赤酵母属(*Pichia*)、酵母属(*Saccharomyces*)、红酵母属(*Rhodotorula*)。47株细菌多数属于芽孢杆菌属，其中有能在50～55℃下生长的嗜热芽孢杆菌，它们大都属于孢囊不膨大、菌体直径小于0.9μm的枯草芽孢杆菌群，少数孢囊膨大成球拍状，还有微球菌属、气杆菌属的细菌。29株霉菌分别属于曲霉属、毛霉属、犁头霉属、红曲霉属、青霉属、拟青霉属。

3. 强化大曲试验

将分离得到的菌种，选择有代表性的芽孢杆菌属细菌7株；霉菌选红曲霉属3株，曲霉属3株，毛霉科3株；酵母菌中选拟内孢霉属3株，汉逊酵母属、毕赤酵母属、假丝酵母属、地霉属各1株共7株。总计23株菌分别在三角瓶中制成种曲，然后先进行小型试验。

(1) 酵母和细菌，酵母和霉菌以及细菌和霉菌混合培养制曲。

(2) 将23株菌的种曲以8％量接种于加40％水的粗小麦粉中，在曲模内压制成1kg左右的曲坯，间隔稻草在35℃保温保湿箱中培养14天。第7天翻曲1次。试验曲外观、香气与茅台大曲相似。

在此基础上，用23株菌的种曲按4％量接种后踩制成试验大曲，和添加5％大曲粉(曲母)的生产大曲以及不加任何种曲的空白曲作对照，与大生产在曲房中一起培养，定期分析，其测定结果见表 2-4-53。

表 2-4-53　　纯菌种接种强化大曲对比测定结果

品种	日期	化学分析：水分/%	糖分/%	酸度	糖化力*	微生物细胞数/×10⁴个·(g曲)⁻¹：总数	细菌	酵母菌	霉菌
试验大曲	入　房	39.0	0.83	0.1	600	9984	9664	112	208
	第7天	34.1	5.09	1.3	26	19776	19728	16	32
	第14天	26.7	5.09	3.0	19	864	816	—	48
空白对照曲	入　房	39.0	0.42	0.1	658	2208	1216	64	928
	第7天	32.5	3.61	1.5	0	2571	1200	1136	235
	第14天	30.0	5.09	1.9	0	688	576	—	112
生产大曲	入　房	36.0	0.42	0.1	595	2208	1216	64	928
	第7天	34.8	5.09	1.5	0	352	208	80	64
	第14天	30.5	3.56	2.4	5	272	192	—	80

* 糖化力单位：mg葡萄糖/(g曲·h)。

3种大曲入房时糖化力高是因小麦中富含β-淀粉酶，但随着品温急剧上升而会大幅度地下降。酸度则明显上升，至第14天第2次翻曲时，酸度几乎增长20倍以上。由于品温高，微生物数量明显减少，而且都分离不到酵母菌。35天后，出房的试验曲的形态、气味与生产曲很接近，有较好的酱香味，与空白对照曲有明显的差别。试验结果表明，利用分离得到的优良菌种来提高大曲质量是可能的。

4. 高温大曲外观质量的体现

(1) 曲香　曲块入房后第2～3天，品温即可上升至50～55℃。此时曲块变软，颜色变深，同时可闻到甜酒似的醇香和酸味。之后品温升至55℃以上，至第7天第1次翻曲时，曲色及酱味进一步变深变浓，少数曲块黄白交界接触部位开始闻到轻微的曲香。继续培养至第14天第2次翻曲时，除部分高温曲块外，大部分曲块都可闻到曲香，但还不够浓厚。之后曲块逐渐进入干燥期，继续形成酱香气味。

曲色的褐变，可能是在曲培养过程中，随着细菌和霉菌的生长，同时产生的淀粉酶、蛋白酶分解小麦原料中的淀粉、蛋白质为糖分和氨基酸，它们在高温过程中发生氨基-羰基反应而形成褐色物质。温度越高，水分越多，曲色越深。

(2) 成品曲的色泽　常见有黄色、白色、黑色3种成曲。有人认为黄色曲表明制曲前期升温适中，后期干燥良好，其曲香最好；白色曲说明制曲前期温度偏低，干皮严重，后期曲心水分不易散发，干燥不好，曲块香差，甚至还带霉味；黑色曲说明前期升温过猛，虽有曲香但带糊味，后期水分散发不畅，也有些轻度霉味。

还有一种红心曲，是指曲块内部长有红曲霉，也有少数长在表面的。一般认为红心曲是好曲，但也有人持异议的。红心曲多产于白色曲中，在黄色及黑色曲中较少。

(三) 高温堆积

高温堆积是酱香型酒生产独特的关键工序之一。它直接关系到产品的质量和产量。业已明确堆积的作用主要是又一次网罗了野生微生物，尤其是酵母菌。堆积前后的微生物变化见表2－4－54。

表 2-4-54　第2轮堆积微生物种类和微生物的变化　单位：10^4个/g酒醅

堆积时间/h（项目＼种类）	细菌		酵母菌		霉菌		总计	
	种数	数量	种数	数量	种数	数量	种数	数量
0	21	12290	8	6400	—	—	29	18690
48	10	230	11	1530	—	—	21	1760
94	30	650	15	1718	—	—	45	2368

从表2－4－54可知，堆积后细菌增加9种，酵母菌增加7种。堆积48h前酵母菌大量增加，由开始的占总菌数34.24％提高到86.93％；细菌则由65.76％下降为13.07％。至94h后，随着出甑酒醅不断上堆，堆的体积加大，空气不足，酵母菌有所下降，但仍占总菌数的72.55％。在堆积过程中，酒醅中的酵母菌主要来自酿酒操作的场地，见表2－4－55。虽然在堆积前粮醅加入了10％左右(对投粮)的高温大曲，但在大曲中97％～99％为细菌，其余为少量的霉菌，不存在有酵母菌。显然酒醅在入窖发酵前经过堆积这一重要工序，微生物的品种、数量、比例都起了很大的变化，因此有人称之为“第2次制曲”。茅台试点时曾做过酒醅不经堆积直接入窖发酵的对比试验，结果是在入窖微生物组成比例上，不堆积的酒醅细菌占53.76％，酵母菌占46.24％；堆积的酒醅细菌占5.61％，酵母菌占94.39％。经发酵、蒸馏所得酒的质量检验，前者为不合格产品。两者酒质有明显的差别。

表 2-4-55 某厂酿酒车间环境微生物的测定　单位：10^4个/g

项目＼类别	细菌	酵母	霉菌
酿酒场地	62300	13056	0
空气	282	0	0

堆积还使某些发酵基质起了变化。从对氨基酸的测定看，由开始存在的异亮氨酸、缬氨酸、酪氨酸、羟脯氨酸、精氨酸、丙氨酸、赖氨酸、谷氨酸、天冬氨酸、苏氨酸、丝氨酸、鸟氨酸、甘氨酸13种，堆积后减少为10种，其中精氨酸、丝氨酸及鸟氨酸消失。

生产实践说明了加强堆积管理的重要性。操作以逐渐连续由上而下逐甑均匀上堆为好。堆积管理得好，温度上升有规律，堆子质量好。反之，则温度变化无常，堆子质量不好，入窖发酵后产酒少，质量也差。因此，必须掌握好堆积温度较均匀地达标，提倡嫩堆，及时入窖发酵。

(四) 酒的贮存与电导的变化

名、优质酒必须经过一定的贮存期才能使酒“老熟”。酱香型酒的贮存期长达3年以上才能使香气典型性更臻完善，酒味醇厚丰满。老熟过程是个复杂的物理与化学变化，为了科学地掌握老熟程度，为确立合理贮存期提供必要的依据，有人采用雷磁27型电导仪对不同香型、不同轮次、不同贮存期的茅台酒及不同贮存期的汾酒进行了电导测定，同时对影响电导测定的几个因素作了初步探讨。结果如表2－4－56～2－4－62所示。

表 2-4-56　　不同年份茅台酒的电导

香型酒入库年份＼测定项目		测定温度/℃	酒精含量/%	总酸含量/g·(100ml)$^{-1}$	总酯含量/g·(100ml)$^{-1}$	电导/kS
1979年	A型香酒	27.4	57.2	0.1263	0.3215	0.064
1978年	A型香酒	27.2	55.2	0.1970	0.3562	0.094
1977年	A型香酒	27.1	56.3	0.2057	0.3393	0.099
1976年	A型香酒	27.1	55.7	0.2284	0.3277	0.105
1975年	A型香酒	27.2	56.8	0.2588	0.3296	0.101
1979年	C型酒	27.0	57.0	0.1428	0.340	0.076
1978年	C型酒	27.3	56.0	0.1709	0.3446	0.088
1977年	C型酒	27.6	54.2	0.1746	0.2712	0.103
1976年	C型酒	26.8	56.0	0.2058	0.3167	0.101
1975年	C型酒	27.5	57.0	0.2186	0.3249	0.110
1979年	B型酒	27.4	58.2	0.2273	0.4221	0.070
1978年	B型酒	27.4	56.0	0.2286	0.4112	0.095
1977年	B型酒	27.1	55.2	0.2196	0.3489	0.105
1976年	B型酒	27.0	56.3	0.2981	0.3570	0.110
1975年	B型酒	27.3	56.1	0.3010	0.3492	0.118

表 2-4-57　　不同贮存期茅台酒的电导测定结果(测定温度20℃)

项　目	电导/kS	项　目	电导/kS
新入库酒	0.0395	贮存5年的酒	0.0577
贮存1年的酒	0.5100	贮存6年的酒	0.0588
贮存2年的酒	0.0541	贮存7年的酒	0.0598
贮存3年的酒	0.0571	贮存20年的酒	0.1238
贮存4年的酒	0.0574		

表 2-4-58　　不同贮存期汾酒的电导测定结果(测定温度20℃)

项　目	电导/kS	项　目	电导/kS
贮存1年以上的酒	0.0440	贮存6年以上的酒	0.0522

表 2-4-59　　感观品尝与电导关系(测定温度20℃)

样品名称	评　语	电导/kS	备　注
出厂标准酒	无色透明,特殊芳香,醇和浓郁,味长回甜	0.0873	—
准备出厂酒Ⅰ	无色透明,香,醇,味长	0.0893	同意出厂
准备出厂酒Ⅱ	无色透明,香,稍有辛辣味	0.0815	不同意出厂

表 2-4-60 不同酒精浓度酒样添加乙酸乳酸后电导测定结果(测定温度28℃)

样品名称 \ 电导/kS \ 酒精浓度/%	H_2O	20	40	53	60	80
对照	0.175	0.168	0.124	0.077	0.039	0.015
加0.1%乙酸	0.322	0.235	0.150	0.088	0.048	0.018
加0.1%乙酸、0.1%乳酸	0.930	0.524	0.281	0.103	0.071	0.038

表 2-4-61 不同温度电导测定结果

13.3℃	0.06421kS
14.0℃	0.06861kS
19.0℃	0.07701kS

表 2-4-62 不同轮次酒的电导测定结果(测定温度25℃)

项目	1次酒	2次酒	3次酒	4次酒	5次酒	6次酒
酒精浓度/%	54.8	55.8	55.2	56.2	53.4	52.6
总酸含量/$g\cdot(100ml)^{-1}$	0.1395	0.1078	0.1321	0.1239	0.1329	0.1047
总酯含量/$g\cdot(100ml)^{-1}$	0.4294	0.4040	0.3978	0.3596	0.3591	0.3626
电导/kS	0.0726	0.0638	0.0678	0.0650	0.0745	0.0580

溶液的电导决定于溶液中的离子性质、浓度及溶液的压力、温度等。酒是众多组分的酒精水溶液，它的电导与所含成分有关。经贮存后，发生了一系列物理与化学变化，其电导也相应起了变化。试验结果显示，随着贮存期的增长，电导也增加，在第1年增长较快，其后变化缓慢。电导还受温度、酒精浓度、香型酒种类、酒的轮次等影响。各厂可根据自己产品的特点测定不同条件下的电导数据，并结合品尝、勾兑，探索陈酿老熟的规律。

第七节 兼香型大曲酒生产工艺

一、兼香型的出现与发展

兼香型白酒，即指酒体兼有酱香型和浓香型酒的感官特征：芳香幽雅舒适，细腻丰满，浓酱谐和，回味爽净，余味悠长。该香型起始于70年代初期，人们在学习总结名酒生产经验的基础上，学中有创，将茅台酒与泸州曲酒两种生产工艺糅合在一起，生产出了既有酱香风格又有浓香风格的合二为一的白酒。新香型的出现也是我国白酒工业繁荣昌盛的体现。在1979年全国第三届评酒会上，湖北省松滋县产的白云边酒率先荣登国家优质酒称号。随后这10余年来，随着科学技术的发展，生产工艺日臻完善，生产厂逐步扩大，从南到北这一“家族”成员不断壮大，达45个厂。至1989年，除白云边酒外，还相继增有黑龙江玉泉酒、湖南省白沙液以及湖北省西陵特曲酒获得国家银牌奖。在此期间，湖北省主管部门和白云边酒厂先后组织了几次全国性学术与技术讨论会，黑龙江省先后两次组织了全省技术力量，对玉泉酒的生产技术问题进行研究攻关，对推动发展兼香型白酒起到了积极作用，并于1992年于武汉正式成立了全国兼香型白酒协作组。

二、兼香型大曲酒的生产工艺

从该香型起步之时，就存在以白云边酒为代表的酱中有浓风格和以黑龙江省玉泉酒为代表的浓中有酱风格的两个流派。浓酱相兼、酱浓谐调是兼香型酒质量的核心。从目前看来，这两个流派产品的己酸乙酯含量一般都可以控制在60～120mg/100ml之间，这是区别于浓香型酒的一项主要指标。由于酱香主成分目前还不甚明确，因此不能有个确切的数据要求。从感官品尝产品的结果看，影响质量的关键还在于对酱香的掌握适度问题。有时容易出现酱香过大或浓中缺酱的口味缺陷。兼香型酒这两个流派的生产工艺是不同的，兹分别叙述如下。

(一) 酱中有浓的兼香型大曲酒的生产工艺

1. 高温大曲制作简述

小麦原料经粉碎后，加水拌匀，踩制成35cm×20cm×6cm(长×宽×高)的砖形曲坯。入曲房堆积培养，曲间塞放稻草，5天后升温至顶点65℃左右时，翻曲降温到50℃左右。7天后温度又上升至60～62℃，进行第2次翻曲。此后品温保持在46～36℃之间又7天。然后开窗通风降温，揭去稻草，堆存10天后出房。成品曲糖化力为450～550mg葡萄糖/(g曲·h)。经贮存3～6个月即可使用。

2. 生产工艺流程(见图2－4－15)

显然，前7轮的生产工艺按酱香型酒操作，自第8轮起按浓香型酒生产工艺进行。

3. 生产工艺

(1) 第1轮投粮发酵　在每年9月初左右开始投料生产。将高粱按总投料量的45.5％投料，其中80％为整粒原粮，20％为粉碎后的高粱。用80℃以上的热水润料，加水量为原料的45％。堆放7～8h后加5％的第8轮未蒸馏的母糟，拌和均匀后上甑蒸粮。蒸好的高粱出甑，立即加入15％80℃以上的量水翻拌堆于操作场地上。再加入2％的尾酒，拌匀冷却至38℃左右，加高温大曲粉12％拌匀堆积于场地上4～5天后入窖发酵。酯料入窖前向窖内泼洒尾酒，并在窖底撒曲20～30kg。酯料入窖时，边下窖边洒尾酒150kg。最后用培养后的窖泥封窖，发酵1个月。

某厂所用窖池为3.5m×3m×3m(长×宽×高)的砖砌水泥池，池底垫有6～10cm厚的发酵窖泥。

(2) 第2轮再次投粮发酵　取占总投料量45.5％的高粱，其中70％为整粒，30％须经粉碎。用80℃以上热水润料，加水量为原料的45％。拌匀后就地堆积7～8h。然后与第1轮出窖酯料混匀，装甑蒸馏。所产之酒全部回到酯料中，其后的冷却、加高温大曲粉、堆积、入窖发酵等操作均与第1轮相同。

(3) 第3轮至第7轮的操作　自第3轮发酵起至第7轮次不再投料。将经发酵1个月出窖的上1轮的酒酯蒸馏后出甑加热水15％、尾酒2％、高温大曲，堆积3天。入窖发酵等操作都

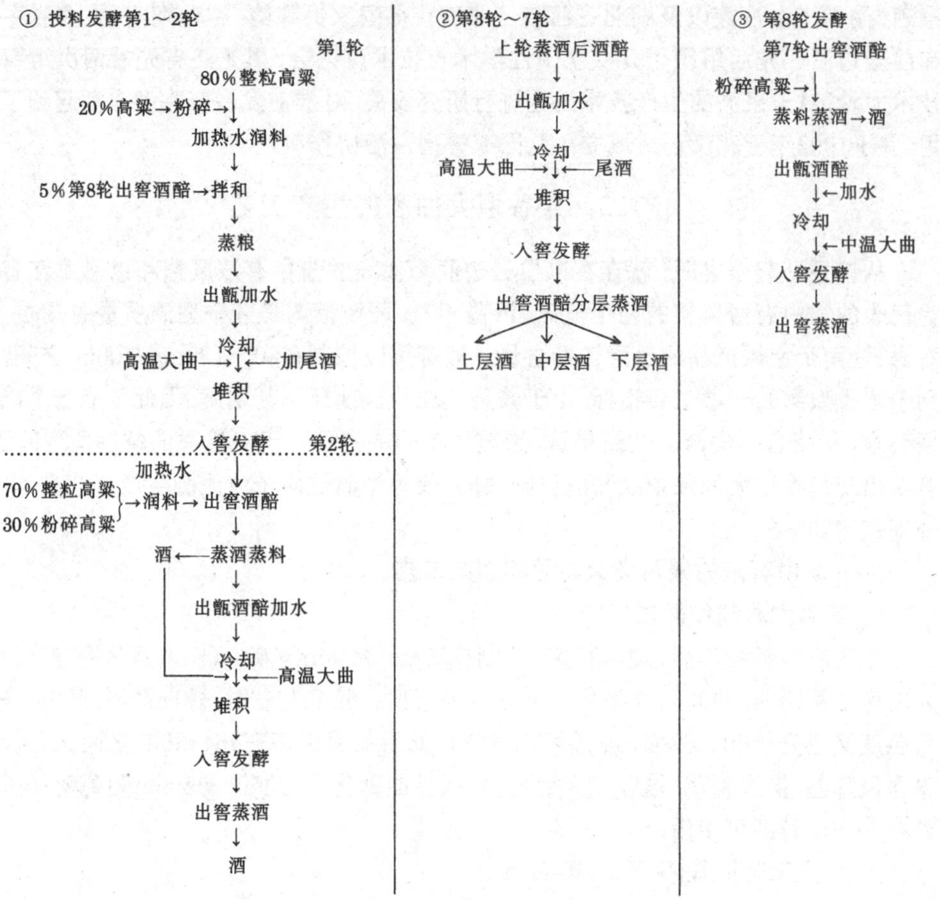

图 2-4-15 酱中有浓兼香型白酒生产工艺流程

大体一致。每轮次的加曲量1～3轮为12%，4～7轮为8%～10%。在出窖蒸酒时分层取酒，即窖上部2/8酒醅产的是上层酒，中部5/8酒醅产中层酒，窖底1/8酒醅为下层酒。分别分级入库贮存。

(4) 第8轮的操作　取第7轮出窖酒醅，将占总投料9%的经粉碎后的高粱混匀，装甑蒸馏。出甑酒醅加热量水15%，冷却，加入20%的中温大曲粉，拌匀，低温入窖发酵1个月后出窖蒸馏。

(5) 贮存勾兑成型　显然上述酿酒工艺各轮次与各层次酒的质量是不同的。生产中采取分层分型摘酒，按质贮存。一般是上层酒乙酸乙酯放香较突出，微带酱香；中层酒味较醇和，清淡幽雅；下层酒己酸乙酯放香较大；尾酒酱香突出，酸味大，乳酸乙酯和糠醛含量很大。因此，经贮存后勾兑成型是稳定产品质量的重要一环。

(二) 浓中有酱的兼香型大曲酒生产工艺

以黑龙江省玉泉酒为代表的浓中有酱的兼香型白酒，采用酱香、浓香分型发酵产酒，分型陈贮，科学勾调的工艺。分型发酵就是将浓香与酱香两种香型酒分别按各自的工艺组织生产，生产出的酒分别陈贮，然后按合理的配比，恰到好处地勾调成兼香型产品。

浓香型工艺采用人工老窖，以优质高粱为原料，小麦培养的中温大曲为糖化发酵剂，混蒸续糙发酵60天。为了稳定和提高产品质量，采取清蒸辅料、养窖泥盖、增浆加馅、己酸增香、双轮底、高度摘酒、增己降乳等技术措施。使其达到优质酒以上的水平。此为玉泉酒的基础酒。

酱香型酒生产工艺为:

(1) 根据北方气候选择最佳季节投料,采用6轮发酵酱香大曲酒工艺。

(2) 提高大曲用量,前6轮发酵采用高温大曲,使用量为100%,6轮后转用中温大曲。

(3) 前6轮整粮一次投料,在水泥池中按大曲酱香酒生产工艺操作,每轮发酵期缩短为25天。

(4) 6轮后继续投料,转入泥窖中续楂老五甑混烧,按浓香型工艺操作,发酵期为45天。

此外,在投料时增加部分麸皮用量,强化高温大曲质量。在浓香型酒生产时,采取综合措施,使乳酸乙酯与己酸乙酯之比值小于1;在酱香型酒生产时,使乙酸乙酯与乳酸乙酯之比值大于1。同时还有浓香型酒的生产班和酱、浓分型发酵、酒醅按比例同甑混蒸的试验班。

该厂构成兼香型酒的两种基础酒的标准见表2-4-63及表2-4-64。

表 2-4-63　半成品酒的质量标准　单位: mg/100ml

类别＼项目	总酸	总酯	乙酸乙酯	丁酸乙酯	己酸乙酯	乳酸乙酯	糠醛	乙缩醛
浓香型酒	>80	>200	130～150	30～40	100～250	150～180	20～30	30～40
酱香型酒	>100	>250	250～300	40～50	40～50	250～300	30～40	80～100

表 2-4-64　半成品酒的感官指标

浓香型酒	清亮透明,窖香浓郁,绵甜醇和,清洌甘爽,尾净香长
酱香型酒	清亮透明(微黄),酱香较浓郁,醇和细腻,回味悠长,微带苦涩

(5) 贮存和勾兑。各类基础酒的贮存期有所不同。大曲酱香工艺酒,6轮次酒也不一样,一般为2～3年;酱香转浓香的工艺酒为2年,浓香型工艺酒为1.5年;浓香与酱香混蒸酒为1.5年;特殊老酒5年以上;特殊调味酒3年以上。浓香与酱香酒的勾兑比例,以8∶2为宜。不同比例的对比结果见表2-4-65。

表 2-4-65　不同勾兑比例的产品质量变化

浓香酒∶酱香酒	己酸乙酯含量 /mg·(100ml)$^{-1}$	感官评语
9∶1	122.5	浓香略有酱香,口味较甘爽,浓香风格突出
8∶2	103.7	浓香带有酱香,诸味协调,口味细腻,兼香风格明显
7∶3	92.4	浓香,酱香兼有,诸味较协调,口味较长,风格不够明显
6∶4	80.2	酱香带浓香,诸味尚协调,后味长,酱香风格明显

三、有关生产技术的科学试验

(一) 兼香型大曲酒香气成分的特征

据胡国栋发表的白云边酒特征香味组分的研究报告,由于兼香型大曲酒的生产工艺糅合了酱香与浓香型酒的某些生产工艺，因而其所含的某些香气成分含量处于浓、酱两型之间，体现了兼而有之的特点。详见表2－4－66。

表 2-4-66　**体现白云边酒浓酱兼香特征的香味组成含量**　单位：mg/L

组分＼类别	浓香型白酒	酱香型白酒	白云边酒
己酸乙酯	2140	265	913
己　酸	470	191	311
己酸酯总量	26.6	3.8	6.9
糠　醛	40	260	152
β-苯乙醇	1.9	23	13
苯甲醛	1.0	5.6	3.4
丙酸乙酯	15.4	62.7	46.7
异丁酸乙酯	4.4	18.1	7.2
2,3-丁二醇	7.4	33.9	10.7
正丙醇	214	770	692
异丁醇	114	223	160
异戊酸	11	25	23
异戊醇对活性戊醇的比值	4.9～5.7	3.6～3.9	4.3～4.7

注：浓香型白酒的数据系8个国家名酒样品的平均值；酱香型白酒的数据为7个名、优酒样的平均值。

除了上述兼而有之的香气成分外，从分析结果看，还存在有其本身个性的特征性成分。结果见表2－4－67。

表 2-4-67　**兼香型酒的特征香味组分含量**　单位：mg/L

组分＼类别	酱香型白酒	浓香型白酒	清香型白酒	白云边酒	玉泉酒
庚　酸	3.8	6.3	未检出	44.9	32.6
庚酸乙酯	8.9	53.2	0.41	192.7	102.7
2-辛酮	0.24	0.11	0.09	1.29	0.82
乙酸异戊酯	1.82	2.37	5.59	6.73	4.32
乙酸-2-甲基丁酯	0.44	0.38	1.11	1.93	1.82
异丁酸	19.0	8.1	0～2.8	24.5	38.10
丁　酸	133.7	132.0	6.9	193.1	158.0

注：酱香型酒的数据系7种不同样品的平均值；浓香型酒的数据为8种不同样品的平均值；清香型酒的数据为3种样品的平均值；白云边酒的数据为5种样品的平均值。玉泉酒的测定结果由黑龙江省玉泉酒厂提供。

表2－4－67中的7种兼香型酒的特征香味组成分，其含量均大于浓香及酱香型酒。以绝对量计，尤以庚酸和庚酸乙酯更为出众。

(二) 细菌的分离、鉴定及初步应用

高温堆积是酿造白云边酒的关键工序之一。为了避免因冬季气温低而影响堆积酒醅升温，该厂筛选了优良菌株，并强化高温堆积的技术管理。从春、秋季高温堆积3天后的酒醅中分离、筛选出繁殖旺盛、升温幅度较显著的27株细菌。将其分别制成麸曲，有8株细菌能产生浓郁的豆豉味。又将此8株的细菌麸曲混合接入高温堆积醅中，其升温情况比对照不接细菌曲的大有提高。日平均升温幅度达6℃。在冬季气温0℃左右时，使堆积温度在规定时间内达到了工艺要求。单轮酒质保持了原有风格，出酒率提高了2%～3%。试验对比结果见表2-4-68。

表 2-4-68　添加细菌麸曲高温堆积变化表

项目	类别＼天数	0	1	2	3	4	5	6
温度/℃	加细菌麸曲	30	28	37	46	50.5	53	—
	对照不加	31	29	30	32	36	39	45
细菌数/个·(g酒醅)$^{-1}$	加细菌麸曲	0.03×10^6	0.055×10^6	0.475×10^6	0.265×10^6	0.300×10^6	0.300×10^6	—
	不加对照	0.03×10^6	0.040×10^6	0.075×10^6	0.186×10^6	0.400×10^6	0.375×10^6	0.180×10^6

第八节　特型大曲酒生产工艺

一、香型的沿革

特型大曲酒是以江西省生产为主的传统产品。以往由于缺乏科学总结，被误认为是浓香型酒，而没有认识其风格特征。1987年9月漳树县四特酒厂邀请中国白酒协会沈怡方专家到厂考察，发现四特酒的生产工艺有其本身的特色，而其产品又具有独特的风格，并非是浓香型曲酒。翌年4月，江西省主管部门在该厂召开了四特酒风格研讨会。以周恒刚先生为首的国内著名白酒专家对四特酒生产工艺进行了详细的考察，初步总结归纳为：整粒大米为原料，大曲面麸加酒糟，红褚条石垒酒窖，三型具备犹不靠(指酱香型、浓香型、清香型)的特点，应属其他香型。1989年1月在全国第五届评酒会上，被评为国家优质酒，获银质奖。当时除该省外，尤在北京市场颇受消费者青睐。自1988年起，四特酒厂先后和江西省科学院生物资源开发中心、中国食品发酵工业科学研究所合作，开展了四特酒香型的研究，获得了明确的结论，为其自成一体、独立成型提供了科学的依据。

二、工艺特点及生产流程

特型酒的感官风味质量以三型(浓、清、酱香型)具备犹不靠为特征；具有无色透明、诸香协调、柔绵醇和、香味悠长的风格。其工艺特点如下。

(1) 采用大米为酿酒原料　这有别于习惯用高粱作大曲酒的原料。估计这是沿用本省盛产大米就地取材的传统。特型酒采用整粒大米不经粉碎直接和出窖发酵酒醅混合的老五甑混蒸混烧工艺，必然使大米中的固有香气带入酒中；同时大米所含成分和高粱不同，导致发酵产物有所变化。如特型酒的高级脂肪酸乙酯含量超过其他白酒近1倍，相应的脂肪酸含量也较高。用大米原料采用传统的固态发酵法是其特点之一。虽然米香型及豉香型酒原料也是大米，但它们的酿酒工艺及微生物都完全不同。因此产品风格各异。

(2) 独特的大曲原料配比　四特酒酿造所用的大曲，其制曲原料是面粉35％～40％，麦麸40％～50％，酒糟15％～20％。这与所有其他大曲酒厂相比是独一无二的。这种配料比是以小麦为基础加强了原料的粉碎细度，同时调整了碳氮比，增加了含氮成分及生麸皮自身的β-淀粉酶。添加10％的酒糟既改善了大曲料的疏松度，同时其中残存的大量死菌体有利于微生物的生长；有机酸可以调节制曲的pH值；残余淀粉得以再利用，节约制曲用粮，以降低成本。其培养成的大曲是形成四特酒风格的又一因素。

(3) 红条石筑发酵窖池　四特酒的酿酒发酵设备是用江西特产的红条石砌成，水泥勾缝，仅在窖底及封窖用泥。它有别于茅台酒的青条石泥土勾缝窖，更不同于浓香型的泥窖和清香型的地缸发酵。红条石质地疏松，空隙多，吸水性强。这种非泥非石的窖壁，为酿酒微生物提供了特殊的环境。

四特酒的生产工艺流程如图2－4－16所示。

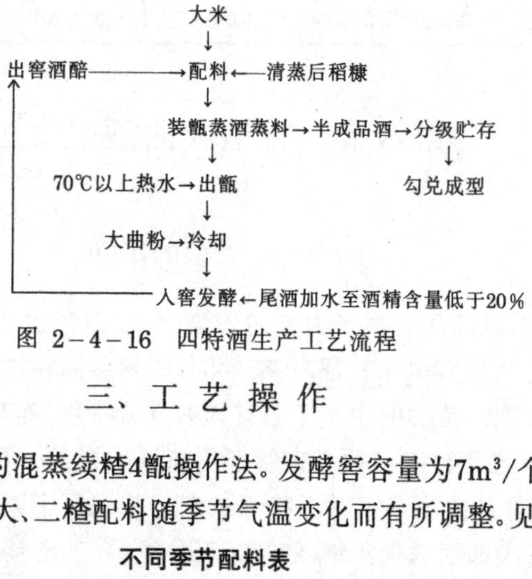

图 2－4－16　四特酒生产工艺流程

三、工 艺 操 作

由老五甑演变为现今的混蒸续楂4甑操作法。发酵窖容量为7m³/个。4甑入窖分别为小楂、大楂、二楂及回糟。其大、二楂配料随季节气温变化而有所调整。见表2－4－69。

表 2-4-69　不同季节配料表

项目 月份	投料量/kg		料：酒醅	用曲量/％ (对投料量)	稻糠加量/％	
	手工班	机械化班			手工班	机械化班
1,2,3,4,10,11,12	630	3150	1：4.0	26	≤40	≤45
5,9	540	2700	1：4.5	25	≤40	≤45
6,7,8	540	2250	1：5.0	24	≤40	≤45

发酵完毕的窖池用铁锹铲除封窖泥，再铲除接触窖泥的酒醅约5cm丢弃后，根据季节和投料量多少挖取窖池上层的酒醅5～7车(300kg/车)，加入清蒸后的稻糠60kg，拌匀打碎团块，装甑蒸酒。出甑经冷却，加大曲翻拌均匀后即入窖发酵，踩平。此为回糟(该厂称为丢糟)。

第2、3甑为大楂及二楂。取大米630kg堆在甑旁，继续挖出中层发酵酒醅11～13车左右，并加入清蒸稻糠180kg，三者混合拌匀，随挖随拌，打碎团块，拌匀后成堆，表面再覆盖一层稻糠，分两次装甑蒸酒蒸料。蒸酒时流酒速度不超过3.5kg/min，量质摘酒，截头去尾，每甑摘取酒头2～3kg作勾兑调味酒。酒精含量在45%以下的酒尾不入库，各甑酒尾都集中于最后一甑倒入底锅蒸酒回收。

蒸酒结束后，移开甑盖继续蒸料排酸。若料未蒸熟，还须加水再蒸。夏秋气温高，规定必须开大汽排酸10～15min，方可出甑。出甑酒醅装车运到通风晾楂板上堆积并随即加入70℃以上的热水。若水温偏低，则大米原料易返生。如发现白生心饭粒，应焖堆5～10min。然后散开酒醅进行通风冷却至入窖温度，每甑加入大曲粉78kg左右，翻拌均匀后起堆入窖。大楂入窖后摊平踩实。再加入20kg酒精含量20%以下的尾酒。二楂入窖后，酒醅呈中高、边低状，加入40kg酒精含量20%以下的尾酒后，即用泥封窖发酵30天。

第4甑为丢糟，即上排入窖的回糟，酒醅为6～7车。回糟在发酵窖底，因其水分较大，故使用120kg稻糠拌匀后蒸酒。流酒完毕出甑，即为丢糟，作饲料出售。

不同季节发酵酒醇的出入窖变化见表2-4-70。

表 2-4-70　不同季节酒醅出入窖变化

月份	楂别	项目	温度/℃	水分/%	酸度	淀粉含量/%	糖分/%	酒精含量/%
1,2,3,4,10,11,12	大、二楂	入窖	18～22	55～57	1.4～1.8	16～20	—	—
		出窖	—	64～66	2.4～2.8	8～10	0	≥5.5
	小楂	入窖	28～30	≤57	≤2.5	11～13	—	—
		出窖	—	65～67	2.4～3.0	≤6.0	0	≥3.5
5,9	大、二楂	入窖	低于室温2～3	57～59	1.4～2.0	14～19	—	—
		出窖	—	65～67	2.4～3.0	8～9	0	≥5.0
	小楂	入窖	低于室温2～3	≤58	≤2.5	10～13	—	—
		出窖	—	66～68	2.4～3.2	≤6.0	0	≥3.0
6,7,8	大、二楂	入窖	低于室温2～3	57～59	1.4～2.2	14～16	—	—
		出窖	—	66～68	2.4～3.2	7～9	≤0.1	≥4.5
	小楂	入窖	低于室温2～3	≤59	≤2.5	10～12	—	—
		出窖	—	67～69	2.4～3.4	≤6.0	0	≥2.5

四、特型酒的科学研究成果

(一) 关于四特酒的香气成分

特型酒的独特风格源自其含有各种微量香气组成分及它们之间的量比关系。1988年～1993年，四特酒厂先后与有关科学研究单位合作，对四特酒的香气成分进行了剖析，采用先进的分析技术，使白酒中可准确定量的微量香气组成分达到120种。经与同香型酒和不同香型酒的对比分析研究，结果表明四特酒香气组成分具有以下特征：

(1) 四特酒富含奇数碳脂肪酸乙酯，其含量为各种香型白酒之冠。这些酯类主要是丙酸乙酯、戊酸乙酯、庚酸乙酯与壬酸乙酯。通常它们在白酒中含量较低，并且奇数碳的脂肪酸乙酯总是低于相邻的偶数碳乙酯，例如丙＜丁，戊＜己，庚＜辛，壬＜癸等。但在四特酒中除戊酸乙酯小于己酸乙酯外，其余的都相反。几种香型酒的奇数碳脂肪酸乙酯含量见表2－4－71。

表 2-4-71　几种香型白酒的奇数碳脂肪酸乙酯的平均含量比较表　单位: mg/L

项目＼类型	酱香型白酒	浓香型白酒	兼香白云边酒	景芝白干	四特酒
丙酸乙酯	62.7	15.4	46.7	29.2	89.6
戊酸乙酯	41.6	82.3	75.2	21.7	103.3
庚酸乙酯	8.9	53.2	192.7	2.5	146.4
壬酸乙酯	0.47	0.76	0.69	0.49	5.2

在被检的8个四特酒样中，最高的丙酸乙酯含量达168.8mg/L，在同一香型的江西省产的江西特曲酒中，其含量也高达188.8mg/L。

(2) 含有多量的正丙醇。被检的8个酒样，正丙醇的含量为593.6～3072.9mg/L，与茅台酒、董酒类似;但比其他各种香型酒要高得多。更明显的是正丙醇与丙酸乙酯、丙酸之间具有极好的相关性。同香型的江西所产的酒也具有相同的特征。

(3) 高级脂肪酸乙酯的含量超过其他白酒近1倍，相应的高级脂肪酸含量也较高。四特酒与部分香型酒的高级脂肪酸乙酯含量对比见表2－4－72。

表 2-4-72　四特酒与部分香型白酒高级脂肪酸乙酯含量对比表　单位: mg/L

项目＼类别	酱香型白酒	浓香型白酒	清香型白酒	兼香白云边酒	景芝白干	四特酒
肉豆蔻酸乙酯	1.2	3.5	2.1	2.4	1.6	10.3
棕榈酸乙酯	41.7	43.7	43.2	45.4	38.8	101.8
硬脂酸乙酯	1.1	1.7	2.9	1.6	1.3	3.5
油酸乙酯	16.6	19.5	20.9	20.5	22.9	28.4
亚油酸乙酯	28.6	31.4	27.8	32.6	33.3	42.6
总量	89.2	99.8	96.9	102.5	97.9	186.6

(4) 与有的香型酒类似，其乳酸乙酯含量出众，常居各种乙酯类之首。其次是乙酸乙酯，第三为己酸乙酯。

(二) 大曲培养过程中的检测

由于四特酒使用的大曲，其制曲原料的配比特殊，故对生产制曲用料及培养过程中各酶系及微生物消长情况进行了跟踪测定。

(1) 制曲原料和成品曲成分以及原料上附着的微生物测定见表2－4－73及表2－4－74。

表 2-4-73　原料和成品曲成分测定　单位：%

原料＼项目	水分	淀粉	粗蛋白	粗脂肪	灰分
面粉	11.5	57.1	9.6	3.66	1.22
麸皮	12.5	44.4	14.3	3.04	4.72
酒糟	63.0	7.6	5.5	4.50	7.16
曲坯	40.0	41.8	10.7	2.85	3.71
成品曲	16.5	37.8	8.8	1.67	5.81

表 2-4-74　原料附着微生物检测　单位：$\times10^4$个/g

原料＼项目	细菌	酵母菌	霉菌	放线菌
麸皮	67.79	2.52	16.94	16.93
面粉	45.71	4.28	5.71	9.30

注：表中数据为3次测定的平均值。

(2) 不同原料(生料)培养根霉的对比试验的结果见表2－4－75。说明麸皮原料的各项生化指标都比其他原料为高。虽然糖化力测定受生麸皮自身β-淀粉酶的干扰，结果偏高，但仍显示了麸皮制曲的优越性。四特大曲选用50％麸皮配料是恰当的。

表 2-4-75　各种不同原料(生料)培养根霉对比试验

原料	水分%	酸度	糖化力/mg葡萄糖·$(g·h)^{-1}$	液化力/g淀粉·$(g·h)^{-1}$	酸性蛋白酶活力/$u·g^{-1}$
麸皮	47	1.1	4620	13.33	70.4
大麦粉	42	0.91	960	2.50	26.8
小麦粉	38	1.5	620	5.26	46.8
豌豆粉	42	0.4	360	3.60	31.2

注：表中数据为3次测定的平均值。

(3) 不同酒糟加量制曲的对比试验结果见表2－4－76。说明该厂选用添加10％干酒

表 2-4-76　添加不同酒糟量制曲测定

项目＼酒糟加量	5%	10%	15%	20%	项目＼酒糟加量	5%	10%	15%	20%
水分/%	17.50	16.0	14.0	15.0	升酸幅度	0.5	0.3	0.2	0.2
酸度	1.4	1.4	1.3	1.2	酯化酶活力/$u·g^{-1}$	0.211	0.304	0.316	0.115
糖化力/mg葡萄糖·$(g·h)^{-1}$	648	790	774	642	酯分解率/%	46.5	46.9	47.9	48.9
液化力/g淀粉·$(g·h)^{-1}$	5.5	5.6	5.6	4.4	细菌数/10^4个·g^{-1}	214.6	158.4	150.6	137.5
pH为3的蛋白酸活力/$u·g^{-1}$	36.8	48.0	40.0	30.8	酵母菌数/10^4个·g^{-1}	174.8	246.5	199.6	102.9
发酵力/酒精质量分数%	3.4	3.8	3.6	2.9	霉菌数/10^4个·g^{-1}	158.2	153.7	138.2	132.2
氨态氮含量/%	0.179	0.315	2.10	0.154	放线菌数/10^4个·g^{-1}	18.6	20.4	36.5	50.7

注：(1) 鲜糟2kg折1kg干糟。
(2) 表中数据为30块大曲测定的平均值。

糟是适宜的。此时各项指标均较高，霉菌及酵母菌也较多。用酒糟配料既有利于大曲质量，又能节约曲粮。

(4) 四特酒大曲培养过程中的微生物变化及某些生化指标的变化，经测定其结果见表2－4－77及表2－4－78。

表 2-4-77　　四特曲培养过程中微生物的变化情况

天数	0	5	10	15	20	25	30
菌数/10^4个g^{-1}　品温/℃	25	40	51	54	45	40	34
细　菌	191.67	344.20	231.89	207.32	156.86	136.15	117.87
酵母菌	8.30	28.46	207.23	198.14	157.97	103.56	79.67
霉　菌	29.17	40.65	156.25	181.16	232.68	248.19	303.06
放线菌	21.67	19.51	27.34	11.23	11.11	10.84	7.56

表 2-4-78　　四特曲培养过程中生化指标的变化情况

项目　天数	0	5	10	15	20	25	30
水分/%	40.0	38.5	36.0	31.0	23.5	19.0	17.5
酸　度	1.1	2.9	2.9	3.0	2.7	2.1	1.4
糖化力/mg葡萄糖·$(g·h)^{-1}$	7440	210	280	388	566	796	890
液化力/g淀粉·$(g·h)^{-1}$	0.40	0.90	2.18	2.67	4.40	9.38	9.10
pH3的蛋白酶活力/u·g^{-1}	14.4	36.0	42.3	53.6	57.2	59.3	61.6
氨态氮含量/%	0.014	0.014	0.070	0.140	0.147	0.870	0.201
发酵力/酒精质量分数%	0	0.3	1.3	2.2	3.6	4.0	4.2
升酸幅度	0.3	0.9	0.6	0.1	0.1	0.1	0.1
酯化酶活力/u·g^{-1}	0.023	0.057	0.061	0.352	0.361	0.391	0.402
酯分解率/%	—	47.2	48.4	46.4	44.4	43.6	42.8

注：表中数值为3次测定的平均值。

从表2－4－77可见，在大曲培养过程中，细菌在第5天达高峰后即逐步下降；酵母菌及放线菌在第10天最多，随后逐步减少；唯独霉菌自入房起与日俱增，在第5天至第10天菌数上升最快，以后保持平稳增长。表2－4－78所显示的入房时糖化力，显然是与生麸皮自身的β-淀粉酶有关，但5天后被分解，以致其数值大幅度下降。绝大部分生化指标随大曲培养进程而增长。酸度最高峰在第15天，随后逐步下降。以上测定结果，与各名酒厂的大曲培养过程中的测定结果相对照，大体上是一致的。

与四特酒香气成分研究结果相吻合，四特曲的丙酸、丙酸乙酯、正丙醇的含量也较高。在微生物测定方面今后应注意丙酸菌的试验和探索。

第五章　小曲白酒生产工艺

第一节　概　　述

小曲白酒是我国主要的蒸馏酒种之一。此类白酒约占白酒总产量的六分之一，在我国南方、西南地区较为普遍生产。根据所采用的原料、曲药和生产工艺的不同，大致可分三大类：一类是在广东、广西、湖南、福建、台湾等地盛行的，以大米为原料，采用小曲固态培菌糖化，半固态发酵，液态蒸馏的小曲白酒。另一类是在四川、云南、贵州等省盛行的，以高粱、玉米等为原料，小曲箱式固态培菌，配醅发酵，固态蒸馏的小曲白酒；以四川产量大、历史悠久，常称川法小曲酒。还有一类是以小曲产酒，大曲生香，串香蒸馏，采用小曲、大曲混用工艺，有机地利用生香与产酒的优势而制成的小曲白酒；这是在总结上述两类工艺的基础上发展起来的生产工艺，对发展固液结合生产白酒的工艺，起到直接的推进作用。小曲白酒生产具有以下主要特点：

(1) 适用的原料品种范围广，如大米、高粱、玉米、稻谷、小麦、荞麦等，并大多以整粒原料用于酿酒，有利于当地粮食资源的深度加工，以及农副产品加工，非粮食的淀粉质原料等的综合利用。

(2) 采用根霉为主的小曲作糖化发酵剂，用曲量少，发酵期不长，出酒率高，规模因地制宜，可大可小。目前已有形成专业分工，分散生产，集中贮存、勾兑、销售的集团化企业。

(3) 小曲白酒酒质柔和，质地纯净、清爽，目前已形成米香、药香、豉香、小曲清香等不同香型风格的小曲酒，已被国内外消费者普遍接受。如贵州董酒、桂林三花酒、全州湘山酒、厦门米酒、五华长乐烧、豉味玉冰烧酒、四川永川、江津高粱酒等都是著名的小曲酒。

(4) 由于酒质的清香纯正，是生产传统的药酒、保健酒的优良酒基，也是生产其他香型酒的主要酒源。

第二节　小曲白酒半固态发酵工艺

半固态发酵工艺，在我国已有悠久的历史，它与我国黄酒生产工艺有些类同，在南方各省产量相当大。半固态发酵可分先培菌糖化、后发酵和边糖化边发酵两种工艺。

一、先培菌、糖化后发酵工艺

广西桂林三花酒是这种工艺的典型代表。其特点是采用药小曲为糖化发酵剂，前期固态培菌糖化20～24h，后期液态发酵，再经液态蒸馏，贮存勾兑为成品。

1. 工艺流程

大米⟶加水浸泡⟶淋干⟶初蒸⟶泼水续蒸⟶2次泼水复蒸⟶摊晾⟶加曲粉⟶下缸培菌糖化⟶加水⟶入缸发酵⟶蒸酒

2. 生产工艺

(1)原料　大米淀粉含量为71%～73%，水分含量<14%;碎米淀粉含量71%～72%，水分<14%。

生产用水为中性软水，pH7.4，总硬度<19.6mmol/L(7°d)。

(2) 蒸饭　原料大米用50～60℃温水浸泡1h，淋干后倒入甑内，加盖蒸饭，圆汽后蒸20min;将饭粒搅松扒平，待圆汽后再蒸20min，至饭粒变色;再搅拌饭粒并泼水后续蒸，待米粒熟后泼第2次水，并搅拌疏松饭粒，继续蒸至米粒熟透为止。蒸熟的饭粒饱满，含水量为62%～63%。目前此工序已实现机械化操作。

(3) 拌料加曲　蒸熟的饭料，倒入拌料机中，将饭团搅散扬晾，再鼓风摊冷至36～37℃后，加入原料量0.8%～1%的药小曲拌匀。

(4) 下缸　拌匀后的饭料倒入饭缸内，每缸装料15～20kg，饭厚10～13cm，缸中挖一空洞，以有足够的空气进行培菌和糖化，待品温下降到30～32℃时，盖好缸盖，培菌糖化。随着培菌时间的延长，根霉、酵母等微生物开始生长，代谢产生热量，品温逐渐上升，达20～22h，品温在37℃为最好。若品温过高，可采取倒缸或其他降温措施。品温最高不得超过42℃，糖化总时间为20～24h，糖化率达70%～80%。

(5) 发酵　糖化24h后，结合品温和室温情况，加水拌匀，使品温约为36℃，夏季一般34～35℃，冬季36～37℃，加水量为原料量的120%～125%，加水后醅的含糖量应在9%～10%，总酸<0.7g/L，酒精含量为2%～3%。加水拌匀后把醅转入醅缸中，每个饭缸分装2个醅缸，发酵6～7天，并注意发酵温度的调节。成熟酒醅以残糖接近于零，酒精含量为11%～12%，总酸<1.5g/L为正常。

(6) 蒸馏　传统用土灶蒸馏锅，目前采用蒸馏釜，进行间歇蒸馏，掐头去尾。

蒸馏釜以不锈钢板制成，容积为6m^3，采用间接蒸汽加热，压力初期为0.4MPa，流酒时为0.05～0.15MPa，流酒温度为30℃以下。掐酒头量为10～5kg，如流出黄色或焦苦味酒液，应立即停止接酒。酒尾另接，转入下一釜蒸馏，中段馏分为成品基酒。

3. 成品质量

三花酒存放在四季保持较低恒温的山洞中，经1年以上的贮存方能勾兑装瓶出厂。

桂林三花酒是米香型酒的典型代表。经第三届国家评酒会评议，确定其规范化的评语为: 蜜香清雅，入口绵甜，落口爽净，回味怡畅。它的主体香气成分为: 乳酸乙酯、乙酸乙酯和β－苯乙醇。酒精含量为41%～57%，总酸(以乙酸计)⩾0.3g/L，总酯(以乙酸乙酯计)⩾1.00g/L，固形物⩽0.4g/L。

二、边糖化边发酵工艺

豉味玉冰烧酒是边糖化边发酵工艺的典型代表，它是广东地方特产，生产和出口量大，属国家优质酒，其生产工艺的特点是没有先期的小曲培菌糖化工序，因此用曲量大，实际上是传统的液态发酵。

1. 工艺流程

大米⟶蒸饭⟶摊晾⟶拌料⟶入埕发酵⟶蒸馏⟶肉埕陈酿⟶沉淀⟶压滤⟶包装⟶成品

2. 生产工艺

(1) 蒸饭　选用淀粉含量75%以上，无虫蛀、霉烂，无变质的大米，每锅加清水110～115kg，装粮100kg，加盖煮沸时进行翻拌，并关蒸汽，使米饭吸水饱满，开小量蒸汽焖20h，便可出饭。要求饭粒熟透疏松，无白心。

(2) 摊晾　蒸熟的饭块进入松饭机打松，勿使成团，摊在饭床上或用传送带鼓风冷却，降低品温。要求夏天在35℃以下，冬天为40℃左右。

(3) 拌料　晾至适温后，即加曲拌料，酒曲饼粉用量为原料大米的18%～22%，拌匀后入埕。

(4) 入埕发酵　每埕装清水6.5～7kg，然后将饭5kg(以大米量计)分装入埕，封闭埕口，入发酵房发酵。控制室温为26～30℃，前3天的发酵品温控制在30℃以下，不得超过40℃。夏季发酵15天，冬季发酵20天。

(5) 蒸馏　发酵完毕，将酒醅转入蒸馏甑中蒸馏。蒸馏设备为改良式蒸馏甑，每甑投料250kg(以大米计)，掐头去尾，保证初馏酒的醇和，工厂称此为斋酒。

(6) 肉埕陈酿　将初馏酒装埕，每埕放酒20kg，经酒浸洗过的肥猪肉2kg，浸泡陈酿3个月，使脂肪缓慢溶解，吸附杂质，并起酯化作用，提高老熟度，使酒味香醇可口，具有独特的豉味。此工序经改革已采用大容器通气陈酿，以缩短陈酿时间。

(7) 压滤包装　陈酿后将酒倒入大缸中，肥猪肉仍留在埕中，再次浸泡新酒。大缸中的陈酿酒自然沉淀20天以上，澄清后，除去缸面油质及缸底沉淀物，用泵将酒液送入压滤机压滤。取酒样鉴定合格后，勾兑，装瓶即为成品。

3. 酒质与风格

豉味玉冰烧酒，又称肉冰烧酒，澄清透明，无色或略带黄色，入口醇滑，有豉香味，无苦杂味，酒30%左右，是豉香型酒的典型代表酒。其规范化的评语为：玉洁冰清，豉香独特，醇和甘滑，余味爽净。玉洁冰清是指酒体无色透明，由于在低度斋酒中存在高级脂肪酸乙酯而致使酒液混浊，经浸泡肥肉过程中的反应和吸附，使酒体达到无色透明。豉香独特是指酒中的基础香，与浸泡陈肥猪肉的后熟香所结合的独特香味。醇和甘滑，余味爽净指该酒是经直接蒸馏而成的低度酒，因而保留了发酵所产生的香味物质;经浸肉过程的复杂反应，使酒体醇化，反应生成的低级脂肪酸、二元酸及其乙酯和甘油溶入酒中，增加了酒体的甜醇甘滑;工艺中排除了杂味，使酒度低而不淡，口味爽净。

豉香型白酒的香味成分，其定性组成与其他香型酒相似，只是在含量比例上有较大差异，并进一步确定其特征香味成分β－苯乙醇含量最高(20～127mg/L，平均66mg/L)，含有庚二酸二乙酯、辛二酸二乙酯、壬二酸二乙酯，同时还定性确认有α－萜品醇、3－乙氧基－1－丙醇、3－甲硫基－1－丙醇、苯甲醇等的存在。

自20世纪80年代初始，石湾酒厂和江苏省日用化工研究所、食品发酵研究所等单位协作，对传统工艺进行了科学总结，初步明确了其香味特征。并随着生产技术的进步，产量也大幅度地增长;传统的小规模手工生产方式已为先进的大型机械化生产所代替。选用优良根霉及酵母菌株培制大酒饼(曲药)，采用连续蒸饭机，50t不锈钢大罐发酵及辅以技术措施的浸肉设备和蒸馏器，自动包装流水线等，企业面貌焕然一新。

第三节 小曲白酒固态发酵工艺

采用固态发酵法生产小曲白酒，在我国西南地区很普遍。四川小曲酒历史悠久，是小曲酒中的杰出代表，故又称川法小曲白酒。在我国年产量为600～700kt小曲酒中，四川省约占50%，大多为乡镇企业，有的已形成联产、联销的集团化企业。因使用整粒原料生产，故其工艺独特之处是在发酵前进行泡粮、初蒸、闷水、复蒸等操作。由于地区，原料不同，故工艺也都不尽相同。主要表现在原料的糊化条件，培菌时的定温定时，发酵时的温度、速度和时间的控制上。

一、原料的糊化

酒厂现用原料多为高粱、玉米、小麦等。由于品种和产地不同，其淀粉、蛋白质、纤维等含量不同，构成的组织紧密程度也不相同，故须结合实际“定时定温”糊化粮食。熟粮的成熟度是以熟粮重与感官相结合的办法作检查标准的。

1. 浸泡

高粱(糯高粱)以沸水浸泡，玉米以放出的闷粮水浸泡8～10h，小麦以冷凝器中放出的40～60℃的热水浸泡4～6h。粮食淹水后翻动刮平，水位淹过粮面20～25cm,冬天加木盖保温。在浸泡中途不可搅动，以免产酸。到规定时间后放去泡粮水，在泡粮池中润粮。待初蒸时检查100kg粮食的增重，通常为145～148kg，剖开粮粒检查，透心率约95%以上为合适。

2. 初蒸

待甑底锅水烧开后，才将粮装甑初蒸，装粮要轻倒匀撒，逐层装甑，使蒸汽上得均匀。装满甑后，为了避免蒸粮时冷凝水滴入甑边的熟粮中，需用木刀将粮食从甑内壁划宽2.5cm、深约1.5cm的小沟，并刮平粮面，使全甑穿汽均匀。然后加盖初蒸，要求火力大而均匀，使粮食骤然膨胀，促成淀粉的细胞膜破裂，在闷水时粮食吸足水分。一般从圆气到加闷水止的初蒸时间，粳高粱为16～18min，糯高粱、小麦为14～18min，玉米至圆气不超过50min，初蒸17～18min(贵州为2～2.5h)。

3. 闷水

先将甑旁闷水筒的木塞取出，将冷凝器中的热水放经闷水筒进入甑底内，闷水加至淹过粮层20～25cm。糯高粱、小麦敞盖闷水20～40min，粳高粱敞盖闷水50～55min。小麦闷水，用温度表插入甑内直到甑篦处，水温应升到70～72℃。应检查粮籽的吸水柔熟状况。当用手轻压即破，不顶手，裂口率达90%以上，大翻花少之时，才开始放去闷水，在甑内“冷吊”。玉米放足闷水淹过粮面20～25cm，盖上尖盖，尖盖与甑口边衔接处塞好麻布片。在尖盖与甑口交接处选一缝隙，将温度计插入甑内二分之一处，用大火烧到95℃，即闭火。闷粮时间为120～140min。感官检查要求：熟粮裂口率95%以上，大翻花少。在粮面撒谷壳3kg，以保持粮面水分和温度。随即放出闷水，在甑内“冷吊”。次日早上“拔火”复蒸。若初蒸时间长点，则闷水时间可短些，如工人总结的“长蒸短闷”。

4. 复蒸

次日晨2～4点钟，在“拔火”复蒸前，选用簸箕3个装谷壳15kg(够蒸300kg粮食)，放于甑内粮面供出熟粮时垫簸箕及箱上培菌用)。盖上尖盖，塞好麻布片，待全甑圆汽后计时，高粱、小麦复蒸60～70min，玉米复蒸100～120min，敞尖盖再蒸10min，冲去粮面“阳水”，使出甑熟粮利索。以原粮100kg经复蒸，出甑时为215～227kg较适宜。

二、摊晾培菌

1. 熟粮出甑摊晾

出甑前，先将晾堂和簸箕打扫干净，摆好摊晾簸箕，在箕内放经蒸过的谷壳少许。在敞尖盖冲“阳水”时，即将箕撮和锨(铁、木锨)放入甑内粮面杀菌。用端箕将熟粮端出，倒入摊晾簸箕中。出粮完毕，用锨拌粮，做到“后倒先翻”，拌粮刮平，厚薄和温度基本一致。插温度表4支，视温度适宜时下曲。先预留用曲量的5％作箱上底面曲药，用曲量根据曲药质量和不同原料而定，一般为原粮的0.3％～0.4％，有的原料如玉米须高些，约为0.7％。采取高温吃曲法，此时熟粮裂口未闭合，曲药菌丝易深入粮心。在熟粮温度为50～60℃时，进行第1次下曲，用曲量为总量的1/3。即放置1个空簸箕，将摊晾簸箕的熟粮倒入这个空簸箕中，依次转翻完毕。第2次下曲时熟粮温度为40～50℃，用曲量也为总量的1/3，用手翻匀刮平，厚度应基本一致。当熟粮冷至35～40℃时，将余下的1/3曲进行第3次下曲，然后即可入箱培菌。要求摊晾和入箱在2h内完成。其间要防止杂菌感染，以免影响培菌。

2. 入箱培菌

培菌要做到“定时定温”。所谓定时即是在一定时间内，箱内保持一定的温度变化，做到培菌良好。所谓定温，即做到各工序之间的协调。如室温高，进箱温度过高，料层厚，则不易散热，升温就快。为了避免在箱中培养时间过长，就必须使料层厚度适宜和适当缩短出箱时间。一般入箱温度为24～25℃，出箱温度为32～34℃；时间视季节冷热而定，在22～26h较为适当。这样恰好使上下工序衔接，使生产得以正常进行。保持箱内一定温度，有利于根霉与酵母菌的繁殖，不利于杂菌的生长。根据天气的变化，确定相应的入箱温度和保持一定时间内的箱温变化，可达到定时的目的。总之，要求培菌完成后出甜糟箱，冷季出泡子箱或点子箱；热季出转甜箱，不能出培菌时间过长的老箱。要做到“定时定温”必须注意下列几点。

(1) 入箱温度　入箱温度的高低，会影响箱温上升快慢和出箱时间，这只能以摊晾方法来解决。摊晾要做到熟粮温度基本均匀，即能保证入箱适宜的温度。

(2) 保好箱温　粮曲入箱后应及时加盖竹席或谷草垫。必须保证入箱温度为25℃，才能按时出箱。加盖草垫可稳定箱内温度变化，做到在入箱10～12n后箱温上升1～2℃。在热季可盖竹席，以保持培菌糟水分，并适当减少箱底席下的谷壳，调节料层厚度。在箱温高过25℃的室温时，可只在箱上盖少许配糟。

(3) 注意清洁卫生　为防止杂菌侵入，晾堂应保持干净，摊晾簸箕、箱底面席及工具须经清洗晒干后使用。

(4) 按季节气温高低掌握用曲量　曲药虽好，如用量过多或过少，也会直接影响箱温上升速度和出箱时间。在室温23℃，入箱温度25℃，出箱温度32～33℃，培菌时间24～26h

的条件下，箱内甜糟用手捏出浆液成小泡沫状为宜。

(5) 感官指标和理化指标 培菌糟的好坏可从糟的老嫩程度等来判别。感官指标以出小花、糟刚转甜为佳，清香扑鼻，略带甜味而均匀一致，无酸、臭、酒味。理化指标为糖分3.5%～5%，水分58%～59%，酸度0.17左右，pH值6.7左右，酵母数(10～12)×10^5个/g。

三、入池发酵

1. 定时定温发酵

为使入池发酵速度正常，实现“定时定温”，首先应做好四配合：① 糖分，指箱内甜糟老嫩，含糖量高低；② 水分，熟粮与配糟水分是否合适；③ 投粮数与配糟比例是否恰当(配糟冬季3.5～4倍，热季4～5倍)；④ 入池温度是否合适，一般入池温度为23～25℃，夏季室温23℃，配糟温度即平室温。要注意两点：一是季节，二是粮食品种。高粱、小麦冬季发酵6天，夏季发酵5天；玉米冬季发酵7天，夏季发酵6天。发酵时升温情况，须在整个发酵过程中加以控制。一般入池发酵24h后(为前期发酵)，升温缓慢，为2～4℃；发酵48h后(为主发酵期)，升温猛，为5～6℃；发酵72h后，(后发酵期)，升温慢，为1～2℃；发酵96h后，温度稳定，不升不降；发酵120h，后温度下降1～2℃；发酵144h，后降温3℃。这样的发酵温度变化规律，可视为正常，且出酒率高。

2. 发酵时间

应根据发酵时间确定入池温度。出箱甜糟的老嫩、甜糟与配糟的比例和温度的高低决定入池温度的高低。若入池条件掌握不当，则会使发酵速度不正常。如主发酵提前，则发酵后期降温幅度大。要克服这个矛盾，应记住“老箱配糟凉、出酒称霸王；嫩箱配糟热、出酒很要得”。另外，发酵池的大小，入池材料的松紧程度等，也都影响发酵正常速度，故应掌握以下几点。

① 培菌甜糟的老嫩：过老的甜糟，发酵会提前结束；出箱较嫩，发酵速度较慢且正常。如出箱甜糟过老，则入池时温度降低2～3℃；如出箱甜糟过嫩，则可提高甜糟与配糟温度2℃左右，以调节入池温度。

② 入池温度：由于温度对曲药菌种生长快慢影响很大，故要准确掌握好入池温度，并注意控制发酵速度，以达到“定时定温”的要求。通常根据季节和室温高低进行调节。如玉米原料在配糟用量上，冬季为干粮的3.5～4倍，夏季为4～5倍，入池温度以23～26℃为宜。

③ 配糟温度：配糟用量较培菌糟为多。配糟质量的好坏及温度高低对入池温度有重大影响。故冬季和热季配糟均要堆着放，使冬季保持配糟的温度，热季保持配糟的水分。在热季应选早上5点钟当天室温最低的时间进行作业，因配糟水分足，散热快，故在短时间内就可将配糟冷到比室温高1～2℃。

④ 培菌糟的摊晾：总的要求是摊晾时间宜短，混合后达到预定温度。混合前甜糟与配糟温度应保持一定差距，即以冬季甜糟比配糟高2～4℃，热季高1～2℃为宜。

四、蒸　　馏

1. 蒸馏要求

蒸馏时要求截头去尾，摘取酒精含量在63%以上的酒，应不跑汽，不吊尾，损失少。操作中要将黄水早放，底锅水要净，装甑要探汽上甑，均匀疏松，不能装得过满，火力要均匀，摘酒温度控制在30℃左右。

2. **蒸馏操作**

先放出发酵窖池内的黄水，次日再出池蒸馏。装甑前先洗净底锅，盛水量要合适，水离甑篦17～20cm。在篦上撒一层熟糠。同时揭去封窖泥，刮去面糟留着最后与底糟一并蒸馏，蒸后作丢糟处理。挖出发酵糟2～3簸箕，待底锅水煮开后即可上甑，边挖边上甑，要疏松均匀地旋散入甑，探汽上甑，始终保持疏松均匀和上汽平稳。待装满甑时，用木刀刮至四周略高于中间，垫好围边，盖好云盘，安好过汽筒，准备接酒。应时刻检查是否漏汽跑酒，并掌握好冷凝水温度和注意火力均匀，截头去尾，控制好酒精度，以吊净酒尾。

蒸馏后将出甑的糟子堆放在晾堂上，用作下排配糟。囤撮个数和堆放形式，可视室温变化而定。

3. **注意事项**

(1) 若发酵糟特别是下层发酵糟过湿，则应酌加熟糠。

(2) 须注意底锅水的清洁，以免给酒带来异味，影响酒质；必须探汽装甑，不能见汽装甑，否则会影响出酒率。

(3) 川法小曲酒经过多次总结，总的经验是“稳、准、匀、透、适”。即操作和配料要稳；糖化发酵条件控制要准；泡、闷、蒸粮时上下吸水要均匀，摊晾、入箱温度要均匀；泡粮、蒸粮要透心；温度、水分、时间、酸度要合适等。只有真正掌握上述要点，才能获得高的淀粉利用率。

五、酒的风格和质量改进

通过对川法小曲酒香味成分和风格的研究，得知川法小曲酒中含有种类多、含量高的高级醇类和乙酸乙酯、乳酸乙酯；并含有一定量的乙醛和乙缩醛；除乙酸、乳酸之外还含有适量的丙酸、异丁酸、戊酸、异戊酸等较多种类的有机酸，以及微量的庚醇、β－苯乙醇，苯乙酸乙酯等成分，有其自身香味成分的组成和量比关系。

从口感的对比中，说明川法小曲酒属清香型类，但又与大曲清香、麸曲清香有所不同，具有明显的幽雅的“糟香”，形成了自身独特的风格，故被确定为小曲清香型。其风格可概括为：无色透明，醇香清雅，酒体柔和，回甜爽口，纯净怡然。

为推进该酒种的技术进步，可从下列几方面改进其工艺和质量。

(1) 适当延长贮存期和提高小曲酒中的乙酸乙酯、乳酸乙酯的含量，可提高酒的醇和度和香味。其办法是适当延长发酵期，以利于增香；引入生香酵母增香；改进蒸馏方式，如按质摘酒，以香醅和酒醅串蒸等。

(2)充分重视小曲酒的勾兑和调味。在了解香味成分的组成上，如何进一步研制更有实用价值的调味酒，摸索勾调规律，是一项很有意义的工作。

(3) 严格控制酒中高级醇的含量。目前酒中异丁醇、异戊醇的含量偏高，要摸索并确定其在酒中的控制范围，以突出酒的优良风格。

(4) 为了提高小曲酒的出酒率，近年来推广应用了活性干酵母和糖化酶。采用这一技术措施后，在不改变原工艺操作和用曲量的条件下，可提高出酒率和克服夏季“掉排”现象。其使用方法为：活性干酵母含酵母3×10^{10}个/g，用量为1×10^{7}个/g原料。先将干酵母加4倍以上的水进行复水，加糖4%，调温度为38～40℃;15～20min后再加干酵母量5倍以上的水，调糖度为4%，温度为28～32℃，活化1～2h。糖化酶的用量为40u/g原料。将干酵母的复水活化与糖化酶的溶解同时进行。原工艺不变，只需将活化好的混合液均匀地泼入糟醅上拌匀，入池发酵即可。

第四节　大小曲混用工艺

大小曲混用工艺，又称混合曲法。主要是利用小曲糖化好，出酒率高，大曲生香好，增加酒的香味等工艺特点生产小曲酒。所产的酒由于窖池和工艺各异，故具有浓香、兼香、药香等不同的风格。此工艺在贵州较普遍，如平坝窖酒、金沙窖酒、四川的崇阳大曲酒、湖南的湘泉酒，特别是所产的酒鬼酒，发展快，声誉高，其价位能与国家名酒相比。大小曲混用工艺的特点主要是采用整粒粮食发酵，小曲培菌糖化，加大曲入窖发酵，固态蒸馏取酒。该法原料出酒率可达40%～45%;产品风格独特，有的已被评为部、省名酒。

原料以高粱为主，有的厂也用部分大米，用整粒粮食浸泡后蒸煮，也有破碎后经润料蒸煮，再行发酵的。现将整粒原料的生产工艺叙述如下。

一、先用小曲，后加大曲

1. 小曲糖化

大小曲混合法生产的第一阶段，即从原料到蒸料再到加小曲等的培菌操作与前节小曲固态法相同。

2. 拌配糟，加大曲

培菌糟出箱后拌入先行吹冷的配糟，粮糟比一般为1：(3.5～4.5)，视气温变化而定;并加入15%～20%的大曲粉，有的还加入0.5%的香药。拌匀后即可入窖发酵，酒醅入窖温度，视季节而定，一般在20～25℃。

二、发酵、蒸馏

1. 入窖发酵

入窖前窖底平铺17cm左右底糟，再撒一层谷壳后装入窖醅，装完后撒少许谷壳，再加入盖糟，盖上篾席，涂抹封窖泥密封后，发酵30至45天。

2. 蒸馏

与一般固态发酵蒸馏法相同。酒再经0.5～1年贮存期。有的是生产兼香型酒，有的是药香型酒，有的是浓香型酒，只是按酒香味成分的不同含量和不同风格勾兑出厂而已。

第五节　大小曲串香工艺

一、董酒的工艺特点

大小曲串香工艺，目前发展很快，而进行最早、最有代表性的是国家名酒董酒的生产工艺。这一工艺对白酒行业的科技进步，产生了重大的影响，如新型白酒的产生，提高蒸馏效率技术的应用等。

串香工艺分两种：一种是复蒸串香法，即按固态小曲酒酿制方法出酒后，入底锅，用大曲法制作香醅进行串蒸；另一种是双醅串香法，即把以小曲发酵好的酒醅放入酒甑下部，上面覆盖大曲制作的香醅进行蒸馏。传统的董酒生产系采用复蒸串香法，现已改成双醅串香法。其工艺的主要特点为：

1. 采用大曲和小曲两种工艺

国家名酒几乎都采用大曲酿造工艺，唯独董酒采用大小曲工艺。从微生物状况分析，小曲多用纯种，以糖化菌、酵母菌为主，酶系较简单；大曲系天然培养，大曲中除糖化菌，酵母菌外，还有众多的产香微生物。故采用大小曲结合，扩大了微生物的类群，起到了出酒与增香的互补作用。

2. 制曲时添加中药材

添加中药材是董酒工艺的一个特点。其作用是为董酒提供舒适的药香，并利用中药材对制曲制酒微生物起促进或抑制作用。经试验结果表明，中药材对酵母菌的影响较大，对曲霉的影响次之，对根霉的生长影响甚小。

对酵母菌有明显促进作用的中药材有：当归、细辛、青皮、柴胡、熟地、虫草、红花、羌活、花粉、天南星、独活、姜壳。对酵母菌有明显抑制作用的有：斑毛、朱砂、穿山甲。无明显作用的有白芍、灵芝、贝母、广香、马钱子、荆芥、升麻、薄荷、防己。董酒生产中的酒精酵母，对中药材有较强的适应性。

3. 特殊的窖泥材料

董酒生产的窖泥材料，采用当地的白泥和石灰，并用当地产的洋桃藤浸泡汁拌抹窖壁。这对董酒香醅的制作，对董酒中的丁酸乙酯、乙酸乙酯、己酸乙酯、丁酸、乙酸、己酸等成分的生成和量比关系，以及董酒风格的形成，具有重要的作用。

4. 特殊的串香工艺

董酒生产采用大曲制香醅，小曲制高粱酒醅。蒸酒时，高粱小曲酒醅在下、大曲香醅在上进行串蒸。香醅的配料是由高粱糟、董酒糟、未蒸过的香醅三部分加大曲组成，发酵周期长达10个月，这是构成董酒风格的关键。

二、大曲和小曲的培制

(1) 将小麦(制大曲)或大米(制小曲)粉碎成粉状，必要时米粉可粉碎成细粉，小麦粉碎较粗。

(2) 将制大曲用的40种中药材，制小曲用的95种中药材(药材品名分别见表2－5－1和表2－5－2)按比例配好，分别粉碎后备用。

表 2-5-1　大曲中添加中药材品名及用量

编　号	药　名	用量/kg	编　号	药　名	用量/kg	编号	药　名	用量/kg
1	黄　芪	10	3	波　扣	10	5	鹿　胶	10
2	砂　仁	10	4	龟　胶	10	6	虎　胶	10

续表

编号	药名	用量/kg	编号	药名	用量/kg	编号	药名	用量/kg
7	益智仁	10	20	熟地	10	33	小茴香	10
8	枣仁	10	21	防风	10	34	麻黄	10
9	志肉	10	22	贝母	10	35	桂枝	10
10	元肉	10	23	广香	10	36	安桂	10
11	百合	10	24	贡术	10	37	丹砂	10
12	北辛	10	25	虫草	10	38	茯神	10
13	山柰	10	26	红花	10	39	荜拨	10
14	甘松	10	27	枸杞	10	40	尖具	10
15	柴胡	10	28	犀角	10	计40味中药400kg		
16	白芍	10	29	杜仲	10			
17	川芎	10	30	破故纸	10			
18	当归	10	31	丹皮	10			
19	生地	10	32	大茴香	10			

表 2-5-2 小曲中添加中药材品名及用量

编号	药名	用量/kg	编号	药名	用量/kg	编号	药名	用量/kg
1	姜壳	2.5	19	荆芥	3.0	37	破故纸	2.5
2	白术	1.5	20	紫苯	3.0	38	香薷	2.5
3	苍术	2.5	21	小荷	2.5	39	淮通	2.5
4	远志	2.0	22	木贼	2.5	40	香附	2.5
5	天冬	2.5	23	黄精	2.5	41	瞿麦	2.0
6	桔梗	1.5	24	玄参	2.5	42	大茴香	2.5
7	半夏	1.5	25	益智	1.5	43	小茴香	2.5
8	南星	1.5	26	白芍	2.5	44	藿香	2.0
9	大具	2.0	27	生地	2.0	45	甘松	2.5
10	花粉	2.5	28	丹皮	2.0	46	良姜	2.0
11	独活	2.5	29	红花	1.5	47	山柰	2.5
12	羌活	2.0	30	大黄	3.0	48	前仁	1.5
13	防风	2.5	31	黄芩	3.0	49	茯苓	2.5
14	藁本	2.5	32	知母	2.5	50	黄柏	3.0
15	粉葛	3.0	33	防己	2.0	51	桂枝	2.5
16	升麻	3.0	34	泽泻	1.5	52	牛膝	2.5
17	白芷	3.0	35	草乌	2.0	53	柴胡	3.0
18	麻黄	3.0	36	蛇条子	1.5	54	前胡	3.0

续表

编号	药名	用量/kg	编号	药名	用量/kg	编号	药名	用量/kg
55	大腹皮	2.5	70	厚朴	2.5	85	化红	2.0
56	五加皮	2.5	71	牙皂	3.0	86	川椒	2.0
57	枳实	1.5	72	杜仲	2.0	87	陈皮	2.5
58	青皮	2.5	73	木瓜	2.5	88	山楂	2.5
59	肉桂	2.5	74	桂子	2.5	89	红娘	1.5
60	官桂	2.5	75	蜈蚣	500条	90	百合	2.5
61	班蝥	1.0	76	绿蚕	1.0	91	穿甲	2.0
62	石膏	1.0	77	自然铜	1.0	92	干姜	2.5
63	菊花	2.0	78	泡参	2.5	93	白芥子	1.5
64	蝉蜕	1.5	79	甘草	2.5	94	神曲	2.5
65	大枣	2.0	80	雷丸	1.5	95	大鳖子	1.5
66	马鞭草	2.5	81	马蔺子	1.5	计95味中药208.5kg 米曲大米面加中药材5%		
67	朱苓	2.0	82	枸杞	2.0			
68	茵陈	2.0	83	吴萸	2.0			
69	川乌	2.0	84	栀子	2.5			

(3) 取小麦粉(或米粉),加入5%中药粉,麦曲料接种大曲粉2%,小曲料接种小曲粉1%,加原料量50%～55%的新水,用拌料机拌匀。

(4) 将拌好的料在板框上踩紧,厚约3cm。然后用刀切成块状,大曲坯11cm见方,小曲坯3.5cm见方。

(5) 将切好的曲坯放在垫有稻草的木箱中,并把箱堆成柱形。然后保温培养,开始时室温保持28℃左右,以后视情况进行调节。

(6) 揭汗曲块培养1天左右,即可达到揭汗温度。小曲揭汗温度为37℃,如采用低温揭汗,则为35～36℃;大曲揭汗温度为44℃,低温揭汗时为38℃。

(7) 翻箱揭汗后将曲箱错开,每隔2～3h上下翻箱1次,以调节品温,使曲子生长均匀。

(8) 反烧揭汗后曲子品温下降。小曲经24h,大曲经7天左右,曲子品温又有回升,称为"反烧"。此时小曲升温比大曲升温幅度大。但小曲品温也不宜超过40℃,如果品温太高,可勤翻箱,必要时可打开门窗通风降温;大曲反烧时若温度稍高,则问题不大。

(9) 经过7天左右,大、小曲基本成熟。培养好的曲子应及时在45℃下烘干。总的培曲时间约2星期。

三、制酒工艺

董酒生产的具体过程如下。

(1) 原料浸泡、蒸煮 将整粒高粱用90℃左右的热水浸泡8h。投料量大班为800kg,小班为400kg。浸泡好后放水沥干,上甑蒸粮。上汽后干蒸40min,再加入50℃温水焖粮,并加热使水温达到95℃左右,使原料充分吸水。糯高粱焖5~10min,粳高粱焖60~70min,使高粱基本上吸足水分后,放掉热水,加大蒸汽蒸1~1.5h;再打开甑盖冲"阳水"20min即可。

(2) 进箱糖化 先在糖化箱底层放一层厚为2~3cm的配糟。再撒一层谷壳,将蒸好的高粱装箱摊平,鼓风冷却,夏天使品温降35℃以下,冬季降到40℃以下即可下曲。下小曲量为投料量的0.4%~0.5%,分2次加入,每次拌匀,不得将底糟拌起。拌后摊平,四周留一道宽18cm的沟,放入热配糟,以保持箱内温度。糯高粱约经26h,粳高粱约经32h,即可完成糖化。糖化温度,糯高粱不超过40℃,粳高粱不超过42℃。配糟加入量,大班1800kg,小班900kg。粮醅比为1:2.3~2.5。

(3) 入池发酵 将箱中糖化好的醅子翻拌均匀,摊平,并鼓风冷却。夏季品温尽量降低,冬季品温冷至29~30℃后,即可入窖发酵。入窖后将醅子踩紧,顶部盖封,发酵6~7天。发酵过程中控制品温不得超过40℃。

(4) 制香醅 先扫净窖池,窖壁不得长青霉菌。取隔天高粱糟(占50%)、董酒糟(30%),以及大窖发酵好的香醅(占20%),按高粱投料量的10%加入大曲粉拌匀,堆好。夏天当天下窖,耙平踩紧。冬季先下窖堆积1天,或在晾堂上堆积1天,其目的是培菌。第2天将已升温的醅子耙平踩紧,1个大窖需几天才能装满。其间每2~3天泼洒1次酒,每个大窖约泼酒精分60%的高粱酒275kg左右,下糟10000~15000kg。窖池装满后,用拌有黄泥的稀煤封窖,密封发酵10个月左右,即制成大曲香醅。

(5) 蒸酒 从窖中挖出发酵好的小曲酒醅,拌入适量谷壳(大班每甑拌谷壳12kg,小班6kg),分2甑蒸酒。应缓汽装甑,先上好小曲酒醅,再在小曲酒醅上盖大窖发酵好的香醅(大班700kg,小班350kg),并拌入适量的谷壳,上甑后盖上甑盖蒸酒。掐头2~3kg,摘酒的酒精浓度为60.5%~61.5%,特别好的酒可摘到62%~63%。再经尝品鉴定,分级贮存,1年后即可勾兑包装出厂。

四、董酒的风格与质量

1. 董酒的药香

药香成分在董酒中含量极微,通过对药材和药材提香液的感官检查,可作如下的分类:

(1) 呈浓郁药香的有肉桂、官桂、八角、桂皮、小茴、花椒、藿香7种。

(2) 呈清沁药香的有羌活、良姜、前胡、淮通、合香、半夏、荆芥、大腹皮、茵陈、前仁、香菇、山楂、干姜、干松、木贼、蒿本、知母、麻黄、大黄,共计19种。其中最后2种为清雅带麻者。

(3) 呈舒适药香的有独活、元参、白术、黄柏、白芷、积实、甘叶、厚朴、茯苓、白芥子、柴胡、泽泻、天冬、木瓜、黑固子、苍术、升麻、姜壳、栀子、香附、牛匀、雷丸、远志、羌活、黄精、化红、生地、朱苓、杜仲、五加皮、山柰、丹皮、吴萸,共计33种。其中后4种香味尤为舒适。

(4) 呈淡雅药香的有元参、马鞭草、防风、防己、桔梗、瞿麦、红花、白附子、牙皂、白芍、枸杞、花粉、僵蚕、附片,共计14种。

根据每种药材的呈香和董酒香气的对照,选用了26种被认为比较重要的药材。它们是：肉桂、八角、小茴香、花椒、藿香、荆芥、升麻、麻黄、蒿本、知母、山柰、甘草、独活、桔皮、五加皮、天冬、香菇、黑固子、厚朴、木瓜、木贼、丹皮、香附、当归、良姜、白芍。

为了摸清药香在酒中的重要性，采用上列26种中药材提取液，作对照试验，证明有明显效果，一方面说明了药香对构成董酒风格的重要作用，也是对生香工艺的重要改进。上述药材香气的感官分类，对生产新型白酒可能有一定的参考价值。

2. 董酒的风格

董酒在香气上，具有自身特有的风格，表现在香气高雅、自然，清而不淡，香而不酽，具有舒适的药香，使人赏心悦目，有余香绵绵之感。这是以药香、酯香、丁酸等香气组成的复合香。其香味组分的量比关系，可概括为"三高一低"。一是丁酸乙酯高，二是高级醇中主要是正丙醇、仲丁醇含量高，三是总酸含量高，尤以丁酸含量高为其主要特征；一低是乳酸乙酯含量低。董酒属药香型酒。其主要的香气成分是乙酸乙酯、乳酸乙酯和一定的己酸乙酯，丁酸乙酯含量较高；含乙酸、丁酸、己酸的量也较高；正丙醇等高级醇含量比正常大曲酒高；药香以肉桂醛为主要成分等，这些都是该酒的特点。其感官的典型特征为：无色透明，香气馥郁、幽雅，药香舒适，醇甜味浓，余味爽净。

3. 董酒的质量标准

部分董酒的企业标准如下：

董牌董酒　　Q/DJ02—01—92

色　　泽　清澈透明，无悬浮物，无沉淀。

香　　气　酯香幽雅，微带舒适药香。

口　　味　醇和浓郁，绵甜爽口。

风　　格　香气幽雅舒适，入口醇和浓郁，饮后甘爽味长。

酒精含量(%)　59±1.0。

总　　酸(以乙酸计，g/L)　≤4.5。

总　　酯(以乙酸乙酯计，g/L)　≥2.5。

固 形 物(g/L)　≤0.4。

董牌董酒　　Q/DJ02—03—92

色　　泽　无色，清澈透明，无悬浮物，无沉淀。

香　　气　酯香幽雅，微带舒适的药香。

口　　味　醇和浓郁，绵甜爽口。

风　　格　具有董酒独特的风格，饮时加冰加水不混浊。

酒精含量(%)　38±1.0。

总　　酸(以乙酸计，g/L)　≤3.0。

总　　酯(以乙酸乙酯计，g/L)　≥1.4。

固 形 物(g/L)　≤0.6。

第六节　小曲白酒生产技术的发展与讨论

我国南方属亚热带气候，适于小曲白酒的生产，四川、贵州、湖南、湖北、广西、福建等省尤为普遍。小曲白酒从广义上讲是指以大米、玉米、小麦、高粱等为原料，采用小曲为糖化发酵剂，经固态或半固态糖化、发酵，再经固态或液态蒸馏而得的成品。由于在制作小曲时，有的加中草药，其种类和数量又各异，各地生态环境不同，酿酒工艺不同，生产方法各具特色，故产出的各种成品酒具有自身的独特风格。

我国小曲白酒历史悠久，汉代就发明了曲饼，用曲酿酒是我国酿酒业的技术特色，历代劳动人民在这方面积累了丰富的经验。新中国建立后，制曲工艺经各方面人员多次总结，进行了多方面的技术改造，促进了生产的发展，使小曲白酒生产形成了一套成熟的工艺，为地方经济的振兴作出了重大的贡献。

一、小曲微生物的发展

厦门白曲是一种以根霉为主要微生物的小曲，是1931年由台湾人来厦门首先生产和应用的;1950年，苏州协和微生物化工社金荣镰采用纯种根霉制成了甜酒曲;后经方心芳等从曲中分离得AS3.866，AS3.851两株根霉菌种。

1953年，华南工学院对广东产的酒饼种及酒饼发酵菌类进行了研究，分离出发酵力较强的S2.432，S2.416酵母菌株;20世纪70年代后，对根霉液体曲酿制小曲白酒的研究，也取得了一定的成绩。

1956年，中国科学院微生物研究所著名微生物学家方心芳等，从137种小曲样品中分离出毛霉科菌类828株，其中根霉634株，毛霉185株。证明小曲中主要菌类是根霉，还有念珠霉、酵母菌等。选出的5株优良根霉菌种，如AS3.866、AS3.851、AS3.867、AS3.868、AS3.861，在全国推广应用，为小曲纯种化作出了重大的贡献。

1957年，四川糖酒科研室对邛崃米曲沿革、设备、原料、操作水平进行了评定总结，写出了《四川邛崃米曲制造》，为传统曲药的发展打下了基础。

1959年，四川糖酒贸易局在永川进行制曲不用中药的试点，编写了《无药糠曲制造》。

1960～1962年，著名白酒专家周恒刚写出了《邛崃米曲的制造》，谢明健等写出了《邛崃米曲》。他们对米曲微生物生长、环境条件、中药材性能及提高产品质量的途径等进行了科学的总结。

1977年，贵州省轻工所分离出糖化力强、产酸少、繁殖快的根霉Q303菌株，并迅速在西南等省的小曲白酒生产中推广应用，荣获全国科学大会奖。

1978年，重庆酿酒科研所经诱变，选育出YG5－5菌种。其产酒率高，适用范围广，已在各地推广。

上面只部分地列举了小曲微生物的主要进展。小曲微生物的发展，大大地推动了小曲白酒工艺的革新。

二、小曲白酒工艺的革新与推广

1933年，南开大学应用化学研究报告《高粱酒之制造》发表。

1935年，方心芳等发表《改造高粱酒酿造之物初步试验》。

1944年，檀耀辉研究包谷酒，找出对糖化酶、酵母菌生长的有利药物如牙皂、独活、苏荷、云凤等。

1953年，总结小曲酒高产经验"匀、透、适"的四川"李友澄小组酿酒操作法"转向西南、中南区推广，形成了川法小曲白酒产区。

1957年，食品工业部制酒局召集13个省的科技人员，在四川永川进行四川高粱小曲酒试点，使高粱小曲酒的淀粉利用率平均达到79.92%，最高达81.96%，比全国平均水平提高15%以上。1958年出版了《四川粘高粱小曲酒操作法》一书，这是我国一本小曲白酒的重要专著，对小曲酒技术的发展产生了重大的影响。

1964～1965年，四川酒类专卖局，组织2次试点，对小曲酒操作法进行了修订，编写出《四川小曲酒操作工艺及检验方法》，从实践和理论上阐述了小曲酒生产的规律。

1979年，夏义雄发表了《小曲酒的大容器发酵试验》，为米香型小曲酒大型化生产创造了条件。

在米饭蒸煮工序上，如广东石湾酒厂，已采用连续蒸饭机，浸肉工艺已采用大容器。

最近，贵州平坝酒厂采用高压旋转锅，对蒸煮高粱工艺进行了研究，认为能节约时间和劳力，减少能耗，出酒率也可提高1%～2%。

上述一系列工艺改革的情况说明：一方面是在传统工艺的基础上，总结出了一套完整的操作法；另方面为了实现小曲酒的规模化生产，提高粮食出酒率，在推广优良菌种和先进工艺方面，进行了不断的革新。

三、对小曲白酒今后发展的意见

随着消费趋势的变化，人们对醇和清爽的酒品，会越来越有兴趣。如出现的"二锅头"热；以小曲白酒作基酒生产保健酒、露酒或其他香型酒，既是传统的，也是目前被公认为较好的产品。这为小曲白酒的发展创造了机遇。当前小曲酒的市场声誉，有的酒种高，有的酒种低，有部分人仍把小曲酒看成"土酒"、"低档酒"。因此，今后一方面要提倡名牌战略，继续提高小曲酒的文化附加值；另一方面要努力提高小曲白酒的外包装和内在质量。

(一) 搞好贮存与勾兑

有些小曲酒贮存期短，酒的醇和度差，而现在的消费趋势首先要求的是酒的醇和舒适感。因此，适当延长酒的贮存期，增加酒的醇和度是十分必要的；还可采用人工老熟机，但其投资费用较高。经研究发现铁、铜、锰等金属盐对老熟有促进作用。如采用含这些金属离子的陶片，放入蓄酒器中，可加速酒的老熟。应重视小曲酒的勾兑与调味，在了解香味成分组成的基础上，吸取浓香型白酒的勾调经验，扩大勾调酒种和添加剂的范围。在蒸馏工艺上，注意按质摘酒，最起码要做到掐头去尾，经贮存后用作调味酒，要充分重视尾酒和尾水的应用和酸在勾调中的重要作用等，进一步摸索小曲酒的勾调规律。

(二) 增强酒的酯香

为提高产品质量，生产优质产品，在工艺上可适当延长发酵期，以利增香。要提高酒中乙酸乙酯的含量，较有力的措施是引入生香酵母，可增酯增香，改善小曲白酒的质量。现将安琪牌生香活性干酵母的使用情况介绍如下：

1. 生香活性干酵母的复水活化

(1) 自来水活化　用10～15倍33～35℃的温水，加入生香活性干酵母活化30min后，即可投入使用。活化时间控制在45min以内。

(2) 含糖液活化 配制2.5%的糖液，其用量为酵母量的20～30倍，调温至35℃后，将酵母加入，在33～35℃下活化2h左右即可使用。采用此种活化方法可适当减少生香活性干酵母的用量。

2. 用生香活性干酵母培养固态香醅

(1) 固态培养基 玉米面或高粱粉10%，麸皮40%，鲜酒糟50%。若酒糟较软塌，则使用5%～10%的稻壳(鲜酒糟用量减少至40%～45%)。加入25%水拌匀后上甑，常压蒸1h。出甑冷却至40℃左右，加糖化酶活化液，即1t配料用50000u/g糖化酶1.5kg，糖化酶使用前以40℃的温水活化1h(用水量20kg左右)，用酒尾调酸度至0.9～1.0，酒精含量1.5%～2.0%。

(2) 接种 生香活性干酵母的接种量为1t配料需2.0kg。将所需的活性干酵母按上述方法活化好后，立即接种，料醅的温度以30～35℃为宜。接种后要求料醅的水分为50%～52%。

(3) 堆积培养 接种后于28～30℃堆积培养。期间通过翻堆以提供新鲜空气和调节温度，最高温度一般不得超过34℃。经培养12h后，用塑料薄膜将香醅盖住，隔绝空气培养，以利于产酯和控制温度。培养24h左右，香醅即可成熟，应及时使用。

3. 使用方法

(1) 香醅串蒸法 将培养成熟的香醅与出池酒醅混合，装于甑的上部进行串香蒸酒。香醅的用量视香醅及酒醅中酯的含量而定，一般为酒醅量的5%～10%。此法适用于发酵周期较短(7天以内)的白酒。

(2) 生香活性干酵母入池发酵法 生香活性干酵母的使用量为1t原粮2kg左右。按上述方法活化好后，与其他糖化发酵剂(曲粉、糖化酶液、酒精活性干酵母活化液等)混合，再与粮醅混合，入池发酵。此法适用于发酵周期较长(2周以上)的白酒生产。

(3) 香醅入池发酵法 为了弥补串蒸法口感上的不足，对发酵期不长(2周以内)的白酒生产，可先用生香活性干酵母培养香醅，然后香醅与粮醅混匀后入池发酵。香醅用量为粮醅的5%～10%。

(4) 生产高浓度酯香的调味酒 使用专用的老窖，全部采用生香活性干酵母(用量为原粮的0.4%左右)和优质大曲粉，并采用较长的发酵周期，从而生产出高浓度酯香的调味酒，用来勾兑不同档次的白酒。也可将含酯量较高的优质酒醅与发酵周期较短的酒醅一起串蒸，以提高白酒质量。

(三) 控制酒中高级醇的含量

严格控制酒中高级醇的含量，以防超过国家标准(≤2g/L)。小曲酒中的苦味和后苦物质，大部分来源于高级醇。适量的醇类对小曲酒香味的形成起重要作用。例如异丁醇、异戊醇对小曲酒起呈香作用，又如β－苯乙醇是构成米香型白酒典型香气的重要组分。高级醇含量过多时，适当的酸量可以压苦，但比例失调会导致小曲酒苦味重。一般异丁醇：异戊醇应为1：(2.5～3)，酯：高级醇：酸为2：1.5：1。

采用粉碎原料酿制白酒，前期糖化快，根霉、酵母繁殖迅速。如不及时控制，则易造成前期升温过猛，酒醅品温高，持续时间长。发酵温度高，有利于对氨基酸的脱氨作用，增加高级醇的量；品温高，酵母衰老自溶也快，产生氨基酸及酪氨酸，导致高级醇增加，发酵产生的甘油也易被乳酸菌分解产生丙烯醛。

在蒸馏操作上，最好采用前期缓火升温，后期大火、大汽追尾的办法。但要防止焦糊现象的发生，以免酒呈焦苦味；还应注意掐头去尾，其酒另作勾兑用。为了降低高级醇的含量，也可在底锅加入部分食用酒精蒸馏。这样不但可以提高出酒率，而且对降低高级醇含量也是有效的。还须注意卫生管理工作，以防大量细菌或青霉菌侵入酒醅，导致苦味的产生。

第六章　麸曲白酒生产工艺

第一节　麸曲白酒的由来与发展

一、麸曲白酒的诞生

在抗日战争期间，方心芳先生曾在四川乐山县金华工厂改造大曲，试制麸曲和糟曲，并在大曲培养中接种曲霉和酵母菌，以提高大曲的糖化发酵效率，可惜的是由于旧社会保守势力的反对，使这项工作只停留在学术研究阶段，未很好地推广应用。1937年，辽宁抚顺酒厂从日本引进菌种开始生产麸曲白酒，但由于战乱，这项新技术也未推广开来，直至新中国成立，麸曲白酒才在全国逐步推广。1950年，周恒刚先生在哈尔滨市第四酒厂，从辽宁引进菌种，使用单一菌种，麸皮匣曲为糖化发酵剂，开始生产白酒，节约了粮食，提高了出酒率。1952年，方心芳先生率领科技人员到前北京酿酒厂，将大曲生产的二锅头酒改为麸曲酒。以后陆续在河北、山东等省推广。1955年，前地方工业部在山东烟台设点试验，提出以米曲霉加酵母为主生产白酒，使淀粉出酒率达70%。并总结了经验，召开了会议。从此麸曲白酒在全国推广开来。

二、烟台试点总结的经验

烟台试点在总结烟台酿制白酒经验的基础上，对全国白酒生产技术进行了系统整理，编写了《烟台酿酒操作法》一书，1956年3月出版发行。1963年，轻工业部又组织全国九省市的白酒生产技术人员在烟台对《烟台酿酒操作法》一书进行了修订工作，并改名为《烟台酿制白酒操作法》。此操作法经第一届全国酿酒工业会议推广后，在白酒生产工艺改进、提高出酒率、增加积累等方面均取得了很大的成绩，可称之为中国酿酒工业的一次重大技术改革。

烟台试点总结的经验是："麸曲酒母，合理配料，低温入窖，定温蒸烧"。所谓"麸曲酒母"就是指要选择培养好适应性强、繁殖力强、代谢能力强的优良曲霉菌和酵母菌。"合理配料"就是使微生物作用的基础物质：水、淀粉、糖分、酸度等项目合理搭配，以提供最佳的糖化发酵条件。"低温入窖"是指酒醅入窖的温度要适宜，尽量做到低温入窖。这样即有利于有益菌类的作用，又能抑制杂菌，从而提高酒质，提高酒率。"定温蒸烧"就是要确定合理的发酵温度及发酵期，掌握发酵的最佳时机进行蒸馏，以确保丰产丰收。这四句话是白酒酿制工艺方法和原则的科学总结，虽有侧重，但又是一个有机联系的整体，必须配套应用才能发挥最大效果。《烟台酿制白酒操作法》指导中国白酒工业走过了40年的光辉历程。它总结的基本原则对今后中国传统白酒的发展仍有很大的指导意义。

三、麸曲优质白酒的发展

我国麸曲优质白酒的首次亮相是在1963年的第二届全国评酒会上，有凌川白酒、哈尔滨老白干酒、合肥白酒、沧州白酒，获国家优质白酒称号，标志着麸曲优质白酒开始登上中国饮料酒的大舞台。

60年代初，进行的凌川、茅台、汾酒试点，对传统酿酒工艺的总结及对酿酒微生物的分离鉴定，为我国麸曲优质白酒的大力发展打下了基础。首先是利用人工培养多种曲霉菌加产酯酵母，制成了清香型麸曲优质酒，如山西的六曲香酒。其次是利用"人工老窖"新技术，制成了短期发酵、质量可观的麸曲浓香型白酒。与此同时，利用堆积、高温发酵等传统工艺又酿制成功了麸曲酱香型白酒。到1979年第三届全国评酒会上，已有麸曲酱香、麸曲清香、麸曲浓香三大类五个产品获国家优质白酒称号，占这一届优质白酒总数的27.7%。这标志着我国麸曲优质白酒发展到了普及提高的新阶段。到了80年代，贵州又有应用麸曲加细菌曲酿制成功了麸曲酱香型优质白酒，并同时有两个产品一起获国家优质白酒称号。在这个时期又有江苏、内蒙古等省、自治区酿制成了麸曲芝麻香型白酒，创立了新香型。这些成就表明我国麸曲优质白酒的酿造已发展到了微生物应用自如、传统工艺采用合理、酒的质量稳定和提高、经济效益相对增加的成熟阶段。

四、麸曲白酒的技术进步

麸曲白酒的发展与其不断应用新技术、新工艺密切相关。总结几十年来麸曲白酒的技术进步，主要有6个方面。

(1) 糖化菌种的更新换代，不断地降低用曲率，提高出酒率。从黄曲霉、黑曲霉、白曲霉到AS3.4309等优良菌种的选育应用成功，使曲子的糖化力提高近10倍，用曲率下降50%，出酒率提高10%以上。

(2) 产酯酵母的选育和应用，成为麸曲酒增加香气的主要途径。几十年来，产酯酵母的品种不断增加，其产香机理不断明了，其应用效果不断增强。产酯酵母已成为麸曲白酒酿造中必须依靠的主力军。

(3) 细菌的研究应用，开辟了麸曲白酒酿造的新天地。对乳酸菌在酿造中功过认识和掌握日趋明确，对已酸菌、丁酸菌作用的发挥能运用自如，对枯草芽孢杆菌的产香机理正在进一步揭示，对甲烷菌、放线菌在白酒酿造中的助香作用正在进一步研究应用中。

(4) 改进创新普通酒酿造工艺，应用代用原料酿酒取得重大成就。40多年中，有10多种野生或种植的含淀粉或糖的非粮食品种被成功地用来酿酒，不但解决了酒质问题，还创造很高的出酒率记录。这些宝贵的经验对今后我国发展非粮食酿酒具有很大的参考价值。

(5) 总结提高传统优质酒酿造工艺，生产出多种香型的麸曲优质酒。这些酒与同类大曲酒相比，具有发酵期短，贮存期短，出酒率高，劳动效率高等明显的优势。尤其是清香型及芝麻香型麸曲优质酒的质量已基本上达到了同类大曲酒的质量水平，所具备的优势更加明显。

(6)麸曲生料酿酒，麸曲与大曲相结合酿造优质白酒等项新技术的试验成功，为今后麸曲白酒的发展作了有益的尝试。

第二节 麸曲白酒工艺过程

一、普通麸曲白酒生产工艺

1. 续楂法老五甑工艺

此工艺适用于含淀粉较高的高粱、玉米、薯干等原料酿酒。本工艺正常操作是窖内有大楂、二楂、三楂、回糟、4甑酒醅。酒醅出窖后与新原料混合入甑蒸馏、糊化。新原料数量分配是大楂、二楂基本相同，约占原料总量的4/5，其余的1/5分配给三楂。回糟一般不配新料。具体操作如下：将出窖的二楂大部分酒醅配作这次的大楂；将余下的部分二楂酒醅与一部分大楂酒醅配成现在的二楂；将上次的1/3～1/4三楂酒醅混入这次三楂中，其余的三楂配作回糟；上次的回糟，蒸馏后作为丢糟。混蒸续楂法老五甑工艺流程见图2-6-1。

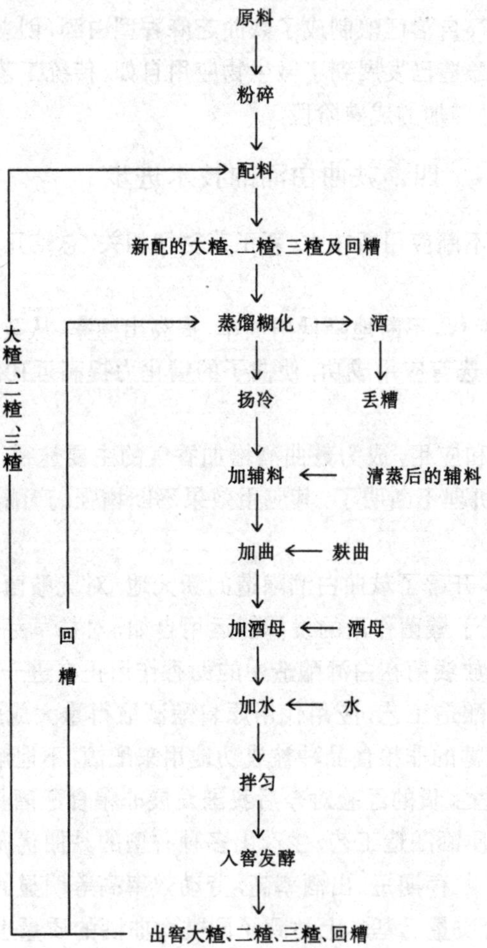

图 2-6-1 混蒸续楂法老五甑工艺流程

老五甑工艺的特点是各甑入窖酒醅中含淀粉的数量不同。一般是大楂>二楂>三楂

>回糟。每甑相差幅度为2%左右。同时每甑酒醅放在窖内的位置也有规律性，并因气温不同而调整。目的是使窖内发酵升温平衡。传统老五甑工艺的操作原则是“养楂挤回”，解释为尽量保证楂子高淀粉、高质量，尽量把回糟中的淀粉吃干榨净。现代老五甑工艺已有些改进，即大、二、三楂的区别在减小；回糟中有时也投入一部分细原料，以此来保证每甑酒醅出酒率的平衡。

老五甑工艺是传统白酒酿造工艺的科学总结。它非常适用于含淀粉高的粮食作物酿酒，更适合原料粉碎较粗的条件。因此该工艺被广泛用于麸曲优质白酒的酿造。

老五甑工艺可分为混蒸与清蒸两种方式，并各具特点。混蒸老五甑的优点是：原料与酒醅同蒸，原料中的某些香味成分可带入酒中，增加酒中的饭香；该工艺蒸馏与糊化同时进行，既节约蒸汽，又便于排酸，有利于再发酵。对比之下，混蒸比清蒸原料、工人的劳动量有所减少，操作比较顺手，因此该工艺很受工人们的欢迎。清蒸老五甑即把原料清蒸后再分配给单独蒸馏的大楂、二楂、三楂蒸馏后当作回糟，回糟蒸馏后作为丢糟，每日仍是5甑工作量。该工艺的优点：原料清蒸，减少原料中的杂味带入酒中。所以该工艺非常适合原料质量差、霉烂变质的条件。另外，原料清蒸，糊化彻底，有助于提高出酒率。清蒸老五甑工艺流程见图2－6－2。

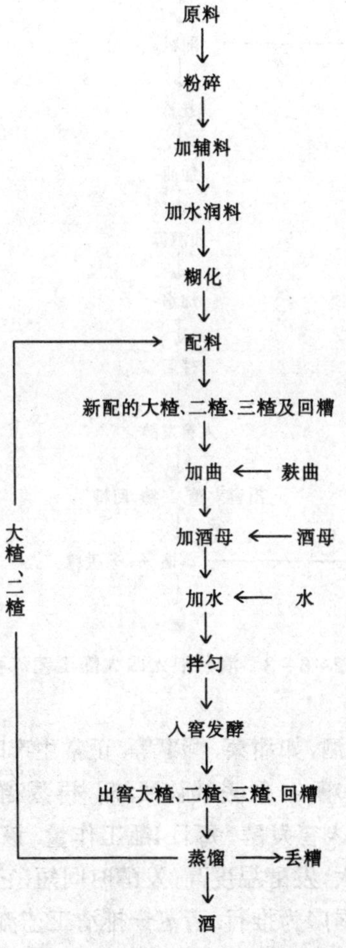

图 2－6－2 清蒸老五甑工艺流程

2. 清蒸混入四大甑操作法

该法适于含淀粉较低的原料及代用原料酿酒。正常生产时，窖内有大、二楂、回糟3甑，再蒸1甑新料，每日4甑工作量。具体操作是：第1甑，蒸上次发酵好的二楂，不加新料，作为回糟入窖再发酵；第2甑，蒸原料，蒸好后分成两份；第3甑，蒸上次发酵好的大楂。出甑后也分成两份，与上甑的两份原料混合后入窖发酵成为这次的大楂、二楂；第4甑，蒸上次发酵好的回糟为丢糟。这个工艺传统操作的特点是楂子与回糟的淀粉含量相差很多，现代操作中，正在减少这种差距，有时在回糟中也投入一部分新原料。该工艺适合于投料量大、班次多、每班工作时间应缩短的情况采用。清蒸混入四大甑工艺流程见图2－6－3。

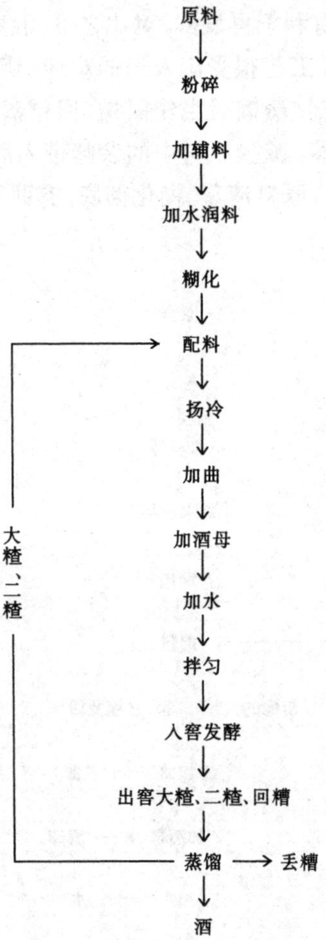

图 2－6－3 清蒸混入四大甑工艺流程

3. 清蒸一排清工艺

该工艺适用于糖质原料酿酒，如甜菜、椰枣等。正常生产时，窖内有4甑酒醅，而且基本相同。一次发酵后，都可作为丢糟。一般丢2甑，回2甑，再蒸2甑新原料(甜菜)，每日6甑工作量。如用椰枣可直接拌入酒醅入窖发酵，每日4甑工作量。该工艺的最大特点是入窖糖分高，淀粉低，水分大，辅料用量大，发酵温度高，发酵时间短。它很适合低淀粉的代用原料及糖质原料酿酒。60、70年代，全国广为推行。清蒸一排清工艺流程见图2－6－4。

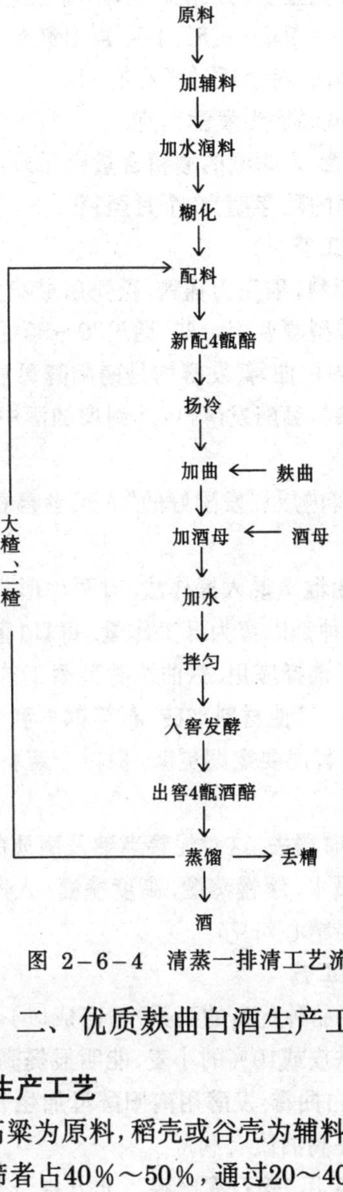

图 2-6-4　清蒸一排清工艺流程

二、优质麸曲白酒生产工艺

(一) 清香型麸曲白酒生产工艺

(1) 原料　全部使用高粱为原料，稻壳或谷壳为辅料。辅料应清蒸，散冷后使用。高粱粉碎要求：通过10～20目筛者占40%～50%，通过20～40目筛者占20%～30%，通过40目以上者占20%～30%。

(2) 菌种　曲霉菌。一般都用白曲或B曲，也有用多种曲霉单独培养后混合使用的。酵母菌，一般以南阳酵母为主，再加高渗透球拟酵母、汉逊酵母、2300等3～5种生香酵母参与发酵，以增加酒的主体香气——乙酸乙酯。

(3) 发酵设备　选用地缸，发酵效果最好，但一般都用水泥窖或水泥窖内加瓷砖，以防止酒醅残留，保证酒质干净。这样的窖一般容积较小，以5～7m³为宜。麸曲清香型酒的发酵期一般在7～21天之间，特殊的调味酒发酵期可达30天以上。

(4) 制酒工艺　大多数厂都采用清蒸清烧回醅发酵工艺，个别厂也有采用“两排清”工艺的。采用清蒸清烧工艺，一般每日6甑工作量，即蒸3甑楂子，1甑回糟，2甑新原料。楂子入窖淀粉在18%左右，回糟入窖淀粉在15%左右；入窖温度尽量降低，以15～20℃为好。

可见这套工艺的特点是高淀粉、低温度的发酵。在操作中应注意的工艺环节是:

① 原料要加高温水(80℃以上)润一定时间后,再上甑蒸熟。

② 生香酵母采用固体培养法,对酒质的提高有利。

③ 调整好入窨条件,保持低温缓慢发酵为宜。

④ 必须缓慢蒸馏、高度摘酒。入库酒的酒精含量应保持在60%以上。贮酒容器最好是陶瓷缸或内涂猪血纸的木箱。酒的贮存期为3个月至1年。

(二) 浓香型麸曲白酒生产工艺

(1) 原料　均采用高粱为原料,稻壳为辅料,稻壳用量20%左右为好,而且一定要清蒸散冷后使用。高粱粉碎度比清香型酒要粗一些,通过20～30目筛者占主体。

(2) 菌种　制曲多数用河内白曲霉;发酵均是南阳酵母加生香酵母。同时也有的厂采用己酸菌液灌窖,或发酵香泥参与酒醅发酵,以达到增加酒中主体香气——己酸乙酯的目的。

(3) 发酵设备　均采用泥窖内层加发酵好的“人工老窖香泥”。泥窖容积以7～10m^3为宜,发酵期一般为30～45天。

(4) 制酒工艺　一般都采用混蒸混入操作法。有两种形式:一是以甑为单位计算日工作量,采取“跑窖”的方式;另一种是以窖为日工作量,每日1窖,当班开,当班封。两种形式各有优缺点,工厂可按实际情况选择应用。麸曲浓香型酒工艺操作要注意的环节是:

① 窖子一定要用黄泥筑成,其他材料如砖、石等都不利于窖子的老熟。泥窖要进行经常性保养,防止窖泥“老化”。封窖泥要定期更新,保持一定粘性;窖子要封严,防止“烧皮”现象发生。

② 窖底有一定黄水,应及时舀去,这对泥窖老熟及酒质的提高均有益处。

③ 提倡工艺中使用高温量水,缓慢蒸馏,高度摘酒,入库酒的酒精含量为62%。陶瓷缸贮存,贮存期1年以上。成品要精心勾兑。

(三) 酱香型麸曲白酒生产工艺

(1) 原料　采用颗粒饱满,品种优良的高粱,粉碎成以4～6瓣为主体。辅料也用稻壳,清蒸后使用。配料中增加10%麸皮或10%的小麦,能明显提高酒的质量。

(2) 菌种　制曲采用河内白曲霉;发酵用南阳酵母加生香酵母。另外贵州省许多酒厂均采用细菌曲来参与发酵,对提高酒质有利。

(3) 发酵设备　南方省份采用“碎石泥巴窖”,北方省份采用水泥窖加泥底。窖子容积为10～15m^3。发酵室要有一定面积的场地,供酒醅堆积用。发酵室最好有保温保潮设施。

(4) 制酒工艺　大多数酒厂,采用清蒸原料,混合堆积,一次性入窖操作法。即原料用高温水润好后,上甑蒸熟,散冷后与蒸完酒的酒醅混合,加曲,加酵母,入室堆积。堆积时间为24～28h,堆积升温在10℃以上。入窖温度为30～33℃,发酵期为30天。工艺上要注意“四高一散”:

① 润料水温高。一般在85℃以上。润料时间不得低于15h。

② 堆积温度高。一般起堆温度不低于28℃,堆中最高温度可达50℃以上。必要时,中间可捣堆1次。

③ 入窖温度高。堆积好的酒醅,稍降温后即可入窖。一般入窖温度不应低于30℃,否

则将影响发酵。

④ 流酒温度高。酱香型酒同样提倡缓慢蒸馏，同时提倡高温流酒。一般流酒温度在30～35℃。入库酒的酒精含量为54%。

⑤ 酒醅要保持松散状态。这样才能保证堆积时微生物的网罗，发酵时微生物的繁殖，蒸馏时各种香味成分的提取。

(四) 芝麻香型麸曲白酒生产工艺

(1) 原料　采用高粱加5%麸皮。高粱粉碎度以4～6瓣为主体。辅料用稻壳，清蒸后使用。

(2) 菌种　制曲是河内白曲，酵母是南阳酵母加生香酵母。

(3) 发酵　发酵设备为条石窖或水泥窖，窖底加发酵好的香泥。窖的容积为10m^3左右，窖的深度以不超过1.5m为宜，使酒醅有一部分高出地面为好。发酵期每轮为30天。

(4) 制酒工艺　采用1次投料，4轮发酵法。原料用高温水润12h后，散冷，然后加入上排备用的酒醅1倍，混合后进行堆积。堆积起始温度28～30℃，堆积时间24～48h，堆积终了温度44～50℃。堆积水分每1排为45%，依次为49%、53%、56%。入窖温度36℃，窖内升温幅度10～12℃。缓慢蒸馏，流酒温度30～35℃。入库酒的酒精含量为58%～62%。陶瓷缸贮存，存期1年半以上。工艺中应注意的几个问题：

① 配料中加部分麸皮，可提高酒中芝麻香气。可能是麸皮中的氮源、木质素等是芝麻香生成的基础物质。对照试验证明，采用麸曲生产芝麻香型白酒，其香气优于大曲法生产的白酒。这充分证明了麸皮在芝麻香型白酒酿造中的重要作用。

② 强化堆积控制，实现“三高一低”。即高淀粉浓度，高温堆积，高温入窖，低水分。

③ 两次加曲、加酵母，有利于酒的产量和质量的提高。即堆积前加入总量的30%，其余入窖前加入。

④ 生香酵母采用固态法培养，使细胞数增加，菌体蛋白增加，有助于芝麻香的生成。

⑤ 窖底加发酵好的香泥，使酒中有一定量的己酸乙酯，对芝麻香有拱托作用。

三、麸曲白酒生产的工艺原则

(一) 合理配料

这是麸曲白酒酿造应遵循的首要原则。这个原则自烟台试点提出后，40多年中，为麸曲白酒酒率提高，质量提高，作出了历史性的贡献。今后，它还将对麸曲白酒酿造有很强的指导作用。合理配料包括以下4项主要内容：

(1) 粮醅比合理　回醅发酵是中国白酒的显著特色。回醅多少，直接关系到酒的产量和质量。多年实践证明，无论从淀粉利用的角度，还是酒质增香的角度，都提倡加大回醅比。一般普通酒工艺的粮醅比要求在1∶4以上。但回醅量也不是无限度地越大越好，应考虑到醅中酸度对制酒的影响，醅中妨碍发酵物质对制酒的影响。为此，不同香型酒工艺，回醅量要不同；不同发酵期的酒工艺，回醅量要有区别；不同发酵状况的酒醅，回量要有区别；同时，回醅量要与原料粉碎度、入窖水分、淀粉、酸度、温度等项指标相协调，从产量和质量两大方面来考虑，确定合理的粮醅比。

(2) 粮糠比合理　麸曲酿酒工艺方法不同，要求有不同的粮糠比；不同的原料要求有不同的粮糠比;相同的原料,不同的粉碎度要求有不同的粮糠比。一般的规律是:普通酒粮糠比较大,在20%以上;优质酒尽量少用糠,以20%以下为好。合理的粮糠比会产生如下的好效果:

① 调节入窖淀粉浓度适合,使发酵正常。

② 调节酒醅中的酸度及空气含量适宜,便于微生物的繁殖和酶的作用。

③ 增加了界面面积,便于酶与底物的接触。

④ 使酒醅疏松有骨力,便于糊化、散冷、发酵、蒸馏,提高得率。

(3) 粮曲比合理　这一指标的重要性,往往被忽视。有些酒厂的师傅,头脑里一直存在"多用曲,多出酒"的认识误区。实际上,用曲的多少,主要依据是曲的糖化力和投入原料的量,经科学计算后,稍高于理论数据即可。多用曲不但增加成本,更重要的是破坏了正常的发酵状态,反而会少出酒。同时,用曲量多时,往往会给酒带来苦味。这在麸曲优质酒酿造中更应引起重视。麸曲优质酒比不上同类的大曲酒,追求工艺上的原因,主要是发酵速度快。如果用曲量、用酵母量增大,会更加快麸曲酒的发酵速度,从而严重影响酒的质量。为此,麸曲优质酒酿造,一定要控制好用曲量、用酵母量这两个指标。

(4) 加水量合理　水在酿酒工艺中,起调节淀粉浓度、调节酸度、调节发酵温度、传输微生物及其酶类等诸多方面的作用。可以说,加水量的合理与否是酿造成功的关键之一。酿造中加水的途径有三个,每个环节都很重要。一是润料,要求水温要高,水要加匀,并有一定的吸收时间。二是蒸料,要求蒸汽压足,时间要够。三是加量水,要加均匀,用量要准确。因每甑酒醅在窖内上下位置不同,加水量要有区别。一般每甑间,水分相差1%左右。检查水分合理与否的指标是入窖水分。这个指标应随季节不同而进行调整;因原料、工艺改变,这个指标也要随之改变。

(二) 低温入窖

这条原则自50年代烟台试点总结出来后,一直是指导白酒生产的重要工艺原则。它不仅适用于普通麸曲白酒生产工艺,也适应部分优质白酒的生产工艺。低温入窖不仅能提高酒的产量,还会提高酒的质量。其原因是:

(1) 低温入窖时,各种酶的钝化速度减慢,使其作用于底物的时间增长,从而提高了分解率。

(2) 低温条件下,酵母的繁殖作用不会受到大的影响,而杂菌(主要指细菌)的繁殖将受到抑制,低温起到"扶正限杂"的作用,使窖内酒醅发酵正常。

(3) 低温入窖,使发酵速度变缓。试验表明酿酒微生物在低温缓慢发酵条件下,易生成多元醇类物质,增加酒的甜味。"冬季酒甜,夏季酒香"道理在于此。

(4) 低温入窖,使发酵顶温相对降低,在这种条件下,不利于产杂味的原料、辅料的分解作用;不利于产杂味的微生物的作用,会产生酒的口味纯净的良好效果。

怎样做到低温入窖?主要措施有:

① 利用季节气温的差异。在气温低的季节多投料,多加班,提高产品的产量、质量。把停产检修安排在气温高的季节。

② 利用日夜温差。把入窖时间,尽量安排在夜间,气温低的时候。

③ 利用冷水降温,利用室外冷空气降温,利用现代化的制冷设备降温,均可收到良好

效果。

④ 配料合理，酒醅疏松，有利于降温。

(三) 升温发酵

发酵的主要标志之一，就是温度的上升。它不仅是发酵的表面可见现象，更重要的它是发酵程度的标尺，是控制发酵主要工艺参数的准则。应从以下两个方面来科学地掌握好发酵升温这个主要工艺指标。

1. 要努力创造最高的升温幅度

升温幅度是指发酵最高温度与入窖温度之差。这个值越大，证明发酵得越好，产的酒越多。理论上的数值是消耗1%淀粉能升温1.8℃；在窖内实际测量，普通4天正常发酵的麸曲酒醅，每生成1%酒精，大约升温2.5℃。换句话说，在这样的工艺中，如果升温幅度为10℃，醅中的酒精含量在4%左右，如果是15℃，醅中的酒精含量在6%左右。可见，从追求出酒率的角度考虑，应尽力创造大的升温幅度。要达到这个目的应注意到以下5个方面的影响：

(1) 入窖淀粉浓度的影响。一般地说，相对高的淀粉浓度有利于升温幅度的增高。如清香型酒大楂，淀粉浓度高，升温幅度就高。

(2) 入窖温度的影响。这是一个起点，如果相对低一些，升温幅度就会高一些。提倡低温入窖也有这方面因素的考虑。

(3) 发酵期的影响。发酵期长，可以考虑追求最大的升温幅度。如果发酵期短，只能相对地追求最大升温幅度。普通酒4天发酵，如能升温15℃，就可以了。

(4) 窖的容积的影响。窖的容积大，产生的热量多，散失的热量相对少，所以升温幅度可相对高。

(5) 窖的密闭程度和传热情况的影响。封闭好的窖子，如加泥封窖顶，窖壁四周不透气，会有助于升温幅度的提高。发酵设备的材质传热系数的大小，也会对升温幅度产生一定影响。

由此可见，诸多方面因素均可影响到升温幅度。我们不强调每种工艺都追求有最大的升温幅度(如汾酒的地缸发酵就是例外)，我们只希望在相同的工艺中，应尽力追求最大的升温幅度。

2. 要努力形成最佳的升温曲线

升温曲线是从入窖温度起，到发酵最高温度，再降至发酵终了温度，整个周期由温度变化数值描绘出的一个曲线图。对于优质白酒发酵来说，它的温度变化要求是“前缓升、中挺、后缓落”。具体是指前期发酵升温要缓慢，中期发酵高温期要持久，后期发酵温度要缓慢回落。如果有这样的发酵温度曲线，就会收到以下3个方面的好效果：

(1) 能提高发酵升温幅度，进而提高出酒率。

(2) 能使发酵速度适宜，便于各种微生物的作用，增加酒的香味成分，提高酒质。

(3) 使发酵正常，保持酒醅不酸、不粘，便于下排操作，使生产稳定。

怎样才能做到“前缓升、中挺、后缓落”呢？

第一，要低温入窖。只有低温入窖，才会有前期发酵缓温，有了“前缓升”，才会有“中挺”及“后缓落”。

第二，要控制好入窖淀粉浓度及酸度。相对低的淀粉浓度及相对高的酸度，会使发酵速度变缓。

第三，确定合理的发酵期。要想得到最佳的发酵温度曲线，必须把发酵变化与发酵期放在一起来研究。可以从两个方面去考虑：一是根据发酵温度变化来确定发酵期。如普通白酒以产量为主，整个发酵温度变化4天就完成，那么确定4天发酵就是合理的、科学的。二是根据发酵期来确定工艺参数，使窖内变化在整个发酵期间尽量理想化。如清香型优质酒，30天发酵中，如前期10天达到最高温度，“中挺”为6～8天，后缓落为6～8天，最为理想。

(四)“稳、准、细、净”

这四个字，是经过多次酿酒试点及多年生产实践证明了的行之有效的白酒工艺操作原则。无论是普通白酒工艺，还是优质白酒工艺都必须遵循这四条原则。这样才能保质保量地完成工作任务。

(1)“稳”是指工艺条件应相对稳定;工艺操作要相对稳定。具体要做到：配料要稳定，入窖条件要稳定，工艺操作程序要稳定，窖内发酵温度变化曲线要稳定，酒的班产量要稳定，酒的质量要稳定。要达到上述要求，供应部门，采购原材料的质量要稳定;辅助车间，半成品的质量要稳定;后勤部门，水、电、汽的供给要稳定等等。可见工艺稳定是涉及全厂方方面面的事，只有各个部门通力合作，才有可能办到。

(2)“准”是指执行工艺操作规程要准确，化验分析数字要准确，掌握工艺条件变化情况要准确，各种原材料计量要准确。准确即有时间上的要求，不可提前滞后;也有标准上的要求，不可忽高忽低;还有对人的要求，不可忽冷忽热。

(3)“细”主要指细致操作。其中主要包括：原料粉碎细度合理，配料拌得匀细，装甑操作细致，发酵管理细心等。“细”字主要来自责任心，来自严要求。

(4)“净”主要指工艺过程要卫生干净。其目的就是防止杂菌感染，保证发酵正常。其要求是坚持经常性的卫生工作，要形成习惯。

四、麸曲白酒新工艺探索

(一) 大曲、麸曲相结合生产优质白酒

麸曲优质白酒以其发酵、贮存周期短、出酒率高等经济方面的优势，60、70年代在我国发展得很普遍。80年代进入市场经济以来，由于消费者选择性的提高，又由于各类白酒在市场上竞争的加剧，麸曲优质白酒因其质量上的原因，在市场上所占份额逐日减少，许多单纯以麸曲优质酒为主产品的企业被迫停产、转产。

为扭转这种被动局面，自80年代末期起，白酒战线上的科技工作者，开始探索麸曲与大曲相结合生产优质白酒的新的工艺路线和方法。经过多次试点、试验，取得了很好的成果，并在有些企业推广、应用。

1. 麸曲与大曲结合的工艺形式

根据全国各地创造的经验，目前看，麸曲与大曲工艺结合在清香型、芝麻香型、酱香型酒酿造上应用，效果明显。由于各香型酒的工艺不同，所以两者结合的方式也不同。

(1) 清香型酒丢糟再发酵　传统用地缸为容器，采取二排清工艺生产的清香型酒糟中，含有12％以上的淀粉，含有已生成或正在生成的许多呈香呈味物质。由于大曲发酵力弱的缺陷，使这些物质还未全部彻底利用。为此，把这种先由大曲发酵完毕的丢糟，加入少许稻壳后，加入10%左右的黑曲霉麸曲，加5%左右的生香酵母，在水泥窖中再发酵7～15天。不但有5%以上的出酒率，而且酒的质量基本相当于原大曲酒工艺所产的二楂酒”水平。为充分利用大曲酒醅中的香味物质，有的企业还创造了将大曲工艺的丢糟以10%～15%的比例，参与短期发酵的普通麸曲白酒工艺的酒醅中，一起再发酵。采用这种工艺，产酒的质量水平有很大提高，具备了一定优质酒的风味。

(2) 芝麻香型大曲、麸曲混合发酵　在芝麻香型酒工艺中，采用麸曲占90%，大曲占10%，一同参与发酵的方法。产出酒的质量水平比单纯使用麸曲，或单纯使用大曲都好。可见，芝麻香型酒工艺上，麸曲、大曲结合使用效果最佳。

(3) 酱香型的前大曲、后麸曲接力发酵　北方省份生产大曲酱香型白酒，由于气候及原料的原因，很难完成贵州茅台酒工艺上的7轮发酵。为解决这个技术难题，北方有些省份做了长时期的试验、研究工作，总结出了一条完整的先大曲、后麸曲的北方酱香型生产新工艺。这条工艺的主要特点有8条：

第1条：变整粮二次投料发酵，为整粮占70%，碎粮占30%一次投料发酵。

第2条：前6轮发酵使用高温大曲，用曲量为原料量的100%。

第3条：把大曲发酵的每轮发酵期由30天改为25天。

第4条：大曲7轮发酵后转入麸曲再发酵两轮。每轮麸曲用量20%，细菌曲用量5%，生香酵母用量5%。稻壳用量10%～12%，仍采用堆积工艺，仍为高温入窖，发酵期21天。

第5条：大曲7轮发酵后也可转入麸曲7轮发酵。前3轮投料量减少70%～30%。3轮后转为正常投料续楂发酵工艺，再发酵4轮后，全部丢糟。这套工艺前6轮大曲发酵，后7轮麸曲发酵。整个周期为13轮发酵。

第6条：这套大曲、麸曲结合工艺，原料出酒率提高15%以上，吨酒耗粮下降30%以上。产量增加40%以上。生产周期缩短35%。

第7条：这套工艺，前6轮大曲发酵产酒的水平基本与传统工艺水平相当。而且出酒率提高8%左右。而后两轮产的麸曲酒质量水平也有很大提高。可全部用来勾兑大曲酱香型酒。采用加入大曲酒醅发酵的后5轮的麸曲酒比单纯用麸曲生产的酒，质量水平也有很大提高，而且出酒率并未有明显下降。

第8条：这套工艺采用每年3月份立楂，8月份前完成大曲酒6轮操作，巧妙地利用了北方夏季炎热的气候条件，后7轮发酵处于秋冬严寒季节。采用发酵力强的麸曲及酵母，使出酒率不至于下降很多。又是一种科学的选择。

(4) 其他结合形式　在其他各香型麸曲酒优质酒酿造工艺中，添加一部分大曲，参与发酵，会使酒质有一定的提高。各香型麸曲优质酒勾兑过程中，加入10%～30%的同香型大曲酒，会提高麸曲酒的档次，增加市场销售量。

2. 大曲、麸曲工艺结合的优点

(1) 采用大曲、麸曲混合发酵，改变了发酵基质及发酵速度，提高了酒的质量。

(2) 先大曲、后麸曲的工艺，使大曲香醅中的有益物质得到更充分的利用，使传统工艺与现代方法实现了有机的结合。

(3) 大曲、麸曲结合工艺，使出酒率提高，生产周期缩短，贮酒时间缩短，具有明显的经济上的优势。

(4) 大曲、麸曲结合产的酒香味较丰满，便于低度酒的生产，在清香型酒中体现得更突出。

(5) 大曲、麸曲结合的酒，酒中微量成分的量比关系趋于平衡，饮用后对人体副作用减少。上市后受到消费者的欢迎，市场占有率提高。

(二) 生料酿制白酒

所谓“生料酿制白酒”，即指不通过蒸煮工序，直接用生料酿酒。

日常生活中，我们经常会遇到诸如植物种子发芽，生麦芽糖化制饴糖，生甘薯自身糖化发甜，这些都是没有经过蒸煮，而由生淀粉糖化的现象。时至今日，我国踩大曲仍然用生料，也能有效地糖化其自身的生淀粉。现在有许多醋厂采用麸曲法糖化生高粱淀粉来制醋，出醋率折算出酒率(以酒精含量65％计)达21kg。这些事例都说明用曲来糖化生料是完全可能的。

然而，生料酿酒绝非易事，其首先要解决的关键问题是糖化菌种选育的问题。

糖化、糊化淀粉能力强的菌种，不见得是糖化生淀粉的好菌种。同一菌种或同名菌种，其活力也不尽相同，糖化生料更是千差万别，所以必须选育出糖化生料能力强的菌种，并掌握其生育及酶的特性(尤其对生料作用的特性)。

在菌种选育上，有用白曲霉、黑曲霉、拟鞘孢霉的，还有用根霉及放线菌的，也有用细菌的。近年来，随着生物技术的进步，生料中加入酵母，不用糖化剂直接糖化淀粉，发酵生成酒精，已进入生产阶段。将曲霉的糖化基因，移植入酵母细胞内，使之既能糖化生淀粉，又能将糖发酵成酒精，是人类利用生物技术的又一新成果。

1983年廊坊地区食品研究所从21株菌种中经大量科学实验，筛选出了适合于高粱、玉米、大米为原料的2号菌。在此基础上抓住酿酒工艺上的合理配料，以及确立适宜的料醅比、用曲量、入池酸度、入池淀粉等发酵的关键工艺条件，取得了一套较为完整的生料酿制白酒的工艺技术路线。

生料酿制白酒的大生产试验结果如下：

1. 不同入池温度试验

试验结果表明，生料发酵也符合《烟台酿制白酒操作法》的低温入池这一原则。10～11℃入池的升酸幅度0.4，13～15℃入池的升酸幅度0.77，17～19℃入池的升酸幅度1.21。从酒精生成来看，低温入池，前期酒精生成虽然缓慢，但后来居上。发酵终了时，可达到5.8％～6.2％，17～19℃入池，前期酒精生成速度虽快，但发酵终了时，酒精含量仅有4.2％。低温入池能够有效地控制生酸，不但抑制杂菌生成，并有利于酵母菌的持续发酵，对保证酒醅质量也大有好处。

2. 不同润料方法试验

初步试验结果认为，润料用热醅闷料出酒率高。但润料程度及配醅方法是一件极其复杂的事，生料发酵的润料配醅在其他厂也曾做过多次对比试验，结果波动也很大。因此，这项试验有待今后进一步探讨。

3. 不同配醅量试验

生料发酵试验证明，随着配醅量的增大而增大了入池酸度，也冲淡了淀粉浓度及酶活力，不利于曲子糖化及酵母发酵作用，也难以保持池内必要的温度。生料发酵配醅量，以

1∶(3～3.5)为宜。总之，要比熟料酿制白酒的淀粉浓度高些。

4. 不同用曲量试验

从试验结果看，加曲量18％的出酒率最高。国外文献记载也是生料用曲量或用酶量高于熟料。按糖化力看，不蒸煮生料酿制白酒时，酒醅内的糖化力以50u以上为好。且关键不在于用曲多少，而在于曲子质量好坏。

5. 原料粉碎度的生产试验

生料糖化本来就比熟料糖化困难，如果颗粒大、糖化不彻底，势必造成出酒率下降。试验结果表明，随着原料细度的提高而利用率不断上升。但其上升的幅度不大。原料粉碎细度最好保持在40目以上。

6. 亚硫酸控酸及单宁阻碍糖化的试验

原料不经蒸煮，其本身必然带来很多野生菌，其中大量生酸菌在窖内迅速繁殖，给糖化发酵带来不利因素。据国外报道，多采取添加亚硫酸溶液，以SO_2来杀死或抑制发酵液中杂菌的方法，使生料发酵得以顺利进行。但小型液态发酵与大生产条件不同，可以省去此环节。生料酿制白酒时，配醅可以达到“以酸制酸”的目的，且起到一定的缓冲作用。“低温入窖，定温蒸烧”也可抑制细菌生长。采用酶活力强的曲、健壮的酒母，合理入池，可保持窖内发酵旺盛，不给杂菌可乘之机。

高粱皮中存在着以儿茶酸为主的单宁，对蛋白质有收敛作用。但在大生产中，高粱粉的淀粉利用率并不比高粱米低。说明单宁在池内，由于醅内蛋白质作用将其冲淡，从而使其危害性降低，并不影响生料发酵的效果。

生料酿制白酒的优越性：

① 节约用煤用电：吨酒耗煤由原来的1200kg降为600kg，降低50％。吨酒用电由176 kW·h降至140kW·h，降低20％以上。

② 改善劳动条件：白酒生产系手工操作，劳动强度大。采取生料酿酒可降低劳动强度30％～40％，并改善劳动条件(特别是夏季高温季节)，也有利于防止夏季掉排现象。

③ 改进质量：白酒中的杂质主要来自发酵，但也有是在反复加热过程中产生的。生料酿酒减去了大汽蒸煮的糊化工序，酒醅中生成的氨基糖类、呋喃类大为减少，没有色黄焦苦现象，酒味清爽甘冽。用玉米原料生料酿制酱香型麸曲酒，在提高产品质量方面尤为突出。

④ 增加投料量：生料酿酒原料不粘，节约辅料，加上体积小，可以增大投料量30％～50％。

⑤ 降低成本：降低能源消耗，减少辅料用量，增加投料量即增加产量，就必然会有效地降低吨酒成本，收到较好的经济效益。

生料酿酒改革了千百年来所采取的传统熟料固体发酵法，从酿造工艺上开拓了节能的新路。当然，这一新技术还需不断提高完善。就其工艺本身，目前用糠量尚偏大，还有一个安全度夏的问题。此外，甘薯原料及液体发酵工艺也有待继续深入研究解决。因为生料酿酒的关键是性能高的优良菌种的选育，所以今后努力的方向就是利用高新技术，来选育、诱变糖化生料能力强的各类菌种。

五、麸曲酒与大曲酒的质量对比

自70年代以来，我国麸曲优质白酒有很大发展，清、酱、浓等很多香型白酒中均有麸曲优质白酒研制成功。90年代进入市场经济以来，某些香型的麸曲优质白酒的销售量日趋下降，市场占有率日趋减少。追其根本原因，就是某些香型的麸曲优质白酒的质量水平不高，其内在质量与同类大曲酒比有一定的差距。

1. 感官指标上的差距

同香型的麸曲酒与其同类的大曲酒比，在感官上的差距表现在：

(1) 香味淡薄，后味短。

(2) 口味燥辣，刺激感重。

(3) 酒体欠丰满，口味欠细腻。

(4) 部分酒杂味较重。

2. 理化指标上的差距

从同属浓香型的麸曲与大曲两个省级优质酒对比分析，可看出：

(1) 总酸低　麸曲酒的总酸一般比大曲酒低10mg/100ml以上。这是造成酒后味短的原因之一，也是造成酸与酯不平衡，饮用后副作用大的原因。

(2) 高级醇含量高　麸曲酒中的高级醇含量占香味成分总量的17%，而大曲酒只占11%～12%，两者相差5%。这是麸曲酒饮后上头，在市场上销售不畅的主要原因。仔细分析，两者在醇的比例上及醇含量的大小顺序上也有差别：

① 对酒产生醇厚感的醇类，如正丁醇、仲丁醇、正己醇及2,3－丁二醇等，麸曲酒中的含量低于大曲酒8mg/100ml以上。所以造成了酒味淡薄。

② 在酒中含量高、对酒质有损害的醇类，如正丙醇、异丁醇、异丙醇、正戊醇等，麸曲酒比大曲酒高出11mg/100ml之多。

③ AB值差异很大。异丁醇与异戊醇的比值称为AB值。在名优酒中，AB值高的酒，质量要好一些。麸曲酒的AB值为1：0.92，大曲酒的AB值为1：(2.6～2.9)，两个比值相差1倍以上。这个差异表明了麸曲酒中微量成分量比关系的不平衡。

(3) 醛类含量高　麸曲酒醛含量占香味成分总量的9.1%，大曲酒占6.7%，相差2.4%。其中乙醛含量，麸曲酒比大曲酒高出20mg/100ml以上。醛高是造成麸曲酒燥辣的主要原因。

3. 形成麸曲酒质量缺陷的主要原因及其补救措施

(1) 先天不足　主要是微生物的含量不足。麸曲中的微生物总量只是大曲的百分之几。而且以醋酸菌、乳酸菌居多。这是造成麸曲浓香型酒中乳酸及乳酸乙酯含量偏高，酒体不甘爽的主要原因。

(2) 后天失调　这主要是指发酵速度。麸曲酒的发酵速度比大曲酒快得许多。一般大曲酒醅升至最高温度要10天以上，而麸曲酒只有4～6天，提前了5～7天。这一提前，使发酵升温曲线变成宝塔形，底小顶尖，违背了名优白酒发酵“前缓升、中挺、后缓落”的温度变化规律。有的企业无视这种发酵工艺的失调现象，又一味增加发酵期，在本来麸曲酒香味成分数量少的缺陷上雪上加霜，长期发酵又给酒带来更多杂味，这种香味成分既少又杂的酒，消费者肯定不欢迎。

(3) 亡羊补牢　为挽回某些麸曲优质酒在市场上的信誉，多年来一直在采取补救措施：

① 采用多菌种参与发酵：如清香型酒工艺上的多种曲霉菌的应用；浓香型酒工艺上，多种生香酵母的应用；酱香型工艺上，细菌曲的应用。这些措施均收到增加香味成分的效果。

② 改变酒醅原料配比，增加氮源：如在芝麻香型酒工艺中，酱香型酒工艺中，增加部分麸皮、小麦为原料，明显地提高了酒的质量。

③ 采用大曲、麸曲相结合的工艺路线：这条技术路线应用于清香、芝麻香、酱香型酒工艺中，均收到既保持出酒率高，又提高了酒质的双重效果。

六、介绍几种麸曲白酒

(一) 哈尔滨老白干酒

老白干酒产于黑龙江省哈尔滨白酒厂。该厂的前身是泰尖涌程记烧锅，始建于1929年，从那时算起，哈尔滨白酒厂已有67年的酿酒历史。

解放后，哈尔滨白酒厂有了很大发展，尤其是1963年在第二届全国白酒评比会上，老白干酒被评为国家优质白酒后，该厂发展得更快。1992年在哈尔滨市西郊建立了新厂区，占地14万平方米；白酒生产能力扩大到万吨以上；老白干系列产品发展到20多个品种、规格；该厂成为黑龙江省重点优质白酒厂，国家二级企业。

老白干酒在第二、第三、第四、第五届白酒评比会上均被评为国家优质白酒，蝉联四届银牌。能获此殊荣是跟它的优良的质量、独特的工艺、很高的市场信誉分不开的。

1. 老白干酒的感官特征

老白干酒在色、香、味、风格方面的典型特征，概括起来是：酒液清澈透明，枣核香气明显，入口醇厚绵甜，落口柔顺爽净，回味有余香，具有独特的清香风格。

2. 老白干酒的香味成分特征

乙酸乙酯为主体香气，其含量占总酯50％以上。酸酯比与清香型大曲酒基本一致。以上两点说明老白干酒属清香型白酒。但老白干酒中的丁酸乙酯含量、糠醛含量比典型的清香型大曲酒高出许多，再加之醇酯比小于清香型大曲酒，这三点说明老白干酒与典型的清香型大曲酒又有区别。有人把它称之为清香型酒的一个分支不是没有道理的。

3. 老白干酒的工艺特点

① 原料特征：“两糠一细”。“两糠”是指主要酿酒原料是高粱糠，辅料是谷糠。“一细”就是原料粉碎细。

② 工艺特征：“两单、两短、一高、四特殊”。

“两单”：是指糖化用单一B号曲霉菌，发酵用单一南阳酵母。

“两短”：一是发酵期短，一般为4～6天；二是贮存期短，一般为3～5个月。

“一高”：就是高度摘酒。掐头去尾，入库酒的酒精含量为63％以上。

“四特殊”：一是采用清蒸清烧，续糙发酵工艺，既保证了酒的清净又提高了香气。二是发酵设备采用砖木结构的窖子，使发酵材料装得多，发酵速度快，有利于老白干独特风格的形成。三是入窖前回加发酵好的香醅，增加酒的香气成分。四是贮酒容器是木制酒箱，内用猪血毛边纸裱糊，实践证明，这种容器对老白干酒的风味形成有一定的作用。

在老白干酒诞生的30多年中，始终以质量优良，物美价廉，适合大众消费而赢得了很高的市场信誉。老白干酒又以代用原料，节约粮食，工艺简单，生产周期短等经济上的优势，被全国几十家酒厂所效仿。老白干酒正在以一个大家族的身份活跃于中国饮料酒界。

(二) 北京红星二锅头酒

现代的二锅头酒是指使用大曲或麸曲生产的清香型高度酒的代名词。从工艺上来讲，二锅头酒是指白酒蒸馏过程中，掐头去尾，截取中间馏分的酒。从历史上讲，在白酒蒸馏使用天锅的时代，天锅内放的凉水，被蒸馏上来的酒气所加热，第1锅凉水冷却的酒头单独收集，以备重蒸，然后将天锅内的热水换成凉水，取第2锅凉水冷却的酒液，就叫二锅头酒。

我国最著名的二锅头酒的产地是北京市，北京市酿酒集团生产的"红星牌"二锅头酒，不但有悠久的历史，而且长期以来一直被北京市及华北地区的广大消费者所喜爱。

1. 二锅头酒的感官特征

二锅头酒属清香型，感官品评其特色为无色透明，具有以乙酸乙酯为主体的清香淡雅的香气，口味醇厚，较甜，后味长，尾干净，清香风格明显。

2. 二锅头酒的香味成分特征

① 以乙酸乙酯、乳酸乙酯为主体香气，两者含量基本相当，两者合起来占酯含量的95％。

② 乙酸含量较高，酸与酯在高度情况下比较平衡，饮用后副作用小。

③ 含高级脂肪酸酯较多，酒精含量降至40％以下易产生混浊。

④ 异戊醇含量较高，在酒精含量高时，对人体副作用较小。

3. 二锅头酒的工艺特点

有代表性的北京市红星牌二锅头酒的工艺如下：过去的工艺以高粱为原料，液体糖化酶为糖化剂，酒精酵母加生香酵母为发酵剂，采用大回醅，清蒸混入，机械化蒸馏，短期发酵新工艺。现代二锅头酒工艺中，采取了大曲、麸曲、糖化酶三者结合的工艺方法，明显地提高了酒的质量。

(三) 六曲香酒

该酒因使用六种曲霉菌培养的麸曲而得名，由山西省祁县酒厂1973年研制成功，曾三届获国家优质白酒称号。该酒可认为是清香型麸曲白酒中的佼佼者。

1. 六曲酒的感官特征

无色透明，清香纯正，醇和绵柔，爽口回甜，饮后余香，清香风格明显。尤以突出的乙酸乙酯香气为其鲜明的特色。

2. 六曲香酒的香味成分特征

(1) 以乙酸乙酯为主体香气，其含量在总酯中占90％以上。

(2) 含有一定量的乳酸及乳酸乙酯。这与使用多种曲霉菌有关，而且提高了酒的醇厚感。

(3) 含有多种有机酸，以乙酸含量为首，占总酸的60％以上。

(4) 含有较多的高级醇。其含量顺序为：异戊醇＞正丙醇＞异丁醇＞正丁醇＞正异醇。

(5) 含有少量的己酸乙酸，增加了酒体的丰满程度。

3. 六曲香酒的生产工艺

(1) 采用多菌种　曲霉菌6种：米曲霉、根霉、毛霉、犁头霉、红曲霉、黄曲霉；其他菌种有：拟内孢霉、酿酒酵母、汉逊酵母、白地霉、汾Ⅱ酵母。

(2) 菌种的培养

① 米曲、根霉、毛霉、犁头霉培养：采用固体试管、三角瓶扩大培养，帘子种曲，最后分别采用通风法制成麸曲。

② 拟内孢霉培养：经固体试管、三角瓶扩大培养后，制成帘子麸曲。

③ 红曲霉培养：

试管培养：菌种在米曲汁琼脂斜面上，28℃培养7天。

三角瓶培养：将纯净的小米，在常温下浸泡12h后。淋去水分。常压蒸煮3次，每次40min。每1次蒸，加20％的水，最后1次分装在500ml三角瓶中，每瓶装50g后再蒸，蒸后冷却至35～40℃时，每瓶加入0.7～0.8ml醋酸后接种。在28～30℃保温箱中培养，每12h摇瓶1次，培养7天，米粒呈深红色即可使用。

制曲：以新鲜薯干为原料，粉碎通过10～30目筛，加水60％～70％，常压蒸1h，冷却至40～45℃，加入3％的醋酸溶液20％(占原料)，接入1％的三角瓶菌种，装入曲盒进行培养。7天曲粒变深红色，即可使用。

④ 酿酒酵母培养：采用试管、三角瓶、卡氏罐三级扩大培养。

⑤ 汉逊酵母、白地霉培养：以玉米面糖化液、汾Ⅱ酵母为培养基，采用浅盘培养。两者分别培养，混合使用。

(3) 各菌种的使用

① 总用曲量为原料的12％，其中米曲占6％，根霉曲占2％，拟内孢霉曲1％，红曲1％，毛霉、犁头霉混合曲占2％。

② 菌液总用量为8％，其中酿酒酵母3％，汉逊酵母3％，白地霉2％。

(4) 制酒工艺　以高粱为原料，稻壳为辅料，用量为30％，采用清蒸混入老六甑制酒工艺(即比老五甑多蒸1甑原料)，发酵容器为水泥窖。发酵期为8～10天。缓慢蒸馏，高度取酒，贮存期为6个月以上。

(四) 燕潮酩酒

该酒是河北省三河县燕郊酒厂在70年代研制成功的。因该厂位于燕山脚下，潮白河之滨，故取名燕潮酩酒。

该酒在1979年全国第三届评酒会上被评为国家优质白酒，以后又连续两届获此殊荣，成为我国麸曲浓香型优质白酒的典型代表之一。

1. 燕潮酩酒的感官特征

无色透明，窖香浓郁，己酸乙酯为主体的香气突出，入口绵软，香味协调，回味较甜，尾子干净，浓香风格明显。

2. 燕潮酩酒的香味成分特征

(1) 以己酸乙酸为主体香气成分，其含量在总酯中列第一位，乳酸乙酯含量仅次于己酸乙酯，乙酸乙酯排在第3位。还含有少量丁酸乙酯。

(2) 含有一定量的乙醛及乙缩醛，酒的放香较好。

(3) 含有一定量的高级醇及多元醇，使酒有醇厚感及回甜感。

3. 燕潮酩酒的工艺特点

(1) 以高粱为原料，清蒸的稻壳为辅料。

(2) 以河内白曲为糖化剂，固体培养的各种生香酵母加部分酒精酵母为发酵剂。

(3) 以人工培养的泥窖为发酵容器，窖的容积较小，增加了酒醅与窖泥的接触面积。

(4) 采用清蒸、清烧、大回醅酿酒工艺，发酵期为40天，有时采用人工培养的已酸菌液来提高酒的质量。

(5) 酒的贮存期在1年以上，经精心勾兑后出厂。

(五) 黔春酒

该酒是80年代中期，由贵阳酒厂与贵州省轻工研究所协作，共同研制成功的麸曲酱香型优质白酒。该酒由于采用了先进的微生物培养和应用技术，所以酒的质量水平很高，问世不久，在1989年全国第五届评酒会上就被评为国家优质白酒，成为全国麸曲酱香型白酒学习、效仿的样板。

1. 黔春酒的感官特征

无色透明或微黄透明，酱香较突出，酱、焦、糊三香协调，口味较丰满细腻，后味长，酱香风格明显。

在诸项感官指标中，尤以放香大、香气较幽雅而著称。

2. 黔春酒的香味成分特征

(1) 以焦香、糊香为主体香气，这种香气来源于吡嗪类化合物。

(2) 酯类是重要的香味成分，其中以生香酵母生成的乙酸乙酯含量较高，达100mg/100ml以上，窖新生成的已酸乙酯含量在80mg/100ml左右，对酒的放香及酒体的丰满程度有重要作用。

(3) 4－乙基愈创木酚含量较高。

(4) 含有一定量的多元醇类物质，使酒带有一定的甜味。这些成分可能来源于堆积工艺。

3. 黔春酒的工艺特点

(1) 配料　以高粱、小麦为主要原料，稻壳为辅料。

(2) 采用的微生物菌种：细菌6株制成细菌曲；生香酵母3种以上，固体通风法培养；曲霉菌、河内白曲，通风法培养。

(3) 发酵设备及工艺　采用碎石泥巴窖或水泥窖。制酒工艺采用清蒸清烧，回醅堆积发酵工艺。发酵30天。工艺中有三高，即高温堆积、高温发酵、高温流酒。

(4) 入库酒的酒精含量为52％～54％。在陶瓷容器中贮存1年半以上，精心勾兑出厂。

(六) 梅兰春酒

该酒是江苏省泰州酒厂在80年代研制成功的一种麸曲芝麻香型白酒。1987年被评为江苏省优质产品，在国家级评比中曾列同类酒的前茅，被国内专家誉为我国麸曲芝麻香型的代表酒之一。

1. 梅兰春酒的感官特征

梅兰春酒的感官特征可概括为：酒色清澈透明或微黄透明，芝麻香明显幽雅。口味醇厚较丰满。诸味协调而舒适，回味长而留香持久，具有芝麻香型酒的典型风格。

2. 梅兰春酒的香味成分特征

(1) 酯类是该酒香味成分的主体，其总酯含量占香味物质总量的38.11%，居首位。其中酯含量顺序为：乙酸乙酯＞乳酸乙酯＞己酸乙酯＞丁酸乙酯。这四大酯占总酯量的95.26%。

(2) 含氮化合物在酒中含量显著，总量居香气成分的第二位。

(3) 正丙醇、异戊醇含量明显高于别的香型白酒。

(4) 有机酸含量及其量比与酱香型酒接近，其中乙酸、丙酸含量明显高于其他酒。

(5) 糠醛含量高，与酱香型酒接近，明显地高于清香和浓香型酒。

3. 梅兰春酒的工艺特点

(1) 总的工艺特点　“四高一定”，即高温培菌、高温堆积、高温发酵、高温蒸馏、定期贮存。

(2) 原料配比　高粱80%、小麦10%、麸皮10%。

(3) 选用的微生物　从茅台酒醅及大曲中分离优选的酵母、细菌共20多株，其中包括：汉逊酵母5株，假丝酵母4株，球拟酵母3株，酒精酵母4株及耐高温芽孢杆菌6株。糖化菌种选用河内白曲霉。

(4) 采用的发酵设备及工艺　发酵容器为水泥窖，窖底是发酵过的香泥，窖的容积$7m^3$，每班投料量为700kg，采用清蒸混入，老五甑制酒工艺。

(5) 工艺参数

培菌最高温度	45～55℃	流酒温度	35℃左右
堆积温度	50℃	发酵时间	30天
发酵温度	45～50℃		

(6) 贮存　贮存容器为陶瓷缸，贮存期为1年。

(7) 大曲、麸曲相结合工艺的采用　麸曲加10%大曲，生产出的酒芝麻香更浓，酒体更丰满。

第七章　传统白酒的蒸馏

蒸馏是利用组分挥发性的不同，以分离液态混合物的单元操作。把液态混合物或固态发酵酒醅加热使液体沸腾，在生成的蒸汽中比原来混合物中含有较多的易挥发组分，在剩余混合物中含有较多的难挥发组成，因而可使原来混合物的组分得到部分或完全分离。生成的蒸汽经冷凝而成液体。蒸馏的方法很多，主要有简单蒸馏和精馏等。在白酒生产中将酒精和其伴生的香味成分从固态发酵酒醅或液态发酵醪中分离浓缩，得到白酒所需要的含有众多微量香味成分及酒精分的单元操作称之为蒸馏，它属于简单蒸馏。白酒蒸馏方法分为固态发酵法蒸馏、液态发酵醪蒸馏法及固、液结合串香蒸馏法。

第一节　固态发酵法蒸馏

一、甑桶蒸馏的特点及作用

在传统的固态发酵法白酒生产中，发酵成熟的酒醅采用甑桶蒸馏而得白酒。甑桶是一个上口直径约2m，底口直径约1.8m，高1m左右的锥台形蒸馏器。用多孔箅子相隔下部加热器，上部活动盖与冷却器相接。甑桶是一种不同于世界上其他酒蒸馏器的独特蒸馏设备，是根据固态发酵酒醅这一特性而设计发明的。自白酒问世以来，千百年来一直沿用了甑桶这一蒸馏设备。中华人民共和国成立后，随着生产量的大幅度增长及技术改造，甑桶由小变大，材质由木材改为钢筋水泥或不锈钢，冷却器由天锅改成直管式，提高了冷却效率。但间隙式人工装甑的基本操作要点仍然不变，连续进料及排料的机械化至今尚不成功。

酒精蒸馏，基于含酒的发酵醪连续向塔内加入，因此在恒定的蒸汽加热条件下，各层塔板的酒精浓度也是恒定的，各种杂质在一定酒精浓度和温度下，根据不同的挥发系数，在各层塔板上也有特定的含量。

甑桶蒸馏可以认为是一个特殊的填料塔。含有60％水分以及酒精和数量众多的微量香味成分的固态发酵酒醅，通过人工装甑逐渐形成甑内的填料层。在蒸汽不断加热下，使甑内酒醅料温度不断升高，下层醅料的可挥发组分浓度逐层不断变小，上层醅料的可挥发组分浓度逐层变浓，使含于酒醅中的酒精及香味成分经过汽化、冷凝、汽化，而达到多组分浓缩、提取之目的。少量难挥发组成分也同时带出蒸入酒中。

甑桶蒸馏的作用主要是：

① 将含酒精4％左右的发酵酒醅分离浓缩成含酒精55％～65％的高度白酒。在混蒸混烧工艺中，在蒸酒的同时，还担负着新投粮食的淀粉糊化作用。

② 将发酵酒醅中存在的微生物代谢副产物，即数量众多的微量香气成分，有效地浓缩提取到成品酒中。

③ 存在于发酵酒醅中的某些微生物代谢产物，在蒸馏过程中进一步起化学反应，产生新的物质，即通常称为蒸馏热变作用。

④ 对发酵酒醅进行消毒杀菌，用于下排入窖配料。

在名、优质白酒生产中，蒸馏分级截酒还是勾兑工作的起始基础，有人称之为"第一勾兑员"。

二、甑桶蒸馏操作

(1) 装甑前的准备　检查底锅水是否洁净。若用煤灶直接烧火加热，则要及时更换底锅水，清除悬浮物，水位应和甑箅子保持50～60cm的距离。若距离太近或底锅水溶解有较多的酒醅中的成分，则蒸馏时容易产生泡沫而导致"淤锅"事故。目前虽大多采用蒸汽加热，但最好还是在甑锅底放一定量的水，使进入底锅的蒸汽加热沸腾。经验证明，这样可避免因蒸汽不纯带来的杂味，并且蒸汽上升也比较均匀。然后铺好甑箅准备装甑。

将出窖发酵酒醅运送至甑的附近，根据不同酿酒工艺、楂别进行混合配料。如老五甑混烧法则在大、二、三楂中分别按配料要求，将新投粮食、辅料用铁锨充分拌匀成堆，每堆面上薄撒一层辅料覆盖，堆放在场地上。然后分甑蒸馏。若采用清蒸混入或清蒸清烧法，则原料另行蒸煮糊化，将出窖发酵酒醅和辅料混匀堆放于场地上，再分甑蒸馏。拌料操作要求除了醅料混匀外，还要随时用铁锨和扫帚消除疙瘩。混合醅料应松散无结块现象，以利装甑。

(2) 装甑　先在底锅箅子上撒一薄层辅料，打开蒸汽阀门。然后用簸箕、木锨或铁锨等装甑工具将上述混合醅料逐层铺撒入甑内，见汽盖料，即待甑内醅料表面呈现白色雾状酒气时，迅速而准确地盖撒上一薄层醅料，要撒得准、轻、松、平，使酒气上得齐、不压汽、不跑汽。可以保持甑边稍高于甑中间部分。甑内醅料由下而上直至装平甑口，放好醅墙后，立即将甑盖盖好，按上过汽管，并连接冷凝器，打开冷却水，放置接酒容器。

(3) 蒸酒　开始时有一股不凝结气体排出，随后流酒。整个蒸酒过程的进汽量，必须控制缓慢蒸馏的原则，使流酒速度均衡地保持在2.5kg/min左右。酒温要求在30℃以下。初馏部分0.5～1kg作为酒头，摘取后单独存放交库作勾兑调香酒用。中馏酒也可按不同香型酒及各厂的实际情况分段摘取。在实际生产操作中，以看酒花掌握蒸酒过程中酒精浓度的变化。在"小清花"过后的一瞬间酒花消失，过花后所流的酒均为酒尾。这样所摘的中馏酒混合样的酒精浓度在65%左右。摘取的酒尾对不同香型酒有不同的要求。浓香型及清香型酒摘酒的酒精浓度要高些，以减少乳酸乙酯进入酒中。酱香型及芝麻香型酒的摘酒的酒精浓度则较之为低，以增加高沸点香气成分流入酒内。蒸酒时间依楂别等因素而不同，一般在20min左右。当开始流酒尾时，可开大蒸汽量。追尽酒尾后，蒸馏遂告结束。以老五甑混蒸法操作时，在去除甑盖后可继续敞盖蒸醅10min，以保证粮食蒸透，达到熟而不粘、内无生心的要求。

三、甑桶蒸馏的几个技术问题

1. 蒸馏条件对白酒生产的影响

甑桶间隙蒸馏这一特殊形式，是将发酵成熟的固态酒醅作为被蒸的物料的，同时又是浓缩酒精以及香气成分的填料层。蒸馏时加热水蒸气和酒醅不断进行冷热交换，使酒醅中的酒精及香气成分挥发。随着甑内醅料层的逐渐加厚，酒气自下而上缓缓上升，挥发性物质的浓度也逐层提高。最后酒气经冷却而得到白酒。这种蒸馏方法决定了装甑技术，醅料松散程度，蒸气量大小及均衡供汽，分楂量质摘酒等蒸馏条件是影响蒸馏得率及质量的关键因素。

(1) 装甑技术的影响　人们在长期生产实践中总结了装甑操作的技术要点是“松、轻、准、薄、匀、平”六字。即醅料要疏松，装甑动作要轻巧，撒料要准确，醅料每次撒得要薄层、均匀，甑内酒气上升要均匀，酒醅料层由下而上在甑内要保持平面。

由于装甑技术及蒸汽量大小不同，同样的酒醅却可使蒸馏效率相差10%以上。蒸馏效率低的白酒不仅出酒率低，质量也不好。俗称丰产不丰收。装甑技术对出酒率和成品酒质量的影响见表2－7－1。

表 2-7-1　装甑技术对比结果

操作者	酒醅数量/kg	酒精含量/%	成品酒数量/kg	尾酒		成品酒中各成分含量/mg·(100ml)$^{-1}$			
				数量/kg	酒精含量/%	总 酯	总 酸	总 醛	挥发酸
甲	1125	3.8	55	16	9.2	0.3978	0.1067	0.0419	0.0822
乙	1125	3.8	43.5	19	11.4	0.3731	0.1056	0.0444	0.0742

(2) 缓慢蒸馏与大汽蒸馏对浓香型白酒质量的影响　取同一个酒窖出窖的酒醅，对两甑楂子酒醅混拌均匀后分成两甑材料。第1甑按正常蒸汽压力蒸馏，流酒速度控制在5.6～8.6kg/min，第2甑按缓火蒸馏，流酒速度控制在2.5～3kg/min。每甑均接前馏分30kg，结果见表2－7－2。

表 2-7-2　缓慢蒸馏与大汽蒸馏对比结果　单位：g/L

呈味物质	大汽蒸馏流速5.6～8.6kg/min，每甑接酒30kg(5次平均值)	缓火蒸馏流速2.5～3.0kg/min，每甑接酒30kg(5次平均值)
乙醛	0.575	0.685
甲醇	—	—
乙酸乙酯	3.271	3.089
正丙醇	0.542	0.482
仲丁醇	0.304	0.111
乙缩醛	2.163	1.902
异丁醇	0.367	0.544
正丁醇	0.720	0.586
丁酸乙酯	0.683	0.610
异戊醇	0.649	0.524
乳酸乙酯	3.107	2.138
正己醇	0.062	0.070
己酸乙酯	2.664	3.217

注：均折算为酒精含量60%。

其中一次为第1甑大汽蒸馏，流酒速度8.6kg/min，已酸乙酯为2.146g/L;第2甑缓火蒸馏，流酒速度2.9kg/min，已酸乙酯为3.51g/L。从表2－7－2还可见，缓火蒸馏的乳酸乙酯与已酸乙酯的比例较合适，为0.66：1，口感甘洌爽口;而大汽蒸馏的乳已比为1.17：1，口感发闷，放香不足。试验证实了缓火蒸馏的重要性。

慢火与快火蒸馏对高级脂肪酸乙酯的影响见表2－7－3。

表 2-7-3　三种高级脂肪酸乙酯在不同蒸馏操作中的变化　单位: mg/100ml

蒸馏方式	组　分	时　间/min							
		0	5	10	15	20	25	30	合计
快火蒸馏	棕榈酸乙酯	14.16	1.44	2.13	3.54	84.50	—	—	105.77
	油酸乙酯	6.53	0.38	0.63	1.35	38.50	—	—	47.39
	亚油酸乙酯	16.00	1.04	1.48	2.94	84.03	—	—	105.97
慢火蒸馏	棕榈酸乙酯	12.00	0.52	0.41	0.54	1.37	2.23	34.63	52.41
	油酸乙酯	6.13	—	—	—	0.41	0.67	12.76	19.97
	亚油酸乙酯	14.12	—	—	—	1.06	1.62	35.03	51.83

从低度酒生产角度看，慢火比快火蒸馏更好。

2. 酒花与酒精含量的关系

看花摘酒是白酒蒸馏过程老师傅掌握酒度高低的传统技艺，一直沿用至今。在盛酒容器中剧烈摇动白酒时，或当酒醅蒸馏过程中用锡制小杯盛接蒸馏液，冲于小杯中时，在酒液表面会形成一层泡沫，俗称酒花。根据酒花的形状、大小、持续时间，可判断酒液酒精分的高低。在蒸馏时，茅台酒分鱼眼花、堆花、满花、碎米花、圈花。其中满花相当于出厂酒的酒度标准。广西壮族自治区桂林酒厂产的三花酒，以往以观花定酒质。首先要堆花细，堆起的大小酒花分为三个层次逐次消失，俗称“堆三花”。其次留花时间要长。历史上该厂采用将酒三次回锅复蒸办法，三花酒名就此沿袭下来。

看花量度是基于各种浓度的酒精和水的混合溶液，在一定的压力和温度下，其表面张力不同的原理。因此，在摇动酒瓶或冲击酒液时，在溶液表面形成的泡沫大小、持留时间也不同。依此便可近似地估计出酒液的酒精含量。在大部分酒厂蒸馏时，看花可分为下列5种，经实际测定，其相应的酒精浓度及酒气冷却前的温度如下:

(1) 大清花　花大如黄豆，整齐一致，清亮透明，消失极快。酒精浓度在65％～82％范围内，以76.5％～82％时最为明显。酒气相温度为80～83℃。

(2) 小清花　酒花大如绿豆，清亮透明，消失速度慢于大清花。酒精浓度在58％～63％之间，以58％～59％最为明显。酒气相温度90℃。小清花之后馏分是酒尾部分。至小清花为止的摘酒方法称为过花摘酒。

(3) 云花　花大如米粒，互相重叠(可重叠二、三层，厚近1cm)，布满液面，存留时间较久，约2s。酒精浓度在46％时最明显。酒气相温度约93℃。

(4) 二花　又称小花，形似云花，大小不一。大者如大米，小者如小米，存留液面时间与云花相似，酒精浓度为10％～20％。

(5) 油花　花大如1/4小米粒，布满液面，纯系油珠，酒精浓度为4%～5%时最为明显。

酒花的变化也可反映装甑技术的优劣。若装甑好，则流酒时酒花利落，过花前大清花较大，大小一致，与小清花区别明显，过花后酒精浓度降低快、酒尾短。反之，装甑技术差，便会出现大清花与小清花相混不清，花大小不一，酒尾拖得很长。

3. 掐头去尾、量质摘酒(参见本章第四节)

4. 甑边效应及减少酒损的措施

固态发酵酒醅在装甑过程中，可以发现酒气经常由甑边率先穿出醅料层，然后再向甑中心区扩展。见汽撒料的结果是甑边料层高于中心区，形成凹状的表面料层，有人将此现象称之为甑边效应或边界效应。这一物理现象不仅发生于白酒蒸馏的甑边固－固界面上，而且发生在固－液界面上。如液态发酵罐内产生的CO_2气体，沿罐壁或冷却管壁上升较从醪液中溢出更为容易。固态发酵法白酒的甑边效应，意味着在甑内醅料层上汽的不均匀性。尤其当蒸馏甑的结构、连接不合理或设备不保温等原因存在时，更会影响蒸馏效率。某厂蒸馏设备为金属甑体、过汽筒及甑盖，可移动的甑体与甑盖，甑盖与冷凝器的连接均采用水封式。经测定，在甑体与甑盖的水封槽中的水液，蒸酒后含酒精最高可达2%，平均为0.5%；每蒸一甑，过汽筒酒损0.68kg，甑盖酒损2.08kg。为了减少这部分的酒损，采取下列技术措施，获得了较好的成效。

(1) 甑箅汽孔采用不同的孔密度　将承托固态发酵酒醅和通蒸汽的钢板汽孔，孔距由边缘区域向中心递减密度，以促使甑桶平面上各区域酒醅加热上汽趋向一致。如图2－7－1所示，将甑箅划分为4个区域。R为甑箅半径，设$AC=CD=DO=\frac{R}{3}$。$AB=\frac{BC}{4}=\frac{R}{15}$。

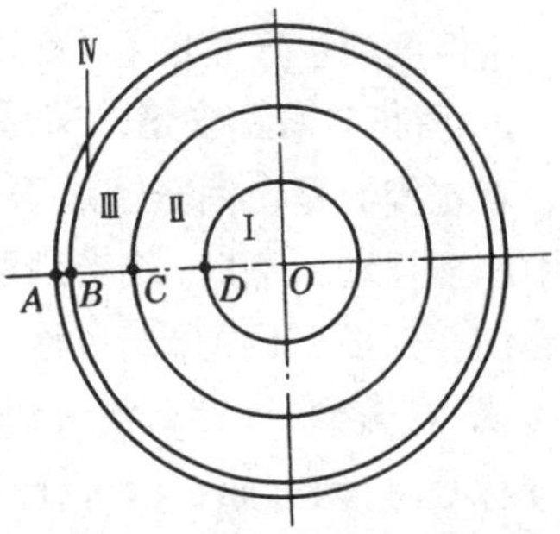

图 2－7－1　甑箅汽孔的不同孔密度

各区域面积比大体为Ⅰ∶Ⅱ∶Ⅲ∶Ⅳ＝1∶3∶4∶1.2。

若取甑箅钻孔率为总面积的5%，孔径d8～10mm，则各区域钻孔密度如下：Ⅰ区900～1200个/m²；Ⅱ区650～800个/m²；Ⅲ区450～600个/m²；Ⅳ区为不钻孔。各区钻孔密度比为Ⅰ∶Ⅱ∶Ⅲ∶Ⅳ＝2∶1.5∶1∶0。这样可保持甑箅孔上汽比较均匀，从而削弱甑边效应的不良影响。

(2) 对金属材料的甑体和甑盖采取保温措施。

(3) 过汽筒连接甑口端应高于冷却器端，向冷却器方向倾斜，防止冷凝酒液倒流入甑内。

(4) 曾经试验用双层甑桶，其间距有5～10cm空隙。使一甑的料层厚度分为2层，减轻酒醅自身压力，有利于上汽均匀畅流，减少窝汽短路现象，以提高蒸馏效率。

此外，还可设计加大甑边倾斜度；甑内壁改成波纹状或锯齿状；凸形甑箅以及大直径矮甑桶等，以减轻甑边效应。

5. 蒸馏事故

(1) 淤锅　即底锅水冲入甑内。若发生这种现象，就得停止蒸馏，将酒醅挖出，拌上辅料，再行装甑蒸酒。发生这事故损失很大。发生原因在于底锅水不净，未及时处理，漏入锅内糟醅，使水粘稠，产生泡沫上溢。

(2) 坠甑　在装甑时蒸汽突然骤降，造成酒醅逐渐下陷，称为坠甑。由于酒醅下坠，酒气通路受阻，即使再恢复供汽，仍不免有局部压汽现象，导致酒度低、酒尾很长的质量事故。

(3) 打炮　即酒气从甑盖与甑体连接处冲出。这是由于接口处用的酒醅做的醅墙没打好，故甑内蒸汽压力大，从薄弱处吹开冲出。或在装甑时撒料不匀，上汽不匀，装成偏甑，酒气从某一局部突然外冒。发生这种现象，除损失酒外，很可能直射到操作工人身上，造成工伤事故。

第二节　液态发酵醪蒸馏法

在我国南方广西、广东、湖南等省的传统白酒中，有一种以小曲为糖化发酵剂进行液体发酵与蒸馏的产品。其中以广西三花酒、广东米酒和玉冰烧酒为典型，风格质量独具一格。建国初期产量小，一般都将发酵醪盛于锅中用直火蒸馏，掌握不当就会产生焦糊气味带入酒中。随着产量提高，生产技术的发展，至今已全部改用蒸汽加热。其蒸馏方法颇与日本产的烧酎相似。

一、蒸 馏 操 作

以三花酒为例，将发酵成熟醪用气液输送方式压入待蒸的醪液池中，再用泵打入釜式蒸馏锅内，使用间接蒸汽加热，常压蒸馏。釜的大小可根据生产规模设置，材质以不锈钢为好。成熟发酵醪的要求为：酒精含量10％～12％(20℃计)，总酸0.6～1.0g/100g，还原糖0.12g/100g左右，总糖0.8g/100g左右。设备示意图见2－7－2。

蒸馏操作要点：

(1) 进醪前先检查蒸汽管路、水泵、阀门等是否正常。关闭排糟阀门，开启进醪阀门。

(2) 用泵打入蒸馏锅中的成熟酒醪占锅体容积的70％左右，以便于加热蒸馏时醪液对流，避免溢醪。

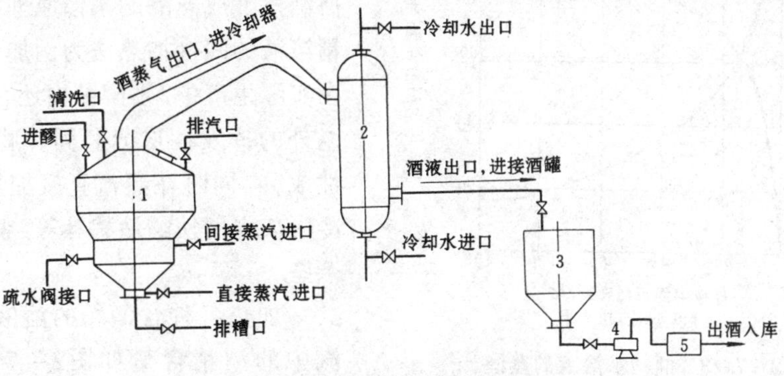

图 2－7－2　三花酒蒸馏釜示意图

1—蒸酒锅　2—冷却器　3—接酒罐　4—酒泵　5—计量仪

蒸酒锅　材质：不锈钢　全容积：8m^3　有效容积：5m^3

冷却器　材质：不锈钢　冷却面积：42m^2

接酒罐　材质：不锈钢

(3) 开蒸汽进行蒸馏，初蒸时汽压不得超过0.4MPa，流酒时保持0.10～0.15MPa。在流酒期间，不能开直接蒸汽，只能开间接蒸汽加热蒸馏。

(4) 初馏酒酒精浓度较高，香气大，量摘酒头5～7kg，单独入库贮存作勾兑调香酒。之后一直蒸馏至所需酒精浓度，在所需酒精浓度之后的酒尾，掺入下一锅发酵酒醪中再次蒸馏。

(5) 蒸酒时汽压要保持均衡，切忌忽大忽小，流酒温度应在35℃以下。

(6) 在酒尾接至含酒精2%后，即可出锅排糟。排糟前必须先开启锅上部的排汽阀门，然后缓慢地开启排糟阀，以避免急速排糟，使锅内外压力不平衡，导致锅内产生负压而吸扁过汽筒和冷却器的现象。

(7) 根据水质硬度和使用情况，应定期对冷凝器进行酸洗，去除结垢，以提高冷凝效率和节约用水。

二、蒸馏原理

(一) 酒精水溶液的蒸馏

液体混合物的蒸馏过程，系根据混合物内所含的各种液体具有不同的挥发性，即处在同一的温度下具有不同的蒸汽压力的原理而进行的。例如酒精水溶液，在任何温度下，其酒精的蒸气压总是比水蒸气压要大得多。所以蒸汽中的酒精含量要比被蒸发的酒精水溶液中的含量为多。

酒精和水的混合物沸点取决于它们在混合物中的数量比。在标准压力下，水的沸点为100℃，纯无水酒精的沸点则为78.3℃。随着酒精含量的逐渐增高，被蒸馏液体的沸点可以接近于纯酒精的沸点，当酒精含量降低时，混合物的沸点可一直升高到完全除去酒精时的100℃。

酒精和水混合物的酒精含量、沸点以及沸腾时在蒸汽中的酒精含量之间的关系，对白酒蒸馏具有现实意义。为了理解白酒发酵成熟醪的蒸馏原理，兹以含水酒精溶液的间接加热法为例加以说明。当然在实际生产中，发酵醪内还存在有除酒精以外的挥发性成分和固体物质等不挥发性成分，同时在蒸汽直接加热时，水蒸气冷凝成水而使醪液稀释等，使情况较为复杂些。

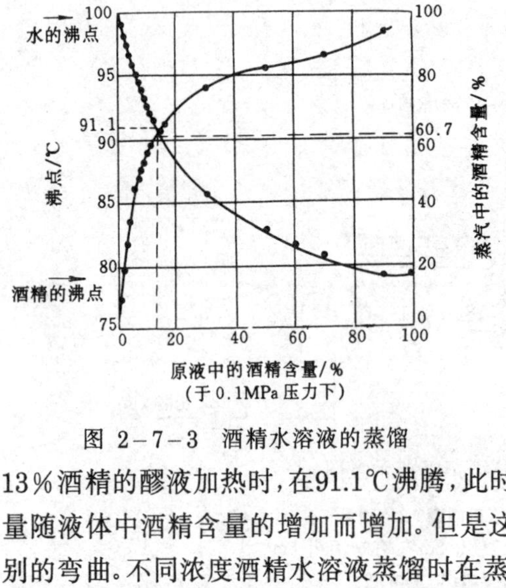

图 2－7－3 酒精水溶液的蒸馏

加热各种含酒精的溶液所产生的蒸汽中的酒精含量如图2－7－3所示。含13%酒精的醪液加热时，在91.1℃沸腾，此时蒸汽中的酒精含量为60.7%。蒸汽中的酒精含量随液体中酒精含量的增加而增加。但是这种增加不是成比例的，在曲线的中部，显得特别的弯曲。不同浓度酒精水溶液蒸馏时在蒸汽中的酒精含量列于表2－7－4。

表 2-7-4　液体及蒸汽中的无水酒精含量　单位：质量分数%

液体中的酒精含量	蒸汽中的酒精含量	浓缩系数	液体中的酒精含量	蒸汽中的酒精含量	浓缩系数
1.0	10.5	10.50	20	65.5	3.27
2.0	18.5	9.25	30	71.2	2.37
3.0	26.3	8.76	40	74.0	1.85
4.0	31.2	7.80	50	76.7	1.53
5.0	36.0	7.20	60	78.9	1.37
6.0	39.8	6.63	70	81.7	1.16
7.0	43.3	6.18	80	85.5	1.06
8.0	46.3	5.78	90	91.2	1.01
9.0	40.2	5.46	95.57	95.57	1.0
10.0	51.6	5.16			

(二) 分凝

分凝就是利用蒸汽的冷却和部分凝聚作用，将蒸汽分成浓度较低的液体部分(回流)和浓度较高的蒸汽部分。前者在操作过程中又回入蒸馏罐内，而后者则导入冷凝器中。冷凝器将所有进入的蒸汽全部冷凝，而分凝器根据温度的控制只冷凝进入其中的部分蒸汽，并将它作为回流而流回蒸馏罐。其余蒸汽则进入冷凝器，冷却成含酒精的液体。

图2－7－4为烧酒发酵醪液在间接加热时，蒸馏罐内发酵醪液的酒精含量(%)和蒸馏液酒精含量(%)的关系。当醪液含酒精体积分数为13%时(相当于10.5%质量分数)，蒸馏时产生的蒸汽实际酒精质量分数为57.5%，即相当于酒精体积分数为65.5%。这与图中所查得的60.7%(体积分数)相比较要高。这一现象是因为蒸汽的一部分在蒸馏罐的上部冷凝，沸点高的水比沸点低的酒精为多所致。这就是分凝现象。

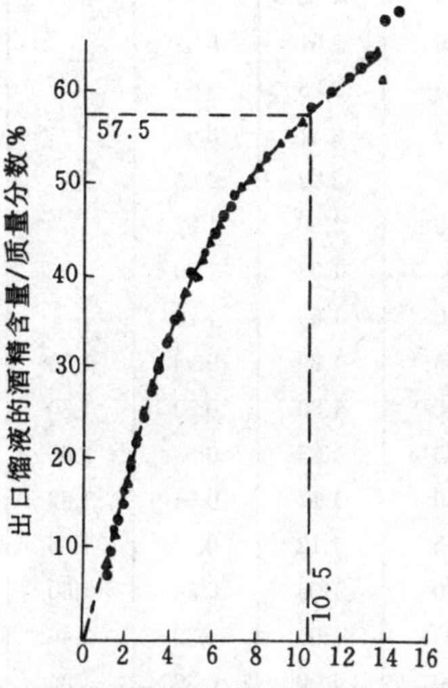

图 2-7-4　大米原料烧酒的蒸馏

采用罐式蒸馏，可以看到蒸馏开始时，由于发酵醪的酒精含量较高，因此蒸馏液的酒精含量也高。随着蒸馏时间的延长，蒸馏液的酒精含量也随着被蒸醪液的酒精含量降低而逐渐下降。为了要取得含酒精60%～65%的混合馏液，从分凝器流回罐内的回流量也必然愈来愈多。这不仅使蒸汽耗量增大，蒸馏效率降低，而且也使一些水溶性大的如乳酸及乳酸乙酯等香味成分不能被蒸入酒中，这是罐式蒸馏的一大缺陷。采用单塔蒸馏时，回流液流入塔的上部浓缩段，上述现象要比罐式蒸馏改善得多。但仍不能提高乳酸及乳酸乙酯的提取效率。适宜的回流比与成品酒的风味质量和蒸馏效率都有关系。

(三) 高级醇等成分的蒸馏

白酒蒸馏时，初馏分(俗称酒头)中比酒精沸点高的高级醇类、乙酯类等香味成分含量甚多。了解这些成分在酒精水溶液中的挥发性能，对于理解这一现象是必要的。

酒精的挥发系数和其共存的香味成分的挥发系数是不同的。所谓挥发系数就是在达到平衡时，蒸汽中酒精含量Y_a(或香味成分Y_n)与液体中酒精含量X_a(或香味成分含量X_n)之间的比例。

酒精的挥发系数：$K_a = Y_a : X_a$

香味成分的挥发系数：$K_n = Y_n : X_n$

挥发系数说明了在一次蒸馏(罐式蒸馏)时，酒精或香味成分的浓缩率。因而也称为浓缩系数。表2－7－5所列浓缩系数的数值随沸腾的液体中酒精含量的增加而不断降低。各种香味成分又有其不同的挥发系数，同时随着沸腾液体中酒精含量的变化而变化。在酒精浓度低时，它们的挥发系数都大于1，也就是说它们在蒸汽中的含量比沸腾混合物的含量为多。

引用比挥发度，可更为明显地表明香味成分的动态。比挥发度K'就是香味成分的挥发系数与酒精挥发系数之比。

表 2-7-5 酒精及其香味成分的挥发系数

酒精含量/%	酒精的挥发系数Ka	香味成分的挥发系数K_n								
		异戊醇	异戊酸异戊酯	乙酸戊酯	异戊酸乙酯	异丁酸乙酯	乙酸乙酯	乙醛	乙酸甲酯	甲酸甲酯
10	5.10	—	—	—	—	—	29.0	—	—	—
15	4.10	—	—	—	—	—	21.5	—	—	—
20	3.31	5.63	—	—	—	—	18.0	—	—	—
25	2.68	5.55	—	—	—	—	15.2	—	—	—
30	2.31	3.00	—	—	—	—	12.6	—	—	—
35	2.02	2.45	—	—	—	—	10.5	—	12.5	—
40	1.80	1.92	—	—	—	—	8.6	—	10.5	—
45	1.63	1.50	—	3.5	—	—	7.1	4.5	9.0	—
50	1.50	1.20	—	2.8	—	—	5.8	4.3	7.9	—
55	1.39	0.98	1.80	2.2	—	—	4.9	4.15	7.0	12.0
60	1.30	0.80	1.30	1.7	2.3	4.2	4.3	4.0	6.4	10.4
65	1.23	0.65	1.05	1.4	1.9	2.9	3.9	3.9	5.6	9.4
70	1.17	0.54	1.82	1.1	1.7	2.3	3.6	3.8	5.4	8.5
75	1.12	0.44	1.65	0.9	1.5	1.8	3.2	3.7	5.0	7.8
80	1.08	0.34	1.50	0.8	1.3	1.4	2.9	3.6	4.6	7.2
85	1.05	0.32	1.40	0.7	1.1	1.2	2.7	3.5	4.3	6.5
90	1.02	0.30	1.35	0.6	0.9	1.1	2.4	3.4	4.1	5.8
95	1.004	0.23	1.30	0.55	0.8	0.95	2.1	3.3	3.8	5.1

$$K'=\frac{K_n}{K_a}=\frac{Y_n}{X_n}\div\frac{Ya}{X_a}=\frac{Y_n\cdot X_a}{X_n\cdot Y_a}$$

当$K'>1$，则蒸汽中的香味成分便增多。因为在该情况下，香味成分比酒精更易挥发。

当$K'=1$，则蒸汽中的香味成分既不增多又不减少。

当$K'<1$，则香气成分在液体中积聚，蒸汽中香气成分的含量比液体中的含量为少。因为它们比酒精更难挥发。

某些高级醇成分的水溶液浓度和挥发性的关系见表2－7－6，这些成分在稀浓度时比酒精容易挥发。在含高级醇0.05％及酯类0.04％这样稀浓度的日本米制烧酒发酵醪中，其高级醇和酒精相比，蒸汽中高级醇更易挥发。比酒精沸点高的酯类，在蒸馏时和高级醇具同一动向。因此，这些香味成分在初馏液中含量较多。

表2－7－7列出了白酒发酵醪液中的主要挥发性成分及其沸点。

表 2-7-6　不同加水量时高级醇对酒精的比挥发度

高级醇	加水量/％(摩尔分数)	对酒精的比挥发度
异丙醇	96.5	1.64～1.54
	83.8	1.42～1.39
	60.6	1.09～1.03
正丙醇	95.2	1.31～1.22
	91.6	1.41～1.04
	77.0	0.83～0.68
异戊醇	95.6	2.17～1.89
	89.6	1.44～0.98
	75.6	0.78～0.60
正丁醇	96.2	1.64～1.37
	93.4	1.30～0.90
	86.2	0.75～0.57

表 2-7-7　白酒发酵醪液中的主要挥发性成分

种类	沸点/℃	种类	沸点/℃	种类	沸点/℃
乙醛	21	异丁醇	107.9	乙缩醛	102
甲醇	64.7	β－苯乙醇	220	糠醛	162
乙醇	77.1	乙酸乙酯	77.1	乙酸	118.1
正丙醇	37.2	乳酸乙酯	154	乳酸	122
异戊醇	130	己酸乙酯	167	己酸	205

(四) 水不溶性高沸点成分的蒸馏

白酒发酵醪蒸馏时，后馏分中有β－苯乙醇、糠醛等高沸点成分，初馏分中有棕榈酸乙酯、油酸乙酯及亚油酸乙酯等高沸点成分被蒸出。这些高沸点香味成分和水为不互溶液体。不互溶液体混合物在蒸馏时与互溶液体混合物所表现的情形不同，不互溶液体互相间的影响很小。

由于上述理由，与水难溶的高沸点成分的沸点下降了。当发酵醪在直接或间接蒸汽加热的蒸馏情况下，它们能在比较低的温度下被蒸入酒中。

在蒸馏罐间歇蒸馏时，蒸馏液的各成分变化如图2－7－5所示。

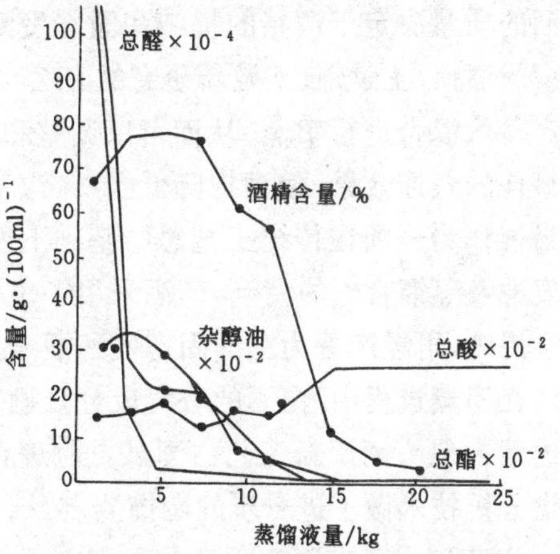

图 2－7－5　蒸馏液的各种成分变化

三、不同蒸汽进入形式对蒸馏的影响

罐式蒸馏设备简单，加工方便。在蒸馏过程中可以截头去尾，及将部分香味成分蒸入酒中。但蒸馏效率低，蒸汽耗量大，某些香味成分损失较大。

加热蒸汽吹入的不同形式，对蒸汽耗量、蒸馏时间、蒸馏出的酒精比率等都有影响。图2－7－6为A、B、C三种形式的示意图。A的加热管沿蒸馏罐的边伸入，醪液能均匀地沸腾，不产生死角。B为环状加热管，要注意管上的蒸汽孔开的方向，避免产生死角。孔的位置斜向下45°角，孔的大小从蒸汽入口由小到大，否则到管的末端醪液沸腾就很差。C的斜线部分容易产生对流传热的死角。

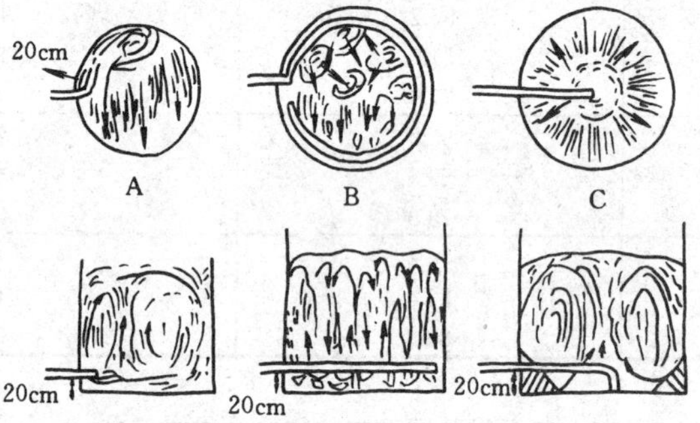

图 2－7－6　蒸汽吹入的各种形式

第三节　固、液结合的串香蒸馏法

采用固态长期发酵，然后以小曲酒放置于底锅加热，酒蒸气经固态发酵酒醅串蒸得白酒是董酒生产的传统工艺。60年代中期将其引用到酒精串蒸固态发酵香醅制成新工艺白酒，开创了固、液结合的生产工艺，解决了液态发酵法生产白酒的质量风味关键问题，发展至今已成为生产白酒的主要方法之一。串香工艺既能生产名酒又能生产普通级的白酒。串香酒的质量决定于酒精的提纯和固态发酵香醅的质量以及必要的蒸馏条件。对于串香过程中的酒损，王献炬、王敬新研究的JBZ—A型白酒薄层串蒸馏，采用了酒精直接汽化后与生产蒸汽混合进行串蒸，从而可以调整和控制串蒸酒精蒸气的浓度，实施恒压串蒸，以达到最佳的蒸馏效果，使酒损降低到1％以下，并且可减少固态酒醅用量1倍以上。串香蒸馏应当视作为一项在传统工艺总结基础上发展的先进技术，它体现了产酒和产香为主的分工发酵及蒸馏合一的特点。产酒采用了生产效率高的液态发酵生产酒精，可取用多种原料排杂提纯，再经产香为主的固态发酵酒醅，两者经串蒸而得白酒。

在串蒸过程中，白酒的香气成分及酒精分的行径以及其提取率的查定工作，早在1965年内蒙古包头酒厂新工艺白酒试点时进行了试验，1994年对浓香型大曲酒再次用毛细管色谱分析技术做了进一步的蒸馏测定。结果如图2－7－7和图2－7－8。

串蒸酒由于有固态香醅作为填充层，因此在蒸馏过程中在一段相当长的时间内酒精含量在72％左右，酒气温度为88℃左右，在此期间蒸入酒中的酸、酯含量也较平稳。酯在酒

头及酒尾中均多，结合柱层析的结果，估计酒头中主要是乙酸乙酯，酒尾中主要是乳酸乙酯。

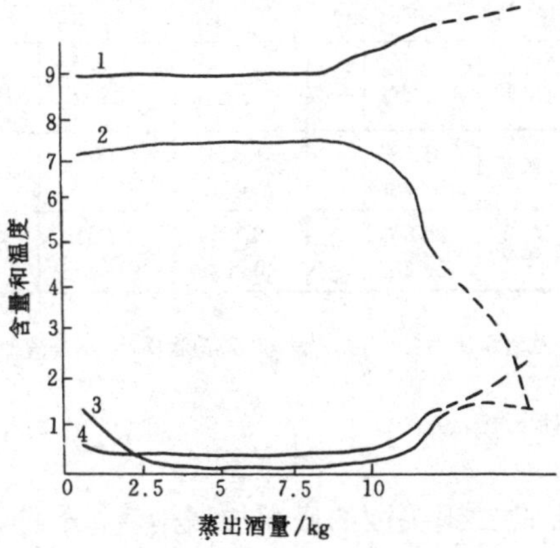

图 2－7－7　黄黑曲香醅底锅加60％酒精串蒸试验(醅：酒精＝4：1)

1—酒气温度(℃×10)　2—酒精(％)

3—总酯(g/100ml×10⁻¹)

4—总酸(g/100ml×10⁻¹)

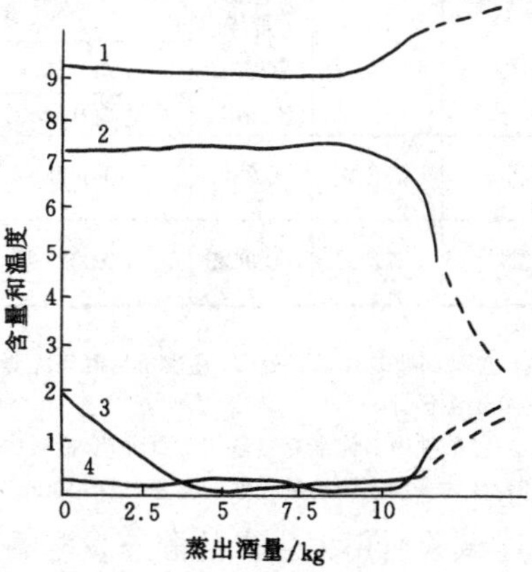

图 2－7－8　大曲香醅25kg底锅加6.25kg 95％酒精，加水成60％酒精蒸气串蒸试验

1—酒气温度(℃×10)　2—酒精(％)

3—总酯($g/100ml\times10^{-1}$)

4—总酸($g/100ml\times10^{-1}$)

当时对串蒸及浸蒸酒的柱层析定量结果，见表2－7－8、表2－7－9。

从上述酸酯成分分析结果可知，大曲香醅与黄黑曲生香酵母香醅在酸酯成分组成上无区别，在蒸馏过程中能蒸出带入酒中的主要是乙酸和乳酸及其酯类，与汾酒类似属清香型。游离酸中乙酸占总酸的80％～90％，乳酸占10％左右，乙酸酯在大曲新工艺酒中占60％左右，乳酸酯占40％左右。在黄黑曲生香酵母酒中，乙酸酯占40％左右，乳酸酯占50％～60％，两种酒中均含有1％～3％的丁酸酯及甲酸酯，酒尾中93％以上为乳酸酯，并有6％的乙酸酯。

表 2-7-8　大曲香醅酒层析分离结果

样品名称	项目	常规总酸/g·(100ml)$^{-1}$	层析结果							
			总酸		甲酸	乙酸	丙酸	丁酸	乳酸	合计
			乙酸/g·(100ml)$^{-1}$	回收						
串蒸酒	游离酸	0.074	0.066	89％	微量	91.9％ (0.06)	—	微量	7.17％ (0.0063)	0.0663
加水串蒸样品	游离酸	0.118	—	—	1.22％	93.7％	—	无	5.81％	—
串蒸酒	结合酸	0.0785	0.0782	99.5％	微量	54.7％ (0.043)	—	1.22％ (0.0013)	42.5％ (0.0447)	0.089
浸蒸酒	结合酸	0.0393	—	—	—	68.1％	—	3.5％	32.4％	—
串蒸酒尾	结合酸	0.174	0.152	87％	无	6.5％ (0.0099)	—	无	93.15％ (0.19)	0.2

表 2-7-9　黄黑曲生香酵母香醅酒层析分离结果

样品名称	项目	常规总酸/g·(100ml)$^{-1}$	层析结果							
			总酸		甲酸	乙酸	丙酸	丁酸	乳酸	合计
			乙酸/g·(100ml)$^{-1}$	回收						
串蒸酒	游离酸	0.0837	—	—	微量	82.3％	—	微量	17.8％	—
浸蒸酒	游离酸	0.0397	—	—	—	—	—	—	—	—

续表

样品名称	项目	常规总酸/g·(100ml)$^{-1}$	总酸		层析结果					
			乙酸/g·(100ml)$^{-1}$	回收	甲酸	乙酸	丙酸	丁酸	乳酸	合计
串蒸酒	结合酸	0.0828	0.0823	99.5%	微量	34.1% (0.0286)	—	1.62% (0.0018)	65% (0.073)	0.103
浸蒸酒	结合酸	0.0429	0.0387	90%	微量	39.6% (0.0153)	—	3.72% (0.0019)	52.5% (0.0273)	0.0445

注: (1) 总酸回收是样品经处理、柱层析后测得之量与常规分析总酸相比之%，均以乙酸g/100ml酒样计，结合酸则以乙酸乙酯g/100ml酒样计。

(2) 各酸项中%为毫克当量相对百分比，括号内之数为实测量g/100ml。

(3) 合计表示实测的各种酸的总量，以g/100ml酒样计。

上述试验所用大生产的固态发酵香醅是以麸曲二锅头酒的底醅加高粱后，分别采用大曲及黄曲、黑曲加生香酵母为糖化发酵剂两种类型老五甑续料发酵14天出池酒醅。窖池为水泥池。

1994年在某浓香型大曲优质酒厂对串香工艺又做了测定。尽管众所周知，浓香型发酵酒醅在窖内上中下及边和中心的质量不一致，蒸甑底锅蒸汽管过高，以及固态发酵酒醅取样均匀性有困难等客观因素影响到试验的准确性，但所测得的一些数据仍有较大的参考价值。在生产实际中可以看到串香工艺的实用性。试验采用了第1甑酒醅按正常操作采用水蒸气蒸馏；第2甑在底锅加10kg酒精(经加水10kg稀释)，第3甑则在酒醅中洒加上述稀释后的10kg酒精。分别蒸馏后结果如表2－7－10、2－7－11、2－7－12、2－7－13所示。

表 2-7-10 各种蒸馏方法的产酒量 单位：kg(酒精含量65%)

蒸馏方法	产酒总量	成品酒量	酒尾量
第 1 甑正常蒸馏	40.73	29.68	11.05
第 2 甑串蒸	56.51	41.63	14.88
第 3 甑洒酒后蒸馏	79.79	62.53	17.26

表 2-7-11 部分主要酸、酯的提取率

蒸馏方法 \ 品名 项目		己酸乙酯		乳酸乙酯		乙酸		己酸	
		蒸出量/g	提取率/%	蒸出量/g	提取率/%	蒸出量/g	提取率/%	蒸出量/g	提取率/%
第1甑正常蒸馏	酒中	129.0	63.00	71.6	6.44	7.2	2.77	24.9	5.50
	酒尾中	43.0	21.03	216.0	19.64	26.5	10.13	106.4	23.44
	总计	172.0	84.03	287.6	26.08	33.7	12.90	131.3	28.94
第2甑串蒸	酒中	144.7	69.22	102.6	5.64	7.3	1.10	2.4	0.28
	酒尾中	29.3	14.40	294.9	16.16	35.0	5.52	120.8	14.11
	总计	174.0	83.62	397.5	21.86	42.3	6.62	123.2	14.39
第3甑洒酒后蒸馏	酒中	169.8	74.02	147.8	11.94	41.4	2.22	12.7	1.48
	酒尾中	18.4	8.04	321.9	25.99	41.5	6.41	75.8	8.86
	总计	188.2	82.06	469.7	37.93	55.9	8.61	88.5	10.34

表 2-7-12　试验酒醅中部分主要酸、酯的含量　单位: g

蒸馏方法	己酸乙酯	乳酸乙酯	乙　酸	己　酸
第 1 甑正常蒸馏	204.7	1102.7	261.4	453.7
第 2 甑串蒸	208.0	1818.0	639.7	856.7
第 3 甑洒酒后蒸馏	229.3	1238.3	648.7	854.1

注: 上述数据系根据色谱分析酒醅中含量和生产实际使用量计算而得。

表 2-7-13　蒸馏试验酒对比品尝结果

编号	酒样类别	评　语
1	优曲酒	窖香浓郁,味醇甜,后味较长,稍欠爽
2	普曲酒	闻有窖香,味较醇和,后味稍有苦涩感
3	二曲酒	闻香有乙酸乙酯香,味尚醇和,后味短
4	串香中流酒前馏分	窖香浓郁,味绵甜醇和,较协调,尾净
5	洒酒后蒸馏的中流酒	窖香较浓郁,味较醇甜,香味较协调,尾较净
6	串香中流酒后馏分	闻有窖香,味较醇甜,尾较净
7	串香前馏分	窖香浓郁,味醇甜,尾净

注: 各酒样的酒精含量均为55%±1%。

以上试验是用少量食用酒精,通过采用浓香型大糙出窖酒醅串蒸或洒酒蒸馏的方法,提高香气成分的提取率,以在保证原有质量的前提下,增加出酒率、提高经济效益。这和大量食用酒精串蒸香醅的新工艺白酒生产有所不同。从试验结果看,基本上是满意的。不论串蒸或洒酒蒸馏的酒,经品评其风味质量均可达到该厂二级品普通曲酒标准之上。其中有的馏分还可达到优级曲酒水平,经济效益显著。

从部分主要酸、酯的提取率结果分析: 己酸乙酯在浓香型白酒中,其总提取率似乎恒定在83%左右,其蒸出的绝对量在串蒸及洒酒后蒸馏的两个类型中增长不多。但关键却在于在常规蒸馏时,酒尾中的部分己酸乙酯进入到了串蒸或洒酒蒸的酒中去,提高了成品酒中的提取率,提取率由原来的63%分别提高到69.22%和74.02%。考虑到这可能与酒醅中的含量有关。当蒸馏初己酸乙酯大量蒸出后,醅中己酸乙酯含量较少时,其蒸出困难度增大。它与乳酸乙酯有别,乳酸乙酯在酒醅中的含量比己酸乙酯大5.4～8.7倍。因此,在串蒸或洒酒后蒸馏时,其蒸出绝对量都呈增加的趋势。但提取率洒酒蒸时增加,串蒸反有所下降。乙酸及己酸的提取率与对照不加食用酒精相比都呈下降趋势。

根据蒸馏查定的初步结果可以看出,存在于酒醅中含6个碳以下的低级脂肪酸乙酯提取率可在80%～95%以上,高级醇(异戊醇、异丁醇、正丙醇)提取率可达95%以上。唯独乳酸乙酯和各种酸类提取率甚低。这些是白酒中存在的含量大的主成分。当然其他一些含量更微的高沸点香气成分提取率很低。根据发酵酒醅质量,适量添加食用酒精串蒸是提高成品酒中香气成分提取率的有效措施,值得生产厂重视。

第四节　甑桶蒸馏过程中酒精及香气成分的行径

一、蒸馏过程香气成分的变化

自60年代始至90年代曾先后在麸曲及大曲酒厂多次对甑桶蒸馏进行了查定，其酒精及香气成分的行径是完全一致的。常规分析见图2－7－9及2－7－10。香气成分色谱分析的结果见表2－7－14、2－7－15、2－7－16。查定的某浓香型优质酒的结果见图2－7－11、2－7－12、2－7－13。

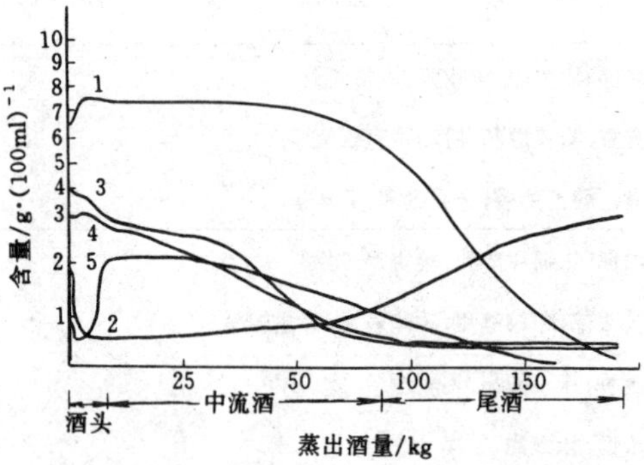

图 2－7－9　麸曲固态发酵大楂酒蒸馏测定

1—酒精×10　2—总酸×10^{-1}　3—总酯×10^{-1}
4—总醛×10^{-2}　5—甲醇×10^{-2}

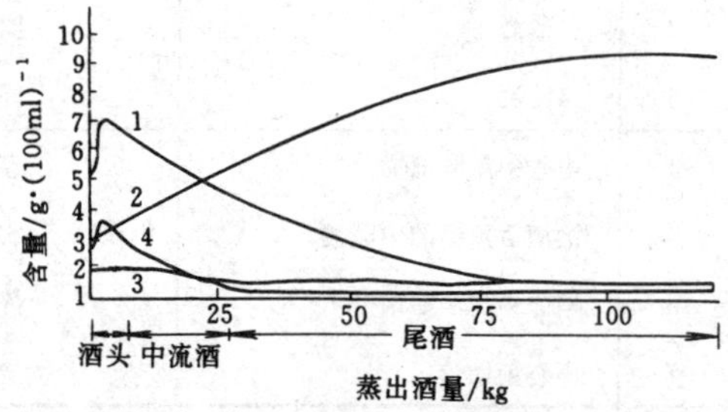

图 2－7－10　麸曲固态发酵糟酒蒸馏测定

1—酒精×10　2—总酸×10^{-1}　3—总酯×10^{-1}
4—总醛×10^{-2}

表 2-7-14　　馏分中酸的分析结果　　单位: mg/100ml

成分＼馏分	沸点/℃	与水、醇溶解情况	1	2	3	4	5	6	7	8	9	10	11	12
酒精			74.3	77.1	75.1	74.0	70.0	65.0	57.9	48.9	30.8	15.5	8.7	6.8
甲酸	100.5	溶于水、醇	2.61	1.18	3.15	0.43	0.33	1.17	0.71	1.18	1.32	1.92	2.35	4.55
乙酸	118.1	溶于水、醇	71.2	55.5	71.4	55.7	65.9	82.8	99.4	124.7	137.3	179.2	129.0	223.3
丙酸	141.0	溶于水、醇	1.22	0.80	0.79	0.86	1.09	1.26	1.96	0.94	2.89	3.67	4.12	8.18
丁酸	163.0	溶于水、醇	3.36	2.16	2.58	2.36	3.23	4.32	2.78	8.73	9.61	12.1	13.2	20.2
戊酸	187.0	溶于30份水，易溶于醇	1.01	0.90	0.57	1.00	0.80	1.06	1.07	1.99	1.17	2.51	2.95	2.76
己酸	205.0	溶于醇，几乎不溶于水	1.63	0.95	0.67	0.81	1.09	1.79	2.96	4.08	5.19	6.07	6.80	7.99
庚酸	223.0	溶于醇，微溶于水	—	—	—	—	—	—	0.16	0.12	0.28	—	—	0.61
乳酸	122.0	溶于水、醇	9.82	6.19	9.24	9.38	15.9	24.4	44.0	189.9	138.3	188.3	172.6	163.1

表 2-7-15　　馏分中酯、醇、醛各成分的分析结果　　单位: mg/100ml

成分＼馏分	沸点/℃	与醇、水溶解情况	1	2	3	4	5	6	7	8	9	10	11	12
酒　精	78		74.3	77.1	75.1	74.0	70.0	65.0	57.9	48.9	30.8	15.5	8.7	6.8
乙酸乙酯	77	溶于醇、水	472.0	192.0	208.0	175.0	129.0	149.0	64.0	45.0	10.5	<10	<10	<10
丁酸乙酯	121	溶于醇，微溶于水	60.5	43.9	27.4	19.0	14.6	10.4	8.7	7.4	3.8	2.2	1.6	1.9
己酸乙酯	167	溶于醇，微溶于水	33.4	44.7	32.5	34.1	18.6	19.3	6.4	13.3	6.8	<1	<1	<1
乳酸乙酯	154	溶于醇、水	9.3	22.8	26.6	30.5	44.6	84.8	121.8	163.9	188.3	206.3	171.9	142.3
甲　醇	64	溶于醇、水	21.0	23.0	26.7	26.2	35.0	35.0	35.7	32.5	21.5	14.5	9.5	7.5
正丙醇	97	溶于醇、水	34.6	55.1	45.9	40.5	36.8	45.2	27.1	24.0	17.7	9.0	5.7	5.1
仲丁醇	99	溶于醇，微溶于水	13.1	19.2	14.0	11.1	9.1	13.7	7.5	7.5	6.7	3.9	2.9	4.2
异丁醇	108	溶于醇、水	24.2	42.0	30.4	24.4	21.1	15.5	13.8	13.2	8.7	1.3	1.0	0.9
正丁醇	117	溶于醇、水	10.4	14.9	12.3	11.9	10.9	9.0	8.8	7.8	5.1	3.6	2.5	2.1
异戊醇	132	微溶于水、醇	46.6	46.2	56.0	49.6	43.7	39.2	32.9	28.1	17.4	9.4	6.4	4.3
乙　醛	21	溶于醇、水	42.5	29.5	18.0	13.0	10.5	9.5	9.8	9.5	7.7	6.5	4.5	4.5
乙缩醛	102	溶于醇	117.3	87.6	71.9	50.4	40.9	34.8	20.5	18.4	9.9	<5	<5	<5
糠　醛	160	易溶解	<1	<1	<1	<1	4.5	19.4	21.9	28.7	33.2	40.4	42.3	39.5

表 2-7-16　　馏分中高沸点酯的分析结果　　单位: mg/100ml

成分＼馏分	沸点/℃	与醇、水溶解情况	1	2	3	4	5	6	7	8	9	10	11	12
辛酸乙酯	206	溶于醇，微溶于水	1.01	0.90	0.64	0.78	0.80	1.01	0.94	0.81	0.15	0.075	0.045	0.043
癸酸乙酯	244	溶于醇，不溶于水	0.19	0.14	0.10	0.12	0.09	0.09	0.08	0.06	0.35	0.45	0.04	0.043
月桂酸乙酯	269	溶于醇，不溶于水	0.16	0.10	0.08	0.12	0.15	0.31	0.15	0.32	0.23	0.18	0.12	0.12
肉豆蔻乙酯	295	溶于醇，不溶于水	0.27	0.04	0.03	0.06	0.07	0.17	0.38	0.50	0.67	1.08	1.15	1.34
棕榈酸乙酯	185.5	溶于醇，不溶于水	8.01	2.26	1.52	2.33	2.2	2.74	4.14	2.16	0.19	3.77	1.03	1.56
油酸乙酯	205～208 部分分解	溶于醇，不溶于水	4.23	0.87	0.63	0.93	0.90	1.16	2.19	0.89	0.08	1.32	0.07	0.25
亚油酸乙酯		溶于醇，不溶于水	7.30	1.70	1.13	1.68	1.65	2.15	3.59	1.94	0.14	1.81	0.15	0.41

固体发酵酒醅装甑蒸馏和液体发酵釜式蒸馏过程中各种香味成分的行径相同。用常规分析查定，在蒸馏初期集积的主要成分是酯、醛和杂醇油；随着蒸馏时间的延长，它们的

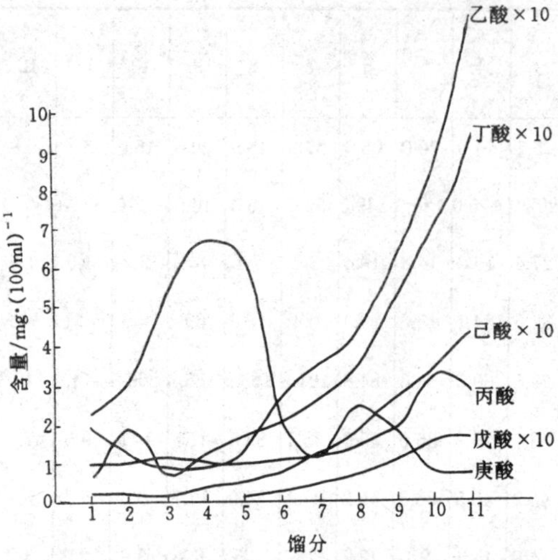

图 2-7-11 酸类蒸馏曲线

注：图2-7-11～图2-7-14的馏分1～2为酒头，每一馏分自蒸馏开始计截取2L；3～7馏分为中流酒，每一馏分截取5L；第8馏分起为酒尾，本馏分截取4.6L；9～11馏分各截取10L。各馏分混匀后取样分析。

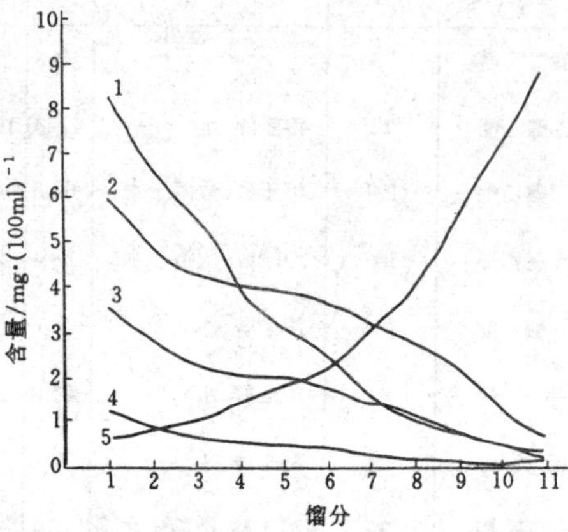

图 2-7-12 乙酯类蒸馏曲线

1—乙酸乙酯×10^2 2—己酸乙酯×10^2
3—戊酸乙酯×10^2 4—丁酸乙酯×10^2
5—乳酸乙酯×10^2

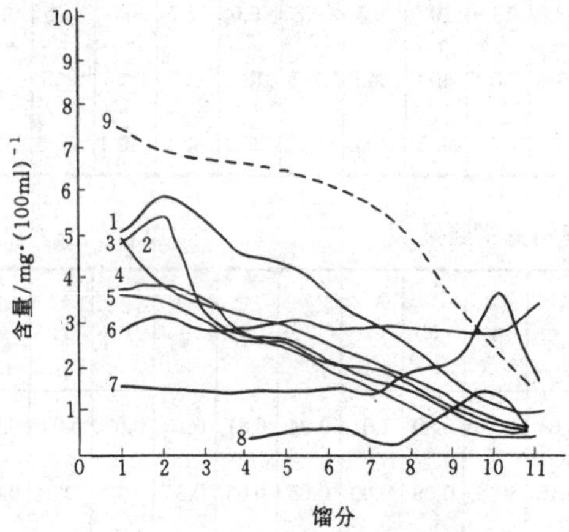

图 2-7-13 高级醇蒸馏曲线

1—正丁醇×10 2—异丁醇×10 3—正丙醇×10
4—异戊醇×10 5—仲丁醇×10 6—正己醇×10
7—正庚醇 8—正辛醇 9—酒精

含量也随之下降，唯独总酸适得其反，先低后高。甲醇则在初馏酒及后馏酒部分低，中馏酒部分高。据内蒙古轻工业研究所分析室应用气相色谱分析查定某优质白酒的主要香气成分蒸馏时的行径结果是：甲酸、乙酸、丙酸、丁酸、戊酸、己酸、庚酸、乳酸，总的趋势是由少到多。若以流酒断花后的馏出量占总量%计算，分别为：乙酸81.24%，己酸89.04%，丁酸90.11%，乳酸94.20%。可见，绝大部分的酸组成分都在酒尾中，其中乙酸、丁酸、己酸及乳酸在中馏酒以后呈直线上升。

乙酸乙酯、丁酸乙酯、己酸乙酯由高到低，主要集中在成品酒中。其中乙酸乙酯更富集于酒头部分，它们在酒中含量占总馏出量的%分别为：乙酸乙酯89%，己酸乙酯84%，丁酸乙酯81%，乳酸乙酯15%。乳酸乙酯则大量地存在于酒精含量为50%以后的酒尾中。

高沸点乙酯中含量最多的棕榈酸乙酯、油酸乙酯及亚油酸乙酯3种成分主要富集于酒头部分，随着蒸馏的进行，呈马鞍形的起伏。

异戊醇、异丁醇、正丙醇、正丁醇和仲丁醇在蒸馏过程中呈较为平稳而缓慢地下降的趋势；在断花之后下降幅度较大；它们在酒中的含量占总馏出量的百分率依次分别为：82.73%、87.23%、82.23%、78.75%及77.68%。

乙醛与乙缩醛随蒸馏进程而逐步下降，较多地集中于前馏分中，总馏出量的80.24％乙醛及90.72％乙缩醛存在于成品酒中。糠醛则仅在中馏酒的后半部分才开始馏出，并呈逐步上升趋势，主要存在于酒尾中，约占总馏出量的80％。

蒸馏查定不仅显示了香气成分在蒸馏过程中的行径。而且是科学而有效地掌握掐头去尾蒸馏操作的依据。自天锅改为直管式冷凝器后，60年代酒厂均采用锡制冷凝器，冷凝后的酒液虽在底部出口处，但往往并不是紧贴冷凝器的底口，而且冷凝器的底部势必残留有上一甑的酒尾。酒尾水分大、酸度高，导致与锡料中的铅产生含铅化合物，使下甑最初的馏液有一短暂的低酒高酸及铅含量超国家标准的现象出现。曾采用冷水冲洗冷凝器内部，再连接蒸酒的方法，但仍无效(见表2－7－17)。初馏液是香气成分最富集的区域，因此，当时提出了合理的截头量应在1.5kg以内。近年来锡制冷凝器早已为铝或不锈钢所替代。有的厂冷凝器底部也做成有斜度，不至于残留酒尾的改进。据此是否还须截头，值得商榷。一些酒厂截头量过大显然是有损于香气成分的收集，这是不合适的。

表 2-7-17　冷水冲洗冷凝器后酒头的蒸馏成分变化

项目 区分	酒精含量/％	总酸	铅含量变化
1	65	0.0492	低于2mg/kg，高于1mg/kg
2	74.5	0.039	无
3	76.2	0.042	无

至于去尾问题，不同香型酒应有不同的要求。酱香型及芝麻香型酒一般交库酒的酒精含量在57％左右，而浓香型酒需要在酒精含量65％时交库为宜。曾经查定的一个浓香型大曲酒结果表明，己酸乙酯与乳酸乙酯的比例由蒸馏初流液(2kg，酒精含量为75％)的7.74下降至第8馏分(断花前馏分，4.6kg，酒精含量为53.5％)的0.71，再次说明浓香型酒在蒸馏过程中截取高度酒对增己降乳的必要性。

蒸馏查定还显示了合理而有效的利用酒尾的重要性。酒尾中除含有20％～30％酒精外，尚残存有各种香气成分，特别是各种酸类含量很高。通常将酒尾回底锅复蒸，回收率是较低的。利用酒尾作为固、液结合法的白酒香源和食用酒精勾兑成普通白酒是较为合理的。近年来，将其和黄水混合加酯化曲发酵成白酒香味液，经蒸馏用于勾兑也是可行的。但各厂发酵酒醅质量不同，因此要做到合理利用，还必须首先分析这些“原料”的酸组成分，否则“原料”质量不好，反而事倍功半。

从蒸馏过程香气成分变化测定结果，同样说明了为什么低度白酒应采用高度酒加水稀释的生产工艺，而不能直接蒸馏至含酒精40％以下的缘由。主要并不是混浊不清的外观现象，而是香味组成分的平衡破坏失调，从而使口味质量下降，甚至失去本品的风格特征。

1979年，内蒙古、北京协作曾对通州老窖酒的香气成分在蒸馏过程中的分布进行查定。从流酒开始，每间隔一段时间截取0.5kg酒样进行色谱分析。各馏分的编号与流酒量的关系如下：

馏分编号	1	2	3	4	5	6	7	8	9	10	11	12
自流酒开始计量/kg	0.5	3.5	9.0	14.5	20.0	25.5	30.5	34.0	47.5	60.5	73.5	86.0

通州老窖酒3种高级脂肪酸乙酯的成分变化见图2－7－14。

椎木敏等人查定了日本薯类烧酒的蒸馏液成分变化，其高级脂肪酸乙酯的成分变化见图2－7－15。

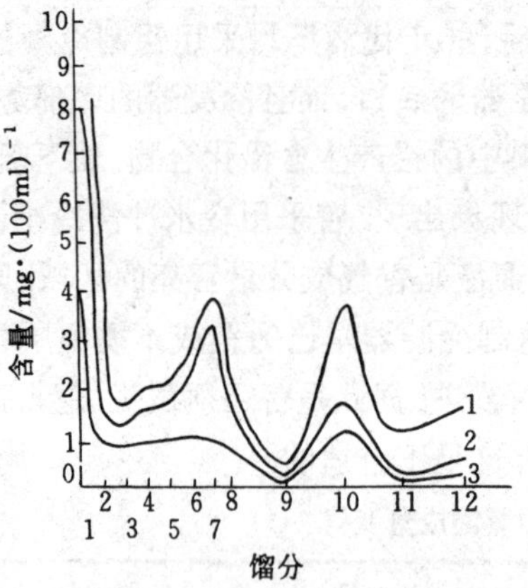

图 2－7－14 通州老窖酒高级脂肪酸乙酯的成分变化

1—棕榈酸乙酯 2—油酸乙酯 3—亚油酸乙酯

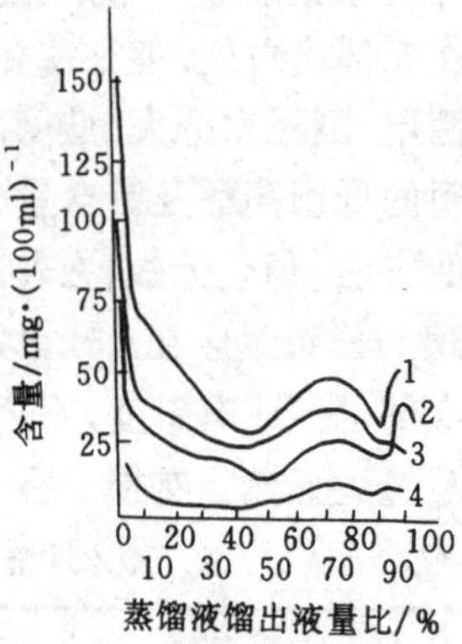

图 2－7－15 高级脂肪酸乙酯的成分变化

1—棕榈酸乙酯 2—油酸乙酯 3—亚油酸乙酯 4—硬脂酸乙酯

通州老窖酒是传统的固体装甑蒸馏，日本烧酒和我国液体发酵单釜式蒸馏类似，无论哪种蒸馏方式，这3种高级脂肪酸乙酯的成分变化规律基本是一致的，在初馏液中(即酒头)最多，随后急剧下降，又逐步回升。在固体装甑蒸馏时，到蒸酒完毕(第7馏分)，呈现出第一个马鞍形(酒精含量由开始时的74.3％下降到57.9％)；断花以后的酒尾又出现第二马鞍形(这一区分由7～10馏分，酒精含量自48.9％至15.5％)；从10～12馏分，酒精含量从15.5％不断下降至6.8％，又有第3个马鞍形出现。因而与以往常规分析查定杂醇油的成分蒸馏曲线相似，高沸点的高级脂肪酸乙酯集中在酒头。

1995年，山东省景芝酒厂蒸馏查定发现，由于冷凝器的不合理构造，残存于冷凝器的酒尾中的大量高级脂肪酸乙酯被下一甑蒸馏时的酒头溶解而带出，导致酒头中高级脂肪酸乙酯的含量“虚假”地增高。若将冷凝器用酒精冲洗后再行蒸馏，可消除上甑残存于冷凝器的酒尾的影响(见表2－7－18)。实际上在固态甑桶蒸馏过程中，高级脂肪酸乙酯的含量是酒尾大于酒头。

表 2-7-18 清洗冷凝器对高级脂肪酸乙酯的影响 单位: mg/kg

混浊物质	用25kg酒精清洗冷凝器	清洗后的2kg酒头	未清洗的2kg酒头
棕榈酸乙酯	123	275	670
油酸乙酯	60	148	326
亚油酸乙酯	98	238	540

二、酒精及一些主要香气成分的提取率

在甑桶蒸馏白酒时，人们普遍关心的一个问题就是酒醅中酒精及香气成分的提取率。也就是通常说的丰产能否丰收。关于酒精的回收率，在1965年，内蒙古包头酒厂试点组曾

对麸曲白酒二锅头大生产进行过3次查定，结果分别为101.5%、100.73%、92.93%。应该说，在细料短期发酵、用糠量较大、疏松度较好的麸曲酒中，蒸馏提取率还是较高的。至于香气成分的提取率，因为当时色谱分析方法尚处于起始研究阶段，为了探讨存在于白酒中的一些主要酸、酯的提取率，采用添加已知标准酸、酯的方法，进行小型提香试验，结果如下。

(1) 香醅添加标准酸蒸馏提取回收率　取大生产出池之发酵香醅350g，准确地分别添加经测定已知浓度1mol/L左右之各种标准酸20ml，为使拌和均匀及避免香醅过潮而影响蒸馏，先将20ml标准酸和20g谷糠拌和，再与香醅拌匀。对照者不加标准酸，加20ml水代之，以求条件一致。底锅酒精按4∶1(醅与酒精比)量添加，并将酒精冲稀至60%，进行串蒸。

标准酸加入底锅者，操作手续与对照完全一致，只是将酸直接加入底锅中。

标准酸的回收率计算，以对照样品所得之酒及酒尾中含有的酸作为基准，再以加入之酸量计算各该酸之回收率，结果如表2－7－19所示。

表 2-7-19　某些主要酸类在串蒸中的回收率

类型＼项目	总酸量/%(以HAc计)		总酯量/%		各种酸回收率/%(以对照样品为基准)			备注
	酒	尾	酒	尾	酒	尾	总计	
对照	0.0670	0.1527	0.0333	0.0313	—	—	—	
底锅加乙酸	0.0683	0.1826	0.0451	0.0196	—	2.66	2.66	本试验所加标准
香醅加乙酸	0.1648	0.4355	0.0431	0.0255	15.49	22.45	38.94	酸的浓度为:
底锅加乳酸	0.0630	0.1849	0.0392	0.0235	—	—	—	乙酸6.31%
香醅加乳酸	0.0683	0.1340	0.0372	0.1215	—	—	—	乳酸6.48%
底锅加已酸	0.1326	0.4583	0.0392	0.0255	12.02	27.90	39.92	已酸10.54%
香醅加已酸	0.2492	0.4995	0.0353	0.0235	37.60	31.80	69.40	

(2) 香醅添加标准酯蒸馏提取回收率　试验及计算方法均同标准酸添加试验一致，只是标准酯的浓度不同。结果如表2－7－20所示。

表 2-7-20　某些主要酯类在串蒸中的回收率

类型＼项目	总酸量/%(以HAc计)		总酯量/%(乙酸乙酯计)		各种酯回收率/%(以对照样品为基准)			备注
	酒	尾	酒	尾	酒	尾	总计	
对照	0.0670	0.1527	0.0333	0.0313	—	—	—	本试验添加标准
底锅加乙酸乙酯	0.0603	0.1595	0.2760	0.0255	89.7	—	89.7	酯浓度为:
香醅加乙酸乙酯	0.0643	0.1662	0.2313	0.0255	73.3	—	73.3	乙酸乙酯2.71%,
底锅加已酸乙酯	0.0629	0.1742	0.1254	0.0216	56.4	—	56.4	已酸乙酯1.64%,
香醅加已酸乙酯	0.0656	0.1836	0.1215	0.0274	53.9	—	53.9	用量20ml

从以上试验结果可知，酸的提取率均低于酯类，在酒尾中大于成品酒中。相对分子质量较高、溶于水能力小的已酸比乙酸高，这与以后用色谱分析查定提取率的结果完全一致，与道尔顿定律相符。乳酸属不挥发性酸，在小型试验中体现不出其拖带作用。同时还显

示了酒尾回底锅复蒸时，大部分酸将不被蒸出。在两种乙酯类中，乙酸乙酯的提取率高于己酸乙酯，在相当于甑桶蒸馏时，两者在酒中的提取率分别为73.3％和53.9％。这一趋势与以后的色谱分析查定基本上是一致的。

1994年在某浓香型大曲优质酒厂，采用酒精萃取、结合毛细管色谱的酒醅分析方法，并与大生产工艺查定组密切配合，对发酵60余天后的酒醅准确计量并翻拌均匀后装甑蒸馏，取样分析计量后进行计算。其主要酸、酯的提取率如表2－7－21所示。

表 2-7-21　　某些主要酸、酯的提取率

项目＼品名	己酸乙酯	乳酸乙酯	乙　酸	己　酸
总提取率	84.03	26.08	12.90	28.94
酒中提取率	63.00	6.44	2.77	5.50
酒尾中提取率	21.03	19.64	10.13	23.44

山东景芝酒厂沈尧绅、于振法等发表的《甑桶蒸馏时酒醅中各种微量香味组分蒸出率的初步查定报告》中提出的各种香气成分的提取率，结果如表2－7－22所示。

根据以上对浓香型大曲酒的生产查定结果，在成品酒中，主体香气己酸乙酯的提取率为63％～64％；乳酸乙酯则较低，酸的提取率更低，一般在5.5％以下。

高级脂肪酸乙酯的蒸馏回收率测定结果如表2－7－23所示。

表 2-7-22　　酒醅与酒的分析结果及蒸出率　　单位：mg/kg

组分＼样品＼含量	双轮浓香型酒				试验班大楂				试验班面糟			
	蒸前	蒸后	混合酒	提取率/％	蒸前	蒸后	混合酒	蒸出率/％	蒸前	蒸后	酒	蒸出率/％
乙酸乙酸	162	9	2088	＞95	156	—	3177	＞95	67	—	2626	＞95
丁酸乙酯	19	—	361	＞95	—	—	74	＞95	—	—	44	＞95
正丙醇	14	—	226	＞95	7	—	117	＞95	—	—	95	＞95
异丁醇	8	—	129	＞95	22	—	265	＞95	7	—	196	＞95
戊酸乙酯	10	—	194	＞95	—	—	16	＞95	—	—	14	＞95
异戊醇	23	—	413	＞95	73	—	364	＞90	25	—	694	＞95
庚酸乙酯	—	25	89	15	—	—	5.0	—	—	—	—	—
己酸乙酯	354	129	3579	64	22	14	460	71	—	14	298	40
辛酸乙酯	15	12	62	19	—	—	13	—	—	—	17	—
乳酸乙酯	1914	2154	3837	8	2792	2024	7885	23	951	1385	3814	8.6
醋　翁	174	147	92	3	58	48	69	10	51	56	55	3.2
醋　酸	2088	2031	511	1.2	2234	2478	821	3	1820	1974	596	1.0
2,3－丁二醇(左旋)	832	805	46	0.2	684	759	60	0.6	730	—	63	0.3
2,3－丁二醇(内消旋)	407	391	13	0.1	253	308	14	0.3	272	—	13	0.2
丁　酸	301	359	167	2.3	29	123	42	2.6	33	64	63	3.2
戊　酸	57	55	27	2.5	—	—	3.4	—	—	—	6	—
己　酸	534	884	419	2.3	24	45.9	7.6	3.5	—	84	114	1.3
β－苯乙醇	7	12	6	2.5	—	68	42	4.5	65	46	45	3.2
糠　醛	—	—	—	—	—	53.4	155	18	—	66	158	7.5

表 2-7-23　蒸馏前后高级脂肪酸乙酯的对比

品名＼项目	蒸馏前酒醅中的含量/mg·kg^{-1}	蒸馏后酒醅中的含量/mg·kg^{-1}	蒸馏收得率/%
棕榈酸乙酯	1318	1068	18
油酸乙酯	1518	1374	9
亚油酸乙酯	2466	2362	4

3种高级脂肪酸乙酯的沸点高，均为醇溶性，在甑桶蒸馏时蒸出量仅4%～18%，大部分残留在酒糟中。日本烧酒液态釜式蒸馏时，蒸馏回收率为15%左右。

第五节　固态法与液态法蒸馏的差异

液态壶式蒸馏是传统的白兰地、威士忌蒸馏方法，一直沿用至今。甑桶固态蒸馏则是传统的白酒蒸馏方法之一。两者都是间歇式简单蒸馏，但效果却完全不同，表现在酒精的浓缩效率及香气成分的提取率上差异较大。

固态发酵酒醅的颗粒形成了接触面很大的填充塔，因此能够使仅含酒精5%左右的酒醅，经装甑于低矮的甑桶中，一次蒸得酒精含量65%～70%的白酒。但在壶式蒸馏器中，用酒精含量为10%的醪液，液态蒸馏须经3次才能达到70%的浓度。看来，酒精的浓缩效率甑桶比壶式为优。见表2－7－24。

表 2-7-24　壶式蒸馏前后液体中的酒精含量变化

次数＼项目	蒸馏溶液酒精含量/%	馏出液酒精含量/%
1	10	28
2	28	50
3	50	70
4	70	80

将薯干原料用黑曲为糖化剂，R_{12}酵母为发酵剂，分别进行固态发酵5天和液态发酵4天的生产试验。固态酒醅装甑蒸馏得含酒精59.4%的馏液，为固态发酵的固态蒸馏法白酒；将液态发酵醪拌入一定量的稻壳(洗涤后清蒸晒干)，再装甑蒸馏得40%酒精含量的馏液，为液态发酵的固态蒸馏法白酒。另将固体发酵酒醅加入一定量的水，装入间歇式蒸馏塔中蒸馏，接取51.5%酒精含量的馏液，为固态发酵的液态蒸馏法白酒。液体发酵醪在泡罩式粗馏塔中蒸馏的馏出液含酒精51.5%，为液态发酵的液态蒸馏法白酒。对上述4种酒分别进行常规分析、色谱分析及品尝，结果见表2－7－25、表2－7－26和表2－7－27。

表 2-7-25　4种不同酒常规测定　单位: g/100ml

项目＼蒸馏方式＼类别	固态酒醅		液态醪液	
	固态蒸馏	液态蒸馏	固态蒸馏	液态蒸馏
酒精含量	59.4	51.5	40.0	51.5
总　酸	0.0940	0.0092	0.0368	0.0027
总　酯	0.0438	0.0482	0.0126	0.0187
杂醇油	0.113	0.190	0.216	0.195

注: 总酸、总酯、杂醇油统一按60%酒精折算。

表 2-7-26 醅、醪不同蒸馏方式馏液品尝结果

类别＼项目	蒸馏方式	评语
固态酒醅	固态蒸馏	闻香及口味都具有传统白酒的典型性
	液态	闻有固态发酵法白酒味，喝是极浓的液态发酵法白酒味
液态醪液	固态	闻及喝都是液态发酵法酒味，但稍带传统白酒味
	液态	闻香及口味是典型的液态发酵法白酒味

表 2-7-27 不同发酵与蒸馏方式气相色谱测定 单位：mg/100ml

项目＼蒸馏方式＼类别	固态酒醅		液态醪液	
	固态蒸馏	液态蒸馏	固态蒸馏	液态蒸馏
1. 酸总量	29.18	6.65	25.14	9.28
乙酸	23.09	6.65	22.32	4.73
丙酸	0.24	—	—	+
丁酸	2.96	—	0.90	1.11
戊酸	—	—	—	0.1
未知酸	2.89	—	—	—
己酸	—	—	1.92	3.34
2. 酯总量	58.68	24.54	19.38	17.93
乙酸乙酯	50.26	19.20	13.82	14.93
乳酸乙酯	8.24	5.34	5.56	3.00
3. 醇总量	96.09	110.73	312.22	292.68
仲丁醇	0	0	+	2.16
正丙醇	36.82	32.17	35.15	33.15
异丁醇	26.73	42.48	80.60	77.37
异戊醇	32.54	35.72	196.47	180
4. A/B值	1.22	0.83	2.40	2.30
5. 酯/醇值	0.610	0.220	0.062	0.061

从表2-7-27色谱分析结果可见，固态蒸馏法比液态蒸馏法酸、酯的提取率要高。其中尤以乙酸、乙酸乙酯及乳酸乙酯为高。乳酸也是，只是本试验的色谱图上未反应出来。异戊醇、异丁醇、正丙醇基本上差不多。结果使酯醇比起了变化。

对于罐式蒸馏的液态发酵法白酒，过去有六低两高之说。即乙酸、乳酸低，乙酸乙酯、乳酸乙酯低，乙醛、乙缩醛低，异丁醇、异戊醇高。其含量范围可见表2-7-28。这些成分含量的不同，主要是发酵方式不同所形成的，但就蒸馏形式不同造成的差异尚不明确。现在根据以上分析结果对照，可以认为液体发酵酒酸低酯低还与蒸馏方式有密切关系。从某种

表 2-7-28 不同发酵方法白酒某些成分的含量 单位：mg/100ml

类别＼项目	乙酸	乳酸	乙酸乙酯	乳酸乙酯	乙醛	乙缩醛	异丁醇	异戊醇
液态发酵法	20～50	2～10	20～60	10～30	2～10	5～30	30～60	70～130
固态发酵法普通酒	40～80	5～20	30～80	20～70	8～30	20～70	15～30	30～60
固态发酵法优质酒	40～130	10～50	60～200	40～200	15～60	60～200	10～25	30～60

意义上可认为这是主要的影响因素。而高级醇高主要是发酵方式不同所致，与蒸馏关系较小。乙醛及乙缩醛虽本试验未测定，但估计主要是发酵因素。

第六节　白酒传统蒸馏设备的演进

一、古代至近代蒸馏器的变迁

欧美科学家大多数承认我国是世界上第一个发明蒸馏技术的国家。13到14世纪通过丝绸之路，经阿拉伯传入欧洲，才出现白兰地、威士忌等蒸馏酒。

秦汉以后，历代帝王为求长生不老之药，不断发展炼丹技术，经过数百年的摸索，积累了不少物质分离、提炼的方法，创造了种种设备。南宋吴误著的《丹房须知》(1163年)即载有蒸馏器的图案。在公元8～9世纪，唐朝在诗歌中开始出现"烧酒"这个名词。有白居易的"烧酒初开琥珀香"，雍陶的"自到成都烧酒熟，不思身更入长安"。

元朝饮膳太医忽思慧著的《饮膳正要》(1328年)中，称烧酒为阿剌吉。对于烧酒的制法，他说"用好酒蒸熬取露，成'阿剌吉'"。我国除了汉族称白酒或烧酒外，以往蒙、满、藏、维吾尔等少数民族都称之为"阿剌吉"。至今中东及东南亚国家称蒸馏酒为Arack或Araki。无疑白酒是由阿剌吉转变而来的。1343年，朱德润在《轧赖机酒赋》中叙述了蒸馏器的构造和蒸馏酒的情况。至明朝李时珍(1518—1592年)编的《本草纲目》中写得很清楚："白酒即烧酒，火酒，阿剌吉酒。"并对烧酒的酿造制作有较详细的说明，不但有粮谷烧酒，而且已有类似白兰地酒的葡萄蒸馏酒了。

但是，蒸馏技术也就是说蒸馏装置的发明，却较蒸馏酒早得多。有人根据研究认为出现最早的蒸馏酒是在印度及古代阿比西尼亚。印度在公元前800年，将米及砂糖进行发酵制成酒后，经蒸馏而得到阿剌吉酒(Arack)。古代阿比西尼亚是在公元前750年从啤酒蒸馏得酒。又根据天锅式蒸馏器流传于东南亚各国而推认始源于印度逐步向东方传布而进入我国。这是研究古代蒸馏酒起源的一种说法。

最早的蒸馏器，是从酿造酒酒液的蒸馏开始。西方以稀醪发酵为主，故其蒸馏器无须箅子，而东方则主要为浓醪发酵，以后又产生了固态发酵，因而它使用的蒸馏器和西方的最大不同点是有箅子用以承托醅料，并有较大的甑体满足装料所需。上海博物馆保存的东汉初至中期的青铜蒸酒器可能是我国固态发酵酒醅蒸馏器的雏形。它是用空气冷凝酒液的。由蒸酒的釜及冷凝蒸汽的甑两大部分组成。全高579mm，蒸釜容量为10500ml，可装酒液，釜上方有一小的加料管。在蒸馏过程中可向釜内补充酒液。冷凝甑的容量为7500ml，其内壁下方有一斜隔层，可集积甑内壁及顶板所冷凝下来的冷凝液，并通过一个小导流管流至器外，这就构成为一个蒸馏器。在甑的底部有一多孔板，可装酒醅，其容量为1900ml。但对这一设备是不是蒸酒器，尚有争议。1975年，从河北省青龙县土门子乡西山嘴村发现一套金代以前铜制蒸馏器。蒸馏器高41.6cm，有上下两个分体套合组成。上部是冷凝器，下部是蒸馏的甑，成半球形，高26cm，直径28cm，腹径36cm，在甑中腰有宽2cm、厚0.5cm、深1cm的双层凹槽成为汇酒槽，从汇酒槽出来一股酒流。冷却器呈圆桶形，高16cm，直径31cm，底径26cm。穹形底，穹形部分最高7cm，冷凝器近底部也通出一股排水流。底沿作灶唇，与甑套合时，灶唇与汇酒槽外唇内壁正相紧贴。从冷凝形式看，是利用穹形底面以冷凝酒气，并利用凹槽汇集酒液使导之于器外。蒸酒时甑内加入酒液，冷凝器注满水，用活塞堵住排水口。加热蒸馏，酒气上升，在穹形底被冷却成酒，顺卷状壁沿灶唇汇入酒槽，通过出酒口即可注入盛酒器。这种蒸馏器分布于今日的东北及华北一带。已经由早期利用空气冷却的蒸馏器演变为水冷却的天锅式蒸馏器。在我国西南地区使用的天锅冷却器为锅底形，冷凝的酒液由弧形表面汇集于下方容器内，然后导出器外注入盛酒器。随后发展至建

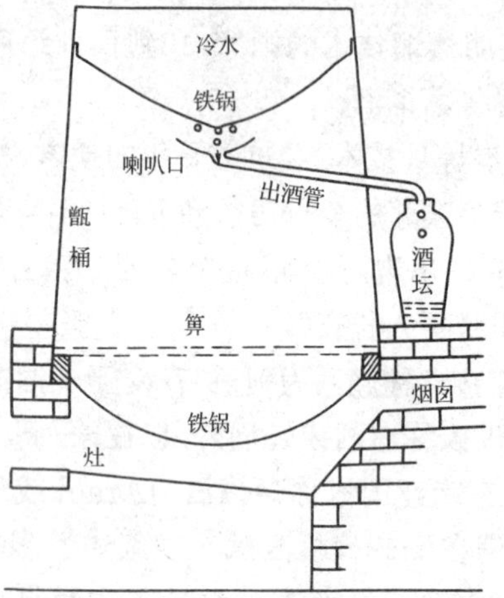

图 2-7-16 天锅蒸馏器之一

注：(1) 凝缩器为铁锅，外箍以桶，与甑相吻合。
(2) 凝缩铁锅之酒滴入喇叭口，由出酒管流入坛中。
(3) 此蒸馏器费用最省，但出酒管接近醅面，流出之酒温度甚高，酒精损失较多。
(4) 此式多用于长江以北。

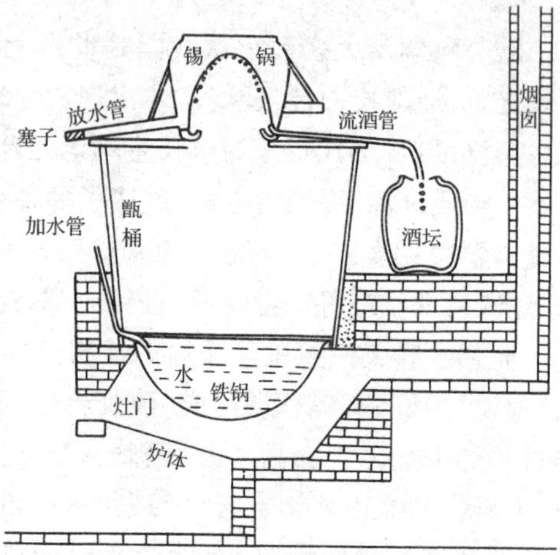

图 2-7-17 天锅蒸馏器之二

注：(1) 锡锅双层中满贮凉水，不时搅拌，水热拔出塞子放去之，另加凉水。
(2) 凝结之酒由锡锅内层之斜面落入铁座之环形槽中，由出酒管流出入坛。
(3) 每次蒸酒，先将醅装好，然后盖上甑盖。
(4) 甑桶可容600kg高粱制成之酒醅。

国初期两种模式的天锅蒸馏器，见图2-7-16、图2-7-17。

承袭了几百年的天锅冷凝器，由于冷却面积小，耗水量大，流酒温度较高，产量低等缺陷，建国后随着生产量的迅速增长扩大，天锅已不能适应大生产的要求。自50年代起至60年代各生产厂都已先后改为与甑桶分体的直管冷凝器，见图2-7-18。近年来有人认为传统的天锅冷凝器虽有其缺点，但却有利于产品风味质量的提高而着手研究仿天锅的近代天锅甑。

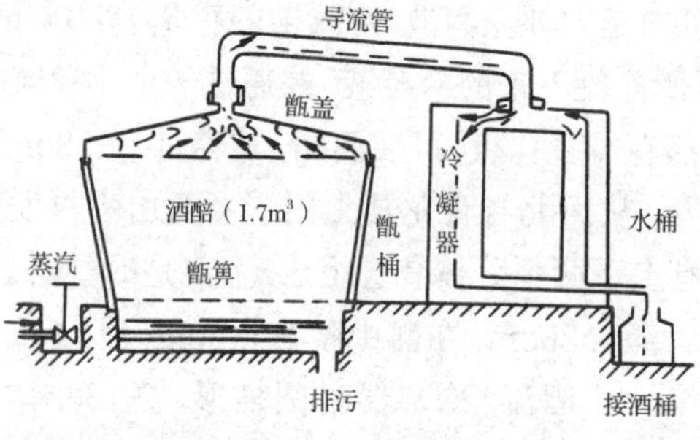

图 2-7-18 直管冷凝器

二、机械化蒸馏器

由天锅式改为分体式甑桶蒸馏器是一大进步，但仍然存在着繁重的手工体力劳动。早在建国初期我国第一个五年计划期间，国家在白酒发展规划中就提出了白酒生产固、液并举的方针，固态发酵法白酒要走机械化的道路。从60年代初期开始，出现了

连续进酯料、连续排料的甑桶机械化蒸馏机。在对传统的间歇蒸馏设备机理不清楚的情况下，就搞连续蒸馏显然是不妥当的，因而未获成功。随后经过不断总结经验教训，摸索改进，至今在少数生产厂投产使用于普通白酒生产的为间歇式转盘甑蒸馏机。机械化蒸馏机没能得到普遍推广应用的原因是多方面的。与手工操作相比，存在着辅料用量多，装甑粗糙不符合工艺要求而影响白酒的质量与产率，固态发酵酒醅酸度大，对设备腐蚀强，需要用好的耐腐蚀不锈钢材质，设备维修工作量较大等问题，尚需继续改进完善。目前广为采用的是半机械化间歇式手工装甑的活底甑桶(参见第四篇第二章)，该设备既减轻了劳动强度，又保持了传统甑桶蒸馏的基本操作要求。

关于液态发酵醪的蒸馏锅，如上所述;古代的固态蒸甑本身就是由液态发酵醪蒸馏器发展而来的。在我国南方小曲液态发酵法生产厂，建国初采用的一种间歇式蒸馏土灶，现今经技术改造也已分别采用卧式或立式的蒸馏釜。

三、甑桶蒸馏过程的自动控制

甑桶蒸馏在装甑结束后始终控制缓火蒸馏及流酒温度，是关系到白酒质量和产量的重要条件。在蒸馏生产操作中，冷却水的使用往往不予控制，浪费现象较为普遍;加热蒸汽量的控制全凭操作工人经验，缺少量化概念，由于掌握不同，加上管道蒸汽压力的波动，甚至开大汽阀大火蒸馏，以致蒸馏效率下降。1992年，西安长安电子化工研究所研制应用电平测控技术的ZLK—Ⅲ型白酒自动控制系统应用于甑桶蒸馏过程，对稳定白酒质量和产量，节约冷却水量效果较好。

(一) 自动控制系统

白酒蒸馏自动控制器系统主要由以下几个部分构成:

1. 传感变送部分

(1)蒸汽压力传感变送器。

(2) 酒温传感器。

(3) 冷却水温度传感器。

2. 显示、控制、驱动、报警部分

这几部分在ZLK－Ⅲ型白酒蒸馏自动控制器主机内。

3. 执行部分

(1) 汽压电动伺服调节阀。

(2) 电磁阀。

蒸汽压力传感变送器和汽压电动调节阀安装在蒸汽进汽管道上，冷却水温度传感器安装在冷却水容器壁上，酒温传感器安装在流酒管接近出口的地方。自动控制器主机为壁挂式，安装在流酒房墙壁上，便于操作。

自动控制器有供操作的4个按钮，即蒸酒，蒸酒尾、蒸粮及停止。完成某一生产环节，只需按动相应的按钮即可。

(二) 控制过程及原理

按照白酒蒸馏过程的工序分别进行控制。其功能及控制过程如下:

(1) 装甑　根据酒醅水分情况及装甑速度预置装甑时间，在预置时间内，仪器自动不

断开启蒸汽调节阀，使蒸汽进汽量不断增大。当装甑结束，预置时间到时，汽压便达到“蒸酒汽压”设定值，自动转入蒸酒工序。

(2) 蒸酒　在蒸酒过程中，蒸汽压力由压力传感变送器检测，PID控制，电动调节阀执行，自动调节甑桶蒸汽进汽量，使汽压始终保持在“蒸酒汽压”设定值上。

对冷却水进水量的控制分两个阶段进行。随着蒸酒过程的进行，水温逐渐升高，当达到“水温预控”设定值时，仪器以PWM方式控制电磁阀进水，即水温偏离控制设定值越大，进水时间越长，直至全开进水阀，保证水温控制在设定范围内，满足了“蒸酒汽压”下的进水要求，完成了以水温作为变元的控制过程。

若由于供水压力变化等原因引起流量减小，进水阀全开后仍不能控制流酒温度在设定值内时，则仪器便以PI方式调整汽压，以满足流酒温度的要求。此时仪器又以汽压作为变元进行控制，从而不论外部环境如何，均能保证流酒温度与流酒速度控制在要求的最佳范围内。

当发生蒸汽阀失控，水路堵塞等意外故障，酒温达到“酒温超限值”时，仪器同时给出声光报警，提醒操作人员及时处理。

(3) 蒸酒尾　当流酒结束进入蒸酒尾时，可按键转入蒸酒尾工序。此时汽压自动调整后稳定在“蒸酒尾汽压”设定值上。在该工序中，不再对酒尾温度进行控制。

(4) 蒸粮　需要蒸原料粮时，可按键转入蒸粮工序，蒸汽压力稳定在“蒸粮汽压”设定值上，同时自动关闭冷却水。

典型系统安装示意图见图2－7－19。主机面板图见图2－7－20。

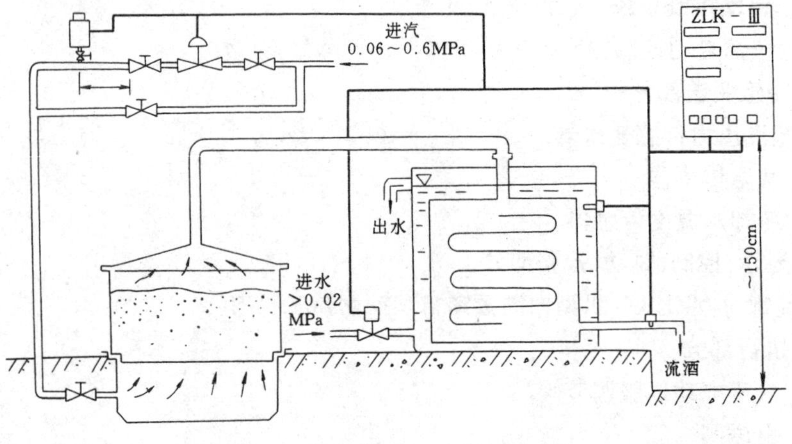

图 2－7－19　典型系统安装示意图

(三) 技术性能

(1) 电源交流220V±10%;50Hz±5%。

(2) 功耗主机功率≤20W，系统总功率≤200W。

(3) 装甑时间设置范围1～15min;汽压递增级数≥10级。

(4) 蒸汽压力设定范围0.01～0.2MPa;调节方式为PID调节，电动调节阀执行。调整误差≤±0.002MPa;蒸汽压力测量范围为0～0.2MPa，误差≤1%;允许管路使用汽压≤0.6MPa，管路极限压力<0.8MPa。蒸汽压力显示为0～199.9kPa，$3\frac{1}{2}$LED数字显示。蒸

汽阀开度指示为0～100%，LED点柱式显示，分辨率10%。

(5) 流酒温度设定范围18～38℃，控制误差≤±1.5℃。流酒温度测量范围为－40～120℃，误差≤1%±1LSB。温度显示为－40～199.9℃，$3\frac{1}{2}$LED数字显示。

(6) 冷却水温度设定范围18～90℃。冷却水流量控制范围为0～100%，PWM方式控制。冷却水温测量范围为40～120℃，误差≤1%±1LSB，温度显示为－40～199.9℃，$3\frac{1}{2}$LED数字显示。

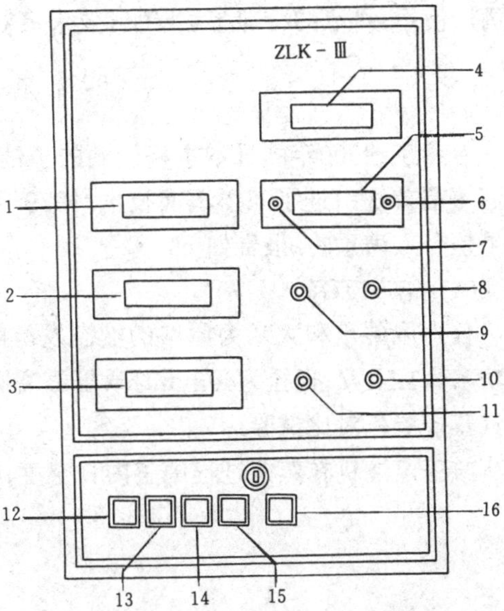

图 2－7－20　主机面板图

1—蒸汽压力显示表　2—水温显示表　3—酒温显示表　4—置时计时表　5—电动阀阀位指示表　6—开阀指示灯　7—关阀指示灯　8—冷却水控制指示灯　9—冷却水预控指示灯　10—酒温超限指示灯　11—汽压调节指示灯　12—装甑键　13—蒸酒键　14—蒸酒尾键　15—蒸粮键　16—关汽键

(四) 操作

蒸馏过程中进入不同工序时，只需按相应的操作键即可。对各键具体操作如下：

(1) 装甑键按此键，“置时显示”短暂消失后，显示出数字(min)，并快速递减，减至欲置时间时，第2次按动该键，时间即被锁定，预置完成。例如预计在15min内完成装甑工作，当数字递减至0：05时，第2次按键，数字暂停在0：05上，便可开始装甑，以后“计时显示”倒计时，显示的数字为离装甑完成所剩时间，当显示0：00时，自动转入蒸酒工序，计时表随即转入时钟计时。

若想改变预置时间，或第2次未按键，使置时显示已递减至0：00时，则只需按关汽键便可复位，重新置时。

若装甑时间未到，想转入其他工序，则只需按相应的工序操作键即可。

对需要让蒸汽进汽量缓慢增大的一些其他特殊要求，也可使用装甑键来实现。

(2) 蒸酒键由装甑工序自动转入，或按此键，该键指示灯亮时，便进入蒸酒工序。

预控指示灯亮时，冷却水进入预控阶段；当控制指示灯亮，冷却水进入PWM控制阶段。当汽压调整指示灯亮时，表示重新调整蒸汽压力。当酒温度超限指示灯亮时，同时发出报警，表示经仪器调整后，仍不能把酒温控制在要求的范围内，说明进汽或进水存在意外故障，应予排除。

(3) 蒸酒尾键当流酒结束时，按此键进入蒸酒尾工序。仪器对酒尾温度不加控制。

(4) 蒸粮键按此键进入蒸粮工序，冷却水自动关闭。

(5) 关汽键该键除预置装甑时间时作为复位键外，任何时候按此键，均可使蒸汽调节阀关闭，随后当冷却水温降至预控值以下时，电磁阀自动关闭，所有控制全部停止。故该键也作为整个仪器的软开关。

该蒸馏自动控制仪可根据各生产厂自定的工艺要求调整设定参数，使流酒温度与流酒速度自动控制在要求的最佳范围内，实现缓慢蒸馏，保证白酒的质量和产量。经在某大曲酒厂使用，可节约冷却水达50%，效果良好。

四、减压蒸馏

沿袭了约500年的日本本格烧酒的蒸馏设备，是常压间歇分段蒸馏机。10多年前本格烧酒蒸馏首次引进了减压蒸馏技术。1979年宫崎县工业试验场工藤哲三等人报道了试验结果是令人满意的。报告如下。

(一) 试验方法

分别取薯干和大米为原料的液态发酵醪液均分为二等份，供容量为300L、抽气真空泵功率为1.5kW、直径为40mm的减压蒸馏机(如图2－7－21)与容量为150L的吹入式直接蒸汽蒸馏釜作对比试验。

减压蒸馏机在蒸馏过程中釜内真空度、醪液温度等变化见图2－7－22。

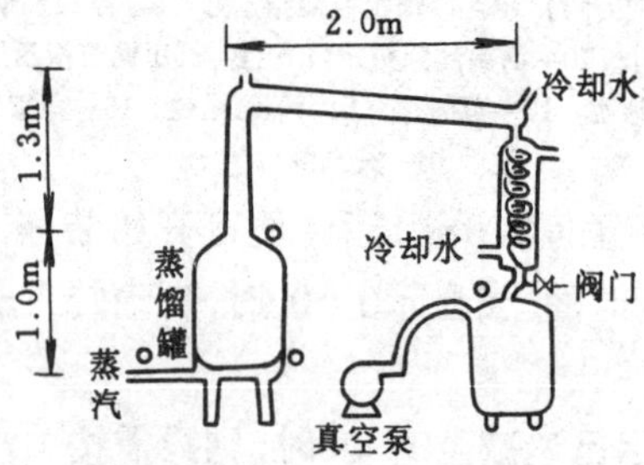

图 2－7－21 减压蒸馏机

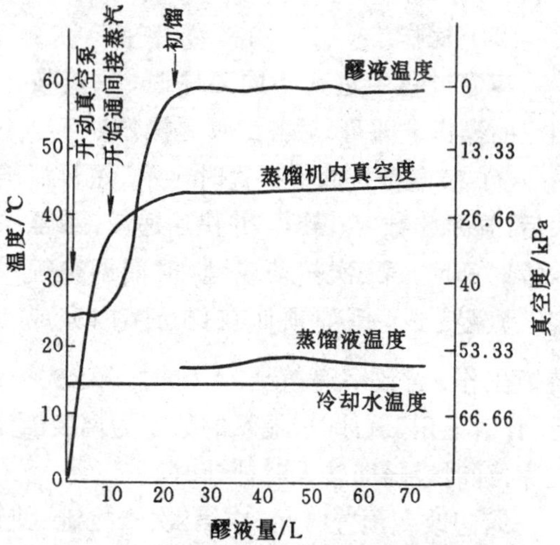

图 2－7－22 减压蒸馏釜内真空度、温度变化

首先开动真空泵，釜内压力下降到40～27kPa。9min后，自开始通间接蒸汽加热，至开始流酒的时间，随原料及加入釜中的醪液量而不同，一般为20min左右。当薯干醪增加到199.9L时，容量多了1倍多，由于粘度较大，所以需加热1h多才开始流酒。经6次试验，减压蒸馏条件及蒸馏率可见表2－7－29。

(二) 试验结果

1. 减压蒸馏率(见表2－7－29)

蒸馏时从真空泵损失酒精比例为2%～3%。

2. 蒸馏液低沸点成分比较

减压式与吹入式对比馏出成分，其异丁醇、异戊醇等成分大为减少，醛含量如图2－7－23所示，初馏分中所含乙醛量仅达吹入式者一半，而且在后馏分中几乎没有糠醛，刚蒸馏的酒没有臭气出现。

3. 蒸馏液高沸点成分比较

取酒精浓度为25%的减压式蒸馏原酒与同样浓度吹入式蒸馏原酒相对比，前者白色

表 2-7-29　减压蒸馏条件及蒸馏率

次数	原料	醪液量/L	醪中酒精含量/%	醪液加热时间/min	流酒时间/min	馏出液量/L	馏出液酒精含量/%	掐酒的酒精含量/%	蒸馏率/%
1	薯干	81	14.2	18	50	38.93	27.5	1.3	93.1
2	薯干	80	14.1	12	40	33.52	33.5	3.3	96.0
3	薯干	199.9	13.8	68	160	74.32	32.0	4.3	93.3
4	薯干	98.3	14.5	27	104	33.42	43.2	6.4	89.6
5	大米	64.4	18.4	15	45	25.34	36.6	6.5	94.3
6	大米	65.5	18.1	12	46	25.40	42.6	4.7	93.4

混浊较轻，油性物质含量较少。如表2－7－30所示，高级脂肪酸乙酯的含量，减压者较低。

表 2-7-30　酒精分25%成品中的高级脂肪酸乙酯含量　单位: mg/L

蒸馏法	$C_{16:0}$	$C_{18:0}$	$C_{18:1}$	$C_{18:2}$	$C_{18:3}$
薯干醪吹入式蒸馏	40.7	9.5	12.9	23.0	2.0
薯干醪减压蒸馏	4.6	0.3	0.4	1.5	—
大米醪吹入式蒸馏	72.6	3.2	14.2	29.2	0.7
大米醪减压蒸馏	19.0	1.2	2.8	6.7	—

注: $C_{16:0}$=棕榈酸乙酯　$C_{18:0}$=硬脂酸乙酯　$C_{18:1}$=油酸乙酯　$C_{18:2}$=亚油酸乙酯　$C_{18:3}$=亚麻酸乙酯

4. 感官品评

由15位专家组成的评酒小组评定结果为，初蒸出的新酒没有臭气味，刺激性的香味较少。对米制酒的评价较高，对薯干酒可能由于原料中的臭气蒸入酒中，故评价较低。

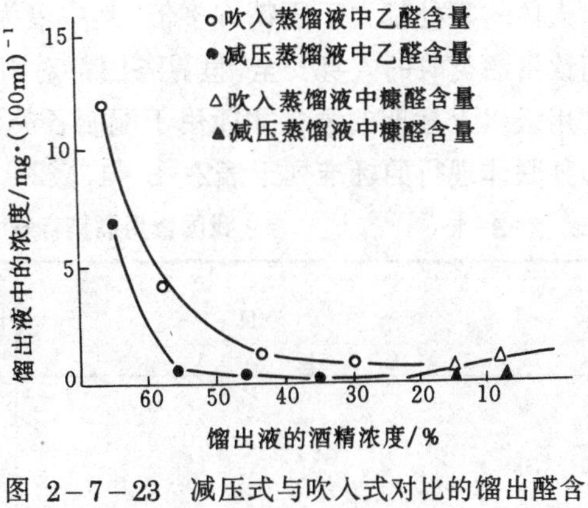

图 2－7－23　减压式与吹入式对比的馏出醛含量

日本开爱公司(ケーアイ酒造机株式会社)申请日本专利，出产KI式真空减压烧酒蒸馏设备，规格分为每次处理量为700L的普通型和每次处理量为750L和1000L的改良型两种。设备单元包括蒸发罐、浓缩塔、凝缩塔、最终冷却塔、成品罐和真空泵。该公司称这种设备具有以下优点:

(1) 比一般蒸馏法约可节省燃料4/5。

(2) 可以获得含杂醇油不纯物极少、纯度很高的优质成品酒。

(3) 可以保持原酒本来具有的优良香味和风味。

(4) 蒸馏率可达98%以上。

(5) 有效利用废液的范围较广(可用于制造调味料等)。

日本对烧酎减压蒸馏的研究表明，除香气成分上与常压蒸馏产品有差异外，在感官上与常压蒸馏产品也有很大的差异。常压蒸馏的产品，原料特有的风味较显著，味也浓，产品可谓酒体芳醇过烈。减压蒸馏的产品，原料固有的特性不明显，产品味轻、淡雅而柔软。若将两者勾兑可制得一种新型的本格烧酒。

第八章 食用酒精的塔式蒸馏

酒精是一切含酒精饮料的主要有效成分。利用酒精可以制备俄得克、各种果露酒和其他多种酒精性饮料。酒精的用途很广，规格也不少，每一种用途都要求与其规格相适应，配制酒精性饮料时，要求所用的酒精必须符合食用级酒精的规格。食用酒精一般是通过液态酒精发酵和塔式蒸馏制备的。液态酒精发酵工艺与固态酒精发酵相比，最主要的优点是淀粉利用率高，原料消耗低。为了节省粮食消耗，国家已决定限制固态白酒生产。所以，今后利用食用酒精勾兑低度白酒的新型白酒的生产途径，一定会得到拓宽。这里就食用酒精塔式蒸馏作扼要的介绍。

第一节 食用酒精的标准

酒精成品中除了95％以上是酒精(乙醇)外，还含有0.1％～0.3％的各种杂质。这些杂质对人体的害处都大于酒精许多倍，其中最为有害的是甲醇，它能致人以死亡。为了保证人们饮用酒类时的人身安全，世界各国都对酒类和酒精制定了国家标准，严格规定只有符合食用级以上标准的酒精才能用于配制各类酒精性饮料。下面将我国食用酒精的国家标准和独联体现行的标准列于表2－8－1、表2－8－2，供参考。

表 2-8-1 我国食用酒精标准 GB10343—89

项目		级别	
		优级	普通
外观		透明液体	
气味		无异臭	
色度/号	≤	10	
酒精含量/ml·(100ml)$^{-1}$	≥	95	
硫酸试验/号	≤	10	80
氧化试验/min	≥	30	15
醛(以乙醛计)/g·(100ml)$^{-1}$	≤	0.0003	0.0030
杂醇油(以异丁醇、异戊醇计)/g·(100ml)$^{-1}$	≤	0.0002	0.0020
甲醇/g·(100ml)$^{-1}$	≤	0.01	0.06
酸(以乙酸计)/g·(100ml)$^{-1}$	≤	0.0010	0.0020
不挥发物/g·(100ml)$^{-1}$	≤	0.0020	0.0025

表 2-8-2　独联体各国通用的酒精标准

指　　标		特　级	高纯度	一　级
酒精含量/$ml\cdot(100ml)^{-1}$	⩾	96.5	96.2	96.0
醛含量(以乙醛计)/每升无水酒精中毫克数	⩽	2	4	10
杂醇油含量(以异丁醇、异戊醇计)/每升无水酒精中毫克数	⩽	3	4	15
酯含量(以乙酸乙酯计)/每升无水酒精中毫克数	⩽	25	30	50
甲醇亚硫酸品红试验		通过		
硫酸纯度试验		通过		
氧化时间(20℃)/min	⩾	20	15	10
游离酸含量(无CO_2)/每升无水酒精中毫克数	⩽	12	15	20
糠醛含量		不允许		

第二节　液态发酵成熟醪的化学组成与杂质的分类

一、发酵成熟醪的化学组成

发酵成熟醪是一个复杂的多组分混合液体。它含有水(82%～90%，质量分数)，干物质(3%～7%，质量分数)，酒精及挥发性杂质(5%～8%，质量分数)。发酵醪总是含有一定数量的二氧化碳(1～1.5g/L)，发酵醪的正常酸度为2.5左右，pH值为4～5。发酵醪组成在很大程度上取决于原料的品种、质量和生产所采取的工艺流程和条件。

发酵醪中的干物质可分为不溶性悬浮物质和可溶性物质两类。属于前者的有酵母菌菌体、原料的皮壳、纤维、不溶性粉及泥砂等其他杂质；属于后者的有未发酵完的残糖、糊精、可溶性蛋白质及其分解物、无机盐等。干物质都不具有挥发性，它们与甘油、琥珀酸、乳酸等不挥发性物质一起被称为不挥发性杂质。成熟醪中还含多种挥发性的杂质，它们的含量虽然不大，但对酒精质量的影响很大。不挥发性杂质很易通过蒸馏的方法除去，而挥发性杂质较难除去，一定要通过精馏等多种除杂手段才能将它们除去。下面重点对这类挥发性杂质作进一步的分类。

二、挥发性杂质的分类

发酵醪中的挥发性杂质种类很多，已检出并定性的超过70种，但它的总含量不多，一般是酒精量的0.5%～0.7%(亚硫酸纸浆废液和木材水解酒精除外)。

根据挥发性杂质的化学性质，可将它们归纳为醇类、醛类、酸类和酯类等四大类。此外，还有一些含氮、含硫化合物和其他不饱和化合物。如前所述，杂质的毒害性较大，如果以酒精对人体的危害程度为1，则其他杂质分别为：丙醇3.5，异戊醇19，异丁醇8，乙醛10，糠醛82。

挥发性杂质和酒精－水蒸气一起从醪塔(粗馏塔)顶部排出，一起进入精馏塔。酒精精馏有两个目的：一是“增浓”，二是“提纯”，“提纯”就是指分离挥发性杂质，以保证成品酒精的质量达到规定的标准。

醇类杂质主要是指甲醇、丙醇、异丁醇和异戊醇。

挥发酸主要是指醋酸、丁酸、丙酸和戊酸。它们的含量不大，主要是由发酵过程中杂菌产生的。

醛类的主要成分是乙醛，是醇类被氧化而成，糖蜜发酵醪中醛类含量较高，是粮食原料的10～50倍，这是因为糖蜜发酵所用的酒母是通风培养的缘故。

酯类的主要成分是乙酸乙酯、甲酸乙酯、乙酸甲酯和异丁酸乙酯。它们是在发酵和蒸馏过程中醇类和酸类相互作用的结果。

对于白酒来说，酯类和杂醇油是组成其风味的成分;但是，作为食用酒精来说，它们都是挥发性杂质。

第三节　酒精蒸馏的基本原理

在早期的酒精生产工艺中，从成熟醪中回收酒精分两步走：其一是将酒精和所有挥发性杂质从发酵成熟醪中分离出的过程，即蒸馏过程。蒸馏结果得到的是粗酒精和酒糟(包括水和不挥发性杂质)，所用的设备称为蒸馏塔(醪塔或粗馏塔);其二是除去粗酒精中的杂质，进一步提高酒精浓度的过程。其结果是得到酒精成品和杂醇油等副产品，所用的设备称为精馏塔。

随着蒸馏技术的改进，出现了将上述两个过程合并为一个蒸馏过程的工艺流程，称为蒸馏精馏过程，或简称为蒸馏过程。在该过程中，粗酒精(气相或液相)是作为过程的一个中间产品。我国酒精工业发展较晚，所以，采用的都是后一种蒸馏精馏过程。

在阐述蒸馏原理时，为了便于说明，仍然将蒸馏与精馏过程分开来叙述。

一、拉乌尔定律

拉乌尔定律指出：混合溶液中，蒸汽压高(沸点低)的组分，在气相中的含量，总是比液相中高;反之，蒸汽压低(沸点高)的组分，在液相中含量，总是比气相中高。

酒精发酵醪的蒸馏是以拉乌尔定律为基础的。由于发酵醪中各组分挥发性能的不同，在蒸馏过程中，它们液相组分和气相组成是不相同的，在气相中含有较多的易挥发组成分，剩下的液相中则含有较多的难挥发组成分。经过多次反复汽化与冷凝，就有可能将酒精增浓和提纯。在常压下测得的沸腾时酒精－水溶液和蒸汽中酒精的含量，可见表2－8－3。

表 2-8-3　　酒精－水溶液沸腾时，蒸汽与溶液中酒精的含量

沸腾液中酒精的含量 /ml·(100ml)$^{-1}$	沸点/℃	蒸汽中酒精的含量 /ml·(100ml)$^{-1}$	蒸汽中酒精含量与液体中酒精含量之比 (挥发系数)
0	100.0	0	
5	95.9	35.75	7.15
10	92.6	51.00	5.10
15	90.20	61.50	4.10
20	88.30	66.20	3.30
25	86.90	67.59	2.70

续表

沸腾液中酒精的含量 /ml·(100ml)$^{-1}$	沸点/℃	蒸汽中酒精的含量 /ml·(100ml)$^{-1}$	蒸汽中酒精含量与液体中酒精含量之比 (挥发系数)
30	85.56	69.26	2.40
35	84.86	70.60	2.02
40	84.08	71.95	1.80
45	83.40	73.45	1.83
50	82.82	74.95	1.50
55	82.30	76.54	1.39
60	81.70	78.17	1.30
65	81.20	79.92	1.23
70	80.80	81.85	1.17
75	80.40	84.10	1.12
80	79.92	86.49	1.08
85	79.50	89.05	1.05
90	79.12	91.80	1.02
95	78.75	95.05	1.0037
97.6	78.15	97.60	1.00

二、酒精的挥发系数

从表2－8－3数据可知，在酒精－水混合液沸腾时，平衡系统中，气相中酒精的含量都高于液相。如果用φ_1表示气相中酒精含量(体积分数)，而用φ_2表示液相中酒精的含量(体积分数)，则两者之比值称为挥发系数，通常用K表示，即：

$$\frac{\varphi_1}{\varphi_2}=K$$

挥发系数K表示酒精溶液中酒精挥发性能的强弱。从表2－8－3可知，酒精的挥发系数是随着溶液中酒精浓度的增加而变小的。但是，在酒精浓度达到97.6％(体积分数)〔或95.57％(质量分数)〕前，其K值都是大于1的。这意味着，在这个范围内，通过常规的蒸馏方法可以使酒精变浓。

三、酒精－水系统的恒沸混合物

如上所述，酒精－水溶液中酒精的挥发性能随系统中酒精浓度的增加而变小，即K值变小。实践表明，当酒精浓度增加到等于97.6％(体积分数)〔95.57％(质量分数)〕时，K值等于1，即这时气相中酒精浓度等于液相中酒精浓度($\varphi_1=\varphi_2$)。此时相应的沸点为78.15℃，较纯酒精沸点78.3℃和水的沸点100℃都低。蒸馏到这个浓度时，常规蒸馏方法已不能使酒精变浓。这个沸点称为酒精－水溶液的最低恒沸点，相应的酒精－水混合物称为恒沸混合物。由此可见，酒精－水系统存在恒沸混合物，所以，在常压下采用常规的蒸馏手段是无法得到100％纯酒精的。

四、压力对平衡浓度值的影响

已知溶液蒸发所得蒸汽的组成随压力的改变而变化。俄罗斯学者M.C.佛莱夫斯基研究了气相组成与压力的关系，并得出以下结论：

(1) 压力增高时，蒸发需要能耗多的组分在蒸汽中的含量增加。

(2) 在蒸汽张力曲线具有最大值的系统中，压力升高时，蒸发需要能耗高的组分在恒沸混合物中的含量增加。相反，压力降低时，蒸发需要能耗较少的组分在恒沸混合物中的含量减少。

酒精－水系统的张力曲线是具有最大值的(见图2－8－1)。图中a点是张力曲线的极大值，c点是与此相对应的溶液中酒精的含量。所以，上述结论适用于酒精－水系统。

溶液中任何一个组成分蒸发时的能耗，由两部分组成：该纯组分从溶液中分离出来消耗的能量和该组分转化为气体消耗的能量。在低酒精浓度的酒精－水溶液〔15%～20%(mol)以下〕中，这两部分能耗的总和对于酒精来说，要比水大。而在较高酒精浓度的溶液中，情况相反，即蒸发水消耗的能量反而大。

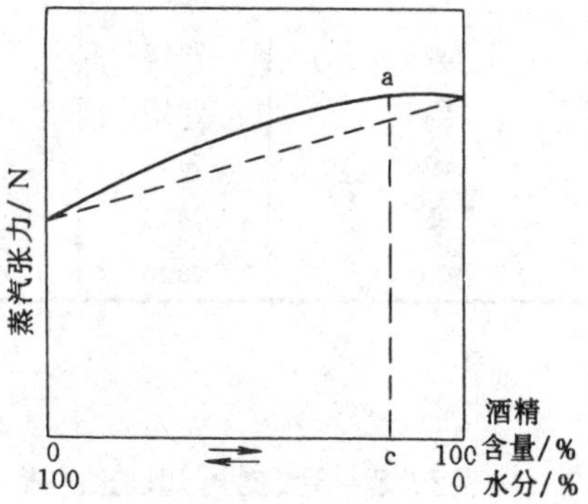

图 2－8－1 酒精－水溶液的张力等温线

根据上述情况，对于低酒精浓度的酒精－水溶液来说，压力增高时，蒸汽中酒精含量会增加；相反，在高酒精浓度时，压力增高会使蒸汽中的水分含量增高。所以，在这种情况下，要提高蒸汽中酒精的含量，只有在减压情况下进行蒸馏。此时，可以将恒沸点往增加酒精含量的方向移动。当压力降到一定程度时，就能得到100%的酒精。

不同压力下，酒精在恒沸混合物中的含量，可见表2－8－4。

表 2-8-4 不同压力下，酒精在恒沸混合物中的含量

压力 /Pa×10^4	沸点 /℃	恒沸混合物中酒精含量/%(质量分数)	压力 /Pa×10^4	沸点 /℃	恒沸混合物中酒精含量/%(质量分数)
0.933	27.97	100.00	5.393	63.04	96.25
1.333	33.35	99.56	10.130	78.15	95.57
1.729	39.20	98.70	14.440	87.12	95.35
2.644	47.60	97.30	19.344	95.35	95.25

从表2－8－4可见，当压力降低到0.933×10^4Pa时，恒沸混合物不再形成，蒸馏得到的是100%的酒精。所以，进行真空蒸馏就可以得到无水酒精。

根据表2－8－3的数据，可以作出常压下酒精－水系统的平衡曲线(图2－8－2)和溶液与蒸汽中酒精含量与沸点的关系曲线(图2－8－3)。从图2－8－3可知，常压下酒精－水系统中液相、气相中酒精含量及沸点之间的关系。例如，酒精浓度为20%(质量分数)的酒精水溶液，其相应的沸点为87℃，平衡时气相中酒精含量为65%(质量分数)。从图2－8－2，2－8－3都可看到，在酒精浓度为95.57%(质量分数)处存在共沸点。

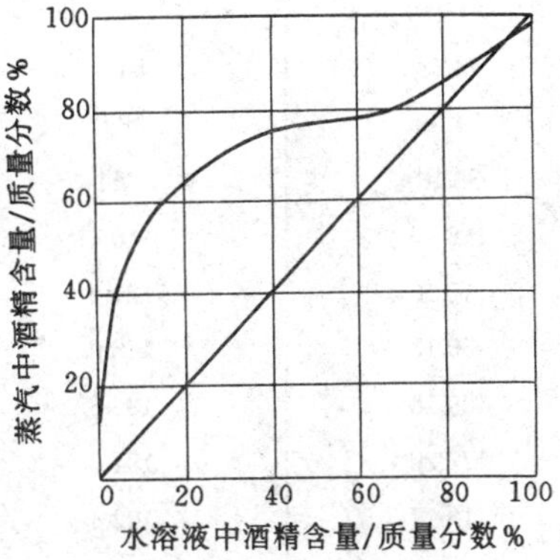

图 2-8-2　常压下酒精-水系统的平衡曲线

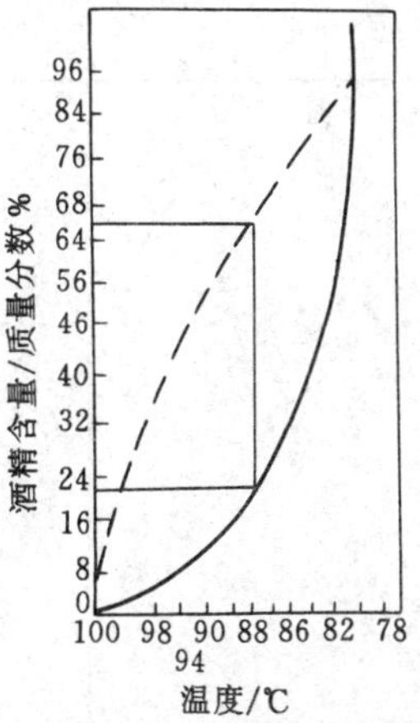

图 2-8-3　溶液与蒸汽中酒精含量与沸点的关系

————沸腾时酒精-水混合液中酒精含量

— — — —沸腾时酒精-水混合液产生蒸汽中酒精含量

第四节　酒精精馏的基本原理

一、头级、中间和尾级杂质

如前所述，蒸馏塔塔顶导出的酒精-水蒸气(以后简称为粗酒精)中含有的挥发性杂质，按其化学组成，可分为醇类、醛类、酯类和酸类等四大类。

从酒精提纯的观点出发，则可将这些杂质分成三类：头级杂质、尾级杂质(杂醇油)和中间杂质。这种分类是不严格的，因为杂质的性质会随操作条件的变化而改变。

头级杂质的挥发性能较酒精强，它们的沸点比酒精低。乙醛、醋酸乙酯、甲酸乙酯、乙酯甲酯等属于头级杂质。

尾级杂质的沸点比酒精高，而挥发性则较弱。高级醇，主要是戊醇、异戊醇、异丁醇、丙醇、异丙醇等属于尾级杂质。由于大部分尾级杂质不溶于水，在水中呈油状，所以尾级杂质又称为杂醇油。

中间杂质是指这样一类杂质，它们的挥发性能与酒精比较接近，或者随着蒸馏条件的变化，它们可属于头级杂质，也可属于尾级杂质。异丁酸乙酯和异戊酸乙酯是其代表。

表2-8-5中列示了主要杂质的名字和性质

表 2-8-5　粗酒精中的杂质

杂　　质	分子式	相对分子质量	沸点/℃
醛　类			
乙　醛	C_2H_4O	44.05	20.2
糠　醛	$C_5H_4O_2$	96.08	161.7
丙烯醛	C_3H_4O	56.06	52.5

续表

杂　　质	分子式	相对分子质量	沸点/℃
酯　类			
甲酸乙酯	$C_3H_6O_2$	74.08	54.4
乙酸甲酯	$C_3H_6O_2$	74.08	56.0
乙酸乙酯	$C_4H_8O_2$	88.10	77.1
异丁酸乙酯	$C_6H_{12}O_2$	116.16	110.1
丁酸乙酯	$C_6H_{12}O_2$	116.16	121.0
乙酸异戊酯	$C_7H_{14}O_2$	130.18	142.0
异戊酸乙酯	$C_7H_{14}O_2$	130.18	134.8
异戊酸异戊酯	$C_{10}H_{20}O_2$	172.26	194.0
缩　醛	$C_6H_{14}O_2$	118.17	102.4
醇　类			
异丙醇	C_3H_8O	60.09	82.4
丙　醇	C_3H_8O	60.09	97.2
异丁醇	$C_4H_{10}O$	74.12	108.1
丁　醇	$C_4H_{10}O$	74.12	117.9
戊　醇	$C_5H_{12}O$	88.15	137.8
异戊醇	$C_5H_{12}O$	88.15	132.1
甲　醇	CH_4O	32.04	64.7
己　醇	$C_6H_{14}O$	102.17	155.7
酸　类			
甲　酸	CH_2O_2	46.03	100.8
乙　酸	$C_2H_4O_2$	60.05	118.1
丁　酸	$C_4H_8O_2$	88.10	163.6
其　他			
水	H_2O	18.02	100.0
萜　烯	$C_{10}H_{16}$	136.23	167～170
萜烯水化物	$C_{10}H_{18}O$	154.24	206～210

二、杂质的挥发系数和精馏系数

精馏过程的目的是要除去酒精中的杂质和使酒精进一步增浓，以便得到符合规格的酒精成品。与此同时，提取含杂质的酒精水溶液数量应尽量少，其中杂质的浓度则要尽可能高。只有这样，才能既除去杂质，又保证高的成品酒精得率。例如，俄罗斯在制备高纯度酒精时，头级杂质(工业酒精)提取量仅3%以下，成品酒精得率在97%以上，而我国许多酒精厂头级杂质提取量往往高达10%以上。

为了了解杂质在精馏设备中的运动情况和确定杂质提取部位和工艺，有必要引进杂质挥发系数和精馏系数的概念。

(一) 杂质的挥发系数

由于杂质的含量并不多，所以可以假设，单个杂质的挥发性能与溶液中同时存在的其他杂质无关。有了这个假说，就可以逐个地来研究每个杂质在塔内的运动情况和设想它沿塔身的分布情况。

如前所述，酒精的挥发系数$K=\varphi_1/\varphi_2$。采用同样的方法，用α和β分别表示杂质在气相和液相中的含量(体积分数)，则杂质的挥发系数$K_杂$为：

$$K_{杂}=\frac{\alpha}{\beta}$$

在酒精－水－杂质三元混合物中，酒精和杂质的挥发系数K、$K_杂$见表2－8－6。

表 2-8-6　**酒精和杂质的挥发系数**

酒精浓度/ml·(100ml⁻¹)	醇类		酯类							乙醛
	酒精	异戊醇	异戊酸异戊酯	乙酸异戊酯	异戊酸乙酯	异丁酸乙酯	乙酸乙酯	乙酸甲酯	甲酸乙酯	
10	5.10	—	—	—	—	—	29.0	—	—	—
15	4.10	—	—	—	—	—	21.5	—	—	—
20	3.31	—	—	—	—	—	18.0	—	—	—
25	2.68	5.55	—	—	—	—	15.2	—	—	—
30	2.31	3.00	—	—	—	—	12.6	—	—	—
35	2.02	2.45	—	—	—	—	10.5	12.5	—	—
40	1.80	1.92	—	—	—	—	8.6	10.5	—	—
45	1.63	1.50	—	3.5	—	—	7.1	9.0	—	4.5
50	1.50	1.20	—	2.8	—	—	5.8	7.9	—	4.3
55	1.39	0.98	—	2.2	—	—	4.9	7.0	12.0	4.15
60	1.30	0.80	1.30	1.7	2.3	4.2	4.3	6.4	10.4	4.0
65	1.23	0.65	1.05	1.4	1.9	2.9	3.9	5.9	9.4	3.9
70	1.17	0.54	0.82	1.1	1.7	2.3	3.6	5.4	8.5	3.8
75	1.12	0.44	0.65	0.9	1.5	1.8	3.2	5.0	7.8	3.7
80	1.08	0.34	0.50	0.8	1.3	1.4	2.9	4.6	7.2	3.6
85	1.05	0.32	0.40	0.7	1.1	1.2	2.7	4.3	6.5	3.5
90	1.02	0.30	0.35	0.6	0.9	1.1	2.4	4.1	5.8	3.4
95	1.004	0.23	0.30	0.55	0.8	0.95	2.1	3.8	5.1	3.3

从表2－8－6可以看到一个重要情况：当酒精浓度增加时，所有杂质的挥发系数无例外地变小，此外，还可以发现，当酒精浓度低于55％时，所有杂质的挥发系数都大于1。

有一些杂质的挥发系数在任何酒精浓度下都大于1。它们是乙酸乙酯、乙酸甲酯、乙醛等。所有这些杂质都是典型的头级杂质，不管溶液中的酒精浓度如何，它们在气相中的数量总是比液相中多。由于气体在精馏塔中是向上运动的，所以，这类杂质在精馏塔中运动方向是朝上的，也就是愈往上，浓度愈高。因此，头级杂质应该在塔顶或冷凝器中排除。

典型的尾级杂质，如戊醇，具有完全不同的特征。当溶液中酒精浓度较高时，它们的挥发系数变得小于1。当酒精浓度在55％左右时，其挥发系数$K=1$，在更低的酒精浓度下，它们的挥发系数变得大于1。由此可见，尾级杂质的挥发系数随着酒精浓度由稀变浓，经历着一个由大于1，变为等于1，最后小于1的变化过程。

在酒精精馏塔内，塔板上液体中的酒精浓度愈往上愈高，尾级杂质在高于55%的酒精水溶液中，其挥发系数小于1，即液相中该杂质的浓度大于气相中的浓度。由于液相是往下流动的，所以，在高酒精浓度的塔板上，尾级杂质(主要是杂醇油)是往下移动的；在低酒精浓度的塔板上，气相中该杂质的浓度大于液相，则尾级杂质是向上移动的。最后，尾级杂质将聚集在与其$K=1$相应酒精浓度的塔板上。如果，从这里将杂醇油导出，便可得到浓度最高的尾级杂质。这就是在精馏塔进料管上部2～4块塔板上提取杂醇油的理论根据。那种认为尾级杂质是从塔底排出的说法是一种误解。

头级杂质和尾级杂质都是比较容易排除的，而困难的是如何除去中间杂质，如异丁酸乙酯等。因为，中间杂质只是在高酒精浓度时，其挥发系数才接近1，所以它是分布在成品酒精提取口附近，要使它与成品酒完全分离也就变得困难。国外制备高纯度酒精时，往往要提取一小部分杂醇酒(在成品出口下4～5块塔板处)就是为了除去中间杂质。我国酒精行业对此尚未足够重视，这是酒精成品氧化试验不合格和口味差的主要原因。

另外，甲醇也是比较难分离的，甲醇的分离将专门叙述。

(二) 杂质的精馏系数

为了更清楚地了解杂质与酒精在精馏塔内的相互关系和分离情况，引入一个新的概念，杂质的精馏系数K'。

杂质的精馏系数K'是指杂质的挥发系数和酒精挥发系数之比。

如果杂质在气相中的含量以α表示，液相中的含量以β表示。与此同时，相应的酒精在气相中的含量为φ_1，液相中的含量为φ_2，则：

$$K_{杂}=\frac{\alpha}{\beta};\quad K_{酒精}=\frac{\varphi_1}{\varphi_2}$$

$$K'_{杂}=\frac{K_{杂}}{K_{酒精}}=\frac{\alpha}{\beta}\div\frac{\varphi_1}{\varphi_2}=\frac{\alpha\varphi_2}{\beta\varphi_1}$$

杂质精馏系数表明在同一酒精浓度下，杂质和酒精挥发性能的差异程度。

如果某杂质的$K'>1$，则不仅该杂质在气相中的含量比液相中高，而且，它在该条件下的挥发性高于酒精，即它在塔内向上运动的速度快于酒精。

如果$K'<1$，则表明该杂质在给定条件下的挥发性能小于酒精。这时，该杂质在塔内的运动有两种情况：一种是杂质的挥发系数此时已小于1，则该杂质在液相中的含量高于气相，它的运动方向是朝下的；另一种情况是该杂质的挥发系数在此酒精浓度下仍是大于1，但其数值小于酒精的挥发系数，所以，这时该杂质的运动方向还是朝上的，但速度要比酒精慢，如酒精浓度70%时的乙酸戊酯就属此例。有人简单地将$K'<1$的杂质笼统地说成运动方向朝下，是不确切的。

如果$K'=1$，则说明在这种酒精浓度下，该杂质的挥发性能与酒精相同，此时，不发生杂质与酒精的分离现象，在此条件下，无法将杂质从酒精中除去(不发生提纯现象)。

杂质的精馏系数值列于表2－8－7。

表 2-8-7　杂质的精馏系数$K'_{杂}$值

酒精浓度/ml·(100ml⁻¹)	异戊醇	异戊酸异戊酯	乙酸异戊　酯	异戊酸乙　酯	异丁酸乙　酯	乙酸乙酯	乙酸甲酯	甲酸乙酯	乙　醛
1	3.26	—	—	—	—	—	—	—	—
10	—	—	—	—	—	5.69	—	—	—
25	2.02	—	—	—	—	5.67	—	—	—
30	1.30	—	—	—	—	5.43	—	—	—
40	1.05	—	—	—	—	4.77	5.86	—	—
50	0.08	—	1.886	—	—	3.86	5.26	—	2.86
60	0.62	1.000	1.307	1.760	3.23	3.30	4.92	8.00	3.08
70	0.44	0.700	0.940	1.450	1.96	3.07	4.61	7.26	3.25
80	0.36	0.463	0.740	1.200	1.30	2.77	4.25	6.60	3.34
90	0.26	0.343	0.688	0.882	1.07	2.37	4.01	5.68	3.34
95	0.22	0.299	0.548	0.797	0.90	2.09	3.78	5.08	3.29

三、醛酯馏分的分离

从表2－8－6，表2－8－7可知，酯类杂质和醛类杂质可以分为两大类：一类如乙醛、乙酸乙酯、乙酸甲酯、甲酸乙酯等，它们在酒精水溶液中的挥发系数和精馏系数始终大于1，即它们在塔内运动方向是往上的，而且沿塔上升的速度比酒精快。这类杂质是典型的头级杂质，生产中就利用这一特性来排除它们。通常说的醛酯馏分或酒头就是指这一类头级杂质。

醛酯馏分的排除(排醛)有3种方式：其一是精馏塔冷凝器排醛，即适当提高第2冷凝器的冷却温度，并在第3冷凝器排出一定数量的醛酯馏分。有的工厂第3冷凝器不排醛，而是依靠排醛管排醛，这是一种误解。因为设在第3冷凝器出口处的排醛管虽然叫排醛管，但其主要作用是排不凝结气体(空气，CO_2)，国外称其为不凝结气体管，故靠它来排醛是达不到目的的。其二是在精馏塔前，再设置一个专门的排醛塔来排除头级杂质，由于这一工艺可以经排醛塔和精馏塔两次排醛，成品酒精质量大为提高，可生产食用级等优质酒精。第三种方式是在蒸馏前后排醛，脱醛酒再进入排醛塔或精馏塔。这种方法也能生产得到优质酒精。

醛酯馏分中的另一部分，如异戊酸乙酯和异丁酸乙酯，它们的K和K'值都在酒精浓度85％～90％附近由大于1变为小于1。这意味着它们将在与上述酒精浓度相应的塔板上积累。而且它们这时的挥发性能与酒精相似，很难与酒精分开，很容易被带入成品酒精并影响其质量。通常它们被称为中间杂质。要提高成品酒精质量，在酒精浓度90％的塔板附近提取少量中间杂质(国外称为杂醇酒)是一个重要措施。

已知头级杂质在低酒精度时有较大的挥发系数值和精馏系数值，这意味着在较稀的酒精浓度下进行排醛，会取得较理想的效果。在精馏塔前设置排醛塔就是根据这个道理。现在有不少人主张在排醛塔顶加水稀释，希望达到更好的排醛效果。其实，前苏联的学者已经从理论上和实践中都证明，只要排醛塔有足够的塔板，不需在醛塔顶加水稀释，就可达到完全满意的排醛效果；相反，醛塔加水会大大增加热能的消耗，是得不偿失的。下面仅就排醛塔的工作原理作简单介绍。

排醛塔被醪塔来的酒精蒸气进料口分为两段：上段为聚醛段(12块塔板)，下段为提馏段(12～15块塔板)。各类杂质在排醛塔内的运动情况见表2－8－8。

表 2-8-8 杂质在排醛塔内的运动状态

项目	塔板数(由上向下数)	酒精浓度		杂质的挥发系数		
		质量分数%	体积分数%	乙酸甲酯	乙酸异戊酯	戊 醇
聚醛段	1	90.5	93.5	4.0	0.6	0.27
	2	89.5	93.0	4.0	0.6	0.27
	3	88.3	92.0	4.0	0.6	0.28
	4	87.0	91.0	4.0	0.6	0.28
	5	84.3	89.0	4.0	0.6	0.30
	6	81.0	86.0	4.2	0.7	0.32
	7	77.5	83.5	4.5	0.7	0.33
	8	73.5	80.0	4.6	0.8	0.34
	9	66.0	73.0	5.2	0.9	0.49
	10	52.0	60.0	6.4	1.7	0.80
	11	30.0	36.0	12.5	4.9	2.45
提馏段	1	30.0	36.0	12.5	4.9	2.45
	14	27.0	33.0	13.0	4.9	2.70

从表2－8－8可知，以乙酸乙酯为代表的头级杂质，在排醛塔的所有塔板上，其挥发系数均大于1，所以，它们应在第3冷凝器中排除。以乙酸异戊酯为代表的中间杂质，其挥发系数在聚醛段第9块塔板处由大于1转变为小于1，所以它们将在这里积聚，而在聚醛段顶部的含量较少。以戊醇为代表的尾级杂质，其挥发系数在聚醛段第10块处已从大于1变为小于1，所以它们一般达不到聚醛段顶部。所以，排醛塔能有效地排除以醛类为代表的头级杂质，中间和尾级杂质则被高浓度的酒精截留而回流至提馏段，最后随脱醛酒流往精馏塔。

为了更形象地描述杂质在排醛塔中的运动和分布情况，特绘制成图2－8－4。

由图2－8－4可见，头级杂质高度浓缩在排醛塔顶部，而在塔底部的脱醛酒中其含量已很少，这说明排醛塔的排醛(头级杂质)效果是很好的。中间杂质和尾级杂质主要聚集在进料口上部几块塔板处，中间杂质在塔顶和塔底的浓度几乎相等，说明排醛塔只能排除一部分中间杂质，余下部分会进入精馏塔。尾级杂质不会进入排醛塔顶部，它们将全部随脱醛酒排入精馏塔，并在精馏过程中除去。

从图2－8－4也可发现，在醛塔顶部虽然酒精浓度最高，但头级杂质的含量也是最多。由于精馏塔顶部的情况与醛塔顶部十分相似，所以成品酒精不能从塔顶的塔板上提取。成品酒精的提取部位应该选在酒精浓度已达到标准、杂质浓度也比较低的部位，这就是酒精厂一般都是从塔顶往下数第4～6块塔板处提取酒精成品的原因。

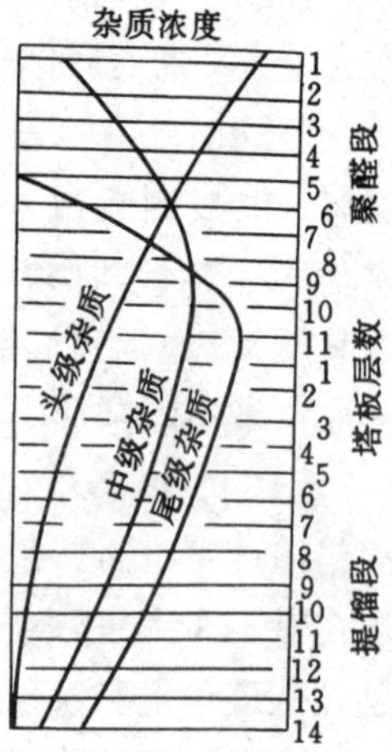

图 2－8－4 杂质在排醛塔中的分布情况

四、杂醇油的分离

如前所述,杂醇油是许多饱和多元醇的混合物,它们主要是异戊醇、异丁醇、正丙醇。

杂醇油的分离可以分为杂醇油的提取和分离两步,现分别介绍如下。

1. 杂醇油提取

由于异戊醇是杂醇油的主要组分,为了说明方便,通常以其为杂醇油的代表。异戊醇在水中的溶解度很低,它在水中的含量不会大于3%,但它在酒精中的溶解情况良好,当酒精水溶液的酒精浓度大于60%时,异戊醇不会从溶液中析出。

杂质在精馏塔中的运动情况是由其挥发系数决定的,异戊醇在不同酒精浓度下的挥发系数和精馏系数见表2－8－9。

从表2－8－9可见,在酒精浓度较低的精馏塔下部塔板上,异戊醇的挥发系数大于1,这意味着气相中异戊醇的浓度高于液相。所以,这里的异戊醇的运动方向是向上的;在精馏塔上部,由于塔板上的酒精浓度较高,异戊醇的挥发系数小于1,这说明液相中的异戊醇含量大于气相,此时的异戊醇运动方向是向下的。在酒精浓度为55%处,异戊醇的挥发系数接近1,这就是说,异戊醇将在此聚集,其浓度将是最高的。因此,异戊醇(杂醇油)应该在与酒精浓度55%相当的塔板上提取。

表 2-8-9　不同酒精浓度溶液中异戊醇的K和K'值

酒精浓度/ml·(100ml)$^{-1}$	挥发系数K	精馏系数K'	酒精浓度/ml·(100ml)$^{-1}$	挥发系数K	精馏系数K'
4	—	3.26	55	0.98	—
10	—	—	60	0.80	0.615
15	—	—	65	0.65	—
20	—	—	70	0.54	0.44
25	5.55	2.02	75	0.44	—
30	3.00	1.30	80	0.34	0.36
35	2.45	—	85	0.32	—
40	1.92	1.05	90	0.30	0.26
45	1.50	—	95	0.23	0.22
50	1.20	0.8			

在实际生产中,塔板上的蒸汽压力并不均匀,塔内酒精负荷也有变动,再加上杂醇油本身是多种高级醇的混合物,所以杂醇油往往是集中在相邻的几块塔板上。通常液相取油的位置是在进料板的上面第2、4、6块塔板处,相应的温度为(86～93)℃,酒精浓度为55%～70%。如果是气相取油,则通常在进料层以下第2、4块塔板处,酒精浓度为42%左右。

2. 杂醇油的分离

从精塔取出的杂醇油是由水、酒精和杂醇油组成的混合物。进一步处理的目的是要将杂醇油从该混合物中分离出来。

往杂醇油中加水会导致混合物的分层,这是一个液液萃取过程。在该过程中酒精被水萃取,形成底层,称之谓萃取相。上层主要是杂醇油和少部分水和酒精,称之谓萃余相。因此,在杂醇油分离设备中,同时进行着两个过程: 酒精被水萃取过程和混合物分层过程。

对该过程的进一步研究发现，当混合物的酒精浓度在8.3％(质量分数)以下时，酒精被水萃取的比例高，如果酒精浓度高于该值，则酒精在杂醇油中残留量会增加。根据这一研究结果，为了使杂醇油能良好地与酒精和水分层，并尽量减少杂醇油中酒精的含量，分层时混合物的酒精浓度应控制在8.3％(质量分数)以下。工厂中对从精塔取出的杂醇油要加水稀释，其加水量也应根据这一点来控制。

另外，温度对混合物的分层也有明显的影响。温度升高对分层不利，因为随着温度的升高，整个系统的多相区会变小。但是，应该知道，随着温度的降低，杂醇油乳浊液状态的破坏速度会变慢，这对杂醇油的分层是很不利的。为此，应该选择一个兼顾上述两个方面的最佳分离温度，它应该是20～25℃，即要用25℃左右的水来进行稀释。

用于稀释的水不应含有钙盐和镁盐，因为这些盐类与杂醇油中含有的游离脂肪酸会生成肥皂。而肥皂是良好的乳化剂，它也会阻碍油水乳浊液的分层。所以稀释用水应该是软水。

五、甲醇的分离

甲醇是酒精的主要杂质之一，由于它对人体有严重的毒害作用，故国家酒精标准对甲醇的含量有严格规定。

甲醇在蒸馏过程中的动向也是由它的挥发系数决定的。由于甲醇的精馏系数有其独特的变化规律，故虽然甲醇和醛类同属头级杂质，但其分离的原则却不尽相同。现将不同酒精浓度下甲醇的挥发系数和精馏系数列于表2－8－10。

表 2-8-10 甲醇的挥发系数和精馏系数

酒精浓度/ml·(100ml)$^{-1}$	甲醇的挥发系数K	甲醇的精馏系数K'	酒精浓度/ml·(100ml)$^{-1}$	甲醇的挥发系数K	甲醇的精馏系数K'
10	2.96	0.58	70	1.55	1.33
20	2.61	0.79	80	1.49	1.38
30	2.21	0.96	90	1.52	1.49
40	2.08	1.16	93	1.69	1.68
50	1.09	1.26	95	1.93	1.92
60	1.71	1.32			

从表2－8－10的数据可知，在不同的酒精浓度下，甲醇的挥发系数都是大于1，这说明它在粗馏塔中能随粗酒精蒸气一起从粗塔排出进入精塔。有人因为甲醇在低酒精浓度时，其精馏系数小于1，就说甲醇将从粗塔底部排出，这是一种误解。因为，如前所述，决定杂质运动方向的是挥发系数，精馏系数只表示在该酒精浓度下该杂质挥发性能与酒精挥发性能的比值。对甲醇来说，在低酒精浓度时，其挥发性能较酒精小，但它在气相中的浓度还是2倍于液相。所以，它还是往上运动的。

甲醇的精馏系数随酒精浓度升高发生的变化具有非常特殊的现象。它在酒精浓度小于10％时具有小于1的数值，但随着酒精浓度的升高而不断增加，在95％酒精浓度时，其精馏系数达到1.92，即此时甲醇的挥发性能几乎是酒精的1倍。显然，这是将酒精与甲醇分开的时机。所以，甲醇的排除应该在高酒精浓度时进行。

在酒精蒸馏时，利用上述理论，甲醇的排除可以采用提高第2冷凝器温度，在第3冷凝器多取工业酒精，使得大部分甲醇进入工业酒精中，排出塔外。但是，目前对酒精质量控制的要求提高了，光采用一次取工业酒精的方法已不能满足要求，所以要采用增加甲醇塔或其他相应措施才能使优质成品酒精的甲醇含量达标。

第五节　酒精蒸馏精馏工艺流程

酒精工业发展初期，连续蒸馏精馏工艺尚未出现时，国外的蒸馏和精馏是分别进行的。在原料产区建立酒精厂，进行酒精发酵和蒸馏，所得的产品为浓度88％的未经除杂的粗酒精。后者被运往设在城市内的酒精性饮料厂，粗酒精经过精馏制成合格的酒精，并进一步加工成酒精性饮料。

随着连续蒸馏精馏工艺的出现和日趋完善，它已被全世界绝大多数酒精工厂所采用。我国酒精工业发展较晚，所以，工厂采用的都是连续蒸馏精馏工艺流程，即发酵醪经连续蒸馏精馏处理后，直接得到符合不同等级规格的成品酒精。为了方便起见，将"连续蒸馏精馏工艺流程"简称为"蒸馏工艺流程"。

蒸馏的工艺流程有各种各样的组合，用于得到各种等级的成品酒精。现将最常用的几种流程分别介绍如下。

一、两塔蒸馏工艺流程

两塔蒸馏工艺流程是由粗馏塔(粗塔、醪塔)和精馏塔两个塔组成。粗馏塔的作用是将发酵成熟醪中的全部酒精、挥发性杂质和一部分水分离出来，以粗酒精蒸气或其冷凝液送往精馏塔。与此同时，将固形物、不挥发性杂质和大部分水以酒糟的形式，从塔底排出塔外。精馏塔的任务是将粗酒精增浓和除去杂质，最后得到符合规格的成品酒精，并从塔底排除废水。

根据精馏塔进料方式的不同，两塔流程可分为气相进塔和液相进塔两种形式。现分别介绍如下：

1. 气相进料两塔流程

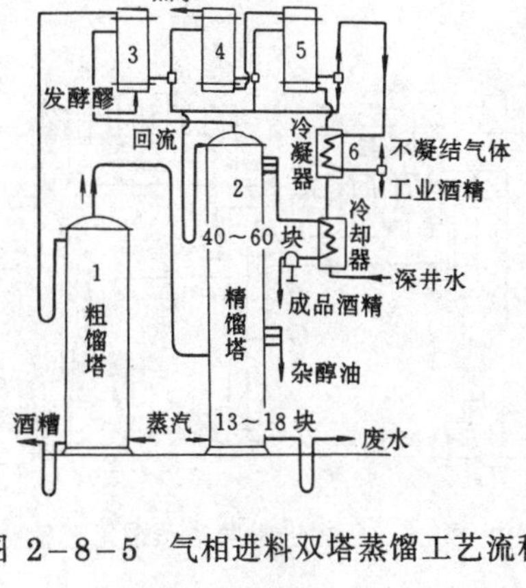

图 2-8-5　气相进料双塔蒸馏工艺流程

气相进料两塔流程的特点是粗馏塔顶部产生的酒精－水蒸气直接进入精馏塔。这种流程设备简单，投资较少，蒸汽消耗量也比较低。所以，有相当一段时间里，我国大多数酒精厂都采用这种流程。但是，由于这种工艺流程只有一次精馏塔排醛，所生产的成品酒精等级较低，无法保证得到高比例的食用酒精产品。在当今强调酒精和白酒质量的情况下，必须对这种流程进行适当的改进，以保证食用酒精的生产。气相进料双塔流程见图2－8－5。

发酵成熟醪经预热器3与精馏塔的塔顶酒精蒸气进行热交换，加热至40℃以上，随后进入粗馏塔1顶部(18～22块塔板)，粗塔底用直接蒸汽加热。酒精含量为50%左右的酒精－水蒸气从粗塔顶部引出，并送入精塔2的中下部。酒糟由粗塔底部排出。精塔也用直接蒸汽加热，并被进料口区分为上下两段，上段称为精馏段，有40～60块塔板，下部称为提馏段(脱水段)，有13～18块塔板。酒精蒸气在精塔内上升，经多次蒸馏，逐步增浓，最后从塔顶排出，并顺次经过醪液预热器3和冷凝器4、5、6。预热器3和冷凝器4、5中的冷凝液全部回入精塔顶部作为回流。冷凝器6中的冷凝液作为工业酒精(头级杂质)取出。不凝结气体由排醛管排入大气。不含酒精的蒸馏废水从精塔底部排出。

成品酒精从精塔顶部第4～6块塔板上液相取出，这里的酒精浓度已达到规定指标，而且头级杂质含量是最少的。成品酒精经冷却器冷却后，通过检酒器进入成品桶，计量后送入酒精仓库贮存。

尾级杂质杂醇油通常从进料口往上数第2～4块塔板液相取出，经冷却器、乳化器和分离器分离得粗杂醇油，再经盐析罐脱水后进入贮罐。分离产生的淡酒精回入精塔下部相应塔板上。

为了改善成品酒精的质量，下列两条注意事项一定要执行。

一是保证提取10%～15%数量的工业酒精，只有这样才有可能得到食用酒精。有些厂家只靠排醛管排醛是不可能排除头级杂质的。有的厂一方面不愿提取工业酒精，但同时又有超过50%的酒精成品不合格，只要仔细算一下，就不难明白，究竟是提取10%～15%的工业酒精合算呢，还是让50%以上的酒精都不合格合算。

二是在可能的情况下增加塔板数和适当降低成品酒精提取口，这样做也会使酒精质量得以提高。另外，稳定塔的操作，保证正常提取杂醇油也是非常重要的。

2. 液相进料两塔工艺流程

液相进料两塔蒸馏流程的特点在于酒精蒸气从粗馏塔顶部排出后不直接进入精馏塔，而经过一系列冷凝器，将全部酒精蒸气分别在这些冷凝器中冷凝下来，除了最后一只冷凝器中的冷凝液作为工业酒精(头级杂质)取出外，其余的酒精冷凝液全部以液相的形式进入精塔加料板。由此可见，液相进料工艺与气相进料相比，增加了一次排醛机会。所以，成品酒精中头级杂质含量将大大低于气相进料工艺，成品质量因此提高。另外，由于液相进料，粗馏塔和精馏塔之间不再直接相通，互相影响较少，故操作中的相互干扰可以排除。液相进料的缺点是要增加一组冷凝设备，另外，液相进料将使蒸汽和冷却水的用量增加，运转的费用将加大，生产成本会有所提高。

液相进料两塔蒸馏工艺流程见图2－8－6。

由图2－8－6可见，该流程在粗馏塔顶部安装了一组3～4只冷凝器，粗馏塔顶排出的酒精－水蒸气经前3只冷凝，大部分冷凝成液体，这部分酒精－水溶液送入精馏塔作为进料。一小部分含头级杂质较多的酒精－水蒸气在第4只冷凝器中冷凝，冷凝液作为头级杂质取出而以工业酒精销售。不凝结气体仍从排醛管排入大气。该流程的其余部分均与气相进料双塔流程基本相同，只是杂醇油的提取方式稍有差异。该

图 2－8－6 液相进料两塔蒸馏工艺流程

流程的杂醇油往往是在进料板以下2～6块塔板处气相取出的。气相取油可以达到与液相取油相同的效果，只是操作要更加注意塔内压力的变化。气相取油时，可以将杂醇油提取的整套设备设置在与操作台同一楼面上，以便管理。

二、两塔蒸馏改进型工艺流程

如前所述，气相进料两塔蒸馏工艺具有投资少、操作费用低等明显优点，但是其产品质量无法保证。液相进料蒸馏工艺产品的质量虽然有所提高，但是蒸汽消耗增加。故人们于80年代中期开发研究了一系列两塔蒸馏改进型工艺流程，以求既能提高酒精质量，又能不消耗过多的蒸汽。其中最成功并已经得到广泛应用的有精馏塔顶部增加塔板法和两塔三段法两种。现分别介绍如下：

(一) 精馏塔顶部增加塔板法

早在1972年前苏联《酒精和酶制剂工业》杂志第7期发表了一篇文章，作者在文章中介绍了在两塔流程的精馏塔顶部加8块塔板，使得成品酒精质量明显得以提高的方法。精馏塔顶部加塔板的示意图见图2－8－7。

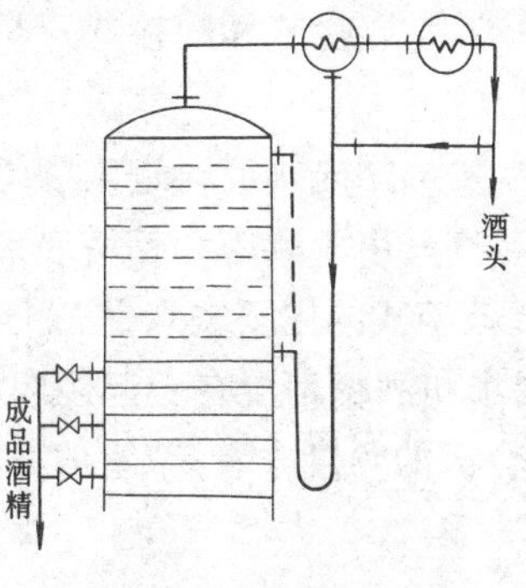

图 2－8－7　精馏塔顶部加塔板示意图

由图2－8－7可见，在原来精馏塔顶部加装8块塔板，并将回流管入口上移至塔顶，酒精成品取出口位置不动。这样改装的结果等于在原来塔顶上装了一段后馏塔。可以设想，原来精塔运行时，因回流带给成品酒精取出口处头级杂质的污染影响基本上可以消除，酒精的质量定将会大大提高。实践的结果表明，在这种情况下，乙醚、乙酸乙酯、乙醛、甲酸乙酯、甲醇等头级杂质几乎可以全部排除，特别是甲醇在高浓度时排得越发干净。这时的成品酒精的等级可以达到食用酒精普通级以上标准。

本方法近几年来在我国许多酒精厂和酒精车间得到应用，均取得了良好的结果。但是，也有少数厂操之过急，往精塔顶部加上10块以上的塔板，造成氧化时间指标不及格。这是由于塔板过多，造成塔底蒸汽压力加大，操作不当形成液泛，最终造成异丙醇、异丁酸乙酯等中间杂质上窜进入成品酒精取出口的缘故。所以，精塔顶部塔板也不是加得愈多愈好，这一点要提醒厂家注意。

(二) 两塔三段式蒸馏流程

两塔三段式蒸馏流程是近年来我国自己研究设计成功的一种两塔蒸馏改进型工艺流程，它是由无锡轻工大学生物工程学院吴佩琮教授主持研制成功的。该工艺流程的特点是：

(1) 醪塔和精塔合用一个提馏段，这样就只需要一次加热，可节省大量的加热蒸汽。

(2) 发酵醪经预热至沸点左右，先经醪塔的除杂段和通过冷凝器先排除一次头级杂质，酒精质量得以提高。

(3) 醪塔除杂段液体和精馏塔精馏段液体回流均由泵强制进行，强制回流使得降低厂房高度得以实行。

本流程的粗塔和精塔共用一个脱水塔，这一构思应该说是从前苏联的三塔直接式蒸馏流程脱胎出来的。因此，它也存在一个明显的缺点，即精馏废水和酒糟混合在一起，使得酒糟的总量增加了，酒糟的干物质浓度更稀了，给酒糟的综合利用和处理增加了麻烦。

本流程在一些工厂得到了使用，成品酒精的质量基本可达食用酒精普通级标准。

三、三塔蒸馏工艺流程

两塔流程的主要缺点是成品酒精的质量不高，两塔改进型流程生产的酒精质量虽然已可达到基本要求，但往往不够稳定，更不能生产高规格的精馏酒精。所以人们发展了三塔蒸馏工艺流程来满足需要。

常规的三塔流程是由粗馏塔、排醛塔和精馏塔组成。根据三个塔的组合不同，它又可分为直接式、半直接式和间接式三种形式。近10多年来，由于我国对成品酒精中甲醇含量特别要求严格，加上有些国外厂家对出口酒精中的甲醇含量也提出了十分苛刻的要求，在我国的酒精厂中也出现了一种由粗馏塔、精馏塔和甲醇塔组成的三塔流程。下面就这几种三塔流程分别作简单介绍。

(一) 带醛塔的三塔流程

1. 三塔蒸馏的原则流程

根据醛塔和精塔的进料状态、可将三塔流程分为直接式、半直接式和间接式三类。分类原则的示意图见2－8－8。

直接式流程1的特点是酒精蒸气直接进入醛塔和精塔，发酵醪先排醛再进入醪塔。该流程的特点是在低酒度条件下排醛，排醛效果较好，加热蒸汽只用于醪塔和精塔底部，醛塔不用直接蒸汽加热，所以整个蒸馏系统蒸汽消耗量较少。该型式的主要缺点是三个塔均由气相相通，相互间直接发生影响，致使操作不易稳定；废水和酒糟都混在一起经粗塔底部排放，增加了酒糟的数量，酒糟处理的难度大为增加。从今天的角度来看，节省的蒸汽量是抵不上酒糟处理增加的开支。所以这一方案不属于最佳方案。

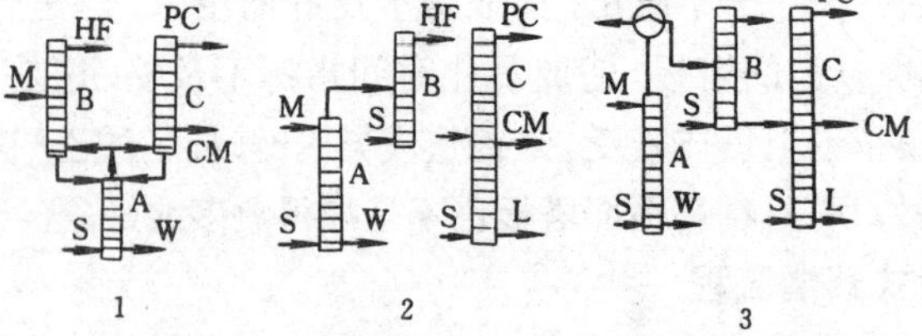

图 2－8－8　三塔蒸馏装置的原则示意图

A—醪塔　B—醛塔　C—精塔　D—分凝器　S—蒸汽　M—发酵醪
W—酒糟　L—废水　HF—头级杂质　PC—精馏酒精　CM—杂醇油

半直接式2的特点是发酵醪先进入醪塔，醪塔蒸汽进入醛塔，脱醛淡酒精以液态进入精塔。这种方案的醛塔也不用直接加热，精塔是液态进料，它的操作不受醪塔和醛塔的影响，比较稳定。一般工厂都选用这一方案。

间接式3的特点是醛塔和精塔都是液相进料。其操作最稳定，经过3次排头级杂质，酒精的质量最高。但由于3个塔都要用直接蒸汽加热，所以，这种方案的蒸汽耗量最多，水的消耗也较高，只有在要求生产高纯度酒精时才选用这种流程。

2. 直接式蒸馏流程

直接式蒸馏流程(图2－8－9)中发酵醪先经过醛塔排醛，再进入醪塔。由于发酵醪中酒精浓度低，杂质的挥发系数大，排醛过程进行得比较完全。醪塔3中排出的蒸汽大部分送去精馏塔5，一小部分经导管10进入醛塔提馏段1作为醛塔的加热蒸汽。导汽管10装有闸门，导管也可以装在塔内部。进入醛塔的蒸汽经过鼓泡装置与脱醛发酵液进行热、质交换，然后脱醛发酵醪经长溢流管流入醪塔顶部。进入精塔的酒精蒸气中含有酒精、水和少量的头级杂质和尾级杂质等挥发性杂质。精塔的任务是使酒精增浓并除去尾级杂质、中间杂质和头级杂质。其具体情况与双塔流程中的精塔相同。

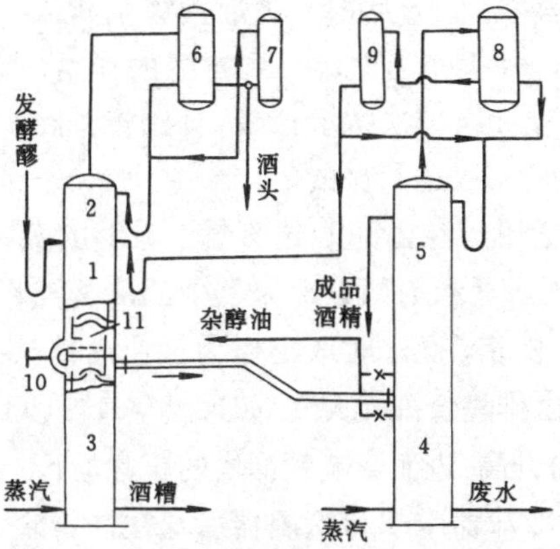

图 2－8－9　直接式三塔蒸馏工艺流程

1—醛塔提馏段　2—醛塔浓缩段　3—醪塔　4—精塔提馏段　5—精塔浓缩段　6—醛塔分凝器　7—醛塔冷凝器　8—精塔分凝器　9—精塔冷凝器　10—醪塔蒸汽进入醛塔的导管　11—醛塔提馏室

直接式流程在蒸汽用量方面是最为经济的，但得到的成品酒精中会有不良的口味和气味。这是由于发酵醪的微粒可能带入精塔或由于醪中的CO_2气体会将微量的杂醇油带入成品酒精中所造成的。其他缺点如前所述，所以，白酒厂的酒精车间一般不应选择这种方案。

3. 半直接式蒸馏流程

半直接式流程的特点决定其热能消耗要比直接式流程大一些，但它可以比较稳定地得到质量比较高的成品酒精。随着我国对酒精质量要求的提高，这种形式的蒸馏流程将会得到较广泛的应用。该流程的简况如图2－8－10所示。

发酵成熟醪用泵自醪池经过预热器1预热后，送入粗馏塔2，由此引出的酒精－水蒸气并不直接进入精馏塔，而是先进入排醛塔3的中部进行排醛。

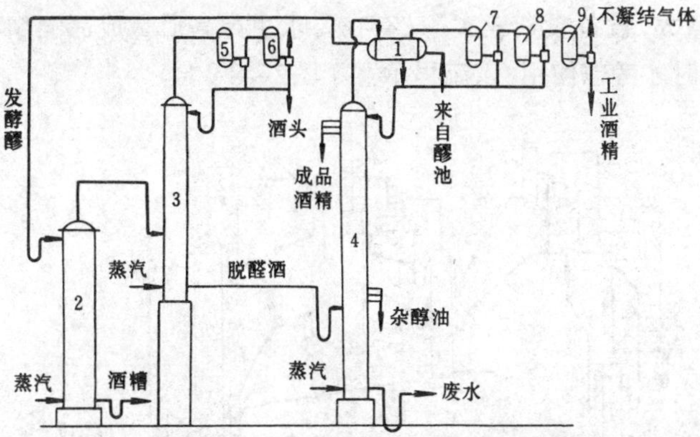

图 2－8－10　半直接式三塔蒸馏工艺流程

1—醪液预热器　2—粗馏塔　3—排醛塔　4—精馏塔　5、6、7、8、9—冷凝器

排醛塔通常装备有较多层数的塔板(28～34块)和冷凝面积较大的冷凝器。采用的回流比也很大，以达到提高塔顶酒精浓度、防止杂醇液上溢和少出醛酒(头级杂质)的目的。不少工厂经常采用一段时间的“闷塔”(全回流，不取醛酒)，然后间歇地提取醛酒，使后者的酒

精浓度达95.8%～96%，而其提取数量控制在1%～3%以内。这种操作工艺值得参考。醛塔在自下而上第13～14块处进料，塔顶温度控制在79℃左右。醛塔底部排出的脱醛酒的酒精浓度与排醛塔的加热方式有关。如果是间接加热，则其酒精浓度在35%左右，如果是直接加热，则其酒精浓度要低得多，并与蒸汽消耗量有关。正常的操作下，脱醛酒中头级杂质(以乙醛计)的含量换算成无水酒精计算不应大于0.0005%(体积分数)，甲醇含量不大于0.35%(体积分数)。我国有些酒精厂虽然装置有排醛塔，但一点都不提取头级杂质——醛酒，仅从最后一个冷凝器的排醛管象征性地排醛。这种操作当然起不到排醛的作用，而醛塔形同虚设，反而多浪费一点加热蒸汽。为此，作者在此再一次提醒读者，排醛管排除的主要是不凝结气体——空气和二氧化碳气，靠它排醛是无法达到目的的。

脱醛酒进入精馏塔4中部。残留的头级杂质包括甲醇在内随酒精蒸气上升，由塔顶排出，经预热器1和冷凝器7、8、9绝大部分冷凝下来。预热器和前两只冷凝器中的冷凝液作为回流液回入精塔顶部，冷凝器9中的冷凝液则在非“闷塔”操作时取出作为工业酒精(头级杂质)。极少部分未凝结的头级杂质和不凝结气体则由排醛管排入大气。如果以空气或CO_2为主的不凝结气体不排除，则会引起冷凝器和塔顶压力升高，进而影响精馏塔的正常运行。

成品酒精在塔顶部第4至第6块塔板上提取，经冷却器冷却和检酒器后送往计量罐。尾级杂质的提取方法与两塔流程相同。

国外酒厂在生产兑制高级饮料酒用的优质酒精时，除了提取头级和尾级杂质外，还要提取称为杂醇酒的中间杂质。它主要由乙酸异戊酯、异戊酸乙酯等酯类和丙醇等组成。杂醇酒的酒精含量为70%～80%(体积分数)，应从精塔精馏段的相应塔板处提出。提取量大约是加工酒精总量的1%左右。由于杂醇酒具有特殊的酯香味，会严重影响成品酒精的口味，也会降低成品酒精的化学指标(例如氧化时间)，在必要与可能的情况下，酒厂可以考虑它的排除问题。

4. 间接式三塔蒸馏流程

本流程的特点决定它具有优良的操作性能，能稳定地生产出高质量的成品酒精。其缺点是汽、水消耗量大，设备投资较大。只有在要求生产高质量成品酒精和加工含头级杂质较多的糖蜜酒精时才考虑使用。该流程示意于图2－8－11。

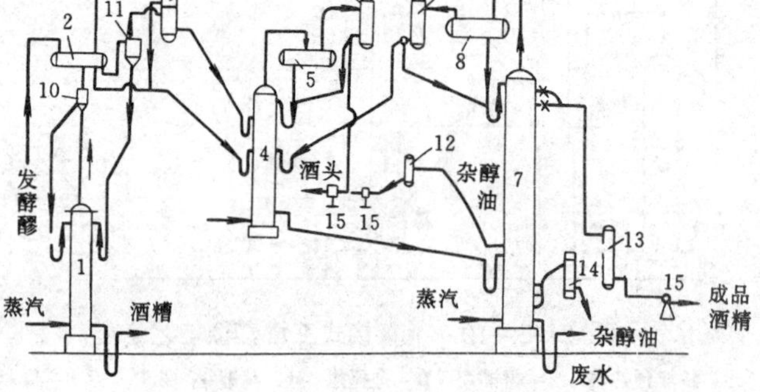

图 2－8－11　间接式三塔蒸馏工艺流程

1—粗馏塔　2—冷凝器(发酵醪预热器)　3—附加冷凝器　4—醛塔　5—醛塔分凝器　6—醛塔冷凝器　7—精馏塔　8—精塔分凝器　9—精塔冷凝器　10—液滴捕集器　11—分离器　12—杂醇油冷却器　13—成品酒精冷却器　14—杂醇油冷却器　15—检酒器

粗馏塔有18～24块塔板;醛塔30～40块,13～20块处进料;精塔66～74块,13～16块处进料。

各塔均用直接或间接蒸汽加热,每只塔都有自己的冷凝器系列,从塔顶导出蒸汽。粗馏塔的酒精–水蒸气经过泡沫捕集器进入成熟醪预热器,大部分在此冷凝,冷凝液送往醛塔,余下部分蒸汽在冷凝器3中冷凝。冷凝液除必要时提取作为头级杂质外,一般情况下也送往醛塔,作为进料。

发酵醪经预热器预热,在分离器中排出二氧化碳等不凝结气体,然后进入粗馏塔顶部。不凝结气体带走的酒精及挥发性杂质在冷凝器3中冷凝。冷凝液回入醛塔上部。粗馏塔底部装有排糟器,排除酒糟。

醛塔导出的蒸汽在分凝器和冷凝器中分别冷凝。冷凝液绝大部分回入醛塔顶部作为回流。最后一只冷凝器中的冷凝液在必要时作为头级杂质(醛酒、醛酯馏分)提出。

醛塔底部的脱醛淡酒精进入精塔中下部作为精塔的进料。精塔最后一只冷凝器中提取的醛酯馏分一般不直接排出,而是送往醛塔进一步浓缩,以提高成品酒精的得率。

成品酒精从精塔顶部第3、7、8、10块塔板处液相取出。经冷却器、检酒器后进入计量罐。

杂醇油提取方法与两塔流程相同。杂醇酒的提取方法也和半直式三塔流程一样。

(二) 带甲醇塔的三塔流程

这种形式的三塔流程近年来在我国得到了较广泛的应用。其原因有二: 一是因为国内和少数外商对甲醇含量提出了高的要求;二是因为甲醇塔相对来说能量消耗较低,如果用填料塔来代替板式塔则投资也比较少。

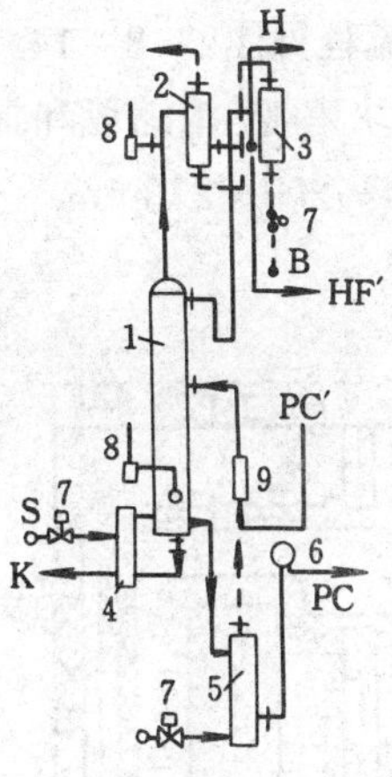

图 2–8–12　甲醇塔示意图

1—后馏塔　2—分凝器　3—冷凝器　4—蒸发器　5—酒精冷却器　6—玻璃罩　7—调节器　8—真空排除器　9—转子流量计　B—水　HF′—头级杂质　K—蒸汽冷凝器　H—不凝结气体　PC′—精馏酒精　PC—脱甲醇精馏酒精　S—蒸汽

带甲醇塔的三塔流程是以两塔流程为基础,并加1个甲醇塔(后馏塔)组成。两塔流程精馏塔取出的成品酒精,送往甲醇塔进一步处理,排除甲醇及其他残留的头级杂质,以求得到质量级别更高的优质酒精。由于甲醇的挥发系数和精馏系数都是在高酒精浓度时数值变得更大,为此应该在高酒精浓度区域,也就是在塔顶或冷凝器中将甲醇排除,而成品脱甲醇酒精则是在甲醇塔底部取出。为了防止成品酒精不被加热蒸汽冲稀,甲醇塔应采用间接加热。甲醇塔的示意图见图2–8–12。

甲醇塔一般由30块塔板组成,提馏段20块,浓缩段10块。塔底用列管式加热器间接加热。两塔流程精塔来的精馏酒精进入甲醇塔的中上部,脱甲醇精馏酒精从甲醇塔底部取出。

甲醇塔顶部导出的蒸汽经冷凝器冷凝,大部分作为回流,仅取0.5%～1%作为头级杂质,甲醇绝大部分在其中。

我国有不少厂家采用填料塔作为甲醇塔,由于甲醇塔只在塔顶和塔底取出物料,该填料塔结构简单,厂家使用效果也很好,故全国许多设备厂家都能供应这种设备。

现在可以看出,在第五节中提到的两塔流程改进型,在精塔顶部增加塔板法,实质上就是将甲醇塔的浓缩段顶在精塔顶部,如果有8～10块塔板,则其作用就相当于加了一个后馏塔。当然也可以在精塔顶部装一节相当于8块塔板的填料塔，这样将更简单。再一次提醒读者，增加塔板并不是愈多愈好。

四、多塔流程

在三塔流程的基础上，根据特殊需要，可以增添具有专门功能的附加塔，从而构成四塔、五塔乃至六塔流程。通常有三种附加塔：甲醇塔、浓缩塔和杂醇油塔。由于甲醇塔在前面已有介绍，这里仅对浓缩塔和杂醇油塔和五塔流程简单加以叙述。

(一) 浓缩塔

从醛塔或精塔排出的醛酯馏分(头级杂质、工业酒精)中，92%～97%是酒精，头级杂质只占3%～8%。醛酯馏分提取量达2%～5%。为了进一步提高成品精馏酒精的得率，将醛酯馏分进一步浓缩是一个有效措施。浓缩塔的任务也就在于此。

浓缩塔的流程见图2－8－13。浓缩塔具有39～40块塔板，醛酯馏分从下数第24块塔板进料，从塔顶加入热水，塔底进加热蒸汽。由于在塔顶加了热水，各块塔板上的酒精浓度都降低，头级杂质的挥发系数增加，从而易于分离。排除头级杂质的淡酒精从塔底部以釜残液的形式，送去蒸馏，这一部分酒精就可以重新进行蒸馏并得到回收。

头级杂质在塔顶部进一步浓缩，然后导出引入冷凝器，得到的冷凝液基本由醛类、酯类和水组成。这种冷凝液进入倾析器，在其中分成两层，上层为醛酯馏分和少量酒精，可作为副产品取出，下层含有少量头级杂质的酒精水溶液，回入塔顶作为回流。

浓缩塔的采用，可使精馏酒精成品得率从原来的95%～96%提高到98%～98.5%。

(二) 杂醇油塔

杂醇油塔的任务是进一步浓缩从精塔取出的杂醇油或杂醇酒，以求成品酒精得率进一步提高。杂醇油塔在俄罗斯的大多数酒厂都得到应用。杂醇油塔流程见图2－8－14。

杂醇油塔具有55～57块塔板，其中浓缩段40块，提馏段15～17块塔板。浓缩段和提馏段之间装一个贮液器(见图2－8－15)，以保证塔的正常运行。贮液器高200～270mm。

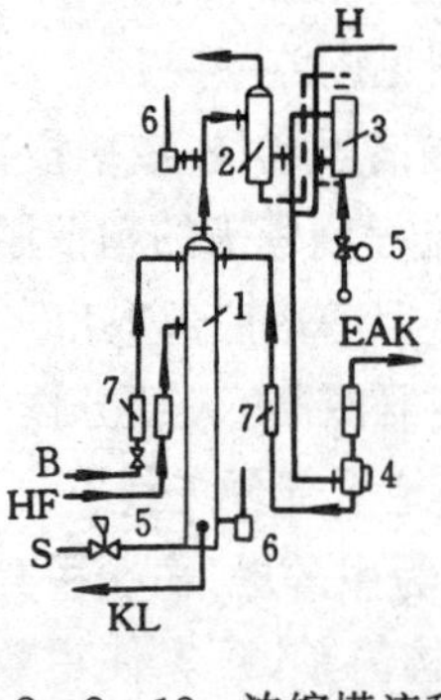

图 2－8－13　浓缩塔流程

1—浓缩塔　2—分凝器　3—冷凝器
4—倾析器　5—调节器　6—真空排除器
7—转子流量计　B—水　HF—头级杂质
KL—釜残液　EAK－醛酯馏分
H—不凝结气体　S—蒸汽

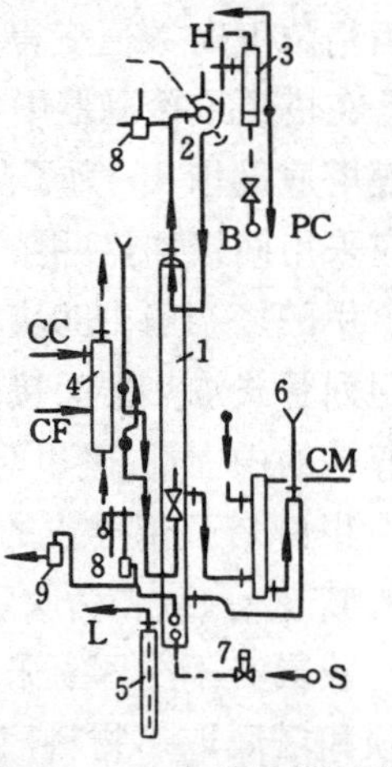

图 2－8－14　杂醇油塔示意图

1—杂醇油塔　2—分凝器　3—冷凝器
4—杂醇油冷却器　5—排废水液封
6—杂醇油分离器　7—调节器
8—真空排除器　9—样品冷却器　B—水
PC—成品酒精　CM—杂醇油　S—蒸汽
CC—杂醇酒　CF—杂醇油馏分
L—废水　H—不凝结气体

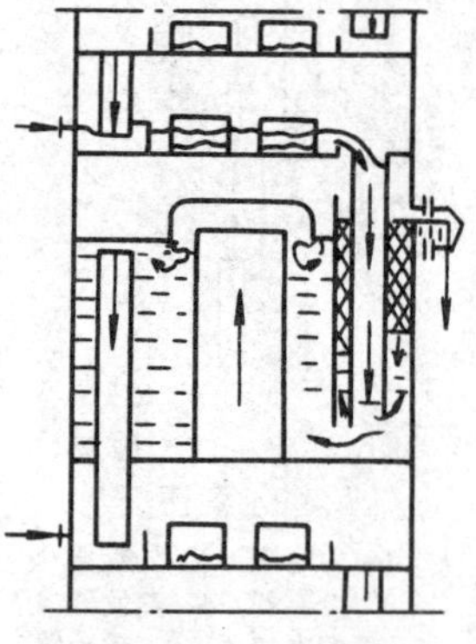

图 2－8－15　贮液器

来自精塔的杂醇油和杂醇油馏分直接进入位于贮液器上面的那块塔板，而浓缩后的杂醇液则从贮液器取出。由于贮液器中积聚了大量杂醇油，故进入该贮器的回流液会发生分层，形成上下两层。上层富含杂醇油，下层为淡酒精。贮液器在靠近上层溢流管一边装有隔板，形成一个小室。隔板下部不达到底，但顶部高过贮液器液面，上层塔板流下的回流液在小室内分层，上层液体通过导管和视镜取出，下层淡酒精流往贮液器的其余部分，参与蒸馏。

杂醇油塔顶的蒸汽冷凝后送去醛塔，或者作工业酒精。塔底排出废水，用直接蒸汽加热。

(三) 五塔流程

作为多塔流程的代表，这里简单地介绍一下五塔流程。在三塔流程的基础上，增加甲醇塔和杂醇油塔就组成五塔流程。这种流程虽然设备多而且复杂，蒸汽和水的消耗量也较多，但是，它能够制备质量最好的高纯度特级酒精，而成品率也最高。

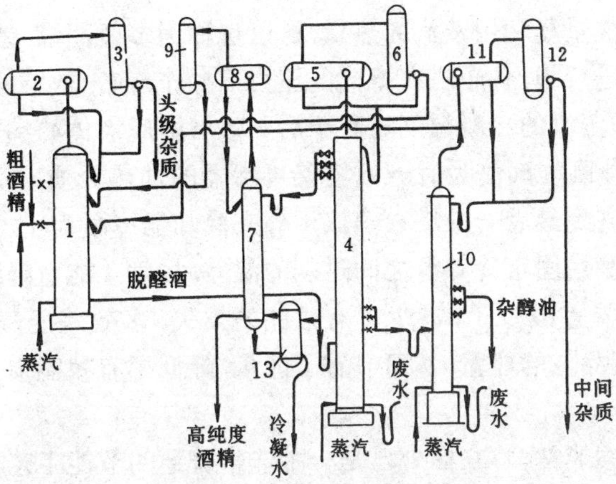

图 2-8-16　多塔流程的原则流程(粗塔未表示)

1—排醛塔　2—醛塔分凝器　3—醛塔冷凝器　4—精馏塔　5—精塔分凝器　6—精塔冷凝器　7—甲醇塔　8—甲醇塔分凝器　9—甲醇塔冷凝器　10—杂醇油塔　11—杂醇油塔分凝器　12—杂醇油塔冷凝器　13—甲醇塔加热器

图2-8-16列示了这类多塔流程的原则示意图。图上只表示了4个塔，粗馏塔省略了。如果加上粗馏塔，它就是完整的五塔流程。

来自粗馏塔的酒精-水蒸气或淡酒精液体(粗酒精)进入排醛塔中部，排除了大部分头级杂质的脱醛淡酒精从醛塔底部引出，进入精馏塔中下部，进行精馏。精馏塔顶部成品酒精取出后不直接去酒精成品库，而是送往甲醇塔的中上部，以便进一步除去甲醇和残留的其他头级杂质，最终以高纯度酒精的形式从甲醇塔塔底取出。为了不使成品酒精变稀，甲醇塔用加热器进行间接加热。甲醇塔顶排出的蒸汽冷凝后，大部分作为回流，一小部分作为甲醇和头级杂质馏分取出，并送往排醛塔进一步浓缩。

从精馏塔相应部位取出的杂醇油进入杂醇油塔，在该塔中进行杂醇油的浓缩。浓缩后的杂醇油再由相应的部位取出，进一步处理得到杂醇油产品。从杂醇油塔顶部上升蒸汽中可抽出一小部分送往醛塔，而从冷凝器的冷凝液中可取出一部分中间杂质，它可以与醛酯馏分混合作为工业酒精出售。杂醇油塔和精塔底部均排出废水。醛塔、精塔、杂醇油塔底部和甲醇塔的加热器中都送入加热蒸汽。

增加甲醇塔和杂醇油塔会使蒸汽耗量增加。甲醇塔增加的蒸汽消耗量为每10L高纯度酒精3kg左右蒸汽，杂醇油塔为每10L酒精6kg左右蒸汽。

上面简单地介绍了常用的连续蒸馏工艺流程。在掌握了蒸馏和精馏理论后，人们可以根据不同酒精成品质量的要求，参照上面介绍的内容，选择或设计合适的蒸馏精馏流程。

五、差压式节能蒸馏工艺

酒精生产是一个消耗能量较多的行业。为此节省能量消耗是酒精行业的重要任务。酒精蒸馏所消耗的蒸汽量占整个酒精生产蒸汽消耗量的60％以上，所以，采用酒精蒸馏的节能技术是大家普遍关心的事情。近几年来，我国已经开始利用差压蒸馏的技术来达到节能的目的。其他节能技术如热泵技术等也正在研究开发之中。这里仅就差压蒸馏的应用情况作简单介绍。

(一) 差压蒸馏的原理

差压蒸馏是多次重复利用蒸汽的热量，所以也称为多效蒸馏。差压蒸馏是在两个或两个以上的塔系统内进行的。各个塔在不同的压力下操作，前一效塔的压力高于后一效塔的压力，前一效塔塔顶蒸汽的冷凝温度略高于后一效塔塔底液体的沸腾温度。前一效蒸馏用直接蒸汽加热，其塔顶蒸汽作为后一效塔釜再沸器的加热介质，它本身则在再沸器中冷凝。依次逐效进行，直到最后一效塔顶蒸汽用外来冷却器冷凝为止。

多效蒸馏充分利用固定冷热源之间过剩的温差。尽管总能量降级是相同的，但每个塔的塔底和塔顶间的温差减少了，减少了有效能的损失。多效差压蒸馏使得总能量逐塔降低，充分利用了各级品位的能量，从而节省了能量，降低了有效能损失，提高了系统的热力学效率。

差压蒸馏的方案非常多，在国外已是一种非常普通的节能工艺。我国在糖厂采用的多效蒸发浓缩设备在原理上是和差压蒸馏一个道理。只要在酒精生产中的应用还在起步阶段，自产的差压蒸馏设备在性能和运行可靠性方面也有待进一步提高。这里要指出的是差压蒸馏装置投资较大，只有在大型酒精厂才有应用的实际价值。各工厂在决定采用该技术之前，一定要进行充分的可行性论证，以免造成不必要的巨大浪费和不良后果。

这里仅介绍双效蒸馏和宿州酒精厂的差压蒸馏流程。

(二) 双效蒸馏

双效蒸馏就是将一般的蒸馏塔改为压力不同的两个蒸馏塔，较高压力塔的塔顶蒸汽用来加热较低压力塔塔底的釜液，这样可减少过程的不可逆性，达到节约能量的目的。

根据加热蒸汽与物料的相对流向，双效蒸馏可分为顺流、逆流和并流几种，图2－8－17(1)列示了常用的并联流程，这里的进料分成两部分，分别进入高低压塔。高压塔顶蒸汽作为低压塔釜加热蒸汽。图2－8－17(2)为北京化工大学叶永恒副教授建议的双效醪塔流程。预计可节能30％～40％，增加的投资费用可从半年的节能效益中回收。

(三) 宿州酒精厂节能蒸馏流程

我国安徽省宿州特级酒精厂从法国引进了全套蒸馏设备，该设备属于差压蒸馏装置。其流程见图2－8－18。

该流程共有9个塔，前7个塔生产1.5万吨优质酒精，后2个塔用来生产无水酒精。

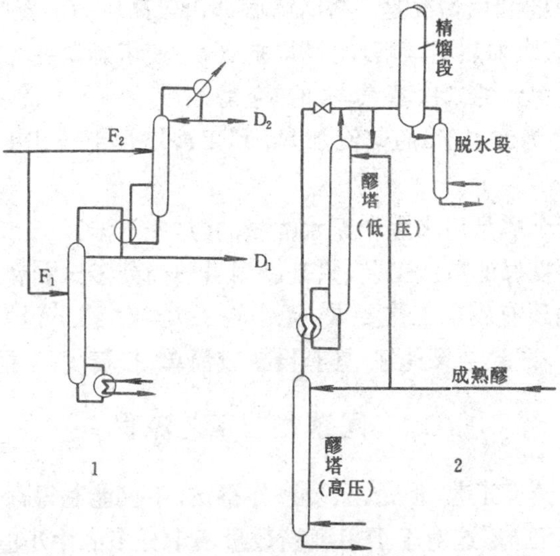

图 2-8-17　双效差压蒸馏

1—双效蒸馏(并联)原则流程　2—双效醪塔流程　F_1,F_2—发酵醪　D_1,D_2—粗酒精冷凝液

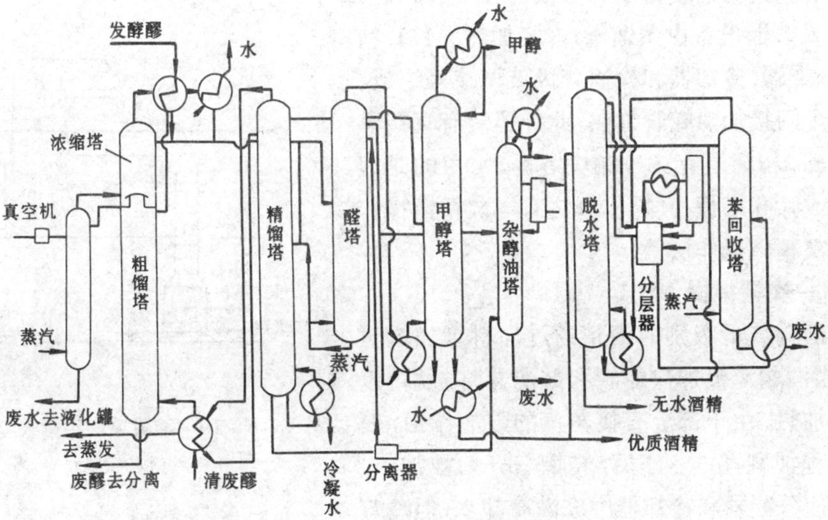

图 2-8-18　宿州酒精厂节能蒸馏流程

发酵醪用浓缩塔顶酒精蒸气预热后进入粗馏塔顶部，产生的蒸汽升入浓缩塔。酒糟由粗塔底部排出。浓缩塔底的液体流入脱水塔，废水由塔底排出，产生的酒气进入液缩塔。浓缩塔顶部产生的酒气经冷凝后液态进入排醛塔，顶部产生酒精蒸气用作甲醇塔加热，冷凝液大部回入排醛塔顶作回流，一部分送往杂醇油塔。排醛塔顶部加入一定量的精馏塔底排出的废水，用来稀释醛塔塔板上的酒精-水溶液，以提高杂质的挥发系数。脱醛酒从醛塔底排出并送往精塔中下部。精塔顶部的酒精蒸气用来加热粗馏塔，产生的冷凝液作为精塔的回流。从精塔上部取出精馏酒精并送往甲醇塔中上部。高纯度酒精以甲醇塔底取出。甲醇塔顶酒精蒸气冷凝后大部分回流，一小部分作为甲醇杂质取出。杂醇油塔中部取出杂醇

油，顶部取出工业酒精作为头级杂质的排除。塔底排出废水。

该流程加热蒸汽的利用情况是：精馏塔底部用较高压力的蒸汽(200kPa)加热，利用精馏塔塔顶108℃的蒸汽加热粗馏塔。粗馏塔抽真空，使塔釜温度为80℃。同时利用精塔废液在经过汽液分离后得到的二次蒸汽去加热杂醇油塔。

排醛塔也用压力为200kPa的蒸汽加热，利用醛塔顶部排出的酒精蒸气去加热甲醇塔。

该流程的另外两个塔是用来生产无水酒精的，这些不涉及。

差压蒸馏是一种良好的节能工艺，只是我国目前尚处于试制和试运转阶段，在设备的设计和运转工艺方面还有不少工作要做。无锡轻工大学生物工程学院研制的新型差压蒸馏装置已经通过中试，试验结果良好，具有设备较简单、投资少、节能效果明显等优点。

六、间歇蒸馏工艺流程

这是一种古老的蒸馏工艺，但是，只要操作得法，不仅能制得食用普通级成品酒精，而且可以制得优级食用酒精。这对于需用酒精数量不十分多的中小型白酒厂来说是十分适合的。安装一套单塔间歇精馏装置，从市场上购回普通级食用酒精或药用酒精，进行处理，年产几千吨优级食用酒精用不了多少投资。

单塔釜式精馏设备示意于图2－8－19。

釜式蒸馏设备由蒸馏釜(内装加热元件)、精馏塔、分凝器、冷却器和检酒分级玻璃罩等组成。蒸馏釜用间接加热蛇管加热，此外还装有直接蒸汽鼓泡器。精馏塔有36～60块塔板，常用的是泡帽塔板或筛孔塔板。其操作方法有一次精馏操作法和多次精馏操作法等。

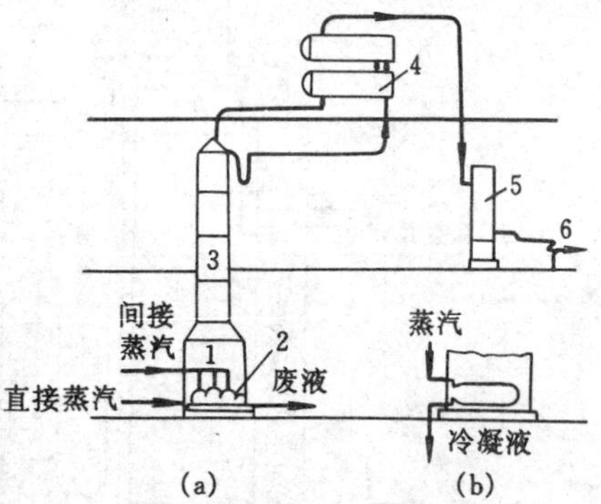

图 2－8－19 釜式单塔精馏设备示意图

1—蒸馏釜 2—加热构件 3—精馏塔
4—分凝器 5—冷却器 6—玻璃罩
a—釜式精馏设备 b—U形加热管

1. 一次精馏操作法

粗酒精或低级别的酒精通过加料管加入蒸馏釜，当酒精淹没加热蛇管和鼓泡器时，就可以进蒸汽加热。由于部分直接蒸汽的鼓泡作用，使加热过程加剧。0.5～1h后，精馏塔开始被加热。这时应使分凝器和冷却器中充满冷却水，但冷却水进口阀要待有蒸汽进入分凝器时才打开。

本操作法采用“闷塔”的方法来浓缩头级杂质。即在精馏塔进入正常运行后，将分凝器中的冷却水开足，使得进入分凝器的酒精－水蒸气全部冷凝并以回流的形式回入精塔顶部。很明显，这时塔的回流比等于无穷大，不出任何产品。采用闷塔的目的在于使头级杂质充满并积聚在塔的顶部；此外也是为了使塔板上酒精浓度变高，创造不让尾级杂质上升的条件。根据原料酒精的质量，闷塔时间可延续1.5～3h。这时要注意回流液的温度，一般应保持在50～60℃的范围之内，以保证精馏的正常进行。闷塔结束前，蒸馏釜中的头级杂质几乎全部聚集在塔顶部，这时关小分凝器冷却水阀门，加大冷却器的冷却水量，回流比随之减小。玻璃罩中很快出现醛酯馏分。这一操作称为“抛甩”。

当塔中的头级杂质基本上被“抛甩”出塔外后，开始分级提取酒精。头级杂质的提取量约为全部处理酒精量的0.3%～0.5%。这一部分产品呈淡绿色。当玻璃罩中出现无色酒精时，开始提取Ⅲ级酒精(这里的级别是釜式精馏专用的，与国标的级别不同)，这种酒精中的头级杂质含量多于被处理酒精中的含量，只能相当原国标的四级酒精，其提取量为酒精总量的2.5%～5%。然后提取Ⅱ级酒精，其质量相当或略优于被处理酒精，提取量为4%～8%。然后提取Ⅰ级酒精。这种酒精的质量可达到食用普通级或优级标准(视原料酒精质量而异)。

提取成品酒精时，回流比控制在接近最小的程度。使精馏塔的生产能力达到最大值。由于头级杂质和中间杂质已事先排除干净，这时只要注意尾级杂质的混入问题。要做到这一点，就应该保持塔板上有足够的酒精浓度，使尾级杂质在这种酒精浓度下$K<1$。

随着酒精成品的提取，釜中酒精逐步减少，为了不使精馏酒精的浓度降低，就要开大分凝器的进水量，以增加回流比，或者减少釜的加热蒸汽用量。

当分析和品尝结果表明尾级杂质已开始混入时，开始提取尾Ⅱ级酒精，由于釜中酒精进一步减少，其酒精浓度有所降低，一般为85%，而随后取尾Ⅲ级酒精时，酒精浓度只有80%～85%。当釜中沸点达101～103℃时，开始提取杂醇油，并导入杂醇油分离器。当馏出液酒精浓度为2%时，停止精馏，停止进汽，排出釜中残液。

上述全部过程的调节控制可通过改变进汽量或进入分凝器的冷却水量来实现。实际上，加热蒸汽量是固定不变的，改变的仅仅是冷却水的数量，也就是通过回流比的变化来进行控制。

2. 多次精馏操作法

为了提高釜式精馏的设备利用率，节省蒸汽消耗和提高Ⅰ级品率，可以采取多次精馏操作法。该法的实质在于，当前一次精馏达到将80%～90%酒精蒸出时，暂停精馏，从进料口加入需要处理的原料酒精。然后按照第1次精馏的常规操作法进行精馏。

精馏可重复的次数取决于两点：一是釜中的残液不能太多，致使加入的原料酒精被稀释得太多。另一点是釜中处理液的杂醇油含量不能太高。如果被处理的酒精相当于前国标的三级酒精，则重复精馏次数可达5次。

根据前苏联的资料，用釜式单塔精馏装置处理酒精浓度为88%的粗酒精，当产量为每昼夜5000L无水酒精时，所需蒸馏釜的容积为8.3m^3，加热面积8.0m^2，精馏塔塔径750mm，塔高7950mm，塔板数43块，总冷却面积25m^2。产品优质精馏酒精的得率为92%，每10L成品酒精消耗蒸汽(50kPa)18kg，消耗水0.15m^3。

第六节　蒸馏精馏装置的操作和控制

蒸馏装置的正确操作和适时的调控是保证产品质量、充分发挥装置生产能力和降低能量消耗的重要措施。下面就几个重要操作关键和控制问题作简单介绍。

一、开机前的准备工作

在新蒸馏设备投产或大修后开机前都必须对设备进行水试、汽试和料试。

水试是对蒸馏塔各类热交换器和管道进行加水试验，以检查设备和管路是否密封。一般说来，塔的高度分别在12～20m，在充满水后，塔底压力可达120～200kPa，正常运行时塔底压力仅为20～50kPa。所以，若水试时不渗漏，则可达到设备试压的目的。各类换热器水试时是否渗漏，可通过检查回流视镜中有无水流来决定。管道系统的阀门、管件、法兰、各检测点接头部位有一部分也可通过水试来检查其密封程度。

汽试是指用蒸汽对蒸馏装置系统进行密封性能的试验。汽试时先往塔内加水，当塔底加热室液位达1/2～1/3，而在塔板上有一定液面时，就可开蒸汽加热；当塔顶空气阀排出烫手热蒸汽时，即可关闭空气阀，蒸汽即进入冷凝系统。预先打开冷凝系统的冷却水，使形成正常的回流。待运行正常后，可开醪泵将水送入醪塔，以水代醪进行蒸馏试验，并对整个装置的运行情况进行检查。

料试是在新机组投产前，为慎重起见，在水试和汽试后进行的小批量醪液蒸馏试验。通常是在汽试后将发酵醪送入粗馏塔，按常规工艺进行操作，同时检查机组的负荷能力，设备有无渗漏，成品质量如何，主机和辅助设备之间是否配套，水、电、汽供应和仪表工作是否正常等。待一切正常后，即可正式投产。在进行各类试验时，要注意塔顶空气阀的作用，当塔要排空或冷却时，要打开空气阀，以免造成塔内真空而将塔或其他设备压瘪。

二、开　机

开机操作是指设备投入正常生产时的一系列启动装置的操作程序。它随蒸馏装置及流程的不同而异。这里仅以两塔流程为例，作简单介绍，仅供参考。

(1) 检查塔底加热室液位和塔板上液位(有静液封的塔板)或塔板的湿润状况(无静液封的塔板)。加热室的液位应为1/2～1/3，塔板上应有液面或处于湿润状况。

(2) 打开塔顶空气阀，以便排除塔内空气。

(3) 先预热精馏塔，再预热粗馏塔。

(4) 采用气相进精馏塔工艺时，先预热精馏塔，当塔底温度升到90～100℃时，开始对醪塔预热。应力求醪塔和精馏塔的预热进程能互相适应。要求是，当精馏塔蒸汽上升到进料层时，醪塔的蒸汽也升至塔顶，待空气阀排出的气体烫手时，关闭空气阀，使蒸汽进入精馏塔，并汇同精馏塔底部来的蒸汽一起上升到精馏塔顶部，排出空气，并关闭精馏塔顶部的空气阀。

当蒸汽上升至精馏塔中部时，稍开精馏塔各热交换器的进水阀，使其充满冷却水。一旦回流系统基本正常后，即可进发酵醪。

(5) 采用液相进精馏塔工艺时，先预热精馏塔，当蒸汽到达塔中部时，再开汽预热醪塔。与此同时，打开两塔冷凝系统的冷却水进口，准备酒精－水蒸气的到来。两塔塔顶空气排尽后，关闭空气阀，当液相进料和精馏塔回流基本正常后即可进醪。

当两塔的各项工艺参数稳定并达到要求时，开机任务即告成。

上述开机程序是针对两塔塔板均有静液封的情况，如果醪塔为有静液封塔板，精馏塔为无静液封塔，则开机程序稍有不同，但开机原则不变，即要排除塔内空气和两塔能配合一致地运转。

三、停　　机

当装置要长时间停止运转或要停机进行塔板清洗时，应以进水代替醪液蒸馏一段时间，以便将塔内酒精全部蒸空，同时也能起清洗塔板和排除塔内污垢的作用。然后按下列程序停机：

(1) 关送醪泵；

(2) 关进汽阀；

(3) 经15～20min后，关冷却水；

(4) 打开塔顶空气阀；

(5) 必要时可往醪塔加水，进行更彻底的清洗。

四、蒸馏操作控制参数

蒸馏操作控制参数随装置系统的不同而异。即使是同一装置，不同工厂采用的参数也不尽相同。下面介绍几个典型塔系装置控制的参数，供参考。

1. 两塔装置控制参数

以上海酒精厂原蒸馏操作规程为例：

总汽压：600kPa

粗馏塔　塔顶温度：97.5～98℃
　　　　塔底温度：112℃
　　　　进醪温度：68～72℃
　　　　塔顶压力：27kPa
　　　　塔中压力：46kPa
　　　　塔底压力：56kPa

精馏塔　塔中温度：83～84℃
　　　　浓缩段底温：93～95℃(分油温度)
　　　　塔中压力：20～24kPa
　　　　脱水段顶温：96～100℃
　　　　塔底温度：108℃
　　　　塔顶压力：27kPa以下

冷凝器温度　1－2#冷凝器：72～75℃
　　　　　　3－4#冷凝器：60℃左右
　　　　　　5#冷凝器：40℃以上
　　　　　　6#冷凝器：30℃

成品入库温度：30℃以下

废糟废液应不含酒精

成品质量符合规定标准

杂醇油得率0.45％以上，其中戊醇含量45％以上

2. 三塔装置控制参数

以广西桂平糖厂的操作为例:

粗馏塔操作参数

塔底温度: 104～105℃

塔底压力: 11～14kPa

塔中温度: 100～102℃

塔顶温度: 96～98℃

进料温度: 72～75℃

排醛塔操作参数

塔底温度: 88～90℃

1#冷凝器出口水温: 70～78℃

2#冷凝器出口水温: 35～45℃

醛酯馏分出口温度: 45～60℃

精馏塔操作参数

塔底温度: 105～106℃

塔底压力: 20～25kPa

提油区温度: 90～95℃

塔中温度: 82～84℃

进料层温度: 86～88℃

出酒精层温度: 84～86℃

塔顶温度: 76～78℃

1#冷凝器出口水温: 70～75℃

2#冷凝器出口水温: 35～40℃

3. 四塔装置控制参数

以马鞍山太白酒厂的操作为例(该厂采用SD型醪塔和SDJ/SD型精馏塔塔板):

醪塔操作条件

塔底进气压力: 80～120kPa

塔底压力: 35～50kPa

塔底温度: 107～110℃

塔顶温度: 95～97℃

进料温度: 60～90℃

醛塔操作条件

塔底进汽压力: 100～200kPa

塔底压力: 15～20kPa

塔底温度: (84.5±0.5)℃

塔顶温度: 79～81℃

分凝器出口水温: 75～77℃

1#冷凝器水温: 70～75℃

2#冷凝器水温: 40～45℃

脱醛酒浓度: 45%(酒精体积分数)左右

精馏塔操作条件

塔底压力: 25～35kPa

塔底温度: 106～107℃

塔中温度: 82.5℃

醪液预热器温度: 65～70℃

1#冷凝器水温: 68～70℃

2#冷凝器水温: 40～50℃

提油在由下往下数10～16块塔板处气相取出

甲醇塔操作条件

塔顶温度: 78～79℃

塔底温度: 79～80℃

塔底压力: 10～12kPa

冷凝器水温: 50～60℃

五、醛酯馏分提取方式及其回收技术

如前所述,醛酯馏分所含的各种头级杂质,其挥发系数和精馏系数均随酒精浓度的增高而变(甲醇例外)。所以,在早期醛塔操作时,要将来自粗塔的粗酒精加水稀释至酒精浓度为30%～35%,以求提高醛酯馏分的分离效率。但是,在现代的蒸馏装置中已经不再必须采用加水的方式,就能达到分离头级杂质的目的。

常规连续排醛操作时,醛塔提取醛酯馏分的数量大约是加工酒精量的3%。其酒精浓度为94%～95%。由此可见,虽然醛酯馏分中含有大量头级杂质,但酒精含量还是占绝大多数。为了提高优质成品酒精的产率,就必须在不减少头级杂质排除总量的前提下,降低醛酯馏分的提取量。可取的方案是采取排醛塔闷塔和间歇排醛的操作方法。有研究表明,醛塔闷塔40h不会实质性地影响精馏塔成品酒精的质量。所以,如果采用每个班排一次醛酒的方案,酒精成品的质量是会有保证的。采取这种方法可将醛酯馏分的提取量降为0.35%～0.6%。其中头级质的含量可上升为25%～30%,优质酒精得率可增至98.7%。这里必须说明的是,上述方案只能在有排醛塔时才能实施。

前苏联有一些学者在深入研究的基础上,提出了将醛酯馏分回入发酵罐或粗馏塔的建议,以进一步提高成品酒精的得率。其理论依据如下:

有机酸和酒精结合生成酯的反应主要发生在醪塔的低酒精浓度区域。如果将酯类添加到塔的这个部位中去,则显然酯化反应会受到抑制,新的酯类不再生成。

通常是将醛酯馏分回入粗塔下部第8块塔板,这里的酒精浓度是相当低的,为此,醛酯馏分事先要稀释至酒精浓度25%～30%。

前苏联的工厂采用这种回用技术后,成品精馏酒精的得率可提高至99%以上。

另一种回用方法是将醛酯馏分回入处于主发酵期的发酵罐中,这样不仅能抑制醛的生成,而且部分乙醛还能还原生成酒精。这一技术在我国山东、河南个别工厂得到应用。实践证明可以提高成品酒精的得率。

六、杂醇油的提取方法

杂醇油提取操作要领如下：

1. 杂醇油的提取

从精馏塔或杂醇油塔的相应部位提取杂醇油的方式有气相取油和液相取油两种。前者取油部位在进料板以下，后者则在进料板以上2～4块塔板处。我国酒精厂以液相取油为多。

杂醇油可以从几块塔板上同时提取，也可以从一块塔板取出。关键的问题是塔的操作要稳定，因为只有这样，塔板上的酒精浓度才会相对稳定，杂醇油才会在预定的取油区积聚。工厂里都采用保持取油区的温度作为操作的指标。一般液相取油时取油区温度为86～88℃，气相取油时温度为96℃左右。

杂醇油提取可连续进行，也可间歇进行。我国主要采取间歇提取法。

2. 杂醇油的分离

杂醇油从塔中取出时，由于其中酒精浓度高，故杂醇油处于溶解状态。为了使杂醇油分离出来，一定要加水稀释。如前所述，加水稀释过程实质上是个液、液萃取过程。稀释的最佳程度是使杂醇油混合物的酒精浓度降至10％左右。这时发生分层，上层是萃余相，主要是杂醇油和少量水；下层是萃取相，主要是酒精和水。分层的最佳温度为20～30℃。稀释用水硬度不能高，pH5～5.5时分离最佳，用冷却后的蒸馏废水作为稀释水是合理的。20℃时杂醇油混合物分层的情况见表2－8－11。

表 2-8-11　20℃时杂醇油最佳分离状态下油层和水层的组成

层次＼含量	杂醇油	酒精	水	相对密度	折光度
上层(油层)	80％	5.6％	14.4％	0.8370	1.3950
下层(水层)	3.6％	8.7％	87.7％	0.9810	1.3425

七、蒸馏系统的微机控制

为了保证成品酒精的质量，提高蒸馏效率和降低蒸汽和冷却水的消耗，必须使整个蒸馏系统处于最佳运行状态。各项规定的控制参数必须严格地控制在规定范围内。采用微机对蒸馏系统进行控制就能达到上述要求。近年来，不少酒精厂开始采用微机对蒸馏进行控制，已经取得了良好的效果。

选择控制点是微机控制的前提。目前选择的控制点一般有：粗馏塔和精馏塔脱水段(脱水塔)的进汽；精馏塔成品酒精的提取；第3或第2冷凝器冷却水的进量；粗馏塔顶温、精馏塔中温、精馏塔底温、回流量和汽包压力。根据本厂蒸馏系统的具体情况，确定控制点和控制数值，再选择合适的计算机、传感器和执行构件及操作软件，就能实行蒸馏系统的微机控制。

例如山东高密酿酒厂的蒸馏系统是由两塔三段式再加上精馏塔顶部附加20多块塔板的甲醇塔组成的。该厂采用山东邹平凯达电子公司的ZP－STD工业计算机，只设三个控制点：粗馏塔和脱水塔的总进汽阀；精馏塔的取酒阀和第3分凝器的进水阀。蒸馏的工艺参数是：汽包压力(10.8～11.8)×10⁴Pa；粗馏塔底压力(5.4～6.4)×10⁴Pa；脱水塔底压力(1.5～2)×10⁴Pa；精馏塔顶温(78.5±0.5)℃，粗馏塔顶温96℃；粗馏塔底温(115±3)℃；脱水塔底温(101±2)℃。第1、第2、第3分凝器的酒温分别是78℃、68℃和(65±2)℃。

第七节　常用的蒸馏精馏塔板

蒸馏和精馏设备最基本的构件是气相和液相多次或连续紧密接触的那部分装置。这类装置的主要形式可分为固定式接触装置、活动式接触装置、后喷式接触装置三大类。塔板式和填料式均属于固定式接触装置，在酒精工业中被得到了广泛的应用。下面仅就带溢流管式塔板、无溢流管式塔板和填料塔作简单介绍。

一、带溢流管式塔板

在这一种形式的塔板上，液体是经溢流管导出的。由于在塔板上能保持一定的稳定的液层，所以在蒸汽压力稍不稳定的情况下也能正常操作。这是它的最大优点，也是至今仍在酒精蒸馏设备中占主要地位的原因。

最早用于酒精蒸馏的泡罩塔板，由于其生产强度和板效率较低等主要缺点，近年来已逐步淘汰。目前我国酒精生产中常用的和正在推广应用的带溢流管式塔板主要是筛孔板(导向筛孔板)、浮阀塔板、SD式塔板和斜孔塔板。分别简介如下：

1. 筛孔塔板(导向筛孔板)

筛孔板简称筛板，已有上百年历史。其主要优点是结构简单，性能优良，比泡罩塔板具有较高的生产强度，因此得到了广泛的应用。其结构示意图见图2－8－20。

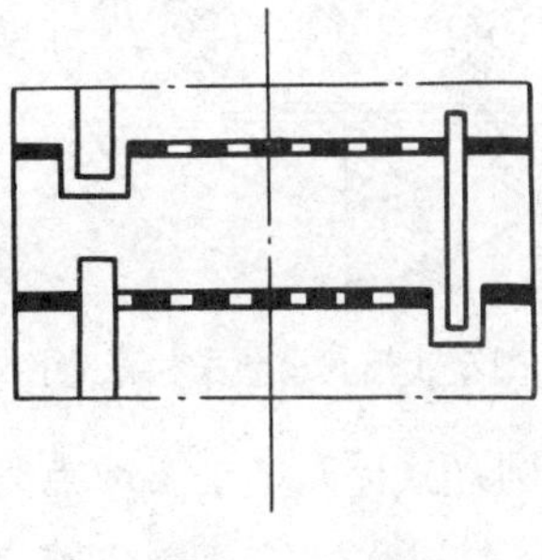

图 2－8－20　筛孔板结构示意图

结构简单的筛板不仅可用于精馏，如孔径选择适当，也可用于醪液蒸馏。这种塔板虽具有溢流管，但仍有一小部分液体会经过筛孔下落。这一特点在一定限度内对提高生产强度有好处。但汽压不稳时，也会造成液层的陡变。

普通筛板塔的主要缺点有三条：一是在塔径大于1.5m时，塔板上液面由于阻力产生梯度，造成气体从阻力较小的薄液层区通过，致使塔板上鼓泡不匀，传质效果恶化；二是在液体进口堰附近造成非活化区，因为这里的液层最高；三是塔板上气液以错流相遇，气流通过鼓泡层后垂直上升，容易加重雾沫夹带，影响生产能力的提高。

为了克服上述缺点，近年来发展一种导向筛板，其结构示意见图2－8－21。

与普通筛板相比，导向筛板有两个重要改进。第一，塔板上增加了一定数量的导向孔，它形同百叶窗片在板面上突起，俯视为矩形，三面与板相连，一面开缝，朝向与流向一致。经导向孔开缝喷出的气流沿液流方向水平地推动液体，从而克服了液面产生梯度及其弊害；又因减少了垂直向上的气流，故雾沫夹带相应减少，允许通过的气流速度增大；另外，液面梯度变小，液层均匀，鼓泡均匀，也有利于提高负荷能力。第二，在导向筛板的液体进入区设有斜台状突起，称为鼓泡促进器，它使这一区域的液层变薄，液体阻力变小，气流易于通过,因而克服了普通筛板存在的非活化区问题。

与普通筛板一样,导向筛板可用于酒精的精馏,也可用于醪液的蒸馏。

2. 浮阀塔板

浮阀塔板是一种较为新型的鼓泡传质构件,它被广泛地用于酒精的排醛、精馏和脱甲醇。浮阀塔工作性能较好,造价较低,是目前板式塔中使用较广、效率较高的塔设备。

浮阀塔板与泡罩塔板的主要区别在于前者用可以上下浮动的阀片代替了泡罩。操作时,上升气流吹起浮阀,蒸汽通过浮阀和塔的间隙,与横向流经塔板上的液体接触,进行传质。随着气流速度的增减,浮阀上浮程度发生改变,从而在一定范围内自动调节气流通道的大小。实践证明,浮阀塔板的气相分布均匀,板效率高和处理量大,兼有泡罩塔板和筛孔板的一些优点,而克服了它们的某些缺点。因此,浮阀塔板在酒精精馏塔中得到了广泛的应用。我国酒精厂常用的是用支腿保证阀的位置和导向的圆盘式浮阀(图2－8－22),代号F_1型(JB1118－68)。

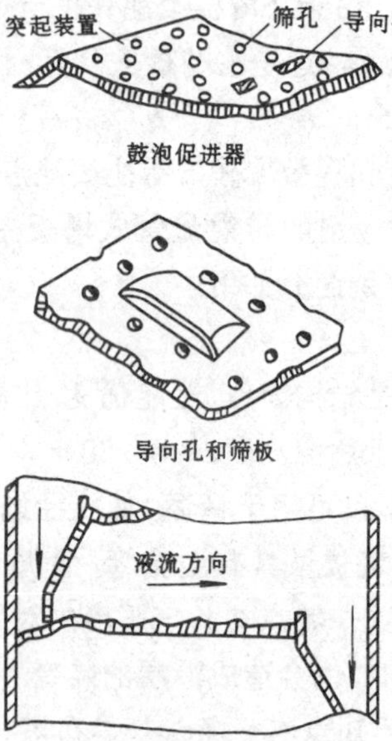

图 2－8－21 导向筛板结构示意图

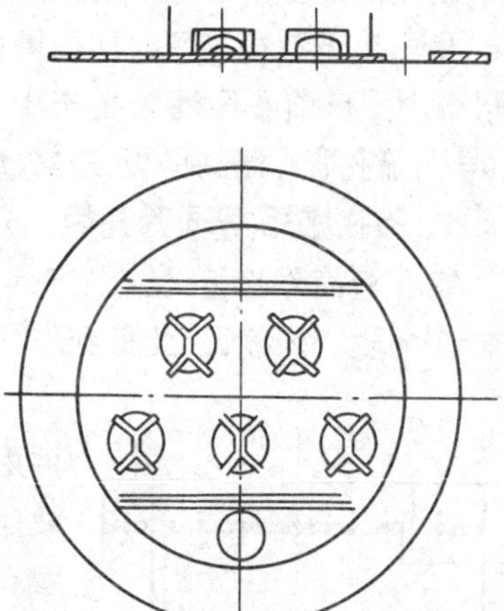

图 2－8－22 圆盘式浮阀塔板结构示意图

浮阀塔的板效率可达0.7～0.8,空塔气流速度达1.5m/s。圆盘式浮阀的主要缺点是时间使用一久,浮阀的支腿因摩擦而极易损坏,进而被气流吹翻,造成空洞,影响板效率的发挥。近年来一些新的类型浮阀,如条形浮阀、方形浮阀等得到开发。方形浮阀已在我国得到广泛使用。与圆形浮阀相比,方形浮阀的鼓泡线长,传质效果好,而且方形浮阀上下活动灵活,不会卡在塔板上,也不易折断。

3. 斜孔塔板

斜孔塔板是一种比较新型的高效塔板,它用于粗酒精的精馏。斜孔塔的优点在于:塔板制造工艺简单;维修容易;节省钢材,与浮阀塔相比节省15%;投资少和生产能力较高,生产能力比浮阀塔板约提高10%。斜孔塔的结构示意图见图2－8－23。

斜孔塔板板面可分为5个区域:

(1) 喷射传质区　这是气液两相进行接触的区域。在该区域的塔板上冲有许多排列整齐的斜孔，同一排斜孔的倾斜方向一致，相邻两排斜孔的方向则相反。液面上液层低而均匀，且湍动剧烈，从而提高了板效率。

(2) 溢流区　这是液体流入和离开塔板的区域，该区域的面积为左右两块溢流堰内面积的总和。

(3) 破沫区　为了避免大量含泡沫的液体进入溢流区，在传质区和溢流堰之间需要一段无斜孔的区域来消除泡沫，此区域就叫作破沫区。分布区宽度一般取60～75mm，在小塔中可减少至25～40mm。

(4) 液体分布区　液体流入塔板后，应经过一个区域才能与气体接触，此区域即是液体分布区。它可防止液体重力可能引起的泄漏，并可使液体均匀地流经整块塔板。分布区宽度可取50～80mm，小塔为20～30mm。

(5) 无效区　塔板采用支持圈支撑，需在塔板周围留出一环形区域，宽度可取50～70mm，小塔为25～30mm。

4. SD塔板

SD组合型泡罩塔板是近年来广泛应用于我国酒精工业的一种复合塔板。它是在国外条形泡罩和单向气流式塔板(S塔板)的基础上发展而成的。它是由S形条状泡罩(S形元件)和D形泡罩(D形元件)两部分组成气液接触区。前者位于塔板中央，是主要传质区。后者位于主要传质区两侧的弓形部位，是辅助传质区。SD塔板的示意图见图2－8－24。

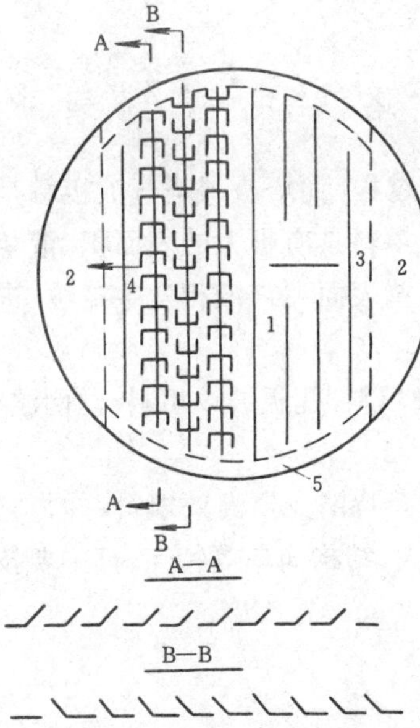

图 2－8－23　斜孔塔板结构示意图

1—喷射传质区　2—溢流区　3—破沫区
4—液体分布区　5—无效区

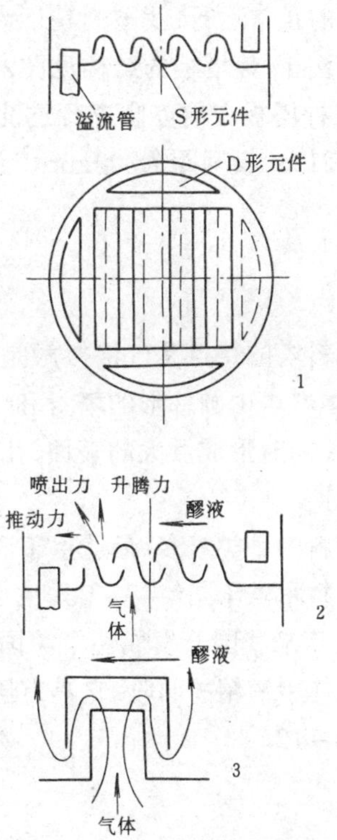

图 2－8－24　SD塔板示意图

1—SD塔板示意　2—S形元件工作状况分析
3—D形元件工作状况分析

S形元件保证气流单向流动,其方向与液流方向相同。这样可借助气体喷出时的动能,推动液体从S形元件上通过,以减少液面梯度,使塔板上的液层分布比较均匀。单向气流也将减少雾沫夹带,有利于生产能力的提高。

D形元件实际上是一种D形泡罩,其工作原理与普通泡罩相同。设置D形泡罩的目的是增加气液接触区域。

由于在塔板上气液呈并流运动,故有一定的排污能力,使得SD塔板既可用于精馏,也可用于粗馏。

实践证明,SD塔板的D形元件区域还是会造成杂质堵塞的,为此,又发展了一种单一的S形单向气流条形塔板(S塔板),它较SD塔板更适合于醪液的蒸馏。

二、无溢流管式塔板

无溢流管式塔板的最主要特征是液体不是通过溢流管而是通过气体上升的同一孔隙下流的。这类塔板具有以下优点。

(1) 对于这类塔板来说,不存在液面梯度问题,也就不存在它对鼓泡均匀性的影响问题。

(2) 可以设计大直径的塔,而不必考虑会因此而影响塔操作的均匀性问题。因为液体是通过气流上升孔隙下流的,所以,再大直径的塔也不会有塔板液面产生梯度的问题。

这种无溢流管式塔板的最大问题是,它对操作的塔内压力要求十分稳定,否则会严重影响塔的正常运行。我国酒精厂尚无使用这类塔板的报道。这里仅介绍一种陷落式条形筛板作为例子,该塔板的结构见图2－8－25。

这种塔板在前苏联进行过淀粉原料发酵液的蒸馏试验,条形孔宽为4mm,开孔率为15%～21%,板间距为300mm。空塔气流速度取1.5m/s。对糖蜜发酵醪的蒸馏也进行过试验。

三、填 料 塔

填料塔的特点是气液接触是一个完全连续的过程,而塔板式塔气液接触是多级间断过程。填料塔由圆柱形的塔身和内装的填料组成。填料具有很大的表面积。液相沿这些表面下流,同时形成巨大的表面,上升的气相就在这些表面上与液相发生接触,进行热交换和质交换。

填料的种类繁多,最适用于酒精精馏的是弦栅填料、孔板波纹填料、丝网波纹填料等。弦栅填料示意于图2－8－26。

近年来我国开发成功了美国诺顿公司研制的英特洛克斯高效填料,并将它用于二氧化碳气体中酒精的回收。它具有压降小、处理能力大、结构简单等特点。其主要技术参数见表2－8－12。

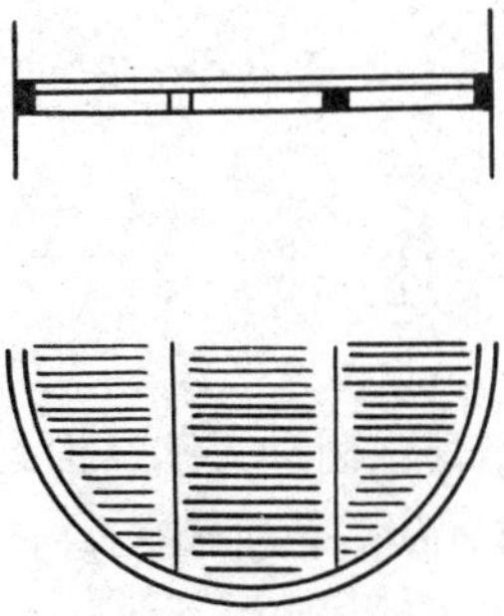

图 2－8－25　条形筛板示意图

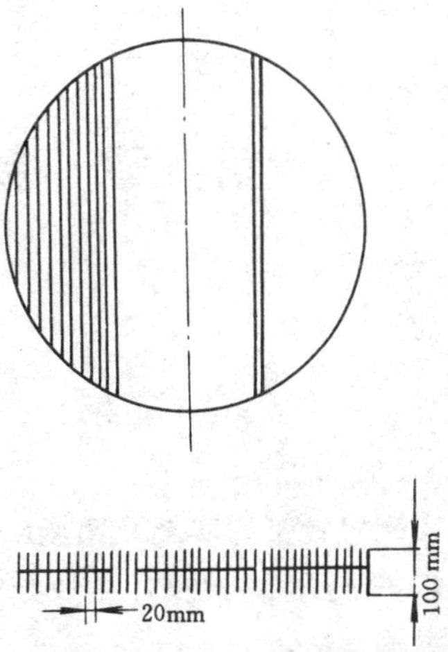

图 2－8－26　弦栅填料示意图

表 2-8-12　用于回收二氧化碳气体中酒精的JTL金属英特洛克斯填料塔的主要技术参数

项　目	单　位	规格与数值		
		JTL250(B)	JTL350(B)	JTL500(B)
适应生产能力	(95%酒精)	5000	10000	20000
塔内径	mm	250	350	500
吸收率	%	>70		
压力降	kPa	<3.2		
工作压力	kPa	<29.2		
填料高度	m	≥5.30		
填料空隙率	m^3/m^3	0.96		
塔总高	m	6.60		

第九章　新型白酒生产工艺

第一节　概　　述

随着国家调控政策的实施及市场经济的发展，中国白酒进入了结构大调整的新时期。这种调整包括产业结构的调整，企业结构的调整及产品结构的调整。在产品结构调整中，应大力发展新型白酒。

新型白酒的确切定义：是指以优质酒精为基础酒，经调配而成的各种白酒。这类产品的感官指标特色是：无色透明，香味协调、自然，口味干净，具有特定的风格；理化指标特色是：卫生指标低，酸酯等指标也低，具备了卫生、安全的先决条件。

新型白酒还有以下优点：

① 节约粮食。1t 95%酒精分的酒精可生产38%酒精分的白酒2.93t，平均吨酒耗粮为1.074t，比同类普通固态法白酒降低耗粮22%。

② 含高级脂肪酸酯少，加水降度后很少混浊，便于低度白酒的生产。

③ 增香调味原材料品种丰富，可生产出多香型、多类型的白酒。

④ 工艺简单，设备简单，投资少，见效快，劳动效率高，很适应市场经济多变的需求。

新型白酒这些优点，决定了它在未来中国饮料酒中举足轻重的地位和作用。随着社会的进步，人民生活水平及文化素质的提高，这类酒有更广阔的发展前景。

一、新型白酒发展历程的回顾

我国新型白酒的发展可以说是曲曲折折，有高潮也有低谷，有经验也有教训，大致经历了以下几个阶段。50年代末，粮食紧张，酒也紧缺，有人搞了“三精一水”的散装兑制白酒，在市场上风靡一时，中国新型白酒从此诞生了。当时由于分析手段落后，缺乏对其内在质量缺陷的认识，未能很好地解决酒精除杂及成品酒“缺酸少酯”的问题，造成了饮后上头的不良影响，以致这个坏印象一直延续到现在。今天有的消费者、有的生产者一提用酒精兑酒就摇头。有的企业明明是用酒精兑制白酒，也千方百计保密，生怕消费者不认帐。这种被歪曲了的酒精兑制酒形象，像阴影一样阻碍着新型白酒的发展。

60年代中期北京酿酒总厂在学习吸取董酒串香生产工艺的基础上，成功地将酒精串香二锅头发酵香醅，生产出的新型白酒，具有传统的白酒风味，开创了新型白酒生产的新时期。

进入70年代，各香型优质白酒的总结工作有了很大进展，在先进的分析仪器面前，初级阶段的新型白酒缺点暴露无遗；优质酒副产品的某些优点也显示出来。有的专家提出“固液勾兑”配制新型白酒的新工艺路线。即把优质酒的副产品“酒头、酒尾、香糟、黄水”与经处理后的酒精相结合，调配出新一代瓶装新型白酒。从此揭开了新型白酒大发展的序幕。这条技术路线促使新型白酒产量迅速增长，到90年代，这类酒已占全国总产量的50％以上，并且质量稳定提高，完全可与纯固态发酵普通白酒相媲美。由于其物美价廉，量大面广，所以赢得了较高的市场信誉，成为我国白酒市场上的主体产品。

进入90年代，各种制酒的原材料、包装物价格上涨幅度很大，而白酒供大于求的总趋势而使其价格增幅很小。这“一大一小”导致了低档、低价的新型白酒经济上不过关，企业无效益，生产的积极性不高，影响这类酒的进一步大发展。为解决这个问题，有的专家提出了用优质酒精加部分优质白酒搞中档新型白酒的技术路线。这个建议很快得到同行们的响应，并迅速发展起来。目前我国总产量达50000t以上的大型白酒企业均采用了这条技术路线，正在大量生产着这种第二代“双优型”的新型白酒。几年中这类酒为行业和企业增加了经济效益。

进入1994年，国家调整了酒类税收政策，白酒的税赋增加，对新型白酒的大发展又产生了一定的影响。为使新型白酒的优点得到发挥，为使这类酒更健康地向前发展，黑龙江省酿酒协会研制成功第三代新型白酒——营养型复制酒。这种酒的酒体特点为:“保持白酒风格，吸收露酒优点，具备营养酒的特色”。它的质量特点为:“无色、低酸、低酯、低糖、外加营养物”。按税法这类酒属其他酒类，执行10％的消费税率。1996年黑龙江省生产这类白酒15.2万t，增加经济效益5000万元。全国已举办了二期营养型复制酒生产技术培训班，这项新技术在全国范围内得到推广应用。

二、新型白酒现状分析

通过调查分析，我们可以看到，中国白酒行业近年来得到大发展的只有两类产品：一是名优酒，产量扩大，效益增加，已成为中国白酒各方面先进的代表者；二是新型白酒，质量不断提高，新品种不断涌现，已成为市场销售有竞争力、企业大发展要依靠的主体产品。分析新型白酒大发展的原因，一是我国酒精产量在增加，质量在提高，为新型白酒发展创造了有利条件。二是勾兑调味技术的进步，为新型白酒的酒体成型打下基础。三是新型白酒具有的政策及价格优势，提高了它的市场竞争力。四是新型白酒具有扩大产量快的特点，便于集约化生产，很适合企业集团发展的需要。随着市场经济的发展，新型白酒的这些优势会越来越得到充分发挥，新型白酒在中国白酒市场上唱主角的局面一定会继续得到体现。

新型白酒近年来虽有较大发展，但仍处于成长阶段，目前自身还存在下面三个问题：

1. 档次低的问题

目前市场上销售的新型白酒80％是低档产品。这些产品技术含量低，附加值低，所以价格也低，产生的效益也低。这种被扭曲了的价格定位，远远低于其他食品的比价。一瓶酒价相当于500g肉价的1/3，相当于1盒甲级烟的1/5。人们对吸烟、喝酒、吃肉历来是等同对待的，酒的价格未上来，并非是市场需求所造成，而是白酒行业内部竞争所产生。中国白酒要发展，要成为像烟草一样为国家积累财富的大户，必须调整行业结构，扶优限劣，压缩总量；必须调整产品结构，下决心减少低档酒产量，增加中高档酒产量。

2. 基质差的问题

构成新型白酒的基础物质是酒精与水。我国酒精与国际酒精标准相比，杂质含量高是突出的缺点。我们的优级酒精质量水平只相当于前苏联第三类酒精质量水平。而我们目前新型白酒所用的优质酒精的比例很小，大部分用的是普通食用级酒精。这类酒精杂质含量较高，如不处理直接来兑酒，根本生产不出高档次的好酒来。新型白酒用水的问题往往被忽视，有些企业不管水质如何，对水又不作任何处理，就用来兑酒，所以很多酒的质量问题因水质不佳而产生。目前就行业而言，还没有一个兑制酒用水标准来指导、检查酒中水的质量问题。

3. 添加物杂的问题

酒中添加物是有标准的，但执行检查得并非很严格。所以新型白酒中添加物品种杂，质量不纯，相互产生副作用的现象时有发生。比如说香料，全国有大大小小香料厂上千家，其中设备简单、工艺不合格、分析检验手段不齐的企业大量存在。用这些企业生产的低水平的香料来兑酒，不但严重影响酒的质量而且有害于身体健康。

综上所述，目前我国新型白酒存在的两个突出问题：一是杂质高，二是香味成分不纯。解决好自身存在的这两个问题是新型白酒大发展的关键所在。

影响新型白酒进一步发展的还有一个社会问题，这就是很多人对其抱有的偏见很深。一提酒精兑酒就有人反对；一说酒里有酒精，有的消费者就不敢喝。这种偏见产生的原因，一是由于我们过去对新型白酒认识肤浅，质量不过关，给消费者造成的影响很坏、很深。二是我们宣传的力度不够，对近年来的新型白酒质量现状、发展情况、本身的优点讲得少，往往采取的是回避态度。

三、新型白酒的展望

新型白酒是中国白酒未来的发展方向。这一点已被越来越多的事实所证明；已被行业主管部门及专家们所认可；已被大的企业或集团所接受。随着社会的发展，随着科技的进步，新型白酒的优势将得到更充分的发挥。展望未来的中国白酒市场，将是各类名优白酒与新型白酒平分秋色，各领风骚的局面。

为使新型白酒健康、顺利地发展，我们须从两大方面去努力。

1. 依靠科技进步，形成产品的工艺特色和质量特色

为解决目前新型白酒工艺简单，大多数产品质量特色不明显的问题，我们可以从四条技术路线上去探索、去研究、去试验，培育出几个有代表性的、特色明显的产品来。

(1) 走与普通白酒相结合，形成普通白酒风味，逐步取代普通白酒的路线。目前看，新型白酒取代普通4天发酵、采用麸曲、糖化酶生产的固态法白酒已成为大势所趋，但能否取代短期发酵的普通大曲酒及小曲酒还须在工艺改进、质量提高上做工作。

(2) 走与名优酒结合，向名优酒质量水平靠近，能快速提质扩量的“二名酒”路线。目前看这条路线发展很快，这类“二名酒”弥补了市场中档酒的空缺，适应了更广大消费者的需求，有覆盖全国市场的可能，越来越被更多的名优酒厂所采用。下步需要解决的问题是产品独特风格问题，不能几十个产品都是一个口味。名优酒厂要想办法保持自己原名牌的固有风格；非名优酒厂的产品要下力量形成自己产品的独特风味。这样才能保持中国白酒千

姿百态、风格各异的传统特色，才能保持市场相对长的销售周期。

(3) 走与露酒结合，吸取露酒营养、保健的优点，保持白酒无色低糖的本色，两个优势互补的路线。这条路线的核心就是要解决中国白酒的致命弱点——基本无营养的问题。如果这条路线能获得成功，那么未来中国白酒饮用既能解决嗜好过瘾的问题，又能解决有营养保健康的问题，中国白酒才更为消费者所青睐。

(4) 向国外蒸馏酒学习，培育国际性口味的精品，使中国白酒走向世界的路线。优质的酒精就好比一张纯洁的白纸，可以画出各式各样精美的酒图画；中国就像一个物产极为丰富的大花园，园里供我们来采来画的东西多得很。国外能用酒精搞出“俄得克”、“金酒”等世界性精品，我们也定会可以搞出有中国特色的世界畅销的精品。为此我们要认真学习考察国外经验，结合我国实际下点功夫，搞出一两个有代表性的精品来。只有这类酒才有可能进入国际市场。

当然新型白酒发展的技术路线不仅限于这四个方面，各地均可研究创造。这里要强调的是，希望有关部门、有关专家、有关企业，要在新型白酒研究上下一番功夫，搞一个规划，组织必要的攻关活动，树立起一两个全国的样板，这些工作会加速新型白酒的发展。这里要走出一个认识误区，即认为新型白酒工艺简单、不需做大量技术工作。事实上越简单的事，越难做得完美，越需要下力量去做。

2. 目前着手要做好的几项工作

(1) 加强宣传、引导，为新型白酒，为酒精正名。行业主管部门、专家、企业领导，要积极行动起来，利用各种机会，大讲特讲新型白酒、酒精安全、卫生，有益于健康，环境无污染的特色；大讲这类酒工艺先进，节约粮食的优点；大讲这类酒物美价廉，适合餐桌消费及工薪阶层需求的特色。总之要通过一定的舆论攻势，使更多的人转变观念，变反对为喜爱新型白酒。

(2) 改进提高酒精、新型白酒标准，规范基础酒、香料使用范围。无论是为了与国际贸易接轨，中国酒精外销的需要，还是为提高新型白酒质量、档次的需要，中国酒精标准急需修改。修改的方向就是增加高质量酒精级别，提高食用酒精等级。在这些工作完成的条件下，再修改现行新型白酒标准，规范新型白酒使用酒精的质量等级，使用香料的质量等级，添加其他香料的来源范围及质量要求。只有在这些基础工作到位的前提下，新型白酒质量才会有一个新飞跃。

(3) 采用先进技术，提取香源及营养物。提高新型白酒档次及形成质量特色的关键是香源及营养物的选择和加工。我们技术工作着眼点和工作量均应放在这里。具体的技术工作方向：一是采取先进分析仪器分析出所选物品的微量成分。二是采用先进的工艺方法，把物品中的需要成分提取出来，或浓缩加工好。三是需采用先进的脱色、溶解、混合等项技术，把物品顺利地添加到酒中。总之，增加高技术含量，是提高酒的附加值的可靠途径。

(4) 坚持优质、低度、营养、可混用的发展方向。优质，就是多搞精品，想办法从内在质量和外观装潢两方面来提高酒的档次。低度化是中国白酒的发展方向，20多年来，有了很大进展和提高。新型白酒除坚持低度化的发展方向外，还应坚持有营养、可与其他饮料混用的发展方向。有营养，要解决营养物选材、添加量及不影响白酒风味三个问题。可与其他饮料混用比较难解决，一是要保证内在质量纯净，最大限度地减少影响色度的物质。

二是保证添加的香味成分，稀释、扩散后不变味。三是研究混用的方法，搞出科学的配方来。

对于未来的新型白酒，我们现在只能描绘出一个轮廓，丰富多采的内容，还需全行业、领导、专家、企业家、职工共同去填写，只要大家共同努力，新型白酒的未来一定会更美好。

第二节 新型白酒的基础原料

新型白酒所用的原料与传统白酒工艺所用的原料有很大的不同。它所用的基本上是成品状态或半成品状态的基础酒及增香调味物品。

一、酒 精

1. 概述

酒精是构成新型白酒的主体原料。它的质量如何，直接影响到新型白酒的质量和前途。过去一段时间里，人们对选用的酒精的质量重视不够，才造成了新型白酒发展历程中的几次波折。今后，我们提高、发展新型白酒，其主攻方向就是先提高酒精的质量水平。80年代初期，我国出台了食用酒精标准，可以说开辟了我国新型白酒发展的一个新阶段。今后，我国新型白酒要再登新台阶，也必须先把食用酒精质量水平提到一个新高度。可喜的是我国已有大量优级、超优级食用酒精生产。这必将会推动我国新型白酒的大发展。

酒精，化学名称乙醇。纯净的乙醇具有清雅的醇香;40%左右的乙醇水溶液，口味纯净，微甜，轻快，淡雅。有人把纯净的酒精比作一张白纸，通过它可以绘画出各类酒的美丽图画。国内外的酿酒史上均有用纯净酒精复制而成的各类饮料酒的成功先例。

2. 不同质量的酒精理化指标比较

酒精因其所用原料不同，采用的工艺和设备不高，质量有很大差别。国产的各类酒精理化指标比较，如表2－9－1所示。

表 2-9-1 各类酒精理化指标比较

项目 品名	色度号	酒精含量/%	硫酸试验号	氧化时间/min	醛含量/g·(100ml)$^{-1}$	杂醇油含量/g·(100ml)$^{-1}$	甲醇含量/g·(100ml)$^{-1}$	酸含量/g·(100ml)$^{-1}$	不挥发物含量/g·(100ml)$^{-1}$	重金属(以铅计)含量/mg·L^{-1}
优级酒精	<10	95.6	<10	35.5	0.0002	0.0001	0.005	0.00087	0.0010	0.5
普通酒精	<10	95.5	<10	25.5	0.0003	0.0001	0.01	0.0020	0.0015	0.5
糖蜜酒精	<10	95.2	<40	13.5	0.0033	0.0005	0.02	0.0047	0.0020	0.5
糖蜜酒精(处理样)	<10	95	<10	16.3	0.002	0.0004	0.02	0.0015	0.0015	0.5

以上4种不同酒精的理化检验结果表明：以玉米为原料生产的优级酒精好于普级酒精，以糖蜜为原料生产酒精处理样与未经处理的相比质量有较大差异。

3. 各类酒精水溶液感官品评

将各类酒精稀释成45%的水溶液，按白酒的品评方法进行感官评定，其结果如表2－9－2所示。

表 2-9-2　各类酒精水溶液的感官品评

感官品评 \ 等级 \ 类别	玉米酒精		糖蜜酒精	
	优级	普通	处理	未处理
综合评语	无色透明,气味纯正,入口甘醇,落口干净	无色透明,气味较纯正,入口尚醇甜,落口较净	无色透明,无异味,入口较甜,落口较净	无色透明,气味欠纯正入口尚甜,落口欠净

从品评结果看：优级酒精好于普通酒精,处理后的酒精好于未处理的。

4. 我国食用优级酒精与前苏联超级酒精主要理化指标的比较(见表2－9－3)

表 2-9-3　国内外优质酒精主要理化指标比较

主要指标 \ 标准 \ 酒精类别	我国食用优级酒精	前苏联超级酒精
	GB　394－81	5662－67
酒精含量/%	≥95.0	≥96.5
醛	以乙醛计,每100ml乙醇小于或等于0.0003g	每1L无水乙醇不超过2mg
杂醇油	每100ml乙醇小于或等于0.0002g	每1L无水乙醇不超过3mg
甲醇	每100ml乙醇小于或等于0.01g	无
酯	无	每1L无水乙醇不超过25mg
氧化时间(20℃)	≥30min	＞20min

从表2－9－3可以看出,我国最好的酒精理化指标标准与国外最好的酒精比较,在杂质含量方面仍有很大差距。

二、增香调味物

新型白酒增香调味物来源于三个方面：一是来自固态法白酒生产工艺;二是来自大自然的产物;三是化工试剂产品。目前,各白酒企业使用最广泛的增香调味物有以下三大类几十个品种。现择要分述如下。

(一) 来自固态法白酒生产的增香调味物

1. 固态法发酵的香醅及丢糟

经固态法发酵完毕的香醅、丢糟中,含有许多种固态法白酒的呈香呈味物质。把这些有益的物质从糟中分离出来并作一定处理后,可作为新型白酒最重要的增香调味剂。

2. 固态法发酵的副产品黄水

黄水中含有的各种成分经加工处理后,可直接或间接用作新型白酒的调香调味剂。

(1) 黄水的成分

① 黄水的常规分析：见表2－9－4。

表 2-9-4　黄水的常规分析

总固形物含量/ $g\cdot(100ml)^{-1}$	酸度	淀粉含量/%	还原糖含量/%	酒精含量/ $ml\cdot(100ml)^{-1}$	pH	粘度/ Pa·s	总氮量/ %	总酸量/ $g\cdot(100ml)^{-1}$	总酯含量/ $g\cdot(100ml)^{-1}$	单宁及色素含量/%
15.56	5.3	2.56	2.56	4.3	3－3.5	40.01	0.30	3.06	0.16	0.16

② 黄水中的糖类：见表2－9－5。

表 2-9-5 黄水中的糖类 单位：g/100ml

总 糖	还 原 糖	多 元 醇	低 聚 糖
5.32	2.56	2.01	微 量

③ 黄水中含氮化合物：见表2－9－6。

表 2-9-6 黄水中的含氮化合物 单位：g/100ml

总 氮	蛋白质态氮	缩氨酸态氮	氨 态 氮
301.00	3.21	246.87	50.92

④ 黄水中主要醇、醛、酸、酯的含量：见表2－9－7。

表 2-9-7 黄水中主要成分含量 单位：g/100ml

物质名称	含 量	物质名称	含 量
正丁醇	14.94	丁 酸	9.08
异丁醇	0.74	戊 酸	4.41
2,3－丁二醇	5.69	己 酸	8.99
β－苯乙醇	4.83	乳 酸	2863.21
乙 醛	6.41	丁二酸	11.79
糠 醛	0.74	乳酸乙酯	70.63
乙缩醛	11.98	辛酸乙酯	1.68
甲 酸	10.14	癸酸乙酯	30.70
乙 酸	120.10	月桂酸乙酯	30.52
丙 酸	34.00		

⑤ 黄水中的微生物：见表2－9－8。

表 2-9-8 黄水中的主要微生物 单位：个/ml

样品名	乳酸菌	丁酸菌	己酸菌	酵母菌	霉 菌
样品1	1.5×10^5	1.8×10^4	1.8×10^4	2.0×10^2	1.0×10^2
样品2	3.0×10^5	1.2×10^4	1.2×10^4	0.2×10^2	未检出

由以上数据可知，黄水内含有大量经长期驯化的有益微生物，并含有较多的糖类物质、含氮化合物以及醇、醛、酸、酯等呈香呈味物质，同时还有少量单宁及色素。

黄水中所含糖类物质主要是酿酒原料中的淀粉，经发酵后未被微生物完全利用所剩余下来的。其多为可发酵性糖，另有少量低聚糖。这些糖类物质是微生物生长的碳源。

黄水中含氮化合物主要是酿酒原料中的蛋白质，经发酵降解和酵母细胞自溶而得来的。按相对分子质量大小可分为蛋白质态氮、缩氨酸态氮和氨态氮三种。这些含氮化合物是微生物良好的营养物质。

黄水中含较多醇、醛、酸、酯类物质，这是由于黄水是酿酒过程中的窖内发酵产物。而其中有机酸含量尤其丰富。它们是构成白酒的呈香呈味物质。

黄水中所含的微生物以细菌为主，其中乳酸菌和梭状芽孢杆菌占相当数量，而梭状芽孢杆菌(主要是己酸菌和丁酸菌)是生产中的主要产香功能菌。

(2) 黄水在新型白酒中的利用

① 由于黄水中含有较多醇、醛、酸、酯等香味成分，尤其含有丰富的有机酸，可赋予酒体浓厚感。因此，可以用处理过的黄水来直接勾兑同类香型的大曲酒或普通白酒，使勾成的酒带有其原香型酒的风格并能提高普通白酒的固态酒风味。

② 由于醇与酸可反应生成酯，因此可以将黄水、酒尾、大曲粉、老窖泥及发酵糟等按一定比例配方混合均匀，于恒温发酵一定时间，可以获得酯化液。

1) 酯化液的配方：

表 2-9-9　**酯化液的配方**

组　分	黄水：酒尾*：大曲：窖泥：发酵糟
比　例	8.8：85：1.2：2.5：2.5

*酒尾指酒精含量为40%以下的双轮底酒尾。

2) 酯化液的制备：将物料按配方混合均匀，放入酒桶或酒坛中，上部需保持一定空间，而后封闭发酵容器，并置于窖池中进行发酵。窖池内粮糟的发酵温度在26～30℃，正适合发酵液的发酵温度；也可放于地面进行保温发酵，发酵时间60天，而后将发酵液取出。此发酵液即为酯化液，内含丰富的乙酯类物质。

3) 酯化液的利用：可将此酯化液通过一定方式重新蒸馏后，取蒸馏液用来勾兑新型白酒。也可将此类酯化液经脱色、过滤处理后，直接用来勾兑新型白酒。

3. 酒头、酒尾

固态法香醅间歇蒸馏过程中所产生的酒头、酒尾是新型白酒最好的增香调味剂。有关酒头、酒尾的成分分析及利用方法介绍如下：

(1) 酒头的成分分析　见表2－9－10。

表 2-9-10　**酒头微量成分含量实例**　单位：mg/100ml

项　目	含　量	项　目	含　量
总　酯	963	糠　醛	0.21
总　酸	43	甲　醇	9.5
挥发酯	822	高级醇	90
总　醛	41	多元醇	470

(2) 酒头的利用　选取发酵期较长的酒醅蒸出的酒头，每甑粮糟或丢糟可截取酒头0.5～1kg。收集后分类入库贮存1年，即可为酒头调味酒。

酒头中含有多量的挥发酯，以及低沸点的醇类、醛类，还含有较多的多元醇。酒头刚蒸出，其味既香又怪，须经贮存一定时间后，有些杂质挥发转化后方可使用。酒头调味酒可提高基础酒的前香。

(3) 酒尾的成分分析　见表2－9－11。

表 2-9-11　**酒尾微量成分含量实例**　单位：mg/100ml

项　目	含　量	项　目	含　量
总　酯	170	总　醛	8－15
总　酸	750～258	多元醇	1310～2080
挥发酯	500	甘　油	0.17～0.25
挥发酸	170～268	二双酰	0.32～0.40

(4) 酒尾的截取及利用 酒尾的截取及使用有以下4种形式:

第1种: 每甑截取15％酒精分的酒尾40kg左右,入库贮存1年即可用来调整酒的酸度及后味。

第2种: 每甑截取20％酒精分的酒尾25kg,按1∶1的比例加入60％酒精分的丢糟酒或黄水酒。入库贮存1年,可用来调酒体的丰满程度。

第3种: 将酒尾全部收集后,加入黄水酯化液20％,放入锅底重蒸至45％酒精分,入库贮存1年,可做调香调味酒。

第4种: 取无酒精分的尾水,每甑20kg,收集后可直接用来调新型白酒的酸度,代替化学酸味剂。

4. 各种调味白酒

用各种经特殊工艺生产出来的调味白酒来调整新型白酒的香味,是新型白酒生产工艺中必不可少的关键性的环节之一。常用的调味酒有以下几种:

① 高酯调香酒: 用来增加酒的香气。

② 高酸调味酒: 用来增加酒体的丰满度及后味。

③ 陈年调味酒: 用来增加酒体的醇厚感,减少辛辣味。

④ 特甜调味酒: 用来增加酒的甜味。

⑤ 曲香调味酒: 用来增加酒的曲香味。

⑥ 木香调味酒: 用来提高酒的后味。

⑦ 药香调味酒: 用来提高酒的香气及酒体丰满程度。

各种调味酒的成分分析见表2－9－12。

表 2-9-12 调味酒主要成分 单位: mg/100ml

酒名	总酸	总酯	醇类	总醛	乙缩醛
窖香酒	164.7	739.0	122.2	66.0	63.0
曲香酒	145.0	661.0	111.2	62.2	57.8
陈酒	183.0	591.4	86.7	81.9	63.1
双轮底酒	151.0	828.0	104.6	78.2	56.2
甜酸酒	147.4	616.8	106.7	80.7	125.0
酸酒	158.9	742.7	126.0	76.1	120.6
苦味酒	121.4	472.4	88.3	156.4	234.2
涩味酒	117.4	446.8	88.3	158.6	215.2
泥香酒	169.6	527.9	99.7	138.9	201.7
异味酒	72.1	270.3	93.1	272.3	498.7

(二) 各种化学试剂

常用的主要是各种酯类、醇类、酸类。选用这类物品,一是要选用质量高、纯度高的产品;二是要注意量比搭配;三是尽量少用,能起到画龙点睛的作用就可以了。

酸味剂主要有乳酸、醋酸、丁酸、己酸、柠檬酸、酒石酸、苹果酸等。各种酸的阈值及呈香呈味特征如表2－9－13所示。

表 2-9-13　各种酸的阈值及呈香呈味特征

名　称	结构式	阈值/mg·L^{-1}	沸点/℃	呈香、呈味特征
甲　酸	HCOOH	2.5	100.8	闻有酸味，进口有刺激和涩感
乙　酸	CH_3COOH	2.6	118.0	醋酸气味，爽口带甜
丙　酸	CH_3CH_2COOH	20.0	140.7	闻有酸味，进口柔和微涩
丁　酸	$CH_3(CH_2)_2COOH$	3.4	163.5	闻有黄油臭，似大曲酒气味
戊　酸	$CH_3(CH_2)_3COOH$	70.5	187.0	脂肪臭，似丁酸样气味
己　酸	$CH_3(CH_2)_4COOH$	8.6	205.0	有刺激感，似大曲酒气味
庚　酸	$CH_3(CH_2)_5COOH$	70.5	223.0	强的脂肪臭，有刺激感
辛　酸	$CH_3(CH_2)_6COOH$	15.0	237.5	脂肪臭，微有刺激感，放置后混浊
月桂酸	$CH_3(CH_2)_{10}COOH$	7.2	225.0	月桂油气味，爽口微甜，放置后混浊
乳　酸	$CH_3CHOHCOOH$	47.0	122.0	无香气，有浓厚感，过量发涩

(三) 来自大自然的调香调味物

1. 调甜类品种

(1) 白砂糖　它是新型白酒最常用的调甜物品。它与绵白糖比较具有细度高、成本低等优点。两者感官及理化指标比较，如表2－9－14及表2－9－15所示。

表 2-9-14　白砂糖和绵白糖感官指标比较

项　目＼糖的种类	白　砂　糖	绵　白　糖
色	洁白发亮	雪　白
晶粒	晶粒明显，晶粒大小一致，无碎末，富有光泽	晶粒细小，绵软
气味和滋味	具有纯净甜味，不应带有苦焦味、酸味和其他杂臭味	同白砂糖
夹杂物	不允许含有夹杂物，尤其是金属夹杂物，溶解于水后应清澈透明，不应有悬浮物、沉淀物及混浊现象	同白砂糖

表 2-9-15　白砂糖和绵白糖理化指标比较

项　目＼规定指标	白砂糖			绵白糖		
	优　级	一　级	二　级	精　制	优　级	一　级
总糖不少于/%	—	—	—	99.37	97.95	97.90
蔗糖不少于/%	99.75	99.96	99.45	—	—	—
还原糖不多于/%	0.08	0.15	0.17	2.0±0.5	2.0±0.5	2.0±0.5
水分不多于/%	0.06	0.07	0.12	1.60	2.00	2.00
灰分不多于/%	0.05	0.10	0.15	0.03	0.05	0.10
色值不超过/%	1.00	2.00	3.50	—	—	—
颗粒不大于/mm^3	—	—	—	0.30	0.35	0.40
混浊度不高于/度	—	—	—	4	7	12
不溶于水的杂质不超过/mg·kg^{-1}	40	60	90	15	30	60

(2) 蜂蜜　蜂蜜是蜜蜂从活的植物上采集来的花蜜或分泌物，经过它们的酿制并贮藏在蜂脾里的甜性物质，是营养价值很高的天然药品或食品。有关蜂蜜的成分介绍如下:

① 一般成分：蜂蜜的一般成分如表2－9－16所示。

表 2-9-16 蜂蜜的一般成分

名称	水分/%	蛋白质含量/%	脂肪含量/%	碳水化合物含量/%	粗纤维含量/%	热量/kJ
含量	17.2～20	0.3	0	79.5～82.3	0	1272.6～1335.3

不同蜂蜜中碳水化合物的组成，有一些差异，这主要取决于花蜜的来源。澳大利亚曾分析了当地3种花蜜的糖分组成，见表2－9－17。

表 2-9-17 不同花蜜的糖分组成 单位：%

糖分种类	蜂蜜种类		
	长喙桉	赤桉	三叶草
果糖	47.0	48.0	47.0
葡萄糖	40.0	40.0	45.0
蔗糖	4.0	4.0	2.0
麦芽糖	6.0	5.0	4.0
松三糖	2.0	2.0	1.0
棉子糖	1.0	1.0	1.0
合计	100	100	100

② 酸类：蜂蜜中含有苹果酸、乳酸、蚁酸、草酸、丁酸、戊酸、酒石酸、柠檬酸等，约占蜂蜜的0.1%。同时蜂蜜中还含有各种氨基酸，如赖氨酸、组氨酸、精氨酸、天冬氨酸、苏氨酸、丝氨酸、谷氨酸、脯氨酸、甘氨酸、丙氨酸、胱氨酸、缬氨酸、蛋氨酸、异亮氨酸、亮氨酸等，但不是每种蜂蜜都含有这些氨基酸。蜂蜜中氨基酸的含量，因蜜蜂、花蜜、花粉的种类而异。

③ 矿物质：蜂蜜中的矿物质含量，一般为0.04%～0.06%，深色蜜比浅色蜜含有较多的矿物质。含量见表2－9－18。

表 2-9-18 蜂蜜中的矿物质含量 单位：mg/L

名称	含量	名称	含量
钙	149.6	钾	255.0
磷	126.0	铁	11.8
钠	81.2	锌	21.9
镁	0.39	铜	0.05

④ 维生素：蜂蜜中含有B族维生素及维生素C、烟酸、泛酸、生物素、叶酸等(见表2－9－19)。

表 2-9-19 蜂蜜中的维生素

维生素种类	100g蜂蜜中的含量/μg
烟酸	63.000～590.000
泛酸	25.000～190.000
维生素B_6	227.000～480.000
维生素B_2	35.000～145.000

续表

维生素种类	100g蜂蜜中的含量/μg
维生素B_1	2.100～9.100
生物素	0.066
叶酸	3.000
维生素C	500～6500

⑤ 天然气味和芳香物质：蜂蜜的气味随着蜜源不同而异，有清香、芳香、馥香、强烈气味等。例如，枇杷蜜气味香馥，带有杏仁香味；荞麦蜜具有浓烈的气味，颇有刺激性。通常颜色越浅的蜂蜜，气味越清香。

芳香物质大部分来自花朵或花蜜，它是从花瓣或油腺中分泌的挥发性香精油。其主要成分是醇及其氧化物，还有酯、醛、酮和游离酸等。蜂蜜中缺乏这些物质，味道就比较平淡。

(3) 蛋白糖　化学名称为天冬酰苯内氨酸甲酯。它是一种新型甜味剂，其性能用途介绍如下：

蛋白糖是氨基酸系列甜味剂，由美国的Searle公司于1956年在肽类药剂的研究中偶然发现的。目前，我国上海有机化学所已能合成天冬甜精。

性状：白色结晶性粉末，无臭，有强甜味，微溶于水(1%)及乙醇(0.8%)，水溶液pH值为4～6.5。本品甜味与砂糖相似，为蔗糖甜度的100～200倍，并有清凉感，无苦味和金属味。不增加热量，适宜于生产适应糖尿病人、肥胖症用的食品及防龋齿类食品。

用途：可以作甜味剂，风格增强剂，也可与蔗糖或其他甜味剂合用。

天冬甜素在勾兑白酒中，据载可以达到以下几点作用：1)提高产品质量，增加自然感和柔和感；2)减少苦感杂感，增强净、爽感；3)可以减少部分调香调味酒，达到较理想的勾调效果。

(4) 甜味菊糖苷　又名甜叶菊苷，是从一种植物甜叶菊的叶子中提取的天然甜味剂。其性能如下：

甜叶菊苷最先是从南美巴拉圭、巴西等地的菊科植物甜叶菊的干燥叶中抽提的具有甜味的萜烯类配糖体。目前，我国已有甜菊苷产品出售。国内新研制并投产的新型甜味剂“甜宝”，据介绍也是由甜菊苷和甘草甜素等配制成的复合甜味剂的一种，为低热值甜味剂。

性状：白色至微黄结晶性粉末状，味甜，高浓度稍苦，微溶于水(0.12%，常温)及乙醇，pH3时较稳定，对热稳定性强，熔点198～202℃，不发酵，不变色，渗透性差，有吸湿性。

本品甜度为蔗糖的200～300倍，甜味适口，杂味少，最接近砂糖。

2. 既是食品又是药品的中草药

以中草药制补酒、药酒，是我国医药学的宝贵遗产，是制酒业的一大发明。

医药之用，性命所系，故遣方用药，必须懂其理，晓其法，知其变，明其忌。

(1) 中草药配伍原则简述　中草药的配伍原则是指二味以上药材合用时，药物间的相互依赖，相互制约，对立统一的辩证关系。这种关系有以下几个方面：

① 相使：某种药物能使另一种药物提高疗效。

② 相须：二种药物功用相同，经配合应用，取得协同作用，相互促进疗效。

③ 相畏：一种药物能抑制另一种药物的烈性或毒性。

④ 相反: 二药合用后发生剧烈副作用。

⑤ 相恶: 二药合用,一药牵制另一药的药效。

⑥ 有些药能单独发挥作用,称单行。

(2) 中草药制补酒 我国古代的药酒,意在借助酒力和饮用储备方便,单纯为治病而设,后来演变为补益和祛病兼顾,也就有了药酒、补酒、补药酒之称。

用于配制酒的中草药,是增强体质、改善机体虚弱状态的药物,一般多以相须、相使药物相配伍。这些药物的补益作用分补气、补血、补阴、补阳四种。

(3) 用既是食品,又是药品的物品开发营养型新型白酒 我国食品工业正按着“营养、卫生、安全、方便”的方针健康地发展着,国家已公布二批69种既是食品,又是药品的中草药,以这些中草药去开发新的食品,就不用做毒理、病理等试验,大大缩短产品研制的时间。

卫生部确定既是食品又是药品的两批名单如下:

第一批: 八角茴香、刀豆、姜、枣、山药、山楂、小茴香、木瓜、白扁豆、百合、花椒、芡实、赤小豆、佛手、杏仁、昆布、桃仁、莲子、桑椹、榧子、豆豉、黑芝麻、黑胡椒、蜂蜜、莴苣、薏苡仁、枸杞子。

乌梢蛇、蝮蛇、酸枣仁、牡蛎、栀子、甘草、代代花、罗汉果、肉桂、决明子、莱菔子、陈皮、砂仁、乌梅、肉豆蔻、白芷、菊花、藿香、沙棘、郁李仁、青果、白果、薤白、薄荷、丁香、高良姜、香橼、火麻仁、橘红、茯苓、香薷、红花、紫苏。

第二批: 麦芽、黄芥子、鲜白菜根、荷叶、桑叶、鸡内金、马齿苋、鲜芦根。

(4) 17种中药色泽、性味、功效简介 见表2-9-20。

表 2-9-20 17种中药色泽、性味、功效简介

中药名称	色泽	性味	功效	简介
肉桂	深棕色	味辛、性甘、大热	温中助阳,散寒止痛	为樟科常绿乔木肉桂的树皮,主产于越南,我国广东也产。大暑时将树皮割裂,立秋后剥离,刮去粗皮,阴干切片用
小茴香	棕红色	味辛、性温	祛寒止痛,行气和胃	为伞形科多年生草本植物,小茴香的果实,我国南北各地均产。夏末秋初果实成熟时割取全株,晒干后打下果实,生用或盐水炒用
丁香	棕红色	味辛、性温	温中降逆,温肾助阳	为桃金娘科常绿乔木丁香的花蕾,主产于非洲西南部,我国广东也产。5～9月当花蕾由绿转红时采集,除去花梗晒干用
甘草	棕红色	性甘、平	益气补中,清热解毒,祛痰止咳,缓急止痛,缓和药性	为豆科多年生草本植物的根和根茎,主产于内蒙古、东北、新疆等地。春秋采挖,除去须根,或外皮切片晒片
杏仁	浅棕色	味苦、微温、有小毒	止咳平喘,润肠通便	为蔷薇科落叶乔木山杏和杏的成熟种子,又叫差杏仁,产于我国东北、内蒙古、华北等地。夏季采摘成熟果实,除去果肉,打碎果核,取出种子,晒干捣碎用
桑叶	棕红色	味苦、苦寒	疏散风热,清利头目	为桑科落叶小乔木桑树的叶,产于我国南北各省。深秋霜后采收,晒干生用或蜜炙用

续表

中药名称	色泽	性味	功效	简介
砂仁	棕红色	味辛、性温	化湿温中，行气止泻	为姜科多年生草本植物，阳春砂和缩砂的成熟果实果壳也供药用。7～8月采收，焙干，用时取种子或连壳打碎
陈皮	橘黄色	味辛、苦性温	行气健胃，燥湿化痰	为芸香科常绿小乔木橘树的成熟果实，有果皮，产广东、贵州等地。秋季果实成熟时收集，干燥生用或麸炒用，以陈久者为好，故又叫陈皮
紫苏	杏黄色	味辛、性温	发汗解表，行气和胃，解鱼蟹毒	为唇形科一年生草本植物紫苏的全草，我国南北均产。7～9月采取，干燥，切段用
薄荷	深棕色	味辛、性凉	疏散风热，清头目，利咽喉，透疹止痒	为唇形科多年生草本植物，薄荷的茎叶，我国南北均产。收获期因地而异，一般可采收2～3次，阴干切段用
菊花	金黄色	味辛、甘、苦性微寒	疏风清热，明目，平肝阳，解热毒	为菊科多年生草本植物菊的头状花序。由于花色、产地加工方法的不同，又分为黄菊花、杭菊花、滁菊花等。处方主要分黄菊花、白菊花两种，主产于浙江、安徽、河南、四川等地。花期采收，阴干用
荷叶	棕红色	味苦、平	清热解暑，止血升清(煨用)	为睡莲科多年生草本植物莲的叶片，我国南北各省区均产。夏季采收，鲜用，晒干用或煨用
红花	金黄色	味辛、微温	活血化瘀，通经	为菊科两年生草本植物红花的花，产于河南、湖北等地。夏季当花色由黄转为鲜红时采摘，阴干用
枸杞子	浅黄色	味甘、平	养阴补血，益精明目	为茄科落叶灌木枸杞的成熟果实，产于宁夏、河北、青海等地。夏至前后果实成熟时采摘，晾干用
肉豆蔻	无色	味辛、性温	涩肠止泻，温中行气	为肉豆蔻科高大乔木肉豆蔻树的成熟种仁，产于广西和国外西印度群岛等地。采收已成熟的果实除去皮壳，干燥，用时可以面裹去油
茯苓	微黄色	味甘、淡、平	利水渗温，健脾补中，宁心安神	为多孔菌科寄生物茯苓的菌壳，主产于云南、湖北等地。全年采挖或立秋后8～9月采挖，洗净垫草盖严
檀香	深棕色	味辛、性温	止霍乱吐泻、胸腹胀痛	檀香出广东、云南等地，今岭南诸地也皆有之，树叶皆似荔枝，皮青色而滑润

三、各种类型普通白酒及各种香型的优质白酒

我国新型白酒目前仍是以固液结合为其主要生产工艺路线，为此各类白酒、各香型优质白酒是构成新型白酒的主体原材料。经各地多年实践经验总结，各类型酒、各香型白酒与酒精结合的比例有以下6组结果可供借鉴。

① 在普通短期发酵固态法白酒中，加普通级食用酒精10％～20％，原酒风味不变，而

且口感变甜变净。

② 在普通固态法白酒中，加入40％左右的该工艺丢糟串香酒，仍可保持原酒风格，使生产成本下降。

③ 在普通固态法白酒中，加入5％～10％普通级食用酒精，再加入20％～30％丢糟串香酒，仍可保护原白酒风味，且酒体协调。

④ 7％左右的名优白酒(各香型均可)与普通级食用酒精勾兑，可生产出质量相当的普通白酒。

⑤ 30％左右的名优白酒，与70％的优级食用酒精勾兑，可生产出中档水平的基本保持原酒风格的“二名酒”。

⑥ 在酱香、浓香、清香、米香、芝麻香、兼香、凤香型及董酒中，加入10％～30％比例不等的经处理后的优级食用酒精，各类名优酒的风格基本不变。个别的酒，香味更协调、口味更干净。

四、勾兑用水

新型白酒具备酒体纯净的特点，所以对勾兑用水的要求更为严格。关于勾兑用水可见本篇第三章第三节。

第三节 新型白酒生产工艺

一、酒精的选用及处理

新型白酒所用的酒精必须是国家定点准许生产的，达到食用级标准水平的酒精；如果用来生产中、高档优质白酒，必须选用食用优级酒精；如果生产俄得克类的高纯度酒，所需的酒精质量要求更高。目前国内酒精生产企业所生产的酒精大多数是食用普通级酒精。这类酒精的理化指标达到了可食用的水平，但有时感官指标达不到理想的程度。直接用这类酒精勾兑新型白酒，该酒的质量水平不会很高。尤其是用代用原料糖蜜、薯干生产的酒精，其邪杂味更重一些。这类酒精必须经过脱臭处理后方可用来勾兑新型白酒。常用的酒精处理方法有3种：

1. 活性炭处理法

(1) 活性炭的作用原理 活性炭在活化过程中，形成了多孔结构。这些孔隙分为微孔、过渡孔、大孔三类。每类孔隙的有效半径都在一定范围内，因此具有不同的功能。对吸附而言，微孔的作用最重要。它的比表面积大，比体积也大，而且孔径不同，吸附对象也不同。例如孔径在2.8nm的活性炭能吸附焦糖色，称为糖用活性炭。孔径在15nm的活性炭吸附亚甲基蓝的能力强，称为工业脱色活性炭。所以对不同的酒基而言，应选用不同的活性炭来处理。重庆产的“汉祥牌”酒类专用活性炭的规格性能如表2－9－21所示。

(2) 活性炭的使用方法

① 1L酒精加粉末状活性炭0.1～0.8g，搅拌25min后，滤去活性炭，可获良好效果。

② 也有采用往酒精中加入0.02％～0.04％的粉末活性炭，搅拌后静止数日，将活性炭

表 2-9-21　各类活性炭的规格性能

规　　格	适 用 性 能
JT－201型	新酒催陈，低度白酒
JT－202型	除去酒中沉淀物
JT－203型	酒中较重异味，薯干酒精
JT－204型	含酯高的低度白酒
JT－205型	糖蜜酒精
JT－207型	俄得克酒

全部沉淀后，提取上清液即可。

③ 将粒状(1～3.5mm)活性炭装于炭塔中，使酒精流经炭塔进行脱臭处理的方法也很奏效。有的厂以2～3个高4m的炭塔串联，流速为600L/h，获得了良好效果。但应注意：不同牌号的活性炭，不同质量的酒精，炭与酒精接触的时间应通过试验确定，决不能固定不变。

2. 高锰酸钾处理

(1) 高锰酸钾的作用原理　高锰酸钾是一种强氧化剂，可氧化甲醇为甲醛，氧化甲醛、乙醛为甲酸、乙酸。因此，酒精中加入适量的高锰酸钾，对降低酒精中甲醇、乙醛等杂质有很显著的作用。为了防止酒精被氧化，一般反应应在碱性条件下进行，所以加入高锰酸钾的同时应加入一定量的氢氧化钠。

(2) 具体处理方法　往酒精中加入0.1％左右的化学试剂级高锰酸钾，再加入0.1％～0.15％左右的氢氧化钠，氧化处理8～10h，然后过滤。氧化时间不可过长，否则一部分酒精将被氧化成醛，反而增加了酒精中的杂质含量。如高锰酸钾与活性炭结合使用，处理后效果会更好。

3. 化学精制重蒸法

该法是将酒精先进行化学处理，即加入氢氧化钠，然后再进行重新蒸馏。

(1) 加入氢氧化钠的作用

① 皂化酯类：使挥发性的酯类转变成酒精及不挥发性的盐类。

② 中和挥发酸：将酸类变成不挥发的盐类。

③ 缩合乙醛：将挥发性乙醛聚合成红色沉淀。

(2) 蒸馏方式　蒸馏可分为釜式间歇蒸馏和塔式连续蒸馏两种。从处理效果上讲，间歇蒸馏有利于掐头去尾，便于排出杂质，不足之处是工效低，能耗高，酒损大。用酒精塔连续蒸馏，各项杂质排除更方便、更彻底，而且效率高，酒精质量提高更大。所以酒精企业应从生产工艺上、设备上进行改进和提高，直接生产出高质量的优级酒精，省去白酒企业再处理的各种麻烦。

二、增香的工艺方法

目前国内新型白酒增加香味成分的工艺路线仍以固态法发酵增香、酒精串蒸提香为主要工艺方法。

(一) 固态发酵香醅的制作

1. 香醅的种类及制作特点

① 香醅的种类：可按原香醅的工艺及所含成分不同来分为普通类及优质类。优质类又可分为不同的香型。香醅还有另一种分类方法，即按制作工艺来划分，如可分为麸曲香醅、大曲香醅、短期发酵香醅、长期发酵香醅等等。香醅分类的目的，就是为以后串蒸成的酒的分类打下基础，便于勾兑时的选用。

② 香醅的制作特点：香醅制作虽采用固态发酵法，但其与传统的生产酒为目的的固态发酵有所不同。其主要工艺特点有：

1) 以提高香醅中的香味物质为目的，所以有时增大用曲量，有时延长发酵期。

2) 增大回醅量，减少粮醅比是主要特色。

3) 采用生香酵母及培养细菌液参与发酵是主要的增香途径。

4) 回酒发酵，回发酵好的香醅再发酵是增香的有效办法。

5) 采用部分发酵力强的糖化酶、固体酵母参与发酵，提高发酵率。这是目前各厂均采用的先进技术。

2. 香醅制作实例

① 清香型香醅制作：取高粱粉500kg，与正常发酵21天蒸馏过的清香型热酒醅3000kg混合，保温堆积润料18～22h，然后入甑蒸50min，出甑撒冷至30℃左右，再加入黑曲90kg，固体生香酵母50kg，液体南阳酵母30kg，低温入窖发酵15～21天，即为成熟香醅。

② 浓香型香醅制作：取60天发酵蒸馏后的浓香型酒醅3000kg，加入高粱粉500kg，大曲粉100kg，回30％酒精分的酒尾50kg，黄水酯化液30kg，入泥窖发酵60天，即为成熟香醅。

③ 酱香型香醅制作：取大曲7轮发酵后的按茅台酒工艺生产的香醅3000kg，加入高粱粉300kg，加入中温大曲80kg(或麸曲50kg、生香酵母50kg)，堆积48h，后高温入窖发酵30天，即为成熟香醅。

④ 取浓香型或酱香型丢糟3000kg，加入固体糖化酶1kg，固体耐高温生香酵母2kg，30％酒精分的酒尾50kg，堆积24h后，30℃入窖发酵30天，即为成熟香醅。

(二) 酒精串蒸香醅的方法

1. 常用法

当前各酒厂普遍采用的方法，一般是先将高度酒精稀释至60％～70％，倒入甑桶锅底，用酒糟或香醅作串蒸材料。串蒸比(酒糟：酒精)一般为(2～4)：1。如用酒醅串蒸，每锅装醅850～900kg，使用酒精210～225kg(95％计)，串蒸一锅的作业时间为4h，可产50％酒精分的白酒450～500kg，以及10％左右酒精分的酒尾100kg多。耗用蒸汽2t左右，串蒸酒损达4％～5％。串蒸后的50％酒精分的白酒，其总酸可达0.08g/L以上，总酯可达0.15g/L以上，相当于酒精中添加10％固态法白酒水平。

2. 常用法的改进

普通常用串蒸法最大的缺点就是酒的损失率高。为减少酒损，各地对此工艺进行了改进。

① 用串蒸的糟进行再发酵，使其含有一定量的酒精分，可减少糟中酒精分的残留，使酒损降低1％左右。

② 改变酒精添加办法。变直接往锅底一次性添加为设置高位槽，接通管路至锅底，缓慢连续性添加，可减少酒损2％左右。

③ 专利技术：串蒸酒精连续蒸馏装置。该设备改变酒精的添加形式，变间歇蒸馏为连续蒸馏，提高了蒸馏效率。最大优点是酒损可达0.5％以下（该项设备专利申请号为94222789.1）。

3. 薄层恒压串蒸法

该法是由吉林省食品工业设计研究所研制成功的一项新技术。主要是设计制造了串蒸新设备——白酒薄层串蒸锅。

使用该设备可使被串蒸糟的料层厚度下降1/2～1/3，提高串蒸比，由原来的4：1变为2：1，加之酒精蒸气压的稳定，使蒸馏的效果提高，酒的损失可减少，至1％以下。

使用这种串蒸锅可与原甑桶的冷却系统连接，采用2：1的串蒸比。每班串蒸3锅，可产白酒2t多。串蒸后的酒，总酸可达0.9～1.5g/L，总酯0.3～1.7g/L，具有明显的固态法白酒风味。

（三）浸香法

该法是用酒精浸入或加入香醅中，然后通过蒸馏把酒精分与香味物质一起取出来的方法。主要有3种形式：

1. 用酒精浸香醅

该法需专用设备浸蒸釜。它的直径为2.2m，高1.95m，容积为7.5m^3，内有间接或直接加热的蒸汽管。釜顶安装4层直径为9.5m的泡罩式蒸馏塔板，接铝制的面积7m^2的冷凝器。

将稀释至45％的酒精2.5t放入釜中，再加入0.32t的香醅，加热回流1h，然后加大蒸汽，蒸出成品酒。待流酒的酒精分为50％时截酒尾。成品酒中带有一定的固态法白酒风味。

2. 将酒精泼入香醅中

该法有两种形式：一是将稀释到75％左右的酒精直接泼入出窖后的香醅中，一起蒸馏，按正常蒸馏操作取酒。该酒保持了原香醅酒的风味。一般每100kg香醅加入75％酒精量不超过10kg。加入量过多将影响蒸馏效果，增加酒精损失。二是将50％左右的酒精倒入已发酵完毕的窖池中，再发酵10天左右，取出一同蒸馏。采用该法，窖子的密闭程度一定要好，以防酒精流失。一般加入的比例，酒精：香醅为5：1左右。

浸香法的优点是能使香醅中的香味物质较多地浸到酒精中。缺点是酒精损失大或耗能高，加工香醅中的一些杂味物质也极易带入酒中。故目前各企业已很少采用这种方法。

（四）调香法

新型白酒调香的香源有3种：其一是传统固态法发酵的白酒及发酵中的副产品香糟、黄水、酒头、酒尾等。其二是化学试剂。这里又分两类：一类是通过生物途径生成的，如己酸菌酯化液、黄水酯化液等；另一类是化学合成的，如各种可食用的香精、香料。其三是自然香源的选用，如各种中草药、各种植物、花卉的花、果、根、茎、叶等。

目前我国新型白酒使用量最大的是以固态法白酒及相关产物为调香剂；我们提倡的是使用生物途径产生的混合香源；我们主张少用或不用纯化学合成的香源。各类香源使用量及注意事项分述如下：

1. 普通白酒

普通白酒大多以麸曲、小曲为糖化剂，短期发酵，以清香型者居多。用这类酒勾调新型白酒，一般使用量在10%～20%左右；并且使用酒精分50%左右、酸度高一些的贮存期3个月以上的普通白酒，勾兑的效果更好。使用普通白酒调新型白酒应注意三点：

① 用量不可过大，否则将把这类酒的杂味带到新型白酒中。

② 应配合使用一些酒尾及化学酸味剂，使酒的酸度达标。

③ 如果使用化学香料，一般多用乙酸乙酯及乳酸乙酯。

2. 优质白酒

优质白酒均属各种香型，使用这类酒为调香剂，勾成的酒也具备同类香型酒的特点。同时优质酒使用比例的不同，其新酒的档次也不同。一般用量在5%～7%可兑出普通级稍带本香型风格的白酒；用量在30%左右可兑出中档同香型优质白酒；用量在70%以上可兑出质量基本相当于原酒的"二名酒"。使用优质酒为调香剂，最好选用的酒精也应是食用优级品。这种"双优"路线产生的优质酒很有发展前途，其特点有三：

① 酒体纯净，便于生产低度白酒，便于生产加冰加水不混浊的优质白酒。

② 成本低、产量扩大快，能迅速满足市场需求。

③ 能形成系列产品，便于更好地发挥名牌效应。

3. 香糟

发酵完毕的香醅也叫香糟，是新型白酒用来增香的主要物质。香糟中所含的各种微量成分正是酒精中所缺少的，而且是品种齐全、数量充足，所以采取串蒸的方法把香糟中的有益成分提取出来，然后再用这种串蒸酒来与酒精勾兑。使用此法生产的新型白酒带有固有的固态法白酒风味。由此可见，利用香糟来增香是一举两得的好事。使用这种串香酒来增香应注意以下三点：

① 使用的比例不可过大，一般以不超过40%为界限，否则会增加新酒中的杂味。

② 串香后的酒还应贮存一段时间再用，这会增强勾兑效果。

③ 用同一香型工艺生产的香糟串蒸酒最好用于兑勾相同香型的新型白酒。这样会收到事半功倍的效果。

4. 酒头、酒尾

酒头中含有低沸点成分较多，用来提高酒的前香效果明显。但用量不可过多，一般用量为1%～2%即可，否则将给酒带来微量成分量比不平衡。

酒尾中含有大量酸味物质及高级脂肪酸酯类。因此酒尾用来调整酒的酸度及后味效果明显。但用量也不可过大，超过20%将影响低度酒的透明度，而且会给酒带来酒梢子味。

5. 黄水

黄水的酸度很高，用来调酸效果明显，但黄水杂味很重，直接用来兑酒将严重影响酒味的干净。一般使用黄水必须经过各种处理，以串蒸后使用及酯化后再串蒸使用，效果较佳。

6. 食用香精香料

一定要选用正规企业生产的纯度高的可食用的香精香料。使用时应先把香料与一定比例的酒精混合，经45℃左右处理4h后，再加入酒中效果较好。也可将香料加入黄水酯化液中，或加入香糟中，通过串蒸的形式提取出来，这样使用的效果更好。但采用这种方法有一定量的损失，以后应研制先进的设备或工艺，尽量减少损失。用于白酒增香的香料品种及用量如表2－9－22所示。

表 2-9-22 白酒用香料品种及用量范围

名称	用量范围/%	特征
乙酸	0.01～0.03	有刺激性酸味
丁酸	0.005～0.01	有强烈持久的臭味
己酸	0～0.02	似汗臭味
乳酸	0.005～0.01	无香气，有浓厚感，多则有涩味
柠檬酸	0.01～0.02	酸味较长，且爽口，水溶性强
乙酸乙酯	0.01～0.05	呈香蕉香味，是清香型酒的主体香气
乙酸异戊酯	0～0.02	呈强烈的香蕉香味
丁酸乙酯	0.01～0.03	似老窖酒香味，味持久
丁酸异戊酯	0～0.003	呈苹果香味
异戊丁酸酯	0～0.002	有类似凤梨的香味
己酸乙酯	0.02～0.07	具老窖酒香味，是浓香型酒的主体香气
月桂酸乙酯	0～0.001	有很强的果实香
苯乙酸乙酯	0～0.0005	有蜂蜜香味
乙缩醛	0～0.005	有愉快的清香气味
β－苯乙醇	0.0003～0.0005	呈强烈的玫瑰香味
甘油	0.01～0.02	味甜柔和，有浓厚感

7. 植物香源

自古以来，我国就有用中草药及其他芳香植物来泡酒的历史，从历史延续到现在，对这类物品的提香方法有4种：

(1) 浸提法　分为常温浸提、加温浸提、煮沸浸提3种。常温浸提是以白酒或酒精为溶剂，将一种或多种香源放在酒中浸渍。为提高浸渍效果，需延长浸渍时间。加温浸提就是把溶剂加温至60℃左右，加入被浸物，保温数小时，然后冷却过滤。加温浸提比常温浸提时间短，有效成分提取率高，但一些香气轻淡的香源不宜采用。煮沸浸提是将香源先用水浸透，再直接加热煮沸、冷却、过滤，取滤液可直接用来兑酒。

(2) 蒸馏法　将各香源原料在酒基中浸透，然后与酒基一同蒸馏，此蒸馏液具有酒香，也有明显的香源香气。用于兑酒，会提高酒的香气程度。

(3) 压榨法　浆果类植物中有不少品种具有特殊香气。浸提法、蒸馏法处理不当会损失天然香感，而且这些浆果大部分含水分较多。采用直接粉碎、压榨、取汁，再将汁澄清、净化处理后，用于兑酒，香源的天然香味会保留于酒中。

(4) 发酵法　将各种香源(以植物类为多)干燥、粉碎后，加入白酒的大曲、小曲中，一同培养成曲。此曲带有明显的香源香味物质。用这种曲酿酒也会将各种有益的香味带入酒中。还有一种形式，就是将香源粉碎后与其他发酵底物(可以是谷物，也可以是果实)进行混合发酵。此发酵液可进行蒸馏，用此蒸馏液兑酒。此发酵液也可直接进行固液分离；液体按正常工艺进行贮存陈化，到期后再来兑酒，香源使用效果更明显。

三、调味的工艺方法

新型白酒增香工艺方法中也伴有调味的内容。因为香和味很难分辨的十分清楚。这里再谈调味，主要是讲酸味调整与甜味的增加。

1. 酸味的调整

60年代的新型白酒质量上最大缺陷就是“缺酸少酯，杂醇含量高”。这样的酒饮用后会有“上头”的现象发生。可见新型白酒酸度的调整是很重要的工艺操作环节。

新型白酒调酸的原则是调酸与酯的平衡，其根据有4点：

(1) 酸酯平衡是中国白酒的传统特色。中国名优白酒大多数是遵循酯高酸也高的规律。因此人们饮用后对身体的副作用很小。酱香型酒就是中国白酒酯高酸高的最典型代表。

(2) 酸味对其他香味物质有重要的衬托助长作用。酸度不够，酒体往往不丰满，香味也不协调;反之，酸高了，其他香味含量跟不上来也会严重影响酒体。

(3) 国外著名的蒸馏白酒酯低，酸也低。更有甚者，“俄得克”酒无酸，酯也极少。从这些酒类的酸酯分析中，我们可见酸与酯的关系之奥妙。

(4) 新型白酒加入部分酒精后，所有的香味成分均得到稀释。酯降低了，所以酸也应降低。相反，有些企业在新型白酒中又加入大量外来酯类，而忽视了酸味的调整，造成了这类新型白酒饮用后不舒适、副作用大的严重缺陷。可见新型白酒在低酸低酯的前提下，酸酯平衡更显重要。

用于新型白酒调酸的种类，最好是黄水、酒尾、尾水中含有的发酵生成的混合酸类。这些酸味物质不仅能提高新型白酒的固态白酒风味，更重要的是能与各种酯类很好配合，使口味协调，饮用的副作用减少。

新型白酒的酸酯平衡范围，一般在低酯情况下，即总酯含量不超过2.5g/L前提下，酸与酯的比例保持在1：2左右的范围较好。如低档新型白酒酸为0.5～0.6，酯可为1左右。中档新型白酒酸为0.8～0.9，酯可为2左右。高档新型白酒酸为1以上，酯可为2.5左右。

2. 甜味的增加

低度化的新型白酒，调入部分甜味物质会增加酒体的丰满感。适当的甜味，消费者是喜爱的。

最常用的甜味剂是白砂糖。使用方法是：

(1) 制糖浆　砂糖使用时，为加速糖的转化，最好先制成糖浆。糖浆制备方法为：在不锈钢或铜锅中溶化，先放入水100L，煮沸，再加入砂糖196kg，待溶化后按1kg白糖加10g柠檬酸，继续加热，使糖液沸腾约10min，趁热过滤，出锅糖浆应为无色或微黄色透明稠状液体，熬糖时应经常搅拌，防止砂糖淤锅，造成糖浆老化，熬糖火力要均匀。

熬糖时加入少许柠檬酸，不仅可以加速糖的转化，并可防止糖液结晶。

(2) 用砂糖制糖色　取10kg砂糖放熬糖锅中，即倒入水1L(糖水比为10：1)，开始加热，先用微火，以后逐渐加大火力并不断搅拌，砂糖溶解，颜色逐渐变黄，进而变黑褐色，当颜色合适时，停止“焦化”，去掉火力，趁热在一细筛上过滤。为防止污染，可在糖色装入贮存容器后，再加入85%的脱臭酒精，使糖色溶液的酒精浓度在较高的水平，起到防腐作用。

新型白酒加糖的范围应在2～10g/L之间。高于这个范围，甜味突出，有失白酒风格。

其他甜味剂的使用，请遵照说明书，先小试后再投入大生产使用。

四、新型白酒调配实例

1. 普通清香型新型白酒

普通食用级酒精用水调成酒精含量45%，占85%；普通4天发酵粮食白酒调成酒精含量45%，占15%。另用普通白酒酒尾5%，调入乙酸乙酯0.01%～0.02%，加糖5g/L。成品酒中，酒精含量45%，总酯0.8g/L左右，总酸0.5g/L左右。感官品评，该产品有明显的普通白酒风味。

2. 优质中档清香型白酒

用优级食用酒精调成酒精含量50%，占70%；用优质清香大曲酒调成酒精含量50%，占30%；加糖0.3g/L。用清香酒尾及乙酸乙酯调整。成品酒中，总酸0.7～0.8g/L，总酯1.8～2.0g/L。

该产品有明显的老白干酒及二锅头酒风味。

3. 浓香型中档优质酒

优级食用酒精调成酒精含量38%，占75%；一级浓香型优质酒占23%；高酯浓香调味酒2%。加己酸乙酯0.01%～0.03%，加糖4g/L。成品酒中，总酸0.8g/L左右，总酯2.0g/L，己酸乙酯1.2～1.5g/L之间。感官品评，该酒具明显的浓香酒风格，酒体干净。

4. 兼香型高档优质白酒

(1) 优质食用酒精，加处理后的水，调成酒精含量36.5%，占30%。

(2) 配制固态法白酒。贵州产大曲酱香型优质白酒(原度计)占3%，其他酱香型优质白酒占4%～7%，浓香型调味酒占55%～58%。几种酒混合加水除去混浊后，调成36.5%酒精含量的酒。

(3) 调味。用高酸调味酒调整总酸0.8～1.2g/L，用高酯调味酒调整总酯2.0～2.5g/L。

(4) 加入白砂糖3g/L。

感官品评：浓香有酱香，浓酱协调，口味较丰满，较甜，后味较长，兼香型酒的风格明显。

五、新型白酒生产中应注意的问题

1. 生产新型白酒企业应具备的基本条件

(1) 有传统的固态法优质白酒生产基地。如有10kt固态法白酒生产能力，就可搞出100kt以上的新型白酒。

(2) 有优质酒精供应基地，其中以玉米生产的优级酒精为最好。

(3) 有完善先进的分析手段，能全面对基酒及成品酒中微量成分作定性定量分析。

(4) 有足够的贮存、勾兑容器，有先进的低度酒过滤系统及设备。

(5) 有高水平的品尝、勾兑技术班子。

(6) 有专门的机构和人员，从事香源的加工、提取工作，研制各种功能的调味酒。

2. 把住基础酒选用这个关口

(1) 有定点、长期稳定的酒精及其他基础酒定点供应的途径，并要有一定量的各种基础酒的储备。

(2) 对进厂的酒精、基础酒先做理化分析，然后进行感官品评。建立基础酒档案数据库。

(3) 对质量不合格的酒精及其他基础酒进行必要的工艺处理。

3. 注重勾兑这个重要环节

(1) 研制科学的配方，不断有新的适应市场变化需要的配方问世。

(2) 配备足够的勾兑容器。保证勾兑后，酒能再贮存15～30天。

(3) 尽量增大勾兑容器容量，尽量减少批次间质量差距。

(4) 采用微机系统，辅助完成勾兑工作。

4. 研制、生产新香源

(1) 通过特殊工艺，制作各种功能的调味酒。

(2) 从大自然中，选用各种动植物香源，采用科学先进的方法提香后，用于酒的兑勾，增加酒的新香气。

(3) 注意其他食品领域新资源的开发成果的移用，使新型白酒中不断有新成分的加入，来增加酒的新功能。

5. 先进设备的及时采用

(1) 人工老熟设备，缩短酒的贮存期。

(2) 选用先进的低度酒过滤设备，达到既能最大限度地除去混浊物，又能最大量保留香味物质。

(3) 基础酒处理及香味提取新设备、新工艺的选用，使除杂、增香工作更科学、准确。

六、新型白酒质量特色

新型白酒品种不断增加，产量逐步增大，短时间内已成为中国白酒的主体，这是跟它具有鲜明的质量特点分不开的。

1. 透明度高，加冰加水不混浊。

酒精中，很少有造成酒类加水混浊的高级脂肪酸酯。所以，以酒精为主体兑制的任何酒度的新型白酒，加冰加水后很少产生混浊。这就为我国白酒进一步低度化指明了方向，也为白酒今后能与其他饮料混用打下了基础。

2. 酒体纯净，杂质含量低，卫生、安全

酒精中的酸、酯、醛、杂醇油等微量成分含量只是白酒的1/10～1/100。因此，以酒精为主体的新型白酒，不但酸低、酯低，更重要的是醛、杂醇类含量更低。国外最新研究成果表明，乙醇的同系物含量多，是造成酒类醉人的根本原因之一。杂醇含量少的酒，对人体的副作用就小。随着人们生活水平的提高及对健康的重视，相对纯净的酒类会受到欢迎。所以，纯净的新型白酒将成为中国白酒的未来发展方向。

3. 酒精是很好的无色无味的溶剂，极易与其他物品结合生产出各类型、各香型的饮料酒

(1) 酒精与一定比例的各种香型优质白酒结合，可生产出具有同香型酒风味的中档优质白酒。

(2) 酒精与中草药结合,可生产出具有营养保健功能的补酒、药酒。

(3) 酒精与其他动植物香源结合,可生产风味独特的各种酒类珍品,如金酒、老姆酒等。

(4) 酒精与黄酒、米酒结合,可生产出具有新特色的中国传统酒的新品。

4. 高纯度的酒精与纯净的水结合,生产出的"俄得克"类型的产品,具有很大的发展潜力

因为这类酒具有如下的特色:

(1) 含杂质极少,对人体的副作用极小。

(2) 随意加水降度不混浊,可适合不同消费者需求。

(3) 可以与其他酒类、饮料类以任意比例混用,不影响临时兑勾饮品的香气和色泽。

(4) 长期保存,不变色、不变味。

第四节 营养型复制酒生产技术

一、概 述

复制酒也可叫做配制酒。我国饮料酒的配制,可以说是源远流长,古人就有用米酒、黄酒浸泡药材,制成药酒的记载。出现白酒以后,以白酒为溶剂制成的药酒就更多。到了近代,以优质白酒及优质酒精为基质的各类配制酒更是品种繁多,琳琅满目;特别是近年来各地利用我国丰富的资源,香花异草、珍果奇药,经科学加工,生产出了许多质量优良、风格独特的配制酒新品种。

配制酒在我国饮料酒市场上之所以经久不衰,是因为它自身有很多优点,这些优点越来越被更多的消费者所认识。

1. 酒精含量低,有营养,有功效

配制酒的酒精含量一般都在40%以下,属于低度酒的范围。因此它的饮用范围较广,男女均可,老少皆宜,能适应更广泛的消费者需求。说其营养,来源于添加物,如中药、果汁,这些物品的有益成分会溶于酒中,更便于人体吸收。说其有功效,就是如能采用合理的中药配方,就有一定的医疗保健作用。这类药酒从古到今,广为流传。

2. 原材料品种丰富,数量充足

我国幅员辽阔,物产丰富,各地都有很多动物、植物香源可用来配酒。

3. 工艺简单,设备简单,投资少,见效快

搞配制酒可省去微生物培养、酿造工艺、操作等环节;使用简单的设备,采取合理的工艺就可以生产出质量好的配制酒来。所以,它上马快、见效也快。这在市场经济为主导的今天,更具有现实意义。

4. 价格低廉,容易打开市场

由于原材料采购容易,制作工艺较简单,所以配制酒的成本较低,导致销售价格也不会太高,这类产品很适合我国广大人民群众的消费水平,所以市场前景广阔。

配制酒的这些优点,决定了它在饮料酒中举足轻重的地位和作用。随着人民生活水平及知识水平的提高，它的发展前景会更加美好。

中国白酒1985年以前一直位居我国各类饮料酒之首，1985～1995这10年间，虽有发展，但进展不大，与啤酒比更是相形见拙。啤酒10年中产量翻了一番，白酒产量却在原地徘徊。白酒与啤酒比，差距就是两条：一是酒精含量高;二是基本无营养。前一个问题经白酒界专家同仁们的不懈努力，可以说解决得比较好。目前市场上流行的主要是降度白酒和低度白酒;后一个问题，白酒怎样有营养却未能很好地解决。为此，黑龙江省从1994年起开始研制营养型复制酒，并取得很大进展。目的是通过露酒与白酒相结合的路线，去改变两类酒的面貌，去开辟出白酒有营养这一新领域。这是一个很大的题目，目前还未找到一个正确的答案。

二、营养型复制酒的研制

1. 营养型复制酒的定义

营养型复制酒是以食用酒精、固态法发酵白酒为酒基，加入食用香料、既是食品又是药品的物品或允许使用的补品、甜味剂、调味剂等，经科学方法加工而成的饮料酒类。

2. 营养型复制酒的特点

它的酒体特点是：保持白酒风格，吸收露酒的优点，具备营养酒的特色。它的内在质量特色：无色、低糖、低酸、低酯、外加营养物。

3. 营养型复制酒研制的目的和意义

一是探索果露酒与白酒结合的最佳工艺路线，使这两大酒类优势互补，共同发展。二是力图改变中国白酒基本无营养这一致命弱点，寻求中国白酒发展的新路子。

4. 营养型复制酒的展望

为促进营养型复制酒的健康发展，应认真做好以下几项工作：

(1) 研究复制酒的基础酒搭配的品种及比例，搞出各种类型，各种特色的新品种来。

(2) 利用高新技术，解决营养物分析、提取及添加等方面的课题，使营养成分添加既明确又合理。

(3) 向国外同类酒学习，搞出在全国叫得响的精品复制酒。

(4) 制定国家标准，规范几种基酒标准及使用比例，规范添加物范围和标准，使这类酒向科学化标准化方向迈进。

5. 营养型复制酒标准的修订

1994年制定的黑龙江省地方标准DB23/T074—94营养型复制酒，为这类新型酒的诞生、发展，作出了贡献。随着这类酒被各酒厂所认识并生产，该标准中的一些不足之处也明显地暴露出来，主要有以下4点：

(1) 糖分没有下限限制，有的企业可以不加糖。

(2) 总酸、总酯的下限太低，造成按此标准生产的酒，大多数为低档产品。

(3) 没有分香型的概念，不便于产品的检验和感官品评分类。

(4) 对营养物的添加，没有明确品种及量的要求，使很多品种的营养酒特色不明显。

为了促进营养型复制酒的健康发展，为市场提供更高质量的产品，1996年末，黑龙江省酿酒协会组织省内专家，对原营养型复制酒标准DB23/T074—94作了修订。修订后的

新标准,增加了如下的内容:

① 将营养型复制酒分为两个档次,即普通营养型复制酒和优质营养型复制酒。

② 将原营养型复制酒标准DB23/T074—94的部分内容修改后,作为普通营养型复制酒标准。

③ 新增加的优质营养型复制酒标准有如下特点:

1) 规定了使用的食用酒精等级必须是优级品。

2) 规定了使用的固态法白酒应是清香、浓香、兼香型优质酒中的一级品。

3) 明确了营养物的添加。首先是规定了砂糖的用量范围,其次是规定了食品标签中必须注明其他营养物的品名。

4) 规定了三种香型主体香气成分含量范围,确保了产品的典型性及优质性。

5) 标准中的部分理化指标参照了国家清香型、浓香型低度白酒标准中的一级品指标,及兼香型低度白酒中有代表性企业标准中的一级品指标。

修订后的营养型复制酒标准,内容比较全面,指标比较合理。按此标准将会生产出质量优良的营养型复制酒来。

第十章　白酒的贮存、勾兑与调味、包装、运输和保管

第一节　白酒的贮存与老熟

经发酵、蒸馏而得的新酒，还必须经过一段贮存期。不同白酒的贮存期，按其香型及质量档次而异。如优质酱香型白酒最长，要求在3年以上；优质浓香或清香型白酒一般需1年以上；普通级白酒最短也应贮存3个月。贮存是保证蒸馏酒产品质量的至关重要的生产工序之一。刚蒸出来的白酒，具有辛辣刺激感，并含有某些硫化物等不愉快气味，称为新酒。经过一段贮存期后，刺激性和辛辣感会明显减轻，口味变得醇和、柔顺，香气风味都得以改善，此谓老熟。

一、白酒老熟过程中的变化

较普遍地认为白酒的老熟过程存在着物理及化学两种变化。

(一) 物理变化

主要是醇－水分子间的氢键缔合作用。赤星亮一等人研究贮存年数不同的蒸馏酒的电导率变化，发现电导率随贮存年数增加而下降。认为这是由于分子间氢键缔合作用生成了缔合群团，质子变换作用减少，降低了酒精的自由分子，从而减少了刺激性，使味道变醇和了。白酒中组分含量最多的是酒精和水，占总量的98％左右。它们之间发生的缔合作用，对感官刺激的变化是十分重要的。但随着人们对白酒老熟作用研究的深入，又提出了一些见解。王夺元等应用高分辨^{1}H核磁共振技术，在白酒模型体系研究的基础上，通过直接测定由氢键缔合作用引起的化学位移变化，由质子间交换作用引起的半高峰宽变化及缔合度来评价白酒体系中的氢键缔合作用。在对汾酒的研究中，认为酒体中氢键缔合作用广泛存在，并对酒度有明显依赖性；其次氢键的缔合过程在一定条件下是一个平衡过程，当平衡时，化学位移及峰形均保持不变，这表明物理老熟已到终点。试验中观察到，酒精体积分数为65％的酒精体系，在没有酸、碱杂质时，贮存20个月后，测定其氢键缔合体系已达到了平衡。但白酒中除酒精和水两种主要成分外，还含有数量众多的酸、酯、醇、醛、酮等香气成分。它们将会对白酒体系的缔合平衡产生影响。如微量的酸可使缔合平衡更快到达。实测了若干种含酸新蒸馏出白酒的^{1}H核磁波谱，发现其化学位移、半高峰宽及缔合度已接近模型白酒体系的缔合平衡状态。这说明实际上白酒中各缔合成分间形成的缔合体作用强烈；并显示促进缔合平衡的建立无须通过长期的贮存，只要引入适量的酸就可大大缩短缔合平衡过程。在测定贮存5个月及10年的汾酒时，它们的化学位移值没有差别，即缔合早已平衡，但口感却差别很大。因此，氢键缔合平衡

不是白酒品质改善的主要因素，不是白酒老熟过程中的控制指标。结合白酒化学分析测定，可认为老熟过程中品质变化的决定因素是化学变化。其描述的贮存过程是：蒸馏酒醅得到的新酒，所含有的酸成分可促使醇－水氢缔合很快达到缔合平衡；随着贮存期的延长，主要是发生化学反应，并使香气成分增加。这个过程较缓慢。其间还存在酯水解生成酸和醇，直至平衡建立而达终点。生成的酯或酸均可参与醇－水缔合作用，形成一个较稳定的缔合体，从而使酒体口感醇和，香气浓郁。

从食味化学看，任何食物的香气和味并非单一化学组分刺激所造成。而是与存在于食物中众多的组成分的化学分子结构组成、种类、数量及其相互缔合形式有关。白酒的风味也就是酒体中各种化学组分在缔合平衡分配过程中综合作用于人们感官的结果。

(二) 化学变化

白酒在老熟过程中所起的缓慢化学变化，主要有氧化、还原、酯化与水解等作用，使酒中醇、酸、酯、醛类等成分达到新的平衡，同时有的成分消失或增减，有的成分新产生。它们之间的变化如下所示。至于向什么方向进行，是与贮存容器的材质、大小、温度、酸度、酒精含量等条件密切相关。

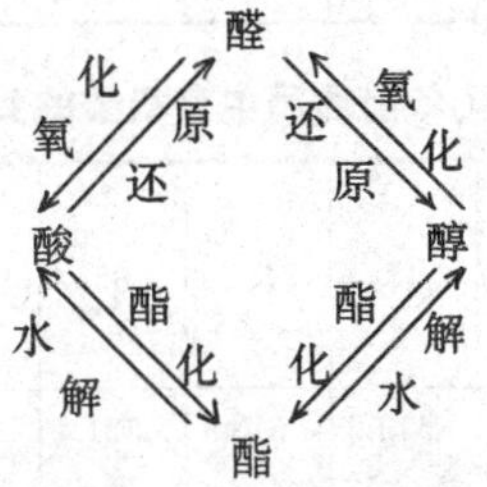

根据四川宜宾五粮液酒厂的研究工作报道，应用气相色谱分析方法，收集分析了1972～1992年出厂的五粮液酒35个试样，老陈调味酒、合格酒、尖庄酒等共60个样品，获得了以下的结果。

1. 新、老酒微量成分差异很大

在老酒中发现的二乙氧基甲烷组成分，一般贮存期在5年内的酒中无此成分。随着酒龄的增长，它的含量逐渐增加。如酒龄为5～10年的酒，其含量在0.1～0.6mg/L之间；10～15年的酒，其含量在0.5～4.2mg/L；15～20年的酒，其含量在3.0～7.0mg/L。故二乙氧基甲烷的含量与酒龄成正比关系。这一成分的来源，推测可能是甲醛与酒精的缩合反应产物或是某高沸点物质的分解产物。

2. 酸类及酯类的变化

白酒在贮存过程中，除少数酒样中的乙酸乙酯增加外，几乎所有的酯都减少。而与此相对应的是酸增加，尤其是乙酸、丁酸、己酸、乳酸。这充分显示白酒在贮存中主要酯类的水解作用是主要的。这与威士忌在贮存中酯是增长的情况完全不同，却类同于日本的烧酎。当然，若贮存时封缸不严，造成酒精及低沸点香气成分的挥发损失，使存酒浓缩而导致酸的增长，酯的减少，也可能是原因之一。测定数据见表2－10－1、表2－10－2。

3. 醇类及醛类的变化

甲醇随贮存时间延长而减少；正丙醇含量变化不大；其他高级醇含量均有所增加。醛类大体上是10年之内呈增加趋势，以后又有所减少。

表 2-10-1　　贮存10年前后酒中四大酯的变化　　单位：mg/L

成分 \ 含量 \ 酒号		1#	2#	3#	4#	5#	6#	7#	8#	9#	10#	平均差值
乙酸乙酯	前	927.1	927.0	1008.2	1062.4	791.8	1179.0	1043.0	1007.8	1053.0	936.0	
	后	1118.1	558.9	580.3	860.8	984.3	920.0	1148.6	1104.7	1127.2	784.4	
	差值	+191.0	−368.1	−427.9	−201.6	+192.5	−259.0	+105.6	+96.9	+74.2	−151.1	−74.8
丁酸乙酯	前	341.4	244.1	243.9	253.5	278.8	289.9	257.8	298.8	332.8	301.5	
	后	244.7	140.3	132.2	169.3	172.3	170.0	189.6	176.9	227.0	213.8	
	差值	−96.7	−103.8	−111.7	−84.2	−106.5	−119.9	−68.2	−121.9	−105.8	−87.7	−100.6
乳酸乙酯	前	1152.7	959.5	1177.4	1237.3	853.8	1171.8	1243.7	1123.3	1396.1	1599.9	
	后	586.2	658.8	705.7	716.5	681.7	653.9	765.3	694.7	865.0	798.6	
	差值	−566.5	−300.7	−471.7	−520.8	−172.1	−517.9	−478.4	−428.6	−531.1	−801.3	−478.9
己酸乙酯	前	2018.5	1757.1	1605.2	1842.1	2118.2	1555.0	1548.0	2074.2	2044.1	1381.5	
	后	1425.8	1302.4	1281.6	1462.5	1468.5	1074.8	1288.5	1426.5	1541.6	996.9	
	差值	−592.7	−454.7	−323.6	−379.6	−649.7	−480.2	−259.5	−647.7	−502.5	−384.6	−467.5

表 2-10-2　　贮存10年前后酒中有机酸的变化　　单位：mg/L

成分 \ 含量 \ 酒号		1#	2#	3#	4#	5#	6#	7#	8#	9#	10#	平均差值
乙　酸	前	502.4	582.4	539.8	513.2	513.5	531.4	560.6	469.2	490.0	423.4	
	后	642.2	1064.8	714.7	710.8	701.6	822.8	1103.0	867.9	504.9	525.3	
	差值	+139.8	+482.4	+174.9	+197.6	+188.1	+291.4	+542.4	+398.7	+14.9	+101.9	+253.2
丙　酸	前	6.7	8.0	8.2	7.0	13.7	8.1	7.8	9.2	7.0	8.6	
	后	67.2	61.2	59.0	41.9	44.7	50.8	50.2	54.5	61.6	53.5	
	差值	+60.5	+53.2	+50.8	+34.9	+31.0	+42.7	+42.4	+45.3	+54.6	+44.9	+46.0
丁　酸	前	74.0	109.0	80.6	78.8	83.6	73.5	80.8	84.9	76.4	84.1	
	后	119.7	176.6	123.3	127.7	158.5	141.2	151.1	166.7	123.4	132.4	
	差值	+45.7	+67.6	+42.7	+48.9	+74.9	+67.7	+70.3	+81.8	+47.0	+48.3	+59.5
异丁酸	前	5.4	6.7	7.2	6.0	4.6	5.7	5.7	8.6	4.2	8.9	
	后	10.7	10.7	9.4	8.3	7.5	8.8	9.9	10.8	8.9	13.8	
	差值	+5.3	+4.0	+2.2	+2.3	+2.9	+3.1	+4.2	+2.2	+4.7	+4.9	+3.6
戊　酸	前	16.4	24.5	18.2	19.5	20.1	19.3	17.2	16.3	20.6	11.8	
	后	28.0	42.5	42.5	30.2	32.3	34.7	34.5	37.6	33.0	25.4	
	差值	+11.6	+18.0	+24.3	+10.7	+12.2	+15.4	+17.3	+21.3	+12.4	+13.6	+15.7
异戊酸	前	10.9	16.1	14.9	13.4	7.9	10.9	10.9	13.4	11.0	10.8	
	后	18.3	18.7	16.2	11.4	12.0	13.8	16.8	18.6	13.9	17.4	
	差值	+7.4	+2.6	+1.3	−2.0	+4.1	+2.9	+5.9	+5.2	+2.9	+6.6	+3.7
己　酸	前	335.2	588.1	411.3	422.4	333.2	329.0	386.6	388.9	441.8	241.8	
	后	830.3	1203.1	957.2	996.6	793.5	826.0	1033.4	1098.8	1088.4	603.6	
	差值	+495.1	+615.6	+545.9	+574.2	+460.3	+497.0	+646.8	+709.9	+646.6	+361.8	+555.3

李大和与五粮液酒厂合作，对瓶装低度曲酒在1年期贮存过程中，质量变化的研究结果表明，基本上无变化。在密封的瓶装酒经1年后酒精含量最低仅差0.07%、最高差0.15%的条件下，定期每季取样分析及品尝，其结果如下。

(1) 酸类及酯类的变化　有机酸含量一般均随贮存时间的延长而增加。其中低度酒的总酸量比高度酒增幅更大，在浓香型酒中，乳酸、己酸和乙酸为多；在酱香型酒中，乙酸、乳酸、丙酸为多。与此相对应的乙酯类，则随着贮存时间的增长而呈减少趋势，其中己酸乙酯、乳酸乙酯变化最大，高沸点酯类变化微弱。显示了白酒贮存中含量多的低沸点酯类水解作用强烈。测定结果见表2－10－3、2－10－4。

表 2-10-3　贮存1年后酒样中有机酸增减情况　单位: mg/100ml

酒　别	五粮液		沱牌白酒		郎　酒	
酒精含量/%	39	52	38	52	39	53
甲　酸	0.66	0.57	－0.11	－1.06	0.35	0.67
乙　酸	2.40	0.42	2.65	1.41	12.29	5.78
丙　酸	0.25	0.34	0.16	0.23	1.60	0.89
异丁酸	0	0.06	0.05	0.04	0.22	－0.40
正丁酸	0.65	0.53	0.58	－0.15	－1.47	1.37
异戊酸	－0.03	－0.01	0	0.08	0.06	0.03
正戊酸	0.43	0.27	0.51	0.18	0.01	0.17
乳　酸	5.70	5.63	2.85	4.54	5.73	6.31
己　酸	5.49	4.35	4.92	3.50	0.43	0.14
庚　酸	0.11	0.16	0.09	0.08	－0.10	0.17
辛　酸	0.06	0.18	0.16	0.30	—	—
总酸量	15.93	12.50	11.86	9.15	21.72	15.13

表 2-10-4　贮存1年后酒样中四大酯类总量的变化　单位: mg/100ml

酒　别	五粮液		沱牌白酒		郎　酒
酒精含量/%	39	52	38	52	39
贮存始	447.17	549.40	308.76	462.64	466.05
贮存1年后	417.58	513.59	215.70	427.70	375.05

注：四大酯即为乙酸乙酯、丁酸乙酯、己酸乙酯、乳酸乙酯。

(2) 醇类及醛酮类的变化　经1年贮存后，醇类普遍呈上升趋势，但变化不如酸、酯大。乙醛含量下降，乙缩醛则增高。双乙酰稍有下降。

(3) 高沸点醇、酯类的变化　见表2－10－5。

表 2-10-5

曲酒贮存中高沸点醇、酯类的变化

单位：mg/100ml

成分 \ 酒别	五粮液										郎酒									
酒精含量/%	39					52					39					53				
日期	1994-11	1995-02	1995-05	1995-08	1995-11	1994-11	1995-02	1995-05	1995-08	1995-11	1994-11	1995-02	1995-05	1995-08	1995-11	1994-11	1995-02	1995-05	1995-08	1995-11
丁酸戊酯	0.08	0.08	0.12	0.08	0.09	0.30	0.33	0.35	0.35	0.35	0.04	0.05	0.04	0.03	0.01	0.06	0.06	0.06	0.06	0.06
乙酸正己酯	0.32	0.39	0.57	0.43	0.39	0.48	0.41	0.58	0.60	0.56	0.32	0.32	0.32	0.36	0.24	0.45	0.40	0.42	0.48	0.39
戊酸丁酯	0.57	0.56	0.54	0.57	0.53	0.67	0.69	0.68	0.70	0.66	0.24	0.30	0.26	0.27	0.24	0.34	0.34	0.36	0.32	0.30
庚酸乙酯	4.74	4.60	4.41	4.44	4.13	6.24	5.76	5.85	5.73	5.53	0.70	0.78	0.70	0.66	0.64	0.86	0.85	0.83	0.76	0.80
辛酸乙酯	3.17	3.00	2.92	3.07	2.89	4.52	4.30	4.36	4.25	4.05	0.44	0.49	0.45	0.42	0.38	0.62	0.58	0.58	0.54	0.56
己酸异戊酯	1.31	0.88	0.84	1.43	1.10	1.88	1.49	1.51	2.32	2.20	2.57	2.63	2.42	2.41	2.40	4.72	4.27	4.36	4.60	4.50
乙酰乙酸乙酯	0.03	0.02	0.05	0.04	0.04	0.04	0.05	0.04	0.05	0.04	0.14	0.14	0.18	0.16	0.17	0.25	0.27	0.55	0.23	0.15
丁二酸二甲酯	0.02	0.02	0.02	0.03	0.02	0.02	0.02	0.03	0.02	0.01	0.03	0.01	0.01	0.01	0.01	0.05	0.02	0.02	0.01	0.01
癸酸乙酯	0.27	0.24	0.23	0.27	0.22	0.41	0.37	0.35	0.40	0.35	0.03	0.02	0.01	0.02	0.03	0.05	0.03	0.03	0.04	0.04
苯甲酸乙酯	0.02	0.02	0.02	0.02	0.02	0.02	0.03	0.03	0.04	0.03	0.05	0.04	0.04	0.04	0.04	0.04	0.04	0.04	0.02	0.06
丁二酸二乙酯	0.11	0.10	0.11	0.13	0.11	0.14	0.13	0.13	0.13	0.14	0.21	0.15	0.14	0.13	0.11	0.25	0.27	0.27	0.25	0.24
月桂酸乙酯	0.03	0.02	0.03	0.02	0.02	0.12	0.16	0.16	0.22	0.20	0.05	0.03	0.02	0.03	0.02	0.06	0.04	0.04	0.04	0.04
肉豆蔻酸乙酯	0.02	0.02	0.02	0.02	0.02	0.27	0.25	0.26	0.30	0.28	0.02	0.01	0.01	0.01	0.01	0.09	0.10	0.11	0.10	0.10
棕榈酸乙酯	0.06	0.06	0.06	0.07	0.07	2.28	2.28	2.14	2.47	2.25	0.24	0.25	0.30	0.27	0.24	3.95	3.75	3.78	3.96	3.76
油酸乙酯	0.02	0.02	0.01	0.02	0.02	0.93	1.08	1.01	1.14	1.12	0.10	0.07	0.09	0.10	0.05	1.65	1.29	1.42	1.65	1.56
亚油酸乙酯	0.05	0.04	0.04	0.07	0.07	1.76	1.86	1.76	2.17	2.01	0.30	0.25	0.30	0.30	0.24	3.61	2.48	2.55	3.29	3.04
乳酸异戊酯	0.28	0.27	0.28	0.29	0.27	0.34	0.34	0.29	0.30	0.30	0.21	0.20	0.20	0.19	0.19	0.32	0.29	0.27	0.28	0.31
十八酸乙酯						0.01	0.04		0.03	0.04						0.02	0.05	0.05	0.05	0.05
第二己醇	0.14	0.18	0.21	0.20	0.20	0.14	0.22	0.22	0.19	0.17	0.16	0.21	0.13	0.15	0.15	0.27	0.27	0.30	0.20	0.20
异己醇																	0.30	0.04	0.03	
环戊醇	0.07	0.05	0.06	0.05	0.04	0.08	0.09	0.11	0.09	0.08	0.06	0.07	0.06	0.05	0.06	0.09	0.13	0.14	0.11	0.11
环己醇	0.03	0.03	0.03	0.06	0.05	0.05	0.02	0.05	0.09	0.08	0.04	0.04	0.08	0.07	0.06	0.07	0.06	0.06	0.13	0.13
2-辛醇	0.20	0.19	0.17	0.21	0.18	0.33	0.31	0.32	0.32	0.30	0.03	0.03	0.03	0.03	0.03	0.05	0.05	0.04	0.05	0.03
庚醇	0.05	0.06	0.05	0.03	0.03	0.09	0.08	0.09	0.08	0.08	0.07	0.07	0.06	0.07	0.06	0.05	0.13	0.13	0.09	0.10
辛醇	0.06	0.06	0.05	0.07	0.06	0.10	0.10	0.10	0.11	0.10	0.81	0.76	0.73	0.63	0.55	1.28	1.19	1.36	1.03	1.08
壬醇																0.02	0.02	0.03	0.01	0.02
癸醇	0.11	0.09	0.11	0.12	0.11	0.12	0.12	0.12	0.13	0.11	0.03	0.03	0.02	0.02	0.01	0.02	0.03	0.04	0.02	0.02
月桂醇	0.04	0.04	0.04	0.04	0.04	0.03	0.03	0.03	0.03	0.04										
十四醇												0.01	0.02	0.04	0.04					0.04
β-苯乙醇	0.14	0.14	0.14	0.18	0.14	0.17	0.17	0.16	0.19	0.17	0.34	0.41	0.44	0.42	0.39	0.57	0.56	0.50	0.61	0.51
肉桂醇						0.04	0.05	0.05	0.05	0.05	0.02	0.02	0.03	0.04	0.03	0.21	0.15	0.15	0.17	0.15

我国地域辽阔，各地白酒生产工艺不尽一致，对目前各类白酒生产工艺及产品风格进行归类，已有六大香型10个类别。根据对白酒老熟研究的现有结果，可以说清香型、浓香型、酱香型白酒在贮存过程中，含量多的低级脂肪酸乙酯及乳酸乙酯呈水解作用生成相应的酸和酒精，而不是以往推测的酯化反应。但是也不能完全排斥有的微量成分可能存在酯化作用。例如豉香型白酒，当蒸馏得到的斋酒(即酒精含量32％的白酒)在浸泡肥肉过程中，随着脂肪的氧化降解所产生的二元酸，与酒精结合而形成庚二酸二乙酯、辛二酸二乙酯、壬二酸二乙酯等特征性成分，成为豉香典型性组分之一。但当瓶装酒出厂后，若其乳酸乙酯含量过高，随着货架期的增长，又会呈现水解作用而使酒的口味变酸，影响质量。

(三) 老熟与金属含量的关系

各种酒类制品中的金属含量来自原料、酿造用水、容器及生产设备等。金属的多少，即使是同类的酒也因制造方法的不同而各异。国外关于金属对糖化、发酵和微生物发育繁殖的影响，对微生物无机营养及对酶活力方面的研究，已有很多报道。一般蒸馏酒的金属含量比酿造酒为低。

日本的泡盛酒传统方法贮存于陶质酒坛中。经贮存后的酒中，其铁、铜、钙、锰、锌、镁、钾和钠的含量超过新酒很多。这是酒在贮存过程中酒坛中的金属成分溶解到酒中所致。这一现象是促进泡盛酒老熟变化的重要因素，并使酒带金黄色。这些金属含量大体上随贮存年限的延长按比例增加。因此，陶质酒坛贮酒后，如以铁的含量计算，大致可以推算出酒的老熟期。

1977年五粮液酒厂刘沛龙等首先报道了白酒中金属元素的测定结果及其与酒质的关系。对白酒中金属元素的含量、来源、在白酒老熟过程中的作用及其与酒质的关系进行了论述。

1. 不同贮存期酒中金属含量

表 2-10-6　贮存10年、20年酒中金属元素的含量　单位：μg/L

试样	A 酒样				B 酒样	
酒精含量/%	52		39	29	52	
酒龄/a	20	10	10	10	20	10
K	3470	2280	660	420	2310	2350
Ca	4360	890	10010	11920	4330	2180
Mg	3490	690	6440	7350	2300	860
Cd	9.10	4.44	5.52	8.23	2.04	4.65
Fe	162.20	101.70	203.10	196.20	136.80	104.60
Pb	28.41	23.29	40.22	26.97	12.42	7.30
Cu	39.87	13.05	34.90	39.02	10.34	8.57
Mn	29.57	20.14	31.74	33.85	20.70	25.54
Al	660	470	140	120	1260	770
Ni	3.10	1.58	4.62	3.52	2.08	1.76
Cr	3.08	0.71	3.49	2.37	4.29	3.31
Na	15260	34750	10490	8140	8840	29000

表 2-10-7 贮存30、40年老酒中金属元素的含量 单位: μg/L

酒龄	K	Ca	Mg	Cd	Fe	Pb	Cu	Mn	Al	Ni	Cr	Na
40年老酒	7810	5440	4520	0.58	1045.01	86.60	367.46	48.44	42040	7.77	4.14	8470
30年老酒	4190	2960	1280	0.22	961.10	49.79	32.21	35.51	5220	5.24	7.48	6330

注: 表中所列数据为40年老酒8个,30年老酒2个的平均值。

从表2－10－6可见,这些盛于酒瓶中的酒样,除Na以外,其他金属元素的含量随存放时间延长而增加。因此,所增加的金属元素,是由酒瓶材质溶入酒中的。在10年贮存期不同酒度(酒精含量)的A酒中,金属元素Ca、Mg、Cd、Cu、Mn随酒度降低而增加,K、Al、Na随酒度降低而降低,Fe、Pb、Ni、Cr在酒精含量为39％的酒中最高。这与加浆用水及随贮存期增加酒中酯的水解导致有机酸增加,使酒瓶材质中的金属溶出量增多有关。

由表2－10－7的测定结果反映出,贮存30及40年的老酒中,金属元素含量要比10及20年酒中多得多。尤其是Fe、Cu、Al。这些酒均在贮酒容器中存放了20年,故增加的金属元素与贮酒器有关。一般酒中Fe含量越高,酒色越黄。酒中铁含量最多不能超过2mg/L,否则将出现沉淀。酒的黄色除与铁含量有关外,还与白酒中的某些有机成分有关。经液相色谱分析,已发现有4种有机物可使酒产生黄色。

酒的贮存时间越长,酒精损失越多,酸度越高,以致使盛酒容器中的金属元素溶入酒中越多。一般盛酒容器中的金属元素以氧化物形式存在,溶解于酒中仍不及酸的增长,因此酒的pH值随贮存时间的延长而缓慢降低。

2. 新酒贮存过程中金属元素含量的变化

取车间刚蒸馏出来的新酒,盛入两种不同材质的贮酒容器中,每半年取样分析,结果见表2－10－8及表2－10－9。

表 2-10-8 新酒贮存于容器1中的金属元素变化 单位: μg/L

车间号	贮存时间	K	Ca	Mg	Al	Na	Pb	Mn	Ni	Cu	Cr	Cd	Fe
501	新酒	950	450	90	27.17	370	0.98	2.47	0.46	7.09	1.48	1.94	13.16
	半年	1210	610	80	90.20	130	7.40	8.56	0.49	9.97	1.49	1.26	29.10
	一年	1920	1490	170	130.23	170	7.21	14.64	0.50	11.84	1.48	2.81	52.01
505	新酒	740	440	110	18.13	240	1.98	2.46	0.44	3.17	1.51	1.22	16.58
	半年	1670	320	70	113.50	40	17.41	3.08	0.51	7.84	1.22	1.31	30.86
	一年	1600	360	200	172.47	150	9.77	7.11	0.95	7.96	1.66	2.68	66.24
509	新酒	1260	560	170	21.74	170	1.63	7.73	0.16	7.02	3.39	2.62	29.28
	半年	1580	440	160	66.09	160	9.51	9.08	0.39	8.18	5.73	1.41	37.98
	一年	1990	320	330	68.71	290	7.12	14.76	1.44	10.54	5.98	3.58	59.83
511	新酒	1050	1180	240	6.18	320	2.83	3.09	1.62	2.29	2.59	0.21	12.64
	半年	1140	470	180	39.93	1160	8.07	8.91	2.27	5.56	1.81	1.29	31.06
	一年	92	620	430	136.50	480	10.49	11.75	1.17	7.52	2.37	4.21	55.13

注: 表中所列数据为10个酒样的平均值。

表 2-10-9　　新酒贮存于容器2中的金属元素变化　　单位：μg/L

贮存时间	K	Ca	Mg	Cd	Fe	Pb	Cu	Mn	Al	Ni	Cr	Na
新　酒	1520	1200	390	1.09	17.48	0.78	10.33	4.85	44.36	0.91	2.88	1830
半　年	1200	400	200	1.08	31.49	4.03	4.13	9.71	21.06	3.90	4.95	900
一　年	970	280	340	2.96	21.97	1.83	15.51	20.19	65.91	10.99	9.56	270

注：表中数据取自5个酒样的平均值。

容器1的材质中含有各种金属氧化物，因此酒经贮存后，这些金属元素便被溶入酒中，增加较多的有Al、Fe、Cu、Pb、Mn，而Ca、Mg、Cr、Cd几乎不增加，甚至减少。容器2的材质较为单一，含金属元素少，溶入酒中也少。其中除Fe、Mn、Ni、Cr增加较多外，绝大部分金属元素不增加，甚至减少。经品尝认为，容器1贮存白酒的陈酿效果比容器2为好。以上结果证实，贮酒容器的材质直接决定了酒中金属含量的品种，贮存期的长短与其含量多寡有关。

3. 金属元素在酒老熟过程中的作用

选用$NiSO_4$、$Cr_2(NO_3)_3$、$Fe_2(SO_4)_3$、$CuSO_4$、$MnSO_4$5种金属盐，按一定浓度添加于新酒中，1h后比较各金属元素除去新酒味的能力。结果Fe^{3+}、Cu^{2+}去新酒味较强，Ni^{2+}有一定的作用，Cr^{3+}、Mn^{2+}无去新酒味的能力。新酒味的主要成分一般认为是硫化物，而添加的5种金属盐均能与酒中硫化物反应生成难溶的硫化物。然后将酒样放置于25℃恒温箱中，经1个月、5个月后分别测定其微量成分变化及品尝，结果见表2－10－10、表2－10－11。

表 2-10-10　　金属元素催化1个月后酒中的微量成分　　单位：mg/100ml

酒　样	乙　醛	乙缩醛	乙　酸	乙酸乙酯	异丁醇	异戊醇	己酸乙酯
1#酒样	43.78	207.39	41.41	117.25	29.85	40.26	383.16
Mn^{2+}	50.36	198.04	31.00	112.90	30.05	38.04	328.21
Cu^{2+}	50.41	188.23	38.16	115.56	80.00	37.54	325.27
Fe^{3+}	58.70	211.50	59.53	112.98	29.72	38.17	324.67
Cr^{3+}	71.18	270.34	51.44	111.50	29.78	38.77	331.99
Ni^{2+}	87.81	200.74	32.96	107.63	29.30	40.80	320.92
2#酒样	37.89	108.34	48.53	81.52	29.01	44.99	336.42
Mn^{2+}	32.46	100.31	51.98	79.00	26.66	43.89	330.94
Cu^{2+}	20.36	90.03	40.54	85.62	30.58	49.88	322.24
Fe^{3+}	35.27	117.93	48.08	77.24	27.76	43.66	322.24
Cr^{3+}	41.00	160.58	37.89	84.12	27.88	44.23	318.25
Ni^{2+}	31.12	99.44	31.14	79.90	28.24	45.53	327.74

表 2-10-11　　金属元素催化5个月后酒中的微量成分　　单位：mg/100ml

酒　样	乙　醛	乙缩醛	乙　酸	乙酸乙酯	异丁醇	异戊醇	己酸乙酯
1#酒样	40.52	175.03	40.11	95.75	26.18	33.96	299.56
Mn^{2+}	36.77	172.51	41.15	97.63	27.54	34.26	301.24
Cu^{2+}	39.31	170.22	37.83	96.26	27.11	33.68	302.63
Fe^{3+}	61.76	233.43	79.42	112.17	26.85	33.98	296.11
Cr^{3+}	77.61	254.21	75.69	113.24	27.23	34.35	269.65
Ni^{2+}	41.34	164.50	44.36	94.89	26.46	34.10	294.80
2#酒样	43.00	68.34	43.41	68.95	24.37	21.98	290.24
Mn^{2+}	30.87	58.85	57.30	64.31	23.10	21.18	307.99
Cu^{2+}	36.63	74.16	38.20	69.27	24.25	22.87	293.18
Fe^{3+}	64.07	114.25	80.70	75.93	23.78	22.75	297.74
Cr^{3+}	75.48	132.26	67.66	74.56	24.53	22.77	289.69
Ni^{2+}	38.33	67.27	48.76	65.33	23.98	22.31	284.29

从表2－10－10、11说明，Fe^{3+}、Cr^{3+}对酒有明显的催化氧化能力，其他金属元素催化作用不明显。反映在酒中乙醛、乙缩醛、乙酸、乙酸乙酯明显增加，这是由于酒精氧化成乙醛，再氧化成乙酸，乙醛和酒精缩合生成乙缩醛，酒精与乙酸酯化生成乙酸乙酯所致。但将这2种酒样品尝，结果是未经催化的原酒样最好，添加金属元素的酒样不同程度地欠自然、显刺辣，没有发现一个酒样有陈味。

二、贮存容器

白酒的贮存容器种类较多，分别介绍如下。

(一) 陶土容器

陶土容器是传统贮酒容器之一。通常是以小口为坛，大口为缸。这类容器的透气性较好，所含多种金属氧化物在贮酒过程中溶于酒中，对酒的老熟有促进作用。生产成本也较低。但陶土容器易破损，机械强度和防震力较弱，容易产生一些内在裂纹。陶坛片均由微孔网状结构组成，若釉面施工质量不好，就会出现渗漏酒现象。陶土容器容积较小，一般为225～350kg，最大的1000kg。因此用它贮酒占地面积大，每吨酒平均占地$4m^2$。贮酒容器的封口常用猪尿泡、塑料布扎口;或再加石板、木板盖上。由于封口不严，造成酒精挥发损失。据有的酒厂测定，每年损耗率为2.5%～18.30%。但这一贮酒容器至今仍在优质白酒贮存中广为应用。

(二) 血料容器

用荆条或竹篾编成筐，或用木箱、水泥池内壁糊以猪血料作为传统贮酒容器之一。所谓血料是用猪血和石灰调制成一种可塑性的蛋白质胶质盐，遇酒精即形成半渗透的薄膜。其特性是水能渗透而酒精不能渗透，对酒精含量为30%以上的酒有良好的防漏作用。这是我国古代劳动人民创造的一种涂料。这类贮酒容器曾广泛应用于白酒厂，造价较低，就地取材，不易损坏。其容量大小不等。陕西省酒厂用荆条编成筐，再糊猪血料纸，容量为贮酒5t，称之为“酒海”。其他地区用木料或水泥钢筋混凝土为材质的容器，贮酒容量可达10～25t。

(三) 金属容器

随着白酒生产的发展，白酒产量大幅度地增加，传统小容量的坛、缸已不能满足需要。大容量的贮酒容器应运而生。金属容器是其中之一。起初采用铝罐者甚多。但发现随着贮存时间的延长，酒中的有机酸对铝有腐蚀作用;同时，铝的氧化物溶于酒中后就会产生混浊沉淀并使酒味带涩。因此，铝制容器最多也只能用于酸度低、贮存期短的一般普通白酒的贮存，或用作勾兑容器。用不锈钢制作的大容器贮罐，可避免铝罐贮存所出现的质量问题;但其造价较高，而且经不锈钢贮存后的优质白酒与传统陶缸贮存酒对比，口味不及陶缸醇厚。也有的厂用碳钢罐内涂环氧树脂或过氯乙烯涂料作贮酒容器。由于喷涂施工技术低劣，管理不善，使内壁涂料起泡、脱落现象时有发生，致使铁质大量溶于酒中，造成变色和沉淀质量事故。

(四) 水泥池容器

采用钢筋混凝土结构制成的水泥池(内壁表面贴或涂上一层不易腐蚀的材料)是又一种大容量贮酒器。它与金属罐相当，一般能贮酒50t以上。目前所用贴面的材质有:

(1) 桑皮纸猪血贴面　将建成的水泥池内表面处理清洁，另取5张桑皮纸，用猪血、生石灰和水调成的粘液粘在一起成一帖，而后交叉贴于地面。在池顶贴40层，底部贴80层，四周贴60层纸。然后用木炭文火烤干，表层再涂蜂蜡。采用此种方法，若加工技术好，则可经久耐用。

(2) 陶瓷板贴面　内衬陶瓷板贴面，先用环氧树脂勾缝后，再用猪血涂料勾缝。或内衬瓷砖或玻璃贴面。

(3) 环氧树脂或过氯乙烯涂料　这两种涂料均已应用于酒厂的贮酒罐。作为贮酒器的涂料，应与被涂材质有强的粘附性，涂料中的组成分不溶于酒中，无损于酒的质量，尤其是无毒害的。过氯乙烯树脂酒糟漆分为3种规格，即酒糟底漆、酒糟磁漆、酒糟清漆，按顺序喷涂。表层清漆的成分为环烷酸钡液、五氯联苯、磷酸二苯辛酯、稀释剂。用60％的酒精及酒精含量为52％的白酒浸泡，作可溶性鉴定对比试验，均有微量过氯乙烯溶出。尤其是在贮酒池的白酒中检出了0.12mg/L的有毒的增塑剂五氯联苯。因此，必须改用其他安全的增塑剂取代五氯联苯。另一种涂料是环氧树脂类。环氧树脂本身是热塑性的，必须用固化剂，使其成为不溶性的固化物。目前广为应用的是胺类固化剂。从毒性看，固化剂是较为重要的。对乙二胺及多乙烯多胺两种固化剂在不同浓度的酒精液中进行浸泡试验结果表明，均有微量溶出现象。因此认为在没有充分的毒理资料证实无毒害作用之前，对环氧树脂的应用，须进一步加强研究和管理。

综观上述4类贮酒容器，各有利弊，前两种是传统的，一般认为酒质较优。后两种大容器贮酒罐应该说是以不锈钢罐为佳，适用于中、低档白酒的贮存。

三、贮存时间与人工老熟

(一) 贮存时间与酒质的变化

在酒类生产中，不论是酿造酒或蒸馏酒，都把发酵过程结束，微生物作用基本消失以后的阶段叫做老熟。老熟有个前提，就是在生产上必须把酒做好，次酒即使经长期贮存，也不会变好。对于陈酿也应有个限度，并不是所有的酒都是越陈越好。酒型不同，以及不同的容器、容量、室温，酒的贮存期也应有所不同，而不能孤立地以时间为标准。夏季酒库温度高，冬季温度低，酒的老熟速度有着极大的差别。为了使酒有一定的贮存时间，适当地增加酒库及容器的投资是必要的。应该在保证质量的前提下，确定合理的贮存期。有人曾将不同香型名优白酒贮存在相同的传统陶坛中，利用核磁共振设备，测定白酒氢键的缔合作用，称为缔合度；同时还进行了白酒的一般常规分析，测定氧化还原电位和溶解氧等变化。但尚不能说明酒质的好坏和老熟的机理，还应以感官尝评鉴定为主要依据，并结合仪器分析，才可了解贮存过程中白酒风味变化的特征，以便提供酒厂决定每种香型白酒老熟最佳时间的依据。

(1) 浓香型白酒　选用新酒92.5kg，贮存于100kg传统陶坛中，其感官变化的评语列入表2－10－12中。

表 2-10-12　浓香型酒贮存中的感官评语

贮存期/月	感官评语
0	浓香稍冲，有新酒气味，糙辣微涩，后味短
1	闻香较小，味甜尾净，糙辣微涩，后味短
2	未尝评

续表

贮存期/月	感 官 评 语
3	浓香,进口醇和,糙辣味甜,后味带苦涩
4	浓香,入口甜,有辣味,稍苦涩,后味短
5	浓香,味绵甜,稍有辣味,稍苦涩,后味短
6	浓香,味绵甜,微苦涩,后味短,欠爽,有回味
7	浓香,味绵甜,微苦涩,后味欠爽,有回味
8	浓香,味绵甜,回味较长,稍有刺舌感
9	芳香浓郁,绵甜较醇厚,回味较长,后味较爽净
10	未尝评
11	芳香浓郁,绵甜醇厚,喷香爽净,酒体较丰满,有老酒风味

(2) 酱香型白酒 取第4轮原酒75kg,贮存于100kg传统陶坛中,其感官变化的评语列入2－10－13表中。

表 2-10-13 酱香型酒贮存中的感官评语

贮存期/月	感 官 评 语
0	闻有酱香,醇和味甜,有焦味,后味稍苦涩
1	微呈酱香,醇和味甜,有糙辣感,后味稍苦涩
2	微有酱香,醇和味甜,带新酒味,后味稍苦涩
3	酱香较明显,绵柔带甜,尚欠协调,后味稍苦涩
4	同上
5	未尝评
6	酱香明显,绵甜,稍有辣感,后味稍苦涩
7	酱香明显,醇和绵甜,后味微苦涩
8	酱香明显,绵甜较醇厚,后味微苦涩
9	酱香明显,绵甜较醇厚,有回味,微苦涩,稍有老酒风味
10	未尝评
11	酱香突出,香气幽雅,绵甜较醇厚,回味较长,后味带苦涩

(3) 清香型白酒 取新产汾酒,贮存于100kg传统陶坛中,其感官变化的评语列入表2－10－14中。

表 2-10-14 汾酒贮存中的感官评语

贮存期/月	感 官 评 语
0	清香,糟香味突出,辛辣,苦涩,后味短
1	清香带糟气味,微冲鼻,糙辣苦涩,后味短
2	清香带糟气味,入口带甜,微糙辣,后味苦涩
3	清香微有糟气味,入口带甜,微糙辣,后味苦涩
4	清香微有糟气味,味较绵甜,后味带苦涩
5	清香,绵甜较爽净,微有苦涩
6	清香,绵甜较爽净,稍苦涩,有余香
7	清香较纯正,绵甜爽净,后味稍辣,微带苦涩
8	清香较纯正,绵甜爽净,后味稍辣,有苦涩感
9	清香纯正,绵甜爽净,后味长,有余香,具有老酒风味
10	未尝评
11	清香纯正,绵甜爽净,味长余香

从上述尝评结果可看出，浓香型和清香型酒，在贮存初期，新酒气味突出，具有明显的糙辣等不愉快感。但贮存5～6个月之后，其风味逐渐转变。贮存至1年左右，已较为理想。而酱香型酒，贮存期需在9个月以上才稍有老酒风味，说明酱香型白酒的贮存期应比其他香型白酒长，通常要求在3年以上较好。

在常规化分析方面，除测定一般的酒精含量、总酸、总酯和高级醇等成分外，还测定pH和导电率等。总的可看出，上述3种香型的酒在贮存过程中的分析数据有增有减，变化不大明显。因此，常规理化分析结果尚不足以用作控制产品质量的依据。但可看出，清香型和浓香型白酒在贮存5～6个月后，酱香型白酒在贮存9个月后，它们的理化分析数据趋于稳定，这与尝评结果基本上是吻合的。其中酱香型白酒，贮存期越长，香味越好。

另外，还利用核磁共振技术，测定了上述3种不同香型白酒中酒精与水分子的缔合度，发现在贮存的头3～4个月，它们的缔合过程已达到平衡。贮存期再延长时，变化不明显，这与白酒中多种有机酸对氢键缔合作用的影响有关。因此，氢键的缔合作用，不能作为控制白酒老熟程度的主要指标。

新产酱香型酒贮存1年后，将不同轮次和香型的酒并坛，再继续贮存。酱香型酒入库时的酒精浓度较低，大多在55％左右，化学反应缓慢，需要贮存时间长。浓香型白酒入库时的酒精浓度较高。一般酒精浓度高，正是化学反应的一个有利条件。因此，浓香型白酒的贮存期就不需要像酱香型白酒那样长。

(二) 人工老熟

1. 人工老熟概述

所谓人工老熟，就是人为地采用物理或化学方法，促进酒的老熟，以缩短贮存时间。

水和酒精是白酒的主要成分。水的分子是由H—O—H构成的，因此它具有分子间由氢键缔合而形成的集团。同时，酒精分子也带有—OH，同样可以形成缔合分子。如果水和酒精共存，就会形成两者的缔合群，这种变化成年累月地进行，使物理性质起了变化。同时，酒在放置过程中，有的成分增加，有的成分减少，有的不变，因此，与新酒相比，老酒中微量成分间的比例关系发生了变化，同时发生了化学变化，自然感官上也就有很大的区别。人工催熟就是加速这种变化。

2. 几种催熟方法简介

名白酒或优质酒的贮存期长，这样就占用大量的贮存容器和库房，影响生产资金的周转。为了缩短贮存期，人们进行了大量的新酒人工催熟的试验，其中包括微波、高频电场、磁场、γ射线等处理。下面分别作简要介绍。

(1) 氧化处理　其目的是促进氧化作用。在室温下，将装在氧气瓶中的工业用氧直接通入酒内，密闭存放3～6天。品尝结果是经处理的酒较柔和，但香味淡薄。

(2) 紫外线处理　紫外线是波长小于0.4μm的光波，具有较高的化学能量。在紫外线作用下，可产生少量的初生态氧，促进一些成分的氧化过程。某酒厂曾经用0.2537μm紫外线，对酒直接照射，初步认为以16℃处理5min效果较好。随着处理温度的升高，照射时间的延长，变化越大。处理20min后，会出现过分氧化的异味。说明紫外线对酒内微量成分的氧化过程，有一定的促进作用。

(3) 超声波处理　在超声波的高频振荡下，强有力地增加了酒中各种反应的几率，还可能具有改变酒中分子结构的作用。某酒厂使用频率为14.7kHz、功率为200W的超声波发生器，在－20～10℃的各种温度下分别处理，处理时间为11～42h。处理后的酒香甜味都有增加，味醇正，总酯有所提高，认为有一定的效果。但若处理时间过长，则酒味苦;处理时间过短，则效果甚微。

(4) 磁化处理　酒中的极性分子在强磁场的作用下，极性键能减弱，而且分子定向排列，使各种分子运动易于进行。同时，酒在强磁场作用下，可产生微量的过氧化氢。过氧化氢在微量的金属离子存在下，可分解出氧原子，促使酒中的氧化作用。某酒厂选择了3种磁场强度，对酒样分别处理1、2、3天，认为处理后酒的感官质量比原酒略有提高，醇和，杂味减少。

(5) 微波处理　微波是指波长为1m至1mm，或频率为300MHz至300GHz范围内的电磁波。由于微波的波长与无线电波相比更为微小，所以叫微波。

微波之所以能促进酒的老熟，是因为它是一种高频振荡，而把这种高频振荡的能量施加于酒上，酒也不得不作出与微波频率一样的分子运动，由于这种高速度的运动、改变了酒精水溶液及酒分子的排列，因此能促进酒的物理性能上的老熟，使酒显得绵软。这种冲击波的微波介电加热法，破坏了酒精溶液中的各种缔合分子群，在某瞬间将部分的酒精分子及水分子切成单独分子，然后再促进其结合成安定的缔合分子群。同时，由于分子的高速运动，产生大量的热量，酒温急剧上升，从而使酒的酯化反应加速，总酯含量上升，酒的香味增加。所以，微波处理不但能促进酒的物理变化，而且也能促进酒的化学变化。

(6) 激光处理　这是借助激光辐射场的光子的高能量，对物质分子中的某些化学键发生有力的撞击，致使这些化学键出现断裂或部分断裂，某些大分子团或被“撕成”小分子，或成为活化络合物，自行络合成新的分子。利用激光的特性就能在常温下为酒精与水的相互渗透提供活化能，使水分子不断解体成游离氢氧根，同酒精分子亲和，完成渗透过程。有人曾用激光对酒作不同能量、不同时间的处理。结果认为经处理后的酒变得醇和，杂味减少，新酒味也减少，相当于经过一段时间贮存的白酒。

(7) $Co^{60}\gamma$射线处理　使用高能量的γ射线，使葡萄酒和白兰地人工老熟，早在20世纪50年代国外已有研究，近年来此项技术得到了发展。

采用$Co^{60}\gamma$射线处理酒时，因其能量大，故可用密闭的容器或采用连续流动的方法。处理后的白酒，异香大，但酒中主要微量成分无甚变化。

(8) 加土陶片(瓦片)催熟　实践表明，用土陶(瓦罐、瓦坛)贮存白酒的催熟效果最佳。其理由为: ①土陶有很多微孔，这些微孔不漏酒，但可以穿透空气，可加速酒的氧化作用;这些微孔还可留存微量的经过贮存后的老酒，这些老酒可以促进催化作用，加速新酒的物理和化学变化。②土陶中含有一定量的金属元素，如Na、Ca、K、Mg、Fe、Cu、Cr、Zn等，这些元素可以促进新酒的物理、化学变化，加快酒的老熟。最新的研究试验表明酒中含有1mg/L左右的K、Cu，有利于提高酒的口感，使酒醇厚，醇甜感增加，去新酒气。根据这些原理，在不是土陶容器的其他大容器内加入土陶片或瓦坛片，可以加速新酒老熟，起到了瓦坛贮存的作用。

(9) 加热催熟　加热可增快酒的物理、化学变化，促进酒的老熟。试验表明，在40℃左右的温度贮存6个月，相当于20～30℃温度内贮存2～3年的水平。所以，现在有些企业不把酒贮存在室内或洞内，而把新酒贮存在室外，酒温随着自然气候的变化而变化，这样贮存1

年相当于贮存3年。但这种办法损耗偏大，且要加强管理。

综上所述，同一试验方法，试样不同，效果各异。一般说来，随着原酒质量的提高，人工催熟的效果就降低，也即是质量越差的新酒，经人工催熟后，质量就有所提高，质量好的酒，效果就差些。总之，迄今为止，对新酒的人工催熟尚无一种切实可行的方法，还有待于进一步深入研究与探索。

第二节　白酒的勾兑与调味

一、勾兑与调味的作用及其基本原理

勾兑与调味技术是当前名优酒生产工艺中非常重要的一环，它对稳定酒质、提高优质酒的比率起着极为显著的作用。它由尝评、组合、调味三个部分组成，是一个不可分割的有机整体。尝评是组合和调味的先决条件，判断酒质的主要依据；组合是个组装过程，是调味的基础；调味则是掌握风格，调整酒质的最后关键。勾兑与调味的作用效果明显，所以现在许多白酒厂都很重视这一工作，并逐渐推广到其他一些饮料厂，液态法白酒、果酒、黄酒、啤酒等都开始采用这一方法。

当酸、酯、醛、醇等类物质在酒中的含量适合、比例恰当时，就会产生独特的愉快而优美的香味，形成固有的风格；但当它们含量不适、比例失调时，则会产生杂味。运用勾兑与调味技术，可以调整各成分之间的比例和含量，从而尽可能地使杂味变成香味，使怪味变成好味，变劣为优，这就是勾兑与调味的主要任务和目的。

现以浓香型曲酒的勾兑技术为例，介绍如下。

1. 组合

组合就是酒与酒之间的相互掺兑。每个窖所产的酒，酒质是不一致的。即使是同一个窖，每甑生产的酒也有区别，所含微量成分也不一样；加上贮存酒的容器是坛，每坛酒的质量仍存在着一定的差距；就是经尝评验收后的同等级的酒，在质量上(指香和味)也不完全一样。如不经过组合就一坛一坛地装瓶包装出厂，则酒质极不稳定，故只有通过组合才能统一酒质，统一标准，使每批出厂的酒，做到酒质基本一致，以保证酒质量的稳定。同时，组合还可以达到提高酒质的目的。实践证明，相同等级的各坛酒样，其酒味仍有一定差异，有各自的特点和缺陷。如有的醇和性好而香味较短；有的醇、香均佳而回味却不长；有的醇、香、回味皆备，唯独甜味清淡；有的酒质虽然全面，但略带杂味而不清爽等。组合实际上就是一个取长补短的生产工艺，它相当于现代化工厂的组装车间，把各车间、各部门生产出来的零件、部件组合成一个完整的产品，它对成品质量的优劣起着非常重要的作用。酒的组合就是一个组装过程，它把不同车间、班组、窖池和甑别等生产出来的各种各样的酒，配制成符合本厂产品质量标准的成品酒。这是一项非常重要而巧妙的组装技术。通过组合，使酒全面达到各级酒的质量标准，并能将一部分比较差、不够全面的酒或略带有杂味的酒变为好酒，从而提高相同等级酒的质量和产量。

2. 调味

调味是最近几年才发展起来的一项新技术，它是在组合基础上的提高，是在带酒和搭

酒基础上的发展。组合是按百分比进行的，而调味是按万分比进行的，这就是它们之间的主要区别。

调味是在基础酒的基础上进行的一项工艺加工技术。有人认为组合是画龙，而调味则是点睛。验收后的合格酒，经过组合后就成了比较全面的基础酒了。基础酒虽然比合格酒质量全面，而且有一定提高，已接近产品质量标准，但是尚未完全符合产品质量标准，在某一点上还嫌不足，这就要通过调味加以解决。经过一番调味后，使基础酒全面达到质量标准，使产品质量保持稳定或有所提高。调味酒的用量一般在0.001％左右就可使基础酒的酒质在某一点上或某些方面有明显的提高或者改善，以弥补基础酒的不足。也有人认为调味像其他工厂的精加工车间，是产品质量的一个精加工过程或调试过程，从而使产品质量更加完善。这都说明了调味工作的重要意义和作用。

对调味工作中的一般原理，认识很不统一；对于调味工作的作用也有不同的看法。为什么添加0.001％左右的调味酒，就能提高基础酒的香味，使酒发生变化呢？从目前来看，调味主要是平衡作用，现在普遍认为，每种名酒都有它的香型和独特的风格，这种香型和风格是由各种酒中所含芳香物质的不同含量和比例而形成的，酒中各种微量物质通过它们相互间的缓冲、协同、烘托来达到平衡作用，从而具备不同的香型风格和各味协调。例如，泸州大曲酒的戊酸和正戊醇、2，3－丁二醇等以及高沸点芳香物质的含量和比例都高于五粮液酒，从而形成了泸州老窖大曲酒回味悠长的独特风格。泸州大曲酒和五粮液酒都属于浓香型酒，它们都较突出地反映出已酸乙酯的香味，酒中的芳香物质围绕着已酸乙酯组成了一个恰当而协调的配合比例，形成浓香型酒的风格。以已酸乙酯为中心，改变其他芳香物质的配比，使其香型不变，而风格则有所变化。如五粮液酒的丁酸和丁酸乙酯及双乙酰的含量稍高于泸州大曲酒，可能与形成五粮液进口喷香的独特风格有些关系。全兴大曲的乳酸和乳酸乙酯的含量稍高于泸州老窖大曲酒和五粮液酒，与它的进口香、甜，后味绵软的特点可能有关。所以，酒中各种芳香物质(即微量成分)的量比关系是很重要的。如酒中各种芳香物质的配合比例不当，则酒味就不会协调，会产生异味、怪味或香味寡淡、暴辣、主体香型不突出等问题。这时添加调味酒就可改变基础酒中各种芳香成分的配合比例，通过压抑、缓冲或协同等作用，以期达到固有的香型特点，平衡各成分之间的量比关系。所以，添加的调味酒不一定显示出它的香味，而是突出其他香味和调和口味，达到克服缺陷、突出风格、香味协调的目的，即起平衡和助香作用。这可以从下述三个方面来分析。

(1) 添加微量成分(或称添加作用)　调味工作是在基础酒中添加微量芳香物质，引起酒的变化，使之达到平衡，形成固有的风格，以提高基础酒的质量。添加微量芳香物质又可分两种情况：一是基础酒中根本没含这种(或这类)物质，而调味酒中含量较高，这些芳香物质的放香阈值又都很低，例如已酸乙酯的阈值为0.076mg/kg，4－乙基愈疮木酚的阈值是0.01mg/kg。甚至在越是稀薄的情况下，香味却更好，多了还会发涩和发苦。这些物质在调味酒中含量较高，香味反而不好；但当它们在基础酒中稀释后，相反会放出愉快的香味，从而改进了基础酒的风格，提高了基础酒的质量。二是基础酒中某种芳香物质的含量较少，没有达到放香阈值，香味未能显示出来，而调味酒中这种芳香物质的含量又较高。若在基础酒中添加了这种调味酒后，则增加了这种芳香物质的含量，从而使之达到或超过它的芳香阈值，显示出它的香味，提高了基础酒的质量。

(2) 化学反应(或称加成反应，缩合反应等)　调味酒中所含微量成分物质与基础酒中所含微量成分物质的一部分起化学反应，从而产生酒中的呈香呈味物质，引起酒质的变化。

(3) 分子重排　调味作用与分子重排有关。有人认为酒质可能与酒中分子间的排列有一定的关系，名优酒主要是由水和酒精及2%左右的酸、酯、酮、醇、芳香族化合物等微量成分组成，其中各种成分有各种不同的特点，有的疏水，有的亲水，有的分子既亲水又疏水，有的分子具有极性。根据相似相溶原理(亲水基团易与亲水基团相溶，憎水基团与憎水基团相溶)，加上极化电荷、氢键等作用原理，使酒中各分子间有一定的排列，当在基础酒中添加微量的调味酒后，微量成分引起量比关系的改变或增加了新的分子成分，因而改变了(或打乱了)各分子间原来的排列，致使酒中各分子间重新排列，使平衡向需要的方向移动。

普遍认为调味酒的这三种作用多数时候是同时进行的。因为调味酒中所含芳香物质比较多，绝大部分都多于基础酒，所以调味酒中所含之芳香物质一部分在起化学反应，另一部分则打乱了分子排列而重排，添加作用在通常情况下都普遍存在，被人们所公认。这种微量的添加、暂时的平衡，是否能使酒质稳定，曾有人提出疑问。于是进行了贮存试验，将调味后的酒，做半年和1年的贮存试验，试验结果证明，大部分调好了的酒，经过贮存后酒质都比较稳定，并普遍都有一定的提高。调好味的酒存放10天左右，必须尝评一次，看酒质是否发生变化。若酒质有所下降，还需再次进行调味，以保证酒质的稳定。

二、勾兑调味用酒

(一) 基础酒及调味酒的设计

1. 确定合格酒

班组生产的原度酒不是一致的，差距很大。有的厂认为只需原度酒具备某一方面的特点，使组合成的基础酒能达到质量标准就可验收成合格酒，所以各厂对合格酒的标准要求是不一致的。从当前组合技术的现状来看，验收合格酒的质量标准应该是以香气正、味净为基础。在这个基础上，还应具备浓、香、爽、甜、风格等特点。另外有的原度酒味不净，略带杂味，但某一方面的特点突出，也可以作合格酒验收。在对出厂产品的总体设计时，应包括感官、理化、卫生标准、酸、酯、醇、醛、酮的量比关系、各微量成分的含量范围等。要求勾兑人员，牢记本厂产品的特点和固有风格，在这个基础上进行微调，使产品质量在感官上既保持固有的风格，同时又有好的口感，适应性强，销路广泛，微量成分含量范围适宜，量比关系合理，以便取得最佳的设计方案，并确保酒质的稳定和一致。感官鉴评应同微量成分分析紧密结合起来，控制和掌握好主体香味成分的含量范围，在感官标准上也应有量的概念。

2. 基础酒的设计是根据总体设计来的

基础酒通过调味后，就应达到总体设计的要求。基础酒是由各种合格酒组成的，不是所有的合格酒都能达到基础酒的质量标准，而是由各种各样的合格酒经过合理的组合后，才能达到基础酒的质量标准。因此必须考虑合格酒的设计问题，这是提高合格率的关键。为了实现总体设计的质量标准(即出厂标准)就必须首先设计基础酒的标准。基础酒的好坏是决定能否达到出厂产品质量标准的重要一环。基础酒是由合格酒组成的，首先要确定合格酒的质量标准。根据合格酒主要微量成分的相互之量比关系，可大体分成7个范畴:

(1) 己酸乙酯＞乳酸乙酯＞乙酸乙酯。这种酒的浓香好，味醇甜，典型性强。

(2) 己酸乙酯>乙酸乙酯>乳酸乙酯。这种酒的喷香好，清爽醇净，舒畅。

(3) 乳酸乙酯≥乙酸乙酯>已酸乙酯。这种酒会出现闷甜，味香短淡；但只要用量恰当，则可使酒味醇和净甜。

(4) 乙缩醛>乙醛(乙缩醛超过100mg/100ml)。这样的酒异香突出，带馊香味。

(5) 丁酸乙酯≥戊酸乙酯(含量达到25～50mg/100ml时)。这样的酒，有陈味和类似的中药味。

(6) 丁酸>己酸≥乙酸≥乳酸。

(7) 己酸>乙酸≥乳酸。

以上7种类型都是构成浓香型白酒必不可少的组成部分。按这些范畴验收合格酒后，再根据设计要求组合成基础酒，这样就能提高名优酒的合格率。

3. 调味酒的设计

应根据基础酒的质量标准和成品酒的质量标准，来设计针对性强的调味酒。然后按设计要求生产调味酒或采用特殊工艺制作调味酒。对调味酒的要求是感官上香味独特，别具一格，在微量香味成分含量上有特殊的量比关系。现在一般把调味酒分成以下4类：一类是以己酸乙酯为主要特征的调味酒。它们的感官特征是特别香、浓、甜，典型性极强。这样的调味酒主要是解决基础酒浓香型风格较差的缺陷。其用途广泛。第二类是乳酸乙酯和已酸乙酯含量高的调味酒。它的感官特征是闷甜、味浓厚。其作用是解决基础酒中乙酸乙酯含量较高，味清淡的缺陷。这种调味酒有一定的副作用(压香)。第三类是已酸乙酯和乙酸乙酯含量高的调味酒。这样的酒香而舒适，味清爽。这种调味酒可解决基础酒中乳酸乙酯含量较高、香不爽、余香短淡的缺陷。这类调味酒的副作用不大，用途广泛。第四类是戊酸乙酯和乙缩醛含量高的特殊调味酒。这种酒异香、甜味突出，能起调陈、解闷的特效作用，也是调浓中带酱型酒必不可少的调味酒。应按设计的感官、理化方案，制备所需的调味酒。勾兑员必须全面掌握本厂生产条件和产品质量的理化、感官标准，合格酒的特点，基础酒的变化规律，并加上熟练的勾兑技术，清楚地知道各种酒的不同感官特征与主要微量香味成分的量比关系。这样就可以抓住主要特征，做到少什么加什么，需什么添加什么，目标明确，合理组合，准确调味，使勾兑技术进一步深化。

(二) 调味酒的来源、制法和性质

在整个调味过程中，调味酒是很重要的。调味酒与合格酒、基础酒等，有明显的差异，而且有特殊的作用。单独尝评调味酒，香味怪而不协调，没有经验的人，往往会把它误认为是坏酒。调味酒的质量、数量、种类与调味的效果有着密切的关系。要搞好调味工作，必须要有高质量的调味酒，而且数量、种类要多。那么调味酒是怎样来的呢?怎样才能获得高质量的调味酒呢?

当前调味酒的来源有以下几个方面。

1. 双轮底调味酒

(1) 一般双轮底调味酒　在生产中，尝评验收酒质时，发现有符合调味酒条件的酒，即留作调味酒用。这种酒一般都是双轮底糟所产。在尝评验收酒时，如发现香味奇特或特殊味道之酒，都可进行实验。根据实验结果，确定能否作为调味酒，以免把好的调味酒作为坏酒处理。

(2) 特制双轮底调味酒　选用比较老的窖池或生产正常、酒质比较好的窖池，有计划地研制调味酒。方法是在选用的上述窖池的双轮底糟中加曲，回酒，延长双轮底糟的发酵时间(做三四轮底等)，从而促使这些窖的双轮底糟所产的酒，达到(或符合)调味酒的质量要求，成为调味酒。

双轮底糟调味酒的特点是：香气正，糟香味大，浓香味好，能增进基础酒的浓香味和糟香味;口感一般较燥辣。

2. 陈酿调味酒

选用生产中正常的窖池(新、老窖均可，但老窖较好)，将发酵周期延长半年至1年(一般是新窖1年，老窖半年)，以便生产出特殊香味的调味酒。做半年发酵的窖，一般采用4月入窖，10月开窖蒸酒为宜。这样，窖内每糟可以经过一个热季，以增强氧化、还原反应，促进酯化反应。做1年发酵的窖池，以采用3月或11月入窖，到次年3月或11月开窖蒸酒为宜。发酵周期长的窖，要注意窖池管理，不能让窖皮裂口而造成损失。在蒸酒时，应根据酒质情况作不同处理。如酒质很好，可以全部作为调味酒使用;若酒质尚不够好，可采用量质摘酒，分质并坛和底糟单独蒸馏等办法，摘部分好酒为调味酒。发酵周期长的调味酒，可以提高基础酒的后味和糟香味、陈味，所以叫陈酿调味酒。发酵周期长的调味酒，总酸、总酯含量特别高。老窖1年发酵所产酒，总酸为0.313％，总酯为0.902％，总醛0.050％，杂醇油0.15％，糠醛0.005％;新窖1年发酵所产酒，总酸0.1097％，总酯0.8206％，总醛0.0458％，杂醇油0.07％，糠醛0.006％，酒精含量约为60g/100ml。

3. 老酒调味酒

在贮存3年以上的老酒中选择调味酒。有些酒经过3年以上贮存后，酒质变得特别醇和、浓厚，具有特殊的风格。可以有意识地贮存一些各种不同香味的酒，以便以后作调味酒用，这就需要有一个长远的打算和计划。现在的老酒调味酒，一般是“意外”的收获，而不是有意识地培养。一般说来，3～5年以上的老酒，都有其一定的特殊点，都可以作为调味酒使用，至少可作为带酒。老酒调味酒能提高基础酒的风味和陈醇味，是调味工作中不可缺少的。老酒在常规化验分析方面，与一般酒相差不大，估计在微量成分上是有较大变化的，因此形成了它的特殊味道。

4. 酒头调味酒

在生产中取用比较正常的、产品质量比较好的窖的酒头作调味酒。一般分为两种酒头调味酒。一种主要用于正品酒的(优质酒的)调味。这种酒头调味酒主要取好的老窖和双轮底糟的酒头，然后混装一起成为一类。另一种是一般酒头调味酒，用于一般副产品酒的调味。除上述两种酒头外，其余的酒头混在一起，成为一般酒头调味酒。所以在生产中取酒头时，应分为两类，分别装坛。取的方法是每甑粮糟和红糟，取酒头0.25～0.5kg收集后分装在罐中，经过1年的贮存，即可作为酒头调味酒使用。酒头中含有较大量的芳香物质，其中低沸点成分居多。但酒头中含醛高，低沸点杂质也多，所以刚蒸馏出来的酒头既香又怪。因此，在以前都把酒头作为劣等酒进行回蒸和回窖处理，只注意了其不利的一面，没有注意它有益的一面。现在将酒头收集后，经过一段时间的贮存，酒头中的醛类等物质，在贮存中进行转化和一部分挥发，使酒中各种微量成分变化更为活跃，从而使酒头成为一种非常好的调味酒。酒头调味酒可以提高酒的前香和喷头，酒头中所含微量成分的常规化验分析结果如下：总酸0.043％，总酯0.963％，挥发酯0.822％，总醛0.041％，糠醛0.00021％，甲醇

0.0095%，高级醇0.09%，多元醇0.47%(其中丙三醇0.011%)。

从酒头的分析结果来看，酒头的总酯含量高，而且除主要的挥发酯外，还含有较多的多元醇。总醛含量虽不高，但主要是低沸点的乙醛，没有形成乙缩醛，所以醛杂味重。总酸含量比较低，但多为低沸点的有机酸。

5. 酒尾调味酒

选用生产中产品质量较好的糟酒酒尾作调味酒。如选用双轮底糟的酒尾或选用延长发酵期试验窖池的底糟酒酒尾等。具体制法有两种。

(1) 每甑取前酒尾　取40kg左右，酒精含量为15%左右的酒尾，装入坛中贮存1年，即成为酒尾调味酒。

(2) 每甑取前半截酒尾　取25kg左右，酒精浓度为20%左右的酒尾，加入到发酵正常、质量较好的高浓度丢糟黄水酒中(蒸馏时有意识地把酒精含量提高到68%以上)。一般按1∶1的比例混合，混合后的酒精含量控制在50%左右。酒精含量偏低时，可经计算后，再加些高浓度的质量较好的丢糟黄水酒，在罐中搅拌均匀，密封贮存1年，即为酒尾调味酒。有的还把酒尾集中起来在底锅里蒸馏，收集酒精含量在45%左右的蒸馏液，贮存1年后作为酒尾调味酒使用。

酒尾调味酒可以提高基础酒的后味，使酒质回味长和浓厚。酒尾和较好质量的丢糟黄水酒含有较多高沸点的香味成分，酸、酯含量也都比较高，杂醇油(多元醇)、高级脂肪酸等含量也高。但由于含量比例不协调，和存在部分高沸点的杂质，味很怪，所以以前都把酒尾作为劣酒进行再生产和处理。单独尝评酒尾调味酒，味和香都很特殊，但作为某些基础酒的调味是很理想的。

酒尾中微量成分物质的常规化验分析结果如下：总酸0.17～0.25g/100ml，挥发酸0.09～0.10g/100ml，总酯0.75g/100ml左右，挥发酯0.50g/100ml左右，总醛0.008～0.015g/100ml，多元醇1.31～2.0g/100ml，甘油0.00017～0.00025g/100ml，双乙酰0.00032～0.00040g/100ml，其他成分含量都低于60%酒精分的成品酒。

据分析，酒尾中的油状物主要是由亚油酸乙酯、棕榈酸(十六酸)乙酯和油酸乙酯等高级脂肪酸类所组成，由于它们的分子量大，不溶于水，故也难溶于低度白酒中。这些高级脂肪酸乙酯和乳酸乙酯构成了酒尾内的主要酯类，也是呈味的较好物质，在贮存中还会起着有益的转变，这是酒尾调味酒的基本特征。

最近有人采用晒醋的办法来制作酒尾调味酒，取得了良好的效果。其具体作法是，将上述方法制得的比较好的酒尾，盛在麻坛(或酒缸)中，放在露天场上，出太阳时不封口，让其照射、下雨和晚上封口，并用遮雨布盖好，待闻其无酒尾气味，而有较重的醋酸气味、颜色变得微黄时(1月左右)，即可收入库房，作调味酒使用。

6. 曲香调味酒

选择质量好、曲香味大的优质小麦大曲、按2%的比例加入到双轮底糟酒中，经充分搅拌后，密封贮存1年左右。在贮存期中3个月左右搅拌1次。使用时取上层清液，下层的残渣酒脚，可拌和在双轮底糟上回蒸，蒸馏出来的双轮底糟酒又可作为浸泡大曲之用。依此循环，可进一步提高曲香调味酒的质量。曲香调味酒可提高基础酒的曲香味。小麦大曲中，尤其是高温发酵的曲块中，含有大量的各种类型氨基酸，此外还含有一定数量的4－乙基愈疮木酚、酪醇、香草醛、阿魏酸、香草酸、丁香酸等芳香族化合物，从而起到曲块"曲香味"浸出的作用。曲香调味酒带微黄色，但因其用量小，故不影响酒质。最近在制作曲香调味酒方面又有新的提高。其具体做法是，选用香气和色泽比较好的曲块，经粉碎后，投入生产，有的只用曲粉，有的用一半粮粉加一半曲粉，生产量大的用1个小窖来生产曲香调味酒，生产量小的用1个窖中的1甑来生产曲香调味酒。这种方法生产出来的酒，曲香味很浓，单独尝评则带涩苦味，是一种比较好的调味酒。另外还有用豌豆粉代替粮粉生产减少燥辣的调味酒的。

7. 窖香调味酒

用酒将老窖泥中形成的各种成分(有机酸、酯类等物质)浸泡出来，即成为窖香调味酒。具体做法是，选择质量好的老窖窖泥，在选用时应注意窖泥的色、香、味等感官质量，按2%～5%的用量加入双轮底糟酒中，经充分搅拌均匀后，密封贮存1年左右，在贮存期间2个月左右搅拌1次。使用时取上层清液，下层泥脚酒可拌和在双轮底糟(或一般老窖母糟)上回蒸。蒸馏出来的双轮底糟酒或者窖糟酒，又可用作浸泡老窖泥之用。依次循环或这样反复用在同一甑子上，就能大大地提高窖香调味酒的质量。窖香调味酒可提高基础酒的窖香味和浓香味，老窖泥中含有较多的己酸乙酯、丁酸乙酯、己酸、丁酸等各种有机酸和酯，以及其他呈香味的有益物质，而形成窖泥的特殊香味。

8. 酱香调味酒

选用1个比较小的窖池，基本上采用茅台酒的生产方法进行生产，小麦大曲也同样按照茅台酒的生产方法生产，生产出来的酒，即为酱香型调味酒。酱香型调味酒含芳香族化合物和形成酱香型味道的物质比较多，这类物质在浓香型大曲酒中虽然含量很少，但在香型的组成中，也起着很重要的作用，是必不可少的，它能使基础酒香味增加和丰满。

9. 酯香调味酒

在生产中可采用特殊工艺生产这种调味酒。即选用1个小窖，或在1个窖池中用1甑粮糟(用泥坑、堆糟坝或晾堂的一角都行)来生产酯香调味酒。其操作方法是，粮糟出甑打水摊晾撒曲后，堆积在场地上拍光，经20～24h的堆积发酵后，粮糟温度在50℃左右。然后拌匀再入窖，密封发酵45～60天，开窖蒸酒。所产的酒，含酯量很高，可达1.2g/100ml以上，香味大，用作调味酒可提高基础酒的前香(进口香)，增进后味浓厚，是比较理想的一种酯香调味酒。

从上述调味酒的情况看来，一般都要经过1年以上的贮存，才能投入生产使用。这对于一些新搞调味工作的厂是一个很大的不利，使这项工作不能很快地开展起来。为了弥补这一缺点，提出了这样一个方法，就是需要贮存1年以后才能使用的调味酒，把它们装入5～25kg的小瓦罐内，用猪小肚封口，放入正在准备发酵的窖池的粮糟中，进行发酵处理(在粮糟下窖时，把它放进窖内粮糟中，以放中层为好)。等开窖后，又小心地把它取出来，然后又放入窖内的粮糟中再发酵。实践证明，经过这样一次发酵处理，其酒质可相当于贮存半年到1年酒的酒质。用这个方法可缩短调味酒的贮存期，使之提前老熟，投入生产。

调味酒中的一些起主要作用的微量成分，目前还不很清楚，最近从气相色谱分析的结果看，有一些峰在一般的成品酒中没有(主要原因是含量太低，估计是以μg/L计。所以填充柱气相色谱上未反应出来)，而在调味酒分析中则出现了一些成品酒中未出现的小峰。这些未知物质成分在调味酒中含量较高，一般能达10mg/L以上。初步认为这些未知物质成分，可能在调味酒中起主要作用，现在还没有弄清楚，须进一步探讨。

10. 其他调味酒

(1) 丁酸乙酯和辅以异戊醇含量高的调味酒，可以提前香，增爽快，还可以克服香气不正的缺陷。但用量宜少不宜多。

(2) 乙缩醛含量高的调味酒可以解闷增爽，促放香，使酒爽快，适口，除暴。但同时又冲淡了浓味。

(3) 丁酸乙酯、戊酸乙酯含量高的调味酒可以解决酒的新味问题。但此调味酒必须是老酒。

(4) 己酸乙酯、丁酸乙酯含量高的综合调味酒可以克服带上层糟气味(或丢糟气味)的缺陷，提香增爽快。

(5) 总酯、总酸含量高的综合调味酒可以解决基础酒中的生味问题，若出现新酒味，可再用丁酸乙酯含量高的调味酒调味。

(6) 乙缩醛、己酸乙酯、丁酸乙酯、异戊醇等含量高的综合调味酒可以克服香气不正的基础酒的缺点，如闷臭味、带苦、短、淡、单、不净、不协调等。

现在初步认为，在调味酒中起主要作用的微量成分有：乙缩醛、异丁醇、正丁醇、戊醇、己酸乙酯、丁酸乙酯、戊酸乙酯、乙酸、己酸、丁酸。在调味酒中，己酸乙酯的含量可高达1000mg/100ml，丁酸乙酯可达150mg/100ml，戊酸乙酯可达50mg/100ml，己酸可达200mg/100ml，乙缩醛可达500mg/100ml，乙酸可达200mg/100ml，丁醇可达100mg/100ml，异戊醇可达150mg/100ml。乳酸乙酯的含量不能高，若乳酸乙酯的含量偏高，会给调味酒带来副作用，起到坏效果。但乳酸的含量可以偏高。

为了对调味酒有一个统一的认识，根据调味酒的感官特征，并结合色谱分析，可分为下列4种类型：

① 甜浓型调味酒：感官特点甜，浓突出，香气很好。酒中己酸乙酯含量很高，庚酸乙酯、己酸、庚酸等含量较高，并含有较高的多元醇。它能克服基础酒香气差、后味短淡等缺陷。

② 香浓型调味酒：感官特点是香气正，主体香突出，香长，前喷后净。酒中己酸乙酯、丁酸乙酯、乙酸乙酯等含量高，同时，庚酸乙酯、乙酸、庚酸、乙醛等含量较高;乳酸乙酯含量较低。能克服基础酒香、浓差，后味短淡等缺陷。

③ 香爽型调味酒：感官特点是突出了丁酸乙酯、己酸乙酯的混合香气，香度大，爽快。酒中丁酸乙酯含量很高，己酸乙酯含量也高，但乳酸乙酯含量低。能克服基础酒带上糟气(丢糟气)、前段香劲不足(能提前香)等缺陷。

另外还有己酸乙酯、乙酸己酯含量高的爽型调味酒。它的特征是香而清爽，舒适，以前香而味爽为主要特点，后味也较长。这种调味酒用途广泛，副作用也小，能消除基础酒的前苦味，对前香、味爽都有较好作用。

④ 其他型(包括馊香、馊酸、木香等)调味酒：馊香型调味酒的感官特点是馊香、清爽，或有己酸乙酯和乙缩醛香。酒中乙缩醛含量高，己酸乙酯、丁酸乙酯、乙醛等含量较高。能克服基础酒的闷、不爽等缺陷。但应防止冲淡基础酒的浓味。

馊香型调味酒的感官特点是馊香、清爽，或有乙酸乙酯和己酸乙酯香。酒中乙缩醛、乙酸含量高，己酸乙酯、乙酸乙酯、2，3－丁二醇、丁二酮等含量较高。能克服基础酒中的后涩、苦、后微杂、香单、味单等缺陷。

木香型调味酒的感官特点是带木香气味(或中药味)。酒中戊酸乙酯、己酸乙酯、丁酸乙酯、糠醛等含量较高。能解决基础酒的新味问题，增加陈味等。

三、勾兑调味方法

(一) 勾兑调味工艺流程

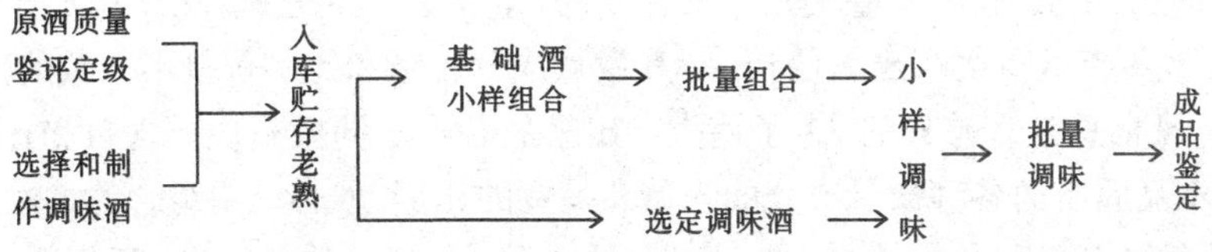

(1) 原酒质量鉴评定级　检验每批(每桶或坛)蒸馏酒的酒质，测定其理化指标、感官特征和缺陷，确定其质量等级。共分4道工序，即抽取酒样、理化分析、尝评、综合定级。

(2) 选择和制作调味酒　在正常生产的蒸馏酒中挑选调味酒，或运用专门技术制作某项感官特征特别突出的酒，用以进行调味。常用的调味酒有底糟酒、陈酿调味酒、曲香调味酒、窖香调味酒、酯香调味酒、酱香调味酒、老酒调味酒、酒头调味酒等。

(3) 基础酒小样组合　按质量等级要求和批量大小，从各贮存酒容器中抽取样品进行组合，以确定最佳组合方案。共分三个步骤：

① 选酒：根据各原酒的感官和理化检验结果，先挑若干具有优异感官特征的酒，编为一组，称“带酒”，再在该等级酒中挑选能够互相补偿彼此缺陷的普通酒，也编为一组，称“大宗酒”，然后在下一等级的酒中挑选若干有一定优点的次等酒，作为“搭酒”。选酒时应考虑组合时可能达到的理化指标，并尽可能照顾到不同贮存期的酒，不同发酵期的酒，新窖酒和老窖酒，热季酒和冬季酒，各种糟醅酒的合理搭配。

② 取样：取出选定的酒样，并记录各样品代表的容器的实际酒量。

③ 小样试组合：这是勾兑的核心环节。其试组合程序如下图：

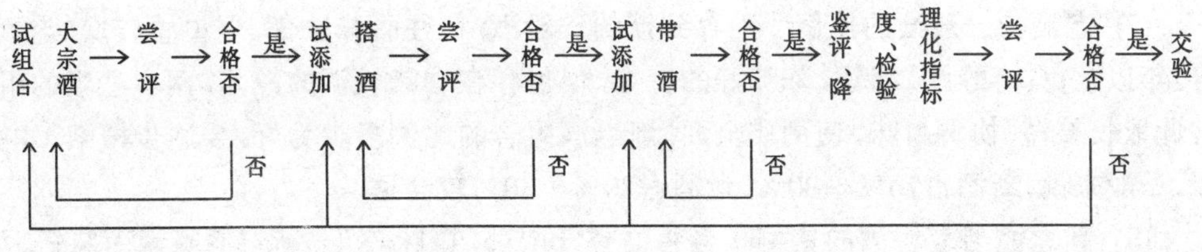

(4) 批量组合　根据最后确定的组合方案，将各酒样所代表的各批(坛、桶)酒按“大宗酒”“搭酒”“带酒”的组合次序，将酒打入大型勾兑器，每打入1组，要充分搅拌均匀。抽取酒样与小样相比较，如有较大差异，应查明原因，进行必要调整。

(5) 小样调味　通过小样的试调，确定最佳调味方案。分三步进行：第一步仔细鉴定组合酒(基础酒)，找准其弱点和缺陷；第二步选取能起补偿和强化作用的调味酒；第三步试添加调味酒，反复试调、尝评，直到满意为止。

(6) 批量调味　根据小样调味确定的调味方案，计算出各调味酒的总需量。将其加入勾兑容器中，充分搅拌均匀，取样尝评，应与小样调味结果一致，否则再需重调。

(7) 成品鉴评　每批成品酒均应由专门的质量检验部门，按出厂标准进行全面理化分析和尝评检验。合格后方可出厂。

(二) 基础酒的组合

1. 组合的意义

组合是调味的基础。组合的原则是使酒中各种微量成分的比例达到平衡。酒中微量成分(即酸、醇、酯、醛等)的有无和多少，以及它们之间的量比关系，决定着酒的香味和风格特点。各种香型的白酒，由于含微量成分多少的不同，量比关系的差别，从而构成了各种酒的香型和风格。但生产车间生产出来的产品，其微量成分含量和比例都是不一致的，与本产品固有的香味及风格总是有差异的。为了使生产出来的各有不同微量成分含量和比例的各坛酒，统一达到本品固有的各种微量成分的含量和适宜的比例，就必须用组合的方法来解决。

所以，组合的作用和意义就是：保证产品质量稳定，统一质量标准，互相取长补短，弥补缺陷，使酒质更臻完善。

2. 选酒

通过实践证明，组合中适量的酸味可以掩盖涩味，酸味还可以助味长；柔和可以减少冲辣；回甜醇厚可以掩盖糙杂和淡薄等。

一般来说，①后味浓厚的酒可与味正而后味淡薄的酒组合；②前香过大的酒可与前香不足而后味厚的酒组合；③味较纯正，但前香不足、后香也淡的酒，可与前香大而后香淡的酒组合，加上一种后香长，但稍欠净的酒，三者组合在一起，就会变成较完善的好酒。

在组合前，必须了解几种酒的比例关系。

(1) 不同甑次酒之间的比例　不同甑次的酒按适当比例组合在一起，就会使酒质全面，风格典型，酒体完美。因为不同甑次蒸出的酒，各具不同的特殊香和味，它们之间的微量香味成分的量比也有明显的区别。只有将它们进行合理的组合，才会达到提高酒质的效果。否则，就会出现酒体不协调的弊病。一般组合的比例是双轮底酒10%～15%，粮糟酒60%～65%，红糟酒15%～20%，丢糟黄水酒5%左右。这只是一个大概的比例，具体的比例应在实践中确定。

(2) 老酒与一般酒的比例　贮存到期的一般酒，往往香味浓郁，但口感较燥。老酒(贮存2年以上)具有醇厚、绵软，陈味好的特点，但也存在香味较淡的缺陷。两者适当的组合，彼此取长补短，协调口味，使酒质全面。新老酒组合的比例多少为好，要逐步摸索，才能掌握。一般来说，新酒占70%～80%，老酒占20%～30%较合适。

(3) 新窖酒与老窖酒的比例　老窖酒香气浓郁，口味较正，新窖酒寡淡而味短。如果用老窖酒来带新窖酒，既可以提高产量，又可以稳定质量。但以新窖酒不超过20%为宜，否则，会影响酒的质量。

(4) 不同季节所产酒的比例　由于不同季节的入窖温度和发酵温度不同，产出酒的质量有很大的差异。例如，夏季产的酒是香大，但味杂；冬季产的酒有香小、但绵甜较好的特点。若把夏季七、八、九、十月称为淡季，其他月份称为旺季，那么它们之间的比例关系为1∶3。

(5) 不同发酵期所产酒的比例　发酵期长(60天以上)的酒，香味浓而醇厚，但前香不突出；而发酵期短的酒(45天左右)，虽然醇厚感较差，但其香味成分挥发性强，前香突出。两者合理组合，既可以提高酒的香气和“喷头”，又具有一定的醇厚感，对于突出酒的风格是十分有益的。一般来说，短期发酵的酒用量为5%～10%较合适。

3. 小样组合

在大批量组合之前，都要进行小样组全，再按小样比例进行大批量组合。一般小样组合有两种方法。

(1) 逐步添加法 该法是将需要组合的酒分为三类：即大宗酒、带酒(特点突出的增香、增味酒)、搭酒(质量较差的酒);逐步增添酒量，以达到合格基础酒的标准。逐步添加法分为四个步骤来进行。

① 初样组合：就是将定为大宗酒的那些酒样，先按等量混合，每坛取50ml置于三角瓶中摇匀，品尝其香味，确定是否符合基础酒的要求。如果不符合，就要分析其原因，调整组合比例，直到符合基础酒的要求为止。

② 试加搭酒：取组合好的初样100ml，以1%的比例递加搭酒。每次递加，都品尝1次，直到再加搭酒有损其风味为止。如果添加1%～2%时有损初样酒的风味，说明该搭酒不合适，应另选搭酒。当然也可以根据实际情况，不加搭酒。一般说来，如果搭酒选得好，适量添加，不但无损于初样酒的风味，而且还可以使其风味得到改善。

③ 加添带酒：带酒是具有特殊香味的酒。其添加比例可按3%递增，直到酒质协调、丰满、醇厚、完整，符合合格基础酒的要求为止。其添加量要恰到好处，既要提高基础酒的风味质量，又要避免用量过多。

④ 验收基础酒：将组合好的小样，加浆(水)至产品的标准酒度，再仔细品尝验证，如酒质无变化，小样组合即算完成。若小样与调度前有明显的变化，应分析原因，重新进行小样组合，直到合格为止。然后再根据合格小样比例，进行大批量组合。

(2) 等量对分法 该法是遵循等量对分原则，增减酒量，达到组合完善的一种方法。等量对分原则通过以下实例来说明。

例如，有A、B、C、D四坛酒，各自的数量和特点、缺陷如下：

A酒：香味好，醇和感差;250kg。

B酒：醇香好，香味差，200kg。

C酒：风格好，稍有杂味;225kg。

D酒：醇香陈味好，香气稍差;240kg。

第一步，以数量最少的B坛酒为基础，其他酒与之相比得到等量的比例关系：即A酒$\frac{250}{200}$：B酒$\frac{200}{200}$：C酒$\frac{225}{200}$：D酒$\frac{240}{200}$$=1.25:1:1.125:1.2$

按此比例关系组合小样，即A酒125ml，B酒100ml，C酒112.5ml，D酒120ml，混合均匀后品尝。结果是味杂，香不足。这说明有杂味的C酒过多，应减少C酒用量;香不足，是香味好的A酒用量太少，应增加其用量，增加或减少应遵循对分原则。

第二步，按对分原则，减少C酒为$\frac{1.125}{2}=0.56$，增加A酒为$1.25+\frac{1.25}{2}=1.88$。因此调整比例为A1.88：B1：C0.56：D1.2，即A酒188ml，B酒100ml，C酒56ml，D酒120ml，混合均匀后品尝，结果是杂味消失，但香气仍不足。说明带有杂味的C酒用量合适，而A酒的量仍然偏少，需再增大用量。

第三步，还是按对分原则增加A酒比例数为$1.88+\frac{1.25}{2}=2.51$，再次调整比例为：

A2.51：B1：C0.56：D1.20，即A酒251ml，B酒100ml，C酒56ml，D酒120ml，混合均匀后品尝，结果是香气浓郁，达到合格基础酒的要求，则可以进一步试验A酒能否减少到最适量。

第四步，按对分法减少A酒比例数为$2.51-\frac{\frac{1.25}{2}}{2}=2.20$，即调整比例为A酒2.20：B酒1：C酒0.56：D酒1.20，小样组合为A酒220ml，B酒100ml，C酒56ml，D酒120ml，混合均匀后品尝，如酒质基本全面，就可以不再组合。如仍有不理想之处，可按对分法再次调整，直到达到最理想的最佳比例为止。

对于多坛酒，例如5坛以上酒的组合方式有以下两种：

① 从多坛酒中首先选出香味特点突出的带酒和具有某种缺陷的搭酒，而其他香味基本相似的酒，作为大宗酒，这样就可以采用逐步添加法进行组合，效果是相当不错的。

② 逐坛品尝，将香味相似的酒分为4个组，分别品尝出各组的香味特点，作好记录。然后采用等量对分法进行组合。该法虽步骤较繁琐，工作量较大，但组合的效果显著，易学易懂。

4. 批量组合

小样组合基本合格后，按小样组合的比例关系，计算批量组合的数量。某小样组合的比例为A酒2.20：B酒1.00：C酒0.56：D酒1.20。那么批量组合为A酒220kg，B酒100kg，C酒56kg，D酒120kg。按各自的用量，用泵打入大罐中，经搅拌均匀后，静置备用。为了验证批量组合与小样有什么不同，就可以取出少量，与小样对照品尝。如基本一致，就达到了小样的水平，方可算批量组合成功。这种酒就称为基础酒。因为它是调味的基础，故称之为基础酒。其感官品尝应达到:香气纯正，香味协调，尾净味长，初具酒体。然后再进行正式的调味。

5. 数学组合法

该法是近几年来，随着分析手段的不断完善，运用数学手段进行组合的一种方法。它主要是根据微量成分的含量，进行合理的、科学的组合。实践证明，采用这种方法组合的基础酒，不论是在酒质上，还是在用量上、时间上都优于感官品尝组合。当然这种方法的工作量非常大，要有一定的分析技术力量和较先进的气相色谱仪。

进行数学组合，必须抓住四大酯的含量及其量比关系。根据所分析的大量数据和实践经验证明，酒中四大酯的含量及其量比关系如表2－10－15所示。

表 2-10-15 三种浓香型名酒四大酯的含量及其量比关系 单位: mg/100ml

项目 酒别	己酸乙酯	乳酸乙酯	乙酸乙酯	丁酸乙酯	四大酯关系	风格特征
1	200	190	170	15	己酸乙酯＞乳酸乙酯≥乙酸乙酯＞丁酸乙酯	醇香浓郁，饮后尤香，清洌甘爽，回味悠长
2	180	170	150	20	己酸乙酯≥乳酸乙酯＞乙酸乙酯＞丁酸乙酯	香气浓郁，味醇厚甘美，净爽
3	170	150	170	25	己酸乙酯＞乙酸乙酯＞乳酸乙酯＞丁酸乙酯	浓香，醇和回甜，清洌净爽，余香悠长

(1) 数学组合原理 根据各种酒微量成分的含量进行组合，达到该酒四大酯特定的量比关系和基本含量，从而烘托出该酒的风格特点。

(2) 基本含量　就是保持该香型酒的风格特点所需要的微量成分的最低含量。

(3) 数学组合的方法步骤　首先确定组合的类型，是泸州老窖特曲酒的比例，还是五粮液的比例，或是其他酒的比例，这是组合的关键。泸州老窖特曲酒和五粮液虽是同一香型，其微量成分的量比关系是不同的，反映在口感上也存在着较大的差异，故应首先确定组合的类型。

第一步，分析出各坛酒四大酯的含量，这是进行数学组合的基础。

第二步，根据数学原理$\bar{a}=\frac{\Sigma aw}{\Sigma w}$进行数据组合。如果组合的坛数不多。例如，5坛左右，可直接按$\bar{a}=\frac{\Sigma aw}{\Sigma w}$组合。如我们确定组合的类型是泸州老窖特曲酒，那么己酸乙酯＝200mg/100ml，乳酸乙酯＝190mg/100ml。现有4坛酒，数据见表2－10－16。

表 2-10-16　　4坛“泸酒”两种酯的含量及酒量

编　号	己酸乙酯含量/mg·(100ml)$^{-1}$	乳酸乙酯含量/mg·(100ml)$^{-1}$	酒量/kg
1	240.5	228.7	158
2	176.4	165.5	202
3	215.8	203.5	180
4	189.2	177.6	220

按数学原理组合：

$$\bar{a}=\frac{\Sigma aw}{\Sigma w}$$

式中　$\bar{a}$——组合成功酒样微量成分含量(mg/100ml)

a——各坛酒微量成分含量(mg/100ml)

w——组合取各坛酒的量(kg)

首先确定己酸乙酯的量

全部酒样组合，己酸乙酯$\bar{a}=\frac{\Sigma aw}{\Sigma w}=\frac{240.5\times158+176.4\times202+215.8\times180+189.2\times220}{158+202+180+220}$

$$=\frac{154128}{760}=202.8(\text{mg}/100\text{ml})$$

如果己酸乙酯＜200mg/100ml，就应减少己酸乙酯低的酒的用量，来提高己酸乙酯含量；如果乙酸乙酯远大于200mg/100ml，就应减少己酸乙酯含量高的酒的用量，来降低己酸乙酯含量，但不低于200mg/100ml。

这样就可以达到最优组合，既可以提高酒质，又可以节约好酒的用量。

同理，组合乳酸乙酯、乙酸乙酯。由于丁酸乙酯含量很少，可以不作数据组合。

最后，综合己酸乙酯、乙酸乙酯、乳酸乙酯所确定的用量，达到最优化组合。

第三步，如果进行大批量组合，就要进行数据分析，列出数据范围，如140～160、160～180、180～200、200～220、220～240。例如，现需组合15坛酒，数据见表2－10－17。

表 2-10-17　　15坛酒的酯含量及其酒量

编　号	己酸乙酯含量/ $mg\cdot(100ml)^{-1}$	乳酸乙酯含量/ $mg\cdot(100ml)^{-1}$	乙酸乙酯含量/ $mg\cdot(100ml)^{-1}$	丁酸乙酯含量/ $mg\cdot(100ml)^{-1}$	酒量/kg
1	192.1	176.3	161.5	15.6	225
2	170.7	232.1	201.8	18.3	187.5
3	206.5	195.1	177.2	20.3	190.5
4	212.5	208.4	191.6	17.7	200
5	203.7	176.5	155.6	22.3	195.5
6	237.2	212.7	186.3	25.1	188.7
7	226	183.2	167.5	18.3	240.7
8	167.5	166.7	180.3	17.8	210.6
9	173.2	180.1	163.5	13.2	192.3
10	184.6	174.7	170.3	15.4	198.7
11	188.1	182.9	175.4	17.5	205.5
12	195.3	183.6	172.1	18.5	250
13	173.5	167.8	180.2	15.3	220.5
14	162.3	166.5	170.2	17.8	187.6
15	215.4	202.8	195.6	13.9	241.2

数据分组(按己酸乙酯含量)如下:

160～180mg/100ml　2#　8#　9#　13#　14#

180～200mg/100ml　1#　10#　11#　12#

200～220mg/100ml　3#　4#　5#　15#

220～240mg/100ml　6#　7#

① 现将180～200组与200～220组按数学原理$\bar{a}=\frac{\Sigma aw}{\Sigma w}$全部组合

$$\bar{a}=\frac{192.1\times225+184.6\times198.7+188.1\times205.5+195.3\times250+206.5\times190.5+212.5\times200+2037\times195.5+215.4\times241.2}{225+198.7+205.5+250+190.5+200+195.5+241.2}=199.8(mg/100ml)$$

② 160～180组与220～240组按数学原理组合

$$\bar{a}=\frac{170.7\times187.5+167.5\times210.6+173.2\times192.3+173.5\times220.5+162.3\times187.6+237.2\times188.7+226\times240.7}{187.5+210.6+192.3+220.5+187.6+188.7+240.7}=187.9(mg/100ml)$$

从上面可以看出: ①$\bar{a}=199.8$与200非常接近,可以不作调整; ②$\bar{a}=187.9<200$,应将组合用量进行调整,调整方式是将己酸乙酯含量低的酒的用量减少,甚至可以不进行组合,待下批再进行组合。因此,决定剔除8#、2#和14#,则:

$$\bar{a}_2=\frac{173.2\times192.3+173.5\times220.5+237.2\times188.7+226\times240.7}{192.3+220.5+188.7+240.7}=202.7(mg/100ml)$$

$\bar{a}_2>200mg/100ml$,故合格。

因此，大批量组合为：将1#、3#、4#、5#、6#、7#、9#、10#、11#、12#、13#各坛的酒全部泵入大罐，混匀即可。其己酸乙酯的含量为：

$$\bar{a}=\frac{199.8\times1706.4+202.7\times842.2}{1706.4+842.2}=200.76(\mathrm{mg/100ml})$$

可见$\bar{a}>200\mathrm{mg/100ml}$，达到己酸乙酯的要求。

同理进行乳酸乙酯，乙酸乙酯的组合，根据其用量，优选最优化组合用量。经过这种方式组合的酒在酒质和用量上均优于感官组合的酒样。

(4) 数学组合的注意事项

① 参加组合的酒样，应是通过验收的没有怪味的合格酒，否则，会影响数学组合的质量。

② 数学组合成功之后，必须进行小样组合试验，然后再进行大批量组合。

③ 参加组合的酒样的微量成分含量，均应折算成酒精含量为60％的结果，否则组合不准。

数学组合效果显著，成功率较高，并可以提高优质酒比率，是组合的发展方向。但由于分析工作量相当大，目前只有少数酒厂采用，并配备计算机进行组合，而大多数酒厂仍采用感官组合。

6. 组合应注意的问题

(1) 必须先进行小样组合　组合是一项非常细致的工作，若选酒不当，一坛酒就会影响一大罐酒的质量。因此，作小样组合是必不可少的。同时还可以通过小样组合，逐渐认识各种酒的性质，了解不同酒质的变化规律，不断总结经验，提高组合技术水平。

(2) 掌握合格酒的各种情况　各坛酒必须有齐全的卡片。卡片要记有产酒日期、车间和小组、窖号、酒度、重量和酒质情况(如醇、香、甜、爽或其他怪杂味等应分别注明)。组合时应清楚地了解各坛合格酒的情况，以便组合。

(3) 做好组合的原始记录　不论小样组合还是正式组合都应作好原始记录，以提供分析研究的数据。通过大量的实践，找出其中的规律，有助于提高组合的技术水平。

(4) 对杂味酒的处理　带杂味的酒，尤其是带苦、酸、涩、麻味的酒，要进行具体分析，视情况作出处理。

① 带麻味的酒：是因发酵期过长(1年以上)，加上窖池管理不善而产生的。这种酒在组合时，若使用得当，可以提高组合酒的浓香味，甚至可以作为调味酒使用。但不能一概而论，要具体分析。

② 后味带苦、涩、酸的酒：后味带苦的酒，可以增加组合酒的陈味；后味带涩的酒，可以增加基础酒的香味；后味带酸的酒，可以增加基础酒的醇甜味。因此，有人认为带苦、涩、酸的酒不一定是坏酒，若使用得当，则可以作为调味酒。但带糊味、酒尾味、霉味、香糟味、胶臭味等杂味的酒，一般都认为是坏酒，只能作为搭酒。若杂味重，只有另作处理。

③ 丢糟黄水酒：在人们的心目中，是不好的酒，只能作回窖再发酵或复蒸之用，不能作为半成品酒入库；但近年来在实践中，人们发现丢糟黄水酒如果是无糊味、尾酒味、霉味等杂味的正常丢糟黄水酒，则在组合中可以明显地提高组合酒的浓香和糟香味。

总之，组合是调味的基础。基础酒质量的好坏，直接影响调味工作和产品质量。

(三) 调味

所谓调味，并不是向酒中加添加剂，而是采用香味特点更加突出的精华酒(又称调味酒)来调整酒的口味，突出酒的风格，达到提高酒质的目的。组合和调味是两道不同的工序，各自的目的、原理和作法都各不相同。一般来说，组合在前，调味在后。组合是“画龙”，调味是“点睛”。所以两者是相辅相成的，缺一不可的。经过认真组合的酒，虽然已基本合格并初具酒体，但在某些地方或者某一方面都存在着缺陷，这些缺陷或不足之处就要通过调味来解决。只有经过精心调味，才能使酒质更加丰满，典型突出。

调味是酒中的各种微量成分之间发生添加作用、可能有微量的化学作用和平衡作用的综合体现，它打破了原来单一的、失调的平衡，建立一个新的、协调的、较稳定的平衡关系。这个平衡是否稳定，一般要经7～10天的贮存之后，通过品尝来验证。如酒质有所下降，还需进行补调，以保证酒质稳定。如无变化，则调味正确，量比适当。

低度白酒的调味，其难度比高度酒的调味大得多，虽然其调味机理基本一致，但在操作方法上却有明显的不同。低度白酒的调味方式是多种多样的，既有澄清前调味，又有澄清后调味;既有直接调味，又有间接调味。但根本目的只有一个，就是要生产出优质低度白酒。

上述各种调味方式都有各自的优缺点，下面介绍一种最优化的调味方式——综合调味。

所谓综合调味，就是将几种调味方式加以优化组合。澄清前调味具有劳动强度低，节省时间，速度快，包装后不易再次混浊的优点。但酒质欠丰满(主要是因澄清时很小的影响所致);澄清后调味可使酒质丰满，但易再次混浊。故可采用澄清前调味、澄清后补充调味的方法，使酒体丰满。因补充调味时调味酒的用量很少，因此不易再次出现混浊。而且调味酒不经任何处理，有助于降低成本。该法具有劳动强度低，节省时间，速度快，成本低和酒体丰满的显著特点。即使在包装后或贮存中气温变化很大的情况下，也不影响酒的外观澄清透明和酒质。因此，这种方式应大力推广。

调味的方法和步骤如下:

(1) 调味器具和滴加量的计算 一般常用的调味器具如下: ①50、100、200ml的具塞量筒各1个; ②250ml的具塞三角瓶5～10个; ③2ml注射器5～10个(附$5\frac{1}{2}$号针头5～10个);④50～60ml高脚酒杯20个; ⑤5～10kg的大玻璃瓶2个。

在2ml注射器中，装入调味酒，使用$5\frac{1}{2}$号针头滴试，不要用力过猛，拿正注射器，等速点滴，不能成线。据试验，1ml可滴200滴。按此计算，每滴相当于0.005ml。

(2) 判定初型酒的优缺点 在调味之前，首先要对初型酒进行品评判断，弄清初型酒(降度后或澄清后的低度白酒)在色、香、味、格上有哪些不足，需要解决哪些问题，做到有的放矢。

(3) 调味酒的选定 上一节已经介绍，调味酒的种类很多，各有其特点和作用。应针对低度白酒的具体情况，对症下药。酒头、浓香调味酒、特制双轮底调味酒的作用是提高低度白酒的前香和喷头，使之闻香突出，可消除水味;陈酿调味酒的作用就是要提高酒的香味，特别能提高低度白酒的陈醇味;老酒调味酒的作用是使低度白酒味醇和爽口，变得柔和、绵软;酒尾调味酒主要是提高低度白酒的后味,特别是与酒头融为一体后,可使酒度回味悠长而浓厚,酒体丰满、完整。因此,要根据“缺啥选啥”的原则,正确进行选择。例如,有一低度白酒浓香差、味短、有水味。那么根据“缺啥选啥”的原则,浓香差的可选用酒头、浓香调味酒和特制双轮底调味酒,来提高浓香,突出前香和喷头,还可消除水味;味短,可选用酒尾调味酒来提高酒的后味。如这时酒体不完整,还可适当地调入陈酿调味酒和老酒调味酒,使之酒体丰满、完整,风格突出。

(4) 小样调味试验方法

① 将选好的各具不同特点的调味酒分类编号,然后分别装入2ml的注射器内,贴上调味酒的编号,并按上$5\frac{1}{2}$号针头备用。

② 取需要调味的低度白酒100ml(也可50ml),放入250ml具塞的三角瓶中。

③ 用注射器向白酒中滴加调味酒,从1~2滴开始滴加,盖塞摇匀后,进行品尝。逐步滴加,直到香气、口味、风格等符合要求为止。

④ 调味酒用量计算:

$$m_1=G\times m$$

式中　m_1——批量调味时调味酒的用量(kg)

G——小样试验调味的用量比例(%)

m——需要调味的低度白酒总量(kg)

(5) 批量调味

将需要调味的低度白酒置于大容器中,根据小样调味比例计算出调味酒的用量。按小样的添加次序逐一调入低度白酒中,充分搅拌,混合均匀之后,取出少量,对照小样品尝。如果香气、口味、风格与小样相符,即初调完毕;如果不符,可以补调,直到符合为止。

初调合格的低度白酒,还要贮存5~7天。然后进行复评。如酒质无变化,即调味完毕,可包装出厂。如变化较大,还应补调,再贮存,再复评,直到完全符合要求为止。

根据实践经验的总结,得出了以下较实用的三种方法。

① 逐一调味法:在调味的过程中,分别加入各种调味酒,逐一进行优选,最后得出不同调味酒的用量。该方法的实质就是一个问题一个问题地解决。

在解决低度白酒的缺陷时,往往会出现这样的现象,即滴加调味酒之后,虽然解决了原来的缺陷和不足,但又出现了新的缺陷;或者计划要解决的问题没有解决,而解决了其他方面的另一种缺陷。这正是调味工作的复杂之处,要坚持到底,一个一个地认真解决。

② 数种调味法:该法是针对低度白酒的缺陷和不足,选定几种调味酒,同时调入的一种方法。它可以根据品尝的要求,随时增加或减少某种调味酒的用量,直到符合产品的质量要求为止。采用这种方法节省时间,效果较好。但需要有一定的调味经验,在掌握了一定的调味技术的基础上,才能顺利进行。否则适得其反,得不到满意的结果。这种方法在国内普遍采用。

③ 混合调味法:该法是针对低度白酒所存在的问题,选取不同种类和不同数量的调味酒,混合成一种有针对性的调味酒,然后用该调味酒进行调味。该方法要求调味人员必须具有丰富的调味经验,并掌握本厂产品的调味规律,才能运用自如。这种方法的关键在

于正确选用调味酒和它们之间的量比关系。只要摸清脉络，对症下药，就一定能达到目的。采用这种方法调味，优选较简单，省事、时间短，效果好;但对调味人员的要求很高。目前国内只有少数酒厂采用。

综上所述，低度白酒的调味，采用第2种调味方法较理想，这种方法也容易被掌握。低度白酒的调味与高度白酒的调味的差异在于添加量的不同(主要是低度白酒易混浊)和调入的顺序也有差异。一般来说，低度白酒调味时所用调味酒的量大于高度白酒调味时的用量，但调味酒用量过大易使低度白酒重新混浊。高度酒调味时，先加或后加哪种酒没有多大的关系，但低度白酒就不同，根据多次试验证明，调入的最佳顺序是:酒尾→陈酿调味酒→浓香调味酒→酒头(或双轮底酒)。再根据产品特点，决定是否加入其他调味酒。

因为一般低度白酒的酸度较低，所以如果先调入酒头，则由于其酯含量高，平衡会向左移动。

$$\underset{\text{酸}}{RCOOH} + \underset{\text{酒精}}{CH_3CH_2OH} \rightleftharpoons \underset{\text{酯}}{RCOOC_2H_5} + \underset{\text{水}}{H_2O}$$

这样就会造成酯量减少，香味变弱。

如果先调入酒尾，由于酒尾酸度高，平衡向右移动。再调入酒头(或特制双轮底酒)，酯量增加，此时酸与酯同时增加，维持新的平衡状态，从而烘托出低度白酒的香味来。

近几年来，随着科学技术的进步和对微量香味成分检测手段的提高，各种类型的名、优白酒的微量香味成分和它们之间的量比关系逐步剖析出来，加上仪器分析与品尝相结合，这方面的探讨、研究已有了很大的进展，使人们对组合、调味技术的认识，也有了进一步的提高。它不但在名白酒中起着越来越重要的作用，而且逐渐推广到一般白酒、液态发酵法白酒和果露酒等酒种，有效地提高了这些酒的质量。但是组合与调味不是万能的，没有好的合格酒，即使有高超的组合、调味技术，也不可能得到好的结果。因此，必须认真按照传统操作方法，严格工艺规程，生产出大量的优质合格酒，以保证组合、调味工作的顺利进行，并取得满意的效果。

四、勾兑人员

1. 勾兑人员的条件和选拔

勾兑员在酒厂既是酒的质量检查员，又是决定产品最终出厂质量的关键人物。因此对勾兑员必须严格要求，并自觉做到以下几点:

(1) 刻苦钻研勾兑技术　勾兑的技术性和艺术性都很强，既要有一定的文化知识和丰富的生产知识，又要有过硬的评酒功夫。否则，尽管车间生产出的合格酒，也难以勾兑成好酒并保证质量的稳定。因此，勾兑员必须刻苦钻研生产、品评、勾兑技术，注意积累经验，逐步提高自己的勾兑技术水平。

(2) 确保本厂产品质量　准确地识别基础酒和调味酒，并逐步掌握它们之间的微妙关系。每批勾兑好的酒，应保留样品，以作对照和备查。应把好出厂酒的质量关，每批酒应与标准酒样对照，低于标准的一律不准出厂。注意酒的贮存期，名优白酒对贮存期有较严格的要求，酱香型酒应3年以上，浓香型、清香型及其他香型酒也要1年以上。未到贮存期的酒，不能勾兑出厂。

(3) 保证经济效益　为提高本厂经济效益，将质量稍次的酒勾兑成质量较好的酒，即将档次较低的酒勾兑成档次较高的酒，以增加收入。当然，这就需要有过硬的勾兑技术。

(4) 保留合理的贮备　勾兑员应对酒库的各种酒有全面的了解，作出长计划短安排。好酒，特别是调味酒要保留一定的数量，这是使产品质量长期稳定的重要保证。切不可因销售情况良好就把库存的好酒全部卖空，以致影响以后酒的质量。

(5) 工作细致，做好记录　这是对勾兑员的起码要求，对逐步提高勾兑技术水平极有益处。

2. 勾兑人员的培训

在选拔勾兑人员时，首要的条件就是要具有强烈的责任心和事业心。在此基础上，有计划有目的地组织勾兑人员学习技术，学理论，特别是要系统地学习勾兑技术的基础知识，使勾兑人员清楚地了解酒类的概况、各名优酒中含有的主要微量成分以及它们对酒型的影响。

勾兑员除系统学习有关酒的勾兑技术外，还要具有尝评、组合、调味的实践经验，要训练和掌握尝评的方法(参见第三篇第十二章)。

五、微 机 勾 兑

所谓微机勾兑，是将基础酒中代表本产品特点的主要微量成分含量输入微机；微机再按指定坛号的基础酒中各类微量成分含量的不同，进行优化组合，使各类微量成分含量控制在规定的范围内，达到协调配比。同理，可进行调味。

目前，微机勾兑这项新技术，已在贵州、四川等地的一些名优白酒厂试验并应用，取得了可喜的成果。但鉴于各厂所采用的硬件和软件(含参数状况)不同，故不可能作详细的介绍。现结合某些实例，将有关内容综述如下。

通常可分三步走，即在分析微量成分的基础上，进行微机勾兑后，再进行品尝、分析，若三者能基本吻合，则说明方案可行，结果可靠。

1. 酒的成分分析

(1) 分析仪器　SC－1001－09A气相色谱仪1台，附CDMG－2A数据处理机1台，25型酸度计1台，水浴锅1台。

(2) 气相色谱分析

① 分析条件：

项　目	醇、酯类	酸　类
色谱仪	SC－1001－09A气相色谱仪，附CDMG－2A数据处理机1台	同醇、酯类
固定液	为邻苯二甲酸二壬酯(2%)与吐温80(7%)混合涂于载体Chromosorb	BDS
色谱柱	内径3mm、长4m不锈钢柱	内径3mm、长2m不锈钢柱
气化室温度	135℃	170℃
离子室温度	130℃	160℃
层析室温度	91℃	145℃
氮气流速	16ml/min	19ml/min
氢气流速	26～30ml/min	35ml/min

续表

项 目	醇、酯类	酸 类
空气流速	160ml/min	178ml/min
纸 速	8mm/min	8mm/min
灵敏度	10^2MΩ	10^2MΩ
衰 减	1/8	1/8
进样量	0.6μl	1μl

② 分析方法:

1) 醇酯分析方法: 吸取酒样5ml,加色谱纯乙酸正丁酯2.6ml混匀,进样0.6μl。

2) 酸分析方法: 吸取酒样20ml,加4.4μl 2－乙基正丁酸,用0.38mol/L的四丁基氢氧化铵,于酸度计中和滴定至pH为8.5～9,置于水浴锅上蒸干后,加5ml丙酮溶解,取上清液2ml,加入溴化苄存放2h以上,进样1μl。

2. 微机及软件系统

(1) 微机 DL－1型白酒电脑流量计1台;IBM型PCLXT微机1台。

(2) 数学模型、勾兑系统软件程序框图结构

① 数学模型的建立: 以基础酒及调味酒的微量成分含量,建立一组数学关系式。

② 勾兑系统软件程序结构框图: 采用程序设计技术,按功能将整个系统分为引导、输入、输出及勾兑4个大的程序模板,各程序模板又按处理内容和其间关系分为若干个功能模块,因而具有可读性、可维护性及可靠性。

3. 讨论

(1) 微机勾兑以微量成分为依据,故与传统勾兑法相比,具有重复性强、杂醇油等含量不致于超标等优点。但也应与品尝法相结合,不宜完全孤立地进行。

(2) 微机勾兑需一定数量的气相色谱仪,或采用高压液相色谱分析酸类等措施,方能满足产量较大的企业需要。

第三节 白酒的包装、运输和保管

一、包 装 形 式

(一) 形式

按包装容器的大小、容器类别、运输和销售方式,包装的形式有多种。通常大包装采用桶、坛及槽车等容器;小包装一般使用玻璃瓶或瓷瓶,瓶子又有标准形及异形之分。瓶酒的外包装为纸箱、木箱或塑料箱,若远途运输,则将酒箱装入集装箱或拖盘后发运。

(二) 注意事项

(1) 包装形式应依酒的特点、酒质和档次而异,决不要一等产品三等包装,也不要三等产品一等包装。包装形式要取决于酒体。

(2) 要符合"科学、牢固、防漏、经济、美观、适销"的要求。

(3) 运输包装应注明重量、体积、生产单位、件号、目的地等识别标志。并有"向上"、"小心轻放"、"防湿"等指示标志。

二、包装材料

包装材料包括包装容器、封口材料、商标及外包装材料四方面。

一定要注意不能采用有损酒质或有害人体健康的材料。包装容器材料必须符合“食品卫生法”的有关规定;应贮放于清洁卫生、防潮、防尘、防污染的库内。容器应具有能经受正常生产和运管过程中的机械冲击和化学腐蚀的性能。包装容器必须符合有关标准,经有关部门检验合格后方可使用。

(一) 容器

白酒的包装容器按材料不同通常有瓶类容器、金属容器、陶质容器及血料容器等类型。这里仅介绍瓶类容器,其余容器可参见第四篇第二章。严禁使用被有毒物质或异味成分污染过的回收旧瓶。

1. 常用的玻璃标准酒瓶

(1) 常用的玻璃标准酒瓶的规格 如表2-10-18和表2-10-19所示。

表 2-10-18 QB—652—75部分酒瓶系列

公称容量/ml	系列	直径/mm(±0.5)	高度/mm(±2)		
			1组	2组	3组
125	a	46	160	170	180
	b	47	150	160	170
	c	49	140	150	160
	d	52	130	140	150
250	a	57	195	210	225
	b	59	180	195	210
	c	61	170	185	195
	d	65	160	170	180
500	a	70	240	255	270
	b	72	225	240	255
	c	75	210	225	240
	d	79	195	210	225

表 2-10-19 常用酒瓶瓶头规格

类 别	项 目	规格/mm			标准号
冠形瓶头 (500ml)	瓶头使用高度	14	18	18	QB—653—75
	瓶口高度	16	20	20	
	瓶口内径	13	16	18	
	瓶口外径	23	26.3	29	
螺纹瓶头(500ml)	瓶口使用高度	13	10	13	QB—654—75
LA-25—20	瓶口高度	20	16	20	
LA22—16	环箍直径	28	25	31	
LA28—20	瓶口内径	15	12	18	

(2) 质量要求　除前面提到的要求外，须有较好的热稳定性；质地均一、透明；无结石、气泡、条纹等明显缺陷；瓶身及瓶底无厚薄不匀或裂纹等现象，瓶底须平整。

2. 异形瓶

异形瓶为玻璃瓶或瓷瓶。要求设计容积准确并留有余地；外形美观或有观赏价值；放置时能稳定。应便于清洗、灌装、贴标、携带和倒酒；瓶口直径不小于28mm，不大于36mm。特别是瓷瓶不能有漏酒现象；瓶口要能与瓶盖紧密吻合；还应便于包装机械化和自动化，便于装箱；在运输过程中不易破损。

(二) 瓶酒封口材料

瓶酒的封口，首先要使消费者有据可信，是不能随意更换或启动封口的原包装。要求封口非常严密，不能有挥发或渗漏现象，但又易于开启，开启后仍有较好的再封性。目前，用于白酒瓶封口的材料，主要有如下几种。

1. 冠盖

冠盖又称压盖或牙口盖，国际上称为王冠盖(Crowncap)。通常用于冠形瓶头的封口。采用马口铁冲压呈圆形冠状，边缘有21个折痕，盖内有滴塑层或垫片。原轻工业部QB—653—75颁布的冠盖规格，是按国际统一标准的规格。其上盖直径为1.033英寸(1英寸＝2.54cm)，弧度为1/16英寸，盖底或边缘直径为1.262±0.8英寸，牙口倾角为15°，弧度为1/8英寸，盖高0.262±0.05英寸。

2. 扭断盖

又称防盗盖。用于螺口瓶的封口。先用铝箔冲压成套状瓶盖，再用俗称为锁口机的滚压式封口机封口，铝套上有压线连结点，压线有一道、两道或多道，即多孔安全箍环。在压线未扭断时表示原封，启封时反扭封套，使压线断裂，即为扭断盖。铝套的长度因瓶颈而异，但铝箔的韧度要符合规定，并有一定的光洁度。盖内涂有泡塑、防酸漆等材料。

3. 蘑菇式塞

外形呈蘑菇状，塑料塞头与盖组成盖塞一体，或用套卡或盖扣紧盖塞。塑料塞上有螺纹或轮纹，以增强密封性能。若塞上封加封口套，则利于严密并易于开启。

4. 封口套和封口标

封口套是封盖和封塞上加套，并套住瓶颈，以提高密封度和美观。封口套通常为塑料套或铝箔套。

封口标是封口上的顶标、骑马标、全圈标等的统称，大多用纸印刷而成。也有采用辅助封口的丝绸带、吊牌等，起保持原封和装潢的作用。

(三) 商标

商标必须向国家有关部门申请注册后专用，可得到法律的保护。按实际需要，可采用单标、双标或三标，即正标、副标、颈标。正标上印有注册商标的图象、标名、酒名，原则上标名应与酒名一致。正副标上均可注明产地、厂名、等级、装量、原料、制法、酒度及出厂日期及代号、产品标准代号、批号等。副标上通常为文字的说明，不宜冗长，字不要太小。

商标要注重一目了然，给消费者以美好而独特的深刻印象。为此，商标的色彩不宜太多，图案应明快，不宜复杂而零乱；文字要清晰。商标纸应选用耐湿、耐碱性纸张，其规格为1m^{2}重70～80g。

(四) 外包装材料

通常为纸箱，装量为0.5kg的瓶酒，每箱装12、20、24瓶。瓶与瓶之间用内衬和衬卡相隔，一般卡为“井”字形。也可使用横卡、直卡、圆卡或波浪卡。有的纸箱或纸盒还设颈卡。纸箱的规格及设卡状况按瓶形而定。

三、包装工艺

包装车间须远离锅炉房和原材料粉碎、制曲、贮曲等粉尘较多的场所;应能防尘、防蚊蝇、防虫、防鼠、防火、防爆。灌酒室应与洗瓶室及外包装室分开。包装车间只能存放即将灌酒的容器。清扫包装车间时，需移去或遮盖好生产线上的包装容器和设备，以免污染。

瓶酒的包装过程分洗瓶、灌酒、封口、验酒、贴标、装箱、捆箱7个步骤。

(一) 洗瓶

1. 手工洗瓶

(1) 新瓶洗涤　先用热水浸泡，瓶温与水温之差不得超过35℃，以免瓶子爆裂。浸泡一定时间后，经两道清水池刷瓶，再用清水冲洗后，将瓶子倒置于瓶架上沥干。

(2) 旧瓶洗涤　先将油瓶、杂色瓶、异形瓶及破口瓶等不合格的酒瓶检出。将合格瓶浸于水池，缓慢通蒸汽使水温升至35℃左右。再按瓶子的污垢程度，在池内加入3%以下的烧碱，并逐渐将水温升至65～70℃。然后采用清水喷洗或浸泡的方式洗去碱水，并用毛刷刷洗或喷洗瓶中残留的碱液。最后用清水喷洗后，放于瓶架上沥干。自瓶中滴下的水，与酚酞指示液应呈无显色反应。

旧瓶洗涤液的配方较多，但均要求其高效、低泡、无毒。按洗涤用水的硬度、瓶的污染类型，以及洗去商标、去除油垢等要求，通常选用下列常用的一些单一或混合洗涤液，以混合洗涤液效果为好。

① 3%的烧碱溶液。要求烧碱中NaOH的含量不低于60%。

② 3%NaOH、0.2%葡萄糖酸钠混合液。

③ 3%KOH、0.3%葡萄糖酸钠、0.02%连二亚硫酸钠混合液。

④ 1%～2%的碱性洗涤剂。其溶质的组成为: NaOH85%，聚磷酸盐10%，硅酸钠4%，三乙醇与环氧丙烷缩合物1%。

⑤ 配制7t洗涤液。内含NaOH0.1%，橄榄油1.7kg，洗衣粉7kg，平平加2kg，二甲基硅油30ml。

⑥ 配制50t洗涤液。内含NaOH3%～5%，工业洗衣粉3kg，平平加0.3kg，三聚磷酸钠1kg，磷酸三钠1kg，皂化值为51的皂用泡花碱3kg。

2. 机械洗瓶

机械洗瓶有机械刷洗和高压喷洗两种方式。机械刷洗是将经碱液浸泡后的瓶子，利用刷子刷洗瓶子的内外壁，去除污物及商标。目前国内常用的白酒洗瓶机大多采用高压喷洗法。洗瓶机使用前须冲洗干净，及时更换碱液，保证浓度符合要求。反冲喷水管须刷干净，以保证喷冲压力。机械洗瓶的操作过程如下。

(1) 浸泡　瓶子通过进瓶装置进入洗瓶机，先经25℃水喷淋预热，再经50℃热水喷淋预热后，进入装有70℃碱液的槽中浸泡。

(2) 碱液喷洗 用上述70℃碱液高压喷洗瓶子的内壁后，再喷洗瓶子外壁，使污物及商标脱落。

(3) 热水、温水喷洗 先用50℃的高压水喷洗瓶的内部，再喷洗瓶的外壁。然后用25℃高压温水喷洗瓶子内、外部。

(4) 清水淋洗 用15～20℃清水淋洗瓶子内、外壁后，沥水。为保证瓶内无水，可用无菌压缩空气驱除瓶内积水。

在洗瓶过程中，喷洗用的碱水可循环使用。但应及时将破碎瓶子、商标及污泥等滤除，以免堵塞喷嘴。

(二) 验瓶

要求瓶子高度、规格、色泽均一致;瓶口不得有破裂的痕迹;瓶内的破损碎屑须清除，不能有任何污物存在。验瓶有以下两种方式。

1. 人工验瓶

瓶子的运行速度为每分钟80～100瓶。验瓶的灯光要明亮而不刺眼。利用灯光照射，检查瓶口、瓶身和瓶底，将不符合要求的瓶子一律挑出。验瓶者要精神集中，并应定时轮换。

2. 光学检验仪验瓶

瓶子运行速度为每分钟100～800瓶。污瓶可自动从传送带上被排除。

(三) 灌装

白酒经砂滤棒或硅藻土过滤机过滤后进行勾兑、调味，或先勾兑、调味，后过滤，再泵入灌装车间贮酒罐进行灌装。

洗净、沥干的白酒瓶子只能灌装白酒，不得盛放其他物品或作其他用途，以免误入灌装线而造成质量事故。

灌酒操作人员在灌酒前或搬运其他物品之后，必须洗手。

各种类型的灌酒机及压盖机，经调试合格后才能正式使用。这些设备须注意保养，并保持清洁卫生。

目前，国内对白酒等不含二氧化碳的饮料酒的灌装，多采用低真空灌酒方式的30头或45头等灌酒机。灌酒机主要包括传动系统及低真空灌酒系统两部分。低真空源多选用叶氏抽气机。

1. 传动系统

洗净的瓶子经传送带传送，由不等距螺旋通过拨瓶轮进入托瓶转动圆盘。主电机经无级变速、蜗轮减速器，通过齿轮带动转动圆盘，并使托瓶套筒在导轨上升降。当瓶子上升时，与灌酒阀接触进行真空灌酒，瓶子下降后进入传送带输向压盖机。为避免运转故障，在上述传动系统设多点保护装置。

2. 真空灌酒

灌酒系统主要包括酒灌、真空室、导液管、灌酒阀等，材质多为不锈钢。

酒液由输酒管进入灌酒机的酒罐，酒液高度由液位调节阀(浮球)来控制。酒罐与真空室由真空指示管连接，并插入酒罐的酒液中。真空室由管道与抽气机连接，进气管由旁通阀调节运转时真空室的真空度，抽气机将真空室内的气体不断地向外排出。

当托瓶圆盘的升降机构上升时，瓶口与灌酒阀密封，这时瓶内的空气由酒阀的导气管吸入真空室，并由抽气机排出，使瓶内形成压力降，当达到一定的低真空度时，酒罐内的酒液由输酒管进入瓶内。待酒液接触导气管的管口时，将吸气口封闭而停止灌酒，多余的酒液由导气管吸入真空室，因而瓶内的酒液位置可与导气管口持平。真空室内的液位指示管又会将由导气管吸入的酒液回流到酒罐中。当传动机构配合到瓶子恰好灌酒完毕后，瓶口与酒阀脱开，酒阀内的酒液排出，形成新的液位。瓶酒由圆盘输出口排出。如上进行循环运作。

洗净后的酒瓶须及时用完，以免受到污染。

(四) 封口

在灌装、封口前，要避免酒瓶碰撞，以免损坏瓶边、瓶口而影响封口质量。

陶瓷酒瓶多采用人工封口。中、小型白酒厂冠形瓶头的封口，大多采用手压式或脚踏式压盖机，该机也可用作大型瓶装线的辅助性压盖设备。

使用大型压盖机压盖时，瓶盖预先经压缩空气吹除细小的尘埃，再送入压盖机的瓶盖贮斗，瓶盖沿着滑道流入压盖机。压盖机的盖模弹簧压力，需按瓶盖的内垫厚度和马口铁盖的厚薄调整。要求压盖严密端正。

(五) 验酒

操作方法同空瓶检验。要求酒液清澈透明，无悬浮物和沉淀，装量合乎标准；瓶及瓶盖不漏气、不渗酒；瓶外壁洁净、无污点。

(六) 贴标

瓶装酒标志须符合《食品卫生法》及GB 7718—87《食品标签通用标准》的规定。

一般中、小型白酒厂多利用人工贴标，大厂采用机械贴标，或人工、机械贴标两法并用。

1. 贴标要求

按规定位置紧贴瓶壁，要求整齐、不脱落、不歪斜、不皱折。若使用人工贴标，则先将很多商标纸折成如人字形的特殊形状，并置于盘中上面铺有一层纱布的浆糊上，使商标纸左右两面的边缘沾上浆糊。贴标时，将瓶子斜置于特制的小木架上，贴上标签纸后，最好用软布将其抚平压实。

2. 浆糊

通常采用糊精液、酪素液或醋酸聚乙烯酯乳液等；若自制浆糊，可用马铃薯淀粉1kg，加2～2.5kg水调成浆状，在不停地搅动下加入液态碱130ml。再按使用情况加温水调节其粘稠度。

3. 机械贴标

贴标机的工艺流程为：供浆糊系统→取标板抹浆→标纸盒取标→夹标转鼓→转瓶台贴标→压标→滚标装置。供浆糊系统可用电控固定频率开闭气阀，在气缸上下动作下，浆糊沿管道上升溢于浆糊辊上。每个取标板和托瓶按不同动作需要，在槽形凸轮作用下作不同角度的摆动。主电机为电磁调速电机。自动装置设有连锁安全装置，在某一故障消除前，不能随便开车。

(七) 装箱、捆箱

瓶装酒外包装的木箱、纸箱或塑料箱上，应注有厂名、产地、酒名、净重、毛重、瓶数、包装尺寸、瓶装规格，并有“小心轻放”、“不可倒置”、“防湿”、“向上”、“防热”等指示标志。周转箱应定期清洗，不得将泥垢杂物带入车间。

中、小型厂多采用人工装箱。装箱操作要求轻拿、轻放，商标须端正整洁，隔板纸要完整，能真正起到防震、防碰撞的作用。装箱后须经质量检验员检查合格，并每箱放入产品质量合格证书，再用手提式捆箱机捆箱。捆箱前先用胶水及牛皮纸条封住箱缝。捆箱材料为腰带及腰扣。铁腰带的规格为宽12～16mm、厚0.3～0.5mm;塑料腰带为宽15.5～16mm，厚0.6～1mm。腰扣为标准型扣。捆箱的续扣、拉紧、咬扣、切断由一机完成。切忌捆得松松垮垮。

四、运输和保管

1. 运输

运输工具应清洁、干燥。严禁将白酒与有腐蚀作用或有毒的物品一起混运。白酒上面须用篷布遮盖，以免日晒、雨淋，并应预防强烈震荡。装卸时须轻搬轻放。应采取一切有效措施，避免白酒运输过程中的一切损失。

2. 保管

工厂成品库的容量应与生产能力相适应;库内应阴凉、干燥，并有防火设施。

销售单位的酒库，若存放非瓶装的较大包装的酒，则室温不宜超过25℃，相对湿度应为70%～80%。库内及其四周均须注意防火，应设置防火用具，如喷雾灭火器、沙子等，切忌用水灭酒火。在夏季，酒精挥发速度较大，故若酒库不是地下室或半地下室，则应采取降温措施，不使阳光直射，每天应多次喷洒适量清水，以保持室内一定的湿度、减少酒精的挥发量。若保管瓶装白酒，应使用比较干燥、清洁、蔽光和通风较好的仓库。库内温度也应低于25℃，并备有防火设施。应按不同品种堆码，酒箱应安放平稳，堆码高度不超过1.5m，纸箱码放不得超过6层。

任何成品酒的仓库内，严禁有腐蚀、污染的物品同库堆放。

白酒库内须严禁烟火，库内电灯应设防护罩，不能用蜡烛、油灯等明火照明，以免引起火灾。

白酒的保管，还须建立帐目，做好收、付、存的记载，做到日结、日清、帐货相符。瓶酒应按品种和规格建有卡片，以便收、付和盘点。散装白酒应一批(或一罐)一清，以利于溢、耗原因的分析，并可及时处理。白酒存库期间，除经常查看容器是否渗漏、封口是否严密外，对金属瓶盖还须检查是否锈损，酒液有无变色变味。还应以严格的检查制度定期盘点。

第十一章　低度白酒生产工艺

第一节　低度白酒的发展

我国传统的白酒，除广东省产的玉冰烧酒、米酒，其酒精含量约为30％外，占白酒总产量99％的产品，其酒精含量都在50％～65％，产地遍及全国。国家从既有利于人民健康，又能降低单位产品的耗粮出发，早在20世纪70年代中期就提出要积极发展含酒精40％以下的低度白酒。为了鼓励企业生产，引导消费，在1979年全国第3届评酒会上，将质量上乘、酒精含量为39％的江苏省“双沟特液”率先命名为国家优质酒。1987年，在国家经委、轻工业部、商业部、农业部联合于贵阳召开的全国酿酒工业增产节约工作会议上，确定了我国酿酒工业必须坚持优质、低度、多品种、低消耗的发展方向。并逐步实现四个转变，即高度酒向低度酒转变；蒸馏酒向酿造酒转变；粮食酒向果类酒转变；普通酒向优质酒转变。发展低度白酒体现了酿酒工业的发展方向，符合四个转变的方针，也是节约粮食的重要措施。

1989年举行的第五届全国白酒评比会，实际上也是对1987年全国酿酒工业会上所提出的方针政策贯彻情况的一次大检阅。参赛的各种香型酒有362种，根据文件规定，除复查上一届国家名、优质酒外，必须是酒精含量55％以下的样品。参赛的低度白酒数量有了极大的增长，由上届8个猛增到128个，占参赛酒样的比例，由上届的5.41％上升到本届的35.36％。低度白酒不仅数量多，而且各种香型品种齐全，突破了以往的单一浓香大曲酒的局面。各种香型及采用不同糖化剂的白酒都有低度的产品。在酒度上除了酒精含量38％～39％外，还有少量为28％～33％的。评比结果表明，无论哪种香型的低度酒，在保持风格，调整香气及口味的生产技术上都取得了很大的进步，成效显著。14种低度白酒首次被命名为国家名酒，26种低度白酒被命名为国家优质酒。这对白酒生产具有重大的指导意义。

近年来，随着我国改革开放的深入，人民生活水平的提高，以及饮酒消费习惯的逐步改变，市场需求的白酒产品结构发生了较大的变化。酒精含量52％～55％的白酒已成为当今的高度酒。以往的65％酒精含量的产品几乎绝迹。酒精含量45％～50％的白酒在我国北方地区、酒精含量为28％～45％的白酒在我国南方沿海地区及大中城市，已逐步成为消费的主体格局。可以预言，低度白酒必将成为21世纪市场上的主产品。从扩大出口贸易和国际市场接轨需要出发，发展低度白酒也是势在必行。

第二节　低度白酒的工艺路线

除了上述传统生产的玉冰烧、米酒将发酵醪直接蒸馏至32％酒精含量外，其余所有的低度白酒均采用高度原酒和水稀释的工艺路线。其主要原因是若延长蒸馏时间，随着酒精浓度下降，则一般可以理解为酒醅中醇溶性微量香气成分大为减少，水溶性的香气成分被大量蒸入酒中，其中最为明显的成分乳酸乙酯含量大增便是明证。这就破坏了原有白酒中香气成分间的量比平衡关系，使产品的风味、质量受到极大的影响。但也并非可以简单地将高度原酒加水稀释，就能成为低度酒产品。而必须解决原酒质量、水的质量、除浊过滤、勾兑调味等一系列的技术问题，才能使低度酒香气突出，口味低而不淡，保持本品风格。

关于降度用水可参见本篇第三章第三节。

第三节 白酒降度后混浊的成因

一、白色絮状沉淀物的确认

在传统固态发酵法白酒的生产活动中，有时会接触到一些现象。如当测定白酒混浊度时，随着高度白酒的加水降度，出现了白色混浊物；蒸馏时，在酒尾上漂浮油珠并出现混浊；在冷天，有时放在室外降温后的瓶酒中会出现白色絮状沉淀，当放回暖室内后又复溶解而变成澄清。这些现象同属于白酒中存在某些香气组成分的物理变化。1977年黑龙江省轻工研究所对北大仓酒冬天出现的絮状沉淀和玉泉大曲酒尾上漂浮的油珠，应用气相色谱进行鉴定，明确了该物质为高沸点棕榈酸乙酯、油酸乙酯及亚油酸乙酯的混合物。在低度白酒生产时，用高度白酒加水降度出现的白色絮状沉淀同样是这3种高沸点脂肪酸乙酯。经过滤除浊后，其含量变化见表2－11－1。

表 2-11-1 低度白酒与原酒中3种高级脂肪酸乙酯含量 单位: mg/100ml

品名 / 酒别	棕榈酸乙酯	油酸乙酯	亚油酸乙酯
酒精为38%的低度白酒	0.68	0.87	0.52
酒精含量为62%的原酒基	3.76	3.93	3.98

我国白酒中这3种高级脂肪酸乙酯含量较多，这是香气成分上的又一特征。日本烧酒原酒中的高级脂肪酸含量与我国白酒大体相仿，但经贮存过滤后的成品酒，其含量大为降低。在老姆酒等其他蒸馏酒中含量甚微(见表2－11－2)。

表 2-11-2 各种酒的高级脂肪酸乙酯含量 单位: mg/kg

酒种 / 品名	茅台酒	泸州特曲酒	汾酒	桂林三花酒	包头二锅头	日本米制烧酒		日本甘薯烧酒		老姆酒
						原酒	成品酒	原酒	成品酒	
棕榈酸乙酯	30.1	40.5	30.5	50.2	24.0	49.0	0.4	39.0	5.4	<10
油酸乙酯	10.5	26.5	11.6	15.1	12.7	29.7	+	12.9	2.0	
亚油酸乙酯	18.3	31.0	15.0	17.0	25.8	23.3	+	22.0	1.5	
硬脂酸乙酯	—	—	—	—	—	1.9	+	2.4	+	

日本烧酒中上述脂肪酸乙酯，一般为棕榈酸：亚油酸：油酸为5：2：3，而硬脂酸乙酯只有微量。因原料、工艺、贮存期，特别是蒸馏酒精浓度不同，同一厂家的产品中，其含量

也难免有较大的变化。

西谷等人对烧酒混浊絮状物成分分析结果为：

(1) 絮状物质在常温下呈半固状，pH值处于中性附近。

(2) 絮状物质由90%油脂成分及5%灰分所组成，灰分是以铁为主的化合物。

(3) 在油脂成分中85%是乙酯，剩余的15%是游离脂肪酸。

(4) 与金属起凝集作用的油性物质主要是脂肪酸乙酯型，而游离脂肪酸根本不起凝聚作用。

(5) 成品烧酒的金属含量、pH值与凝集作用密切相关。

(6) 推论油性成分和金属的胶体化学性质与生成凝集机制是生成絮状的主要原因。

(7) 烧酒中添加金属，使金属与油性物质相凝集，两者可使凝集物有效地除去。

二、高级脂肪酸的由来及其在生产过程中的动向

从研究日本烧酒中高级脂肪酸的由来，可以清楚地看到高级脂肪酸主要来自酿酒原料粮食，经发酵由酵母菌作用而形成相应的乙酯，经蒸馏而进入成品酒中。

(一) 原料米中的脂肪酸

原料米中的脂质是甘油基等非极性脂质(约占76%)及磷脂质等极性脂质(约占24%)所构成。这些脂肪酸是含碳16～18个的高级脂肪酸。

从对有机溶剂抽出上的不同，把脂质区分成几类，如图2－11－1所示，分别以脂肪酸的量表示于表2－11－3。为便于与各制造工序间对比，其定量值都换算成对白米干物的脂肪酸质量(mg)。括号内为略号。

全脂肪酸(TA)
- 外部脂肪酸(EA)
  - 外部游离型脂肪酸(E_{FFA})
  - 外部脂质构成型脂肪酸(E_{LFA})
- 内部脂肪酸(IA)
  - 内部游离型脂肪酸(I_{FFA})
  - 内部脂质构成型脂肪酸(I_{LFA})

图 2－11－1　脂肪酸的区分

表2－11－3中$C_{16:0}$为棕榈酸，$C_{18:0}$为硬脂酸，$C_{18:1}$为油酸，$C_{18:2}$为亚油酸，$C_{18:3}$为亚麻酸。

表 2-11-3　日本碎米中的脂肪酸含量　单位：mg/100g白米干物

脂肪酸区分 / 脂肪酸种类	外部脂肪酸			内部脂肪酸			总脂肪酸			TA的脂肪酸组成/%
	E_{FFA}	E_{LFA}	EA	I_{FFA}	I_{LFA}	IA	T_{FFA}	T_{LFA}	TA	
$C_{16:0}$	34	13	47	79	256	335	113	269	382	37
$C_{18:0}$	4	1	5	4	9	13	8	10	18	2
$C_{18:1}$	36	26	6	66	44	110	102	70	172	17
$C_{18:2}$	67	37	104	193	143	336	260	180	440	42
$C_{18:3}$	3	1	4	7	6	13	10	7	17	2
合　计	144	78	222	349	458	807	493	536	1029	100

日本烧酒用的原料破碎精白米中，脂质(作为脂肪酸)存在量约1%。从表2－11－3可知，脂肪酸的种类是$C_{18:2}$占42%，最多，以下为$C_{16:0}$37%，$C_{18:1}$17%，这三者占原料米中脂肪酸的大部分。脂肪酸的区分是IA约占80%，各区分内的脂肪酸型是EA区分FFA型占65%，IA区分LFA型占57%，分别占半数以上。

(二) 酿造工序中各脂肪酸组成的变化

从图2－11－2可见，在制曲及发酵工序中，$C_{16:0}$、$C_{18:0}$及$C_{18:1}$由曲菌及酵母菌生化合成而增加，特别是$C_{18:0}$，原来量不大而增加最多。曲菌也能生化合成$C_{18:2}$及$C_{18:3}$等不饱和脂肪酸。但当原料米中这些脂肪酸存在相当量时，则几乎不再进行生化合成，同时烧酒用的酵母菌几乎不能合成这些不饱和酸，相反在发酵醪中反有所减少。

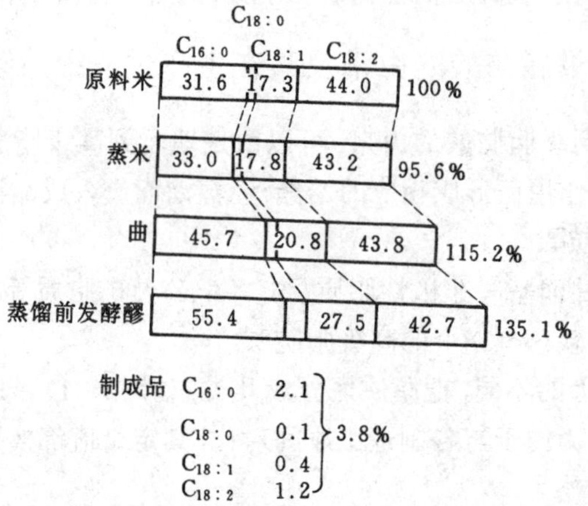

图中$C_{18:0}$在原料米中占2.0%，在蒸米中占1.6%，在曲中占4.9%，在蒸馏前发酵醪中占9.5%

图 2－11－2 烧酒酿造过程中脂肪酸组成的动向

游离型的脂肪酸(FFA)在酿造全工序中都逐渐减少，在蒸馏时一部分蒸入成品酒中。

成为乙酯型的脂肪酸则从原料米到制曲工序均不存在，而是在发酵醪中由酵母菌自游离型脂肪酸生成，从入池后至第8天激增，以后陆续有所增加，它和发酵醪生成的酒精分并行上升。在发酵醪初期至中期，FFA相应地减少，生成的乙酯型脂肪酸蒸馏时蒸入制品酒中，它占制品酒中脂肪酸总量的90%左右。

三、高级脂肪酸乙酯对成品酒风味的影响

一般含碳数在12个以上的乙酯本身是无臭的，但当它们微量存在于酒中，从感官鉴定看可能对味感有一定的影响。低度优质白酒除了酒度降低，随之其他香气成分含量相应地稀释而减少外，主要除去了绝大部分的棕榈酸乙酯、油酸乙酯及亚油酸乙酯，在口感上有后味短的不足。日本烧酒在除去这些油性成分后也觉得味变淡薄而辛辣，但它们对味觉的影响，尚未进行必要的验证。

这3种脂肪酸乙酯中，除棕榈酸乙酯为饱和脂肪酸乙酯外，其余2种都属于不饱和脂肪酸乙酯，尤其亚油酸乙酯更为活泼而不稳定。20世纪70年代后期，随着日本经济状态的变化，消费者希望买到更多的高档烧酒，以前一向就地生产、销售的烧酒随着流通机能的发

达，有以大城市为中心的向全国市场销售的趋向，从而使烧酒在流通阶段停留的时间变长。随着市场需要的这种变化，出现了烧酒有“油臭”异味的质量问题。经过各种试验研究证明，油臭产生的根源在于亚油酸乙酯，它在贮存过程中氧化分解成壬二酸半乙醛乙酯(Ethylazelate semialdehyde)，并伴随着微量的正己醛、2，4－香堇叶醛、庚二酸半乙醛乙酯生成，这些都为油臭物质。油臭的产生和酒精含量成反比；贮存液面比率大、日光、加热，以及在低酒度时延长贮存期都能促进亚油酸乙酯的分解作用，使成品酒质量低劣。这些因素在低度优质白酒生产中也应引起注意，如若处理不当，就会影响到风味质量。兹分别列图2－11－3、图2－11－4，表2－11－4、表2－11－5说明如下。

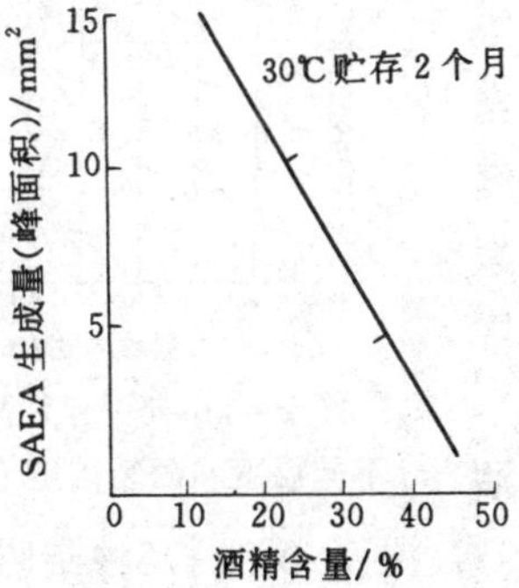

图 2－11－3　贮存中酒精含量与油臭产生的关系
SAEA—壬二酸半乙醛乙酯

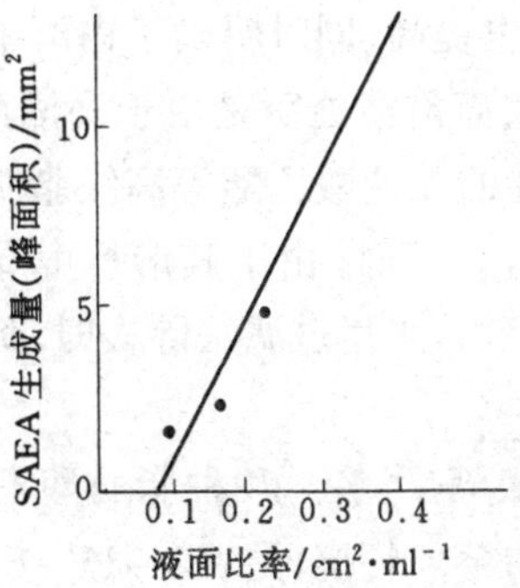

图 2－11－4　贮存液面比率与油臭产生的关系

表 2-11-4　高级脂肪酸及其乙酯加热后的变化

基　质	游　离　酸	乙　酯
棕榈酸	—	±
硬脂酸	—	—
油　酸	—	+
亚油酸	—	++++

注：基质浓度：3×10³mg/kg 30%酒精溶液；加热条件：50℃，48h；“+”：气相色谱图上壬二酸半乙醛乙酯峰形的大小表示。

表 2-11-5　日光照射对亚油酸及其乙酯的影响

基　质	酒精含量/%	e峰面积/mm²	臭　　味
游离酸	99.5	未检出	臭味低
	30.0	痕　迹	弱的油臭
乙　酯	99.5	6	弱的油臭
	30.0	22	油臭，木香样臭

注：基质浓度：10³mg/kg；照射12h；e：壬二酸半乙醛乙酯

当酒精含量超过35％时，亚油酸乙酯的溶解度增加较大，因此在酒精含量为60％左右的白酒中能很好地溶解而不产生胶状沉淀，从而也不分解成壬二酸半乙醛乙酯的油臭物质。有的白酒厂采用固体发酵的优质酒尾直接勾兑优质酒精，充分利用酒尾中乳酸乙酯及部分高级脂肪酸乙酯等香气成分，所制成的液态发酵法白酒作为大路货产品，其风味质量较好。所以，对于产品风味质量，需要根据不同情况，科学地分别对待，才能正确地采取必要的技术措施。

四、高级脂肪酸乙酯的物理特性

棕榈酸乙酯、油酸乙酯、亚油酸乙酯均为无色的油状物，沸点在185.5℃(1.33kPa)以上。油酸乙酯及亚油酸乙酯为不饱和脂肪酸乙酯，性质不稳定，它们都溶于醇，而不溶于水。这些成分在白酒中的稳定性与其在酒精中的溶解度、酒精浓度及温度有密切的关系。亚油酸乙酯与这三者的关系见图2－11－5。可见酒精浓度超过30％时，其溶解度急剧增大。当温度上升时，溶解度也提高。同时明确了白酒中亚油酸乙酯等所以含量这样大而澄清透明是由于高酒度的条件所致。而当白酒中存在的亚油酸乙酯等高级脂肪酸乙酯在酒精浓度稀释到40％以下时，由于其溶解度降低而出现了白色絮状胶体沉淀物。采用过滤法除去时，降低品温及过滤温度是必要的。

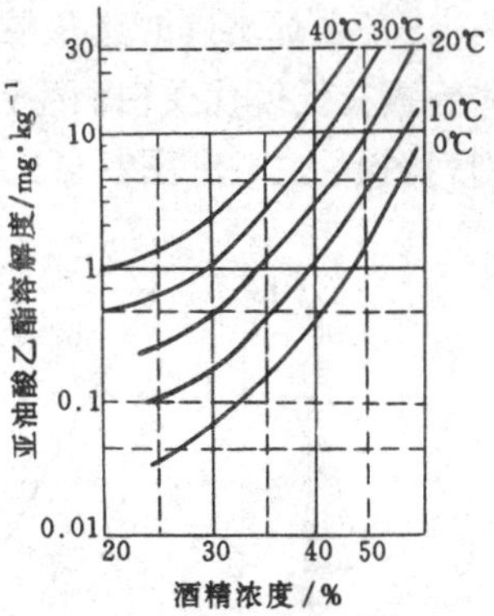

图 2－11－5　亚油酸乙酯在不同温度和酒精浓度下的溶解度

天津酿酒厂测定了3种脂肪酸乙酯在20℃时不同酒精浓度中的溶解情况(见表2－11－6)，当酒精浓度为40％、温度20℃时，3种脂肪酸乙酯的溶解度在2mg/kg左右。

表 2-11-6　　3种脂肪酸乙酯在不同酒度中的溶解度

酒精浓度/%	含量/$mg\cdot kg^{-1}$ \ 品名	棕榈酸乙酯	油酸乙酯	亚油酸乙酯
50	4	溶	溶	溶
45	3.5	难溶，析出	难溶，混浊	难溶，混浊
40	2.5	析出，混浊	混浊，析出	混浊，析出
40	2.0	溶	溶	溶

了解高级脂肪酸乙酯的物理特性，对低度白酒的除浊处理具有现实的指导意义。

此外，酒中的混浊现象，从胶体化学方面考虑，油性成分在酒里呈负电荷，相互结合以保持安定状态。此时，若遇到带有正电荷的金属氢氧化物，将电荷中和，遂出现解胶现象。于是高级脂肪酸乙酯便相互凝聚而结成絮状，引起白色混浊(见图2－11－6)。根据推算，1分子金属可使5分子高级脂肪酸乙酯或1分子脂肪酸凝聚而出现混浊。在一般情况下，降度用水中金属离子多和酒的pH值偏高时，最易发生混浊，所以稀释降度用水必须经过处理，以除去金属。

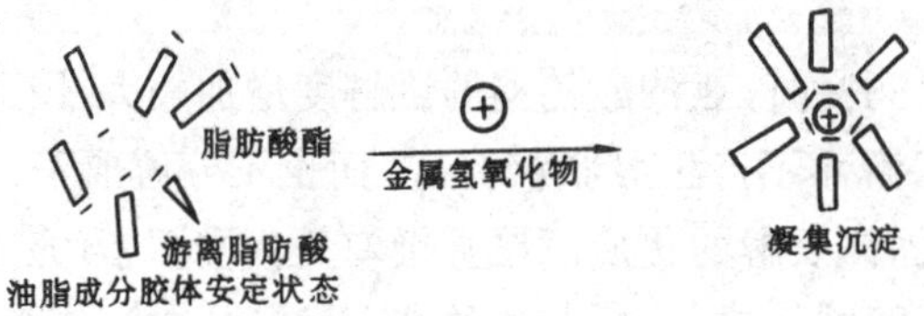

图 2－11－6　油性物质遇金属氢氧化物而引起混浊

五、对混浊成分认识的新发展

1997年，古井酒厂王勇等人发表了关于在棕榈酸乙酯、油酸乙酯及亚油酸乙酯含量低于1.0mg/kg、甚至未检出的38％和30％酒精分浓香型低度古井贡酒中，冬季严寒季节时有发生失光现象的报道，并对此现象进行了深入地剖析研究。应用先进的HP5890－Ⅱ气相色谱仪和HP5972－MSD质谱仪对低度酒在低温下混浊后出现的油花，经富集后进行定性分析，可得到200多种成分。其中主要的有76种，经部分组成分的定量分析，确认其中最主要的是己酸乙酯、庚酸乙酯、辛酸乙酯、戊酸乙酯、棕榈酸乙酯、油酸乙酯、亚油酸乙酯、丁酸乙酯、己酸丙酯、己酸丁酯、己酸异戊酯、己酸己酯、己酸等13种物质。它们的含量占总量的93.93％。其中棕榈酸乙酯、油酸乙酯、亚油酸乙酯三者占8.8％；己酸乙酯占47.10％，戊酸乙酯9.01％，庚酸乙酯8.15％，辛酸乙酯7.42％，这4种酯就占了71.68％。

应用毛细管色谱仪对引起混浊的油性物质的分析结果比20年前填充柱色谱分析结果，其成分要多得多。这就使人们的认识深化了。说明温度与酒精浓度不仅对通常所指的3种高级脂肪酸乙酯的溶解度有影响外，而且对白酒中一些主要呈香味的酯类等物质同样有极大的影响。为了获得较好的风格，在除浊过程中希望尽量保留更多的某些呈香味物质，然而它们却是在低温下使产品再次引起失光乃至混浊的主要成分。这对低度白酒的生产具有现实的指导意义。

30％酒精分的古井贡酒，在除浊处理过滤前后的醇类、酸类、羰基化合物及酯类变化，见表2－11－7、表2－11－8、表2－11－9、表2－11－10。白酒中主要酯类在30％酒精中的低温实验及30％和38％酒精分的古井贡酒冷冻实验结果分别见表2－11－11、表2－11－12。

表 2-11-7　　30％酒精分的古井贡酒过滤前、后醇类的指标变化　　单位：mg/L

组　分	30％酒精分的古井贡酒$\bar{A}$(原样)	$S/\bar{A}/\%$	30％酒精分的古井贡酒$\bar{B}$(过滤后)	$S/\bar{B}/\%$	$\bar{B}-\bar{A}$(过滤损失)	$(\bar{B}-\bar{A})/\bar{A}/\%$
甲醇	238.69	1.51	237.17	1.33	−1.52	−0.64
2－丁醇	175.33	0.33	171.86	0.41	−3.47	−1.98
正丙醇	1173.04	0.04	1016.02	0.07	−157.02	−13.39
异丁醇	52.57	1.11	51.95	1.37	−0.62	−1.18
2－戊醇	8.35	3.84	8.23	4.62	−0.12	−1.44
正丁醇	216.59	0.61	204.45	0.57	−12.14	−5.61
异戊醇	112.48	1.33	105.91	1.26	−6.57	−5.84
正戊醇	16.11	0.44	14.99	0.73	−1.12	−6.95
正己醇	59.99	0.85	56.00	0.98	−3.99	−6.65
2,3－丁二醇	7.18	6.47	3.61	10.34	−3.57	−49.72
1,2－丙二醇	26.58	2.82	23.47	3.62	−3.11	−11.70
糠醇	2.43	5.12	—		−2.43	−100.00
β－苯乙醇	1.73	5.18	1.49	7.08	−0.24	−13.87

注：表中“－”表示减少，“＋”表示增加；$\bar{A}$、$\bar{B}$—过滤前、后5次分析的平均值；$S/\bar{A}$、$S/\bar{B}$—过滤前、后5次分析结果的相对标准偏差；$\bar{B}-\bar{A}$—原酒过滤后损失重；$(\bar{B}-\bar{A})/\bar{A}$—原酒过滤后损失百分比；表2－11－10～12中的符号表示，与表2－11－9相同。

表 2-11-8 30%酒精分的古井贡酒过滤前、后酸类的指标变化 单位: mg/L

组 分	30%酒精分的古井贡酒$\bar{A}$(原样)	$S/\bar{A}$/%	30%酒精分的古井贡酒$\bar{B}$(过滤后)	$S/\bar{B}$/%	$\bar{B}-\bar{A}$(过滤损失)	$(\bar{B}-\bar{A})/\bar{A}$/%
乙 酸	467.86	3.88	342.52	4.67	−125.34	−26.79
丙 酸	42.85	4.97	37.54	5.24	−5.31	−12.39
异丁酸	17.50	5.51	14.32	5.52	−3.18	−18.17
丁 酸	253.80	3.21	164.56	4.08	−89.29	−35.17
异戊酸	13.83	2.96	9.16	3.81	−4.67	−33.77
戊 酸	30.84	2.12	22.96	5.18	−7.88	−25.55
己 酸	498.64	3.00	329.98	4.51	−168.66	−33.82
庚 酸	9.10	2.81	5.75	2.70	−3.35	−36.81
辛 酸	19.12	4.14	9.28	4.74	−9.84	−51.46

表 2-11-9 30%酒精分的古井贡酒过滤前、后羰基化合物的指标变化 单位: mg/L

组 分	30%酒精分的古井贡酒$\bar{A}$(原样)	$S/\bar{A}$/%	30%酒精分的古井贡酒$\bar{B}$(过滤后)	$S/\bar{B}$/%	$\bar{B}-\bar{A}$(过滤损失)	$(\bar{B}-\bar{A})/\bar{A}$/%
乙醛	180.25	0.54	178.61	0.77	−1.64	−0.91
正丙醛	5.01	3.30	4.16	3.20	−0.85	−16.97
丙酮	14.67	2.29	15.03	2.36	+0.36	+2.45
异丁醛	71.85	1.14	66.97	1.03	−4.06	−5.65
异戊醛	49.08	4.33	48.56	4.67	−0.52	−1.06
糠醛	29.37	7.12	26.91	6.09	−2.46	−8.38
苯甲醛	0.24	6.14	0.24	5.20	0	0
乙缩醛	322.99	0.19	299.98	0.20	−23.01	−7.12
2-戊酮	18.04	3.39	17.87	3.41	−0.17	−0.94
2.3-丁二酮	12.81	3.86	13.27	3.84	+0.46	+0.36
3-羟基-2-丁酮	24.79	5.79	27.02	5.88	+2.23	+9.0
1.1-二乙氧基-2-甲基丁烷	4.66	3.40	4.42	3.39	−0.24	−5.15
1.1-二乙氧基异戊烷	8.37	4.19	8.09	4.20	−0.28	−3.34

表 2-11-10 30%酒精分的古井贡酒过滤前、后酯类的指标变化 单位: mg/L

组 分	30%酒精分的古井贡酒$\bar{A}$(原样)	$S/\bar{A}$/%	30%酒精分的古井贡酒$\bar{B}$(过滤后)	$S/\bar{B}$/%	$\bar{B}-\bar{A}$(过滤损失)	$(\bar{B}-\bar{A})/\bar{A}$/%
乙酸乙酯	985.95	0.13	915.94	0.20	−70.01	−7.10
丁酸乙酯	214.38	0.47	202.96	0.99	−11.42	−5.33
异丁酸乙酯	2.09	3.78	1.89	4.23	−0.20	−9.57
异丁酸丁酯	1.15	4.66	0.95	4.21	−0.20	−17.39
乙酸异戊酯	10.02	5.13	9.08	6.61	−0.94	−9.38
戊酸乙酯	90.05	0.98	85.42	1.46	−4.63	−5.14
己酸乙酯	1491.80	0.35	1175.35	0.51	−316.45	−21.21
庚酸乙酯	34.25	0.79	22.21	1.04	−12.04	−35.15
己酸丁酯	15.45	4.96	6.44	5.23	−9.03	−58.37
己酸异戊酯	4.88	5.01	3.58	5.03	−1.3	−26.64

续表

组　分	30%酒精分的古井贡酒$\bar{A}$(原样)	$S/\bar{A}$ /%	30%酒精分的古井贡酒$\bar{B}$(过滤后)	$S/\bar{B}$ /%	$\bar{B}-\bar{A}$(过滤损失)	$(\bar{B}-\bar{A})/\bar{A}$/%
辛酸乙酯	42.13	3.38	16.22	4.13	−25.91	−61.50
2-羟基己酸乙酯	44.82	1.11	36.98	1.76	−7.84	−17.49
己酸戊酯	1.53	2.89	0.70	2.14	−0.83	−54.25
己酸己酯	23.40	2.31	4.51	2.44	−18.89	−80.73
壬酸乙酯	0.73	4.14	0.69	3.42	−0.04	−5.48
癸酸乙酯	0.79	5.13	0.52	5.77	−0.27	−34.18
丁二酸二乙酯	21.84	2.55	15.88	2.46	−5.96	−27.29
乳酸乙酯	1416.52	3.00	1305.97	3.09	−110.55	−7.80
苯乙酸乙酯	2.57	4.78	0.81	4.94	−1.76	−68.48
苯丙酸乙酯	8.43	4.88	2.35	7.87	−6.08	−72.12
肉豆蔻酸乙酯	0.37	3.06	0.18	3.93	−0.19	−51.35
棕榈酸乙酯	14.58	3.96	1.74	4.32	−12.84	−88.07
硬脂酸乙酯	6.21	2.98	0.63	3.17	−5.58	−89.86
油酸乙酯	6.49	1.89	0.99	2.06	−5.50	−84.75
亚油酸乙酯	11.75	3.01	0.83	3.32	−10.92	−92.94

表 2-11-11　五大酯在30%酒精中的低温(−5.0℃)实验　单位: mg/100ml

名　称	编　号	浓度	30min	60min	120min	17h(过夜)
乙酸乙酯	Ⅰ	44.90	清澈透明	清澈透明	清澈透明	结冰,解冻后清澈透明
	Ⅱ	89.80	清澈透明	清澈透明	清澈透明	结冰,解冻后清澈透明
	Ⅲ	179.60	清澈透明	清澈透明	清澈透明	结冰,解冻后有微小油花,常温后渐失
丁酸乙酯	(Ⅰ)	21.98	清澈透明	清澈透明	清澈透明	结冰,解冻后清澈透明
	Ⅱ	43.95	清澈透明	清澈透明	清澈透明	结冰,解冻后有小油花
	Ⅲ	87.90	清澈透明	轻微失光	失光明显	结冰,解冻后有油花
乳酸乙酯	Ⅰ	52.10	清澈透明	清澈透明	清澈透明	结冰,解冻后清澈透明
	Ⅱ	104.20	清澈透明	清澈透明	清澈透明	结冰,解冻后有小油花
	Ⅲ	208.40	清澈透明	轻微失光	失光明显	结冰,解冻后有油花
戊酸乙酯	Ⅰ	35.08	清澈透明	清澈透明	微失光	结冰,解冻后有小油花
	Ⅱ	70.16	清澈透明	失光	混浊	结冰,解冻后有油花
	Ⅲ	14.03	混浊	混浊较重	严重混浊	结冰,解冻后有油花
己酸乙酯	Ⅰ	43.6	清澈透明	失光	混浊	结冰,解冻后有小油滴
	Ⅱ	87.20	乳白色混浊	严重混浊	严重混浊	结冰,解冻后有小油滴
	Ⅲ	174.40	混浊	严重混浊	严重混浊	结冰,解冻后有大油滴
(Ⅰ)号混合样(以乙酯计)		155.82	严重混浊			结冰,解冻后油滴明显

表 2-11-12　30%和38%酒精分的古井贡酒冷冻实验(−5.0℃)

品　名	容　器	30min	60min	120min	恢复室温(25℃)
38%酒精分的古井贡酒	试管(10ml)	失光	混浊	严重混浊	出现大量油花,随时间增长而减少
	瓶子(500ml)	较清澈透明	失光较重	混浊较重	
30%酒精分的古井贡酒	试管(10ml)	混浊	严重混浊		出现大量油花,随时间增长而减少
	瓶子(500ml)	轻度失光	失光较重	混浊严重	

从以上分析结果可见，高度酒加水降度后出现混浊现象的主要成分是酯类。经除浊过滤，在浓香型大曲酒中含量多的乙酸乙酯、丁酸乙酯、己酸乙酯、乳酸乙酯除去的绝对量大，但除浊率除己酸乙酯为21.21％外，其余3种乙酯均在7.80％以下；其他酯类数量多、含量较小。由己酸乙酯起始，随着分子量的增大，虽去除的绝对量小，但除浊率大，其中最大的为棕榈酸乙酯、硬脂酸乙酯、油酸乙酯、亚油酸乙酯4种，达85％以上。

脂肪酸类中含量多的乙酸、丁酸、己酸去除的绝对量大，其除浊率除丙酸、异丁酸较小外，均在27％～37％。随着碳原子的增加，到碳原子为8个的辛酸时，除浊率达51.46％。

醇类中除2,3－丁二醇、糠醇除浊率高外，一般均较低，较高的正丙醇及β－苯乙醇也仅在13％左右。

在所有被检出的成分中，羰基化合物除浊率普遍较低，最多的正丙醛也仅为16.97％。糠醛为8.38％。

由此可见，低度酒中的混浊物质犹如酒精生产中的杂醇油，是一种包含数量众多的白酒香味成分混合体。和高度白酒一样，这些物质在酒精中的溶解度随温度(酒温)而变化。当温度降低时，溶解度下降而析出。因此，在寒冷季节，尤其是在我国北方地区，冬季就容易发生失光乃至混浊现象。含量微少的成分随温度回升而重新溶解，具有可逆性；含量多的成分却有可能凝聚成小油滴而影响外观质量。

第四节　低度白酒的除浊

一、冷冻过滤法

冷冻法是国内研究应用推广较早的低度白酒除浊方法之一。张弓酒厂首先投入生产。本法是根据以上3种高级脂肪酸乙酯为代表的某些白酒香气成分的溶解度特性，在低温下溶解度降低而被析出、凝集沉淀的原理，经－10℃以下冷冻处理，在保持低温下，用过滤棉或其他介质过滤除去沉淀物而成。此法对白酒中的呈香物质虽有不同程度的去除，但一般认为原有的风格保持较好。缺点是冷冻设备投资大，生产时能耗高。

曾经将各类香型的高度白酒及加蒸馏水稀释成酒精分为38％的低度白酒，在－15℃下冷冻24h后，在同一温度下，经G6砂芯漏斗进行真空抽滤，所得各种酒样分别用气相色谱法测定其香气成分，结果见表2－11－13、表2－11－14。

表 2-11-13　各类香型白酒、低度酒与冷冻过滤酒的气相色谱对照分析　单位: mg/100ml

组分	酱香型				浓香型				清香型				米香型			
	郎酒				泸州老窖				汾酒				桂林三花酒			
	52％* 原酒	冷冻过滤酒	38％低度酒	38％低度酒过滤	60％原酒	冷冻过滤酒	38％低度酒	38％低度酒过滤	60.5％原酒	冷冻过滤酒	38％低度酒	38％低度酒过滤	56％原酒	冷冻过滤酒	38％低度酒	38％低度酒过滤
乙醛	66.0	35.5	52.0	44.0	49.0	42.0	43.0	32.8	25.0	24.8	17.6	16.0	8.0	7.6	4.5	4.2
甲醇	7.2	7.2	5.2	4.8	12.0	10.4	6.0	6.0	8.8	8.4	4.8	4.8	2.8	2.0	2.4	1.9
乙酸乙酯	80.5	73.6	57.0	44.3	99.7	88.0	47.3	45.6	106.4	98.3	59.5	56.0	35.1	32.0	12.3	10.7
正丙醇	148.7	138.0	110.8	100.4	25.9	24.3	6.4	4.9	18.0	17.9	5.9	5.6	13.8	12.4	8.7	8.2

续表

组　分	酱香型				浓 香 型				清香型				米 香 型			
	郎 酒				泸州老窖				汾 酒				桂林三花酒			
	52%* 原酒	冷冻过滤酒	38%低度酒	38%低度酒过滤	60%原酒	冷冻过滤酒	38%低度酒	38%低度酒过滤	60.5%原酒	冷冻过滤酒	38%低度酒	38%低度酒过滤	56%原酒	冷冻过滤酒	38%低度酒	38%低度酒过滤
仲丁醇	7.7	7.1	5.4	4.8	7.6	7.6	5.6	4.4	25.8	24.3	5.0	5.0	1.0	0.8	0.8	0.7
乙缩醛	43.9	40.8	17.6	13.5	53.0	51.6	10.7	10.0	9.7	9.1	6.0	6.0	6.7	6.0	1.2	1.2
异丁醇	15.3	14.0	10.2	9.2	9.5	9.5	3.7	3.7					54.6	54.0	30.3	30.1
正丁醇	16.0	11.2	8.5	8.2	19.8	19.8	8.9	6.9								
丁酸乙酯	13.2	7.4	7.1	5.5	38.2	36.6	18.8	18.5								
异戊醇	28.5	27.8	20.3	16.7	29.1	28.4	13.2	10.4	39.3	34.2	23.4	22.1	66.1	62.2	46.7	44.9
乳酸乙酯	141.8	109.7	87.8	81.9	117.1	93.8	87.8	83.4	93.9	70.9	68.3	57.5	98.7	98.3	45.9	44.1
己酸乙酯	19.0	17.7	7.1	6.5	287.0	241.1	153.7	147.9								
辛酸乙酯									0.50	0.36						
辛醇									0.20	0.20						
丁二酸二乙酯	0.04	+							0.72	0.68			0.44	0.12		
β-乙酸苯乙酯	0.12	0.02			0.32	0.30			0.02	0.02						
十二酸乙酯	0.02	0.02			0.02	0.02			0.12	0.10			0.36	0.08		
β-苯乙醇	0.10	0.08			0.28	0.02			0.44	0.42			11.84	0.80		
十四酸乙酯	0.08	0.08							0.32	0.24			3.00	1.00		
十六酸乙酯	5.00	3.14			3.70	0.60			5.30	4.10			7.80	1.04		
油酸乙酯	3.12	3.00			0.54	+			1.66	+			0.80	0.28		
亚油酸乙酯	4.00	3.14			1.74	0.90			1.24	+			0.60	0.02		

* 指酒精体积分数为52%的原酒，依此类推，下同。

表 2-11-14　各类香型白酒、低度酒与冷冻过滤酒的气相色谱对照分析　单位: mg/100ml

组　分	其他香型				凤香型				其他香型							
	董 酒*				西凤酒*				四特酒				李渡高粱酒			
	52%原酒	冷冻过滤酒	38%低度酒	38%低度酒过滤	55%原酒	冷冻过滤酒	38%低度酒	38%低度酒过滤	53.5%原酒	冷冻过滤酒	38%低度酒	38%低度酒过滤	50.5%原酒	冷冻过滤酒	38%低度酒	38%低度酒过滤
乙醛	36.0		13.0	12.0	19.5		11.0	10.0	28.0	26.0	23.0	22.0	17.0	15.0	15.0	15.0
甲醇	8.0		4.8	4.8	7.2		6.4	6.4	7.2	6.8	6.0	5.6	8.5	7.0	6.5	6.5
乙酸乙酯	123.1		65.1	58.0	40.6		27.9	22.1	90.8	50.0	49.5	33.9	89.7	42.9	55.2	42.1
正丙醇	69.2		29.9	23.9	53.3		28.9	26.4	284.4	280.0	207.0	207.0	167.1	154.1	137.5	121.9
仲丁醇	22.5		13.7	13.7	4.0		1.6	1.3	11.9	10.8	8.9	8.0	14.0	10.5	12.4	11.0
乙缩醛	31.2		8.1	6.9	11.3		7.1	5.6	28.6	13.8	19.8	19.8	11.8	6.8	5.8	4.1
异丁醇					8.8		6.3	5.6	11.0	10.0	8.5	8.0	13.0	12.9	10.0	5.4
正丁醇	9.6		3.2	2.4	42.9		12.3	11.7	2.0	1.7	1.2	1.2	9.2	9.1	8.0	6.4
丁酸乙酯	37.9		7.1	5.3					2.3	1.9			8.2	6.7		
异戊醇	69.8		39.9	32.0	35.5		21.9	13.3	35.2	34.3	29.8	29.0	45.9	44.3	37.3	30.3
乳酸乙酯	63.0		48.7	47.3	137.6		126.1	115.2	183.0	179.2	174.1	160.0	142.5	133.6	128.2	110.2

续表

组分	其他香型				凤香型				其他香型							
	董酒*				西凤酒*				四特酒				李渡高粱酒			
	52%原酒	冷冻过滤酒	38%低度酒	38%低度酒过滤	55%原酒	冷冻过滤酒	38%低度酒	38%低度酒过滤	53.5%原酒	冷冻过滤酒	38%低度酒	38%低度酒过滤	50.5%原酒	冷冻过滤酒	38%低度酒	38%低度酒过滤
己酸乙酯	89.4		30.7	27.3					32.3	30.4	23.1	20.0	7.5	7.5	6.6	6.1
辛酸乙酯												0.68	0.60			
辛醇									0.88	0.30			0.30	0.10		
丁二酸二乙酯					0.06	+			0.26	0.21			0.06	0.05		
β-乙酸苯乙酯					0.04	+			0.27	0.03			0.02	0.02		
十二酸乙酯					0.06	+			0.05	0.04			0.05	0.04		
β-苯乙醇	0.88	0.30			0.40	+			0.33	0.24			0.20	0.20		
十四酸乙酯					0.22	+			1.77	1.12			0.85	0.50		
十六酸乙酯	1.86	1.12			1.30	+			7.20	1.38			5.90	0.32		
油酸乙酯	0.46	+			0.60	+			1.40	1.30			0.62	+		
亚油酸乙酯	0.46	+			0.30	+			3.10	1.90			1.86	0.20		

* 董酒、西凤酒冷冻后稍失光，故低沸点物质未进行过滤分析。

结果表明，随着温度的下降，白酒中少数含量多的香气成分都有下降的趋势。如浓香型酒中的己酸乙酯，酱香型、清香型、浓香型酒中的乳酸乙酯，尤其是米香型酒中的β-苯乙醇下降显著。在不同香型酒中，棕榈酸乙酸、油酸乙酯、亚油酸乙酯的下降幅度不同，以酱香型最少。可见，在冷冻处理时白酒中的白色絮状物，除了上述三大高沸点脂肪酸乙酯外，依不同香型白酒，还杂有少量的其他香气成分。

对不同贮存酒龄的西凤酒加水稀释，以及用不同水源的水稀释原酒后，经冷冻试验，观察结果见表2-11-15、表2-11-16。

表 2-11-15　不同水源，降度冷冻后的变化

条件/结果/分别	第一次降度至酒精分60.8%，在-15～-18℃冷冻9天	再次降度至酒精分55.4%，冷冻20天	备注
深井水	有微小悬浮物	++，白色絮状悬浮物在瓶底沉淀	原酒精分为66.2%
蒸馏水	稍失光，清亮无悬浮物	+，白色小片絮状悬浮物，开始为细末沉淀	
电解水	稍失光，清亮无悬浮物	++，白色小片絮状悬浮物	
离子交换水	稍失光，清亮无悬浮物	+，白色小絮状悬浮物	

表 2-11-16　不同贮存酒龄降度冷冻后的变化

酒龄/a	原酒精分/%	加井水降度后酒精分/%	-15～-18℃冷冻14天
5.5	63.6	54.5	有烟雾状白色细末沉淀
4.5	1163.8	55.4	烟雾状白色环状沉淀
3.0	66.1	55.5	烟雾状白色环状沉淀
2.0	65.7	54.7	白色絮状沉淀
1.5	64.8	55.4	白色絮状沉淀

从以上试验观察到，当原酒加水稀释至酒精浓度为60％时，絮状悬浮物均较轻微，仅加井水有微小悬浮，其他几种水源只是稍有失光现象。当降度至酒精浓度为55％时，都不同程度地出现了絮状悬浮物，而且是随着时间延长而增大。但软水较井水产生的沉淀轻微。在用井水稀释不同酒龄的酒样时，经冷冻产生的絮状沉淀也不尽相同，经贮存3年以上的基酒，絮状沉淀较轻微，没有凝集成絮状，只有细末和烟雾沉淀。

日本烧酒除去这些油性物质较多的是使用石棉助滤剂。石棉过滤的条件，即石棉层的制作、石棉使用量、过滤机种类等对油性物质的除去率是有影响的。西谷依据溶解度式制作了由石棉过滤除去油性成分的管理图(见图2－11－7)，使用比较方便。

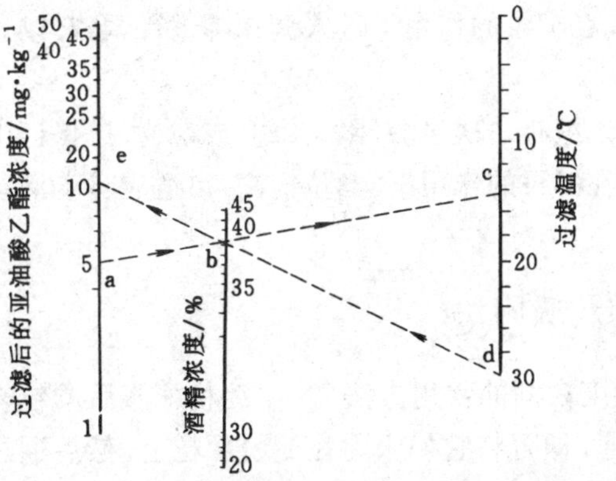

图 2－11－7　由石棉过滤除去油性成分的管理图

(1) 一个酒样过滤后的亚油酸乙酯浓度要求为5mg/kg(a点)，此酒样的酒精浓度是40％(b点)，求过滤温度。

解：将a和b点相联的直线延长至和过滤温度线相交点c。它的数值是14.2℃。，即为所求的过滤温度。

(2) 当这一酒样过滤时温度为30℃(d点)，求过滤后的酒中含亚油酸乙酯量。

解：将d点和b点相联的直线延长至和过滤后的亚油酸乙酯浓度线相交点e，它的数值是10.7mg/kg，即为所求值。

图2－11－7这样的管理图，对油酸乙酯、棕榈酸乙酯、硬脂酸乙酯也大致适用。

此外，在助滤剂方面还研究了用纤维素粉代替石棉，效果也不差。

现将应用冷冻法生产低度白酒的实例简介如下(见图2－11－8)。

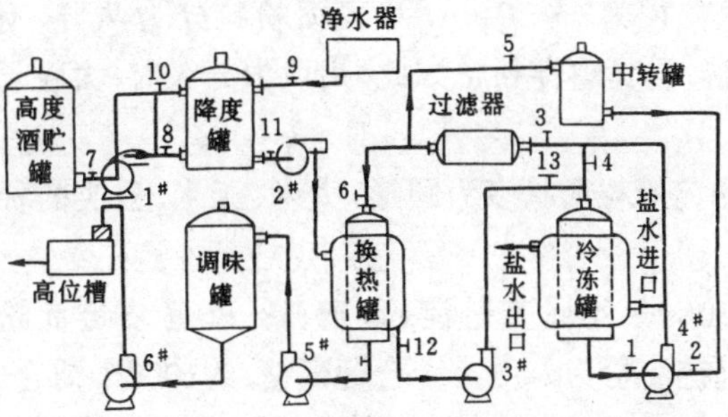

图 2－11－8　应用冷冻法生产低度白酒的工艺流程

首先将阀门7、8、9打开，经过处理的净水和高度酒分别在自重的作用和1#泵工作下进入降度罐降度。为了使降度均匀，可打开10，并闭7，降度罐中的酒和水便在1#泵的作用下搅拌均匀；打开阀门11，在2#泵的作用下进入双层热交换罐外层进行预冷；打开阀门12，经过预冷的低度酒在3#泵的作用下进入双层冷冻罐内层，并在载冷剂盐水的作用下冷处理。冷冻后的混浊酒在4#泵的作用下经过滤机、中转罐进入换热器内层，预热后的清澈低度酒在5#泵的作用下进入调味罐。调味合格的低度酒在6#泵的作用下进入高位槽，并在这里经过过滤并在贮存槽内待包装。

如图2－11－8所示，不锈钢冷冻罐为双层，内层装被处理的酒，外层装载制冷剂盐水，罐外层及管道用绝热材料保温，罐体顶部安装测温仪，自动显示酒温，呼吸阀平衡罐内压力，液位计控制酒位。盐水从外层下进上出，酒从内层上进下出，循环冷却。

为了使冷却均匀，采用了酒内外循环冲搅的办法，打开阀门1和4，关闭2、3和13，启动4#泵，内层罐内的酒便会下出上进地循环流动，从而达到冷却均匀。

低度酒经冷冻后出现白色沉淀而混浊，这些白色沉淀需在低温下过滤除去。关掉阀门2和4，打开3和5，双层罐内处理好的酒在4#泵的作用下由过滤机过滤，过滤后的酒由5进入中转桶。待中转桶满后再关闭1，打开2，这时中转桶内的酒由过滤机反复过滤，直到清澈透明为止。

关掉5打开6，过滤完的合格酒在4#泵的作用下被压入热交换罐。

清澈透明的低度酒在换热器内换能后，在5#泵的作用下进入调味罐进行调味，以达到原酒风格。

经过调味后的合格酒最好还要经过涤纶绒布二次过滤，除去沉淀或杂物，以保证出厂产品质量。所以在高位槽内设置了过滤网，在6#泵的作用下，酒位提高，以适应自动灌装机的需要，同时在高位槽过滤。

二、淀粉吸附法

采用淀粉吸附除浊是目前国内生产低度白酒的常用方法之一。淀粉膨胀后颗粒表面形成许多微孔，与低度白酒中的混浊物相遇，即可将它们吸附在淀粉颗粒上，然后通过机械过滤的方法除去。淀粉分子中的葡萄糖链上的羟基，也容易与高级脂肪酸乙酯所含的氢原子产生静电作用而形成氢键，一起沉淀下来。

不同植物的淀粉粒，其大小与形状也不同。在一般情况下，豌豆、马铃薯淀粉粒径为40～50 μm，小麦30 μm，燕麦25 μm，大麦20 μm。即便是同一植物的淀粉粒，其大小也相差悬殊。例如玉米淀粉粒径为2～30 μm。小麦淀粉粒分为两群，有2～8 μm的小粒子群和20～30 μm的大粒子群。马铃薯淀粉也如此，用风力分级时，大粒子区分在50 μm以上，小粒子区分在10 μm以下。

由植物根提取的淀粉粒形状多为圆形，大米、玉米、豆类的种实提取的淀粉粒一般呈多角形。

淀粉一般含有20％～25％直链淀粉，75％～80％支链淀粉，而糯米或糯玉米却是100％的支链淀粉。直链淀粉为α－1，4结合葡萄糖，约1000个结合成为链状分子。一个葡萄糖大小约为0.5nm，1000个即0.5 μm。支链淀粉有分支，分子直径为20～30nm，在葡萄糖苷内α－1，6结合有4％，所以它比直链淀粉要大得多，葡萄糖重合度为10万左右。因为它不是直链，所以体积较小。

在低度白酒生产中，淀粉的这些性质都影响着其吸附除浊作用的大小。选择对比不同原料的淀粉结果是：玉米淀粉较优，糯米淀粉更好；糊化熟淀粉优于生淀粉。

1. 淀粉种类的筛选

不同淀粉颗粒大小和形状的观察如表2－11－17所示。

2. 不同淀粉吸附效果的比较

吸附效果是指澄清所需的吸附时间多少。不同淀粉吸附效果的比较如表2－11－18所示。

表 2-11-17　　不同淀粉颗粒大小和形状的观察

名　称	颗粒大小/μm	平均直径/μm	形　　状
小麦	2～38	20～22	圆形,椭圆形
玉米	4～26	15	五角多面形
大米	3～9	6	六角多面形
甘薯	15～55	25～50	椭圆形
豌豆	20～65	40	椭圆形

表 2-11-18　　不同淀粉吸附效果的比较

处　　理	使用量/%	吸 附 效 果
可溶性淀粉	0.1	较差
豌豆淀粉	0.1	较好
糯米淀粉	0.1	最佳
玉米淀粉	0.1	好

从以上结果看出,大米淀粉颗粒最小,平均直径仅6μm,吸附比表面积大,吸附效果好,但颗粒小与过滤难是相关联的。

3. 生糯米淀粉与糊化糯米淀粉对比试验

吸附时间比较如表2－11－19所示。色谱与理化分析结果比较如表2－11－20所示。口感差异如表2－11－21所示。

表 2-11-19　　生糯米淀粉与糊化糯米淀粉吸附时间的比较

吸　附　剂	使用量/%	吸附时间/h	透　明　度
生糯米淀粉	0.1	120	清亮
糊化糯米淀粉	0.1	4	清亮

表 2-11-20　　色谱与理化分析结果比较　　单位: g/L

吸　附　剂	总　酸	总　酯	己酸乙酯	乳酸乙酯	丁酸乙酯	乙酸乙酯
生糯米淀粉	0.4207	2.742	1.365	0.780	0.100	0.90
糊化糯米淀粉	0.4568	2.724	1.340	0.717	0.102	0.72
CK(不加)	0.4478	3.077	1.356	0.813	0.110	0.80

表 2-11-21　　口 感 差 异

生糯米淀粉	闻香好,香较好,味醇甜
糊化糯米淀粉	闻香好,香较长,味较浓
CK(不加)	闻香好,香好,味较浓

综合以上结果看出,糊化糯米淀粉,明显优于生淀粉,主要体现在吸附时间上,前者比后者大大增快。而理化和色谱分析结果接近。另外,糊化淀粉由于颗粒之间易于聚合,有利于快速吸附和过滤。

4. 糊化淀粉吸附条件的测定

(1) 糊化温度　糊化温度(淀粉使用量为0.1%,吸附时间为4h)见表2－11－22。

表 2-11-22 糊化温度

处理＼项目	透明度	己酸乙酯含量/g·L⁻¹	口感
未加淀粉吸附	混浊	1.3820	闻香好,香醇,味较淡
温水浴糊化〔(70±2)℃〕	透明	1.3810	闻香好,香味较长
煮沸糊化〔(100±2)℃〕	清亮	0.8850	香较好,后味平淡

结果表明:糊化温度过高,己酸乙酯损失量增大,香味减弱。

(2) 淀粉用量 选用不同的酒基,加入不同量的糊化淀粉,吸附4h后,透明度变化如表2-11-23所示。

表 2-11-23 淀粉用量比较

酒基己酯含量/$g·L^{-1}$ ＼ 透明度 ＼ 淀粉用量	0.01%	0.05%	0.10%	0.15%
1.5	透明	清亮	清亮	清亮
2.5	透明	透明	清亮	清亮
3.5	混浊	混浊	透明	清亮

(3) 吸附时间 淀粉使用量为0.1%,吸附时间对透明度的影响如表2-11-24所示。

表 2-11-24 吸附时间比较

酒基己酯含量/$g·L^{-1}$ ＼ 透明度 ＼ 吸附时间	2h	4h	6h
1.5	透明	清亮	清亮
2.5	透明	清亮	清亮
3.5	微浊	较清亮	清亮

以上试验结果表明,糊化淀粉比生淀粉吸附速度快,易于过滤,口感也较好。用糯米处理低度白酒时,当己酸乙酯含量在2.5g/L以下时,糊化淀粉温度为(70±2)℃,淀粉用量0.1%,吸附时间4h为最佳吸附条件。

采用淀粉吸附除浊对低度白酒中其他香气成分吸附较少,故对保持原酒风味有利。但当处理量大时,沉淀在容器底部的生淀粉板结较坚实(熟淀粉较松),使排渣较困难。淀粉渣可回收交车间发酵制酒。同时必须注意的是夏季酒温高,高级脂肪酸乙酯溶解度高而析出的絮状沉淀量少。虽然当时过滤后得澄清酒,但装瓶后若酒未能及时销售,放置到冬天,酒温下降,则由于溶解度降低而会再次出现失光或絮状沉淀。因此,有的酒厂在采用淀粉吸附法时与适当冷冻结合处理,可使其稳定性更好。

三、活性炭吸附法

活性炭除浊也是低度白酒生产厂常用的方法之一。选择适宜的酒用活性炭至关重要。活性炭的种类、使用量及作用时间,对产品的酸、酯等香气成分保留量均有影响。一般生产厂采用粉末活性炭,添加量为0.1%～0.15%,搅拌均匀后,经8～24h放置沉降处理,过滤后得澄清酒液。实践证明,应用优质酒用活性炭除浊,在除浊的同时还可除去酒中的苦杂味,促进新酒老熟，使酒味变柔和。

1. 活性炭的作用机理

(1) 活性炭的孔隙结构　活性炭在活化过程中，消除了碳基本微晶之间的各种含碳化合物和无序碳，同时也清除了基本微晶的石墨层中的一部分碳。这样就产生了很多空隙，即微孔、过渡孔和大孔。每类孔隙的有效半径都有一定的范围。微孔的有效半径在2nm以内，其大小与分子相当。对于不同的活性炭而言，微孔容积为0.15～0.50ml/g，它们的比表面积至少占总比表面积的95%。

过渡孔的有效半径在2～50nm的范围内，其比容积为0.02～0.10ml/g，它们的比表面积不超过活性炭总比表面积的5%。有效半径大于50nm的孔径为大孔，其总比容积为0.2～0.5ml/g，比表面积为0.5～2m^2/g。

在活性炭吸附过程中，这三种孔隙各有各的功能。对吸附而言，微孔是最主要的，它的比表面积大，比容积也大。因此，微孔在相当大的程度上决定某种特定活性炭的吸附能力。例如孔径在2.8nm的活性炭，吸附焦糖色好(红棕色)，称为糖用活性炭。孔径在1.5nm的活性炭，吸附亚甲基蓝能力强(蓝色)，称为工业脱色活性炭。可见微孔径的微小差异，形成了两种不同品种的活性炭。过渡孔是吸附质进入微孔的通道，又使蒸汽凝聚而被吸附。大孔的作用是使吸附质的分子能迅速地进入活性炭的微孔，也是催化剂沉积的地方。

(2) 活性炭表面的化学元素组成　活性炭的吸附特性不但取决于它的孔隙结构，而且还取决于它的表面化学组成。活性炭含有氧、氢、氮。这些元素来源于材料，有的是活化时接入的。除此之外，活性炭还含有金属氧化物及金属微量元素，如锌、铁、铜等。氧、氢、氮的存在，对活性炭的吸附特性以及其他特性有较大的影响。如含氧活性炭有较好的促进氧化、催化、聚合的作用。含氮活性炭有较好的吸附金属及其他化合物的作用。含氢活性炭具有还原性等。活性炭表面氧的不同组合，还会影响到活性炭本身的吸附性和酸、碱性。活性炭表面的微量金属离子，对催化更具有独特效果。这也是工业上常见的。

2. 酒用活性炭的选择

在低度白酒生产中，选用活性炭的基本要求与其他所有吸附剂一样，即要求经除浊处理后的白酒既能保持原酒风味，又能在一定的低温范围内不复混浊。在浓香型低度白酒中，己酸乙酯的损失程度是一项重要指标。不同的活性炭，对己酸乙酯的吸附也不同。据测定，己酸乙酯分子直径是1.4nm。若选用孔径为1.4～2.0nm的活性炭来去除低度白酒中的混浊物，则己酸乙酯就会进入微孔而被吸附，使低度白酒风味受损。只有选用孔径大于2.0nm的活性炭，其微孔成为己酸乙酯的通道，炭不会吸附己酸乙酯，才能达到生产工艺的要求，除浊而又保质。若选用孔径小于1.4nm的活性炭，则己酸乙酯不能进入微孔，也不会损失己酸乙酯；但由于该活性炭大孔径少，对大离子半径的高级脂肪酸乙酯、高级脂肪酸醇等吸附较少，故必须加大炭的用量才能保证白酒在低温下不复混浊。清香型白酒由于主体香乙酸乙酯分子直径为0.67nm，故选用活性炭的范围较宽，对乙酸乙酯吸附损失也少。米香型、酱香型、芝麻香型酒中含β－苯乙醇量较多，由于β－苯乙醇的分子直径较大，故选择活性炭就更有讲究。

任何一种活性炭，它的孔径分布是很宽的，也就是说各种孔径都有。因此，使用任何一种活性炭生产低度白酒或多或少都要吸附一些己酸乙酯。生产厂应选用吸附量最少的酒用活性炭为宜。若制备一种孔径全部是大于2.8nm的酒类专用炭，则在吸附高级脂肪酸乙酯的同时，可以完全不吸附己酸乙酯。这就是活性炭分子筛。

在使用活性炭作低度白酒的吸附剂时，有的生产厂还觉得有一定的催陈老熟作用，能减少新酒的辛辣感，使口味变柔和。这是因为有的酒用活性炭是一种氧化炭，有很大的比表面积，其表面还有较多的含氧官能团和各种微量金属及金属离子，促进了酒在贮存过程中的氧化作用。

有的活性炭能除去酒中的异味和苦味。但酒中异味各有不同，需根据实际情况选用不同孔隙结构的活性炭才能奏效。如对于糖蜜甜味，它属大离子半径物质，需选用大孔径的酒类活性炭才能除去；对新酒中的臭味，需选用小孔径的活性炭；对于酒中的苦味，应选用一种含氮的微孔发达的碱性活性炭，其他单纯的含氮活性炭或碱性活性炭都不能除去酒中的苦味。

综上所述，生产厂必须根据本厂产品的实际情况，有针对性地选用不同品种的活性炭进行处理，才能取得应有的效果。任何一种活性炭不可能是万能的，这是必须十分重视的一个问题。

3. 活性炭的使用

目前应用粉末活性炭按上述间歇生产方法除浊较为普遍。该法出渣劳动强度较大，残存在炭渣中的白酒量多，损耗大，车间卫生也受影响。据此，有的厂改进试用颗粒活性炭装入塔内，连续进出料处理浓香型大曲酒。

(1) 处理酒度的选择　将原酒分别稀释至酒精分为62%、60%、57%后，进入活性炭柱，在同样流速及处理量下，经吸附后分析、品尝。再稀释至酒精分为38%进行耐低温试验，结果见表2－11－25、表2－11－26、表2－11－27。

表 2-11-25　四大酯分析结果　单位：mg/100ml

成分 \ 酒样	62%处理酒	60%处理酒	57%处理酒	原　酒
己酸乙酯	192.75	200.10	181.42	217.00
乳酸乙酯	237.60	251.95	246.97	251.95
乙酸乙酯	112.13	113.47	116.70	119.94
丁酸乙酯	13.20	12.09	9.82	14.38

注：分析结果按酒精分为60%的酒折算。

表 2-11-26　品评结果

酒　样	评　语
62%处理酒	无色透明，窖香较浓，爽净
60%处理酒	无色透明，窖香较浓，绵甜，味长，爽净
57%处理酒	无色透明，窖香一般，味较淡

表 2-11-27　耐低温情况

酒样 \ 温度	5℃	0℃	−5℃	−10℃	−12℃
62%～38%处理酒	无色透明	无色透明	无色透明	稍失光	失光
60%～33%处理酒	无色透明	无色透明	无色透明	无色透明	无色透明
57%～38%处理酒	无色透明	无色透明	无色透明	无色透明	无色透明

以上试验结果表明，选择酒精分为60％的酒处理低度酒比较合适。

(2) 最佳流速的选择 处理后的低度酒质量与流速的快慢有一定的关系。处理速度快了，降度后酒中的混浊物会处理不净，导致低度酒在低温情况下失光，以致影响产品质量。处理速度慢了，活性炭由于与处理酒接触时间长，对酒中香味物质吸附量大，也就是说，随着处理时间的延长，使浓香型酒主体香己酸乙酯的损失量也增大，从而处理后的酒味变短，降低产品的质量。为此，用酒精分为60％的酒基在同一处理量的条件下，分别选择了1.11ml/s、3.3ml/s、5ml/s的速度进行试验。结果如表2－11－28、2－11－29、2－11－30所示。

表 2-11-28 耐低温情况

酒样 \ 温度	5℃	0℃	－5℃	－10℃	－12℃
1.1ml/s处理酒	无色透明	无色透明	无色透明	无色透明	无色透明
3.3ml/s处理酒	无色透明	无色透明	无色透明	无色透明	无色透明
5ml/s处理酒	无色透明	无色透明	无色透明	失光	失光

表 2-11-29 四大酯分析结果 单位：mg/100ml

成分 \ 酒样	1.1ml/s酒	3.3ml/s酒	5ml/s酒
己酸乙酯	151.09	156.89	196.13
乳酸乙酯	230.97	231.60	245.68
乙酸乙酯	109.10	113.47	116.89
丁酸乙酯	12.14	12.09	13.48

表 2-11-30 品 评 结 果

酒 样	评 语
1.11ml/s处理酒	无色透明，窖香一般，味较浓，后味短
3.3ml/s处理酒	无色透明，窖香较好，甜绵，较净
5ml/s处理酒	无色透明，窖香较浓，甜绵，较净

结果表明以3.3ml/s的流速处理较好。

经试验，该厂所选用的颗粒活性炭量与处理量之间的关系为1：11。当处理介质活性炭吸附达到饱和时，即停止使用。可用95％食用酒精浸泡炭柱，放出浸泡液，然后再用清水冲洗，直至洗水无酒精味即可重复使用。酒精和水的洗柱混合液含有较多的己酸乙酯成分，可用于勾兑普通白酒。

塔式吸附法比间歇法生产低度白酒技术先进，效率高。就上述结果看，若能进一步改进和提高活性炭的质量，则效果将更为理想。

四、离子交换法

离子交换树脂是一种用途极为广泛的高分子材料。它具有离子交换、吸附作用、脱水作用、催化作用、脱色作用等功能。

随着离子交换树脂合成技术的进展，60年代开发合成了一类具有类似活性炭、泡沸石一样物理孔结构的离子交换树脂。它与凝胶孔的结构完全不同，具有真正的毛细孔结构。为了区别于凝胶孔，称它为大孔。这类树脂是将单体用大孔聚合法合成而得的，按表面极性、表面积大小、孔度及孔分布等表面性质的不同分成若干种。树脂的毛细孔体积一般为0.5ml(孔)/g(树脂)左右，也有更大的，比表面积从每克树脂几到几百平方米，毛细孔径从几十埃到上万埃，故又称大孔型吸附树脂。它具有像活性炭那样的表面吸附性能，而这种性能是由它们的结构决定的，巨大的表面积是大孔型吸附树脂最重要的结构特点。表面吸附意味着被吸附物质以范德华力作用固定在吸附剂表面，它包括疏水键的相互作用、偶极分子间的相互作用以及氢键等。但影响吸附的因素十分复杂，目前尚不能准确估计某种物质就一定被某种吸附树脂吸附。如某些有机物质同时具有疏水部分和亲水部分，则其疏水部分也可为非极性吸附树脂的表面吸附，亲水部分也可为极性吸附树脂的表面吸附，故吸附树脂对被吸附物质是具有选择性的。

白酒中的成分是水和酒精以及各种含量甚微的酸、醇、酯、醛等物质。因此，对于白酒体系，是水和酒精的混合溶剂，在液相吸附过程中，实质上是溶剂与被吸附组成对吸附剂的“竞争”。从吸附原理上讲，由于几种高级脂肪酸乙酯比酒中的己酸乙酯、乳酸乙酯、乙酸乙酯等的分子量大，溶解度小，疏水程度高，容易被作为吸附剂的大孔型树脂吸附，而尽可能少地吸附主体香酯，从而获得清澈透明、基本保持原酒风格的低度白酒。

大孔型吸附树脂对分子的吸附作用力微弱，只要改变体系的亲水－疏水平衡条件，就可以引起吸附的增加或解吸。对大孔型吸附树脂，能溶解被吸附物质的有机溶剂，通常都可作为解吸剂。如酒精是有效的解吸剂，树脂通过解吸后获得再生，又可使用。

树脂种类较多，功能各异。低度白酒的处理，要求既能除浊，又不影响酒的口感，为此必须对多种树脂进行筛选。

1. 树脂种类筛选

表 2-11-31 树脂种类筛选

编 号	树脂种类	吸附处理结果	
		透明度	口 感
A	大孔强酸树脂	悬浮物大部除去	不好
B	大孔强碱树脂	悬浮物大部除去	不好
C	大孔弱酸树脂	澄清透明	不好
D	吸附树脂－1	澄清透明	醇香味稍差
E	吸附树脂－2	澄清透明	有水味
F	吸附树脂－3	澄清透明	口感较好

由表2－11－31可知，在四大类树脂中，以吸附树脂效果较好。因为强酸、强碱树脂有较强的极性，且在pH0～14范围内均可离解成离子态，如酒中可交换离子与其交换，均将改变酒的酸碱度。以盐型树脂处理，虽不改变酒的酸碱度，但由于盐的存在降低了酒中的有机物的溶解度，也不利于混浊物的去除。吸附树脂则效果显著，是理想的吸附剂。

2. 树脂结构对酒的风味影响

多种吸附树脂虽均能适用于去除低度白酒中的混浊物而达到澄清的目的。但要不改变酒的风味，并非容易。白酒中含有的各种微量成分有一定的量比关系，如果在吸附混浊物的过程中，使酒中多种微量成分的含量及其量比关系受到影响，则必然会改变酒的口感，有损于酒的风格。为此，必须进一步探索树脂结构对酒的风味的影响。

由表2－11－32可见，极性和非极性吸附树脂对低度白酒的口感均影响不大。但树脂的比表面是一个重要的物理参数。比表面大，其暴露的吸附中心多，与活性炭相似，其吸附能力大，则脱酯较多，势必会改变酒的风味。故5～6号树脂的比表面及孔径适当，效果也较好。

表 2-11-32　　树脂结构对酒风味的影响

编号	极性	树脂结构		处理后酒的口感
		比表面/$m^2 \cdot g^{-1}$	平均孔径/nm	
1	非极性	247	9～10	稍好
2	非极性	350	5～7	酯去除较多，不好
3	非极性	20	35	较好
4	极性	43	12	较好
5	极性	20	7～5	好
6	极性	<10	4～5	好

3. 吸附树脂对酒中主体酸酯的影响

将曲酒加水稀释到酒精分为38%，经吸附树脂处理，酒中的主体酸、酯与对照样相比降低极少。试验结果如表2－11－33所示。

表 2-11-33　　曲酒处理前后酸、酯比较　　单位：g/100ml

试验日期	项目	曲酒		曲酒	
		对照样	吸附样	对照样	吸附样
1986年5～6月	酒精分/%	38	38	38.7	38.5
1986年5～6月	总酯	0.076	0.074	0.0765	0.0730
1986年5～6月	总酯	0.486	0.434	0.462	0.411

4. 吸附树脂处理酒的冷冻试验

经吸附树脂处理后的低度曲酒（酒精分为40%）与对照样置－5～－10℃温度冷冻7～10天，树脂吸附酒外观均清澈透明，对照样都有不同程度的混浊现象和沉淀产生（表2－11－34）。

表 2-11-34　　低度曲酒处理前后冷冻试验

试验日期	项目	曲酒		曲酒	
		对照样	吸附样	对照样	吸附样
1986年5～6月	外观	混浊，有较多的白色悬浮物	清澈透明	白色混浊悬浮物	清澈透明

5. 吸附树脂的装置及主要工艺参数

树脂柱：*d*150mm×1400mm（有机玻璃）两根。

上柱树脂：5kg（湿）。

树脂支撑料：陶瓷碎片。

流速：0.5kg/min。

树脂再生：按常法进行。

6. 吸附树脂用于低度白酒的成本概算

吸附树脂具有反复应用的功能，且有较好的强度，以玻璃三点法测定，承压力为

1000～1200g/粒(湿)，故树脂强度较好。

四川省食品工业发酵研究设计院在中、低度酒试生产中，用5kg吸附树脂处理了2.8t酒，1kg树脂可处理500多kg酒。树脂还可反复使用，若以20次计算，1kg酒只增加成本约0.01元。经济效益显著。

7. 多孔型吸附树脂用于处理低度白酒应注意的一些问题

(1) 流速　进柱树脂酒的流速，对酒中高级脂肪酸乙酯的吸附有一定的影响，开始时流速宜慢，然后逐步加快。

(2) 树脂的贮存　为了减少树脂的磨损，避免与空气中的氧接触，新购回来的树脂最好是溶浸在酒精中保存。

(3) 树脂的预处理　新购的树脂都会夹杂有合成过程中的低分子量聚合物、反应试剂、溶胀剂、催化剂等在生产过程中未能彻底洗去的杂质。此外，树脂在贮存、装运、包装过程中也还会引入杂质。所以，除非特殊指定外，一般在使用前都要经过洗涤和酸、碱的预处理。

洗涤的方法，最好是先通过反洗，从树脂柱底部进水(软水)，以除去一部分悬浮杂质和不规则的树脂。然后用95％酒精(二级)浸泡树脂24h，酒精用量以高出柱内树脂层3～5cm为宜，如树脂异味重，可浸泡2到3次，每次浸泡后要将酒精放完，再加入新酒精浸泡，用水洗去酒精，以5％盐酸溶液浸泡2～3次(每次浸泡约2h)，用水洗去酸液，同样用5％氢氧化钠浸泡2～3次，最后用水反复洗去碱液，至流出液不带碱性为止。

(4) 树脂的支撑材料　为了防止树脂阻塞流出管道，在树脂柱的底层，应用陶瓷碎片填充。支撑层的高度为5～10cm，陶瓷碎片要充分洗净后使用。

(5) 树脂层高度　树脂层高，虽然吸附分离效果好，但树脂层愈高，则压降愈大，操作也不方便。一般树脂层不超过60cm。

(6) 树脂的耐热性　多孔型吸附树脂在60℃以下使用是稳定的，在0℃以下使用就必须注意树脂中水分的冻结问题，因冻结后，树脂就会崩解。

(7) 装柱　装柱前的树脂要用水浸泡24h，使其充分膨胀后与水搅混倾入柱内，等树脂沉降后再放去水。

(8) 树脂层的液面　在处理酒液的操作过程中，柱内树脂不应有气泡，所以必须使树脂层上部保持一定的液位。

(9) 水分的置换　新树脂经预处理洗涤后，开始处理酒液时，可先放入一部分酒液通过树脂层，如此反复2～3次。每次都应让酒液滴尽后，再放入新酒液。将树脂层中的水分置换后，再正式进行酒液处理操作。

(10) 贯流点　在操作过程中如发现流出酒液混浊，即到贯流点，说明树脂已到饱和点，应立即停止操作，将树脂再生后才能使用。

(11) 管柱法的操作程序　一般地讲，离子交换和吸附是可逆的平衡反应。为了使平衡向右反应完全，必须使树脂与被吸附的酒液接触，被吸附后的酒液要尽快离开树脂，使平衡向右，所以管柱法使用最广泛。降度后的酒液与树脂接触，而下部树脂最后再与被上层树脂吸附的酒接触，构成色谱带。实际上管柱法基本上是一种复杂的多次间歇操作，其处理酒液的简单程序如下：

① 将原度酒勾兑后，加软水降度至酒精分为30％～39.5％。

② 用砂芯过滤器粗滤酒液，将粗滤的酒液泵入高位贮桶。

③ 将酒液缓缓放入树脂柱内(柱底阀门关闭)，等到一定液位时，立即开启柱底阀门，控制每分钟流量0.5kg(d150mm×1400mm柱)，并调节流入柱内酒的液位要基本稳定。

④ 中途停车时，树脂柱内应保持一定的液位，不能流干，否则会使树脂层产生气泡。

⑤ 低度酒经澄清后进行调味和贮存。

五、无机矿物质吸附法

陕西省地质矿产局西安测试中心研制的SX－865澄清剂及山东产的JH－1型的澄清剂均属无机矿物质吸附剂。有的酒厂应用后认为其优点是用量少，除渣方便，被吸附于渣中的酒损较少。

SX－865是硅酸盐粘土经理化处理后加入适量助剂(K8710及K8805)，按配方制备而成的一种澄清剂。它在显微镜下呈无色透明纤维状、针状集合体，主要成分为硅和镁。分子式是：$MgO(Si_{12}O_{30})\cdot(OH)_4\cdot 8H_2O$。它所特有的三维立体链结构使它具有三种基本特性：

(1) 有较强的吸附性。具有很大的比表面积($92m^2/g$)，有贯穿整个结构的沸石孔道和孔隙，能吸附大量的水或极性物质，包括弱极性物质。因此可作漂白剂、澄清剂、过滤辅料和工业吸附剂。

(2) 流变性能好。可以用作增稠剂、悬浮剂或触变剂。

(3) 化学惰性好。用它作为其他物质的载体或赋形剂，不改变活性物质的本性。

将其使用于低度白酒澄清，能选择性吸附降度而析出高级脂肪酸乙酯。

SX－865是由功能各异的SX－86系列种类中筛选出来的适用于低度白酒的一种产品。

曾作过以下对比试验：将凤香型原酒加水稀释至酒精分38％～39％，添加0.01％～0.02％的SX－865，搅拌均匀，放置12～24h，酒液澄清后经过滤得的凤香型低度白酒，在－5℃贮存可保持清亮透明。

用SX－865澄清剂处理的低度白酒基本上保持了原酒的风味，同时也能去除部分酒中的邪杂味。将39％酒精分的西凤酒800kg，均分成两份，一份加入0.01％SX－865澄清剂；另一份加0.2％淀粉，混匀，前者3天、后者15天后分别过滤、取样，分析结果见表2－11－35。结果基本相同。

表 2-11-35　SX-865澄清剂处理低度白酒的效果比较　单位：mg/100ml

项　目	SX－865处理样	淀粉处理样	865样－淀粉样
乙醛	21.44	21.01	0.43
甲醇	5.73	5.74	－0.01
乙酸乙酯	75.62	75.62	0
己酸乙酯	10.41	10.41	0
乳酸乙酯	65.56	73.03	－7.47
丁酸乙酯	5.58	4.83	0.75
正丙醇	22.69	22.37	0.32
正丁醇	22.09	23.67	1.58
异丁醇	微	微	0
仲丁醇	2.10	2.29	－0.19
异戊醇	26.07	26.79	－0.72
乙缩醛	38.66	39.77	－1.11

六、分子筛及超滤法

1. 分子筛法

分子筛是一类具有独特优越性的化工材料，常用于有机物的分离，它能将大小不等的分子分开。白酒中一些高级脂肪酸乙酯的相对分子质量在300左右，而己酸乙酯、乙酸乙酯，乳酸乙酯等的相对分子质量在150以下。这是分子筛作用的基点。市售白酒净化器的设备为在柱式空罐中放置氧化铝分子筛、分子筛炭和凝胶三种混合介质，高度原酒流经介质后，再加水稀释成低度白酒。1台d380mm×1500mm的净化器，每小时可处理白酒3t。某浓香型酒的试验结果如表2－11－36所示。

表 2-11-36 不同酒精分的酒净化效果比较

项目 \ 酒精分	72%～45%		72%～38%		55%～45%		55%～38%	
	对照样	处理样	对照样	处理样	对照样	处理样	对照样	处理样
总酸	0.522	0.528	0.432	0.432	0.522	0.48	0.432	0.42
总酯	3.4496	3.6784	2.8864	2.948	3.4496	3.1152	2.8864	2.5432
固形物	0.074	0.052	0.13	0.114	0.074	0.11	0.13	0.116
丁酸乙酯	13.3	13.0	11.4	12.2	13.3	11.4	11.4	10.9
乳酸乙酯	129.5	125.2	97.9	115.4	129.55	115.7	97.9	105.4
己酸乙酯	171.2	187.7	149.0	172.5	171.2	122.8	149.0	99.0
抗冻力(－15℃)	浑	清	浑	清，稍失光	浑	清	浑	清
口感	较香，味较长，味不净	绵爽，净，稍 淡	绵，较净	绵净，爽口	绵，较净	味短，稍淡，净	绵，较净	淡，稍欠净

注：72%～45%和72%～38%是指选择72%酒精分的原酒降度至45%或38%，其余类推。

从表2－11－36可知，72%酒精分的原酒，经净化降度所得的45%、38%酒，口感较好，但抗冻能力稍差。55%酒精分的原酒经净化降度后，抗冻能力强，但口感稍差。这表明净化时应注意对原酒酒度的选择。

2. 超滤法

超滤是一种膜分离过程。超滤膜通过膜表面微孔的筛选，达到对一定分子量物质的分离。超滤对于去除微粒、胶体、细菌和多种有机物有较好的效果。超滤膜表面微孔径一般在5～100nm之间，随着膜表面微孔孔径大小的不同，对于所截留物质的相对分子质量大小也有很大的差别，变化在300～300000之间。超滤膜的有效截留层厚度较小，位于膜的表面，微粒、细菌及胶体等被截留于膜微孔表面，而并不堵塞微孔内部，这种堵塞现象通过反冲洗可获得恢复。使用超滤膜处理酒精饮料需要注意两个问题：一是膜材料的选择，由于酒是醇类，因此膜材料对醇要有稳定性；二是膜要有适宜的孔径和孔分布，以便有效地截留产生的混浊物质。目前使用的有聚砜、聚氨酯、中空纤维等。市售的一种中空纤维超滤膜组件由两根d60mm×600mm的小型中空纤维超滤器并联组成，生产能力125kg/h。处理能力较小，使用中尚须不断完善。

七、其他吸附法

除上述方法外,也有报道采用单宁明胶法、琼脂碳酸钙法、褐藻酸钠法、蛋白分解液等各种不同的吸附法。

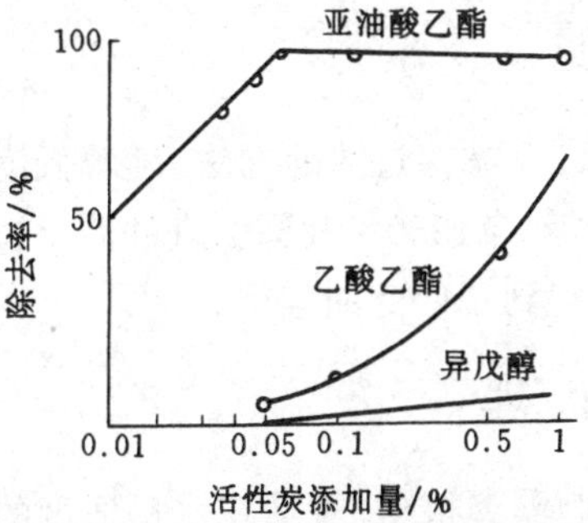

图 2-11-9　粉末活性炭添加量与油性成分及香气成分除去率的关系

日本西谷等人曾选用聚乙烯醇(聚合度200)、氧化硅(200～300目)、活性矾土(酸性)、粉末纤维素(200目)、聚酰胺(TLC用)、马铃薯蛋白、粉末滑石、合成吸附剂(孔径9nm)、粉末活性炭(A、B、C三种)等各种吸附剂进行试验。结果以活性炭最好。在油性成分完全溶解状态(酒精浓度为60%)时,活性炭的添加量与油性成分及香气成分的吸着率关系如图2-11-9所示。当烧酒加活性炭0.05%时,亚油酸乙酯即可完全除去,而香气成分乙酸乙酯和异戊醇几乎不被除去。

这个方法在低度白酒中可以试验,但对活性炭吸附剂需要选择。

$$除去率(\%)=(1-\frac{A}{B})\times 100$$

式中　A——吸附剂处理后,试料滤液中的各种成分浓度(mg/kg)

B——对照试料滤液中的各种成分浓度(mg/kg)

由于不同香型的白酒,生产工艺不一,质量档次也不一致,故而采用何种除浊方法应因地制宜。特别在应用吸附法时,必须根据本厂产品的具体情况,对每批量吸附剂进行实际试验后,才能确定其合理的工艺条件,以获得理想的效果。

八、再蒸馏法

调制酒精浓度为25%,分别含棕榈酸乙酯、油酸乙酯、亚油酸乙酯200mg/kg的试料,在烧瓶中间接加热进行再蒸馏。其蒸馏比例和油性成分的除去率见图2-11-10。

$$蒸馏比例(\%)=\frac{馏出液的纯酒精浓度}{开始时瓶内液的纯酒精浓度}\times 100$$

由图2-11-10可知,蒸馏比例在95%复蒸停止时,亚油酸乙酯可除去约85%,油酸乙酯可除去约80%,棕榈酸乙酯可除去约75%。

曾将液态法白酒加水稀释至酒精浓度为30%,出现白色混浊。在上述条件下复蒸至蒸馏比例98%,酒精浓度约60%左右。将此复蒸酒再加任何比例的水都不出现混浊现象。说明高级脂肪酸乙酯主要残存于残液之中。

固体发酵的白酒若采用复蒸法,虽可除去油性物质,解决低度白酒的混浊问题,但另一方面其他香气成分可能变化也较大,因而影响风味质量。故此法至今未被生产厂所采用。

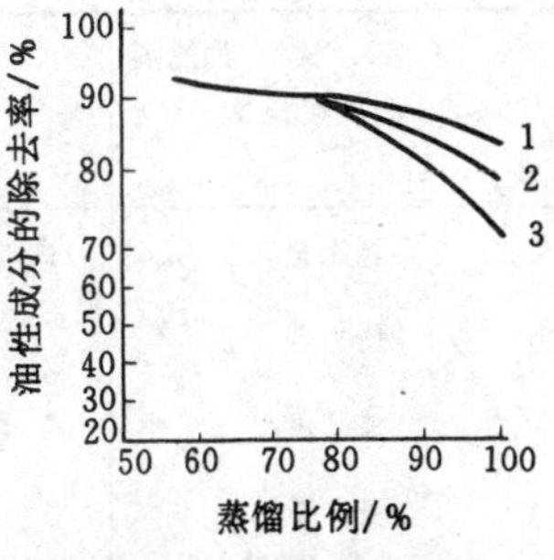

图 2-11-10　蒸馏比例与油性成分去除率的关系

九、表面活性剂添加法

80年代中期，抗凝剂、增溶剂之类的表面活性剂曾用于低度白酒的除浊。但生产实践表明添加后不仅使酒液泡沫多，而且带入不良的气味而影响产品的风味质量。在30℃以上时会出现混浊现象以及固形物含量偏高等缺点，故此法目前已基本不采用。

第五节　过　　滤

低度白酒的过滤，以往经常采用绢布、脱脂棉、滤纸、砂滤棒过滤等方法。随着低度白酒产量的增长，这些效率较低的方法已不能满足生产所需。自1980年我国引进硅藻土过滤技术后，在酿酒行业，首先在啤酒、而后又在白酒工业中得到了广泛的应用。

一、硅藻土过滤的工作原理

硅藻土在植物学分类中属染色藻门硅藻纲的单细胞藻类植物，生活在水深适度的湖泊或浅海环境中，具硅质细胞壳壁，细胞壁上具规则排列的微孔结构，这是硅藻细胞和水体中交换营养或新陈代谢的通道。硅藻死亡后，其遗骸沉积于海底或湖底，经长期地质改造便形成了类似泥土的硅藻土矿床。

硅藻个体很小，一般为1～100 μm。硅藻遗骸的矿物成分为非晶质的氧化硅，具有很好的化学稳定性，硅藻壳种类繁多，形态各异，按形态归纳起来有圆盘状、椭圆形、筛管状、舟形、针状、棒状和堤状等。由于壳体上微孔密集、堆密度小、比表面积大，因此具有较强的吸附力和过滤性能，它能吸附大量微细的胶体颗粒，能滤除0.1～1.0 μm以上的粒子和细菌。

天然硅藻土经干燥、粉碎、筛选、配料、焙烧(800～1000℃)等一系列加工后，除去其内部的各种杂质，成为硅藻土助滤剂。

助滤剂就是在过滤液体物质时，加入一种辅助性粉状物质，这种物质可以改变原来滤浆中固体的粒度分布及滤饼的过滤性能，吸附胶体粒子及部分有害元素，起到促进液体滤清的作用。助滤剂还能有效地防止过滤介质的污染与堵塞，使过滤速度加快，过滤运转周期延长。

显然在这一新技术中，硅藻土助滤剂的质量是至关重要的。例如北京燕京啤酒厂使用SCHENK公司生产的1000mm硅藻土过滤机的对比试验结果，如表2－11－37所示。

表 2-11-37　　不同硅藻土使用对比结果

项目 ＼ 测试指标 ＼ 助滤剂	美国曼菲尔公司产 Super和Medial助滤剂	云南省腾冲县助滤剂厂产明洁牌 Mb－1#和Mm－1#助滤剂
耗土量	1.9kg/t清酒	2.0kg/t清酒
压力差	最高310kPa	最高400kPa
浊　度	0.2～0.24EBC单位	0.2～0.24EBC单位
流　量	24t/h	24～22t/h
支撑纸板使用情况	第2次使用	第3次使用

二、硅藻土过滤与其他方法的比较

根据吉林省江城酒厂在白酒过滤上应用硅藻土过滤法的结果，认为此法在生产效率上比其他过滤法为优。

(1) 应用硅藻土过滤的白酒质量好，效率高，澄清度高。滤速棉饼为5～7t/h，硅藻土可达10t/h。和砂棒过滤器相比，如表2-11-38所示。

表 2-11-38　两种设备过滤比较

类别＼项目	滤酒速度/t·h⁻¹	吨酒滤料消耗	占地面积/m²	酒损/kg·t⁻¹	耗电/kW·h·t⁻¹	过滤压力/MPa
砂棒过滤器	5	砂棒2根	2	4	1	0.2～0.3
硅藻土过滤机	10	硅藻土0.1kg	4	0.04	0.5	0.2～0.3

(2) 操作容易，使用方便。

(3) 节约费用。

三、硅藻土过滤操作要点

(1) 操作程序　生产前将过滤机清洗干净，检查阀门、管路有否渗漏现象。将100～150kg原酒先放入循环桶中，然后分3次加入助滤剂，用量为第1次S－821#0.75kg，第2次S－821#0.5kg及Z－616#1kg，第3次Z－616#1kg。每次加入助滤剂后要充分搅拌，然后开泵，将第1次加助滤剂后的白酒混合液打入过滤机，进行循环预涂，通过观察，当助滤剂已全部涂上过滤盘时，再继续加第2次、第3次助滤剂，使所有助滤剂均匀涂于过滤盘上，滤层厚约3mm。当观察视镜滤液澄清后，停止循环，即可转入正式过滤工作。

(2) 拆装程序　松开丝杠，打开机壳，松开螺母，取下过滤盘，换上滤布后重新装上过滤盘，夹紧螺母，顶紧壳体，即可正常操作。

(3) 操作注意事项　过滤机应由专人操作。操作压力要稳定，正常操作压力保持0.1～0.3MPa，开机时把排气阀打开，使腔内气体排尽。暂时停机时，应将滤机进、出口阀门关闭，以保持机内压力，防止滤层脱落。再过滤时应先循环10min左右，确认滤层无脱落再进行过滤。操作过程中，若发现澄清度达不到标准时，可先启动循环阀门，关闭生产阀，再作循环预涂，待滤液清亮后，即可转入正常操作。在滤层使用失效、滤液质量下降时，便需更换助滤剂。工作时切忌将出口阀门堵塞，以免产生过高压力而损坏机器。当出现压力超过规定值、过滤量小时，应停机检查，清洗机腔杂质，严禁超压运转。

秦皇岛华德过滤设备有限公司生产的过滤机，采用不锈钢材料为机体，过滤介质为高分子聚乙烯及硅藻土结合烧结而成的滤片或滤芯，具有体积小、效率高、操作简便、清洗方便等优点。也广为白酒厂所使用。

吉林市环宇精滤机厂生产的XAST5/450－V型硅藻土固体板精滤机，为不锈钢卧式框架，上面排列由改性塑料制成的过滤盘。每个滤盘的两面均匀分布17道环形槽，似电炉盘状，它是滤液的通道。滤盘外罩涤纶滤布。过滤部分分粗滤段和精滤段，精滤段由40片滤盘组式，粗滤段由20片滤盘组成。辅助设备有硅藻土搅拌罐及耐酸酒泵。

精滤段在过滤前，事先将搅拌均匀的含8%硅藻土的酒液由酒泵0.3MPa的压力下注入各滤盘的两层滤布间，使硅藻土形成滤层，厚度3.38～4mm。正式过滤时绝大部分较大粒子被粗滤段截留，经精滤段可滤除1～0.1μm的粒子，使酒清澈透明。在某酒厂使用实践中，平均过滤酒400～500t，滤速由6t/h下降至2.3t/h，滤机压力由0.15MPa上升至0.5MPa，此时即需将粗滤段清洗一次。

第六节 贮存中混浊、失光现象的产生及防治

瓶装清澈透明的降度或低度白酒经过一段时间的存放，有时会出现混浊沉淀现象，形成感官质量事故。常见的有以下几种情况。

一、可逆性白色絮状物

这一现象往往是在冬季天冷时出现。瓶装白酒放在寒冷的仓库内或货架上有时会产生白色的絮状物，但若将它的酒温提高后，絮状物便能立即消失。这种混浊物质主要是白酒中的高级脂肪酸乙酯，随酒温变化而改变了它们在酒精中的溶解度。产生这种现象的根源常常是在炎热的夏季酒温较高时，采用吸附法除浊生产低度白酒。由于酒温高，因此高级脂肪酸乙酯在酒精中的溶解度也较大，尽管当时经过滤装瓶，酒是清澈透明的，但当该批量酒贮存到冬天时就随酒温的降低而析出了高级脂肪酸乙酯。

二、白色沉淀

在高度白酒降度加水时，未经处理的硬水是产生白色沉淀的主要原因。这种沉淀呈白色颗粒状和结晶状沉于容器底部。在白酒装瓶分发到市场后会出现结晶状沉淀物。有人试验当水的硬度超过0.5mmol/L时，在温度稍高时易发生失光、沉淀。刘元勋等人就不同水质用于汾酒降度后出现的针状沉淀进行了研究，结果证明了降度用水的硬度越大，形成的沉淀越多。在对比试验中，蒸馏水和软化水没有硬度，用于降度加水几乎不产生沉淀；用冷开水时，因去除了暂时硬度，故沉淀生成量较少；而用自来水时，则生成大量沉淀。经添加试验显示了白酒中的微量成分影响白酒沉淀的生成。针状沉淀不只是水中的溶解物产生的，酒中的有机酸类是促进沉淀生成的主要成分。$CaSO_4$是沉淀的主成分。用717型阴离子树脂处理自来水或加适量的$BaCl_2$于自来水中以除去SO_4^{2-}，将这两种水分别添加于67.5％酒精含量的酒中，降度至53％，均未产生沉淀。有关几项试验如表2－11－39、表2－11－40、表2－11－41所示。

表 2-11-39 不同酒基加自来水稀释后静置沉淀情况

1#：酒精含量为65％以上的原酒加自来水降至53％	大量针状沉淀，生成速度快
2#：无水酒精加蒸馏水至酒精含量与1#原酒相同后，再加自来水降至酒精含量为53％	生成沉淀少于1#，形状明显不同于1#

表 2-11-40 添加香气成分后生成沉淀情况

加入成分	加入量/$g \cdot L^{-1}$	沉淀生成情况
乙酸	0.5	生成大量针状沉淀
乳酸	0.5	生成大量针状沉淀

续表

加入成分	加入量/$g \cdot L^{-1}$	沉淀生成情况
乙酸乙酯	4.0	无针状物,生成其他白色沉淀
乳酸乙酯	4.0	无针状物,生成其他白色沉淀
乙醛	2.0	无针状物,生成其他白色沉淀
异戊醇	1.5	无针状物,生成其他白色沉淀
戊醇	1.5	无针状物,生成其他白色沉淀
空白对照	—	无针状物,生成其他白色沉淀

注:在无水酒精中分别加入上述香气成分后,用自来水稀释降度至酒精含量为53%。

表 2-11-41 加入钙、镁盐生成的沉淀情况

加入成分	加入量/$mg \cdot L^{-1}$	沉淀生成情况
$CaSO_4$	26	生成针状沉淀
$MgSO_4$	30	无针状,微量其他沉淀
$CaCO_3$	26	无沉淀
$MgCl_2$	30	无沉淀
$CaCl_2$	25	无沉淀

注:将上述5种成分,分别溶于蒸馏水中后,用于酒精含量为67.5%的白酒稀释,使其降度至53%。

将表2-11-41的5种成分,分别溶于含有一定量的乙酸蒸馏水中,均未产生沉淀。而溶于含有一定量乙酸的53%酒精溶液中,只有$CaSO_4$添加者出现沉淀。

上述试验说明高度酒降度用水,必须是软化水。

此外,在生产实践中有时在使用未刷净的新酒瓶装酒时,玻璃中的硅酸盐与酒中有机酸作用,也会出现白色的二氧化硅沉淀。

三、黄色、棕色及蓝黑色沉淀

白酒厂的贮酒罐、勾兑罐、酒的输送管道等,近年来较普遍采用铝材或钢板制作。并在罐的内壁表面涂以各种防腐涂料。在使用人工合成涂料如过氯乙烯酒用漆、不饱和聚酯涂料和环氧类涂料等时,配制涂料过程所用的丙酮、甲苯、胺类固化剂(乙二胺、己二胺、间苯二胺等)、苯二甲酸二丁酯、多氯联苯等增塑剂,毒性较大。且这类涂料易使白酒颜色变成黄色、棕色及褐色。若喷涂技术粗糙,则涂料层更易脱落,使铝或铁板和酒接触腐蚀而变色。铁离子以二价铁的形式溶存于酒中而呈黄色,在贮存过程中进一步氧化成三价铁离子而成棕色沉淀出现。若装酒瓶塞采用软木塞,则塞中所含的单宁就会与含铁离子的酒发生作用而产生蓝黑色沉淀,严重影响产品质量。

四、降低白酒中铁离子含量的处理方法*

被污染了铁离子的白酒,在酒厂时有发生,可用下列方法处理。

1. 植酸除铁法

(1) 植酸 植酸的化学名称为肌环己六醇-6-磷酸酯。它广泛存在于粮油作物籽粒

*摘自.陈昌富.用植酸降低白酒中铁离子的含量.酿酒科技,1995(3)。

中，故又称籽酸。植酸为环己六醇与磷酸缩合而成的酯类物质。其分子式为$C_6H_{18}O_{24}P_6$，相对分子质量为660.04。它是一种淡黄色或淡褐色浆状液体，易溶于水和醚中，难溶于苯、氯仿和无水酒精中。植酸在很宽的pH值范围内均带负电荷，是一种很强的金属螯合剂，它能通过磷酸基团牢固粘合带正电荷的Zn^{2+}、Ca^{2+}、Cu^{2+}、Mg^{2+}、Ca^{2+}、Fe^{2+}、Fe^{3+}等许多二价或多价金属离子，形成难溶性植酸盐络合物沉淀。由于植酸具有极强的螯合金属离子的作用，故通常在酸性条件下螯合作用较强，植酸并具有6个磷酸基团，在众多金属离子存在条件下，植酸首先与铁反应生成不含水的配位化合物，其次再与其他金属离子反应，起到消除金属离子的作用。植酸与铁反应的化学式为：

$$C_6H_{18}O_{24}P_6+4Fe^{3+} \longrightarrow C_6H_6O_{24}P_6Fe_4\downarrow+12H^+$$

植酸是国家许可的食品添加剂，对人体无害。江苏宜兴市善卷植酸厂提供的产品，其质量指标为：

植酸	≥70%	钙盐(Ca)	<0.02%
无机磷(P)	<0.02%	砷 (As)	<0.0003%
氯化物(Cl)	<0.02%	重金属(以Pb计)	<0.003%
硫酸盐(SO_4)	<0.02%		

(2) 除铁试验

① 酒中含铁量分析：在生产中可采用下列快速简捷的方法。三价铁离子和硫氰酸根离子反应产生红色，颜色的深浅与酒中铁离子的含量成正比。其反应式如下：

$$Fe^{3+}+CN_S^- \longrightarrow [Fe(CNS)]^{2+} \quad (红色)$$

取酒样10ml放于比色管中，加50%HCl 1ml，$H_2O_2$3滴，将酒中的二价铁氧化成三价铁离子，加1ml25%的硫氰酸钾溶液，产生有色反应后，与已知含铁量的标准溶液相比较。标准溶液的铁含量分别为1L含1、2、3……10mg。如果酒中铁含量超过10mg/L，应加水稀释后重新测定。

② 植酸用量的确定：植酸与酒中的铁离子形成沉淀，以降低酒中的铁离子。植酸的用量必须经过小试后确定。小试可根据酒中铁离子含量作一梯度，找出植酸用量的最佳值。

③ 加植酸操作：根据小试确定的量，将植酸加入酒中，充分搅拌产生白色混浊，静置2～3天后成絮状白色沉淀沉入底部，上部酒样清澈透明，即可过滤。有的酒在加入植酸后产生白色混浊，呈胶体状而不凝聚，遇此情况，可在静置3～4天后加入0.1%糊化淀粉吸附，以增强过滤效果。在过滤时，采用硅藻土过滤机也是可以的。

用植酸处理铁离子含量高或呈黄色的白酒效果较为显著。处理后的酒样酸、酯等微量成分基本没有变化，对风味欠佳、邪杂味重的酒处理后，风味得以改善。植酸除了可以除去酒中铁离子外，还会与其他金属离子反应生成沉淀而一并除去。因此，对由钙、铝等金属离子引起沉淀的酒，处理时也有效果。

2. 菲汀除铁法

菲汀为英文名Phytin的译音。是各种磷酸纤维钙和镁的混合物，为白色无定形粉末，无臭，几乎不溶于水而溶于酸。在葡萄酒加工过程中可用于降低铁含量。酒中的三价铁能

与非汀中含有的植酸盐形成难溶性的植酸铁沉淀。其反应式为:

$$C_6H_{12}O_{27}P_6Ca_6+4Fe^{3+} \longrightarrow C_6H_6O_{24}P_6Fe_4\downarrow+3H_2O+6Ca^{2+}$$

自制非汀可由麸皮中提取。

处理酒时可先将非汀制成悬浮液和溶液后加入酒中。当被处理酒的总酸含量偏低时，可加少量柠檬酸(加量以提高酒的总酸含量约0.01g/100ml为宜)于非汀中，并再加入少量被处理的酒润湿，研磨，最后用酒稀释溶解后加入酒中，搅拌沉降。非汀除铁约需5天时间，用量依不同处理酒需事先进行小型试验后确定。在葡萄酒中一般为除去1mg/L铁约需3mg纯非汀，对酒的风味无影响。

3. RS_5和Sx-865联用法

河北沧州酒厂用此法处理由铁罐和木箱因涂料脱落导致铁或血色素溶于白酒中而呈黄色的酒，效果较好。该法是将食用RS_5按一定比例加入酒中，充分搅拌均匀，静置1～2天后，加Sx－865白酒高效澄清剂，再经5～6天后采用硅藻土过滤机除去沉淀。澄清酒液用721型分光光度计测定其色泽，黄色成分由处理前1.8mg/L下降为处理后的0.6mg/L，下降了66.7%。经气相色谱分析，结果见表2－11－42。

表 2-11-42　成品酒分析结果　单位: mg/100ml

类　别	己酸乙酯	乳酸乙酯	乙酸乙酯	丁酸乙酯
RS_5处理	153.6	151.7	93.5	23.5
对　照	159.3	160.9	91.7	23.3

结合品尝鉴定风味质量，结果是处理前后保持不变。

此外，还有离子交换及复蒸串香等方法，各厂可根据具体情况自行选用。

第七节　勾兑调味

任何香型的低度白酒，在感官质量上都有一个共同的标准，即要达到低而不混，低而不淡，低而不杂，并具有本品所应有的典型风格。因此，低度白酒的生产工艺绝不是简单的高度酒加水降度。当高度酒加水稀释后，由于以高级脂肪酸乙酯为主的一些白酒香气成分(包括少量的醇、酸、醛类等)溶解度降低而产生白色絮状沉淀时，为了达到白酒的清澈透明，就需解决除浊问题。同时白酒本身所含有的香气成分，也会由于加水稀释而浓度减低，造成香气平淡和减弱、口味淡薄显短的现象，这就必须通过勾兑调味来解决，这是生产低度白酒工艺中的又一关键问题。一种质量好的低度白酒，还应该是香纯味净、不带有任何杂味的。可见在解决白酒降度后出现的混浊问题的同时，还必须通过勾兑调味解决好酒味寡淡(俗称“水味”)及香气平淡的问题，以保持本品原有的典型性。关于浓香型的勾调技术已在第十章第二节中阐述，以下将其余的某些香型酒作一重点介绍。

一、调味酒的选取与制作

(一) 生产中量质摘取调味酒

(1) 酒头调味酒　此类酒含有大量的香气成分，能提高低度白酒的前香，可减少“水味”。一般在生产中每甑糙酒截取酒头0.5～1kg。收集后入缸贮存备用。

(2) 酒尾调味酒　此类酒的酸含量高并含有白酒各种香气成分。可提高低度白酒后味，使酒质回味悠长。一般每甑楂酒摘取5～6kg，分级贮存备用。

(3) 老陈酒　一般老陈酒的贮存时间在2～3年以上，特别能提高低度白酒的醇厚味。

(二) 特殊工艺制调味酒

在所有各种香型白酒中，除豉香型酒本身就是低度白酒外，清香、凤香及米香型酒的香气成分比较少。这类酒当用高度酒加水降度后，香味均明显淡薄(见表2－11－43、表2－11－44)这就需要从酿酒生产工艺上作必要的调整，生产出一些调味酒。

表 2-11-43　不同酒度的清香型白酒感官特征及风味变化

项目 \ 酒精含量/%	65	60	53	45	40	38
外观	无色透明	无色透明	透明	严重失光	乳白混浊	白色混浊
品尝结果	清香纯正，醇甜爽净，余香味长	清香纯正，醇甜较爽净，味较长	清香较纯正，尚醇甜，较爽，尾净，有余香	清香风格，口感淡薄，欠醇甜，后味短	清香风格不突出，口味淡，尾欠净，杂有水味	清香风格不明显，口味淡薄，尾杂微苦，水味大

表 2-11-44　不同酒度凤型酒的变化

酒精含量/%	总酸含量/$g \cdot L^{-1}$	总酯含量/$g \cdot L^{-1}$	品尝结果
65	0.824	2.571	醇香，味长，香气突出
60	0.696	2.326	醇香，味稍长
55	0.501	1.987	醇香，味较淡
39	0.211	1.408	醇香，口味淡短，涩苦

清香型白酒降度前后的成分变化，如表2－11－45所示。

表 2-11-45　清香型白酒降度前后的成分变化　单位：g/L

酒精含量/% \ 项目	总酸	总酯	乙酸乙酯	杂醇油	甲醇≤
65	0.994	3.027	1.854	0.820	0.10
38	0.397	0.948	0.474	0.310	0.10

1. 凤香型优质长期发酵调味酒

凤香型白酒的发酵期一般为14～16天，选取调味酒困难较多。因此采用了延长发酵期至30天与70天作调味酒。

(1) 30天发酵期　其生产工艺参数略有改变。班投粮900kg，用大曲171kg，辅料162kg。入窖温度大楂22～24℃，二楂19～21℃，三楂17～19℃，四楂18～20℃；水分分别为52％，54％～55％，57％及57％。

操作要点为清蒸原、辅料；配醅要合理，前3个大楂投粮比例大，后楂投粮少，严控辅料量，防止入窖淀粉过低，与酒醅混合翻拌要均匀，加曲温度不能太高；糊化排酸时间要长；准确掌握入窖温度及水分；下窖后每甑酒醅踩实、踏平，用泥严封窖口。其他均按常规操作，蒸酒时截头去尾，分级入缸贮存。

新酒尝评结果是新酒味明显，窖香较浓、顺，爽口，味较长，稍苦杂。30天发酵期的酒可以弥补基础酒的粗糙感和味短的缺陷。

(2) 70天发酵期　在夏季采取部分窖池长期压窖，使发酵期延长至70天。采用的生产工艺为班投粮750kg，加大曲140kg，辅料140kg。每个窖池另加耐高温活性干酵母0.63kg，糖化酶0.5kg，及富马酸4kg，用高度酒尾溶解后泼入大楂中。入窖温度为大楂21～22℃，二楂18～20℃，三楂17～19℃，四楂16～19℃。水分分别为54%～56%，56%～58%，56%～58%及58%～60%。进窖后要踩实，泥封窖口。窖池表面需洒水保养，杜绝裂缝产生。长期压窖，入窖的醅料糊化、排酸时间要长；入窖温度一定要低，降低入窖酸度和淀粉，控制水分；加曲温度不能太高，前3个大楂多配粮，第4个大楂少投粮。蒸酒时截头去尾，分级贮存。

新酒的尝评结果为窖香较浓、顺，味长，略苦杂。其香气成分分析结果见表2-11-46。

表 2-11-46　长期发酵酒的香气成分结果　单位：mg/100ml

项目 发酵期/d	总　酸	总　酯	乙酸乙酯	丁酸乙酯	己酸乙酯	乳酸乙酯	高级醇
30	71.80	418.10	259.80	5.29	54.43	73.45	—
70	67.40	449.70	357.75	8.36	60.30	105.25	105.20

注：70天发酵酒主要作为酯香调味酒。

此外，还可制取一些适合凤香型酒调味用的双轮底窖酒；浓香型窖酒及为提高喷香增加乙酸乙酯的瓷砖窖清香型酒，从而生产出一些专制39%酒精分的凤香型优质基础酒和调味酒。

2. 清香型调味酒的制作

在清香型低度白酒生产中，除了量质摘取上述3种调味酒外，还可制取以下调味酒。

(1) 豌豆做原料制调味酒　以粉碎成4、6、8瓣的豌豆为酿酒原料，加80℃热水20%～30%润料2h，蒸料后摊晾加大曲10%，入缸发酵28天，出缸蒸酒。或采用豌豆和高粱各50%为原料，分别粉碎后混合蒸料，可以减少粘性，便于操作。以豌豆为原料生产的酒典型性强，常规分析结果总酸0.8～1.2g/L，总酯2.3～3.0g/L，乙酸乙酯1.4～2.0g/L。贮存半年后可作为调味酒。对解决基础酒典型性差，口味欠净，效果甚佳。

(2) 高温发酵制取高酯含量调味酒　一般以夏季生产为主。把发酵酒醅的入池温度掌握在24～25℃，加曲量12%，水分稍大一些，发酵期28天左右。入缸后24h缸内醅温就可达34℃，36h主发酵基本结束，发酵温度最高可达36℃，并大量生酸。温度高、后发酵期长所产酒的酯含量高，口味麻。分析结果为总酸2.44g/L，总酯10.6g/L，乙酸乙酯4.1g/L，乳酸乙酯5.6g/L。此酒对提高酒的后香和余香效果较显著。

(3) 低温入缸、长期发酵制高酯含量调味酒　将入缸温度掌握在9～12℃，水分与正常生产一样，加曲10%。一般在4月份入缸，10月份出缸蒸酒。注意发酵管理，始终保持缸口密封状态。所产酒酯含量高，味较净，对提高酒的柔和、协调和陈味均有作用。产品分析结果为总酸2.83g/L，总酯9.72g/L，乙酸乙酯6.34g/L，乳酸乙酯2.23g/L。

(4) 吸取发酵时放出的香气物质　入缸发酵10天后，清香型酒的楂醅能放出一种类似苹果幽雅的香气，将这些香气收集充入基础酒中，可以增加酒的放香。试验结果见表2-11-47。

表 2-11-47 充气前后酒样成分的变化 单位：g/L

类别＼项目	总 酸	总 酯	乙酸乙酯
充气前	1.16	2.84	1.75
充气后	1.14	2.91	1.90

3. 双轮底调味酒

双轮底调味酒在浓香型酒中较普遍地应用，其特点是香气大，含酯量特别高，是提香增味的主要调香酒。

(三) 外添加物制调味酒

有猪油调味酒、花椒调味酒等。

二、调味酒的使用方法

勾兑调味要根据基础酒的实际情况，以缺啥补啥为原则调整风味，直到符合产品标准为止。因此，勾兑调味实际上是寻求香味成分的平衡点。在具体操作上有采用一次调味或二次调味法的。有降度除浊前调味及除浊后调味的。一般在除浊后的调味尤为重要。在调味的次序上，大体上是根据基础酒的缺陷先调香后调味。但须明确的是调香味不是万能的，它仅是保证产品质量的重要辅助手段，基础酒的质量才是先决条件。

1. 除浊前调味

选取合格基础酒，第1次调味是调整基础酒，依其缺陷挑选所需要的调味酒进行勾配，而后加水降度到要求的酒度；再品尝后进行第2次调味，使口感及测定香气成分指标略高于标准样；然后进行除浊过滤得成品。

2. 除浊后调味实例

取已澄清的浓香型低度酒50ml，若其闻香较差，有水味、后味短的缺点，则可选用酒头调味酒提香，酒尾调香酒提后味。因此，加入酒头1滴，酒尾2滴。混匀后品尝，若闻香好、无水味、后味较长但略杂，则可再调入老陈酒1滴，使品尝时香气好、无水味、后味较长而尾净。该低度白酒调味酒添加比例是酒头0.1%，酒尾0.2%，老陈酒0.1%。

有时低度基础酒质量较差，所用调味酒量就相应增大，酒头可达2%，酒尾可达5%，甚至更高。此时低度酒又重新混浊，须将酒头调味酒的酒精浓度降低到45%～50%，析出高级脂肪酸乙酯，澄清过滤后再用于调味。

3. 清香型低度白酒的调味

在调香味过程中应注意酸、醇、酯的配比关系。当酸高酯低时，不能突出清香型酒的典型风格，酒味粗糙，并现杂味；当酯高酸低时，则酒味平淡，香味短，并且在贮存中易发生变化，由于酯的挥发而重现水味。因此酸酯比在清香型酒中尤为重要。生产实践经验证明，低度清香型白酒的总酸含量一般以0.9～1.2g/L为宜。其中以乙酸为主，占总酸含量的70%～73%，乳酸为20%～30%。总酯含量一般以2.0～3.0g/L为宜，其中乙酸乙酯含量为1.2～2.2g/L，占总酯含量的60%～70%；乳酸乙酯含量在0.8～1.2g/L，占总酯含量的20%～25%。适量的乳酸乙酯会使清香型酒的口味有浓厚带甜的感觉，对保持酒体的完整性有利。但含量过大，会使酒显青草味。因此在低度清香型白酒中乙酸乙酯与乳酸乙酯的比例一般在(1.5～1.8)：1较为适宜。

适量的高级醇类可起到衬托酯香、增加后味的作用。一般以清香低度白酒中醇：酯：酸＝1：2：1.5为宜。

勾兑调味技术，重在大量的反复实践和经验的积累。既要提高勾兑员的品尝能力，又要选好和制备好调味酒，并不断增加各有特色的调味酒种类和提高调味酒的质量，以稳定和提高低度白酒的质量。

第十二章　酒糟的利用

随着我国白酒技术的发展，白酒的副产品——酒糟的利用已成为白酒行业的工作重点。酒糟利用的程度直接影响企业的发展，而酒糟加工饲料的水平关系到国家节粮政策的落实。

长期以来，酒糟主要直接用作农家饲料，对促进农村饲养业的发展及生物链的良性循环(酒糟→喂猪→猪粪→肥田→高产粮食)发挥了重要的作用。

近年来，由于科技进步及饲料工业总体水平的提高，鲜酒糟中的营养结构已不能满足饲养业科学喂养的要求及规模发展的需要；加之鲜酒糟含水量高达60％以上，故贮存困难，若管理不当，则极易霉变，使大量酒糟常常作为废弃物扔掉，既污染环境，又造成极大的浪费。

众所周知，我国人口多、耕地少，用占世界7％的耕地养活占世界22％的人口，因此节约用粮有十分重要的意义。目前，我国饲料工业每年用粮需1亿多吨，占粮食总量的23％。预计到2000年，我国饲料产量将达到7000万吨，饲料粮的需求量约为1.6亿吨。随着人口的增加，可耕地面积的减少，饲养业将面临粮食短缺的严峻挑战。根据联合国粮农组织统计，到本世纪末，全球蛋白质短缺量将达到2500万吨。饲料行业欲求发展，必须调整饲料生产结构，开辟新的饲料资源，以满足饲养业的需求。

饲料工业的发展为酒糟的利用提供了契机。目前，我国白酒年产量600多万吨，酒糟年产量高达1800万吨。酒糟本身富含大量的营养物质，如蛋白质、氨基酸、脂肪、矿物质及菌体自溶产生的嘌呤、嘧啶、类脂化合物、各种维生素和酶类(如蛋白酶、核酸酶、糖化酶等)等生物活性物质，具有较高的营养价值，这是一般谷物所不可比拟的。但由于酒糟中含有40％～50％的发酵填充物稻壳(据资料介绍，稻壳中有41％粗纤维、21.4％木质素及9.95％的二氧化硅)，因而即使在发酵过程中由于各种酶的作用，使成分有所变化，但仍不宜直接饲喂畜禽。故稻壳的存在，相对降低了酒糟的营养价值。

目前一些大型白酒企业为了节粮降耗，根治由于酒糟处理不及时而造成的环境污染，加大了科技开发力度和资金投入，在酒糟加工饲料方面，如酒糟干燥技术、谷壳分离技术、菌体蛋白生产技术及酒糟干粉在配合饲料中配比的研究等方面，均取得了较大的进展，并形成了一定的生产规模。但就总体而言，酒糟加工技术还有待于进一步提高。

酒糟加工饲料，不仅节约了酿酒用粮，防治环境污染，而且可替代大量饲料用粮。据饲养试验表明，固态酒糟去壳加工成干饲料，其饲养效果不低于等量的粮食。一个年产量万吨的白酒厂，若将其酒糟全部开发利用，则一年可生产饲料7700t，所节省的饲料用粮相当于酿酒用粮的30％。若全国酒糟都加以利用，则全年可节省饲料用粮460万吨。同样，玉米酒精糟加工成干饲料，其蛋白质含量为27％，将45kg干饲料直接喂养牛、羊等反刍动物，饲养效果相当于211～280kg玉米、12～15kg牧草和15～92kg麦草三者饲养效果之和。综上所述，酒糟加工饲料前途广阔，为白酒—饲料—养殖一体化开辟了新途径。

第一节　酒糟的营养

一、固态白酒糟的营养成分

固态法发酵白酒，因所用原料、工艺各异，故酒糟中的营养成分及同一成分的含量也不相同。酒糟中的营养成分除来自因糖化、发酵不彻底而余留部分原料残余物外，主要来自菌体及其新陈代谢产物和菌体自溶物。因此，酒糟中除含有表2－12－1～表2－12－4中所列出的常规营养、氨基酸、维生素、矿物质外，还含有未检测的酶及其他生物活性物质。因此，酒糟的营养成分是相当复杂而丰富的。

表 2-12-1　白酒糟常规营养成分　单位: g/100g

项　目	鲜　糟	干　糟	玉米(对照)
水　分	60.0～65.33	7～10	10～19
粗淀粉	5.71～11.34	10～13	62～70
粗蛋白	5.40～13.84	14.3～21.8	8～16
无氮浸出物	18.20～19.34	41.7～45.8	—
粗脂肪	1.31～3.24	4.2～6.9	2.7～5.3
粗纤维	10.05～10.20	16.8～21.2	1.5～3.5
灰　分	3.50～10.76	3.9～15.1	1.5～2.6
总酸(以乳酸计)	2.02～3.0	3.0	—

注: 无氮浸出物内包含粗淀粉。

表 2-12-2　白酒糟中的氨基酸含量　单位: g/100g

名　称	含　量	名　称	含　量	名　称	含　量
谷氨酸	2.209	缬氨酸	0.636	酪氨酸	0.332
丙氨酸	0.948	蛋氨酸	0.170	苯丙氨酸	0.705
苏氨酸	0.441	天冬氨酸	0.884	赖氨酸	0.400
丝氨酸	0.518	异亮氨酸	0.588	组氨酸	0.328
色氨酸	1.530	甘氨酸	0.496	精氨酸	0.494
胱氨酸	0.754	亮氨酸	1.252	脯氨酸	0.961

表 2-12-3　白酒糟中的维生素含量　单位: mg/100g

名　称	维生素A	维生素B	维生素C	维生素PP	烟酰胺
含　量	625.00	27.90	37.50	419.92	182.69

表 2-12-4 白酒糟中的无机元素含量 单位: mg/100g

名称	含量	名称	含量	名称	含量
磷	0.5	锰	0.01	氯	0.26
钾	0.7	钠	0.03	铬	—
钙	0.3	铜	0.001	铅	—
镁	0.3	钼	0.0004	—	—
铁	0.1	铯	0.0005	—	—

从表2－12－1可看出，干糟中仅粗淀粉含量低于玉米;粗蛋白含量14.3％～21.8％，粗脂肪4.2％～6.9％，此等营养成分明显高于玉米。从表2－12－2、表2－12－3、表2－12－4中的数据可看出，酒糟中还含有18种氨基酸、多种维生素和无机元素等营养成分。20％左右的粗纤维，主要来自发酵填充物——稻壳，除去稻壳后，酒糟的营养成分还会相应提高。以上分析数据足以说明酒糟中营养极其丰富，是亟待开发的重要饲料资源。

二、酒精糟的营养成分

随着新型白酒的崛起，酒精已成为生产白酒的重要基酒。酒精糟液营养丰富，近年来多用于生产DDG〔产品含义见本章第三节一、1.(1)〕、DDGS〔产品含义见本章第三节一、1.(2)〕等优质新型蛋白饲料。

表 2-12-5 酒精糟液及干酒糟成分 单位: g/100g

项目	酒精糟液	干糟
水分	95.40	10.35～5.80
粗蛋白	1.67	34.80～37.05
粗脂肪	0.215	4.26～2.89
灰分	0.24	6.33～4.10

表 2-12-6 酒精干糟中的氨基酸含量 单位: g/100g

项目	含量	项目	含量
水分	—	甲硫氨酸	0.572～0.797
天冬氨酸	2.123～2.572	异亮氨酸	1.324～1.455
苏氨酸	1.386～1.580	酪氨酸	1.419～1.649
丝氨酸	1.987～2.301	苯丙氨酸	1.765～1.895
谷氨酸	9.047～8.727	赖氨酸	0.474～0.858
脯氨酸	3.403～3.496	组氨酸	0.781～0.941
甘氨酸	1.259～1.480	精氨酸	0.846～1.463
丙氨酸	3.075～3.358	亮氨酸	5.944～6.109
胱氨酸	0.429～0.595	氨(NH_3)	0.429～0.398
缬氨酸	1.576～1.666		

从表2－12－5、表2－12－6可看出，酒精糟内含有丰富的蛋白质、氨基酸，是极好的高蛋白饲料资源。

除此而外，酒精糟液中还含有大量酵母菌体的自溶物，如嘌呤、嘧呤、类脂、各类维生素及酶等生物活性物质，还是培养各类微生物生产单细胞蛋白的良好培养基。

从以上分析数据可以看出，固态白酒糟及酒精糟均为不可多得的饲料资源。

第二节　固态白酒糟加工饲料

固态白酒糟含水量60％以上，含稻壳40％～50％，再加上酒糟粘度大，给加工带来相当的难度，这也是固态白酒糟加工饲料滞后的原因之一。近年来虽引起企业的重视，但加工技术不够完善，未能形成工业化的生产。下面仅就酒糟加工饲料的现状作简单介绍，供参考。

一、酒糟干粉加工

酒糟加工酒糟干粉，由于所用热源不同，干燥温度不同，干燥后加工工艺不同(粉碎或谷壳分离)，再加上鲜糟质量的差异，因此加工成的干糟粉质量差别较大，饲喂效果也不相同。

目前酒糟干燥主要采用滚筒式热风直接干燥、流化床及圆盘式蒸汽间接干燥、自然晾晒干燥等方法。

(一) 酒糟干燥方法

1. 热风直接干燥法

(1) 一般工艺

加热炉 ⟶ 热风 ⟶(滚筒干燥)

鲜酒糟 ⟶ 提升机 ⟶ 滚筒干燥 ⟶ 气力输送 ⟶ 卸料器 ⟶ 闭风器 ⟶ 磁选器 ⟶

待粉碎糟贮仓⟶ 粉碎 ⟶ 绞龙 ⟶ 提升机 ⟶ 成品 ⟶ 称量 ⟶ 打包 ⟶ 入库

皮带输送机将鲜酒糟通过喂料器送入滚筒式干燥机，同时，加热炉将650～800℃的热风源源不断地送入干燥机，湿酒糟与热风在干燥机内进行热交换，将水分不断排走，干燥尾温为110～120℃，烘干后的酒糟从卸料器排出，去杂后再粉碎、过筛、计量、装袋、缝口、入库。

(2) 干粉质量(见表2－12－7)

表 2-12-7　直接热风干燥干粉质量　单位：g/100g

项　目	指　标	
	1	2
水　分	≤12	≤12
粗蛋白	＞8～14	＞12～15
粗纤维	＜16～20	＜18～22

注：1为五粮液酒厂提供的数据；2为泸州老窖酒厂提供的数据。

(3) 评价　工艺设备简单，处理量大，是治理环境污染较为有效的方法。

缺点：干燥温度高，糟壳焦糊现象较明显，易引起营养物质的破坏。又因燃煤热风与物料直接接触，应注意控制有害物质3,4－苯芘含量(国际标准规定<5μg/L)。随着酒糟加工技术水平的提高及高附加值产品的出现，该产品缺乏市场竞争力。

2. 蒸汽间接干燥法

(1) 一般工艺

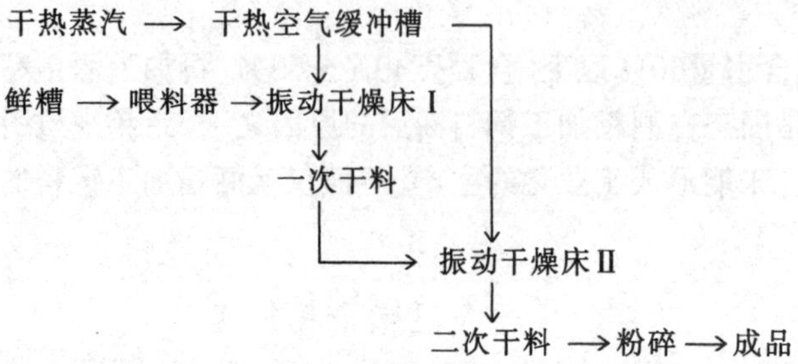

在湿酒糟经喂料器进入振动干燥机的同时，鼓风机将干热蒸汽通过干热蒸汽缓冲槽把160～180℃的干热空气分别送入两台振动干燥床，进行连续干燥，干燥后的酒糟自卸料器排出，除杂后再粉碎、计量、装袋、封口、入库。

(2) 干粉质量(见表2－12－8)

表 2-12-8 间接蒸汽干燥干粉质量 单位：g/100g

项　目	指　标
水　分	<10
粗蛋白	>14～15
粗纤维	<14～18

注：本表分析数据由沱牌曲酒厂提供

(3) 评价

优点：干燥温度低，产品色泽好，营养破坏少，污染程度低，产品质量相对优于直接热风干燥。

缺点：设备处理能力比直接热风干燥低，能耗大，因未分离稻壳，粗纤维含量高。

3. 晾晒自然干燥法

(1) 一般工艺　鲜酒糟直接摊晾于晒场，并不断扬翻以加速干燥。

(2) 评价

优点：晾晒自然干燥投资少，见效快，节能，营养物质及各种生物活性物质不易破坏。适宜中、小型酒厂使用。

缺点：晒场占地面积大，受自然气候制约，不适宜工业化大生产。

(二) 酒糟的谷壳分离

干燥后的酒糟经谷壳分离机，用挤压、摩擦等机械方法除去稻壳。

1. 一般工艺

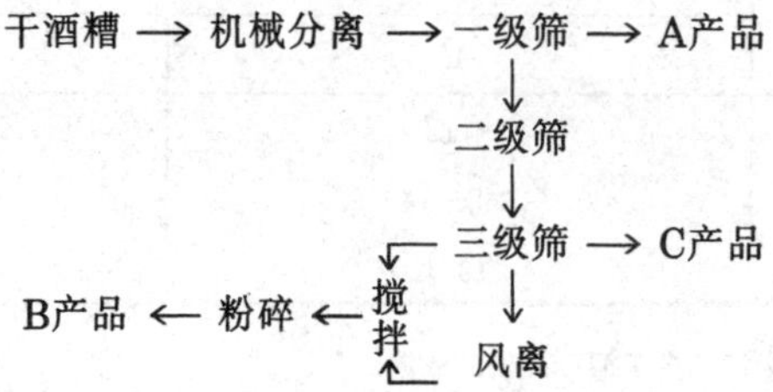

2. 产品质量及评价

干燥后的酒糟经谷壳分离机进行机械分离后，再经振动筛分筛出45%左右的稻壳，同时获得不同规格的猪用饲料和牛用饲料

A产品为猪用混合饲料，经实际喂养，其效果优于常规猪用混合饲料，且因其蛋白质含量高，故可部分替代豆饼、麸皮生产全价配合饲料。

B产品为牛用混合饲料，适用于饲养中低产奶牛、育成牛、肉牛及役肉兼用牛的蛋白质补充料。

表 2-12-9　分离饲料的常量检测结果　单位: g/100g

项　目	猪用混合饲料		牛用混合饲料	
	标　准　值	实　测　值	标　准　值	实　测　值
粗蛋白	≥12	19.1	≥12	16.7
粗纤维	<11	5.85	<18	14.04
粗脂肪	—	9.72	—	7.80
水　分	<14	7.0	<13	7.4
灰　分	—	14.7	—	12.0
钙	0.4～1.00	0.608	0.30～0.90	0.48
磷	0.30～0.80	0.462	0.25～0.80	0.372
总能量/$MJ \cdot kg^{-1}$	—	16.85	—	17.20

注: 本表分析数据由古井集团提供。

表 2-12-10　分离饲料的氨基酸(%)、维生素(IU/kg)、激素(mg/kg)分析结果

项　目	猪用饲料	牛用饲料	项　目	猪用饲料	牛用饲料
天冬氨酸	1.19	1.06	胱氨酸	0.30	0.26
丝 氨 酸	0.82	0.72	亮氨酸	2.09	1.88
脯 氨 酸	1.04	0.96	苯丙氨酸	1.05	0.94
丙 氨 酸	1.60	1.46	组氨酸	0.42	0.34
缬 氨 酸	0.98	0.88	色氨酸	0.29	0.14
异亮氨酸	1.06	0.88	维生素B_1	2.1	1.0
酪 氨 酸	0.75	0.62	维生素B_2	5.2	5.0
赖 氨 酸	0.53	0.39	维生素A	—	—
精 氨 酸	0.58	0.50	维生素D_3	—	—
苏 氨 酸	0.62	0.55	维生素E	—	—
谷 氨 酸	3.78	3.37	维生素PP	微量	微量
甘 氨 酸	0.68	0.64	泛　酸	微量	微量
蛋 氨 酸	0.45	0.30	叶　酸	0.16	0.24

注: 本表分析数据由古井集团提供。

表 2-12-11　分离饲料的微量元素分析结果　单位: mg/kg

项　目	猪用饲料	牛用饲料	项　目	猪用饲料	牛用饲料
锰	2.38×10^2	1.74×10^2	钠	7.08×10^2	4.70×10^2
锌	47.2	35.9	铜	18	19
铁	4.22×10^3	2.88×10^3	硒	0.090	0.063
钾	6.94×10^3	6.12×10^3	钴	—	—
镁	3.64×10^3	2.44×10^3	碘	0.51	0.68

注: 本表分析数据由古井集团提供。

从表2－12－9～表2－12－11的分析数据可以看出，去除稻壳后的酒糟蛋白粉，营养价值提高。根据亳州市畜禽改良站、合肥保健牛奶厂、淮南市乳品公司、亳州市王马镇养牛场等单位的饲养试验，用牛用混合饲料替代麸皮饲养奶牛，按等量相比，每日可多产奶0.47kg;猪用混合饲料的粗蛋白含量比牛用混合饲料高2.4%。说明分离去除稻壳后的酒糟蛋白饲料的饲养效果不低于等量的粮食。但对分离出的稻壳需进行二次处理。

四川养猪研究所对同一直接热风干燥的酒糟，分别用不除稻壳酒糟干粉(其粗蛋白为13%～15%，粗纤维为18%～24%)与去除40%～50%稻壳酒糟蛋白粉(其粗蛋白为19%～21%，粗纤维为8%～12%)进行3次生长育肥猪试验和消化试验。试验中分别添加20%～30%的上述2个试样，取代油饼、玉米、麦麸等，均获得较好的饲喂效果。同时发现在除稻壳的酒糟蛋白粉的粗纤维含量明显低于含稻壳酒糟粉，以及除稻壳的酒糟蛋白粉的粗蛋白含量明显高于含稻壳酒糟粉的情况下，其饲养效果未明显优于后者或无显著差异。3次试验结果呈同一趋势，试验出现与营养学原理相违背的表观现象，引起有关专家的兴趣和关注，这有待进一步研究证明。

二、菌 体 蛋 白

利用生物技术开发利用酒糟，生产菌体蛋白饲料，是提高酒糟附加值的研究方向，也是解决当前蛋白质饲料严重短缺的重要途径。近年来虽多见试验报道，但离开形成规模生产能力，还有相当差距。少数名酒厂，如泸州老窖酒厂在小型试验的基础上，进行了生产性的试验，并取得了一定成绩。山西玉米研究所利用酒糟生产SCP(单细胞蛋白)饲料，其蛋白质含量可达39.7%;重庆某酒厂用曲酒糟接种白地霉生产SCP，粗蛋白含量达27.2%;湖南农学院选育两株酵母菌生产SCP，粗蛋白含量达到25.8%。综上所述，用白酒糟作主要原料培养生产高蛋白菌体饲料，是完全可能的。

据资料介绍，美国FDA和美国饲料控制官员协会在1989年公布了可直接饲喂的安全微生物有42种，而真正用于配合饲料的活体微生物主要有乳酸菌(以嗜酸乳酸杆菌为主)、粪链球菌、芽孢杆菌属的微生物及酵母菌。Kautz在1990年列出了直接饲用的微生物制剂中常见的菌种有:嗜酸乳杆菌、保加利亚乳杆菌、植物乳杆菌、干酪乳杆菌、粪链球菌、枯草芽孢杆菌、东洋杆菌、米曲霉菌、球拟酵母、双岐杆菌。日本琉球大学的比嘉照天教授于本世纪80年代初研制成EM－微生态制剂，其微生物种群有光合细菌、酵母菌、乳酸菌、放线菌、丝状真菌等5科10属80种微生物。其组成复杂、性能稳定、功能广泛，于90年代引入我国做饲料添加剂。经试验证明:上述微生物及其制剂具有促生长、防病、抗病、提高畜禽成活率及除臭、净化环境等特点。这些国外的经验是值得我们借鉴的。

1. 菌体蛋白生产菌

要使酒糟粗纤维转化为蛋白饲料，首先应选择一组既能利用纤维素、木质素等多糖类物质，又有较高酶活力和能提高蛋白质含量的微生物，因此在筛选蛋白生产菌时要定向选择。此外，应尽量筛选可供畜禽直接饲用的活体微生物，以提高酒糟总体营养价值，发挥各类营养的综合价值。目前主要用于生产菌体蛋白的微生物有曲霉菌、根霉菌、假丝酵母菌、乳酸杆菌、乳酸链球菌、枯草芽孢杆菌、赖氨酸产生菌、拟内孢霉、白地霉等。多以混合培养者效果较为明显。

2. 工艺流程

菌种斜面 ⟶ 小三角瓶 ⟶ 大三角瓶 ⟶ 种子罐 ┐

酒糟、辅料、水 ⟶混合，调pH ⟶ 蒸煮 ⟶ 冷却 ⟶ 接种 ⟶ 固态培养 ⟶ 出料 ⟶

烘干 ⟶粉碎 ⟶筛分 ⟶成品

3. 产品质量

以泸州老窖生物工程公司生产的多酶菌体蛋白饲料为例，说明其营养成分(见表2－12－12)及饲养效果。

表 2-12-12　多酶菌体蛋白饲料的主要营养成分　单位: g/100g

项　目	指　标	项　目	指　标
粗蛋白	≥30	粗灰分	≤13
赖氨酸	≥2	水　分	≤12
18种氨基酸总量	≥20	纤维素	≤18

注: 本表分析数据由泸州老窖酒厂提供。

根据四川养猪研究所试验: 用多酶菌体蛋白饲料取代生长育肥猪日粮中的豆粕，其添加量为10％～15％，饲养结果表明，添加多酶菌体蛋白后，改善了饲料的适口性，增加了采食量，不影响试猪增重，降低了饲料单位成本，提高了养猪经济效益。

4. 评价

优点: 菌体蛋白饲料档次高，有竞争力，处理量大，无二次污染，是提高酒糟饲料营养价值的最有效方法。

缺点: 粗纤维含量高。

存在问题: 目前该方法大多处于试验阶段，应予以充分重视。

第三节　酒精糟加工饲料

以玉米为原料的酒精糟营养丰富，干糟粗蛋白含量一般在30％以上，是极好的饲料资源。为了充分发挥资源优势，根治酒精糟处理不当带来的环境污染，目前主要采用全干燥法、菌体蛋白法、沼气发酵法和滤液全回用法等技术。现仅就有关酒精糟加工饲料方面的问题简单介绍如下。

一、全干燥法生产DDG和DDGS

近年来我国大型酒精生产企业不断引进国外酒精糟处理加工技术，生产DDG和DDGS玉米酒精干饲料。

1. DDG、DDGS

(1) DDG　以玉米为原料，对经粉碎、蒸煮、液化、糖化、发酵、蒸馏提取酒精后的糟液，进行离心分离，并对所得糟渣进行全干燥所制成的粉状玉米酒精干饲料，称为DDG。

(2) DDGS 以玉米为原料，对经粉碎、蒸煮、液化、糖化、发酵、蒸馏提取酒精后的糟液，进行离心分离，并将分离出的滤液进行蒸发浓缩，然后与糟渣混合、干燥、造粒，所制成的玉米酒精干饲料，称为DDGS。

2. 一般工艺

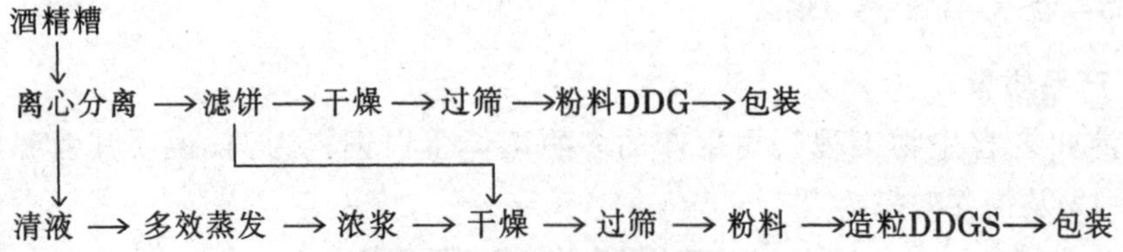

酒精糟经离心分离后，分成滤饼和清液两部分。其中滤饼水分≤73%，清液的悬浮物≤0.5%，同时要求悬浮物去除率在80%以上。滤饼经150～160℃的干燥，然后过滤、计量、包装成成品DDG。滤液经多效蒸发成固形物含量45%～60%的浓浆，并与滤饼混合，然后干燥、过筛、造粒、包装成成品DDGS。

3. DDG和DDGS质量

表 2-12-13 DDG和DDGS质量指标 单位：g/100g

项目	DDGS粒料	DDG粉料	
		1	2
水分≤	12	10	8.0
粗蛋白≥	25	28	27.0
粗脂肪	>8	8	4.0～8.0
粗纤维≤	9	12	12.8
灰分≤	5	5	3.0

注：DDGS粒料及DDG粉料1的数据由北京酿酒厂提供；DDG粉料2的数据由黑龙江华润金玉实业有限公司提供。

4. 评价

优点：酒精糟全干燥联产DDG及DDGS技术是我国"八五"技术改造重点项目。目前在积极消化吸收国外引进工艺设备的基础上，已设计和制造出适合我国国情和行业实际需要的国产化酒精糟全干燥专用设备，将有利于进一步推动和普及该技术的进程。DDG、DDGS属国际市场畅销饲料，它不仅替代了大量的饲料用粮，而且解除了废糟、废水对环境的污染。故该法有利于发挥规模优势。

缺点：能耗高、投资大、废水排放量较多，若处理不当，则易造成二次污染。

二、酒精糟干燥与废液回用

1. 一般工艺

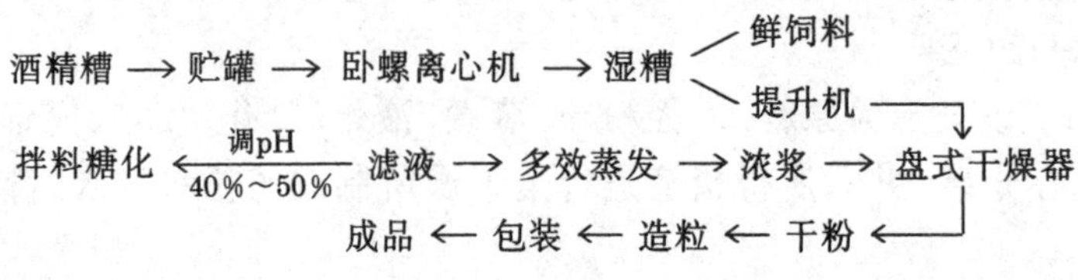

酒精糟利用卧式螺旋分离机进行固－液分离，得湿糟(含水70%左右)和滤液(含固形物8%～9%)，湿糟可直接做鲜饲料喂养畜禽，也可与经多效蒸发的滤液浓缩成的浓浆(含水70%左右)混合后干燥，制成的干粉再造粒成颗粒状饲料。其余滤液冷却后调pH，用于拌料和糖化。

2. 质量

干糟同DDG、DDGS。

3. 评价

优点：废液回用节约了多效蒸发浓缩工序的蒸汽用量，减轻了多效蒸发负荷；替代部分拌料、糖化用水，节约了生产用水；湿糟可加工成鲜饲料和干饲料，给生产带来一定的灵活性；全系统无污水排放。此法适于中、小型酒精厂使用。

缺点：该法只适用于以玉米为原料的酒精糟，而不适合于蛋白质及固形物含量偏低的薯干酒精糟。

三、利用酒精废液生产单细胞蛋白

薯干酒精糟固－液分离后，废水营养成分低，BOD(2万左右)、COD(3万左右)较高。其中残糖、有机酸和各种醇类以及菌体自溶产生的生物活性物质不同程度地存在。因此，筛选的菌株，应能同化废水中残留的有机物及异化有害物质，并具有生长比速高、菌体蛋白含量高、无毒等特性。在生产蛋白饲料的各类微生物中以酵母、白地霉等应用较为广泛。现将酵母菌单细胞蛋白的成分及生产工艺介绍如下。

1. 酵母菌的营养成分

据前苏联B·C·UCAEBA介绍，酵母细胞由碳水化合物、含氮物质等有机物和无机物组成，各组分的变化取决于酵母细胞的生理状态。酵母含有24%～30%的干物质，70%～76%的水分。其中有机物占干物质的90%～95%，无机物占干物质的5%～10%。酵母中的蛋白质和其他含氮物质占54%～56%。另一些资料介绍，酵母中蛋白质含量约占64%。当细胞中糖原降低时，含氮物质能达到70%之多，其中高分子化合物(如蛋白质)占90%，低分子化合物(如氨基酸)占10%。酵母中氨基酸的平均组成如表2－12－14所示。酪蛋白是酵母中最常见的蛋白质，其中氨基酸和多肽占10%，含磷蛋白质约占26%。还有资料介绍，酵母中含氮物质由75%的蛋白和25%的核蛋白组成，最后分解成嘧啶、嘌呤和氨基酸。

表 2-12-14　**酵母中氨基酸的平均组成**(占细胞蛋白质量的%)

名称	含量	名称	含量	名称	含量
精氨酸	4.7	酪氨酸	4.4	缬氨酸	5.7
组氨酸	2.6	色氨酸	1.4	天冬氨酸	7.9
赖氨酸	7.3	苯丙氨酸	3.5	谷氨酸	10.8
苏氨酸	5.5	胱氨酸	1.2	甘氨酸	4.1
白氨酸	6.8	蛋氨酸	1.5	丙氨酸	6.1
异白氨酸	4.8	丝氨酸	5.0	脯氨酸	4.2

酵母细胞中含24%～40%的碳水化合物(折合成干物质)，有时达到15%～70%。主要由糖原组成，糖原和海藻糖均作为酵母的贮存物质。

酵母细胞含2%～5%的脂肪物质(脂类和类脂)，同样是贮存物质，老细胞中的脂肪含量可增加到20%。酵母细胞中还含有5%的腐殖质。

此外，无机物占细胞总量的5%～10%，磷酸含量约占50%，钾占30%。细胞中30%～50%的磷酸与有机物结合，以磷的有机化合物形式存在，形成核蛋白、核苷酸、卵磷脂等。其他的磷酸以游离磷酸盐的形式存在。

通过对酵母细胞组成的介绍，说明酵母含有极丰富的营养物质。就蛋白质而言，含量高达54%以上，高于大豆(粗蛋白质含量37.0%)，与鱼粉(粗蛋白质含量55.10%)相当，是亟待大力开发的替代大豆和鱼粉的菌体高蛋白饲料。

2. 生产单细胞蛋白的酵母菌

生产单细胞蛋白的酵母菌有：产朊假丝酵母(*Candida utilis*)，热带假丝酵母(*Candida tropicalis*)，圆拟酵母(*Torula utilis*)，球拟酵母(*Torulopsis utilis*)，酿酒酵母(*Saccharomyces cerevisiae*)等。

上述酵母菌生活能力强，繁殖速度快，蛋白质含量高，无毒，即使在粗放的条件下也具有优势。

3. 一般工艺(以产朊假丝酵母为培养菌)

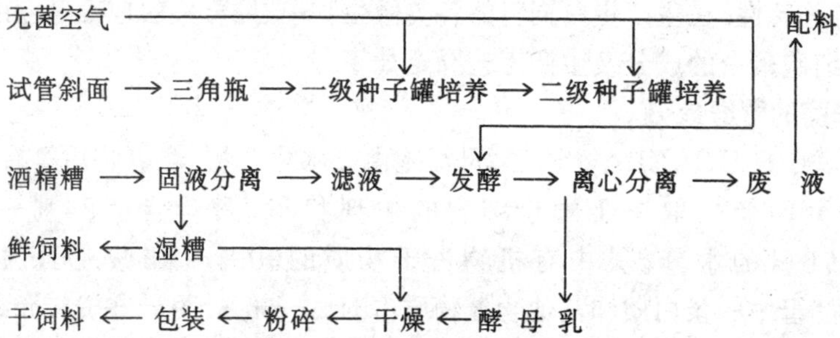

生产中应对酒精废水的组分及pH值进行必要的调整，尤其以薯干为原料的酒精废水因氮源缺乏，故可添加适量尿素(0.15%～0.2%)调整碳氮比，可采用连续培养，以利于减少杂菌污染、提高产量、保证质量。据资料介绍，南洋酒精厂以薯干酒精糟卧螺分离液培养热带假丝酵母，成品得率为6～7kg/m^3，蛋白质含量为45%左右，COD_{cr}去除率40%；新市酿酒厂，成品得率7～8.5kg/m^3，蛋白含量38%，COD_{cr}去除率50%。这说明以酒精废液培养酵母，不但能生产蛋白饲料，而且可减少废水中的COD_{cr}，为二次废水的再利用创造了条件。

表2－12－15列出了酵母发酵饲料标准(CNS10288)，供读者参考。

表 2-12-15 **酵母发酵饲料标准** 单位：g/100g

项　目	一 级 品	二 级 品
外　观	粉末状、色泽新鲜一致，无腐败异臭等不良气味	
夹杂物	不得有供菌体发酵营养培养物以外的物质	
水分≤	9	9
粗蛋白质≥	36.4	22.8
粗脂肪≥	3.6	3.6
粗纤维≤	4.6	9.1
盐酸不溶物≤	1	2

注：卫生质量标准应符合国家规定。

第四节　酒糟的其他用途

(一) 回窖发酵

酒糟回窖发酵是残余淀粉等可发酵性物质的再利用。如丢糟中加入糖化酶和活性干酵母，可返回窖内再作短期发酵。因丢糟残余淀粉含量及质量不同，故出酒率及酒质也各异。

(二) 酒糟串蒸

酒糟串蒸是将残留在酒糟内的香气成分，利用酒精蒸气蒸馏再次提取。因为酒醅蒸馏时，醇溶性香味成分在酒精浓度低时，难以被蒸出而残留在醅(糟)内，水溶性香气成分在摘高度酒时，也多遗留在酒糟内，因此酒糟内含有大量醇溶性、水溶性香味成分。大多数酒糟串蒸采用下述两种方法。

(1) 加醅串蒸　借以提高酒质，并增加产量。在正常酒醅装甑时，上部留5～10cm空间，该空间装入酒糟，底锅中加入酒精(或不加酒精)进行串蒸。以酒醅中拌入酒精效果为最佳(出甑时将酒醅与酒糟严格分开，各作其用)。加醅串蒸酒的酸、酯含量明显提高。对浓香大曲酒试验结果表明：酸提高13.6％～51.68％；酯提高69.91％～424.1％。其提取量因蒸馏流酒量而异。国内很多中档优质酒多采用此法。

(2) 酒糟串蒸　甑中不装酒醅，全部用糟串蒸。此法多适用于普通白酒，串蒸后的酒需进行勾兑，以调整香味成分的平衡。

(三) 添加部分酒糟制曲

酒糟中的残余淀粉和有机酸等可作为制曲中微生物的碳源；酒糟还可调节曲料的pH值，在适宜酸度下使有益微生物旺盛生长，同时抑制有害微生物。酒糟中含有丰富的B族维生素及磷，有利于促进制曲过程菌体的生长及酶的代谢和糖化发酵作用的进行。试验表明：添加5％～10％的酒糟粉制成的大曲，出酒率和质量都不亚于普通大曲，既节约了制曲用粮，又降低了制曲成本。

(四) 窖泥发酵营养剂

浓香型酒质与窖泥质量密切相关，人工培养窖泥时，要添加豆饼等氮源和磷盐。酒糟中不但氮、磷含量高，而且含有窖泥微生物生长发育所必须的微量营养成分，因此酒糟是窖泥发酵的理想营养剂。据古井集团试验，添加除壳酒糟培养窖泥，可使名优酒产量提高6％～10％。

(五) 栽培食用菌

酒糟中氮、磷元素含量较高，同时含有丰富的B族维生素和生长素，调节pH值(如平菇培养要求pH7，凤尾菇培养需pH8～9，猴头菇培养需pH4.5～6.5)后即可直接培养食用菌。

(六) 沼气发酵

沼气发酵已有成熟的工艺和设备。1t甘薯酒精产沼气约280m^3，COD_{cr}去除率86.6％；BOD_5去除率89.6％；1t木薯酒精产沼气约220m^3；分离滤液发酵沼气，每1m^3滤液产沼气12～14m^3，COD_{cr}去除率90％。

第 三 篇

白酒的工业分析及感官质量鉴评

第一章　原料分析

第一节　取　　样

供分析测试用的试样应保证具有足够的代表性，才能使分析测试结果反映真实的成分量。白酒工业分析的样品就物态而言有固态、液态、气态三类。液体和气体本身较易均匀，通常只需混匀即可取样。固态的淀粉质酿酒原料如高粱、大米、玉米、薯干等应从各部位对称取样，经粉碎、过筛、混匀、缩分等步骤才能获得所需的试样，贮存于密闭的玻璃容器中备用。

(一) 袋装或成堆原料的取样

袋装原料用取样器在2%～5%袋的上、中、下部位取样。成堆原料，在堆的4个对角和中心的上、中、下层取样。取样数量见表3－1－1。取样后用四分法进行缩分，获得平均试样谷物或薯干1～2kg，薯干片2～3kg。将一半装入密闭玻璃容器留样以备复查，另一半反复粉碎并过40目标准筛，最后将少量未能通过筛孔的残物合并于过筛的试样中，混匀备用，数量应不少于150g，细粉含量达到85%～90%。

(二) 粉碎

凡有贮罐存放粉碎料的厂子，可直接取粉碎样。但同时应取原样作感官检查，并测定水分，以校准原始料的淀粉含量。

(三) 鲜薯取样

鲜薯可先按大小分成两堆，再以四分法取平均样5～10kg，大的纵横切8块、小的切4块，各取其中1块，继续切碎成5mm×5mm×5mm左右的小块，混匀。用四分法取250g试样，进一步破碎至直径不超过1.5～2mm。称取5.00g进行水分分析，另取5～7g(精确到0.01g)放入研钵中磨细，全部作为淀粉分析样品。

表 3-1-1　　取 样 数 量

原料量/t	取样量/kg		
	谷物或薯干	粉碎原料	鲜　薯
30以下	10	4	20
30～60	15	5	30
60以上	20	6	40

第二节　物理检查

一、感官检查

在自然光线明亮的场所详细观察并记述原料色泽是否正常，颗粒是否饱满，有无杂菌污染和病斑霉味或其他异杂味。

二、杂物测定

工厂应对每批进厂原料的夹杂物进行检查。

1. 测定方法

称取10kg原料，经2mm孔径的铁丝筛网筛选，筛网上面是粮食颗粒和秸秆、大粒砂石等杂物。捡出杂物用粗天平(0.1g)称重(m_a)。筛网下的是泥沙细粉中夹杂粮食细粉，称重(m_b)。为了扣除m_b中粮食，称取10.00g放在250ml三角瓶中，加入2%盐酸100ml，连接回流冷凝器或1m长的玻璃直管。在沸水浴中加热30min，冷却后用20%的氢氧化钠中和到pH6～7(pH试纸检查)。参照原料淀粉分析方法，用斐林滴定法测定水解液中的糖分，求淀粉含量。

2. 计算

假定筛出细粉30g，细粉中淀粉含量20%，原料淀粉含量为65%。

则：30g细粉相当于：$30\times\frac{20}{65}=9.4$g原料

$$夹杂物=\frac{m_a+30-9.4}{100\times1000}\times100\%$$

第三节　化学分析

说明：

(1) 分析测试所用的水，凡无特殊说明的均为蒸馏水或去离子水。

(2) 凡以水作溶剂的溶液为水溶液，简称溶液。若以其他液体为溶剂配成的溶液，则注明溶剂名称。

(3) 物质的量的国际单位为摩尔，摩尔是一系统的物质的量，该系统中所包含的物质的基本单元数与0.012kg的C－12原子相等。使用摩尔时应注明基本单元，例如：

① $c(NaOH)=1mol/L$：表示溶质基本单元是氢氧化钠分子，其摩尔质量为40g/mol。溶液浓度1mol/L，即每1L中含40gNaOH。

② $c(1/2H_2SO_4)=3mol/L$：表示溶质基本单元是1/2个硫酸分子，其摩尔质量为49g/mol。溶液浓度3mol/L，即每1L溶液中含3×49g H_2SO_4。

③ $c(H_2SO_4)=1.5mol/L$：表示溶质基本单元是硫酸分子，其摩尔质量为98g/mol。溶液浓度1.5mol/L，即每1L溶液中含1.5×98g H_2SO_4。

④ $c(1/5KMnO_4)=0.1mol/L$: 表示溶质基本单元是1/5个高锰酸钾分子，其摩尔质量为31.6g/mol。溶液浓度0.1mol/L，即每1L溶液中含0.1×31.6g $KMnO_4$。

⑤ $c(1/2Ca^{2+})=1mol/L$: 表示溶质基本单元是1/2个钙离子，其摩尔质量为20.04g/mol。溶液浓度1mol/L，即每1L溶液中含有20.04g钙离子。

一、水分测定

水分在白酒酿造工业中是一个十分重要的分析项目，原料中水分含量多少对粮食品质和保管至关重要。若水分过高，则在贮存过程中容易发霉变质，影响原料出酒率。原料水分测定一般用烘干法，即在(100～105)℃烘箱中干燥后称重，结果较为正确。

1. 测定方法

用分析天平准确称取试样约2g，于(100～105)℃烘干恒重的称量瓶中铺平，加盖后称准到0.0002g。取下称量瓶盖，放入(100～105)℃烘箱中干燥3h，趁热盖上盖子，在干燥器中冷却30min，称重。再于同样条件下烘1h，冷却、称重，直至恒重。

2. 计算

$$水分(\%)=\frac{m_1-m_2}{m_1-m_0}\times 100$$

式中　m_0——空称量瓶质量(g)

m_1——烘干前试样加称量瓶质量(g)

m_2——烘干恒重后试样加称量瓶质量(g)

3. 当样品水分大于16%时的水分测定

因粉碎处理过程中水分损失而影响结果的准确性，故应取粉碎前原料先在低温下(60℃)烘至水分为12%～14%，此时测得的水分为前水分。然后再粉碎、过筛，准确测定其后水分。

例如: 前水分为4.5%，后水分为12.06%

$$总水分=4.5\%+12.06\%\times\frac{100-4.5}{100}=16.01\%$$

二、糖类测定

(一) 原理

糖类是酿酒所需的主要碳源，通常指淀粉、糊精、双糖、单糖等。原料中淀粉含量是原料品质的重要质量指标，发酵过程中糖量变化是衡量发酵正常与否的标准，也是计算出酒率的一个依据。淀粉酶、糖化酶活力也可通过测糖来计算。

糖的定量测定除折光率、旋光度和相对密度等物理测定法外，在白酒行业中主要用化学法测糖，利用游离羰基的还原性，用氧化还原法定量。所有单糖都具有游离羰基(醛或酮基)，称为还原糖，双糖中的蔗糖无游离羰基，是非还原糖，需转化成单糖后才能定量。淀粉也应先水解生成单糖。

常用于测糖的氧化剂是斐林试剂(Fehling)。其2价铜在碱性条件下被糖还原为1价的氧化亚铜，称量氧化亚铜质量，以求糖含量的方法为门森－瓦尔格法(Muson－Walker);

将生成的氧化亚铜经3价铁氧化，产生的2价铁再用高锰酸钾以氧化还原法滴定的为贝德兰法(Bertrand);以次甲基蓝为指示剂，直接用糖液滴定的是蓝－爱农法(Lane－Eylon)。还有以碘化钾还原2价铜，析出的碘用硫代硫酸钠滴定的碘量法等。

白酒生产过程中常用的是蓝－爱农分析法。测糖时，一般不能用化学反应的机理说得十分清楚，需在同等条件下用标准糖液进行对照，由经验数据换算。所以要求严格遵守操作条件，否则误差较大。

斐林试剂由甲、乙两液组成，甲液为硫酸铜溶液;乙液为酒石酸钾钠的氢氧化钠溶液。两液分别贮存，使用时等体积混合。

甲、乙两液一经混合，先生成氢氧化铜沉淀[见反应式(1)]，进一步与酒石酸钾钠反应，使沉淀溶解生成酒石酸钾钠铜络合物[见反应式(2)]，络合物中2价铜是氧化剂，使还原糖中羰基氧化，自身则还原生成氧化亚铜沉淀[见反应式(3)]，反应终点用次甲基蓝指示剂显示。次甲基蓝也是氧化剂，但其氧化能力比2价铜弱，待2价铜反应完毕，过量1滴还原糖，立即使次甲基蓝还原，蓝色消失为终点。

$$2NaOH + CuSO_4 = Cu(OH)_2\downarrow + Na_2SO_4 \quad (1)$$

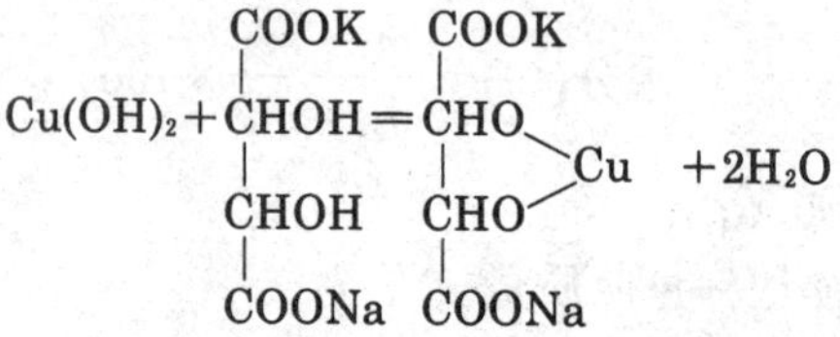

(2)

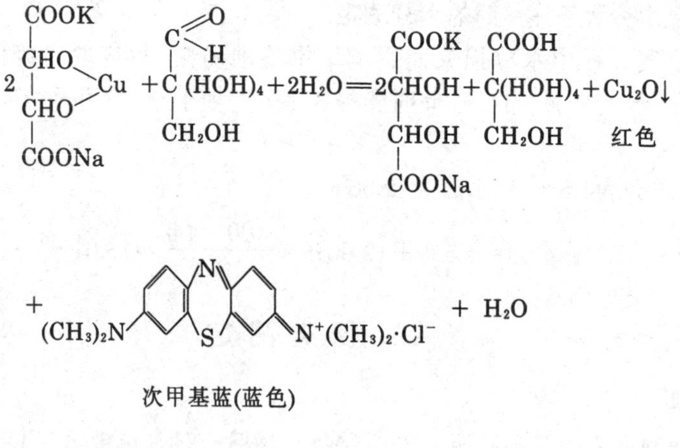

(3)

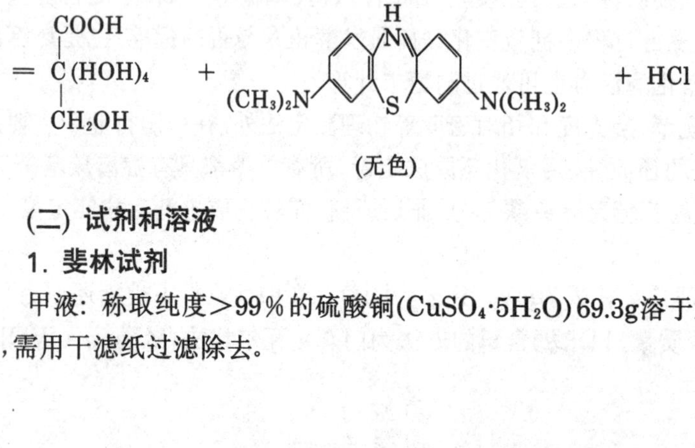

(4)

(二) 试剂和溶液

1. 斐林试剂

甲液：称取纯度＞99％的硫酸铜($CuSO_4 \cdot 5H_2O$) 69.3g溶于水，并稀释至1L。若有不溶物，需用干滤纸过滤除去。

乙液：称取酒石酸钾钠346g，氢氧化钠100g溶于水，稀释至1L。

2. 斐林试剂的标定

(1) 用碘量法标定斐林液　只标定甲液。

① 原理：甲液中2价铜在酸性条件下与碘化钾反应析出碘，用硫代硫酸钠滴定碘。

$$Cu^{2+}+2I^{-} = CuI\downarrow+\frac{1}{2}I_2$$

$$I_2+2Na_2S_2O_3 = Na_2S_4O_6+2NaI$$

② 试剂和溶液：配制方法如下。

1) 30％醋酸溶液：将30ml冰醋酸加入70ml水中混匀。

2) 50％碘化钾溶液：50g碘化钾溶于50ml水中。

3) 0.1mol/L硫代硫酸钠溶液：称取硫代硫酸钠25g($Na_2S_2O_3\cdot5H_2O$)，碳酸钠0.2g，溶于1L煮沸冷却的蒸馏水中，贮于棕色瓶中1星期后标定。

标定：准确称取预先在130℃烘干2h的重铬酸钾(准确到0.0002g)0.1g，一式三份，于500ml碘量瓶中加水20ml溶解后，再加1.8g碘化钾和15ml 2mol/L盐酸溶液，摇匀、盖紧，于暗处反应10min。加约200ml水稀释，立即用0.1mol/L硫代硫酸钠滴定至浅黄色，加1ml 0.5％淀粉指示剂，继续滴定至蓝色消失，溶液呈绿色。

$$\text{硫代硫酸钠溶液的浓度(mol/L)}=\frac{m}{\frac{M}{6}\times V}\times1000$$

式中　m——称取重铬酸钾的质量(g)

V——滴定消耗硫代硫酸钠溶液的体积(ml)

$M/6$——重铬酸钾的摩尔质量为$\frac{1}{6}$的相对分子质量

4) 2mol/L盐酸溶液：量取17ml浓盐酸缓缓倒入水中，定容到100ml。

5) 0.5％淀粉指示剂：称取可溶性淀粉0.5g，用少量水调成糊后，冲入100ml煮沸的蒸馏水，继续煮沸2min至溶液透明，现配现用。

③ 斐林甲液标定方法：准确吸取斐林甲液10.00ml于250ml碘量瓶中，加入4ml 30％的醋酸和6ml 50％的碘化钾摇匀，盖紧后放在暗处室温反应30min，加入100ml蒸馏水，立即用0.1mol/L硫代硫酸钠滴定至浅黄色，加入1ml淀粉指示剂，继续滴定至蓝色消失为终点。

④ 校正因子计算：先求甲液中铜量ρ_1。

$$\rho_1=\frac{c\times V\times0.06354}{10}$$

式中　ρ_1——斐林甲液含铜测定值(g/ml)

c——硫代硫酸钠浓度(mol/L)

V——硫代硫酸钠滴定体积(ml)

0.06354——铜的毫摩尔质量(g/mmol)

斐林甲液中铜的理论量ρ_2(g/ml)：

$$\rho_2=\frac{69.3\times0.9915}{1000}\times\frac{\text{铜的相对分子质量}/2}{\text{硫酸铜的相对分子质量}}$$

式中 69.3——甲液中硫酸铜质量(g)

0.9915——硫酸铜的纯度为99.15%

$$\text{斐林甲液的校正因子}=\frac{\rho_1}{\rho_2}$$

(2) 用标准糖液标定斐林液

① 试剂和溶液:

1) 0.2g/100ml标准葡萄糖液: 准确称取于100~105℃烘2h、在干燥器中冷却的无水葡萄糖约2g(精确到0.0002g),由于葡萄糖易吸水,故应该用减量法快速称量。用水溶解,加入5ml浓盐酸,定容到1L。

2) 次甲基蓝指示剂: 1g次甲基蓝于100ml蒸馏水中加热溶解后,贮于棕色滴瓶中备用。

② 标定方法: 准确吸取斐林甲、乙液各5.00ml于250ml三角瓶中,加水20ml,用滴定管加入约24ml葡萄糖液,其量控制在离滴定终点约需1ml糖液。摇匀,在800~1000W的电炉上煮沸,微沸2min后,加2滴次甲基蓝指示剂,继续用0.2g/100ml糖液滴定到蓝色消失为终点。最后的滴定操作应在1min内完成。消耗糖液总量为V。

③ 校正因子的计算: 先求出10ml斐林液相当标准葡萄糖的克数(F)

$$F=V\times\rho$$

式中 ρ——配制标准葡萄糖液的浓度(g/ml)

V——滴定消耗糖液的体积(ml)

再从斐林试剂糖量表(表3-1-2)查体积V时10ml斐林试剂相当标准葡萄糖的克数(F_1)

$$\text{校正因子}(f)=\frac{F}{F_1}=\frac{\rho V}{F_1}$$

例如: V=24.9ml,糖液浓度=0.202g/100ml

查表3-1-2,24.9ml滴定体积相当0.0498g葡萄糖,$f=\frac{\rho\times V}{F_1}=\frac{0.202\%\times24.9}{0.0498}=1.01$

(三) 测定方法

测定方法见粗淀粉测定。

表 3-1-2 **斐林试剂糖量表(蓝-爱农法)**

消耗糖液体积/ml	相当葡萄糖量/mg	100ml糖液中所含葡萄糖量/mg	消耗糖液体积/ml	相当葡萄糖量/mg	100ml糖液中所含葡萄糖量/mg
15	49.1	327	20	49.5	247.4
16	49.2	307	21	49.5	235.8
17	49.3	289	22	49.6	225.5
18	49.3	274	23	49.7	216.1
19	49.4	260	24	49.8	207.4

续表

消耗糖液体积/ml	相当葡萄糖量/mg	100ml糖液中所含葡萄糖量/mg	消耗糖液体积/ml	相当葡萄糖量/mg	100ml糖液中所含葡萄糖量/mg
25	49.8	199.3	38	50.5	132.9
26	49.9	191.8	39	50.6	129.6
27	49.9	184.9	40	50.6	126.5
28	50.0	178.5	41	50.7	123.6
29	50.0	172.5	42	50.7	120.8
30	50.1	167.0	43	50.7	118.1
31	50.2	161.8	44	50.8	115.5
32	50.2	156.9	45	50.9	113.0
33	50.3	152.4	46	50.9	110.6
34	50.3	148.0	47	51.0	108.4
35	50.4	143.9	48	51.0	106.2
36	50.4	140.0	49	51.0	104.1
37	50.5	136.4	50	51.1	102.2

三、粗淀粉测定

(一) 原理

淀粉经酸水解生成葡萄糖，用斐林试剂测定生成的糖，反应式如下：

$$(C_6H_{10}O_5)_n + nH_2O \xrightarrow{\text{水解}} nC_6H_{12}O_6$$

(二) 试剂和溶液

1. 2g/100ml盐酸溶液

量取浓盐酸(相对密度1.19)4.5ml，用水稀释至100ml。

2. 1∶4盐酸溶液

20ml盐酸溶于80ml水中。

3. 20%氢氧化钠

200g NaOH溶于1L水中。

(三) 测定方法

1. 水解供试糖液制备

准确称取试样1.5～2g(精确到0.001g)于250ml三角瓶中，加入2%盐酸溶液100ml，轻摇，使试样分散不粘瓶底，瓶口安装回流冷凝器或1m左右的长玻璃管，于沸水浴中水解3h，(装置见图3－1－1)。冷却后用20%氢氧化钠中和至pH5～7，约耗碱11ml，用pH试纸试验检查(注意切勿过碱或局部混合不匀过碱，以免糖受到破坏而结果偏低)。经滤纸过滤，滤液接收在500ml容量瓶中，洗净残渣，定容至刻度备用。

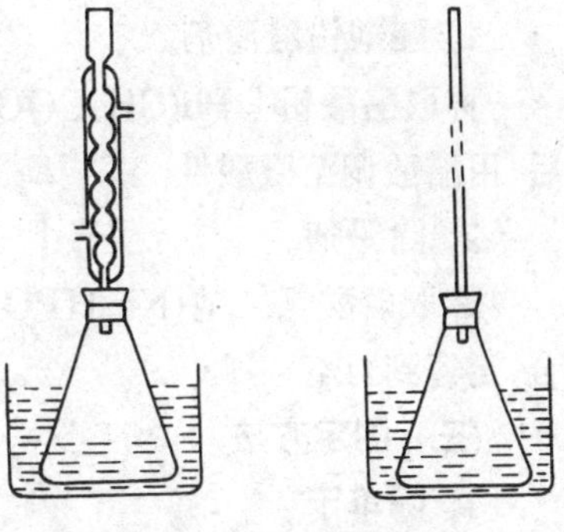

图 3－1－1　水解装置

2. 糖的测定

(1) 预试　准确吸取斐林甲、乙液各5.00ml于250ml三角瓶中，加水20ml，次甲基蓝指示剂2滴，在沸腾状态下用上述水解糖液滴定到终点，消耗体积为V。

为了让斐林液在相同浓度条件下反应，符合表3－1－2体积校准的要求，可用调整加水量的办法使反应总体积基本一致。例如在标定斐林液时，10ml斐林液加20ml水，消耗25ml标准糖液，其反应总体积为10ml＋20ml＋25ml＝55ml。水解糖液预试滴定时，若V小于25ml，正式滴定时可加水补足到25ml，就是加水总量为20ml＋(25－V)ml。若V大于25ml，则正式滴定时应减少加水量，加水总量为20ml－(V－25)ml。

(2) 正式滴定　准确吸取斐林甲、乙液各5ml，加入预试后调整的加水量，和(V－1)ml水解糖液，煮沸2min后滴定，操作要求同标准糖液对斐林试剂的标定法。若最后滴定体积不在0.5～1ml间，则应调整预加水解糖液的体积，重新滴定。

3. 计算

假定V＝15ml，从表3－1－2上查到15ml时每100ml水解糖液含葡萄糖0.327g，则：

$$粗淀粉(\%)=\frac{0.327}{100}\times f\times 500\times \frac{1}{m}\times 0.9\times 100$$

式中　f——斐林试剂的校正因子

$\frac{0.327}{100}$——滴定体积为15ml时糖液浓度(g/100ml)

500——水解液稀释的总体积(ml)

m——试样质量(g)

0.9——葡萄糖换算成淀粉的系数

四、含单宁量高的植物种子中粗淀粉测定

(一) 原理

野生植物如橡子等代用原料，单宁含量较高，因它也能还原斐林液，使淀粉测定结果偏高，所以应先用醋酸铅沉淀除去。

(二) 试剂和溶液

1. 醋酸铅澄清剂

称取醋酸铅［$Pb(CH_3COO)_2\cdot 3H_2O$］250g，加水500ml充分溶解，倾取上层清液过滤后，用醋酸调至微酸性。

2. 除铅剂

称取磷酸氢二钠($Na_2HPO_4\cdot 12H_2O$)70g，草酸钾($K_2C_2O_4\cdot H_2O$)30g，分别溶解后，混合，定容到1L。

(三) 测定方法

1. 除单宁

准确称取试样2～3g于250ml三角瓶中加酸水解，用碱中和(同粗淀粉测定)。然后移入250ml容量瓶，滴加醋酸铅至不再产生沉淀并稍过量，用水稀释至刻度、摇匀，用干滤纸滤入干燥的容器中。吸取滤液50ml于100ml容量瓶中，滴加除铅剂至不再有沉淀产生并稍微过量。用水稀释至刻度，摇匀。用干滤纸过滤入干燥的容器中备用。

2. 糖量测定

同粗淀粉糖测定方法。消耗体积为V。

3. 计算

$$粗淀粉(\%)=\frac{\frac{G}{100}\times f\times\frac{100}{50}\times 250}{m}\times 0.9\times 100$$

式中 G——由滴定体积V查表3－1－2所得糖液浓度(g/100ml)

$\frac{100}{50}\times 250$——样品处理稀释倍数

其余符号均同粗淀粉计算

五、纯淀粉测定(麸皮淀粉测定)

(一) 原理

盐酸水解法适用于谷物、薯类原料，对半纤维素、多缩戊糖含量高的皮壳原料，特别是麸皮、高粱糠等经盐酸水解生成的糠醛、五碳糖，同样能还原斐林试剂，使淀粉测定结果偏高，所以要用酶法水解。酶的来源有商品淀粉酶或就地取材的麸曲、麦芽等糖化剂的浸出液。麸曲浸出液水解麸皮淀粉的糖液中，尚含一定量的五碳糖，其测定值接近纯淀粉，但高于淀粉酶水解测定的结果。

(二) 试剂和溶液

1. 酶液

称取麸曲10g加入蒸馏水90ml和pH4.6的醋酸－醋酸钠缓冲液1.0ml，搅匀，在室温下浸泡1h，过滤后使用。酶液易腐败，应现配现用。

或用淀粉酶1g溶于90ml水中，加入缓冲液10ml。

2. pH4.6醋酸－醋酸钠缓冲液

(1) 2mol/L醋酸 118ml冰醋酸用水稀释至1L。

(2) 2mol/L醋酸钠 称取醋酸钠($CH_3COONa\cdot 3H_2O$) 272g溶于水，稀释至1L。

将(1)，(2)两溶液等体积混合，即为pH4.6的缓冲液。

3. 碘液指示剂

称取碘0.13g，碘化钾4g，于研钵中加少量水研磨至溶解，用水稀释到100ml，贮于棕色瓶中备用。

(三) 测定方法

1. 水解糖液制备

(1) 水解糖液制备 准确称取试样3～5g，于250ml三解瓶中，加入100ml蒸馏水，在沸水浴中糊化1h。冷却到65℃，加入酶液20ml，于55～60℃保温糖化2h。煮沸30min，再冷却到65℃后加入酶液20ml，保温糖化。如此反复处理，直到淀粉水解完全。取出1滴水解液与碘指示剂不显蓝色为终点。将水解液煮沸，乘热用滤纸过滤到250ml容量瓶中，残渣用热蒸馏水充分洗净，冷却到室温，定容到刻度。

准确吸取100.0ml水解液，于250ml三角瓶中，加入浓盐酸4.5ml，在沸水浴中回流水解1h(装置见图3－1－1)，冷却后用20％氢氧化钠中和到pH5～7，移入250ml容量瓶，洗净三角瓶，洗液并入容量瓶，定容，摇匀备用。

(2) 酶液中含糖空白试液制备 取100ml酶液于250ml三角瓶中，加4.5ml浓盐酸，在沸水浴中水解1h，中和定容到刻度同前。

2. 糖量测定

(1) 试样水解液中糖量测定　准确吸取斐林甲、乙液各5ml，滴定方法和要求同粗淀粉中糖的测定。滴定消耗水解糖液体积为V。

(2) 酶空白液中糖量测定　准确吸取斐林甲、乙液各5ml于250ml三角瓶中，加水10ml和酶空白水解液10ml按规定方法和要求用试样糖液滴定到终点。消耗试样糖液体积为V_1。由于用10ml酶水解液代替10ml水，所以$V_1<V$。

$$10\text{ml酶空白水解液}=100\times\frac{10}{250}=4\text{ml酶浸出液}$$

4ml酶浸出液$=(V-V_1)$ml试样糖液。

(四) 纯淀粉含量计算

假定水解淀粉时加入酶浸出液为40ml，$V=30$ml，$V_1=28.5$ml。

查表3－1－2斐林试剂糖量表，滴定体积30ml时糖液浓度为0.167g/100ml，4ml酶液相当于: 30ml－28.5ml＝1.5ml糖液。

$$\text{纯淀粉}(\%)=\frac{\frac{0.167}{100}\times f\times 250\times\frac{250}{100}-\frac{0.167}{100}\times f\times 1.5\times 10}{m}\times 0.9\times 100$$

式中　$\frac{0.167}{100}$——每1ml水解液中糖量(g)

$250\times\frac{250}{100}$——试样稀释倍数

f——斐林液浓度校正因子

$\frac{0.167}{100}\times f\times 15$——40ml酶液中的糖量(g)

m——试样质量(g)

六、粗蛋白测定

蛋白质是白酒生产过程中微生物必需的氮源，原料中蛋白质含量高低对白酒品种和质量有很大影响。如酱香和芝麻香型酒要求原料中有较高的碳氮比(N/C);而对酵母来说，含氮量是成品质量的一个重要指标。

(一) 原理

蛋白质的测定常用凯氏改良法(Kjeldahl)。试样在硫酸铜、硫酸钾和过氧化氢存在条件下与硫酸共热消化，使蛋白质分解产生硫酸铵[见反应式(1)]。然后碱化蒸出游离氨[见反应式(2)]。硼酸溶液将蒸出的氨吸收，以甲基红－溴甲酚绿为指示剂，用0.05mol/L硫酸滴定[见反应式(3)]，进行定量。

$$\text{蛋白质}\xrightarrow{\text{浓硫酸}}RCH(NH_2)COOH\xrightarrow{\text{浓硫酸}}NH_3\uparrow,CO_2\uparrow,SO_2\uparrow,H_2O\uparrow$$

$$2NH_3+H_2SO_4\longrightarrow(NH_4)_2SO_4\quad(1)$$

$$(NH_4)_2SO_4+2NaOH\xrightarrow{\text{碱化}}NH_4OH+Na_2SO_4$$

$$NH_4OH\xrightarrow{\text{蒸馏}}NH_3\uparrow+H_2O\quad(2)$$

$$2NH_3+4H_3BO_3\xrightarrow{\text{吸收}}(NH_4)_2B_4O_7+5H_2O$$

$$(NH_4)_2B_4O_7+H_2SO_4+5H_2O\xrightarrow{\text{中和}}(NH_4)_2SO_4+4H_3BO_3\quad(3)$$

在消化过程中，以硫酸铜为催化剂，硫酸钾用于提高硫酸的沸点，使之达到400℃。当氧化不完全时，加入过氧化氢可增加氧化能力，促使有机物分解。

(二) 试剂和溶液

(1) 浓硫酸　AR级，相对密度1.84。

(2) 混合催化剂　硫酸铜($CuSO_4·5H_2O$)： 硫酸钾＝1：10，研成细粉。

(3) 过氧化氢　30％，必要时使用。

(4) 40％氢氧化钠　将400g CP级氢氧化钠溶于1L水中，相对密度1.36以上。

(5) 3％硼酸溶液　称取不含硼砂的硼酸(H_3BO_3) 30g溶解于1L蒸馏水中。

(6) 混合指示剂　分别配制0.1％的溴甲酚绿与甲基红乙醇溶液。然而以溴甲酚绿：甲基红＝10：4(体积比)混合使用。

(7) 0.05mol/L H_2SO_4　量取2.8ml浓硫酸，倒入蒸馏水中稀释至1L，用0.1mol/L NaOH溶液标定其浓度。

(三) 测定方法

1. 消化

准确称取试样2g(准确至0.0002g)，小心地移入250ml凯氏烧瓶中(尽量不沾瓶壁)。加入10g混合催化剂和20ml浓硫酸(加酸时，把少量沾壁试样冲到瓶底)，摇匀，将瓶倾斜，瓶口放一小漏斗，在通风橱中用电炉加热消化(见图3－1－2)，先用文火加热至泡沫停止发生。再用大火使之沸腾，待溶液清亮后继续加热20～30min，整个消化时间约4h。若试样难以消化，则冷却后加入过氧化氢3～5ml，继续加热至消化液透明，冷却后移入100ml容量瓶中(瓶内先加约20ml水)。用水洗净凯氏烧瓶，洗液并入容量瓶，冷却到室温，定容到刻度，摇匀。

2. 碱化蒸馏

(1) 简单蒸馏　准确吸取上述消化液50ml于500ml蒸馏烧瓶中，加入200ml水和几粒磁珠或玻璃球。连接蒸馏装置，馏出液管口插入盛有50ml 3％硼酸溶液和0.5ml混合指示剂的300ml三角瓶液面底下，通过加液漏斗加入40ml 40％的NaOH溶液，轻摇，使内容物混合均匀。此时溶液应呈强碱性。加热蒸馏(见图3－1－3)，蒸出约180ml。也可用水蒸气蒸馏。

(2) 水蒸气蒸馏

水蒸气蒸馏装置见图3－1－4。准确吸取消化液25ml于100ml蒸馏烧瓶内，连接蒸馏装置。冷凝器下端插入硼酸吸收瓶，同前。加入40％ NaOH 20ml，迅速塞好塞子，通蒸汽蒸馏20～30min，液面沸腾将到烧瓶颈时，表示氨完全蒸出。将冷凝管下端离开吸收液面，继续蒸馏1～2min，以冲洗冷凝管壁，即可停止蒸馏。要注意蒸馏装置严密，操作迅速，因为氨的蒸出在最初5min内占总量的70％左右，故稍一不慎就会造成结果不准确。

3. 滴定

用0.05mol/L H_2SO_4滴定上述馏出液，颜色由绿变灰色为终点，消耗H_2SO_4的体积为V。

用2g纯蔗糖代替试样，在同样条件下经消化、碱化、蒸馏步骤，做空白试验。滴定消耗H_2SO_4的体积为V_0。

4. 计算

$$\text{总氮}(\%)=\frac{(V-V_0)c\times 0.014}{m(1-\text{水分}\%)}\times\frac{100}{50}\times 100$$

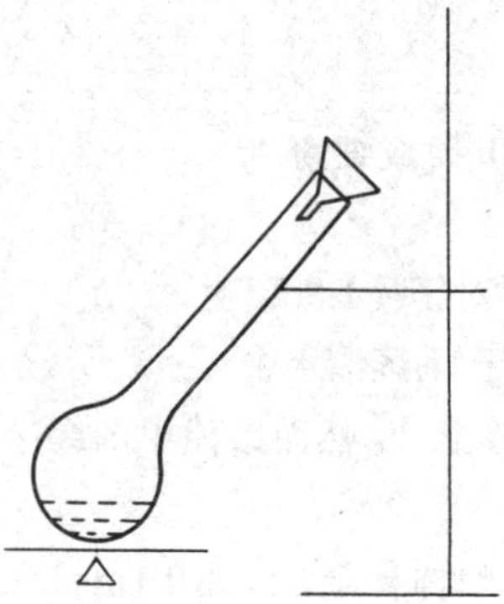

图 3-1-2 消化装置

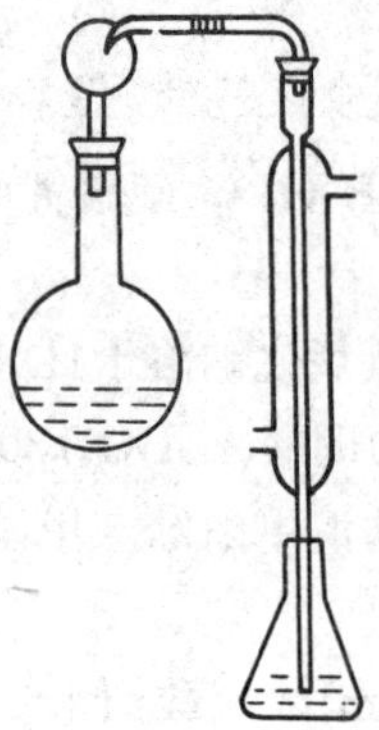

图 3-1-3 简单蒸馏装置

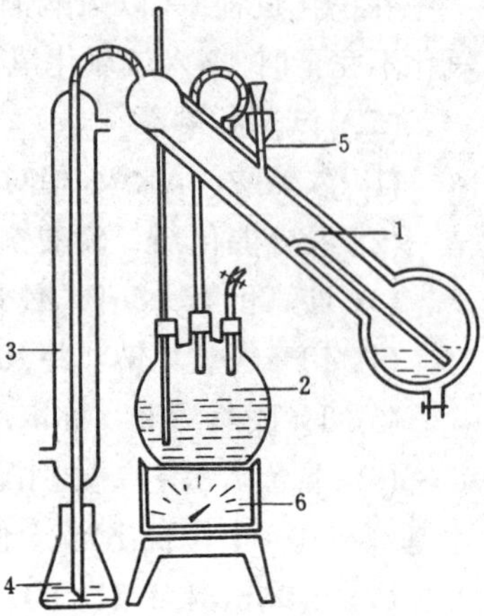

图 3-1-4 水蒸气蒸馏装置

1—夹套蒸馏器 2—水蒸气发生器 3—冷凝器
4—接收瓶 5—进样口(磨口) 6—电炉

式中 $V-V_0$——滴定消耗硫酸溶液体积(ml)

c——硫酸浓度(mol/L)

m——试样质量(g)

0.014——氮的毫摩尔质量(g/mmol)

$\frac{100}{50}$——试样稀释倍数(简单蒸馏)

粗蛋质(%)=6.25×总氮%

七、粗脂肪测定

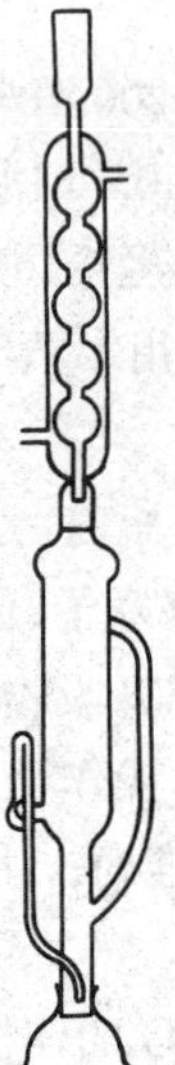

图 3-1-5
索氏脂肪抽提器

原料中脂肪也是白酒生产过程中微生物发酵的碳源之一,并形成白酒中必要的香味成分。

1. 原理

粗脂肪的测定,采用索氏抽提法(Soxhlet)。脂肪不溶于水,易溶于有机溶剂,如乙醚、石油醚等。在索氏抽提器中用溶剂抽出脂肪(装置见图3-1-5),蒸发有机溶剂,残渣即为脂肪。在提抽过程中,原料中的其他油溶性物质,如挥发油、树脂类、部分有机酸和色素等也被抽出,故总称为粗脂肪。

2. 试剂

无水乙醚 乙醚中必须无水,否则会将试样中糖和无机物抽出,使结果偏高造成误差。

乙醚脱水方法:在1L乙醚中加入50g无水硫酸钠或无水石膏,振荡,静置过夜后,重新蒸馏。

3. 测定方法

准确称取干燥后的试样2～5g(准确到0.0002g),用滤纸包裹后放入滤纸筒内(也可用15cm×8cm定性滤纸自制，以脱脂白线扎住后代用)。滤纸筒的上口不高于回流管。用脱脂棉封口后，放入索氏脂肪抽提器的浸取管中，抽提瓶中放入约2/3体积的无水乙醚(该抽提瓶应预先用无水乙醚洗涤并烘干至恒重)。在80℃水浴上加热浸抽4h。抽提速度为1h虹吸6～8次(见图3－1－5)。抽提完毕，取出试样筒，继续在水浴上加热回收乙醚，待抽提瓶中溶剂干涸时，取下瓶子，在水浴上蒸除残余乙醚后，在100～105℃的烘箱中烘1h，称量。再烘1h，称量，直至恒重。

4. 计算

$$粗脂肪(\%)=\frac{m_1-m_0}{m}\times 100$$

式中　m_1——抽出物和瓶总质量(g)

m_0——抽提空瓶质量(g)

m——试样质量(g)

八、粗纤维测定

(一) 原理

试样经酸、碱处理后，使淀粉、半纤维素、蛋白质等变成可溶性物质而被除去，残余的纤维素和植物膜壁等称重定量，统称为粗纤维。也可采用硝酸－醋酸混合液处理试样法，硝酸分解淀粉、蛋白质等。醋酸把分解物溶解后，过滤，称量其残渣，即为粗纤维。

(二) 酸、碱处理法

1. 试剂和溶液

(1) 1.25％硫酸　量取7.1ml浓硫酸，缓慢倒入水中，并用水稀释至1L。

(2) 1.25％氢氧化钠溶液　称取12.5g氢氧化钠，用水溶解并稀释至1L。

(3) 乙醇　CP级。

(4) 乙醚　CP级。

2. 测定方法

(1) 除脂肪　准确称取试样2～3g(准确至0.0002g)，于500ml带盖三角瓶中，加入100ml乙醚，盖严、摇匀后静置过夜，以除去脂肪。用倾泻法倒出乙醚层。再用乙醚50ml洗涤残渣后倾出，残存少量乙醚在水浴上蒸发除去(或直接用粗脂肪测定乙醚抽取后的残渣)。

(2) 酸处理　在三角瓶中加入200ml 1.25％硫酸溶液，煮沸0.5h，用1号耐酸玻璃过滤器抽滤，用热水洗涤残物至呈中性。

(3) 碱处理　用200ml 1.25％氢氧化钠溶液将玻璃滤器上的残物转移至500ml烧杯中，盖上表面皿，煮沸30min。用古氏坩埚抽滤，用热水洗涤至呈中性，再用乙醇、乙醚洗涤。然后在100～105℃下烘烤至恒重(m_1)，再灼烧至恒重(m_2)。

注：古氏坩埚内铺先后经5％氢氧化钠和1：3盐酸溶液处理并灼烧过的石棉纤维层。

(4) 计算

$$粗纤维素(\%)=(m_1-m_2)\times\frac{1}{m}\times 100$$

式中　m——试样质量(g)

m_1-m_2——粗纤维质量(g)

(三) 硝酸－醋酸处理法

1. 试剂和溶液

(1) 25%醋酸 250g冰醋酸溶解于水，稀释至1L。

(2) 浓硝酸 CP级，相对密度1.42。

(3) 乙醚、乙醇均为CP级。

2. 测定方法

取脱脂后的试样2g左右，放在200ml三角烧瓶中，加入25%醋酸25ml、浓硝酸8ml。在回流冷凝条件下煮沸30min，乘热用恒重的古氏坩埚过滤。残渣先用乙醚，后用乙醇洗涤，最后用水洗净，在100～105℃下烘干恒重。其他测定要求和计算均同酸碱处理法。

九、水的分析

(一) 酿造用水硬度分析

水的硬度是由水中溶解性的钙镁盐和相对含量极少的铁、锰、铝、锌等离子造成的，通常只按钙、镁含量计算。

水的硬度按钙、镁盐的形式不同分为碳酸盐硬度(即暂时硬度)和非碳酸盐硬度(永久硬度)。前者在水煮沸时会分解成钙、镁碳酸盐沉淀而被除去，故称暂时硬度。

$$Ca(HCO_3)_2 \xrightarrow[\text{分解}]{} CaCO_3\downarrow + CO_2 + H_2O$$

$$Mg(HCO_3)_2 \xrightarrow[\text{分解}]{} MgCO_3\downarrow + CO_2 + H_2O$$

当水中钙、镁离子大于碳酸氢离子(HCO_3^{2-})时，剩余的钙、镁离子就与水中Cl^-、SO_4^{2-}、NO_3^-形成永久性硬度，煮沸也不能除去。

无论哪一种硬度，经长期烧煮，都会形成锅垢，影响传热，不仅耗费燃料，而且易堵塞管路，严重时会引起锅炉爆炸。所以工业用水要经软化处理。

水质硬度以钙离子的mmol/L表示，生产中有时也有采用德国度(°d)的，1°d=0.35663 mmol/L。水质评价级别见表3-1-3。

表 3-1-3 水质评价级别

级别	软水	中等软	硬水	非常硬
mmol/L	1.5～3	3～6	6～9	>11
德国度	4～8	8～18	18～30	>30

水中总硬度的测定常用EDTA滴定法。

1. 原理

在pH10的条件下，EDTA二钠盐(乙二胺四乙酸二钠)与水中钙、镁生成稳定的络合物[见反应式(1)]，以铬黑T为指示剂，与钙、镁能生成酒红色络合物[见反应式(2)]。当用

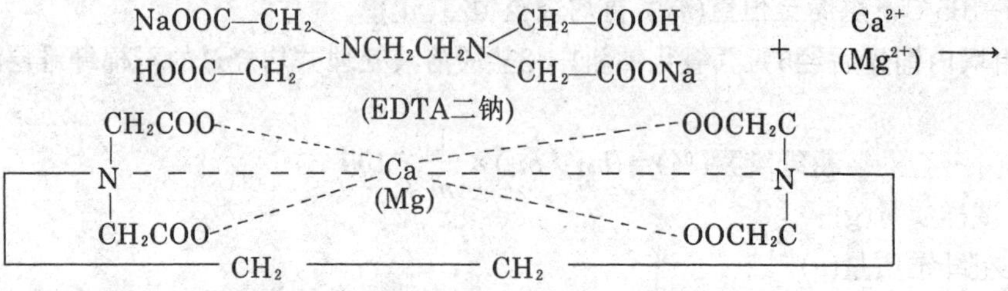

(无色稳定的络合物) (1)

EDTA二钠盐滴定时，钙、镁首先络合，铬黑T也在该pH时形成酒红色络合物，到终点时铬黑T被游离出来，显示本身蓝色为终点。

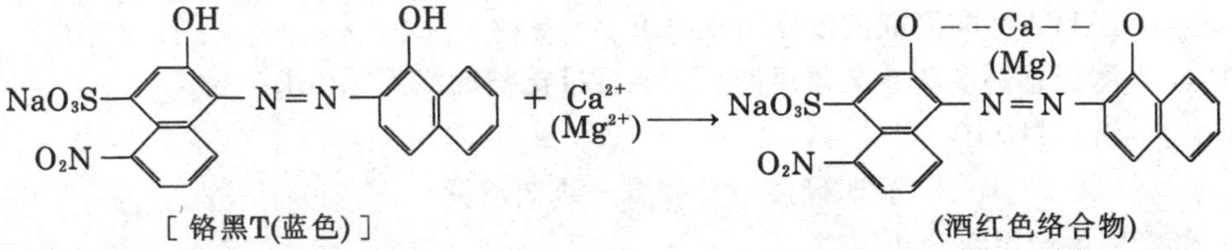

(2)

2. 试剂和溶液

(1) 0.01mol/L EDTA标准溶液　称取3.72g EDTA二钠盐($EDTA-Na_2 \cdot 2H_2O$)，溶于适量热水中，冷后稀释至1L，贮于聚乙烯塑料瓶中。

标定：准确称取于900～1000℃灼烧20min冷却的氧化锌基准物0.8g(称准到0.0002g)，或锌粉0.6500g(预先用3mol/L盐酸和丙酮依次洗涤，放入干燥器中干燥24h)，于100ml烧杯中，用少量水润湿后，滴加6mol/L盐酸至溶，必要时稍加热使完全溶解。冷却后移入1L容量瓶中，用水清洗小烧杯，洗液全部并入容量瓶，定容、摇匀。

吸取上述锌标准溶液35～40ml于500ml三角瓶中，滴加10％氨水至开始出现白色沉淀。再加10ml pH10的氨－氯化铵缓冲液和50ml水，加入200mg左右铬黑T指示剂，用EDTA标准溶液滴定至溶液由酒红色变成纯蓝色为终点。同时做空白试验。

$$c=\frac{m\times V}{(V_1-V_2)\times 0.08138(或0.06537)}$$

式中　c——EDTA的浓度(mol/L)

m——1ml锌标准溶液中氧化锌(或锌)的质量(g)

V——锌标准液的用量(ml)

V_1——EDTA标准液滴定值(ml)

V_2——空白试验EDTA滴定值(ml)

0.08138——ZnO的毫摩尔质量(g/mmol)

0.06537——锌的毫摩尔质量(g/mmol)

(2) pH10的缓冲液　称取20g氯化铵，溶于500ml水中，加入100ml的浓氨水，用水稀释至1L。

(3) 铬黑T指示剂　称取0.5g铬黑T，加100g氯化钠，研磨均匀，贮于棕色磨口瓶中，使用时加一小匙(约200mg)。

3. 测定方法

(1) 总硬度测定　吸取50ml水样于250ml三角瓶中，加10ml pH10的缓冲液，约200mg铬黑指示剂，用0.01mol/L EDTA标准溶液滴定至蓝色。消耗体积V_1。

(2) 永久硬度测定　吸取50ml水样于250ml三角瓶中，加热煮沸10min后用滤纸过滤，洗净三角瓶和残渣。滤液接收于另一洁净的三角瓶中，加缓冲液、指示剂，滴定同总硬度测定，消耗体积为V_2。

4. 计算

$$总硬度(mmol/L)=\frac{c\times V_1}{V_s}\times 1000$$

$$永久硬度(mmol/L)=\frac{c\times V_2}{V_s}\times 1000$$

式中 c——EDTA标准溶液的浓度(mol/L)

V_1, V_2——测定总硬度和永久硬度时EDTA标准溶液的滴定量(ml)

V_s——试样量(ml)

暂时硬度＝总硬度－永久硬度

(二) 低度酒生产用水分析

对白酒酿造用水并无十分严格的要求，但低度酒生产用水是直接食用的，它对酒的清澈度与质量有较大影响，通常要求原水经蒸馏、离子交换，或电渗析处理成无色、无臭、纯净透明的去离子水。参照实验室(最低要求)三级用水:

pH(25℃) 5.0～7.5

电导率(25℃) ≤0.50mS/m

蒸发残渣(105±2)℃ ≤2.0mg/L

1. pH测定

用pH计测定水样pH值。原理、仪器和操作要点，参照本篇第二章、第四节工业用糖化酶制剂的pH值测定，先用pH6.863(25℃)标准缓冲液校正仪器(定位)，然后用水冲洗净电极，插入存有水样的小烧杯中，在25℃读取水样pH值，记录至一位小数。

pH6.864(25℃)缓冲液的配制: 同工业用糖化酶制剂的试剂和溶液(2) pH6.846缓冲液配制方法。

2. 电导率测定

用电导仪测定电导率。按说明书安装、调试仪器，配备电导常数为0.1～1cm^{-1}的电导池。并具有温度自动补偿功能，或用恒温水浴槽，使测试水样温度控制在(25±1)℃时测定。

取400ml水样于三角瓶中，插入电导池，即可进行测定。

3. 蒸发残渣测定

量取500ml水样，分几次加入旋转蒸发器的蒸馏瓶中，于水浴上减压蒸发(避免蒸干)。待蒸至50ml时，停止加热，转移至于(105±2)℃烘干、恒重的100ml玻璃蒸发皿中，并用5～10ml水样分2～3次冲洗蒸馏瓶，洗液并入蒸发皿。于水浴上蒸干，在(105±2)℃烘箱中干燥至恒重，操作均同白酒固形物测定，计算为单位mg/L。

十、煤的工业分析

煤的工业分析包括水分、灰分、挥发分和固定碳，适用于褐煤、烟煤和无烟煤的分析。

(一) 水分

1. 原理

称取一定量试样在102～105℃烘箱中干燥至恒重，失去的质量占试样原质量的百分数，即为水分。

2. 测定方法

在已恒重的直径为40mm的带盖磁皿或玻璃称量瓶中，称取粒度为0.2mm以下的试样(1±0.1)g(称准到0.0002g)。在102～105℃烘箱中，无烟煤、褐煤干燥1.5～2h，烟煤干燥1h。

取出后加盖，在空气中冷却2～3min后，放入干燥器中冷却到室温(约30min)，称重。再烘干30min，冷却、称重同上，直至质量变化小于0.001g或反而增重时为止。在后一种情况下要采用增重前一次的质量为计算依据。保留试样可供灰分测定用。

3. 计算

$$w_1(\%)=\frac{m-m_1}{m-m_0}\times 100$$

式中　w_1——试样中水分(%)

m——空皿加试样质量(g)

m_1——空皿加试样干燥后质量(g)

m_0——空皿质量(g)

(二) 灰分

1. 原理

称取一定量试样，在马福炉内灰化。然后在(800±20)°C条件下灼烧到恒重，冷却后称重。以残留物占试样原质量的百分数作为灰分。

2. 测定方法

将测定过水分的瓷皿盖打开(或在另一瓷皿中重新称取试样)，送入不超过300°C的马福炉中，在1.5h内把温度升到800°C，将试样灰化。然后在(800±20)°C灼烧1.5～2h。从炉中取出瓷皿放在金属板上，加盖，在空气中冷却约5min，移入干燥器，冷却到室温(约30min)，称重。再灼烧20min，冷却、称重同上，直到称重变化小于0.001g为止。

3. 计算

$$w_2(\%)=\frac{m_1-m_0}{m-m_0}\times 100$$

式中　w_2——试样中灰分(%)

m——空皿加试样质量(g)

m_1——空皿加灼烧后残留物质量(g)

m_0——空皿质量(g)

(三) 挥发分

1. 原理

称取一定量试样，于带盖瓷坩埚中，在850℃隔绝空气条件下加热7min，所失去的质量占原试样的百分数减去水分百分数，即为挥发分。

2. 仪器设备

(1) 挥发分坩埚　坩埚为瓷质，高10mm，上口外径33mm，底外径18mm，壁厚1.5mm，盖的外径35mm，槽的外径29mm，槽深2.5mm，坩埚的质量为15～19g。

(2) 马福炉　同常用的马福炉，能保持(850±20)°C的温度，并有一个适当的恒温区，其中不同部位的温度波动应不超过(850±5)°C。恒温区是在关闭的炉中，用热电偶测定出来的，并用带保护套管的热电偶定期校对。

(3) 坩埚架　用镍铬丝制成，其大小以能使放入炉中的坩埚正好在恒温区内，坩埚底离炉底20～30mm。

(4) 压饼机 褐煤和长焰煤应预先压饼，并切成3mm见方的小块再测定。

3. 测定方法

在850℃灼烧、恒重的带盖挥发分坩埚中称取粒度为0.2mm以下的试样(1±0.1)g(称准到0.0002g)，将坩埚加盖，轻轻振动，使试样铺平，摆放在坩埚架上。

将马福炉升温到850°C，打开炉口，迅速将放好坩埚的架子送入炉内恒温区，关闭炉门加热7min。试验开始时炉温会变化，要求3min内炉温恢复到(850±20)°C。若3min内炉温达不到要求，则试验失败，应另行测定，并将初始炉温升至870°C后再放入坩埚。

从炉中取出坩埚，放在金属板上，在空气中冷却约5min，移入干燥器冷却30min后称重。

4. 计算

$$w_3(\%)=\frac{m-m_1}{m-m_0}\times 100-w_1$$

式中 w_3——试样挥发分(%)

m ——坩埚加试样质量(g)

m_1——灼烧后的坩埚加试样质量(g)

m_0——空坩埚质量(g)

w_1——试样水分(%)

(四) 固定碳

$$w_4(\%)=100-(w_1+w_2+w_3)$$

式中 w_4——试样中固定碳(%)

w_1——试样中水分(%)

w_2——试样中灰分(%)

w_3——试样中挥发分(%)

第二章　糖化发酵剂分析

第一节　大曲和小曲分析

大曲和小曲两者因原料不同、曲块形状不同、培养条件也不同，故微生物种类和数量有所不同。但它们都是生产白酒常用的糖化发酵剂。在自然条件下的培养过程中，各种微生物群在曲坯上生长繁殖，分泌出的酶类使曲子具有液化力、糖化力、蛋白质分解力和发酵力等，并形成各种代谢物，对白酒风味、质量起重要作用。

一、取　　样

在生产车间粉碎后的曲粉中各部位取样，经四分法缩分成200g为试样。

二、水 分 测 定

水分在制曲过程中与菌的生长和酶的生成密切相关，成品曲水分含量尤为重要，一般为12％～13％。若大于14％，则雨季容易二次生霉，使质量下降。测定水分的方法为100～105℃烘干，恒重法，操作同原料水分分析。

三、酸 度 测 定

(一) 原理

利用酸、碱中和法测定酸度，以100g曲消耗氢氧化钠毫摩尔数表示。即每100g曲消耗1mmol氢氧化钠为1度酸度。其反应式为：

$$RCOOH+NaOH \longrightarrow RCOONa+H_2O$$

(二) 试剂和溶液

1. 1%酚酞指示剂

称取1.0g酚酞，溶于65ml体积分数为95％的乙醇中，用水稀释至100ml。

2. 0.1mol/L NaOH溶液

(1) 配制　由于氢氧化钠中含4％左右碳酸钠，应先配成1∶1氢氧化钠饱和水溶液，在塑料试剂瓶中密闭、静置1天，使碳酸钠沉淀，上层溶液清亮。小心吸取上层清液5ml，用煮沸、冷却除去CO_2的蒸馏水稀释至1L。瓶口进气管与氯化钙、碱石灰洗气瓶连接，以防CO_2进入。

(2) 标定　在内径为5cm左右的称量瓶内盛5g左右邻苯二甲酸氢钾，于105～110℃烘干2h。盖上盖子，在干燥器内冷却30min。然后以减量法称取邻苯二甲酸氢钾

0.5～0.6g，(准确至0.0002g)，一式三份，分别置于250ml三角瓶中。加50ml无CO_2的水溶解后，再加2滴酚酞指示剂，用新配制的氢氧化钠滴定至微红色10s不退为终点。

$$c=\frac{m}{204.2\times V}\times 1000$$

式中 c——氢氧化钠浓度(mol/L)

m——邻苯二甲酸氢钾质量(g)

204.2——邻苯二甲酸氢钾相对分子质量

V——滴定消耗体积(ml)

(三) 测定方法

1. 试样处理

称取试样10g(准确到0.01g)，于250ml烧杯中准确加水100ml，于室温浸泡30min(每隔10min搅拌1次)，用脱脂棉过滤后备用。

2. 酸度滴定

吸取滤液20ml于200ml三角瓶中，加水20ml，2滴酚酞指示剂，用0.1mol/L氢氧化钠溶液滴定至红色10s不退。

(四) 计算

$$酸度=\frac{c\times V}{10\times\frac{20}{100}}\times 100$$

式中 c——NaOH的摩尔浓度(mol/L)

V——NaOH的滴定体积(ml)

$10\times\frac{20}{100}$——样品质量(g)

四、液化型淀粉酶活力测定

(一) 原理

液化型淀粉酶俗称α-淀粉酶，又称α-1，4糊精酶，能将淀粉中α-1，4葡萄糖苷键随机切断成分子链长短不一的糊精、少量麦芽糖和葡萄糖而迅速液化，并失去与碘生成蓝紫色的作用，呈红棕色。蓝紫色消失的快慢是衡量液化酶活力大小的依据。液化酶活力的定义为1g固体曲在60℃、pH6条件下，1h液化1g可溶性淀粉，称为1个酶活力单位，以u/g表示。

(二) 试剂和溶液

1. 碘液

(1) 原碘液 称取碘11g、碘化钾22g，用少量水溶解、定容到500ml，贮于棕色瓶中。

(2) 稀碘液 吸取2ml原碘液，加碘化钾20g，定容至500ml，贮于棕色瓶中。

2. 2%可溶性淀粉

用分析天平准确称取干燥除去水分的可溶性淀粉2g(精确到0.001g)，于50ml烧杯中用少量水调匀后，倒入盛有70ml沸水的150ml烧杯中，并用20ml水分次洗净50ml小烧杯，洗液合并其中，用微火煮沸到透明，冷却后用水定容到100ml，当天配制应用。

3. pH 6.0的磷酸氢二钠－柠檬酸缓冲液

称取磷酸氢二钠($Na_2HPO_4 \cdot 12H_2O$)45.23g，柠檬酸($C_6H_8O_7 \cdot H_2O$)8.07g，溶解于水，稀释至1L。

(三) 测定方法

1. 5%酶液制备

称取相当于10g干曲的曲粉(精确到0.01g)(曲粉量$=10\times\dfrac{100}{100-水分\%}$g)于500ml烧杯中，加入预热到40℃的缓冲液200ml［对绝干曲而言。若曲子含水，加入缓冲液的体积应为(200－10×水分%)ml］。于40°C水浴中浸1h，每过15min搅拌1次。然后用定性滤纸过滤，弃去最初5～10ml，滤液即为供试酶液。

2. 测定

在ϕ25×200mm的带盖试管中，用移液管注入20ml 2%可溶性淀粉溶液和5ml pH6的缓冲液，在60℃水浴中预热10min，准确加入酶浸出滤液1ml，摇匀。继续保温并立即计时。每隔一定时间取出0.5ml反应液于盛有约1.5ml稀碘液的白磁板孔中，随时间延长，颜色逐渐由蓝色变成红棕色，以最后一次呈蓝色为终点。终点到否应迅速判断，并重复试验1次。最初检查间隔时间可长些。待接近终点时须仔细检查，至无蓝色反应为终点。要求酶解反应在2～3min内完成为宜，否则须调整酶液浓度后重新测定。所用酶液总体积以V表示。记录反应时间t(min)。

(四) 计算

$$液化型淀粉酶活力=\frac{20\times2\%}{10\times\dfrac{1}{V}\times t}\times60$$

式中　液化型淀粉酶活力——1g固体曲粉在1h液化可溶性淀粉的量(u/g)

$20\times2\%$——反应液中淀粉质量(g)

$10\times\dfrac{1}{V}$——固体曲用量(10g曲粉定容到Vml中取1ml)

t——液化反应时间(min)

60——换算到小时

注：酶浸出液的过滤有用棉花或纱布作滤层的，但条件不易控制一致，使曲中淀粉质进入滤液中，容易产生分析误差。所以应用快速定性滤纸过滤为好。液化力测定是条件反应，因而要严格控制反应温度和时间。淀粉的规格牌号也应一致。

(五) 分光光度计测定法

如目测法所述，在试管中先后加入20ml可溶性淀粉、5ml缓冲液于60℃预热10min后，加入1ml酶浸出液后摇匀，并立刻计时，正确反应5min。吸取反应液1ml于盛有5ml稀碘液的试管中，摇匀，以稀碘液为空白，在660nm波长下，用10mm比色皿测吸光度(A)。根据吸光度查表(附表1)，求得测试酶液浓度(c)。

$$液化型淀粉酶活力=\frac{c\times200}{10\times5}\times60$$

式中　c——酶液浓度(u/ml)

200——稀释倍数(10g曲定容200ml取1ml)

10——试样质量(g)

5——反应时间(min)

60——换算为小时的系数

五、糖化酶活力测定

(一) 原理

固体曲中糖化酶(包括$\alpha-$淀粉酶和$\beta-$淀粉酶)能将淀粉水解为葡萄糖，进而被微生物发酵，生成酒精。糖化酶活力高，淀粉利用率就高。糖化力的定义是1.0g干曲在40℃、pH4.6条件下，1h分解可溶性淀粉生成1mg葡萄糖，为1个酶活力单位，以u/g表示。

测定低浓度糖时，可采用降低斐林液浓度的标准糖液反滴定法。为使终点易于判断，加入亚铁氰化钾，溶解氧化亚铜红色沉淀生成浅黄色溶液。

(二) 试剂和溶液

1. 2%可溶性淀粉溶液

同液化力测定。

2. 0.1%标准葡萄糖液

准确称取预先在100～105℃烘干的无水葡萄糖1.0g(用减量法快速称量，精确到0.0002g)，溶解于水，加5ml浓盐酸，用水定容到1L。

3. 斐林试剂

甲液：称取15g硫酸铜($CuSO_4\cdot5H_2O$)、0.05g次甲基蓝，溶解于水，稀释至1L。

乙液：称取50g酒石酸钾钠，54g氢氧化钠、4g亚铁氰化钾，溶于水，稀释至1L。

4. 醋酸、醋酸钠缓冲液(pH4.6)

同纯淀粉测定试剂和溶液。

5. 0.5mol/L硫酸溶液

量取28.3ml浓硫酸，小心地缓慢倒入水中，稀释至1L。

6. 1mol/L氢氧化钠溶液

称取40g氢氧化钠，溶于水，稀释至1L。

(三) 测定方法

1. 5%曲子浸出液制备

称取相当于5g干曲的曲粉(要求同液化力的测定)，放在250ml烧杯中，加水(90－5×水分%)ml，缓冲液10ml，在30℃水浴中浸出1h，每隔15min搅拌1次。然后用干滤纸过滤，弃去最初5ml，接收50ml澄清滤液备用。

2. 糖化力测试液制备

(1) 曲子浸出液的糖化试液　准确吸取2%可溶性淀粉50ml于100ml容量瓶中，在35℃水浴中保温20min后，准确加入酶浸出液10ml，摇匀并开始计时，在35℃水浴中准确保温1h。立即加入3ml 1mol/L的氢氧化钠，振荡，以停止反应。再冷却到室温，用蒸馏水定容至刻度。此时溶液应呈碱性。

(2) 空白试验液　准确吸取2%可溶性淀粉溶液50ml于100ml容量瓶中。先加1mol/L氢氧化钠3ml，混合均匀后再加酶浸出液10ml，用蒸馏水定容，摇匀。

3. 糖分测定

(1) 糖化液测定　准确吸取5ml糖化试液于盛有斐林甲、乙液各5ml的150ml三角瓶中，加入适量0.1%标准葡萄糖溶液(使最后滴定消耗标准糖液在0.5～1.0ml之间)，摇匀，在电炉上加热至沸后，立即用标准糖液滴定至蓝色消失。此滴定应在1min内完成，滴定消耗标准糖液体积V。

(2) 空白液测定　以5ml空白液代替糖化试液，其他操作同上。消耗体积V_0。

4. 计算

$$糖化酶活力=\frac{(V_0-V)\times\rho}{5\times\frac{10}{100}\times\frac{5}{100}}\times 1000$$

式中　V_0——5ml空白液消耗0.1%标准糖液的体积(ml)

V——5ml糖化液消耗0.1%标准糖液的体积(ml)

ρ——标准葡萄糖液浓度(g/ml)

$5\times\frac{10}{100}$——5g干曲浸出后在100ml中取10ml进行糖化试验

$\frac{5}{100}$——在100ml糖化液中取5ml定糖

1000——换算成mg

糖化酶活力——1g干曲在35℃、pH4.6条件下反应1h，将可溶性淀粉分解为葡萄糖的mg数(u/g)

六、蛋白酶活力测定

(一) 原理

微生物的生育及酶的生成都需要蛋白质作氮源，白酒中许多香味物质也来自蛋白质的分解产物。所以在白酒酿造过程中不能忽视蛋白质及蛋白酶的分解能力。

蛋白酶是水解蛋白质肽键的酶类的总称。它能将蛋白质水解为氨基酸，通常以适宜于酶活力的pH值将蛋白酶分为酸性蛋白酶(pH2.5～3)、中性蛋白酶(pH7左右)和碱性蛋白酶(pH8以上)。其酶活力测定方法基本相同，仅控制不同的pH值进行测定而已。在测定蛋白酶活力时，以酪蛋白(干酪素)为底物，蛋白酶将酪蛋白水解，生成含酚基的酪氨酸，在碱性条件下使福林(Follin)试剂还原产生蓝色(钼蓝和钨蓝的混合物)，用分光光度计在680nm测定吸光度。

蛋白酶活力的定义是1.0g固体干曲在40℃和一定的pH条件下，1min将酪蛋白水解产生1μg氨基酸为1个酶活力单位，以u/g或(u/ml)表示。

(二) 试剂和溶液

1. 福林试剂

称取50g钨酸钠($Na_2WO_4·2H_2O$),12.5g钼酸钠($Na_2MoO_4·2H_2O$)于1000ml烧瓶中,加入350ml水、25ml 85%的磷酸、50ml浓盐酸,微沸,回流10h。取下回流冷凝器后,加入25g硫酸锂(Li_2SO_4)、25ml水,混匀,加入数滴溴(99.9%)脱色,直至溶液呈金黄色。再微沸15min,驱除残余的溴(在通风橱中操作)。冷却后用4号耐酸玻璃滤器抽滤,滤液用水稀释至500ml。使用时再用水稀释,滤液:水=1:2。

2. 0.4mol/L碳酸钠溶液

称取42.4g碳酸钠,溶于水并稀释至1L。

3. 0.4mol/L三氯醋酸溶液(CCl_3COOH)

称取65.5g三氯醋酸溶于水,并稀释至1L。

4. 10g/L酪蛋白溶液

称取1g酪蛋白(即干酪素,准确到0.001g),于100ml容量瓶中,加入约40ml水及2～3滴浓氨水,于沸水浴中加热溶解。冷却后用pH7.5的磷酸缓冲液(用于测定中性蛋白酶)稀释定容至100ml,贮存于冰箱中备用,有效期为3天。

5. pH7.5磷酸缓冲液

(1) 0.2mol/L磷酸二氢钠溶液 称取31.2g磷酸二氢钠($NaH_2PO_4·2H_2O$)溶于水并稀释至1L。

(2) 0.2mol/L磷酸氢二钠 称取71.6g磷酸氢二钠($Na_2HPO_4·12H_2O$)溶于水并稀释至1L。

(3) 取28ml(1)液和72ml(2)液,用水稀释至1L,即为pH7.5磷酸缓冲液。

6. 标准L－酪氨酸溶液(100μg/ml)

准确称取105℃干燥过的L－酪氨酸0.1000g于100ml容量瓶中,加60ml 1mol/L盐酸溶液,在水浴中加热溶解,用水定容至刻度,其浓度为1mg/ml。再用0.1mol/L盐酸稀释10倍,即为100μg/ml标准溶液。

7. 乳酸－乳酸钠缓冲液(pH3.0)

(1) 称取80%～90%的乳酸10.6g,用水定容至1L。

(2) 称取纯度为70%的乳酸钠16g,用水溶解,定容到1L。

(3) 吸取上述(1)液8ml,(2)液1ml,混匀并稀释1倍,即为0.05mol/L乳酸－乳酸钠缓冲液。

8. 硼砂－氢氧化钠缓冲液(pH10.5)

(1) 0.1mol/L氢氧化钠溶液。

(2) 0.2mol/L硼砂溶液 称取19.08g硼砂,溶于水并稀释至1L。

(3) 取400ml(1)液和500ml(2)液混合,并用水定容至1L。即为pH10.5的硼砂－氢氧化钠缓冲液。

注:缓冲液配制好后,均需用pH计实测、校正。

(三) 测定方法

1. 标准曲线的绘制

准备9支20ml带盖试管,用100μg/ml的标准酪氨酸溶液配制标准系列如下:

试管编号	0#	1#	2#	3#	4#	5#	6#	7#	8#
标准酪氨酸量/ml	0	1	2	3	4	5	6	7	8
加水量/ml	10	9	8	7	6	5	4	3	2
稀释液浓度/$\mu g \cdot ml^{-1}$	0	10	20	30	40	50	60	70	80

吸取稀释后的标准液各1.00ml，分别放在9支10ml试管中，加入5.00ml 0.4mol/L Na_2CO_3和1.00ml福林试剂。在(40±0.2)℃水浴中加热20min显色，在680nm波长测光密度，以不含酪氨酸的"0"试管为空白。绘制浓度对光密度通过零点的校正曲线。在曲线上查得光密度为1时对应酪氨酸的μg数，即为吸光常数K值。该K值应在95～100范围内，可作为常数用于试样计算。但若更换仪器或新配显色剂，则应重测K值。

2. 5%酶浸出液(中性酶)

称取相当于10g干曲的试样(精确至0.01g)($10\times\frac{100}{100-\text{水分}\%}$)，加pH7.2磷酸缓冲液(使体积为200ml)，在40℃水浴中浸出30min，根据酶活力高低，必要时可再用缓冲液稀释一定倍数，以使光密度的测定值在0.2～0.4范围内。用干的定性滤纸过滤(弃去最初几毫升)，即为酶浸出液。

3. 试样测定

准确吸取酶浸出液1ml，注入10ml离心管中(一式三份)，在(40±0.2)℃水浴中预热5min，准确加入2%酪蛋白溶液1ml，计时，保温10min，立刻加入2ml 0.4mol/L三氯醋酸，以沉淀多余的蛋白质，中止反应。15min后离心分离(或用干滤纸过滤)。准确吸取上层清液1.00ml，注入试管中加入5.0ml 0.4mol/L碳酸钠溶液和1.00ml福林试剂，摇匀，在(40±0.2)℃水浴中加热20min显色。

4. 空白试验

与试样测定同时进行，离心管中先后注入酶浸出液1ml，三氯醋酸2ml，2%酪蛋白1ml。15min后离心分离或过滤，以下的操作均与试样测定相同。

5. 比色测定光密度

以空白试液为对照，在680nm波长下测试样的光密度，取3次平均值。

(四) 计算

$$\text{蛋白酶活力}=\frac{K\times E}{m\times\frac{1}{200}\times\frac{1}{4}\times 10}=\frac{K\times E\times 200\times 4}{m\times 10}$$

式中 蛋白酶活力——1g干曲在一定条件下，1min水解酪蛋白生成酪氨酸的微克数(u/g)

K——光密度为1时相当的酪氨酸微克数

E——试样平均光密度

m——相当10g干曲的试样(g)

$\frac{1}{200}\times\frac{1}{4}$——试样稀释倍数

10——反应时间(min)

七、发酵力测定

1. 原理

大曲、小曲是糖化、发酵剂。其中的酵母能使酒醅中还原糖发酵，生成酒精和二氧化碳，反应式为：

$$C_6H_{12}O_6 \xrightarrow{发酵} 2C_2H_5OH + 2CO_2\uparrow$$

所以可使用在一定条件下制备的糖化液为培养基，测定发酵过程中生成的CO_2量，以衡量曲的发酵力。

2. 仪器

发酵瓶：带发酵栓，容量为250ml。

3. 试剂和溶液

(1) 硫酸溶液 5mol/L($1/2H_2SO_4$)。取14ml浓硫酸，边搅拌边缓慢加入50ml水中，用水稀释至100ml，不必标定。

(2) 0.1碘液 0.1mol/L($1/2I_2$)。不用标定。

4. 糖化液制备

取大米、玉米面或薯干淀粉原料50g，加水250ml，混匀，蒸煮1～2h，使呈糊状。冷却到60℃。加入原料量15%的大曲或小曲粉，再加50ml预热到60℃的水，搅匀。在60℃糖化3～4h，至取出1滴与碘不显蓝色为止。加热到90℃，用白布过滤，滤液备用。

5. 灭菌

取150ml糖化液于250ml发酵瓶中，塞上棉塞并包上油纸，记录液面高度。同时用油纸包好发酵栓，一起放入灭菌锅中，在98kPa压力下灭菌15min。

6. 发酵、测定

灭菌后的糖液冷却到25℃左右时，在无菌条件下加入曲粉1.00g，发酵栓中加入10ml 5mol/L H_2SO_4($1/2H_2SO_4$)。用石蜡密封发酵瓶，擦干瓶外壁，在千分之一感量的天平上称量。然后，放入25℃保温箱中发酵48h。取出发酵瓶，轻轻摇动，使二氧化碳全部逸出，在同一天平上再称重。

$$发酵力(以CO_2的质量分数计,g/100g)=\frac{m_1-m_2}{m}\times100$$

式中 m_1——发酵前发酵瓶加内容物质量(g)

m_2——发酵后发酵瓶加内容物质量(g)

m——曲样质量(g)

八、脂肪酶活力测定

1. 原理

脂肪酶在一定条件下，能使甘油三酯水解成脂肪酸、甘油二酯、甘油单酯和甘油。所产生的脂肪酸可用酸碱中和法测定，根据消耗碱量计算酶活力。1g固体曲粉于40℃、pH7.5条件下水解脂肪，1min产生1μmol的脂肪酸为1个脂肪酶单位，以u/g表示。

2. 试剂和溶液

(1) 聚乙烯醇(PVA)聚合度(1750±50)底物溶液制备

① 称取PVA40g，加水800ml，在沸水浴中加热，不时搅拌直至全部溶解，冷却后定容到1L，用双层纱布过滤后备用。

② 吸取上述滤液150ml，加橄榄油50ml。用高速组织捣碎机处理2次，每次3min，中间间隔5min，即成乳白色的底物乳化液。贮于冰箱中供1周使用。

(2) 橄榄油。

(3) 体积分数为95%的乙醇。

(4) 0.025mol/L磷酸缓冲液(pH7.5)

① 称取磷酸二氢钾(KH_2PO_4)17.01g溶于水，稀释至500ml。

② 称取磷酸氢二钠($Na_2HPO_4\cdot 12H_2O$)44.7g溶于水，稀释至500ml。

③ 取13ml①液和100ml②液混合均匀。使用时用水稀释10倍，即0.025mol/L缓冲液，用pH计测定并校正之。

(5) 0.05mol/L氢氧化钠溶液。

(6) 10g/L酚酞指示剂。

3. 测定方法

(1) 5%酶浸出液制备　称取相当于10g干曲的试样(精确至0.01g)(曲粉量$=10\times\frac{100}{100-水分\%}$g)，加pH7.5缓冲液，使体积为200ml，在(40±0.2)℃水浴中浸泡30min，并不时搅拌。应根据酶活力高低确定稀释倍数，要求样品与空白滴定消耗碱液体积之差在1～2ml范围内。浸泡后用定性滤纸过滤，滤液备用。

(2) 试样测定　取两个100ml三角瓶，各加底物乳化液4ml和磷酸缓冲液5ml。在空白瓶(瓶A)中先加入95%乙醇15ml。将两瓶在(40±0.2)℃水浴中预热5min。各加试样滤液1.00ml，立刻混匀、计时，在(40±0.2)℃水浴中准确反应15min。在试样瓶(瓶B)中补加95%乙醇，15ml以中止反应。取出三角瓶，冷至室温。

(3) 酸碱滴定　于A、B两瓶中各加酚酞指示剂2滴，用0.05mol/L NaOH滴定至微红色，10s不退色为终点。记录消耗NaOH的体积。

4. 计算

$$x=\frac{(V-V_1)\frac{c}{0.05}\times 50}{m\times\frac{1}{200}\times 10\times 15}$$

式中　x——样品酶活力(u/g)

V——样品瓶滴定消耗NaOH的体积(ml)

V_1——空白瓶滴定消耗NaOH的体积(ml)

c——氢氧化钠标准液浓度(mol/L)

0.05——换算到0.05mol/L标准浓度的系数

50 ——每1ml 0.05mol/L NaOH相当脂肪酸50 μmol

$\frac{1}{200}$——稀释倍数。试样溶在200ml溶液中取1ml用；若酯化酶活力小，溶在100ml中取1ml用，则稀释倍数应改为$\frac{1}{100}$

m ——试样质量(g)

九、酯化力及酯分解率测定

(一) 原理

酯化酶是脂肪酶和酯酶的统称，它与短碳链香酯的生物合成有关。

白酒香味是以酯香为主的复合体，白酒酿造过程中酯酶的作用是使一个酸元和一个醇元结合、脱水而生成酯，反应式如下：

$$RCOOH + HOC_2H_5 \rightleftharpoons RCOOC_2H_5 + H_2O$$

但酯化过程是一可逆反应，酯酶既能产酯，也能使酯分解殆尽，例如：

$$CH_3COOC_2H_5 + O_2 \longrightarrow CH_3COOH + CH_3COOH$$

$$CH_3COOH + O_2 \longrightarrow 2H_2O + 2CO_2$$

特别在不适宜的酯化条件下(如温度、pH值、空气量等)，会将已生成的酯迅速分解。因而不仅要选育产酯能力强的菌，而且要考虑其酯分解能力相对较弱，才能使最终产物中留存较多的酯类。目前已确认能生成酯化酶的酯化菌在细菌、霉菌、酵母菌中均存在，只是其酯化能力和酯分解率不同，在一定程度上影响其酯生成量的多少。所以对大曲而言，酯化能力和酯分解能力的测定同样重要。以己酸乙酯计，酯化力是1g干曲在30～32℃反应100h所产生的己酸乙酯的mg数。

(二) 酯化力测定

1. 试剂和溶液

(1) 0.1mol/L NaOH。

(2) 0.05mol/L H_2SO_4。

(3) 1% 己酸的20%(体积分数)乙醇溶液 准确吸取1ml己酸(AR级)于100ml容量瓶中，用20%乙醇稀释至刻度。

2. 测定方法

(1) 酯化液制备 取100ml 1%己酸乙醇溶液于250ml蒸馏烧瓶中，加入相当于5g干曲的曲量(曲粉量$=5\times\frac{100}{100-水分\%}$ g)，在30～32℃保温酯化100h。然后加水50ml，加热蒸馏，接受蒸出液100ml，用化学分析法测定馏出液中己酸乙酯含量(同白酒总酯测定)。

(2) 酯含量测定 吸取50ml馏出液，用0.1mol/L NaOH中和到酚酞终点。准确加入0.1mol/L NaOH 25ml，沸水浴中回流皂化30min(或室温暗处放置24h)。冷却后用0.05mol/L H_2SO_4滴定到酚酞粉色消失为终点。

3. 计算

$$酯化力(mg/g)=\frac{c_1V_1-c_2V_2}{m\times\frac{50}{100}}\times 144$$

式中　c_1,c_2——分别为NaOH和H_2SO_4的浓度(mol/L)

V_1,V_2——分别为NaOH和H_2SO_4标准溶液的体积(ml)

m——干曲质量(g)

$\frac{50}{100}$——从蒸出液100ml中取50ml测酯

144——己酸乙酯的换算系数

4. 用气相色谱分析己酸乙酯含量

吸取5ml馏出液，加0.1ml 2%内标物，进样0.5～1μl。

$$酯化力(mg/g)=f'\frac{A_i\ m_s}{A_s\times m\times\frac{5}{100}}\times 1000$$

式中　f'——己酸乙酯的定量校正因子

A_i——己酸乙酯峰面积(cm^2)

A_s——内标物的峰面积(cm^2)

m_s——内标量(0.1×2%)(mg)

m——相当于5g干曲的曲粉量(g)

$\frac{5}{100}$——试样稀释倍数

1000——换算到mg

(三) 酯分解率测定

1. 试剂和溶液

(1) pH4.6醋酸－醋酸钠缓冲液　同纯淀粉测定所用的缓冲液。

(2) 100mg/100ml己酸乙酯的20%(体积分数)乙醇溶液。

2. 测定方法

(1) 酯解　吸取100ml己酸乙酯溶液于500ml三角瓶中，加入相当于5g干曲的曲粉和10ml pH4.6缓冲液。加盖，在30～32℃保温反应100h，加水40ml，蒸出100ml，酯含量的测定同酯化力测定法。

同时做空白试验，在100ml己酸乙酯中加同量曲粉和缓冲液后立即加水40ml。蒸出100ml，测酯含量。

(2) 测酯　试样蒸出液和空白蒸出液各吸取50ml，分别注入250ml三角瓶中，测定方法同酯化力的酯含量测定。

3. 计算

$$试样酯含量(mg/g)=\frac{(V_1c_1-V_2c_2)\times 0.144\times 1000}{m\times\frac{50}{100}}$$

$$空白液酯含量(mg/g)=\frac{(V_1c_1-V_0c_2)\times 0.144\times 1000}{m\times\frac{50}{100}}$$

式中　c_1,c_2——分别为氢氧化钠和硫酸标准溶液的浓度(mol/L)

V_1——加入氢氧化钠标准溶液的体积(ml)

V_2——滴定试样消耗硫酸标准溶液的体积(ml)

V_0——滴定空白消耗硫酸标准溶液的体积(ml)

m——相当5g干曲的曲粉质量(g)

$\frac{50}{100}$——试样分取倍数

1000——换算成mg

$$酯分解率(\%)=\frac{试样酯含量}{空白液酯含量}\times 100$$

十、氨基酸测定

氨基酸是蛋白质水解的最终产物。酒曲中蛋白酶将蛋白质分解为氨基酸，它不仅是一些香味成分的前体物，也是窖内菌体的必需养分。但由于曲中起作用的酶是活体，其代谢物生成过程十分复杂，且在很大程度上受外界环境影响，因而大曲质量优劣靠目前常用的化学分析方法(如测定糖化力、液化力、蛋白酶活力等)很难确切地评价。随着科学技术的进步，分析研究工作不断扩展，测定大曲中氨基酸的组成、含量，以进一步探索它与大曲质量的关系已引起了重视。

组成蛋白质的氨基酸有20种，除脯氨酸是一种亚氨基酸外，均为α－氨基酸［即一个氨基(—NH_2)和一个羧基(—COOH)接在同一碳原子上］，其结构通式为 $\mathrm{R{-}\underset{\underset{\displaystyle NH_2}{|}}{CH}{-}COOH}$。R表示不同的取代基，以构成不同的氨基酸(其名称、代号和结构式见表3－2－1)。20种氨基酸都不吸收可见光，其分析方法通常用专用的氨基酸分析仪，将混合氨基酸分离成单组分，以茚三酮为显色剂比色测定。也有将氨基酸在柱前衍生化，制成光学活性物，用高效液相色谱仪分离、定量。

表 3-2-1　　氨基酸的分类

名称			结构式
中性氨基酸			
甘氨酸	Gly	氨基乙酸	$H_2N—CH_2—COOH$
丙氨酸	Ala	α－氨基丙酸	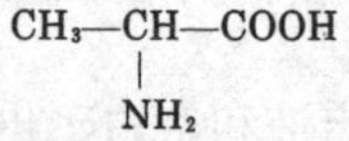
缬氨酸	Val	α－氨基异戊酸	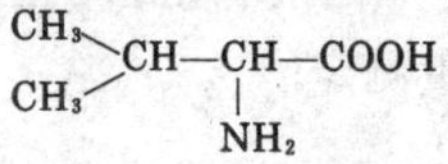
亮氨酸	Leu	α－氨基异己酸	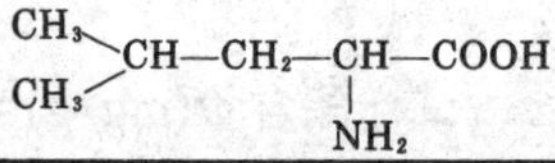

续表

名称		结构式
中性氨基酸		
异亮氨酸 Ile	α－氨基－β－甲基戊酸	$(CH_3)(C_2H_5)CH-CH(NH_2)-COOH$
丝氨酸 Ser	α－氨基－β－羟基丙酸	$CH_2(OH)-CH(NH_2)-COOH$
苏氨酸 Thr	α－氨基－β－羟基丁酸	$CH_3-CH(OH)-CH(NH_2)-COOH$
半胱氨酸 Cys	α－氨基－β－巯基丙酸	$CH_2(SH)-CH(NH_2)-COOH$
蛋氨酸 Met	α－氨基－γ－甲硫基丁酸	$CH_2(SCH_3)-CH_2-CH(NH_2)-COOH$
苯丙氨酸 Phe	α－氨基－β－苯丙酸	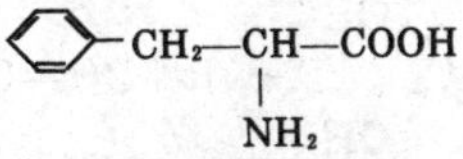
酪氨酸 Tyr	α－氨基－β－对羟基苯丙酸	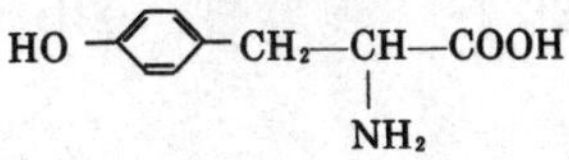
色氨酸 Try	α－氨基－β－吲哚丙酸	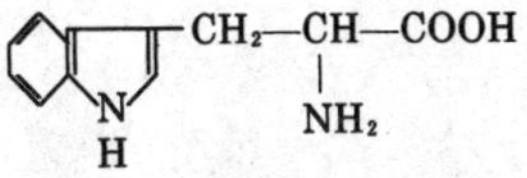
脯氨酸 Pro	四氢吡咯－2－羧酸	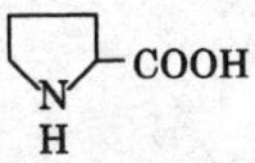
天冬酰胺 Asn	α－氨基－β－酰胺丙酸	$H_2NOC-CH_2-CH(NH_2)-COOH$
谷氨酰胺 Gln	α－氨基－γ－酰胺丁酸	$H_2NOC-CH_2-CH_2-CH(NH_2)-COOH$
酸性氨基酸		
天冬氨酸 Asp	α－氨基丁二酸	$HOOC-CH_2-CH(NH_2)-COOH$
谷氨酸 Glu	α－氨基戊二酸	$HOOC-CH_2-CH_2-CH(NH_2)-COOH$
碱性氨基酸		
赖氨酸 Lys	α－ε－二氨基己酸	$CH_2(NH_2)-CH_2-CH_2-CH_2-CH(NH_2)-COOH$
精氨酸 Arg	α－氨基－δ－胍基戊酸	$H_2N-C(=NH)-NH-CH_2-CH_2-CH_2-CH(NH_2)-COOH$
组氨酸 His	α－氨基－β－咪唑丙酸	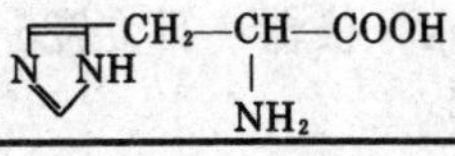

(一) 用专用仪测定氨基酸

1. 原理

α－氨基酸和水合茚三酮显色剂共热，生成蓝紫色物质后，在570nm进行比色。该反应非常灵敏，可作为氨基酸的定量依据，其反应式为：

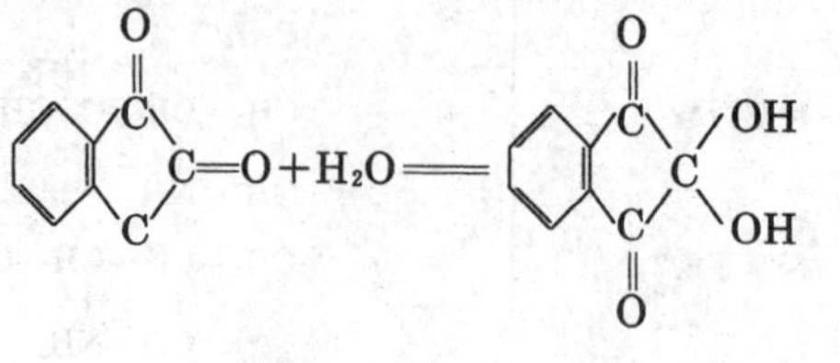

(茚三酮)　　(水合茚三酮)

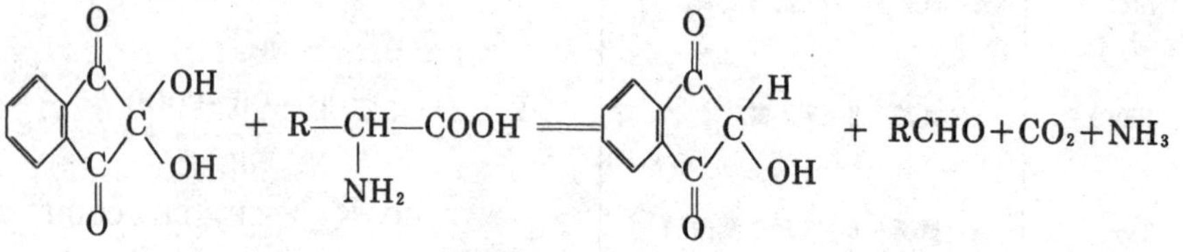

(α－氨基酸)

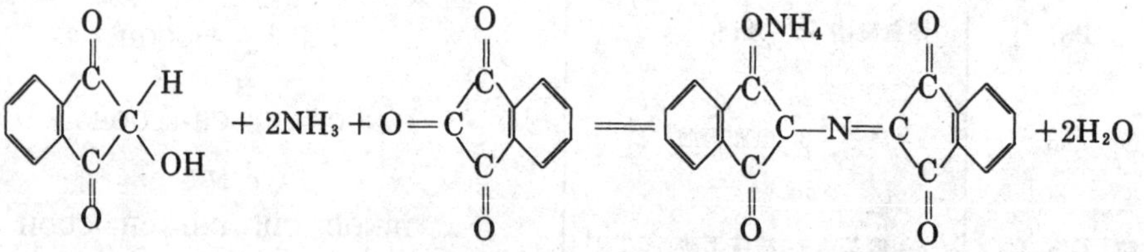

(蓝紫色化合物)

各种不同的氨基酸与茚三酮反应生成的颜色不完全相同，如脯氨酸、羟脯氨酸生成黄色物质，其余氨基酸虽都生成蓝紫色物质，其深浅程度也各不相同。所以茚三酮比色法不宜用来测定混合氨基酸，必须先在离子交换色谱柱上分离成单组分，才能正确定量。

由于氨基酸分子中所含氨基和羟基的数目不等，在溶液中酸碱性也不同而分成中性、酸性和碱性氨基酸(见表3－2－1)。此外，各种氨基酸的溶解度是不同的，如胱氨酸、酪氨酸、天冬氨酸等在水中溶解度很小，精氨酸、赖氨酸的水溶性特大，而脯氨酸、羟脯氨酸还能溶于乙醇、乙醚中，所以需要用不同pH的冲洗剂洗脱柱上的各种氨基酸。

所有的氨基酸都溶于强酸、强碱溶液中，所以常用碱液作为再生剂，使柱子再生，重复使用。

2. 仪器和条件

(1) 仪器　日立835－50型高速氨基酸分析仪，能微机控制分析程序，自动出图和分析数据。

(2) 分析方法　采用专用仪标准操作方法。柱：2.6mm×150mm(包括去氨柱)；流速：

0.225ml/min; 衰减范围: ATT=7; 进样量: 50μl。

3. 试剂及溶液

(1) 氨基酸混标　内容物见表3-2-1各组分。

(2) 磺基水杨酸、$TiCl_3$　均为AR级。

(3) 盐酸、乙二醇甲醚、醋酸钠和冰醋酸　均为AR级。

(4) 茚三酮　AR级,显色剂配制方法:

① 先在贮罐内通N_2除O_2(以防止乙二醇甲醚产生过氧化合物),然后加入乙二醇甲醚1500ml。

② 加入茚三酮40g,溶解后加入pH5.5±0.03的缓冲液(配比: 无水醋酸钠164g,冰醋酸50g,蒸馏水300ml)。

③ 最后加入$TiCl_3$　3.4ml。

配成的显色剂总体积为2L。若无冷藏条件可使用7～10天;有冷藏条件可使用1个月。

(5) 洗脱用缓冲液配制方法　洗脱液有4个,代号分别为IpH_1,IpH_2,IpH_3,IpH_4。还有再生液IpH-RG。配制方法见表3-2-2。

表 3-2-2　洗脱用缓冲液配比

代　号	IpH_1	IpH_2	IpH_3	IpH_4	IpH-RG
pH值	3.3	3.3	4.3	4.9	
洗脱范围	酸性组分	中性组分	异亮、亮、酪、苯丙氨酸	碱性组分	冲洗再生
水量/L	0.7	0.7	0.7	0.7	0.7
柠檬酸钠·$2H_2O$量/g	7.74	7.74	14.71	26.67	—
NaOH量/g	—	—	—	—	8.0
NaCl量/g	7.07	7.07	2.92	54.35	—
柠檬酸·H_2O量/g	20	20	10.5	6.1	—
乙醇量/ml	130	20	—	—	—
苯甲醇量/ml	—	—	—	5.0	—
硫二甘醇量/ml	5	5	5	—	—
BRIJ-35量/ml	4	4	4	4	4
定容体积/L	1	1	1	1	1

4. 试样处理

准确称取相当于5.00g干曲的曲粉(曲粉量$=5\times\frac{100}{100-\text{水分}\%}$g),加入10%的磺基水杨酸水溶液,使总体积为50ml(加入量=50-5×水分%)。于室温浸泡30min,用定性滤纸过滤,弃去最初5ml左右,吸取2.00ml滤液于25ml容量瓶中,用0.02mol/L的盐酸溶液稀释至刻度。将该稀释液移至干燥、洁净的离心管中,在4000～8000r/min转速下离心分离15min,吸取清液50μl进柱分析。

5. 计算

$$x=\frac{Ng\times 10^{-6}}{m\times \frac{2}{50}\times \frac{50\times 10^{-6}}{25}}$$

式中 x——1kg试样中含氨基酸质量(mg/kg)

Ng——显示测定值

$\frac{Ng\times 10^{-6}}{50\times 10^{-6}}$——将$Ng/50\mu l$换算成mg/kg的系数

$\frac{2}{50}\times\frac{1}{25}$——试样分取比例

m——样品质量(g)

(二) 氨基酸的柱前衍生分析法

若没有氨基酸分析专用仪，用高效液相色谱仪测定氨基酸衍生物也是较多使用的一种方法，如HP公司和吉尔森公司提供的邻苯二甲醛－芴代甲氧基酰氯(OPA＋FMOC)法和Water公司提供的异硫氢酸苯酯(FITC)法，都具有反应时间短、灵敏度高等优点，但试剂价格昂贵。五粮液酒厂研究采用2,4－二硝基氟苯衍生法，反应速度快、衍生物稳定，并有较好的回收率和重现性，以蛋氨酸为内标定量，各种氨基酸回收率平均为95％～107％，变异系数小于2.5％。

1. 仪器

SP－8800高效液相色谱仪。

2. 试剂

(1) 各种氨基酸标样　均为生化试剂，经纯化。

(2) 乙腈　分析纯，经处理除去抗氧化剂。

(3) 醋酸钠　AR级。

(4) 醋酸　AR级。

(5) N,N－二甲基甲酰胺　AR级。

(6) 2,4－二硝基氟苯　AR级。

(7) 磺基水杨酸　AR级配成2％水溶液。

(8) NaOH溶液　分别配成0.05和0.01mol/L。

3. 样品处理和分析方法

称取相当于2g干曲粉的曲样(曲样量＝$2\times\frac{100}{100-水分\%}$ g)于50ml小烧杯中，加入20ml 2％的磺基水杨酸溶液和适量内标，浸泡1h后过滤。吸取滤液2ml于25ml容量瓶中，用0.05mol/L NaOH调至中性，再改用0.01mol/L NaOH将pH值调到8～9。加入1ml乙腈，摇匀后滴入5ml 2,4－二硝基氟苯，在60℃恒温条件下反应1h。反应完毕，用蒸馏水稀释至刻度，进色谱柱分析。

4. 定性定量

用高效液相色谱法进行氨基酸衍生物的定性、定量分析较繁杂，要像气相色谱分析一样，先测各组分对内标物的定量校正因子，然后在试样中加入一定量内标，根据峰面积进行定量计算。

第二节　麸曲分析

麸曲是以麸皮为培养基，接纯菌种培养而成的。所以酶系较简单，是糖化剂，能把淀粉转化为葡萄糖。

一、取　　样

麸曲于出房前取样。盒曲应在1%的曲盒内均匀取样，混合、四分法缩分。箱曲的取样点为对角线的$\frac{1}{4}$、$\frac{3}{4}$及中心点，共5处取样(图3－2－1)。各处取样量大致相等，并注意上、中、下层都取到，混合均匀，用四分法缩分。最好约留取0.2kg为试样，装入磨口广口瓶中备用。

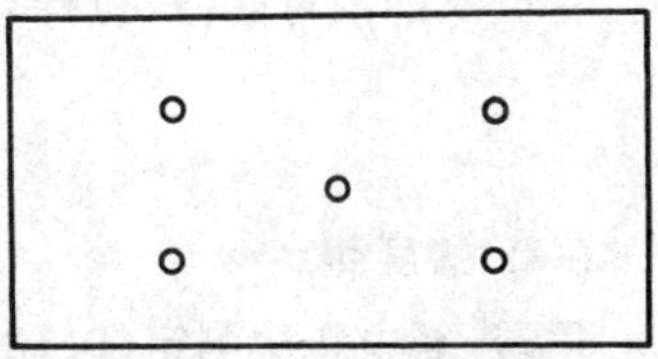

图 3－2－1　箱曲取样点

二、外观检查

检查色泽、气味是否正常，有无烧曲、杂菌污染等现象。

三、化学分析

(一) 水分测定

常用烘箱烘烤法或红外线干燥法测定水分，测出的水分实际是水分与挥发物的总量。

1. 烘箱干燥法

准确称取试样5g，放入事先烘干、恒重的60～80mm培养皿中，在100～105℃烘箱中烘烤3h后，立即加盖，在干燥器中冷却30min称重。再烘1h，冷却称重，直至恒重。

$$水分(\%)=\frac{m-m_1}{m-m_0}\times 100$$

式中　m_0——空培养皿质量(g)

m——空培养皿加试样质量(g)

m_1——空培养皿加烘干后试样质量(g)

2. 红外线干燥法

(1) 原理　红外线是一种热的辐射波，有很强的穿透性，干燥是表、里同时进行的。所以能使试样中水分极快挥发，一般只需15～20min就能完成一个试样的分析。

(2) 测定方法　称取试样5g，放在红外线自动分析仪的托盘上，调节红外线灯(250W)中心与试样的垂直距离为14～16cm。校正零点后，打开红外线灯，约照射15min左右，指针在3min内不变时，读到的数字即为水分质量分数，不需另行计算。

若无自动分析仪，只需用红外线灯泡烘烤代替烘箱干燥，称重。计算如前。

(二) 酸度测定

利用酸碱中和法测定，同大曲、小曲酸度测定。

(三) 糖化酶活力测定

同大曲糖化酶测定。

第三节 酒母分析

酒母是酵母菌经增殖、扩大培养后，制成发酵力强的酿酒用的酒母醪，使糖发酵变成酒精。

一、取 样

将成熟的酒母醪液，搅拌均匀后取样，经棉花或双层纱布过滤后备用。

二、化学分析

(一) 酸度测定

用酸、碱中和法测定，以10ml酒母醪消耗氢氧化钠的毫克分子数表示。

1. 试剂和溶液

(1) 0.1mol/L氢氧化钠 同大曲、小曲酸度测定试剂。

(2) 1%酚酞指示剂 同大曲、小曲酸度测定试剂。

2. 酸度测定

准确吸取2ml滤液，于150ml三角瓶中，加煮沸冷却的水20ml，1%的酚酞指示剂2滴，用0.1mol/L氢氧化钠溶液滴定至微红色，10s不退色。

3. 计算

$$\text{酸度}=\frac{c\times V}{2}\times 10$$

式中 酸度——10ml酒母消耗NaOH的毫克分子数

c ——NaOH浓度(mol/L)

V——滴定消耗NaOH的体积(ml)

(二) 还原糖测定

1. 原理

因酒母醪中含糖量低，所以采取降低斐林液浓度、标准葡萄糖反滴定法。测定时为了不使氧化亚铜红色沉淀影响终点判断，需加入亚铁氰化钾，使红色沉淀溶解，生成浅黄色络合物：

$$\underset{\text{红色沉淀}}{Cu_2O}+K_4Fe(CN)_6+H_2O=\underset{\text{浅黄色}}{K_2Cu_2Fe(CN)_6}+2KOH$$

这样终点更为明显。检测范围在5mg左右(对10ml斐林液)。

2. 试剂和溶液

(1) 斐林液 同本篇第二章、第一节、五中糖化酶活力测定的斐林液配制方法。

(2) 0.1%标准葡萄糖液 同本篇第二章、第一节、五中糖化酶活力测定的配制方法。

3. 测定方法

(1) 斐林液标定　准确吸取斐林甲、乙液各5ml，于150ml三角瓶中加水10ml和标准糖液9ml，煮沸后在1min内滴定完毕，消耗标准糖液体积为V_0ml。

(2) 试样测定　准确吸取斐林甲、乙液各5ml，于150ml三角瓶中加水5ml，酒母滤液5ml，煮沸后用标准糖液预试滴定，根据预试消耗糖液体积，增、减加水量，使溶液总体积与标定时基本一致。然后按标准滴定法重新测定一次。消耗糖液体积Vml。

4. 计算

$$还原糖(g/100ml)=(V_0-V_1)\times\rho\times\frac{100}{5}$$

式中　V_0——斐林液标定时标准糖液滴定值(ml)

V_1——试样测定时标准糖液滴定值(ml)

ρ——标准葡萄糖液浓度(g/ml)

$\frac{100}{5}$——换算成100ml中的还原糖量

(三) 发酵力测定

测定方法同大曲、小曲发酵力测定。但因酵母醪只能发酵，不能糖化，所以糖化要用曲(大曲、小曲或麸曲)。灭菌后加1.00ml混匀的酵母醪液(代替曲粉)进行发酵，称量、测定方法均同大曲、小曲。发酵力计算为：g(CO_2)/100ml酵母醪液。

第四节　工业用糖化酶制剂测定

一、感官检查

取固体酶样2g于25ml干燥的小烧杯中，用鼻先嗅其气味，应无异杂味。然后目视检查其外观，应呈黄褐色粉末，无潮解结块，易溶于水等，并作详细记录。

二、理化分析

(一) 干燥失重

1. 原理

在常压下，将试样在(103±2)℃烘箱内烘干2h，用称量法测定其失去挥发物的质量，以质量分数表示。

2. 测定方法

准确称取酶样2g，精确至0.0002g，在25mm×40mm烘干恒重的称量瓶中，于(103±2)℃烘箱中，烘干2h，取出，立即加盖，放入干燥器中冷却30min，称量。

3. 计算

$$w(\%)=\frac{m_1-m_2}{m_1-m}\times100$$

式中　w——样品的干燥失重(%)

m_1——干燥前称量瓶加样品的质量(g)

m_2——干燥后称量瓶加样品的质量(g)

m——空称量瓶的质量(g)

(二) 细度测定

1. 原理

取一定量酶样用SSW 0.40/0.25mm标准筛(相当于39目)进行筛分、称量，计算通过标准筛酶样的质量占取样量的百分数。

2. 测定方法

称取酶样100g(精确至1.0g)，将筛底盘装在标准筛下。然后把样品倒在筛上，加盖，振荡筛分5min，并不时敲打筛梆，静置2min，称量筛子上的剩留物。

3. 计算

$$x(\%)=\frac{100-m}{100}\times100=100-m$$

式中 x——样品的细度(%)

m——筛上残留物质量(g)

100——取样量(g)

(三) 体积质量测定

1. 原理

量取固体酶样100ml，在20°C称其质量，计算单位体积酶的质量，即为样品的体积质量，以g/ml表示。

2. 分析方法

取1个洁净干燥、已知质量的100ml容量瓶，取下瓶塞，放上1个三角玻璃漏斗，将酶样(20°C)自然地缓缓地注入容量瓶中，直至刻度。取下漏斗，盖上瓶塞，称量。

3. 计算

$$\rho=\frac{m_1-m}{100}$$

式中 ρ——样品的体积质量(g/ml)

m_1——容量瓶加样品的质量(g)

m——容量瓶的质量(g)

100——取样体积(ml)

(四) pH值测定(用于液态产品)

1. 原理

将指示(玻璃)电极和参比(甘汞)电极浸入被测样液中，构成一原电池，其电动势与溶液的pH值有关。用pH计通过测量原电池的电动势，即可直接显示溶液的pH值。

2. 溶液和试剂

(1) pH3.56(25℃时)标准缓冲液 用无CO_2水配制酒石酸钠钾($KNaC_4H_4O_6$外消旋)饱和溶液。在25℃时，pH=3.56。

(2) pH6.864标准磷酸缓冲液 称取以(120±10)°C干燥冷却的磷酸二氢钾(KH_2PO_4)

3.40g和磷酸氢二钠3.55g，溶于无CO_2水中，并稀释至1L。25℃时，pH＝6.864。一般为pH计配备专用品。

(3) pH9.18标准硼酸盐缓冲液　称取四硼酸钠($Na_2B_4O_7 \cdot 10H_2O$)3.81g，溶于无CO_2水中，稀释至1L。25℃时，pH＝9.18，存放时应防止吸收空气中的CO_2。一般为pH计配备专用品。

(4) 水　符合GB6682中三级水规格。

3. 仪器要求

(1) pH计　分度值为0.02pH单位，并备用电磁搅拌器。

(2) 玻璃电极　使用前在水中浸泡24h，使用后立即清洗，并浸泡在水中。

(3) 甘汞电极　使用时必须先去除电极上端的橡皮塞，以防产生扩散电位，影响测定结果。电极内充满饱和氯化钾溶液，不能有气泡，以防断路。

4. 测定方法

将pH计上温度补偿旋钮调至25℃。先用接近被测样品pH值的两种标准缓冲液校正pH计，使之定位。然后进行样品测定，直到读数稳定1min为试样pH值。

(五) 糖化酶活力测定

1. 原理

糖化酶有催化淀粉水解的作用，分解$\alpha-1,4$葡萄糖苷键生成葡萄糖。葡萄糖分子中的醛基被次碘酸钠氧化。过量次碘酸钠酸化，析出的碘用标准硫代硫酸钠滴定，计算出酶活力。

糖化酶活力的定义是1.0g酶粉于40℃、pH4.6条件下，1h分解可溶性淀粉产生1mg葡萄糖，即为1个酶活力单位，以u/g表示。葡萄糖的测定除上述碘量法外，也可用斐林氏试剂标准葡萄糖液反滴定法定量。可参照第二章大曲和小曲中的糖化酶活力测定法。

2. 试剂和溶液

(1) 醋酸－醋酸钠缓冲液(pH4.6)　同本篇第一章中纯淀粉测定的缓冲液配制。

(2) 硫代硫酸钠标准溶液$c(1/2Na_2S_2O_3)=0.05mol/L$　参照本篇第一章糖类测定中碘量法标定斐林液的0.1mol/L硫代硫酸钠的配制和标定。

(3) 0.1mol/L碘溶液　同本篇第四章白酒分析中总醛的碘量法测定中溶液④的配制和标定。

(4) 0.1mol/L氢氧化钠　见大曲、小曲酸度测定。

(5) 20％氢氧化钠溶液。

(6) 硫酸溶液$c(1/2H_2SO_4)=2mol/L$　量取5.6ml浓硫酸(相对密度1.84)，缓缓注入80ml水中，冷后，定容至100ml。

(7) 2％可溶性淀粉溶液　试验应用同规格的可溶性淀粉，以浙江菱湖食品化工联合公司产品为好。

(8) 1％淀粉指示剂　将(7)的2％淀粉溶液稀释1倍后使用。

3. 试验方法

(1) 待测酶液制备　称取酶粉1～2g(精确至0.0002g)或液体酶液1.00ml，在50ml烧杯中加少量缓冲液溶解，同时用玻璃捧捣研。将上层清液小心倾入容量瓶中。在沉渣中再加少量缓冲液，捣研溶解同前。如此反复3～4次。最后全部移入容量瓶中，用缓冲液定容至刻度。容量瓶的体积要求满足待测液酶活力在100～250u/ml范围内，估计试样酶活大小，按表3－2－3规定稀释倍数进行定容。

表 3-2-3 试验酶液稀释倍数

估计酶活力/u·g⁻¹	稀释倍数
200～1000	2～5
1000～3000	5～20
3000～6000	20～30
6000～10000	30～50
10000～30000	50～200
30000～60000	200～300
60000～90000	300～500

(2) 测定

① 糖化：在甲、乙两支50ml比色管中，各加2.0％可溶性淀粉溶液25.0ml和缓冲液5.00ml，摇匀。在(40±0.2)℃恒温水浴中预热5min。在甲管(试样管)中加入待测酶液2.00ml，摇匀。在此温度下准确反应30min后，立即各加20％氢氧化钠0.2ml，摇匀，迅速冷却。并在乙管(空白管)中补加待测酶液2.00ml。

② 碘量法测糖：吸取甲、乙两管中反应液各5.00ml，分别置于碘量瓶中。准确加入0.1mol/L碘溶液10.0ml，再加0.1mol/L氢氧化钠15.0ml。摇匀，加塞，在暗处反应15min。取出，加2mol/L硫酸2.0ml后，立即用0.05mol/L硫代硫酸钠滴定到蓝色刚好消失为其终点。

(3) 计算

$$x=(V-V_1)c\times 90.05\times\frac{32.2}{5}\times\frac{1}{2}\times n\times 2$$
$$=579.9\times(V-V_1)c\times n$$

式中 x——样品酶活力(u/g或u/ml)

V——空白消耗硫代硫酸钠的体积(ml)

V_1——试样消耗硫代硫酸钠的体积(ml)

c——硫代硫酸钠浓度(mol/L)

90.05——与1.00ml硫代硫酸钠相当的葡萄糖质量(g)

32.2——反应液总体积(ml)

5——吸取反应液体积(ml)

$\frac{1}{2}$——吸取酶液2.00ml，以1.00ml计

n——稀释倍数

2——反应30min，换算成1h的系数

(六) 酶活力保存率测定

1. 原理

根据产品标签上标示的酶活力和实测酶活力之比，可计算出酶活力保存率。

2. 酶活力保存率计算

$$x(\%)=\frac{E_1}{E}\times 100$$

式中 x——样品酶活力保存率(%)

E_1——样品实测酶活力(u/g)(u/ml)

E——样品标示酶活力(u/g)(u/ml)

(七) 重金属限量测定

1. 原理

在弱酸性条件下(pH3～4),试样中重金属离子与硫化氢作用,生成棕黑色,与标准铅溶液比较,不超过限量值为合格。

2. 试剂和溶液

本试验要求所用试剂均为分析纯。

(1) 6mol/L盐酸 量取50ml浓盐酸,用水稀释至100ml。

(2) 1mol/L盐酸 量取8.3ml浓盐酸,用水稀释至100ml。

(3) 6mol/L氨水 量取40ml浓氨水,用水稀释至100ml。

(4) 1mol/L氨水 量取6.7ml浓氨水,用水称释至100ml。

(5) pH3.5的醋酸铵缓冲液 称取25.0g醋酸铵,溶于25ml水中,加45ml 6mol/L的盐酸,用稀盐酸或稀氨水(1mol/L)调节至pH3.5,用水稀释至100ml。

(6) 酚酞指示剂 1%乙醇溶液。

(7) 饱和硫化氢水 将硫化氢通入不含二氧化碳的水中至饱和(现配现用)。

(8) 稀硝酸溶液 取1ml浓硝酸,用水稀释至100ml。

(9) 铅标准溶液 准确称取硝酸铅基准物0.1598g,溶于10ml稀硝酸溶液中,定量地移入100ml容量瓶中,用水稀释至刻度。1ml相当于1.0mg铅。

(10) 铅标准使用液 临使用前,准确吸取铅标准液1ml于100ml容量瓶中,用水稀释至刻度。此溶液1.0ml相当于10μg铅。

3. 仪器

所用玻璃仪器需用10%～20%硝酸浸泡24h以上,先用自来水洗净,最后用水冲洗干净。

50ml纳氏比色管2支。

4. 样品处理

称取试样5.0g,置于坩埚中,加适量浓硫酸浸润样品,用小火炭化后,加入2ml浓硝酸和5滴浓硫酸,小心加热,直到白烟不再发生为止(以上操作均在通风橱中进行)。然后移入马福炉中,在550℃灰化完全。取出后,加入2ml 6mol/L盐酸润湿残渣,于水浴上蒸发至干。用1滴浓盐酸润湿残渣,再加10ml水,在水浴上加热2min,将溶液定量地移入50ml容量瓶中摇匀。如有必要用干滤纸过滤,滤液接受在干燥、洁净的小三角瓶中备用。该溶液每10ml相当于1.0g样品。

在处理样品同时,另取一坩埚做试剂空白试验,操作同上。

5. 测定

准备2只50ml纳氏比色管:

项 目	试样管	标准管
加入试样处理液	10.0ml	—
加入试剂空白处理液	—	10.0ml
加入标准铅使用液	—	4.0ml

各加水至25ml,混匀,加入1滴酚酞指示剂。用6mol/L(或1mol/L)的稀盐酸和稀氨水调至中性(酚酞的红色刚退去)。各加pH3.5的醋酸铵缓冲液5ml,混匀。最后各加10ml新鲜配制的硫化氢饱和液,加水至50ml刻度,混匀。于暗处放置5min后,在白色背景下观察,试样管色度不超过标准管色度为合格。

注: 试样重金属(铅)限量为≤0.004%,即每1.0g试样≤40μg铅。10ml处理液相当于1.0g原试样。标准铅使用液1ml相当于10μg铅,所以取4ml标准铅使用液相当于试样重金属限量。

第五节 酿酒活性干酵母测定

本品是以糖蜜、淀粉质为原料,经发酵、通风培养制成的具有发酵产酒精能力的酿酒用活性干酵母。其中耐高温产品适宜的发酵温度为32~40℃,常温型产品的发酵温度为30~32℃。其性能指标如表3-2-4所示。

表 3-2-4 活性干酵母性能指标

级别 / 项目		高活性干酵母			普通活性干酵母
		优等品	一等品	合格品	
淀粉出酒率/%	(以96%乙醇计)≥	48	45	42	40
酵母活细胞率/%	≥	80	80	80	70
保存率/%	≥	85	80	80	75
水分/%	≤	5.0	5.5	6.0	8.0
致病菌(沙门氏菌)		不得检出			
重金属(以Pb计)/$mg\cdot kg^{-1}$		20			

一、感官检查

活性干酵母呈淡黄至浅棕色的颗粒或条状物,具有酵母特殊气味,无异味,无杂质异物。

二、理化分析

(一) 水分测定

1. 原理

水分是活性干酵母的重要指标之一,因为它直接影响酶活力,故一般以4.5%~5%为宜,保存2年酶活力基本不变,而水分超过8%时,半年后活力就大减。水分测定方法为烘干恒重法。

2. 测定方法

称取干酵母1g(准确到0.0002g)，于已烘干恒重的50mm×30mm称量瓶中，在(103±2)°C干燥箱中干燥5h后迅速盖上盖子，在以变色硅胶为干燥剂的干燥器中冷却30min后称量。并重复烘烤、称量，直至恒重。

3. 计算

$$w(\%)=\frac{m_1-m_2}{m_1-m}\times 100$$

式中　w——样品水分(%)

m——称量瓶质量(g)

m_1——干燥前称量瓶加样品质量(g)

m_2——干燥后称量瓶加样品质量(g)

(二) 淀粉出酒率测定

1. 试剂和材料

(1) 玉米　黄玉米或白玉米粉碎过40目筛。

(2) 蔗糖溶液　20g/L。

(3) α-淀粉酶。

(4) 糖化酶。

(5) 消泡剂　食用油。

(6) 硫酸溶液　体积分数为10%。

(7) 氢氧化钠溶液　4mol/L。

2. 分析方法

(1) 玉米粉按原料淀粉测定方法测淀粉含量。

(2) 酵母活化　取1.0g活性干酵母，加入38～40℃的蔗糖溶液(20g/L)16ml，于32℃恒温箱中活化1h备用。

(3) 液化　取200g玉米粉于2000ml三角瓶中，加水100ml调成糊状，再加热水600ml搅匀，调节pH至6～6.5，按8～100u/g玉米计量加入α-淀粉酶，搅匀，在70～85℃条件下液化30min，用水冲净三角瓶壁上的玉米糊。最终使总质量为1000g。

(4) 蒸煮灭菌　将上述三角瓶用棉塞和防水纸封口，在高压灭菌釜中0.1MPa灭菌1h，取出，冷却到60℃。

(5) 加糖化酶糖化　用硫酸溶液将pH调到4.5，按150～200u/g玉米计量加入糖化酶，摇匀。在60℃条件下糖化60min，摇匀，冷却到32℃。取250g(一式三份)于500ml碘量瓶中备用。

(6) 发酵　于每个碘量瓶中加酵母活化液2.0ml，摇匀，盖塞。普通干酵母在32℃(耐高温干酵母在40℃)的恒温箱中发酵65h。

(7) 蒸馏　用氢氧化钠溶液把发酵醪中和到pH6～7，移入1000ml蒸馏烧瓶中。用100ml水，分几次冲洗碘量瓶，洗液倒入蒸馏瓶中，加入消泡剂1～2滴进行蒸馏。用100ml容量瓶(外加冰水浴)接收馏出液，蒸出约95ml时停止蒸馏。待温度下降到室温时用水定容到刻度。

(8) 酒精浓度测量 将蒸出液全部移入洁净干燥的100ml量筒中，用酒精计测酒精浓度。同时记录温度，换算成20℃时的酒精浓度(查阅附表3)。

(9) 计算

$$x(\%)=\frac{\varphi\times0.8411\times100}{50(1-w_1)\times w}\times100$$

式中 x——100g样品的淀粉出酒率(以体积分数为96%的酒精计)(%)

φ——试样在20℃时的酒精体积分数(%)

0.8411——将100%酒精换算成96%的系数

50——玉米粉质量(g)

w——玉米粉中的淀粉含量(%)

w_1——玉米粉的水分(%)

(三) 酵母活细胞率测定

1. 原理

取一定量干酵母，用无菌生理盐水活化，适当稀释后用显微镜、血球计数板测定酵母活细胞数和酵母细胞总数之百分比值，即为该样品的酵母活细胞率。

2. 试剂和溶液

(1) 无菌生理盐水

(2) 次甲基蓝染色液。

3. 分析方法

准确称取活性干酵母0.1g(称准至0.0002g)，加入38～40℃无菌生理盐水20ml，在32℃恒温箱中活化1h。吸取活化液0.1ml，与0.9ml染色液混匀，在室温染色10min后，立刻在显微镜下用血球计数板计数。

4. 计算

$$x_1(\%)=\frac{A_1}{A_1+B_1}\times100$$

式中 x_1——样品的酵母活细胞率(%)

A_1——酵母活细胞总数(个)

B_1——酵母死细胞总数(个)

(四) 酵母保存率测定

1. 原理

样品在一定温度下放置一定时间后，酵母活细胞率与原样活细胞率的百分数比值，即为该样品的保存率。

2. 测定方法

将原包装的活性干酵母在47.5℃恒温箱内保温7天，取出后，测定同本章第三节。

3. 计算

$$x_2(\%)=\frac{A_2}{A_2+B_2}\times100$$

式中　x_2——保温处理后酵母活细胞率(%)

A_2——保温处理后酵母活细胞总数(个)

B_2——保温处理后酵母死细胞总数(个)

$$酵母保存率(\%)=\frac{x_2}{x_1}\times 100$$

(五) 重金属(铅)测定

同第四节工业用糖化酶制剂中重金属限量测定。但因其性能指标要求重金属为20mg/kg(即0.002%),所以测定时铅标准使用液用量为2ml。

第六节　窖泥分析

窖泥是浓香型大曲酒生产过程中的重要条件之一,它对酒中微量香味成分的形成及其量比关系所起的作用,不亚于大曲。窖泥质量的好坏直接影响浓香型大曲酒产品质量的优劣,因此,分析窖泥有效成分对控制窖泥培养条件、制定窖泥质量标准显得十分重要。

一、样品处理

取回的泥样(包括人工培窖的黄泥、发酵泥、复壮泥)因水分大,不宜长时间贮存于容器中,应立即平摊在瓷盘、木板,或光洁地面上,层厚约2cm,风干3～5昼夜,间隔翻拌,使之均匀风干。在半干时,将大块土捣碎,以免完全干后成硬块,不易粉碎。

泥样风干后,用四分法分取约250g,研磨成粉,并通过60目筛,保存在磨口瓶中。

氨态氮在风干过程中易起变化,需用新鲜泥样测定,同时测定水分,以换算为绝干样的含量。

二、水分及挥发物测定

(一) 原理

水是细胞重要的组成部分,菌体所需营养物必须呈水溶液状态才能被吸收,各种微生物的生化活动与窖泥含水量也有密切关系,水分过少时,微生物生长、繁殖困难;水分过大时,窖泥过稀,搭窖困难,使用不便。人工窖泥必须湿润柔熟。此外,各分析项目都以绝干样中含量表示,所以,水分和挥发物测定十分重要。

窖泥中水分有化学结合水、吸附水和自由水,以吸附水为主。采用105～110℃烘干恒重法,自由水和吸附水均能烘干。

(二) 测定方法

(1) 风干土样水分测定　取风干土样4.00～5.00g,于已恒重的称量皿中,振摇,使试样平铺。在105～110℃烘箱内,烘6h后,取出、加盖,在干燥器中冷却30min,称重。再烘2～3h,冷却、称重同上,直至恒重(两次质量差小于0.03g)。

(2) 新鲜土样水分测定　称取土样10～15g,测定方法同(1)。

(三) 计算

$$w(\%)=\frac{m-m_1}{m_0}\times 100$$

式中 w——水分和挥发物含量(%)

m——空皿加试样质量(g)

m_1——空皿加试样烘干后质量(g)

m_0——空皿质量(g)

注: 若试样中腐殖质含量较高,为防止分解,第1次烘后称重就可计算,不必反复烘烤至恒重。

三、pH 值 测 定

(一) 原理

因酿酒微生物生长繁殖过程中的生化变化和代谢产物受窖泥pH值的影响较大,故在人工培窖过程中,必须测定土壤的pH值。

以水溶液提取土壤中水溶性氢离子,用pH计测定pH值。

(二) 试剂和溶液

(1) 0.2mol/L邻苯二甲酸氢钾　称取20.423g邻苯二甲酸氢钾,溶于水并定容至500ml。

(2) 0.1mol/L NaOH溶液。

(3) 0.2mol/L磷酸二氢钾　称取13.609g磷酸二氢钾,溶于水并定容至500ml。

(4) pH4.4缓冲液　吸取25ml 0.2mol/L的邻苯二甲酸氢钾,加入3.65ml 0.1mol/L NaOH,用水定容至100ml。

(5) pH6.8缓冲液　吸取25ml磷酸二氢钾,加入23.6ml 0.1mol/L NaOH,用水定容至100ml。

(三) 测定方法

(1) 称取风干、粉碎后的土样5.0g,于100ml烧杯中,加水50ml,间歇搅拌30min,放置30min,用于测定试样pH值。

(2) 将玻璃电极和甘汞电极插入已知pH的缓冲液中,调零点(pH7处)、定位(调到已知pH处),反复数次,确定后定位器不能再变动。

(3) 取出并用水冲洗净电极,再插入试样浸液中放置2~3min后,按下读数按钮,电表所指读数即试样pH值。

四、密 度 测 定

同第四节"工业用糖化酶制剂"中(三)体积质量的测定方法。以风干土为试样,求出100ml风干土的质量(g)。密度单位为g/100ml。

五、氨态氮测定

氨态氮是微生物分解有机质而形成的,它是窖泥功能菌生长、繁殖所需的主要氮源。

(一) 原理

用氯化钠溶液浸出土壤中的氨态氮,根据纳氏试剂比色原理,碘化汞钾(K_2HgI_4)在碱性溶液中与氨反应生成淡黄色至红棕色络合物。浓度低时溶液呈黄色,可用分光光度计在

400～425nm处测定吸光度。浓度高时溶液呈红棕色，应在450～500nm处测吸光度，与标准氨溶液比较，就可求得氨态氮含量。

本法测得的氨态氮是游离氨(NH_3)和铵盐的总量，因为铵盐在碱性溶液中转变为氨。

$$NH_4^+ + OH^- \longrightarrow NH_3 + H_2O$$

试样溶液中若有钙、镁离子，可与纳氏试剂形成沉淀，使溶液混浊，干扰氨的正确测定。加入酒石酸钾钠与Ca^{2+}、Mg^{2+}生成不解离的络合物，以避免与纳氏试剂相互作用。

(二) 试剂和溶液

(1) 纳氏试剂　称取10g碘化汞、7g碘化钾，溶解后加到50ml 36％的氢氧化钠溶液中，摇匀，稀释至100ml，摇匀，静置，取上层清液使用。贮存于棕色具橡皮塞瓶中，可保存1年。

(2) 酒石酸钠钾溶液　50g酒石酸钠钾($KNaC_4H_4O_6 \cdot 4H_2O$)溶于100ml水中，为驱除酒石酸钠钾中可能存在的铵盐，煮沸蒸发约1/3体积，冷却后定容至100ml。

(3) 氯化铵标准液　准确称取0.3819g优级纯NH_4Cl，溶于水，稀释至100ml。其浓度以N计为1mg/ml。

(4) 氯化铵标准使用液　准确吸取标准液10.00ml稀释至1L。浓度以N计为10.0μg/ml，以NH_3计为12.2μg/ml。

(三) 测定方法

1. 试样制备

称取新鲜泥样1～5g(称准至0.01g)，加入10％的氯化钠溶液，使体积为25ml，搅匀，浸出10min，必要时把硬块捣碎。用干滤纸过滤后备用。

准确吸取1.00ml滤液(必要时用水稀释后再吸取)于50ml比色管中，稀释至刻度。加入1～2滴酒石酸钠钾溶液和1ml纳氏试剂，盖上洁净的橡皮塞，颠倒数次使充分混匀。放置10min后以标准系列中“0”管为空白，于波长425nm处测吸光度。

2. 标准系列配制

准确吸取标准使用液(10μg/ml的N)0、0.50、1.00、2.00、4.00、6.00、8.00、10.00ml，分别注入50ml比色管中，用水稀释至刻度后，按试样显色、测吸光度。以吸光度对氨态氮(N)微克数(分别为0、0.5、1.0、4.0、6.0、8.0、10.0μg)绘制标准曲线。或用目测法进行比较。

(四) 计算

$$x = \frac{m \times n}{m_1 \times \frac{1}{25}} \times \frac{100}{1000} \times \frac{100}{100 - w}$$

式中　x——试样中氨态氮含量(mg/100g干土)。

m——试样溶液中氨态氮质量(μg)

n——试样再稀释倍数，若不再稀释，则$n=1$

m_1——新鲜泥样质量(g)

1000——把μg换算成mg的系数

w——新鲜泥样水分(％)

$100 \times \frac{100}{100 - w}$——计算成100g干土中水分含量。

注：加入纳氏试剂后，若有黄色沉淀，则说明试样中氨态氮浓度过高，应适当稀释后再测定。土壤中氨态氮和硝酸盐氮因受微生物作用会迅速转化，用氯化钠溶液浸出土样时，加几滴甲苯，可抑制微生物的作用。

六、有效磷的测定

有效磷是土壤中能被植物吸收利用的磷，是细胞核的组成分，也是微生物生长、繁殖的必需物质。

(一) 原理

首先用酸性氟化铵提取泥样中的有效磷［见反应式(1)，(2)］。溶出的磷酸或磷酸盐在酸性溶液中加入钼酸铵，生成黄色的磷钼酸盐［见反应式(2)］。再被氯化亚锡还原成蓝色络合物［见反应式(4)］

$$3NH_4F + 3HF + AlPO_4 \longrightarrow H_3PO_4 + (NH_4)_3AlF_6 \tag{1}$$

$$3NH_4F + 3HF + FePO_4 \longrightarrow H_3PO_4 + (NH_4)_3FeF_6 \tag{2}$$

$$12(NH_4)_2MoO_3 + H_3PO_4 + 21HCl + 6O_2 \longrightarrow (NH_4)_3PO_4 \cdot 12MoO_3 + 12H_2O + 21NH_4Cl \tag{3}$$

$$(NH_4)_3PO_4 \cdot 12MoO_3 + 2SnCl_2 + 7HCl \longrightarrow$$

$$3NH_4Cl + 2SnCl_4 + 2H_2O + \underset{\text{钼蓝络合物}}{(Mo_2O_5 \cdot 4MoO_3)_2 \cdot H_3PO_4} \tag{4}$$

(二) 试剂和溶液

(1) 氟化铵－盐酸溶液　称取0.56g氟化铵溶于400ml水中，加入12.5ml 1mol/L的盐酸，用水稀释至500ml，贮于塑料瓶中。

(2) 钼酸铵－盐酸溶液　称取5.00g钼酸铵溶于42ml水中；在另一烧杯中注入8.0ml水和82ml浓盐酸。然后在搅拌下把钼酸铵溶液倒入烧杯中，贮于棕色瓶中。

(3) 氯化亚锡－盐酸溶液　称取1.0g氯化亚锡($SnCl_2 \cdot 2H_2O$)溶于40ml 1mol/L的盐酸中，贮于棕色瓶中。

(4) 无磷滤纸　将直径为9cm的定性滤纸浸于0.2mol/L的盐酸中4～5h，使磷、砷等化合物溶出，取出后用水冲洗数次，移至布氏漏斗内再用0.2mol/L盐酸淋洗数次。最后用水洗至无酸性，在60℃烘箱中干燥。

(5) 磷标准液　准确称取于110℃干燥2h后冷却的磷酸二氢钾(KH_2PO_4)0.2195g，溶于水，定容至1L。此溶液浓度为50μg/ml。

(6) 磷标准使用液　准确吸取磷标准溶液25.0ml于250ml容量瓶中，用水稀释至刻度，其浓度为5μg/ml。

(三) 测定方法

1. 试样处理

称取2.00g风干土样于50ml烧杯中，加入氟化铵－盐酸溶液至20ml，浸泡30min，每隔5min搅拌1次。然后用烘干的无磷滤纸过滤，加入约0.1g化学纯硼酸，摇匀，使之溶解后备用。

2. 磷的测定

准确吸取1.00ml试样浸出液，注入25ml容量瓶中用水稀释至刻度。吸取此稀释液

1～2.5ml(视磷含量多少而异，一般黄泥含磷少，可直接取浸出滤液测定。窖皮泥磷含量较高，吸取稀释液2.50ml测定。老窖泥含磷量多，吸取1.00ml稀释液即可)，于25ml比色管中，加入2.00ml酸性钼酸铵溶液和3滴氯化亚锡溶液，用水稀释至刻度。放置15min后，用2cm比色杯在700nm波长处，以标准系列中“0”管为空白测量吸光度。

3. 标准系列制备

吸取磷标准使用液0、0.50、1.00、2.00、3.00、5.00ml，分别注入25ml比色管中。加入2.00ml钼酸铵和3滴氯化亚锡显色、稀释。测吸光度方法均同试样测定。以吸光度为纵坐标，标准液的磷微克数为横坐标，绘制标准曲线。

(四) 计算

$$x=\frac{m_1}{m\times\frac{1}{20}\times\frac{V}{25}}\times\frac{100}{1000}\times\frac{100}{100-w}$$

式中　x——干泥中有效磷含量(Pmg/100g)

m——风干泥试样质量(g)

m_1——试样溶液中有效磷质量(μg)

$\frac{1}{20}\times\frac{V}{25}$——试样稀释后取$V$ml测吸光度(ml)

w——风干试样水分(%)

其余的同氨态氮计算说明

注：(1) 氟化铵有毒性，溶液不能用嘴吸取。

(2) 加入硼酸可防止氟离子的干扰和对玻璃的侵蚀，能增加显色灵敏度。

(3) 因显色温度对色泽影响较大，故试样和标准系列应保持相同的显色温度和显色时间。

七、有效钾测定

土壤中有效钾主要为水溶性钾和代换性钾，它是酵母、霉菌、细菌等微生物所需的无机盐类。虽然微生物对无机盐需要量极少，但缺了钾是不行的。测定有效钾的含量，可为人工培窖提供必要的数据。首先用碳酸铵置换，浸出土壤中钾，同时使试样中钙、镁沉淀。然后灼烧除去铵盐。在酸性溶液中用亚硝酸钴三钠作钾的沉淀剂，该沉淀可用重量法或容量法测定。

(一) 重量法

1. 原理

亚硝酸钴三钠水溶液在有硝酸存在的条件下，使钾沉淀为亚硝酸钴钠钾黄色沉淀，其反应式为：

$$Na_3Co(NO_2)_6+2K^+ \longrightarrow K_2NaCo(NO_2)_6\downarrow+2Na^+$$

该法有几个优点：沉淀是很重的晶体，易于过滤和洗涤，可与硫酸钡相比；其组成基本上不变，且与钠离子浓度无关；操作较简便。

2. 试剂和溶液

(1) 碳酸铵溶液 称取28.5g碳酸铵［化学纯试剂$(NH_4)_2CO_3 \cdot H_2O$］溶于水，稀释至1L。

(2) 0.01mol/L硝酸溶液 取6.7ml浓硝酸(相对密度1.42)用水稀释至1L。再稀释10倍为0.01mol/L。

(3) 亚硝酸钴钠溶液 甲液为25g硝酸钴［$Co(NO_3)_2 \cdot 6H_2O$］溶于50ml水中，加入12.5ml冰醋酸。乙液为120g亚硝酸钠溶于180ml水中，缓缓加热，使之完全溶解。

使用前1天，将1份甲液与3份乙液混合，通气1～2h，以除去二氧化氮。静置5h，过滤除去沉淀，清液贮于棕色瓶中，可保存3～4天。

3. 测定方法

(1) 试样处理 准确称取2.500g风干土样于250ml具塞三角瓶中，加入100ml碳酸铵溶液，浸出1h，其间每15min摇动1次。然后用1[#]烧结玻璃滤器上铺滤纸片抽气过滤，用100ml碳酸铵溶液分3～4次洗涤。过滤速度不宜太快，以使土壤胶体吸附的钾全部置换出来，将浸出液定量移入蒸发皿内，在水浴上蒸干。残渣加3～5ml硝酸再蒸干，并反复操作3次，至有机物去净。

蒸干后，在低于500℃的条件下灼烧去除氨，冷却至室温。

(2) 钾的沉淀 沉淀钾的最佳条件：亚硝酸钴钠沉淀剂浓度为20%，估计每次测定用5～10ml。使用前过滤，必要时重新配制。分析试样为10ml中含2～15mg钾的中性水溶液。

在灼烧去除氨的试样蒸发皿中，加入25.00ml 0.1mol/L硝酸溶液，用带橡皮头的玻璃棒擦洗皿壁，使残留物溶解并混合均匀。迅速用干滤纸过滤于50ml三角瓶中，准确吸取10.00ml滤液于200ml烧杯中，边搅拌边徐徐加入10ml亚硝酸钴钠溶液，盖好表面皿，在20℃放置过液，使沉淀完全。

用2[#]烧结玻璃滤器上铺精密滤纸片(事先洗净、恒重)，抽气过滤，将0.01mol/L硝酸置入塑料洗瓶中，把杯中沉淀全部移入滤器。再用0.01mol/L硝酸洗沉淀10次，每次2ml。接着用95%的乙醇洗5次，每次2ml。擦干滤器外壁，在110℃烘1h，置干燥器中冷却后称重。

(3) 计算

沉淀组成为$K_2NaCo(NO_3)_6 \cdot H_2O$，其中$K_2O$=17.216%

$$x=\frac{m\times 0.17216}{m_1\times\frac{10}{25}}\times 100\times\frac{100}{100-w}\times 1000$$

式中 x——绝干试样中有效钾含量(K_2O mg/100g)

m——亚硝酸钴钠钾沉淀质量(g)

m_1——风干试样质量(g)

$\frac{10}{25}$——试样分取比例

1000——换算成mg的系数

w——试样水分(%)

(二) 容量法

1. 原理

基于高锰酸钾在酸性溶液中，可氧化亚硝酸钴钠钾沉淀中的亚硝酸盐。同时钴以Co^{3+}形态存在，氧化能力也很强，相当于高锰酸钾，也能氧化相当量的亚硝酸盐。其反应式为:

$$5K_2NaCo(NO_2)_6+11KMnO_4+14H_2SO_4 \longrightarrow 5CoSO_4+9MnSO_4+2Mn(NO_3)_2+5NaNO_3+21KNO_3+14H_2O$$

由式中可见10K需11$KMnO_4$(相当55个氧化当量)，所以1mol(1/5$KMnO_4$)$=\frac{10K}{11\times5}=7.1084(gK)=8.560(gK_2O)$。

为使沉淀分解，加入过量的$KMnO_4$。过量的部分，加入草酸钠除去。再用$KMnO_4$滴定剩余的草酸钠，其反应式为:

$$2KMnO_4+5Na_2C_2O_4+8H_2SO_4 \longrightarrow 2MnSO_4+K_2SO_4+5Na_2SO_4+8H_2O+10CO_2\uparrow$$

由高锰酸钾与亚硝酸钴钠钾反应实际消耗的0.1mol/L $KMnO_4$量，计算试样中含钾量，以100g干土中含K_2O的mg数表示。

2. 试剂和溶液

(1) 过滤用石棉的处理　先将石棉在600～700℃灼烧除去有机质。然后在1∶4硝酸溶液中加热，在多孔瓷漏斗上抽气过滤，用水洗除硝酸后，再用40％氯化钠冲洗数次，最后用热的蒸馏水洗到洗液呈中性。洗好的石棉贮存于广口瓶中，加入蒸馏水使成糊状，用于制备古氏坩埚。

(2) 0.1mol/L(1/5$KMnO_4$)高锰酸钾溶液　称取3.4g$KMnO_4$，溶于1050ml水中，缓缓煮沸30min，在暗处放置2～3天后用4号玻璃滤器过滤，滤液贮存于棕色瓶中。

(3) 0.1mol/L草酸钠标准溶液　准确称取100～105℃烘烤2h、干燥器中冷却的无水草酸钠6.700g，溶于水，在1000ml容量瓶中稀释至刻度，摇匀。

(4) 0.1mol/L高锰酸钾溶液的标定　用滴定管准确量取0.1mol/L草酸标准液25.00ml，加入1∶5硫酸25ml，用0.1mol/L高锰酸钾溶液滴定，接近终点时加热至60～65℃，继续滴定至溶液呈粉红色30s不退，消耗体积V。用25ml水加25ml 1∶5硫酸做空白滴定，同上，消耗体积为V_0。

高锰酸钾浓度: $c(1/5KMnO_4)=\frac{0.1\times25}{V-V_0}(mol/L)$

3. 沉淀的分解

照重量法手续沉淀。用铺石棉的古氏坩埚过滤，硝酸洗后不需用酒精洗涤。

将坩埚外部用水洗净后放回原烧杯。加水100～150ml，用玻棒挑开坩埚内瓷板，搅碎石棉滤层。加入1∶2硫酸5ml，用滴管准确加入0.1mol/L高锰酸钾10.00ml，加热至80℃不断搅拌，使黄色沉淀溶解。此时溶液应为紫色。若为浅红色或无色，说明高锰酸钾加量不足，则应立即再加5.00ml，使之过量，至溶液呈紫色为止。

4. 滴定

沉淀全部溶解后(拿起烧杯观察底部无沉淀)，在电热板上保持80℃不断搅拌下，准确加0.1mol/L草酸溶液10.00～15.00ml。此时溶液颜色消失，过剩的草酸用0.1mol/L高锰酸钾滴定至溶液呈微紫红色为终点。

5. 计算

$$x=\frac{(V_1c_1-V_2c_2)\times 8.56\times 1000}{m\times\frac{10}{25}}\times 100\times\frac{100}{100-w}$$

式中 x——试样中有效钾含量(K_2O mg/100g干土)

V_1——高锰酸钾标准液(分解用＋滴定用)(ml)

c_1——高锰酸钾标准液浓度(mol/L)(1/5$KMnO_4$)

V_2——草酸钠标准溶液体积(ml)

c_2——草酸钠标准溶液浓度(mol/L)

8.56×1000——1ml 1mol/L(1/5$KMnO_4$)相当K_2O的质量(mg)

w——试样水分(%)

八、腐殖质测定

腐殖质是土壤中结构复杂的有机物，它只有在好气性过程受到某种抑制时，才能在土壤中积累，主要成分是含有胺基及环状有机氮的化合物。腐殖质及其分解产物是微生物主要养分，从其含量高低可以判断窖泥和土壤的优劣。

1. 原理

土壤中腐殖质含量常用重铬酸钾氧化法测定。在硫酸存在下，加入已知量的过量重铬酸钾溶液与土壤共热，使其中活性有机质的碳氧化［反应式(1)］。过量的重铬酸钾，以邻菲啰啉亚铁为指示剂，用标准硫酸亚铁铵溶液滴定［反应式(2)］。以与有机碳反应所耗重铬酸钾计算有机碳含量。

$$2K_2Cr_2O_7+8H_2SO_4+3C \longrightarrow 2Cr_2(SO_4)_3+2K_2SO_4+3CO_2\uparrow+8H_2O \qquad (1)$$

$$K_2Cr_2O_7+6(NH_4)_2Fe(SO_4)_2+7H_2SO_4 \longrightarrow$$
$$Cr_2(SO_4)_3+3Fe_2(SO_4)_3+6(NH_4)_2SO_4+K_2SO_4+7H_2O \qquad (2)$$

腐殖质中平均含碳58%。本法操作简便，且不受碳酸盐中碳的影响。但土壤中腐殖质平均氧化率只能达到90%，所以将测出的有机碳乘以氧化校正系数($\frac{100}{90}=1.1$)和碳与腐殖质的换算系数($\frac{100}{58}$)，才能代表土壤中腐殖质的实际含量。

2. 仪器和设备

(1) 油浴　加热用油为固体石蜡或植物油。

(2) 插试管用的铁丝笼。

3. 试剂和溶液

(1) 0.2mol/L硫酸亚铁铵标准溶液(即莫氏盐溶液)　称取80g化学纯$(NH_4)_2SO_4\cdot FeSO_4\cdot 6H_2O$(称准至0.01g)，溶于水中。加入30ml 6mol/L的硫酸，在1000ml的容量瓶中稀释至刻度。用0.1mol/L $KMnO_4$(1/5$KMnO_4$)标定如下:

准确量取硫酸亚铁铵溶液10.00ml，于250ml三角瓶中，加50ml水和10ml 6mol/L硫酸。用0.1mol/L(1/5$KMnO_4$)标准溶液(见容重法测定钾的试剂部分)滴定至粉红色30s不退终点。其浓度计算如下：

$$c=\frac{c_1\times V_1}{10}$$

式中 c——硫酸亚铁铵标准液浓度(mol/L)

c_1——高锰酸钾标准溶液浓度[0.1mol/L(1/5$KMnO_4$)]

V_1——高锰酸钾标准溶液滴定体积(ml)

(2) 重铬酸钾－硫酸溶液 称取20.0g研细的分析纯重铬酸钾，溶于250ml水中，必要时加热使完全溶解。冷后稀释至500ml，全部移入1L有柄的瓷蒸发皿中，缓缓加入浓硫酸500ml，冷后移至1L容量瓶中，加水稀释至刻度，摇匀。因每次要作空白试验，故浓度不必标定。

(3) 0.5％邻菲啰啉指示剂 称取0.5g硫酸亚铁($FeSO_4\cdot7H_2O$)溶于100ml水中，加2滴浓硫酸和0.5g邻菲啰啉，摇匀，该溶液现配现用。

4. 测定方法

称取风干土样0.1～0.3g(准确到0.001g)，放入18mm×160mm硬质试管中，用滴定管准确加入重铬酸钾－硫酸溶液10.00ml，将试管插入预先加热至185～190℃的油浴中(用铁丝笼固定试管)。此时温度下降到170～180℃，调节热源，保持此温度。当试管内容物液面开始滚动或有较大气泡发生时，开始计时，沸腾5min。取出冷却后把试管内容物全部转移入250ml三角瓶(或大蒸发皿内)，用水洗净试管，洗液并入三角瓶内，总体积为50～60ml。滴入2～3滴邻菲啰啉指示剂，用0.2mol/L硫酸亚铁铵标准溶液滴定。颜色由橙红变绿，最后成灰紫色为终点。同时做空白试验。

5. 计算

$$x(\%)=\frac{(V_0-V)\times c\times0.003\times1.724}{m}\times1.1\times100\times\frac{100}{100-w}$$

式中 x——干土中腐殖质含量(％)

V_0——空白试验滴定体积(ml)

V——试样测定滴定体积(ml)

c——莫氏盐(硫酸亚铁铵)标准液浓度(mol/L)

m——风干土试样质量(g)

0.003——碳的毫摩尔质量(g/mmol)

1.724——土壤中有机质含碳58％，将有机碳换算成有机质的系数($\frac{58}{100}=1.724$)

w——风干土水分(％)

注：称样量视有机质多少而定，含腐殖质7％～15％的窖泥，可称0.1g；2％～4％者称0.3g；少于3％者则可称0.5g。消煮温度和时间应严格掌握，否则对结果有较大影响。若消煮完毕后，试管内重铬酸钾的红棕色消失，则应适当减少试样用量再测定。邻菲啰啉指示剂与空气接触时间长了会失效，应现配现用。

九、蛋白质测定

蛋白质是复杂的高分子含氮化合物，在酸性条件下可水解为分子量小的α－氨基酸。氨基酸是窖泥有益微生物生长、繁殖的营养物质，同时也是酒中高级醇的前驱物，因此，应控制窖泥中适当的蛋白质含量。据有关单位发酵试验结果，说明5％左右的蛋白质为最佳含量。

测定方法同本篇第一章、第三节、六、原料中粗蛋白质测定，称样量以相当于含氮30～40mg为宜。

十、有机酸测定

窖泥培养实际上是己酸菌富集培养过程，但己酸菌多并不等于其代谢产物己酸的含量高。若周围环境不合适时，其代谢过程会受到抑制。这种情况反映在复壮窖泥中特别明显，其己酸菌活菌数虽高于窖底泥和新培养的窖泥，但己酸含量却明显低于上述两种窖泥。此时乙酸含量显著增高，有时超过己酸含量。乙酸过量不仅严重抑制己酸菌生长、代谢(其毒性远大于乳酸等其他有机酸)，而且会导致浓香型白酒中乙酸乙酯含量偏高，从而影响酒的风格。所以发酵正常的窖泥中的有机酸，应以己酸为主，防止乙酸的过量生成。

1. 测定方法

称取新鲜窖泥25g于250ml带盖三角瓶中，加入体积分数为60％的乙醇(100－25×水分％)ml，摇匀。在室温下浸泡1h，每隔15min摇动1次。静置，待泥沉降后，用精密滤纸、倾泻法将上层溶液过滤于洁净干燥的50ml带盖三角瓶中，按白酒中有机酸色谱分析法测定浸出液中各种有机酸含量。

2. 计算

$$w_i(\%)=\frac{\rho_i}{25}\times 100$$

式中　w_i ——鲜泥中有机酸组分i含量(mg/100g)

ρ_i ——鲜泥浸出液中组分i含量(mg/100ml)(气相色谱分析定量结果)

25 ——鲜泥试样质量(g)

第三章　发酵中间品分析

第一节　固体发酵酒醅分析

一、取　　样

酒醅分析包括入池、出池醅中水分、酸度、还原糖、总糖以及出池醅和酒糟中酒精含量等。酒醅中各成分分布不均匀，取样应力求具有代表性，入池醅从堆的四个对角部位及中间的上、中、下层取样。出池酒醅在窖池内按出房曲箱的取样办法，窖壁、窖中的上、中、下层等量取样。用四分法缩分后，取供试样品250g。

二、水分测定

(一) 烘箱法

称取10g试样(准确到0.01g)于烘干恒重的80～100mm直径的培养皿中，在100～105℃烘箱中干燥至恒重(同麸曲水分测定法)。

酒醅系半成品，为能迅速出结果，较及时地指导生产，可用130℃烘1h的办法代替100～105℃烘烤3h。然后再在130℃温度下烘30min，直至恒重。

(二) 红外线干燥法

称取试样10g，用250W红外灯干燥。测定方法同麸曲水分红外线干燥法。

三、酸度测定

1. 原理

利用酸碱中和法测定，其定义为100g酒醅滴定消耗氢氧化钠的毫克分子数，以度表示。

2. 试剂和溶液

同大曲和小曲酸度测定。

3. 测定方法

(1) 试样处理　称取试样10g(准确到0.1g)于250ml烧杯中，加入100ml煮沸冷却的蒸馏水，不时搅拌，于室温浸泡15min，用脱脂棉过滤后备用。

(2) 滴定　吸取滤液10ml于150ml三角瓶中，加入20ml煮沸冷却的蒸馏水和2滴酚酞指示剂，用0.1mol/LNaOH滴定至微红色10s不退。

4. 计算

$$酸度=\frac{c\times V}{10\times\frac{10}{100}}\times100=c\times V\times\frac{100}{10}\times\frac{100}{10}$$

式中 c——NaOH的浓度(mol/L)

V——NaOH的滴定体积(ml)

$\frac{100}{10}\times\frac{100}{10}$——试样稀释倍数，并换算到100g酒醅的酸度

四、还原糖测定

以酸测定时的滤液为试样，采用酒母醪中标准葡萄糖液反滴定的还原糖测定法。

计算：

$$还原糖(\%)=\frac{(V_0-V_1)\times\rho}{10\times\frac{5}{100}}\times100$$

$$=(V_0-V_1)\times\rho\times\frac{100}{10}\times\frac{100}{5}$$

式中 V_0——标定斐林液消耗标准糖液的体积(ml)

V_1——试样消耗标准糖液的体积(ml)

ρ——标准糖液浓度(g/ml)

$\frac{100}{10}\times\frac{100}{5}$——试样稀释倍数，并换算到100g酒醅中的含量

五、淀粉测定

1. 原理

采用盐酸水解标准葡萄糖液反滴定法，测出的量实际是包括还原糖等的总糖量。

2. 溶液和试剂

斐林试剂、0.2%标准葡萄糖液、1∶4盐酸和20%的氢氧化钠溶液都与粗淀粉测定相同。

3. 测定方法

(1) 水解液制备 准确称取入池醅5g(出池醅需10g)(准确到0.1g)于250ml三角瓶中，加入1∶4盐酸100ml，安装回流冷凝器，或1m长玻璃管，微沸水解30min，中和、过滤、定容到500ml等操作步骤均与粗淀粉测定相同。

(2) 还原糖测定

① 斐林液标定：同本篇第一章，第三节糖类测定中用标准糖液标定斐林液方法。消耗标准糖液体积为V_0。

② 试样测定

1) 预试：为正确掌握预加标准糖液体积，应先做预试：准确吸取斐林甲、乙液各5ml，于250ml三角瓶中，加入水解糖液10ml，水10ml，用0.2%标准糖液滴定到次甲基蓝终点，

消耗体积为V_1。

2) 正式滴定：准确吸取斐林甲、乙液各5ml，于250ml三角瓶中，加入水解糖液10ml，加一定量水，使总体积与斐林液标定时滴定总体积基本一致［加水量=$10+(V_0-V_1)$］。从滴定管中加入(V_1-1)ml标准糖液，煮沸2min，加2滴次甲基蓝，继续用标准糖液在1min内滴定到终点。消耗标准糖液体积为V。

4. 计算

$$淀粉(\%)=\frac{(V_0-V)\times\rho}{m\times\frac{10}{500}}\times0.9\times100$$

式中 V_0——标定斐林液消耗的标准糖液的体积(ml)

V——试样滴定时消耗标准糖液的体积(ml)

ρ——标准糖液浓度(g/ml)

$\frac{10}{500}$——试样分取倍数

0.9——还原糖换算成淀粉的系数

m——试样质量(g)

六、出池醅中酒精含量测定

(一) 相对密度法

1. 原理

酒精的相对密度系指20℃时酒精质量与同体积纯水质量之比值，通常以d_{20}^{20}表示。然后，查附表2，由酒精的相对密度查出相应的酒精体积分数含量(即酒度)。

2. 测定方法

(1) 蒸馏　称取100g酒醅，于500ml蒸馏烧瓶中，加水200ml，连接蒸馏装置，蒸出馏出液100ml，于100ml量筒中，搅匀。

(2) 酒精的测量

① 将附温度计的25ml密度瓶洗净，烘干，恒重。然后注满煮沸冷却至15℃左右的蒸馏水，插上带温度计的瓶塞，排除气泡，浸入(20±0.1)°C的恒温水浴中，待内容物温度达20°C时，保持20min，取出。用滤纸擦干瓶壁，盖好盖子，称重。

② 倒掉密度瓶中水，洗净、烘干、恒重，注入混匀的馏出液，测定方法同①。

③ 计算

$$d_{20}^{20}=\frac{m_2-m}{m_1-m}$$

式中 d_{20}^{20}——馏出液20°C时的相对密度

m——密度瓶的质量(g)

m_1——密度瓶和水的质量(g)

m_2——密度瓶和馏出液的质量(g)

根据酒样相对密度d_{20}^{20}，查附表2(A)，得出酒醅的酒精含量。该法精确度较高，但手续麻烦。

(二) 酒精计法

系用酒精度表直接读取温度和酒精的示值。然后，查附录表3，换算成20°C时的酒精体积分数。

将量筒中馏出液搅拌均匀，静置几分钟，排除气泡，轻轻放入洗净、擦干的酒精计。再略按一下，静置后，水平观测与弯月面相切处的刻度示值。同时测量温度，查附录表2(B)，换算成20°C时的酒精体积分数。

七、酒糟中残余酒精测定

1. 原理

酒糟中残余酒精含量是衡量白酒蒸馏技术的一个重要指标。但酒糟中酒精含量甚低，其蒸馏液难以用相对密度法或酒精计准确测量。重铬酸钾把酒精氧化为醋酸，同时6价铬被还原为3价铬，可用比色法进行测定。该法对酒精的检测下限可达0.02%。其反应式如下：

$$3CH_3CH_2OH+2K_2Cr_2O_7+8H_2SO_4 \xlongequal{} 3CH_3COOH+2Cr_2(SO_4)_3+2K_2SO_4+11H_2O$$

2. 试剂和溶液

(1) 0.1%标准酒精溶液　准确吸取0.1ml(AR级)无水酒精，于100ml容量瓶中，用水定容到刻度。

(2) 2%重铬酸钾溶液　称取2g重铬酸钾($K_2Cr_2O_7$)，溶于水，并稀释至100ml。

(3) 浓硫酸　CP级，98%，相对密度1.84。

3. 测定方法

(1) 标准系列配制　在6支10ml的比色管中，配制标准系列如下表(单位: ml)：

试管编号	0	1	2	3	4	5
0.1%酒精	0	1	2	3	4	5
蒸馏水	5	4	3	2	1	0

各试管中加入1ml 2%重铬酸钾、5ml浓硫酸，摇匀，于沸水浴中加热10min，取出冷却。

(2) 试样制备

① 蒸馏：同出池醅蒸馏。

② 显色：吸取5ml馏出液，于100ml比色管中，加1ml 2%的重铬酸钾，5ml浓硫酸，摇匀，与标准系列管一起加热，并冷却。

(3) 比色　目测法。

① 可用目测法将试样与标准系列进行比较，求出酒糟中酒精含量。

② 计算：

$$酒精含量(ml/100g)=\frac{V\times 0.001}{m\times\frac{5}{100}}\times 100$$

式中　V——试样管与标准系列中颜色相当时标准酒精液的体积(ml)

0.001——标准酒精液的浓度(ml/ml)

$\frac{5}{100}$——试样稀释倍数

m——试样质量(g)

(4) 分光光度计测定 将显色后的试管在600nm波长下测光密度。以标准系列中酒精含量为横坐标，相对应的光密度为纵坐标，绘制标准曲线。然后测定试样管的光密度，在标准曲线上查得酒精溶液的体积V，计算同上。

第二节 液态发酵成熟醪分析

一、取样和样品处理

将成熟醪混合均匀后即可取样。用双层纱布过滤后的滤液，用来测定酸度和还原糖；原液用于总糖和酒精含量的测定。

二、化 学 分 析

(一) 酸度测定

原理：采用酸碱中和法，以10ml醪液消耗氢氧化钠的毫克分子数计。测定方法和计算同酒母酸度。

(二) 还原糖测定

同酒母中还原糖的测定和计算。

(三) 总糖测定

原理和试剂溶液都同酒醅中淀粉测定。

1. 水解糖液制备

取发酵醪原液10ml于250ml三角瓶中，加水30ml，浓盐酸10ml，回流煮沸30min，中和、过滤同酒醅中淀粉测定。定容至250ml，按酒醅中定糖方法，用0.2%标准葡萄糖液反滴定。

2. 计算

$$总糖(g/100ml醪液)=\frac{(V_0-V)\times\rho}{10\times\frac{10}{250}}\times100$$

式中 V_0——标定斐林液消耗0.2%标准糖液的体积(ml)

V——试样滴定时消耗0.2%标准糖液的体积(ml)

ρ——标准糖液浓度(0.2g/100ml)

10——试样量(ml)

$\frac{10}{250}$——试样分取倍数

100——换算到100ml醪液中的含量

(四) 酒精含量测定

取100ml醪液原液，于500ml蒸馏烧瓶中，加水100ml，蒸出100ml，测酒精含量方法同酒醅蒸馏液中酒精含量的测定。以100ml醪液中酒精体积分数计。

第四章　白酒分析

第一节　取　　样

批量在500箱以下，随机开4箱，每箱中取出1瓶(以500ml/瓶计)，其中2瓶作检测用，另2瓶由供需双方共同封印，保存半年以备仲裁检查。批量在500箱以上，随机开6箱，每箱取1瓶(500ml/瓶计)，其中3瓶检测用，另3瓶封存备查同上。

第二节　物理检查

物理检查系通过评酒者的眼、鼻、口等感觉器官对白酒的色泽、香气、口味及风格特征作出评定。检查方法可参阅本篇第十二章第五节。

第三节　化学分析

一、酒精含量测定

(一) 相对密度法

1. 原理

同本篇第三章六、出池醅中酒精含量测定。

2. 测定方法

(1) 样品制备　吸取100ml酒样，于500ml蒸馏烧瓶中加水100ml和数粒玻璃珠或碎瓷片，装上冷凝器进行蒸馏，以100ml容量瓶接收馏出液(容量瓶浸在冰水浴中)。收集约95ml馏出液后，停止蒸馏，用蒸馏水稀释至刻度，摇匀备用。

注：试验证明原酒样经蒸馏处理，有利于避免酒中固形物和高沸物对酒精含量测定的影响，测出的酒精含量会高一些，高0.15％～0.45％(体积分数)。同时这种蒸馏方法也容易造成酒精挥发损失和蒸馏回收不完全的负效应，使测定值偏低。所以在固形物不超标的情况下，采用不蒸馏、直接测定法更为简便。

(2) 酒精含量测量

同出池醅中酒精含量测定方法。

(3) 计算

$$d_{20}^{20}=\frac{m_2-m_1}{m_1-m}$$

式中　d_{20}^{20}——20℃测得的酒样相对密度

m——密度瓶的质量(g)

m_1——密度瓶和水的质量(g)

m_2——密度瓶和酒样的质量(g)

根据酒样的相对密度d_{20}^{20},查附表2,得出酒样的酒精含量。

(二) 酒精计法

1. 原理

同本篇第三章六、出池酒醅中酒精含量测定。

2. 测定方法

把蒸出的酒样(或原酒样)倒入洁净、干燥的100ml量筒中,测定方法同出池酒醅中酒精测定。查附表3换算成20℃时的酒精含量。

二、固形物测定

1. 原理

白酒经蒸发、烘干后,不挥发物质残留于皿中,用称量法测定。

2. 试验方法

吸取酒样50.0ml,注入已烘干恒重的100ml瓷蒸发皿内,于蒸馏水沸水浴上,蒸发至干。然后于100～105℃烘箱内烘干2h。取出置于干燥器内冷却30min后称量。再烘1h,于干燥器内冷却30min后称量。反复上述操作,直至恒重(精确到0.002g)。

3. 计算

$$x=\frac{m-m_1}{50}\times 1000$$

式中　x——酒样中固形物(g/L)

m——固形物和蒸发皿的质量(g)

m_1——蒸发皿的质量(g)

50——取样体积(ml)

三、总酸测定

1. 原理

白酒中的有机酸,以酚酞为指示剂,用NaOH溶液中和滴定,以乙酸计算总酸量。反应式为:

$$RCOOH+NaOH=RCOONa+H_2O$$

2. 试剂和溶液

(1) 1%的酚酞指示剂。

(2) 0.1mol/L NaOH标准溶液　试剂的配制和标定方法见本篇第二章第一节三、大曲和小曲酸度测定中试剂和溶液部分。

3. 测定方法

准确吸取酒样50.0ml于250ml三角瓶中，加入酚酞指示剂2滴，用0.1 mol/L NaOH标准溶液滴定至微红色，10s不退为终点。

4. 计算

$$x=\frac{c\times V\times 0.0601}{50}\times 1000$$

式中 x——酒中总酸的含量(以乙酸计)(g/L)

c——NaOH浓度(mol/L)

V——滴定消耗NaOH溶液体积(ml)

0.0601——与1.00ml NaOH标准溶液［c(NaOH)=1.000mol/L］相当的以g表示的乙酸的质量(g)

50——取酒样体积(ml)

四、总酯测定

(一) 中和滴定(指示剂)法

1. 原理

先用碱中和白酒中游离酸，再加一定量(过量)碱使酯皂化，过量的碱再用酸反滴定。其反应式为：

$$RCOOR'+NaOH=RCOONa+R'OH \quad (1)$$

$$2NaOH+H_2SO_4=Na_2SO_4+2H_2O \quad (2)$$

2. 试剂和溶液

(1) 1%酚酞指示剂。

(2) 0.1 mol/L NaOH标准溶液。

(3) 0.1 mol/L(1/2H_2SO_4)标准溶液 配制和标定如下：

① 配制：量取浓硫酸3ml，缓缓加入适量水中，冷却后用水稀释至1L，摇匀。

② 标定：吸取新配制的H_2SO_4溶液25.0ml于250ml三角瓶中，加入2滴酚酞，以0.1mol/L NaOH标准溶液滴定至微红色，10s不退为终点。

③ 计算：

$$c_1=\frac{c\times V}{25}$$

式中 c_1——H_2SO_4标准溶液浓度［mol/L(1/2H_2SO_4)］

c——NaOH标准溶液浓度(mol/L)

V——滴定消耗的NaOH溶液体积(ml)

25——H_2SO_4标准溶液体积(ml)

3. 测定方法

准确吸取酒样50.0ml于250ml带盖三角瓶中，加酚酞2滴，以0.1mol/L NaOH中和(切勿过量)，记录消耗体积可作总酸含量计算。再准确加入0.1mol/L NaOH 25.0ml(若酒样中含酯量高可适当多加)，摇匀，装上回流冷凝管，于沸水浴中回流30min(也可用室温条件下加盖，暗处反应24h代替)。取下冷却至室温。然后，用0.1mol/L硫酸溶液滴定过量的NaOH，使微红色刚好完全消失为终点，记录消耗的0.1mol/L H_2SO_4体积。

4. 计算

$$x=\frac{(c\times 25.0-c_1\times V)\times 0.088}{50}\times 1000$$

式中　x——酒样中酯的含量(以乙酸乙酯计)(g/L)

c——NaOH的浓度(mol/L)

25.0——皂化时加入0.1mol/L NaOH的体积(ml)

c_1——H_2SO_4的浓度[mol/L(1/2H_2SO_4)]

V——滴定消耗的0.1mol/L(1/2H_2SO_4)H_2SO_4体积(ml)

0.088——与1.00ml NaOH标准溶液相当的乙酸乙酯质量(g)

50——取酒样体积(ml)

(二) 氢氧化钠标准溶液反滴定法

1. 目的意义

用(一)法皂化后，用H_2SO_4滴定过量NaOH时，酚酞指示剂的颜色逐渐减退，由浅粉色刚变无色为终点。这不如从无色刚变粉色的终点易于判断。且滴定过程中不断摇晃三角瓶，过量碱液极易吸收空气中CO_2，使结果产生误差。若皂化后立即加入一定量H_2SO_4标准液(过量)，再用NaOH反滴过量H_2SO_4，可避免上述因素。且H_2SO_4浓度不需准确标定，只需做个空白(不加酒样)试验，试剂加入量相同，抵消所有操作因素，以最终NaOH标准溶液反滴消耗体积计算总酯含量。

2. 测定方法

同(一)法，取酒样50.0ml中和后，加入25ml NaOH皂化。皂化后立即加入25.0ml 0.1mol/L(1/2H_2SO_4)H_2SO_4和2滴酚酞，用0.1mol/L NaOH滴定到微红10s不退为终点。同时做空白试验(用50ml蒸馏水代替酒样)。

3. 计算

$$x=\frac{(V-V_0)\times c\times 0.088}{50}\times 1000$$

式中　V——酒样反滴消耗的0.1mol/L NaOH体积(ml)

V_0——空白试验反滴消耗的0.1mol/L NaOH体积(ml)

c——NaOH溶液的浓度(mol/L)

其余符合和数字说明同(一)“中和滴定法计算”。

(三) 电位滴定法

1. 原理

中和、皂化同(一)法，用H_2SO_4滴定过量的NaOH，当接近等当点时，氢离子浓度发生急剧变化，利用pH值变化最大的突跃点指示终点。

2. 试剂和溶液

(1) pH8.0缓冲溶液　分别取46.1ml 0.1mol/L的氢氧化钠溶液，25.0ml 0.2mol/L磷酸二氢钾溶液于100ml容量瓶中，用水稀释至刻度，摇匀。

(2) 1%酚酞指示剂、0.1mol/L NaOH和0.1mol/L H_2SO_4溶液均同(一)法。

3. 仪器

(1) 回流酯化装置同(一)法。

(2) 自动电位滴定仪(或附电磁搅拌器的pH计),以玻璃电极作指示电极,甘汞电极作参比电极。

4. 试验方法

(1) 试样制备　酒样中和酯化同(一)法,冷却至室温后移入150ml小烧杯,用10ml水分次冲洗三角瓶,洗液并入小烧杯。

(2) 仪器准备　安装好电位滴定仪或pH计。待仪器稳定后,用pH8缓冲溶液校正仪器。

(3) 滴定　在试样杯中放一枚转子,进行电磁搅拌。插入电极,按下pH读数开关,用0.1mol/L H_2SO_4标准溶液滴定。当pH达到8时,减慢滴定速度,每次加半滴,直至pH8.7时为终点。记录消耗的H_2SO_4体积。

5. 计算

同(一)法计算

五、总醛测定

白酒中醛类包括甲醛、乙醛、丁醛、戊醛、糠醛等,它们是发酵过程中醇类的氧化产物。醛类毒性较大。总醛中乙醛含量最大,其沸点比酒精低,蒸馏时集中在酒头,并使新酒具有辛辣味。但适量醛类的存在及醛和醇的缩合物如乙缩醛(二乙氧基乙烷)等是酒中重要的香味成分。白酒中总醛以乙醛计。

(一) 碘量法

1. 原理

醛与亚硫酸氢钠发生加成反应,生在α-羟基磺酸钠[反应式(1)]。过量的亚硫酸氢钠用碘氧化除去[反应式(2)]。然后加过量碳酸氢钠,使加成物分解,醛重新游离出来[反应式(3)]。最后用碘标准溶液滴定分解释出的亚硫酸氢钠[反应式同(2)]。

$$R-\overset{\overset{\displaystyle O}{\|}}{C}-H+NaHSO_3 \longrightarrow R-\underset{\underset{\displaystyle SO_3Na}{|}}{\overset{\overset{\displaystyle H}{|}}{C}}-OH \tag{1}$$

$$NaHSO_3+I_2+H_2O \longrightarrow NaHSO_4+2HI \tag{2}$$

$$R-\underset{\underset{\displaystyle SO_3Na}{|}}{\overset{\overset{\displaystyle H}{|}}{C}}-OH+2NaHCO_3 \longrightarrow RCHO+NaHSO_3+Na_2CO_3+CO_2\uparrow+H_2O \tag{3}$$

2. 试剂和溶液

(1) 0.1mol/L盐酸溶液　8.4ml浓盐酸稀释至1L。

(2) 12g/L亚硫酸氢钠溶液。

(3) 1mol/L碳酸氢钠溶液。

(4) 碘标准液$c(1/2I_2)=0.1mol/L$　称取12.8g碘、40g碘化钾于研钵中，加少量水研磨至溶解，用水稀释至1L。贮存于棕色瓶中。

(5) 碘标准使用液$c(1/2I_2)=0.05mol/L$　取0.1mol/L碘标准溶液(4) 500ml用水定容至1L，贮存于棕色瓶中。

标定：用滴定管先将30ml 0.05mol/L碘液注入250ml三角瓶中，加入50ml 0.1mol/L NaOH溶液，摇匀，加10ml 2mol/L硫酸溶液，立即用0.1mol/L $Na_2S_2O_3$溶液(见本篇第一章碘量法标定斐林液的溶液配制和标定)滴定至浅黄色，加约0.5ml 1%淀粉指示剂，继续滴定至蓝色消失。

$$c(1/2I_2)=\frac{c_0\times V}{V_1}$$

式中　$c_0\times V$——硫代硫酸钠的浓度(mol/L)乘滴定体积(ml)

V_1——碘液体积(ml)

(6) 1%淀粉指示剂。

3. 测定方法

吸取酒样25.0ml于250ml碘量瓶中，加亚硫酸氢钠溶液25ml、0.1mol/L盐酸溶液10ml，摇匀，于暗处放置1h。取出，用少量水冲洗瓶塞，以0.1mol/L碘液滴定，接近终点时，加淀粉指示剂1ml，改用0.05mol/L碘标准使用液滴定到淡蓝紫色出现(不计数)。加入1mol/L碳酸氢钠溶液30ml，微开瓶塞，摇荡0.5min(溶液呈无色)，用0.05mol/L碘标准使用液滴定释放出的亚硫酸氢钠至蓝紫色为终点，消耗体积V。

同时作空白试验，消耗体积为V_0。

4. 计算

$$x=\frac{(V-V_0)\times c\times 0.022}{25}\times 1000$$

式中　x——酒样中醛含量(以乙醛计)(g/L)

V——酒样消耗碘标准使用液的体积(ml)

V_0——空白消耗碘标准使用液的体积(ml)

c——碘标准使用液的浓度[mol/L(1/2I_2)]

0.022——与1.00ml碘标准使用液[$c(1/2I_2)=1.000mol/L$]相当的以g表示的乙醛的质量(g)

25——取样体积(ml)

(二) 比色法

1. 原理

醛和亚硫酸品红作用发生加成反应，再经分子重排失去亚硫酸，生成具有醌形结构的紫红色物质，其颜色深浅与醛含量成正比。

2. 试剂与溶液

(1) 碱性品红亚硫酸显色剂　称取0.075g碱性品红溶于少量80℃水中，冷却后加水稀释至75ml。移入1L棕色瓶中，加入50ml新配制的亚硫酸氢钠溶液(53.0g $NaHSO_3$溶于100ml水中)、500ml水和7.5ml相对密度为1.84g/ml的硫酸。摇匀，放置10～12h至溶液退色并具有强烈的二氧化硫气味。置于冰箱中保存。

(2) 1g/L醛标准溶液　按乙醛：乙醛氨＝1：1.386(质量比)的比值，称取乙醛氨0.1386g，迅速溶于10℃左右的无醛酒精中，并定容至100ml。移入棕色瓶中，贮存于冰箱中。

(3) 醛标准使用液的制备　吸取1g/L醛标准液0、0.10、0.20、0.30、0.40、0.50ml，分别注入存有5ml无醛酒精的10ml容量瓶中。用水定容至刻度，即醛含量分别为0、10、20、30、40、50mg/L。

3. 仪器

分光光度计。

4. 分析步骤

(1) 吸取酒样和醛标准系列溶液各2ml，分别注入25ml具塞比色管中。加水5ml、显色剂2.00ml，加塞摇匀，在室温(应不低于20℃)放置20min显色后比色。

(2) 用2cm比色杯，于555nm波长处，以试剂空白(零管)调零，测定吸光度。绘制标准曲线，或用目测法进行比较。

5. 计算

$$x=\frac{m}{V\times 1000}\times 1000$$

式中　x——酒样中总醛(以乙醛计)含量(g/L)

m——测定试样中的醛量(mg)

V——取样体积(ml)

六、杂醇油分析

杂醇油系指甲醇、酒精外的高级醇类。它包括正丙醇、异丙醇、正丁醇、异丁醇、正戊醇、异戊醇、己醇、庚醇等。因杂醇油的沸点比酒精高，故在酒尾中含量较高。杂醇油对人体的麻醉作用比酒精强，且在人体中停留时间长，能引起头痛等症状。杂醇油与有机酸酯化生成酯类，是酒中重要的香味成分。

1. 原理

杂醇油的测定基于脱水剂浓硫酸存在下生成烯类与芳香醛缩合成有色物质，以比色法测定。

显色剂采用对二甲胺基苯甲醛［$(CH_3)_2N\cdot C_6H_4CHO$］，它对不同醇类呈色程度是不一致的，其显色灵敏度为异丁醇＞异戊醇＞正戊醇，而正丙醇、正丁醇、异丙醇等显色灵敏度十分差。作为卫生指标的杂醇油指异丁醇和异戊醇的含量，标准杂醇油采用异丁醇：异戊醇(1：4)的混合液。

2. 试剂与溶液

(1) 0.5%对二甲胺基苯甲醛－硫酸溶液　取0.5g对二甲胺基苯甲醛溶于浓硫酸(AR级)中，并定容至100ml，移入棕色瓶内，贮存于冰箱中。

(2) 无杂醇油酒精　取无水酒精200ml，加入0.25g盐酸间苯二胺，于沸水浴中回流2h。然后改用分馏柱蒸馏，收集中间馏分约100ml。取0.1ml制备好的酒精，按酒样分析一样操作,以不显色为合格。

(3) 杂醇油标准溶液　称取0.08g异戊醇和0.02g异丁醇于100ml容量瓶中,加无杂醇油酒精50ml。然后用水稀释至刻度,即浓度为1mg/ml的杂醇油标准溶液,贮存于冰箱中。

(4) 杂醇油标准使用液　吸取上述(3)标准液5.0ml于50ml容量瓶中,加水稀释至刻度,即为0.1mg/ml的标准使用液。

3. 仪器

分光光度计。

4. 试验方法

(1) 试样配制　吸取1.0ml酒样于10ml容量瓶中,加水稀释至刻度。混匀后吸取0.3ml置于10ml带盖比色管中。

(2) 标准系列管的制备　取6支10ml带盖比色管,按表3-4-1加入各溶液。

表 3-4-1　标准系列管溶液

编　　号	1	2	3	4	5	6
0.1mg/ml杂醇油标准使用液量/ml	0	0.10	0.20	0.30	0.40	0.50
水量/ml	1.00	0.90	0.80	0.70	0.60	0.50
相当杂醇油量/mg	0	0.01	0.02	0.03	0.04	0.05

(3) 操作方法　将试样管和标准系列管摇匀,放入冰浴中,沿管壁加入2ml 0.5%对二甲胺基苯甲醛-硫酸溶液,使其沉至管底。再将各管盖紧,同时摇匀,放入沸水浴中加热15min后取出,立即放在冰浴中冷却,并立即各加2ml水,混匀,冷却。10min后用1cm比色杯以标准系列管1调节零点,于波长520nm处测吸光度,绘制标准曲线比较,或用目测比较定量。

5. 计算

$$x=\frac{m}{V_1\times\frac{V_2}{10}\times1000}\times1000$$

式中　x——酒样中杂醇油含量(g/L)

m——试样稀释液中杂醇油量(mg)

V_1——酒样体积(ml)

$\frac{V_2}{10}$——测定用稀释10倍后的试样体积(ml)

$\frac{1}{1000}$——把mg换算成g的系数

注: 若酒中乙醛含量过高对显色有干扰,则应进行预处理: 取50ml酒样,加0.25g盐酸间苯二胺,煮沸回流1h,蒸馏,用50ml容量瓶接收馏出液。蒸馏至瓶中尚余10ml左右时,补加水10ml,继续蒸馏至馏出液为50ml止。馏出液即为供试酒样。

酒中杂醇油成分极为复杂,故用某一醇类以固定比例作为标准计算杂醇油含量时,误差较大,准确的测定方法应用气相色谱法定量。

七、甲 醇 分 析

甲醇为白酒中的有害成分,它在人体内有积累作用,能引起慢性中毒,使视觉模糊,严重时失明。薯干、谷糠、代用原辅料制的白酒中,甲醇含量就较高。

(一) 品红亚硫酸比色法

1. 原理

甲醇经氧化生成甲醛,再与品红亚硫酸作用生成蓝紫色化合物,与标准系列比较定量。其反应式如下:

甲醇在磷酸介质中被高锰酸钾氧化为甲醛:

$$5CH_3OH+2KMnO_4+4H_3PO_4=5HCHO+2KH_2PO_4+2MnHPO_4+8H_2O$$

过量的高锰酸钾被草酸还原:

$$5H_2C_2O_4+2KMnO_4+3H_2SO_4=2MnSO_4+K_2SO_4+10CO_2+8H_2O$$

所生成的甲醛与亚硫酸品红(又称喜夫试剂,Schiff)反应,生成醌式结构的蓝紫色化合物:

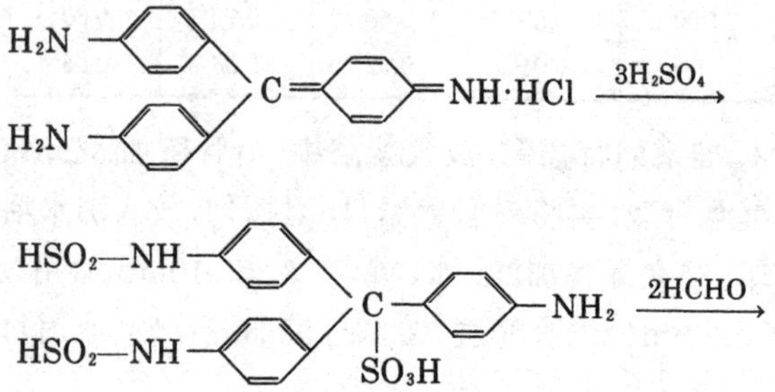

(喜夫试剂,无色)

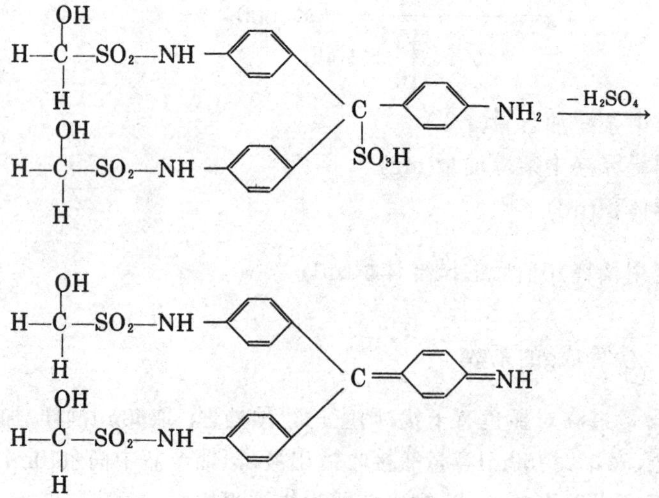

(蓝紫色化合物)

2. 试剂和溶液

(1) 高锰酸钾-磷酸溶液 称取3g高锰酸钾,加入15ml 85%磷酸与70ml水的混合液中。溶解后加水稀释至100ml，贮于棕色瓶中，为防止氧化力下降，保存时间不宜过长。

(2) 草酸－硫酸溶液　称取5g无水草酸（$H_2C_2O_4$）或7g含2分子结晶水的草酸（$H_2C_2O_4 \cdot 2H_2O$），溶于1∶1硫酸中，稀释至100ml。

(3) 品红－亚硫酸溶液　称取0.1g碱性品红，研细后分次加入80℃的水共60ml，边加水边研磨，使之溶解，倾泻法过滤于100ml容量瓶中，冷却后加10ml 10％亚硫酸钠（称取1g亚硫酸钠，溶于10ml水中）和1ml浓盐酸，再加水稀释至刻度，充分混匀，放置过夜。如溶液有颜色，可加少量活性炭搅拌后过滤，贮于棕色瓶中，置暗处保存。溶液呈红色时，应弃去重新配制。

(4) 甲醇标准溶液　称取1.000g甲醇或吸取密度为0.7913g/ml的甲醇1.26ml，于100ml容量瓶中，加水稀释至刻度。此溶液浓度为10mg/ml。置于低温下保存。

(5) 甲醇标准使用液　吸取10.0ml甲醇标准液于100ml容量瓶中，用水稀释至刻度。此甲醇溶液浓度为1mg/ml。

(6) 无甲醇酒精溶液　取300ml 95％的酒精，加入少许高锰酸钾，蒸馏，收集馏出液。在馏出液中加入硝酸银溶液（1g硝酸银溶于少量水中）和氢氧化钠溶液（1.5g氢氧化钠溶于少量水中），摇匀，取上层清液蒸馏。弃去最初50ml，收集中间馏出液约200ml，用酒精计测定其酒精体积分数后，加水配成体积分数为60％的无甲醇酒精溶液。取0.3ml按试样操作方法检查，不应显色。

3. 仪器

分光光度计。

4. 测试方法

(1) 试样　根据酒中酒精浓度适当取样（体积分数30％取1.0ml，40％取0.8ml，50％取0.6ml，60％取0.5ml），置于25ml具塞比色管中，加水稀释至5.0ml。

(2) 标准系列液配制　取6支10ml具塞比色管，按表3－4－2加入各溶液。

表 3-4-2　　标准系列液

编　号	0	1	2	3	4	5
1mg/ml甲醇标准使用液量/ml	0.0	0.2	0.4	0.6	0.8	1.0
60％无甲醇酒精量/ml	0.5	0.5	0.5	0.5	0.5	0.5
水量/ml	4.5	4.3	4.1	3.9	3.7	3.5

于试样管和标准管中各加2ml高锰酸钾－磷酸溶液，混匀，放置10min。各加2ml草酸－硫酸溶液，混匀，使之退色。再各加5ml品红－亚硫酸溶液，混匀，于室温（应在20℃以上）静置反应30min。用2mm比色杯，以标准系列液中零管调节零点，于波长590nm处测吸光度，绘制标准曲线比较。或用目测法将样品管与标准色列进行比较。

5. 计算

$$x=\frac{m}{V\times 1000}\times 1000$$

式中　x——酒样中甲醇含量(g/L)

m——测定试样中甲醇量(mg)

V——测定试样中原酒样体积(ml)

(二) 变色酸比色法

1. 原理

甲醇被高锰酸钾氧化成甲醛，过量高锰酸钾用偏重亚硫酸钠($Na_2S_2O_5$)除去，甲醛与变色酸在浓硫酸存在下，先缩合，随之氧化，生成对醌结构的蓝紫色化合物，进行比色定量。

2. 试剂和溶液

(1) 高锰酸钾－磷酸溶液　同(一)法试剂(1)。

(2) 偏重亚硫酸钠溶液　100g $Na_2S_2O_5$溶解于水，稀释至1L。

(3) 变色酸显色剂　称取0.1g变色酸($C_{10}H_6O_8S_2Na_2$)溶于10ml水中，边冷却，边加90ml 90%(质量分数)硫酸。移入棕色瓶中，置于冰箱中保存，有效期为1周。

(4) 10g/L甲醇标准液　同(一)法试剂(4)。

(5) 甲醇标准使用液　吸取甲醇标准液0、0.10、0.20、0.40、0.60、0.80、1.00、1.50、2.00、2.50ml，分别注入10ml容量瓶中，用水稀释至刻度。其甲醇含量分别为0、0.10、0.20、0.40、0.80、1.00、1.50及2.50mg/ml(即g/L)。

3. 仪器与设备

(1) 恒温水浴　(70±1)℃。

(2) 分光光度计　符合GB9721要求。

4. 测定方法

(1) 试样　取酒样0.50ml于10ml容量瓶中，用水稀释至刻度。吸取2.00ml于25ml比色管中。

(2) 标准系列液制备　吸取标准使用液各0.5ml于10ml容量瓶中，用水稀释至刻度。

然后根据样品中甲醇含量，选择4～5个不同浓度的甲醇标准使用液各取2ml，分别注入25ml比色管中。

(3) 在样品管和标准系列管中各加高锰酸钾－磷酸溶液1ml，放置15min。加100g/L的偏重亚硫酸钠0.6ml，使脱色。在外加冰水冷却的情况下，沿管壁加显色剂10ml，加塞摇匀，置于(70±1)℃水浴中20min后，取出冷却10min。立即用1cm比色杯在570nm波长处，以零管(试剂空白管)调零，测定吸光度，绘制标准曲线比较。或用目测法将样品管与标准色列进行比较。

5. 计算方法

(1) 同(一)法计算。

(2) 用函数计算器建立线性回归方程　按$A=m\rho+b$(式中b为常数项，m为回归系数，A为标准使用液的吸光度，ρ为标准使用液的甲醇含量)进行计算。

(3) 也可选择与试样中甲醇含量相近的甲醇标准使用液一种，与稀释后的试样各取2.0ml，按测定方法(3)氧化、显色，直接测定吸光度。计算如下：

$$x=\frac{A_x}{A}\times\rho$$

式中　x——试样中甲醇含量(g/L)

A_x——试样的吸光度

A——标准使用液的吸光度

ρ——标准使用液的甲醇含量(g/L)

八、铅的测定

(一) 双硫腙比色法

1. 原理

酒样经消化后，在pH8.5～9.0条件下，铅离子与双硫腙(dithizone)作用生成红色络合物，反应式如下:

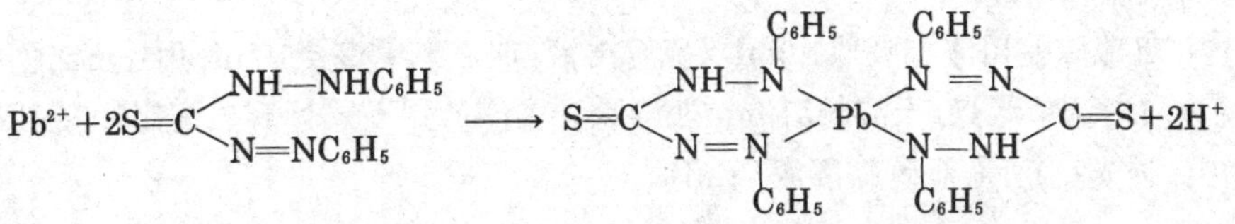

红色络合物

该络合物溶于三氯甲烷，与标准系列进行比较定量。双硫腙法测铅灵敏度很高，故对所用试剂和溶剂都要检查是否含铅，必要时需经纯化处理。双硫腙并非铅的专一试剂，它能对许多金属离子呈色，为避免其他离子干扰铅的测定: (1)应控制pH8.5～9; (2)加入络合剂氰化钾，使许多金属离子成稳定的络合物而被掩蔽; (3)加入柠檬酸铵，以防碱性条件下碱土金属沉淀; (4)还要加入还原剂盐酸羟胺，防止三价铁离子使双硫腙氧化。

2. 试剂和溶液

(1) 无铅水的制备　将1L普通蒸馏水加浓硫酸2ml,蒸馏后使用。或采用离子交换水。

(2) 氨水(1∶1)　1份浓氨水加1份蒸馏水。

(3) 6mol/L盐酸　量取100ml浓盐酸用无铅水稀释至200ml。

(4) 酚红指示剂　0.1%酒精溶液。

(5) 20%盐酸羟胺溶液　取20g盐酸羟胺，加水溶解至约50ml，加2滴酚红指示剂，用1∶1氨水调至pH8.5～9.0(由黄变红，再多加2滴)，用双硫腙－三氯甲烷溶液提取至三氯甲烷层绿色不变为止。再用三氯甲烷洗2次，弃去三氯甲烷层，水层加6mol/L盐酸至呈酸性，加无铅水稀释至100ml。

(6) 20%柠檬酸铵溶液　称取50g柠檬酸铵，溶于100ml水中，加2滴酚红指示剂，用1∶1氨水调至pH8.5～9.0，用双硫腙－三氯甲烷溶液抽提数次，每次10～20ml，至三氯甲烷层绿色不变为止。弃去三氯甲烷层，再用三氯甲烷洗2次，每次5ml。弃去三氯甲烷层，水层用无铅水稀释至250ml。

(7) 10%氰化钾溶液。

(8) 三氯甲烷(不应含氧化物)　量取10ml三氯甲烷，加入25ml煮沸冷却的水，振摇3min，静置分层后取10ml水层。加数滴15%碘化钾溶液和淀粉指示剂，振摇后应不显蓝色为合格。否则应处理，方法如下: 用体积比为1/10的20%硫代硫酸钠溶液在分液漏斗中洗涤三氯甲烷。再用水洗后加入无水氯化钙脱水，进行蒸馏，弃去最初1/10馏出液，收集中间馏出液备用。

(9) 淀粉指示剂 0.5%溶液，现配。

(10) 1%硝酸 量取1ml硝酸，加无铅水稀释至100ml。

(11) 双硫腙溶液 0.05%三氯甲烷溶液，于冰箱中保存，必要时用下述方法纯化。

称取0.5g研细的双硫腙，溶于50ml三氯甲烷中。如不能完全溶解，可用滤纸过滤于250ml分液漏斗中，用1∶99的氨水提抽3次，每次100ml，将水层用棉花过滤至500ml分液漏斗中，用6mol/L盐酸调至酸性，将沉淀出的双硫腙用三氯甲烷提取2～3次，每次20ml，合并三氯甲烷层，用等量水洗涤，弃去洗涤液，在50℃水浴上蒸除三氯甲烷，精制的双硫腙置硫酸干燥器中备用。或将沉淀出的双硫腙用200、200、100ml三氯甲烷提取3次，合并三氯甲烷层为双硫腙溶液。

(12) 双硫腙使用液 吸取1.0ml双硫腙溶液，加三氯甲烷至10ml。用1cm比色杯，以三氯甲烷为空白调节零点，于波长510nm处测吸光度(A)。用下式计算出配制100ml双硫腙使用液(70%透光率)所需双硫腙溶液V(ml)。

$$V=\frac{10(2-\lg 70)}{A}=\frac{1.55}{A}$$

(13) 铅标准溶液 准确称取硝酸铅0.1598g，加10ml 1%硝酸，全部溶解后，移入100ml容量瓶中，加无铅水稀释至刻度。此溶液含铅量为1mg/ml。

(14) 铅标准使用液 吸取1.0ml铅标准溶液，于100ml容量瓶中，加无铅水稀释至刻度，其浓度为10μg/ml铅。

3. 仪器

分光光度计。

4. 操作方法

(1) 样品消化 吸取20.0ml酒样于250ml定氮瓶中，加数粒玻璃珠。先用小火加热除去酒精，再加5～10ml浓硝酸混匀后，沿壁加入浓硫酸10ml，放置片刻。用小火加热，待作用缓和，放冷。再沿壁加入10ml浓硫酸。再加热，至瓶中液体开始变成棕色时，不断沿壁滴加浓硝酸至有机质分解完全。再加大火力，至产生白烟，溶液呈无色或微黄色后，放冷。

加20ml水煮沸，除去残余的硝酸至产生白烟为止。如此处理2次。放冷后移入100ml容量瓶中，用无铅水洗涤定氮瓶，洗液并入容量瓶中。放冷、定容至刻度，混匀。

用与消化酒样同量的硝酸－硫酸，按同样方法做试剂空白试验。

(2) 测定 吸取酒样消化、定容的溶液和空白液各10ml，分别置于125ml分液漏斗中，各加水至20ml。

吸取0.00、0.10、0.20、0.30、0.40、0.50ml铅标准使用液(相当0、1、2、3、4、5μg铅)，分别置于125ml分液漏斗中，各加1%硝酸溶液至20ml。

于试样、空白和铅标准液的分液漏斗中各加2ml 20%柠檬酸铵溶液，1ml 20%的盐酸羟胺溶液和2滴酚红指示剂，用1∶1氨水调至红色。再各加2ml 10%氰化钾溶液，混匀。各加10.0ml双硫腙使用液，剧烈振摇1min，静置分层后，把三氯甲烷层经脱脂棉滤入1cm比色杯中，以零管调节零点，于波长510nm处测吸光度，绘制标准曲线比较。或用目测法比较。

5. 计算

$$x=\frac{(m-m_0)\times 1000}{V\times\frac{V_2}{V_1}\times 1000}$$

式中 x——酒样中铅的含量(mg/L)

m——测定酒样消化液中铅的质量(μg)

m_0——试剂空白液中铅的质量(μg)

V——取酒样体积(ml)

V_1——酒样消化后定容总体积(ml)

V_2——测定用消化液体积(ml)

(二) 原子吸收分光光度法

1. 原理

酒样消化处理后，导入原子吸收分光光度计中，原子化后，吸收283.3nm共振线。其吸收量与铅含量成正比。可与标准系列比较定量。

2. 试剂和溶液

要求使用去离子水，优级纯或高级纯试剂。

(1) 6mol/L硝酸　取38ml浓硝酸，加水稀释至100ml。

(2) 0.5%硝酸　取1ml浓硝酸，加水稀释至200ml。

(3) 10%硝酸　取10.5ml浓硝酸，加水稀释至100ml。

(4) 0.5%硫酸钠溶液。

(5) 石油醚。

(6) 铅标准溶液　精密称取金属铅(99.99%)1.0000g，分次加入6mol/L硝酸(总量不超过37ml)。使铅溶解后移入1L容量瓶中，再用水稀释至刻度。此溶液铅含量为1mg/ml。

(7) 铅标准使用液　准确吸取10.0ml铅标准液，于100ml容量瓶中。用0.5%硝酸稀释至刻度后摇匀。再从中吸取1.00ml于100ml容量瓶中，用0.5%硝酸稀释至刻度。此溶液每1ml相当1μg铅。

3. 仪器

原子吸收分光光度计。

所应用的玻璃仪器均以10%～20%硝酸浸泡24h以上，用水反复冲洗。最后用无铅(去离子)水冲洗，晾干后方可使用。

4. 测定方法

吸取2.0ml双硫腙分析法中消化后的定容溶液，于100ml容量瓶中。用0.5%硝酸稀释至刻度，摇匀后备用。

吸取0.00、0.50、1.00、2.00、3.00、4.00ml铅标准使用液(1μg/ml)，分别置于100ml容量瓶中，用0.5%硝酸稀释至刻度，摇匀。铅的质量分别为0、5、10、20、30、40ng。

把试样、试剂空白液和标准系列液分别导入火焰进行测定。测定条件：灯电流7.5mA，波长283.3nm，狭缝0.2nm，空气流量7.5L/min，乙炔流量1L/min，灯头高度3mm，灯背景校正(或根据仪器型号，调至最佳条件)。以铅浓度对吸光度绘制标准曲线。

5. 计算

$$x=\frac{(\rho-\rho_0)\times V_1\times 1000}{V\times 1000\times 1000}$$

式中 x——酒样中铅的含量(mg/L)

ρ——测定试样中铅的含量(ng/ml)

ρ_0——试剂空白中铅的含量(ng/ml)

V_1——酒样消化后定容总体积(ml)

V——取酒样体积(ml)

(三) 点滴试验法

测铅用经典的双硫腙法和先进的原子吸收法。其灵敏度、精确度均无可比拟。但仪器和技术条件要求均高，某些工厂尚不具备。点滴法是一种半定量方法，作为生产上一般检查较简易可行。

1. 原理

玫瑰红酸钠(sodinm rhodizonate)的黄色水溶液在中性或弱酸性条件下，与铅生成玫瑰红酸铅的有色沉淀，反应很灵敏。其极限检出量为1μg。在pH3时玫瑰红酸钠也能与Ti^+、Ag^+、Cd^{2+}、Ba^{2+}和Sn^{2+}等生成有色化合物。但其灵敏度都较低，且其中Ti^+、Ag^+、Cd^{2+}和Ba^{2+}在白酒中不可能大量存在。Sn^{2+}只有在10mg/L浓度时才有微红黑色斑点出现。Cu^{2+}浓度在500mg/L时开始能改变试剂，产生红色，一旦加入醋酸后红色即行扩散，不生成色斑。因此该法具有一定的可靠性。

2. 试剂和溶液

(1) 玫瑰红酸钠显色剂饱和溶液 称取约0.02g玫瑰红酸钠溶于10ml水中。试剂应新配，不能超过半天。

(2) 0.1mol/L醋酸(pH2.9) 取6ml 98%的醋酸溶于水，并稀释至1L。

(3) 标准铅液 称取0.1598g硝酸铅，用0.1mol/L醋酸溶解，摇匀并稀释至1L。

(4) 标准铅使用液 吸取10.0ml标准铅液，用0.1mol/L醋酸稀释至100ml。此溶液浓度为1ml含铅10μg。

(5) 所用水为去离子水。

3. 仪器设备

(1) 层析滤纸 大张滤纸，要求纤维组织均匀，扩散速度适当，空白试验无杂质色斑。裁成6cm×6cm使用。

(2) 注样器 50μl微量注射器。

4. 测定方法

(1) 试样处理 吸取10.0ml酒样于25ml玻璃蒸发皿中，在水浴上蒸干。如固形物多，可加2滴过氧化氢再蒸干。然后准确加入1ml 0.1mol/L醋酸，略温热，使之溶解后备用。

(2) 点样显色 在6cm×6cm滤纸片中央，先滴上1滴(约0.05ml)玫瑰红酸钠溶液。待溶液渗入滤纸后，用50μl微量注射器吸取40μl试样处理液(1)，分2次注在滤纸片中央。待扩散后，再加上1滴0.1mol/L的醋酸。若有铅，即显出紫玫瑰色斑点。同时用铅标准使用液像酒样处理液一样操作，显色并进行比较。若试样色斑浅于铅标准使用液的色斑，说明酒样中含铅量低于1mg/L。

(3) 定量　为测定酒中铅的确切含量，可吸取铅标准使用液9.0、8.0、7.0、6.0、5.0ml，分别置于10ml容量瓶中，用0.1mol/L醋酸定容至刻度。其浓度分别为每1ml含铅9,8,7,6,5μg。点样显色同上，若与试样斑点色泽相同，则酒中含铅量分别为0.9,0.8,0.7,0.6,0.5mg/L。

注：按本法操作，酒样含铅量为0.5mg/L时刚能显色。如含量小于0.5mg/L的酒，需求其铅含量时，可在处理酒样时多取样品。在酒中含铅量过大，超过1mg/L时，可用0.1mol/L醋酸将酒样处理液进行适当稀释。

本法样品处理为醋酸直接浸出固形物中铅的简单办法。白酒中铅的来源系酒中酸类溶出设备中铅所致，且白酒中固形物含量较少。作者(原内蒙古轻工化工科学研究所曾祖训)从实际出发，曾与500℃干灰化后的双硫腙法进行比较，共测定25个不同厂子的酒样，结果基本一致。

九、糠醛测定

白酒中糠醛由多缩戊糖热分解生成，也是香味成分之一，在酱香、芝麻香型酒中含量较高。

1. 原理

糠醛与盐酸苯胺反应生成樱桃红色物质，用比色法测定。

首先苯胺与盐酸反应生成盐酸羟胺［反应式(1)］。然后再与糠醛反应、脱水后呈色［反应式(2)］。

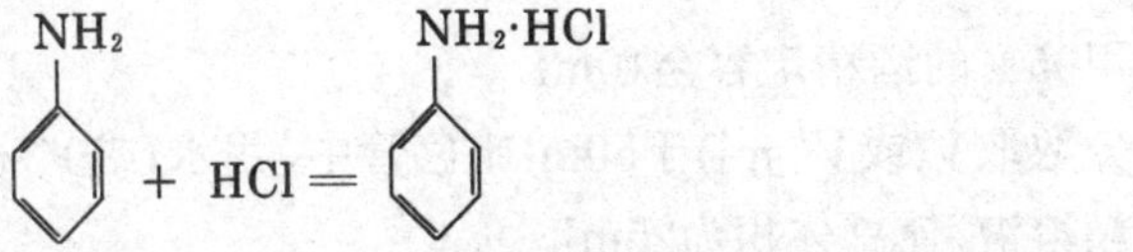
(1)

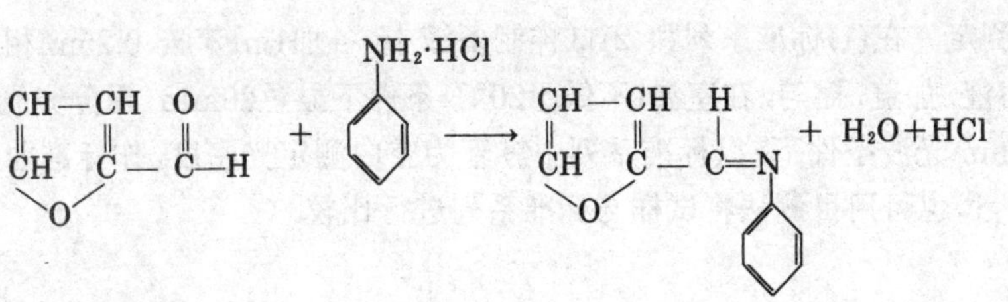
(2)

2. 试剂和溶液

(1) 相对密度为1.125的盐酸溶液　取浓盐酸350ml，用水稀释至500ml。

(2) 苯胺　应为无色，否则重新蒸馏，收集沸点为184℃馏出物，贮于棕色瓶中。

(3) 体积分数为50%的酒精溶液。

(4) 标准糠醛溶液　若糠醛易氧化变成黑色，则需重新蒸馏，收集沸点为162℃馏出液，于棕色瓶中保存。准确吸取0.870ml新蒸馏的糠醛，用50%的酒精定容至100ml，每1ml含10mg糠醛。

(5) 标准糠醛使用液　吸取1.00ml标准糠醛溶液，用50%的酒精稀释至100ml，每1ml含糠醛100μg。

3. 仪器

分光光度计。

4. 测定方法

(1) 标准系列管制备　取6支50ml比色管分别注入标准糠醛使用液0.0,0.10,0.20,0.30,0.40,0.50ml,用50%的酒精稀释至25ml。其糠醛含量分别为0,10,20,30,40,50μg。

(2) 试样制备　糠醛与盐酸苯胺呈色反应的灵敏度与酒精含量有关,故试样管的酒精含量应与标准系列保持一致。当酒样酒精含量大于50%时,应用水先稀释至50%,酒样体积计算如下:

$$V=\frac{10\times 50}{\text{酒样的酒精体积分数}}$$

式中　V——吸取酒样体积(ml)

10 ——将酒样稀释至10ml

50 ——酒样稀释后的酒精体积分数(%)

测定时取Vml酒样加水稀释至10ml。

若酒样的酒精体积分数低于50%时,则取一定量酒样加95%酒精,使试样的酒精体积分数达到50%。酒样体积V'计算式如下:

若原酒样的酒精体积分数为35%,则:

$$10\times 50=35\times V'+95(10-V')$$

$$V'=\frac{950-500}{95-35}=7.5(\text{ml})$$

测定时取V' ml酒样,用95%的酒精定容至10ml。

根据酒样的酒精体积分数取V(或V' ml)于50ml比色管中,用水(或95%酒精)稀释至10ml。再加15ml 50%的酒精溶液,使总体积为25ml。

(3) 显色测定　在(1)标准系列和(2)试样制备液中,各加1ml苯胺、0.25ml相对密度为1.125的盐酸溶液,加盖,摇匀。在室温(不低于20℃)条件下显色20min,用分光光度计1cm比色杯,在510nm光波条件下,以标准系列中零管为空白测定光密度,作标准曲线测定酒样中的糠醛含量。也可用目测法将试样与标准系列进行比较。

5. 计算

$$x=\frac{m}{V}$$

式中　x——酒中糠醛含量(μg/ml,即mg/L)

m——试样管与标准系列中色泽相当的管中糠醛质量(μg)

V——酒样体积(ml)

第五章　气相色谱法基本原理

第一节　气相色谱原理和流出曲线

一、气相色谱原理

(一) 色谱法的产生及其发展

色谱法是1906年俄国植物学家茨维特首先提出的。他在研究植物叶的色素时，采用一根竖立的玻璃管，管内填充碳酸钙颗粒，把植物叶的浸取液加到柱的顶端，色素吸附在碳酸钙上，然后用石油醚冲洗，结果植物色素在玻璃管内分离成几个具有不同颜色的谱带。然后按谱带颜色，对混合物进行鉴定分析。当时，茨维特就把这种方法命名为色谱法，把这根玻璃管称为色谱柱。后来这种方法被广泛应用于无色物质的分离，而且也不是按分离后颜色来鉴定。例如，在工业上用于分离提纯产品等。虽然至今仍沿用色谱这个名词，但早已失去了它的原来含意。现在色谱法是指这样一种物理分离方法;使混合物中各组分在两相间进行分配，其中一相是不动的，组成固定床，叫做固定相;另一相是推动混合物流过此固定相的流体，叫做流动相。当流动相中所含有的混合物经过固定相时，就会与固定相发生相互作用。由于各组分性质与结构不同，相互作用的大小、强弱也有差异。因此在同一推动力作用下，不同组分在固定相中的滞留时间有长与短之分，从而按先后不同的次序从固定相流出。这种借两相间分配(或吸附)原理而使混合物中各组分获得分离的技术，称为色谱分离技术或色谱法。

将吸附色谱应用于气体混合物的分离，在40年代已经开始了。这是以活性炭或硅胶为吸附剂——固定相，以气体(CO_2)为流动相的气固色谱，分析了H_2、CH_4、CO、C_2H_4、C_2H_6等混合气体。由于当时吸附剂的种类较少，使这类气体分析法的用途受到局限。1952年末，杰姆斯和马丁首次提出气液色谱分析的论文，固定相可用各种性质不同的固定液制成，从而应用范围扩大，几乎沸点高达350℃的挥发性化合物都能用此法分离、鉴定和定量。

气相色谱分析是采用气体作为流动相的一种层析法，40多年来发展迅速，已成为色层分析法中的独立分支——气相色谱学。

气相色谱的发展大体上分为三个阶段:

第一阶段，从1952年至1958年由马丁等人从事理论的研究，并有热导池检测器到毛细管色谱的出现。

第二阶段，从1958年至1960年色谱仪的性能得以提高，并商品化。

第三阶段，从60年代至今，填充色谱逐步普及，仪器的微机处理化开始，毛细管色谱的复兴和发展，以及联合仪器的应用。

特别是进入90年代以来，随着毛细管色谱技术的日趋成熟，高效和交联键合柱的出现，使毛细管色谱有了新的发展。

随着气相色谱的发展，在白酒香味成分的研究上不断取得了新进展。如，四川省食品研究所张秀琴首次用自制DNP－Tween 60m×0.3mm毛细管柱，直接进样法测定了白酒中的27种组分。西北大学樊少英等采用氰基交联柱直接进样测定了白酒中35种成分的含量。兰州化物所梁冰等采用FFAP交联柱结合在线预柱浓缩装置直接进样法，分离出白酒中近60种组分，定性44种，部分作了定量。中国食品发酵研究所以胡国栋为首的研究人员对白云边酒、景芝白干酒和四特酒香味成分的研究卓有成效而引人注目。他们重视了白酒微量成分量比关系的作用，解决了毛细管柱直接进样法对醇、酯、酸、醛酮的定量问题，先后用PEG20M和FFAP毛细管柱分析，前者一次进样，分析了白酒中60多种组分。对其中14种醇类、13种酯类、8种酸类、7种羰基化合物、1种缩醛类、1种吡嗪，共44种化合物进行了定量测定。应用FFAP键合毛细管柱直接进样并采用三内标的定量方法，可对包括有机酸和高级脂肪酸乙酯在内的57种组分进行定量测定。该柱与PEG20M交联柱相比，更适用于白酒香味成分的直接进样分析。

气相色谱在白酒行业的应用，对剖析白酒香味成分，确定主体香味成分和特征成分以及区分香型和勾兑调味微机化，促进白酒质量的提高起到了巨大的作用。

(二) 气相色谱法的特点

在气相色谱中，由于以气体为流动相，物质在气相中传递速度快，故气态样品中各组分与固定相相互作用可达10^3～10^6次，而且用作固定相的物质种类较多，混合物通过气相色谱分析，各组分可以得到良好的分离，再通过检测装置鉴定，即可给出定性和定量结果。气相色谱法有如下特点：

1. 高效能

一般填充柱都有几千块理论塔板，毛细管柱可达10^5～10^6块理论塔板，因而可以分析沸点十分相近的组分和极为复杂的多组分混合物。例如，用毛细管柱一次可分析白酒中100多个组分。

2. 高选择性

固定相对性质极为相似的物质，如同位素、异构体等有较强的分离能力。主要是通过高选择性的固定液，使各组分间分配系数有较大差异而达到分离的目的。如苯沸点80.1℃、环已烷沸点80.8℃，可通过高选择性固定液分离。

(1) 利用硅油为固定液　可将苯与环已烷分离，苯峰在环已烷峰之前。

(2) 利用苄基联苯为固定液　可将苯和环已烷峰变换位置，即苯峰在环已烷峰之后。以此作出定性结果。

3. 高灵敏度

目前使用高灵敏度检测器可以检测出10^{-11}～10^{-13}g物质。因此，在痕量分析中，可测出超纯气体、高分子单体、高纯试剂中1mg/L～1μg/L的杂质。如农药残留量分析中，可以测出农副产品、食品和水质中mg/L～μg/L级的卤、硫、磷化合物。使用电子获捕检测器测定出有机氯残留量，检出限量可达10^{-11}g。使用火焰光度检测器可测定出有机硫和磷残留量。

4. 分析速度快

一般分析一次的时间在几分钟到几十分钟，某些快速分析，1s可分析7个组分。若用电子计算机控制色谱分析，则可使色谱分析及数据处理全部自动化，速度就能大大加快。

5. 应用范围广

气相色谱可以分析气体、液体和固体，不仅是有机物，也可以分析无机物，还可以分析高分子和生物大分子，而且其应用范围日益扩大。

(1) 一般易于挥发的有机物　可直接进样分析。对于那些不挥发易分解的物质，可用化学转化法生成挥发性稳定的衍生物后进行分析。

(2) 无机物　可转化成金属卤化物、金属螯合物再进行分析；对于无机酸如硫酸、磷酸等，可与硅酯化试剂生成硅酯衍生物后进行分析。

(3) 高分子或生物大分子　可用裂解色谱法，分析其裂解产物。

(4) 制备色谱　已用于制备99.99%的超纯试剂。

(5) 工业色谱　广泛应用于化工厂的工艺流程指示和控制。

(三) 气相色谱分离原理

1. 气固色谱

气固色谱中的固定相是一种具有表面活性的吸附剂。当样品随着载气流过色谱柱时，由于吸附剂对各组分吸附能力不同，故经过反复多次吸附和解吸过程，最后可以彼此分离。吸附能力小的先随载气流出色谱柱，吸附能力大的后流出色谱柱，从而将各组分分开。

气固色谱中的固定相一般是活性炭、硅胶、氧化铝、分子筛和多孔高分子微球等。种类不多，一般在高温下有催化活性，使气固色谱应用范围受到限制，很少用于高沸点物质分析。对永久性的气体分析较为适宜。

以多孔高分子微球GDX－102(60～80目)固定相的气固色谱用于白酒甲醇和高级醇分析，已列入白酒试验方法的国家标准。它可替代测定甲醇和杂醇油的化学法。

2. 气液色谱

气液色谱是在色谱柱中装入一种具有一定粒度的惰性的多孔固定物质(称为担体或载体)。其表面涂有一层很薄的不易挥发的高沸点有机化合物(称为固定液)。当载气把被分析的气体混合物带入色谱柱后，由于各气体组分在载气和固定液膜的气液两相中的分配系数(在一定的压力、温度条件下，物质在两相中溶解度的比值)不同，所以载气向前流动时，样品各组分从固定液中解析的能力不同。当解析出来的组分随着载气往前移动的时候，又再次溶解在前面的固定液中。这样反复地溶解、解析、再溶解、再解析多次地进行分配，有时可达上百万次。各组分由于分配系数的差异，移动速度就有快慢之分。在固定液中溶解度越小的，移动速度越快；反之溶解度越大的，则移动速度越慢。这样在色谱柱出口就可将各组分分离出来，从而对各组分分别进行测定。

从色谱柱流出的组分进入检测器将各组分的浓度(或质量)转换成电信号，经放大器由记录仪或数据处理机记录下来，得到色谱峰图。如果各组分在色谱柱上得到完全分离，则各个组分有一个相应的色谱峰。根据保留时间或相对保留值可进行定性，根据峰面积可进行定量。

气液色谱广泛应用于化学工业、医学、生物化学、食品和发酵工业以及环境保护等各个领域。在白酒香味成分的分析和研究中也广为应用。

毛细管气相色谱的分离原理与填充柱气相色谱是相同的(见第九章第三节)。

二、气相色谱的流出曲线

试样中的组分经色谱柱分离后,随载气流出色谱柱,在不同时间流出物中的组分和浓度不同,经检测器产生信号,反映在记录仪上。以流出物中各组分及其浓度变化(信号)为纵坐标,以流出时间为横坐标,这种曲线称为色谱流出曲线,又称为色谱峰。如图3-5-1所示。

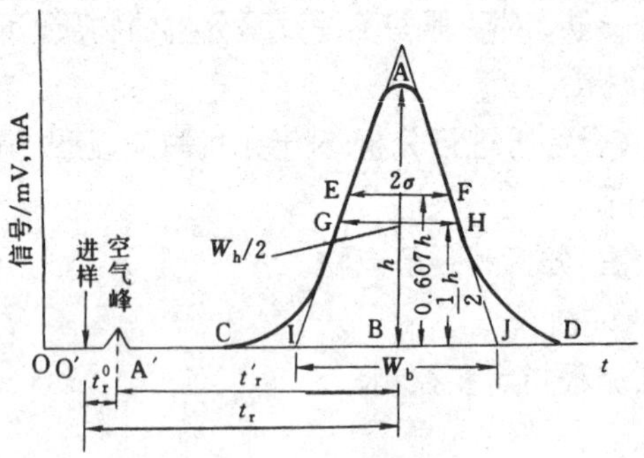

图 3-5-1 色谱流出曲线

1. 基线

当没有样品进入检测器时,在实验操作条件下,反映检测器所给的信号(称为噪声)随时间变化的线,称为基线。如图3-5-1中Ot段。稳定的基线是一条直线。它是测量的基准,也是检查仪器是否正常的指标之一。

2. 组分的保留值

保留值是表达组分在色谱柱内滞留的时间,可作为组分的定性指标。保留值有多种表示方法。

(1) 死时间、保留时间、校正保留时间

① 死时间(t_r°): 指不被固定相吸附或溶解的气体进入色谱柱到出现浓度极大点的时间。如图3-5-1中的O′A′段。它等于色谱柱长L和载气线速度$\bar{u}$之比。

$$t_r^{\circ}=\frac{柱长}{载气线速度}=\frac{L}{\bar{u}}$$

式中 t_r°——死时间(s)

L——柱长(cm)

$\bar{u}$——载气线速度(cm/s)

载气线速度的求出,按如下公式:

$$\bar{u}=\frac{L}{t_r^{\circ}}$$

死时间的测定方法: 以氢火焰检测器用甲烷测定死时间。热导检测器用空气测定死时间。一般可用最轻的有机溶剂(乙醚或丙酮)测定。

以氮作载气,线速度为10~12cm/s,最佳使用的线速度为12~15cm/s。

以氢作载气,线速度为25~30cm/s,最佳使用的线速度为30~40cm/s。

② 保留时间(t_r): 指从被分析样品进入色谱柱起到出现浓度极大点(色谱峰最高点)的时间。如图3-5-1中的O′B段。

③ 校正保留时间(t_r'): 指扣除死时间后组分的保留时间。如图3-5-1中A′B段。

$$t_r' = t_r - t_r^{\circ}$$

(2) 死体积、保留体积、校正保留体积

① 死体积(V_R°): 指色谱柱内气相的体积。可由死时间(t_r°)和校准后的体积流量(F_c')来计算。

$$V_R^{\circ} = t_r^{\circ} F_c'$$

式中F_c'色谱柱内气体平均体积流量,即载气流速(ml/min)。

② 保留体积(V_R): 指被分析样品从进样开始到出现组分浓度极大点时所通过的载气体积。

$$V_R = t_r F_c'$$

③ 校正保留体积(V_R'): 指扣除死体积后的保留体积。

$$V_R' = V_R - V_R^{\circ} = t_r' F_c'$$

(3) 比保留体积(V_g)　在0℃时,1g固定液的校正保留体积,称为比保留体积。

$$V_g = \frac{273}{T_c} \times \frac{V_R'}{m_s}$$

式中　T_c——色谱柱的绝对温度(°K)

m_s——固定液的质量(g)

V_R'——校正保留体积(ml)

(4) 相对保留值(r_{is})　组分的校正保留值与标准物的校正保留值之比称为相对保留值。它又等于两物质分配系数K之比。它是一个无因次量。

$$r_{is} = \frac{t'_{r(i)}}{t'_{r(s)}} = \frac{V'_{R(i)}}{V'_{R(s)}} = \frac{V_{g(i)}}{V_{g(s)}} = \frac{K_i}{K_s}$$

式中　i——代表组分

s——代表标准物

当使用t_r、t_r'或V_R、V_R'作组分定性指标时,必须对系统的死体积和色谱柱压力降进行校正。否则,由于实验条件、设备等不同,同一物质会有不同的保留值。为了省略校正工作,一般采用相对保留值。

在一定的实验条件下,保留体积或保留时间为某一物质的特性,作为定性依据。

3. 区域宽度

色谱流出曲线是色谱分析的主要根据,利用它可解决以下几个问题。

(1) 色谱峰的位置　它决定于物质的性质,可作色谱定性。如保留时间是色谱中的定性指标。

(2) 色谱峰的高度或面积　它是组分浓度或质量的量度。峰高或峰面积是色谱的定量指标。

(3) 利用色谱峰的位置及其宽度对色谱柱的分离情况进行评价　区域宽度的大小是色谱流出曲线中的一个重要参数。它反映了物质在色谱柱中的运动状态。在实际工作中,希望流出曲线的峰形越窄越好。

① 标准偏差(σ): σ为在0.607倍的峰高时色谱峰宽的一半。如图3－5－1中EF的一半。

② 峰宽

1) 半宽度：指峰高一半处色谱峰的宽度。如图3－5－1中的GH。由于半宽度容易量度，因而一般用半宽度表示区域宽度。以$W_h/2$表示。

2) 峰宽度：指通过流出曲线拐点所作三角形在基线上的截距。如图3－5－1中的IJ，以W_b表示，它与标准偏差的关系为：

$$W_b = 4\sigma$$

第二节　色谱柱效率和分离度

一、色谱柱效率

在气相色谱中，样品中各组分的分离效果主要取决于色谱柱的分离效能。它常用三种量度表示，即塔板数、塔板高度和分离度。

1. 理论塔板数和理论塔板高度

气相色谱中有一种半经验的“塔板”理论，即把色谱柱比作一个分馏塔，每个塔板的间隔内，样品在气液两相中达到分配平衡，最后挥发度大的组分与挥发度小的组分彼此分离，挥发度大的组分先由塔顶(即柱后)逸出。因此，塔板数越多，表明色谱柱效率越高。尽管“塔板”这个概念并不完全符合色谱柱的分离过程，但能说明分离过程中的一些问题，所以至今仍被广泛应用。

计算理论塔板的经验公式如下：

$$n=\left(\frac{t_r}{\sigma}\right)^2=5.54\left(\frac{t_r}{W_h/2}\right)^2=16\left(\frac{t_r}{W_b}\right)^2$$

式中n为理论塔板数，它与组分保留值和区域宽度有关。同一色谱柱对不同物质可以有不同的理论塔板数。

常常又使用相当于一个理论塔板的高度(HETP)简称H值来表达色谱柱的效能。

$$H=\frac{L}{n}$$

式中　H——理论塔板高度(mm)

L——色谱柱长(mm)

n——理论塔板数

显然，H值越小或n越大，则表示色谱柱效越高。

在实际工作中，载气的柱效按以下排列：

$$N_2 < He < H_2$$

2. 有效塔板数和有效塔板高度

理论塔板数(n)与理论塔板高度(H)并不能充分反映出色谱柱的实际效能。因为这里没有考虑死时间或死体积的存在带来的影响，所以有时计算出来的n尽管很大，H很小，但色谱柱表现出来的实际分离效能并不好。特别是对于流出色谱柱较早的那些组分更是如此。因此，进一步提出了有效塔板数($n_{有效}$)和有效塔板高度($H_{有效}$)作为衡量柱效率的指标。

其计算公式为:

$$n_{有效}=\left(\frac{t_r'}{\sigma}\right)^2=5.54\left(\frac{t_r'}{W_h/2}\right)^2=16\left(\frac{t_r'}{W_b}\right)^2$$

$$H_{有效}=\frac{L}{n_{有效}}$$

从分析角度来说，人们要求在最短时间内得到最佳的分离效果，这就要用具有最小($H_{有效}$)值和较大($n_{有效}$)值的色谱法。如果要比较色谱柱的效率，必须把操作条件固定下来，用同一物质通过不同的色谱柱，从所得的色谱峰计算出塔板数进行比较。n大的柱效率高。

二、分　离　度

1. 分离度是判断色谱柱好坏的较好尺度

用色谱柱效率来判断色谱柱的好坏还不完全。因为色谱柱的作用在于把混合物分离成单个组分，因而组分分离的好坏就成为判断色谱柱好坏的另一个较好尺度了。这可用分离效率(R)或称分离度表示。其定义为相邻两个峰的保留时间差与其各自半宽度之半之和的比值。

$$R=\frac{t_{r(2)}-t_{r(1)}}{\frac{1}{2}W_h/2_{(1)}+\frac{1}{2}W_h/2_{(2)}}$$

式中　$t_{r(2)}$和$t_{r(1)}$分别为2号色谱峰和1号色谱峰的保留时间。R值越大，相邻两组分的分离越好。

从图3－5－2可见，当$R=0.5$时，两峰仍互相重叠;$R=0.75$时，两峰开始分离，但交点在半峰高以上;$R=1.0$时，两峰已基本分开，效果较好;$R=1.5$时，分离效果最好;当$R=2.0$时，两峰完全分离，但分离时间长。在实际工作中，R应多大合适，要决定于分离目的。如需要收集纯度高的组分时，要求R值大些为好。在定量分析时，R值在1左右就可以进行定量计算了。

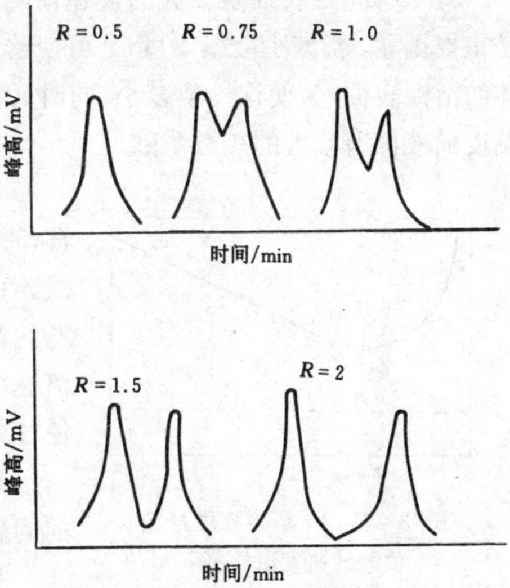

图 3－5－2　色谱的分离度

2. 如何获得最佳的分离度

(1) 改善和控制影响分离度的有关参数

根据:

$$R=\frac{1}{5.54}\sqrt{n}\ \frac{r_{is}-1}{r_{is}}\ \frac{K}{1+K}\text{或}$$

$$R=\frac{1}{5.54}\sqrt{\frac{L}{H}}\ \frac{r_{is}-1}{r_{is}}\ \frac{K}{1+K}$$

以上方程式为我们提供了影响分离度的有关参数，因而在实际工作中加以控制。

① 控制相对保留值r_{is}：为获得较大的分离度，希望有一个较大相对保留值r_{is}。即被分离的两组分校正保留值有较大差异。也就是说，所选择的固定相显示出两组分有较大的选择性。

② 控制分配比例K：要求分配比例K尽可能大。根据组分保留时间与K有关，K值增大，保留时间也增大。但在实际工作中往往要求在较短时间内完成分离，因而不允许K值太大。实验证明，K值在1.5～5.0较为合适。

③ 控制理论塔板数n：R随n增大而增大。由于$n=L/H$，所以增加L能增大n值。但L增大必然引起保留时间增加，同时使分析时间延长。实验证明，若需R值提高1倍，要把柱长增加4倍。这样使分离时间增加到8倍。因此，增加柱长并非是增加分离度的好办法。

为增加理论塔板数n(或减小塔板高度H)，在固定液已选定的前提下，应从制备更好的柱子和选择更合适的操作条件着手。

范底姆特(Van Deemter)等假设在气相色谱分析过程中，样品分子在气液两相中的平衡浓度是成比例的(即分配等温线是线性，分配系数K是常数)，且载体无吸附作用，则塔板高度有以下因素构成。

$$H=A+B/\bar{u}+C\bar{u}$$

1) A项：称为涡流扩散项。 气流碰到柱内填充物颗粒时，不断改变流动方向，使组分在气相中形成紊乱的类似涡流状态的流动。涡流扩散严重时，峰扩张，柱效降低。为要减小A项，颗粒直径宜小(但又不能太小，致使气体流经柱子时压降太大)，粒度均匀就较易填充均匀。若采用空心的毛细管柱，则A项为零。

2) 纵向扩散项：因B值与组分在载气中扩散系数有关，故为使B值较小，可选用扩散系数较小的气体如氮气作载气。然而在实际工作中，由于载气流速($\bar{u}$)较大，B值对H值的影响可减小。

3) 传质项：传质阻力大时使色谱峰扩张。在选择较高载气流速的情况下，这项对H值是重要因素。若减小液膜厚度C，可使这一项减小。液膜厚度的最低限度是能完全覆盖载体的活性表面。为使这一项减小，同时又要求组分在固定液中扩散系数较大。一般来说，低粘度的液体有较大的扩散系数。

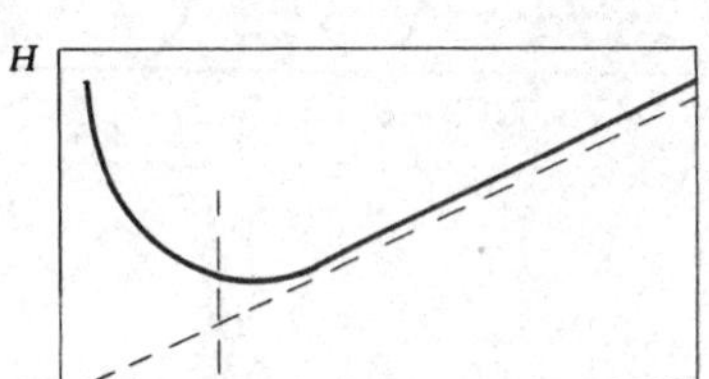

图 3-5-3 塔板高度H与载气线速度$\bar{u}$的关系

从2)、3)项中可看出，载气平均线速度与塔板高度H有关。图3-5-3中曲线表明，对于最低H值有一最佳线速($\bar{u}_{最佳}$)，但实际上气相色谱分析常常在最佳值大一些的流速下操作。这样可减少分析时间，而且曲线在高流速方面比较平坦，虽然使用大于最佳值的流速仍可使柱效损失较小。

综上所述，气相色谱的分离原理概括为两个方面的问题：

第一，物质在气液两相间的分配过程，与分配系数、被分析的物质和两相的分子结构及性质有关。即所谓色谱的热力学过程。它通过色谱峰出现的时间即保留值反映出来。两物质的保留时间相差越大，则分离效果越好。

第二，物质在色谱柱中的运动情况，与物质在气相中扩散与在液相中传质有关。即所谓色谱的动力学过程。它通过色谱峰的区域宽度反映出来。区域宽度越小，则分离效果越好。

(2) 改善和提高色谱柱分离度的具体措施　在白酒气相色谱分析中，改善和提高色谱柱的分离度是非常重要的问题，它决定于分析结果的准确度。为改善混合柱的分离度，文献报道、提供了很多好经验。具体措施如下。

① 使用吸附性低的高效白色载体。白酒香味组分含量低，主要成分含量只有万分之一至千分之二，而又多是极性物质。要使这些微量香味组分得到良好分离，对色谱柱的载体要求很高。必须选用吸附性小的高效白色载体，如60～80目或80～100目的Chromosorb W(AW－DMCS)，Chromosorb　W－HP等。用这类载体制备的色谱柱，其理论塔板数能达到800～1000/m。乙醇大峰拖尾小，各成分分离好，有利于白酒分析。

② 色谱柱以细长些为好。通常的色谱柱内径有2mm、3mm、4mm几种。内径4mm的柱比2mm的柱在同等长度时，容积为后者的4倍。也就是需装入4倍量的固定相。虽然柱容量大可注入较多试样，但柱径大，使涡流扩散和纵向扩散的因素也加大，所以相对而言，分离效果不如细径柱好。常采用2mm的内径柱。

③ DNP与Tween的配比必须准确。DNP混合柱是在邻苯二甲酸二壬酯这种通用型固定液中加入一定比例的表面活性剂吐温(Tween60)配制而成的。吐温也是一种固定液，并有减小色谱峰拖尾的效果。若比例恰当，能使醇酯各峰得到良好的分离。因此，在制备色谱柱时要注意保持载体DNP与Tween的适当比例和准确称量。

④ 用程序升温来改善各组分的分离。白酒中各组分的沸点范围相差很大。采用恒温操作，柱温低时，高沸点成分出峰过慢；柱温高时，低沸点组分分离不好。如使用程序升温，例如起始温度65℃保持4min后，以5℃/min升温至105℃，则只有乙酸乙酯在乙醇峰的大尾上，正丙醇、仲丁醇、乙缩醛、异丁醇等都不受乙醇大尾的影响，分析的准确度能有所提高。

第六章　气相色谱仪

第一节　色谱仪的主要结构和流程

一、气相色谱仪的主要结构

一台先进的气相色谱仪，主要由分析系统、流量控制系统和电路控制系统组成。其中分析系统为色谱仪的主机，流量控制和电路控制系统为色谱仪的辅助设备。

1. 主机

主机包括进样器、色谱柱、检测器、恒温箱和气路连接装置等。通常把上述的装置均安装在主机上，构成色谱仪的分析系统。

2. 辅助设备

气相色谱仪除了主机以外，还有流量控制系统和电路控制系统。其中流量控制系统由装有载气、可燃气和助燃气的气瓶或专用装置组成。电路控制系统由温度控制、放大器、记录仪或数据处理机和稳压器等组成。这些辅助设备与主机构成气相色谱仪的完整、统一的整体。

在白酒气相色谱分析中常用的色谱仪有：惠普上海分析仪器厂生产的1102G、1890；上海计算技术研究所生产的Gc－920；四川分析仪器厂生产的Sc－6；山东藤州分析仪器厂生产的Sp－502；北京分析仪器厂生产的3400系列等。进口仪器有：日本岛津Gc－8A、Gc－14B；美国产的HP5890等。它们的共同特点是温控好，流量控制精密。

值得指出的是国产仪器价格便宜，适用于白酒常规色谱分析。如1102G是白酒专用色谱仪，装有单一的氢焰检测器，并用氢气作载气，简化了操作，还在一定程度上提高了分离效率。

二、气相色谱的一般流程

(一) 气相色谱流程示意图及分析系统

1. 气相色谱流程示意图

气相色谱仪是一种多组分混合物的分离分析仪器。它是以气体为流动相采用冲洗法的柱色谱技术。从结构上看，它又是一个载气连续运行，自动分离、检测(鉴定)和记录的体系。一般简化流程如图3－6－1所示。

从图3－6－1可见，载气由高压瓶供给，经减压阀，流速计控制流量后，以稳定的压力，精确的流速连续流过汽化室、色谱柱、检测器，最后放空。其中汽化室的作用是把液体或固

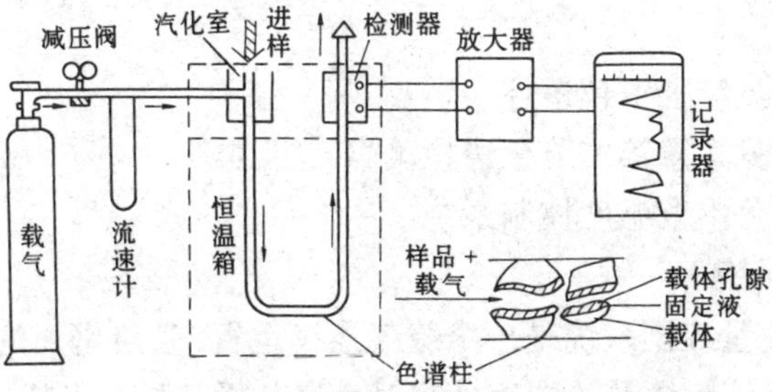

图 3-6-1　气相色谱仪流程示意图

体样品(先用溶剂溶解)瞬间汽化，被载气带入色谱柱内进行分离。色谱柱为一根金属或玻璃管子，内装固定相，起分离作用。检测器是一种检测的装置，它能把经色谱柱分离后载气中的组分浓度(或质量)转换为电信号。放大器是把检测器送来的微弱电信号放大，以带动二次仪表。记录器是把放大器的电信号自动记录下来。恒温箱又称色谱柱箱，是为色谱柱提供一个恒定的或程序改变的温度环境。

试样通常是用微量注射器以打针的方式注入汽化室，瞬间汽化后被载气带入色谱柱中进行分离。分离后各组分按顺序进入检测器，产生的电信号经放大后，由记录器自动记录下来，或直接连接色谱数据处理机或色谱数据工作站，自动打印分析结果。

2. 分析系统

(1) 进样控制　进样就是把气体或液体样品，快速定量地加到色谱柱头上进行色谱分离。进样量的大小、进样时间的长短、试样汽化速度和试样量等对色谱分离效率有较大影响。并对分析结果的准确度和重复性也有影响。

① 对汽化室的要求：为了使液体样品注入后能瞬间汽化，对汽化室总的要求是热容量大，死体积小，无催化效应(即不使样品分解)。操作时汽化室的温度应大于柱温。

② 采用柱上进样方式：为了避免试样的热分解和汽化室死体积对试样的稀释作用，用注射器将试样直接打到色谱柱头的固定相上。

柱上进样：要求柱子插入汽化室的加热区，柱内抠掉一些固定相，装入玻璃棉或石棉绒，以使注射器正好打到固定相上为宜。柱上进样对于填充柱、微型填充柱和毛细管柱效果良好。对于程序升温，其效果更好。

此外，还采用自动进样器进样，有利于提高进样的准确性和重复性，并提高工作效率。

③ 进样量：进样量太多，使色谱柱超负荷，色谱峰变宽(扁平)甚至变形(不对称)，使保留时间与面积的测量带来困难。适当减少进样量，可改变分离效率，一般进样量为μg量到mg量，液体样一般0.5～10μl，气体样0.5～5ml。注射样品的最佳体积，取决于色谱柱内径和固定液的涂敷量，一般根据实验确定。

进样量是否准确，对定量的重复性和准确性有较大影响。尤其是以外标法定量，对进样的准确性要求更高。

④ 进样速度：要求以“塞子”形式注入，一般要求在1s以内完成，否则峰形变宽、变形。同时，在进样过程中，插入、注射和拔出针头的时间要一致。

⑤ 要经常保持进样器的密封性能：经常检查硅橡胶垫是否漏气并注意更换。在更换

硅橡胶垫前，先用酒精洗净，干燥后方可进行。否则因硅橡胶的杂质带入色谱中，会干扰色谱的分离效果。

(2) 色谱柱 参见第七章色谱柱。

(3) 检测器 参见本章第二节色谱检测器。

(4) 恒温箱 参见本章温度控制系统。

(二) 流量控制系统

气相色谱仪的流量控制系统是一个载气连续运行、管路密闭的系统。它的气密性、载气流速的稳定性以及流量测量的准确性都对色谱分析结果有影响，需要严格控制。

1. 载气

(1) 气相色谱中常用的载气 有氢、氮、氦、氩气等。这些气体一般都由高压钢瓶供给，通常都要经过净化、稳压和测量流量。目前高纯氢发生器应用较为普遍。高纯氮发生器也逐步在应用中。

在恒温色谱中，色谱柱的渗透性并不改变。因此用一个稳压阀，就可使柱的进口压恒定、流速稳定。这样在一定的温度下，恒定的流速将在特定的时间内把组分冲洗出来。

至于选用何种载气，主要取决于选用的检测器和其他因素。最广泛应用的是氢和氮，氦气有比氢气更好的特点，但成本高，使用受到限制。

氢气，由于分子量小，导热系数大，粘度系数小，常用作热导池检测器的载气，也用作氢焰检测器的载气和可燃气。氢气的缺点主要是易燃、易爆，操作时要注意安全。氢气瓶要远离火种，不能与空气瓶或空压机混放。

氮气，扩散系数小，常用作氢焰检测器的载气。对热导池检测器来说，由于氮气导热系数小，灵敏度低，在白酒气相色谱分析中，常用作氢焰检测器的载气。用作载气时，必须用高纯氮(纯度为99.99%)。

对载气和氢焰用的H_2和空气都要进行净化。一般可用变色硅胶、分子筛和活性炭干燥管(先经水洗干燥，以除去细粉)即可满足分析要求。

用氢焰时要注意除去气源中的烃类等有机杂质，可用活性炭除去。用电子捕获检测器时，要把电负性较强的组分如水、氧气通过装有60～80目紫铜末的净化器和5A型分子筛净化除去。火焰光度检测器用的载气，要用5A型分子筛除去硫磷等化合物。痕量分析或毛细管色谱用的载气纯化程度，要高于常规分析。

(2) 气体的流量控制和测量 这是气相色谱的重要操作条件之一。载气流量对提高柱的分离效能，保证分析的准确度，缩短分析时间等，都有重要意义。要求载气流量变化要小于1%，否则将影响组分的定性和定量。流量的稳定，一般采用减压阀(氧气表)，使压力减到0.2～0.4MPa，然后串联一个针形阀或波纹管式稳压阀，以稳定载气流量。

气体流量的测量一般用转子流量计、皂膜流量计及毛细管流速计等方法，常用的为前两种。转子流量计结构简单，操作方便。它是利用气体由下而上流动时所产生的浮力，使转子重力的平衡位置和气流流量成比例的关系。在使用中可作转子高度和流量的校正曲线。皂膜流量计是利用气流顶着皂膜沿刻度管移动，用秒表测定单位时间内移动的距离即气体流量，测量精度可达1%。

(3) 气体流量比例的选择 假如以氮气为载气，氢气为燃气，空气为助燃气时，这三

种气体的流量比例取决于不同的气相色谱仪并通过实验确定。一般可参照以下参数进行选择:

$$N_2 : H_2 = 1 : 1 \sim 1.5$$

$$H_2 : 空气 = 1 : 10$$

2. 气路

气相色谱的气路有单柱气路和双柱气路两种。前者简单，适用于恒温分析。后者适用于程序升温，以参比柱补偿固定液流失，使基线稳定。

(三) 电路控制系统

1. 温度控制

(1) 温度是一个重要的操作参数　温度直接影响色谱柱的选择性、分离效率与检测器的灵敏度和稳定性等，因此要严格控制色谱柱与检测器的温度，使柱温不仅要稳定而且不高于固定液的最高使用温度。提高柱温，虽能使气相和液相传质速度加快，各组分出峰也快，但使柱子选择性变坏，分离效能下降。柱温过低，分析时间长，峰形扁平，效果不好。对恒温箱的温度要求，分布均匀，上下或不同位置的温度差不超过1℃。控制点温度要求控制精度为(±0.1～0.5)℃。

恒温箱普遍采用空气浴加热方法，即由鼓风马达强制空气对流，减少热辐射造成的温度不均匀现象。这种装置升温快，温度范围广，易于变温与自动控制，还易于获得高温，也便于程序升温分析时快速升温。

(2) 温度的选择

① 柱箱温度：恒温操作最简单，重现性也好，适宜用于常规产品质量检查和生产控制分析。对于沸点范围很宽(大于80℃)的混合物，可采用程序升温，就是在一个分析周期内，柱温随时间由低向高温线性或非线性的变化，使沸点不同的组分各在其最佳柱温下流出，从而改善分离效果，缩短分析时间。故适宜于多组分试样的分析和研究。

② 汽化室的温度：要求在此温度下，试样能瞬间汽化而不分解。检查汽化室温度是否恰当的方法是升高汽化室温度。如果柱效和峰形有所改变，则说明原温度太低。如果保留时间、峰面积和峰形激烈变化，则说明温度太高，出现了分解。所以，准确地选择与控制汽化室温度，对高沸点与易分解样品尤为重要。汽化室温度一般比柱温高50～100℃即可。

③ 检测室温度：除氢焰检测器外，所有检测器都对温度的变化敏感，尤其是热导池检测器温度变化直接影响灵敏度和稳定性。大多数仪器都把检测器单放在检测室单独进行温度控制。一般控制在±0.1℃使用，并由直读温度表指示温度。检测室温度在恒温操作时，一般选择与柱温相同或略高于柱温的温度。对于程序升温操作，一般选择最高柱温为检测室温度。这样，即使柱温程序变更，而检测器温度可保持不变。另外，检测器与柱出口连接管路也要加热，防止样品与固定液冷凝。通常峰形扩张或组分丢失，就是冷凝的表现。氢焰检测器温度要高于100℃，以免积水。

2. 放大器

对于电离式检测器，在外加电场作用下形成的离子流，是缓慢变化的微弱直流电信号。这种信号只有经过放大器后，才能带动二次仪表，由记录器记录。通常离子化检测器的信号测量范围为10^{-6}～10^{-12}A。由于离子流太弱，讯号源内阻又高，故需用高灵敏度和高输入阻抗和响应时间小的直流放大器放大信号。其次，由于待测电流变化范围较大，又具有连续变化的性质，因此还要求放大器有大的量程、线性响应和足够大的功率输出，以能带动记录器。另外，要求放大器稳定性能好，结构简单等。

3. 记录仪

信号无论经过放大或不放大，通常是转变成电流、电压、电阻，故多采用长图形自动平衡电子电位差计进行记录，以得到一张永久性记录图。电子电位差计是一种记录直流电信号的装置。其工作原理如图3－6－2所示。

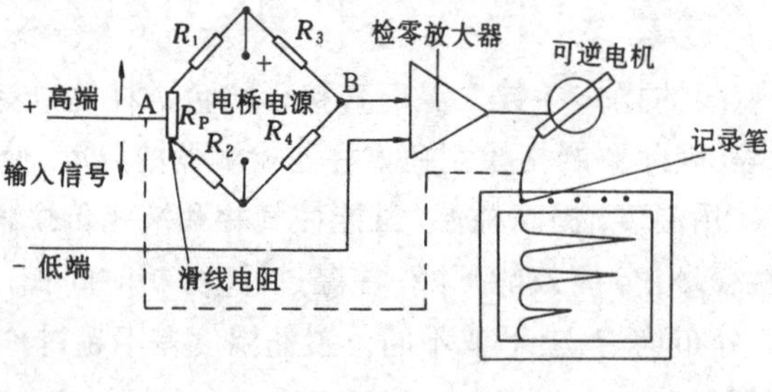

图 3－6－2 记录仪简单原理

当输入信号的电压等于两端AB时，检零放大器输入为零，可逆电机不转动，记录笔与滑线电阻(R_p)的动点处于某一平衡位置不动。当输入信号变化时，电桥平衡被破坏，检零放大器有正的或负的输入，经放大后就输出信号，以驱动可逆电机正转或反转，同时带动记录笔或滑线电阻的动点左右移动，使两点的电位与变化后的信号电压相等，达到新的平衡位置。不难看出，检零放大器的作用，就是改变滑线电阻动点位置，使其能直接反应输入信号的大小及其变化情况。为保证记录笔位移与输入电压成线性关系，测量电桥还附加一些改善线性的补偿电阻。

4. 色谱数据处理机

色谱数据处理机是一种新型的数据处理仪器。它的工作要点是，首先把数据处理程序输入计算机中，然后启动计算机，进样，待色谱峰出来时，通过数据放大器和模数转换装置，把色谱仪输出的模拟量mV信号，转换成相应的数字量，再经接口输入计算机。计算机便对色谱峰进行自动鉴别、求积和计算，在出峰完毕时，立即算出各组分含量，并由电传打字机自动打印出分析结果。

目前色谱分析已普遍应用色谱数据处理机，还出现了色谱数据工作台。它比专用的色谱数据处理机更先进，充分发挥了当今计算机高速度、大容量、多媒体的优势，使色谱分析在仪器装备上走向现代化。

第二节 色谱检测器

一、氢火焰离子化检测器(FID)

氢火焰离子化检测器灵敏度高，敏感度可达10^{-12}g/s，线性范围宽，死体积几乎等

R_1

于零，响应快，可在室温至约300℃范围内使用。而且结构简单，稳定性好，不受操作条件影响，故多用它做常规分析。在白酒色谱分析中，氢火焰检测器是应用最广泛的比较理想的一种检测器。

1. 氢火焰检测器的工作原理

氢火焰检测器是以氢气和空气的火焰为能源。在氢火焰的上下部装置两个电极(收集极和发射极)，两极之间外加100～350V的电压(极化电压)形成一直流电场。当样品组分从色谱柱流出后，由载气携带与氢气汇合从喷嘴流出，与注入离子室内的空气相遇，经过引燃(点火)而燃烧。在氢火焰高温的作用下，样品组分电离成正离子和负离子。在直接电场作用下，正离子被收集极吸收，负离子被极化极(发射极)吸收，离子向电极移动产生离子电流。这微小的电流被放大器放大后，输入记录器，得到色谱信号。

氢火焰检测器对碳氢化合物有很灵敏的信号，但对氢火焰中不电离的物质如N_2、NO、CO、CO_2、SO_2、NH_3、H_2O、SiC、SiF_4、HCN等以及无机物不能检测。

由于水在FID上不产生明显信号，这种检测器对于含有水的酒样直接进样测定特别适用。

2. 氢火焰检测器的基始电流及其补偿

当氢火焰点燃后，尚未有样品进入检测器时，记录纸上观察到的离子电流信号，称为基始电流，又称本底电流。这是由于检测器灵敏度太高，色谱柱内固定液挥发的反映。基流的大小与固定液的蒸汽压有关，而且随柱温升高而增加，一般可达10^{-9}～10^{-11}A。

基始电流必须通过电流或电压补偿，使记录器回到零位附近，才能对样品进行检测。

3. 氢火焰检测器的操作条件

(1) 气体流量的影响　氢气流量的选择要以载气相配合。一般氢气与载气流量比在1∶(1.1～1.5)，但适宜的流量应从实验中测得。

氢火焰检测器的灵敏度随空气流量增大而增大。但若流量过大，则火焰发生涡流，噪声增大。一般空气与氢气流量之比为(10～15)∶1。

(2) 温度的控制　离子室的温度应保持一定，不要低于100℃，以防止积水。

柱温波动会引起固定液蒸气压变化而造成流失量波动。因此必须保持柱温恒定。

二、热导池检测器(TCD)

热导池检测器是气相色谱中使用最早及应用最广泛的检测器之一。其主要特点是结构简单，操作稳定，线性范围宽，适用面广，且因其在检测过程中组分结构不变，故易与其他仪器联用。然而，与其他检测器比较，其灵敏度较低。

热导池检测器的工作原理：

热导池检测器是利用载气中混入组分蒸汽时，金属丝热导率发生变化的原理而制成的检测器。它基于不同组分和载气有不同的热导系数，当通过热导池体的气体组成和浓度发生变化时，就会从热敏元件上带走不同的热量而引起热敏元件上的温度变化，由此而产生的电阻值变化，可用惠斯顿电桥测量，所得到的信号大小测定组分含量。

三、其他检测器

1. 电子捕获检测器(ECD)

2. 火焰光度检测器(FPD)

3. 碱焰离子化检测器(AFID)

以上三种选择性专用检测器参见第八章定性定量部分。

第三节 数据处理

一、有关误差理论

1. 误差公理

在测定测量中,设备、方法、环境和人们的观察力而形成的误差,不可避免地存在于检测的全过程,这称为误差公理。

2. 误差的定义及分类

(1) 误差的定义 在测定测量中,测定值与真值之差,称为广义误差。误差愈小,则准确度愈高。

$$E=x-x_t$$

式中 E——误差(正值或负值)

x——测定值

x_t——真值

所谓真值,是在某一时刻和某一位置或状态下,某量的效应体现的客观值或实际值。实际上真值是永远测量不到的。通常用平均测定值表示。

误差可用绝对误差和相对误差来表示。

① 绝对误差: 测定值与真值之差,称为绝对误差,即E。

② 相对误差: 表示绝对误差在真值中所占的百分率。如下公式:

$$G(\%)=\frac{E}{x_t}\times 100$$

式中 G——相对误差(%)

(2) 误差的分类

① 系统误差: 是指在一定试验条件下,由于某些因素有一定的规律所形成的误差。包括: 仪器和试剂误差,操作误差,方法误差等。

② 随机误差: 在测定过程中,由于一个系统的有关因素微小的随机波动而形成的具有相互抵偿性而无明显规律的误差。也就是突然受外界环境干扰造成的误差。

③ 粗大误差: 是指一种偶然偏离实际值的误差。没有任何规律可循,纯属偶然。主要是由于操作者的工作粗枝大叶或过度疲劳、操作出错,或偶然一个外界干扰所引起的。

1) 残差(d): 残差是测定值x_i与平均值$\bar{x}$之差值,又称偏差。

$$d=x_i-\bar{x}$$

2) 贝塞尔公式:

$$s=\frac{\sum_{i=1}^{n}(x_i-\bar{x})^2}{n-1}$$

式中　s——标准偏差或极限误差,也称为均方根。也有的用σ表示。

$\sum_{i=1}^{n}$——代数和

n——测定次数

x_i——每次测定值($i=1\cdots\cdots n$)

$\bar{x}$——多次测定平均值

凡$d>3s$的测定数值是有粗大误差的,应予剔除。

3. 准确度和精密度

(1) 准确度　准确度是表示分析结果与真值接近的程度。通常用误差的大小表示。误差愈小,分析结果的准确度愈高。误差指绝对误差和相对误差,是衡量准确度的主要根据和指标。

(2) 精密度　精密度是表示各次分析结果互相接近的程度。通常用偏差的大小表示。偏差或标准偏差或相对标准偏差愈小,精密度愈高。

(3) 准确度和精密度的关系　准确度高,一定需要精密度高;但精密度高,不一定准确度高。

二、数 据 处 理

(一) 有效数字及运算规则

1. 有效数字

实际上能测到的数字,称为有效数字。有效数字的位数,不仅表示数值的大小,还反映测定的精确程度(是准确度和精密度的总称)。

对于数字0是否作为有效数字,要看其在数值中的位置来确定。

(1) 在数值中,第一个非0数字前的0,不是有效数字。如0.01357(4位有效数字),0.00057(2位有效数字)。

(2) 在数值中,于非0数字间的0是有效数字。如2.0081(5位有效数字),5.003(4位有效数字)。

(3) 在数值中,小数中最后一个非0数字后的0是有效数字。如1.5000(5位有效数字),39.00%(4位有效数字)。

(4) 以0结尾的整数值,有效数字的位数难以判断。应根据测定值的准确程度改写为指数形式来表示。如24600,可以是3位、4位或5位有效数字,但写成指数的形式较为合适。如2.46×10^4(3位有效数字),0.246×10^5(3位有效数字)。

2. 运算规则

(1) 加减法运算　当几个数加减运算时,在各数中,以小数点位数最少的为准,其余各数及和、差均凑成比该数多一位数。

(2) 乘除法运算 当几个数作乘除运算时，各数中以数字个数最少的为准，其余各数及积、商均凑成比该因子多一个位数。

(二) 数字修约规则

在制订、修订标准中各种测量和计算的数值需要修约时，应按下列规则进行。

(1) 4舍、6入，5双单的规则：即逢4舍弃，逢6进位。逢5时，若前一数为偶数(包括0)，则把5舍弃，若前一数为奇数则进位。

(2) 不得连续进行多次修约。按上述规则只进行1次修约。

(三) 分析结果的报出

(1) 按标准要求确定有效数字位数或小数点的位数。

(2) 确定分析误差。根据既定的分析误差进行平行试验所测定的两次结果之差，以不超过规定误差为准。

(3) 保留多1位有效数字位数或小数点的位数，经修约后报出最后的分析结果。

举例，根据GB10781.1—89浓香型白酒的固形物指标为≤0.40g/L的规定，测定结果的允许误差为，同一样品两次测定值之差，不得超过0.004g/L，保留3位小数，经修约后报出2位小数的分析结果。

第七章　色　谱　柱

第一节　填　充　柱

一、填充柱的分类

1. 概述

填充柱是内径2～4mm，柱长0.5～10m的色谱柱。它可用不锈钢、玻璃和聚四氟乙烯管制成。主要根据实验条件如柱温、柱压、样品性质(有无反应、腐蚀性)来决定选用何种材料的色谱柱。一般用不锈钢的柱子。对于有反应的易分解或具有腐蚀性的样品，可用玻璃柱或聚四氟乙烯柱。柱形分为U形和螺旋形。在相同条件下，U形柱的分离效率高，但螺旋形柱可把柱子做成较小的体积，便于恒温控制。柱管的长度和大小对组分的分离有直接影响。柱子长可使组分的峰间距加大，对分离有利，但同时也使峰形加宽，分析时间延长。柱管内径小，色谱峰狭窄，有利于分离。选用色谱柱的内径大小与载体(填料)的粒度(目数)有关。如内径2mm柱，常用80～100目载体；内径3mm柱，载体为80～100目或60～80目；用内径4mm的柱，载体应为60～80目或40～60目。涂渍固定液量，为载体的3%～20%。

填充色谱柱一般分两大类：

(1) 吸附剂柱　一般以Al_2O_3、分子筛、活性炭和多孔高分子微球等为吸附剂作固定相。

(2) 涂渍柱　在载体上涂渍高分子固定液作固定相。

2. 填充柱的主要优缺点

(1) 填充柱的主要优点

① 性能稳定耐用，一般可满足常规色谱分析的需要。特别是对白酒主要香味成分的分析和产品质量控制，发挥其应有的作用。

② 补充毛细管色谱分析数据，如目前所用的毛细管色谱柱对白酒中的乙酸乙酯与乙缩醛分不开，可用填充柱来补充。

③ 填充柱制作简便，不需复杂的制柱设备。

④ 恒温直接进样分析，不需特殊的进样装置。

(2) 填充柱的主要缺点　容易产生涡流效应；阻力较大。其柱长不能大于10m。这是填充柱与毛细管柱的柱效不可比喻的重要原因。

二、固 定 相

(一) 固定液

气液色谱分离主要基于固定液对组分溶解度不同，通过多次分配而达到分离。所以对固定液总的要求是，在操作温度范围内蒸汽压低；热稳定性好(不分解)；对样品组分有适当的溶解能力，特别是对难分离物质有较大的选择性。同时还要求固定液与样品不产生化学反应。

1. 固定液的特性

固定液的特性，一般称极性或选择性，是用以描述、区别固定液的分离特征，实际上是含有不同官能团的固定液与分析组分中官能团(以及亚甲基—CH_2—)间相互作用能力的标志。目前大多采用相对极性标志固定液的分离特性。

固定液的相对极性(p): 首先规定极性的氧二丙腈为$p=100$，非极性的角鲨烷$p=0$。选一个物质对(常用正丁烷－丁二烯或环己烷－苯)，在这两个极性、非极性上测定的结果，各种固定液的相对极性就落在0～100之间。目前国内把0～100分为5级，每20为1级，极性固定液用“＋”表示。如二甲基甲酰胺$p=80$，极性为＋4，四乙基硅$p=26$，则极性为＋2。非极性固定液以“－”表示。

2. 固定液的分类

(1) 非极性固定液　相对极性在0～＋1之间。它们对标准物质(丁二烯、正丁烷)的相对保留值差别很小，按沸点程序分离。如角鲨烷、甲基硅油等。

(2) 中等极性固定液　相对极性在＋2～＋3之间。这类固定液含有极性、非极性基团，能溶解极性、非极性溶质，无特殊选择性，故以分离中等极性溶质为宜。如邻苯二甲酸二壬酯、聚乙二醇己二酸酯、磷酸三甲酚酯等。

(3) 强极性固定液　相对极性在＋4～＋5之间(不包括形成氢键网的)。它本身含有大的极性基团，不溶或很少溶解非极性物质，对极性物质溶解度很大，按极性程序进行分离。如氧二丙腈、二甲基甲酰胺等。

(4) 能引成氢键的固定液　它是极性固定液中特殊的一类，如丙三醇、聚乙二醇等，对能形成氢键的溶质如醇类有很强的保留作用。

(5) 具有特殊保留作用的固定液　按两者间某些特殊化学作用而分离。如在乙二醇或苯乙腈－$AgNO_3$柱上选择性地保留烯烃、有机皂土，对异构体，特别是对芳香族、对位异构体有特殊的保留作用。

3. 固定液的选择

一般认为在选择固定液时应遵循“相似相溶”的原则。所谓相似，是指极性、化学结构相似。因为性质相似分子间的作用力强，分配系数大，保留时间长，便于分离。为了使难分离物质分离，固定液需有足够大的选择性，即相对保留值要大，以便使混合物中主要组分达到必要的分离度。

选择固定液的基本原则大致有以下几点：

(1) 非极性物质(烃类)选择非极性固定液。此时溶质和固定液间的作用力为色散力，没有特殊选择性，溶质分子按沸点顺序分离。如果样品是极性和非极性混合物，则同沸点的极性物质先流出。

(2) 中等极性物质选择中等极性固定液。溶质和固定液的作用力为色散力和诱导力，没有特殊选择性，基本上按沸点顺序分离，同沸点的极性物质后流出。

(3) 强极性物质选择强极性的固定液。溶质和固定液之间的作用力主要是静电力。这时主要按极性程序分离，对于极性和非极性混合物，非极性物质先流出。固定液极性越强，非极性物质保留值越小。

(4) 对于具有碱性或酸性的物质，如吡啶系等，即使在强极性柱上，也因载体的残余吸附性而拖尾，可选用多孔聚合物。如带有酸性或碱性基因的高分子微球GDX型合成固定相，基本上按分子量大小分离。还可用强极性固定液，并加入酸性或碱性填加剂(H_3PO_4、KOH)，以便得到对称峰。如分析游离酸、酚类时，在固定液中加入少量磷酸。

(5) 对于形成氢键的物质应选用氢键型固定液。如腈醚、多元醇固定液，因这些固定液中氢原子有未公用的电子对，能同醇、酚、酸等组分形成氢键，因而按形成氢键的能力大小分离。

(6) 对于有异构体的样品，主要是芳香族异构物样品，可选用有特殊保留作用的有机皂土或液晶作固定液。

(7) 对于不同族的混合物样品，应视具体情况而定。若单用一种固定液难以解决所有组分的分离问题。选用混合固定液就可能将全部难分离的物质分开。如混合柱(即1根柱中装2种或3种固定相或在载体上涂渍多种固定液)，串联柱(2根或3根柱，各装不同的固定相串联起来使用)，如果选用适当，就有可能把极性调到分离需要的范围，使色谱柱选择性提高，分析速度加快。

常用色谱固定液如表3－7－1所示。

表 3-7-1　**常用色谱固定液**

固定液	英文名称	分子式或结构式	沸点/℃	最高使用温度/℃	溶剂	分析对象
		非极性固定液				
十八烷	n－Octadecane	$n-C_{18}H_{38}$	317	室温	乙醚	低馏分碳氢化合物
液体石蜡	Liquidparaffin	$CH_3(CH_2)_nCH_3$		100	乙醚 石油醚	碳氢化合物
异十三烷 (角鲨烷)	Squalane	2,6,10,15,19,23－六甲基二十四烷	375	140	乙醚	碳氢化合物，又称标准固定物
正三十六烷	n－Hexatriacontane	$n-C_{36}H_{74}$	265 (133.322Pa)		乙醚	碳氢化合物
硅(酮)油	Silicone Oil	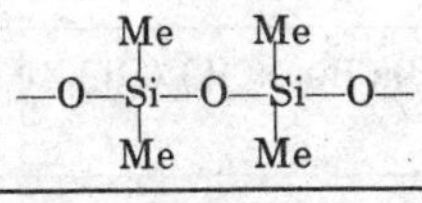		200	丙酮 氯仿	非极性或弱极性有机化合物
甲基硅酮	SE－30	—	—	—	—	—
二甲基硅酮	Dc－200	—	—	—	—	—
阿皮松 (真空润滑油)	Apiezon (Valuan greases)	—	—	300	苯氯仿	各类高沸点有机化合物

续表

固定液	英文名称	分子式或结构式	沸点/℃	最高使用温度/℃	溶剂	分析对象
		非极性固定液				
硅酮酯	Silicone greases	—	—	300	氯仿 丁酮	各类高沸点有机化合物
		中等极性固定液				
邻苯二甲酸二壬酯	Dinonylphthalete		245 (666.61Pa)	130	甲醇，乙醚，丙酮	烃、醇、醛、酸、酯各类有机化合物
苄基联苯	Ben zyl diphanyl	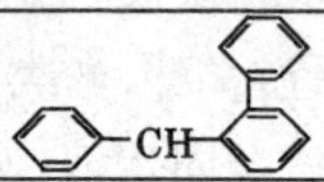	280 (14665.42Pa)	100	丙酮	芳香族及其他有机化合物
聚乙二醇丁二酸酯	Potgethylene gylcol Succinate(PEGS)	[—$(CH_2)_2COO$ $(CH_2)_2COO$]$_n$	—	200	氯仿	各类有机化合物
丁二酸丁二醇酯	BDS	—	—	—	—	—
聚苯醚	Poly phenyl ether	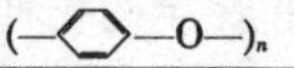	—	200	氯仿	芳香烃与脂肪烃
吐温(Tween)80	Poly oxycthy linc Sokrbitan monoalcate	聚环氧乙烷山梨糖醇单油酸酯	—	160	—	—
吐温60	—	聚环氧乙烷山梨糖醇单硬脂酸酯	—	—	—	—
1,1,1－三氟丙基甲基硅氧烷聚合物	QF－1	—	—	—	—	—
苯基(50%)甲基硅酮	OV－17		—	—	—	—
司班(Spane)80	Sorhi tan monecleate	山梨糖醇单油酸酯	—	150	甲苯	各类有机化合物
		极性固定液				
β,β－一氧二丙腈	β,β－Oxydiproionitrite	$O\langle^{(CH_2)_2CN}_{(CH_2)_2CN}$	270	100	甲醇 丙酮	脂肪烃、芳香烃、含氧化合物
β,β－一硫二丙腈	β,β－Thiodipiomtrite	$S\langle^{(CH_2)_2CN}_{(CH_2)_2CN}$	180 (399.966Pa)	60	甲醇 丙酮	硫醇、硫醚、酚、卤代烷
二甲基甲酰胺	Dimethylxormamlole	$HCON(CH_3)_2$	158	—	氯仿	烷、烯选择分离和含氧化合物
有机皂土－34	Bentone－34	$^{C_{18}H_{37}}_{C_{18}H_{37}}\rangle N(CH_3)_2$皂土	—	200	甲苯	芳香烃分离、甲苯异构体分离
聚丙二醇己二酸酯	Reople×400	[$OOC(CH_2)_4COO(CH_2)_3$]$_n$	—	220	丙酮	脂肪酸及其酯及其他极性化合物
		氢键型固定液				
聚乙二醇	Polyethyleneglycol (PEG或Carbowax)	$HO(CH_2)_2O(CH_2)_n(CH_2)OH$		80～120	氯仿 丙酮	含氧含氢化合物或含水样品
甘　油	Glycerol	$CH_2OHCHOHCH_2OH$	290	70	甲醇	含氧含氢化合物或含水样品
三乙醇胺	Triethanolamine	$N(C_2H_4OH)_3$	360	160	氯仿＋丁醇(1∶1)	含氧含氢化合物或含水样品和胺

续表

固定液	英文名称	分子式或结构式	沸点/℃	最高使用温度/℃	溶剂	分析对象
氢键型固定液						
二甘油	DiglyceroL	$[C_3H_5(OH)_2]_2O$	225 (399.966Pa)	110	甲醇	含氧含氢化合物或含水样品
山梨糖醇	Sorbitol	$HOCH_2(CHOH)_4CH_2OH$	295 (466.627Pa)	150	甲醇+水	同PEG
聚乙二醇20M与二硝基对苯二甲酸的反应产物	FFAP	—	—	—	—	—

(二) 载体

1. 对载体的要求

(1) 化学惰性 表面吸附性能很弱，不与组分发生任何化学反应。

(2) 热稳定性好 机械强度高，压力降要低。

(3) 孔径分布均匀 具有较大的比表面(m^2/g)，以便在同样的固定液含量下得到较薄的液膜。

2. 载体的分类

气相色谱用载体甚多，大致可分两大类：硅藻土型和非硅藻土型载体。

(1) 硅藻土型载体 是目前广泛使用的一种，由硅藻土煅烧而成，按其制法不同可分为红色载体和白色载体。

① 红色载体：是将天然硅藻土与木屑(或无)在粘合剂(CMS)作用下于900℃左右煅烧而成。国产6201、201载体及国外的如Chromosorb P属于此类。其表面积较大(约$4m^2/g$)，孔径较小(约1μm)，机械强度较好，固定液负荷量大，柱效率高。但表面存在极性吸附中心，对极性物质分离易拖尾，不适应高温分析。

② 白色载体：煅烧前加了少量助熔剂(Na_2CO_3)，使氧化铁转化成无色的铁硅酸钠络合物，煅烧后，硅藻土原来的细孔结构大多被破坏，变成松散的烧结物。其表面积只有1～$1.5m^2/g$，孔径较大(5～9μm)，机械强度不如红色载体。但其表面极性中心显著减少，化学惰性较好。如国产的405、101载体，国外的CeLite及Chromosorb W载体属于此类。由于其表面吸附和催化作用较小，故能用于高温分析，经适当处理后，可分析强极性组分。

(2) 非硅藻土型载体 如玻璃微球和氟载体。前者是一种有规则的颗粒小球，其主要优点是能在较低柱温下分析高沸点样品，且分析速度较快。但由于其表面积小(0.1～$0.2m^2/g$)，固定液含量在0.05%～3%之间，只能用低配比固定液，而且表面也有吸附性，柱效不高。后者如聚四氟乙烯的特点是吸附性小，耐腐蚀性强，因而多用于分析强极性物质和强腐蚀性气体。其缺点是湿润性差，表面积较小，强度低，柱效差。

(三) 气相色谱用的吸附剂

1. 活性炭

活性炭是典型的非极性吸附剂，一般用来分析低沸点的烃类、永久性气体(N_2、CO_2、CH_4等)。其吸附活性大，重复性差，不宜用来分析高沸点化合物，最高使用温度小于200℃。

2. 活性氧化铝(Al_2O_3)

它是高活性弱极性吸附剂。最高使用温度低于400℃，可用于分析氢的同位素和C_1～C_4烷烃和烃异构体。

3. 硅胶($SiO_2 \cdot H_2O$)

这是氢键型吸附剂，也是典型的极性吸附剂。最高使用温度为400℃。常用的色谱硅胶孔隙为1～7nm。表面积为800～900m^2/g。它可分析C_1～C_4烷烃和烯烃以及CO_2、N_2O、SO_2、H_2S、SF_6等气体。

4. 分子筛

它是强极性特殊吸附剂。常用的分子筛有5A型和13X型，最高使用温度小于400℃，可分析惰性气体和H_2、O_2、N_2、CH_4、CO、NO、N_2O等。使用前在400～550℃烘2h。

(四) 新型合成固定相

1. 高分子多孔微球

高分子多孔微球本身既是载体又是固定液，可以高温活化后直接用于分离，也可以作为载体涂上固定液后再用于分离。

目前高分子多孔微球在色谱中广泛应用，它具有以下优点:

(1) 可按样品性质选择固定相，使色谱处于最佳条件下操作。虽其比表面积较大，但对活性物质无有害吸附活性，因此极性物质也能出对称峰。

(2) 适于宽沸点组分的分离。因为它不存在液膜，无流失现象。

(3) 机械强度和耐腐蚀性较好。因它是均匀的圆球，所以在色谱柱中有填充均匀性，重现性好，有助于减少涡流扩散。

2. 球形多孔硅胶

它是硅凝胶多孔微球固定相，主要改进了硅凝胶制造工艺，从而较好地控制其表面积。由于其机械强度较好，高温时无降解现象，可直接用于分析气体和低沸点物质，并可做化学键合固定相的骨架。如涂固定液，其液相用量可达40％以上，当涂极性固定液时，可减少拖尾现象。

3. 键合固定相

键合固定相也称化学键合多孔微球固定相，是很有发展前途、应用较广的一种固定相。

1969年，哈拉斯兹(Halasz)等人提出把固定液与球形多孔硅胶进行化学反应，从而获得各种特殊化学键合型的多孔微球固定相，是固定相发展的一个重要方面。键合相的色谱既不同于气液色谱的固定液，也不同于气固色谱的吸附剂。这种表面化合物的色谱特性具有比同量固定液大得多的容量系数，但与固定液有不同的选择性，对组分的保留机理有待于进一步研究。

1993年，中国食品发酵工业科学研究所蔡心尧等采用FFAP键合毛细管柱直接进样测定白酒香味组分的研究，获得了成功。一次进样可对有机酸和高级脂肪酸乙酯在内的57种组分进行定量测定，是目前用于分析和研究白酒香味成分的先进分析方法。

三、气液色谱柱的制备

1. 洗柱

先用5%～10% KOH(或NaOH)溶液注入不锈钢色谱柱内(玻璃柱用洗液浸泡),使污物洗出后,用自来水冲洗,最后用蒸馏水洗至pH7。于干燥箱内烘干备用。

2. 制备固定相

以DNP混合柱为例,按以下步骤进行。

(1) 称取载体　称取一定量的载体(如Chromosorb W80～100目),放于烧杯中。

(2) 称取固定液　按载体的量计算固定液邻苯二甲酸二壬酯和吐温60的量(其比例分别为20%和7%)。

(3) 用丙酮溶解固定液　必要时温热,以加速溶解。

(4) 涂渍载体　将载体倒入上述溶解的固定液中(丙酮用量以能使固定液立即浸没载体略过量为宜),用玻璃棒轻轻搅拌,在60～70℃水浴上蒸发溶剂至干。

(5) 烘干　将涂渍好的载体放入80～100℃烘箱内干燥2h,冷却后备用。

3. 装柱

(1) 用真空抽气法装柱。装柱时,柱的加料端接一个漏斗,另一端塞玻璃棉或石棉绒后抽真空。

(2) 用玻棒胶管轻轻敲打色谱柱外壁,使之填充均匀。

(3) 装柱完毕,在柱口塞上玻璃棉或石棉绒,带上螺帽备用。

4. 色谱柱的老化

(1) 老化的目的与要求　老化的目的是除去低沸点杂质和低分子的固定液,并使固定液在载体表面有一个再分布过程,使之涂得更加均匀牢固。老化时,要把色谱柱装在色谱仪上,但不接检测器,通载气进行老化。

(2) 老化方法

① 恒温老化法:在最高使用柱温下,用低载气流量(为正常流量的1/4)老化24h。

② 程序升温老化法:又称快速老化法。如对DNP混合柱老化时,柱箱初温60℃,恒温10min后,以5℃/min的速率升至115℃,恒温45min,降温后再从60℃开始重复老化一次,即可使用。

第二节　毛细管柱

毛细管色谱柱是毛细管色谱的关键组成部分。它具有相比大,比透率高,分析速度快,总柱效高等优点。它可以解决填充柱不能解决的问题。近20年来,毛细管色谱得到了快速的发展,并得到了广泛的应用。目前已有把应用重点由填充柱向毛细管柱转移的趋势。

(一) 毛细管柱的分类

1. 按毛细管柱的制备方法和柱材分类

如图3－7－1所示。

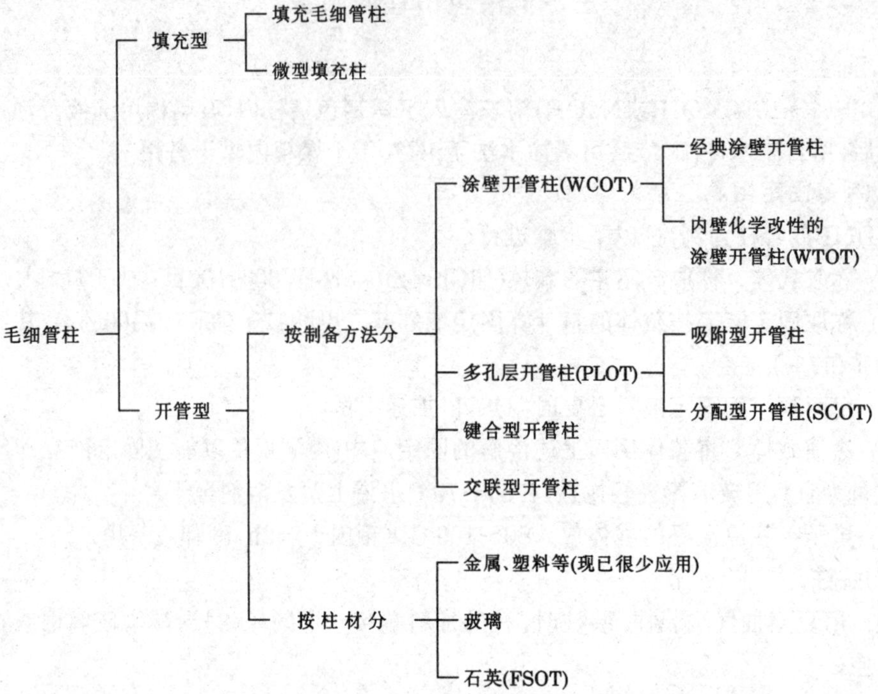

图 3－7－1　按毛细管柱的制备方法和柱材分类

2. 按毛细管柱的内径分类

(1) 大孔(口)径毛细管柱　内径≥0.53mm。

(2) 毛细管柱(常规)　内径0.1～0.5mm。

(3) 微孔径毛细管柱　内径<0.1mm。

3. 几种毛细管柱简介

(1) 填充毛细管柱　一般柱内径<1.0mm。这类柱可作吸附柱，也可再涂渍固定液使用。其渗透性介于普通填充柱与开管柱之间，理论塔板数为3000～6000。与普通填充柱比，具有速度快、柱效高等优点。适用于分析气体组分和低分子量的烃类。

(2) 微型填充毛细管柱　是将已拉好的直径<1mm的毛细管柱填入涂有固定液的细粒填料(30～50μm)中，其粒度与柱径比<0.2。由于其固定液含量低，颗粒细，间隙小，柱效高，理论塔板数可达4000～6000，故有利于快速分析。但柱的阻力大，柱长受到限制，在高压下进样也难以解决。

(3) 涂壁开管柱(WTOT)　是将固定液直接涂渍在毛细管柱的内壁上，柱中间为空心，不填装任何物质。具有柱效高，柱渗透性好，长度不受限制等特点，是分离复杂混合物的有利工具，也是当今柱技术发展的重点。

(4) 多孔层开管柱(PLOT)　在管内壁涂一层多孔物质。如分子筛、氧化铝、石墨化炭黑、高分子微球等。能常作吸附柱。

如果将这层多孔物质作载体并涂有固定液，就制成分配型的载体涂层开管柱SCOT。

所有的SCOT柱均为PLOT柱，但并非所有的PLOT柱均是SCOT柱。

(5) 键合型开管柱　将固定液用化学键合的方法与玻璃表面的硅羟基反应，键合到毛细管内壁上，将大大提高柱子的热稳定性和固定液的使用温度。

(6) 交联型开管柱　被涂渍在柱壁上的固定液在自由基引发或高能辐射的诱导下，产生原位分子间共价连接交联，使固定液固化。它具有耐高温，柱效高，热和化学稳定性好，抗溶剂冲洗能力强，寿命长等优点，特别适用于与质谱、红外等联用，有利于微量组分的分离和定量。

(7) 石英开管柱(FSOT)　是用高纯度熔融氧化硅或天然石英为柱材制成的毛细管柱。为使柱子有柔性，柱子外表面涂一层聚酰亚胺高分子材料或金属(如铝)保护层。这层柱子惰性好，不易脆断，便于操作，故应用日益广泛。

在此，特别要介绍和推荐的一种白酒专用的大口径毛细管柱LZP－930。这是在白酒色谱工作者提议下，由中科院兰州化物所研制成功的，它综合了填充柱和常规毛细管柱的优点，尽可能地避免了各自的不足，使其发挥了在气相色谱中的潜力。它的主要特点如下：

① 和填充柱一样可直接进样。不分流，避免了歧视效应。

② 和填充柱一样可恒温操作。即使是老型号仪器，略加改装也能使用(有程序升温条件更好)。

③ 与DNP混合柱相比，缩短分析时间近1/2。凡原来填充柱上能分离定量的组分都能满足要求，特别是白酒中的乙酸乙酯和乙缩醛也能分离定量。

④ 可同时定量C_2～C_6有机酸。

(二) 不同色谱柱的基本参数

现将不同色谱柱的基本参数分别列表3－7－2和表3－7－3，以供应用参考。

表 3-7-2　不同色谱柱的基本参数

项　目	填充柱	530系列	SCOT柱(宽)	WCOT柱(窄)
长度/m	0.5～10	5～100	5～100	5～100
内径/mm	2～4	0.53	0.3～0.75	0.1～0.25
流速/ml·min^{-1}	10～60	4～30	1～30	0.3～1.0
压降/kPa	0.7～6.3	0.07～1.4	0.07～2.8	0.35～6.3
负载量/ng(每一组分)	100		100	50

注：SCOT——载体涂渍毛细管柱；WCOT——壁涂毛细管柱。

表 3-7-3　不同毛细管柱的基本参数

毛细管内径/mm	理论塔板数n/块·m^{-1}	负载量/ng(每一组分)	流速/ml·min^{-1}
0.20	5000	5～30	0.4
0.25	4200	50～100	0.7
0.32	3300	400～500	1.4
0.53	1670	1000～2000	2.5

1. 柱长

填充柱的柱长不大于3m(如果大于5m以后，柱阻力太大);SCOT和WCOT柱长不大于50m;常规毛细管色谱柱在30m左右。

2. 柱内径

柱内径是根据分析样品而定。一般毛细管柱内径在0.25mm或0.32mm，能达到高效分离。柱内径越细，柱效越高。

3. 流速

流速即样品流过色谱柱的速度，常用流量(体积流速)ml/min表示，也可用线速cm/s表示。

4. 负载量

柱内径越大，固定液涂渍量越多，试样负载量越高，SCOT柱由于是载体涂渍，所以其柱负载量大于WCOT。

第八章　色谱定性定量分析

试样的色谱分析要经过色谱分离、定性鉴定和定量测定三个步骤。其中分离是关键，分离好坏直接影响定性定量。但分离又必须借助于定性，才能知道各组分是否分开，各峰代表什么组分，而定量测定是分析的目的。

第一节　色谱定性分析

一、原　　理

色谱技术是分离的能手，它能把复杂的混合物分离成单一组分。但分离出来的各组分均以电信号(mA、mV)形式显示，没有特色、无从识别。所以必须通过定性鉴定，以确定每一色谱信号(峰)代表什么化合物。

二、采用保留值定性

保留值系指保留时间(t_r)、保留体积(V_r)，相对保留值和保留指数等。

1. 绝对保留值(t_r、t_r'、V_r、V_r'等)定性

组分的保留值决定于分配系数和柱温。在柱子和操作条件(包括柱温、进样量、载气流速等)一致的情况下，任一物质都有一定的保留值。因此气相色谱分析常用保留值作为定性指标。为了避免在同一根柱上几种化合物有相同的保留值，应采用双柱或多柱定性。两柱的极性相差越大，组分间保留值相差也越大。若在不同极性的两柱上，已知物和未知物的保留值都能吻合，则定性判断的可靠性更大。同系物在不同极性柱上保留值的对数有极好的线性关系，服从于下列关系式：

$$\lg t_r'(\mathrm{I}) = A\lg t_r'(\mathrm{II}) + B$$

式中　$t_r'(\mathrm{I})$、$t_r'(\mathrm{II})$——分别代表某组分在柱(Ⅰ)和柱(Ⅱ)上的调整保留时间(s)

A——斜率，在同系物间相差不大

B——截距，随同系物极性增大而减小

不同族的化合物，分别落在不同的直线上，由此可估计未知物属于哪族化合物。

2. 相对保留值定性

采用绝对保留值定性时，对操作条件必须一致的要求十分严格，故使用受到一定限制。相对保留值是某一组分(i)与基准物质(s)调整保留值之比(以r_{is}表示)。可选试样中某一组分为基准物(在白酒分析中常选异戊醇为基准)，求出各组分相对于基准物的相对保留值。

$$r_{is}=\frac{t_r'(i)}{t_r'(s)}=\frac{'(i)}{'(s)}=\frac{V_n(i)}{V_n(s)}=\frac{V_g(i)}{V_g(s)}$$

r_{is}是柱温、固定液性质的函数，也就是它只决定于组分的热力学性质，而与其他操作条件无关。因此，可消除实验条件变化带来的误差，使用更为方便。V_n(i)是净保留体积，V_g(i)是比保留体积。

3. 保留指数定性

1958年Kovats首先提出保留指数概念，故保留指数又称Kovats指数。它使用一系列相关物质测得的同一标准来描述被测物的保留值。可以根据所用固定相与柱温直接与文献数据相对照，不需用纯物质进行校正。测定时只需选用两个(或几个)与组分相邻的正构烷烃(使被测组分的保留时间恰在两者之间)，混合均匀，进样，求出各调整保留时间$t_r'(z)<t_r'(x)<t_r'(z+n)$。

$$I=100\left[z+n\frac{\lg t_r'(x)-\lg t_r'(z)}{\lg t_r'(z+n)-\lg t_r'(z)}\right]$$

式中　I——保留指数

$t_r'(x)$、$t_r'(z)$、$t_r'(z+n)$——分别代表组分和具有z和$z+n$个碳原子的正构烷烃的调整保留时间

n——可以是1，2，3

由于V_r'，V_n等保留值参数与t_r'成正比，所以可代替t_r'代入公式计算保留指数。但若固定液纯度不够高，不同来源的商品固定液不重复，操作条件不稳定等因素将会影响I测定值的准确性。

4. 保留值的碳原子数变化规律

在相同温度条件下，同系物的碳原子数与保留值对数呈线性关系。保留值可用绝对保留值，调整保留值、比保留值或相对保留值，以V_r'表示。

$$\lg V_r'=a_1N+b_1$$

式中　N——碳原子数

a_1、b_1——是与固定液和被测物有关的常数

此式适用于任何同系物，对未知物鉴定很有用。

5. 保留值的沸点变化规律

在相同的温度条件下，同系物中各组分在非极性或某些极性柱中保留值的对数与组分的沸点呈线性关系。

$$\lg V_r'=a_2t_b+b_2$$

式中　t_b——组分沸点(℃)

a_2、b_2——为经验常数

三、加入纯样叠加定性

这是一种最简单的定性方法，把预想的已知物加入被测混合物中，对比加入前后色谱图中组分峰高的变化，即可作出初步判断。为确切起见，应采用另一根极性不同的柱子

进行核对、确认。本法适用于试样中只有少数几个未知物定性或排除某些组分在样品中的存在。

四、利用化学反应定性

1. 流出组分的官能团检测

由色谱柱流出的组分经T型分流器分成二股，一股进入检测器，另一股通入盛有官能团检测试剂的容器或浸有试剂的薄层色谱板，利用显色、沉淀等现象进行未知物定性。官能团分类试剂见表3－8－1。

表 3-8-1　官能团分类试验表

样　品	试　剂	反应后颜色	检定极限量/μg	试验化合物
醇　类	$K_2Cr_2O_7-HNO_3$	黄色→蓝灰色	20	C_1-C_8
	硝酸高铈	黄色→琥珀色	100	C_1-C_8
醛　类	2,4－二硝基苯肼	黄色→橙色沉淀	20	C_1-C_6
	品红试剂	无色→桃红色	50	C_1-C_6
酮　类	2,4－二硝基苯肼	黄色或橙色沉淀	20	C_3-C_8
酯　类	羟肟酸试剂	红色	20	C_1-C_6
胺　类	碱性苯磺酰氯	橙色	20	C_1-C_4
	亚硝基铁氰化钠	红色	50	C_1-C_4
芳　烃	甲醛－硫酸试剂	酒红色	20	苯－带C_4烷基的苯
不饱和烃	甲醛－硫酸试剂	酒红色	40	C_2-C_8
卤代烃	$C_2H_5OH-AgNO_3$	白色沉淀	20	C_1-C_5

2. 柱前预消除、或柱上选择除去组分

在进样前，试样先经化学试剂处理，也可采用一些特殊物理或化学反应除去某些基团的化合物，比较处理前后的色谱图，就可估计未知物的类别。预消除剂见表3－8－2。

表 3-8-2

预消除剂	除出物质	备　注
5A型分子筛	正构烷烃和烯烃	
$4\%AgNO_3-95\%H_2SO_4$	芳烃、烯烃、炔烃	
硼　酸	醇　类	1份(质量)硼酸粉与20份涂有5％PEG20M载体的混合物
NaOH－石英	酚　类	
联苯胺	醛、酮(多数)	1份(质量)联苯胺与4份载体混合，反应温度100～175℃
邻联(二)茴香胺	醛	反应温度＜175℃
氧化锌	酸	—

3. 裂解色谱定性

对某些分子量大、挥发性小或不能直接进行气相色谱分析的试样，可用裂解色谱，使之变成小分子组分进行气相色谱分析。若裂解条件固定，能得到高分子物的指纹峰，适用于鉴定类固醇、蛋白质、甾族化合物和高聚物等。

五、选择性检测器组合定性

选择性检测器是指对某类物质特别敏感、响应值很高，而对另一类物质却极不敏感、响应值很低的检测器。

(1) 电子捕获检测器(ECD)对电负性物质特别敏感，被广泛应用于环境污染检测、农药残留量分析和生化领域。

(2) 火焰光度检测器(FPD)对含硫、磷物质敏感，用FID和FPD同时测柱流出物，可得到某化合物含硫、含磷特性。

(3) 碱盐离子化检测器(TSD)或称氮磷检测器(NPD)，对含氮、含磷化合物敏感。

ECD、FPD和TSD对烃类化合物均不敏感，而氢火焰离子检测器(FID)却对烃类化合物有很高的响应值。因此若将两种或两种以上检测器组合起来，同时得到几张不同的色谱图，则有利于未知组分分类定性。

(4) 为了扩大应用范围，对不挥发的样品进行衍生化。如生物胺、氨基酸、一些药物代谢物、甾族化合物等均可与N－甲基双(三氟乙酰胺)、N－七氟丁酰咪唑等衍生化试剂反应生成多卤代衍生物。然后用ECD检测。

六、与其他仪器联用定性

气相色谱是分离复杂混合物的有效工具，但不能对未知成分进行定性鉴定；而质谱(MS)、红外光谱(IR)是鉴定未知物的有效工具，却不能分离。目前“色质联用”(GC－MS)仍是毛细管色谱分离分析、定性鉴定最有效的手段之一，已普遍应用于白酒香味成分的剖析和研究。质谱灵敏度高，扫描速度快，易作为色谱检测器与石英毛细管柱直接连接，可对扫描采集的质谱图进行谱库检索鉴定，能准确测得未知物分子量，通过结构信息定性比保留值定性更准确。

色谱－傅里叶红外光谱联用(GC－FTIR)，对一些芳烃取代基的异构体和各种顺式、反式异构体的鉴定更有独特的辨认本领。

GC－MS－FTIR三机联用，可同时得到每一组分动态分析产生的实时MS、IR谱图，对未知物结构鉴定更有价值。

但这些都是大型仪器，难以作为一般普及性的定性手段。

第二节 色谱定量分析

一、峰面积的测量

样品中组分浓度与相应的色谱峰面积呈线性关系。因此，在定量计算前必须准确测量色谱峰面积。

1. **峰高乘半峰宽法**

适用于峰型呈对称的高斯分布。根据等腰三角形面积计算方法，在峰的拐点处作切线与基线相交成三角形，峰面积(A)近似于峰高(h)与半峰宽($W_{1/2}$)的乘积($A=h\times W_{1/2}$)。实际上，真实的峰面积应乘以校正值1.065。但在作相对测量时可省略。此法较简便，在实际工作中经常使用。对非对称峰，如前倾峰，拖尾峰的峰面积(A)计算如下：

$$A=h\frac{W_{0.85}+W_{0.15}}{2}$$

式中　$W_{0.85}$, $W_{0.15}$——分别为峰高0.85和0.15处的峰宽。

2. **峰高乘保留值法**

狭峰，特别毛细管色谱峰形尖锐、狭窄，谱峰数目众多，给半峰宽测量带来困难。同系物色谱峰的半峰宽与保留值(时间或距离)呈线性关系：

$$W_{1/2}=a+b\,t_r$$

式中　b——斜率，与产品类型和柱效有关

a——截距，对于填充柱该直线接近原点，a可忽略不计。毛细管柱因相比(β)比填充柱大得多，所以a不能忽略，$a<0$或$a>0$，当半峰宽$W_{1/2}=0$时，$a=-bt_0$，代入上式，得：

$$W_{1/2}=b(t_r-t_0)$$
$$A=h\cdot b(t_r-t_0)$$

式中b值，同系物在一定操作条件下为常数，(t_r-t_0)为调整保留时间。因此，准确测定t_0成为关键。

3. **部分重叠峰和尾上峰的测量**

若两峰重叠，其交点(即峰谷)的高度低于小峰的半峰高，则仍用峰高乘半峰宽计算峰面积。若严重重叠，则可作如下处理：

(1) 可在二峰交点向基线作垂直分割，然后用求积仪测定左右两部分的面积，见图3-8-1(a)。数据处理机一般用此法计量。

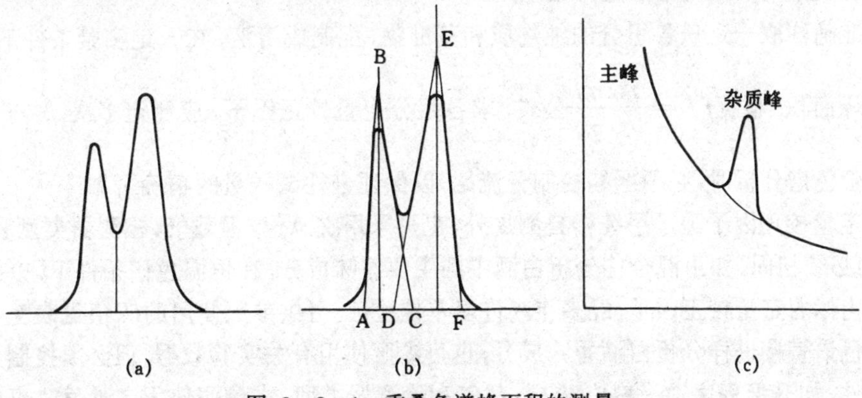

图 3-8-1　重叠色谱峰面积的测量

(2) 可在峰的转折点作切线与基线相交，构成两个三角形，如图3-8-1(b)所示，测定ABC和DEF两个三角形的面积。

(3) 主峰太大，小峰出现在尾上，如图3－8－1(c)所示，此时沿拖尾峰的切线画出尾上峰基线，求小峰面积。

4. 采用数据处理机

随着近代色谱技术的发展，用微机处理数据已非常普遍，并已有许多商品专用色谱数据处理机供应。数据处理机功能日趋完善，它包括各种峰形的峰面积积分方法，如未完全分离峰的分割计算、尾上峰的处理等。有各种计算方法，如内标法、外标法、归一法等。还有基线设置、基线扣除、校正因子计算和重计算功能等。

二、定量校正因子

1. 定量校正因子的物理意义

色谱定量是基于峰面积与组分量成正比。但各组分峰面积之比不等于含量之比，因为同一种检测器对质量相等的不同组分的响应值不相等。因此，必须将峰面积乘上一个换算系数，才能代表相应的组分量。

$$m_i = f_i A_i$$

式中　m_i——组分质量(g)

A_i——组分峰面积(cm^2)

f_i——组分的定量校正因子(g/cm^2)(即单位峰面积所代表的组分量)

由于准确进样困难，也就是W_i难以测准，必然影响f_i的准确性。因此，一般都采用相对定量校正因子(f'_i)，即组分定量校正因子与基准物定量校正因子之比。

$$f'_i = \frac{f_i}{f_s} = \frac{A_s m_i}{A_i m_s}$$

式中　i和s——分别代表组分和基准物

在实际应用中，都用相对定量校正因子(f')。为简便起见，把"相对"两字省略，称之为定量校正因子。

2. 定量校正因子的测量和应用

准确称取一定量各组分的纯物质和基准物，配制成溶液，在一定实验条件下注样，测定各峰面积。根据$f'_i = \frac{A_s m_i}{A_i m_s}$公式，求各组分定量校正因子。应测定多次，取平均值。在毛细管色谱分析时，必须严格控制分流比，以保证进柱试样量的精确可靠。

定量校正因子除了用纯样自测之外，也可采用文献值。但载气、检测器类型和内标(基准物)必须相同。如用混合柱分析白酒中的主要香味成分，在恒温色谱条件下，以醋酸正丁酯为内标的定量校正因子，经多年来许多单位验证，可供参照使用的f'值见表3－9－3。毛细管色谱直接进样分析白酒香味成分，也可参照使用有关实验数据。但必须控制相同的操作条件，如升温程序、色谱柱、内标、载气和检测器类型。在参照使用文献值时可做些验证工作，则更为可靠。

三、定量方法

常用的定量方法有归一化法、内标法、内加法和外标法等。在上述各种方法中又可分为峰高法和峰面积法。在质量型检测器上(如FID)峰高与载气流速成正比，峰面积却不受流速影响。峰高校正因子数值与峰面积校正因子不同，但基本求法相同。对狭峰而言，采用峰高法更为准确。但峰高的线性响应值范围比峰面积狭，且峰高受载气流速影响，所以要求柱温、载气流速、进样量等操作条件较严格。

1. 归一化法

当试样中所有组分都流出色谱柱，且在检测器上都有信号时，可用归一化法定量。这是一种简便、准确的定量方法。其优点是进样量不需十分准确，气流速度的影响也较小。所以广被采用，常用于FID检测器的组分定量。如果被测组分是同系物或异构物，其定量校正因子基本相同，可直接用峰面积归一化。

$$c_i(\%)=\frac{A_i}{A_1+A_2+\cdots A_n}\times 100$$

式中　c_i——组分i的含量(%)

A_i、A_1、$A_2\cdots A_n$——为组分i和组分1～n的峰面积(cm^2)

如果各组分定量校正因子不同，则归一化方法如下：

$$c_i(\%)=\frac{A_i f'_1}{A_1 f'_1+A_2 f'_2+\cdots A_n f'_n}\times 100$$

2. 内标法

当样品中并非所有组分都能流出色谱柱，或某些组分在检测器上无信号(如FID对白酒中水无信号)，或者只需测定样品中某些组分时，可用内标法。这是一种较准确的定量方法，被广泛用于白酒色谱分析和研究。

选用的内标必须是原试样中不存在的，并与各组分完全分开，其性能和出峰时间、峰面积尽可能与被测组分相似。定量时只需在试样中加入一定量内标物。根据样品量、内标物质量及各组分和内标物峰面积就可求出组分含量。

$$c_i(\%)=\frac{m_i}{m_m}\times 100$$

$$f'_i=\frac{f_i}{f_s}=\frac{A_s m_i}{A_i m_s},\quad 则 m_i=f'_i\frac{A_i m_s}{A_s}$$

$$c_i(\%)=f'_i\frac{A_i m_s}{A_s m_m}\times 100$$

式中　m_s、m_m——为内标和样品的质量(g)

A_i、A_s——为被测组分和内标的峰面积(cm^2)

f'_i——为组分定量校正因子

分析复杂混合物时可选加两个或两个以上内标，以满足不同组分正确定量的要求。

3. 内加法

内加法是内标法的一种特殊形式，差别在于内标物就是样品中某一组分。由比较样品中添加该组分前后峰面积变化而计算被测组分含量。

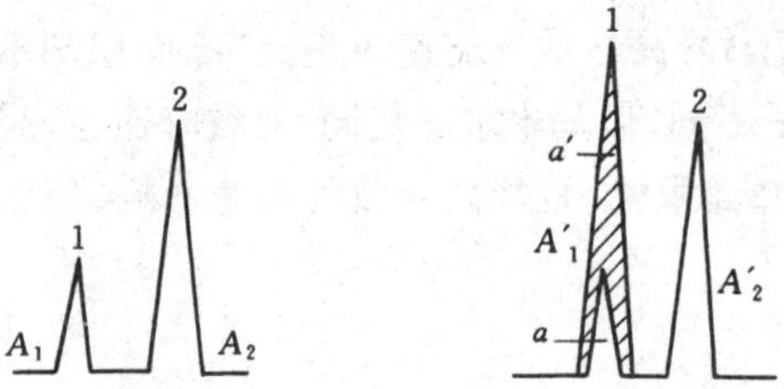

图 3-8-2 内加法峰面积的变化

先将原样进色谱分析得图3-8-2(a)，然后加入一定量内标物纯样(通常选用含量较小的组分作内标峰1)，再进样得图3-8-2(b)。在图(b)中，a为原样中组分1峰面积。a'为加入纯样后增加的峰面积，$A_1'=a+a'$。由于内标物的加入，使各组分浓度发生变化，$a\neq A_1$，$A_2'\neq A_2$。但它们之间的比例是不会变化的。

$$\frac{A_1}{A_2}=\frac{a}{A'_2} \qquad a=\frac{A_1A'_2}{A_2}$$

$$a'=A'_1-a=A_1-\frac{A_1A'_2}{A_2}$$

再按内标法计算组分1，2的含量。因组分1本身是内标，其$f'=1$。

$$c_1(\%)=\frac{a\ m_s}{a'\ m_m}\times 100$$

$$c_2(\%)=f_2'\frac{A_2m_s}{a'\ m_m}\times 100$$

本法适用于找不到合适的内标，或色谱图上无适当位置插入内标的时候。用顶空法测白酒香醅中香味成分时用本法，有利于消除基质对组分测定的影响。

4. 外标法

外标法又称工作曲线法、已知样品校正法、绝对校准法。先配制不同浓度的组分纯物质，分别进样测峰面积(或峰高)，求出单位峰面积(或峰高)的组分含量(K值)，或作出浓度对峰面积(或峰高)的工作曲线。在同样实验条件下，注入同体积的被测试样，以其峰面积，用K值，或在工作曲线上用内插法求出被测组分浓度。方法简便，计算简易，常用于工厂常规分析，对气体分析尤为合适。

当样品中组分浓度变化不大时，可利用K值作单点校正计算。

$$c_i(\%)=A_i\ K_i\times 100$$

式中 c_i——试样中组分i的含量(%)

A_i——试样中组分i峰面积(cm^2)

K_i——组分i单位峰面积的浓度校正值

如果样品中组分浓度变化很大，则应先做工作曲线。若此工作曲线是通过原点的直线，表明组分在色谱系统中无吸附或降解，柱子和检测器也没超载。在这种情况下，同样可用单点校正法计算。如果工作曲线不通过原点，或不是直线，就不能用单点校正法。

用峰高代替峰面积进行定量，虽在测量上较简单，但操作条件(如载气流速、柱温、汽化温度等)对结果影响较大，要求保持一致。

外标法的参比标准物与被测组分为同一物质，应该说最为准确。但色谱条件很难绝对稳定，进样量也难完全相同。故为了减小误差，应经常校准工作曲线或K值。

5. 影响定量准确度的各因素

(1) 试样的稳定性和代表性　白酒是沸程较宽的液体样，取样时应搅拌均匀，有足够的代表性。存放过程中要注意盖严，防止低沸点物挥发损失。需经特殊化学处理的试样一定要加过量试剂，掌握适宜的反应条件，使转化率不低于90%～95%。气体样品应贮存在干燥的玻璃瓶中，从取样到分析尽可能快速。

(2) 进样系统　用快速法测定白酒中己酸乙酯时，常采用校正曲线定量法(或单点校正法)，此时进样重复性是定量准确性的关键。这种定体积进样与操作人员熟练程度有关，还决定于注射器质量、进针快慢、深度和停针时间等。一般可采用多次重复进样，取平均值，以降低误差。对于气体样品，一般用进样阀进样，重复性较好。沸程宽的样品，汽化温度一般应高于柱温50～100℃，以保证所有组分瞬间汽化。进样口的胶垫应经常检查有无泄漏，并及时更换。

白酒分析常用内标法定量，此时定量校正因子是否准确是定量准确与否的关键。在色谱柱、内标物、载气、检测器一致的前提下，一般来说，定量校正因子是检测器的常数，文献值可作参照应用。若自测数据与文献值差别过大，应找原因，否则将严重影响结果的准确性。

(3) 色谱柱系统的影响　对色谱柱的要求是能将主要组分完全分离，柱子使用前应在高于使用温度20～50℃的条件下充分老化，使正常工作时，固定液流失不致影响基线波动。

(4) 鬼峰干扰　所谓鬼峰就是不该出现的色谱峰。常因注射器针头外附有样品液滴，进样时吸附在胶垫上，在分析过程中慢慢脱附进入柱子，或程升过程中胶垫流失引起鬼峰，也可能因色谱柱不完全惰性有吸附作用，或一些高沸点组分积存在柱内最终流出柱子。毛细管柱因负荷量低，要求检测器灵敏度高就更易出现鬼峰，给定量带来干扰。要区别鬼峰还是样品组分峰，可重复进样。鬼峰一般不会原地重现。

(5) 操作条件和检测系统的影响　白酒分析常用的氢火焰离子检测器稳定性好，响应快，灵敏度高，对柱温和载气流速不敏感。但氢气流速敏感度高，特别对绝对测量法中峰高影响最明显，所以应尽可能保持一致。关于信号记录和处理，现在一般用数据处理机，使保留值和峰面积的测量准确度高。操作人员一定要熟悉数据处理机使用方法，参数设置准确才能得到准确的结果。

第九章　白酒的气相色谱分析

第一节　原　　理

白酒中香味成分以醇、酯、酸类为主，还有羰基化合物、含硫、含氮化合物等，已检出成分300余种。用常规的化学分析，只能对化学基团起反应，同系物、异构物因化学基团相同而无法区别，如总酸、总酯，测出的是一类物质的总量，以其中某一组分为代表进行计算，因此，不足以反映香味成分的本来面目。色谱分析能把各组分分开，分别进行准确、快速的定量。

白酒是蒸馏产品，香味成分是具有不同挥发性的有机化合物，最适宜于用气液分配色谱法进行分离。氢火焰离子化检测器是白酒分析最佳检测器，它对有机化合物有很大响应，检出灵敏度高。水在该检测器中无信号，有利于检测过程中去除水的干扰。但由于酒中并非全组分都给出相应的信号，故应该用内标法定量所需测定的组分。

第二节　填充色谱分析

填充色谱指使用的柱子为填充柱。

一、DNP混合柱直接进样分析

(一) 原理

直接进样法有很多优点，样品无需萃取、富集等处理，提高了定量准确性，又达到简便、快速的目的。常用于白酒分析的是邻苯二甲酸二壬酯(DNP)和吐温－60(Tween－60)20：7的混合柱(简称DNP混合柱)。以乙酸正丁酯为内标，一次进样可定量白酒中醇、醛、酯等主要香味成分约20个，适用于日常生产控制分析。典型色谱分离图见图3－9－1。

DNP是一种应用范围很广的色谱固定液。但由于其极性较弱，乙醇大峰严重拖尾，故使尾上峰难以准确定量，有些醇与酯(如乙酸乙酯与正丙醇、丁酸乙酯与正丁醇)分离也不好。若加入吐温－60调节固定液极性，减少了拖尾，使醇类滞后，则分离情况可得到改善。

吐温是一种表面活性剂，本身也可作固定液使用，商品吐温有：

tween－20：聚乙氧基月桂酸清凉茶醇

tween－40：聚乙氧基棕榈酸清凉茶醇

tween－60：聚乙氧基硬脂酸清凉茶醇

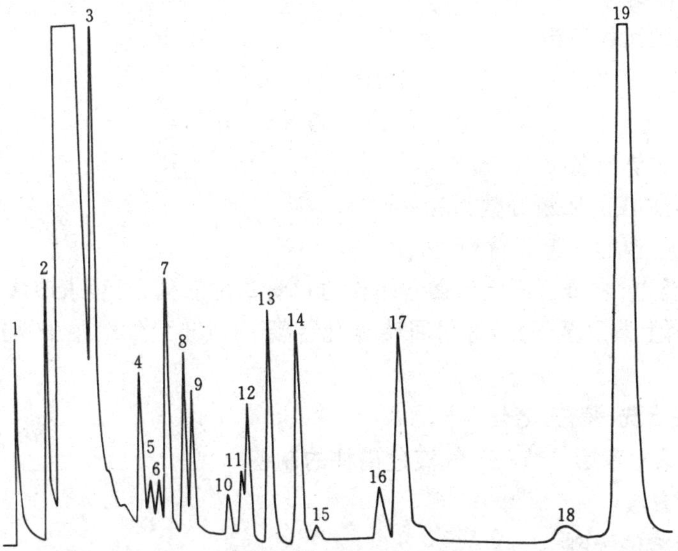

图 3-9-1　填充柱的典型色谱图

1—乙醛　2—甲醇　3—醋酸乙酯　4—正丙醇　5—仲丁醇　6—异戊醛
7—乙缩醛　8—异丁醇　9—异丁酸乙酯　10—正丁醇　11—仲戊醇　12—丁酸乙酯
13—内标　14—异戊醇　15—醋酴　16—戊酸乙酯　17—乳酸乙酯　18—己醇　19—己酸乙酯

tween－80: 聚乙氧基油酸清凉茶醇

它们虽是同类物质，但因脂肪酸链长和饱和程度不同而极性有差别，故使色谱峰有可能位移。若用tween－80代替tween－60，内标乙酸正丁酯可能与异戊醇分不开而影响定量的准确性，则可改用乙酸正戊酯为内标，它在乳酸乙酯后出峰。

载体应选择吸附性小、经过惰化处理的白色硅藻土。如美国Chromosorb W－HP(高效载体)，Chromosorb－DMCS(硅烷化载体)或同类产品，其堆密度小于0.25g/ml，粒度60～80目或80～100目。

(二) 试剂和溶液

(1) DNP　色谱固定液，BDH分装。

(2) Tween－60　色谱固定液，上海试剂一厂生产。

(3) 丙酮　AR级。

(4) Chromosorb W－HP　60～80目。

(5) 标样　要求色谱专用，至少AR级。

① 醇类: 甲醇、乙醇、正丙醇、仲丁醇、异丁醇、正丁醇、异戊醇、正己醇。

② 酯类: 乙酸乙酯、丁酸乙酯、戊酸乙酯、己酸乙酯、乳酸乙酯、乙酸异戊酯。

③ 醛、酮类: 乙醛、糠醛、异戊醛、丁二酮。

④ 乙缩醛(二乙氧基乙烷)。

(6) 内标　要求色谱专用，至少AR级。

① 乙酸正丁酯。

② 乙酸正戊酯。

(三) 色谱柱制备

1. 固定液配比和涂布

$$DNP=m\times0.2$$
$$吐温-60=m\times0.07$$

式中 m——载体质量(g)

0.2——DNP的质量分数为20%

0.07——吐温的质量分数为7%

以丙酮为溶剂,将混合固定液溶解后倒进已称重的载体中,要求溶液全部吸入载体略有余量。在水浴上蒸发至干(最好用回转蒸发器蒸干),105℃烘箱中干燥1～2h,在干燥器中冷却后备用。

2. 色谱柱清洗、装柱、老化

参阅本篇第七章第一节、三、气液色谱柱的制备。

(四) 测定方法

1. 混合标样的配制

根据表3－9－1中相对保留时间,经定性试验确认能分离的各组分,按不同香型酒的需要配制混标溶液。在50ml容量瓶中先加入约10ml体积分数为55%～60%的乙醇。然后相继用25.50 μl和100 μl的微量注射器注入各种标样。甲醇、正丁醇等在酒中含量低的组分,各取25 μl;正丙醇、异丁醇、异戊醇、乙醛、乙缩醛等中等含量的组分,各取50 μl;己酸乙酯、乳酸乙酯等含量最多的组分,各取100 μl。加入各种标样后,轻轻摇晃,使之混合。然后用体积分数为55%～60%的乙醇定容、摇匀,即为用标样配制的模拟酒样。

准确吸取5.00ml混合标样,加入0.20ml 2%(g/100ml)内标溶液,于干燥、洁净的带盖试管中摇匀,用于测定各组分的定量校正因子(f值)。

2. 内标溶液的配制

准确吸取内标(乙酸正丁酯)2.00ml,于100ml容量瓶中,用体积分数为55%～60%的乙醇溶解并定容到刻度,摇匀备用,即为2%(g/100ml)的内标溶液。

3. 试样配制

准确吸取5.00ml酒样,于带盖试管中准确加入内标溶液0.200ml,摇匀备用。

4. 色谱分析

(1) 仪器 各种牌号符合GB－9722要求的气相色谱仪,具有氢火焰离子检测器和相应的数据处理机。

(2) 柱子 内径2～3mm,柱长2m的DNP混合柱。

(3) 操作条件 柱温95～100℃,汽化、检测器温度均为150℃。流速对2mm柱而言,N_2:20ml/min,H_2:20ml/min,空气:200ml/min;对3mm柱而言,N_2:50ml/min,H_2:50ml/min,空气:500ml/min[以上数据供参考使用,可根据具体情况,调整更合适的气体比例,参看本篇第六章第二节、一、3.氢焰检测器的操作条件]。

待仪器基线稳定后,先测加入内标的混合标样[见(四)1],进样1 μl,重复试验3次,求定量校正因子(f)的平均值。接着进行酒样分析,注样1 μl,重复试验2～3次。

(五) 计算

表 3-9-1　一些醇、酯、醛、酮在两种色谱柱上的相对保留时间(以异戊醇为1.00计)

化合物	DNP混合柱	PEG 15M柱	化合物	DNP混合柱	PEG 15M柱
乙　醛	0.059	0.066	仲丁醇	0.320	0.451
甲酸甲酯	0.068	—	乙缩醛	0.349	0.190
甲　醇	0.093	—	丙酸乙酯	0.360	—
乙酸甲酯	0.117	0.138	第三戊醇	0.381	0.448
丙烯醛	0.117	0.147	乙酸正丙酯	0.391	—
乙　醇	0.125	0.251	丁　醛	0.426	—
异丙醇	0.155	—	异丁醇	0.430	0.710
第三丁醇	0.164	0.200	异丁酸乙酯	0.471	—
乙酸乙酯	0.180	0.196	乙酸异丁酯	0.586	—
丙　醛	0.204	—	正丁醇	0.590	0.861
丁　酮	0.216	—	戊醇－[3]	0.630	0.746
乙酸异丙酯	0.246	—	第二戊醇	0.663	0.820
丁二酮	0.248	—	丁酸乙酯	0.690	0.518
正丙醇	0.270	0.508	三聚乙醛	0.720	—
丙烯醇	0.318	0.766	第三己醇	0.755	0.721
乙酸正丁酯	0.826	0.662	环戊醇	2.04	1.21
异戊醇	1.00	1.00	糠　醛	2.60	1.82
4－甲基戊醇－[2]	1.00	0.907	正己醇	2.76	1.33
异戊酸－乙酯	1.02	—	己酸乙酯	3.06	1.065
丁烯醛	1.20	—	庚　醇	—	—
正戊醇	1.29	1.08	苯甲醛	—	—
乙酸异戊酯	1.30	0.795	异辛醇	—	—
戊酸乙酯	1.46	0.850	乙酸正己酯	—	—
2－甲基戊醇－[1]	1.55	1.21	正辛醇	—	—
乳酸乙酯	1.70	1.33	庚酸乙酯	—	1.31
乙酸正戊酯	1.74	0.945	辛酸乙酯	—	1.66
庚　醛	2.00	—			

1. 各组分定量校正因子的计算(f_i)

$$f_i = \frac{A_s}{A_i} \times \frac{m_i}{m_s}$$

式中　f_i——组分的定量校正因子

A_i——混标中组分i峰的面积(cm^2)

A_s——内标峰面积(cm^2)

m_i——混标中组分i的质量(mg)

m_s——内标质量(mg)

混标中组分i的质量$m_i = V_i \times d_i \times \frac{5}{50}$

混标中内标的质量　$m_s = d_s \times 2\% \times 0.2 \times 1000$

式中　V_i、d_i——分别为组分i纯试剂的体积和相对密度(V_i 的单位为μl)

d_s——内标纯试剂的相对密度

$\frac{5}{50}$——在50ml混标溶液中吸取5ml试验

2%×0.2——在2%内标溶液中吸取0.2ml(g)

1000——将内标换算成mg的系数

以己酸乙酯为例：$V_i=100\mu l$，$d_i=0.872$，混标中己酸乙酯的质量$m_i=100\times0.872\times\frac{5}{50}=8.72(mg)$。

内标溶液的浓度为2%(g/100ml)，$d_s=0.882$

混标中内标的质量$m_s=2\%\times0.882\times0.2\times1000=3.582(mg)$。

各组分的化学式和相对密度见表3－9－2。根据$f_i=\frac{A_s}{A_i}\times\frac{m_i}{A_s}$公式，由数据处理机计算出各组分的定量校正因子。用内标法定量时校正因子准确与否至关重要，在内标和载气相同的恒温色谱条件下，只要分离完善(特别是内标和其前后组分)，定量校正因子是检测器的常数，基本不受仪器型号和操作条件的影响。因此，有些企业标样不全或测定不准确时，可使用表3－9－3中提供的数据。这些数据经多方验证有相当的可靠性，但内标溶液的计量和配制决不能马虎。

2. 酒样中香味成分含量计算(mg/L)

(1) 酒样中内标量计算

$$m_s=2\%\times0.882\times0.2\times1000\times\frac{1000}{5}$$

式中　m_s——酒样中内标量(mg/L)

2%，0.882——内标溶液浓度(g/100ml)和相对密度

1000——换算成mg

$\frac{1000}{5}$——5ml酒样中加量换算到1L酒中含量的系数

(2) 酒样中组分含量计算

$$x_i=f_i\times\frac{A_i}{A_s}\times m_s$$

式中　x_i——酒样中组分i的含量(mg/L)

f_i——组分i的定量校正因子

A_i——酒样中组分i的峰面积(cm^2)

A_s——酒样中内标的峰面积(cm^2)

m_s——酒样中内标量(mg/L)

(3) 杂醇油含量　杂醇油通常指正丙醇、异丁醇和异戊醇，用对二甲氨基苯甲醛比色测定时，正丙醇并不显色(且正丙醇含量并未包括在白酒卫生指标“杂醇油”之内)，异丁醇、异戊醇显出颜色也不相同。按标准要求混合标样异丁醇：异戊醇＝1：4时，往往不符合各种酒的实际比值，因而出现标准系列与酒样色调不完全相同而难以比较的困惑。而色谱分

表 3-9-2　　一些醇、酯的结构式和物理常数

化合物	结构式	相对密度	沸点/℃
甲　醇	CH_3OH	0.791	64
乙　醇	CH_3CH_2OH	0.790	78
正丙醇	$CH_3CH_2CH_2OH$	0.804	97
异丙醇	CH_3CHOH | CH_3	0.785	82
正丁醇	$CH_3CH_2CH_2CH_2OH$	0.809	117
异丁醇	CH_3CHCH_2OH | CH_3	0.806	108
仲丁醇 (第二丁醇)	$CH_3CH_2CH{\cdot}OH$ | CH_3	0.880	99
第三丁醇	CH_3 | $H_3C—C—OH$ | CH_3	0.789	83
正戊醇	$CH_3CH_2CH_2CH_2CH_2OH$	0.817	135
异戊醇 (3-甲基丁醇-1)	$CH_3CHCH_2CH_2OH$ | CH_3	0.813	132
活性异戊醇 (2-甲基丁醇-1)	$CH_3CH_2CHCH_2OH$ | CH_3	0.816	129
2,2-二甲基丙醇-1	CH_3 | $CH_3—C—CH_2OH$ | CH_3	0.808	114
戊醇-［2］ (第二戊醇)	$CH_3CH_2CH_2CHCH_3$ | OH	0.810	118
戊醇-［3］	$CH_3CH_2CHCH_2CH_3$ | OH	0.815	116
3-甲基丁醇-2	$CH_3CH\ CHCH_3$ |　| CH_3OH	0.823	112
第三戊醇	CH_3 | $CH_3C—CH_2CH_3$ | OH	0.807	102
环戊醇	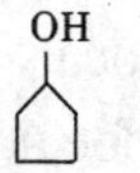	0.945	139
正己醇	$CH_3CH_2CH_2CH_2CH_2CH_2OH$	0.816	152
第二己醇	$CH_3CH_2CH_2CH_2CHCH_3$ | OH	0.829	137
第三己醇	CH_3 | $CH_3CH_2CH_2C\ OH$ | CH_3	0.810	132

续表

化合物	结构式	相对密度	沸点/℃
2-甲基戊醇-1	$CH_3CH_2CH_2CHCH_2OH$ │ CH_3	0.820	149
4-甲基戊醇-2	$CH_3CHCH_2CHCH_3$ │ │ CH_3 OH	0.808	132
正庚醇	$CH_3CH_2CH_2CH_2CH_2CH_2CH_2OH$	0.819	176
正辛醇	$CH_3CH_2CH_2CH_2CH_2CH_2CH_2CH_2OH$	0.827	193
异辛醇	$CH_3CH_2CH_2CH_2CHCH_2OH$ │ CH_2CH_3	0.834	184
甲酸甲酯	$HCOOCH_3$	0.987	32
乙酸甲酯	CH_3COOCH_3	0.928	57
甲酸乙酯	$HCOOC_2H_5$	0.917	53
乙酸乙酯	$CH_3COOC_2H_5$	0.898	77
丙酸乙酯	$C_2H_5COOC_2H_5$	0.891	99
乙酸正丙酯	$CH_2COOC_3H_7$	0.887	100
乙酸异丙酯	$CH_3COOCHCH_3$ │ CH_3	0.874	88
异丁酸乙酯	H_3C ╲ $CHCOOC_2H_5$ ╱ H_3C	0.870	110
乙酸异丁酯	$CH_3COOCH_2CH \cdot CH_3$ │ CH_3	0.871	116
丁酸乙酯	$C_2H_7COOC_2H_5$	0.879	121
乙酸正丁酯	$CH_3COOC_4H_9$	0.882	124
异戊酸乙酯	H_3C ╲ $CHCH_2COOC_2H_5$ ╱ H_3C	0.868	135
乙酸异戊酯	$CH_3COOCH_2CH_2CHCH_3$ │ CH_3	0.876	149
戊酸乙酯	$C_4H_9COOC_2H_5$	0.877	143
乙酸正戊酯	$CH_3COOC_5H_{11}$	0.879	148
己酸乙酯	$C_5H_{11}COOC_2H_5$	0.872	167
乙酸正己酯	$CH_3COOC_6H_{12}$	0.878	171
乳酸乙酯	$CH_3CHCOOC_2H_5$ │ OH	1.042	154
庚酸乙酯	$C_6H_{13}COOC_2H_5$	0.868	187
辛酸乙酯	$C_7H_{15}COOC_2H_5$	0.870	260

表 3-9-3　白酒中主要醇、酯等组分的相对校正因子(f值)

组　分	以乙酸正丁酯为内标	以乙酸正戊酯为内标	组　分	以乙酸正丁酯为内标	以乙酸正戊酯为内标
乙　醛	1.81	—	己酸乙酯	0.89	0.90
甲　醇	1.45	—	正己醇	0.70	0.95
乙酸乙酯	1.50～1.70	1.58	乙酸异戊酯	0.83	1.03
正丙醇	0.90	—	戊酸乙酯	1.01	—
仲丁醇	0.93	—	第三丁醇	—	0.95
乙缩醛	1.25	—	第三戊醇	—	1.54
异丁醇	0.81	1.00	第二戊醇	—	1.13
正丁醇	0.78	1.14	正戊醇	—	1.10
丁酸乙酯	1.00	—	辛　醇	—	0.94
异戊醇	0.75	0.92	庚　醇	—	0.92
乳酸乙酯	1.65	2.27	庚酸乙酯	—	1.19
糠　醛	1.20	1.45			

析则能准确地定量异丁醇和异戊醇的各自含量。杂醇油＝异丁醇＋异戊醇。其结果更为真实可靠。

二、PEG 20M柱直接进样分析

PEG 20M(聚乙二醇，平均相对分子质量20000)为强极性固定液，多用于分离强极性化合物，如醇类。国标规定酒精中杂醇油(正丙醇、异丁醇、异戊醇)的测定，使用PEG－20M毛细管柱0.25mm×(25～30)m。程序升温条件：$70℃\ (3min) \xrightarrow{5℃/min} 100℃$，分流比(20∶1)～(100∶1);进样1μl;以正丁醇为内标定量。

PEG20M柱在白酒分析中使用也较普遍，对清香型酒中乙酸乙酯、浓香型酒中己酸乙酯的测定，国标规定DNP温合柱和PEG20M柱通用。PEG20M柱：10％PEG20M涂于80～100目Chromosorb W(AW)载体上，用醋酸正戊酯为内标定量。

PEG20M热稳定性比DNP混合固定液好，使用温度可提高到150℃，因此除乳酸乙酯、己酸乙酯外，可测出更高沸点的组分，如辛酸乙酯。由PEG20M涂渍的，无论填充柱或毛细管柱，在做白酒分析时都需要程序升温条件，并改用醋酸正戊酯为内标。

1. 标样和溶液

同DNP混合柱直接进样分析的标样和溶液要求。

2. 色谱仪和分析条件

(1) 仪器　岛津GC－5A, FID检测器。或其他牌号符合GB－9722要求的色谱仪。

(2) 柱子　10％ PEG20M，Shimalite(60～80目)的3mm×4m不锈钢柱。

(3) 分析条件　柱温：$60℃\ (3min) \xrightarrow{5℃/min} 125℃\ (恒温)$。汽化、检测器的温度均为150℃。

N_2:60ml/min，H_2:60ml/min，空气:1L/min。

3. 酒样分析

准确吸取酒样5.0ml于带盖试管中，加入浓度为1%(g/100ml)的醋酸正戊酯标准溶液0.2ml，混匀，进样1μl。从典型色谱图3－9－2可见，有几对组分分离不够理想。如乙酸乙酯与甲醇(或乙缩醛)、正丙醇与丁酸乙酯、乳酸乙酯与己醇。

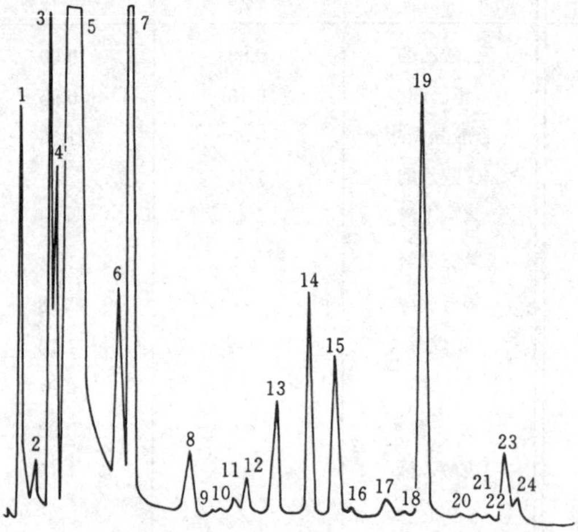

图 3－9－2 茅台酒在PEG 20M柱上的色谱

1—乙醛 2—甲酸乙酯 3—乙酸乙酯 4—乙缩醛＋甲醇 5—乙醇 6—仲丁醇 7—正丙醇＋丁酸乙酯 8—异丁醇 9—第二戊醇 10—乙酸异戊酯 11—戊酸乙酯 12—正丁醇 13—乙酸正戊酯(内标) 14—异戊醇 15—己酸乙酯 16—正戊醇 19—乳酸乙酯 22—辛酸乙酯 23—糠醛 17、18、20、21、24—未知

4. 计算

同DNP混合柱的计算方法。

三、己酸乙酯、乳酸乙酯快速分析

浓香型白酒中主体香气己酸乙酯含量及其和其他香气成分特别是乳酸乙酯之间的量比关系，是直接影响到白酒质量的关键指标。

在浓香型白酒厂的生产控制分析中，有时并不完全需要酒中全成分，而只要掌握其主体香味成分己酸乙酯的变化规律和含量。例如在生产工艺研究中要了解发酵过程的产酯情况，蒸馏时要了解己酸乙酯在各馏分中的含量变化，以正确掌握分质摘酒，或贮存勾兑时要了解各种基质酒的主体香气的变化及含量等，都需要一个快速而正确的己酸乙酯定量方法，以分析更多的样品，提供更多的数据。为满足上述要求，可采取如下措施。

1. 提高柱温，加速色谱过程

鉴于DNP混合柱的最高使用温度为150℃，故将柱温提高到120℃左右，以加速色谱过程。虽然柱温高，固定液流失大，但在恒温色谱条件下可调节基流，并不影响测定结果。最后一个峰己酸乙酯出峰时间由原来的30min左右缩短到11min左右，而柱效并未显著下降。唯有乙缩醛与异丁醇、乙酸正丁酯(内标)与异戊醇两对组分，分离度下降到0.5和0.8。虽然按色谱分离要求仍可定量，但乙酸丁酯作为内标却不适宜了。因内标峰面积精确度关系到所有组分定量的准确性，所以它应与其他组分完全分开，分离度大于1.5。

提高柱温后可选择的内标为己酸甲酯和乙酸异戊醇。己酸甲酯在乳酸乙酯后出峰，己酸甲酯在白酒中的含量一般低于0.1mg/100ml；乙酸异戊酯在乳酸乙酯前面出峰，其在酒中的含量也很少，通常低于1mg/100ml。虽该峰中还夹杂正戊醇，但总量也不超过2mg/100ml。若试样分析时加入内标量70mg(5ml酒样中加0.2ml内标溶液)，则造成的影响＜3%，它们与其他组分的分离度均大于1.5。

此外，柱温提高后，原来分离不好的一对组分己醇与糠醛却分开了，且位置颠倒，己醇出峰在糠醛之前。

用同一酒样在不同仪器、不同柱温条件下的分析结果，见表3－9－4。

2. 用非极性柱，使极性组分提前出峰

采用5%非极性固定液SE－30，涂在Chromosorb W－HP(60～80目)上，用2m不

表 3-9-4　　不同柱温下分析结果对比　　单位: mg/L

仪　器	SP－501		5890		3440
柱　温	92℃	114℃	90℃	120℃	程序升温
色谱柱	DNP混柱	DNP混柱	DNP混柱	DNP混柱	PEG20M毛细管柱
内　标	乙酸丁酯	乙酸异戊酯	乙酸丁酯	乙酸异戊酯	乙酸异戊酯
乙　醛	252	262	272	279	260
乙缩醛	367	393	345	395	—
仲丁醇	125	64	127	58	62
正丙醇	223	203	214	217	195
异丁醇	124	101	125	84	93
正丁醇	136	102	139	132	119
异戊醇	361	338	343	375	322
乙酸乙酯	957	943	930	933	—
丁酸乙酯	243	217	211	217	218
戊酸乙酯	—	—	83	—	90
己酸乙酯	2360	2300	2380	2360	2320
乳酸乙酯	2080	2150	2100	2150	—

锈钢柱，柱温80～85℃，各组分以沸点程序出峰，此时乳酸乙酯等各组分均与乙醇峰合并，唯有己酸乙酯在4min左右出峰。若注样技术熟练、进样重现性好，用外标法定量可得到满意的结果。

3. 用10％ BDS(丁二醇琥珀酸聚酯)柱

在10％BDS的Chromosorb　W60～80目柱上，出峰程序和DNP混合柱相仿，己酸乙酯、乳酸乙酯延后出峰，与前面各组分相距较大，分离较好。在上海分析仪器厂102G色谱仪上，用2m不锈钢柱，柱温110℃(N_2:20;H_2:45;空气:400)，进酒样0.5～1μl，己酸乙酯于2.20min、乳酸乙酯于3.33min出峰，峰形对称分离好。若进样重现性好，可用外标法定量，在4min内测得酒中乳酸乙酯和己酸乙酯含量。以庚醇为内标进行内标法定量，则分析条件和进样技术的影响大大减少，在5min内完成分析。按DNP混合柱实测数据配制标准溶液:

己酸乙酯: 1.7333g/100ml的60％乙醇溶液。

乳酸乙酯: 2.0813g/100ml的水溶液。

准确吸取上述标准溶液各1.00ml，于10ml容量瓶中，用50％的乙醇溶液定容至刻度，摇匀，作为模拟酒样，用BDS柱内标法测得己酸乙酯和乳酸乙酯含量分别为173mg/100ml和208mg/100ml，与DNP混合柱上测定结果相一致。其保留时间和定量校正因子(f)，见表3－9－5。

若将柱温降到91℃，在N_2:15ml/min、H_2:40ml/min、空气:400ml/min的条件下，延长分析时间，正丁醇、异戊醇、己酸乙酯、乳酸乙酯、庚酸乙酯和正庚醇分别在1.90、2.52、3.83、5.83、6.31、8.42min出峰，则能检测更多的组分。

表 3-9-5 保留时间及定量校正因子

组分	保留时间/min	相对保留值	f
己酸乙酯	2.20	0.48	1.15
乳酸乙酯	3.33	0.71	2.87
庚醇	4.61	1.00	1.00

四、丙酸乙酯的测定

1. 原理

奇数碳羧酸的乙酯，如丙酸乙酯、戊酸乙酯和异戊酸乙酯等，因能使白酒香味幽雅、协调而受到重视。其中五碳酸乙酯用色谱分析技术很容易分离定量，唯有丙酸乙酯在DNP混合柱上与乙缩酸重合，得不到定量数据；即使用PEG－20M或FFAP毛细管柱在程序升温条件下分离，也因丙酸乙酯在乙醇峰尾上，往往分得不够理想。故本法要点是在酒样中加入无机酸，使乙缩醛水解成醇和乙醛，此时丙酸乙酯不变，再用DNP混合柱分析水解后的酒样，测得去除乙缩醛后剩余的峰面积，即为酒中丙酸乙酯的含量。乙缩醛的水解式为：

$$CH_3CH(C_2H_5O)_2+H_2O \xrightarrow[\text{水解}]{} 2C_2H_5OH+CH_3CHO$$

2. 仪器设备、试剂和色谱分析条件

均同DNP温合柱直接进样分析法。

3. 丙酸乙酯定量校正因子(f值)的测定

(1) 丙酸乙酯标准液　准确吸取丙酸乙酯2.00ml(≈2×0.891g)，于100ml容量瓶中，溶于体积分数为60％的乙醇中，并定容至刻度，摇匀。

(2) 内标溶液　准确吸取2.00ml乙酸正丁酯(≈2×0.882g)，溶解、定容同(1)。可作为直接进样分析法的内标溶液。

准确吸取(1)、(2)溶液各0.10ml，于10ml容量瓶中，用60％的乙醇稀释至刻度，摇匀，注样0.5～1μl。

$$f_{丙酸乙酯}=\frac{A_{内}}{A_{丙酸乙酯}}\times\frac{d_{丙酸乙酯}}{d_{内标}}$$

式中　A——表示峰面积(cm^2)

d——相对密度

4. 测定方法

(1) 丙酸乙酯和乙缩醛含量　用DNP混合柱直接进样分析法测定各组分含量时，丙酸乙酯与乙缩醛重合，作为丙酸乙酯与乙缩醛含量，以乙缩醛表示。

注：在大多数酒中，乙缩醛含量比丙酸乙酯大得多。但有些酒的丙酸乙酯含量也不可忽视。尤其如四特酒，丙酸乙酯为其特征成分之一，必须单独予以测定。

(2) 丙酸乙酯测定　准确吸取5.0ml酒样，于10ml容量瓶中，滴加1∶3的盐酸溶液2滴，用蒸馏水定容至刻度，摇匀，于室温下放置1h。然后添加内标溶液0.10ml，摇匀，进样分析。

5. 计算

(1) 丙酸乙酯含量计算

$$x=f\times\frac{A'_{丙酸乙酯}}{A'_{内标}}\times 342.8$$

式中　x——丙酸乙酯含量(mg/L)

f——丙酸乙酯的定量校正因子

$A'_{丙酸乙酯}$——水解试样中丙酸乙酯的峰面积(cm^2)

$A'_{内标}$——水解试样中内标的峰面积(cm^2)

342.8——内标添加量(mg/L)

$$\left(\frac{2\%\times 0.882\times 0.1}{5}\times 1000\times 1000=342.8\right)$$

0.882——乙酸正丁酯相对密度

(2) 乙缩醛含量计算

$$乙缩醛=直接进样法测出乙缩醛含量(mg/L)-丙酸乙酯含量\times\frac{f_{乙缩醛}}{f_{丙酸乙酯}}(mg/L)$$

五、有机酸直接进样分析

白酒中有机酸是主要香味成分酯类的前体物，而本身也起着重要的呈味协调作用。由于有机酸极性强，挥发性热稳定性较差，故用填充色谱直接进样，通常仅能测定C_2～C_7低碳脂肪酸。固定液为聚酯类，如BDS和DEGS(丁二酸二乙二醇聚酯)，并配入2%～3%磷酸以调整极性，可避免酸峰拖尾。

1. 试剂

(1) C_1～C_7挥发性脂肪酸　AR级。

(2) 硫酸、磷酸　AR级。

(3) 固定液　色谱用BDS或DEGS。

2. 仪器、设备

(1) 气相色谱仪　具有FID检测器和数据处理机。色谱柱为2mm×20m不锈钢柱；固定相配比：载体∶固定液∶磷酸＝100∶27∶3。载体选择比表面积大，而惰性要求不十分高的硅藻土载体，如国产60～80目6201红色载体，或同类产品。柱温150℃；检测和汽化温度均为170℃。其他条件同常规填充色谱分析。

(2) 酸度计。

3. 分析方法

(1) 样品处理　取300ml酒样，在酸度计控制下用0.5mol/L氢氧化钾溶液中和至pH 7.5～8.5。蒸馏除去挥发性物质(有机酸成盐而固定，留在残液中)至残液剩1ml左右为止。用稀硫酸(1∶1)调节至pH＝2左右，定容至5ml备用。若酒中杂质较多，蒸干后生成较多残留物而影响酸的分离。或为了避免中和成微碱性的试样，在蒸发过程中有部分酯类皂化而使酸测定值偏高。可先用新蒸馏的乙醚抽提除去醇、酯后，再蒸发浓缩，酸化、定容至5ml，进样1～2μl。用外标法定量。

(2) 标准系列配制　以体积分数为60%的乙醇，配制1%(g/100ml)C_2～C_7有机酸标准混合液。准确吸取1,2,3,4,5ml，分别定容至5ml，有机酸含量为10,20,30,40和50mg，进样1～2μl(与试样进样体积相同)，以质量(mg)对峰高(或峰面积)作工作曲线。

4. 计算

$$x_i = \frac{m_i}{300} \times 1000$$

式中　x_i——酒中组分i含量(mg/L)

m_i——酒浓缩试样中有机酸组分i质量(mg)，由试样中组分i峰面积(或峰高)查工作曲线而得

300——取酒样体积(ml)

六、有机酸重氮甲烷分析法

1. 原理

有机酸被氢氧化钾溶液中和成钾盐固定后，蒸发除去其他挥发性组分。残留的钾盐用硫酸酸化并将析出的有机酸用溶剂萃取浓缩。合并溶剂层，加入重氮甲烷进行甲酯化。反应式如下:

$$C_nH_{2n+1}COOH + CH_2N_2 \longrightarrow C_nH_{2n+1}COOCH_3 + N_2\uparrow$$

重氮甲烷酯化法，有机酸转化率高，不引入任何杂质，是经典的有机酸衍生化分析方法。但制备重氮甲烷的试剂(α－亚硝基－α－甲基尿)及重氮甲烷本身有剧毒，易爆，操作需在通风橱中小心地进行。

2. 试剂

(1) 乙醚　经过重蒸。

(2) 氢氧化钾和硫酸　都为AR级试剂。

(3) 重氮甲烷的制备　在500ml的三角瓶中，加入60ml 50%的KOH溶液和200ml重蒸乙醚。冷却到5℃，在搅拌下加入20.6g(0.2mol)亚硝基甲基尿。然后连接冷凝器，将三角瓶放在50℃水浴中加热，蒸出物导入存有40ml乙醚的250ml三角瓶中。需串联2个吸收瓶，以保证蒸出物完全冷凝、被吸收。待反应蒸出的乙醚呈无色时(一般蒸出2/3体积)，反应完毕，停止加热。合并两个吸收瓶中的乙醚，含重氮甲烷5.3～5.9g。

3. 分析方法

(1) 酒样处理　取适量酒样用KOH溶液中和至pH8.5～9.0，减压下浓缩得钾盐溶液，加入1∶1 H_2SO_4溶液酸化至pH＝2左右。

(2) 溶剂抽提　在上述酸化后的溶液中，加入无水硫酸钠至饱和，用乙醚萃取4次，每次15ml，合并醚层于250ml三角瓶中。

(3) 甲酯化　存乙醚溶液的三角瓶，配上滴液漏斗和排气管，移入通风橱中，冷却到0℃，滴加新蒸出的重氮甲烷乙醚液，反应十分迅速，并逸出N_2气体。直到不再发生氮气气泡时，即反应完毕，停止加入重氮甲烷溶液。酯化液计量后即可注样进行色谱分析。

七、苄酯化分析法

1. 原理

酒样用四丁基氢氧化铵中和后，成四丁基氢氧化铵盐固定下来［见反应式(1)］。蒸除挥发性的醇、酯，残留物是酸的四丁基氢氧化铵盐，溶于丙酮。加入苄基溴，立即进行置换反应，定量地生成苄酯［见反应式(2)］，可直接进行色谱分析。

$$RCOOH + (C_4H_9)_4N^+OH \longrightarrow RCOO^-(C_4H_9)_4N^+ + H_2O \quad (1)$$

$$RCOO^- + C_6H_5CH_2Br \longrightarrow RCOOCH_2C_6H_5 + Br^- \quad (2)$$

此方法的优点是能同时定量甲酸和乳酸。灵敏度高，能检出2mg/L浓度的酸。回收率一般在90％以上，且操作简便，易于酒厂应用。但苄基溴是催泪性毒气，需在通风橱中使用。

2. 试剂和溶液

(1) 四丁基氢氧化铵　AR级，浓度为10％。稀释10倍后，准确取25ml，以酚酞为指示剂，用0.05mol/L HCl滴定到红色刚消失为终点，计算其浓度($c_{铵}$)。

$$c_{铵}(mol/L) = \frac{V_{HCl} \times c_{HCl}}{25}$$

(2) 有机酸标样和内标　$C_1 \sim C_7$脂肪酸和乳酸基准物，内标α－乙基正丁酸均为AR级。

(3) 苄基溴、丙酮　均为AR级。

3. 色谱条件

(1) 仪器　岛津GC－5A色谱仪或同类仪器，FID检测器；固定相：10％BDS涂在60～80目Chromosorb W载体上，柱长1.5m，内径0.2cm。柱温150℃。其他条件同常规色谱分析要求。

(2) 酸度计。

4. 测定方法

(1) 试样处理　准确吸取20ml酒样，在50ml烧杯中，准确加入0.5％(g/100ml)2－乙基正丁酸内标溶液1.0ml，电磁搅拌下用0.035mol/L左右的四丁基氢氧化铵中和至pH8.5～9。定量移至75ml蒸发皿中，在水浴上蒸干。冷却后加入5ml丙酮，使充分溶解，静置片刻，吸取上层清液2ml于10ml洁净、干燥的带盖试管中备用。

(2) 酯化　按计算量用100μl微量注射器吸取苄基溴，加入上述试管中加盖、摇匀。在室温(不低于15℃)静置反应2h进行苄酯化后，注样1μl，以内标法定量。标准分离图见图3－9－3。

$$苄基溴加入量(\mu l) = \frac{171.04 \times c \times V}{1.438} \times \frac{2}{5} \times 1.3$$

式中　c——四丁基氢氧化铵的浓度(mol/L)

V——四丁基氢氧化铵的滴定体积(ml)

171.04——苄基溴的相对分子质量

1.438——苄基溴的相对密度

$\frac{2}{5}$——试样分取比例

1.3——苄基溴过量30%，以保证酯化完全

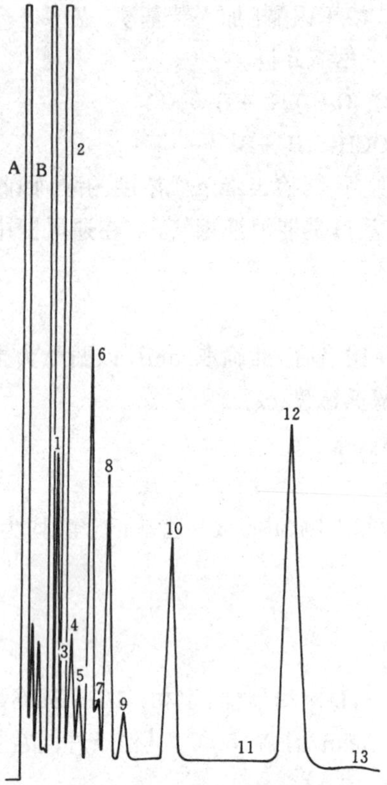

图 3-9-3　茅台酒中酸的苄酯色谱

1—甲酸　2—乙酸　3—异丁酸　4—丙酸　5—苄醇　6—丁酸　7—异戊酸　8—内标　9—戊酸　10—己酸　11—庚酸　12—乳酸　13—辛酸　A—丙酮　B—苄基溴

(3) 定量校正因子测定　同内标定量法。内标：0.5%(g/100ml)α-乙基正丁酸$(C_2H_5)_2 \cdot CHCOOH$的60%乙醇液。标准酸甲、丙、丁、异戊、正戊、庚、辛酸各取0.5g于100ml容量瓶中，用60%的乙醇溶解、定容至刻度；乙酸、己酸配成1%的60%乙醇液；乳酸配成1%的水溶液。

准确吸取上述内标和各标准酸溶液各1.0ml，于50ml小烧杯中，加水10ml，中和、蒸干、溶于5ml丙酮中。准确吸取2ml清液酯化，其操作均同试样处理和酯化方法。进样1μl进行色谱分析，根据各组分峰面积和质量求定量校正因子(f_i 值)，见表3-9-6。

$$f_i = \frac{A_s}{A_i} \times \frac{m_i}{m_s}$$

式中　f_i——组分i定量校正因子

A_s、A_i——分别为内标(α-乙基正丁酸)和组分酸基准物i的峰面积(cm^2)

m_s、m_i——分别为内标和i的质量(mg)

注：$m_s = 0.5\% \times 1 \times 1000 = 5mg$

$m_i = 0.5\% \times 1 \times 1000 = 5mg$

或$= 1\% \times 1 \times 1000 = 10mg$

5. 计算

$$x_i = f_i \frac{A_i}{A_s} \times w_s$$

式中　x_i——酒中组分i的含量(mg/L)

f_i——组分i的定量校正因子

A_i A_s——分别为组分i和内标的峰面积(cm^2)

w_s——酒样中加入的内标量(mg/L)

注：$w_s = \frac{0.5\% \times 1.0}{20} \times 1000 \times 1000 = 250(mg/L)$

0.5%×1.0——加入0.5%的内标溶液1.0ml(g)

20——试样量(ml)

表 3-9-6　各酸的苄酯相对保留值和校正因子

峰号	苄酯名称	出峰时间/min	相对保留值	校正因子
1	甲　酸	4.25	0.41	0.76
2	乙　酸	4.96	0.48	0.75
3	异丁酸	5.92	0.57	0.85
4	丙　酸	6.25	0.61	0.85
5	苄　醇	6.91	0.67	—
6	丁　酸	8.33	0.81	0.84
7	异戊酸	9.12	0.88	0.96
8	内　标	10.31	1.00	1.00
9	戊　酸	12.22	1.19	1.13
10	己　酸	17.90	1.74	0.92
11	庚　酸	26.51	2.58	1.10
12	乳　酸	32.06	3.11	1.70
13	辛　酸	39.46	3.82	1.14
A	丙醇及杂质	在甲酸前		
B	苄基溴	在甲酸前		

注：若把固定液减为4%，柱长1m，柱温110℃进行色谱分析，经四川某单位试验证明，分离速度大大加快，醋酸、丁酸、己酸和乳酸回收率>95%。

八、季铵盐乙酯化分析法

1. 原理

用四乙基氢氧化铵将酒中游离酸中和(pH=8.5左右)，蒸发除去其他挥发性组分，生成的季铵盐留在残渣中，溶于少量水，注样进行色谱分析。在350℃加热汽化条件下，有机酸的季铵盐生成相应的乙酯和三乙胺，可用填充柱或毛细管柱进行分离，内标法定量。

2. 试剂和溶液

(1) 四乙基氢氧化铵　AR级试剂。稀释10倍后使用。用0.1mol/L HCl溶液标定其浓度，同四丁基氢氧化铵。

(2) 乙醚　AR级试剂。

(3) 内标　2%(g/100ml)醋酸正丁酯溶液。

3. 仪器设备

(1) 酸度计

(2) 色谱仪　具FID检测器，汽化进样，汽化允许使用温度可达390℃。由于铵盐热分解后以酸的乙酯形式出峰，所以，可以用白酒直接进样分析的任一种柱子分离定量，最简单的是用DNP混合柱，除汽化温度为350℃之外，其他任何条件也不用变。

4. 分析方法

取20ml酒样，用0.035mol/L左右的四乙基氢氧化铵中和到pH8.5～9。在水浴上蒸干，酸的铵盐残存于蒸发皿中[反应式(1)]，加入2ml体积分数为20％的乙醇，使铵盐充分溶解。加入0.25ml内标，混匀。注样1～2μl进行色谱分析[反应式(2)]，三乙胺在醋酸乙酯后出峰。

$$RCOOH+(C_2H_5)_4NOH \longrightarrow RCOO(C_2H_5)_4N+H_2O \quad (1)$$

$$RCOO(C_2H_5)_4N \xrightarrow{\text{热分解}} RCOOC_2H_5+N(C_2H_5)_3 \quad (2)$$

5. 计算

(1) 定量校正因子　可将白酒直接进样分析时酯类对内标(醋酸正丁酯)的f'值换算成相应的酸。如己酸乙酯的$f'=0.9$，则己酸的f'值为：

$$f'=0.9\times\frac{\text{己酸相对分子质量}}{\text{己酸乙酯相对分子质量}}=0.9\times\frac{116}{144}=0.725。$$

(2) 组分含量

$$x_i=f_i\frac{A_i}{A_s}\times w_s$$

式中　x_i——酒中组分i含量(mg/L)

f_i——组分i定量校正因子

A_i、A_s——分别为组分i和内标的峰面积(cm^2)

w_s——内标的加入量(mg/L)

$$(w_s=\frac{2\%\times0.5\times1000}{20}\times1000)$$

注：① 为防止中和、蒸发过程中酯类皂化，使测定结果偏高，注意中和时避免过碱，以pH8.5左右为好。并在减压下低温蒸发浓缩。或在蒸发前用乙醚萃取2次，每次30ml，除去酯类物质后再蒸干。

② 此法简单，易于操作。但色谱仪的汽化安全使用温度必须达到350℃以上，否则胺盐不能定量分解而影响测定结果。如HP5890、上海分析仪器厂的惠普1890、1102GC、岛津的GC－14A、上海计算技术研究所的GC920等仪器都能满足使用要求。

第三节　毛细管色谱分析

一、原　　理

毛细管气相色谱是用毛细管柱进行分离的气相色谱分析法。毛细管色谱理论是1957年Colay首先提出的，可解决组分在填充柱中受到大小不均载体颗粒阻碍造成的谱带展宽、柱效降低的问题。这种色谱柱的固定液涂布在柱管内壁，柱中心是空的，故称开管柱，人们习惯称它为毛细管柱。毛细管柱的特点是“相比”(phase ratio)(即β值)大。“相比”是指柱内二相体积之比。在气、液分配色谱中：

$$\beta=\frac{\text{柱内气相体积}}{\text{柱内液相体积}}$$

填充柱的β值在6～35之间，毛细管柱则在50～1500之间。这决定了毛细管柱快速高效的本质。与填充柱相比，其峰形更尖锐，在温度和保留时间相同的情况下，相应的峰更高，信噪比高于填充柱(FID检测器)，其最小检测量更小，灵敏度更高。

80年代初解决了毛细管柱的材质问题，采用柔性好、惰性、稳定性强的石英毛细管柱，并进一步解决了交链、键合固定液的技术，使高性能毛细管柱商品化。目前，分析速度快、柱活性小、柱效高、热稳定性好的高性能毛细管柱已广泛地应用于分离、分析复杂的有机化合物，在科研、生产领域中将会越来越多地取代传统的填充柱色谱。

毛细管色谱分离原理与填充柱色谱基本相同，主要差别是毛细管柱内径小，通常为0.1～0.3mm左右。即使是大口径毛细管柱，也一般为0.53mm，最大也不超过0.8mm。这样给毛细管柱的进样和检测部分的连接提出了问题。

1. 毛细管色谱柱的进样

填充柱有较大的柱容量，可借助微量注射器将液体样品直接注入。但毛细管柱柱容量很小，为了得到准确的定量分析结果，研究并诞生了各种毛细管色谱柱进样技术，如分流进样、分流－不分流进样、冷柱头进样等。其中分流进样因其实用、简易，故被广大分析工作者所接受，成为最常用的毛细管色谱进样法。同微量注射器注样后→汽化→试样汽化体与载气混为一体→分流→把少部分样品进入色谱柱(试样体积为10^{-2}～10^{-3}μl)，以满足毛细管柱负荷量小的要求。

2. 毛细管色谱分析的多内标定量

分流进样操作时，在不同分流比条件下，未经预热的高流速载气，将使汽化面冷却，并使样品呈雾状或气溶胶状，产生了分流非线性现象，即所谓分流失真，特别对宽沸程组分的样品，定量误差将大于5%，甚至更严重。所以，在测定多组分的复杂样品时，应在谱图不同部位采用几个性能、挥发性与前后组分相近的物质进行多内标定量法，以降低分流失真的影响。

3. 毛细管色谱分析的柱外效应(死体积)

由于毛细管柱内径小，其柱的体积流速也相应很小，通常柱平均线速为15～20cm/s。如果毛细管柱与进样器、检测器连接的管路接头部件死体积太大，组分将在这些部位扩散，影响分离和检测灵敏度，所以毛细管色谱对死体积要求甚严。而分流进样技术基本解决了柱前扩散和微量进样问题。但柱子出口到检测器尚有一根连接管，假定该管内径为1mm，长为50mm，则其体积$=\frac{\pi d^2\times h}{4}=\frac{\pi\times 1^2\times 50}{4}=39.3$μl。用填充色谱柱时，若载气体积流速为50ml/min，由柱子流出的组分，经过这根管子需要0.047s($\frac{39.3\times 60}{50\times 1000}=0.047$s)，其影响可忽略不计。但毛细管柱体积流速要小得多，假定为1ml/min，通过管子就需2.35s，将使组分扩散，造成拖尾，增加峰宽，影响分离度和柱效。为了减少柱后扩散，需在毛细管柱出口到检测器的流路中增加一股称为尾吹的辅助气，以增加流速。这样不仅可使单位时间内到达检测器的组分质量增多，且能减少死体积影响，增加灵敏度，改善峰形。由图

3－9－4可见，毛细管色谱与填充色谱的主要区别是柱前用分流进样，柱后增加尾吹气。通常尾吹气量就是补足分流掉的载气量。

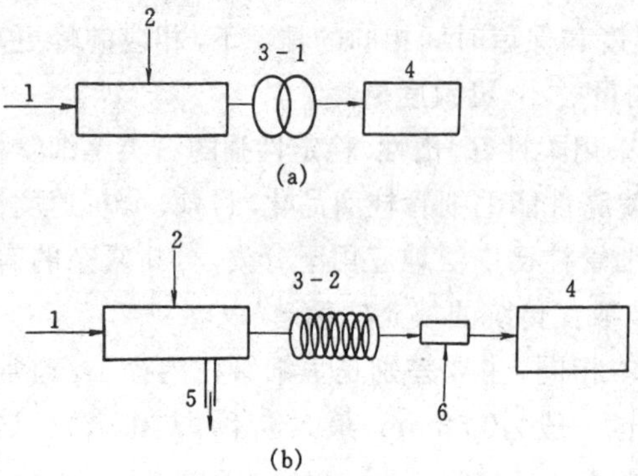

图 3－9－4 毛细管色谱仪和填充色谱仪流路示意图

a—填充色谱仪 b—毛细管色谱仪

1—载气 2—进样 3－1—填充柱 3－2—毛细管柱 4—检测器 5—分流 6—尾吹

4. 分流比的测定

分流比系指载气总流速与毛细管柱体积流速之比：

$$分流比=\frac{Fc_{柱}+Fc_{分流}}{Fc_{柱}}$$

式中 $Fc_{柱}$——毛细管柱体积流速(ml/min)

$Fc_{分流}$——分流体积流速(用皂沫流量计测定，ml/min)

假定毛细管柱体积流速为1ml/min，分流放空体积流速为99ml/min，则分流比为100：1。

由于测定毛细管柱出口的体积流速较麻烦，故一般用计算法求近似分流比值：

$$Fc_{柱}=\frac{\pi d^2\times\bar{u}}{4}\times 60$$

式中 $\bar{u}$——柱内载气平均线速度(cm/s)；$\bar{u}$＝柱长/死时间

d——毛细管柱内径(mm)

举例：$d=0.31$mm　$\bar{u}=13.2$cm/s　$Fc_{分流}=54$ml/min

则 $$Fc_{柱}=\frac{3.14\times(3.1\times10^{-2})^2\times13.2}{4}\times60=0.6(\text{ml/min})$$

式中 3.1×10^{-2}——把柱内径mm换算成cm

60 ——把s换算成min

$$分流比=\frac{0.6+54}{6}=91:1$$

死时间是不被固定液吸附或溶解的气体(如空气或甲烷等)经过色谱柱所需的时间。由于空气在氢火焰检测器中无信号，甲烷气体难以解决，故可用低沸点溶剂如乙醚等测近似死时间，或用酒样分析时首峰(如乙醛)的保留值作死时间。若柱长为25m，首峰3min，则平均线速度$\bar{u}=\frac{25\times100}{3\times60}=13.88$cm/s。

二、毛细管直接进样分析酸、醇、酯等

(一) 目的意义

随着毛细管气相色谱技术的发展和白酒香味成分研究的深入，发现各类白酒虽然风味有很大差别，其组成分却大同小异，关键是各组分的含量和量比关系。利用毛细管气

相色谱的高灵敏度，直接进样法可使更多香味组分简单、快速地获得准确定量数据，为白酒行业提供更多有效的信息。

近几年经中国食品发酵科学研究所蔡心尧等探索研究，并得到广大白酒科研人员的共识，常用的毛细管柱为PEG20M和FFAP的交联柱或键合柱。PEG20M是聚乙二醇柱(polyelhylene glycol, PEG又名carbowax)。其结构式为HO—$(CH_2CH_2O)_n$—H，$n=450$，平均相对分子质量为20000，最高使用温度为225℃。1991年，蔡心尧等用于研究白云边等特殊香型酒的香味成分，一次进样可分离50余组分。聚乙二醇类固定液最大的缺点是化学稳定性较差，载气中有微量氧，就会引起分解，所以必须用高纯氮(>99.99%)作载气。

80年代，毛细管柱制备技术的一大发展是把涂渍固定液后的毛细管柱通过原位交联(即固定液分子间共价连接)，或键合(即固定液与毛细管壁化学键连接)，使柱子具有更多的优点：

(1) 增大了固定液粘度，减少流失，增加了高温下液膜的稳定性，提高了固定液的最高使用温度。

(2) 增加了抗溶剂冲洗能力，有利于对柱口污物的冲洗。

(3) 固定液热重排小，可在高温下长期使用。

对白酒分析而言，要求柱子既能耐高温又具有强极性。但这样的固定液并不多，FFAP柱是PEG20M的改性柱(是PEG20M与2－硝基对苯二酸的反应产物)，又称脂肪酸相，弱酸性，适用于含氧化合物、游离脂肪酸及酯类的分离。其热稳性优于PEG20M，交联后使用温度可达260～270℃，更适于白酒香味成分的分析和研究。1993年，蔡心尧等选用了澳大利亚SGE公司产的FFAP柱，取得更佳效果，一次直接进样获得80余个组分峰。典型色谱见图3－9－5。用三内标法定量了57个组分，除醇、酯外，包括C_2～C_{12}的有机酸和C_{16}～C_{18}的高级脂肪酸乙酯。定量变异系数小于5.8%。

(二) 试剂和溶液

可供定量测定的化合物(见表3－9－7)及3种内标：叔戊醇、醋酸正戊酯和α－乙基正丁酸尽可能选用色谱专用试剂，特别对内标基准物要求更为严格。至少需用分析纯级(AR)，并以纯度折算。

(三) 仪器和操作条件

1. 气相色谱仪

HP－5890色谱仪，具有氢火焰离子检测器和5890GC工作站。

2. 色谱柱

澳大利亚SCE公司的FFAP柱(SP－21)，内径0.32mm，柱长25m，液膜厚0.25μm。用β－苯乙醇测得理论塔板数为2744块/m。

3. 色谱分析条件

载气(高纯氮)柱前压30kPa；柱体积流速为1.14ml/min；平均线速度为19.5cm/s；空气体积流速为400ml/min，氢30ml/min，尾吹30ml/min；分流比42∶1。

$$\text{柱温: } \underset{(2\text{min})}{50℃} \xrightarrow{3.5℃/\text{min}} \underset{(10\text{min})}{200℃}$$

表 3-9-7　　毛细管直接进样可供定量测定的化合物名称

醇　类	酯　类	羰基化合物类	有机酸类	缩　醛　类	其他化合物
甲　醇	甲酸乙酯	乙　醛	乙　酸	二乙氧基甲烷	三甲基吡嗪
正丙醇	醋酸异戊酯	正丙醛	丙　酸	1,1-二乙氧基-2-甲基丁烷	四甲基吡嗪
2-丁醇	丁酸乙酯	异戊醛	异丁酸	1,1-二乙氧基异戊烷	2-乙酰基呋喃
异丁醇	戊酸乙酯	苯甲醛	丁　酸		
正丁醇	己酸乙酯	糠　醛	异戊酸		
2-戊醇	己酸丁酯	2-戊酮	戊　酸		
异戊醇	己酸异戊酯	醋　鎓	己　酸		
正戊醇	庚酸乙酯		庚　酸		
正己醇	辛酸乙酯		辛　酸		
1,2-丙二醇	壬酸乙酯		月桂酸		
2,3-丁二醇(左旋)	癸酸乙酯				
2,3-丁二醇(内消旋)	月桂酸乙酯				
糠　醇	肉豆蔻酸乙酯				
β-苯乙醇	棕榈酸乙酯				
	硬脂酸乙酯				
	油酸乙酯				
	亚油酸乙酯				
	乳酸乙酯				
	丁二酸二乙酯				
	苯乙酸乙酯				

检测器及汽化温度均为250℃。

注：上述介绍的是中国食品发酵科学研究所蔡心尧等成功的分离分析条件。若无这样高级、精密的仪器，可用北京分析仪器厂的3400系列、惠普上海分析仪器厂的1890、上海计算技术研究所的GC-920等色谱仪，以及各单位已具备的同类色谱仪，如岛津GC-9A、14B等。配备色谱数据处理机和国产FFAP毛细管色谱柱(大连化物所、兰州物化所、北京石油科学研究院均有产品)，也能得到较满意的结果。

(四) 测定方法

1. 配制2%(g/100ml)内标混合液

准确吸取内标1(叔戊醇)、内标2(乙酸正戊酯)和内标3(2-乙基正丁酸)于盛有约20ml左右60%乙醇的50ml容量瓶中，用60%乙醇定容，并摇匀。

2. 定性和定量

参照典型谱图(图3-9-5)的出峰程序和相对保留值(见表3-9-8)进行定性，必要时内加标样确认，对可疑成分，若有色-质联用仪辅助，则更为理想。

定量校正因子测定方法，同DNP填充柱直接进样分析。内标1用于乙酸峰前的醇类分析；内标2用于乙酸峰前除醋鎓和乳酸乙酯以外的全部醛、酮、酯和缩醛类的分析；内标3用于醋鎓、乳酸乙酯、乙酸及其后面全部组分的分析定量。

若标样不全或测定不准确，则可参考应用表3-9-8的校正因子数值。但要注意程序

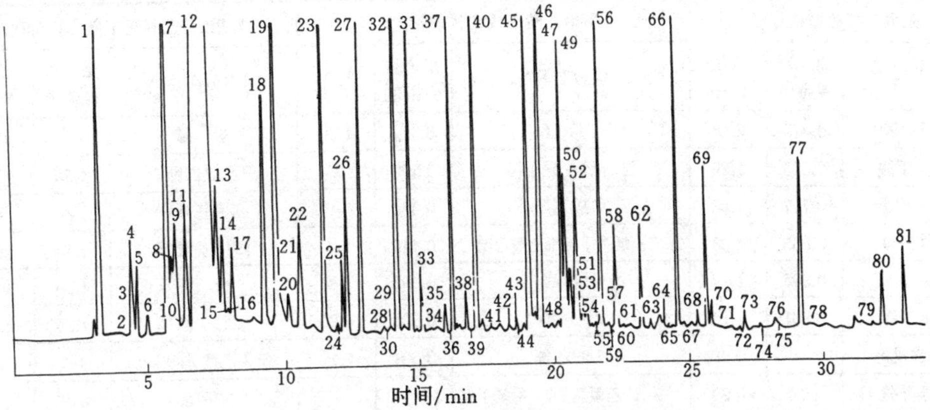

图 3-9-5　茅台酒的毛细管气相色谱分析

1—乙醛　2—丙烯　3—异丁醛　4—丙酮　5—甲酸乙酯　6—二乙氧基甲烷　7—乙酸乙酯＋乙缩醛　8—甲醇　9—2-丁酮　10—2-甲基丁醛　11—3-甲基丁醛　12—乙醇　13—丙酸乙酯　14—异丁酸乙酯　15—未知　16—乙酸丙酯　17—2-戊酮　18—2-丁酮　19—丁酸乙酯＋正丙醇　20—异戊酸乙酯　21—1,1-二乙氧基-2-甲基丁烷　22—1,1-二乙氧基-3-甲基丁烷　23—2-甲基-丙醇　24—乙酸异戊酯　25—2-戊醇　26—戊酸乙酯　27—正丁醇　28—异己酸乙酯　29—丁酸丁酯　30—1,1-二乙氧基乙烷　31—己酸乙酯　32—3-甲基醇　33—正戊醇　34—3-甲基-3-丁烯醇　35—2-乙氧基-5-甲基呋喃　36—己酸乙酯　37—3-羟基丁酮　38—庚酸乙酯　39—乙酸-2-甲基丙酯　40—乳酸乙酯　41—3-乙氧基-1-丙醇　42—三甲基吡嗪　43—辛酸乙酯　44—己酸-3-甲基丁醇正庚醇　45—乙酸　46—糠醛　47—四甲基吡嗪　48—2-乙酰基呋喃　49—2,3-丁二醇(左旋)　50—丙酸　51—2-羟基-4甲基-戊酸乙酯＋苯甲醛　52—2,3-丁二醇(内消旋)-异丁酸　53-1,2-丙二醇　54—己酸己酯　55—4-氧代-戊酸乙酯　56—丁酸　57—糠醇　58—苯乙醛　59—异戊酸　60—苯甲酸乙酯　61—原甲酸乙酯　62—戊酸　63—3-甲基-2(5*H*)-呋喃酮　64—苯醋酸乙酯　65—月桂酸乙酯　66—己酸　67—苯甲酸　68—苯丙酸乙酯　69—2-苯乙醇　70—庚酸　71—乙酸苯乙酸　72—肉豆蔻酸乙酯　73—辛酸　74—十五碳酸乙酯的异构体　75—十五碳酸乙酯　76—十六碳酸乙酯异构体　77—棕榈酸乙酯　78—十六碳-9-烯酸酯　79—硬脂酸乙酯　80—油酸乙酯　81—亚油酸乙酯

升温速率与之相同，才不致于使峰面积比值产生太大的差异。

3. 试样分析

准确吸取10.0ml酒样于10ml带盖试管中，准确加入0.1ml 2%(g/100ml)内标混合液，混匀，进样1～2μl。

(五) 结果和计算

采用FFAP柱(SP-21)直接进样分析白酒，分离了80余组分。其中57个组分有定量结果：醇类14种、酯类20种、羰基化合物7种、有机酸10种、缩醛3种、吡嗪3种、呋喃化合物1种。

1. 各组分定量校正因子测定和计算同填充柱。

$$f_i = \frac{m_i}{m_s} \times \frac{A_s}{A_i} = \frac{V_i \times d_i}{V_s \times d_s} \times \frac{A_s}{A_i}$$

式中　f_i——组分的定量校正因子

m_i、m_s——分别为组分和内标的质量(g)

A_i、A_s——分别为组分和内标的峰面积(cm^2)

d_i、d_s——分别为组分和内标的相对密度

2. 酒样中加入内标量计算

表 3-9-8 在FFAP柱上各组分峰的相对保留值*和定量校正因子

采用叔戊醇作内标(1)			采用乙酸正戊酯作内标(2)			采用2-乙基正丁酸作内标(3)		
组分名称	相对保留值	校正因子	组分名称	相对保留值	校正因子	组分名称	相对保留值	校正因子
甲醇	0.473	2.18	乙醛	0.314	1.80	醋酴	—	4.14
2-丁醇	0.683	1.29	正丙醛+异丁醛	0.378	1.64	乳酸乙酯	1.53	1.60
正丙醇	0.717	1.23	甲酸乙酯	0.385	1.49	三甲基吡嗪	—	—
异丁醇	0.835	1.08	二乙氧基甲烷+乙酸乙酯	0.446	1.46	四甲基吡嗪	1.94	0.75
2-戊醇	0.908	1.12	异戊醛	0.492	1.46	糠醛	1.88	1.14
正丁醇	0.981	1.14	2-戊酮	0.603	0.96	乙酸	1.84	4.50
活性戊醇	—	0.99	丁酸乙酯	0.691	1.17	2-乙酰基呋喃	—	—
异戊醇	1.14	0.99	1,1-二乙氧基-2-甲基丁烷	—	—	苯甲醛	2.06	0.61
正戊醇	1.26	1.06	1,1-二乙氧基异戊烷	0.752	1.25	2,3-丁二醇(左旋)	1.93	—
正己醇	1.54	1.06	乙酸异戊酯	0.859	1.12	丙酸	2.08	2.11
内标1	0.656	1	戊酸乙酯	0.888	1.18	异丁酸	2.15	1.32
			内标2	1	1	2,3-丁二醇(内消旋)	—	3.22
			己酸乙酯	1.17	0.98	1,2-丙二醇	—	—
			庚酸乙酯	1.45	1.08	丁酸	2.31	1.57
			己酸丁酯	1.68	0.94	糠醇	2.40	1.14
			辛酸乙酯	1.74	1.04	丁二酸二乙酯	2.43	1.27
			己酸异戊酯	1.80	0.92	异戊酸	2.42	1.06
			壬酸乙酯			戊酸	2.59	1.26
			癸酸乙酯			内标3	2.64	1
			月桂酸乙酯			苯乙酸乙酯	2.71	0.77
			肉豆蔻酸乙酯			己酸	2.85	1.23
						β-苯乙醇	3.10	0.89
						庚酸	3.17	1.21
						辛酸	—	—
						棕榈酸乙酯	—	—
						硬脂酸乙酯	—	—
						油酸乙酯	—	—
						月桂酸	—	—
						亚油酸乙酯	—	—

* 相对保留值以乙酸正戊酯为1计。

$$m_s = 2 \times \frac{0.1}{100} \times d_s \times \frac{1000}{10} \times 1000$$

式中 m_s、d_s——内标含量(mg/L)和相对密度

$2 \times \frac{0.1}{100}$——内标加入量(2%的溶液0.1ml)(g)

$\frac{1000}{10} \times 1000$——换算到mg/L的系数

3. 组分含量计算

$$x_i = f_i \frac{A_i}{A_s} m_s$$

式中　x_i——组分含量(mg/L)

三、低度白酒中高级脂肪酸乙酯分析

(一) 目的意义

高级脂肪酸乙酯通常指C_{14}～C_{18}碳的脂肪酸乙酯。这些酯在酒中相对含量较低，特别是白酒向降度、低度化发展，使这些醇溶性物质析出、除去，高级脂肪酸乙酯总量在低度酒中相对含量仅为几个mg/L。故用上述直接进样分析条件，检出灵敏度不能满足要求。为此，采取提高初始温度、加快程序升温速率、加速高沸物出峰的办法，以减少保留时间，提高检测灵敏度。直接进样的最小检测量为0.4mg/L。

(二) 试剂

同毛细管直接进样分析法的要求。

(三) 仪器和操作条件

1. 仪器和毛细管柱

均同直接进样分析法。

2. 色谱分析条件

载气(高纯氮)柱前压35kPa，柱体积流速0.72ml/min，平均线速度19.6cm/s，空气体积流速400ml/min，氢30ml/min，尾吹30ml/min，分流比32：1。

柱温:
$$\underset{(1\text{min})}{120℃} \xrightarrow{20℃/\text{min}} \underset{(10\text{min})}{220℃}$$

检测器和汽化温度均为250℃。

(四) 测定方法

1. 配制内标(十一酸)溶液

准确称取十一酸0.2g(精确到0.002g)，溶于体积分数为95％的乙醇中，稀释，定容到100ml，为0.2％(g/100ml)的内标溶液。

2. 定性定量

方法同直接进样法。以十一酸为内标的高级脂肪酸乙酯的定量校正因子，需重新求取。

3. 试样分析

准确吸取酒样10.0ml，于带盖试管中，加入0.1ml 0.2％内标溶液，混匀，进样1μl。

(五) 结果和计算

通常白酒中高级脂肪酸乙酯总量为200mg/L左右。其中棕榈酸乙酯13～131mg/L，油酸乙酯6～43mg/L，亚油酸乙酯11～53mg/L，肉豆蔻酸乙酯1～21mg/L，硬脂酸乙酯0～5mg/L。白酒低度化(38％～39％酒精体积分数)、除浊处理后，高级脂肪酸乙酯总量若超过6.7mg/L，在较低温度条件下(8℃)就容易产生失光现象。对这样低含量的高级脂肪酸乙酯用本法测定，使色谱峰增高，检测灵敏度大大提高，可检出总量为0.4mg/L的高级脂肪酸乙酯。典型色谱图如图3－9－6所示。

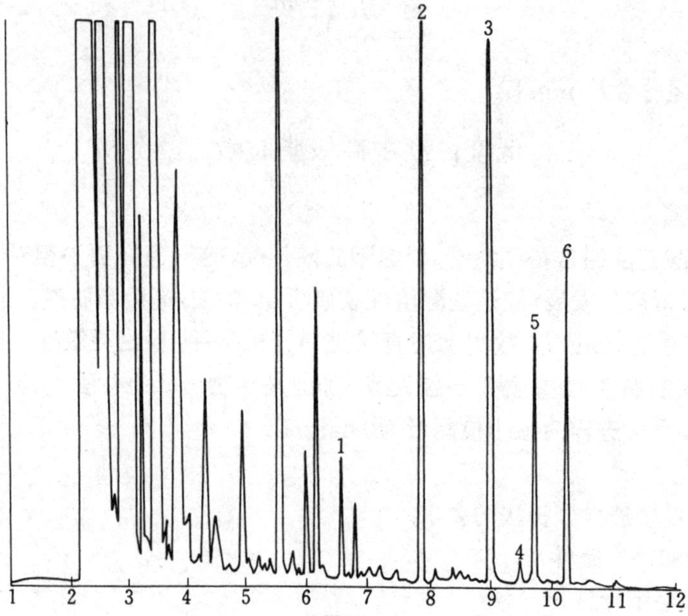

图 3－9－6　白酒中高级脂肪酸乙酯的色谱图

1—肉豆蔻酸乙酯　2—棕榈酸乙酯　3—十一酸(内标)　4—硬脂酸乙酯　5—油酸乙酯　6—亚油酸乙酯

1. 各组分定量校正因子计算

同直接进样分析法。

2. 酒样中加入内标量计算

$$m_s = 0.2 \times \frac{0.1}{100} \times \frac{1000}{10} \times 1000$$

式中　m_s——酒样中内标含量(mg/L)

$0.2 \times \frac{0.1}{100}$——酒样中加入内标量(g)

$\frac{1000}{10} \times 1000$——换算到mg/L的系数

3. 组分含量计算

$$x_i = f_i \frac{A_i}{A_s} m_s$$

式中　x_i——组分含量(mg/L)

f_i——组分定量校正因子

A_i、A_s——分别为组分和内标(十一酸)的峰面积(cm^2)

m_s——试样中内标(十一酸)含量(mg/L)

四、游离有机酸分析

(一) 目的意义

脂肪酸不仅是酯类的前驱物，更是白酒中重要的呈味物质。用毛细管柱直接进样法，在测定醇酯等类香味成分的同时，可定量C_2～C_7脂肪酸。由于受柱子极限使用温度和仪器最小检测量的限制，尚不能满足C_8以上高碳酸的定量要求。通常有效的测定方法为甲酯化法。但其操作繁琐，在一定程度上影响准确性。而用甲酸提取浓缩法可直接测定白酒中的游离有机酸：C_2～C_{18}脂肪酸和3种芳香酸。该法简便，重现性良好。

白酒中含大量酯，在脂肪酸测定的样品处理过程中，中和、蒸发均有可能使部分酯水解产生相应的酸，使结果偏高。通常有效的措施是控制中和时的pH值为8.5～9.0，避免过碱。此外，在蒸发前先用有机溶剂萃取除去酯，但操作较麻烦。经胡国栋等研究，控制中和终点pH8为最佳点。此时虽C_2～C_7脂肪酸的中和率仅90%，但剩余的游离酸即使用水浴蒸干也不易挥发，仍留存于蒸干的盐类残留物中。其测定结果与直接进样测定法基本一致。采用低温减压蒸发至干(温度不高于40℃)，可进一步避免酯类在加热过程中水解。这样的分析方法，除低碳脂肪酸的测定结果与直接进样法相符外，长链脂肪酸的标准酸回收率为98%～101%，芳香酸回收率为85%～93%。典型色谱图见图3－9－7。

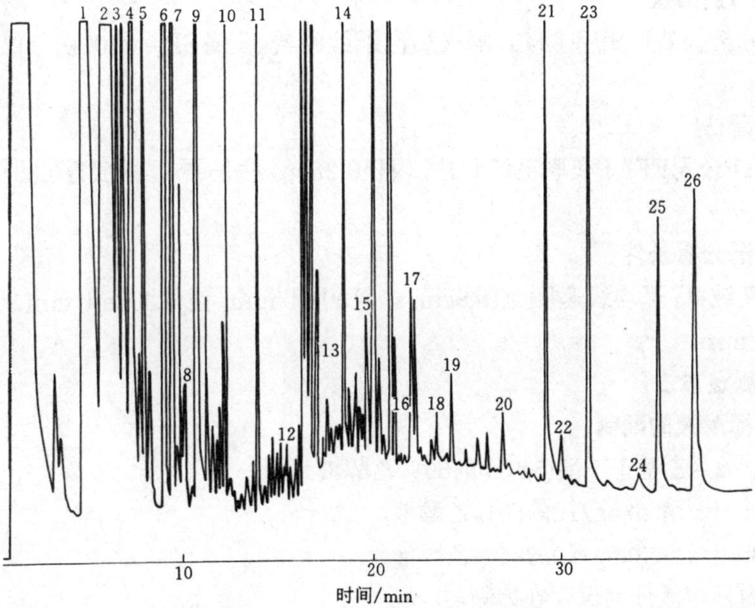

图 3－9－7　茅台酒有机酸色谱图

1—醋酸　2—丙酸　3—异丁酸　4—丁酸　5—异戊酸　6—戊酸　7—内标1　8—异己酸　9—己酸　10—庚酸　11—辛酸　12—壬酸　13—癸酸　14—内标2　15—苯甲酸　16—十三酸　17—苯乙酸　18—苯丙酸　19—十四酸　20—十五酸　21—十六酸　22—十六烯酸　23—内标3　24—硬脂酸　25—油酸　26—亚油酸

(二) 试剂

可供定量的脂肪酸、芳香酸和三种内标：2－乙基正丁酸、十一酸和十七酸，见表3－9－9。尽量选择高规格的基准物，并以纯度折算准确质量。

表 3-9-9 游离有机酸的峰号和校正因子

用内标1(2-乙基正丁酸)			用内标2(十一酸)			用内标3(十七酸)		
组 分	峰序号	校正因子	组 分	峰序号	校正因子	组 分	峰序号	校正因子
乙 酸	1	2.31	壬 酸	12	0.97	十四酸	19	0.97
丙 酸	2	1.75	癸 酸	13	1.03	十五酸	20	0.96
异丁酸	3	1.55	内标2	14	1.00	十六酸	21	0.94
丁 酸	4	1.26	苯甲酸	15	1.61	十六烯酸	22	0.94
异戊酸	5	0.86	十三酸	16	0.98	内标3	23	1.00
戊 酸	6	1.16	苯乙酸	17	1.55	硬脂酸	24	1.02
内标1	7	1.00	苯丙酸	18	1.12	油 酸	25	1.02
异己酸	8	1.10				亚油酸	26	1.09
己 酸	9	1.03						
庚 酸	10	0.94						
辛 酸	11	0.90						

溶剂甲醇为分析纯。

(三) 仪器和操作条件

1. 气相色谱仪

北京分析仪器厂SP-3440，氢火焰离子检测器，配备SP-4100积分仪。或用同类仪器。

2. 色谱柱

美国HP公司FFAP交联毛细管柱，内径0.2mm，柱长25m，液膜厚0.33μm。或用同类FFAP柱。

3. 色谱分析条件

载气高纯氮，平均线速度为18.9cm/s，氢30ml/min，空气300ml/min，分流比27∶1，尾吹30ml/min。

(四) 测定方法

1. 内标溶液的配制

内标1: 2-乙基正丁酸(5g/L)的60％乙醇液。

内标2: 十一酸(0.5g/L)的60％乙醇液。

内标3: 十七酸(0.5g/L)的95％乙醇液。

三种内标溶液分别保存在冰箱内。

2. 试样处理

于100ml烧杯中注入50ml酒样，加入三种内标溶液各1ml。在电磁搅拌下用10％氢氧化钠溶液小心中和到pH8(用pH计控制终点，切勿过量)。然后移入旋转蒸发器中，用少量60％的乙醇洗净烧杯，洗液并入蒸发瓶中。减压浓缩至干，温度以不超过40℃为宜。在蒸干残物中加入2ml 10％的甲酸溶液，使之溶解。再加3ml 95％的乙醇，混匀(注意瓶壁不留死角，成为均一体的溶液)。静置后取上面清液，进样2μl进地行色谱分析。各组分出峰次序和定量校正因子见表3-9-9。

(五) 计算

1. 内标量计算

$$m_{s1}=5\times\frac{1}{1000}\times\frac{1000}{50}\times1000=100$$

式中　m_{S1}——试样中内标1含量(mg/L)

$5\times\frac{1}{1000}$——试样中内标1加入量(g)

$\frac{1000}{50}\times1000$——换算成mg/L的系数

$$m_{S2}(\text{或}m_{S3})=0.5\times\frac{1}{1000}\times\frac{1000}{50}\times1000=10$$

式中　m_{S2}(或m_{S3})——分别为试样中内标2(或3)含量(mg/L)

$0.5\times\frac{1}{1000}$——试样中内标2(或3)的加入量(g)

2. 组分含量计算

$$x_i=f_i\frac{A_i}{A_s}m_s$$

式中　x_i——组分含量(mg/L)

f_i——组分定量校正因子

A_i、A_s——组分和内标的峰面积(cm^2)

m_s——试样中内标含量(mg/L)

五、含氮化合物分析

(一) 原理

含氮化合物，特别是吡嗪类对构成食品风味有一定作用。酿酒工艺上凡用高温堆积、高温曲、高温入池等措施和原料配料N/C比要求较高的酒种，如酱香、芝麻香型酒，被认为含氮化合物的呈香、呈味作用尤为重要。10余年来，原山西日化所和山东大学相继用Liebich酸化萃取法对汾酒和景芝白干中含氮化合物进行分析和研究，检出了10余种组分。但回收率低，杂质峰干扰大，未获得十分满意的结果。90年代初，中国食品发酵科学研究所余晓等在此基础上作了进一步研究，发现以传统方法把溶液酸化到pH1($[H^+]=0.1$)时萃取，因酸度不够，仅50％吡嗪类化合物成盐，这是回收率低的主要原因。而调整pH到0.1($[H^+]=1$)，才能保证90％吡嗪类物质成盐固定下来，避免了用戊烷萃取除去中性物质时造成的损失。结合使用高性能毛细管柱和色谱－质谱联用鉴定，共分离出36种含氮化合物。其中29种为吡嗪类，定量了21种，结果稳定可靠。并进一步说明白酒中含氮化合物主要是烷基吡嗪，从单取代基到四取代基的化合物，取代的烷基碳链最长者可达10碳。其他尚有吡啶、噻唑等，而具有含氧取代基的吡嗪至今尚未检出。

由于标样难以收集，到目前为止，仅甲基吡嗪、2,3－二甲基吡嗪、三甲基吡嗪、四甲基吡嗪有基准物作标样。因此，只能以此分别代表1,2,3,4碳的吡嗪化合物，以及用外推法求得多碳烷基取代物的校正因子，作相对比较测定。典型的GC－MS总离子流见图3－9－8，出峰程序和定量校正因子见表3－9－10和表3－9－11。在白酒中一次定性、定量这么多的

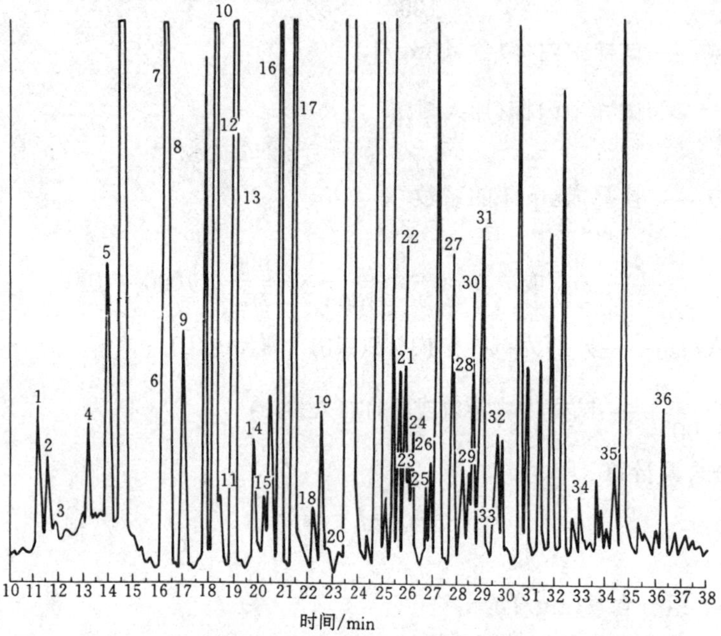

图 3－9－8　含氮物总离子流图

图上峰号见表3－9－10上峰序号

表 3-9-10　　从兼香型白酒中定性检出的含氮化合物

峰号	化合物组分名称	峰号	化合物组分名称
1	吡　啶	19	2－甲基－3,5－二乙基吡嗪
2	三甲基噁唑	20	六碳哒嗪衍生物
3	吡　嗪	21	3－异丁基－2,5－二甲基吡嗪
4	噻　唑	22	3－异丁基－2,6－二甲基吡嗪
5	2－甲基吡嗪	23	3－异丁基－5,6－二甲基吡嗪
6	2,5－二甲基吡嗪	24	3－异丁基吡啶
7	2,6－二甲基吡嗪	25	2－甲基－3－异丁基－5－乙基吡嗪
8	乙基吡嗪	26	2－甲基－3－异丁基－6－乙基吡嗪
9	2,3－二甲基吡嗪	27	2－乙基－3－异丁基－6－甲基吡嗪
10	2－乙基－6－甲基吡嗪	28	3－异丁基－2,5,6－三甲基吡嗪
11	2－乙基－5－甲基吡嗪	29	吡啶类烷基衍生物
12	2－乙基－3－甲基吡嗪	30	3－异戊基－2,5－二甲基吡嗪
13	三甲基吡嗪	31	3－丙基－5－乙基－2,6－二甲基吡嗪
14	2,6－二乙基吡嗪	32	3,6－二丙基－5－甲基吡嗪
15	3－乙基－2,5－二甲基吡嗪	33	3－异丁基－5－乙基－2,6－二甲基吡嗪
16	2－乙基－3,5－二甲基吡嗪	34	九碳烷基吡嗪衍生物
17	四甲基吡嗪	35	十碳烷基吡嗪衍生物
18	2－乙烯基－5－甲基吡嗪	36	苯并噻唑

表 3-9-11　吡嗪类化合物的校正因子

项　目	甲基吡嗪	二甲基吡嗪	三甲基吡嗪	四甲基吡嗪
校正因子	0.85	0.66	0.61	0.57

含氮化合物，尚属首次。含量最多的是茅台酒，总量达2300～3700μg/L；而纯浓香型的洋河、双沟和清香型的汾酒含量最低，仅为200～540μg/L。

(二) 试剂和溶液

1. 标样

甲基吡嗪、2,3－二甲基吡嗪、三甲基吡嗪，均为山东滕州香料厂产。

2. 内标

甲基、甲氧基吡嗪，美国Aldrich公司产。

3. 乙醚

取AR级乙醚，重蒸去头尾后使用。

4. 其他试剂

无水硫酸钠、氢氧化钠和盐酸、乙醇等，均用AR级。

(三) 仪器和操作条件

1. 仪器

(1) 色谱仪　美国惠普公司生产的HP－5890A，配备GC－MS联用。

(2) 旋转蒸发器　上海医械专机厂生产的ZFQ85A。

(3) KD浓缩器。

2. 色谱分析条件

(1) 色谱柱　PEG20M石英毛细管交联柱，石油科学研究院产。内径为0.25mm，柱长为40m。

(2) 色谱条件　载气高纯氮，柱前压100kPa，平均线速度为25cm/s，体积流速为37.5ml/min，空气375ml/min，氢气30ml/min，尾吹30ml/min，分流比30∶1，进样量2μl。

$$\text{柱温: } \underset{(4\text{min})}{60℃} \xrightarrow{4℃/\text{min}} \underset{(20\text{min})}{180℃}$$

汽化温度180℃，检测温度240℃。

(3) 质谱鉴定条件　发射电流300mA，真空度4×10^{-4}Pa，电子能量70eV，离子源温度180℃，接口温度200℃。

(四) 测定方法

1. 配制内标溶液

把内标物甲基、甲氧基吡嗪配成浓度为100mg/L的50％乙醇溶液。

2. 定性、定量

以色谱－质谱(GC－MS)联用技术定性。除甲基吡嗪、2,3－二甲基吡嗪、三甲基吡嗪、四甲基吡嗪有不太纯净的标样外，据此测出的定量校正因子(见表3－9－11)，还将它们作为1、2、3、4碳吡嗪化合物的代表，并用外推法求得多碳烷基取代物定量校正因子的近似值。其他含氮物校正因子均以1计，作相对比较测定。

3. 试样分析

(1) 试样酸化 取酒样200ml，添加内标乙醇溶液1ml，在电磁搅拌和酸度计控制下，用浓盐酸将酒样调至酸度为1mol/L，相当于pH0.1。

(2) 蒸发、浓缩 将酸化后的酒样移入旋蒸发器，在0.65kPa下，40℃水浴上蒸发、浓缩至20ml。

(3) 萃取除去中性组分 把浓缩物定量移入250ml分液漏斗中，用少量蒸馏水冲洗瓶壁，洗液并入分流漏斗。用重蒸乙醚萃取4次，第1次用20ml，后3次均用15ml。收集水层。

(4) 碱性组分的提取和分析：把上述水层用12mol/L NaOH溶液调至pH=10，接近终点时改用1mol/L NaOH调碱。用乙醚萃取4次，第1次用20ml，后3次均用15ml。合并醚层，加入8g无水硫酸钠脱水过夜。把干燥后的乙醚移入KD浓缩器中，用少量乙醚冲洗分液漏斗3次，每次5ml，洗液并入KD浓缩器后，在50℃水浴上浓缩至0.5ml，进样2μl进行GC－MS分析。

(五) 结果和计算

1. 组分定量校正因子计算

甲基吡嗪等4种不太纯净的标样，配成模拟酒样的浓度，加入适量内标(1.0ml)后注样分析，求出定量校正因子，见表3－9－11。其他有1、2、3、4碳取代基的吡嗪化合物，也以上述4种标样代替。多碳烷基取代基的化合物的定量校正因子，由外推法求取。其余非吡嗪类含氮化合物的校正因子，均假定为1，以求相对含量。

2. 酒中内标含量计算

$$m_s = \frac{\frac{100}{1000000} \times 1 \times 1000000}{200} \times 1000$$

式中 m_s——内标含量(μg/L)

$\frac{100}{1000000}$——内标溶液浓度(100mg/L)

1×1000000——吸取1ml内标溶液中含内标量(μg)

$\frac{1000}{200}$——样品量换算到1L中含量的系数

3. 组分含量计算

$$x_i = f_i \frac{A_i}{A_s} m_s$$

式中各符号所代表的意思同内标定量法。

六、多元醇分析

(一) 目的意义

多元醇包括2,3－丁二醇、1,2－丙二醇和丙三醇，对白酒中香味物质起助香作用，并使口味增加绵、甜、柔软感。通常白酒中以2,3－丁二醇、1,2－丙二醇为主。其总量以茅台酒为最多，达300mg/L左右，其他酒在19～118mg/L范围内。唯有豉香型的玉冰烧酒，通过浸肉工艺脂肪酸氧化、分解，酒中多元醇以丙三醇为主，含量在160mg/L以上。化学分析通常以过碘酸钾氧化法测多元醇总量。

色谱分析可作成甲基氯硅烷衍生物，以增加FID检测灵敏度，用填充柱或毛细管柱分离检定。1,2－丙二醇、2,3－丁二醇(左旋和内消旋)均能在FFAP毛细管直接进样法中通过组分保留值和GC－MS确认、定量(见第二节中图3－9－5)。而丙三醇(甘油)在一般白酒中含量甚微，沸点高达290℃，极性大，在毛细管直接进样分析中未见检出报道，但它却是豉香型酒的重要特征成分。丙三醇挥发性小，只需把酒样在减压下浓缩一定倍数，就可进行色谱分析。即使在水浴上蒸发至仅存少量体积，丙三醇也基本留存于残液中，很少损失，可直接测定。

(二) 衍生法

1. 试剂和溶液

(1) 1,2－丙二醇、2,3－丁二醇和丙三醇标样　均为AR级试剂。

(2) 内标　AR级。1,2,3,4－丁四醇，配成500mg/50ml吡啶溶液。

(3) 吡啶。

(4) 六甲基二硅氨烷(hexamethyl disilazane)。

(5) 三甲基氯硅烷。

2. 色谱分析条件

(1) 填充柱　Chromosorb　W－10% SE－30，内径2mm，柱长2m，载气30ml/min，柱温$\underset{(2min)}{110℃} \xrightarrow{6℃/min} 240℃$。汽化温度220℃。

(2) 毛细管色谱柱　SE－30，0.25mm×50m石英柱。

3. 测定方法

(1) 衍生物制备　标样和内标各0.01g于试管中，加3ml吡啶，轻摇、溶解后，加入1.2ml六甲基二硅氨烷和0.4ml三甲基氯硅烷，盖紧后在沸水浴中加热30min。取出冷却，待白色沉淀下沉，5～10min后。取上层清样1～2μl注入色谱仪。其出峰程序为丙二醇、丙三醇、丁二醇和丁四醇。

(2) 试样处理　吸取10.0ml酒样于KD浓缩器中，减压浓缩至约0.1ml。加3ml吡啶，摇匀。再加1ml丁四醇内标(相当0.01g)摇匀后，硅烷化同标样，注样1～2μl。

4. 计算

测各组分定量校正因子和含量，同内标法定量。

(三) 浓缩后直接进样分析法

(1) 内标法定量　80年代初，内蒙古轻工科学研究所巴世珍等将酒样在KD浓缩器中，65℃水浴保温，约10kPa减压浓缩10倍，在岛津GC－5A色谱仪上，用Chromosorb 101载体充填内径为2mm的2m玻璃柱，分离浓缩液中的多元醇，以苯甲醇为内标(浓缩后加入)定量。在这样的浓缩条件下，白酒中众多干扰多元醇测定的香味成分挥发殆尽。2,3－丁二醇的回收率＞90%，而丙三醇的回收率＞97%。分离图见图3－9－9。

丙三醇最小检出量为0.02%。以酒样浓缩20倍计，最小检测浓度为10mg/L。

(2) 外标法定量 因1,2－丙二醇、2,3－丁二醇在FFAP柱直接进样分析中已有定量数据,故浓缩后进样分析主要测丙三醇,用外标法定量。

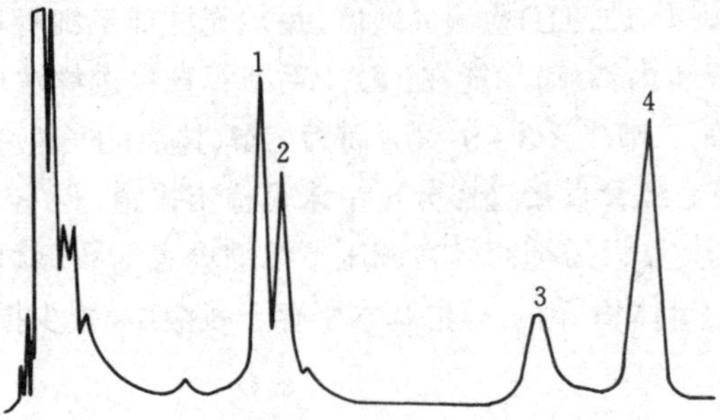

图 3－9－9 多元醇分离图

1—2,3－丁二醇 2—乳酸
3—丙三醇 4—苯甲醇

① 试剂和溶液: 丙三醇基准物AR级。准确称取丙三醇基准物2g(称准到0.002g),于100ml容量瓶中用水定容至刻度,摇匀。分别吸取该标准液7.50ml、5.00ml、2.50ml和1.25ml于10ml容量瓶中,用水稀释到刻度,配成标准系列,浓度分别为1.5%、1%、0.5%和0.25%的丙三醇溶液。

② 色谱分析条件: 试样经浓缩处理后,用国产80～100目401有机单体充填1m短柱,在220℃恒温条件下按常规进行色谱分析,丙三醇在6～8mm出峰。在401有机单体上,丙三醇浓度与信号呈非线性响应,标准系列和浓缩试样注入体积要相同,以标准系列溶液的浓度对峰高(或峰面积)作工作曲线,而不宜用单点校正定量。以0.74%的丙三醇标准溶液做回收试验,其变异系数小于5%,回收率100%～105%。

(3) 用SE－30非极性的毛细管色谱柱分离 在D－300、GC－MS联用仪上,用石油科学研究院产的0.25mm×50m SE－30石英毛细管柱,柱温120℃,汽化260℃,分流比10∶1,分离玉冰烧酒浓缩液。以70eV做定性确认,用20eV作为外标法定量的检测器。在SE－30毛细管柱上,极性物质能在较低温度下迅速出峰,玉冰烧浓缩试样中除丙三醇于6.06min出峰、用外标法定量为160mg/L外,还有乙酸(2.58min)、2,3－丁二醇(4.05min)、乳酸(4.38min)和β－苯乙醇(9.10min)。见图3－9－10。

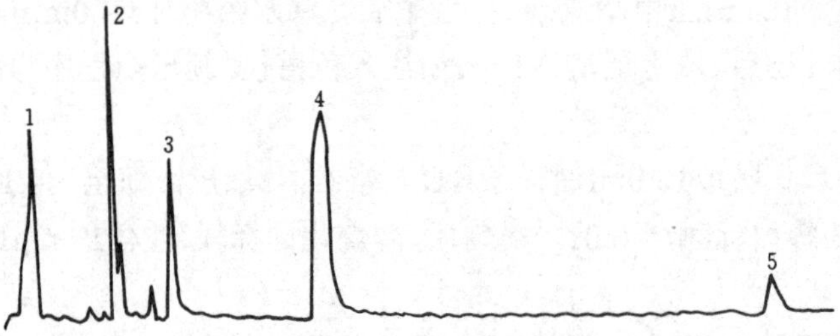

图 3－9－10 在SE－30毛细管柱上丙三醇分离图

1—乙酸 2—2,3－丁二醇 3—乳酸 4—丙三醇 5—β－苯乙醇

(4) 计算

$$x=c\times\frac{V_1}{V}\times\frac{1}{10}\times1000$$

式中 x——酒样中丙三醇含量(mg/L)

c——浓缩样中丙三醇含量(由工作曲线查得)(%)

V——酒样体积(ml)

V_1——浓缩后定容体积(ml)

$\frac{1}{10}\times 1000$——由%含量换算成mg/L的系数

七、含硫化合物分析

含硫有机化合物是食品中重要香味组分，国外60年代就开始研究。文献报道啤酒中含有挥发性和高沸点含硫化合物，由含硫氨基酸热分解生成。发酵排气中能检出甲硫醇、乙硫醇、SO_2、二甲硫等。硫化氢和乙醛或乙醇生成的乙硫醇，存在于新酒中，是呈新酒味的原因。这些挥发物在熟成中部分随二氧化碳挥发逸出，部分结合成高沸点含硫化合物留于酒中，成为呈香物质。发酵中生成的含硫化合物阈值低，有特征香气，是威士忌酒的重要香味成分之一。文献报道在60种蒸馏酒中，检出12种低分子含硫化合物。同时在蒸馏加热过程中，酵母菌体中的硫胺素也会分解，生成具有酵母(曲)味的噻唑。

国内最早注意白酒中含硫化合物的是周恒刚先生，在1987年的北斗科研项目中，进行了新酒臭气分析研究。由泰安酒厂报道：用SP－501色谱仪、上海试剂厂101(60～80目)白色载体上涂磷酸三甲酚酯为固定相，充填3mm×2m玻璃柱，在柱温70℃的恒温条件下，吸取顶空气分析，发现新酒中甲硫醇最多，7天后挥发殆尽。乙硫醇挥发较慢，但贮存3个月后也全部消失。由于未收集到标样，只能用专用的FPD检测器(火焰光度检测器)估算相对含量。

1992年五粮液酒厂练顺才等在GC－9A色谱仪上，用分析酒的DNP－吐温60混合柱，直接进样，以FPD为检测器，得到硫化氢等挥发性硫化物的定性结果。

1993年中国食品发酵研究所陆久瑞等，用Tekmar LSC 2000吹出吸附装置，动态顶空法富集白酒中含硫化合物后，瞬间气化进行毛细管色谱分析，用FPD检测含硫组分峰，并经GC－MS验证，检出二甲基硫、二甲基二硫、二甲基三硫共3个硫醚。外标法，首次获得较精确的定量数据。

为研究芝麻香型酒的香味特征，金佩璋、吴国栋、沈尧绅等先后涉足高沸点含硫化合物分析研究领域。

(一) 用动态顶空法分析挥发性含硫化合物

1. 试剂

标样二甲基硫、二甲基二硫、二甲基三硫，均为进口试剂。

2. 仪器

(1) Tekmar LSC 2000装置　样品管为5ml带针孔的玻璃管。吸附管为内径0.312cm、长30.48cm、内装Tenax GC的薄壁不锈钢管。

(2) 色谱仪　岛津GC－9A，具备FID检测器和C－R3A积分仪。

① 色谱柱：PEG－20M交联柱，柱内径0.25mm、长50m。

② 色谱分析条件：载气高纯氮，线速度21.7cm/s，分流比10：1，尾吹50ml/min，柱温$\underset{(5min)}{60℃}\xrightarrow{5℃/min}\underset{恒温}{180℃}$，FID检测器和进样均为220℃。FPD附加炉温220℃，灵敏度10，

衰减16。

(3) HP5890A、GC－MS联用仪 色谱条件同上②，离子源温度180℃，界面温度210℃。

3. **分析方法**

(1) 试样分析 吸取10.0ml酒样于50ml容量瓶中，用水稀释至刻度，摇匀。吸取5.0ml稀释样，注入Tekmar装置的样品管中，用高纯氮以11ml/min吹气10min。含硫化合物被吸附管中Tenax GC吸附后，迅速加热到180℃，解吸2min。将富集后的含硫化合物气体导入色谱仪进行分析。由FPD检测的色谱图见图3－9－11。

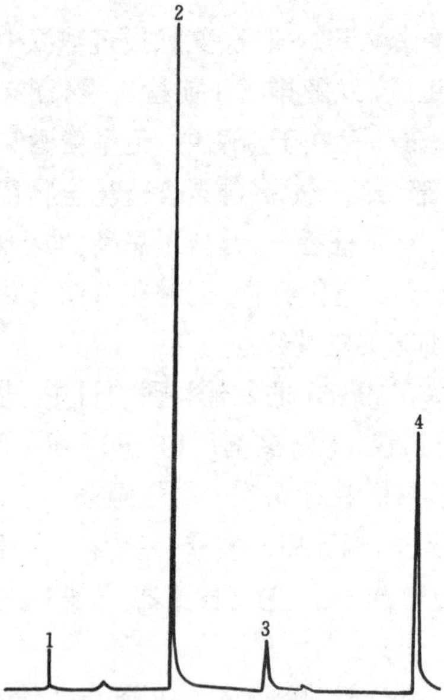

图 3－9－11 白酒中挥发性硫化物

1—二甲硫 2—二甲二硫 3—未知 4—二甲三硫

(2) 标准系列配制 在4个50ml容量瓶中各注入10ml 50％的乙醇。再加入3种内标的混合液，使浓度分别相当酒样中含量各为0.2,0.4,0.6和0.8mg/L。用水稀释至刻度。各吸取5ml同试样分析，进行吸附、解吸、色谱分析。

4. **计算**

以标准系列测定的峰面积对组分浓度的平方绘制工作曲线，求组分中各组分含量。分析结果重复性好。酒样中加入标准物，回收率达95％左右。

(二) 高沸点含硫化合物的分析研究

对芝麻香型酒香气成分的研究，必然要探讨芝麻香的特征。西村修等在优质芝麻油水蒸气蒸馏液的溶剂萃取浓缩物中，检出221个组分。其中含硫化合物45个，占浓缩物总质量的13％，是构成芝麻油香味的主要组成物。特别在中性区分的顶空气中，有芝麻油特有的焦糊气味。金佩璋等人参照芝麻油香味成分研究方法，将梅兰春酒的中性区分在FFAP毛细管柱上分离，用FID、FPD双通道检测器检测。凡在FID检测器上是十分小的峰，而在FPD检测器上变成明显的大峰，甚至是满标的平头峰，确认为含硫化合物的组分共10余种。

胡国栋等人在研究挥发性含硫化合物时，发现在中、高沸点区分尚有2个未知组分。经改进试样浓缩处理办法，更换毛细管柱进一步研究，确认为3－甲硫基－1－丙醇和3－甲硫基丙醛。

沈尧绅等人在PEG20M交联毛细管色谱柱上用FID为检测器，直接进样法解决了3－甲硫基丙醇的定量问题。并认为该成分在芝麻香型酒中是特征性香味成分。庄名扬等人在“美拉德反应与酱香型白酒研究”的发酵试验中发现，以葡萄糖、蛋氨酸为培养基，加入意大利酵母后，发酵液呈浓郁的芝麻香。经GC－MS分析，确认为是3－甲硫基丙醇和5－羟基麦芽酚。其量比关系为1∶10。由此提出芝麻香型酒的特征成分可能是两者之一，或者是共同组成的。

1. **梅兰春酒香味成分研究**

中性区分的含硫化合物色谱相当清晰。以梅兰春和茅台酒为样品，先用0.1mol/L NaOH中和到pH8～10，然后用二氯甲烷抽提浓缩。在兰州化学物理研究所50m×0.32mm FFAP石英键合毛细管柱上，起始温度50℃ $\xrightarrow{3℃/min}$ 220℃(保持20min)，注样3μl进行分离对比，双通道FID、FPD检测确认的含硫化合物峰均有十几个。集中在FID图谱中己酸乙酯～十五酸乙酯之间，除低沸点区有共同的组分峰，和茅台酒在28.2min处有特殊大峰外，两个样品中许多组分有相同的保留值。如在32.8min的大峰和40.8min，56.1min，61.8min,64.7min处都有明显的含硫化合物特征峰。为了进一步了解含硫化合物组成，在D－300色质联用仪上，用FFAP(0.3mm×30m)石英键合毛细管柱，进样0.7μl，分流比1：10，在50℃ $\xrightarrow{3℃/min}$ 200℃(保持20min)程序升温条件下分离，用70eV全程扫描。由于FPD检出器上出现的大峰，在FID上往往只是一个很小的峰，甚至夹杂在其他谱峰中间不易分辨。虽然说明凡在FID上出峰不明显而在FPD上出现大峰的，是确证无疑的含硫化合物，但在很大程度上也影响质谱图的识别。曾对100余色谱峰作了质谱扫描，发现17个含硫化合物可疑峰，具有甲硫基(CH_3S)碎片和明显的M＋2峰。因工作条件限制、标样缺乏而未能确认。

2. 3－甲硫基丙醇的确认

吴国栋等用动态顶空法测定挥发性含硫化合物时，发现在PEG 20M毛细管柱上，中、高沸点区分尚有2个未知组分峰。并进一步作了探索研究：

(1) 标样 3－甲硫基－1－丙醇,3－甲硫基丙醛,均购自美国Alclrich Chemical Co。

(2) 色谱条件 PEG20M: 0.25mm×50m柱;HP－5: 0.32mm×30m柱。柱温相同，均为 $\underset{(5min)}{60℃} \xrightarrow{5℃/min} 180℃$。

(3) 试验方法和结果

① 用分析含氮化合物的样品富集方法处理景芝白酒，未知峰2在FPD检测器上响应大大增加(200倍)。经GC－MS鉴别，确认为3－甲硫基－1－丙醇(3－methylthio－1－propanol)。

② 更换色谱柱：使用HP－5交联柱后，发现原FFAP柱上的未知峰1。峰形不规则的原因是乙酸同时流出，使FPD焰淬灭的效应。在HP－5柱上，未知峰1提前于己酸乙酯前出峰、GC－MS鉴别为3－甲硫基丙醛。

③ 在HP－5柱上发现一新峰。虽无标样对照，但根据其色谱保留规律和主要质谱碎片，判断它可能是3－甲硫基丙酸乙酯。

上述3种含硫化合物的含量，芝麻香型酒多于其他香型酒，是其明显的特征。

3. 用FID检测器，酒样直接进样法定量3－甲硫基丙醇

(1) 仪器和操作条件 HP5890Ⅱ型色谱仪、FID检测器和3394计算积分仪。

色谱柱为澳大利亚SGE公司SP－21柱，0.32mm×30m，膜厚0.25μm。

载气为高纯氮，柱体积流量1.30ml/min，分流比42：1，尾吹33ml/min，空气350ml/min，氢47ml/min。

柱温 $\underset{(2min)}{50℃} \xrightarrow{3.5℃/min} 70℃ \xrightarrow{6℃/min} 100℃ \xrightarrow{15℃/min} \underset{(10min)}{210℃}$。

(2) 测定方法 用α－乙基正丁酸为内标，测得3－甲硫基丙醇的f值为1.05，3－甲硫

基丙醛的f值1.41。

准确吸取酒样10.0ml，加入2%内标溶液0.1ml，混匀，进样1μl。

(3) 测定结果 控制本程序升温条件，可使3－甲硫基丙醇与一个未知峰分开，3－甲硫基丙醇于17.41min出峰，未知峰滞后，于17.50min出峰。定量结果，芝麻香型酒中的3－甲硫基丙醇含量均大于0.6mg/L。而其他香型的白酒中，除酱香型酒外，均小于0.3mg/L。3－甲硫基丙醛因分离不够理想，故未得其定量数据。

八、挥发性酚类化合物分析

酚类化合物是饮料酒中的重要香味成分。早在1905年Schidrowitz就报道在威士忌酒中存在酚元化合物。1977年Drawer才采用聚乙烯吡咯烷酮为吸附剂，从啤酒中检出70余种酚元化合物(其中大多数为黄酮类化合物)，并进行了半定量分析。

我国在1965年茅台试点工作中，用纸层析法初步探讨了白酒中酚类化合物，并提出4－乙基愈创木酚为酱香白酒主体香成分的观点。80年代初，轻工业部食品发酵研究所，用乙醚－戊烷萃取，经进一步族分离，浓缩后的试样进行毛细管色谱分离、GC－MS鉴定，在茅台酒中检出12种挥发性酚类化合物(见表3－9－12)。并对主要组分的含量作了估测。1997年初，庄名扬等在酱香型白酒的美拉德反应研究中，发现高温大曲中的地衣芽孢杆菌在培养发酵过程中能产生浓郁的酱香物质，经毛细管色谱分离、GC－MS鉴定，确认为5－羟基麦芽酚。

(一) 溶剂萃取族分离分析法

1. 试剂

(1) 愈创木酚 北京化工厂产，CP级。

(2) 4－甲基愈创木酚 北京化工厂合成。

(3) 4－乙基愈创木酚 按M.Phillips方法合成：由阿魏酸加热脱羧，催化加氢而成。用气相色谱分离、归一法测定其纯度为47.6%。

(4) 苯酚，邻位、对位和间位甲酚，2,4－二甲酚 均为市售产品。

(5) 乙醚、戊烷和氯化钠等试剂 均为AR级。

2. 仪器和条件

(1) 气相色谱仪 GC－5A，具FID检测器。色谱柱：石油科学研究院制0.28mm×30m的PEG20M玻璃柱。柱温170℃，汽化和检测器温度240℃，载气为高纯氮，柱流速16.6cm/s，尾吹30ml/min。

(2) GC－MS仪 LKB2091型，20～70eV，离子源温度240℃，分离器温度220℃。

(3) 酸度计

3. 分析方法

(1) 酒样中性区分的提取 取250ml酒样，用5%NaOH溶液中和到pH7～7.5，加入NaCl 30g，充分混合。将上层清液移入分液漏斗中，加500ml饱和NaCl水溶液，以降低乙醇浓度。然后用乙醚－戊烷(2∶1)萃取3次，每次30ml。合并溶剂层，用水洗3次，每次20ml，以除去水溶性杂质。

(2) 提取酚元化合物 溶剂层用5% NaOH提取3次，每次20ml。合并NaOH抽出液。

再用乙醚洗除中性物质3次。每次20ml。

(3) 游离酚浓缩和分析　用2mol/L的盐酸溶液将NaOH抽出液中和至pH7～7.5，使酚类化合物游离出来。用乙醚抽提，无水硫酸钠脱水，KD浓缩器浓缩至0.1～0.05ml，供色谱分析用。

4. 结果

经色谱保留值对比和GC－MS鉴定，以茅台酒中确认11个酚类化合物。其出峰序号和相对保留值，见表3－9－12。对茅台酒及五粮液中部分酚元化合物定量估算，见表3－9－13。4－乙基愈创木酚不仅在酱香酒中有，其他香型酒中也存在，甚至含量更高。因此，对其的作用有待于进一步探讨。

表 3-9-12　茅台酒中的挥发性酚元化合物

峰号	组分名称	相对保留值	峰号	组分名称	相对保留值
1	愈创木酚	0.62	7	2,4－二甲酚	1.31
2	4－甲基愈创木酚	0.87	8	对甲酚	1.32
3	邻甲酚	0.98	9	间甲酚	1.36
4	苯　酚	1.00	10	4－乙基苯酚	1.85
5	4－乙基愈创木酚	1.14	11	3－乙基苯酚	1.90
6	2－乙基苯酚	1.29			

表 3-9-13　茅台酒和五粮液中部分酚含量　单位: mg/L

酒　样	对甲酚	愈创木酚	4－甲基愈创木酚	4－乙基愈创木酚
茅台酒	0.77	0.10	0.07	0.05
五粮液	1.52	0.04	0.29	0.05

(二) 5-羟基麦芽酚的确认

接种地衣芽孢杆菌的发酵液，呈浓郁的酱香带焦香味，经溶剂萃取浓缩，GC－MS检测，确认为5－羟基麦芽酚（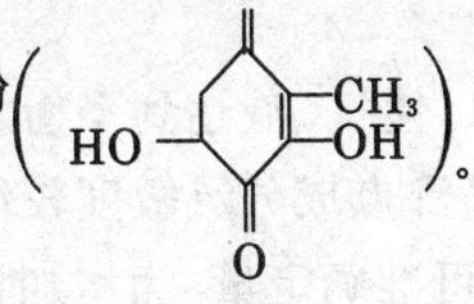

）。

1. 仪器设备和条件

(1) 色质联用仪　VG7070E GC/MS/KyKy DS－2, 70eV。

(2) 色谱柱　0.3mm×50m的OV－101石英毛细管柱，柱温 $60℃\,(1min) \xrightarrow{4℃/min} 180℃\,(恒温)$，汽化220℃。

2. 分析方法

发酵液450ml，用乙醚萃取2次，每次50ml。合并醚层，脱水后在通风橱内自然挥发溶剂至剩余体积为0.5ml。注样2μl。

3. 分析结果

发酵液浓缩物中除通常检测的组分，如乙醛、乙缩醛、乙酸、乙酸乙酯、2,3－丁二醇外，在较高沸点区域发现相对含量偏低的新峰。经GC/MS/KyKyDS－2质谱数据系统检索，与5－羟基麦芽酚的谱图完全相同，其M/Z为144而确认。

九、酒醅中香味成分分析

(一) 目的意义

发酵酒醅中微量香味物质，是各种微生物的代谢产物，通过蒸馏进入成品酒中，所以有产香靠发酵，提香靠蒸馏之说。固态发酵、甑桶蒸馏是白酒生产的两个关键工序。为了解白酒酿造过程中生化机理，和蒸馏过程中香味物质的提取率，首先要分析酒醅中主要香味成分的组分和含量。

固体发酵酒醅是很复杂的物质，除55％左右水分，4％左右乙醇和为数众多的微量香味成分外，还有粮食皮壳、残余淀粉、糖类和蛋白质、氨基酸、无机盐等，而且十分不均匀，取样难以具有充分的代表性。

酒醅中香味成分含量极微，即使100％蒸入成品酒中，由于酒醅与酒的质量比约为(15～30）：1，所以酒醅中香味成分仅相当于酒中含量的1/20左右，是常规填充色谱无法检测的。最具代表性的方法有蒸馏法、顶空法(也称顶隙气相色谱法)和溶剂提取注样法。

蒸馏法常用于酒醅中乙醇含量的测定(“蒸出液打酒度”)，糟醅中由于残存乙醇仅0.2％(体积分数)左右，故“蒸出液打酒度”不准确，化学分析法又太麻烦。若把蒸出液像酒样一样用GC分析，内标法或外标法测乙醇含量，则结果更为可靠。

溶剂浸出色谱分析法最为简便。但除香味成分外，其他不挥发物也易导入GC仪，故要注意仪器的清洗与保养。

顶空法是对液体或固体中挥发性成分的蒸汽进行气相色谱分析的一种间接测定方法。它一直被用来分析酒类的香气成分，分静态顶空法(Head space)和动态顶空法(pardiand track)两种，灵敏度高。但设备价格昂贵，分析程序复杂，操作要求严格，否则重现性差，难以精确定量。

(二) 静态顶空分析法

静态顶空法是将试样放在密闭容器中，使气、液达到平衡状态，将一定量气相导入填充柱或毛细管柱进行色谱分析，它对中、高沸点成分灵敏度较低。但对低沸点组分检测灵敏度高，操作较简单，重现性好，用内加法可准确定量。为增加目的组分蒸汽分压，提高检测灵敏度，需选择适当溶剂，添加一定量盐类，以形成盐析效应，增加香味成分在气相的分配系数。

1. 用自动顶空分析仪分析威士忌酒

岛津全自动顶空分析仪HSS－2B－GC14A(见图3－9－12)，用于分析威士忌酒的香味成分时，把酒样用水稀释到40％(即酒精的体积分数为15％左右)，加入NaCl，使溶液浓度相当3～5mol/L。在100℃保温30min，基本达到平衡。注样，用PEG20M毛细管柱分离、鉴定。

色谱分析条件：0.25mm内径、30m长的PEG20M柱，液膜厚0.25μm，柱温

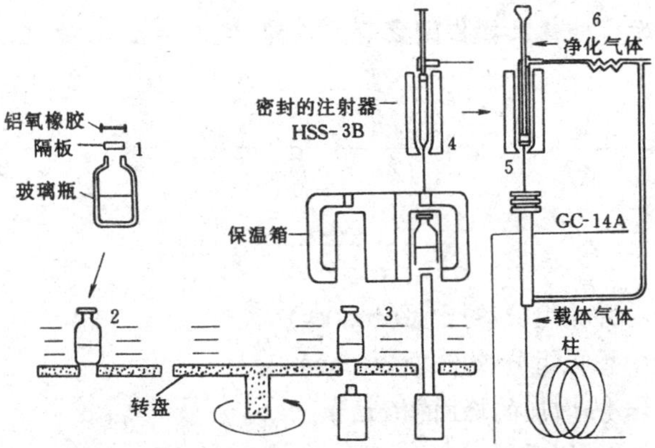

图 3-9-12　HSS-2B-GC14A　全自动顶空分析仪

1、2—玻璃瓶　3—传动装置　4、5—密封注样器　6—净化气体装置

50℃ $\xrightarrow[(8min)]{8℃/min}$ 200℃。检出乙醛、丙酮、乙酸乙酯、乙醇、正丙醇、异丁醇、乙酸异戊酯、异戊醇、己酸乙酯、辛酸乙醇、癸酸乙酯和月桂酸乙酯共12个组分。用全自动设备进样，重现性好。以乙酸正戊酯为内标(在异戊醇前出峰)进行定量。

试验结果：在试样配比为5ml酒样 +3ml水 +5mol NaCl的10个瓶中，各加5mg/L内标，各组分含量的测定结果为1%～5%。内标峰面积重复性的各组分含量为1%～4%。灵敏度比不加水和NaCl的提高13～18倍。

2. 酒醅的静态顶空分析

在没有专用设备的条件下，在100ml盐水瓶中，称取酒醅20g，加入5mol/L NaCl的10%乙醇溶液40ml，充分润湿、混匀(用双层纱布扎紧瓶口，以免加热后瓶中压力升高，使胶塞弹出，气体泄漏，影响分析准确性)。在(80±1)°C水浴中保温60min。立即从90°C烘箱中取出医用精密注射器，乘热吸取上层气体1～2ml注入色谱仪(填充柱或毛细管柱)进行分析。取气时，因瓶中气压很大，把注射器的柱塞迅速往上顶，所以一定要用手指按住柱塞，以防它被推出而使试验失败。瓶中若无压力，一定是胶塞滑出，气体泄漏，应重新配料试验。

用过的注射器，放回90℃烘箱中，可除去柱管内积存的水汽，以免影响再次测定的重复性。

由于基质组成差异影响挥发性组分的气、液平衡分压，所以不能用内标法定量，需用基准物内加定量法。

(1) 测定方法　取两个100ml的盐水瓶，其一：20g醅子 +5mg内标(参比峰)+40ml 5mol/L NaCl的10%乙醇溶液(简称溶剂)。其二：20g醅子 +5mg内标 +40ml溶剂和一定量被测组分的基准物。保温，待气、液平衡后进样分析。

(2) 分析结果和计算　内加法定量虽较麻烦，却有利于消除酒醅这样复杂的基质对香味组分测定的影响，以组分i为例，参见色谱分离图3-8-2，其中(a)图为未加基准物组分i的色谱图，A_1为组分i的峰面积，A_2为内标参比峰。(b)图为加入一定量基准物组分i的色谱图，A_1'是试样中原有组分i(峰面积a)和加入基准物i(峰面积a')的总量($A_1'=a+a'$)。由于两个瓶中组分浓度发生变化和操作因素等的差异，使$A_1\neq a$，$A_2\neq A_2'$。但其面积比是不变的。

$$\frac{A_1}{A_2}=\frac{a}{A_2'}\quad \therefore\ a=\frac{A_1A_2'}{A_2};\quad a'=A_1'-a=A_1'-\frac{A_1A_2'}{A_2}$$

$$x_i=\frac{am_{is}}{a'\times 20}\times 1000$$

式中 x_i——酯子中香味组分i的含量(mg/kg)

a——酯子中香味组分i的峰面积(cm^2)

a'——加入组分i增加的峰面积(cm^2)

m_{is}——加入组分i的质量(mg)

20——酒醅试样的质量(g)

1000——换算成1kg醅中含量的系数

静态顶空法，很适于糟醅中残余酒精的分析。配料：10～20g糟醅于100盐水瓶中，加入40ml 5mol/L NaCl溶液，并加入一定量正丙醇(约5mg)作内标参比峰。在50℃保温60min后取顶空气样分析，与另一加一定量纯乙醇(3～5mg)的试样瓶进行对比。计算同上。

(三) 动态顶空分析法

动态顶空分析法需用特殊的吹出吸附仪器，如中国食品发酵研究所用于白酒分析的Tekmar Lsc 2000装置(与气相色谱联用)，见本章第三节、七、挥发性含硫化合物分析用动态顶空分析装置。

取一定量加入内标的试样，注入样品管中。在常温下通高纯氮30min，气量10ml/min。吹出的挥发性物质被Tenax GC吸附、浓缩。而乙醇和水很少被吸附，穿过吸附柱而流出。然后把吸附管迅速加热到180℃，使被吸附的组分瞬间脱附，进入色谱分析系统。国外在80年代初就用于啤酒中挥发性组分分析，90年代初中国食品发酵研究所用于白酒香味成分的分析，有良好的重现性。酒样重复试验6次，除部分高沸点组分的含量大于16%外，大多组分的测定结果在5%内。该法灵敏度极高，能检测到1×10^{-9}g的组分量。一般白酒要用水稀释50倍才能用作测试样。酒醅中香味成分浓度比白酒低得多，高灵敏度的动态顶空分析法对酒醅中香味成分分析极为有利。但设备昂贵，操作要求也十分高，一般单位难以办到。

(四) 溶剂浸出直接进样法

近代毛细管技术的开发，如PEG20M、FFAP交联、键合石英毛细管柱和LZP－930大口径或常规毛细管柱的检测灵敏度均比填充柱高1～2个数量级，有利于用乙醇浸出酒醅中香味成分、直接进样作气相色谱分析。除定量主要酯类、醇类等常规组分外，能检测C_2～C_6游离脂肪酸等，凡大于10mg/kg的组分都能检测，共20余个组分。该法快速简便，适于生产厂对酒醅、糟醅、黄水等组成极复杂的样品中主要香味成分的分析，以进行最佳发酵期的研究、蒸馏提香率的查定等，对指导生产、改进工艺有实用意义。

浸出溶剂为乙醇，其体积分数在50%～100%范围内不影响分析结果，为减少水溶性物质浸出，以用高浓度乙醇、间断摇动下浸1h为好。

1. 测定方法

称取酒醅25g于带盖三角瓶中。加入体积分数为95％的乙醇(100－25×水分％)ml，使溶液总体积为100ml，加盖、摇匀。于室温浸1h，每15min摇动1次。静置，待固形物下沉时，用倾泻法将上层液体过滤于洁净干燥的带盖三角瓶中备用。

准确吸取10.0ml滤液，加入0.1ml 2％(g/100ml)内标(乙酸正丁酯或乙酸正戊酯)溶液。像酒样分析一样，注样1～2μl进行色谱分析，定量校正因子也可互相参照应用。

2. 计算

$$x_i = f_i \frac{A_i\ m_s}{A_s \times 25} \times 1000$$

式中　x_i ——酒醅中组分i的含量(mg/kg)

f_i ——组分i的定量校正因子

A_i ——组分i的峰面积(cm^2)

A_s——内标的峰面积(cm^2)

m_s——加入内标的质量(2％×0.1×1000)(mg)

25——酒醅试样的质量(g)

1000——换算到1kg酒醅中含量的系数

注：(1) 由于浸出液中有不挥发物质，若用柱头进样法，易污染柱子。所以应采用汽化进样或LZP－930大口径柱的拟柱上进样法。汽化室的玻璃插管污染后可拆下清洗。

(2) 乙醇中含一定量的杂质组分，特别是正丙醇的含量较高，会影响酒醅中这些组分的准确测定。应取与浸出试样相同量的95％乙醇，用水定容到100ml做空白试验，在试样峰面积中扣除后再计算。

十、大口径毛细管柱的应用

大口径毛细管柱(Wide－bore capillary columns)简称WBC，是指内径≥0.53mm的毛细管柱。早在60年代就有人研究，但直到1983年以后，人们才逐渐认识它在分析工作中的重要作用。它综合了填充柱和常规毛细管柱的优点，避免了各自的不足，近年来发展迅速，应用广泛。它与填充柱相比，具有较高的分离能力、较快的分析速度和较好的惰性；与常规小口径毛细管柱相比，其柱容量较大，对进样技术要求不苛刻，可像填充柱一样用微量注射器直接进样，避免了分流造成的歧视效应。通常WBC柱的体积流量大于10ml/min，这对大多数FID检测器已经足够，可以不加尾吹气(加尾吹则更好)。因此，WBC柱在任一填充色谱仪器上，只需在进样部分稍加改装就可使用。此外，常规毛细管柱所用的进样技术都可用于WBC柱，且更易取得可靠的结果。其中冷柱头进样和汽化进样尤为合适。

科学院兰州化学物理研究所于1993年研制LZP－930白酒专用大口径柱，选择了一种仿DNP－吐温60混合柱极性的固定液，键合于0.53mm内径的石英毛细管柱上。其使用温度高于DNP混合柱，能分离定量更多组分。在程序升温条件下一次进样，除分离、定量填充柱分离的组分外，同时能检测C_2～C_8脂肪酸、β－苯乙醇等30余组分。

(1) 全兴曲酒厂在上海分析仪器厂产的1001色谱仪上选择了LZP－930 18m柱的最佳分离条件，在 $\underset{(4min)}{62℃}\xrightarrow{2℃/min}\underset{(4min)}{120℃}$ 柱温条件下，全兴大曲酒分出39个峰，除填充柱上能分离的组分外，酯类分离到辛酸乙酯，并于33min出辛酸峰，见图3－9－13和表3－9－14。若用二阶程序升温，就是初温62℃保持4min，以4℃/min速率升温，到丁酸出峰后，改为8℃/min，升至150～160℃，恒温20min，则油酸乙酯、硬脂酸乙酯于30min左右也能出峰。

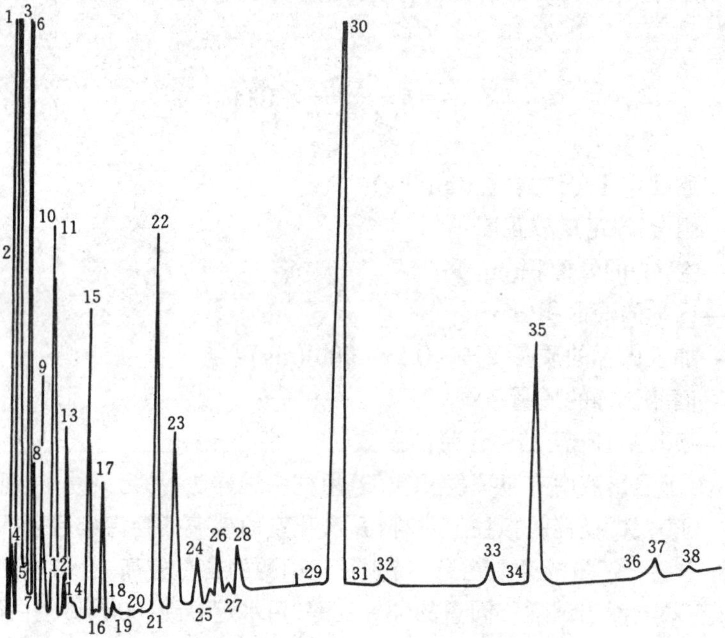

图 3－9－13 大口径柱上全兴大曲酒色谱

图上各峰编号，同表3－9－14上的峰序号。

(2) 轻工业部食品质量监督检测广东中心站，在HP－5890仪上用LZP－930柱分离陵川白酒，分离情况见表3－9－15。

(3) 广东石湾酒厂在岛津14B色谱仪上，用18m LZP－930柱分析溶剂抽提浓缩100倍的酒样。$\underset{(6.5min)}{60℃}\xrightarrow{10℃/min}\underset{(5min)}{200℃}$。在14.68min出$\beta$－苯乙醇后分别在21.1min、22.7min和24.5min出庚二酸二乙酯、辛二酸二乙酯和壬二酸二乙酯。固定液无严重流失现象。

(4) 即使是国产老型号仪器，只需在进样部分作简单改装，就可安装LZP－930大口径柱。即使用恒温分析也能提高分离性能，加快分析速度。科学院兰州化学物理研究所生产专用的双球状玻璃管，把它装入仪器进样管内，采用拟柱上进样技术，用微量注射器把试样注在玻璃管上球的下壁；毛细管柱插入下球(因细径部分的内径小于毛细管柱外径)而进不了上球(如图3－9－14所示)。这样，试样中即使有些不挥发物质，也残留在玻璃管壁上，不易污染柱子。而这根双球玻璃管很容易拆下清洗或更换。

轻工业部食品质量监督检测江苏中心站，在改装后的科创910F色谱仪上，用18m LZP－930柱分析浓香型白酒。载气高纯氮柱前压为0.025MPa，柱体积流速为

表 3-9-14　　在大口径柱上各组分的相对保留时间　　单位: min

峰序号	组分名称	相对保留时间	峰序号	组分名称	相对保留时间
1	乙　醛	0.123	20	未　知	—
2	甲　醇	0.128	21	丙　酸	0.807
3	乙　醇	—	22	乳酸乙酯	0.898
4	未　知	—	23	乙酸异戊酯	1.000
5	正丙醇	0.212	24	戊酸乙酯	1.119
6	乙酸乙酯	0.222	25	糠醛+2,3-丁二醇	1.179
7	未　知	—	26	正己醇	1.227
8	仲丁醇	0.243	27	未　知	—
9	异丁醇	0.293	28	丁　酸	1.324
10	乙缩醛	0.346	29	异戊酸	1.699
11	正丁醇	0.357	30	己酸乙酯	1.813
12	仲戊醇	0.412	31	庚　醇	1.957
13	乙　酸	0.426	32	正戊酸	2.048
14	异丁酸乙酯	0.458	33	庚酸乙酯	2.616
15	异戊醇	0.554	34	辛　醇	2.776
16	醋　酴	0.593	35	己　酸	2.824
17	丁酸乙酯	0.616	36	未　知	—
18	正戊醇	0.681	37	辛酸乙酯	3.442
19	未　知	—	38	庚　酸	3.595

表 3-9-15　　在5890仪上用LZP-930柱分离凌川白酒

峰序号	保留时间/min	组分名称	峰序号	保留时间/min	组分名称
1	2.24	乙　醛	16	8.22	(内标)乙酸正丁酯
2	2.37	甲　醇	17	8.45	正丙酸
3	4.11	正丙醇	18	9.14	乳酸乙酯
4	4.29	乙酸乙酯	19	9.90	戊酸乙酯
5	4.64	仲丁醇	20	9.99	正丁酸
6	5.25	异丁醇	21	10.16	正己醇
7	5.32	异戊醛	22	10.27	糠　醛
8	5.91	乙缩醛	23	11.83	己酸乙酯
9	5.99	正丁醇	24	12.61	糠　醇
10	—	α-戊酮	25	13.45	正己酸
11	6.42	乙　酸	26	13.76	庚酸乙酯
12	7.43	异戊醇	27	—	苯甲醇
13	7.74	醋　酴	28	15.35	辛酸乙酯
14	7.84	丁酸乙酯	29	15.89	β-苯乙醇
15	8.11	正戊醇			

2～3ml/min，柱温为75℃恒温，汽化温度为200℃，尾吹30ml/min，进酒样0.1～0.2μl。色谱图见图3－9－15，其定量校正因子与填充柱基本一致，见表3－9－16。13.79min出己酸

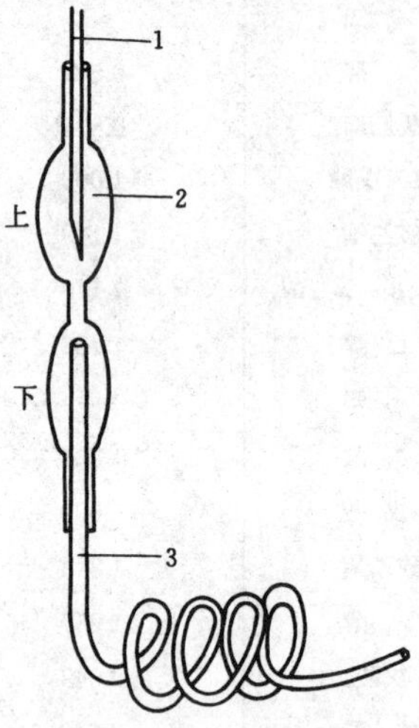

图 3－9－14 进样器插管示意图

1—微量注射器针头 2—双球玻璃插管 3—大口径毛细管柱

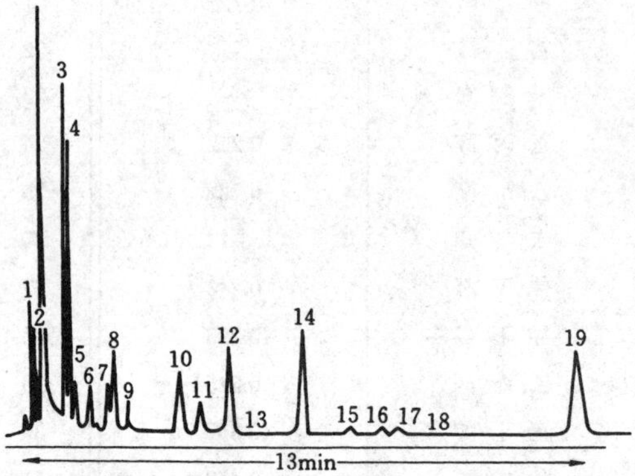

图 3－9－15 LZP－930柱(75℃)恒温色谱图

1—乙醛 2—甲醇 3—正丙醇 4—乙酸、乙酯 5—仲丁醇 6—异丁醇 7—乙缩醛 8—正丁醇 9—乙酸 10—异戊醇 11—丁酸乙酯 12—内标(乙酸正丁酯) 13—丙酸 14—乳酸乙酯 15—戊酸乙酯 16—糠醛 17—己醇 18—丁酸 19—己酸乙酯

表 3-9-16 大口径毛细管柱校正因子

组分	DNP混合柱f′值	大口径LZP－930(75℃恒温)	
		保留时间/min	f′值
乙醛	1.35～1.81	0.75	—
甲醇	—	0.85	1.07
乙酸乙酯	1.40～1.65	1.45	1.49
正丙醇	0.85～0.95	1.40	1.02
仲丁醇	0.81～1.01	1.58	0.76
乙缩醛	1.20～1.30	2.14	1.27
异丁醇	0.70～0.84	1.84	0.71
正丁醇	0.73～0.80	2.22	0.78
丁酸乙酯	1.00～1.10	3.62	1.04
异戊醇	0.75～0.81	3.29	0.79
戊酸乙酯	1.00	6.30	0.95
乳酸乙酯	1.60～1.72	5.42	1.51
己酸乙酯	0.88～0.90	13.79	0.89
庚酸乙酯	—	24.50	0.93
己醇	—	7.85	0.81
乙酸	—	2.48	2.27
丙酸	—	4.14	1.38
丁酸	—	8.38	1.30
戊酸	—	15.55	1.50
己酸	—	31.98	1.65
内标(乙酸丁酯)	1.00	4.06	1.00

注：f′值是江苏、四川、山东等有关单位实测数据范围。

乙酯峰，比填充柱(DNP混合柱)分析一个样品的速度快1倍，若把时间延长到32min，则可测定庚酸乙酯、戊酸和己酸等组分。

因此，这根柱子很受用户欢迎，特别对清香、米香、豉香型酒，所含已酸乙酯及其相应组分含量很低，系以乙酸乙酯和乳酸乙酯为主要酯类的酒种更为适用。

但由于国产0.53mm原料柱的强度相对较差，制备过程中又不是每根LZP－930柱都同样稳定，特别在柱温150～160℃以上时，固定液流失较多，高沸物测定有困难，故使用的极限温度以150℃左右为宜，分离到已酸、庚酸出峰为好。

相比之下，用内径0.32mm，柱长加长到25～30m的LZP－930柱子效果更好。严格地说，这样失去了大口径柱的原意，变成交联键合一种新固定液的常规毛细管柱。但作为大口径柱在白酒分析中应用的起步，其实用价值是客观存在的。目前根据仪器具体条件和用户需求，LZP－930大口径柱和LZP－930常规毛细管柱并用。

第十章 其他仪器分析

第一节 色谱－质谱联用仪

一、原 理

在色谱－质谱(GC－MS)联用技术中，GC是MS的进样装置，而MS相当于GC的一个检测器。一个多组分混合物经色谱分离后，各组分随载气先后流出色谱柱，经分子分离器进入质谱仪的离子源电离成离子，然后由质量分析器将离子按质量大小分离，经快速扫描可得总离子流图(相当于色谱FID的检测图和单一组分的质谱图)，仪器原理如图3－10－1所示。

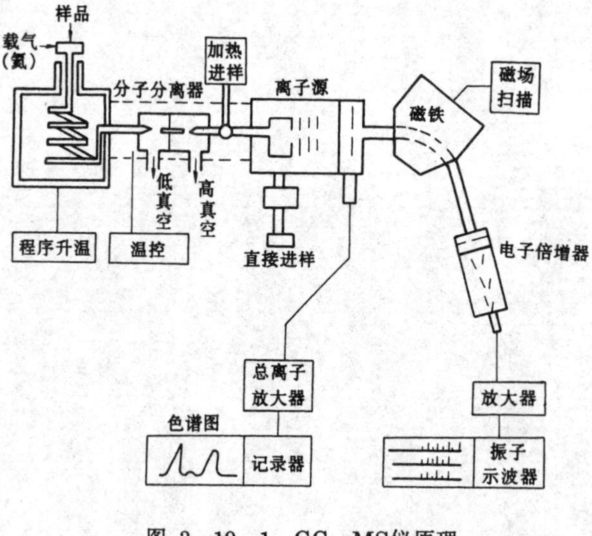

图 3－10－1 GC－MS仪原理

质谱分析是通过对组分离子的质量和强度进行结构分析的一种方法，被分析的组分在高真空中受到电子流轰击而失去外层电子，生成分子离子，同时某些化学键也发生有规律的断裂，生成具有特征质量的碎片离子。这些带正电荷的离子在磁场中按不同质荷比(m/e)分离，经收集和记录得到质谱图。由质谱图可知化合物分子量和有关结构信息，就有可能确定未知组分的化学结构。

二、GC－MS的连接和部件

1. 分子分离器

毛细管色谱的工作状态与质谱一样都为气体动态分析，易于互相匹配。但两者工作压力不同，质谱必须在高真空下工作(10^{-5}～10^{-6}Pa)，而色谱柱出口压力约为10^5Pa，所以要通过分子分离器将载气分子分离掉，同时使样品得到进一步的浓缩。

2. 离子源

GC－MS常用的离子源有两种：电子轰击源(Electron　Impact，简称EI)和化学源(Chemical　Ionization，简称CI)。前者是有机质谱中最常用的。有机物分子在离子室中受能量为70eV的电子流轰击，使有机分子失去一个外层电子，生成带正电荷的阳离子，称为分子离子(M^+)，其对应的质量即化合物分子量(M)。

$$M+e=M^{+}+2e$$

由于轰击电子能量大于分子电离能量，因此在生成M^+的同时，产生了化学键断裂的碎片离子。这些碎片与化合物的化学性质有关，所以成为该化合物特征“指纹”信息，有助于判断化合物的结构。

电子轰击的优点是电离效率高，能量分散小，设备结构简单，操作方便，对化合物的结构具有表征性。但轰击能量越大，碎片离子越多，降低了分子离子峰的强度，特别对分子量很大或稳定性差的化合物，有时找不到强度很弱的分子离子峰，不能测定分子量，难以鉴别化合物结构。

化学电离源是为解决上述不足而发展的新技术：它由低压(10^{-4}Pa)的样品气和高压(40～400Pa)反应气的初级离子间的离子－分子反应产生的，没有强烈的能量交换，碎片离子少而与分子量有关的峰加强，作为电子轰击源的补充，效果更好。

3. 质量分析器

质量分析器的作用是将离子源中产生的离子按质量大小分离。四极矩分析器(也称四极滤质分析器)具有电子流通量大、灵敏度高、能快速扫描的优点，而其分辨力也能满足一般分析要求，因而广泛用于GC－MS联用仪的定性鉴定，其结构简单，由4根圆柱形电极组成。图3－10－2为四极矩分析器的示意图。在x、y方向分别加上数量相同、方向相反的电压，当离子从z方向进入电场时，在极性相反的电极间产生振荡，m/e一定的离子围绕z轴作有限振幅，到达接受器，其他质量的离子因振幅增大，撞击电极而被过滤掉，改变四极场上的直流电压和幅值，可使不同m/e的离子依次通过滤质器，进行离子分离。

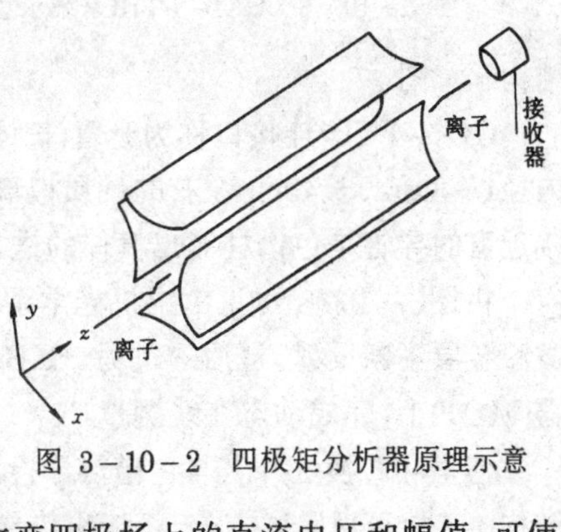

图 3－10－2　四极矩分析器原理示意

三、GC－MS的应用

1. 操作要求

色谱分析条件除一般毛细管色谱分析要求外，为了不干扰低质量组分的质谱图，载气分子量宜小。如H_2和He，其中He的电离电位高于H_2，可消除载气电离时大量的本底电流，更为有利。此外，为避免固定液流失造成复杂的本底质谱图，应尽可能地选择耐高温固定液的交联柱，固定液涂渍量宜少，并充分老化后使用。

2. GC－MS在白酒分析中的应用

在白酒香味成分剖析研究过程中，GC－MS已广泛应用于新发现组分的定性确认。如白酒中的二元酸(庚、辛、壬)乙酯、含氮化合物、含硫化合物及多元醇等的检测、确认过程中，除色谱保留值规律外，无不依赖GC－MS的验证。

第二节 色谱－傅里叶红外光谱联用

红外光谱被称为分子指纹。纯物质通过色散型红外光谱扫描，对物质的结构分析十分有效，其缺点是缺乏分离能力。

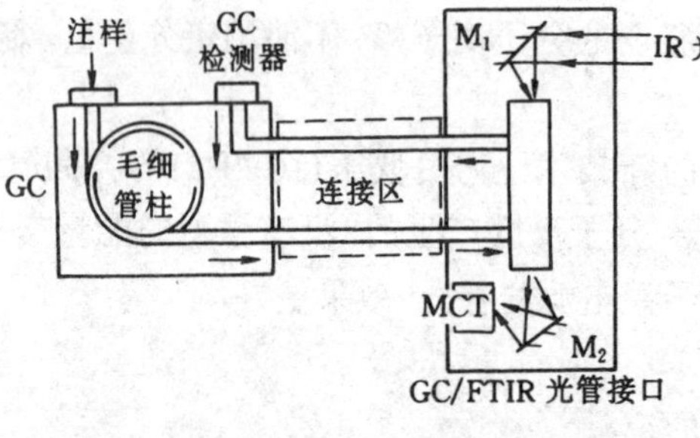

图 3－10－3 GC^2－FTIR系统示意图

毛细管色谱－傅里叶红外光谱(GC^2－FTIR)是80年代发展起来的一种新型分析鉴定手段，它能在毛细管色谱高效分离基础上，提供比较直接、完整的分子结构信息。傅里叶转换红外光谱仪与常用的红外光谱相比，优点为光谱有较高的信噪比，可检测ng级的有机化合物，并且扫描速度快，可达50～60次/s，使它能与GC联用进行逐个峰“在线”测定。图3－10－3为结构示意图。

GC^2－FTIR连接口称为光管(气体池)，它不同于一般红外光谱仪的气体池，是由一支内径1～3mm、长40cm左右的硬质玻璃管组成的，内壁涂金，管子两端有溴化钾(KBr)窗，接近窗的导管是色谱柱流出气体的进出口，连接处用Vesper材料密封管状气体池。

由图3－10－3可见由主机光学系统射入的IR光束，经反射镜M_1射入光管，在光管内被涂金层不断反射，最后透过另一KBr窗由反射镜M_2汇聚到高灵敏度的汞镉碲光导检测器(MCT)上，完成动态在线测量。

傅里叶转换红外若与色谱热导检测器连接，因两者都为非破坏性(不破坏化合物原有结构)的，故可用串联方式，将流出热导池的气体经加热保温传输线导入光管，进行联机检测。当与FID检测器联用时，由于FID为破坏性检测器，应将流出色谱柱的组分分成两路：小部分进入FID检测器，得到的色谱信号同时也作为触发FTIR收集数据的信号；大部分样品气体进入光管作IR检测，流出光管的气体再进另一个FID检测器，记录色谱峰形。测量完毕，各数据文件进行傅里叶变换，提供相应的光谱图。

通过光谱图比较、谱库检索等方法，能获得组分分子结构及相应的名称，由于红外检测是非破坏性的，所提供的信息往往是GC－MS所不及的。但其灵敏度较GC－MS低，又不能像GC－MS那样能提供总离子流图，计算机库量也较少且价格昂贵，尚不能普及应用。一旦与GC－MS互补，对白酒香味物质的研究无疑会有新的进展。

第三节　高效液相色谱

液相色谱是以液体为流动相的色谱分析技术，现代液相色谱即高压、高速、高效液相色谱(HPLC)，是在经典液相色谱基础上，采用高压泵加速洗脱液流速，柱内充填微粒固定相，以提高柱效，并配备各种高灵敏度检测器，以达到高速、高效的目的。

成套的液相色谱柱开始于氨基酸分析机，最早于1958年由D.H.Speakman制作，后来许多厂都出了产品并作了许多改进，现在具有连续进样、结果显示、柱子再生等功能的全自动氨基酸分析仪，仍在高效液相色谱领域中保持其唯一的单功能机的特征而存在着，发挥其特殊的作用(见本篇第二章曲中氨基酸测定)。

随着氨基酸分析仪的问世，相继出现了泛用型液相色谱仪和有机酸分析仪、类固醇分析仪等单功能色谱仪。但后者仅限于实验室制作阶段，并无商品出售。因为在泛用型仪器上略加改进就能达到所要求分离检测的目的，而没有必要生产各种单功能的仪器。

通常HPLC仪的柱子内径4.6mm，柱内充填粒度为几个微米的固定相的不锈钢短柱，约20cm长。输液泵最高工作压力为45MPa，流量范围1～9900 μl/min，流速稳定，相对偏差≤1%，可进行溶剂梯度变化洗脱，波长扫描等功能齐全。组分经柱子分离后，依次流入检测器，被转化成相应的电信号，由数据处理机打印出分离谱图，如同气相色谱分析一样，采用内标法、外标法等方法计算出组分的定量结果。

HPLC常用的检测器为紫外光吸收检测器，紫外、可见光可变波长检测器，荧光检测器和示差折光检测器，应用范围甚广，即使对紫外光不敏感的组分，可先制成衍生物再进行分离检测，如氨基酸衍生化后可用通用的HPLC分析测定。

气相色谱分析难以解决相对分子质量大于300、易热分解及离子型的物质，而液相色谱对这类物质有最大的适应性，应用范围很广，特别在医药卫生、生化代谢研究、化工产品、高聚物、农业、环保、食品等基础化学研究方面起很大作用。

第四节　超临界流体色谱

超临界色谱(SFC)是以超临界流体为流动相的色谱分析法，是色谱分析领域的新技术。超临界流体指处于临界温度和压力条件下的流体(如CO_2)，它既不同于液体，也不同于一般的气体，扩散系数在液体和气体之间。气相色谱的流动相为气体，组分在两相间传质过程快、分离效率高。但因气体密度低，适宜于分离挥发性的低分子量物质，而对难挥发的高分子化合物，因其溶解度低，故难发挥优势。高效液相色谱的流动相为液体，对难挥发易热解的高分子化合物溶解能力强，可进行有效分离。但因液体粘度大，扩散系数小，故分离速度较慢。

SFC弥补了GC和HPLC的不足，兼具两者的优点。常用的流动相为CO_2，其密度与溶解度成正比，用毛细管色谱柱分离，程序增加CO_2气体密度，使各组分逐个流出色谱柱。SFC可采用GC和HPLC的各种检测器，且可与MS和FTIR联用，不仅检测灵敏度大大提高，其应用范围也更广泛，对烯烃或苯乙烯类聚合物、齐聚物的分子量分布、甘油酯类、高级脂肪醇和酸类、氨基酸、蛋白质、药物、生化、农药等方面应用潜力极大。

第五节　原子吸收光谱分析

一、原　　理

原子吸收光谱所测量的是一种窄带吸收，其吸收带宽约在10^{-3}nm数量级，而一般紫外和可见光光度计测量的是分子光谱，其吸收带宽有数个纳米。原子吸收分光光度计是在特定波长条件下测定元素基态原子在蒸气状态下对光的吸收的一种测定方法，与普通分光光度计相比，具有如下一些特点:

(1) 用的是锐线光源，以空心阴极灯代替普通分光光度计的连续辐射光源。

(2) 用原子化器使被测组分转化成原子态，代替了普通分光光度计所用的样品吸收池。

(3) 被测样品放在光学系统的单色器前，以避免来自火焰的强光直接进入探测器。而一般紫外分光光度计的样品放在单色器后面，以防止样品产生荧光、出现杂光。

二、原子吸收分光光度计的部件

原子吸收分光光度计由辐射光源、原子化器、单色检测器和显示系统组成。

1. 辐射光源

常用的光源为空心阴极灯，它能发出谱线很窄的锐线(约为0.002nm)，作为被测元素基态原子所吸收的特征共振辐射。

2. 原子化器

原子化器的作用是把被测元素转化为气态，并电离为基态原子的蒸气，以便吸收来自光源发出的共振辐射。原子化器是仪器的关键，它对仪器灵敏度和准确度起决定性作用。原子化器有两种: 火焰原子化器和非火焰原子化器。前者简单、快速、重现性好，对大多数元素有较高灵敏度;缺点是火焰温度低，对有些难熔元素如铝、钒、锆等易生成难解离的氧化物，原子化率不高而影响灵敏度。所以，火焰原子化器适用于液体样品，而且样品消耗量较大。非火焰原子化器能减少化学干扰，灵敏度更高，样品用量仅几十微升;但因其基本干扰大，故测量精度较差。目前常用的为火焰原子化器。

火焰原子化器是一种喷雾燃烧器，把吸进的样品分散成细小雾滴，用助燃气(空气)把样品喷入混合室，再与燃气(乙炔)混合，燃烧产生层形火焰，具有稳定性好、噪声小、原子化程度大、有效吸收光程长的特点。

3. 检测、显示

(1) 光学系统　由光源聚光系统和单色系统组成，见图3－10－4。由光源发出的光束经透镜L_1，聚焦在原子蒸气中央(即火焰中央)，通过原子化区后，第2个透镜L_2又将经共振吸收的光聚焦在单色器入射狭缝S_1上，这样的外光路系统，避免了光束在非原子化区通过而获得最大的信噪比。

(2) 检测　以光电倍增管作探测器，输出的电信号经交流放大后，通过计算机数据处理显示结果。

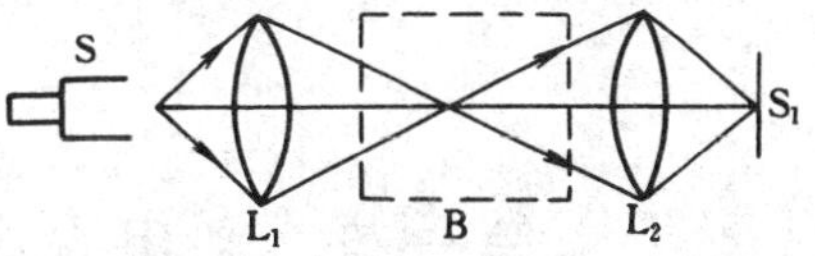

图 3－10－4　外光路系统示意图

S—光源　B—燃烧器

L_1、L_2—透镜　S_1—入射狭缝

在火焰宽度一定时，测量光强变化与被测元素浓度间的关系，符合朗伯－比尔定律：

$$A=\lg(\frac{I_O}{I})=kcL$$

式中　A——吸光度

I_O——入射特征谱线辐射光强

I——出射特征谱线辐射光强

k——吸收系数

L——特征辐射光源经过火焰的路程

c——原子浓度

如果光源直射强度不变，所测光强与浓度呈线性关系，就可用于测定物质中常量、微量、痕量的金属和半金属元素的含量。根据被测元素要求，安装适用的灯，对好光，选择狭缝、电流、波长、积分时间等操作条件，就可点火测定。以标准溶液的浓度(mg/L)为横坐标、吸光度为纵坐标绘制工作曲线，用以测定试样中该金属元素的含量，如酒中铅的原子吸收光谱分析。

第十一章 白酒的香味成分

第一节 利用先进技术已检出的白酒香味成分

一、分析技术的进步促进了白酒香味成分的剖析研究

(一) 从纸、板、柱色谱到气相色谱的应用

白酒的主要成分是酒精和水，占总量的98%～99%，但决定白酒质量和风格的却是许多微量的(占总量的1%～2%)呈香呈味有机化合物及其量比关系。

在60年代以前，由于受分析手段所限，一般采用常规的化学分析方法测定白酒中的总酸、总酯、总醛、甲醇和杂醇油等成分。

1960年以后，随着分析技术的进步，对白酒香味成分的剖析和研究工作逐步开展起来。

1963年，辽宁省锦州凌川试点首先在工厂应用纸层色谱法定性白酒中的酸、酯成分。1964年，原轻工业部组织的茅台、汾酒试点，也采用了纸层色谱法定性及半定量检出白酒中的酸和酯及芳香族化合物等成分。首次提出了己酸乙酯是浓香型白酒的主要香味成分，乙酸乙酯是清香型白酒的主体香味成分。同时，在茅台试点应用薄层色谱法和柱层色谱法探讨茅台酒中的有机酸成分。

1965年，内蒙古轻工研究所以纸层析定量几种名白酒的氨基酸，并采用柱层析定量白酒中的酸、酯成分。1966年，该所用气相色谱分析定量白酒中较高沸点的酯类，如已酸乙酯、辛酸乙酯和癸酸乙酯、月桂酸乙酯和乳酸乙酯等。

1967年，原轻工业部食品发酵科学研究所和中国科学院大连化学物理研究所合作，开展了茅台酒香味组分的剖析研究。采用化学分族富集、气相色谱法分离，再用红外光谱和质谱进行鉴定，定性香味组分50种，其中新发现的组分26种。可检测白酒中含量在0.1～1.0mg/L的微量组分。

1968年，四川制糖发酵研究所对泸州大曲酒的酸、醇、醛、酯成分进行了剖析研究。

1973年，辽宁金县试点、黑龙江省轻工业研究所、原无锡轻工业学院应用气相色谱分析对白酒中的酸、醇、酯进行了初步定量。

1974年，在北京昌平试点中，还应用了柱层析对白酒中的有机酸在蒸馏过程中的游动情况进行了查定。

70年代初期，内蒙古轻工研究所、原轻工业部食品发酵科学研究所提出了白酒中醇、酸、酯、醛、酮以及高沸点成分等的一系列分析方法，并对近百种各类白酒进行了分析研

究。由内蒙古轻工研究所研制成功的DNP混合柱，直接进样法测定白酒的香味成分，为白酒行业的色谱分析做出了重大的贡献，不仅是目前白酒企业、质检单位质量检验的通用色谱分析法，而且已列为白酒的国家标准分析方法。

1980年，原轻工业部食品发酵科学研究所应用色谱－质谱法分析了茅台酒的挥发性成分，测定了白酒中的挥发性酚元化合物。内蒙古轻工研究所分析了白酒中的多元醇以及C_6～C_{18}的高级脂肪酸15种以上。

1979年至1983年，原轻工业部在江苏省洋河酒厂先后举办了3期全国性白酒气相色谱分析技术培训班，培训了大批技术人才，为色谱分析技术在白酒工业中的普及、应用、白酒香味成分剖析和微机勾兑奠定了基础。

(二) 从填充色谱到毛细管色谱的应用

在应用色谱分析技术剖析和研究白酒的香味成分取得突破性进展的基础上，80年代开始了毛细管色谱分析和色质联用技术的应用，对白酒香味成分的深入剖析和研究又是一个新的里程碑。许多科研单位、大专院校和企业为深入剖析和研究白酒香味成分做出了贡献。

1981年，江苏省日用化工研究所和江苏省食品发酵研究所与广东省石湾酒厂合作，通过填充柱、毛细管柱色谱分析和色、质联用技术，检出了玉冰烧酒的香味成分150种。其中定性检出酸类10种、酯类19种、醇类11种、醛类5种及玉冰烧酒中由大酒饼中香叶带入的α－蒎烯共46种组分。定量分析了酸、醇、酯12种组分，并确认了豉香型白酒的特征成分辛二酸二乙酯和壬二酸二乙酯。

1982年，山东省第一轻工业科研所以毛细管色谱和质谱法分析了景芝白干酒中的丁二酸二乙酯、β－苯乙醇和四甲基吡嗪。

1982年，陕西省轻工业研究所和西凤酒厂合作，以填充色谱法和毛细管色谱、质谱联用技术对西凤酒的香味成分进行了较系统的鉴定分析，剖析了83种香味成分。其中定性57种，并探讨了这些香味成分的量比关系。由此得知，西凤酒中含有35种酯、15种醇、6种醛、18种酸。还检出了1，3，5－环庚三烯以及丙酸羟胺和乙酸羟胺。

1981年至1983年，原轻工业部日用化工研究所再次对汾酒的香味成分进行了剖析研究。采用毛细管色谱与质谱联用技术共剖析出汾酒的香味成分204种。其中酯类80种、有机酸18种、醇类20种、羰基化合物18种、缩醛类37种、酚类及内酯11种、含氮化合物6种、醚类14种。

1991年10月，轻工业部食品发酵科学研究所与湖北省白云边酒厂和山东省景芝酒厂合作，开展了“其他香型名优白酒特征香味组分的剖析研究”，采用PEG20M交联柱直接进样分析白酒香味成分，应用动态顶空进样技术分析白酒的微量挥发性组分并改进了含氮化合物分析技术，以及应用计算机统计分析新技术，取得可喜成果，使白酒分析技术达到了国际80年代先进水平。如采用PEG20M交联石英毛细管色谱分析，一次直接进样可检出67种组分。用动态顶空进样技术，可检出白酒中74种成分。其中酯类41种、醇类10种、醛类7种、酮类5种、缩醛类10种及芳烃1种。同时，还检出了36种含氮化合物。

1993年，原轻工业部食品发酵科学研究所又对四特酒香味成分进行了剖析研究。采用FFAP键合柱直接进样，效果更优于PEG20M交联柱。定量测定醇类14种、酯类20种、羰基化合物7种、有机酸10种、缩醛3种、吡嗪2种、呋喃化合物1种，共57种组分。并对白酒中的二甲基硫、二甲基二硫和二甲基三硫等含硫化合物的分离鉴定做了大量的研究工作。于1994年，首次从景芝白干酒中检出了3－甲硫基丙醇。

二、已检出的香味成分

(一) 已检出的香味成分

随着色谱分析技术的进步和对白酒香味成分的不断深入剖析，据粗略统计，到目前为止，白酒中已检出342种成分，其中定量检出180种以上。现归纳整理如表3－11－1所示。

表 3-11-1 白酒中的香味成分表

序号	类 别	数量/种	总 量/$mg \cdot L^{-1}$	大 致 组 分	含量较大的主成分	主成分占总量的质量分数/%
1	醇 类	36	1000～1500	C_1～C_7正、异构醇和丙、丁醇、多元醇(如丁二醇、丙三醇等)	正丙醇、异丁醇、异戊醇	95以上
2	酯 类	99	5000左右	各种酸的乙酯和丙、丁、戊、己酸酯等	各种酸的乙酯、庚酸乙酯	95以上
3	酸 类	55	1500左右	C_1～C_{10}正构与异构脂肪酸、C_{12}～C_{18}高级脂肪酸、丁二酸、乳酸、含苯环的甲、乙、丙酸及氨基酸等	乙酸、丁酸、己酸乳酸	95以上
4	羰基化合物	20	500～1700	乙醛、异丁、异戊醛、丙酮、庚酮、辛酮、2,3－丁二酮、3－羟基丁酮等	乙醛、2,3－丁二酮、3－羟基丁酮	80以上
5	缩醛类	37	500左右	乙缩醛、乙醇丙醇缩乙醛、乙醇异丁醇缩乙醛、乙醇异戊醇缩乙醛等	乙缩醛	95以上
6	芳香族化合物	26	100左右	苯酚、二甲酚、愈创木酚、β－苯乙醇等	—	—
7	含氮化合物	38	100左右	以吡嗪为主	—	—
8	呋喃化合物	7	—	呋喃甲醛(糠醛)、呋喃甲醇(糠醇)、2－乙氧基－5－甲基呋喃、2－戊基呋喃、2－乙酰基呋喃、2－乙酰基－5－甲基呋喃等	—	—
9	含硫化合物	6	—	硫化氢、二甲基硫、硫醇、3－甲硫基丙醇等	—	—
10	醚 类	14	—	以烯醚类为主	—	—
11	芳香烃类	1	—	甲基萘	—	—
12	其他化合物	3	—	α－蒎烯、1,3,5－环庚三烯、内酯	—	—

(二) 白酒香味成分与酒质的关系

1. 香味阈值与呈香呈味特征

(1) 香味阈值和香味强度　香味阈值又称香味界限值。即人们对某种香味成分能感觉到的最低浓度。各种香味的强弱程度称为香味强度，又称呈香单位。它们之间的关系如下式：

$$U=\frac{F}{T}$$

式中 U——香味强度(呈香单位)

F——香味成分的浓度(mg/L或μg/L)

T——香味阈值(mg/L或μg/L)

从上式可见，阈值越低，呈香单位越大，即香味强度越大;阈值越高，呈香单位越小，即香味强度越小。式中的浓度是通过化学分析或仪器分析得到的;阈值是通过感官品评测定出来的。从而不难看出，化验和品评与呈香单位的关系。

在同样的浓度下，阈值小的香味成分，其香味强度大;阈值大的香味成分，其香味强度小。各种香味物质在单体香气和复合香气存在的情况下，因受浓度、温度、溶剂、易位等因素的影响，其呈香呈味特征不同。尤其是白酒是由几百种香味成分组成的集合体，其表现出来的不仅是单体香气，更重要的是复合香气。

关于各种香味成分的阈值，因资料来源和测定方法等情况不同，所以引用的阈值参数不统一。现将有关香味阈值摘录如表3－11－2，以供参考。

表 3-11-2 香味阈值 单位: mg/L

香味成分	阈值	香味成分	阈值	香味成分	阈值
乙酸乙酯	17.00	辛醇	0.9	异戊酸	0.75
丙酸乙酯	>4.00	癸醇	0.21	十一烷酸	>0.5
丁酸乙酯	0.15	异丁醇	75.00	十四烷酸	>12
己酸乙酯	0.075	正十二醇	1.00	油酸	>2.2
乳酸乙酯	14	活性戊醇	32.00	亚油酸	>1.2
辛酸乙酯	0.24	正十四醇	>5	棕榈酸	>10
癸酸乙酯	1.10	正十六醇	>1.1	月桂酸	7.2
乙酸异戊酯	0.23	β-苯乙醇	7.5	硬脂酸	>1.6
棕榈酸乙酯	>14	乙酸	2.6	乙醛	1.2
油酸乙酯	0.37	丙酸	20	丙醛	2.00
月桂酸乙酯	0.64	丁酸	3.4	丁醛	1.0
亚油酸乙酯	0.45	异丁酸	8.2	异丁醛	1.0
乙酸异丁酯	3.4	戊酸	>0.5	正戊醛	0.11
十四烷酸乙酯	>5.7	己酸	8.6	异戊酸	0.12
丁醇	>5	庚酸	>0.5	糠醛	5.8
仲丁醇	>10	辛酸	15	双乙酰	0.02
异戊醇	6.5	壬酸	>1.1		
己醇	5.2	癸酸	9.4		

表3－11－2中的香味阈值是引用国外资料摘录的，对于白酒不一定适用。为此，我们于1994年10月在湖南湘泉酒总厂进行了阈值试验。测试结果如表3－11－3和表3－11－4所示。

表 3-11-3　嗅阈值

项目	己酸乙酯(水*)	己酸乙酯(30%乙醇**)	丁酸乙酯(水)	丁酸乙酯(30%乙醇)	乙酸乙酯(30%乙醇)	乳酸乙酯(30%乙醇)
浓度/$mg \cdot L^{-1}$	3.04	3.04	0.15	0.15	60	100
品评人数	22	22	22	22	21	21
能检出人数	6	1	7	7	13	9
检出率/%	27.3	4.5	31.8	31.8	61.0	42.9

* 以蒸馏水为溶剂。

** 以乙醇含量30%为溶剂。

表 3-11-4　味阈值

项目	己酸乙酯(水)	己酸乙酯(30%乙醇)	丁酸乙酯(水)	丁酸乙酯(30%乙醇)	乙酸乙酯(30%乙醇)	乳酸乙酯(30%乙醇)
浓度/$mg \cdot L^{-1}$	3.04	3.04	0.15	0.15	60	100
品评人数	22	22	22	22	21	21
能检出人数	6	0	10	7	13	9
检出率/%	27.3	0	45.5	31.8	61.0	42.9

表3－11－3中的嗅阈值是以闻香的测定值;表3－11－4中的味阈值是以尝味的测定值。

从上述试验结果可看出以下几个问题:

① 己酸乙酯在0.75mg/L浓度下,无论在水或30%乙醇溶剂中都品评不出来。只有在3.04mg/L浓度下才嗅尝出,但检出率不高。以水为溶剂的比以30%乙醇为溶剂的检出率高。嗅阈值较味阈值高。由此可证明,己酸乙酯的呈香作用大。

② 丁酸乙酯在0.15mg/L浓度下,在水和30%乙醇溶剂中都能品评出来。在水溶剂中,其嗅阈值比味阈值的检出率低。在30%乙醇溶剂中,两个值相同。由此证明,丁酸乙酯既呈香又呈味。

③ 乙酸乙酯在60mg/L和乳酸乙酯在100mg/L时,其相应的嗅阈值和味阈值相同。

④ 不同溶剂中所测定阈值的检出率不同,以30%乙醇为溶剂的检出率低,主要是受乙醇气味影响所致。

⑤ 除丁酸乙酯的阈值达到文献值以外,其余的如己酸乙酯、乙酸乙酯和乳酸乙酯均未达到,并相差甚远。可能与样品纯度不高(要求色谱纯)等因素有关。

⑥ 本次试验是国内首次对阈值测定的尝试,初步提供了测定方法和条件,对进一步研究和探讨阈值和白酒中香味成分的作用具有一定的实际意义。

1995年6月,又在辽宁省朝阳酒厂进行了阈值试验。从测试结果表明,以30%乙醇为溶剂的乙酸乙酯的阈值测定中,在60mg/L浓度下,嗅阈值检出率达到66.6%,比原有的测定值61.9%有所提高。

1995年4月,在安徽省淮北酒厂举办的品酒技术培训班中,对己酸乙酯、乙酸乙酯、乳酸乙酯及β－苯乙醇的阈值进行了试验。试验结果表明，己酸乙酯的阈值为2.1mg/L，乙酸乙酯为17.85mg/L，乳酸乙酯为62.02mg/L，β－苯乙醇为2.48mg/L。

综上所述，香味阈值已引起白酒界的关注，不言而喻，白酒香味阈值的试验和研究为今后对白酒香味成分的研究提出了新的课题。

(2) 香味成分的呈香呈味特征　在白酒中的各种香味成分，既有各自的香味特征，又存在着相互复合、平衡和缓冲的作用。许多不同含量的单体香味成分，可以组成谐调、丰满、舒适的酒体，说明它们之间在香和味的关系方面是非常复杂和微妙的。每一种单体香味成分，由于各自的阈值不同，所呈现的香和味又有很大差别。

为了便于研究白酒香味成分与酒质的关系，现将常见的醇类、酯类、酸类和羰基化合物等单体香味成分的呈香呈味特征列表3－11－5。

表 3-11-5　香味成分的呈香呈味特征

类　别	香味成分	沸点/℃	呈　香　呈　味　特　征
醇　类	甲　醇	64.5	有温和的酒精气味，具有烧灼感
	乙醇(酒精)	78.4	酒精气味，稀释后带甜，有温和的烧灼感
	正丙醇	97.4	似醚臭，有苦味
	叔丁醇	82.8	似酒精气味，有糙辣感
	仲丁醇	99.5	具有强的芳香味，爽口，味短
	异丁醇	107	有微弱戊醇味，具苦味感
	正丁醇	117.4	香气极淡，稍有茉莉香，主要是杂醇油香
	叔戊醇	101.8	有特殊的刺激性气味
	异戊醇	132	杂醇油气味，刺舌稍苦涩
	正戊醇	137	微带刺激臭，似酒精气味
	活性戊醇	128	类似杂醇油气味，稍有芳香，味甜
	正己醇	155	有强烈芳香，味持久，有浓厚感
	2,3－丁二醇	179	有甜味，可使酒发甜
	丙三醇	290	味甜，带粘性，有浓厚感
酯　类	甲酸乙酯	54.3	近似乙酸乙酯香气，有较稀薄的水果香
	乙酸乙酯	77	乙醚状新鲜香气、水果香，具白酒清香感
	乙酸异戊酯	142	似梨、苹果香和香蕉油香气
	丙酸乙酯	99	菠萝香，味微涩，似芝麻香
	丁酸乙酯	120	似菠萝香，带脂肪臭，爽快可口
	戊酸乙酯	145	似菠萝香，味浓刺舌，日本人称“吟酿香”
	己酸乙酯	167	似红玉苹果香，味甜爽口，具白酒窖香感
	庚酸乙酯	187	似苹果香
	辛酸乙酯	206	似梨或菠萝香
	癸酸乙酯	244	似玫瑰香，冲鼻，放置后混浊
	月桂酸乙酯	269	有月桂油香味，带油珠状，放置后混浊
	棕榈酸乙酯	185.5 1.33kPa	无香味或油臭
	乳酸乙酯	154	香弱，味微甜，适量有浓厚感，过浓有青草味

续表

类别	香味成分	沸点/℃	呈香呈味特征
酸类	甲酸	100.8	闻有酸味,进口有刺激和涩感
	乙酸	118	醋酸气味,爽口带甜
	丙酸	140.7	闻有酸味,进口柔和微涩
	丁酸	163.5	轻度黄油臭味,汗臭味
	戊酸	187	脂肪臭,似丁酸气味
	己酸	205	强脂肪臭,有刺激感
	庚酸	223	强脂肪臭,有刺激感
	辛酸	237.5	脂肪臭,微有刺激感,放置后混浊
	月桂酸	225	月桂油气味,爽口微甜,放置后混浊
	乳酸	19	微酸,味涩,适量有浓厚感
羰基化合物	乙醛	21	醚类窜透性刺激臭,有陈谷物的气味
	正丙醛	48.8	刺激性气味,有窒息感
	异丁醛	63	有刺激性气味
	异戊醛	92	带苹果香,似酱油香味
	正戊醛	103	有刺激臭
	正己醛	12.8	似异戊醛气味,稍有葡萄酒及霉的香气
	正庚醛	115～156	似水果香
	3-羟基丁酮(醋酶)	148	有特殊气味,近似细菌臭,稍有糟香
	2,3-丁二酮(双乙酰)	87～88	浓时有馊酸臭,稀薄时有奶酪香气
	丙酮	56.2	类似乙醛臭及辛辣甜味

2. 香味成分在白酒中的地位和作用

(1) 白酒的微量香味成分是构成白酒香味和风格的重要物质 白酒的香味成分由许多单体成分组成。由于这些单体成分在白酒中的含量不同,故各自的香味阈值不同,形成了不同的香味强度,如前所述,又称呈香单位。也就是说,含量高的、阈值小的单体成分,其呈香呈味的强度大,对白酒的质量和风格影响也大。特别是受两种以上的复合香气的影响,要说清其在白酒中的香味地位和作用是很不容易的事。就目前掌握的微量香味成分所反映的白酒特征,简要分析一下香味成分与酒质的关系。

① 醇类:醇类在白酒中占重要地位。它是醇甜和助香剂的主要物质来源,也是酯类的前驱物质。醇类中除乙醇外,最主要的是异戊醇、异丁醇和正丙醇。在浓香型及酱香型等白酒中还含有一定量的正丁醇。

异戊醇是高级醇(又称杂醇油)的主要成分。它的单独存在,尤其含量过高时,对人体的中枢神经有刺激作用。异戊醇有苦涩味,异丁醇有较强的苦味。正丙醇微苦,正丁醇略有苦味。从分析结果得知,茅台酒和四特酒的正丙醇含量较高。适量的高级醇是构成白酒的香味物质。

多元醇在白酒中呈甜味。其中丙三醇和2,3-丁二醇在白酒中起缓冲作用,使酒增加绵甜、回味和醇厚感。

② 酯类：酯类是具有芳香的化合物。在各种香型白酒中起着重要作用，但其含量及量比关系必须适宜，否则，反而影响白酒的典型风格。

乳酸乙酯和乙酸乙酯是我国白酒的重要香味成分。在浓香型、酱香型和凤香型等白酒中，还有相当量的己酸乙酯和少量的丁酸乙酯。上述4种酯类约占总酯90％以上。如桂林三花酒的乳酸乙酯占总酯的73％左右。乙酸乙酯是构成清香型白酒的主体香味成分。己酸乙酯是构成浓香型白酒的主体香味成分。

③ 酸类：白酒中的酸类都是有机酸。它是形成白酒口味的主要香味成分，也是生成酯类的前驱物质。白酒中的酸类以乳酸含量最多，其次是乙酸、丁酸和己酸次之。乳酸具有酸中带涩味。适量的乙酸能使白酒有爽快感，含量过高则呈刺激感。丁酸有汗臭味，己酸较柔，也有汗臭味。适量的有机酸，可增强白酒的口感和后味。但酸不足或过量，则失去香与味的平衡，特别是酸不足是造成后味寡淡的主要原因。

值得指出的是，在白酒中含有一定量的高级脂肪酸及其乙酯，即棕榈酸、油酸和亚油酸及其乙酯。它们是构成白酒后味的重要物质。生产低度白酒的除浊，主要是除去较多的上述三大高级脂肪酸及其乙酯，以达到酒液清亮透明的质量指标要求。

④ 羰基化合物：羰基化合物又称醛酮类，也是构成白酒香味的重要香味成分。白酒中的乙醛含量较多，它是生成缩醛的前驱物质。在白酒贮存过程中，一部分乙醛被挥发，另一部分与乙醇缩合，生成乙缩醛。

酮类的香气较醛类更为绵柔细腻。2,3－丁二酮和3－羟基丁酮在100ml白酒中，含有几十毫克，就具有愉快的香味，并有类似蜂蜜样的甜味。3－羟基丁酮在白酒中的作用尚不十分清楚，但以上两种酮类在名优白酒中含量尤为突出。

⑤ 缩醛类：缩醛类中以乙缩醛含量最多。白酒在贮存老熟过程中不断增加。它赋予白酒清香柔和感。

⑥ 芳香族化合物：4－乙基愈创木酚、苯甲醛、香草醛和酪醇等是酱香型白酒的重要香味成分。4－乙基愈创木酚具有酱香感。苯甲醛具有似扁桃香，稍有苦杏仁味。酪醇具有幽雅的香气，但味奇苦。它由曲子及微生物体分解酪氨酸生成。在白酒生产中，制酒师傅常说，曲重火大酒苦，就是由于生成较多的酪醇所致。β－苯乙醇在豉香型白酒中含量最高，米香酒中次之。它具有蜜香玫瑰味。

⑦ 含氮化合物：白酒中的含氮化合物可能是构成酱香型及芝麻香型白酒的又一重要香味成分。据有关研究结果表明，目前我国大多数白酒的吡嗪类化合物以四甲基吡嗪和三甲基吡嗪含量最高。有些白酒，如白云边酒以2,6－二甲基吡嗪含量居多。

⑧ 呋喃化合物：呋喃化合物中的呋喃甲醛在极稀薄情况下稍有桂皮油香气，浓时冲辣，味焦苦涩。在酱香型白酒中含量突出，成为该香型酒的特征成分之一。

此外，含硫化合物、醚类、芳烃以及其他化合物的香味特征，有待进一步研究和探索。

(2) 白酒香味成分的量比关系是影响白酒质量和风格的关键　每种香型白酒都具有典型的风格，决定白酒典型风格的是白酒香味成分及其量比关系。

所谓量比关系，是香味成分的含量比例关系。据目前所知，不同香型的酒，其香味成分的种类不同，香味成分的量比关系也不同。但在同一香型不同酒种中，虽然其香味成分相同，但其量比关系也不尽相同。为了说明这个问题，现举例如表3－11－6所示。

表 3-11-6　几种浓香型白酒香味成分的量比关系　单位：g/L

项　目	洋河大曲酒	双沟大曲酒	古井贡酒	金州曲酒	普通大曲酒
己酸乙酯	2.20	1.84	1.65	2.07	0.38
丁酸乙酯	0.15	0.14	0.17	0.45	0.08
乙酸乙酯	0.81	0.80	2.28	1.10	1.32
乳酸乙酯	2.21	1.87	1.88	1.24	3.59
总　酯	3.65	3.24	4.60	3.60	5.77
己/总	0.60	0.57	0.36	0.58	0.07
丁/己	0.07	0.08	0.10	0.22	0.21
乳/己	1.00	1.02	1.39	0.60	9.40
乙/己	0.36	0.43	1.38	0.53	3.47

注：上述数据为1987年研制第1批国家名优白酒标样时的实测结果。

从表3－11－6可以看出，上述几种浓香型白酒均含有己酸乙酯、丁酸乙酯、乙酸乙酯和乳酸乙酯，但各自的组分含量不同，因而其量比关系也不同，显示出各自的风格特征和酒质的差异。

① 己酸乙酯与总酯的量比关系：己/总，即己酸乙酯与总酯之量比。若比值大，则酒质好，浓香型的风格突出。

② 丁酸乙酯与己酸乙酯的量比关系：丁/己，即丁酸乙酯与己酸乙酯之量比。丁/己在0.1以下为适宜，即丁酸乙酯的含量宜占己酸乙酯的10％以下。丁酸乙酯含量过高，使酒容易出现泥臭味，是造成尾子不净的主要原因。

③ 乳酸乙酯与己酸乙酯的量比关系：乳/己，即乳酸乙酯与己酸乙酯之量比。其比值也要适宜。如果乳/己比值过大，容易造成香味失调，影响己酸乙酯放香。

④ 乙酸乙酯与己酸乙酯的量比关系：乙/己，即乙酸乙酯与己酸乙酯之量比。其比值不宜过大，否则突出了乙酸乙酯的香气，造成了喧宾夺主，也将影响浓香型白酒的典型风格。

综上所述，可以说明白酒香味成分的量比关系是影响白酒质量和风格的重要关键。

第二节　各种香型白酒的特征性成分

一、概　述

白酒香味成分复杂是众所周知的事。因为种类繁多、含量微少，而且各种微量香味成分之间的相互复合、平衡和缓冲作用，就构成了不同香型白酒的典型风格。这些典型风格取决于香味成分及其量比关系。在白酒香味成分中起主导作用的，称其为主体香味成分。

关于白酒的主体香味成分，通过1964年原轻工业部组织的茅台试点和汾酒试点，已首次确认己酸乙酯为浓香型白酒的主体香味成分;乙酸乙酯为清香型白酒的主体香味成分。之后,白酒界及科研单位和大专院校都曾试图通过对白酒香味成分的剖析研究,寻找各种香型白酒的主体香味成分。但历经多少年月至如今,尽管采用了先进的高效分离分析手段,都未能找到一种除浓香型和清香型以外的主体香味成分。特别要指出的是,从1991年至1994年以来,原轻工业部食品发酵科学研究所先后与湖北省白云边酒厂、山东省景芝酒厂和江西省四特酒厂共同合作,进行科研攻关,开展了对"其他香型名白酒特征香味组分的剖析研究"和"四特酒特征香味组分的研究",取得了引人注目的研究成果。从这些研究成果表明,所剖析出来的特征性成分,都与不同香型白酒的风格特征有相关性,为区分香型和确立新香型提供了科学的依据,同时认为决定白酒风格的是诸多香味成分的综合反映。

二、不同香型白酒的特征性成分

(一) 米香型白酒的特征性成分

以桂林三花酒为代表的米香型白酒,从已测定的数据推论,乳酸乙酯、乙酸乙酯和β-苯乙醇是米香型白酒的特征性成分。乳酸乙酯含量占总酯的73%左右,β-苯乙醇含量较高(3.32mg/L)。在感官上已证实米香型白酒具有β-苯乙醇的蜜香玫瑰味的清雅香气以及落口有绵甜清爽之感。

(二) 酱香型白酒的特征性成分

酱香型白酒的香味成分更为复杂。从1964年的茅台试点以后,贵州省轻工研究所继续对以茅台酒为代表的酱香型白酒进行了研究。还有一些科研单位在进行其他香型名白酒的特征性成分的剖析研究中,也涉及到茅台酒的香味成分。基于酱香型白酒由酱香、醇甜、窖底香三种典型体所组成,我们认为酱香型白酒的特征性成分有以下几种。

(1) 呋喃化合物　以糠醛含量为较高(达260mg/L)。

(2) 芳香族化合物　有苯甲醛、4-乙基愈创木酚、酪醇等。其中苯甲醛含量在5.6mg/L,高于浓香型和其他香型白酒。

(3) 吡嗪类化合物　以四甲基吡嗪为主。最高含量在3000mg/L～5000mg/L,高于浓香型和清香型白酒。

(三) 凤香型白酒的特征性成分

根据陕西省轻工业科学研究所和西凤酒厂的研究成果,以西凤酒为代表的凤香型白酒的香味成分特征和特征性成分如下。

(1) 乙酸乙酯与己酸乙酯具有特殊的量比关系和绝对含量,既不同于清香型白酒,也不同于浓香型白酒。其比值为1∶(0.12～0.37)〔清香型1∶(0.002～0.003);浓香型1∶(1.08～1.55)〕。绝对含量乙酸乙酯80～180mg/100ml,己酸乙酯10～50mg/100ml。

(2) 酯醇比值大于清香和浓香型白酒。其比值为1∶0.55(清香型1∶0.18;浓香型1∶0.13)。

(3) 检出了丙酸羟胺和乙酸羟胺的特征性成分。

(四) 豉香型白酒的特征性成分

根据江苏省日用化工研究所和江苏省食品发酵研究所与广东省石湾酒厂的研究成果,以玉冰烧为代表的豉香型白酒具有的香味成分特征和特征性成分如下。

(1) 酸酯含量低。总酯为0.34g/L,总酸为0.19g/L。

(2) β－苯乙醇含量高,为白酒之冠。

(3) 确认了α－蒎烯、庚二酸和壬二酸及其二乙酯为豉香型白酒的特征性成分。

(五) 芝麻香型白酒的特征性成分

从山东省第一轻工业科学研究所于1982年的研究成果中,可见丁二酸二乙酯、β－苯乙醇和四甲基吡嗪在以景芝白干酒为代表的芝麻香型白酒中含量较高。初步认为四甲基吡嗪含量虽不高,但在香味雅淡的芝麻香型酒中所起的作用不能忽视。在1991年原轻工业部食品发酵科学研究所与山东省景芝酒厂的研究成果中,认定了3－甲硫基丙醇为芝麻香型白酒的特征性成分。在此基础上,进一步研究和证实了这个组分确实是芝麻香型白酒生产工艺过程中形成的一种特征性成分,并在沈尧绅教授的指导下,确定了测定方法。

(六) 兼香型白酒的特征性成分

根据原轻工业部食品发酵科学研究所和湖北省白云边酒厂的研究成果表明,兼香型白酒中的白云边酒的特征性成分有: 庚酸、庚酸乙酯、2－辛酮、乙酸异戊酯、乙酸－二甲基丁酯、异丁酸和丁酸。

(七) 特型白酒的特征性成分

1993年9月,原轻工业部食品发酵科学研究所与江西省四特酒厂的研究成果表明,以四特酒为代表的特型白酒具有特殊的量比关系,其主要的特征性成分如下。

(1) 富含奇数碳脂肪酸乙酯,包括丙、戊、庚和壬酸乙酯,其量为各类白酒之冠。

(2) 含有多量的正丙醇。正丙醇的含量与丙酸乙酯及丙酸之间具有极好的相关性。

(3) 高级脂肪酸乙酯的含量超过其他白酒近1倍,相应的脂肪酸含量也较高。

(八) 董型白酒的特征性成分

1983年以来,贵州省遵义董酒厂与贵州省轻工科研所合作进行了二期董酒香型研究探讨工作,对董酒生产工艺、香味成分及量比关系、董酒风格进行了深入研究,还请中国科学院昆明植物研究所及清华大学分析中心对董酒香味成分和药香进行分析研究。从上述研究成果表明,以董酒为代表的董型白酒的特征性成分可概括为三高一低。

一高: 是丁酸乙酯含量高,丁酸乙酯与己酸乙酯比为其他名白酒的3～4倍。

二高: 是高级醇含量高。其中主要是正丙醇和仲丁醇含量较高。

三高: 是总酸含量高。总酸含量是其他名白酒的2～3倍。其中又以丁酸含量高为其主要特征。

一低: 是乳酸乙酯含量低。

第三节 传统白酒香味成分和其他蒸馏酒的差异

一、概 述

我国白酒是世界几大蒸馏酒之一。由于采用原料、菌种、发酵工艺、蒸馏方式和贮存及调制勾兑等不同,因而我国传统白酒香味成分与其他蒸馏酒产生了差异。即使是同一种白酒或同一种其他蒸馏酒,也因产地和生产工艺不同而使形成的香味成分有较大的差异。各自又分成不同类型和典型风格。

我国白酒从1963年第二届全国评酒会以来，已从酱香、浓香、清香和米香四大香型发展到六大香型10个类型。在其他世界蒸馏酒中，威士忌又分为麦芽原料的威士忌和谷类原料的威士忌两个类型。老姆酒也根据其香味强弱又分为重型、中型和轻型三个类型。日本烧酒则分为甲、乙两类。其中甲类为发酵醪液经连续蒸馏制得的纯酒精加水而成，乙类是使用单釜式蒸馏机蒸馏所得的产品。烧酒中除酒精外尚含有与风味有关的酯类和高级醇等挥发性成分。白兰地按生产工艺可分为葡萄原汁或葡萄原酒白兰地、葡萄皮渣白兰地、葡萄酒泥白兰地和以葡萄酒制成酒精配制白兰地4个类型。其中以葡萄原汁白兰地质量最好。

我国传统白酒和其他蒸馏酒相比，一般除酒精含量高外，还有香味成分中酸高、酯高、醛酮高、高级醇低的特征。从组成上看，白酒中的脂肪酸乙酯含量占首位;其次是酸类或高级醇互有上下;第三是含有羰基化合物等成分。这是与其他蒸馏酒的主要差异。现分述如下。

二、传统白酒香味成分和其他蒸馏酒的差异

1. 酸类

蒸馏酒的酸类，绝大部分均是挥发酸。由于我国白酒生产的独特工艺及蒸馏设备，因而弱挥发性的乳酸却在酒中占有较大的比例。白兰地、威士忌、老姆酒的不挥发酸是在贮存过程中从木桶溶出的酸性成分。有资料报道，以玉米为主原料的美国波旁威士忌经过8年贮存，酸从0.059g/L上升到0.819g/L。

从表3－11－7可知，白酒的酸含量比其他蒸馏酒要高得多。一般而言，在蒸馏酒中挥发酸以乙酸为主。它在老姆酒中占总酸的75％～90％;在苏格兰威士忌中占40％～60％;在可涅克白兰地中占50％。我国白酒中按不同的香型，乙酸占总酸含量的30％～80％。

我国白酒中以清香型汾酒的乙酸含量最高，比其他3种香型酒多1倍以上。除乙酸外，乳酸在各种类型的白酒中占的比例在50％以上。以米香型最多，达91.26％;其次是清香型汾酒占88.75％;在酱香及浓香型白酒中分别为64.22％及52.97％。后两种香型中的已酸及丁酸的含量也较多。庚酸以上的高级脂肪酸含量较少。

老姆酒除乙酸外，最多的是丙酸、癸酸，其次是辛酸、月桂酸、丁酸。苏格兰威士忌除乙酸外，最多的是癸酸、辛酸、月桂酸。可涅克白兰地除乙酸外，最多的是辛酸、癸酸，其次是月桂酸、已酸。

根据分析结果，我国白酒与上述蒸馏酒相比，酸类中以6个碳以下的低级脂肪酸为主，同时还含有相当多量的乳酸。其他蒸馏酒除乙酸外，以辛酸、癸酸、月桂酸为多，在老姆酒中含有较多的丙酸及一定量的丁酸。

2. 酯类

酯类是形成蒸馏酒香气的具有特别重要作用的一种香味成分。酒精是发酵酒醅中的主成分。因此乙酯就必然是酒中酯类的主体部分。其他构成少量酯的醇类通常认为有异丁醇、异戊醇、苯乙醇等，在发酵过程中也产生各种酸。实践证明，有什么酸就存在有与其相应的乙酯。所以，一般在蒸馏酒中脂肪酸的乙酯，无论从数量上及品种上都占绝大多数。含碳数在10以下的脂肪酸乙酯有香气，12个碳以上的高级脂肪酸乙酯几乎无臭。现就各种蒸

表 3-11-7　各种蒸馏酒除乙酸外的脂肪酸组成　单位：%

项　目	茅台酒	五粮液	汾　酒	湘山酒	牙买加老姆酒	苏格兰威士忌	可涅克白兰地
甲　酸	4.19	4.51	5.63	1.61	—	—	—
丙　酸	3.10	1.54	1.88	3.91	30.2	1.7	3.4
异丁酸	—	—	—	—	4.3	4.5	2.4
丁　酸	12.33	14.85	2.81	3.22	8.0	1.7	2.3
戊　酸	—	—	—	—	6.5	6.1	2.0
异戊酸	2.43	1.90	0.31	—	1.8	0.3	0.1
己　酸	13.24	24.23	0.63	—	6.6	5.2	7.7
辛　酸	0.12	—	—	—	8.9	28.8	36.8
庚　酸	0.36	—	—	—	—	—	—
壬　酸	—	—	—	—	0.5	0.8	0.4
癸　酸	—	—	—	—	16.6	31.8	32.8
十一酸	—	—	—	—	—	痕迹	—
十二酸	—	—	—	—	9.0	13.7	9.4
十三酸	—	—	—	—	痕迹	—	痕迹
十四酸	—	—	—	—	1.7	0.8	1.4
十五酸	—	—	—	—	0.1	痕迹	—
十六酸	—	—	—	—	2.9	1.7	0.8
棕榈油酸	—	—	—	—	0.9	1.5	0.3
十七酸	—	—	—	—	痕迹	痕迹	痕迹
十八酸	—	—	—	—	0.5	0.2	0.1
油　酸	—	—	—	—	0.5	0.5	0.1
亚油酸	—	—	—	—	0.7	0.5	—
乳　酸	64.22	52.97	88.75	91.26	—	—	—
乙酸占总酸量的%	40.28	34.53	79.70	31.06	75～90	40～60	50

馏酒中被检出的各种酯类列表于表3－11－8～表3－11－11。

从表3－11－8～表3－11－11可以看出：

除我国的米香型三花酒及苏格兰威士忌外，所有的蒸馏酒中乙酸乙酯含量最高，其在酯类中所占的比例为32.93％～100％；汾酒、日本烧酒、波旁威士忌及老姆酒都在50％以上；马丁尼克岛及瓜德罗普产的老姆酒有的含量甚至可达100％。以绝对含量计，我国产的4种香型白酒中乙酸乙酯含量显著为高，几乎超过其他蒸馏酒的几十倍至百倍。

乳酸乙酯、乙酸乙酯是我国白酒的主体酯类，在浓香及酱香型酒中还有相当量的己酸乙酯，这三大酯类占总酯的90％以上。其中三花酒的乳酸乙酯占总酯含量的73％之多。乳酸乙酯含量这么大是我国白酒的显著特征之一。相反，与其他蒸馏酒相比，辛酸乙酯、癸酸

表 3-11-8　**蒸馏酒中的主要酯类含量**　单位: mg/L

项　目	可涅克白兰地	苏格兰威士忌	波　旁威士忌	日本米制烧酒	日本甘薯烧酒	茅台酒	泸州特曲	汾　酒	三花酒
乙酸乙酯	55	13	60	25	22	1470	1700	3059	290
乙酸异丁酯	2	0.1	—	—	—	—	—	—	—
丁酸乙酯	1	1	3	0.1	0.1	260	138	—	—
乙酸异戊酯	2	7	3	6	5	25	47	—	—
己酸乙酯	15	1	5	—	0.5	424	1506	22	—
辛酸乙酯	20	10	10	2	2	12	21	—	—
癸酸乙酯	45	20	10	2	4	4.6	1.6	2.8	2.4
十二酸乙酯	5	15	4	—	2	0.74	0.86	1.06	1.72
乙酸苯乙酯	5	3	1	3	2	0.75	0.71	0.97	0.91
十四酸乙酯	1	1	3		4	0.58	0.70	0.91	9.25
棕榈酸乙酯	—	—	—	1.2	1.8	30.10	40.50	30.5	50.2
油酸乙酯	—	—	—	0.7	0.9	10.5	26.5	11.6	15.1
亚油酸乙酯	—	—	—	1.3	2.0	18.3	31.0	15.0	17.0
乳酸乙酯	—	—	—	—	—	1378	1650	2616	1050

表 3-11-9　**老姆酒的酯类含量**　单位: mg/L

项　目	牙买加老姆酒	马丁尼克岛老姆酒	瓜德罗普老姆酒
己酸乙酯	60	1.2	1.2
辛酸乙酯	11	12.5	10
癸酸乙酯	14	29	21
十二酸乙酯	9	17.5	22.5
十四酸乙酯	2.5	7.5	2.5
十六酸乙酯	20	10	9
棕榈油酸乙酯	痕迹	5	4
乳酸乙酯	80	32	12.5
乙酸异戊酯	28	2.5	6

注：各组分含量换算成以纯酒精为基础。

乙酯、月桂酸乙酯(十二酸乙酯)、乙酸异戊酯等含量极少，它们占酯类的组成比例都在1%以下。

除白酒外，可涅克白兰地的酯含量在这些酒中是最高的。除乙酸乙酯外，主要是癸酸乙酯、辛酸乙酯及己酸乙酯。其乙酸异戊酯比威士忌少。

表 3-11-10　老姆酒的一些酯类组成　单位：%

项　目	牙买加老姆酒	马丁尼克岛老姆酒	瓜德罗普老姆酒
甲酸乙酯	痕迹	0～6.8	0
乙酸乙酯	54.4	49.6～100	55～100
丙酸乙酯	6.5	0～5.0	0
丁酸乙酯	23	0～2.5	0～13.3
乙酸甲酯	7	0～34.8	0～38.2
乙酸丙酯	2.1	0～38.2	0
乙酸异丁酯	痕迹	0～2.9	0～8.2
乙酸异戊酯	7	0～3.5	0～4.0

表 3-11-11　各种蒸馏酒中主要酯类组成　单位：%

项　目	可涅克白兰地	苏格兰威士忌	波　旁威士忌	日本米制烧酒	日本甘薯烧酒	茅台酒	泸　州特曲酒	汾　酒	三花酒
乙酸乙酯	36.42	18.28	60.61	60.53	47.52	40.43	32.95	53.11	20.18
己酸乙酯	9.93	1.41	5.05	—	1.08	11.66	29.17	0.38	—
辛酸乙酯	13.25	14.06	10.10	4.84	4.22	0.33	0.41	—	—
癸酸乙酯	29.80	28.13	10.10	4.84	8.64	0.13	0.03	0.05	0.17
乳酸乙酯	—	—	—	—	—	37.90	31.96	45.42	73.07
乙酸异戊酯	1.32	9.85	3.03	14.53	10.80	0.69	0.91	—	—
月桂酸乙酯	3.31	20.10	4.04		4.32	0.02	0.02	0.02	0.12
丁酸乙酯	—	—	—	—	—	7.18	2.67	—	—

威士忌的酯含量比白兰地低。其酯类的组成分主要是乙酸乙酯、癸酸乙酯、月桂酸乙酯、辛酸乙酯。在苏格兰威士忌中还含有较多量的乙酸异戊酯。其中月桂酸乙酯含量大是其特征之一。在波旁威士忌中还含有一定量的己酸乙酯。但与我国的浓香、酱香型白酒比，其绝对含量是微不足道的。

老姆酒除乙酸乙酯外，在牙买加产的酒中丁酸乙酯含量多，这是丁酸菌参与发酵的结果，因而它还含有较多量的已酸乙酯。此外，乳酸乙酯含量也较高，有趣的是乙酸甲酯及丙酯也有一定的含量。

日本烧酒的酯含量不高。除乙酸乙酯外，乙酸异戊酯较多，这在国外蒸馏酒中认为是谷类原料酒中的一个特征。此外，尚含有一定量的癸酸乙酯、辛酸乙酯及月桂酸乙酯。

从所有这些蒸馏酒的乙酯可以明显地看出，它们与上述酸的组成分具有相应的关系，其含量的多少与酸含量成正比。

3. 高级醇

高级醇在国外蒸馏酒的香味成分中占有极重要的地位，这是因为它们的含量最多。以美国产的威士忌为例，高级醇含量达1110mg/L。一般而言，脂肪族的高级醇挥发性强，因而在蒸馏酒中的含量要比酿造酒中多得多。所以它们对酒的香气作用要比酿造酒更大。现将各种蒸馏酒的高级醇组成列表3－11－12。

表 3-11-12　　蒸馏酒的高级醇组成

酒　名	含量 /mg·L⁻¹	占全量的比例/%						
		正丙醇	异丁醇	活性戊醇	异戊醇	正丁醇	仲丁醇	正己醇
威士忌	190	8	30	19	43	—	—	—
白兰地	250	5	13	18	64	—	—	—
老姆酒(重型)	238	45.7	7.0	6.6	28.3	5.5	—	—
老姆酒(轻型)	60	9	10	24	37	—	—	—
日本烧酒(米制)	80	16	20	16	48	—	—	—
日本烧酒(甘薯制)	70	8	28	17	47	—	—	—
茅台酒	105.3	20.89	16.33	46.91		9.02	4.27	2.56
泸州特曲酒	74.4	20.83	16.13	46.51		11.56	3.76	1.20
汾　酒	80.1	11.86	14.48	68.16		1.37	4.12	—
三花酒	162.7	12.11	28.40	59.00		0.49	—	—

注: (1) 老姆酒中还含有少量2－戊醇，2－丁醇。

(2) 我国产的白酒酒样中: 活性戊醇包括在异戊醇含量中;尚有少量的第三丁醇、第三戊醇、第二戊醇、戊醇、庚醇、辛醇均不计在内。

从高级醇的组分中，可以认为异戊醇几乎在所有的蒸馏酒中占首位。在国外的蒸馏酒中，除异戊醇含量最多外，大体上依次为异丁醇、活性戊醇及正丙醇。只有重型老姆酒例外，以正丙醇为主，其次是异戊醇、异丁醇、活性戊醇。我国传统的固态发酵白酒除异戊醇含量最多外，其次是正丙醇、异丁醇，在浓香及酱香型白酒中还有一定量的正丁醇。这是总的状况。唯有汾酒的异丁醇高于正丙醇。根据李孔培等的分析，茅台酒的正丙醇含量为75mg/L。在以后的酒样分析中，也证明了茅台酒正丙醇含量确实较高的客观事实。

4. **羰基化合物**

存在于蒸馏酒中的羰基化合物在几种蒸馏酒中的含量如表3－11－13所示。

表 3-11-13　　几种蒸馏酒中羰基化合物的含量　　单位: mg/L

酒　名	乙　醛	异丁醛	异戊醛	丙　酮	2,3－丁二酮	3－羟基丁酮
日本烧酒(米制)	20	—	—	—	—	40
日本烧酒(甘薯制)	28	—	—	—	—	—
苏格兰威士忌	45～62	—	—	9～10	—	—
波旁威士忌	50	—	—	10	—	—
茅台酒	550	11	98	—	330	1750
泸州特曲	440	34	38	—	225	128
汾　酒	196	3	15	2	100	716

我国白酒的羰基化合物均明显高于其他蒸馏酒。其中乙醛和3－羟基丁酮占80％以上。在威士忌和老姆酒等蒸馏酒中以乙醛含量最多。

3－羟基丁酮在我国的酱香和清香型白酒中含量最高，浓香型的泸州特曲酒含量较低，但其绝对含量比日本烧酒多。这也是我国白酒与其他蒸馏酒相比，在香味成分上的一个明显差异。

5. 高级脂肪酸乙酯

在测定我国白酒中高沸点香味成分时发现这一类的微量成分中，以棕榈酸乙酯、油酸乙酯和亚油酸乙酯含量最多。这3种高级脂肪酸乙酯的含量与日本产的烧酒大体相仿。但由于后者酒度低，故在经贮存过滤后的成品酒中，其含量大为降低。在老姆酒等其他蒸馏酒中的含量也较少。这是我国传统白酒与其他蒸馏酒相比的又一个差异。几种蒸馏酒的高级脂肪酸乙酯的含量如表3－11－14所示。

表 3-11-14 几种蒸馏酒的高级脂肪乙酯含量 单位: mg/L

项目	茅台酒	汾酒	泸州特曲酒	三花酒	日本米制烧酒		日本甘薯烧酒		老姆酒
					原酒	成品酒	原酒	成品酒	
棕榈酸乙酯	30.1	30.5	40.1	50.2	49.0	0.4	39.0	0.4	<10
油酸乙酯	10.5	11.6	26.5	15.1	29.7	＋	12.9	2.0	—
亚油酸乙酯	18.3	15.0	31.0	17.0	23.3	＋	22.0	1.5	—

注: "＋"为微量检出。

6. 芳香族化合物

在白酒香味成分中，上述这些脂肪族化合物含量较多，占有重要的地位。但除此以外，对于带苯环的芳香族化合物也同样是一类重要的香味成分，尤其是在酱香型白酒中，是构成酱香的特征性成分。

1964年，原轻工业部组织的茅台试点，曾应用纸层析检出了4－乙基愈创木酚及其有关的几种前驱物质。1980年原轻工业部食品发酵科学研究所报道了以气相色谱分析白酒的挥发性酚元化合物，检出了11个组分，并测定了茅台酒及五粮液中的对甲酚、4－甲基愈创木酚、4－乙基愈创木酚的含量。分析结果如表3－11－15所示，茅台酒和五粮液的酚元化合物组成分是相同的，只是含量多少而已。五粮液的对甲酚含量为茅台酒的1倍，明显高于其他蒸馏酒。这两种酒的4－乙基愈创木酚的含量高于苏格兰威士忌(0.03mg/L)及牙买加老姆酒(0.02mg/L)，低于波旁威士忌(0.36mg/L)。

表 3-11-15 茅台酒和五粮液中部分挥发酚的含量 单位: mg/L

酒名	对甲酚	愈创木酚	4－甲基愈创木酚	4－乙基愈创木酚
茅台酒	0.77	0.10	0.07	0.05
五粮液	1.52	0.04	0.29	0.05

关于4－乙基愈创木酚，虽然在茅台酒和五粮液以同等量存在，但就五粮液具有浓郁

的窖香带有陈味(有的人称酱香味)的风格特征这个事实，可能与含有4－乙基愈创木酚等酚元化合物有关。因此，4－乙基愈创木酚不是酱香的主体香味成分。而是构成酱香的重要香味成分，这个说法自有道理。

白兰地、威士忌、老姆酒都必须在橡木桶中经过较长时间的贮存老熟，桶材中的苯酚化合物被溶于酒中，其中最多的是丁子香酚，还有单宁等多酚类、香草醛和丁香醛等芳香醛类也是桶材的重要成分。这种化合物在烘烧新木桶时，因分解木质素而有所增加，糠醛和甲基糠醛也是在烘烧新桶时生成的。这些成分不仅呈香，也呈味。

在木桶中贮藏前的老姆酒，只发现有愈创木酚、4－乙基愈创木酚、4－乙烯基愈创木酚、丙基愈创木酚4种成分。贮藏后生成丁子香酚、2,6－二甲氧酚等20种以上的酚类化合物。在木桶中贮藏的烈性酒，确认为能生成香草醛、丁香醛等酚类化合物，它们由木质素而来，此反应与酒精浓度和pH有关。

第十二章 白酒的品评

第一节 品评的意义和作用

一、品评的意义

白酒的品评又叫尝评或鉴评，是利用人的感觉器官(视觉、嗅觉和味觉)来鉴别白酒质量优劣的一门检测技术。它具有快速而又较准确的特点。到目前为止，还没有被任何分析仪器所替代，是国内外用以鉴别食品内在质量的重要手段。

1. 快速

白酒的品评，不需经过样品处理而直接观色、闻香和品味。根据色、香、味的情况确定风格，这个过程短则几分钟，长则半个小时即可完成。只要具有灵敏度高的感觉器官和掌握了品评技巧的人就很快能判断出某一种白酒的质量好坏。

2. 比较准确

人的嗅觉和味觉的灵敏度较高。在空气中存在1/3000万的麝香的香气都能被人嗅闻出来。乙硫醇只要有6.6×10^{-8}mg/L，也能被人所感觉到。可见，人的嗅觉对某种成分来说，甚至比气相色谱仪的灵敏度还高。而且精密仪器的分析结果，通常需经过样品处理，诸如制备成衍生物、浓缩富集等，才能分析得到。

然而，感官品评也不是十全十美的。它受地区性、民族性、习惯性以及个人爱好和心理等因素的影响，同时难以用数字表达。因此，感官品评不能代替化验分析。而化验分析因受香味物质的浓度、温度、溶剂、易位和复合香的影响，只能准确测定含量，因而对呈香呈味特征及其变化也难以表达。所以，化验分析也代替不了品评。只有两者有机结合起来，才能发挥更大的作用。

二、品评的作用

1. 品评是确定质量等级和评选优质产品的重要依据

对工厂、企业来说，应快速进行半成品检验，加强中间控制，以便量质摘酒，分级入库、贮存，确保产品质量的稳定和不断提高。为此，须建立一支过硬的评酒技术队伍，既能掌握品评成品酒，又能品评新酒，这是非常必要的。

国家机关和管理部门，通过举行评酒会，检评质量、分类分级、评优、颁发质量奖证书，这对推动白酒行业的发展和产品质量的提高起到了很大的作用。

优质产品分国家级、部级、省(自治区、市)和市级，主要是通过对白酒的品评选拔出来的。

2. 通过品评，了解酒质存在的缺点

根据品评发现生产中的问题，从而指导生产和新技术的开发、推广和应用。所以说它是生产的眼睛。品评也是一门科学。通过品评，可以掌握酒在贮存过程中的物理和化学变化规律，为提高产品质量提供科学的依据。

3. 加速检验勾兑和调味的效果

(1) 勾兑和调味是白酒生产的重要环节　通过勾兑和调味能巧妙地把基础酒和调味酒合理勾配，使酒的香味达到平衡、谐调，提高典型风格。为了稳定和提高产品的质量，需要通过品评来判断和检验。品评为了勾兑和调味;勾兑和调味必须品评。为了作好品评，勾兑和调味要达到如下要求:

① 典型性: 白酒的典型性又称为风格或酒体，是构成白酒质量的重要组成部分。在不同香型的酒种中，都具有不同的典型风格。同一香型的白酒中，也各具不同的风格特征。比如，浓香型白酒，虽然都具有以己酸乙酯为主体的复合香气，但各自具有不同的风格特征，因而出现了不同的流派。其一，是具有纯正的己酸乙酯为主体的复合香气的流派;其二，是具有己酸乙酯为主体的略带陈味的复合香气的流派。在每一个流派中，不同的产品也具有不同的典型性。通过勾兑和调味，要突出自家的典型风格。

② 平衡性: 白酒是由数百种香味成分组成的集合体，不能否认某种成分有明显的作用。通过勾兑和调味，使白酒的香味成分保持适宜的量比关系，保持香气和口味之间的平衡。

在勾兑和调味过程中，要使主体香气与一般香气保持谐调，不能使某一种成分过分突出，失去了平衡而产生异香。如浓香型白酒己酸乙酯过浓，则呈暴香，有损于酒体的完整。

③ 缓冲性: 对香气起谐调作用的，从香味角度来说，称为缓冲作用。白酒中的缓冲作用的物质尚不大明确，但经试验，多元醇、特别是环己六醇有明显的缓冲作用。2,3－丁二醇和双乙酰等也可能有这种作用。经验证明，甜味大的酒，加入少量就能使酒柔和。因此，通过勾兑和调味，使白酒的香味谐调绵软，是缓冲作用所致。

④ 缔合性: 白酒在贮存过程中，水和酒精的氢键或其他成分的极性之间产生缔合作用，形成了缔合群，从而减少了水分子约束酒精分子的活性，也就是减少了酒精的刺激性，因而使人感到酒味柔和。经贮存老熟后的酒，又经勾兑和调味，使香味柔和。因此，在勾兑时，应适当勾入不同贮存期的酒，发挥贮存期长而使酒柔和的作用，从而使酒体和谐，香味浑然一体。

(2) 在勾兑和调味过程中，首先要选好基础酒和调味酒　基础酒和调味酒主要靠勾酒人员的细致品评才能精选得到。因此，一个好的勾酒师，必须是具有一定水平的评酒员。

在品评时，要掌握基础酒和调味酒的特点:

① 基础酒: 是无异味、柔和、香味较好，符合一定质量标准的初具一定风格的酒。

② 调味酒: 是无异味，香气浓郁，典型性特强的酒。其中某种或几种微量香味成分含量特别高，可用以弥补基础酒的某一缺陷。

(3) 在工厂里，要把品评、勾兑和调味与色谱分析紧密地结合起来　因为色谱分析是提供数据的，从分析数据中可以了解到各种香型酒的主要香味成分及含量，还可以验证品评与勾兑和调味的正确性和合理性。目前，已发展到应用微机(计算机)勾兑，但还需用品评来检验和核对，这将大大提高工作效率。微机勾兑蕴藏着广阔的发展前景。

4. 利用品评鉴别假冒伪劣商品

在流通领域里，假冒名、优白酒商品冲击市场，屡见不鲜。这些假冒名、优白酒和伪劣酒的出现，不仅使消费者在经济上蒙受损失，而且使生产企业的合法权益和国家的声誉受到严重的侵犯和损害。实践证明，利用感官品评是识别假冒伪劣酒的直观而又简便的方法。

第二节 品尝的生理学原理

一、视 觉

(一) 概述

视觉是人的感觉之一，眼睛为视觉器官。眼睛之所以能观察到颜色是因为物体对光波的反射作用的结果。人眼感觉到的可见光是在400～750nm范围内的电磁波。当一束光通过棱镜时，就分为红、橙、黄、绿、青、蓝、紫七色光组成的光带。实际上，白光是由各种色光按一定比例组成的混合光。在白光照射下，如果溶液不吸收可见光，则白光全部透过，溶液呈无色透明。如果可见光全部吸收，则溶液不透光，呈现黑色。

生物学家认为，生物能利用各种不同振动频率传达信息。波动速度接近于光速。因此，属于物理作用的视觉应当很快，其实不然，味觉却快过视觉一个数量级。

关于视觉对色泽的分辨原理学说法不一。目前对于眼底锥体细胞中存在红、黄、蓝三基色的说法，在科研上已有新的进展。如红与黄呈橙色，红与蓝呈紫色。这是视觉呈色的机理。

在白酒品评中，我们利用视觉器官来判断白酒的色泽和外观状况。其中包括透明度、有无悬浮物和沉淀物等。

在感官上，不能正确鉴别颜色的视觉称为色盲。患有色盲的人不能当评酒员。

(二) 对白酒视觉指标的要求

1. 无色、清亮透明

白酒的色泽一般为无色。有的酒种因工艺条件不同和贮存期较长而容易产生微黄色。如酱香型白酒可允许呈微黄色。在检查白酒色泽时，要根据该产品香型标准而定。

清亮透明是对光观察酒的透光性好，不允许有发暗或失光现象，更不允许有混浊。

2. 无悬浮物

悬浮物是指悬浮在酒液中的浮游物，如絮状物、微细片、粒状物等。在白酒产品中，这些浮游物不允许存在。

3. 无沉淀物

沉淀是指沉积在瓶底部的固形物。摇动时，漂浮在酒液中，静置时又沉于瓶底。根据标准规定，白酒产品不允许有沉淀物存在。

当白酒出现混浊和沉淀时，如何进行鉴别呢？

(1) 观察是否混浊和沉淀　将白酒倒入清洁的无色透明的酒杯中，用肉眼观察是否混浊和沉淀。

(2) 观察混浊和沉淀物是否溶解　将有混浊物或沉淀物的白酒放于室温或15～20℃水浴中。如果发现混浊物或沉淀物立即溶解，证明该种物质不是外来物。主要是酒中的高级脂肪酸及其乙酯，如棕榈酸、油酸和亚油酸及其乙酯等。由于气温低(在0℃以下)，其溶解度下降而析出，产生了混浊或沉淀。这种沉淀物无毒，当酒温升高时，就自然溶解，恢复原状，不致影响酒的质量。

(3) 对沉淀物的过滤和鉴别　将沉淀物过滤后，观察其色泽及形态，可作如下判断。

① 白色沉淀物：可能是钙镁盐物质或铝的化合物。大多数来自勾兑用水或盛酒容器。

② 黄色或棕色沉淀物：可能是铁、铜等金属物质。来自于盛酒容器和管路或瓶盖的污染。

③ 黑色沉淀物：可能是铅、单宁铁和硫化物。多来自于锡锅冷却器。酒中的硫化物与铅生成硫化铅或醋酸铅，铁与软木塞中的单宁生成单宁铁而产生黑色沉淀物。

(三) 视觉的测试与训练

以黄血盐配制0.1％、0.15％、0.20％、0.25％、0.30％不同浓度的水溶液。共分5个色阶，交错密码编号，分别倒入酒杯中，观测色泽，由浅至深排列顺序。如此反复进行训练，以达到正确辨别色泽的深浅为目的。在进行视觉测试与训练时，以蒸馏水为对照样，借以提高辨别能力。

二、嗅　　觉

(一) 概述

人的嗅觉器官是鼻腔。当有香物质混入空气中，经鼻腔吸入肺部时，经由鼻腔的甲介骨形成复杂的流向，某一部分达到嗅觉上皮。此部位带有黄色素的嗅斑，呈7～8角形星状，其大小2.7～5.0cm^2。嗅觉上皮由支持细胞、基底细胞和嗅细胞组成。其中嗅细胞为杆状，一端到达嗅觉上皮表面，浸于分泌在上皮表面的液体中；另一端是嗅球部分，与神经细胞相连，把刺激传达到大脑。嗅觉细胞的表面，由于细胞的代谢作用经常保持负电荷。当遇到有香物质时，则表面电荷发生变化，从而产生微电流，刺激神经细胞，使人嗅闻出香气。从嗅闻到气味至发生嗅觉的时间为0.1～0.3s。

(1) 人的嗅觉灵敏度较高　人的嗅觉灵敏度较高，但与其他嗅觉发达的动物相比，还相差甚远。

(2) 人的嗅觉容易适应，也容易疲劳　在某种气味的场合停留时间过长，对这种气味就不敏感了。当人们的身体不适、精神状态不佳时，嗅觉的灵敏度就会下降。所以，利用嗅觉闻香要在一定身体条件下和环境中才能发挥嗅觉器官的作用。在评酒时，如何避免嗅觉疲劳极为重要。伤风感冒、喝咖啡或嗅闻过浓的气味，对嗅觉的干扰极大。在参加评酒时，首先要休息好，不许带入化妆品之类的芳香物质进入评酒室，以免污染评酒环境。

(3) 有嗅盲者不能参加评酒　对香气的鉴别不灵敏的嗅觉称为嗅盲。患有鼻炎的人往往容易产生嗅盲。有嗅盲者不能参加评酒。

(4) 有血行性缺陷的人也不能参加评酒　所谓有血行性缺陷是对大家喜欢的香味而其本人却感到讨厌的嗅觉。在特殊情况下，人有血行性嗅觉。据资料报道，在静脉中注射“阿里那敏”，片刻即感到有大蒜的气味。用生理食盐水溶解有香物质后注射，也出现有气味的感觉，甚至有嗅盲者利用此法也会有气味的感觉。这说明，在评酒前不能静脉注射此类药物。

(二) 嗅觉的测试与训练

1. 区分不同香气特征

以玫瑰、香蕉、菠萝、橘子、香草、柠檬、薄荷、茉莉、桂花等芳香物质，分别配制1～8mg/L的水溶液，密码编号，倒入酒杯中，以5杯为一组，嗅闻香气，并写出其香气特征。

2. 区分不同香气和化学名称

以乙酸、丁酸、乙酸乙酯、乙酸异戊酯、丁酸乙酯、己酸乙酯、β－苯乙醇、醋鎓　(3－羟基丁酮)、双乙酰(2，3－丁二酮)等呈香物质，按表3－12－1配制不同浓度的酒精溶液(以30％酒精为溶剂)。分别倒入酒杯中，密码编号，5杯为一组，嗅闻其香气并写出化学名称。这一训练不但能检验嗅觉的灵敏度，并能使判断结果以化学名称表示。

表 3-12-1　　呈香物质不同浓度及香气特征

化学名称	分子式	浓度/g·(100ml)$^{-1}$	香气特征
乙　酸	CH_3COOH	0.05	醋味
丁　酸	$CH_3(CH_2)_2COOH$	0.002	汗臭味
乙酸乙酯	$CH_3COOC_2H_5$	0.01	乙醚状香气，有清香感
乙酸异戊酯	$CH_3COOC_5H_{12}$	0.006	似香蕉香气
丁酸乙酯	$CH_3(CH_2)_2COOC_2H_5$	0.0075	似水果香气，有爽快感
己酸乙酯	$CH_3(CH_2)_4COOC_2H_5$	0.005	似窖香、醇净爽的香感
β－苯乙醇	—CH_2CH_2OH	0.005	似玫瑰香气
双乙酰	$CH_3COCOCH_3$	0.05	有清新爽快香感
醋　鎓	$CH_3COCH_2OHCH_3$	0.05	略有酸馊味，似糟香感

注：上表呈香物质均为食用分析纯。

三、味　　觉

(一) 概述

所谓味觉是呈味物质作用于口腔粘膜和舌面的味蕾，通过味细胞再传入大脑皮层所引起的兴奋感觉，随即分辨出味道来。不同味觉的产生是由味细胞顶端的微绒毛到基底接触神经处在ms之内传导味信息，使味细胞膜振动发出的低频声子的量子现象。据资料报道，食盐的咸味相当于振动频率213cm^{-1}，酸味的振动频率超出230cm^{-1}范围，甜味的振动频率可能在此附近，苦味可能在200cm^{-1}以下。

1. 口腔粘膜和舌面

在口腔粘膜尤其是舌的上表面和两侧分布许多突出的疙瘩，称为乳头。在乳头里有味觉感受器，又称味蕾。它是由数十个味细胞呈蕾状聚集起来的。这些味蕾在口膜中还分布在上腭、咽头、颊肉和喉头。

不同的味蕾乳头的形状显示不同的味感。如舌尖的茸状乳头对甜味和咸味敏感，舌两边的叶状乳头对酸味敏感，舌根部的轮状(廓)乳头对苦味敏感。有的乳头能感受两种以上味感，有的只能有一种味感。所以口腔内的味感分布并无明显的界限。有人认为，舌尖占味觉60％，舌边占30％，舌根占10％左右。

从刺激到味觉仅需1.5～4.0ms时间，较视觉快一个数量级。咸感最快，苦感最慢。所以在评酒时，有后苦味就是这个道理。

2. 味蕾内味细胞的感觉神经分布

味蕾内味细胞的基部有感觉神经(神经纤维)分布。舌前2/3，味蕾与面神经相通;舌后1/3，味蕾与舌咽神经相通;软腭、咽部的味蕾与迷走神经相通。

3. 基本味觉及其传达方式

在世界上最早承认的味觉，是甜、咸、酸、苦4种，又称基本味觉。鲜味被公认为味觉是后来的事。辣味不属于味觉，是舌面和口腔粘膜受到刺激而产生的痛觉。涩味也不属于味觉，它是由于甜、酸、苦味比例失调所造成。

基本味觉是通过唾液中的酶进行传达的。如碱性磷酸酶传达甜和咸味，氢离子脱氢酶传达酸味，核糖核酸酶传达苦味。所以，我们在评酒前不能长时间说话、唱歌，应注意休息，以保持足够的唾液分泌，使味觉处于灵敏状态。

4. 味觉容易疲劳，也容易恢复

味觉容易疲劳，尤其是经常饮酒和吸烟及吃刺激性强的食物会加快味觉的钝化。特别是长时间不间断地进行评酒，更使味觉疲劳以至失去知觉。所以在评酒期间要注意休息，防止味觉疲劳与受刺激的干扰。

味觉也容易恢复。只要评酒不连续进行，且在评酒时坚持用茶水漱口，以及在评酒期间不吃刺激性的食物并配备一定的佐餐食品，都有利于味觉的恢复。

5. 味觉和嗅觉密切相关

人的口腔与鼻腔相通。当我们在吃食物时，会感到有滋味。这是因为，一方面以液体状态刺激味蕾，而另一方面以气体状态刺激嗅细胞形成复杂的滋味的缘故。一般来说，味觉与嗅觉相比，以嗅觉较为灵敏。实际上味感大于香感。这是由鼻腔返回到口腔的味觉在起作用。我们在评酒时，酒从口腔下咽时，便发生呼气动作，使带有气味的分子空气急于向鼻腔推进，因而产生了回味。所以，嗅觉再灵敏也要靠品味与闻香相结合才能作出正确的香气判断。

6. 味蕾的数量随年龄的增长而变化

一般10个月的婴儿味觉神经纤维已成熟，能辨别出咸、甜、酸、苦味。味蕾数量在4.5岁左右增长到顶点。成人的味蕾约有9000个，主要分布在舌尖和舌面两侧的叶状乳头和轮状乳头上。到75岁以后，味蕾的变化较大，由一个轮状乳头内的208个味蕾减少到88个。有人试验，儿童对0.68％稀薄糖液就能感觉出来，而老年人竟高出2倍。青年男女的味感并无差别。50岁以上时，男性比女性有明显的衰退。无论是男士或女士，在60岁以上时，味蕾衰退均加快，味觉也更加迟钝了。烟酒嗜好者的味觉衰退尤甚。

虽然味觉的灵敏度随年龄的增长而下降，但年长的评酒专家平时所积累的丰富品评技术和经验是极其宝贵的，他们犹如久经沙场、荣获几连冠的体育运动员一样，虽随年龄的增长，不能参加比赛而退役了，但他们可以胜任高级的教练，为国家为人民继续贡献力量。

(二) 味觉的测试与训练

1. 区分味觉特征

用砂糖、食盐、柠檬酸、味精、奎宁按表3－12－2配制成不同浓度的水溶液。分别倒入酒杯中，密码编号进行品尝，区分何种味感，并写出其味觉特征。

表 3-12-2 呈味物质不同浓度及味觉特征

呈味物质	纯度	浓度/g·(100ml)$^{-1}$	味觉特征
砂糖	99%	0.5	甜味
食盐	食用分析纯	0.15	咸味
柠檬酸	食用分析纯	0.04	酸味
味精	95%以上	0.01	鲜味
奎宁	针剂纯	0.004	苦味

在进行味觉测试和训练时，可将蒸馏水编入暗评，以检验味觉的可靠性。

2. 区分浓度差

以砂糖、食盐、味精分别配成0.5%、0.8%、1.0%、1.2%、1.4%、1.6%;0.15%、0.20%、0.25%、0.30%、0.35%、0.40%;0.01%、0.015%、0.02%、0.025%、0.030%等不同浓度的水溶液。密码编号，品尝区分不同味觉及浓度差，准确写出由浓至淡或由淡至浓的排列顺序。

3. 区分酒度高低

用除浊后的固态发酵法白酒或脱臭的食用酒精配成30%～45%(体积分数)以3%(体积分数)梯度增长的不同酒度溶液。分别倒入酒杯中，密码编号，以5杯为一组，品尝区分不同酒度，并写出由低至高或由高至低的酒度排列顺序。

第三节 评 酒 员

一、评酒员应具备的条件

(一) 要有较高的评酒能力与品评经验

一个评酒员的评酒能力和品评经验主要来自于刻苦学习和经验的不断积累。特别是要在基本功上下功夫，不断提高检出力、识别力、记忆力和表现力。

1. 检出力

评酒员应具有灵敏的视觉、嗅觉和味觉的功能，因而对色、香、味有很强的辨别能力——检出力。这是评酒员应具备的基本条件。

2. 识别力

在提高检出力的基础上,评酒员应能识别各种香型白酒及其优缺点。

3. 记忆力

通过不断地训练和实践,广泛接触酒,在评酒过程中提高自己的记忆力,如重复性和再现性等。这也是评酒员必备的条件。

4. 表现力

评酒员应在识别和记忆中找出问题的所在,并有所发挥。不仅以合理打分来表现色、香、味和风格的正确性,而且能把抽象的东西,用简练的语言描述出来。因此,作为一个评酒员,除具备以上的基本功外,还要有相当的文化程度。

(二) 要有实事求是和认真负责的工作态度

一个评酒员参与评酒活动,不是代表本地区、本部门和本单位,而是代表广大消费者的要求和国家的利益参加评酒。因此,要坚持质量第一,实事求是的原则。

(三) 要熟悉产品标准、产品风格和工艺特点

一个评酒员特别是一个国家级白酒评委,要加强业务知识的学习,扩大知识面,既要熟悉产品标准和产品风格,又要了解产品的工艺特点。通过品评,找出质量差距,分析质量问题的原因,以促进产品质量的提高。

(四) 要有健康的身体并保持感觉器官的灵敏

在平时要注意保养身体,预防疾病,保护感觉器官。要尽量少吃或不吃刺激性强的食物,少饮酒更不能酗酒。要坚持经常锻炼身体,使感官器官保持灵敏状态。

(五) 要坚持为社会服务的宗旨

一个评酒员要为生产厂家和社会服务,把个人的知识变为社会的财富。对产品质量要公正地提出自己的意见,以便采取改进措施,提高产品质量和经济效益,共同为国家作出贡献。

二、评酒员的训练与考核

(一) 评酒员的训练

1. 准确性、重复性、再现性和质量差异的训练

(1) 区分各种香型的准确性　所谓准确性,就是通过品评,准确描述各种白酒的香型和风格特征。目前我国已公认有六大香型,即浓香型、清香型、米香型、酱香型、凤香型及其他香型。在其他香型中,包括有豉香型、芝麻香型、特型、兼香型和董型(或称药香型)等。

在训练时,要注意用白酒的色、香、味来确定香型和风格。

(2) 同轮重复性　在同一轮次中,有两个相同的酒样,经品评后,它的香型、评语及打分应该相同。要求写出香型、评语及分数。若其中香型判断错误,则重复性判断也错误。

(3) 异轮再现性　取同一酒样分别插入两个相近轮次的酒杯中,密码编号,进行品评。要求准确打分,写出评语和香型。在同一酒样中,其香型、评语和分数应相同。若其中香型判断错误,则再现性的判断也错误。

(4) 质量差异　在同一香型酒样的轮次中,根据不同酒质进行品评,准确打分和写评语。酒质好的分数高、评语表达得好;酒质差的分数低,评语表达也差。最后根据分数和评语排列顺序，说明其质量差异。

2. 几种品评方法的训练

(1) 1杯品评法　先拿出1杯酒样为1号，品评后取走，再拿出1杯酒样为2号，继续进行品评。要求对1号和2号酒样作出是否相同的回答。此法是用来训练评酒人员的记忆力和再现性。

(2) 2杯品评法　1次拿出2杯酒样，其中1杯是标准样，另1杯是被检酒样。要求品评2杯酒样的异同点。此法可提高评酒人员对酒样质量差异的辨别能力。

(3) 3杯品评法　又称3角品尝法。1次拿出3杯酒样，其中2杯是1种酒。要求准确品评出2杯相同的酒样与第3杯酒样的差异。此法用来训练评酒员的准确性，提高再现性和辨别能力。

(4) 顺位品评法　将几种酒样密码编号进行暗评，以酒质优劣排列顺位。优者在前，次者列后。此法是训练评酒员对酒质差异的分辨能力。在企业中常用于选拔基础酒和调味酒，以便确定配方。

(5) 记分品评法　将酒样分别进行暗评，按色、香、味和风格打分和写评语。以色泽10分、香气25分、口味50分和风格15分为百分制。然后将小分相加，按总分排列顺位或名次，再按表3－12－3填写。此法常用于评优和检评质量。

如果经常坚持这些品评方法的训练，可大大提高品评的熟练程度，增强临场经验。

表 3-12-3　白酒品评记录表

年　月　日

酒样编号	评酒记分				总分(100分)	评语	顺位
	色(10分)	香(25分)	味(50分)	格(15分)			

单位:　　　　　　　　　　　　　　　　　　　　　　评酒员:

(二) 评酒员的考核

1. 要建立权威性的考核班子

评酒员分国家级、部级和省(市)级。企业也需建立一支过硬的评酒技术队伍。在评酒员的考核工作中，首先要建立具有权威性的考核班子。这个班子的主体是专家组。由上级主管部门或领导机关授权专家组负责全面的组织领导和技术工作。

从1979年第三届全国评酒会到1989年第五届全国评酒会以来，连续三届由主管部门(第三届由原轻工业部，第四、第五届由中国食品工业协会)聘请白酒专家组成专家组对国家级白酒评委进行了考核。通过严格的考核，选拔出来的国家级白酒评委在技术素质和思想作风上都是比较过硬的。

2. 要坚持考核条件，择优录取

在评酒员考核过程中，要坚持考核条件。把眼界开阔、基本功扎实、善于学习科学知识、熟悉生产工艺并具有大公无私的技术骨干，经科学的考核，择优录取出来。宁缺勿滥，任人唯贤，以成绩优异者被录取，从而保证评酒员的技术素质和思想素质。

3. 要坚持理论与实际能力相结合的考核

在考核内容上，要坚持理论与实际能力相结合的考核办法，使评酒员具有一定的相关理论知识和实际评酒能力。因此，考核内容应分理论知识和实际品评能力测试两部分。一般理论考试占20分，实际品评能力占80分。

第四节　评酒环境与条件

一、评 酒 环 境

评酒环境的好坏，对评酒结果有一定的影响。据有关资料介绍，在防音、恒温、恒湿的评酒环境中用2杯法品评酒样，其准确率达到71.1%，而在有噪杂声和震动的条件下，品评准确率仅为55.9%。如果在空气有异味的环境中评酒，准确率就更低了。这说明了评酒环境是影响评酒结果的一个不容忽视的问题。一般对评酒环境的要求，应无震动和噪音，评酒室内清洁整齐，无异杂气味，空气新鲜，光线充足，以恒温15～20℃为宜。评酒室内还应有专用的评酒桌，在桌子上铺有白色台布、茶水杯，并备有痰盂等，使评酒员在幽雅、舒适的环境中进行评酒活动。

二、评 酒 条 件

(1) 评酒员应具备一定的素质　评酒员的品评能力、思想觉悟和业务知识水平决定了评酒的结果。只有高水平的评酒员，才能当好酒的裁判；只有正确评价酒的质量，才能找出质量问题的根源和提高产品质量的办法。因此选拔好的评酒员是十分重要的。

(2) 评酒员要严格遵守评酒规则(待述)。

(3) 要有良好的评酒环境。

(4) 对评酒容器的要求　评酒杯应为无色透明、无花纹、杯体光洁、厚薄均匀的高脚玻璃杯，容量为40～50ml。

(5) 评酒时间　我国的评酒时间，在实践中一般认为在上午9～11时，下午3～5时较适宜。在饭前挤时间，饭后立即评酒或周末评酒都会影响评酒结果。

(6) 酒样温度　酒样的温度对香味的感觉差异较大。一般人的味觉最灵敏的温度为21～30℃。为了保证品评结果的准确，要求各轮次的酒样温度应保持一致。一般在评酒前24h就必须把评酒样品放置在同一室内，使之同一温度，以免因温度的差异而影响评酒的结果。

(7) 酒样的编组　酒样的编组一般从无色到有色；酒度由低到高；香型按清香、米香、凤香、其他香、酱香、浓香型的顺序；质量由低到中高档。

第五节　评酒的方法、标准、规则

一、评酒的方法与步骤

(一) 评酒的方法

根据评酒的目的、提供酒样的数量、评酒员人数的多少，可采用明评和暗评的评酒方法。

1. 明评

明评又分为明酒明评和暗酒明评。明酒明评是公开酒名，评酒员之间明评明议，最后统一意见，打分并写出评语。暗酒明评是不公开酒名，酒样由专人倒入编号的酒杯中，由评酒员集体评议，最后统一意见，打分，写出评语，并排出名次顺位。

2. 暗评

暗评是酒样密码编号，从倒酒、送酒、评酒一直到统计分数、写综合评语、排出顺位的全过程，分段保密，最后揭晓公布评酒结果。评酒员所做出的评酒结论具有权威性和法律效力，其他人无权更改。

(二) 评酒的步骤

白酒的品评主要包括：色泽、香气、口味和风格4个方面。具体评酒步骤如下。

1. 眼观色

白酒色泽的评定是通过人的眼睛来确定的。先把酒样放在评酒桌的白纸上，用眼睛正视和俯视，观察酒样有无色泽和色泽深浅，同时做好记录。在观察透明度、有无悬浮物和沉淀物时，要把酒杯拿起来，然后轻轻摇动，使酒液游动后进行观察。根据观察，对照标准，打分并作出色泽的鉴评结论。

2. 鼻闻香

白酒的香气是通过鼻子判断确定的。当被评酒样上齐后，首先注意酒杯中的酒量多少，把酒杯中多余的酒样倒掉，使同一轮酒样中酒量基本相同之后才嗅闻其香气。在嗅闻时要注意：

(1) 鼻子和酒杯的距离要一致，一般在1～3cm。

(2) 吸气量不要忽大忽小，吸气不要过猛。

(3) 嗅闻时，只能对酒吸气，不要呼气。

在嗅闻时按1、2、3、4、5顺次进行，辨别酒的香气和异香，做好记录。再按反顺次进行嗅闻。经反复后，综合几次嗅闻的情况，排出质量顺位。再嗅闻时，对香气突出的排列在前，香气小的、气味不正的排列在后。初步排出顺位后，嗅闻的重点是对香气相近似的酒样进行对比，最后确定质量优劣的顺位。

当不同香型混在一起品评时，先分出各编号属于何种香型，而后按香型的顺序依次进行嗅闻。对不能确定的香型酒样，最后综合判定。为确保嗅闻结果的准确，可采用把酒滴在手心或手背上，靠手的温度使酒挥发来闻其香气，或把酒倒掉，放置10～15min后嗅闻空杯。后一种方法是确定酱香型白酒空杯留香的唯一方法。

3. 口尝味

白酒的口味是通过味觉确定的。先将盛酒样的酒杯端起，吸取少量酒样于口腔内，品尝其味。在品尝时要注意:

(1) 每次入口量要保持一致，以0.5～2.0ml为宜。

(2) 酒样布满舌面，仔细辨别其味道。

(3) 酒样下咽后，立即张口吸气，闭口呼气，辨别酒的后味。

(4) 品尝次数不宜过多，一般不超过3次。每次品尝后茶水漱口，防止味觉疲劳。

品尝要按闻香的顺序进行，先从香气小的酒样开始，逐个进行品评。在品尝时把异杂味大的异香和暴香的酒样放到最后尝评，以防味觉刺激过大而影响品评结果。

在尝评时按酒样多少，一般又分为初评、中评、总评三个阶段:

初评: 一轮酒样闻香后从嗅闻香气小的开始，入口酒样以布满舌面，并能下咽少量酒为宜。酒下咽后，可同时吸入少量空气，并立即闭口用鼻腔向外呼气，这样可辨别酒的味道。作好记录，排出初评的口味顺位。

中评: 重点对初评口味相近似的酒样进行认真品尝比较，确定中间及酒样口味的顺位。

总评: 在中评的基础上，可加大入口量，一方面确定酒的余味，另方面可对暴香、异香、邪杂味大的酒进行品尝，以便从总的品尝中排列出本轮次酒的顺位，并写出确切的评语。

4. 综合起来看风格

根据色、香、味的鉴评情况，综合判定白酒的典型风格。

(三) 评酒注意事项

1. 评酒员要保持稳定

各级评酒活动，必须选拔和培养一批比较稳定的评酒委员，不可临时拼凑。正式评酒时，如有评委缺席，也不能临时替补，以保证评酒结果的准确性和连续性。

2. 评酒员要有事业心，热爱评酒工作

评酒员要加强基本功训练，广泛接触各种类型白酒，既要有熟练的品评能力和技巧，又要有准确、简练的评述能力。

3. 评酒员要大公无私，坚持原则

评酒员要对酒负责，力求无偏见，掌握标准，客观评酒，不受外界干扰和影响。

4. 要全面掌握产品香型和风格特征

评酒员要熟悉产品标准和工艺特点，通过品评找出问题，用以指导生产，促进产品质量的提高。

5. 评酒员要保持身体健康

评酒员不能暴饮暴食，更不能酗酒，经常保持视觉、嗅觉和味觉的灵敏状态。

6. 坚持感官品评与理化分析相结合

随着科技进步和发展，大量的现代化分析仪器被应用到香味成分的分析上来，我们应尽可能地使感官品评结果与仪器分析相一致，做到标准化、数据化。

二、评酒的标准

(一) 评酒标准的主要依据

评酒的主要依据是产品质量标准。在产品质量标准中明确规定了白酒感官标准技术要求。它包括色、香、味和风格4个部分。目前在产品质量标准中有国家标准、行业标准和企业标准。根据国家标准化法规定，各企业生产的产品必须执行产品标准，首先要执行国家标准，无国家标准的要执行行业标准，无行业标准的要执行企业标准。

(二) 评酒标准

根据GB10345.2—89白酒感官评定方法的规定，现将白酒的评酒标准分述如下。

1. 色泽

将样品注入洁净、干燥的品评杯中，在明亮处观察，记录其色泽、清亮程度、沉淀及悬浮物情况。

2. 香气

将样品注入洁净、干燥的品酒杯中，先轻轻摇动酒杯，然后用鼻闻嗅，记录其香气特征。

3. 口味

将样品注入洁净、干燥的酒杯中，喝入少量样品(约2ml)于口中，以味觉器官仔细品尝，记下口味特征。

4. 风格

通过品尝香与味，综合判断是否具有该产品的风格特点，并记录其强、弱程度。

(三) 记分标准

表 3-12-4　色泽与香气记分标准

色泽		香气	
项目	分数	项目	分数
无色透明	+10	具备固定香型的香气特点	+25
混浊	−4	放香不足	−2
沉淀	−2	香气不纯	−2
悬浮物	−2	香气不足	−2
带色(除微黄色外)	−2	带有异香	−3
		有不愉快气味	−5
		有杂醇油气味	−5
		有其他臭气	−7

注: “＋”表示加分，“－”表示扣分。

表 3-12-5　口味与风格记分标准

口味		风格	
项　目	分　数	项　目	分　数
具有本香型的口味特点	+50	具有本品的特有风格	+15
欠绵软	−2	风格不突出	−5
欠回甜	−2	偏　格	−5
淡　薄	−2	错　格	−5
冲　辣	−3		
后味短	−2		
后味淡	−2		
后味苦(对小曲酒放宽)	−3		
涩　味	−5		
焦糊味	−3		
辅料味	−5		
梢子味	−5		
杂醇油味	−5		
糠腥味	−5		
其他邪杂味	−6		

注: "+"表示加分,"−"表示扣分。

三、评酒规则

(1) 评酒员一定要休息好,充分保证睡眠时间。要做到精力充沛,感觉器官灵敏,有效地参加评酒活动。

(2) 评酒期间,评委和工作人员不得擦用香水、香粉和使用香味浓的香皂。在评酒室内不得带入有芳香性的食品、化妆品和用具。

(3) 评酒前半小时不准吸烟。

(4) 评酒期间不能饮食过饱,不吃刺激性强的影响评酒效果的食物,如辣椒、生葱、大蒜以及过甜、过咸、油腻大的食品。

(5) 评酒时要注意安静。要独立思考,暗评时不许互相交谈和互看评酒结果。

(6) 评酒期间和休息时不准饮酒。

(7) 评酒员要注意防止品评效应的影响。

(8) 评酒工作人员不准向评委暗示有关酒样情况,严守保密制度。

第六节 各类香型白酒的品评术语及风格描述

一、各类香型白酒的品评术语

(一) 浓香型白酒的品评术语

1. 色泽

无色,晶亮透明,清亮透明,清澈透明,无色透明,无悬浮物,无沉淀,微黄透明,稍黄,浅黄,较黄,灰白色,乳白色,微混,稍混,混浊,有悬浮物,有沉淀,有明显悬浮物。

2. 香气

窖香浓郁,较浓郁,具有以己酸乙酯为主体的纯正、谐调的复合香气,窖香不足,窖香较小,窖香纯正,较纯正,有窖香,窖香不明显,窖香欠纯正,窖香带酱香,窖香带陈味,窖香带焦糊气味,窖香带异香,窖香带泥臭气,其他香等。

3. 口味

绵甜醇厚,醇和,香绵甘润,甘洌,醇和味甜,醇甜爽净,净爽,醇甜柔和,绵甜爽净,香味谐调,香醇甜净,醇甜,绵软,绵甜,入口绵、柔顺、平淡、淡薄,香味较谐调,入口平顺,入口冲、冲辣、糙辣,刺喉,有焦味,稍涩,涩,微苦涩,苦涩,稍苦,后苦,稍酸,较酸,酸味大,口感不快,欠净,稍杂,有异味,有杂醇油味,酒梢子味,邪杂味较大,回味悠长,回味长,回味较长,尾净味长,尾子干净,回味欠净,后味淡,后味短,后味杂,余味长、较长,生料味,霉味等。

4. 风格

风格突出、典型,风格明显,风格尚好,具浓香风格,风格尚可,风格一般,固有风格,典型性差,偏格,错格等。

(二) 清香型白酒的品评术语

1. 色泽

同浓香型白酒。

2. 香气

清香纯正,清香雅郁,清香馥郁,具有以乙酸乙酯为主体的清雅协调的复合香气,清香较纯正,清香欠纯正,有清香,清香较小,清香不明显,清香带浓香,清香带酱香,清香带焦糊气味,清香带异香,不具清香,其他香气,糟香等。

3. 口味

绵甜爽净,绵甜醇和,香味谐调,自然谐调,酒体醇厚,醇甜柔和,口感柔和,香醇甜净,清爽甘洌,清香绵软,爽洌,甘爽,爽净,入口绵,入口平顺,入口冲、冲辣、糙辣、暴辣,落口爽净、欠净,尾净,回味长,回味短,回味干净,后味淡,后味短,后味杂、稍杂、寡淡,有杂味,邪杂味,杂味较大,有杂醇油味、酒梢子味、焦糊味,涩,稍涩,微苦涩,苦涩,后苦,稍酸,较酸,过甜,生料味,霉味,异味,刺喉等。

4. 风格

风格突出、典型,风格明显,风格尚好,风格尚可,风格一般,典型性差,偏格,错格,具有清、爽、绵、甜、净的典型风格等。

(三) 酱香型白酒的品评术语

1. 色泽

微黄透明,浅黄透明,较黄透明。其余参见浓香型白酒。

2. 香气

酱香突出、较突出,酱香明显,酱香较小,具有酱香,酱香带焦香,酱香带窖香,酱香带异香,窖香露头,不具酱香,其他香,幽雅细腻,较幽雅细腻,空杯留香幽雅持久,空杯留香好,尚好,有空杯留香,无空杯留香。

3. 口味

绵柔醇厚,醇和,丰满,醇甜柔和,酱香味显著、明显,入口绵、平顺,入口冲,有异味,邪杂味较大,回味悠长、长、较长、短,回味欠净,后味长、短、淡,后味杂,焦糊味,稍涩,涩,苦涩,稍苦,酸味大、较大,生料味,霉味等。

4. 风格

风格突出、较突出,风格典型、较典型,风格明显、较明显,风格尚好、一般,具酱香风格,典型性差、较差,偏格,错格等。

(四) 米香型白酒的品评术语

1. 色泽

同浓香型白酒。

2. 香气

米香清雅、纯正,蜜香清雅、突出,具有米香,蜜香带异香,其他香等。

3. 口味

绵甜爽口,适口,醇甜爽净,入口绵、平顺,入口冲、冲辣,回味怡畅、幽雅,回味长,尾子干净,回味欠净。其余参考浓香型白酒。

4. 风格

风格突出、较突出,风格典型、较典型,风格明显、较明显,风格尚好、尚可,风格一般,固有风格,典型性差,偏格,错格等。

(五) 凤香型白酒的品评术语

1. 色泽

参考浓香型白酒。

2. 香气

醇香秀雅,香气清芬,香气雅郁,有异香,具有以乙酸乙酯为主、一定量己酸乙酯为辅的复合香气,醇香纯正、较正等。

3. 口味

醇厚丰满,甘润挺爽,诸味谐调,尾净悠长,醇厚甘润,谐调爽净,余味较长,较醇厚,甘润谐调,爽净,余味较长,有余味等。

4. 风格

风格突出、较突出,风格明显、较明显,具有本品固有的风格,风格尚好、尚可、一般,偏格,错格等。

(六) 其他香型白酒的品评术语

1. 色泽

参考浓香型白酒。

2. 香气

香气典雅、独特、幽雅，带有药香，带有特殊香气，浓香带酱香，浓香谐调的香气，芝麻香气，带有焦香，有异香，香气小等。

3. 口味

醇厚绵甜，回甜，香绵甜润，绵甜爽净，香甜适口，诸香谐调，绵柔，甘爽，入口平顺，入口冲、冲辣、刺喉，涩，稍涩，苦涩，酸，较酸，甜，过甜，欠净，稍杂，有异味，有杂醇油味，有酒梢子味，回味悠长、较长、长，回味短，尾净香长，有焦糊味，有生料味，有霉味等。

4. 风格

风格典型、较典型，风格独特、较独特，风格明显、较明显，具有独特风格，风格尚好、尚可、一般，典型性差，偏格，错格等。

二、各类香型白酒的风格描述

1. 浓香型白酒

窖香浓郁，绵甜爽洌，香味谐调，尾净味长。

2. 清香型白酒

清香纯正，醇甜柔和，自然谐调，余味爽净。

3. 酱香型白酒

酱香突出，幽雅细腻，酒体醇厚，回味悠长。

4. 米香型白酒

米香清雅，入口绵柔，落口爽净，回味怡畅。

5. 凤香型白酒

醇香秀雅，甘润挺爽，诸味谐调，尾净悠长。

6. 其他香型白酒

香气舒适独特，香味谐调，醇和味长。

第七节 影响评酒效果及品评技巧的因素

一、影响评酒效果的因素

1. 身体健康与精神状态

评酒员的身体健康与精神状态的好坏，都会直接影响评酒结果。因为生病、感冒或情绪不佳以及极度疲劳都会使人的感觉器官失调，从而使评酒的准确性和灵敏度下降。因此，评酒员在评酒期间应保持健康的身体和良好的精神状态。

2. 心理因素

人的知觉能力是先天就有的，但人的判断能力是靠后天训练而提高的。因此，对于评酒员要加强心理素质的训练，注意克服偏爱心理、猜测心理、不公正心理及老习惯心理；注意培养轻松、和谐的心理状态。在评酒过程中，要防止和克服顺序效应、后效应和顺效应。

(1) 顺序效应 评酒员在评酒时，产生偏爱先品评酒样的心理作用，这种现象叫做正顺序效应；偏爱后品评酒样的心理作用叫做负顺序效应。在品评时，对两个酒样进行同次数反复比较品评，在品评中以清水或茶水漱口，可以减少顺序效应的影响。

(2) 后效应 品评前一个酒样后，影响后一个酒样的心理作用，叫做后顺应。在品完一个酒样后，一定要漱口，在清除前一个酒的酒味后再品评下一个酒样，以防止后效应的产生。

(3) 顺效应 在评酒过程中，经较长时间的刺激，使嗅觉和味觉变得迟钝，甚至可变得无知觉的现象叫做顺效应。为减少和防止顺效应的发生，每轮次品评的酒样不宜安排过多，一般以5个酒样为宜。每天上、下午各安排2轮次较好，每评完1轮次酒后，必须休息30min以上，待嗅觉、味觉恢复正常后再评下一轮次酒。

3. 评酒能力及经验

这是评酒员必须具备的条件之一。只有具有一定的评酒能力和丰富的品评经验，才能在评酒中得到准确无误的评酒结果。否则，不配当评酒员。因此，作为评酒员要加强学习和训练以及经常参与评酒活动，不断提高品评技术水平和积累评酒经验。

4. 评酒环境

这是影响评酒效果的重要因素。在本章第四节已述。

二、品评技巧

白酒的品评是一种技巧。所谓技巧，就是要经过刻苦的学习和训练，练就成熟的品评能力，俗话说“熟能生巧”。到了巧的地步，就说明基本功已经升华，发生了质的变化。这些质的变化使品评上升到技术理论的高度。

1. 探讨白酒中各种香味成分的生成机理

摸索微生物代谢产物与香味成分的关系。

2. 学习技术理论知识

学习好酿酒工艺学、微生物学、生物化学知识，搞清工艺条件与香味成分的关系。学习好有机化学、无机化学和物理化学，掌握香味成分的理化性质和变化规律。

3. 懂得工艺管理

掌握工艺管理与提高白酒质量的关系。

4. 熟悉各种香型白酒的香味特征

要开阔眼界，探索白酒香味成分的奥秘。

5. 严格进行基本功的训练

只有具备了各种相关的知识和扎实的基本功，才能有较高的品评技巧，才能更好地完成评酒任务。

品评技巧，主要表现在快速、准确上。快速、准确的方法是：在评酒时，首先查看色泽，做好记录，然后开始闻香。先从编号1、2、3、4、5，再从编号5、4、3、2、1，如此顺序反复几次。

每次要适当休息，使疲劳得以恢复。第一步先选出最好与最次的，然后将不相上下的作反复比较，边闻香边做记录，不断改正。待闻香全部结束后，稍事休息开始品味。

在品味时，先从香气淡的开始，按闻香好坏排队，由淡而浓要经几次反复。暴香与异香都留到最后尝评，防止口腔受到干扰。每次要做好记录，并不断纠正。最后加大入口量，检查回味，反复3～4次即可定局。如果后来评得混乱，就应以初评为准。但不能乱改，常常开始写对了，后来反而改错了，这在评酒上是经常发生的。根据评语和打分，确定酒的优劣。

附　表

附表 1　　吸光度与测试α-淀粉酶酶浓度对照表

吸光度A	酶浓度/u·ml^{-1}	吸光度A	酶浓度/u·ml^{-1}	吸光度A	酶浓度/u·ml^{-1}
0.100	4.694	0.134	4.524	0.168	4.356
0.101	4.689	0.135	4.518	0.169	4.352
0.102	4.684	0.136	4.513	0.170	4.347
0.103	4.679	0.137	4.507	0.171	4.342
0.104	4.674	0.138	4.502	0.172	4.338
0.105	4.669	0.139	4.497	0.173	4.333
0.106	4.664	0.140	4.492	0.174	4.329
0.107	4.659	0.141	4.487	0.175	4.324
0.108	4.654	0.142	4.482	0.176	4.319
0.109	4.649	0.143	4.477	0.177	4.315
0.110	4.644	0.144	4.472	0.178	4.310
0.111	4.639	0.145	4.467	0.179	4.306
0.112	4.634	0.146	4.462	0.180	4.301
0.113	4.629	0.147	4.457	0.181	4.297
0.114	4.624	0.148	4.452	0.182	4.292
0.115	4.619	0.149	4.447	0.183	4.288
0.116	4.614	0.150	4.442	0.184	4.283
0.117	4.609	0.151	4.438	0.185	4.279
0.118	4.604	0.152	4.433	0.186	4.275
0.119	4.599	0.153	4.428	0.187	4.270
0.120	4.594	0.154	4.423	0.188	4.266
0.121	4.589	0.155	4.418	0.189	4.261
0.122	4.584	0.156	4.413	0.190	4.257
0.123	4.579	0.157	4.408	0.191	4.253
0.124	4.574	0.158	4.404	0.192	4.248
0.125	4.569	0.159	4.399	0.193	4.244
0.126	4.564	0.160	4.394	0.194	4.240
0.127	4.559	0.161	4.389	0.195	4.235
0.128	4.554	0.162	4.385	0.196	4.231
0.129	4.549	0.163	4.380	0.197	4.227
0.130	4.544	0.164	4.375	0.198	4.222
0.131	4.539	0.165	4.370	0.199	4.218
0.132	4.534	0.166	4.366	0.200	4.214
0.133	4.529	0.167	4.361	0.201	4.210

续表

吸光度*A*	酶浓度 /u·ml⁻¹	吸光度*A*	酶浓度 /u·ml⁻¹	吸光度*A*	酶浓度 /u·ml⁻¹
0.202	4.205	0.242	4.048	0.282	3.913
0.203	4.201	0.243	4.045	0.283	3.922
0.204	4.197	0.244	4.041	0.284	3.919
0.205	4.193	0.245	4.037	0.285	3.915
0.206	4.189	0.246	4.034	0.286	3.912
0.207	4.185	0.247	4.030	0.287	3.909
0.208	4.181	0.248	4.026	0.288	3.906
0.209	4.176	0.249	4.023	0.289	3.903
0.210	4.172	0.250	4.019	0.290	3.900
0.211	4.168	0.251	4.016	0.291	3.897
0.212	4.164	0.252	4.012	0.292	3.894
0.213	4.160	0.253	4.009	0.293	3.891
0.214	4.156	0.254	4.005	0.294	3.888
0.215	4.152	0.255	4.002	0.295	3.885
0.216	4.148	0.256	3.998	0.296	3.881
0.217	4.144	0.257	3.995	0.297	3.878
0.218	4.140	0.258	3.991	0.298	3.875
0.219	4.136	0.259	3.988	0.299	3.872
0.220	4.132	0.260	3.984	0.300	3.869
0.221	4.128	0.261	3.981	0.301	3.866
0.222	4.124	0.262	3.978	0.302	3.863
0.223	4.120	0.263	3.974	0.303	3.860
0.224	4.116	0.264	3.971	0.304	3.857
0.225	4.112	0.265	3.968	0.305	3.854
0.226	4.108	0.266	3.964	0.306	3.851
0.227	4.105	0.267	3.961	0.307	3.848
0.228	4.101	0.268	3.958	0.308	3.845
0.229	4.097	0.269	3.954	0.309	3.842
0.230	4.093	0.270	3.951	0.310	3.839
0.231	4.089	0.271	3.948	0.311	3.836
0.232	4.085	0.272	3.944	0.312	3.833
0.233	4.082	0.273	3.941	0.313	3.830
0.234	4.078	0.274	3.938	0.314	3.827
0.235	4.074	0.275	3.935	0.315	3.824
0.236	4.070	0.276	3.932	0.316	3.821
0.237	4.067	0.277	3.928	0.317	3.818
0.238	4.063	0.278	3.925	0.318	3.815
0.239	4.059	0.279	3.922	0.319	3.812
0.240	4.056	0.280	3.919	0.320	3.809
0.241	4.052	0.281	3.916	0.321	3.806

续表

吸光度A	酶浓度 /u·ml^{-1}	吸光度A	酶浓度 /u·ml^{-1}	吸光度A	酶浓度 /u·ml^{-1}
0.322	3.803	0.362	3.687	0.402	3.577
0.323	3.800	0.363	3.684	0.403	3.575
0.324	3.797	0.364	3.682	0.404	3.572
0.325	3.794	0.365	3.679	0.405	3.569
0.326	3.791	0.366	3.676	0.406	3.567
0.327	3.788	0.367	3.673	0.407	3.564
0.328	3.785	0.368	3.670	0.408	3.559
0.329	3.782	0.369	3.668	0.409	3.556
0.330	3.779	0.370	3.665	0.410	3.554
0.331	3.776	0.371	3.662	0.411	3.551
0.332	3.774	0.372	3.659	0.412	3.548
0.333	3.771	0.373	3.656	0.413	3.546
0.334	3.768	0.374	3.654	0.414	3.543
0.335	3.765	0.375	3.651	0.415	3.541
0.336	3.762	0.376	3.648	0.416	3.538
0.337	3.759	0.377	3.645	0.417	3.535
0.338	3.756	0.378	3.643	0.418	3.533
0.339	3.753	0.379	3.640	0.419	3.530
0.340	3.750	0.380	3.637	0.420	3.528
0.341	3.747	0.381	3.634	0.421	3.525
0.342	3.744	0.382	3.632	0.422	3.522
0.343	3.741	0.383	3.629	0.423	3.520
0.344	3.739	0.384	3.626	0.424	3.517
0.345	3.736	0.385	3.623	0.425	3.515
0.346	3.733	0.386	3.621	0.426	3.512
0.347	3.730	0.387	3.618	0.427	3.509
0.348	3.727	0.388	3.615	0.428	3.507
0.349	3.724	0.389	3.612	0.429	3.504
0.350	3.721	0.390	3.610	0.430	3.502
0.351	3.718	0.391	3.607	0.431	3.499
0.352	3.716	0.392	3.604	0.432	3.497
0.353	3.713	0.393	3.602	0.433	3.494
0.354	3.710	0.394	3.599	0.434	3.492
0.355	3.707	0.395	3.596	0.435	3.489
0.356	3.704	0.396	3.594	0.436	3.487
0.357	3.701	0.397	3.591	0.437	3.484
0.358	3.699	0.398	3.588	0.438	3.482
0.359	3.696	0.399	3.585	0.439	3.479
0.360	3.693	0.400	3.583	0.440	3.477
0.361	3.690	0.401	3.580	0.441	3.474

续表

吸光度A	酶浓度 /u·ml^{-1}	吸光度A	酶浓度 /u·ml^{-1}	吸光度A	酶浓度 /u·ml^{-1}
0.442	3.472	0.482	3.376	0.522	3.287
0.443	3.469	0.483	3.373	0.523	3.285
0.444	3.467	0.484	3.371	0.524	3.283
0.445	3.464	0.485	3.369	0.525	3.280
0.446	3.462	0.486	3.366	0.526	3.278
0.447	3.459	0.487	3.364	0.527	3.276
0.448	3.457	0.488	3.362	0.528	3.274
0.449	3.454	0.489	3.359	0.529	3.272
0.450	3.452	0.490	3.357	0.530	3.270
0.451	3.449	0.491	3.355	0.531	3.268
0.452	3.447	0.492	3.353	0.532	3.266
0.453	3.444	0.493	3.350	0.533	3.264
0.454	3.442	0.494	3.348	0.534	3.262
0.455	3.440	0.495	3.346	0.535	3.260
0.456	3.437	0.496	3.344	0.536	3.258
0.457	3.435	0.497	3.341	0.537	3.255
0.458	3.432	0.498	3.339	0.538	3.253
0.459	3.430	0.499	3.337	0.539	3.251
0.460	3.427	0.500	3.335	0.540	3.249
0.461	3.425	0.501	3.333	0.541	3.247
0.462	3.423	0.502	3.330	0.542	3.245
0.463	3.420	0.503	3.328	0.543	3.243
0.464	3.418	0.504	3.326	0.544	3.241
0.465	3.415	0.505	3.324	0.545	3.239
0.466	3.413	0.506	3.321	0.546	3.237
0.467	3.411	0.507	3.319	0.547	3.235
0.468	3.408	0.508	3.317	0.548	3.233
0.469	3.406	0.509	3.315	0.549	3.231
0.470	3.404	0.510	3.313	0.550	3.229
0.471	3.401	0.511	3.311	0.551	3.227
0.472	3.399	0.512	3.308	0.552	3.225
0.473	3.397	0.513	3.306	0.553	3.223
0.474	3.394	0.514	3.304	0.554	3.221
0.475	3.392	0.515	3.302	0.555	3.219
0.476	3.389	0.516	3.300	0.556	3.217
0.477	3.387	0.517	3.298	0.557	3.215
0.478	3.385	0.518	3.295	0.558	3.213
0.479	3.383	0.519	3.293	0.559	3.211
0.480	3.380	0.520	3.291	0.560	3.209
0.481	3.378	0.521	3.289	0.561	3.207

续表

吸光度A	酶浓度 /$u \cdot ml^{-1}$	吸光度A	酶浓度 /$u \cdot ml^{-1}$	吸光度A	酶浓度 /$u \cdot ml^{-1}$
0.562	3.205	0.602	3.131	0.642	3.065
0.563	3.204	0.603	3.130	0.643	3.063
0.564	3.202	0.604	3.128	0.644	3.062
0.565	3.200	0.605	3.126	0.645	3.060
0.566	3.198	0.606	3.124	0.646	3.058
0.567	3.196	0.607	3.123	0.647	3.057
0.568	3.194	0.608	3.121	0.648	3.055
0.569	3.192	0.609	3.119	0.649	3.054
0.570	3.190	0.610	3.118	0.650	3.052
0.571	3.188	0.611	3.116	0.651	3.051
0.572	3.186	0.612	3.114	0.652	3.049
0.573	3.184	0.613	3.112	0.653	3.048
0.574	3.183	0.614	3.111	0.654	3.046
0.575	3.181	0.615	3.109	0.655	3.045
0.576	3.179	0.616	3.107	0.656	3.043
0.577	3.177	0.617	3.106	0.657	3.042
0.578	3.175	0.618	3.104	0.658	3.040
0.579	3.173	0.619	3.102	0.659	3.039
0.580	3.171	0.620	3.101	0.660	3.037
0.581	3.169	0.621	3.099	0.661	3.036
0.582	3.168	0.622	3.097	0.662	3.034
0.583	3.166	0.623	3.096	0.663	3.033
0.584	3.164	0.624	3.095	0.664	3.031
0.585	3.162	0.625	3.094	0.665	3.030
0.586	3.160	0.626	3.092	0.666	3.028
0.587	3.158	0.627	3.089	0.667	3.027
0.588	3.157	0.628	3.087	0.668	3.025
0.589	3.155	0.629	3.086	0.669	3.024
0.590	3.153	0.630	3.084	0.670	3.022
0.591	3.151	0.631	3.082	0.671	3.021
0.592	3.149	0.632	3.081	0.672	3.020
0.593	3.147	0.633	3.079	0.673	3.018
0.594	3.146	0.634	3.078	0.674	3.017
0.595	3.144	0.635	3.076	0.675	3.015
0.596	3.142	0.636	3.074	0.676	3.014
0.597	3.140	0.637	3.073	0.677	3.012
0.598	3.139	0.638	3.071	0.678	3.011
0.599	3.137	0.639	3.070	0.679	3.010
0.600	3.135	0.640	3.068	0.680	3.008
0.601	3.133	0.641	3.066	0.681	3.007

续表

吸光度A	酶浓度/u·ml^{-1}	吸光度A	酶浓度/u·ml^{-1}	吸光度A	酶浓度/u·ml^{-1}
0.682	3.005	0.711	2.967	0.740	2.932
0.683	3.004	0.712	2.966	0.741	2.931
0.684	3.003	0.713	2.964	0.742	2.930
0.685	3.001	0.714	2.963	0.743	2.929
0.686	3.000	0.715	2.962	0.744	2.928
0.687	2.998	0.716	2.961	0.745	2.927
0.688	2.997	0.717	2.959	0.746	2.926
0.689	2.996	0.718	2.958	0.747	2.925
0.690	2.994	0.719	2.957	0.748	2.923
0.691	2.993	0.720	2.956	0.749	2.922
0.692	2.992	0.721	2.955	0.750	2.921
0.693	2.990	0.722	2.953	0.751	2.920
0.694	2.989	0.723	2.952	0.752	2.919
0.695	2.988	0.724	2.951	0.753	2.918
0.696	2.986	0.725	2.950	0.754	2.917
0.697	2.985	0.726	2.949	0.755	2.916
0.698	2.984	0.727	2.947	0.756	2.915
0.699	2.982	0.728	2.946	0.757	2.914
0.700	2.981	0.729	2.945	0.758	2.913
0.701	2.980	0.730	2.944	0.759	2.912
0.702	2.978	0.731	2.943	0.760	2.911
0.703	2.977	0.732	2.941	0.761	2.910
0.704	2.976	0.733	2.940	0.762	2.909
0.705	2.975	0.734	2.939	0.763	2.908
0.706	2.973	0.735	2.938	0.764	2.907
0.707	2.972	0.736	2.937	0.765	2.906
0.708	2.971	0.737	2.936	0.766	2.905
0.709	2.969	0.738	2.935		
0.710	2.968	0.739	2.933		

附表 2　　在20℃时酒精水溶液的相对密度与酒精浓度换算表

d_{20}^{20}	酒精浓度			d_{20}^{20}	酒精浓度		
	g/100g	ml/100ml	g/100ml		g/100g	ml/100ml	g/100ml
1.0000	0.00	0.00	0.00				
0.9999	0.05	0.07	0.05	0.9994	0.32	0.40	0.32
0.9998	0.11	0.13	0.10	0.9993	0.37	0.47	0.37
0.9997	0.16	0.20	0.16	0.9992	0.43	0.54	0.42
0.9996	0.21	0.27	0.21	0.9991	0.48	0.61	0.48
0.9995	0.27	0.34	0.26	0.9990	0.53	0.67	0.53

续表

d_{20}^{20}	酒精浓度			d_{20}^{20}	酒精浓度		
	g/100g	ml/100ml	g/100ml		g/100g	ml/100ml	g/100ml
0.9989	0.59	0.74	0.59	0.9954	2.50	3.15	2.48
0.9988	0.64	0.81	0.64	0.9953	2.56	3.22	5.54
0.9987	0.70	0.88	0.69	0.9952	2.61	3.29	2.59
0.9986	0.75	0.94	0.74	0.9951	2.67	3.36	2.65
0.9985	0.80	1.01	0.80	0.9950	2.72	3.48	2.70
0.9984	0.86	1.08	0.85	0.9949	2.78	3.50	2.76
0.9983	0.91	1.15	0.90	0.9948	2.84	3.57	2.82
0.9982	0.96	1.21	0.96	0.9947	2.89	3.64	2.87
0.9981	1.02	1.28	1.01	0.9946	2.95	3.71	2.93
0.9980	1.07	1.35	1.06	0.9945	3.00	3.78	2.98
0.9979	1.12	1.42	1.12	0.9944	3.06	3.85	3.04
0.9978	1.18	1.49	1.17	0.9943	3.12	3.92	3.10
0.9977	1.29	1.56	1.23	0.9942	3.18	4.00	3.16
0.9976	1.23	1.62	1.29	0.9941	3.24	4.07	3.21
0.9975	1.34	1.69	1.34	0.9940	3.30	4.14	3.27
0.9974	1.40	1.76	1.39	0.9939	3.35	4.22	3.33
0.9973	1.45	1.83	1.44	0.9938	3.41	4.29	3.38
0.9972	1.50	1.90	1.50	0.9937	3.47	4.36	3.44
0.9971	1.56	1.97	1.55	0.9936	3.53	4.43	3.50
0.9970	1.61	2.03	1.60	0.9935	3.59	4.51	3.56
0.9969	1.67	2.10	1.66	0.9934	3.64	4.58	3.61
0.9968	1.72	2.17	1.71	0.9933	3.70	4.65	3.67
0.9967	1.78	2.24	1.77	0.9932	3.76	4.72	3.73
0.9966	1.83	2.31	1.82	0.9931	3.82	4.80	3.78
0.9965	1.88	2.38	1.88	0.9930	3.88	4.87	3.84
0.9964	1.94	2.44	1.93	0.9929	3.94	4.94	3.90
0.9963	1.99	2.51	1.98	0.9928	3.99	5.01	3.96
0.9962	2.05	2.58	2.04	0.9927	4.05	5.09	4.02
0.9961	2.11	2.65	2.09	0.9926	4.12	5.16	4.08
0.9960	2.16	2.72	2.15	0.9925	4.18	5.24	4.14
0.9959	2.22	2.79	2.20	0.9924	4.24	5.32	4.20
0.9958	2.28	2.86	2.26	0.9923	4.30	5.39	4.26
0.9957	2.33	2.93	2.32	0.9922	4.36	5.47	4.31
0.9956	2.39	3.00	2.37	0.9921	4.42	5.54	4.37
0.9955	2.44	3.08	2.43	0.9920	4.48	5.62	4.43

续表

d_{20}^{20}	酒精浓度			d_{20}^{20}	酒精浓度		
	g/100g	ml/100ml	g/100ml		g/100g	ml/100ml	g/100ml
0.9919	4.54	5.69	4.49	0.9879	7.08	8.85	6.93
0.9918	4.60	5.77	4.55	0.9878	7.15	8.93	7.05
0.9917	4.66	5.84	4.61	0.9877	7.21	9.01	7.11
0.9916	4.72	5.92	4.67	0.9876	7.28	9.10	7.18
0.9915	4.78	6.00	4.73	0.9875	7.35	9.18	7.24
0.9914	4.84	6.07	4.79	0.9874	7.42	9.26	7.31
0.9913	4.90	6.15	4.65	0.9873	7.48	9.34	7.37
0.9912	4.96	6.22	4.94	0.9872	7.55	9.48	7.44
0.9911	5.02	6.30	4.97	0.9871	7.62	9.51	7.50
0.9910	5.09	6.38	5.03	0.9870	7.68	9.59	7.57
0.9909	5.15	6.45	5.09	0.9869	7.75	9.68	7.64
0.9908	5.21	6.53	5.16	0.9868	7.82	9.76	7.70
0.9907	5.28	6.61	5.22	0.9867	7.88	9.84	7.77
0.9906	5.34	6.69	5.28	0.9866	7.95	9.92	7.83
0.9905	5.40	6.77	5.34	0.9865	8.02	10.01	7.90
0.9904	5.46	6.84	5.40	0.9864	8.09	10.09	7.96
0.9903	5.53	6.92	5.46	0.9863	8.16	10.17	8.03
0.9902	5.59	7.00	5.52	0.9862	8.22	10.26	8.09
0.9901	5.65	7.08	5.59	0.9861	8.29	10.34	8.14
0.9900	5.72	7.16	5.65	0.9860	8.36	10.42	8.22
0.9899	5.78	7.24	5.71	0.9859	8.42	10.51	8.29
0.9898	5.84	7.31	5.77	0.9858	8.49	10.59	8.36
0.9897	5.90	7.39	5.83	0.9857	8.56	10.67	8.42
0.9896	5.97	7.47	5.90	0.9856	8.63	10.76	8.49
0.9895	5.03	7.55	5.96	0.9855	8.70	10.84	8.55
0.9894	6.10	7.63	6.02	0.9854	8.76	10.92	8.62
0.9893	6.16	7.71	6.09	0.9853	8.83	11.00	8.68
0.9892	6.23	7.79	6.15	0.9852	8.90	11.09	8.75
0.9891	6.29	7.87	6.21	0.9851	8.97	11.17	8.82
0.9890	6.36	7.95	6.28	0.9850	9.03	11.26	8.88
0.9889	6.42	8.03	6.34	0.9849	9.10	11.34	8.95
0.9888	6.49	8.12	6.40	0.9848	9.17	11.48	9.02
0.9887	6.50	8.20	4.47	0.9847	9.24	11.51	9.08
0.9886	9.62	8.28	6.53	0.9846	9.31	11.60	9.15
0.9885	6.69	8.36	6.60	0.9845	9.38	11.68	9.22
0.9884	6.75	8.44	6.66	0.9844	9.45	11.77	9.29
0.9883	6.82	8.52	6.72	0.9843	9.52	11.85	9.35
0.9882	6.88	8.60	6.79	0.9842	9.59	11.94	9.42
0.9881	6.95	8.68	6.85	0.9841	9.66	12.02	9.49
0.9880	7.01	8.76	6.92	0.9840	9.73	12.11	9.56

附表 3 **酒精浓度与温度校正表**

溶液温度/℃	酒精计示值										
	0	0.5	1.0	1.5	2.0	2.5	3.0	3.5	4.0	4.5	5.0
	温度20℃时用体积分数%表示的酒精浓度										
0	0.8	1.3	1.8	2.3	2.8	3.3	3.9	4.4	4.9	5.5	6.0
1	0.8	1.3	1.8	2.4	2.9	3.4	3.9	4.4	5.0	5.5	6.1
2	0.8	1.4	1.9	2.4	2.9	3.4	4.0	4.5	5.0	5.6	6.1
3	0.9	1.4	1.9	2.4	3.0	3.5	4.0	4.5	5.0	5.6	6.1
4	0.9	1.4	1.9	2.4	3.0	3.5	4.0	4.5	5.1	5.6	6.2
5	0.9	1.4	2.0	2.5	3.0	3.5	4.0	4.6	5.1	5.6	6.2
6	0.9	1.4	2.0	2.5	3.0	3.5	4.0	4.6	5.1	5.6	6.2
7	0.9	1.4	1.9	2.4	3.0	3.5	4.0	4.5	5.1	5.6	6.1
8	0.9	1.4	1.9	2.4	2.9	3.4	4.0	4.5	5.0	5.6	6.1
9	0.9	1.4	1.9	2.4	2.9	3.4	4.0	4.5	5.0	5.5	6.0
10	0.8	1.3	1.8	2.4	2.9	3.4	3.9	4.4	5.0	5.5	6.0
11	0.8	1.3	1.8	2.3	2.8	3.3	3.9	4.4	4.9	5.4	6.0
12	0.7	1.2	1.7	2.2	2.8	3.3	3.8	4.3	4.8	5.4	5.9
13	0.7	1.2	1.7	2.2	2.7	3.2	3.7	4.2	4.8	5.3	5.8
14	0.6	1.1	1.6	2.1	2.6	3.1	3.6	4.2	4.7	5.2	5.7
15	0.5	1.0	1.5	2.0	2.5	3.0	3.6	4.1	4.6	5.1	5.6
16	0.4	0.9	1.4	1.9	2.4	2.9	3.4	4.0	4.5	5.0	5.5
17	0.3	0.8	1.3	1.8	2.3	2.8	3.4	3.9	4.4	4.9	5.4
18	0.2	0.7	1.2	1.7	2.2	2.7	3.2	3.7	4.2	4.8	5.3
19	0.1	0.6	1.1	1.6	2.1	2.6	3.1	3.6	4.1	4.6	5.1
20	0.0	0.5	1.0	1.5	2.0	2.5	3.0	3.5	4.0	4.5	5.0
21		0.4	0.9	1.4	1.9	2.4	2.9	3.4	3.9	4.4	4.8
22		0.2	0.7	1.2	1.7	2.2	2.7	3.2	3.7	4.2	4.7
23		0.1	0.6	1.1	1.6	2.1	2.6	3.1	3.6	4.1	4.6
24		0.0	0.4	0.9	1.4	1.9	2.4	2.9	3.4	3.9	4.4
25			0.3	0.8	1.3	1.8	2.3	2.8	3.2	3.7	4.2
26			0.1	0.6	1.1	1.6	2.1	2.6	3.1	3.6	4.0
27			0.0	0.4	1.0	1.4	1.9	2.4	2.9	3.4	3.9
28				0.3	0.8	1.3	1.8	2.2	2.7	3.2	3.7
29				0.2	0.6	1.1	1.6	2.1	2.5	3.0	3.6
30				0.1	0.4	0.9	1.4	1.9	2.4	2.8	3.3

续表

溶液温度/℃	酒精计示值									
	5.5	6.0	6.5	7.0	7.5	8.0	8.5	9.0	9.5	10.0
	温度20℃时用体积分数%表示的酒精浓度									
0	6.6	7.2	7.8	8.4	9.0	9.6	10.2	10.8	11.4	12.0
1	6.6	7.2	7.8	8.4	9.0	9.6	10.2	10.8	11.4	12.0
2	6.7	7.2	7.8	8.4	9.0	9.6	10.2	10.8	11.4	12.0
3	6.7	7.3	7.8	8.4	9.0	9.6	10.2	10.8	11.4	12.0
4	6.7	7.3	7.8	8.4	9.0	9.6	10.2	10.7	11.3	11.9
5	6.7	7.3	7.8	8.4	9.0	9.6	10.1	10.7	11.3	11.8
6	6.7	7.3	7.8	8.4	8.9	9.5	10.1	10.6	11.2	11.8
7	6.7	7.2	7.8	8.4	8.9	9.5	10.0	10.6	11.2	11.7
8	6.6	7.2	7.7	8.3	8.8	9.4	10.0	10.5	11.1	11.6
9	6.6	7.1	7.7	8.2	8.8	9.3	9.9	10.4	11.0	11.5
10	6.5	7.1	7.6	8.2	8.7	9.3	9.8	10.3	10.9	11.4
11	6.5	7.0	7.6	8.1	8.6	9.2	9.7	10.2	10.8	11.3
12	6.4	6.9	7.5	8.0	8.5	9.1	9.6	10.1	10.7	11.2
13	6.3	6.8	7.4	7.9	8.4	9.0	9.5	10.0	10.6	11.1
14	6.2	6.7	7.3	7.8	8.3	8.9	9.4	9.9	10.4	11.0
15	6.1	6.6	7.2	7.7	8.2	8.8	9.3	9.8	10.3	10.8
16	6.0	6.5	7.0	7.6	8.1	8.6	9.1	9.6	10.2	10.7
17	5.9	6.4	6.9	7.4	8.0	8.5	9.0	9.5	10.0	10.5
18	5.8	6.3	6.8	7.3	7.8	8.3	8.8	9.3	9.8	10.4
19	5.6	6.1	6.6	7.2	7.6	8.2	8.7	9.2	9.7	10.2
20	5.5	6.0	6.5	7.0	7.5	8.0	8.5	9.0	9.5	10.0
21	5.4	5.8	6.3	6.8	7.3	7.8	8.3	8.8	9.3	9.8
22	5.2	5.7	6.2	6.7	7.2	7.7	8.2	8.6	9.1	9.6
23	5.0	5.5	6.0	6.5	7.0	7.5	8.0	8.4	8.9	9.4
24	4.9	5.4	5.8	6.3	6.8	7.3	7.8	8.3	8.8	9.2
25	4.7	5.2	5.7	6.2	6.6	7.1	7.6	8.1	8.6	9.0
26	4.5	5.0	5.5	6.0	6.4	6.9	7.4	7.9	8.3	8.8
27	4.3	4.8	5.3	5.8	6.3	6.7	7.2	7.7	8.1	8.6
28	4.2	4.6	5.1	5.6	6.1	6.5	7.0	7.5	7.9	8.4
29	4.0	4.4	4.9	5.4	5.8	6.3	6.8	7.2	7.7	8.2
30	3.8	4.2	4.7	5.2	5.6	6.1	6.6	7.0	7.5	7.9

续表

溶液温度/℃	酒精计示值									
	10.5	11.0	11.5	12.0	12.5	13.0	13.5	14.0	14.5	15.0
	温度20℃时用体积分数%表示的酒精浓度									
0	12.7	13.3	14.0	14.6	15.3	16.0	16.7	17.5	18.2	19.0
1	12.6	13.3	13.9	14.6	15.3	15.9	16.6	17.3	18.1	18.8
2	12.6	13.2	13.9	14.5	15.2	15.9	16.6	17.2	17.9	18.6
3	12.6	13.2	13.8	14.5	15.1	15.8	16.4	17.1	17.8	18.5
4	12.5	13.1	13.8	1.4.4	15.0	15.7	16.3	17.0	17.7	18.3
5	12.4	13.0	13.7	14.3	14.9	15.6	16.2	16.8	17.5	18.2
6	12.4	13.0	13.6	14.2	14.8	15.4	16.1	16.7	17.3	18.0
7	12.3	12.9	13.5	14.1	14.7	15.3	15.9	16.5	17.2	17.8
8	12.2	12.8	13.4	14.0	14.6	15.2	15.8	16.4	17.0	17.6
9	12.1	12.7	13.2	13.8	14.4	15.0	15.6	16.2	16.8	17.4
10	12.0	12.6	13.1	13.7	14.3	14.9	15.4	16.0	16.6	17.2
11	11.9	12.4	13.0	13.6	14.1	14.7	15.3	15.8	16.4	17.0
12	11.8	12.3	12.8	13.4	14.0	14.5	15.1	15.7	16.2	16.8
13	11.6	12.2	12.7	13.2	13.8	14.4	14.9	15.5	16.0	16.6
14	11.5	12.0	12.5	13.1	13.6	14.2	14.7	15.3	15.8	16.4
15	11.3	11.9	12.4	12.9	13.5	14.0	14.5	15.1	15.6	16.2
16	11.2	11.7	12.2	12.8	13.3	13.8	14.3	14.9	15.4	15.9
17	11.0	11.5	12.1	12.6	13.1	13.6	14.1	14.7	15.2	15.7
18	10.9	11.4	11.9	12.4	12.9	13.4	13.9	14.4	15.0	15.5
19	10.7	11.2	11.7	12.2	12.7	13.2	13.7	14.2	14.7	15.2
20	10.5	11.0	11.5	12.0	12.5	13.0	13.5	14.0	14.5	15.0
21	10.3	10.8	11.3	11.8	12.3	12.8	13.3	13.8	14.3	14.8
22	10.1	10.6	11.1	11.6	12.1	12.6	13.1	13.6	14.0	14.5
23	9.9	10.4	10.9	11.4	11.8	12.3	12.8	13.3	13.8	14.3
24	9.7	10.2	10.7	11.2	11.6	12.1	12.6	13.1	13.5	14.0
25	9.5	10.0	10.4	10.9	11.4	11.9	12.4	12.8	13.3	13.8
26	9.3	9.8	10.2	10.7	11.2	11.7	12.1	12.6	13.0	13.5
27	9.1	9.5	10.0	10.5	10.9	11.4	11.9	12.3	12.8	13.2
28	8.9	9.3	9.8	10.3	10.7	11.2	11.6	12.1	12.6	13.0
29	8.6	9.1	9.5	10.0	10.5	10.9	11.4	11.8	12.3	12.7
30	8.4	8.9	9.3	9.8	10.2	10.7	11.1	11.6	12.0	12.5

续表

溶液温度/℃	酒精计示值									
	15.5	16.0	16.5	17.0	17.5	18.0	18.5	19.0	19.5	20.0
	温度20℃时用体积分数%表示的酒精浓度									
0	19.7	20.5	21.3	22.0	22.8	23.6	24.3	25.1	25.8	26.5
1	19.6	20.3	21.1	21.8	22.6	23.3	24.0	24.7	25.4	26.1
2	19.4	20.1	20.8	21.6	22.3	23.0	23.7	24.4	25.1	25.8
3	19.2	19.9	20.6	21.4	22.0	22.7	23.4	24.1	24.8	25.5
4	19.0	19.7	20.4	21.1	21.8	22.5	23.1	23.8	24.4	25.1
5	18.8	19.5	20.2	20.9	21.5	22.2	22.8	23.4	24.1	24.7
6	18.6	19.3	19.9	20.6	21.2	21.9	22.5	23.2	23.8	24.4
7	18.4	19.1	19.7	20.4	21.0	21.6	22.2	22.8	23.4	24.1
8	18.2	18.9	19.5	20.1	20.7	21.3	21.9	22.6	23.2	23.8
9	18.0	18.6	19.2	19.9	20.5	21.1	21.7	22.3	22.8	23.4
10	17.8	18.4	19.0	19.6	20.2	20.8	21.4	22.0	22.5	23.1
11	17.6	18.2	18.8	19.4	20.0	20.5	21.1	21.7	22.2	22.8
12	17.4	18.0	18.5	19.1	19.7	20.2	20.8	21.4	21.9	22.5
13	17.2	17.7	18.3	18.8	19.4	20.0	20.5	21.1	21.6	22.2
14	16.9	17.5	18.0	18.6	19.1	19.7	20.2	20.8	21.3	21.9
15	16.7	17.2	17.8	18.3	18.9	19.4	20.0	20.5	21.0	21.6
16	16.5	17.0	17.5	18.1	18.6	19.2	19.7	20.2	20.7	21.2
17	16.2	16.8	17.3	17.8	18.3	18.9	19.4	19.9	20.4	20.9
18	16.0	16.5	17.0	17.6	18.1	18.6	19.1	19.6	20.1	20.6
19	15.8	16.3	16.8	17.3	17.8	18.3	18.8	19.3	19.8	20.3
20	15.5	16.0	16.5	17.0	17.5	18.0	18.5	19.0	19.5	20.0
21	15.2	15.7	16.2	16.7	17.2	17.7	18.2	18.7	19.2	19.7
22	15.0	15.5	16.0	16.5	17.0	17.4	17.9	18.4	18.9	19.4
23	14.7	15.2	15.7	16.2	16.6	17.1	17.6	18.1	18.6	19.0
24	14.5	15.0	15.4	15.9	16.4	16.9	17.3	17.8	18.3	18.7
25	14.2	14.7	15.2	15.6	16.1	16.6	17.0	17.5	18.0	18.4
26	14.0	14.4	14.9	15.4	15.8	16.3	16.7	17.2	17.6	18.1
27	13.7	14.2	14.6	15.1	15.5	16.0	16.4	16.9	17.3	17.8
28	13.4	13.9	14.4	14.8	15.2	15.7	16.1	16.6	17.0	17.5
29	13.2	13.6	14.1	14.5	15.0	15.4	15.8	16.3	16.7	17.2
30	12.9	13.4	13.8	14.2	14.7	15.1	15.5	16.0	16.4	16.8

续表

溶液温度/℃	酒精计示值									
	20.5	21.0	21.5	22.0	22.5	23.0	23.5	24.0	24.5	25.0
	温度20℃时用体积分数%表示的酒精浓度									
0	27.2	27.9	28.6	29.2	29.9	30.6	31.2	31.8	32.4	33.0
+1	26.8	27.5	28.2	28.8	29.5	30.1	30.7	31.4	32.0	32.6
2	26.4	27.1	27.8	28.4	29.0	29.7	30.3	30.9	31.5	32.2
3	26.1	26.8	27.4	28.0	28.6	29.3	29.9	30.5	31.1	21.7
4	25.7	26.4	27.0	27.6	28.2	28.9	29.5	30.1	30.7	31.3
5	25.4	26.0	26.6	27.2	27.8	28.5	29.1	29.7	30.5	30.8
6	25.0	25.6	26.2	26.9	27.5	28.1	28.7	29.3	29.8	30.4
7	24.7	25.3	25.9	26.5	27.1	27.7	28.3	28.9	29.4	30.0
8	24.3	24.9	25.5	26.1	26.7	27.3	27.9	28.5	29.0	29.6
9	24.0	24.6	25.2	25.8	26.3	26.9	27.5	28.1	28.6	29.2
10	23.7	24.3	24.8	25.4	26.0	26.6	27.1	27.7	28.2	28.8
11	23.4	23.9	24.5	25.0	25.6	26.2	26.7	27.3	27.8	28.4
12	23.0	23.6	24.2	24.7	25.3	25.8	26.4	26.9	27.4	28.0
13	22.7	23.3	23.8	24.4	24.9	25.4	26.0	26.5	27.1	27.6
14	22.4	23.0	23.5	24.0	24.6	25.1	25.6	26.2	26.7	27.2
15	22.1	22.6	23.1	23.7	24.2	24.7	25.3	25.8	26.3	26.8
16	21.8	22.3	22.8	23.3	23.8	24.4	24.9	25.4	25.9	26.5
17	21.4	22.0	22.5	23.0	23.5	24.0	24.5	25.1	25.6	26.1
18	21.1	21.6	22.1	22.6	23.2	23.7	24.2	24.7	25.2	25.7
19	20.8	21.3	21.8	22.3	22.8	23.3	23.8	24.4	24.8	25.4
20	20.5	21.0	21.5	22.0	22.5	23.0	23.5	24.0	24.5	25.0
21	20.2	20.7	21.2	21.7	22.2	22.6	23.1	23.6	24.1	24.6
22	19.9	20.4	20.8	21.3	21.8	22.3	22.8	23.3	23.8	24.3
23	19.5	20.0	20.5	21.0	21.5	22.0	22.4	22.9	23.4	23.9
24	19.2	19.7	20.2	20.7	21.1	21.6	22.1	22.6	23.1	23.5
25	18.9	19.4	19.8	20.3	20.8	21.3	21.8	22.2	22.7	23.2
26	18.6	19.0	19.5	20.0	20.5	20.9	21.4	21.9	22.4	22.8
27	18.2	18.7	19.2	19.6	20.1	20.6	21.0	21.5	22.0	22.5
28	17.9	18.4	18.8	19.3	19.8	20.2	20.7	21.2	21.6	22.1
29	17.6	18.0	18.5	19.0	19.4	19.9	20.4	20.8	21.3	21.8
30	17.3	17.7	18.2	18.6	19.1	19.6	20.0	20.5	20.9	21.4

续表

溶液温度/℃	酒精计示值									
	25.5	26.0	26.5	27.0	27.5	28.0	28.5	29.0	29.5	30.0
	温度20℃时用体积分数%表示的酒精浓度									
0	33.6	34.2	34.7	35.3	35.8	36.3	36.8	37.3	37.8	38.3
+1	33.1	33.7	34.3	34.9	35.3	35.9	36.4	36.9	37.4	37.9
2	32.7	33.3	33.8	34.4	34.9	35.4	36.0	36.5	37.0	37.5
3	32.3	32.9	33.4	34.0	34.5	35.0	35.5	36.0	36.6	37.1
4	31.8	32.4	33.0	33.5	34.0	34.6	35.1	35.6	36.1	36.6
5	31.4	32.0	32.6	33.1	33.6	34.2	34.7	35.2	35.7	36.2
6	31.0	31.6	32.1	32.7	33.2	33.7	34.2	34.8	35.3	35.8
7	30.6	31.1	31.7	32.2	32.8	33.3	33.8	34.4	34.9	35.4
8	30.2	30.7	31.3	31.8	32.4	32.9	33.4	33.9	34.4	35.0
9	29.7	30.3	30.8	31.4	31.9	32.5	33.0	33.5	34.0	34.5
10	29.3	29.9	30.4	31.0	31.5	32.0	32.6	33.1	33.6	34.1
11	28.9	29.5	30.0	30.6	31.1	31.6	32.1	32.7	33.2	33.7
12	28.5	29.1	29.6	30.2	30.7	31.2	31.7	32.2	32.8	33.3
13	28.2	28.7	29.2	29.7	30.3	30.8	31.3	31.8	32.3	32.8
14	27.8	28.3	28.8	29.3	29.9	30.4	30.9	31.4	31.9	32.4
15	27.4	27.9	28.4	28.9	29.5	30.0	30.5	31.0	31.5	32.0
16	27.0	27.5	28.0	28.5	29.0	29.6	30.1	30.6	31.1	31.6
17	26.6	27.1	27.6	28.1	28.6	29.2	29.7	30.2	30.7	31.2
18	26.2	26.7	27.2	27.8	28.3	28.8	29.3	29.8	30.3	30.8
19	25.9	26.4	26.9	27.4	27.9	28.4	28.9	29.4	29.9	30.4
20	25.5	26.0	26.5	27.0	27.5	28.0	28.5	29.0	29.5	30.0
21	25.1	25.6	26.1	26.6	27.1	27.6	28.1	28.6	29.1	29.6
22	24.8	25.3	25.8	26.2	26.7	27.2	27.7	28.2	28.7	29.2
23	24.4	24.9	25.4	25.8	26.3	26.8	27.3	27.8	28.3	28.8
24	24.0	24.5	25.0	25.5	26.0	26.4	26.9	27.4	27.9	28.4
25	23.7	24.1	24.6	25.1	25.6	26.1	26.6	27.0	27.5	28.0
26	23.3	23.8	24.2	24.7	25.2	25.7	26.2	26.6	27.1	27.6
27	22.9	23.4	23.9	24.4	24.8	25.3	25.8	26.3	26.7	27.2
28	22.6	23.0	23.5	24.0	24.4	24.9	25.4	25.9	26.4	26.8
29	22.2	22.7	23.2	23.6	24.1	24.6	25.0	25.5	26.0	26.4
30	21.9	22.3	22.8	23.2	23.7	24.2	24.6	25.1	25.6	26.1

续表

溶液温度/℃	酒精计示值									
	30.5	31.0	31.5	32.0	32.5	33.0	33.5	34.0	34.5	35.0
	温度20℃时用体积分数%表示的酒精浓度									
0	38.8	39.3	39.7	40.2	40.7	41.2	41.6	42.1	42.6	43.1
1	38.4	38.9	39.3	39.8	40.3	40.8	41.3	41.7	42.2	42.7
2	38.0	38.4	38.9	39.4	39.9	40.4	40.8	41.3	41.8	42.3
3	37.6	38.0	38.5	39.0	39.5	40.0	40.4	40.9	41.4	41.9
4	37.1	37.6	38.1	38.6	39.1	39.6	40.0	40.5	41.0	41.5
5	36.7	37.2	37.7	38.2	38.7	39.2	39.6	40.1	40.6	41.1
6	36.3	36.8	37.3	37.8	38.2	38.8	39.2	39.7	40.2	40.7
7	35.9	36.4	36.8	37.3	37.8	38.3	38.8	39.3	39.8	40.3
8	35.4	36.0	36.4	36.9	37.4	37.9	38.4	38.9	39.4	39.9
9	35.0	35.5	36.0	36.5	37.0	37.5	38.0	38.5	39.0	39.5
10	34.6	35.1	35.6	36.1	36.6	37.1	37.6	38.1	38.6	39.1
11	34.2	34.7	35.2	35.7	36.2	36.7	37.2	37.7	38.2	38.7
12	33.8	34.3	34.8	35.3	35.8	36.3	36.8	37.3	37.8	38.2
13	33.4	33.9	34.4	34.9	35.4	35.9	36.4	36.8	37.3	37.8
14	33.0	33.5	34.0	34.4	35.0	35.4	35.9	36.4	36.9	37.4
15	32.6	33.0	33.5	34.0	34.5	35.0	35.5	36.0	36.5	37.0
16	32.1	32.6	33.1	33.6	34.1	34.6	35.1	35.6	36.1	36.6
17	31.7	32.2	32.7	33.2	33.7	34.2	34.7	35.2	35.7	36.2
18	31.3	31.8	32.3	32.8	33.3	33.8	34.3	34.8	35.3	35.8
19	30.9	31.4	31.9	32.4	32.9	33.4	33.9	34.4	34.9	35.4
20	30.5	31.0	31.5	32.0	32.5	33.0	33.5	34.0	34.5	35.0
21	30.1	30.6	31.1	31.6	32.0	32.6	33.1	33.6	34.1	34.6
22	29.7	30.2	30.7	31.2	31.7	32.2	32.7	33.2	33.7	34.2
23	29.3	29.8	30.3	30.8	31.3	31.8	32.3	32.8	33.3	33.8
24	28.9	29.4	29.9	30.4	30.9	31.4	31.9	32.4	32.9	33.4
25	28.5	29.0	29.5	30.0	30.5	31.0	31.5	32.0	32.5	33.0
26	28.1	28.6	29.1	29.6	30.0	30.6	31.0	31.6	32.0	32.6
27	27.7	28.2	28.7	29.2	29.6	30.2	30.6	31.2	31.6	32.2
28	27.3	27.8	28.3	28.8	29.2	29.7	30.2	30.7	31.2	31.7
29	26.9	27.4	27.9	28.4	28.8	29.4	29.8	30.3	30.8	31.3
30	26.5	27.0	27.5	28.0	28.4	28.9	29.4	29.9	30.4	30.9

续表

溶液温度/℃	酒精计示值									
	35.5	36.0	36.5	37.0	37.5	38.0	38.5	39.0	39.5	40.0
	温度20℃时用体积分数%表示的酒精浓度									
0	43.6	44.0	44.5	45.0	45.5	46.0	46.4	46.9	47.4	47.8
1	43.2	43.7	44.1	44.6	45.1	45.6	46.0	46.5	47.0	47.5
2	42.8	43.3	43.7	44.2	44.7	45.2	45.7	46.1	46.6	47.1
3	42.2	42.9	43.4	43.8	44.3	44.8	45.3	45.8	46.2	46.7
4	42.4	42.5	43.0	43.4	43.9	44.4	44.9	45.4	45.9	46.3
5	42.0	42.1	42.6	43.1	43.6	44.0	44.5	45.0	45.5	46.0
6	41.6	41.7	42.2	42.7	43.2	43.6	44.1	44.6	45.1	45.6
7	41.2	41.3	41.8	42.3	42.8	43.2	43.7	44.2	44.7	45.2
8	40.8	40.9	41.4	41.9	42.4	42.8	43.3	43.8	44.3	44.8
9	40.4	40.5	41.0	41.5	42.0	42.4	42.9	43.4	43.9	44.4
10	40.0	40.1	40.6	41.0	41.6	42.0	42.5	43.0	43.5	44.0
11	39.6	39.6	40.2	40.6	41.1	41.6	42.1	42.6	43.1	43.6
12	39.2	39.2	39.7	40.2	40.7	41.2	41.7	42.2	42.7	43.2
13	38.7	38.8	39.3	39.8	40.3	40.8	41.3	41.8	42.3	42.8
14	38.3	38.4	38.9	39.4	39.9	40.4	40.9	41.4	41.9	42.4
15	37.9	38.0	38.5	39.0	39.5	40.0	40.5	41.0	41.5	42.0
16	37.5	37.6	38.1	38.6	39.1	39.6	40.1	40.6	41.1	41.6
17	37.1	37.2	37.7	38.2	38.7	39.2	39.7	40.2	40.7	41.2
18	36.7	36.8	37.3	37.8	38.3	38.8	39.3	39.8	40.3	40.8
19	36.3	36.4	36.9	37.4	37.9	38.4	38.9	39.4	39.9	40.4
20	35.9	36.0	36.5	37.0	37.5	38.0	38.5	39.0	39.5	40.0
21	35.1	35.6	36.1	36.6	37.1	37.6	38.1	38.6	39.1	39.6
22	34.7	35.2	35.7	36.2	36.7	37.2	37.7	38.2	38.7	39.2
23	34.3	34.8	35.3	35.8	36.3	36.8	37.3	37.8	38.3	38.8
24	33.9	34.4	34.9	35.4	35.9	36.4	36.9	37.4	37.9	38.4
25	33.5	34.0	34.5	35.0	35.5	36.0	36.5	37.0	37.5	38.0
26	33.1	33.6	34.1	34.6	35.1	35.6	36.1	36.6	37.1	37.6
27	32.7	33.2	33.7	34.2	34.7	35.2	35.7	36.2	36.7	37.2
28	32.2	32.8	33.2	33.8	34.3	34.8	35.3	35.8	36.3	36.8
29	31.8	32.3	32.8	33.4	33.9	34.4	34.9	35.4	35.9	36.4
30	31.4	32.0	32.4	33.0	33.5	34.0	34.5	35.0	35.5	36.0

续表

溶液温度/℃	酒精计示值									
	40.5	41.0	41.5	42.0	42.5	43.0	43.5	44.0	44.5	45.0
	温度20℃时用体积分数%表示的酒精浓度									
0	48.3	48.8	49.3	49.7	50.2	50.7	51.1	51.6	52.1	52.6
1	47.9	48.4	48.9	49.4	49.8	50.3	50.8	51.3	51.7	52.2
2	47.6	48.0	48.5	49.0	49.5	49.9	50.4	50.9	51.4	51.8
3	47.2	47.7	48.1	48.6	49.1	49.6	50.0	50.5	51.0	51.5
4	46.8	47.3	47.8	48.2	48.7	49.2	49.7	50.2	50.6	51.1
5	46.4	46.9	47.4	47.9	48.3	48.8	49.3	49.8	50.3	50.8
6	46.0	46.5	47.0	47.5	48.0	48.4	48.9	49.4	49.9	50.4
7	45.7	46.2	46.6	47.1	47.6	48.1	48.5	49.0	49.5	50.0
8	45.3	45.8	46.2	46.7	47.2	47.7	48.2	48.6	49.1	49.6
9	44.9	45.4	45.8	46.3	46.8	47.3	47.8	48.3	48.8	49.2
10	44.5	45.0	45.5	46.0	46.4	46.9	47.4	47.9	48.4	48.9
11	44.1	44.6	45.1	45.6	46.0	46.5	47.0	47.5	48.0	48.5
12	43.7	44.2	44.7	45.2	45.6	46.1	46.6	47.1	47.6	48.1
13	43.3	43.8	44.3	44.8	45.3	45.8	46.3	46.7	47.2	47.7
14	42.9	43.4	43.9	44.4	44.9	45.4	45.8	46.4	46.8	47.3
15	42.5	43.0	43.5	44.0	44.5	45.0	45.5	46.0	46.4	47.0
16	42.1	42.6	43.1	43.6	44.1	44.6	45.2	45.6	46.1	46.6
17	41.7	42.2	42.7	43.2	43.7	44.2	44.8	45.2	45.7	46.2
18	41.3	41.8	42.3	42.8	43.3	43.8	44.4	44.8	45.3	45.8
19	40.9	41.4	41.9	42.4	42.9	43.4	44.0	44.4	44.9	45.4
20	40.5	41.0	41.5	42.0	42.5	43.0	43.6	44.0	44.5	45.0
21	40.1	40.6	41.1	41.6	42.1	42.6	43.1	43.6	44.1	44.6
22	39.7	40.2	40.7	41.2	41.7	42.2	42.7	43.2	43.7	44.2
23	39.3	39.8	40.3	40.8	41.3	41.8	42.3	42.8	43.3	43.8
24	38.9	39.4	39.9	40.4	40.9	41.4	41.9	42.4	42.9	43.4
25	38.5	39.0	39.5	40.0	40.5	41.0	41.5	42.0	42.5	43.0
26	38.1	38.6	39.1	39.6	40.1	40.6	41.1	41.6	42.2	42.7
27	37.7	38.2	38.7	39.2	39.7	40.2	40.7	41.2	41.8	42.3
28	37.3	37.8	38.3	38.8	39.3	39.8	40.3	40.8	41.4	41.9
29	36.9	37.4	37.9	38.4	38.9	39.4	39.9	40.4	41.0	41.5
30	36.5	37.0	37.5	38.0	38.5	39.0	39.5	40.1	40.6	41.1

续表

溶液温度/℃	酒精计示值									
	45.5	46.0	46.5	47.0	47.5	48.0	48.5	49.0	49.5	50.0
	温度20℃时用体积分数%表示的酒精浓度									
0	53.0	53.5	54.0	54.5	54.9	55.4	55.9	56.4	56.8	57.3
1	52.7	53.2	53.6	54.1	54.6	55.0	55.5	56.0	56.5	57.0
2	52.3	52.8	53.3	53.8	54.2	54.7	55.2	55.6	56.1	56.6
3	52.0	52.4	52.9	53.4	53.9	54.3	54.8	55.3	55.8	56.2
4	51.6	52.1	52.6	53.0	53.5	54.0	54.4	54.9	55.4	55.9
5	51.2	51.7	52.2	52.7	53.1	53.6	54.1	54.6	55.0	55.5
6	50.8	51.3	51.8	52.3	52.8	53.2	53.7	54.2	54.7	55.2
7	50.5	51.0	51.4	51.9	52.4	52.9	53.4	53.9	54.3	54.8
8	50.1	50.6	51.1	51.6	52.0	52.5	53.0	53.5	54.0	54.5
9	49.7	50.2	50.7	51.2	51.7	52.2	52.6	53.1	53.6	54.1
10	49.4	49.8	50.3	50.8	51.3	51.8	52.3	52.8	53.2	53.7
11	49.0	49.5	50.0	50.4	50.9	51.4	51.9	52.4	52.9	53.4
12	48.6	49.1	49.6	50.1	50.6	51.0	51.6	52.0	52.5	53.0
13	48.2	48.7	49.2	49.7	50.2	50.7	51.2	51.6	52.1	52.6
14	47.9	48.3	48.8	49.3	49.8	50.3	50.8	51.3	51.8	52.2
15	47.4	47.9	48.4	48.9	49.4	49.9	50.4	50.9	51.4	51.9
16	47.1	47.6	48.0	48.6	49.0	49.5	50.0	50.5	51.0	51.5
17	46.7	47.2	47.7	48.2	48.7	49.2	49.6	50.1	50.6	51.1
18	46.3	46.8	47.3	47.8	48.3	48.8	49.3	49.8	50.2	50.7
19	45.9	46.4	46.9	47.4	47.9	48.4	48.9	49.4	49.9	50.4
20	45.4	46.0	46.5	47.0	47.5	48.0	48.5	49.0	49.5	50.0
21	45.1	45.6	46.1	46.6	47.1	47.6	48.1	48.6	49.1	49.6
22	44.7	45.2	45.7	46.2	46.7	47.2	47.7	48.2	48.7	49.2
23	44.3	44.8	45.3	45.8	46.3	46.8	47.3	47.8	48.4	48.9
24	43.9	44.4	44.9	45.4	46.0	46.4	47.0	47.5	48.0	48.5
25	43.6	44.1	44.6	45.1	45.6	46.1	46.6	47.1	47.6	48.1
26	43.2	43.7	44.2	44.7	45.2	45.7	46.2	46.7	47.2	47.7
27	42.8	43.3	43.8	44.3	44.8	45.3	45.8	46.3	46.8	47.3
28	42.4	42.9	43.4	43.9	44.4	44.9	45.4	45.9	46.4	47.0
29	42.0	42.5	43.0	43.5	44.0	44.5	45.0	45.6	46.1	46.6
30	41.6	42.1	42.6	43.1	43.6	44.2	44.7	45.2	45.7	46.2

续表

溶液温度/℃	酒精计示值									
	50.5	51.0	51.5	52.0	52.5	53.0	53.5	54.0	54.5	55.0
	温度20℃时用体积分数%表示的酒精浓度									
0	57.8	58.2	58.7	59.2	59.7	60.1	60.6	61.1	61.6	62.0
1	57.4	57.9	58.4	58.8	59.3	59.8	60.3	60.7	61.2	61.7
2	57.1	57.5	58.0	58.5	59.0	59.4	59.9	60.4	60.9	61.4
3	56.7	57.2	57.7	58.2	58.6	59.1	59.6	60.1	60.5	61.0
4	56.4	56.8	57.3	57.8	58.3	58.8	59.2	59.7	60.2	60.7
5	56.0	56.5	57.0	57.4	57.9	58.4	58.9	59.4	59.8	60.3
6	55.6	56.1	56.6	57.1	57.6	58.1	58.5	59.0	59.5	60.0
7	55.3	55.8	56.3	56.8	57.2	57.7	58.2	58.7	59.2	59.6
8	54.9	55.4	55.9	56.4	56.9	57.4	57.8	58.3	58.8	59.3
9	54.6	55.1	55.6	56.0	56.5	57.0	57.5	58.0	58.4	58.9
10	54.2	54.7	55.2	55.7	56.2	56.6	57.1	57.6	58.1	58.6
11	53.8	54.3	54.8	55.3	55.8	56.3	56.8	57.2	57.7	58.2
12	53.5	54.0	54.5	55.0	55.4	55.9	56.4	56.9	57.4	57.9
13	53.1	53.6	54.1	54.6	55.1	55.6	56.0	56.5	57.0	57.5
14	52.7	53.2	53.7	54.2	54.8	55.2	55.7	56.2	56.7	57.2
15	52.4	52.9	53.4	53.9	54.4	54.8	55.3	55.8	56.3	56.8
16	52.0	52.5	53.0	53.5	54.0	54.5	55.0	55.5	56.0	56.4
17	51.6	52.1	52.6	53.1	53.6	54.1	54.6	55.1	55.6	56.1
18	51.2	51.7	52.2	52.7	53.2	53.7	54.2	54.7	55.2	55.7
19	50.9	51.4	51.9	52.4	52.9	53.4	53.9	54.4	54.9	55.4
20	50.5	51.0	51.5	52.0	52.5	53.0	53.5	54.0	54.5	55.0
21	50.1	50.6	51.1	51.6	52.1	52.6	53.1	53.6	54.1	54.6
22	49.7	50.2	50.7	51.2	51.8	52.2	52.8	53.3	53.8	54.3
23	49.4	49.9	50.4	50.9	51.4	51.9	52.4	52.9	53.4	53.9
24	49.0	49.5	50.0	50.5	51.0	51.5	52.0	52.5	53.0	53.5
25	48.6	49.1	49.6	50.1	50.6	51.1	51.6	52.2	52.6	53.2
26	48.2	48.7	49.2	49.7	50.2	50.8	51.3	51.8	52.3	52.8
27	47.8	48.3	48.8	49.4	49.9	50.4	50.9	51.4	51.9	52.4
28	47.5	48.0	48.5	49.0	49.5	50.0	50.5	51.0	51.5	52.1
29	47.1	47.6	48.1	48.6	49.1	49.6	50.2	50.7	51.2	51.7
30	46.7	47.2	47.7	48.2	48.8	49.3	49.8	50.3	50.8	51.3

续表

溶液温度/℃	酒精计示值									
	55.5	56.0	56.5	57.0	57.5	58.0	58.5	59.0	59.5	60.0
	温度20℃时用体积分数%表示的酒精浓度									
0	62.5	63.0	63.4	63.9	64.4	64.9	65.4	65.8	66.3	66.8
1	62.2	62.6	63.1	63.6	64.1	64.6	65.0	65.5	66.0	66.4
2	61.8	62.3	62.8	63.3	63.7	64.2	64.7	65.2	65.6	66.1
3	61.5	62.0	62.4	62.9	63.4	63.9	64.4	64.8	65.3	65.8
4	61.2	61.6	62.1	62.6	63.1	63.6	64.0	64.5	65.0	65.5
5	60.8	61.3	61.8	62.3	62.7	63.2	63.7	64.2	64.7	65.1
6	60.5	61.0	61.4	61.9	62.4	62.9	63.4	63.8	64.3	64.8
7	60.1	60.6	61.1	61.6	62.1	62.9	63.0	63.5	64.0	64.5
8	59.8	60.3	60.8	61.2	61.7	62.2	62.7	63.2	63.9	64.1
9	59.4	59.9	60.4	60.9	61.4	61.9	62.3	62.8	63.3	63.8
10	59.1	59.6	60.0	60.5	61.0	61.5	62.0	62.5	63.0	63.5
11	58.7	59.2	59.7	60.2	60.7	61.2	61.6	62.1	62.6	63.1
12	58.4	58.9	59.4	59.8	60.3	60.8	61.3	61.8	62.3	62.8
13	58.0	58.5	59.0	59.5	60.0	60.5	61.0	61.4	61.9	62.4
14	57.7	58.2	58.6	59.1	59.6	60.1	60.6	61.1	61.6	62.1
15	57.3	57.8	58.3	58.8	59.3	59.8	60.2	60.8	61.2	61.7
16	56.9	57.4	57.9	58.4	58.9	59.4	59.9	60.4	60.9	61.4
17	56.6	57.1	57.6	58.1	58.6	59.1	59.6	60.0	60.5	61.0
18	56.2	56.7	57.2	57.7	58.2	58.7	59.2	59.7	60.2	60.7
19	55.9	56.4	56.9	57.4	57.8	58.4	58.8	59.4	59.8	60.4
20	55.5	56.0	56.5	57.0	57.5	58.0	58.5	59.0	59.5	60.0
21	55.1	55.6	56.1	56.6	57.1	57.6	58.1	58.6	59.1	59.6
22	54.8	55.3	55.8	56.3	56.8	57.3	57.8	58.3	58.8	59.3
23	54.4	54.9	55.4	55.9	56.4	56.9	57.4	57.9	58.4	58.9
24	54.0	54.5	55.0	55.6	56.1	56.6	57.1	57.6	58.1	58.6
25	53.7	54.2	54.7	55.2	55.7	56.2	56.7	57.2	57.7	58.2
26	53.3	53.8	54.3	54.8	55.3	55.8	56.4	56.9	57.4	57.9
27	52.9	53.4	54.0	54.5	55.0	55.5	56.0	56.5	57.0	57.5
28	52.6	53.1	53.6	54.1	54.6	55.1	55.6	56.1	56.6	57.2
29	52.2	52.7	53.2	53.7	54.2	54.8	55.3	55.8	56.3	56.8
30	51.8	52.3	52.9	53.4	53.9	54.4	54.9	55.4	55.9	56.4

续表

溶液温度/℃	酒精计示值									
	60.5	61.0	61.5	62.0	62.5	63.0	63.5	64.0	64.5	65.0
	温度20℃时用体积分数%表示的酒精浓度									
0	67.2	67.7	68.2	68.7	69.2	69.6	70.1	70.6	71.1	71.5
1	66.9	67.4	67.9	68.4	68.8	69.3	69.8	70.3	70.8	71.2
2	66.6	67.1	67.6	68.0	68.5	69.0	69.5	70.0	70.4	70.9
3	66.3	66.8	67.2	67.7	68.2	68.7	69.2	69.6	70.1	70.6
4	65.9	66.4	66.9	67.4	67.9	68.4	68.8	69.3	69.8	70.3
5	65.6	66.1	66.6	67.1	67.5	68.0	68.5	69.0	69.5	70.0
6	65.3	65.8	66.2	66.7	67.2	67.7	68.2	68.7	69.2	69.6
7	65.0	65.4	65.9	66.4	66.9	67.4	67.9	68.4	68.8	69.3
8	64.6	65.1	65.6	66.1	66.6	67.0	67.5	68.0	68.5	69.0
9	64.3	64.8	65.2	65.7	66.2	66.7	67.2	67.7	68.2	68.7
10	63.9	64.4	64.9	65.4	65.9	66.4	66.9	67.4	67.8	68.3
11	63.6	64.1	64.6	65.1	65.6	66.0	66.5	67.0	67.5	68.0
12	63.3	63.8	64.2	64.7	65.2	65.7	66.2	66.7	67.2	67.7
13	62.9	63.4	63.9	64.4	64.9	65.4	65.9	66.4	66.8	67.4
14	62.6	63.1	63.6	64.1	64.6	65.0	65.5	66.0	66.5	67.0
15	62.2	62.7	63.2	63.7	64.2	64.7	65.2	65.7	66.2	66.7
16	61.9	62.4	62.9	63.4	63.9	64.4	64.8	65.4	65.8	66.3
17	61.5	62.0	62.5	63.0	63.5	64.0	64.5	65.0	65.5	66.0
18	61.2	61.7	62.2	62.7	63.2	63.7	64.2	64.7	65.2	65.7
19	60.8	61.3	61.8	62.3	62.8	63.3	63.8	64.3	64.8	65.3
20	60.5	61.0	61.5	62.0	62.5	63.0	63.5	64.0	64.5	65.0
21	60.1	60.6	61.2	61.6	62.2	62.6	63.2	63.6	64.2	64.6
22	59.8	60.3	60.8	61.3	61.8	62.3	62.8	63.3	63.8	64.3
23	59.4	60.0	60.4	61.0	61.5	62.0	62.5	63.0	63.5	64.0
24	59.1	59.6	60.1	60.6	61.1	61.6	62.1	62.6	63.1	63.6
25	58.7	59.2	59.8	60.3	60.8	61.3	61.8	62.3	62.8	63.3
26	58.4	58.9	59.4	59.9	60.4	60.9	61.4	61.9	62.4	63.0
27	58.0	58.5	59.0	59.6	60.1	60.6	61.1	61.6	62.1	62.6
28	57.7	58.2	58.7	59.2	59.7	60.2	60.7	61.2	61.8	62.3
29	57.3	57.8	58.3	58.8	59.4	59.9	60.4	60.9	61.4	61.9
30	57.0	57.5	58.0	58.5	59.0	59.5	60.0	60.6	61.1	61.6

续表

溶液温度/℃	酒精计示值									
	65.5	66.0	66.5	67.0	67.5	68.0	68.5	69.0	69.5	70.0
	温度20℃时用体积分数%表示的酒精浓度									
0	72.0	72.5	73.0	73.4	73.9	74.4	74.9	75.4	75.8	76.3
1	71.7	72.2	72.7	73.1	73.6	74.1	74.6	75.0	75.5	76.0
2	71.4	71.9	72.4	72.8	73.3	73.8	74.3	74.7	75.2	75.7
3	71.1	71.6	72.0	72.5	73.0	73.5	74.0	74.4	74.9	75.4
4	70.8	71.2	71.7	75.2	72.7	73.2	73.6	74.1	74.6	75.1
5	70.4	70.9	71.4	71.9	72.4	72.9	73.3	73.8	74.3	74.8
6	70.1	70.6	71.1	71.6	72.1	72.5	73.0	73.5	74.0	74.5
7	69.8	70.3	70.8	71.3	71.8	72.2	72.7	73.2	73.7	74.2
8	69.5	70.0	70.4	70.9	71.4	71.9	72.4	72.9	73.4	73.8
9	69.2	69.6	70.1	70.6	71.1	71.6	72.1	72.6	73.0	73.5
10	68.8	69.3	69.8	70.3	70.8	71.3	71.8	72.2	72.7	73.2
11	68.5	69.0	69.5	70.0	70.5	71.0	71.4	71.9	72.4	72.9
12	68.2	68.7	69.2	69.6	70.1	70.6	71.1	71.6	72.1	72.6
13	67.8	68.3	68.8	69.3	69.8	70.3	70.8	71.3	71.8	72.3
14	67.5	68.0	68.5	69.0	69.5	70.0	70.5	71.0	71.4	72.0
15	67.2	67.7	68.2	68.6	69.1	69.6	70.1	70.6	71.1	71.6
16	66.8	67.3	67.8	68.3	68.8	69.3	69.8	70.3	70.8	71.3
17	66.5	67.0	67.5	68.0	68.5	69.0	69.5	70.0	70.5	71.0
18	66.2	66.7	67.2	67.7	68.2	68.7	69.2	69.6	70.2	70.6
19	65.8	66.3	66.8	67.3	67.8	68.3	68.8	69.3	69.8	70.3
20	65.5	66.0	66.5	67.0	67.5	68.0	68.5	69.0	69.5	70.0
21	65.2	65.7	66.2	66.7	67.2	67.7	68.2	68.7	69.2	69.7
22	64.8	65.3	65.8	66.3	66.8	67.3	67.9	68.3	68.8	69.3
23	64.5	65.0	65.5	66.0	66.5	67.0	67.5	68.0	68.5	69.0
24	64.1	64.6	65.1	65.5	66.2	66.7	67.2	67.7	68.2	68.7
25	63.8	64.3	64.8	65.3	65.8	66.3	66.8	67.3	67.8	68.4
26	63.5	64.0	64.5	65.0	65.5	66.0	66.5	67.0	67.5	68.0
27	63.1	63.6	64.1	64.6	65.2	65.7	66.2	66.7	67.2	67.7
28	62.8	63.3	63.8	64.3	64.8	65.3	65.8	66.3	66.8	67.4
29	62.4	62.9	63.4	64.0	64.5	65.0	65.5	66.0	66.5	67.0
30	62.1	62.6	63.1	63.6	64.1	64.6	65.2	65.7	66.2	66.7

续表

溶液温度/℃	酒精计示值									
	70.5	71.0	71.5	72.0	72.5	73.0	73.5	74.0	74.5	75.0
	温度20℃时用体积分数%表示的酒精浓度									
0	76.8	77.3	77.7	78.2	78.7	79.1	79.6	80.1	80.5	81.0
1	76.5	77.0	77.4	77.9	78.4	78.8	79.3	79.8	80.3	80.7
2	76.1	76.6	77.1	77.6	78.1	78.6	79.0	79.5	80.0	80.4
3	75.9	76.4	76.8	77.3	77.8	78.3	78.7	79.2	79.7	80.2
4	75.6	76.0	76.5	77.0	77.5	78.0	78.4	78.9	79.4	79.9
5	75.3	75.8	76.2	76.7	77.2	77.7	78.2	78.6	79.1	79.6
6	75.0	75.4	75.9	76.4	76.9	77.4	77.8	78.3	78.8	79.3
7	74.6	75.1	75.6	76.1	76.6	77.2	77.6	78.0	78.5	79.0
8	74.3	74.8	75.3	75.8	76.3	76.8	77.2	77.7	78.2	78.7
9	74.0	74.5	75.0	75.5	76.0	76.5	76.9	77.4	77.9	78.4
10	73.7	74.2	74.7	75.2	75.7	76.2	76.6	77.1	77.6	78.1
11	73.4	73.9	74.4	74.9	75.4	75.8	76.3	76.8	77.3	77.8
12	73.1	73.6	74.1	74.5	75.0	75.5	76.0	76.5	77.0	77.5
13	72.8	73.2	73.7	74.2	74.7	75.2	75.7	76.2	76.7	77.2
14	72.4	72.9	73.4	73.9	74.4	74.9	75.4	75.9	76.4	76.9
15	72.1	72.6	73.1	73.6	74.1	74.6	75.1	75.6	76.1	76.6
16	71.8	72.3	72.8	73.3	73.8	74.3	74.8	75.3	75.8	76.2
17	71.5	72.0	72.5	73.0	73.4	74.0	74.4	74.9	75.4	75.9
18	71.2	71.6	72.1	72.6	73.1	73.6	74.1	74.6	75.1	75.6
19	70.8	71.3	71.8	72.3	72.8	73.3	73.8	74.3	74.8	75.3
20	70.5	71.0	71.5	72.0	72.5	73.0	73.5	74.0	74.5	75.0
21	70.2	70.7	71.2	71.7	72.2	72.7	73.2	73.7	74.2	74.7
22	69.8	70.3	70.8	71.4	71.9	72.4	72.9	73.4	73.9	74.4
23	69.5	70.0	70.5	71.0	71.5	72.0	72.5	73.0	73.6	74.1
24	69.2	69.7	70.2	70.7	71.2	71.7	72.2	72.7	73.2	73.7
25	68.9	69.4	69.9	70.4	70.9	71.4	71.9	72.4	72.9	73.4
26	68.5	69.0	69.5	70.0	70.5	71.1	71.6	72.1	72.6	73.1
27	68.2	68.7	69.2	69.7	70.2	70.7	71.2	71.8	72.3	72.8
28	67.9	68.4	68.9	69.4	69.9	70.4	70.9	71.4	71.9	72.4
29	67.5	68.0	68.6	69.1	69.6	70.1	70.6	71.1	71.6	72.1
30	67.2	67.7	68.6	68.7	69.2	69.8	70.3	70.8	71.3	71.8

第四篇

白酒厂房、设备及生产定额和计算

第一章　厂 房 建 设

第一节　选址及总平面布置

由于各类白酒生产的工艺及设备不尽相同，因此对厂房的要求也各有差异，故这里仅提出主要的原则和要求。

一、厂址选择的要求

(1) 环境　要求交通方便，水源充足。最好附近有著名泉水源，有名山大川或名胜古迹。但又要符合防火、卫生、人防等要求。例如厂址应在河流的上游；附近无有害气体、烟雾、灰沙和其他能危及白酒生产安全卫生的物质源；并须避开军事设施等。

(2) 必须在当地的常年最高水位之上。应有3m以上的厚土层，土中含有大量的腐殖质及微生物。这对于生产浓香型白酒的厂子，是必要的条件。

(3) 原材料、辅料及能源等须就近解决。

二、厂房总平面布置的要求

总的原则是要符合整齐、方便、安全、卫生的要求。

(1) 生产区应与生活区隔开。供销、技术等对外的科室等可设于厂前区。例如右面为办公楼，左面为包装车间。库房在生产车间的前面。

(2) 厂房不宜过于拥挤。应有一定面积的厂前区、花圃及盛放备用水的水池。要留有一定的空地，以供酒坛贮备等用。厂区内的通道要便于消防车的出入，并有利于物料的运送。厂区主要道路应铺设适于车辆通行的混凝土或沥青等坚硬的路面。路面应平坦、无积水。厂区须有足够的排水系统。厂区内应注意绿化，在厂区的墙内或墙外最好植树。

(3) 粮库及辅料库宜设于公路边的高位处，并应靠近甑灶。辅料可放在简易的棚库内，但要注意防潮防火。粮库前最好有晒场。

(4) 煤场应靠近锅炉房，烟囱要在厂区的下风侧。要有供热中心及节能系统设施。

(5) 曲房应设于远离生活区的向阳、日照时间长的位置，座向为东西。

(6) 浓香型白酒的窖房，应设于厂址中最低位处。但也应在常年最高水位之上。两侧要有深沟，排水要流畅。

(7) 包装车间须远离锅炉房、原料粉碎、制曲、贮曲等粉尘较多的场所。包装车间应与瓶子存放地、勾兑室及成品酒库相近。较理想的排列顺序为瓶库→洗瓶间→灌酒室→成品库。

(8) 临时酒库可单独建于生产车间的不远处。酒库应分散布置，要远离动力车间、维修车间及原料仓库等。

(9) 糟场应设于制酒车间背后的坎下，另设通道将糟运走。运糟车决不能穿行于厂区。

(10) 厂房要设置周全。例如，必须设有与生产车间人数相适应并与生产车间相连接的更衣室。厂内必须设有与职工人数相适应的厕所及淋浴室，其门窗不得直接开向生产车间。待班的休息室应设于距车间不远的幽静处。应设有资料室、检验室、中心试验室、评酒室、微生物培养室，并应建有维修车间、停车房、公共食堂、娱乐及阅览室、招待所及单身宿舍等。

三、厂、库最低卫生要求

现将国家商检局颁布的出口食品厂、库的最低卫生要求转摘如下，供参考。

(一) 厂、库环境卫生

(1) 厂、库周围不得有可能污染食品的不良环境。同一厂不得兼营有碍食品卫生的其他产品。

(2) 工厂生产区和生活区要分开。生产区建筑布局要合理。

(3) 厂、库区要绿化。路面平坦、无积水。主要通道应用水泥、沥青或石块铺砌，防止尘土飞扬。

(4) 工厂污水排放应符合国家环保要求。

(5) 厂区厕所应有冲水、洗手设备和防蝇、防虫设施。墙裙应砌白色瓷砖，地面要易于清洗消毒并保持清洁。

(6) 垃圾和下脚废料应当在远离食品加工车间的地方集中堆放，并须当天清理出厂。

(二) 厂、库卫生设施

食品加工专用车间必须符合下列条件。

(1) 车间面积须与生产能力相适应，便于加工生产顺利进行。

(2) 车间的天花板、墙壁、门窗应涂刷便于清洗、消毒并不易脱落的无毒浅色涂料。

(3) 车间内光线充足，通风良好，地面平整、清洁。应有洗手、消毒、防蝇、防虫设施和防鼠措施。

(4) 必须设有与生产能力相适应的，易于清洗、消毒、耐腐蚀的操作台、工器具和小车。禁用竹木器具。

(5) 设有与车间相连的，与生产人数相适应的更衣室(每人有衣物柜)、厕所和工间休息室。车间进口处设有不用手开关的洗手设备以及消毒设施。

(6) 车间内不得存放与食品加工无关的杂物。

(7) 必须设有与生产能力相适应的辅助加工车间、冷库和仓库。

第二节　白酒固态发酵法生产厂房

一、粮　　库

一般厂无条件使用立式筒仓，而是以幢囤、以室为仓。

(1) 仓不宜太大。按仓的容量设计其牢固度。通常只容装大半仓，须有空间空位。

(2) 仓库应阴凉、通风、干燥、洁净，并有防虫、防鼠、防雀设施；设有温、湿度测定装置；备有消防设施。

(3) 库的地面要有沥青、油毡等防潮层。

(4) 若原料存放于室外场地，则场地必须高于地面且干燥，并有防雨及防霉烂变质的设施及措施。

二、曲　　房

(一) 种曲室及麸曲车间

1．微生物培养室

有条件的厂，微生物培养室或称菌种试验室按工作需要可设显微镜检查室、培养基制备室、菌种培养室、菌种保藏室、无菌室及保温室。但一般白酒厂可实行一室多用。

(1) 显微镜室、菌种培养室、菌种保藏室、无菌室合一

① 室内可设置宽60cm的长方形试验台，上面安放显微镜。

② 在室的一边沿墙设置高约1m、宽为1m的水泥台，供放置保温箱及搪瓷盘等用。

③ 在室内的一角，放置冰箱，供菌种保藏用。

④ 可在室内设置一个小的无菌室。无菌室的设计及设施，必须符合无菌操作的工艺要求，使试管与试管的菌种转接、试管与三角瓶、三角瓶与三角瓶、三角瓶与大培养瓶或小卡氏罐之间的种子转接工作，在无菌状态的环境下进行，以利于培养的安全。

无菌室的面积约为$(2\times3)m^2$，高2～3m。其一面连接一个小套间，或称缓冲间，即操作者只能经过缓冲间方可进入无菌室。缓冲室的拉门与无菌室的拉门不应直接相对，须呈90°的垂直方向，以免外界空气直接进入无菌室。无菌室的其他三面，自地面至高90cm处，可装木板密封或砌砖，但墙面应喷聚四氟乙烯等材料，并需光滑，以利于防止滋长微生物；90cm以上，则设置大块玻璃板。也可利用大室一角的两壁加以适当改造后，作为无菌室的其中两壁。无菌室的地面，可为平整的水泥面。无菌室的墙壁、顶棚及门窗要求密封度很高，室内要光洁、干爽、无杂物。沿室的玻璃壁的一面放置试验台，台上放置酒精灯等器具。在进行菌种筛选时，有的在室内放置1台2孔的恒温水浴锅，以溶化固态培养基及保温。在顶棚上安装具有200～280nm辐射线的紫外灯，通常为20W，可将空气或水杀菌。一般在缓冲室内也装有紫外灯，并有挂衣钩。无菌室及缓冲间内均装有日光灯。

若不设无菌室，也至少应在大室内的水泥操作台上放置1个外购的无菌箱或超净台，无菌箱的材质为有机玻璃，这两种设备均有专业厂生产。无菌箱也可自制：通常高为56cm、宽63cm、深50cm，四壁和上下底都是在一个木框上安置玻璃板。在正面玻璃板上的

两侧，设置可上下移动的孔，操作时人手可从孔中的套袖内伸入箱中。箱顶可安装紫外灯及照明灯。

(2) 培养基制备室　因室内主要设备为高压灭菌锅及干热灭菌箱，操作时产生蒸汽，或操作不慎易产生火患，故在建筑和设施上应注意防爆和防火，如安装防爆灯，建筑材料忌用易潮易燃物等。

(3) 保温室　因恒温箱容积极有限，故在利用大三角瓶、大试剂瓶及卡氏罐等容器培养微生物时，应置于保温室中进行。保温室不宜过大，通常面积为$2m^2$，高2m左右。墙壁可用砖砌，其厚度约30cm，地面为水泥面。在室顶的适当位置，可设置直径为20cm的换气筒。若不能在室顶设置换气筒，也可开设于两面墙壁的上端。在室内可放置若干个架子，供安放培养容器用。若室内无暖气设施，可放置300～500W的电热器，以调压器调节温度，但要注意安全。最好能使用恒温恒湿的空调机，与保温室连接。

2. 种曲室及麸曲车间

种曲室及麸曲车间的设计及设施，须符合纯种微生物培养的工艺要求；地面、墙壁应采用防渗材料，便于清洗、消毒和灭菌。

若无空调设施的种曲房，可参考如下的要求。

(1) 基本要求　每室的面积在$200m^2$以内，$1m^2$可产种曲约7kg。按连续生产，由装曲盒至出室共54h左右计。室内安装暖气管或火炉，但要注意安全。墙壁以耐湿材料筑成。室内安装喷汽管或喷雾器。全室便于清扫和洗刷，并具有良好的卫生环境。

(2) 种曲房及顶棚的形状　种曲房长宽比为1.5～2，面积为$26 \sim 100m^2$，以利于排潮换气及调节光线。顶棚若用木板，则其高度为2.2～2.5m，顶部应加0.3m厚的稻壳或麦糠作保温层。也可用石灰在保温层上涂顶，则顶棚高度为3～3.5m，顶棚形状为半圆形或锯齿形。

(3) 门、窗及天窗　设双重门，两门的间距为1.2～1.5m。设两重窗，两窗的间距为20cm，窗不宜太大，以光线足够为度。$100m^2$的种曲室设$1.2m^2$天窗，其位置不应设于堆积材料上部，其结构最好用木筒伸出室顶，使冬季产生凝结水较少。

(二) 大曲曲房及贮曲室

1. 大曲曲室

(1) 要求　大曲曲室的设计及设施应符合微生物生长、繁殖的要求；门窗结构等应便于室内温、湿度的调节。具体要求如下。

① 麦仓、粉碎室、润料场、踩曲场、大曲培养室、干曲房，应布置成流水作业线。

② 曲房房顶呈人字形，设有能保温保潮的竹木结构的填草层，顶层有排气筒。

③ 曲房的前后的门窗位置应相对而设，以利于温、湿度的调节。

④ 用以观察曲室室温及曲温变化的测温器，应安装于曲室外，以免开门查温而影响室温。

⑤ 在曲房的出入口，要有防火的宣传字样及灭火设施。

(2) 曲房实例

① 某清香型大曲酒的曲房。为砖木结构的平房。每间曲房长9m、宽6.5m、高3.5m。曲房两面开窗，每房设6个窗房，每窗的采光面积为$3.12m^2$。房顶为人字形，设有通风气孔。每间曲房内有暖气设备，供冬、春季制曲时保温用。每次每房可容曲坯3000～4000块。

也有的曲房长为10～11m、宽5～6m、高2.5～3m，四壁有易于开闭的门窗。其余情况同上。

② 浓香型大曲酒的曲房例。传统的曲室为砖木结构，夹层墙，黄泥地；高6m、长8m、宽4m。双层墙壁中以稻壳及木屑填充；两侧墙壁有足够的玻璃及木板双层通气窗。屋顶设通气天窗。每房可放置曲坯800～850块。

③ 酱香型大曲酒的曲房例。每间曲房的面积为(8.5×3.5)m^2，自地面至梁底的标高为3.5m。设门窗各一。地面以红土筑成或为水泥地面。

④ 某其他香型大曲酒的曲房。曲房设于通风干燥处，朝南。为砖木结构，人字架屋顶。房高5m，面积为60m^2。设双重门，其中第2道门为两扇可开闭的短门。每间曲房前后各开上下两层高为1.1m的窗，两侧的山墙各开1个天窗。

⑤ 某厂的新曲楼。培曲楼座北朝南，每间长为12m、宽7m、高3m。北面开2扇钢窗，南面开1扇钢窗及1扇面积为(1.6×2.4)m^2的拉门，每扇钢窗面积为(1.2×1.7)m^2，关闭时严密，又可调节开启度。工人操作时可打开门窗，操作结束后再关闭门窗。窗下装有暖气片。墙用石灰、砂子、水泥混合物抹面。天花板为22cm厚的空心预制板。底层的水泥地面上有夯实的10cm厚的土层，上面再铺席置草。楼上的地面也都有夯实的10cm厚的土层。

按生产流水线布置制曲车间的厂房，整体呈匚形，均为4层楼。两座培曲楼东西向平行；西端为原料暂贮、原料粉碎、加水、拌料、压坯的南北向制坯楼，与两座培曲楼相联，原料由电梯送上4楼……制成的曲坯经电梯用推车运入培曲楼的各层、每间曲房。曲房2、3、4层楼四周均设有外走廊，其中南面为主走廊，宽为1.8m，以便推车运送物料，其他东、西、北三面的外走廊宽为0.75m，仅供工人在曲房外开关窗时使用。外走廊均伸向空间。

按年产量为10kt的大曲酒厂的用曲量计，若采用平房制曲，则占地面积为20000m^2；而用4层楼房制曲，则占地面积可节省75%。制曲楼虽增加了300m^2的楼梯间及电梯间的建筑费用，但4层的培曲楼节省了3座平房的房顶，而曲房房顶要求有良好的保温性能，其造价也是较高的，故平房与楼房的基建投资是相近的。楼房制曲，便于集中管理，且形成了生产流水线作业，故用于物料运输的劳动力可节约30%左右。

为便于推车的进出，楼房曲室采用较大的拉门，故在冬季制曲时应将门封闭严实，其余季节则无问题。

有的厂的制曲楼采用内走廊，则曲房的换气效果不良，温度和湿度难以调节；有的厂采用内、外走廊结合的方式，则楼房面积利用率低，且通风换气效果仍不够理想。所以有人主张制曲必须采用平房，但新建的曲房跨度达20m以上，曲房面积过大，且窗户面积较小，致使换气困难，曲块品温和湿度难以均匀，成曲质量不一致。

实践证明，只要按制曲工艺的温、湿度的要求和微生物生长的规律建造曲室，无论是平房或楼房，都是能制成优质大曲的。

有的名酒厂的曲楼，采用天花板及双层屋顶，填充绝热的保温材料，既有利于保温，又防止了冬天屋顶产生冷凝水；并设有排气孔道及蒸汽保温装置，以便及时排潮降温和保温、保湿；还采取了增强地面及墙壁调节温、湿度能力的措施，而且调整了工艺条件，故使用效果良好。

⑥ 架子曲的曲室。应设有空气调温、调湿装置，不断供给曲室所需的空气，而这些空气在曲室内均匀分布、无死角，使每块大曲的各面处于相同的环境中，故在培养过程中不必翻曲。

为了精确地控制架子曲的培养条件，有的厂已将制曲全过程的工艺参数编成程序，利用微机进行自动控制，使制曲实现了全年化、自控化。

2. 贮曲房例

贮曲房又称晾曲棚。为砖木结构，长57m、宽9m，自地面至人字架梁底标高为2.5～3m。可四面通风，无隔墙，只有棚顶。也可设外墙，其1m以下为砖墙，1m以上为花墙，以利曲块通风。

三、制 酒 车 间

1. 原料及大曲粉碎室

原料及大曲粉碎室的设计和设施，须满足原料除杂、物料粉碎及防尘的要求。室内的除尘设施应使室内的粉尘浓度符合国家有关规定；架空的输料管路等构件及设备的安装位置，要便于清理，以免粉尘积聚。

2. 制酒室

固态发酵法白酒车间的设计及设施，须符合物料在固态条件下运送、配料、糊化、冷却、糖化发酵及蒸馏的要求。操作场所必须有排汽设施；场地应平坦、宽敞、坚硬、易于排水和清洗。凡采用地锅蒸酒者，地锅火门及贮煤场地应设于室外。发酵室应有通风装置及控温设施。发酵窖、池及缸等容器，须按特定要求制作和安置。浓香型白酒的发酵窖，须有畅通的控浆水道。

传统的窖室要求座北向南或座南向北，尽可能地减少日晒时间，以降低地温。但目前很多白酒厂不受此限。通常，固态发酵法白酒的制酒车间的组成及结构有如下3种形式。

(1) 合一式　即配料、蒸酒、冷却、发酵等均在同一大室内进行。例如某名酒厂的1个制酒室东西长为214.9m、宽为188.9m。室内东侧为蒸酒设备，其余3侧设置发酵窖，中间为配料、摊晾场。

(2) 两分式　即发酵室与配料、蒸酒、扬冷场分开但相连。例如某名酒厂的配料、蒸酒、扬冷场为平房。其长为54m、宽11m、高10m；青砖地面；四边均设门，四面开窗共45扇，采光系数为33.5％。室中央设2套蒸馏设备。后面与发酵室连接。发酵室内设置一排排发酵窖，两排之间有通道。

(3) 采用桥式起重机的发酵室　在盖工房前，应按桥式起重机的图纸设计工房，以免设备无法安装。

主机(大跑车)两道轨间的道轨轮的中心距，即为桥式起重机的跨度，其规格为10.5m、13.5m、14.5m、15m、16.5m……31.5m，相应的工房跨度应比中心距大1.5m。该中心距加其两外侧的道轨轮和主轴两端的长度230mm，即为端梁长度。工房两端的内墙应与端梁长度有点间隙。抓斗高度加上自工房地平至窖底的深度，为抓斗的最大起升高度。考虑抓斗的开度，可选用容量较小的抓斗，以免抓斗开启后碰坏窖壁。自道轨轮底以上的大跑车的机体高度，至少为1.8m，与工房顶梁之间要有10cm以上的距离，或留装吊灯的高度。在抓斗与牛腿的距离内不能抓取物料。两端窨道至内墙壁的最小距离，可适当大些。

四、酒　　库

酒库必须有防火、防爆、防尘设施。库内应阴凉干燥。室内酒精浓度须符合TJ36《工业企业设计卫生标准》。

白酒厂的火灾，约有80％发生于酒库，尤其是楼房、人防工程、天然溶洞、地下酒库的防火及灭火工作必须特别注意。这里将有关的报道加以综述，供参考。

1. 平房酒库

酒库高7m，面积以每坛1.5m²计，桶以5t计。其防火、灭火措施，可参考楼层酒库及地下酒库等的相关内容。

2. 楼层酒库

楼层酒库面积以1m²承受200～300kg计。某名酒厂的老式酒库为砖木结构，分上下两层，每层有库房12间，中间有较宽的通道，上下层间以坡道相联。楼层酒库的层高，须高于普通物资仓库，即两层间的净高度不应低于3.5m。有的名酒厂建有8层楼的酒库。

楼层酒库的防火、灭火措施如下。

(1) 楼层酒库的最大允许占地面积，不应超过750m²，且每层需划分为3个防火分区。

(2) 楼层酒库建筑的耐火等级不应低于1级，其主要构件必须达到相应的耐火极限。不得采用木柱或钢柱；钢筋混凝土柱的截面积应不小于(40×60)cm²；砖柱的截面积不得小于(37×37)cm²。梁也不应采用木或钢为材料，而应使用非预应力钢筋混凝土梁，其保护层厚度不得小于5cm。楼板的耐火极限须达1级建筑耐火等级以上，采用现浇灌的整体式梁板，其厚度为12cm以上，保护层厚度为2cm。采用防火墙分隔防火分区。

(3) 注意窗的设置。某酒厂有一次发生火灾时，2层酒库的火焰窜出窗口有5～6m远、10m多高，故火焰迅速进入3层，并使距该库20m以外的简易库房及砖木结构的生产车间的木檐也着火。所以，楼层酒库上下层的窗之间应有较大的距离，并在窗口上方设置遮阳檐板，窗的面积不大于1m²，窗口呈较窄的长方形，其材料应为不能燃烧的。

(4) 楼层酒库的楼板不能开设孔、洞。

(5) 酒库内不应设置电气设备。若确因实际需要而设电气照明或其他用电装置时，则均应采用防爆型的，且开关箱必须设于库外。

(6) 楼层酒库应设外廊式走道。

(7) 楼层酒库需设2个疏散楼梯。超过3层的酒库应设为封闭楼梯间；超过5层的酒库应设为防烟楼梯间；超过6层者应设1台消防电梯。

(8) 若楼层酒库内酒坛破裂，应及时将流散的酒排至库外。即每层防火区需设排酒口，库外设一垂直的排酒道，用混凝土管道连接排酒口和排酒道，并在每层的排酒口设置阀门。在距酒库一定距离的地面上，设置1个贮存流散酒的事故贮酒池。

(9) 设置消防给水设施。因酒中酒精含量在3％以下时才没有闪点，故楼层酒库室内的消防供水能力应不小于20L/s；每层楼应设3个消防栓，并配备开花喷雾水枪，设2台水泵接合器；室内管网要形成环状。若因生产、生活用水而不能保证顶层酒库的消防栓具有10m水柱和7L/s的水流量时，则应设消防水泵及房顶水箱。

(10) 若楼层酒库面积超过2500m²、3层以上者，则应设自动喷雾灭火系统。

(11) 全厂应设立消防总控制室。凡库房面积超过2500m²、3层以上的酒库，应在每层的防火分区设1个火灾自动报警器，每栋楼库设1个集中报警器。因酒在燃烧时只显绿色的火光，而不产生大量的烟，故酒库若采用感温和感烟2种探测器是不可能及时报警的，所以应在每个防火区内设置可燃气体探测器及紫外线探测器，并能在消防总控制室同时显示。

3. 人防工程、天然溶洞及地下酒库

有的酒厂采用人防工程、天然溶洞及地下酒库贮酒，其酒损率较小，每年约为1.4%。但因出口少、洞身长而面积大，故一旦发生火灾，很难扑灭。此外，若通风不良，很易达到空气中含酒精3.3%～19%的爆炸浓度极限;加之库内照明、通风排气、抽酒等均需用电，所以防火的难度也比地面酒库大。因此，应尽可能地将用电设备安置在地面上。据统计，酒库的起火，有70%是由于电气设备所引起的。其防火和灭火的措施如下。

(1) 地下洞库的安全出口，应不少于3个;天然溶洞的安全出口，不少于2个。

(2) 每400m²面积，用防锈、防腐的甲级防火门进行防火分区，门上安装自动释放开关，具有库内自动释放和库外控制释放的功能。在无火警时，防火门应开启，以利洞内通风;若一旦库内发生火情，则需迅速关闭防火门。

(3) 限制每个防火区内酒的贮量。

(4) 每个防火区需设防止酒流散的堤，其高度应有效地容纳防火分区内酒的贮量。

(5) 每个防火分区设有排酒口并配置阀门，库内设有排酒的暗沟道，可使酒坛破漏时酒液及时排出。酒库外设有事故贮酒池。

(6) 库内的电气照明、设备均应采用防爆型，电气开关箱设于库外。

(7) 洞库内设室内消火栓水源。

(8) 库内的灭火系统及水管等，应采取防锈、防腐措施。

(9) 设置自动喷雾灭火系统。在洞的进出口两端设水泵房。洞内水管网形成环状。

(10) 在同一防火区内，设置可燃气体报警探测器、紫外线探测器，并设分区报警器，库外设有消防控制室。

五、评　酒　室

1. 对评酒室的要求

(1) 应选择环境安静，少有外界干扰处，室内噪音限制在40dB以下。

(2) 光线充足且柔和，无直射阳光入室，配置一定照明度的照明设施。

(3) 室内、外空气清新，空气中无任何香气或异臭，无对流风。室内温、湿度均匀，要求室温为15～20℃，相对湿度为50%～60%，

(4) 室内色调为中等的单一色。地板光洁、耐水。评酒室空间适度。

2. 评酒室实例

(1) 评酒室组成及大小　分大小2间，大间为评酒用，长6.42m、宽6.15m、高3.12m;小间为大间的套间，为贮备室，其长6.42m、宽2.27m、高3.12m。

(2) 室内布置　评酒室内陈设简洁、整齐。室中央为2张白色的长方桌，每张长2m、

宽1.3m、高0.85m，桌旁配置相应的椅子。墙的一角设自来水洗盆1个。不准存放杂物及有香味的物品。贮备室放置样品柜和样品架，用以存放酒样及评酒用具等。

六、包装车间等构筑物及设施

1. 包装车间

(1) 包装车间必须防尘、防虫、防蚊蝇、防鼠、防火、防爆。

(2) 灌酒室应与洗瓶室及外包装室设置隔断墙，墙中设孔，便于输送带相连。

(3) 大型瓶装车间应设透明的隔离走廊，便于外来人员参观；设有工人休息室、更衣室及更衣柜和洗手设施；室内有通风、保暖及排气设施；车间采光面积占主墙壁的60%以上；车间应较宽敞，每条灌装线左右应有5m以上宽的空地，灌装线后面需有100m^2以上的空地；墙壁应瓷砖到顶，天棚所用材料应便于除污，房顶与地面距离不低于3.5m；地面以瓷砖或水泥等耐水材料铺设，并呈一定斜度，以利于用水冲洗，且地面应无积水现象，并有良好的排水系统。

2. 成品库

成品库的容量应与生产能力相适应；库内应阴凉、干燥，并有防火设施。

3. 更衣室

厂内必须设有与生产车间人数相适应并与生产车间相连接的更衣室。

4. 厕所、浴室

厂内应设有与职工人数相适应的、灯光明亮、整洁卫生、通风良好、无气味的厕所及淋浴室；其门窗不得直接开向生产车间。厕所内需安装纱窗、纱门，地面平整且便于清洗和消毒。坑式厕所应距离白酒生产车间25m以外，粪坑必须使用防渗材料建造。

5. 酒糟存放设施

应设有便于销售、清理、避免霉烂的酒糟存放、销售设施。

6. 废弃物临时存放设施

在远离生产车间的适当地点，设置废弃物存放设施。其材料应便于清洗消毒，结构严密，能防止害虫侵入，并避免废弃物污染成品、饮用水、设备及道路。

7. 其他

有的名酒厂设有火力发电站，使用上海或青岛产的汽轮机。

厂内应有完善的供水设施、洗手消毒设施、废水、废气处理设施，以及充足的自然照明和人工照明设施。例如厂房内照明灯具的光泽及亮度，应满足工作场所和操作人员正常工作的需要；包装车间、成品库应使用防爆灯具，并安装安全保护罩。无菌室内及进口处、纯种微生物培养车间(室)进口处必须设有方便的、不用手开关的冷、热水洗手设施。包装车间的适当位置应设有方便的洗手设施。洗手设施的下水管应经反水弯引入排水管，废水不得外溢，以免污染环境。

第三节　白酒半固态发酵法生产厂房实例

实例1

以大米为原料。原料间的面积为75m²，浸米室300m²，蒸饭间100m²，发酵室225m²，蒸馏室120m²。

实例2

以大米为原料。主车间为1幢4层楼房，包括蒸馏以前的主要工序。建筑面积为1742m²。除底层高为6.8m外，其余各层均为4.2m高，设置电梯，供人上下及物料运输用。底层为原料库，设置风力输送机1台。2楼为化验室、培菌室、堆曲室。4层为浸米间，屋顶有40m³水箱1个。发酵室高为11m。

第四节　白酒液态发酵法厂房的特点

白酒液态发酵法厂房的特点，基本上同一般的酒精厂。

一、地 面 建 筑

具有一定规模的单独的液态发酵法白酒厂，应设有如下地面建筑。

1. 基本建筑

包括原料处理及粉碎室、蒸煮室、固态或液态曲室、糖化室、酒母室、发酵室、蒸馏室、化验室、培菌室及调配室等建筑，以及行政管理和生活福利等有关设施。

2. 仓库

包括原料、成品、材料及燃料仓库等。

3. 辅助车间

包括机械加工和维修车间及综合利用车间等。

4. 动力车间

包括锅炉房、热电站、变电所、变压器室等。

5. 卫生、供水、三废处理及生活设施等

如抽水房、深水井、水塔、回收水池、酒糟池、三废处理系统，以及运输车库、道路、围墙等。上述设施大多位于厂的内部；有些可设于厂区外，例如抽水房应位于水源附近；有关生活福利设施，尤其是家属宿舍应建于生产区之外。

二、总平面布置的特殊要求

液态发酵法白酒厂蒸馏所得的原酒，其酒度一般远高于固态或半固态发酵法生产的原酒，故对厂房的防火要求更高。

1. 厂区建筑物的组成

厂区的建筑物的组成形式有集中式和分散式之分。前者为每座厂房内将几个工段联在一起;后者是在每座建筑物中仅布置1个工段。由于分散式建筑要求具有较大的厂区,并且运输较长,故增加了基建费用。但液态发酵法白酒厂的一些建筑,如酒库、机修车间、原料仓库及锅炉房、热电站等,若布置于工厂基本建筑楼内,则是不符合防火或生产管理要求的。所以,对这一类建筑,应采用分散式布置。

2. 防火要求

凡正面成直线的建筑物之间的距离L,须为20m以上。也可用下式计算:

$$L \geqslant \frac{1}{2}(H+h)$$

式中h为较矮建筑物自地面到房顶的最大高度;H为较高建筑物自地面到房顶的最大高度。

3. 具体要求

由于地形等关系,总平面布置很难令人满意,往往可从几个方案中选择其中的1个。

(1) 厂的生产主楼　由于其他建筑物多是从属于生产主楼的,故主楼应位于厂区的中心位置。

(2) 仓库　如原料及成品仓库等,应设于主楼附近并与之有直接关连的位置,但应靠近厂区主要通道。

(3) 动力车间　如锅炉房或热电站,应位于接近主楼中主要用汽、用电的蒸煮、糖化、蒸馏等工段。但布置锅炉时,应考虑燃料及灰渣的进出和堆放,并需估计锅炉房的扩建。

(4) 综合利用车间　干冰车间及酒糟水的酵母培养间等,在不远离主厂房的前提下,可设于厂区的某个位置。

(5) 办公楼　可设于接近工厂大门的生产主楼前面的空旷处。

(6) 车库及警卫室　可建于厂的大门旁边。

(7) 道路　有主要及次要通道之分。主要通道由次要通道与所有建筑物相连。有较大运输量的生产车间等,应靠近主通道。

(8) 食堂、俱乐部及医务室等　应与主生产区有恰当的距离,通常临近厂门。

(9) 绿化　办公楼、空旷处及道路旁,应种植树木花草。

第二章 白酒生产设备

第一节 概 述

一、白酒设备现状

液态发酵法白酒的生产，基本上采用酒精工业的设备，故这里仅概述固态及半固态发酵法白酒生产的设备现状。

1. 原料处理系统

(1) 物料输送 目前白酒厂使用的物料输送设备有斗式提升机、带式输送机、螺旋输送机、刮板输送机，也有采用气流输送的。

(2) 原料粉碎设备 通常采用锤式粉碎机及辊式粉碎机。应配置相应的集尘系统。

2. 制曲设备

(1) 制小曲 除利用纯种根霉菌等制作浓缩酒药时采用发酵罐等设备外，传统小曲的制作基本上仍停留在手工操作阶段上。

(2) 麸曲设备 大多采用深层通风槽。

(3) 大曲设备 不少厂仍采用曲模盒进行手工制坯。一些大厂采用液压制曲机、弹簧冲压曲砖机及气动式压曲机等设备。有的厂采用曲架培制大曲，并配有相应的空调装置。

3. 蒸煮设备

以大米为原料的小曲酒的生产，已采用浸米槽(罐)、立式或卧式蒸饭机等设备;其他原料的蒸煮，多采用甑或蒸桶。

4. 发酵设备

(1) 固态发酵法白酒发酵容器 大多采用不同材料制成的池(窖)。有的厂以隧道为发酵室，安置移动式发酵池，池以钢筋混凝土制作，池底装有轮子，可在轨道上移动。发酵室全长为42m，有效宽度为4m，高3.8m。共有并列的4条隧道，均呈拱形，两端装有折叠式大门，以便发酵池进出。每条隧道可安置发酵池11个。发酵室装有调温设施。有的厂在传统的面积为1200m^2的发酵窖室内安装空调设施，提高了原料出酒率及产品质量。大曲清香型白酒，仍采用地缸发酵。

(2) 半固态发酵法白酒发酵容器 有的厂已采用50m^3的发酵罐。

5. 酒醅出入池(缸)设备

发酵池的物料进出，少数厂仍采用小车由人工装卸;多数厂采用行车抓斗、地面行车抓斗及刮板输送等设备。陶缸因其体积较小，只能靠手工操作。

6. **蒸馏设备**

(1) 半固态发酵法蒸馏设备　一般采用卧式蒸馏釜或立式蒸馏釜。

(2) 固态发酵法蒸馏设备　大多使用固定甑、活底甑和转盘甑;连续蒸馏机使用者很少。冷凝器为列管式,其材质为铝或不锈钢。

7. **晾糟设备**

晾糟设备有翻板晾糟机、分层鼓风甑、振动晾糟床等;也有采用地面通风晾糟、地下通风晾糟及轨道翻滚晾糟等方式晾糟的。

8. **贮酒器**

大、小贮酒器有金属制的桶或罐、花岗岩石制的池、钢筋水泥地、陶瓷缸、木箱以及竹荆等编的筐等。

9. **酒过滤器**

采用烧结棒、硅藻过滤机及超滤器等设备。

10. **包装系统**

目前,包装系统的洗瓶、灌装、压盖、贴标、装箱、堆垛等单机,已有部分机械厂生产。如灌装能力通常为3000～6000瓶/h。

二、存在的主要问题及展望

1. **制曲设备**

制作大曲的原料输送、配料、成坯、运坯、入室放置、翻曲、温、湿度控制、成曲运送及堆放等,目前大多仍靠手工操作。制坯机的构造和效率,需进一步改进和提高。应完善曲架的设计,逐步实现制作自动制曲机的目标。

2. **原料及大曲粉碎设备**

一些白酒厂对粉碎设备的设计、制造及安装水平不高,图纸不统一,但又相互抄袭。故运转时震动、噪音很大,动力消耗高,生产效率低;尤其是集尘系统,很多车间内粉尘飞扬。有几个名酒厂已在这方面积累了一定的经验,可综合成比较完善的方案。

3. **发酵池的设计和构筑**

随着抓斗等设备的应用,有的厂的发酵池越筑越大,这给浓香型等白酒酒醅的发酵带来了副效应。应根据发酵的理论和工艺要求,设计出较为理想的发酵窖。

4. **蒸酒设备**

目前应用的各种蒸酒设备,在浓缩、提香、除杂等效果方面有待于改进。可参考国内外其他蒸馏酒或酒精的蒸馏设备的优点,从理论和实践上加以提高。要积累科学的数据,以求在某一方面取得突破性的进展。

5. **白酒贮存容器**

白酒容器的大型化,是生产发展的必然趋势。其材质以优质的不锈钢为佳,采用其他材质时,所使用的涂料必须无毒。有的厂已采用了新型的食品级无毒涂料,效果较好。应在此基础上,从涂料品种及使用工艺方面加以完善。

6. **勾兑、调配**

利用大容器和微机技术,结合仪器分析进行白酒的勾兑和调配,这项工作只能说是刚开始。应不断总结、交流这方面的经验，逐步提高水平，走出我国白酒勾调的新路子。

7. 包装

目前，白酒的瓶型、商标及封口材料等五花八门，而设备专业厂很难满足如此广泛的要求；即使在同一白酒厂，由于酒瓶规格不一，也很难在同一条包装线上完成作业。应加快白酒包装设备的研制步伐，尽早生产出由电脑自动控制的整套包装设备。

另外，酒母培养等设备，也应予以改进。

这里应该着重指出，长期以来的白酒传统生产方式和工艺，不可能为设备的先进性提供较为充足的理论和数据；即使我们运用当代一些新的理论，对传统工艺进行较深入的总结，也不足以为白酒生产的机械化和自动化提供可靠的依据。而应将对传统工艺的改进与机械化、自动化的进程紧密地结合起来，换言之，应该同步。例如，传统的制曲条件中的温、湿度是通过人工开闭门窗、洒水，以及盖上或揭去覆盖物而调节的，但机械化连续培养并自动控制的制曲机则基本上能保证恒温、恒湿的条件，这两者是不能相提并论的；自然发酵与人工自动控温发酵的温度变化及成分变化的规律也差别较大。因此，决不能将白酒生产的机械化和自动化与工艺的改进割裂开来考虑。

三、白酒设备及工器具的卫生要求

(1) 所有接触或有可能接触白酒的设备、管道、工器具及容器，均需使用无铅、无毒、无异味、耐腐蚀、易清洗并不与白酒起化学作用的材料制作；表面应光滑、无凹坑和裂缝。蒸馏冷凝器的材质必须为高纯锡、铝或不锈钢。

(2) 所有设备、管道、工器具及固定设备的安装位置，均应便于拆卸、清洗和消毒。

(3) 各生产车间及酒库，均应按工艺要求配置温度计、湿度计、糖度计、酒度计、压力表等仪表。

第二节 大曲酒生产设备

一、原料贮存及处理设备

(一) 原料的筒仓

若贮粮期较长，多采用如本篇本章第一节介绍的房仓及囤。若贮粮期较短，则采用立式筒仓。

1. 粮食贮量的计算

设粮食的贮备容量可供3个月生产使用，贮粮、除杂、粉碎的总损失为3%，月工作日为25.5天。可根据日耗粮定额，算出贮粮所需的筒仓总容积。

2. 每个筒仓的容积计算

筒仓多呈圆形或正方形，一般圆仓的外径为6m、8m、10m，方仓的轴线边长为3m。筒身高度需考虑地面的耐压力，钢筋混凝土结构的筒仓高度不低于21m，通常为23m、27m、30m；壁厚不小于15cm，若直径为6m，则壁厚为16cm。砖砌的筒仓高度为12m或15m，壁厚不小于24cm。

仓底呈漏斗形，仓下为通道式，卸料口的孔径为筒仓直径的1/10，一般为30～60cm。两行主筒仓间的空隙可设星仓。

(1) 主仓的容积

$$V_{主}(m^3)=Ah_1-V_1+V_2$$

式中　A——筒仓的横截面积(m^2)

h_1——筒身高度(m)

V_1——筒底无粮部分的体积(m^3)

V_2——漏斗状仓底的体积(m^3)

(2) 星仓的容积

$$V_{星}(m^3)=(d^2\frac{\pi d^2}{4})\times(h_1+\frac{h_2}{3})$$

式中　d——主仓直径(m)

h_1——主仓筒身高度(m)

h_2——星仓仓底漏斗部分高度(m)

(二) 输送设施和设备

原料出入仓及原料和大曲在粉碎过程中的输送，通常采取气流输送和机械输送两种方式。

1. 气流输送设施

(1) 气流输送的形式　气流输送又称风力输送，可进行水平或垂直方向的物料输送。其占地面积小，输送能力高，投资费用少，使用时比较灵活，便于实施连续化、自动化操作。对输送量大且间歇运行的作业，则不宜使用。为使物料在风管中靠高速气流而悬浮，在输送系统中应避免使用90°或稍小于90°的角弯头。

气流输送可分为真空(负压)输送、压力输送及压力输送与真空输送相结合的压力真空输送3种形式，如图4－2－1、图4－2－2、图4－2－3所示。

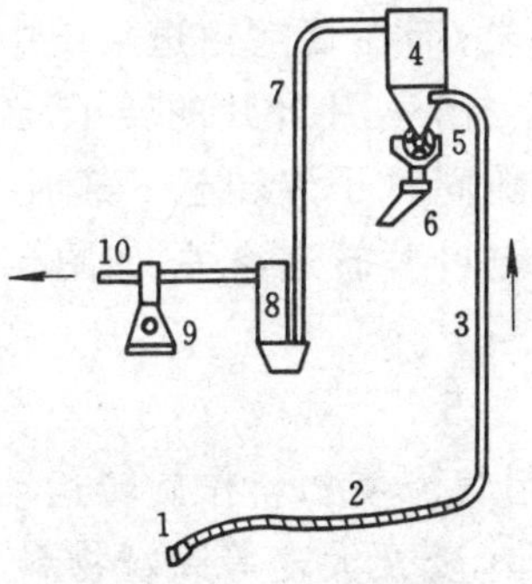

图 4－2－1　真空输送

1—吸嘴　2—软管　3—固定管　4—分离器
5—旋转加料器　6—排料斗　7—吸出排风管
8—空气过滤器　9—真空泵　10—排风管

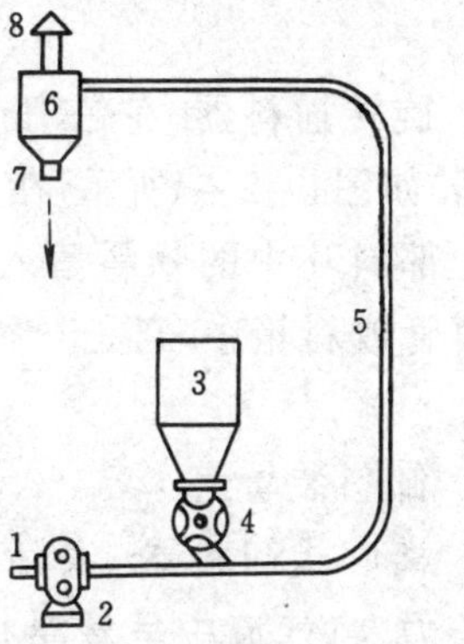

图 4－2－2　压力输送

1—空气入口　2—鼓风机　3—加料斗
4—旋转加料器　5—输料管　6—分离器
7—排料斗　8—空气出口

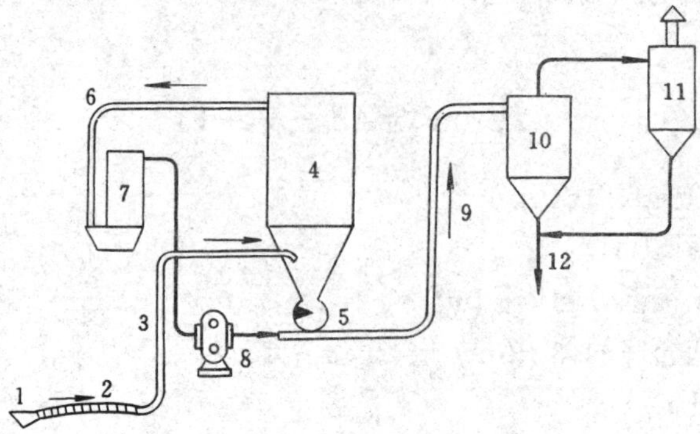

图 4-2-3 压力真空输送

1—吸嘴 2—软管 3—吸入侧固定管 4—分离器 5—旋转卸(加)料器 6—吸出排风管 7—过滤器 8—鼓风机 9—压出侧固定管 10—压出侧分离器 11—二次分离器 12—排料口

通常,真空输送适用于由若干加料点向同一地点输送物料,吸料位置可灵活多变,无须严密的吸料装置。但排料口要求封闭严密,以防物料反吹,一般多采用斗轮关风器等封闭良好的排料器。

压力输送适用于由1个加料点向不同地点输送物料。为使加料口保持封闭严密,以免物料反吹,须用封闭性能良好的加料器,通常也采用斗轮关闭器,但排料口则无须排料器。

将真空输送和压力输送结合起来,就组成压力真空系统,它集中了两者的优点。

气流输送方式的确定,应结合具体条件,将计算和实际经验结合起来,进行综合考虑。例如对距离较长的输送,可采用压力输送,并避免使用弯管。

(2) 气流输送系统的装置和设备 气流输送的组成,主要有以下几个部分。

① 进料装置:

1) 吸嘴: 有单管形吸嘴、带二次空气进口的吸嘴、喇叭形双筒吸嘴及固定式吸嘴等。

2) 旋转加料器: 它在压力输送系统中作为加料器,而在真空输送系统中则用作卸料器。如图4-2-4所示,在机壳内装有可旋转的、上有6～8片叶片的转子,当旋转加料器上部料斗中的物料落入转子叶片间的格子中,随同转子旋转至下部时,则可落入输料管或料箱中。它是一种容积加料器,其加料量与叶片转速有关,如图4-2-5所示。

② 卸料装置:

1) 离心式卸料器: 实际为旋风分离器。它可利用气流使物料作旋转运动而产生的离心力,将气流中呈悬浮状态的颗粒分离出。对于小麦及大麦等颗粒物料,其分离效率为100%;对于粒度小于5μm的粉末状物料,则分离效果很差;对于潮湿粘结的物料,也不适用。

2) 沉降式卸料器: 实际为重力式分离器。它适用于粒状及粉状物料输送系统的卸料。

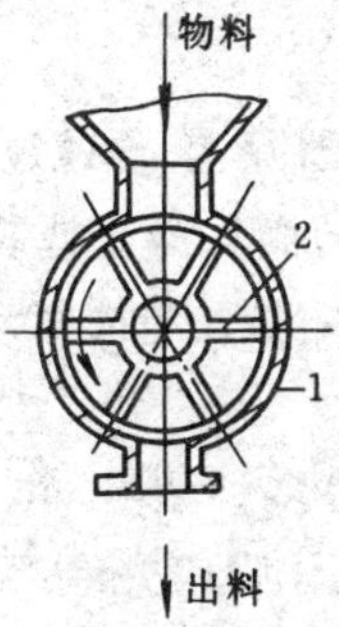

图 4-2-4　旋转加料器

1—外壳　　2—叶片

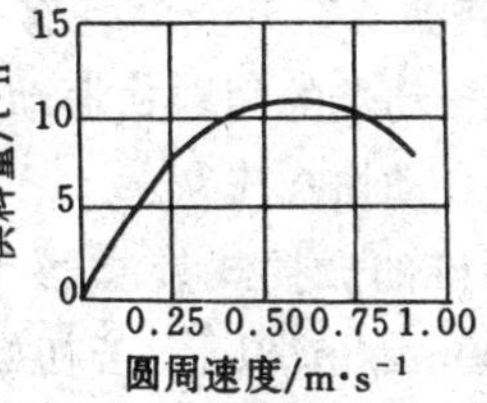

图 4-2-5　圆周速度与供料量的关系

如图4-2-6所示，物料随气流进入1个较大的圆筒形空间，由于气流速度骤然大降，故物料借自身重力沉降，而气体则从上部排出。为提高物料沉降效率，应控制进口的气流速度，并从切线方向进料。对于物料直径大于3mm的颗粒，圆筒高度可取为1.0～1.5d;中等颗粒时，圆筒高度取1.3～1.8d;粉末物料时，圆筒高度取1.5～2.0d。圆锥部分的外锥角，应大于物料的摩擦角。

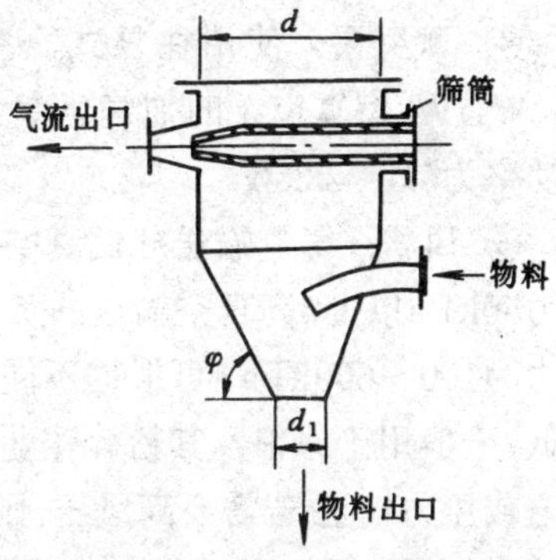

图 4-2-6　沉降式卸料器

3) 离心卸料器和旋转加料器配合使用：即于离心卸料器底部或风管上接旋转加料器，起闭风作用。

③ 除尘装置：自卸料器排出的空气中，含有大量灰尘，可经除尘装置除去，以免污染环境。除尘装置还可用于原粮清杂时的除尘及物料粉碎时的粉尘回收。除尘器有多种，常用的为袋滤器及湿式过滤器，如图4-2-7及图4-2-8所示。

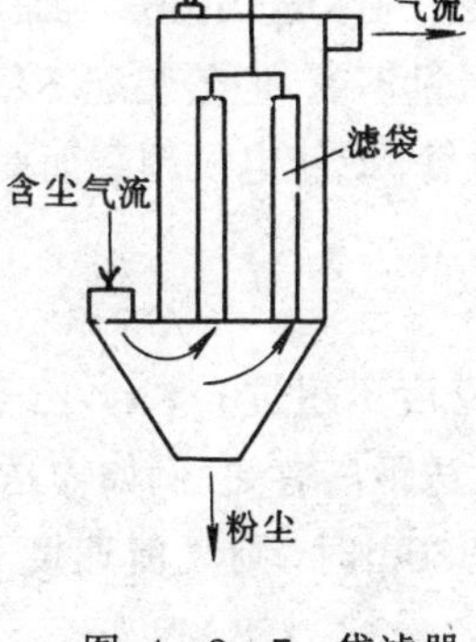

图 4-2-7　袋滤器

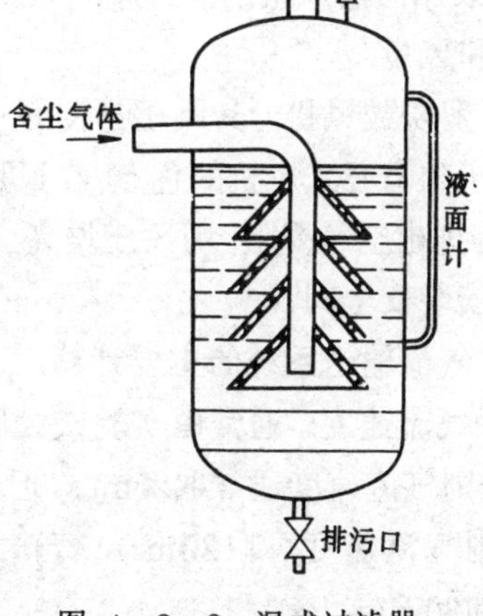

图 4-2-8　湿式过滤器

1) 离心式除尘器：其构造和原理同离心式卸料器。

2) 湿式过滤器：含粉尘的空气经滤水板洗涤鼓泡后排出。

3) 振摇式袋滤器：通常在回收粉尘时，空气先经离心除尘器除尘，再通过振摇式袋滤器除尘。该袋滤器在外壳内装有多条直径为100mm或300mm的筒状涤纶滤袋，袋内被截住的粉尘靠振动器的间歇式振动而落入灰口。通常配用空气压缩机及电磁气动薄膜阀，隔一定时间就自动振摇出灰。

我国标准的振摇式袋滤器有LD8型、LD14型及LD18型等多种型号。可处理的空气含尘量为200mg/m^{3}以上，若初始含尘量为5000～10000mg/m^3，则应先经离心除尘器除尘，最终除尘率可达98%以上。使用J(QD)和DMC2－1型等袋滤器，除尘率可达99%以上。例如J(QD)型控制脉冲袋式除尘器，其袋数为24条，过滤面积为19.9m^2，喷吹压力为500～700kPa，脉冲周期为60s，处理风量为2358m^3/h，允许吸入空气的含尘量为1.5g/m^3。

④ 真空泵：使用往复式真空泵，可造成气流负压真空输送系统的真空度。例如W_3、W_4、W_5型真空泵的抽气速率为200～700m^3/h，极限真空度为1.333kPa，所用的电动机功率为5.5～22kW。

⑤ 风机：气流输送分低真空和高真空输送、低压及高压输送。一般低真空输送的负压为50kPa以上，高真空输送的负压为30～50kPa；低压输送压力为50～60kPa，高压输送压力为100～600kPa。可根据不同输送方式选用相应的风机。离心式鼓风机风量大，但风压低，一般用于原粮及其粉碎作业的真空输送；罗茨鼓风机风压高、风量稳定，可用于真空输送或压力输送；若需要高风压，则可采用往复式压缩机。

1) 离心式鼓风机：可由叶轮的转动产生负压，将空气吸入，空气从叶轮外壳排出时，部分动压变为静压，具有一定的动压头和静压头。国产离心式鼓风机的特征参数有转速(r/min)、流量(m^3/h)、全风压(Pa)、轴功率(kW)、全压效率(%)等，可按离心式鼓风机的特性分别其种类。例如以安装位置和接电线的情况，可分为右转和左转两种型式，从电动机一端正视，若叶轮顺时针旋转为右转，逆时针转为左转；按空气的出口位置又可分为可调和不可调两种，可调范围为0～225°，其间隔为45°；按风动机转动的传动方式可分为A、C、D3种，A为与电动机直接连结转动，C为皮带传动，D为由悬臂支承、联轴器转动。此外，“B”表示防爆风机；风机的每个型号又有多个机号，可查有关的产品目录得知各个机号的风压和风量。

2) 罗茨鼓风机：其风压为19.6～49kPa，风量为0.25～630m^3/min。它兼具往复式空气压缩机和离心式风机的优点，在风压变化时，能保持风量不变，但若装配不精确，则容易磨损。若排出空气受阻，则风压增高，易有损于风机及风管，或使电机超载而受损，故应在风管中安装安全阀。

⑥ 气流输送系统的主要计算：

1) 气流速度：通常由实验或经验来确定。若物料密度不超过0.88kg/m^{3}和颗粒不大于2cm，则气流速度通常取25m/s。但因气流速度还与输送距离有关，例如输送距离在60m之内，则气流速度可取20m/s；若输送距离为150m和360m时，则气流速度可分别取为25m/s和30m/s。

2) 混合比μ: 即单位时间输送的物料量w_s(kg/h)与所需空气量w_a(kg/h)的比值。凡松散的颗粒物料，可选用较大的混合比;潮湿易结块或呈粉状的物料，可选用较小的混合比，以免管路堵塞。采用真空气流输送时，混合比可选小些;而用压力气流输送时，混合比可选大些。原料输送的混合比通常为7～14。

3) 空气输送量: 设所需空气质量为w_a(kg/h)，空气密度为γ(kg/m^3)，则所需空气的体积V_a可用下式计算。

$$V_a=\frac{w_a}{\gamma}=\frac{w_s}{\mu\gamma}$$

4) 输送管路计算: 设气流速度为u_a(m/s)，输送管内径为d(m)。则d可用下式计算。

$$d=\sqrt{\frac{4V_a}{3600\pi u_a}}=0.0188\sqrt{\frac{w_s}{\mu\gamma u_a}}$$

按上式计算的管径，再根据国家管材规格选择标准的管径，但要为空气留有10%～20%的裕量。

5) 压力损失计算: 气流输送系统的压力总损失$\Delta p_{总}$，在理论上等于风机的风压，但在实际选定风机时，一般均留有10%～20%的裕量。

$$\Delta p_{总}=\Delta p_1+\Delta p_2+\Delta p_3+\Delta p_4+\Delta p_5$$

式中　Δp_1——加速段的压力损失(Pa)

Δp_2——水平料管中压力损失(Pa)

Δp_3——垂直料管中的压力损失(Pa)

Δp_4——各种设备中的压力损失(Pa)

Δp_5——空气管的压力损失(Pa)

各管路中压力损失的具体计算方法，可参阅有关气流输送的专著;各种设备压力损失的计算方法，在设备产品样本中有标注。

2. 机械输送装置

机械输送有平运、斜运及升运3种形式，可按实际需要选用相应的输送机械。例如平运可采用平运皮带输送机、埋刮板输送机和螺旋输送机;斜运可采用斜运带式输送机、倾斜式斗式提升机及螺旋输送机;升运采用斗式提升机。

(1) 带式输送机

① 平运皮带输送机: 主要用于普通仓房及筒仓原粮的出仓。通用型皮带输送机如图4－2－9所示，分头、中、尾三段，头段由改向滚筒、传动滚筒、弹簧清扫器、头架及头罩等组成;中段由清扫器、下托辊、上托辊、中间架等组成;尾段有改向滚筒、螺旋拉紧装置、进料斗、缓冲托辊等组成。全机由各段机架、托辊及皮带相连。托辊起支撑皮带和物料的作用，上托辊为运载托辊，下托辊为空载托辊。因皮带有一定的延伸率，故应设拉紧装置，以免皮带打滑。输送带的驱动装置由电机、减速器、驱动滚筒组成。

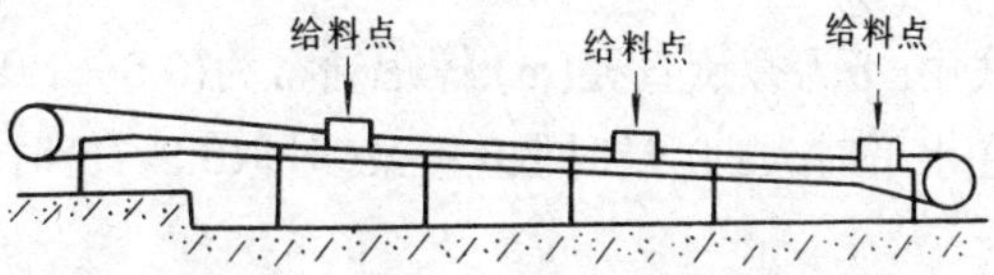

图 4－2－9　平运皮带输送机

该类输送机的皮带宽度为300、400、500、650、800、1000、1200、1600mm，输送带的线速度一般为0.7m/s，总长度可在300m之内，可按实际需要选用。常用的型号有2P60型、TD75型等。其生产能力Q(t/h)可用下式计算。

$$Q=3600\times L\times\rho\times0.75\times H\times u$$

式中　L——带宽(m)

ρ——物料密度(t/m^3)

0.75——为一般取用的填充系数

H——物料堆放于带上的平均高度(m)

u——皮带运行速度(m/s)

若皮带呈0～22°的微倾斜角度，则将上述计算得的生产能力除以1.00～1.15即可。

② 斜运带式输送机：在位差不大时，与风机风车联用，可去除原粮中较轻的杂物，将原粮初步清选并入平房仓库，堆至一定高度。

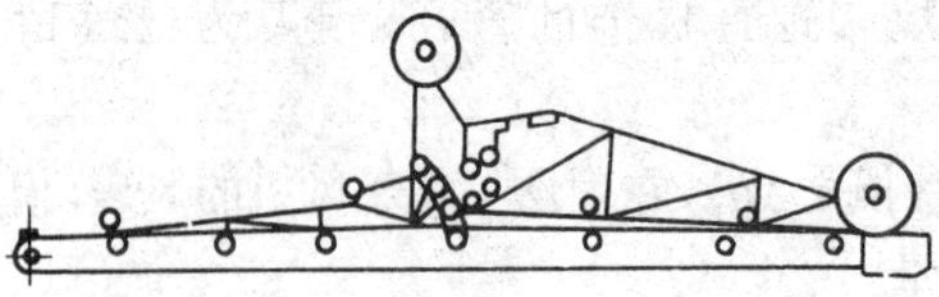

图 4-2-10　斜运带式输送机

TD45型斜运带式输送机如图4-2-10所示。其胶带宽度为500mm，运行速度为1.6m/s，输送长度为10m或15m，输送高度为3.52m或5.38m，运输能力为107.5m^3/h。

(2) 螺旋输送机　用于30m之内的平送和小于20°角的斜送，如输送原粮、粉碎原粮、酒糟等，可在密闭的机壳内利用螺旋将其推移向前。

螺旋输送机由螺旋、机槽、吊架等部件组成。对于干燥的粒状或粉状物料的输送，可采用全叶式螺旋；对粘性的酒糟等物料的输送，可采用带式螺旋。螺旋焊接于轴上，与机槽之间的空隙为5～15mm，若间隙过大会影响输送效率。机槽由数节连接，每节长约4.8m，两节联接处用角钢边加固，机槽两端的槽端板用铸铁制成，用作轴承支座。机长每隔3m以上补装1个吊装轴承，又名吊架。

GX型螺旋输送机为定型产品，如图4-2-11所示。其螺旋直径为150～160mm，有7种规格，输送长度为3～70m，输送能力为Q(t/h)，可由下式计算。

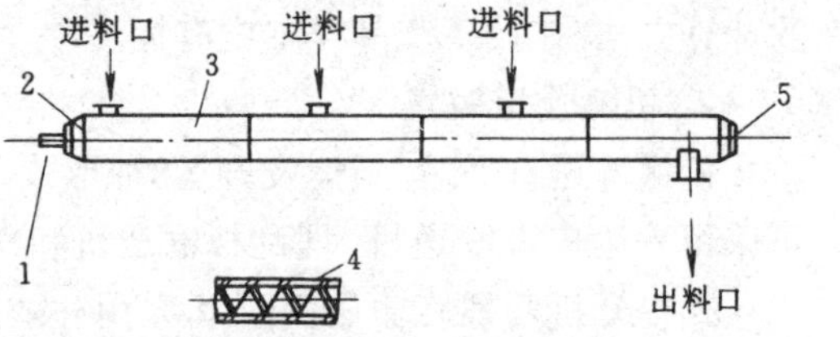

图 4-2-11　GX型螺旋输送机

1—皮带轮轴　2—轴承　3—机槽　4—螺旋　5—轴承

$$Q=60\times\frac{\pi}{4}d^2\times螺距(m)\times转速(r/min)\times物料密度(t/m^3)\times填充系数\times倾斜系数$$

式中：d为螺旋直径(m)；螺距通常为(0.5～1.0)×d；填充系数通常为0.125～0.400；倾斜系数在水平时为1.0，5°时取0.9，10°时取0.8，15°时取0.77，20°时取0.65。

(3) 埋刮板输送机　主要用于筒仓物料的入库，由一处进料，将物料输送至各个筒仓，故有一定的运输长度。例如MS型埋刮板输送机，如图4-2-12所示。它主要由驱动装置、驱动装置架、柱销联轴器、联轴器护罩、大链轮、小链轮、刮板链条、

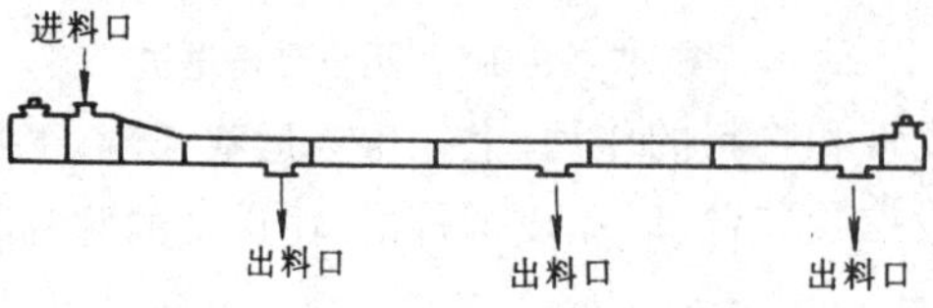

图 4-2-12　埋刮板输送机

进料及出料装置所组成。驱动装置由电机、减速器与联轴器相联。

(4) 斗式提升机　又称皮带斗式升运机。用于原粮及粉碎物料的垂直向上升运。

① 构造：斗式提升机由料斗、料斗带、转鼓及机壳等部件构成。料斗分浅斗和深斗两种。料斗带一般为胶带，其宽度比料斗宽度大10～20mm，料斗用螺钉固定于胶带上，料斗的间距为料斗高度的1倍以上。螺钉必须埋在胶带内部，以免运转中与转鼓碰击。提升机顶部的转鼓为主动轮，与减速器及电机相连，下部转鼓为从动轮，其轴承可移动，装有螺旋或重锤张紧装置。上下转鼓的直径相同，通常为300～500mm，其宽度比料斗大25mm左右。除电机及减速器等以外，其余部件均装在木制或铁制的机壳内。皮带斗式提升机如图4－2－13所示。

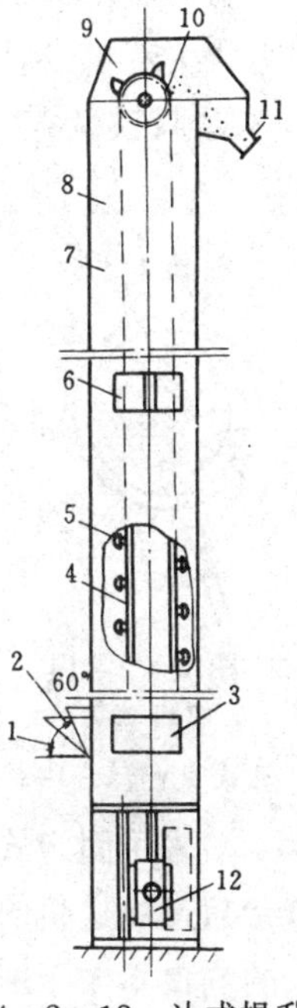

图 4－2－13　斗式提升机

1—低位装载套管　2—高位装载套管　3—孔口　4—皮带　5—料斗　6—孔口　7—外壳　8—皮带　9—上鼓轮外廓　10—鼓轮　11—下料口　12—张紧装置

② 工作原理：物料从提升机下部加入斗内，升运到机顶部时，由于斗的运行方向改变，物料从斗中甩出，称为离心卸料法。承接物料的槽应设于距转鼓稍远的位置，以免阻碍转鼓运转。若输送密度较大或粘性的物料，则可在转鼓下装2个导向轮，使胶带弯曲，料斗运行至此时能完全翻转，物料借自重从斗中甩出，称为重力卸料法。料斗的运行速度与输送量及物料有关，低速为0.5～0.8m/s，高速可达1.6m/s，轻粉状物料取1.25m/s，各种原粮取1.5～2.5m/s。

③ 输送量及功率消耗计算：输送量即运输能力Q(kg/h)，可用下式计算。

$$Q=3600\frac{V}{l}\rho u\varphi$$

式中　V——料斗的容积(m^3)

l——料斗间距(m)

ρ——物料密度(kg/m^3)

u——运行速度(m/s)

φ——填充系数，粉状物料取0.75～0.95，原粮取0.7～0.9

(三) 除杂设备

1. 初选清杂设备

(1) 风选除杂　适用于小厂。例如用TD45型皮带输送机将物料斜送至一定高度，由鼓风机吹扬使轻体物被分离。

(2) 清杂筛　例如SZ－80型自衡振动筛有3层具有不同筛孔且有一定斜度的筛板。各筛板装有不同偏心方向的偏心轮，并利用平衡重的方法使运转时产生水平方向的惯性力相互抵消，但由于垂直方向力的不平衡而相应地提高了筛体的机架高度。电机带动偏心轮回转，通过曲柄连杆机构使筛板作往复运动，将物料进行分级，并由机体的风管排除灰尘。该机的生产能力为3.2t/h。也可用SM型平面回转筛将粮食除杂，或上述两机联用。

2. 除石机

为避免粉碎机损坏，应采用吸式或吹式去石机将原粮中的砖石除去，较常用的为QSX型吸式去石机，利用运转时机体的负压将不同密度的物料分离。

3. 吸铁装置

如图4－2－14所示，在CXY－25型永磁滚筒中的偏心位置装有1组电磁铁，通入电流产生磁场，物料加在滚筒上面磁力最强处，使物料中的铁屑吸于滚筒表面。当滚筒上的铁屑随滚筒转到下部时，由于距磁铁较远，磁性减弱而借其自重下落，有挡板将物料与分离出的铁屑分开。

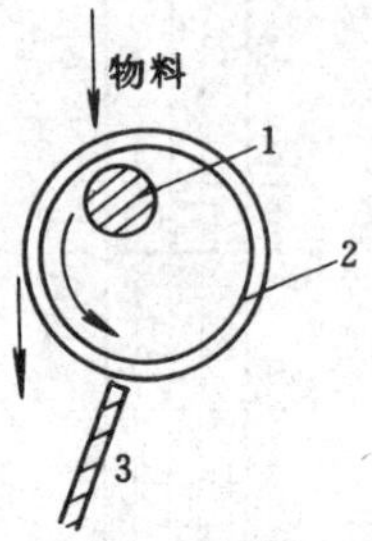

图 4－2－14
吸铁装置
1—磁铁　2—转鼓　3—挡板

(四) 筒仓输送及除杂设备的设置

1. 仓顶输送设备

通常采用固定式胶带或埋刮板输送机，以后者效果为好。相邻的2排筒仓可合用1台输送机，进料口设于筒仓中心内侧。

2. 仓底输送设备

多采用固定式胶带输送机，每行筒仓设1台，若2行筒仓合用1台，则所增筒仓高度的建筑费超过输送机的投资。以筒壁落地支承筒底的筒仓，输送机的通道口不大于1500mm，过人的洞口不大于900mm。

3. 工作塔

筒仓由粮塔及工作塔两部分组成。工作塔内设置斗式提升机、称重装置及清杂、通风除尘设备。为减少物料升运次数，设备的位置要合理，上、下道工序的连结尽可能多用直溜管，不用或少用弯头和水平输送。

(1) 设置斗式提升机　可按清杂、入仓、倒仓的需要，将3～4台斗式提升机设置成一排，机头及传动装置设在工作塔层或顶层，机座在低于筒仓下层地平的地下层内。提升机的卸料口用溜管或弯头接至自动秤或仓顶输送机上。

(2) 设置称重设备　小厂采用每次称重为100kg的CJ系列100定型自动秤，在秤上装有贮斗，以便连续称重。秤下装有容量大于1次称重的称量斗，作为流量的缓冲器。称重的读数装置及操作面设于光线较好的位置。因原粮尘壳较多，故秤上需有吸尘装置。

(3) 设置清杂设备　多采用振动筛。清杂间应设于适当的楼层，略高于粉碎间或相同高度。主要设备的操作面要靠窗户，主走道宽1.5m，一般设备走道宽1m，设备横向走道宽0.8m，非操作面设备距墙350～500mm。为便于更换振动筛的筛板，抽出筛板的走道宽度不小于1.5m，并应有利于集中风网的组合。为保证除石效果，去石机应设于无振动的位置，在机的前后两端操作，走道不小于1m。

(五) 粉碎设备

白酒生产中物料的粉碎，包括制曲原料和制酒原料的粉碎，以及成曲的粉碎；粉碎的方法可根据操作作用力的不同分为挤压、冲击、磨碎和劈碎4种。例如锤式粉碎机利用其快速旋转的锤力将物料冲击粉碎，被广泛应用于各种脆、硬物料的粗碎、中碎或细碎作业；辊式粉碎机利用2个辊筒以相反方向旋转，产生挤压力和剪力将物料粉碎。通常，薯干及玉米等可用锤式粉碎机粉碎。一般大曲物料可用锤式粗碎机或锥形钢磨粗碎后，再进入磨粉机。高粱及制大曲的麦类等的粉碎，可采用辊式粉碎机或万能磨碎机。制小曲的碎米等原料，可用万能磨碎机粉碎。

1. 主要的粉碎设备

目前，使用最为广泛的是锤式粉碎机和辊式粉碎机。

(1) 锤式粉碎机　如图4－2－15所示，由主轴、转鼓、栅栏，以及传动电机和风机等组成。主轴上装有若干圆盘，圆盘周围安装固定的锤刀，称为转鼓。锤刀有矩形、带角矩形及斧形等多种，锤刀应严格地对称安装，以免主轴失去平衡而损坏机件。矩形锤刀的一端磨损后，可再调换另一端使用；斧形锤刀的重心偏于尖端，适于粉碎韧性较大的物料。干法粉碎的锤刀每周更换1次；湿法粉碎时，锤刀每月更换1次。锤式粉碎机上附设吸铁装置，进一步吸除铁屑，以保护锤刀。转鼓周围的栅栏，其上部表面呈沟形，下部是筛板，粗筛用铜丝构成，细筛为金属板上钻孔，孔径为1.5mm。可按粉碎度要求随时更换筛网。

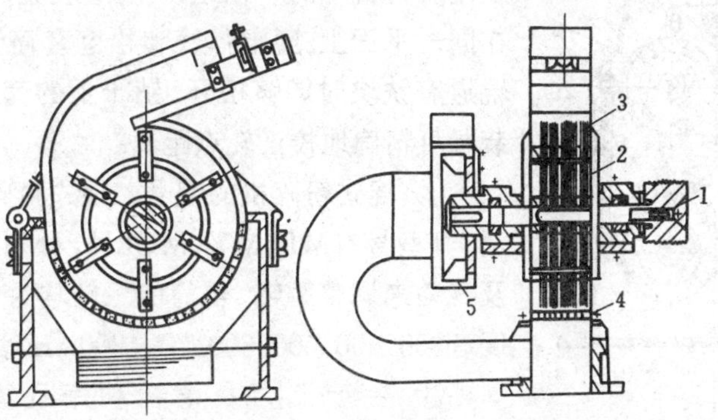

图 4－2－15　锤式粉碎机

1—轴　2—转鼓　3—锤刀　4—栅栏　5—抽风机

① 工作原理：锤式粉碎机与抽风机相连，由锤刀击碎的物料从筛孔下落，由吸风机送入离心卸料器。若为干法粉碎，则由下旋沙克龙或组合沙克龙收集细粉，气流可经袋滤器除尘。若气流中含尘量过多，则在袋滤器前加置离心除尘器。为提高干法粉碎效率，可采用密封循环法，即将粉碎机的物料全部通过筛板，再在机外把不合要求的粗粉分离出，并回到粉碎内粉碎，这样可避免细粉重复粉碎，使粉碎效率提高45％左右。若采用吸气设备将粉碎的细粉抽出，经离心卸料器收集，则可提高粉碎约30％，并节约电耗。若以鱼鳞状筛代替平筛，则可减少堵塞并提高粉碎效率。

② 锤式粉碎机的优缺点：具有结构紧凑、生产能力大、耗电量少的优点；但在粉碎硬质和坚韧原料时锤刀磨损快。运转时的噪音也较大。若转子平稳，则运转时也较均衡。

③ 操作时的注意事项：若有异物进入机内，或转子不平稳，或进料量过大，则运转时有杂音或声音不正常，应停机拆卸检查，取出杂物，正确安装各把锤刀，并疏通筛孔。若出粉率过高，通常为筛板破损或磨损，则应更换新筛，重新开机后，要控制进料量。

④ 生产能力计算：设锤式粉碎机的生产能力为Q(m^3/h)、排料系数为0.7、筛孔直径为d(m)，则可用下式计算。

$$Q=60\times\frac{\pi}{4}d^2\times 筛孔数(个)\times 0.7\times 排料次数(次/min)\times 转子转速(r/min)$$

(2) 辊式粉碎机

① 结构及工作原理：主要构件为1对或几对磨辊(筒)，白酒厂一般采用4辊粉碎机。圆柱形辊筒表面有光面和带波纹(磨牙)两种。磨牙用拉丝床拉成，磨牙的方向与磨辊的轴向角度称为牙齿斜度，斜度越大，则对物料的撕力越大。对辊中的1个辊的轴承是固定的，另1个辊的轴承是可移动的，并在其上面装有弹簧。两辊的间隙称为开度。当物料中混有较大块或较硬的物料时，弹簧能稍微移动一点，使其得以通过，以免损伤辊筒表面。若要求物料粉碎得较细，则可提高辊筒表面的圆周速度为8～10m/s；也可使两辊间的转速差保持在15%～20%，以增加物料的粉碎度。气流装置通过辊式粉碎机的上部中间隔板，隔出空间直通下部，吸出湿热空气，以免粉碎物料发热。

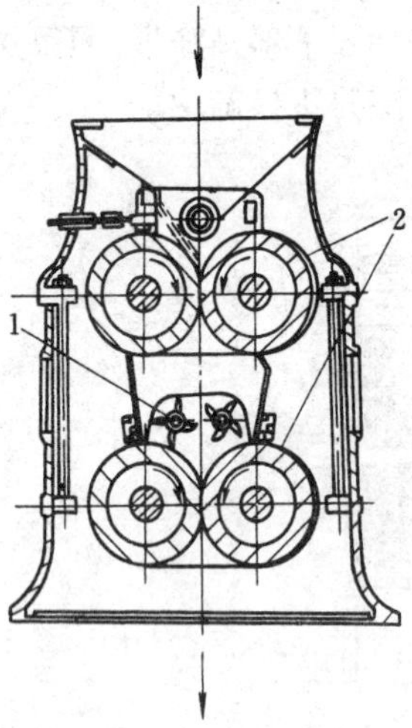

图 4－2－16　4辊式粉碎机
1—叶轮　2—辊筒

磨辊的安装及调整要得法。将一对磨辊平置时，俯视其斜度应一致。调整磨辊的装置有多项，松磨装置可避免在没有物料时的磨辊碰损；校磨装置的作用是使每对磨辊在同一平面上；磨辊弹簧和松磨套筒销子的作用是，在磨辊遇有铁块时能够松开，销子上的套筒即破裂；精细校磨装置可精确地校正轧点距离。

② 辊式粉碎机的型号：辊式粉碎机如图4－2－16所示。其型号有MF、MY、MQ3种，分别采用手动、液压传动及气动来调整磨辊，辊筒的运转均为电机传动。辊轴的长度有300、400、500、600、700、800mm等系列。

③ 生产能力及消耗功率计算：设生产能力为Q(kg/h)，辊的直径为d(m)，辊转速为n(r/min)，原料填充系数为0.5，则：

$$Q=\text{辊间开度(m)}\times\text{辊长(m)}\times d\times n\times 60\pi\times 0.5\times\text{物料密度}(\text{kg/m}^3)$$

消耗功率P(kW)可估算为：

$$P=1.148\times\text{辊长}\times n\times d\times(\text{物料密度}+0.417\times d^2)$$

2. 物料粉碎设备配置例

(1) 高粱的粉碎　高粱由斗式提升机运至暂贮罐，再流入4辊粉碎机粉碎后，由斗式提升机运入贮仓，贮仓下设自动秤。

(2) 曲料的粉碎装置　大麦和豌豆按6∶4比例混合后，由斗式提升机运入振动筛，振动频率为800～1000次/min，筛孔为圆形，直径为10mm。尘埃由原料进口处的吸尘机吸出。粗大的杂物留在筛面上被分离出来。在振动筛的出口处装有磁力分离器，将铁钉等吸住。物料再由斗式提升机输入钢板磨，粗碎成瓣后，由斗式提升机运入辊面有斜纹的4辊粉碎机，第1对辊间距较大，第2对辊间距较小。物料由第1对辊子粉碎成较粗的粉后，再由斗式提升机送入振动筛分成粗粉和细粉，振动筛的规格为30孔/cm²。粗粉由斗式提升机输入贮仓；细粉再经第2对辊子进一步粉碎后，与贮仓内的带皮粗粉混合。

(3) 大曲的粉碎装置　以下为两个名酒厂的实例。

① 实例1：半自动大曲粉碎设备流程如图4－2－17所示。曲块借自重依次被送料器送入破碎机压头，被破碎后的小块曲进入置于底层的40型粉碎机由锤片击成细粉。细粉通

过筛孔后吸入喉管，再在密闭管路中负压输送。抽吸式输送除尘系统由喉管、d495mm的旋风分离器、4×d300mm的4管旋风除尘器、9－19型的高压离心通风机、36筒BLM－Y型脉冲布袋除尘器及输送管道等组成。

喉管中的气粉混合物以18m/s的速度从垂直管道升至2楼的旋风分离器，在离心力的作用下曲粉落入关风器，进入粉料仓。按动电钮，2位4通电磁阀切换后的气流通过气动缸自动打开粉料仓的插门，曲粉流入口袋，例如量到60kg时，秤杆触点断开，插板自动关闭。若因故未放料而仓满，则料位自动控制器能自动报警，提醒操作者并立即自动停止进料。

从出料口和进料口压头处产生的飞尘，可被吸尘罩收集并汇合，从分离器出来的含尘气流吸入4管旋风除尘器，分离出来的细尘通过关风器落入集尘箱。从4管旋风除尘器抽出的气流，被风机压入脉冲布袋除尘器，在布筒上的粉尘被压缩空气周期性的抖落而收集于集尘箱，干净的气流最后排入大气。

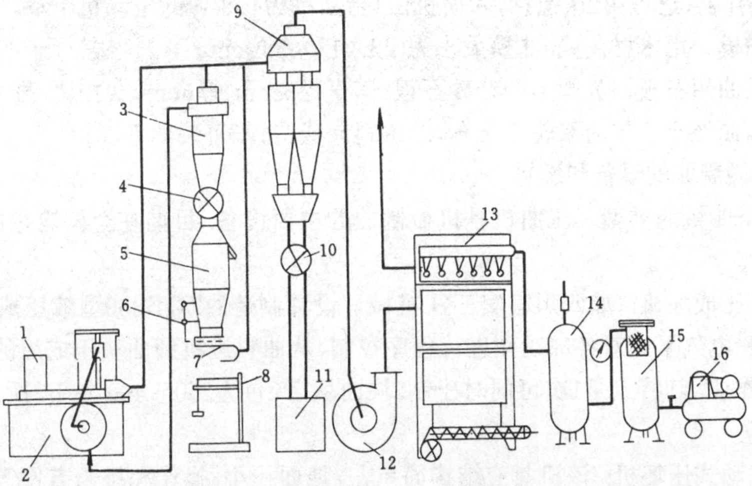

图 4－2－17　半自动大曲粉碎联动机

1—块曲仓　2—破－粉碎机　3—旋风分离器　4—闭风器　5—粉料仓　6—出料器　7—吸尘罩　8—秤　9—4管旋风分离器　10—闭风器　11—集尘箱　12—风机　13—脉冲布袋除尘器　14—贮气缸　15—油水分离器　16—空气压缩机

② 例2：曲块粗碎机由带牙钢滚（曲刀）和杆状击锤构成。钢滚紧靠入料口，兼具给料器及轧碎滚的作用。钢滚下面是击锤，其下侧包以半圆形筒筛。杆状击锤由4根平行地装于主轴上的圆形钢柱构成，柱的长度为主轴长度之半，以长为5cm的支杆装于主轴两侧，其中2根装于主轴左端，另2根装于右端，左右两端的支杆相互呈垂直状态。粗碎机生产能力为600kg/h。钢滚直径为24cm，长68cm；筒筛与钢滚长度相等，其直径为22cm，筛孔呈圆形，孔径为1.4cm。击锤与筒筛的间距为1.4cm。运转时，曲块先由钢滚的挤压和剪力作用而被粉碎，细料通过筛孔流出，粗料被筒筛阻留，由击锤再次粉碎。

经粗碎后的物料，通过斗式提升机和平筛，进入钢板磨进一步粉碎。钢板磨由直径相同的2个刻有纹道的圆盘构成。2个圆盘分别安装于2根横轴上，轴心相对。圆盘的横轴仅有1个可转动，另1个安装于可滑动的轴承上。可改变圆盘间的距离，以调节物料的粉碎度。

运转时，物料从圆盘间空隙处进入，经研碎后从空隙间落下。

国内有的设备厂生产风送式的JQ－2型曲块粉碎成套设备。也有厂生产JF－2235型白酒原料粉碎设备，全套设备为地面移动式，包括斗式提升机、BS－60型筛粮机，可进行换仓作业；能粉碎高粱、小麦、大麦、豆类等，如将高粱粉碎为4、6、8瓣，或按需要将原料粉碎成粉状。

二、制曲用具及设备

1. 人工踩曲坯的用具和设备

以某名酒厂为例，主要用具及设备如下。

(1) 拌和锅　以铸铁制成，其直径为68cm、深20cm，置于一木架上。在锅内将曲料初步拌和。

(2) 和面机　机内设有2个搅拌装置。第1个搅拌器的轴上装有3对带齿的叶片，将由人工初步拌和的物料搅拌后，物料落入和面机的圆筒内，筒中装有搅拌轴上带许多粗铁齿的第2个搅拌器，进行第2次搅拌。和面机由1台功率为4.5kW的电动机带动。

(3) 曲模　用木材制成。曲模大小为(28×18×5.5)cm。

(4) 踩曲用石板　为圆形的红砂石板。其直径58cm、厚5cm。共12块，排列呈弧形。

(5) 运曲坯小车　为双轮手推车，以木料制成。每车可装曲坯30块。

2. 机械制曲的设备和装置

(1) 压曲机的类型　压曲机是机械制曲的主要设备，目前在全国应用的压曲机有如下3种类型。

① 液压成坯机：如四川宜宾三江机械厂设计制造的ZQB250型液压成坯机，能利用液压系统和电气系统对各部动作进行程序控制，从曲料进机到曲块压成后的输出，可实现自动循环作业。其特点是1次可同时压制2块曲坯，产量为250～400块/h，所用电机功率为3.3kW。

② 气动式压坯机：该机具有结构简单、占地面积小、操作和维修方便等优点。其压曲方式是一次气动静压成型，产量为350～500块/h。可利用1台$0.6m^3/min$的小气泵产生的压缩空气，通过3个手动换向阀驱动气缸，完成取料、压坯、顶出等作业。由于每块曲单独用1个气缸压实，故不会因加料不均匀而使曲坯松紧不一；在设计时也已考虑到不会因设备磨损而产生模子对位不准的问题。

③ 弹簧冲压式成坯机：这是大多数白酒厂采用的压坯机。首先于山西杏花村汾酒厂及上海七宝酒厂等白酒厂使用成功，而后经上海饮料机械厂改进仿制，并以洋河酒厂为试点，再向全国推广应用。该机的生产能力为700～800块/h，曲坯大小和形状可按曲模而定。可改善卫生状况，并节省劳动力75％。

将曲料与水按比例加入搅拌机中混匀后，再由齿式疙瘩耙将疙瘩打碎，进入三角贮斗，经输送槽内的传送带输入压坯机。曲料自动装入曲模内，曲模在链轮和链条的带动下，在托板上滑行前进，每到一定位置，由踩(压)曲锤压一下。踩曲锤的齿轮带动拉杆，拉杆拉动大梁下移，大梁压迫弹簧，即将压力传到踩曲锤上，把曲模中的物料逐次压实，每块曲坯共压8次即成型。最后由第9个踩曲锤将曲坯从模中压出，曲坯落到传送带上，横向送出机身。再由人工逐块接装到推车上，运至培曲室。

为了防止曲料粘在踩锤上，在锤底有小孔，锤孔外面包有2层毛巾和2层白布，锤内灌注的水由小孔流出，使布潮湿而不粘住曲料，因而使曲坯表面光滑平整。

(2) 微机控温培养大曲装置　有的白酒厂已采用微机自动控制曲室内的温、湿度培制大曲。其主要设备有微机和自动控制柜。曲室内装有温度计、湿度计、喷头、排风扇、框架、放曲块的盒、电热丝等。成曲产量比传统法高3～4倍，成曲质量稳定，糖化力和发酵力均高于传统工艺培制的大曲。

三、发酵设备

(一) 发酵容器

大曲酒的发酵容器一般采用地下敞口式，便于保温和操作。传统发酵容器的容积一般为6～10m^3；为便于机械化出醅，有越来越大的趋势，目前大的发酵池为20～40m^3。因白酒的香型而异，大曲酒的发酵池大小及材质不一。

1. 浓香型大曲酒窖池

(1) 传统窖　以黄泥筑成。平均容积为10m^3，以6～8m^{3}为最好。长与宽之比为2∶1，深为1.5m。以底小口大为宜。泸州300年老窖的容积为2.25×1.87×1.9＝7.99(m^3)。窖底一般不设排水沟，以利于维护老窖。

(2) 人工筑窖　有的名酒厂新筑的窖，其长与宽之比为(1.2～1.4)∶1，深为1.6～1.8m，容积为11.2～16.8m^3，即装8～12甑酒醅。筑窖的具体过程和要求如下。

① 筑窖材料：有优质泥、窖皮泥、老窖泥、老窖黄水液、大曲粉、楠竹钉、苧麻丝。不能使用方砖、条石、水泥为材料。

② 排窖基：选择地貌、土壤、土质均恰当的窖基，以土壤母质为粘性强的黄泥最好，开方挖土。一般按地形排列窖基，以便于酿酒操作机械化。

③ 筑窖墙：用未经晾干水分的新鲜粘性黄泥筑窖墙，要用力筑紧，立埂(宽)厚度为窖底基1.5m、平地面为1m；横埂(长)厚度为窖底基1m、平地面为65cm。还要用墙板掌握好窖墙呈一定的斜度。窖与窖之间的横埂，决不能打单墙，要打双墙(指厚度)，填泥时还要筑紧。若随意减少墙的厚度，则在使用时易出现垮塌现象。

④ 钉窖钉：将窖钉钉入窖墙至15～20cm，窖钉的间距为10cm。窖钉铺完后，呈45°的斜角。

⑤ 搭窖壁：用苧麻丝缠窖钉头后，将搭窖泥运到窖底，将其(发酵泥)一团团用力砸向窖壁和窖底，并在窖底的一角留有呈窝形的黄水坑1个。

新窖筑成后，不能敞开不用，以免窖泥干裂，应立即使用。

2. 清香型大曲酒发酵容器

(1) 地缸　一般地缸直径为0.7～0.9m，高为1～1.6m，相邻两缸的中心距为1m。如汾酒厂的地缸高为1.1m，上口内径为75cm，底部内径为51cm，容积为0.44m^3，每个发酵室有88只地缸。

(2) 水泥窖　以瓷砖贴面、陶砖贴面、水磨石或水泥磨光打蜡等窖面较好。所用的水泥为高标号水泥或耐酸水泥。不能用普通砖贴面。通常窖底呈3%的斜率，并设有排水沟，由地沟、铸铁管或耐酸塑料管道通窖底水井，用排污泵将黄水提升排出。

3. 酱香型大曲酒发酵窖

用石块、粘土、砂石筑窖，以瓷砖贴面或为水磨石面。如某厂的条石地窖为：长×宽×深=396cm×215cm×302cm，容积为25.71m^3。

(二) 运送酒醅设备

1. 刮板输送机

刮板输送机可连续进出物料，对厂房无特殊要求，且结构简单、投资少，但在连续运料过程中酒醅的酒精挥发量较大。

2. 地面行车抓斗

地面行车抓斗配置于搬运的吊车上，可往返行车起吊搬运物料，虽然对厂房要求不高，但对厂房高度及路的宽度应予以考虑。

3. 行车抓斗

行车抓斗要求厂房坚固。DT1型3.5T/1T吊钩抓斗桥式起重机的主要技术参数及工作原理如下。

(1) 主要技术参数　为双梁型，跨度为7.5～16.5m；设备质量为4.9～8t；抓斗自重为0.5～0.6t；起吊质量为3.5t；电机装机总功率不大于24kW；起重机运行速度为50m/min；小车运行速度为28m/min；起升运行速度为8m/min；起升高度为6m、9m、12m；抓斗特性：1t轻型抓斗，其容量以0.6m^{3}以下为好。在订货时对行车抓斗的技术参数可提出特殊要求。若最大开度≤1700mm，则窖的宽度不小于1900mm。

(2) 工作原理　机件由牛腿支撑于道轨架。道轨架上铺设工字梁道轨。主机的道轨轮座于道轨上。在沿道轨的一侧设线滑接通电源，由传动机构使道轨轮运动，同时带动抓斗和吊钩(小跑车)移动。抓斗与吊钩的升降机构为电动葫芦或卷扬机。桥式起重机可在能抓取或起吊的运行范围内，完成物料的出窖和入窖等作业。例如分层起酒醅的白酒厂，将桥式起重机的吊斗放入窖的一端，由人工将窖里另一端的酒醅分层起入吊斗运至拌料场。出甑材料由桥式起重机的吊钩吊起活动甑，打开甑底插销，将材料放出，经加水、降温、加曲拌匀后，再由桥式起重机的抓斗抓取材料入窖发酵。

四、蒸馏设备

就广义而言，大曲白酒的蒸馏设备包括上甑机、蒸馏器及冷凝器、起排盖机、出甑机及晾楂机等设备。目前白酒厂大多使用传统甑桶、多工位转盘甑及活底甑3种蒸馏器，前两种为固定式甑桶，桶体不能起吊和移动，甑底也不能打开；活动甑的甑体可吊起，甑底也能开启。上甑机和出甑机主要应用于多工位转盘甑。

(一) 传统甑桶蒸馏系统

1. 甑桶

(1) 传统甑桶的构造　甑桶又称甑锅，由桶体、甑盖(排盖)及底锅3部分组成。传统的“花盆”甑，桶身上口直径1.7m、下口直径为1.6m、高约1m。桶身外壁为木板，内壁铺以彼此用防酸水泥抹缝嵌合的石板，甑盖为木板，甑底有1层竹篦。

现在很多厂使用的甑桶，已改为钢筋混凝土结构了，加热方式也多以蒸汽代替过去的直接烧火加热，甑的容积也由原来的$2m^3$左右增至$4m^3$左右。也有的甑桶身高为0.9m，下口直径与上口直径之比为0.85。桶身壁为夹层钢板，外层材料为A_3钢板，内层为薄不锈钢板。在空隙为3cm的夹层内装保温材料蛭石或珍珠岩。甑盖呈倒置的漏斗体状，材料为木板或如同桶身装保温材料的夹层钢板。位于底锅上的筛板支座上放置竹帘或金属筛板，筛孔直径为6～8mm。底锅呈圆筒状，深度为0.6～0.7m，底锅内的蒸汽分布管为上面均布4～8根放射状封口支管的1圈管，管上都开有2排互成45°向下的蒸汽孔。

(2) 冷凝器　传统的冷凝器用纯锡制成，后改用铝板等为材料。冷凝器多呈列管式，总的高度为1.0～1.2m。冷凝器的上下为汽包，上、下汽包及过汽管的铝板厚度不超过3mm，过汽管直径为200mm，下汽包有伸出并向上的排醛管，下汽包底部设流酒导管。上、下汽包的花板为13或19、23孔，孔与冷凝管焊接，管的直径通常为80mm或90mm，管厚度不超过1mm。

(3) 甑桶与冷凝器的连接装置　如图4－2－18所示。过汽管又称大龙。在冷凝器的一侧的中上部位，有1根支管通至甑桶下的底锅内，由阀门控制进入底锅内经冷凝酒汽以后的热水量，酒尾可从支管的分支管流加至底锅内。

传统固定甑的容量，由窖的容量而定。这种甑的装料和出料，仍靠手工操作，故劳动强度大。

(4) 实例　某名酒厂的传统甑桶蒸酒系统情况如下。

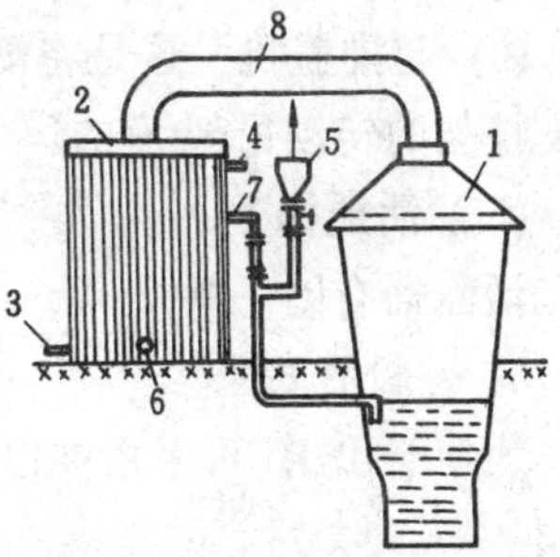

图 4－2－18　甑桶与冷凝器连接装置

1—甑桶　2—冷凝器　3—冷水入口
4—热水出口　5—注酒梢子口　6—流酒出口
7—部分热水流入甑的底锅　8—过汽管

① 甑盖：圆锥形，用“秋木”制成，质坚而轻。顶中部留孔，上接导汽管。

② 甑桶：为上大下小的圆筒，高1.1m，上口直径为2m，下口直径为1.6m。用柏木制成，质地密致，耐腐蚀，无不良气味。下端座于地锅上，靠近下端处有1排铁制的垅条，上置圆形的竹帘，酒醅可置于竹帘上。

③ 底锅：或称地锅，用水泥制成。身呈圆筒形，底为圆弧形。距甑桶下端20cm处装有蒸汽盘管，由长约6m、直径为3.8cm的钢管制成3圈，其向下的一侧有直径为4mm的蒸汽孔70个，由里向外，由疏而密分布。地锅内的液面略高于盘管。

④ 冷凝器：用纯锡焊制，呈列管式，冷却面积为$7m^2$左右。在底部一侧有直径为0.02m的排醛管1根。

(5) 甑桶的设计　甑桶大小可根据每甑材料的量、材料的密度及材料在甑桶内的充满系数来计算。其公式为：

$$V_1=\frac{m}{\rho\phi}$$

式中　V_1——每甑材料所需容积(m^3/甑)

m——每甑材料的量(t/甑)

ρ——材料的密度(t/m^3)

ϕ——甑桶内的充满系数

甑桶的容积V_2为:

$$V_2(m^3)=\frac{1}{3}\pi H(R^2+r^2+Rr)$$

式中　R——甑桶上口的半径(m)

r——甑桶下口的半径(m)

H——甑桶高度(m)

通常,R不宜过大,因料层的表面积太大,会致使上汽量不均匀而影响蒸馏效率,并造成操作不便,故一般取1.7～2.0m。

一般r应比R小0.2～0.3m为宜。实践表明,若R比r大0.3m以上时,则甑桶的倾斜角太大,反之亦然。上述两种情况均会影响蒸汽的上升和扩散,并直接影响蒸馏及蒸煮效果。

甑桶高度应适中,以便于出甑操作,并使蒸汽上升时接触面积较大,料层对酒精蒸气和拖带出来的香味成分上升的阻力较小,以得到良好的蒸馏效果。故通常为$H\approx 1/2R$。

(6) 起排盖机　这是将甑盖起吊到甑桶外或将起排后的甑盖复位的装置。通常采用有支撑架的转动吊架;有的厂用电动机起吊,比人工将甑盖抬上抬下省力。

(二) 活甑桶

活甑桶有以下3种。

1. 一般活底甑

为便于出糟,可采用能以桥式起重机(行车)吊起的活底甑。如图4－2－19所示。最好用不锈钢焊制。其外形与传统固定甑相似,上口直径比下底直径大10%～15%。将甑桶的筛板与其支座铆合。筛板为2个以活页连接的半圆形。在筛板的支座底部有2个导轮。筛板支座与桶身以活动销连接。蒸馏结束后,由起重机的吊钩钩住甑桶的吊环,将甑桶吊起,并移至适当的地面上方,打开活销,则筛板的合页合起,糟即可自动排落。这种出糟方式虽节约劳动力,但在卸料时冲击力很大,故容易发生烫伤事故,并在瞬间散发大量蒸汽,影响车间操作。放糟后,将甑桶置于地面,由导轮的支撑作用使筛板复原为平置,并将活动销插入销套。再将甑桶与底锅连接,即可重新装料蒸馏或蒸煮。

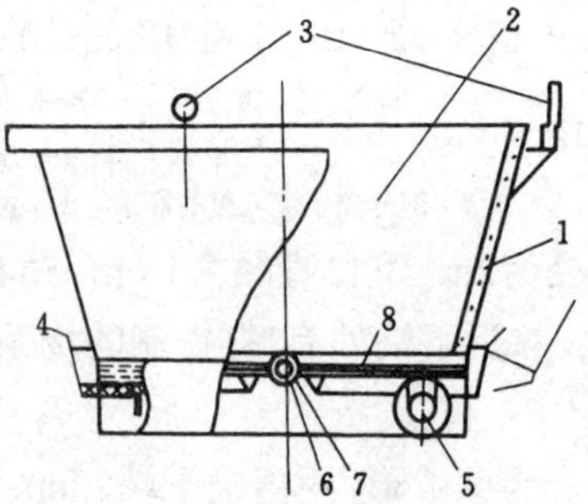

图 4－2－19　活底甑

1—甑壁及填料　2—甑体　3—吊环　4—活动销及销套　5—支撑导轮　6—活页轴　7—活页套　8—活页底及支撑

2. 翻动式活动甑

翻动式活动甑的下底不是活动筛板,而是固定式筛板。蒸馏后,由行车将甑桶吊至晾楂场地,再利用吊车副钩将甑桶翻身而卸料,然后,又翻回来吊回复位。

上述两种活甑桶,多为酒厂自制。由于其结构简单,加工、安装、操作均较方便,并能在原生产工艺条件下保证酒质,故用者较多。如合肥酒厂、明光酒厂、西凤酒厂、七宝酒厂等都采用这种设备。

3. 液压式活底蒸馏机

该机由鞍山曲酒厂设计创制。它由甑桶和活底两部分组成,活底下装有3台举升活塞缸，能自动将甑桶升起和降落，并不将甑桶全部提起，排料时活底向一侧脱落，酒糟可通过绞龙卸出。该设备因结构较复杂，用不锈钢制成，造价较高，故使用者较少。

(三) 多工位转盘甑

多工位转盘甑由大连酿酒厂于1976年首创，后经多厂不断改进，分为“三工位”及“四工位”两种形式。全机包括装甑机、转盘甑、出甑机及冷凝器几部分。

1. 装甑机

(1) 多节活动皮带装甑机　由皮带输送机改制而成，有2节及3节活动之分。通常第1节皮带较长，为6m左右，其线速度较慢；第2节及第3节皮带较短，约为2m，其速度逐渐加快。皮带的宽度均为0.2m。装甑时由人工扶动最后1节皮带，借皮带转动的惯性将物料前后左右撒至甑的各个部位。采用这种装甑方式，由于物料具有一定的冲击力，因而有局部压汽现象，料层厚薄也不易均匀，仍需人工辅助耙平。

(2) 回旋绞龙装甑机　由广州轻工设计研究所设计。该机利用绕甑桶回转的绞龙进行撒料，由于绞龙能自动升降和调速，故基本上无须人工辅助；但利用机械装甑总不能如同人工装料那样按各部位冒汽状况进行撒料，尤其是甑边部位，料层往往较薄，造成漏汽现象。这是因为回旋绞龙的长度是固定的，故当绞龙上升装料时，离甑边距离逐渐加大，料层越来越薄，需由人工往甑边添料。

2. 转盘甑

适用于无双桥起重机的白酒厂，甑盖的装启可利用简易起排盖机完成，装料也可用机械手操作。各厂采用“三工位”或“四工位”两种转盘甑，其结构基本相同，只是“四工位”多1个甑桶，作为蒸馏后延长原料蒸煮时间用。即“三工位”是将3个甑桶固定于1个旋转圆盘上，定时将圆盘旋转一定角度，可轮流进行1甑装料、1甑蒸馏、1甑出料的操作，“四工位”是进行装料、蒸酒、蒸煮、排料轮流旋转作业。在圆形大转盘上安置4个甑桶，转盘下有托轮支承，可围绕中心轴旋转，装料时配合装甑机撒料，装毕后，转盘绕中心回转1个工位，进行蒸酒操作……。故每停1个工位，即可在不同的4个甑桶内分别进行装甑、蒸酒、蒸煮、出料4个工序的操作，实现了半连续作业，又提高了设备的效率，也可保证接酒的掐头去尾，能适应传统生产工艺。

为防止腐蚀，转盘甑均使用不锈钢制作，并在甑体下部设有能打开的边门，以便于排料工位的开门排糟。

JS24四工位转盘甑，设有每个容量为4m^{3}的4个甑桶，可年产白酒1000t。

3. 排糟机

(1) 桨式叶片排糟机　利用桨式叶片，依靠上下移动和回转时的离心作用将糟从甑桶甩出。采用该机出糟，在甑内糟量较少时，难以将糟刮净，故最终仍需人工清理。

(2) 往复耙式出甑机　利用耙杆和耙头在曲柄机构驱动下作往复运动，耙齿进入糟内往复运动，将糟耙至甑外。此机也难以将糟耙尽，仍需人工辅助。

4. 冷凝器

一般采用列管式冷凝器，多以铝或不锈钢制作，冷却面积为15m^{2}左右。

(四) 晾楂设备

目前使用的晾楂设备种类很多，如翻板晾楂机、轨道翻滚晾楂机、振动晾楂床、分层鼓风甑、地面通风机晾楂、地下通风机晾楂等。但采用较多的为如下4种形式。

1. 地面通风机晾楂

在地面上安装晾棚，在晾棚下鼓风，将地上铺的物料吹冷。

2. 地下通风机晾楂

在地面上铺有带锥形孔的钢板或铝板，将物料置于板上，板下设有风道，从板下鼓风冷却物料。为提高冷却效率和减轻劳动强度，采用轨道翻滚机将物料上下翻滚疏松。本设备结构简单，操作方便，用者较多；但在作业过程中因有少量物料落入风道，故需人工清扫。

3. 扬楂机

该机的结构与扬麸机相似。其上部为略呈倾斜的方台形进料斗，下连开口的圆筒，圆筒内有刮片式的转子，电机由皮带轮带动转子并变速。电机功率为4.5～7.5kW，转子转速为1600～2000r/min。在转子轴上的两端焊接圆盘，圆盘呈放射状或稍呈径向偏斜的开口处焊接长条形刮板。在圆筒的下口侧部开出料口，物料由高速转子的刮板打出。物料扬起的高度和距离，由排料口下部的螺旋式升降挡板调整。

4. 通风晾楂机

如图4－2－20所示。该机有机架、鼓风机、箱式风道及挡板、链条传动机构、不锈钢鱼鳞筛板及链条、翻拌机构、加曲机构、加酒母机构、加水机械、输送绞龙、小型扬楂机、传动机构及电路系统等组成。风道为封闭式，设挡板可使风分布均匀。物料均布于不锈钢鱼鳞筛板上，由链条带动运行。通常采用4－72－11No6A型离心高效中压鼓风机，克服料层通风阻力的总压头为980Pa左右，通风量约为10000m^3/h，即风量以能将物料吹透、但又不被风托起为度。例如，每班投料量为1600kg，楂醅厚度为50～180mm，不锈钢鱼鳞筛板的运行速度为1185～1775mm/min，电机功率为15.4kW左右，2台鼓风机为4－72－11No6A型。传动链条用TG－381－64型。行星齿轮减速器为NGW－73－9(JB1799－76)型。

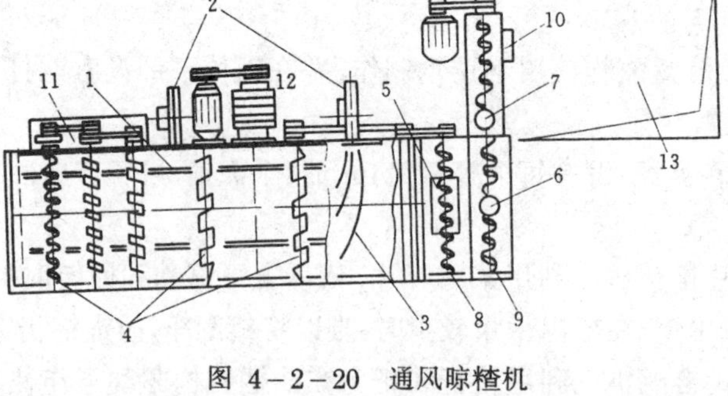

图 4－2－20　通风晾楂机

1—散冷帘导链　2—鼓风机　3—导风板　4—醅料搅拌器　5—加曲斗　6—酒母高位桶　7—水高位桶　8—曲料混合螺旋　9—酒母混合螺旋　10—扬楂机　11—传动皮带护罩　12—星形减速器　13—醅料暂贮池

采用集中的操作柜，各系统的启动或停止由信号灯指示。

JLD10×1晾楂机适用于年产1000t的白酒厂，鱼鳞筛板的运行速度为1.02～7m/min。

通风晾楂机能完成醅料的松散、翻拌、降温、加曲、加酒母、加水等工艺操作过程。出甑后的热料进入晾楂机的链板上，链板在传动鼓轮的带动下缓慢行进，由耙平机构控制料层厚度，再经机架下部的鼓风机鼓风降温。在链板前进过程中，还经多道翻拌机构及喷水管，以达到预定品温。然后，曲粉从料斗的调节缝中徐徐下落，其速度需与链板的传动相应，以保证配比准确、布曲均匀。曲斗置于筛板一端的上方，由花绞龙定量供给曲粉，在曲斗中设有搅拌装置，以免曲粉在曲斗中堵住。加量水斗置于筛板后上侧，保持稳定的水压，由布水管定量供水。酒母在液体酒母斗中加水稀释后，经布液管供给拌料绞龙拌匀后，物料再转入扬楂机至暂贮池，最后由抓斗运入发酵窖内。

在夏季炎热的地区，有时还需安置抽风机，强制将热风抽走，以加快晾楂速度。

采用本设备可实现作业连续化，但链板上的料层不能太厚，否则会造成上下温差较大，产生下层干皮而上层发黏等现象。

五、贮 酒 容 器

目前，白酒的贮存容器种类较多，因不同地区及不同档次的白酒而异。以容量大小可分为小型容器和大型容器两大类；按材质有竹篾、荆条、木材、陶瓷、石头、金属及钢筋水泥之分；按涂料或贴面可分为猪血桑皮纸、环氧树脂、过氯乙烯、不饱和聚酯、玻璃贴面等。

(一) 不同容器比较

1. 陶器

可用作盛酒或贮酒，小口者称为坛，广口者称作缸，容量为200～500L。陶器要求上釉精良，无裂纹及砂眼。新的坛、缸应洗净后用清水浸泡几天才能装酒，以减少酒的损失。有的厂用瓦钵作盖并用“三合灰”密封；有的则采用塑料布及几层牛皮纸，以细麻绳扎紧密封。

由于陶器有不同程度的渗漏现象，故每年平均酒损率达6.4%左右，而大容器贮酒平均年损耗率仅为1.5%；缸坛的占地面积较大，管理不便，酒质也不易一致。

一般名优酒多用陶器贮存，但应密切注意容器的釉料。缸、坛的材料是陶土，经粉碎、制坯、高温烧结而成型。在加工过程中，还需上釉，而釉的成分比较复杂，其主要原料是石英、长石、硼砂、黏土等，将其磨成粉末，加水调和后涂于陶坯的表面，经烧结后呈现玻璃光泽，并增加陶器的耐渗性、绝缘性和机械强度。釉料中有时还添加铁、镉、锑、铬、锰、铜、铅等金属化合物，经高温焙烧后，其中一部分重金属化合物已失去了毒性，有些成分如铁等溶出后起化学媒触作用，能促使白酒加速老熟。各陶瓷厂所用的釉料不一，有的为了改善产品的外观而使用彩釉，即利用了氧化铅、镉、锑等重金属化合物，如氧化铅呈奶黄色、镉化物呈红色或黄色、铬化物呈绿色及朱红色、锑化物呈白色。这些釉料经高温焙烧后，仍然有部分毒性成分残留于釉中。若用这类容器盛白酒，则会将有毒成分溶出而使饮用者中毒，出现头晕、恶心、昏迷、贫血、脑损甚至危及生命等现象。这在国内外均有报道，如加拿大有的儿童因长期饮用盛于含铅釉料陶瓷壶中的果汁而中毒身亡；南斯拉夫某地农民在冬季每天饮用以陶器煮的酒而中毒；我国四川等地也曾出现过铅中毒的事件。因此，陶瓷厂在使用釉料时，应该慎重。

2. 血料容器

血料是指用猪血和石灰制成的一种蛋白质胶性薄膜，对酒精含量在30%以上的白酒有较好的防止渗漏的作用；但可能会溶出钙及低分子含氮物等，使酒呈黄色，故不宜用于贮存清香型白酒。血料长期接触酒，会对酒中的酸起中和作用，并可能产生血腥异味。

四川用竹篾编成篓，糊上猪血料后盛酒；陕西用荆条编成筐，糊上猪血料纸后称为“酒海”，能贮酒5t以上；东北用容量为10t左右的木箱，糊猪血料后贮酒；江苏某厂在钢筋水泥池的内壁，用血料糊以桑皮纸后贮酒25t。

3. 金属容器

(1) 碳钢板容器　因碳钢不耐白酒侵蚀，故在容器内壁应涂以防腐涂料，以免酒变成黄色或产生铁腥味。有的在容器内壁衬搪瓷，但其容量只能在4t以内，因容量较大时不便烧结。为保护搪瓷釉面，在运输中要避免强烈震动，以免造成裂缝。在搪瓷釉料中也含有少量氧化铅，故使用这种容器贮酒，其含铅量偏高。

(2) 铝制容器　有的厂以铝罐作为勾兑时的暂贮容器；有的则用作长期贮酒罐。据分析，铝易被酸腐蚀，且铝经氧化成为氧化铝而进入酒中，会使酒呈腥怪味，固形物含量增加，并使酒的口味淡薄；铝的氧化物与酒中的有机酸作用，会产生沉淀物，并使酒呈涩味。

据有关部门对26个以铝制容器贮存的酒样进行检测，结果其铝含量范围为0.50～28.50mg/L，平均为8.25mg/L；但以非铝制容器贮存的39个酒样，其铝含量在0～5.10mg/L之间，平均值为1.46mg/L。这表明以铝制容器贮酒会增加酒中铝的含量。

铝是人体非必需的成分，而且是某些神经失调的病因，如饮用铝含量高的水易诱发老年痴呆症，铝离子还能在慢性肾脏病患者身上有积累作用。故世界卫生组织(WHO)及联合国粮农组织(FAO)曾对铝的安全性作过评价，认为它不是人类饮食的正常成分，属于污染物，人体应尽量少摄入为好。

(3) 锡制容器　一般商品锡中含铅量超过白酒贮器的规定，故不宜制作贮酒容器。锡板焊接所用的焊药、松香之类，也影响酒质，有的名酒厂曾对锡制容器贮酒作过试验，发现贮存半年左右会呈现白色絮状沉淀，经检测证明源于焊药。因此，即使是纯锡制的容器，也只能作为暂贮白酒之用。

(4) 不锈钢容器　近年来白酒厂多采用不锈钢容器贮酒，其耐蚀性能优于碳钢，故内表面无须以涂料防腐。但应注意到若加工不当，尤其是焊接不良，则会造成焊缝热影响，使板材局部质变，或出现苛性脆化现象，而使重金属易被酒溶出。

原轻工业部食品发酵科学研究所曾在大容量白酒贮存容器试验的科研项目中，采用原子吸收法逐年将有关试样的微量元素作了检测，其结果如表4－2－1所示。

酒中的金属元素，有些是人体所需的，有些则有毒性。有害的金属除了因环境污染及制酒过程中带入外，大多为在贮酒过程中由容器所溶出。而在白酒的卫生指标中仅规定限制铅及锰的含量，可是任何一种金属，只要人体摄取量达到一定浓度时，就会有不同程度的毒性，故白酒中应尽可能地减少其含量。

表 4-2-1　　不同容器贮存白酒试样微量元素分析例　　单位: mg/L

容器	分析时间	Cu	Fe	Mn	Zn	Cr	Pb	Cd	Ni	Ca	Mg	K	Na
陶坛	1982年	0.03	0.41	0.002	0.05	0.000	0.07	0.000	0.000	—	—	—	—
	1983年	0.04	1.12	0.010	0.08	0.000	0.06	0.000	0.000	3.02	0.31	1.21	0.78
	1984年	0.04	1.29	0.015	0.08	0.000	0.05	0.000	0.000	3.30	0.41	1.50	0.74
	1985年	0.05	1.79	0.018	0.08	0.040	0.04	0.004	0.007	2.48	0.44	2.17	1.61
不锈钢罐	1982年	0.02	0.32	0.050	0.00	0.030	0.04	0.000	0.150	—	—	—	—
	1983年	0.03	0.63	0.090	0.04	0.050	0.05	0.000	0.200	3.06	0.20	0.65	0.38
	1984年	0.03	0.72	0.126	0.04	0.070	0.04	0.004	0.250	2.39	0.21	0.68	0.58
	1985年	0.02	0.73	0.124	0.05	0.120	0.04	0.002	0.230	1.86	0.20	0.46	0.52
搪瓷罐	1983年12月	0.00	0.03	0.01	0.02	—	0.00	0.00	—	2.05	1.25	0.83	2.43
	1984年8月	0.0084	0.03	0.0004	0.11	—	0.06	0.00	—	0.73	0.21	0.50	2.48
	1984年12月	0.0038	0.082	0.0091	0.25	—	0.065	0.01	—	2.18	0.93	0.21	2.30

4. 钢筋水泥池

钢筋水泥池的内壁，通常涂上或衬上如下的材料。

(1) 桑皮纸猪血贴面　先将水泥池内壁处理洁净，再把猪血加石灰和水拌匀，每5张桑皮纸粘成1帖，交叉贴于池内壁，顶部贴40层，四壁60层，底部80层。然后用木炭文火烤干，表面涂上蜂蜡即可。

(2) 内衬陶板　用江苏宜兴陶瓷厂生产的陶板，衬于池内壁，用环氧树脂刷缝后，再以猪血料勾缝。其贮酒效果与陶坛相当。

(3) 瓷砖或玻璃贴内壁　同内衬陶板抹缝。

(4) 环氧树脂或过氯乙烯涂料　若施工不当，易起泡或脱落。环氧树脂若以二胺类作固化剂，则多余的二胺类单体与酒中的糠醛生成席夫碱，使酒呈红褐色或棕色，且酒味淡薄，故不宜贮存糠醛含量较高的酱香型白酒。这两种涂料对酒质的影响，尚需进一步试验后得出比较可靠的结论。

(二) 实例

1. 实例1

某厂采用容积为55m^3的露天罐贮存白酒。6个罐共占地180m^2。

(1) 底座　砌层距为60cm的砖基3层，以水泥抹面。

(2) 贮酒罐　以6mm厚的普通钢板制成。罐体为立式安置。其高为3.8m，直径为4.4m。平底锥形盖，盖顶有直径为50cm的人孔，供进酒及清洗用；靠近罐底有直径为2.54cm的出酒阀门。罐内壁衬涂玻璃纤维布2层、刷无毒环氧树脂涂料3次，烘干后涂料层厚为2cm。涂前经严格除锈；要求涂后粘结牢靠、表面平整、无鼓泡、质地坚硬，不能有脱落、变性及被酒液溶解等现象。罐外壁刷银灰色防锈漆。

2. 实例2

某厂采用陶坛及钢筋混凝土池贮存白酒，并使用4种涂料。

(1) 陶坛 为江苏宜兴陶瓷公司所产。其容量有350kg、300kg、225kg3种，共300个。陶坛以清水洗净后即可盛酒，以木盖盖严，并用纸密封。

(2) 钢筋混凝土酒池及酒库

① 酒库：贮酒量1650t。酒库总长为48m，跨度18m，房沿高度为4m，总面积为900m²。地面为整体钢筋混凝土结构，厚度为20cm。此库采用钢屋架预制结构，共用钢材32t，水泥94t。每1t酒占地面积为0.54m²。

② 酒池：设半地下式容量为50t的酒池33个。其长为5m，宽4m，深3.4m。酒池底厚40cm，顶厚30cm，壁厚30cm，四周有宽1.5m的通道。酒池顶部为水泥砂浆面；池底、内壁、外壁及基层均为防水水泥砂浆面。每个酒池的进酒孔径为65cm，出酒孔径为15cm。建酒池共用钢材61t，水泥504t。

酒池的涂料使用如下几种。

1) 猪血桑皮纸涂料：使用山东曲阜生产的桑皮纸及新鲜猪血加工。应在冬季操作。

2) 环氧树脂涂料：以丙酮和二丁酯作稀释剂，乙二胺为固化剂，立得粉为填充料。先将池表面严格处理后，将环氧树脂与上述物料按规定比例混合均匀，用毛刷刷于池内壁1遍，待干燥后再刷第2遍，共刷5遍。为防止乙二胺等多余的单体等进入酒液，在盛酒前应用温水及酒糟水等浸泡多日，并充分洗净后方可正式使用。

3) 过氯乙烯涂料：使用红、白、清3种过氯乙烯，加20%香蕉水拌和后喷涂。第1层为红色、第2层红白混合、第3～5层为白色、第6层清白混合、第7～15层为清色。使用6年后，可能发现有起泡及整张脱落现象，这是池表面过于光滑而涂料不易附着所致。

4) 玻璃贴面：先将50cm见方的、厚度为3cm的平板玻璃平放，加木框固定后，上铺500号水泥浆0.5cm，贴于池面，然后除去木框。待池面贴完、水泥充分干燥后，再以环氧树脂涂料填缝。填料的配方为：环氧树脂50%，500号水泥50%，乙二胺8%，用无水酒精作稀释剂，尽可能少用。此法操作难度较大，要求平整、无气泡、填缝严实；水泥的干燥时间较长。

上述涂料的安全性还值得继续研究。

(三) 关于贮酒容器的涂料

无论是容量大至5～10t的传统贮酒容器“酒海”的内壁，还是容量为25～150t的大型金属或水泥贮酒容器的内表面的防腐防渗，以及陶板、玻璃板等贴面的勾缝，均需使用涂料。但是，目前全国对白酒贮存容器的涂料种类，尚无统一规定；对各种涂料的物料配比及操作，也无严格的规程，缺乏必要的技术指导和监督。故在实际效果上存在不少问题：有的容器内表面涂料层经常脱落，必须每年修补；有的涂料虽然在防腐防渗方面具有一定的作用，但对酒的色、香、味，特别是对酒的卫生指标产生不良的影响，应该引起足够的重视。

目前，白酒贮存容器的涂料，按其主成分的不同，可分为天然涂料和合成涂料两大类。

1. 天然涂料

过去应用较普遍的是猪血石灰涂料，因其价廉易得，配制简单，故在贮存散装白酒的酒篓及木箱等容器中，应用者仍较多。但这种涂料如前所述也存在一些缺点；且贮酒损耗较大；也不能装低度白酒，因含水量大的酒液能使涂料变软渗漏；还需经常检修。故大多新建的酒库的贮酒容器，已不用这种涂料。

沥青、石蜡、生漆等天然涂料，其使用寿命受喷刷条件及温度等影响，一般需每年大修。使用这些涂料的酒样均有荧光性反应；在沥青及石蜡涂料中，已检出苯并芘等有害成分。生漆对贮酒容器的粘着力不大；其主成分漆酚不溶于水，但易溶于酒精等有机溶剂；使用这种涂料时，对温、湿度等均有较高的要求；具有一定的毒性，易使操作者皮肤过敏。

2. 合成涂料

目前，用于白酒贮存容器的合成涂料，主要有3种，即过氯乙烯酒池漆、不饱和聚酯涂料、环氧类涂料。这些涂料使用于白酒贮器上，尚无卫生标准，存在着有些成分具有毒性甚至致癌性的问题，以及配比及操作不当等状况。

过氯乙烯酒池漆中的增塑剂“五氯联苯”是国内外公认的有毒成分，若进入人体，会蓄积在脂肪中，能引起心包炎、心功能不全、肝功能变化及免疫球蛋白减少等病变。该涂料的异杂气味也很大，若工人在池内施工20min以上，则会感到心动过速、头晕甚至窒息。故这种涂料应予以淘汰。

据有关部门检测，发现使用不饱和树脂和环氧树脂类涂料的贮罐的酒样，均有荧光反应；并在不饱和树脂中检出苯并芘成分。若将以不饱和树脂或环氧树脂为涂料的容器用60％的酒精溶液浸泡，则其蒸发残渣量均较高，不饱和树脂达458mg/kg，环氧树脂为88.5mg/kg，均超过国外要求少于30mg/kg的标准。若在上述涂料的配方中，以丙酮、甲苯等为溶剂，以乙二胺、己二胺、间苯二胺类芳香胺为固化剂，以苯二甲酸二丁酯、多氯联苯等为增塑剂，则均是不安全的，因为这些成分均有不同程度的毒性甚至致癌性，如果它们以多余的单体形式进入酒中而转入人体，其后果是不言而喻的。

某省对贮酒容器使用上述合成涂料的8个厂的22个酒样作了300多次检测，结果发现酒液中乙二胺的含量最高达170mg/L，二酚基丙烷最高为3.48mg/L，环氧氯丙烷最高为2.0mg/L。这些有毒成分在酒中的含量多少，与涂料的配方、操作方法、贮酒温度及贮存期等因素有关。

因此，在推广使用大容量贮酒容器的时候，应严格避免使用有毒涂料，必须采用新型的食品级无毒涂料，以利于饮用者的健康。

六、输酒、过滤及勾兑、包装设备

（一）输酒、过滤设备

1. 泵及管道

(1) 泵　可采用JLXP型等不锈钢自吸式酒泵，例如SP－6－25型自吸式离心泵的出入口径为38mm，流量为6m³/h，扬程为25m，允许吸上真空高度为5m，电动机功率为1.5kW，可用于酒库上下层楼之间的自吸输酒。容量为50t以上的大型酒池，可采用流量为20m³/h的SP－20－30型自吸泵。

(2) 输酒管道　采用不锈钢阀门及1Cr18Ni9Ti食品用不锈钢管，按流量要求通常取管径为d25、38、48mm。有收酒室至酒库的收酒管道，不同库和楼层间的并坛、倒酒等的倒酒管道，以及由酒库送至勾兑罐、由勾兑罐送至过滤机或包装车间的工艺管道等，原则上不同等级的酒不要走同一条管道。但若因条件所限，某两种酒需共用1长条管路时，则也应先用待通过的酒将管道内的残酒集中顶至残酒罐后，再正式输酒。残酒应按其质量另行勾兑处理。

2. 过滤设备

白酒在加浆、贮存后进入勾兑罐之前，应进行过滤。目前使用较多的为砂滤棒过滤器及硅藻土过滤机，也有采用超滤膜过滤的。

(1) 砂滤棒过滤器　可参见本书第二篇第三章的有关内容。该设备通常应用于小型白酒厂。

(2) 硅藻土过滤机　以JPD5－400型移动式不锈钢饮料过滤为例，它由机腔壳体、空心轴、滤板、滤布、隔环、橡胶环、卡箍及缓冲板等部件组成。其中机腔壳体又分3部分，连接处安置无毒耐酸的橡胶密封圈，用手轮通过丝杠压紧壳体。腔体及出口管道的视窗上装有开机后排出空气的排气阀。机体入口处有1个球阀。机腔内装有1块保护滤板、上滤剂涂层的缓冲板。机体出口处装有2个球阀，其中1个称为循环阀，供循环涂布硅藻土层用；另1个称为生产阀，在正常运转时开启此阀。

该机具有20片滤板，每片双面的面积为0.26m^2，总过滤面积为5.2m^2，工作压力为100～300kPa，过滤量为4～9t/h。

也有的小型酒厂采用棉饼过滤机过滤白酒。

(二) 加浆、勾兑、过滤设备

目前，各白酒厂的白酒加浆、勾兑调味、贮存、过滤的先后程序及次数不尽一致，故设备流程也不统一。

1. 加浆水处理设备

加浆及调整酒度需在酒出库前数月进行。浆水的处理设备，可参见本章第六节有关内容。有的名酒厂采用瓷板过滤器处理水。其构造与板框压滤机相似，共有6组滤板，每组有16块滤板。各组可单独使用或同时使用，每组滤板的生产能力为1.2t/h。滤板以不锈钢作框，内嵌略薄于边框的中空瓷板，其直径为254mm，板中心有直径为48mm的圆孔，周边上有1个直径为10mm的圆孔，与瓷板内空隙相通。装合后，中心的圆孔组合成进水管；周边的圆孔组合成出水管。运转时，水由中心孔进入，沿板的两面穿过瓷板进入板内空隙，再从周边孔流出。

2. 勾兑调味设备

(1) 勾兑调味罐　勾兑调味罐一般为不锈钢罐或搪瓷罐。如某名酒厂的勾兑罐为搪瓷罐，罐体呈圆柱形，平底、弧形顶，顶上开有大小不同的2个孔。罐的直径与高度之比为1∶1.85。

某厂采用容量为30～50t的不锈钢罐作为勾兑调味容器。

洋河酒厂自行设计制作了容量为50t的快速分离沉淀的大型锥底罐勾兑白酒。该罐由铝或碳钢板制成，内涂环氧树脂涂层。利用压缩空气或高度酒流，沿罐下部壁切线方向自下而上强烈搅拌酒液，使酒中成分混合均匀，并将杂质沉积于锥底，使勾兑沉淀时间由原来的8h缩短为2h。

(2) 微机勾兑白酒的硬件及软件系统例　参见第二篇、第十章、第二节、五、微机勾兑。

3. 白酒加浆、勾兑调味、过滤设备流程例

某名酒厂在白酒出库前1～3个月进行加浆和调整酒度。自加浆至包装的设备流程为：贮酒罐→泵→勾兑调味罐→密封式过滤机→缓冲罐→暂贮罐，最后由暂贮罐去包装车间。

(三) 包装设备

包装设备主要包括洗瓶机、灌酒机、压盖机、贴标机和捆箱机。

1. 常用的白酒包装设备

(1) 洗瓶机　主要有以下3种。

①XP－25型洗瓶机：适于洗新瓶;旧瓶需在热碱水池中浸除商标及污物后，才能进入该机。本机可与YG2－30灌酒机及Y－12型压盖机配套，多用于中小型白酒厂。

1) 结构和运转：采用链套、链条传动;配用XP－12型输送带，带长12m、宽90mm，带速为5.3m/min;配用电动机JO2－21－6。全机进出口处由2～4人装卸瓶子，即将瓶子倒插入链套，传入挡水罩进入喷水轮，由循环水泵的高压水对瓶内外进行喷淋洗涤后，传送到挡水罩外，再由人工转入输送带上进入灌酒工序。

2) 主要技术参数：有喷水轮9个，主电动机功率为3kW，水泵电动机功率为7.5kW。可洗涤装量为0.5kg的普通或异形玻璃瓶，生产能力为2500瓶/h。

② JC－16型洗瓶机：为无毛刷冲洗瓶机，适于洗涤新瓶或旧瓶。

1) 结构及运转：全机由进瓶装置、箱体、出瓶装置、链条及瓶盒装置、除商标装置、主机传动装置、电控自控系统、泵和管路系统等组成。瓶子的进出口设于同一端，下部为进瓶链道，上部为出瓶链道。瓶子由输送带通过进瓶链道及振动装置得以自动排列，经托瓶机构导入瓶盒中。每排瓶盒组合在两侧链条上，且互相冲压而成。由传动机构的摇臂推动链条间歇运动而进瓶和出瓶。

浸瓶的4个箱体安装于一起，箱体中焊有标导轨，安装各种浸槽、加热器及用途不同的喷管。由水泵将洗涤液或清水加压后，从喷嘴中喷射。洗涤液可重复使用。机尾有除标网带，将瓶渣、商标等排出箱外。排水后的瓶由凸轮推至出瓶链道。机体设有故障停机装置。

2) 主要技术特性：生产能力为4000～8000瓶/h。适应瓶的最大规格为d84mm×320mm。每排瓶数为16个，瓶间距为100mm。瓶盒排数为158个，链条节距为160mm。运行周期为38～19min。预浸槽、一浸槽、二浸槽、热水槽及温水槽的容积分别为1.3m^3、4.8m^3、3.4m^3、1.7m^3、1.2m^3。有4BA－25(A)型水泵3台、2BA－6(A)型水泵2台。总的电动机功率为27kW，耗水量为4～5t/h，耗汽量为0.4t/h。外形尺寸为9640mm×3565mm×3135mm，设备总重为25t。

③ J2c－1型洗瓶机：为浸冲结合型的转鼓式洗瓶机。

1) 结构：由进出瓶链道、洗瓶转鼓、喷冲装置、除标装置、传动系统、故障停车装置等部件组成。

2) 主要技术性能：生产能力为1000～2000瓶/h。适应的最大瓶子为d80mm×

320mm。每排瓶数12个，瓶距100mm。转鼓直径为2000mm。碱液泵为4BL－25A，功率为4kW，流量$Q=72m^3/h$，扬程$H=11m$；洗涤液泵为40B2－18，功率为1.5kW，流量$Q=10m^3/h$，扬程$H=11m$；温水泵为40B2－8，功率为1.5kW。主电动机为JOD2－41－8。运转周期为12～36min。减速机为XWE1.5－84，速比为473。电动机总容量为9kW，耗水量1t/h，耗汽量80kg/h。外形尺寸为3800mm×3000mm×2500mm。设备总重为3.5t。

浸洗瓶运作过程如图4－2－21所示。

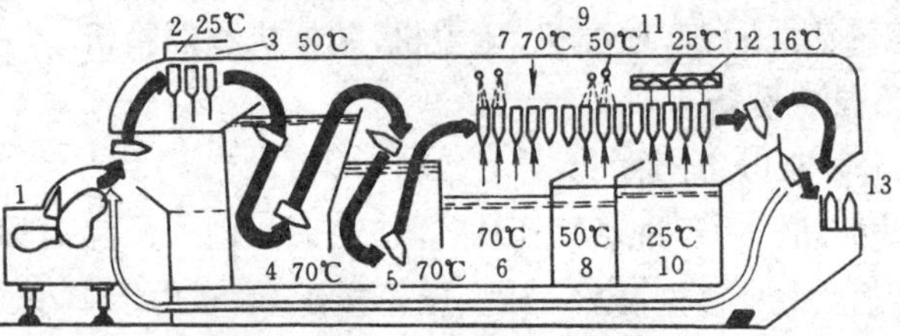

图 4－2－21 浸洗瓶过程示意图

1—进瓶 2—第1次瓶洗预热(25℃) 3—第2次淋洗预热(50℃) 4—洗涤剂浸瓶(70℃) 5—洗涤剂浸瓶 6—洗涤喷洗(70℃) 7—高压洗涤瓶外壁 8—高压水喷洗瓶内(50℃) 9—高压水瓶外喷洗(50℃) 10—高压水瓶内喷洗(25℃) 11—高压水瓶外喷洗(25℃) 12—高压水瓶外喷洗(15～20℃) 13—出瓶

(2) 灌酒机 白酒厂多使用低真空灌酒机。其灌酒过程主要由传动系统及真空灌酒系统配合完成。洗净的空瓶由不等距螺旋经拨瓶进入托瓶圆盘，在升降导轨作用下，托瓶套筒上升，使瓶口和灌酒阀接触进行真空灌酒；瓶口与灌酒阀脱开时托瓶套筒沿导轨下降，酒瓶输出至传送带，进入压盖工序。

① YG2－30型灌酒机：其生产能力为2500瓶/h。灌酒头数为30头。酒阀升降高度为110mm。工作台面至乳胶垫调整距离范围为170～310mm。工作台转速为1.37r/min；工作台直径为1100mm；工作台距地面为976～1022mm。外形尺寸为1400mm×1100mm×2177mm。

② G－45型低真空灌酒机：45头。生产能力为6000～10000瓶/h。真空度为4903Pa。适应瓶子规格为d(60～80)mm×(220～310)mm。主机功率为3kW。叶氏1#鼓风机的风压为9.8kPa，功率为1.7kW。采用皮带无级变速。外形尺寸为2100mm×2508mm×2530mm。设备总重为4t。

(3) 压盖机 压盖机有手压式、脚踏式、电动式3类，大、中型白酒厂多采用电动式连续压盖机。一般名优酒厂采用扭断盖由滚压式封口机封口；普通白酒多用冠盖由压盖机压封。

① 灌装压盖机：为灌装、压盖联合的机械。例如单缸、低真空的12头灌酒机与单头压盖机联合的灌装压盖机；低真空双缸20头灌酒机与6头压盖机联合的灌装压盖机。

② Y－12型回转式压盖机：生产能力为6000～10000瓶/h。适应的瓶规格为d(60～80)mm×(220～310)mm。12头。主电动机功率为3kW。采用皮带无级变速，调速范围为11～16r/min。送盖的空气量为20L/h；供盖的电磁振动器功率为300W。磁性输盖装置的薄型磁性带宽度为75mm。外形尺寸为1371mm×951mm×2255mm。设备重为2.5t。

(4) 国产回转式贴标机　生产能力为3000～10000瓶/h。适应瓶规格为d(60～80)mm×(230～300)mm。贴身标及颈标各1。取标板数为8;夹板数为6。主电动机为J2T2-32-4,3kW电磁调速电动机。压缩空气耗量为0.3m^3/min。外形尺寸为3300mm×1760mm×1860mm。机重为1.8t。

(5) 捆箱机　采用TDB型手提式打包机,可用铁带捆包木箱及纸箱;SDB型打包器可用塑料带捆包纸箱。

2. 现代化包装车间设备流程例

现代化包装车间设备流程例,如图4-2-22所示。

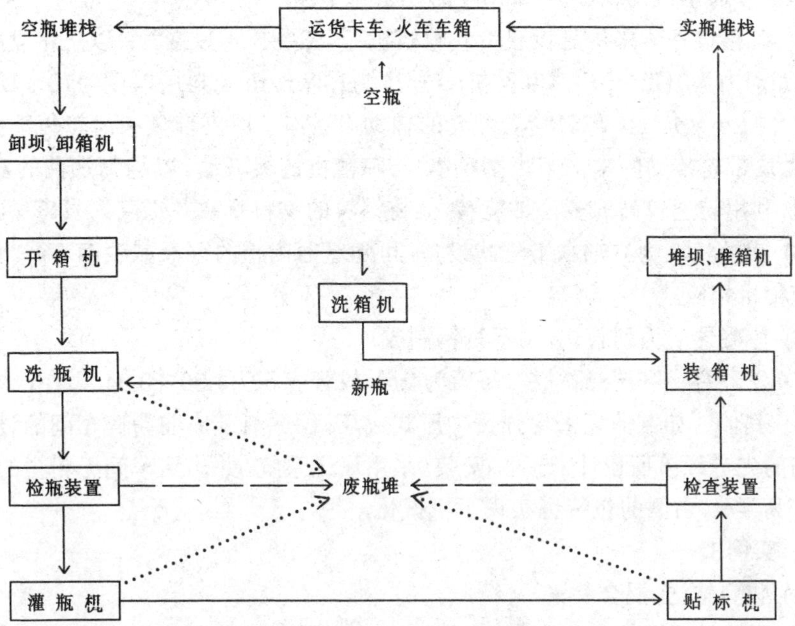

图 4-2-22　现代化包装车间设备流程图例

七、大曲酒生产机械化实例及讨论

(一) 实例

1. 实例1

(1) 原料贮存及粉碎设备　原料贮存采用钢筋水泥结构的立筒仓,配有自动测温、测湿、倒仓和通风等装置。全年需用制酒原料为5000t,高粱及曲料的粉碎,分别使用辊式粉碎机1台和3台,并有锤式碎曲机1台。粉碎机配有袋滤器。

(2) 制曲设备　采用链条传动的压曲机,其生产能力为16块/min,每块质量为3.4～3.5kg。

(3) 蒸馏设备　采用活甑桶。

2. 实例2

(1) 出入池设备　采用双梁吊车抓斗,天车速度为100m/min,可提高工作效率。因分层出醅,酒醅用竹篦相隔。

(2) 装甑设备 采用3节皮带输送机组成的“机械手”装甑。将3节皮带的转速调节好，即可基本上达到均匀、见汽装甑的目的。第1、2、3节皮带的长度、宽度和线速度分别为：6m、0.25m、110m/min；1.36m、0.25m、280m/min；1.26m、0.25m、400m/min。第2、3节皮带可自由转动，为了使其转动灵活，便于找汽，故设计得较短；3节的线速度不同，易于控制上料数量，并做到轻撒且均匀。

(3) 蒸馏、蒸煮设备 采用四工位转盘甑。圆形转盘d4.6m，以10个托轮支承，围绕一中心轴旋转。转盘上置4个甑桶。其上口直径为2.3m、下口直径为2.1m、高为1.1m，篦子厚0.05m。甑桶以8mm厚的普通钢板制成，内衬1～1.5mm厚的不锈钢板；呈伞形的甑盖以6mm厚的普通钢板制成，内衬2cm厚的无杂味木板。

(4) 晾楂设备 采用链板履带式晾楂机。其主要技术数据为：以皮带盘、齿轮、变速箱3级传动；动力为JO2－51－6电动机；线速度为1.68m/min；料层厚度为10～12cm；外形尺寸为12m×1.2m×1.1m。与晾楂机配套的辅助设备有：用皮带盘和齿轮传动的立轴耙式摊平机；由皮带轮传动的水平多齿翻楂机；与晾楂机链板联动、以均匀加曲的对辊式加曲机；打块机，利用转速较高的多齿轴旋转，能将结块的物料打散并送醅入发酵窖。

(5) 出甑机 为立轴水平耙式设备，可随着甑内糟的逐渐减少而下降。该机出糟的速度与晾楂机相应。

(6) 冷凝器 为列管式，用不锈钢制成。

(7) 发酵窖 容纳8甑材料，每甑为4m^3。故窖容积为4.90×3.04×2.15＝32(m^3)。

(8) 其他 如制曲坯采用弹簧冲压式成坯机。原料及成曲粉碎车间的设备，吸取了粮食部门的先进经验而设计、选型、安装，采用风送系统，并达到车间无粉尘的要求，每小时可粉碎高粱4t。白酒的包装也实现了机械化。

3. 实例3

(1) 物料输送、混合装置

① 原辅料输送绞龙：螺叶直径为260mm，螺距为176mm，转速为9.7r/min。

② 物料混匀绞龙：大端螺叶直径220mm，混合螺叶直径260mm，螺距170mm，转速97r/min。

③ 堆积输送带运行速度：0.77m/s。

(2) 装甑机 输送带运行速度为0.68m/s，机械手行程为730mm，与甑底最小距离为670mm，与甑底最大距离为1400mm，水平转角为30°。

(3) 转盘甑 上口直径为2180mm，下底直径为1760mm，甑桶高度为1280mm；甑桶转速5r/min。

(4) 出甑机 上下行程为1230mm，与甑底最大距离为1280mm，拨齿转速为16r/min，出甑输送带运行速度为0.68m/s。

(5) 晾楂床 长16.6m，宽200mm；板链运行速度为1180mm/min，平料器转速为16r/min，翻料器转速16r/min，跳跃绞龙转速96r/min，螺距390mm。

4. 微机自动控制制架子曲的装置

(1) A厂的情况 以微机进行温度、湿度和供氧的自动控制，收到了良好效果。

① 曲室：与传统曲房基本相同。面积为15.8×7.8＝123.24(m^2)。采用砖瓦结构，砖地，

墙壁抹泥。为保温保潮，用芦席作顶棚。

② 曲架：立式曲架用圆钢和角钢焊接而成，其规格为＝2.0m×2.0m×1.8m，或2m×0.5m×1.7m，共7层。每层曲架上置有以细竹编成的承放曲块的培养床，相邻2根竹竿的间距为5cm。每层可放曲块43×4＝172(块)。

(2) B厂的情况　实现了对3种曲的培养温度、湿度两个回路的闭环控制和对通风量实行开环的监控，其设定值由人工临时判断而定。

① 在线控制的硬件系统：单层曲室的总体设计如下。

1) 曲架设计：使用竖角钢L25×25×3、横角钢L20×20×3材料，制成插入式组合的14层曲架，最下层焊1块薄钢板，以阻挡直接风吹，底部装有便于曲架移动的滚动轮。

2) 循环风设计：为克服上下层曲块的温度差，采用循环风进行调节。按曲室空气的流向，利用2根开孔的回风管，强制曲室上层热空气向下流、底层冷空气往上流。还设有风量定时控制器，可根据曲块培养状况，每30min通风换气1次。

3) 排风量的设计：排风量通过风机、排风扇来实现。风机风量选用1.2m^3/s，并能正反通风和增湿。排风扇仅供排潮用，为小型气扇。

4) 增温、增湿设计：利用暖气或加热器和逆通风机来增温、增湿。利用曲架培曲，很少会有掉温现象。若偶尔发生异常，则由微机通过检索，即可开启电磁阀接通加热设施予以补救。

5) 微机系统：采用西安燎原电脑研究开发公司生产的IBM、PC/AT兼容机和1台放大分机控制系统;M－1724打印机。

模拟输入量：温度、湿度、风量。

数字输入量：启动、停止、确认等信号。

模拟输出量：温度调节阀、湿度调节阀、过滤空气调节阀。

数字输出量：温、湿度热敏传感器、风量时间继电器。

② 软件系统：

1) 根据大曲培制的经验值，将培养过程各阶段的温、湿度要求，直接编入微机系统中原有功能很强的逻辑型模拟盘中。

2) 将微机跟踪检索的温、湿度数值关系，编入一系列关系表中，形成1个关系数据库。

3) 通过微机内部回路连接功能，将各回路的各种关系、各种输入与输出量，按已定的模拟要求进行输联，构成所需的控制软件。

4) 在线60min间隔，打印各种在线参数，用作现场操作指导和以后的数据分析。

5) 批报数据打印程序，曲块培养结束后运行，包括温度、湿度信号，送至微机检索，适时地提供温、湿度阈值、大曲理化测定等数据，以及曲块培养的温、湿度曲线图。

6) 将热敏传感器送入的温、湿度信号，送至微机检索，适时地提供温、湿度阈值，并由程控表判断，决定电磁阀的启、关。

5. 某厂采用干法脱玉米胚制大曲酒的脱胚设备

(1) 采用50×72型玉米脱胚机

① 主要技术参数：

外形尺寸	1195mm×890mm×132mm
产量	2000kg/h

转子直径	d450mm
齿圈尺寸	d500mm×720mm
打板调节范围	0～25mm
电动机	JO2－42－4

② 粉碎状况：自脱胚机出来的物料，为胚芽和胚乳粉碎物等混合物，大的有4～5mm，还有未破碎的整粒玉米，均进入振动筛进行分级。

(2) 选用S260型自衡振动筛分级

① 主要技术参数：

生产率	2000kg/h
筛面宽度	600mm
筛船振幅	5cm
筛面频率	620次/min
筛面斜率	第1层8°，第2层12.5°
电动机	JO2－31－4
外形尺寸	1600mm×936mm×1488mm

② 分级处理：自振动筛出来的物料，3目以下者占1%，重新进脱胚机。3～8目者占42%，8～18目者占30%，均进入重力精选机，进行胚芽、胚乳和皮的分离。18目以下的粗粉可进行制酒。

(3) 采用5×2－1.0型重力精选机进行分离　其主要参数如下：

生产率	1200kg/h
振动台振幅	4～5mm
振动方向角	30°～50°
振动台频率	16次/s
气流压力	0.9～1.3kPa
电动机	JX2－0.3－6
外形尺寸	1690mm×2336mm×3365mm

6. 某名酒厂回收大曲酒尾设备

该厂自行设计了ZJ2－1型蒸馏釜，与厂内常用的蒸汽管和冷凝器配套使用，可将优质大曲酒尾一次性回收。该设备材料为铝板，釜身为法兰联结的上下结构。将酒尾注入釜内，以0.1MPa压力的蒸汽，通过釜内盘管进行间接加热，酒汽经釜上部的隔板除杂冷却后，由导汽管进入冷凝器成酒液流出。每次处理酒尾300kg，约需40min，也可连续作业。100kg酒精含量为33%的酒尾经提纯后，可得酒精含量为65%的优级调味酒43.5kg。

7. 某厂的丢糟气流干燥设备

(1) 设备

圆锥筛型离心机	1台	粉碎机60型	1台
片式加热器72m²	4组	鼓风机8#	1台
旋风分离器　(自制)	1台		

(2) 干燥过程

① 脱水：湿糟入圆锥筛型离心机脱水，将含水分70％的湿糟脱去30％的水。

② 湿糟粉碎：经脱水后的湿糟，进入粉碎机破碎为粒度≤2mm，处理量为3～5t/h。

③ 烘干：进入加热器的蒸汽压力不低于4MPa，由鼓风机吹入的热风将湿糟干燥，只需2～3s，所得干糟的水分即为14％～16％。

(二) 回顾与讨论

1. 回顾

20世纪50年代，大曲酒生产由直接火蒸馏改为蒸汽蒸馏；由人工提水改用机井水、自来水；物料粉碎和倒酒使用粉碎机和酒泵；开始使用大曲成坯机；晾楂机、出入池、甑吊车抓斗在东北、华北、天津等省市大型白酒厂开始采用。

20世纪60年代，吊车抓斗及链条式晾楂机进一步发展和推广应用。一些省市的重点厂使用连续蒸馏机，但由于设备的材质及白酒辅料用量大等诸多因素，不少厂走了回头路。

20世纪70年代，连续蒸馏设备的应用又掀起高潮。以唐山白酒连续蒸馏设备为基础，并参考沈阳老龙口酒厂、无锡酒厂白酒机械化的特点，北京市搞了13条、黑龙江约有20条连续蒸馏线，河南郑州酒精厂及南阳酒精厂的白酒连续蒸馏设备的材质及选型均有所改进。四川成都及山东有些大曲酒厂也使用连续蒸馏设备，但因产品质量未能保证而停用。此后，转向于大连酒厂的转盘甑、机械手装甑的间歇蒸馏方式。辽宁省鞍山市白酒厂率先使用了隧道发酵窖及活底甑。江苏省双沟酒厂和洋河酒厂率先使用大容器贮存大曲酒。

20世纪80年代，物料粉碎的集尘装置不断完善。行车抓斗、多工位转甑和活底甑、晾楂机、贮酒大容器、水及白酒的过滤设备及包装机械的应用，更为普遍。

20世纪90年代，制架子曲的设施、微机勾兑系统及酒糟干燥设备等的应用，获得良好的进展。

2. 讨论

(1) 原料粉碎　高粱以辊式粉碎机粉碎，采用2级除尘效果较好。

(2) 大曲成坯机　以液压传动的一次成型机和气动成坯机效果较好。

(3) 培曲装置　应将山东、陕西、台湾等省的架子曲培养装置的经验加以总结，不断完善。培养架子曲的路子是可行的。

(4) 蒸馏设备　目前广为应用的活底甑及转盘甑，效果较好；但应综合国内外有关蒸馏设备的构造及蒸馏原理加以改进。

第三节　麸曲固态发酵法白酒设备

一、原料处理设备

可参见本章第二节“一”中相关的内容。若以薯干为原料，则以锤式粉碎机粉碎。

二、蒸 料 设 备

蒸料设备是指蒸煮麸曲原料的设备，主要有如下4种。

(一) 扬麸机

扬麸机用于拌料及蒸麸后热料的扬冷。其构造如图4-2-23所示。筒体的进料口呈喇叭形，下部刮片式转子的轴由三角皮带轮与电动机相联。转子的转速为1445r/min，电动机功率为4.5kW。曲料出口处的螺旋式升降挡板可控制扬程。该机由电缆线接至电源插座和闸盒，由于机体移动频繁，故应随时检查电动机及电缆是否漏电，以免发生事故。

(二) 简易蒸麸桶

1. 结构

主要由桶身、桶盖、底锅3部分组成。底锅以碳钢制作，锅内的蒸汽盘管上均布2排互成45°向下的蒸汽孔；若采用直接火加热，则需相应加大底锅的容积。底锅下设排水管及阀门。底锅上放置桶身，桶底装有金属筛板或竹帘制的篦子。桶身为上口大、下底小的木制或钢筋水泥制的圆筒形容器；若用碳钢制作，则应设夹套隔热层。桶身下底与上口的直径之比d_1/d_2应在0.85～0.9的范围内，以免桶边及中心上汽不均匀。上口直径在1.5m以下的桶，桶高h与上口直径之比可取0.5；上口直径在2m左右或2m以上的桶，桶高通常取0.9m，以便操作。

2. 桶的容积计算

设物料加水后的假密度ρ为340～350kg/m³，桶身的填充系数为0.9，投入每桶的麸皮、辅料及水的总质量为m(kg)，则桶的容积V(m³)可用下式计算。

$$V=\frac{m}{0.9\rho\gamma}=\frac{1}{3}\pi\left[\left(\frac{d_1}{d_2}\right)^2+\left(\frac{d_2}{2}\right)^2+\frac{d_1}{2}\times\frac{d_2}{2}\right]\times \mathrm{h}$$

(三) 固定式蒸麸锅

固定式蒸麸锅如图4-2-24所示。润料后，利用扬麸机将物料扬散，经螺旋输送机均匀地装入蒸麸锅。在开始装料后2～5min，即开动刮刀30s，使物料布满锅底。再由小至大

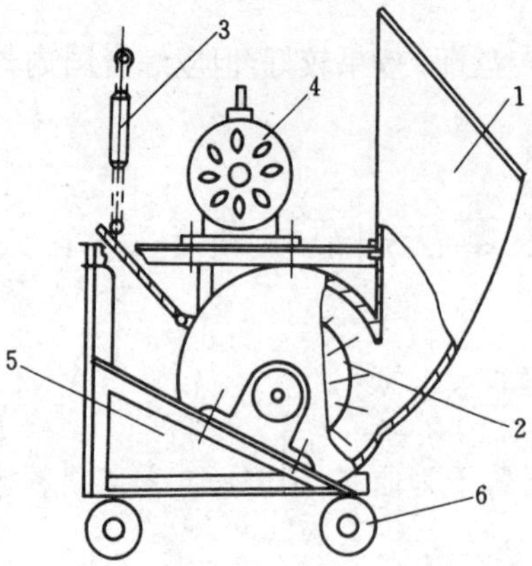

图 4-2-23　扬麸机

1—进料口　2—转子　3—升降挡板　4—电动机　5—出料口　6—导轮

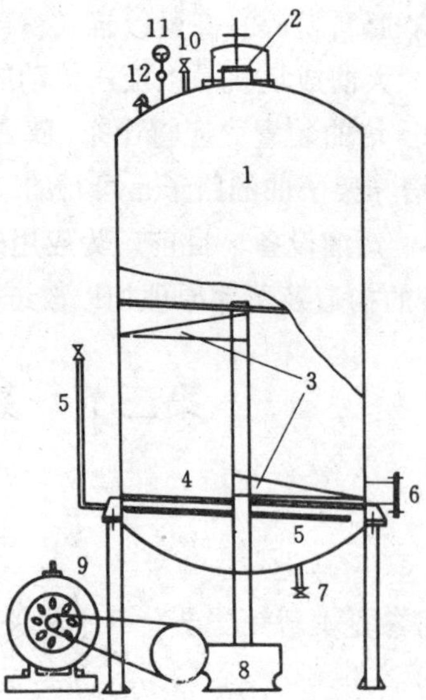

图 4-2-24　固定式蒸麸锅

1—锅体　2—进料口　3—刮刀　4—筛板　5—排汽管　6—出料口　7—排水管　8—蜗轮减速器　9—电动机　10—排汽管　11—压力表　12—安全阀

通蒸汽，并连续进料，待装料结束、圆汽后，加盖。继而升压至120kPa，保压15min后，再关闭蒸汽阀门，焖锅15min。然后开排汽阀，排尽蒸汽后即可出锅。若为使物料迅速降温，则可在锅顶的排汽阀管口接通水力喷射器，进行减压冷却。物料出锅时，可开动刮刀将物料外排。

(四) 回转式蒸麸锅

回转式蒸麸锅又名转鼓，是旋转式加压蒸料设备。

1. 结构

如图4－2－25所示，由锅体、支柱及回转装置等构成。空心轴内通蒸汽管，轴座于支架的轴承内，支柱固定于水泥地脚上。

2. 工作原理

润料后，利用风送或机械输送将曲料装入锅内。先开汽排除进汽管内的冷凝水，蒸汽通过空心轴进入锅内，开排汽阀将锅内的冷空气排出。再关闭排汽阀，继续进汽使锅内压力升至30～50kPa。然后开排汽阀进一步排除锅内的冷空气后，关排汽阀，保压15～30min，其间回转装置使锅体不断地进行360°的旋转。蒸料结束后，开排汽阀，使锅内的压力降为零。锅体由单向阀连结水力喷射器，由BA9水泵将暂贮水池中的水泵入水力喷射器，将热料减压冷却。最后，物料排至扬麸机进一步扬冷。

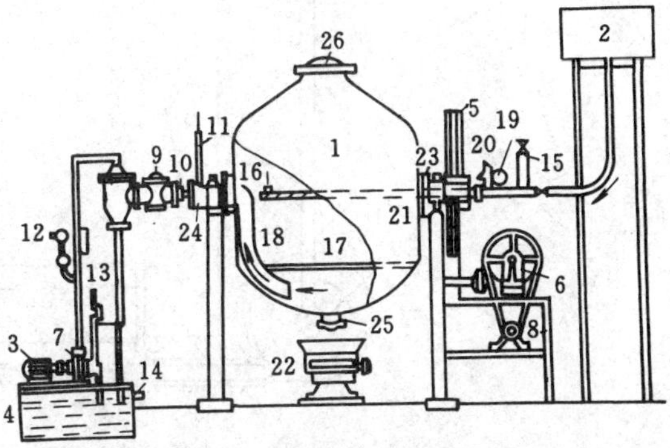

图 4－2－25　回转式蒸麸锅

1—转锅体　2—定量水箱　3—水力喷射器　4—贮水池
5—齿轮　6—蜗轮变速箱　7—水泵　8—电动机
9—上回阀　10—闸板阀　11—排汽阀　12—压力表
13—排水管　14—溢水管　15—蒸汽管　16—蒸汽喷出管
17—假底　18—排汽管　19—真空表　20—安全阀
21—温度计　22—扬麸机　23—排汽空心轴
24—排汽空心轴　25—通汽孔　26—进、出料口

三、制曲、制酒母及发酵设备

(一) 制曲用具及设备

1. 曲盒

传统法培养种曲使用曲盒，种曲质量较高。曲盒以红松木或杉木制成，或用竹编成。其内长52cm，内宽31cm，内深(高)5cm，板厚0.6cm。盒底部有3根长为32.2cm的底桥，其宽为2cm，厚0.5cm。曲盒长度方向两面的板长为60cm。每生产10kg种曲，需用曲盒70余个。

2. 帘子

帘子也一般用于制种曲。帘子通常用竹片编成，如日常使用的竹制窗帘。帘子铺于种曲室的曲架上。

例如某厂以长3.4m、宽3.1m、高2.2m的密封小室为种曲室。该室靠冷墙的两面墙壁，砌成夹墙，以利保温；室内距地面30cm铺地板；种曲室门外设缓冲间；在种曲室两面的墙壁上下，留2个直径为10cm的圆孔，以利于通风换气。曲架以25mm×25mm角钢焊制，分4层。室内安装控温仪及3个电暖气装置，每个功率为1kW。

也有的白酒厂采用容量为5000ml的大三角瓶作为培养种曲的容器。

3. 通风制曲设备

(1) 通风曲池(箱)　通风曲池的结构如图4－2－26所示，呈长方形，砖砌，水泥抹面。

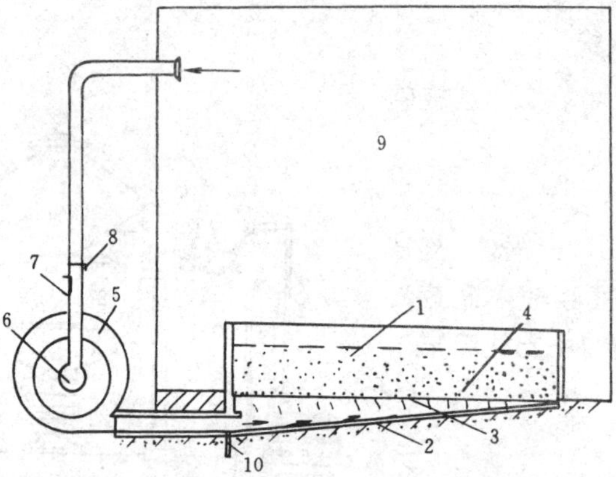

图 4－2－26　通风曲池

1 -曲料层　2—导风板　3—箅子座　4—箅子　5—风机
6- 风机进风口　7—冷风插板　8—热风插板　9—曲室　10—排水孔

通常为地上或半地下式，高出地面45cm。池底又称导风板或风道，其斜率为8%～10%。在导风板高的一边的水平方向的池四壁，有宽为10cm左右的边，用以支撑可移动的竹帘或金属筛板，作为承堆曲料的箅子。在距曲池上部边沿约15cm处的四壁，钉有胶皮布条，以免通风漏气并使曲产生干皮现象。

(2) 曲池风机　离心式风机的总压头$H<980$Pa者称为低压风机;$H=980\sim2942$Pa者，称为中压风机;$H>2942\sim9800$Pa者，为高压风机。曲池通常配用4－72－11No6D或No8D中压风机，每号风机又分8个序号。D式风机由电动机带动联轴器传动，因风机启动功率大，故多配有自耦式磁力启动器，以免损坏电动机。

一般按曲料厚度选择风机的风压。例如培养黑曲霉的料层阻力Δp取58.8～68.6 Pa/cm曲料厚;培养根霉时，Δp取78.5～88.3Pa/cm曲料厚。风机风量的选择，可按经验数据1kg干曲料曲霉生长旺盛期所需空气为18～20m^3计算。根据上述风压及风量的估计，再对照有关风机产品目录或样本，即可选择较为适宜的风机。

风机出口的风管与曲池相连，进曲池的风口呈扁喇叭口状，使空气能均匀地进入池底，经导风板转为垂直向上通过曲料层。

(3) 通风晾曲池及配用风机　麸曲出池后含有28%左右的水分。小厂多在晾曲棚内摊晾、风干。由于曲层较厚会引起返火现象，大、中型厂多使用与通风曲池结构基本相同的通风晾曲池。曲层厚度可为50～60cm，配用的风机的全风压较高，采用间歇式通风进行降温、干燥，通风量不宜过大。

(二) 制酒母设备

1. 制酒母的简单设备

一般小厂采用大锅将原料糊化、冷却后，加麸曲进行糖化。再将糖化醪装于麻袋中在木榨上压滤得糖化液。然后将糖化液加热灭菌，并转入简易卡氏罐及大型陶缸中，培养种母和酒母。

有的厂直接以糖化醪为大缸酒母的培养基。对于多菌种酒母的培养，多在糖化液中加入适量酒糟水，采用搪瓷盘培养种母，再以不锈钢浅盘进行扩大培养。对己酸菌等嫌气性细菌的培养，多采用大坛。

2. 制酒母的大型设备

通常将粮粉输入拌浆罐中配料后，用浓浆泵打入蒸煮锅糊化，进行喷淋冷却或自然冷却，加麸曲及淀粉酶制剂进行糖化。再用浓浆泵将糖化醪泵入板框过滤机过滤，滤液进入清液暂贮罐，用离心泵转入灭菌罐灭菌，稍冷却后，转入卡氏罐、小酒母罐、大酒母罐培养种母及酒母。其主要设备如下。

(1) 蒸煮锅

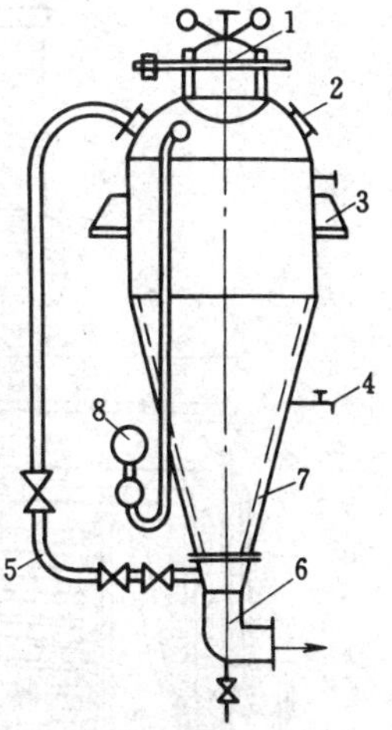

图 4－2－27　蒸煮锅

1—加料口　2—排汽阀　3—锅耳　4—取样口　5—加热蒸汽管　6—排醪管　7—衬套　8—压力表

① 结构：如图4－2－27所示。该设备为耐压可达400kPa的压力容器，呈圆柱体、锥形底，锅体的直径与高之比为1∶2。因原料中的砂石下沉于锥底随料液翻腾易磨损锥底，故在锥底部分的内壁加有衬板。锥底与圆柱体用法兰连结，以便适时更换磨损部分。锥角小于40°。为使物料充分搅匀，锥底分2～3路进汽。锅顶(封头)呈球形或椭圆形。大的蒸煮锅顶设有人孔。

② 设计计算：

1) 容量计算：通常不计封头部分的容积。设蒸煮锅的填充系数为0.75～0.8，d为圆柱体直径(m)，H为圆柱体高度(m)，h为圆锥体的高度(m)，则蒸煮锅的全容积V(m^3)可用下式计算。

$$V=\frac{\pi}{4}d^2H+\frac{1}{3}\times\frac{\pi}{4}d^2h$$

2) 壁厚计算：对压力容器壁厚的计算须慎重，以免发生事故。

锅体壁厚d(cm)可用下式计算：

$$d=\frac{p\times d\times n}{2\times\delta_{BP}\times\varphi\times10^5}+C$$

式中　p——锅内最大操作压力(Pa)

d——圆柱体内径(cm)

δ_{BP}——钢板抗断强度

φ——焊缝系数，焊接可取0.7，铆接可取0.56～0.95

n——安全系数，取4～4.75

C——腐蚀系数

球形锅顶的壁厚S'(cm)可用下式计算。

$$S'=\frac{rp}{2\times F\times\varphi}+C$$

式中　r——球形部分半径(cm)

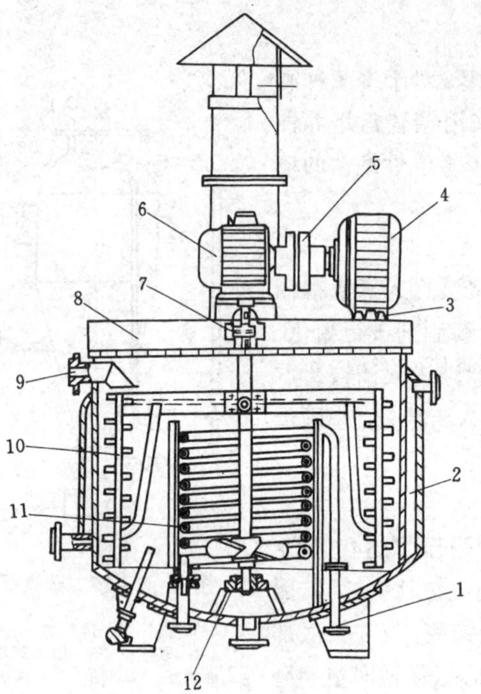

图 4-2-28 糖化锅

1—冷却水接管 2—锅体 3—垫圈 4—电动机 5—联轴器 6—减速器 7—联轴器 8—横梁 9—进醪管 10—搅拌器 11—冷却蛇管 12—轴承衬套

F——许裂应力(N)

p——锅内最大操作压力(Pa)

φ——焊缝系数

C——腐蚀系数

上述两式中有关的确切数据，可从金属材料和设计手册中查到。

(2) 糖化锅

① 结构：如图4－2－28所示。锅体呈圆柱形、平盖、弧形底。锅内装有涡轮式或旋桨式或平桨式的搅拌器。自轴中心至桨端的长度为圆柱体直径的15%～18%。搅拌器的旋转方向与蛇管中冷却水的流向相反，转速为80～100r/min，也有慢至50r/min的。沿锅的周壁边装有数排用铜管或钢管制成的蛇形冷却器，相邻2圈蛇管的间距不小于60mm;相邻2排蛇管的间距不小于30cm。每$1m^3$有效容积的冷却面积为$3m^2$，若采用连续糖化法，则冷却面积可更大些。夏季水温较高，可增用填充冷却器，$1m^3$糖化醪需耗冷却水$4m^3$，冷却水为下进上出。小型糖化锅可采用锅体的夹套冷却。锅盖下面装有吹醪罩，罩下设有吹醪管，使醪液碰到吹醪罩壁上后易于分散，以利醪液的迅速冷却。锅盖上装有直径为0.5～0.7m伸向屋顶外的排汽筒。

② 容积计算：糖化锅的容积通常为$3m^3$左右。设糖化锅的填充系数为0.75～0.85，则弧形底的糖化锅的容积$V(m^3)$可用下式计算

$$V=0.785d^2H+\frac{1}{3}\pi r^2(3r-h)$$

式中 d——圆柱体直径(m)

H——圆柱体高度(m)

h——弧形底部高度(m)

r——弧形曲率半径(m)

通常取$H=0.35d$，$h=(0.1\sim0.125)d$，$r=\dfrac{d^2+4h^2}{8h}$。

(3) 压滤机 压滤机为定型设备。例如IFP型全自动板框压滤机的总过滤面积为19.1～$209.1m^2$，大厂可选用过滤面积为20～$40m^2$的压滤机。压滤机的板与框的两侧上下各有4个角耳，上面开有形成液体及气体通道的孔，无须在滤布上打孔。全机的滤布是首尾封闭的。醪液用螺杆泵以500～600kPa的压力从板框上部通道进入各个滤框，滤液穿过前后两侧的滤布从滤板表面进入通道流出机外。洗涤滤饼时也按上述路线进行。

可通入压缩空气将滤饼吹干。再以油压机拉开板框，使相互保持一定距离。由滤框

升降架带动全部滤框同时下降至既定位置，再开动滤饼推出板将滤饼向水平方向推出落下。滤布由牵动装置循环行进，并由防止滤布歪行的装置自动整位，同时刷洗滤布至结束后，停止行进。由滤框升降架使全部滤框同时复位，再重新夹紧后进行下一个周期的作业。

(4) 卡氏罐　通常以铝板制作，罐体呈圆柱形，两侧有把手，一侧有温度计插入管；平底；罐顶为锥形，在顶端有直径约4cm的进料管头，顶的一侧有直径约1.5cm的管头与罐内相通。卡氏罐的容量为20～30L，填充系数为2/3左右。小厂多直接将卡氏罐的酵母培养液用于发酵；大厂则需再经小酒母罐进一步扩大培养后用于发酵。

(5) 小酒母罐　一般的带搅拌器的酒母罐如图4－2－29所示。其罐身为碳钢或不锈钢板制成的圆柱体，直径与高之比为1∶1；平盖，也有采用锥形或碟形盖的；罐底呈锥形或碟形。$1m^3$的醪液需蛇管冷却面积为$2m^2$。通常采用2层搅拌器，其间距为搅拌器直径的3倍，下面1层搅拌器与罐底的距离，相当于搅拌器的直径。搅拌器的转速为80～100r/min。

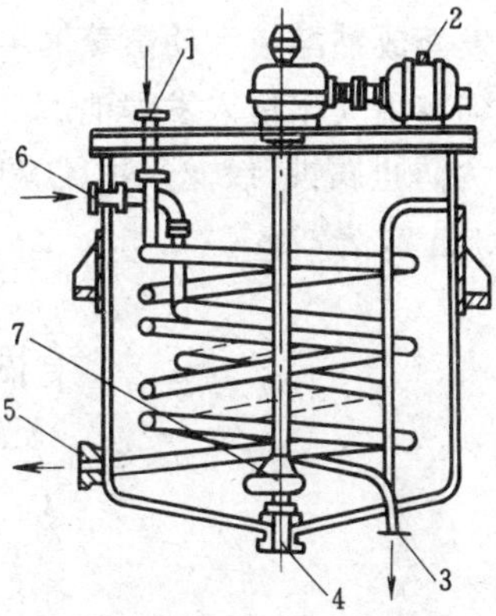

图 4－2－29　酒母罐

1—冷却水进口　2—电动机　3—冷凝水出口　4—排料口　5—冷却水出口　6—蒸汽进口　7—搅拌器

小型酒母罐可不设蛇管而采用夹套。若采用通风搅拌式酒母罐，则其通气搅拌装置由空气分布管、变速装置、轴封、联轴器、消泡器、挡板、搅拌器等组成。

(三) 发酵设备

麸曲白酒的发酵通常采用水泥池。清香型麸曲酒及普通麸曲酒，采用高标号水泥或耐酸水泥建池，不宜使用砖池。池底需有3％的斜率。不少厂在池的底面设有排水沟。但因排水沟、管易堵塞，故使回醅蒸得的酒有邪杂味。所以可在池底最低的一角，向下开1个排水坑，坑上安置能挡住物料的筛板；在坑的中心位置，设1根管口带网罩的横向排水管，该管再向下延伸至水井。若能注意及时清理水坑，则可避免上述不良后果。

四、蒸 酒 设 备

固态发酵法麸曲白酒的蒸酒设备及所用的扬楂机和通风晾楂机，同大曲酒生产。故可参阅本章第二节中的相关内容。过去麸曲白酒蒸馏曾一度推广使用罐式连续蒸酒机，但由于以下4方面的原因，现基本上已不用这种设备。一是填充料用量比间歇蒸馏约高1倍；二是该设备的主要部件的材质要求很高，易损备件不配套，常因设备事故而停产；三是连续蒸馏不能掐头去尾，更不能分质分级接酒；四是该机与活甑桶及转盘甑相比，无明显的经济效益。

关于罐式连续蒸酒机的结构、设计等内容，可参考《白酒工业手册》。

五、麸曲固态发酵法白酒机械化实例

1. 实例1

原料→皮带输送机→磁吸铁器→粉碎机→绞龙式蒸煮机→附鼓风及平料器的晾床→拌料绞龙→皮带输送机→扬楂机→入池→出池机→皮带输送机→刮板机→斜绞龙→活动甑。

拌料时，由斗式提升机加曲，并加入酒母和蒸酒后的部分酒糟。蒸馏时冷凝器为列管式。

2. 实例2

发酵成熟醅→活动甑蒸馏→加生料于绞龙混合→蒸煮罐→冷却→加曲和酒母在绞龙内混匀→用天车运入发酵池。

为防止腐蚀，绞龙采用ICV18Ni9Ti钢材；蒸煮锅以合金钢为材质。发酵池容积由原来的13.5m^3改为27m^3。

第四节 小曲酒生产设备

一、制曲用具

传统小曲的制作用具很简单，无非是使用盆、筛、缸、箱之类。例如四川邛崃米曲饼的制作用具如下。

1. 拌和盆

拌和盆为木制，用于制坯前的原料加水拌和。其上口直径为850mm，下底直径为810mm，高为280mm，能拌和80kg大米粉。

2. 保温箱

保温箱分为上下两部分。下部为箱座，用火砖砌成。其长为3170mm、宽1600mm、高630mm。四壁厚为115mm，在接近地面部分逐渐增厚，使呈斜面状。箱座的前面开门；箱座的内部两头空位处，放置火盆，用木炭生火保温。在箱座上放置竹篾，再加草垫。上部称为木箱，置于草垫之上。木箱稍小于箱座。其长为2960mm．宽1500mm、高185mm。箱内可放置间距为10mm、直径为90mm的曲坯410～420个。

3. 烘烤灶

烘烤灶分为两部分，均用火砖砌成。上部长为560mm、宽440mm、高360mm。能放置直径为90mm、厚为30mm的曲坯210个，即每个保温箱应设2座烘烤灶。烘烤灶的下部称为火膛。其长为510mm、宽400mm、高600mm；前面开门，膛中置木炭生火加热。

制浓缩甜酒药的设备流程为：种子罐→培养罐→振动筛→离心机→干燥室→粉碎机→包装机。

二、制酒设备

生产以高粱、玉米为原料的固态发酵法小曲酒的蒸馏、蒸煮设备，同大曲酒生产使用的甑桶；培菌、糖化发酵在箱、桶中进行。例如四川糯高粱小曲酒生产所用的制酒设备主要有以下几件。

泡粮桶和贮水桶：为木制或石制的圆桶。

培菌箱：以木材制成，在物料进入发酵桶之前使用。

发酵桶：为无底的木制圆桶。桶的下端埋于地面之下，挖有一泥坑，用粘土筑成桶底。

黄水坑：挖一泥坑，其壁、底均敷抹水泥，以免渗漏和便于清洗。该坑位于发酵桶旁，通常为2个发酵桶合用1个黄水坑。

泥浆桶：为木制的小圆桶。专用以捣烂泥浆，泥浆作为封盖发酵桶的材料。

蒸馏设备：采用连二灶。木制的"云盘"两边有把手，中间有孔，与锡制的升汽管相连。

这些设备，目前仍有一些厂在使用，但应向机械化的方向改进。故这里着重介绍以大米为原料的半固态发酵法小曲酒的制酒设备。

(一) 制醪设备

1. 浸米罐

浸米罐通常为罐体呈圆柱形、锥形底。以钢板制作。例如罐体直径为2.9m、高为7.1m，锥底高度为0.7m；或罐体直径为7.1m、高为1.7m。

2. 蒸饭设备

(1) 甑桶　基本上同本章第三节介绍的简易蒸麸桶。

(2) 卧式蒸饭机

① 构造：如图4－2－30所示，分蒸饭、晾饭、拌料3部分。

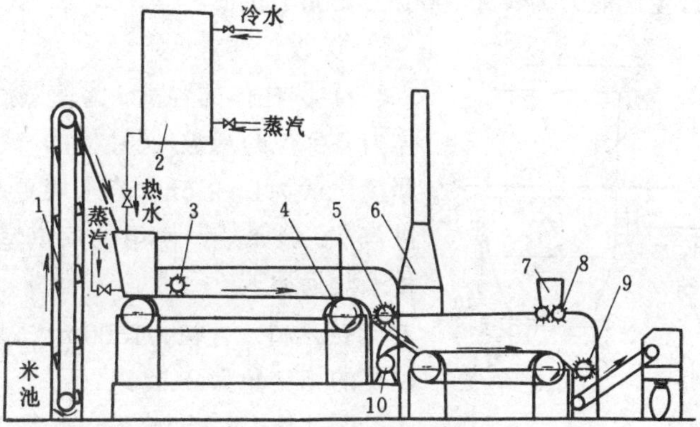

图 4－2－30　卧式蒸饭机

1—斗式提升机输送大米　2—热水箱　3—松饭轮　4—转鼓
5—松饭轮　6—排汽橱　7—下曲斗　8—下曲轮　9—出料轮　10—鼓风机

② 设计的注意点：若大米在蒸煮前未预先浸泡，则需设置热水箱，在大米蒸煮过程中适时适量地喷洒80℃左右的热水；必须保证饭粒均匀熟透，并力求整个系统的平衡配套；蒸汽加热室，尤其是其两端不能漏汽；筛带要易于透气并耐磨，并易于脱落熟透的饭粒。

③ 各部件的主要技术数据及指标例：

1) 斗式提升机：电动机功率为1kW，提升能力为1500kg/h。

2) 热水箱：容积为0.5m³，流量为1000kg/h，水温为80℃。

3) 蒸饭机主体：变速电动机功率为28kW，打饭器电动机为1kW，洗饭扫电动机为

1kW;传动鼓轮中心距为8m;筛带行速为0.2m/min,筛带宽度为695mm,米层厚度为10cm;供汽压力为250kPa;蒸饭时间为30min,生产能力为625kg/h。

4) 松饭器: 电动机功率为28kW;转速为600r/min。

5) 冷却部分: 变速电机功率为28kW;传动鼓轮中心距为4.7m;筛带速度为0.6m/min;鼓风电动机功率为45kW,风量为3000L/min;饭层厚度为6cm,饭表层温度为28℃;通风晾饭时间为4min。

6) 曲粉添加器: 电动机功率为1kW,转速为600r/min。

④ 工作原理: 大米经斗式提升机运入网带后,由调节板刮平,使米层厚度在20～40cm的范围内。在蒸饭机主体部分的上方设有喷淋热水装置及松饭器。米粒随网带缓慢地移动,整个行程需20～30min。热饭从蒸饭机主体的另一端排出,蒸汽由排汽橱排至室外。饭粒经冷却部分的鼓风机、松饭器、冷水喷淋器冷却至预定温度,并加入小曲粉拌匀后,再定量送入发酵罐。

(3) 立式蒸饭机

① 构造及技术特性: 以某厂的立式蒸饭机为例,其构造如图4－2－31所示。整个机体用2～3mm厚的不锈钢板或4～5mm厚的铝板制作,若采用高压蒸煮,则材料的厚度应仔细计算。

该机的圆柱体高度为1300mm,直径为7500mm;夹套内层通蒸汽的孔眼有350个,孔径为2mm。采用一段通汽法。圆锥体的高度为500mm,下口直径为400mm。整个蒸饭机可容纳米量为450kg,生产能力为粳米1000～1400kg/h。

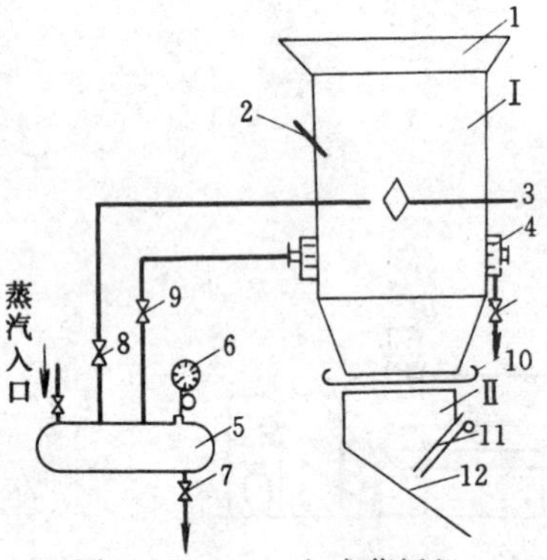

图 4－2－31　立式蒸饭机

Ⅰ—筒体　Ⅱ—出料器
1—料斗　2—温度计　3—蒸汽及热水向下及四周喷射器　4—夹层蒸汽加热　5—汽包　6—压力表　7—排冷凝水阀　8、9—蒸汽阀　10—插板　11—排料控制门　12—排料口

② 设计要求:

1) 圆柱体的容量: 为使蒸汽能均匀地供给圆柱体内各部位的米粒,圆柱体的直径不宜超过1m,米层厚度一般为1～1.5m。若米层更厚时,则应采取多段进汽法。例如某厂使用的双汽室立式蒸饭机的主要技术数据如下。

接米口: 直径为1300mm,高度为300mm。与圆柱体的相交角为48.5°。

圆柱体: 直径为850mm,高度为1700mm。

菱形预热器: 1个菱形预热器设于上汽室上方圆柱体部分的1/3处;另1个位于上、下2个汽室之间。菱形预热器下端均匀地布满汽孔。菱形预热器呈竖立状,其尺寸为200cm×100cm。

汽室: 宽度为100mm,高度为350mm。上、下汽室相距300mm,上汽室距圆柱体口为700mm。汽孔直径为2mm,孔间距为40mm。孔呈交错排列。每个汽室有7行汽孔,共469个汽孔。汽室下端设有冷凝水排出口。

锥形部分: d850～600mm,锥体高为350mm。

出料口: 与冷却部分连接。斜板开口与水平成45°,利用手动齿轮齿条开闭。

材料: 可使用厚度为6mm的铝板或3～4mm厚的不锈钢板制作。

配套设备：熟饭利用长度为5m的不锈钢网带输送；配置2台离心式鼓风机冷却热饭。

该机性能：有效容积为$1.2m^3$，在汽压147～196kPa下，其生产能力为粳米3000kg/h；耗汽量为$400m^3/h$。

2) 圆柱体内壁的加工：为防止饭粒粘在壁上，圆柱体内壁要加工得很光滑，并喷涂耐高温的聚四氟乙烯，尤其是夹套内层的蒸汽孔更需加工平滑。

3) 圆柱体外壁保温：为了保温并防止外壁凝结水珠，应在外壁设蒸汽套管或保温层。

4) 锥体部分：锥体的下口直径应为上口直径的0.5～0.6，以利于饭粒顺利下落，也不因下落速度太快而产生夹生现象。

5) 其他：圆柱体夹套内的蒸汽管应向下喷汽，使蒸汽均匀分布。为确保硬质米的蒸饭效果，可在圆柱体的适当部位设置可喷射热水的夹套，也可将2台立式蒸饭机串联使用，并在它们中间增设喷淋热水的装置。例如采用2台高度为2000mm的双汽室立式蒸饭机，在它们的交接处用绞龙输送并喷加热水；或用泡饭桶或泡饭车将第1台输出的饭用热水浸泡后，放去热水，再输入第2台立式蒸饭机复蒸；或将米先经立式蒸饭机蒸之后，再进入卧式蒸饭机，卧式蒸饭机后面紧连风冷装置等。

③ 立式蒸饭机的优缺点：

1) 优点：设备结构简单；蒸汽利用率很高；无传动装置，可节省电耗；占地面积小；易于操作，易于移动和维修，便于自动控制；在设备能耐压的条件下，可实现低压蒸饭。

2) 缺点：需有高位浸米容器；需另设冷却、加曲、拌料装置。

3. 糖化发酵设备

(1) 先糖化后发酵的设备　例如桂林三花酒的生产，传统的糖化、发酵容器为陶缸。后改为先在长槽中糖化后，进入中间贮罐，再以压缩空气压入发酵罐发酵。

① 长槽：以厚度为5mm的铝板制作。其长为9m、宽0.9m，底呈倾斜状，两端深度分别为0.6m和0.9m。利用内、外面抹水泥的砖槽作为长槽的外层夹套，夹套中可容纳温水或冷水，起保暖或冷却作用。

② 中间贮罐：用6mm厚的碳钢板制作，内壁涂涂料。其直径为1700mm，高为2600mm，总容积为$6m^3$。

③ 密闭式发酵罐：如图4－2－32所示。其规格、容量及材质同中间贮罐，但具有夹套。若容积为$4.5m^3$，则可不设夹套，而在罐顶部装有外喷淋式的冷却盘管。

④ 空气压缩机：V－3/8－1水冷式。排气量为$3m^3/min$。电动机采用$JO_2$72－6，其功率为22kW。

也可不设中间贮罐，长槽中的物料可直接由刮板刮入发酵罐。上述设备的材料，最好采用不锈钢。

(2) 糖化和发酵并行的设备

玉冰烧等小曲酒，传统的糖化发酵容器为坛(埕)；后有的厂已改用发酵罐。举2例如下。

① 例1：采用前发酵和后发酵为不同容器的方法。

1) 前发酵罐：为d1700mm×2600mm，容积$6m^3$的铝板制发酵罐。罐内有铝管制的冷却盘管，罐顶有喷淋冷却管。

2) 后发酵罐：水泥制，无冷却装置。其规格也为d1700mm×2600mm，容积为$6m^3$。

② 例2: $50m^3$发酵罐用于生产玉冰烧。罐的圆柱体直径为3m，圆柱高度为6.33m，顶锥高0.83m，底锥高0.825m，底锥角为120°。罐内安装3层冷却蛇管，圈径$d_1$800mm、$d_2$1600mm、$d_3$2300mm，蛇管总冷却面积为$48m^2$。

(二) 蒸酒设备

1. 土甑

传统的间歇蒸馏都采用土甑，又称土甑锅，如图4－2－33所示。

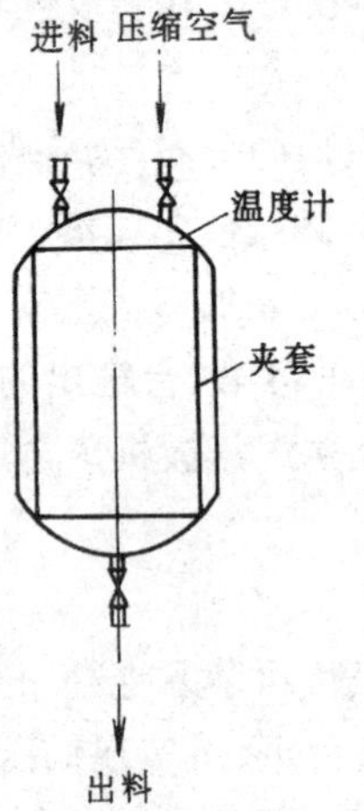

图 4－2－32　发酵罐

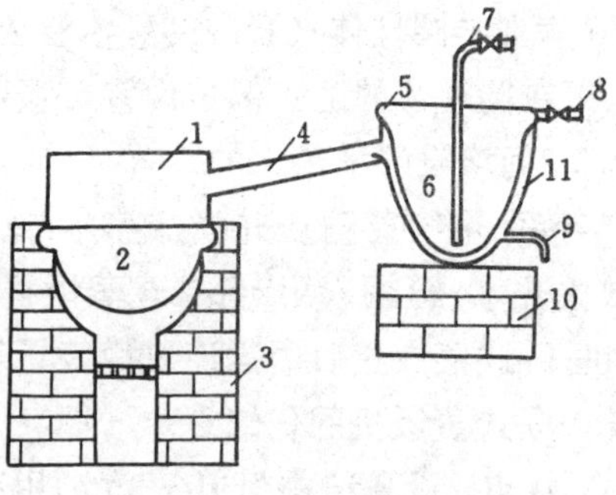

图 4－2－33　土甑锅

1—木盖　2—铁锅　3—土灶　4—竹制汽筒　5—锡制水围　6—锡锅　7—冷水入口　8—热水出口　9—接酒口　10—砖礅　11—缸

2. 蒸馏釜

不少厂采用卧式或立式的单釜或双釜蒸馏。

(1) 卧式蒸馏釜　如图4－2－34所示。生产三花酒的卧式蒸馏釜直径为1.4m，长为4.5m，容积为$6.8m^3$。先采用间接蒸汽蒸馏，最后通直接蒸汽追尽酒尾。

(2) 立式蒸馏釜　如图4－2－35所示。

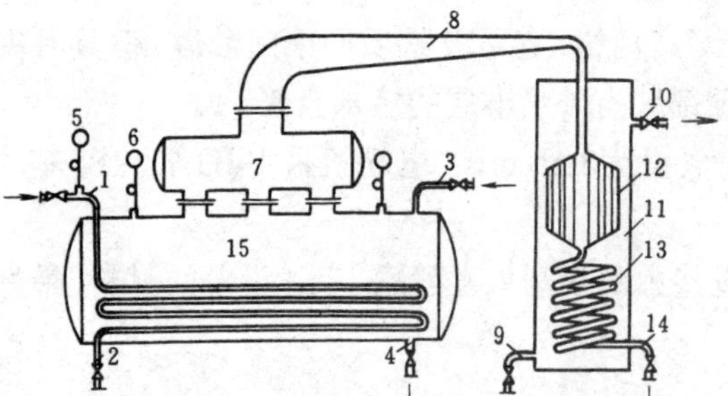

图 4－2－34　卧式蒸馏釜

1—蒸汽入口及间接加热管　2—废汽及冷凝水排出口　3—成熟酒醪入口管　4—废醪排出口　5—间接蒸汽管蒸汽压力表　6　蒸馏釜压力表　7　汽包　8　汽筒　9　冷水入口　10　热水排出口　11　水箱　12　双管冷却器　13—蛇形冷却器　14—成品酒接口　15—蒸馏釜

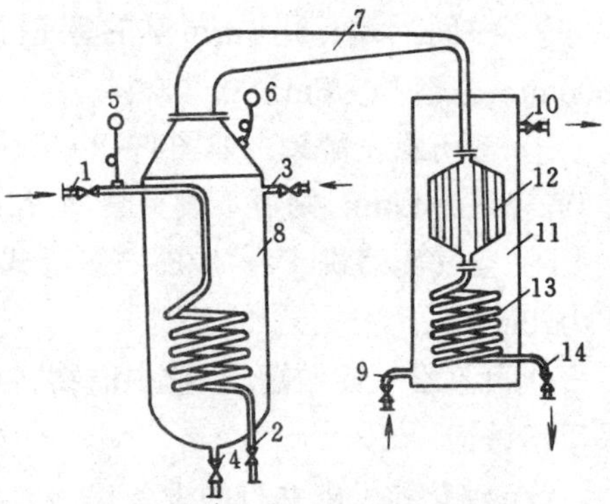

图 4－2－35　立式蒸馏釜

1—蒸汽入口及间接蒸汽加热管　2—废汽及冷凝水排出口　3—成熟酒醪入口　4—废醪排出口　5—间接蒸汽加热管蒸汽入口压力表　6—蒸馏釜压力表　7—汽筒　8—蒸馏釜　9—冷水入口　10—热水排出口　11—水箱　12—双管冷却器　13—蛇管冷却器　14—成品酒接口

此外，有的厂还采用了壶式蒸馏集中底部加热法，并保留釜式蒸馏优点的所谓“蜂窝式酒甑”。还有的厂认为利用蒸馏釜蒸酒，所需时间较长，酒尾也较“长”且尾酒数量较多，故吸收了“塔”和“釜”的特点，制作了所谓复合式蒸馏釜。也有的厂采用双罐串联的半间歇蒸馏设备。

据报道，日本的烧酎生产中，有的厂采用减压蒸馏装置，整套装置包括蒸发罐、浓缩塔、凝缩塔、最终冷却塔、成品罐及真空泵等几部分。

第五节　液态发酵法白酒设备

液态发酵法白酒设备，与酒精生产基本相同。但白酒行业将固液结合法白酒等也列为液态发酵法白酒的范畴。兹将其主要设备择要介绍如下。

一、原料处理设备

(一) 原料除杂设备

原料除杂设备包括筛选、风选机及磁力除铁装置。例如气流－筛式分离机，将风选和筛选的双重功能集于一体，用于分离谷物原料的除杂，具有良好的效果。

磁力除铁器有永久性磁力除铁器及电磁除铁器两种。永久性磁力除铁器安装于原料输送槽底部或尽头，可水平安装或倾斜40°，磁铁长288～816mm，对谷物的分离能力为1.08～3.06t/h。电磁除铁器一般安装于输送带的交接处，其示意图及工作原理可参见本章第二节。

(二) 原料输送设备

原料输送设备包括输送机、气流输送装置及混合输送设施。输送机主要有皮带输送机、螺旋输送机(俗名绞龙)及斗式提升机3种。有关输送机及气流输送装置，可参见本章第二节中的有关内容。所谓混合输送，是指将原料输送去粗碎时采用机械输送，而经细碎后的粉状物料，则采取气流输送。这种输料方式在20世纪60～70年代曾被广泛采用，近年来为了节省能耗，又进一步得以扩大应用。

(三) 原料粉碎设备

1. 干式粉碎设备

采用2级粉碎法可节省动力。

(1) 粗碎设备　原料→过磅称重→输送带→电磁除铁→辊式粉碎机或锤式粉碎机。

(2) 细碎　通常采用锤式粉碎机或万能磨碎机。

2. 湿式粉碎设备

采用锤式粉碎机或小钢磨。例如薯干加入锤式粉碎机的进料口，同时按比例加入水，进行第1级粉碎后，进入绞龙并加一定量水混匀后再进入锤式粉碎机进行第2级粉碎。有的厂将大米加水浸泡后，连水带米进入小钢磨粉碎。有的厂将玉米脱胚后，用辊式或锤式粉碎机或万能磨碎机粉碎。

辊式及锤式粉碎机的示意图，可参见本章第二节。

(四) 原料预处理设备流程例

1. 机械输送干式粉碎设备流程

原料⟶称重⟶传送带⟶电磁除铁⟶粗碎机⟶斗式提升机⟶料斗⟶细碎机⟶细粉料斗⟶加温水于绞龙⟶拌料桶⟶粉浆。

2. 气流输送干式粉碎设备流程

如图4－2－36所示。

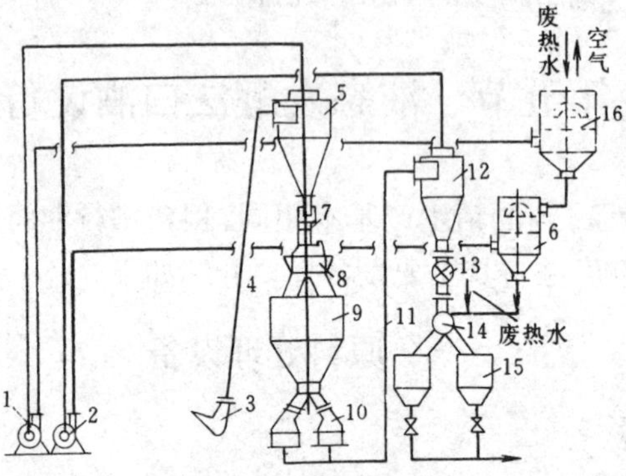

图 4－2－36 气流输送干式粉碎设备流程

1、2—鼓风机 3—接料器 4—升料管 5—旋风分离器 6—洗尘塔或袋滤器 7—闭风器 8—粗碎机 9—料箱 10—细碎机 11—升料管 12—旋风分离器 13—闭风器 14—旋风分离器 15—拌料罐 16—洗尘塔

3. 混合输送干式粉碎设备流程

薯干⟶称重⟶倒包⟶输送带⟶除铁器⟶粗碎机⟶斗式提升机⟶料斗⟶细碎机⟶吸风管⟶旋风分离器⟶闭风器⟶料斗⟶绞龙⟶拌料罐

旋风分离器↓风机⟶袋滤器⟶大气 / 细粉收集器

4. 湿式粉碎气流输送设备流程

粉料收集器
↑
大气⟵袋滤器⟵风机⟵

薯干⟶料斗⟶吸风管⟶旋风分离器⟶绞龙(加水)⟶粉碎机⟶拌料罐

(五) 蒸煮设备

1. 间歇蒸煮设备

可参见本章第三节有关内容。圆柱体锥形底蒸煮锅的钢板厚度为10～15mm，设计时应进行精确计算，以耐较高的压力。蒸汽从底部的1处或分2～3路沿锅壁进入，使其均匀分布和物料激烈翻动。应附设1台带搅拌装置的原料与水的混合机；或先将粉状原料于打浆罐中与水充分混匀后，再泵入蒸煮锅。

有的厂采用常压蒸煮法，则使用外形如糖化锅或带搅拌器的圆柱形蒸煮锅。

2. 连续蒸煮设备

连续蒸煮设备有罐式、柱式及管道式之分。目前应用的以罐式为主，其设备流程如图4－2－37所示。

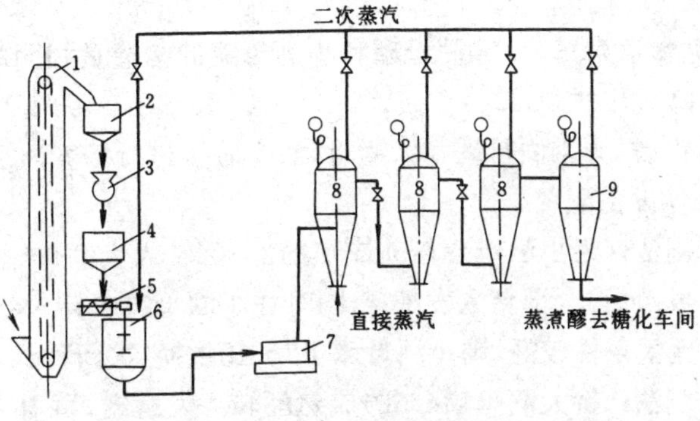

图 4－2－37　罐式连续蒸煮设备流程

1—斗式提升机　2—贮斗　3—锤式粉碎机　4—料粉贮斗
5—绞龙　6—拌料桶　7—往复泵　8—蒸煮罐组　9—汽液分离器

二、制曲设备

(一) 麸曲设备

麸曲设备同麸曲固态发酵法白酒。

(二) 液体曲设备

液体曲生产设备流程，如图4－2－38所示，包括培养基制作设备、无菌空气制备系统、种子罐及培养罐4部分。

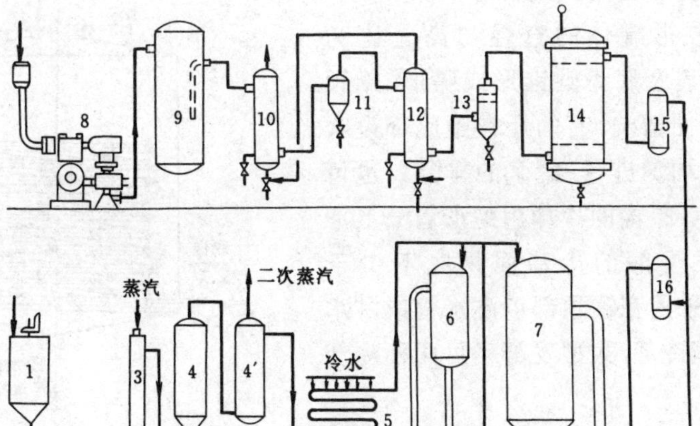

图 4－2－38　液体曲生产设备流程

1—配料罐　2—料泵　3—双套管式蒸煮器　4—维持器　4′—后熟器
5—喷淋冷却器　6—种子罐　7—培养罐　8—空压机　9—贮气罐　10—冷却器
11—油水分离器　12—第2冷却器　13—贮气罐　14—空气总过滤器　15—分过滤器　16—分过滤器

三、制醪设备

1. 糖化设备

采用与本章第三节所述相似的糖化锅。锅体的钢板厚度为6～8mm，带有搅拌及冷却装置，$1m^3$醪液所需的冷却面积为$2\sim3m^2$，搅拌器转速为60～80r/min。

2 酒母设备

酒母罐可参见本章第三节。大酒母罐和小酒母罐的构造是相同的。因培养工艺不同，酒母罐的设置，有以下几种方式。

(1) 间歇培养设备　分小酒母罐和大酒母罐2个阶段进行培养。

(2) 分割法培养设备配置

① 小酒母分割法：将小酒母罐培养成熟的2/3醪转入大酒母罐作为种子，进行大酒母扩大培养，培养成熟后，全部转入发酵罐；同时往小酒母罐中补入新鲜培养基进行培养。如此循环进行。若无菌条件较好，则小酒母罐可7～10批换1次新种。

② 大酒母分割法：将大酒母罐4/5的成熟醪转入发酵罐，并补入同量的新鲜培养基继续培养后，再视情况决定分割或全部转入发酵罐。此法仅作为小酒母量不足时的应急措施。

(3) 半连续培养设备　例如设小酒母罐3个，以便轮流灭菌，中酒母罐1个，大酒母罐1个。各罐顺次串联。小、中、大酒母罐之间的转种方式，采用定时定量分割法；培养基的补充，则采用连续流加法。

3. 发酵设备

(1) 发酵池　采用钢筋水泥池，可为圆形或方形，敞口或密闭式。池内壁应衬耐酸瓷砖。因水泥池有不耐腐蚀、易跑酒及灭菌不彻底等缺点，故采用的厂较少。

(2) 发酵罐　用不锈钢板制作。多为半密闭式或密闭式。密闭式发酵罐如图4－2－39所示。圆柱形罐体的直径与高之比为1∶1.1～1.4；盖及底为圆锥形或碟形。罐顶开设人孔，以便清洗。有的还在罐底部设吹泡器，使发酵均匀进行。罐底的排醪口也可通空气或蒸汽。罐内的冷却用蛇形管分上下两组，$1m^3$发酵醪的冷却面积应不少于$0.25m^2$。也可采用在罐顶部以淋水管或淋水围板进行外壁冷却。大型发酵罐可两种冷却方式并用。

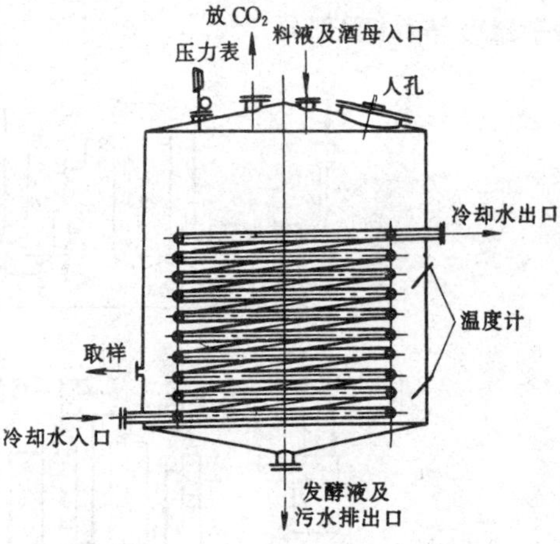

图 4－2－39　密闭式发酵罐

发酵罐数N可按下式计算：

$$N=\frac{nt}{24}+1$$

式中　n——每24h充满发酵罐的个数

t——发酵周期(h)

发酵罐的体积$V(m^3)$可按下式计算：

$$V=\frac{V'}{0.87n}$$

式中　V'——每昼夜制糖化醪总量(m^3)

n——每昼夜充满发酵罐个数

0.87——充满系数

四、蒸馏设备

液态发酵法白酒的串香蒸馏设备，多采用甑桶；浸香蒸馏采用蒸馏釜（罐）。釜内装有直接和间接蒸汽加热管；釜顶上安装直径为0.5m的4层泡罩式蒸馏塔板。串、浸结合法的蒸馏设备为甑桶，将一部分香醅投于底锅内的酒精中浸香；另一部分香醅置于甑桶底部的篦子上。或将香醅分别用不同设备进行串香和浸香蒸馏后，再把两种成品酒按比例调合。

发酵醪的蒸馏设备，在多年的生产实践中，有参考固态发酵法白酒蒸馏的特点，在蒸馏釜（罐）上加置装有稻壳层的圆柱；有的参考威士忌等酒的蒸馏方法，采用壶式蒸馏设备；有的采用双罐串联装置；也有的采用釜塔结合的复合式蒸馏设备等装置。但上述设备均欠理想，故基本上已淘汰。目前多采用如酒精生产的塔式蒸馏设备，有两塔式、三塔式、多塔式几种类型。在取得质量较好的酒基（酒精）后，再进行串香、浸香蒸馏等而制得成品酒。

1. 两塔式蒸馏设备

即粗馏塔（醪塔）及精馏塔，不能用以蒸馏出高纯度的精馏酒精或食用级酒精。其设备流程可参见本书第二篇第八章。

2. 三塔式蒸馏设备

设备流程可参见第二篇第八章。

三塔式蒸馏装置是在粗馏塔和精馏塔之间设1个排醛塔。有些厂在将原有的两塔式蒸馏设备改造为三塔时，在精馏塔后面加1个甲醇塔，或称后馏塔。甲醇塔固然在降低成品酒精的甲醇含量上有明显的作用，耗汽量也低于排醛塔；但因甲醇塔是在高酒精浓度下运作的，故在排除其他头级杂质方面就不及排醛塔。

三塔式蒸馏设备按排醛塔和精馏塔的进料方式，可分为直接式、半直接式及间接式三类。

(1) 直接式三塔蒸馏设备流程　发酵醪先经过排醛塔排醛后，再进入醪塔。因发酵醪中酒精含量低，故杂质的挥发系数大，排醛效果较好。该法的耗汽量小，但成品酒精有不良气味。因为发酵醪中的微粒有可能被蒸汽拖带入精馏塔；脱醛后的醪经长溢流管流入醪塔顶部，醪塔醪中的CO_2会将微量杂醇油带到成品酒精中。

直接式蒸馏的蒸汽只通入醪塔和精馏塔的底部，排醛塔不用直接蒸汽加热，从醪塔排出的酒汽大部分入精馏塔，一小部分进入排醛塔加热醪液。

(2) 半直接式蒸馏设备流程　可参见第二篇第八章。醪液先进入醪塔。从醪塔出来的酒汽直接入排醛塔的中部进行排醛。排醛塔具有较多的塔板数，为28～34层。冷凝器的冷凝面积很大，采用的回流比也很大，以利于提高塔顶酒精浓度和少出醛酒。若采取一定时间的“闷塔”并间歇取醛酒，则醛酯馏分的酒精浓度为95.8%～96%，而其提取量可控制为1%～3%。从脱醛塔底部排出酒精浓度为30%～35%的脱醛酒，再进入精馏塔的中部。

(3) 间歇式三塔蒸馏设备流程　排醛塔及精馏塔均液相进料，各塔均用直接或间接蒸汽加热，各塔均有其冷凝器系统。采用该流程的设备投资高、耗汽量大。

3. 多塔式设备

设备流程见第二篇第八章。在二塔或三塔的基础上，再按需要增设专门功能的附加塔，组成四塔至六塔设备流程。

通常采用3种附加塔：浓缩塔，将从排醛塔出来的醛酯馏分进一步浓缩，使精馏酒精成品得率从原来的95%～96%提高至98%～98.5%；甲醇塔，使成品酒精的甲醇含量降为符合食用酒精级的要求；杂醇油塔，进一步浓缩从精馏塔出来的杂醇油或杂醇酒，以提高成品精馏酒精的得率。

例如，在三塔蒸馏设备的基础上，再增设甲醇塔和杂醇油塔，即组成五塔设备流程，以求得成品酒精纯度高、成品得率高的双优效果。

五、液态发酵法白酒厂设备配置实例

(一) 实例1

1. 原料粉碎设备

在宽2.5m、长3m、高3m的两间粉房内，设置锤式粉碎机2台，每台所需功率为55kW；由交流变直流电磁场的磁力吸铁器1台；功率4kW的离心式鼓风机2台；d500mm×800mm的旋风分离器2套；功率1kW、长3m、宽0.25m的带式输送机1台，将原料均匀地输入粉碎机。

2. 蒸煮设备

蒸煮锅外壁加石棉层保温；在锥体部分衬1层2～3mm厚的薄钢板。蒸煮锅接管口不以螺纹连接，而用法兰连接；开孔处要加固。锅顶安装2个安全阀，以便轮换使用，并注意经常检查和清洗。

在蒸煮锅后面安装1个有10m高排汽管的分离冷却装置，糖化锅可不安装排汽管。分离冷却器夹套层的热水可回用。在糖化锅前或在糖化锅中设1个喷水的真空装置，以利于糊化醪的冷却及杂味的排除。

3. 糖化锅

糖化锅的搅拌叶直径为锅体直径的1/2～1/3，上下2层成十字形；搅拌器转速为80～100r/min；皮带安装时紧边在上、松边在下，以免打滑。

采用锅内蛇管或锅外蛇管冷却器，通冷水或冷水喷淋冷却；或再在锅外壁设喷射水管进行喷淋冷却；将糖化锅密闭后，在排汽管上用蒸汽喷射泵抽真空冷却。在35～38℃的糊化醪中加冷水调整浓度及温度。

4. 制曲设备

(1) 设备流程

原料⟶斗式提升机⟶绞龙(加水)⟶机械出料蒸麸机⟶冷却接种装置⟶带式输送机⟶各曲池⟶螺旋碎曲输送机⟶贮曲室。

将麸曲浸出后使用浸出液；采用振动筛、螺旋压榨机及离心泵回收曲渣。麸曲的辅料为甘蔗渣。

(2) 曲池的技术数据

① 曲池尺寸：长与宽之比为2～2.5，深度为40～60cm。箱底的导风倾角为5°～10°。

② 曲池数及装量：设4～6个曲池，为便于控制工艺条件，1间曲室建1个曲池。每1m³

曲池容积的曲料投量为250～300kg。

③ 风压、功率及通风量：粗料曲层厚度为40～50cm时，风压为1177～1618Pa;细料曲层厚度为25～30cm时，风压为1569～1961Pa。风机功率为1.7～7kW，100kg通风曲需风量为500～700m^3/h。

5. **发酵容器**

(1) 碳钢发酵罐　内壁涂环氧树脂涂料。罐顶设喷淋冷却管。

(2) 水泥发酵池　以耐酸瓷砖贴发酵池内壁。池内安装碳钢冷却管，1～2年即报废;采用移动式铝合金冷却器，操作不便，故采用池外喷淋冷却。即用d57mm的钢管或d51mm的铝合金管作成盘管，盘管上方设喷淋水管，1t发酵液的冷却面积为0.4m^2。将离心泵以活动胶管与发酵池底部的出口连接，醪液泵入冷却管冷却后再回到池上部，如此循环冷却至预定温度。

6. **蒸馏设备**

采用以醪塔、精馏塔和甲醇塔组合的三塔式蒸馏设备。其成品酒精仍需经脱臭处理后再进行串蒸或调香。

(1) 双泡罩塔　即醪塔及精馏塔均为泡罩塔。醪液的预热器为卧式，其流速大，不易堵塞。在醪塔前安装1个以d200mm×600mm钢管制的直接蒸汽预热器，并附有半导体温度计。

醪塔设有17～20块塔板，板间距为250～280mm;精馏塔有50～64块塔板，其中15～17块为脱水段，板间距为180～220mm，40～48块为浓缩段，板间距为180～220mm。

醪塔的升汽速度为0.3～0.5m/s;精馏塔的升汽速度为0.45～0.6m/s。当日产酒精量为5、10、15、20、30、40、50、60、70t时，泡罩塔的相应塔径为0.7～0.8、1～1.2、1.3～1.5、1.6～1.7、1.8～2.0、2.2～2.3、2.4～2.6、2.8～3.0、3.2～3.4m。

因戊醇和异戊醇在酒精含量为55％时挥发系数近于1，酒精含量为42％时挥发系数也近于1，故气相提杂醇油的位置，应在温度为90～94℃的进料层下面4～6块塔板处;液相提杂醇油的位置应在温度为81～85℃进料层以上3～6块塔板上。

在塔底装有玻璃管水柱。通汽管位于靠近第1层塔板处，管道连接d32mm的闸板阀，不采用球阀。玻璃管密封不漏汽，下端插入水中。盛水器的高为220～280mm、d180～220mm，底部装有放水用的旋塞阀。

对塔底进料、进汽，冷凝水量和冷却水箱及水泵的水温，成品酒精浓度、数量、温度、压力等，均采用自动控制，并装有自动记录水、电、汽用量的仪表及自动防火警报器。上述自动控制系统及仪表集中于一个柜内。

(2) 醪塔为泡罩塔，精馏塔为浮阀塔　浮阀塔的主要技术数据如下。

① 酒精日产量为6、10、15、20、30、50、60t时，相应的塔径为0.65～0.7、0.75～0.8、0.9～1.0、1.0～1.1、1.15～1.2、1.3～1.4、1.6～1.8m;板间距为250、270、280、280、280～300、280～320、280～320mm。

② 塔板有48～54块。其中14～16块为脱水段，32～42块为浓缩段。

③ 塔板开孔率为8％～12％，阀孔中心距为75～80min;采用F12－3C阀，阀片用2mm厚不锈钢片冲制而成。

④ 塔升汽速度为0.8～1.2m/s，阀孔升汽速度为4.5～7.5m/s。

(3) 降低以薯干为原料所产酒精中甲醇含量的措施　以气相过塔的原两塔蒸馏设备为例，可采用以下设备和措施。

① 设置温醪塔：在位置略高于醪塔的一侧，安装1个直径不超过0.8m、总高度不超过2.5m、内有4层塔板的温醪塔，并附有换热面积为10m^{2}的冷凝器。醪塔的酒汽穿过温醪塔后入精馏塔。温醪塔内的醪温达70℃或更高，使沸点为64.5℃的甲醇可排除一部分。

② 增加精馏塔的塔板数，降低取成品的位置：将精馏塔板数增至55～62块；取成品位置在从上往下数的第8～12层塔板上。

③ 精馏塔顶增加1个填料柱：在精馏塔顶的回流口和取成品口之间，设1个直径缩小、高约2m的填料柱，相当于8～12层塔板。使甲醇主要集中于填料柱及其以上部位，并从第3冷凝器的排醛管不断地排出。

④ 回流口下移：将第2、3冷凝器回流同预热器和第1冷凝器的回流分开，并把第2、3冷凝器的回流口设于取成品口以下的第5～6层塔板上，使一部分甲醇在塔中气相上升、液相回流，如此反复循环，并从排醛管中不断地排出。

⑤ 增设1台甲醇塔：甲醇塔设于精馏塔后面，其位置略高于精馏塔。若日产酒精量为50t以下时，甲醇塔可为填充塔或板式塔，填充塔直径不超过600mm，填料高度约5m，采取塔底间接蒸汽加热；板式塔的直径不超过1m，共20～30块塔板，也采取塔底间接蒸汽加热。甲醇的排除方式有二：一是从精馏塔提取的液态酒精直接进入甲醇塔的中上部再蒸馏，甲醇等低沸点杂质大部分从冷凝器的排醛管排出，成品从塔底引出；二是甲醇塔的进料来自第2冷凝器，其余同第1种方式。

⑥ 从操作方面改进：

1) 将第2冷凝器的温度提高至60～65℃，使部分甲醇在第3冷凝器的排醛管中排走；部分进入工业酒精中，工业酒精可与成熟醪混合后，再入醪塔复蒸。

2) 提高回流液的温度：将精馏塔第2冷凝器中含甲醇较多的回流液管，通过预热器使甲醇汽化，入精馏塔后甲醇蒸气立即上升。在第4冷凝器外设1个醛酒冷凝器，提出约2%的酒头。

3) 提高冷凝器的水温，使甲醇向后移，以便集中取出。

4) 避开预热器的负作用：采用套管送醪，在套管中先用自第1冷凝器出来的热水，将醪液预热至65℃以上后再入预热器，使甲醇在预热器中不冷凝而向后集聚除去，从而相对地降低了回流液中的甲醇含量。

(二) 实例2

某厂在制取串蒸法白酒时采用了加热釜⟶脱臭塔⟶串香塔的设备流程。

(1) 加热釜　食用酒精泵入计量筒，加水或加一部分酒尾后入加热釜。釜内装有蒸汽加热管。

(2) 脱臭塔　塔内装有优质木炭，每月换炭1次。将2～3个脱臭塔串联使用。

(3) 串香塔　塔径为高度的1/3。2个串香塔串联使用，每天换1次香醅。

(三) 实例3

某厂在制浸蒸法白酒时采用的浸蒸釜直径为2.2m，高1.95m，容积7.5m^3。内有间接及直接蒸汽加热管。釜顶安装4层直径为0.5m的泡罩式蒸馏塔板，冷凝器冷却面积为7m²。

六、综合利用的设备

(一) CO_2回收设备

1. CO_2的净化设备

CO_2经水洗柱后入压缩机；一级压缩后经活性炭柱处理；三级压缩后经硅胶和沸石柱处理。对于纯度要求不高的CO_2产品，可不经硅胶和沸石处理。

2. 液态CO_2生产设备

液态CO_2的生产设备流程，如图4－2－40所示。

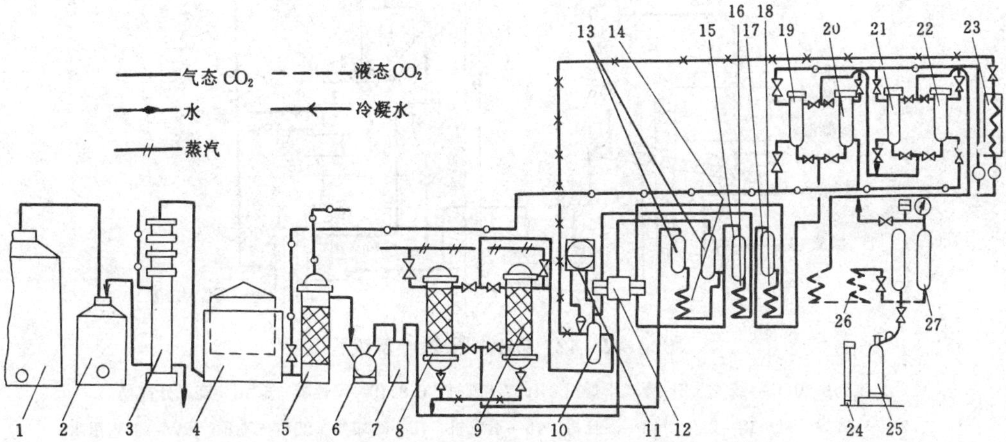

图 4－2－40　液态CO_2生产设备流程

1—发酵罐　2—泡沫捕集器　3—酒精捕集器　4—气柜　5—焦炭洗涤塔　6—水环泵　7—水分器　8、9—活性炭吸附柱　10、11—缓冲罐　12—压缩机　13—去油器　14—冷却器　15—去油器　16—冷却器　17—去油器　18—冷却器　19、20—硅胶柱　21、22—沸石柱　23—冷却器　24—秤　25—灌瓶装置　26—冷凝器　27—高压贮罐

3. 固态CO_2(干冰)生产设备流程

液态CO_2⟶膨胀箱⟶压冰机⟶有隔热层的干冰箱。其间还设有净化器、高压贮器、中间贮器、换热器及水银指示器等装置。

(二) 沼气发酵设备

酒糟的沼气发酵设备流程，如图4－2－41所示。

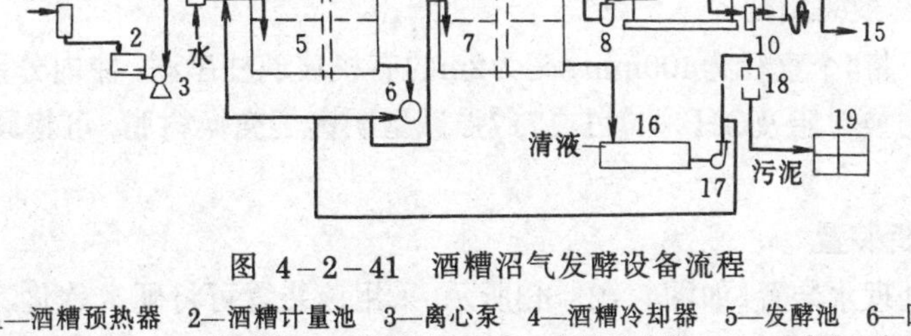

图 4－2－41　酒糟沼气发酵设备流程

1—酒糟预热器　2—酒糟计量池　3—离心泵　4—酒糟冷却器　5—发酵池　6—回流泵　7—后发酵池　8—洗涤塔　9—贮气柜　10、11—回火防止器　12—生产化工产品设备　13—燃烧器　14—锅炉　15—发电机组　16—消化液贮池　17—泵　18—高位槽　19—污泥贮池

(三) 干酒糟饲料生产设备

酒糟经卧式螺旋离心机离心所得的液体(或称滤液)，经六效蒸发器浓缩为浓缩液，再干燥而成的干饲料，称为干酒糟滤液(DDS)饲料；而酒糟离心所得的渣子(滤渣)，称为干酒糟固形物(DDG)饲料；将滤液浓缩物与滤渣混合干燥而成的饲料，则称为DDGS。工厂通常生产DDG或DDGS，很少只生产DDS的。

生产DDGS的干燥设备流程，如图4－2－42所示。

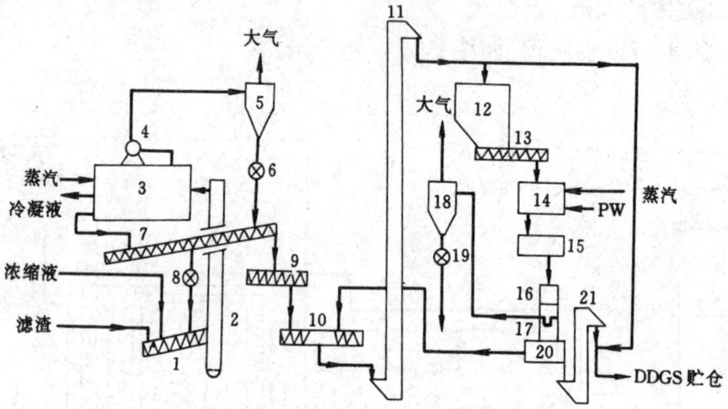

图 4－2－42　DDGS干燥设备流程

1、2、7、9、10、13—绞龙　3—管式干燥机　4、17—风机　6、8、19—闭风器　5、18—旋风分离器　11、21—斗式提升机　12—贮斗　14—混合机　15—造粒机　16—冷却器　20—振动筛　PW—工艺用水

第六节　低度白酒生产设备

低度白酒是由原酒或基酒经稀释、勾调、除浊而成的，故在调制过程中要使用制冷设备及一些类似调味、降度、中转罐等容器，但主要是水处理及低度酒除浊这两方面的设备。

一、水处理设备

白酒降度用水的质量，应高于我国生活饮用水的水质标准，且必须为软水，以免在成品酒中产生钙、镁盐类等白色沉淀。因水源而异，白酒厂可选用相应的水处理设备；一般应将几种设备组合使用，例如电渗析器⟶活性炭柱⟶砂滤棒。

1. 离子交换树脂柱

例如某厂将4个直径为400mm、高为2m的有机玻璃柱串联，柱内分别装H^+型的732强酸性阳离子交换树脂及OH^-型711或717强碱型阴离子交换树脂，可将硬度较高的自来水处理为软水。

2. 电渗析装置

电渗析处理水装置，如图4－2－43所示。采用该装置可将硬水软化。

3. 反渗透除盐装置

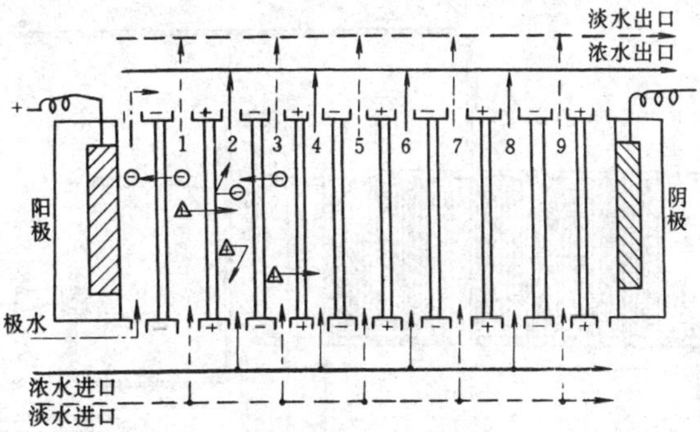

图 4－2－43　电渗析处理水装置

反渗透除盐装置，如图4－2－44所示。

4. 砂滤桶

砂滤桶如图4－2－45所示。该设备用于处理河水、井水等原水，可作为离子交换树脂处理前的预处理装置。

上述4种设备和装置中，1、4适用于小厂；2、3适用于大厂，其耗电量较高，需用高压泵等高档设备。

有关水处理的其他设备，可参见本书第二篇第三章第二节的有关内容。

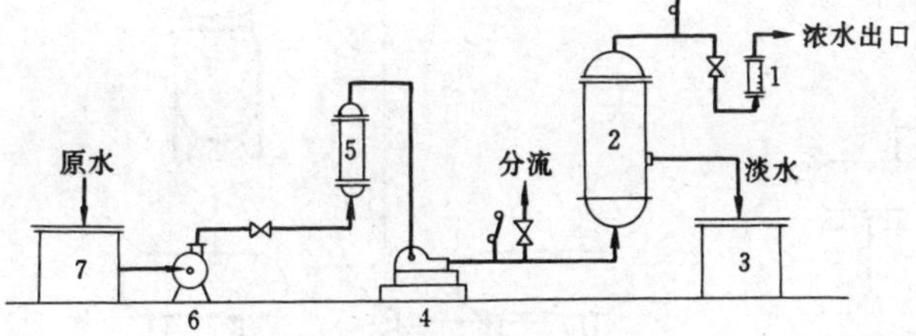

图 4－2－44　反渗透除盐装置

1—流量计　2—反渗透器　3—淡水箱　4—高压泵　5—过滤器　6—泵　7—原水箱

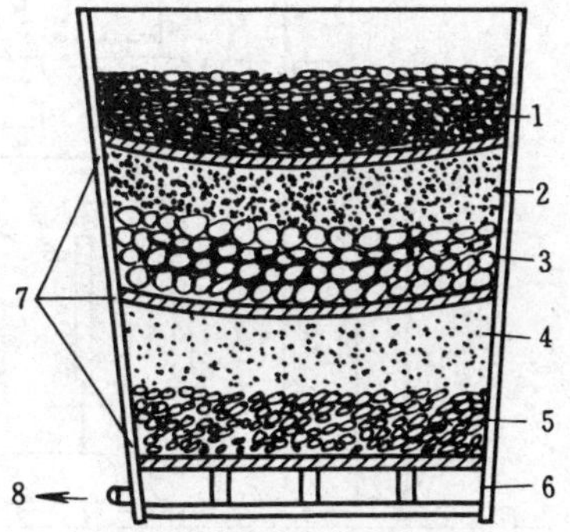

图 4－2－45　砂滤桶

1—小石　2—粗砂　3—木炭　4—细砂　5—小石　6—竹簟　7—棕垫　8—出口

二、低度白酒除浊设备

1. 低度酒冷冻除浊装置

(1) 薄板冷却器冷冻除浊装置(见图4－2－46)

(2) 采用冷冻罐冷冻除浊装置流程

高度酒贮罐⟶泵⟶加水降度罐⟶泵⟶夹层换热罐⟶泵⟶夹层冷冻罐⟶过滤机⟶中转回流缓冲罐⟶泵⟶夹层冷冻罐⟶过滤机⟶夹层换热罐⟶泵⟶调味罐⟶泵⟶高位槽⟶灌酒机

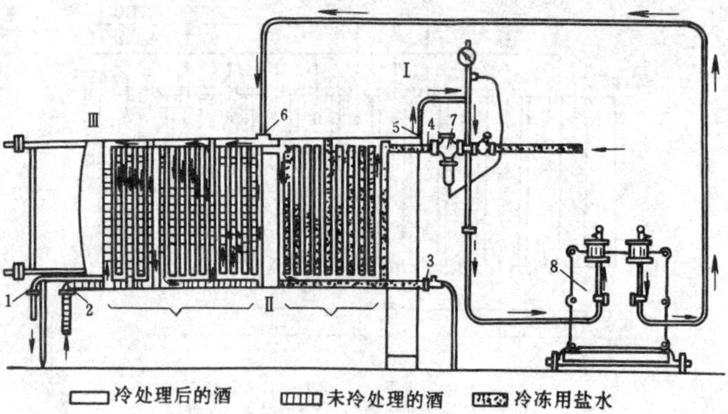

图 4-2-46 薄板冷却器冷冻除浊装置

Ⅰ—机架 Ⅱ—连接薄板 Ⅲ—压聚薄板

1—压聚薄板上处理过的酒排出管道 2—未处理的酒送入的管道 3—冷冻盐排出管道 4—经恒温控制器将盐水送入的管道 5—冷冻后的酒排出口 6—酒回流管道 7—恒温控制器 8—过滤机

2. 离子交换树脂吸附处理低度白酒装置

树脂吸附法处理低度白酒装置流程有以下2种，各厂可自行选择。

(1) 动态吸附法装置流程(见图4-2-47)

(2) 静态吸附法装置流程(见图4-2-48)

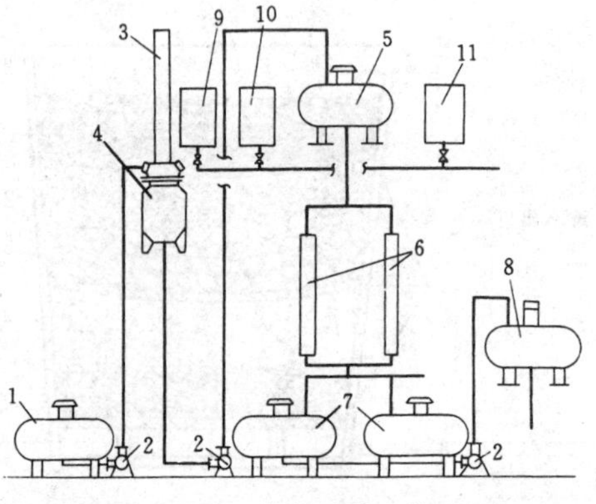

图 4-2-47 动态吸附法装置流程

1—降度罐 2—泵 3—列管冷凝器 4—回流加热釜 5—高位槽 6—吸附柱 7—贮槽 8—低度酒贮槽 9—碱液桶 10—酒液桶 11—酒精桶

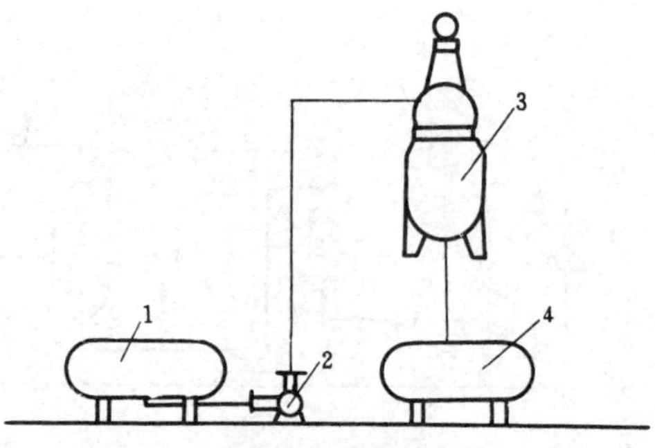

图 4-2-48 静态吸附法装置流程

1—勾调降度罐 2—泵 3—吸附罐 4—调味罐

3. 硅藻土过滤机

硅藻土过滤机有板框式硅藻土过滤机、立式叶片及水平式叶片硅藻土过滤机、柱式或称烛柱式或环式硅藻土过滤机。水平式叶片硅藻土过滤机和环式硅藻土过滤机的结构，如图4-2-49及图4-2-50所示。

4. 超滤机

超滤机超滤膜载体的形状，有板式、管式、卷式及中空纤维之分，目前大多使用中空纤维式超滤机(器)。其过滤装置如图4-2-51所示。

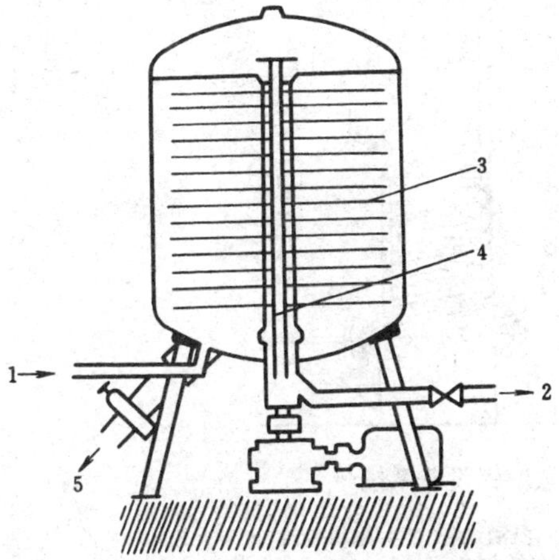

图 4－2－49　水平式叶片硅藻土过滤机

1—酒入口　2—酒出口　3—过滤叶片
4—空心轴　5—滤渣出口

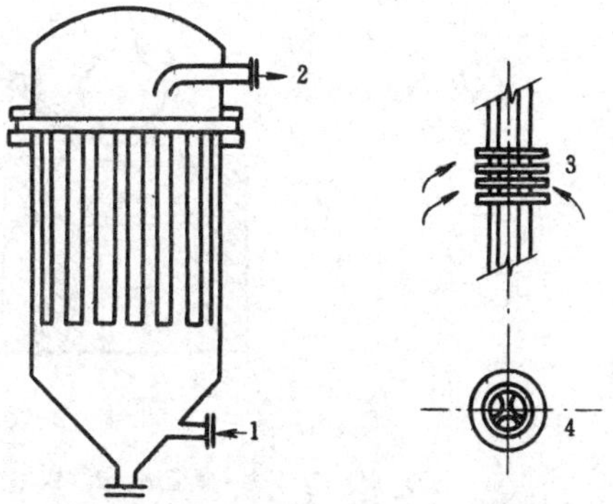

图 4－2－50　环式硅藻土过滤机

1—酒进口　2—酒出口　3—用顶面扇形突起分隔的叠装圆环　4—圆环与开槽的中心柱

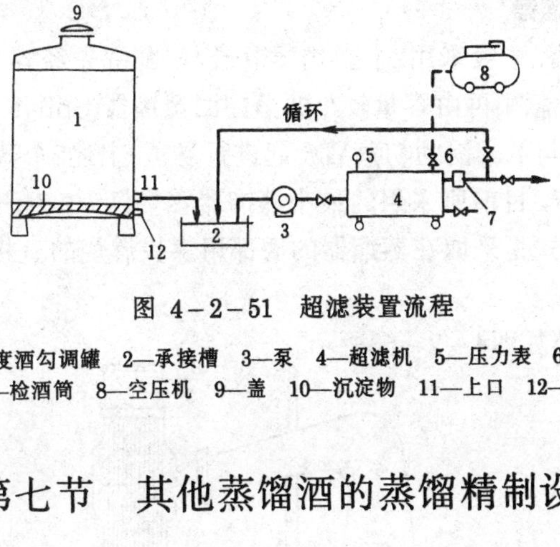

图 4－2－51　超滤装置流程

1—低度酒勾调罐　2—承接槽　3—泵　4—超滤机　5—压力表　6—排气阀
7—检酒筒　8—空压机　9—盖　10—沉淀物　11—上口　12—下口

第七节　其他蒸馏酒的蒸馏精制设备

白兰地、威士忌、老姆酒等蒸馏酒的发酵设备，均采用发酵罐。成品酒的贮存，均采用橡木桶;但蒸馏设备却各不相同。

俄得克以高纯度精馏酒精为原料，其精制设备自有特点。金酒以壶式蒸馏器浸蒸，或用蒸馏锅串蒸而成。日本烧酎的蒸馏设备，则以连续蒸馏机和减压蒸馏机相组合而成。

由此可见，白酒以外的其他蒸馏酒的蒸馏及精制设备，各有其一定的特点。现择要介绍如下，以资比较和参考。

一、白兰地夏朗德式蒸馏锅

白兰地的蒸馏设备，有传统的壶式夏朗德式蒸馏锅(釜)、带分馏盘的蒸馏锅及蒸馏塔等多种。但仍以夏朗德式蒸馏锅蒸取的白兰地含芳香成分较多，酒质较好。其蒸馏设备系统如图4－2－52所示。

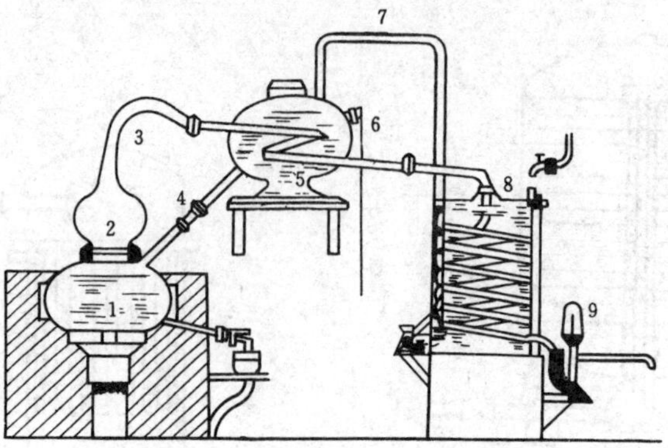

图 4-2-52 夏朗德式蒸馏锅设备系统

1—蒸馏锅 2—锅帽 3—鹅颈管 4—温酒进管 5—酒预热器
6—冷空气管 7—回收酒气管 8—冷凝器 9—验酒器

二、威士忌蒸馏器

1. 麦芽威士忌蒸馏器

麦芽威士忌的蒸馏，一般采用2个壶式蒸馏器。发酵醪先经容量相对较大的酒醪蒸馏器(Wash still)蒸得初蒸酒;再由容量较小的蒸馏酒蒸馏器(Spirit still)蒸馏，取中段馏出液为原酒，酒头和酒尾与下一锅的初蒸酒一起进行复蒸。上述2个蒸馏器的构造相同，只是有时颈部形状略有差异。目前所采用的最小蒸馏器容量仅为2.2t，但大型的达18t，其材料均为铜。传统的加热方式是采取在蒸馏器的底部用煤炭燃烧的直接火加热;现多改用盘管加热，以增加加热面积。

麦芽威士忌蒸馏器如图4-2-53所示。

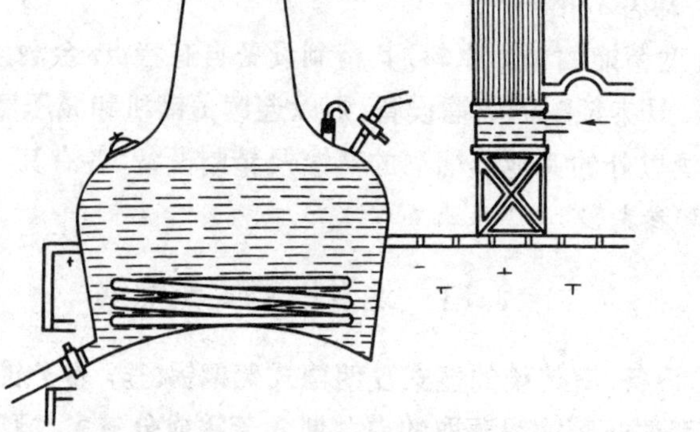

图 4-2-53 麦芽威士忌蒸馏器

2. 粮谷威士忌蒸馏

粮谷威士忌的蒸馏，采用2塔或3塔式连续蒸馏机。但蒸馏设备流程和工艺仍然有别于中性酒精的生产。例如苏格兰North British酒厂所用的蒸馏塔，为高达15m、29层塔板的Analyser及22层塔板的Rectifier。

三、老姆酒蒸馏设备

1. 双釜式间歇蒸馏器

这是传统的蒸馏装置。2个釜的结构相同，但第1釜的容积稍大于第2釜。

发酵醪在第1釜中，利用直接火于釜底加热，或由釜中的鼓泡器通直接蒸汽进行加热。蒸出的酒气经蛇管冷凝器冷却得馏出液，掐头去尾，取温度为30～35℃、酒精含量为40%～60%的中段馏分为初蒸酒。

初蒸酒再经第2釜蒸馏，也掐头去尾，摘取酒精含量为75%～80%的馏分为原酒。两釜的酒头和酒尾，各自回入下一次蒸馏。

这种不回流的间歇蒸馏，靠缓慢蒸馏和细心分摘馏分以保证酒质。此类蒸馏釜的容积较小，通常仅为3～5m^3，蒸馏周期为4～6h。故虽投资较低、操作容易，但终因能耗高、产量低而只被小厂所采用。

2. 带回流冷凝器的双蒸馏釜

这种设备为上下两釜相连，从下釜蒸出的酒气进入上釜，在醪及回蒸酒中鼓泡；由上釜蒸出的酒气进入回流分凝器，部分淡酒引入上釜，部分酒气入第2冷凝器，掐头去尾，摘取中段的成品馏分。上釜内的蒸馏残液流入下釜。

该设备为无回流间歇蒸馏釜和连续蒸馏塔的中间型，目前仍有不少厂采用。若将此设备蒸得的老姆酒与连续蒸馏塔蒸得的酒按适当比例加以勾兑，则更具老姆酒独特的浓烈香气。

3. 连续蒸馏塔

大型老姆酒厂均设有单塔和2塔连续蒸馏装置。其构造及蒸馏原理基本同酒精蒸馏塔；但成品酒的低沸点香味成分较多，且酒精含量控制为80%～85%，故蒸馏时回流比较小，较难于操作。此外，原酒的高沸点成分含量较低，故应与带回流冷凝器的双釜式蒸馏器蒸出的酒进行勾兑，方能成为合格产品。

四、俄得克精制设备

精制俄得克典型的设备流程，如图4－2－54所示。

俄得克在装瓶后经检查，凡是能回用的废品称之为清洁废品，可回入配料槽；不能回用的脏废品，可送至精馏车间精馏，或用以制变性酒精。

活性炭塔中的活性炭，使用一定时间后可以再生。即将塔内的细布及金属网先取出后，通入蒸汽充分冲除被活性炭吸附的挥发性成分，排出塔的蒸汽经冷凝器冷凝。

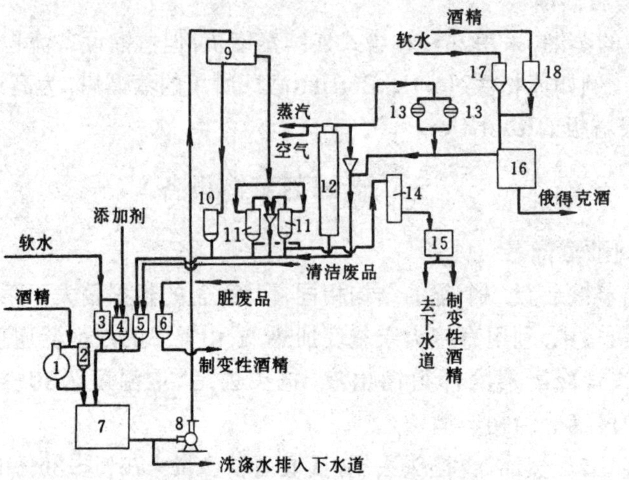

图 4-2-54 俄得克精制设备流程

1—锤形酒精计量器 2—圆柱形计量器 3—软水计量器 4—乙酸钠贮罐 5—清洁废品贮罐 6—脏废品贮罐 7—配料槽 8—离心泵 9—高位槽 10—洗涤水过滤器 11—预过滤器 12—活性炭塔 13—陶瓷过滤器 14—冷凝器 15—蒸馏液贮罐 16—成品贮罐(校正罐) 17、18—计量器

第三章　白酒生产定额及计算

第一节　若干主要定额及规定

一、主要物料及能耗定额

生产1t酒精含量为65%的白酒，其主要物料及能耗的定额如表4－3－1所示。

表 4-3-1　白酒主要物料及能耗定额　单位: kg

名　称	质量、规格	大曲白酒	固态发酵法麸曲薯干白酒	小曲酒	粉渣酒	液态发酵法薯干白酒
高　粱	无霉烂，杂质＜1%	2500	—	—	—	—
薯　干	含淀粉65%以上	—	2250	—	—	2000
大　米	无霉烂及杂质	—	—	2000	—	—
麸　皮	无霉烂	—	260	—	450	200
曲　料	—	850	—	30	—	—
粉　渣	淀粉粉丝下脚料	—	—	—	3000	—
煤	标　煤	1000	1000	1000	1200	800
电/kW·h	—	140	120	130	140	120

表 4－3－1中所列数据未包括茅台酒等名优酒。

二、主要设备的生产能力

1. 固态或半固态发酵法白酒主要设备生产能力

白酒固态或半固态发酵法生产的主要设备是蒸馏器，原料粉碎机、发酵及贮酒容器应与它配套、平衡。

白酒年生产能力(t)＝蒸馏器数×蒸馏器台时产量(t)×22.5(h)×(365－计划大、中修天数)。

蒸馏器的规格及年生产能力如表4－3－2所示。

从蒸馏器的规格及生产能力和白酒的发酵期，不难知道每个厂发酵设备的总容积及各个发酵容器的体积。

表 4-3-2　固态及半固态发酵法白酒蒸馏器生产能力

名　称	规　　格	单位/个	年生产能力/$t\cdot a^{-1}$
蒸馏釜	$5m^3$	1	350
蒸馏甑	直径2.25m、高1m	1	230

2. 液态发酵法白酒的主要设备及生产能力

液态发酵法白酒的设备与酒精生产基本相似。其主要设备也是蒸馏器，蒸馏器的能力应与其他设备平衡。

原高度酒年生产能力(t)＝蒸馏塔数×蒸馏塔小时产量×(365－计划大、中修天数)×24(h)。

所需设备实例如表4－3－3所示。

表 4-3-3　液态发酵法白酒生产设备例

设备名称	规　　格	单位/台	年生产能力/$t\cdot a^{-1}$
粉 碎 机	锤式，(500×300×600)mm	1	2000～5000
蒸 煮 锅	罐式，$10m^3$	1	3600
糖 化 锅	机械搅拌，$20m^3$	1	11600
液 体 曲 罐	气升式，$20m^3$	1	2800
酒 母 罐	机械搅拌，$20m^3$	1	2500
发 酵 罐	$100m^3$	1	650
醪　　塔	泡罩式，1m、22～26层	1(套)	6300～7500
精 馏 塔	浮阀式，1m、48～56层	1	5000～6300

通常应采用三塔以上的蒸馏设备，以保证产品质量。

第二节　白酒生产计算

一、白酒生产的物耗计算

1. 产品产量

(1) 白酒的原酒量　指在报告期的最后一班交班之前，经检查合格、办理入库手续的原酒产量。以混合量和折合量分别统计。折合量的酒度均以酒精体积分数65％计算，超过或低于65％的需折算为65％。

对新产品，经鉴定合格或虽未鉴定，但已达到预定技术及质量要求的，均应计算在产量之内。

(2) 白酒的商品量　指在报告期内最终出厂的成品酒。若企业利用自产白酒再加工为另一种饮料酒，则只计算加工后的成品酒数量，不应包括被加工的酒量。酒量的计算，也以混合量和折合成酒精体积分数为65%的量分别计算。

(3) 名优酒率　可用下式表示:

$$名优酒率(\%)=\frac{名优酒商品量(t)}{同类产品总产量(t)}\times 100$$

式中　名优酒商品量——指由国家、省(市、自治区)主管部门正式批准命名的名优酒商品量
同类产品总产量——指与名优酒同期、同原料、同工艺、同设备生产的白酒。其中含名优酒及转入其他等级的合格品产量

2. 出酒率

广义的出酒率,可包括下列各项。

(1) 理论出酒率　如本书第二篇第一章所述,根据反应式,100kg淀粉可产100%的酒精56.79kg。换算成酒精体积分数为65%的白酒应为:

$$57.15:100=56.79:白酒质量$$

酒精体积分数为65%的白酒质量为$\frac{56.79\times 100}{57.15}=99.37(kg)$,即理论出酒率为99.37%

(2) 淀粉利用率%　可用下式表示:

$$淀粉利用率(\%)=\frac{实际淀粉出酒率(\%)}{酒精体积分数为65\%的白酒理论出酒率(\%)}\times 100$$

$$=\frac{实际淀粉出酒率(\%)}{99.37(\%)}\times 100$$

(3) 淀粉出酒率　即实际淀粉出酒率。该指标是考核原料中主要成分利用率的重要技术经济指标。淀粉出酒率表示每100kg淀粉产酒精体积分数为65%的白酒的公斤数。该值与淀粉利用率相等。其计算公式如下:

$$淀粉出酒率(\%)=\frac{酒精体积分数为65\%的原酒产量(t)}{淀粉总耗用量(t)}\times 100$$

上式中的淀粉总耗用量(t)为主原料、酒母料、曲料的实际耗用量,分别乘以各自含淀粉量之积的总和。即含淀粉量在5%以内(包括5%)的原料的淀粉均计算在内,但不包括粗谷皮、稻壳、高粱壳、小麦壳等辅料及酒糟。

① 主原料的淀粉总量=原料耗用量×原料含淀粉量(%)

在混合原料中,求1种原料的淀粉出酒率可用下式计算:

$$\begin{matrix}所求原料的淀\\粉出酒率(\%)\end{matrix}=\frac{\begin{matrix}混合原料的淀\\粉出酒率(\%)\end{matrix}-\begin{matrix}已知原料的淀\\粉出酒率(\%)\end{matrix}\times\begin{matrix}该原料的\\配比(\%)\end{matrix}}{所求原料占的配比(\%)}\times 100$$

② 酒母料淀粉总量(t)=酒母料耗用量(t)×酒母料含淀粉量(%)

③ $曲料含淀粉量(t)=\frac{用曲量(t)\times 原料含淀粉量(\%)}{出曲率(\%)}$

上式中:

1) 若使用混合曲(包括大曲、麸曲、液态曲等各种曲的种种组合),则应计算所用曲料含淀粉量之总和。

2) 如果曲料中不计其淀粉量的辅料，例如麸皮及稻壳各占50%，则可用下式计算:

$$曲料含淀粉量(t)=\frac{用曲量(t)\times 曲料中用麸皮(\%)\times 麸皮含淀粉量(\%)}{出曲率(\%)}$$

麸皮淀粉含量可按酶分解法分析计算，通常麸皮含淀粉为20%左右;若以薯干或粮谷原料制曲，则一律用盐酸水解法来分析计算淀粉量。

3) 若制曲时使用2种以上含淀粉量均在5%以上的混合原料时，也可参照上式计算。

4) 若外购大曲，则可按供曲单位提供的原料配比、淀粉含量、出曲率计算曲料含淀粉量。

5) 出曲率: 在制曲过程中，由于菌体生长及维持生命，以及生成酶类及其他代谢产物等，故成曲量比曲料量少。例如麸曲的出曲率按干物质计算时，约为70%～75%。若出曲率过高，则说明曲霉菌繁殖不良;但出曲率过低，则是因为制曲温度过高，曲霉在生长过程中消耗了过多的营养成分。

出曲率是指每100kg曲料(包括填充料、风干酒糟)制出标准水分曲的数量。由于曲的出房及使用时间不一，故大曲及麸曲统一以12%的标准水分进行折算。液态曲以L计算。

$$出曲率(\%)=\frac{制出标准水分曲量}{用曲料量(包括填充料、风干酒糟)}\times 100$$

例如: 某厂投料为麸皮500kg，干酒糟500kg。成曲为950kg，曲子含水量为20%。则折合为12%标准水分的出曲率为:

$$出曲率(\%)=\frac{950\times\frac{1-0.2}{1-0.12}}{1000}\times 100=86.36(\%)$$

④ 淀粉出酒率计算实例: 某生产班组使用薯干2000kg(其中包括酒母料133kg)，薯干含淀粉65%，用曲200kg(包括酒母用曲)，曲料中麸皮占80%，麸皮含淀粉20%。出标准水分曲的出曲率为80%。产酒精体积分数为65%的白酒1003kg。计算淀粉出酒率如下:

$$原料及酒母淀粉含量=2000\times 65\%=1300(kg)$$

$$曲料淀粉总量=\frac{200\times 80\%\times 20\%}{80\%}=40(kg)$$

$$淀粉出酒率=\frac{1003}{1300+40}\times 100=75(\%)$$

⑤ 根据淀粉出酒率计算投料量实例: 某厂每天产800kg酒精体积分数为65%的白酒。已知淀粉出酒率为83%，用曲量为8%，酒母用料5%。主原料及酒母料为薯干，含淀粉量为68%;曲料中麸皮占75%，麸皮含淀粉为20%。标准水分曲的出曲率为80%。则计算投料量如下:

$$曲淀粉含量为: \frac{75\%\times 20\%}{80\%}\times 100=18.75(\%)$$

设投料量为x，则:

$$(x\times 0.68+x\times 8\%\times 18.75\%+x\times 5\%\times 68\%)\times 83\%=800$$

解得: $x=1324(kg)$

麸曲量$=1324\times 0.08=105.92(kg)$

酒母用薯干量$=1324\times 0.05=66.2(kg)$

⑥ 直接法(一步法)生产液态发酵法白酒的香味液，其原料中所含淀粉也应计算在淀粉总耗用量内。

⑦ 中间产品法(勾兑、串香法)生产液态发酵法白酒所用的食用酒精，其耗用各种原材料的淀粉，以及制作香醅所用原料的淀粉，均应计算在淀粉总耗用量内。

⑧ 勾兑(调香)法制白酒所用粮食酒及粮食酒酒头、酒尾的原料，应将其折算为原材料淀粉，连同食用酒精耗用的各种原材料的淀粉计算在淀粉总耗用量内。

(4) 原料出酒率　原料出酒率是计算淀粉出酒率的参考指标，故在填报淀粉出酒率的同时，应注明原料出酒率。它表示100kg原料产酒精体积分数为65％的合格原酒的公斤数。可用下式表示。

$$\text{原料出酒率}=\frac{\text{酒精体积分数为65\%的合格原酒产量(t)}}{\text{原料总耗用量(t)}}\times 100\%$$

式中的原料总耗用量，包括主原料、酒母料、大曲料。但不包括麸曲料。

① 在计算原料总耗用量时，应扣除在投料过程中分离出的实际铁、石等夹杂物。但不得以系数扣除。

② 统计原料总耗用量时，应分别注明所用原料及代用料的品种及数量。

③ 直接法(一步法)生产液态发酵法白酒香味液用料，应计入原料总耗用量内。

④ 中间产品法(勾兑、串香法)生产液态发酵法白酒的酒精耗原料及香醅用料，均应计入原料总耗用量内。

⑤ 勾兑法生产白酒所用的粮食酒酒头、酒尾的原料及食用酒精的原料，也应计算在原料总耗用量内。

3. 1t白酒的耗曲量及粮曲比

(1) 1t酒精体积分数为65％的白酒的耗曲量(kg)　可用下式计算。

$$\text{1t酒精体积分数为65\%的白酒的耗曲量(kg)}=\frac{\text{折合标准水分的总用曲量(kg)}}{\text{酒精体积分数为65\%的合格原酒产量(t)}}$$

① 曲的标准水分以12％计。

② 若使用多种曲，则应分别列出每种曲用量。

(2) 粮曲比　或称粮曲比率或原料用曲率，表示每100kg原料耗用的曲量(kg)。这里的原料量是指包括制酒的主原料及酒母用料的原料耗用总量。在产品生产中耗用多种曲时，应分别予以计算。

$$\text{粮曲比(\%)}=\frac{\text{标准水分曲耗用量(t)}}{\text{原料耗用总量(t)}}\times 100$$

① 标准水分曲量：通常大曲的含水量在15％以下，麸曲的含水量在15％左右。各种成曲量应折合成标准水分为12％的曲量，简称标曲量。可用下式计算。

$$\text{标曲量(t)}=\frac{\text{成曲量(t)}\times(1-\text{成曲水分})}{1-\text{标准水分}}=\frac{\text{成曲量(t)}\times(1-\text{成曲水分})}{0.88}$$

② 举例：某班投料1400kg，酒母料为100kg，使用成曲150kg，成曲含水量为15％。求原料用曲率。

$$\text{原料用曲率}(\%)=\frac{150\times\frac{1-0.15}{0.88}}{1400+100}\times100=9.66(\%)$$

4. 制酒原料用填充料率及吨酒耗填充料量

(1) 原料用填充料率 可用下式表示:

$$\text{原料用填充料率}(\%)=\frac{\text{用填充料量}}{\text{投料量}}\times100$$

投料量不包括酒母及制曲的耗粮量。

(2) 1t酒耗填充料量 可用下式表示:

$$\text{1t酒耗填充料量(kg)}=\frac{\text{耗用填充料总量(kg)}}{\text{酒精体积分数为65\%的合格原酒产量(t)}}$$

5. 发酵效率

$$\text{发酵效率}(\%)=\frac{\text{发酵酒醅(醪)质量(t)}\times\text{酒精含量}(\%)+\text{黄水质量(t)}\times\text{酒精含量}(\%)}{[\text{原料质量(t)}\times\text{淀粉含量\%}+\text{曲料质量(t)}\times\text{淀粉含量\%}]\times56.79\%}\times100$$

式中56.79%为淀粉理论产酒精率。

6. 蒸馏效率

酒醅(醪)或酒尾在蒸馏时,由于设备、操作等条件的局限,以及在蒸馏后期酒精与水共沸点的影响,不可能将酒完全蒸馏出来。蒸出的酒液,在接酒时还有挥发等损耗。因此应计算蒸馏效率。在酒精生产中,通常蒸馏效率为98%。但白酒的蒸馏损失要比酒精大些。另外,在测定酒精含量而采样的代表性也较差。故酒醅的蒸馏率有一定的误差。例如某厂酒尾蒸馏的蒸馏效率为91%左右,蒸馏效率可用下式表示。

$$\text{蒸馏效率}(\%)=\frac{\text{实际产酒质量(t)}\times\text{酒精含量}(\%)}{\text{发酵醅(醪)质量(t)}\times\text{酒精含量}(\%)}\times100$$

二、白酒生产的能耗计算

1. 煤耗计算

$$\text{1t合格原酒耗标准煤量(kg)}=\frac{\text{标准煤耗用量(kg)}}{\text{酒精体积分数为65\%的合格原酒产量(t)}}$$

(1) 标准煤耗用量包括在报告期内制曲、制酒母、制酒等所有生产用煤。不包括办公室、宿舍、浴室、食堂等非生产用煤。

(2) 标准煤以1kg发热量29308kJ为标准。不同发热量的燃料应折合成标准煤。7t蒸汽折合标准煤1t;1t重油折标准煤1.5t,或按实际发热量折算;1000m^3天然气折合标准煤1.22t。

(3) 所用锅炉同时对几种产品供汽或同时供应非生产用汽时,应按受益单位或产品通过测定或测算合理分摊。白酒生产耗煤量按分摊比数计算。

(4) 直接法(一步法)或中间产品法(勾兑、串香法)生产液态发酵法白酒的煤耗,应包括制造味香液、香醅及串香等用煤量。

2. 电耗

$$1t酒精体积分数为65\%的合格原酒电耗(kW\cdot h)=\frac{白酒生产耗电量(kW\cdot h)}{酒精体积分数为65\%的合格原酒产量(t)}$$

① 耗电量包括基本生产用电和辅助生产用电。如各工序动力直接用电、自来水、设备大修和小修、事故检修及检修后试运行的用电，以及本车间照明和上述各项用电线路、变压器损失的电量。不包括礼堂、食堂、托儿所、学校、职工宿舍、基建、技措和建筑工程等用电。

② 若使用同一电表同时供应几种产品用电，则应按受益单位产品通过测定或测算合理分摊用电量。

三、劳动生产率计算

劳动生产率的计算，有多种方法。例如可用人均年产白酒量或人均年创产值表示。也可用1t酒耗用工作日数表示。

1t酒耗用工作日数，是表示每生产1t酒精体积分数为65％的原酒所需的工作日。它是反映企业管理及生产率高低的一项指标。耗用工作日数是从投料起至成品入库止，各工序基本工和辅助工实际出勤的工日。其计算公式如下。

$$1t酒耗用工作日数(d)=\frac{耗用工作日总数(d)}{酒精体积分数为65\%的合格原酒产量(t)}$$

第五篇

白酒企业生产技术管理

现代化企业管理是一门系统的学科，世界各国均有其理论和技巧。企业管理包括整个企业的各项管理，如人事管理、财务管理、物资管理、销售管理、事务管理及生产技术管理等。生产技术管理是企业管理的一个重要组成部分，它包括生产计划、生产安全、生产调度、工艺管理、设备管理及质量管理等方面。而新兴的"全面质量管理"又是一门边缘学科，其英文缩写为TQC。它的保证体系包括思想教育体系、组织机构体系、生产现场质量保证体系(质量检查、工序管理、群众性活动)、产品开发体系，以及销售服务体系。因而它是生产过程中严密、协调、高效的一套管理系统，是系统工程在全面质量管理中的具体应用。

目前，我国各工业系统、各地区有关企业管理的经验和措施较多。如"邯钢经验"、"ISO－9000"、"质量发展振兴纲要"、"推行全面质量管理验收细则"等等，本书不可能予以逐一介绍。由于全国白酒企业的分布面很广，大、中、小等类型企业又很多，而其管理又各具特色，故难以详尽介绍。现分生产、工艺、设备、质量管理四部分，对白酒生产技术管理作一简要介绍，其中不少内容是安徽亳州古井贡酒厂的实践经验，供读者参考。

第一章 白酒的生产管理

企业的生产管理是指对企业日常生产活动的计划、组织和控制，它是和产品制造有密切关系的各项管理工作的总称。

白酒的生产管理包括白酒生产过程的组织、定员编制、白酒生产计划工作、生产调度和在制品管理、工序控制、生产作业统计分析及生产现场管理等。它的目的主要是保证按质、按量地组织生产，它的着眼点是从管理的角度去分析、阐明白酒生产管理的重要性和科学性，促进白酒生产过程合理化，劳动过程高效化，从而提高白酒企业生产管理的总体水平。

第一节 白酒生产管理概述

一、白酒生产管理的地位

白酒生产是包括原辅料处理、制曲、制酒及为其配套的辅助生产过程。因此，白酒的生产管理就是基本生产过程和辅助生产过程的管理。其目的是通过科学的管理，不断提高劳动生产率，降低消耗，降低成本，在不扩大生产规模，不增加资金投入的前提下，提高白酒的产量和质量。

白酒的生产管理是企业管理的一个重要组成部分。它是白酒经营管理的基础，同时又以白酒经营管理为先导，即依据白酒经营管理在一定时期内的经营意图制定白酒生产计划，并保证计划的顺利完成。随着计划经济向市场经济的转变，白酒专酿专卖的政策已成为历史。“酒香不怕巷子深”变成了“酒好还要会吆喝”。但这并不意味着白酒行业的工作中心由生产转向经营，而是要求每个白酒厂家在抓好经营工作，扩大广告宣传力度的同时，加强企业自身的内部生产管理，降低成本，提高质量，增强产品在市场上的竞争力。这样才能使自己的产品在市场经济的竞争大潮中得以生存，促进企业的不断发展。因此，企业由生产型转向生产经营型以后，加强白酒的生产管理就显得尤为重要。

二、白酒生产管理的指导思想

(1) 内涵为主的思想　在现有生产条件下，通过对作业方法、作业标准的科学研究，在不扩大生产规模、不增加投资的前提下，努力挖掘白酒生产潜力，从而达到经济生产的目的。

(2) 科学分析思想　把白酒生产操作方法建立在科学的基础上，对原有的操作方法进行科学的分析，对不合理的方法进行改进，从而取得最佳经济效果，获得高效率。

(3) 定量管理思想 建立一系列定量的工作标准以及各种定额,对白酒生产实行有效控制。

(4) 预先控制思想 白酒的生产管理要有超前意识,对于生产中可能出现的种种情况进行分析,预先进行控制,从而保证生产任务的顺利完成。

(5) 系统化思想 为了不断提高生产率,必须使白酒生产管理的研究工作系统化。只有采用系统化的方法,才能不断发现白酒生产管理中存在的问题,然后逐步加以改进。

三、白酒生产管理的指导原则

(1) 按需生产原则 按照市场预测的需求量及企业本身的白酒库存能力制订白酒生产计划和组织生产。

(2) 经济生产原则 在制订白酒生产计划和组织实施生产计划时,要努力降低消耗(人力、物力、资金占用),提高经济效益。要改变过去那种只抓产量,不顾质量,只抓速度效率,忽视成本效率的倾向,使白酒生产各个环节能以最少的消耗,最简单的操作,最短的运输,最快的速度,以最低的生产成本生产出优质高产的白酒,切实地把完成白酒生产任务与提高企业经济效益统一起来。

(3) 均衡生产原则 在白酒生产过程中,按照生产计划规定的进度,合理地组织生产,协调各酿酒车间和辅助车间的生产班次,充分利用人力和设备,使各种设备之间负荷相对均衡,以维护正常的生产秩序;同时降低消耗,降低成本,全面提高白酒生产的经济效益。

(4) 文明生产原则 建立合理的白酒生产管理制度和良好的生产秩序,使各生产环节的工作有条不紊地协调进行。车间和设备布局合理,运输路线畅通,工作环境清洁卫生,光线充足,设备整洁;物料、工具都有固定的存放地点;并且要求绿化厂区,美化环境,为职工创造良好的工作条件。

(5) 安全生产原则 白酒因能燃烧而又名“烧酒”。其主要成分是酒精,既易挥发又易燃烧。所以,白酒企业的生产安全工作非常重要,各白酒厂家都必须结合本单位的实际情况,制定各项规章制度和安全操作规程,并建立必要的消防系统。采取“预防为主,防消结合”的原则,真正实现“安全为了生产,生产必须安全”。从而有效地保障职工劳动的安全,防止人身事故和设备事故的发生,保证生产的顺利进行,保护国家和企业财产免受破坏和损失。

第二节 白酒生产过程的组织

白酒的生产过程是劳动过程和自然过程的有机结合,其中劳动过程占主导地位。白酒生产的劳动过程就是劳动者利用设备和工具等,按照白酒生产工艺的具体操作要求,对发酵酒醅进行操作,从而达到一定感官指标和理化指标的过程;而白酒生产的自然过程就是酒醅入窖以后,利用曲类和窖中微生物的作用,经自然升温发酵而产生白酒中各种有机成分的过程。

为了保证生产过程能顺利进行,各白酒厂家都必须科学合理地组织白酒生产过程,使各个生产环节和各道工序之间都能互相衔接，密切配合，有效地协调工作。组织白酒生产过程的目的，就是要使白酒生产过程时间最省，耗费最小，效益最高。

由于劳动过程在白酒生产过程中占主导地位，故这里重点论述白酒生产的劳动组织。

一、白酒生产劳动组织及其内容

白酒生产的劳动组织就是根据白酒生产的需要，正确处理白酒生产过程中劳动者之间及劳动者与劳动工具、劳动对象之间的关系，不断调整和改善劳动者分工与协作的组织形式，以充分利用劳动时间和设备，不断提高劳动生产率。

白酒生产的劳动组织，对于白酒生产的正常进行和提高企业的生产效率都具有十分重要的意义。它既是现代白酒生产的客观要求，又是企业节约人力、挖掘企业内部潜力的重要措施。通过白酒生产的劳动组织，使得劳动者之间既有科学细致的分工，又有严密的协作配合，充分发挥每个劳动者的技能和专长。通过改善劳动组织，可以使分工更加合理，协作更加密切，工作场地布置和轮班的组织更加科学，从而充分利用工时和设备，避免窝工浪费，为节约劳动力提供了条件。

白酒生产的劳动组织主要内容包括：定员编制，班组的组织，生产班次的安排与调整等。

二、白酒生产的定员编制

白酒生产的定员，就是根据各个厂家已定的生产规模，本着节约用人，精简机构，增加生产和提高工作效率的精神，设置白酒生产正常进行所需各类人员的数量标准。它的实质是一种科学的用人标准。编制定员有利于促进劳动竞赛、技术革新运动的开展，有利于改善劳动组织，完善经济责任制度等。白酒生产定员范围的人员一般可分为：酿酒工人、酿酒技术人员、管理人员和服务人员四类。

为了合理地确定各类人员的需要量，在定员工作中要求做到以下几点。

(1) 定员水平要先进合理　所谓先进，是指在白酒行业中，与生产条件相当的企业比较或与本企业历史最好水平比较；劳动生产率高，用人相对减少。所谓合理，是指保证白酒生产的正常需要，各项工作都有人去做，无人浮于事的现象。

(2) 定员标准既要相对稳定，又要不断提高　在一定时期内，由于本企业的生产技术和组织条件具有相对稳定性，决定了定员标准的相对稳定性；但是，随着高新技术在白酒生产上的应用及技术革新，劳动组织的改善，劳动者技术业务水平的提高，定员标准必须作相应的调整，才能适应生产技术的发展。

(3) 合理安排各类人员的比例关系，保证白酒生产需要　在一定的生产技术组织条件下，力求合理提高一线生产人员的比例，降低非直接生产人员的比例，充实生产第一线。但随着白酒生产机械化、自动化程度的提高，以及管理现代化的实现，直接生产人员的比例将会不断下降，而非直接生产人员的比例会相对提高。

其次，要正确安排酿酒工人和辅助工人(维修、化验人员等)的比例关系。这两类工人虽然同属白酒生产一线工人，但分工不同。辅助工人配备过多或过少，都会影响劳动生产率的提高。

(4) 加强定员管理，健全定员管理制度　定员方案经审批后，各车间不得随意增加或抽调白酒生产人员从事其他工作。车间要采取行政或经济手段，确保定员工作的成果。

在白酒行业中，由于各类人员的工作性质不同，对他们采取的定员方法也不相同。对于各车间酿酒班组的定员可采取岗位定员法，即根据工作岗位的多少和劳动量的大小来计算定员人数。对于车间非直接生产工人和服务人员，可按比例定员法定员，即按职工总数的一定比例来计算。对于生产管理人员和生产技术人员，可按照组织机构的多少，职责范围和业务繁简程度来确定定员人数。

三、酿酒班组的组织

酿酒班组是白酒生产的基层劳动组织。它是把分工不同的若干工人组织在一起来完成白酒生产的劳动组织形式。酿酒班组一般配备一名班组长，一名副组长，其他人员则根据各个企业的生产量、设备能力和劳动强度大小合理配备。酿酒班组的组织，要求在每个班组内，对每个工人进行明确分工，并由组长负责领导，保证全组工作相互协调，合理使用人力，确保生产任务完成。总之，酿酒班组的组成，既要按照国家劳动部的有关规定，又要达到节约人力，提高劳动生产率的目的。

四、生产班次的安排与调整

由于白酒生产受自然气温的影响很大，故在不同季节劳动时间也不同。在一般情况下，白酒生产多实行两班制，有些规模较大的厂家为了能源负荷均匀，生产也分早、中、晚三班。而辅助车间则根据主车间的需求及平衡使用能源的要求，合理安排生产班次，从而达到充分利用设备、节约能源、降低消耗的目的。

对于实行多班制的白酒生产车间，各车间具体的倒班形式和倒班周期，要服从厂部生产调度部门的统一安排，同时还要注意下列问题：

(1) 为了保证生产的稳定、高效，应当注意使各班人员的数量大致相等；在技术力量的搭配上，也要注意各班之间的相对平衡。

(2) 要为各班生产准备充分的、同样的生产条件，特别是夜班生产，车间必须建立值班制。

(3) 要建立严格的岗位责任制和交接班制度，加强各班之间的协作。

(4) 要合理配备人员并组织工人轮休，按照国家《劳动法》中的有关规定，保证每个工人正常的休息时间。

(5) 根据《国务院关于职工工作时间的规定》、劳动部《关于贯彻国务院关于职工工作时间的规定》等有关文件精神及白酒行业的生产特点，企业可以根据具体条件，本着职工收入、劳动生产率、经济效益“三不降低”的原则，制定落实国家工时制度。

第三节 白酒生产计划的编制

一、白酒生产计划

白酒生产计划是指导各类白酒生产的重要依据，是协调各生产车间、各科室及辅助系统的重要手段。按时间来划分，可分为中长期生产计划、年度生产计划和生产作业计划三种。

白酒的中长期计划是白酒生产方面近期或长远的规划，它必须与企业的发展规划衔接一致，即坚持优质、低度、低消耗、多品种的发展方向。白酒的年度生产计划，也称生产大纲，它是白酒生产经营计划的主体，是企业全体员工在计划年度内要实现的生产目标。白酒生产作业计划是白酒生产计划的具体执行计划，它是将白酒生产计划分配到各单位、各环节，保证其相互协调，并对各个生产环节完成生产任务的情况进行监督与分析。

二、白酒生产计划的编制

1. 白酒生产计划的编制内容

白酒生产计划编制的主要内容包括：产品质量计划，主要产品产量计划，各种原辅材料、能源、动力单位消耗定额计划，吨酒成本计划，生产维修及其他费用计划等。

白酒生产计划文件，除以上各种计划表及平衡计算外，还应有文件编制说明。其主要内容包括：计划年度预计完成情况，计划编制的指导思想、原则及主要依据，产量、产值增长幅度及分季安排的说明，实现计划的有利因素和不利因素分析，存在的问题及应采取的措施、意见等。

2. 编制白酒生产计划的要求

白酒生产计划是各企业实现经营目标的重要手段，是组织各类白酒生产活动有计划进行的主要依据。白酒生产计划编制是否科学合理，直接关系到本企业的经济效益和今后的发展。因此，为了确保企业的经济效益和白酒生产计划任务的顺利完成，白酒生产计划的编制必须注意如下几点要求：

(1) 白酒生产计划的编制必须坚持局部服从全局，树立“全厂一盘棋”的思想。即车间的生产计划要服从全厂的生产计划，以确保全厂生产计划的完成。

(2) 白酒生产计划的指标确定，要以提高企业经济效益为中心，在充分分析企业外部环境和内部条件的基础上，采用定量计算、定性分析的方法，寻求最满意的方案，确保生产任务和资金、成本、利润指标之间的平衡。

(3) 白酒生产计划的编制应当建立在依靠群众、调查研究、综合平衡、正确决策的基础上，力求预测的目标符合未来的实际。同时，由于人们对企业内、外各种主客观因素和条件的认识范围和认识能力总有一定的局限性，因此，白酒生产计划的编制必须能灵活适应企业内外各种因素和条件的不断变化。

3. 编制白酒生产计划的各种资料与信息

白酒生产计划的编制过程，实质上也就是一个信息处理过程。因此，生产计划人员既要有科学的态度，还必须及时掌握各种可靠的信息和资料，从而使制订出的计划指标更加科学合理。

编制白酒生产计划所需的资料和信息，大致可分为以下6个方面：

(1) 反映社会需求方面的信息，如上级下达的计划指标及有关文件、市场预测资料、企业签订的供货合同或协议等。

(2) 本企业的经营目标和经营方针。

(3) 有关白酒生产、税收、环境保护等方面的法律条款。

(4) 反映社会可能提供的生产资源方面的信息，如物资供应、动力供应、运输仓储等。

(5) 反映企业自身拥有的生产资源方面的信息，如生产能力、库存状况、技术力量、人员状况等。

(6) 反映企业实际生产水平的有关信息，如上期计划完成情况、生产定额、物资消耗定额、外购资源的成本和价格等。

第四节 白酒生产控制与调度

一、白酒生产的控制

白酒生产控制是白酒生产管理的一项重要职能，是实现白酒生产计划的重要手段。为了能进行有效的生产控制，各白酒厂家都必须制定生产控制的各种标准，通过检查分析获得偏差信息，并采取有效措施加以纠正，应把责任落实到人。白酒生产控制的内容包括产前控制和生产过程控制。

1. 白酒生产的产前控制

白酒生产的产前控制就是以白酒生产作业计划为依据，检查白酒生产前的各项准备工作。其目的是控制盲目投产造成管理上的混乱和浪费，其主要内容有：

(1) 检查白酒生产所需的各种器材设备是否处于良好状态，各类工具是否配备齐全。

(2) 检查劳动组织的配备和各类人员的出勤情况，并根据具体情况予以调整。

(3) 检查原材料、辅助材料和动力的供应情况，特别要保证水、电、汽等重要能源的落实。

(4) 要根据安全文明生产的要求，检查生产现场环境，预防生产中各类事故的发生。

2. 白酒生产过程控制

白酒生产过程控制是指投产以后对生产全过程的控制。它是生产控制的中心环节，是保证生产按计划完成，取得良好生产秩序和经济效益的重要手段。白酒生产过程控制包括白酒生产工序控制、质量控制和生产成本控制。关于产品的质量控制，可参见本篇第三章。

(1) 白酒生产的工序控制　白酒生产工序控制就是对各工序的技术标准和岗位操作人员的控制。执行好各工序的技术标准是白酒生产稳定、高效的技术保证。在白酒生产过程中，我们应牢固树立“预防为主”的质量意识，采用“抓因素，促结果”的方法，把影响白酒生产的关键工序和主导因素严格控制起来，并设立工序控制点，如图5－1－1中的酿酒控制点、制曲控制点，使不合格品尽早消除在萌芽状态。

因此，白酒生产的各级领导都必须加强对白酒生产各工序控制点管理的认识，要挑选业务素质好、技术水平高、工作踏实、思想进步的人员坚守于这些岗位，以保证控制点技术标准的贯彻实施。另外，对各工序控制点所在的岗位操作人员，车间不得随意调换，并定期考核其业务水平的高低，对他们进行必要的业务培训，组织他们学习工艺技术文件、工艺操作规程，不断提高操作人员自身的业务水平。

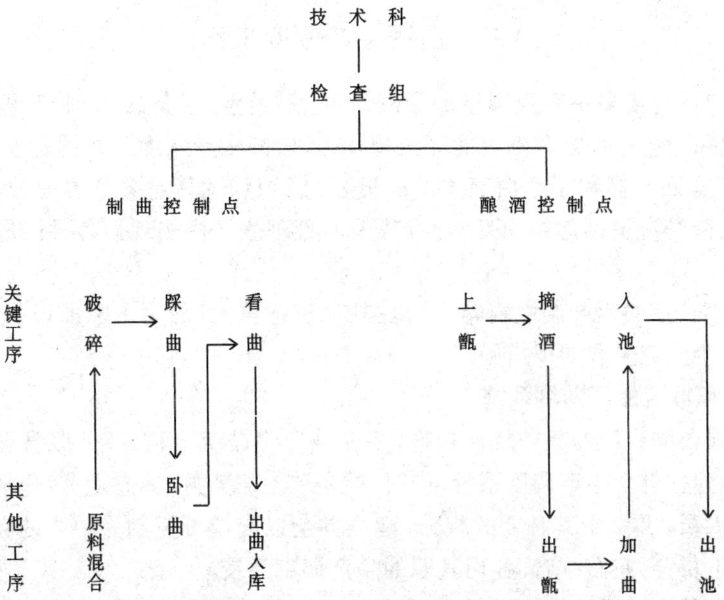

图 5-1-1　白酒生产各工序设置

白酒生产各工序控制点的管理，主要采取“自查”和“抽查”相结合的管理方法，建立“自查”为主，“抽查”为辅的管理体系。这就要求各车间要自觉加强自检、自查工作，并做到如下几点：

① 各车间化验员、质管员要做到勤化验、勤检查，严格把关，防止不合格品进入下道工序，并认真做好记录，及时反馈到班组，不断促进操作人业务水平的提高。

② 经检验不合格的产品，要及时通知班组停止生产，同时做好不合格品的隔离工作，做好明显标记，并及时分析原因，对属于人为因素造成的要及时汇报和处理。

③ 鉴于白酒生产的固有特点，对无法隔离的半成品，化验员或质管员要及时上报车间，由车间领导研究并采取一定的补救措施。

(2) 白酒生产成本控制　生产成本是成本中用于生产的部分。它在总成本中所占的比重最大，对利润率水平有决定性的影响。生产成本发生在生产过程各阶段、各环节。因此，生产成本控制包括生产的全过程，即设计阶段的成本控制、计划编制阶段的成本控制、生产现场的成本控制、材料库、半成品库及成品库的成本控制。

白酒生产成本控制主要是指白酒生产现场的成本控制。即排除生产中各种“无效劳动”，提高设备利用率和生产效益，同时严格控制白酒生产现场原辅材料和水、电、汽等重要能源的消耗，依据既定的消耗定额和计划成本，制定相应的奖惩措施，增强广大干部职工的成本意识。

安徽亳州古井贡酒厂近几年在经济效益高速发展的同时，在生产成本控制方面，建立了“一级抓一级，一级管一级，一级对一级负责”的分级责任制，实施严格的业绩考核和奖惩制度，并把成本作为年终评比的一项指标。在车间内部，车间领导把降低消耗，降低生产成本作为首要任务来抓。精耕细作、精打细算，在实际工作中，从“精”上着眼，“细”上入手，“耕”和“作”上下功夫，“打”和“算”上做文章，成效显著。

二、白酒生产调度工作

白酒生产受到诸多主客观因素的影响，如计划调整、设备故障、临时停电、工人缺勤等。这些问题和矛盾在计划时不可能完全预计到。白酒生产调度工作就是以白酒生产作业计划为依据，全面掌握和了解白酒生产的进程，组织和动员有关各方面的力量为生产服务。并根据实际情况灵活地组织日常生产，及时处理生产中出现的各种问题，以保证生产任务的完成。

由于白酒行业的生产调度内容多、范围广、责任重大，故为不断加强和改进白酒生产调度工作，各企业应采取如下措施。

1. 建立和健全生产调度系统

为了加强白酒生产的集中统一指挥，各企业应遵循统一领导，分级管理的原则，在厂长的领导下，建立健全生产调度系统。同时，配备政治思想好、熟悉业务、作风正派、有组织能力的专业人员，并赋予其必要的权力，建立健全以岗位责任制为中心的各项规章制度，组成一个上下贯穿、左右结合、各司其职的生产调度系统。

白酒行业的生产调度机构设置，要根据各企业的具体情况而定。一般来说，应设厂部、车间、班组三级调度(中小型企业可设置厂部、车间两级调度)。厂部总调度室负责全厂白酒生产的调度工作，解决车间之间的协调配合，处理全厂生产中的重大问题。在轮班生产情况下，每班应设值班调度员，负责每班的生产调度工作。车间、班组调度是在厂部统一调度下，在不影响全厂计划完成的前提下，灵活处理和解决本单位的具体问题，保证生产计划的实施。

2. 建立和健全生产调度工作制度

(1) 调度值班制度　为保证生产正常进行，厂部和车间都应建立调度值班制度。调度员在值班期间要随时检查车间、班组的生产情况，及时处理生产中发生的问题，并做好详细的记录，以便研究和进一步处理。

(2) 调度报告制度　为使各级调度人员和生产领导人员及时掌握生产情况，各级调度机构都要建立报告制度，逐级报告，每月汇总，并报给厂长、总工程师等企业领导。除定期报告外，调度人员还应及时向上级作口头请示报告，以正确贯彻领导意图，做好调度工作。

(3) 生产调度会议制度　调度会议是进行调度工作的一项重要方法，是调度工作发扬民主、实现集中领导、统一指挥的好形式。通过调度会议，可以广泛听取各方面的意见，了解存在的问题，检查、协调生产，针对生产中的薄弱环节，制定有效的措施加以解决。

(4) 现场调度制度　现场调度制度就是到生产现场去讨论和解决问题。一般性的协调问题，可由调度员在现场处理，生产中急需解决的重大问题，应由领导、技术人员、调度人员和工人在现场共同研究解决。

(5) 班前、班后会议制度　开好班前、班后会是班组进行生产调度工作的一个重要方法。班前会主要是布置本班应完成的生产任务和注意事项;班后会主要是检查生产完成情况，总结本班的经验和教训，表扬先进，进一步激发职工的生产积极性。

三、白酒生产作业统计工作

白酒生产统计工作，主要是对白酒生产原始资料进行收集、整理和科学分析，从而肯定成绩，找出问题，探索规律，总结经验。它的内容包括生产方面、经济方面、技术方面等。

1. 白酒生产原始记录

白酒生产原始记录是白酒生产活动的最初记载和客观反映，是未经加工整理的第一手材料。它包括白酒生产过程中各工序的操作情况，生产任务的完成情况及能源、原辅材料消耗等各方面的内容。它的内容设置必须适应白酒行业的生产特点，同时要与各企业的管理制度相结合，如表5－1－1。

表 5-1-1　　**白酒生产原始记录**

组别:　　　　池号:

项目／母醅	投料	用糠	上甑	流酒	糊化	加曲	入窖	产量、质量	窖的情况及处理措施
1									
2									
3									
能耗情况	耗水量/t			耗电量/kW·h			耗汽量/t		

白酒生产原始记录是白酒生产管理中一项极为重要的基础工作，是收集白酒生产技术资料的主要来源，是建立统计台帐进行科学分析的依据，它的重要作用表现为;

(1) 白酒生产要实行科学管理就要通过计划工作和各种制度将白酒生产的各个环节科学地组织起来。这就要求各车间应及时掌握生产情况，制定、调整、检查各项定额和计划，以指挥生产，采取各种有效措施解决发生的问题。所有这些都离不开生产原始记录，只有具备一整套健全的原始记录，才能全面地系统地反映白酒生产的具体情况，为实现科学化管理奠定基础。

(2) 白酒生产原始记录是各种经济核算共同的资料来源，为统计工作提供了第一手资料，是取得基本统计资料和编制统计报表，进行经济核算的依据。

(3) 白酒生产原始记录反映了各班组各项定额任务完成的情况，是评定和核算职工奖金的重要依据;同时又为各种奖惩制度的执行提供依据。

2. 白酒生产统计台帐

白酒生产统计台帐就是对班组生产原始记录进行整理和汇总，反映整个车间的生产情况，以满足白酒生产管理工作和各项核算工作的需要。它的内容主要包括: 白酒生产定额完成情况、质量完成情况、能源节约情况等。

白酒生产统计台帐按其内容繁简不同，可以分为综合性台帐和专业性台帐两大类。综合性生产作业统计台帐是将各项有关指标按时间顺序综合登记在一个表册上。这种台帐可以从各项指标的联系及其发展变化中进行综合分析，发现问题，探索规律，及时满足生产指挥和指导生产的需要。专业性统计台帐是把某一项指标按照时间顺序系统地登记在一个表册上，便于对白酒生产的某项生产、技术活动情况进行具体深入的分析，研究其发展变化的过程和原因。例如白酒产量、质量统计台帐、能源消耗统计台帐等，如表5－1－2、表5－1－3所示。

表 5-1-2　**白酒产量、质量统计台帐**　年　月　日

组别＼项目	当日完成产量/t			累计完成产量/t			名酒率/%
	计划	完成	正与负	计划	完成	正与负	

表 5-1-3　**能源消耗统计台帐**　年　月

组别＼项目	吨酒耗水量/t			吨酒耗电量/kW·h			吨酒耗汽量/t		
	计划	实耗	正与负	计划	实耗	正与负	计划	实耗	正与负

另外，白酒生产作业统计台帐的管理要注意下列几点。

(1) 建立白酒生产作业台帐要目的明确，每种台帐的指标范围、资料分组、计算方法、登记制度等根据不同的目的，要有不同的要求。

(2) 建立白酒生产作业统计台帐必须符合统计方法、制度的要求和企业管理的需要，表式和栏次要严密、简明清晰、科学合理，各项指标要相互衔接、可比。

(3) 把白酒生产原始记录汇录到台帐中去时，要仔细审核，填写时要注意数据的同质性。记录台帐要及时、完整，以便及时汇总和分析。

(4) 建立白酒生产作业统计台帐要明确规定保管、使用和交接责任制。

3. 白酒生产统计报表的管理及统计分析

(1) 白酒生产统计报表的管理　白酒生产统计报表必须由生产计划部门统一管理。生产计划部门要根据全厂管理工作和各种核算的需要，统一制定厂内定期计划报表，规定各种生产统计报表的实施范围、报表格式、指标计算方法和程度，经领导批准后执行。白酒生产统计报表的种类和各类报表的指标、项目，都要在满足需要的前提下，力求精简。指标内容和计算方法必须统一，相互衔接，并符合国家和上级主管部门的规定。同时，为避免资料供应的重复和混乱，各企业都必须建立科学的报送关系。车间职能人员只向企业主管职能部门报送资料，各职能部门之间采取分工合作的方法，相互提供所需资料。

另外，白酒生产统计报表必须确保数据的准确性，车间报送的数据必须经过认真审查，企业公布和使用的基本统计数字，要以统计部门的数字为准，对外提供的统计数字要经有关领导批准。

(2) 白酒生产作业统计分析　白酒生产作业统计的目的，不仅是为了获得一些数据，掌握一下生产情况，更重要的是要根据已经经过科学整理后的数据，分析检查白酒生产作业计划的完成情况，找出完成计划好坏的根本原因，总结其中的经验和教训，及时改进有关方面的工作。

白酒生产作业统计分析就是运用数据、报表、图表等形式对白酒生产的计划完成情况进行定量分析，从而得出定性结果。白酒生产作业统计分析主要内容包括：产量分析、产品质量分析、白酒生产均衡性分析、能源消耗情况分析等。

① 产量和质量分析：白酒的产量和质量是衡量白酒生产好坏的重要指标，也是核算各单位生产效益的重要依据。白酒产量分析主要通过计算实际产量占计划产量的完成率来表示;白酒的质量分析则是对优质酒率及质量级别的综合分析。

② 白酒生产均衡性分析：即在白酒产量和质量分析的基础上，通过车间与车间、班组与班组之间的比较，找出先进与落后之间的差距，并结合当时的生产实际情况和各种生产原始记录，具体分析存在这些差距的关键因素，从而在今后的工作中，吸取经验和教训，彻底消除差班组，逐步实现白酒生产的高标准平衡。

③ 能源消耗情况分析：白酒生产离不开水、电、汽等重要能源，它们的消耗直接影响到白酒的生产成本。因此，各企业都必须根据自身的条件和实际情况，制定水、电、汽等的消耗定额，并制定相应的制度严格管理，在不影响白酒生产的前提下尽可能节约。能源消耗情况分析就是根据各企业制定的各种定额，结合各单位实际消耗的情况，综合分析各单位节约能源的情况及节超原因，为落实各项奖惩措施提供准确的数据材料。

第五节　白酒生产现场管理

现场管理是企业内部管理水平的综合表现，是一个企业整体素质的集中体现，是一种现代化的企业管理方法，它是企业的晴雨表。

一、白酒生产现场管理的内容

白酒生产现场管理，就是按照白酒生产过程组织的要求，根据各企业的具体条件，运用科学的管理制度、标准和方法，对投入生产过程的各生产要素，进行有效地组织和控制，以求优质、高效、低耗、安全地生产。

白酒生产现场管理是企业管理的重要组成部分，是各项基础管理和专业管理的综合反映。它的具体内容包括以下几个方面。

(1) 白酒生产现场人员管理。即对白酒生产现场的管理者和操作者的管理，包括劳动组织管理、责任考核、岗位培训、现场管理教育、思想政治工作等。

(2) 白酒生产现场物资管理。包括白酒生产的原辅材料、能源、工具等的管理。

(3) 白酒生产现场设备管理。包括设备的运行状态管理、检修与保养。

(4) 白酒生产现场环境管理。包括车间生产布局的管理、人和物流渠道的管理、文明生产和卫生清洁等管理。

(5) 白酒生产现场生产管理。包括白酒生产组织和调度工艺执行、质量控制等管理。

二、白酒生产现场定置管理

白酒生产定置管理是根据白酒生产的实际需要，把人、物、场所作为一个系统对象来研究，从优化物流、信息流系统出发，对白酒生产现场进行科学整顿的一种科学管理方法。

白酒生产现场定置管理作为生产现场管理的一个重要组成部分。其主要任务是研究作为生产过程中主要要素的人、物、场所三者的相互关系，它是通过调整白酒生产现场的物品定置、定位，处理好人与物、人与场所、物与场所的关系，把生产现场所需要的物品放在规定的位置。这种规定的位置要科学合理，从而实现白酒生产现场的秩序化、文明化，降低生产成本，提高工作效率。

近几年，许多白酒厂家以规范现场管理标志、标牌、优化信息流为突破口，加强生产现场物品的定置、定位工作，理顺了生产现场物流，推动了生产现场管理总体水平的提高。

标志、标牌是一种信息媒介，对生产现场工作人员来说，它是规范其现场行为的参照物，起到信息传递和引导作用。其有效程度如何，将直接影响生产现场的人流、物流，也直接反映了一个企业的管理水平和形象。根据其作用不同，这些信息媒介可分为以下三种形式。

(1) 以平面配置图或定置图的方式，形象地指示物的存放场所或区域位置，表明“该处在哪里”。

(2) 在生产现场设置各种标准信息标志、标牌，来表示各种物品的存放位置，表明“这儿就是该处”。

(3) 是表示某一物品的信息标志，表明“此物就是该物”。如在各盛酒容器上标明容器中白酒的品种等。

另外，一些企业通过对生产现场定置管理工作的经验总结，又赋予定置管理两个新的概念: 一是对被列为样板的单位，由厂部组织人员对其进行研究定置，根据场所、设备、工艺流程的科学测算，计算出一些数据，提出对人、原辅材料、半成品及设备的具体要求，使定置管理更完善，样板单位更具先进性。二是其他单位在通过向样板单位学习提高的基础上，学习推广定置管理的先进经验。这样既避免了工作安排上的“一刀切”做法，又根据不同的水平，提出不同的要求，并保持一定的先锋效应，使全厂各个层次都能不断提高，达到不断优化的目的。

三、白酒生产现场管理的诊断程序

白酒生产现场管理诊断，就是根据各个企业的具体要求，由专(兼)职人员深入生产现场，运用科学的方法，对白酒生产管理状况达到管理标准的程度进行调查分析、综合评价，找出白酒生产管理上存在的主要问题及其原因，为解决这些问题，找出切实可行的改进方案，并对改善方案的实施进行具体地指导，以改善白酒生产管理，提高生产管理的水平。

白酒生产现场管理诊断，按诊断主体不同，可分为企业自己诊断和外来诊断组诊断两种。下面主要介绍企业内部诊断的一般程序：

1. 建立白酒生产现场管理目标

白酒生产现场管理的首要任务是对白酒生产现场进行设计，即结合白酒生产特点和企业的要求，明确白酒生产现场要达到的现实性目标。如定置目标、安全目标、质量目标、环境目标等，从而形成白酒生产现场目标体系。

2. 白酒生产现场调查分析

按照白酒生产现场目标规定，制定调查计划，设立调查表格，有针对性地、全面深入地对白酒生产现场的工艺路线、设备布局、物流运转、人员组织、安全环保、作业环境等内容，进行实地、详尽地调查，经充分讨论和整理，找出当前白酒生产现场中存在的问题和导致这些问题的根本原因。

3. 提出改善方案，制定改进措施

针对白酒生产现场的现有生产空间和存在的问题，运用图示模型、运算模型等各种布局和运行方法，提出改善方案，并制定一整套相应的控制、检查、考评措施(行政、经济措施)，以保证改善方案的贯彻实施。

4. 实施检查与指导

首先，要对企业有关人员(特别是管理人员)进行白酒生产现场管理知识培训，提高他们的现场管理意识。并组建白酒生产现场管理检查小组，定期检查各单位的改进情况，形成书面材料，通报各有关单位，按既定的措施奖励先进，鞭策后进。

5. 巩固成果，不断提高

企业对实际运行的白酒生产现场要进行标准化，并达到制度化的效果。即应用工艺流程规定生产作业方式，用生产操作规程规定物流的方向和速度，用规章制度规定人的行为，用信息沟通控制白酒生产活动状态，使白酒生产现场管理日趋规范化、标准化，并逐步形成白酒生产现场系列标准。

但是，白酒生产现场管理诊断，决不是一劳永逸的工作，它是“发现问题⟶分析、解决问题⟶再发现问题”，这样一个不断循环往复的过程，它必须经多次不断地诊断和改善，才能使企业不断地向前发展。

四、加强白酒生产现场管理的方法和措施

现场管理是一项新型的现代化管理方式，由于在我国推行的时间尚短，这方面的资料至今还较少。因而其管理思想和工作方法还未得到普及，广大职工还缺乏现场管理的理性认识。安徽亳州古井贡酒厂近几年现场管理工作成效显著，1994年曾获全国轻工业企业管理现代化成果一等奖。该厂领导通过采用“两手抓”的方针，即一手抓市场，一手抓现场，用市场的发展促进企业内部管理，用现场管理保证市场需要，取得了一定的宝贵经验。下面主要介绍该厂现场管理方面的具体做法和一些实践经验，仅供参考。

1. 强化现场意识，建立组织保证

加强宣传教育，增强广大干部、职工的现场管理意识，是做好现场管理工作的先导。各部门领导非常重视现场管理的宣传工作，始终把提高职工素质当成一项长期的战略任务

抓紧抓好。并利用各种会议向职工广泛宣传现场管理的思想、方法和意义，使职工自觉用现场管理的思想来规范自身的行为。各单位宣传人员还利用各种信息传播媒介，广泛宣传开展现场管理给职工精神面貌带来的新变化，给单位带来的新成效，大力宣传现场管理工作的成绩及涌现的先进典型，为全厂各现场创造一个良好的工作氛围。厂部经常采取闭卷考试或开展知识竞赛等方式，向职工进行宣传普及，力求早日将这种理论推广，实现提高职工素质的最终目的。

建立现场管理网络是实施现场管理工作的组织保证。厂部成立了现场管理领导小组，设立现场管理办公室为专职工作机构，各部门、各单位成立兼职工作小组，由各部门、各单位一把手任组长，并对本单位全面负责。该厂还制订了现场管理工作范围，颁发了实施细则，建立了管理制度，设立现场管理奖励，实行百分制。每月定期或不定期进行检查，及时兑现，奖优罚劣，奖勤罚懒，使全厂现场管理处在一定的法制范围内。

2. 建立管理标准，注重管理效果

科学严管的管理理念，是企业管理的灵魂。在“向生产要质量，向管理要效益”的基础上，该厂又提出“严管出人才，严管出效益”的口号，推出了“十四字现场管理标准”，扩大了严管的内容，提高了严管的标准。

十四字现场管理标准是：“一严、二细、三洁、四无、五不准、六统一”。

一严：严格执行厂规厂纪(劳动纪律、工艺纪律、操作规程……)；

二细：定置细、操作细；

三洁：环境清洁、设备清洁、器具清洁；

四无：原料无变质、设备无故障、安全无事故、卫生无死角；

五不准：班前喝酒不准上班，上班期间不准会客，室内不准吸烟，不准任意更改生产工艺，不准出现跑、冒、撒、漏和长明灯、长流水现象；

六统一：统一布局、统一规程、统一色标、统一标牌、统一纪律、统一理念。

抓现场，练内功，保市场，增效益是古井贡酒厂领导们的重大决策。为了保证这一决策的贯彻实施，该厂努力建立有效的委派系统，充分发挥人的积极性和创造性，管理上只注重效果而不拘于形式，使现场管理形成了自己的特色。红黄旗的运用就是其中一例。一些分厂、车间根据厂部制订的标准、细则，主动细化自己的实施细则，创造性地打出红黄两面旗帜。红旗代表现场管理好的班组，黄旗则表示这个班组最差。车间每周检评两次，给好的班组插上红旗，奖金上浮0.5%；连续3次得红旗，奖金就倍增；对差的班组插上黄旗以示警告，奖金下浮0.5%，连续3次，撤销该班组长职务，同时取消一定的待遇。此举大大调动了职工的积极性，增强了责任心和荣誉感，班组落后面貌得到改善，车间出现了你争我赶，争当先进的喜人局面。

3. 实施色标管理，完善定置标准

为了规范现场管理，方便目视管理，促进各现场人流、物流，该厂对原有不规范的标志、标牌进行修补和规范，使生产现场实现图、物、场所、标牌一体化的定置要求，推动全厂定置管理工作朝着标准化、科学化的方向迈进。定置管理所需标记、标牌的色彩标准规定如下：半成品、成品合格区用绿色标牌；半成品、成品交检区用蓝色标牌；待处理品存放区用黄色标牌；返修品存放区用红色标牌；废品区用白色标牌。用一句话表示即为：绿色通，红色停，黄色等，蓝色待检，白色不用。

4. 实行动态管理，促进管理到位

管理是生产力，科学的管理到位，就是把解决生产力具体到各个现场上。亳州古井贡酒厂在狠抓"十四字管理标准"的同时，重点加强操作规范化，责任具体化，管理制度化，使各项工作具体到岗，落实到人，同时加大现场管理检查力度，增强了各单位的危机意识，提高各现场的受控能力。该厂专门成立了两大现场管理检查组，每月不定期对各现场普遍检查和跟踪检查，使现场管理面上的水平有了保障。现场管理办公室还随机抽查各现场，重点突出个别重点、难点问题，实行重点突破。如帮助落后单位解决疑难问题，帮助先进单位总结经验，并将其经验向全厂推荐等，从而达到点上的深化。

另外，该厂还建立了灵敏的现场信息反馈系统，采用边检查边发行《现场管理简报》的方法，及时将检查发现的问题，快速地反馈给各单位，促进了问题及时整改，提高了工作效率。

5. 搞好两个结合，实现整体优化

切实做好现场管理同基础管理结合，做好现场管理同专业管理结合，实现企业管理的整体优化。搞好两个结合，是该厂现场管理工作中的一项重要工作。在此之前，他们在努力推进三项管理方面做了大量工作，各项管理都相继建立了标准和考核细则，并以现场管理为突破口，努力推动三项管理互融一体，形成综合管理优势。具体做法是：以《古井贡酒厂现场管理标准》为依据，把生产管理、工艺管理、标准、质量、设备、能源、计量、安全、档案、劳动人事、仓库、财务、精神文明建设、职工生活、计划生育的管理汇集于现场管理之中。通过开展现场管理检查，促进专业管理和基础管理的各项工作真正落到实处，从而理顺各种管理的关系，增强了企业的竞争能力。

第六节　白酒生产过程的安全管理

随着白酒生产的不断发展，生产规模的日益扩大，现代化程度的不断提高，安全生产已日益成为生产管理中的重点工作。现将某名酒厂的经验介绍如下，供参考。

一、白酒生产过程中的主要危害及安全防护措施

在以淀粉为原料，发酵法白酒生产酿造过程中，原料要经过破碎、拌料蒸煮、糖化、酒母发酵和蒸馏等多道工序，要经过许多物理变化和复杂的生物化学变化。既有复杂的工艺设备，机械装置，蒸汽动力装置和电气设施，又有许多有害人体健康的粉尘等。甚至有些工序是易燃、易爆场所，发酵过程中产生大量的有腐蚀性的水汽等，会不同程度地损害工人的安全和健康，损害国家的财产安全。

1. 机械粉碎造成的粉尘危害和防护措施

在原料加工、机械粉碎过程中，会产生较长时间悬浮于空气中的固体颗粒(粉尘)，操作者如长期吸入就会使肺组织发生纤维性病变，硬化，导致尘肺，这是一种严重的职业病，并将会严重影响职工的健康和生命，极大地破坏生产力。另外，淀粉粉尘在一定的浓度下，在外界高温、摩擦、振动、碰撞及放电火花作用下，还会引起爆炸。因此，在原料加工破碎

过程中，粉尘应作为一大危害予以重视。应采取如下防护措施：

(1) 改革工艺。通过改革工艺操作方法，使原料加工破碎实现机械化和自动化，消除尘源和减少粉尘飞扬。

(2) 湿式作业。在生产工艺允许的条件下，在车间内适当喷雾洒水，增大作业场所的空气湿度，也可以有效地降低粉尘飞扬。

(3) 密闭尘源。当生产工艺不允许采用湿式作业时，须对尘源采取密闭措施，防止粉尘飞逸，使操作者与粉尘脱离接触。

(4) 通风除尘。采用与密闭措施相适应的局部通风除尘设备，集中收集尘杂，单独处理。

(5) 操作者加强个人防护。操作者应采取适当的劳动保护用品(如：口罩)，尽可能减少职业性危害。

(6) 为防止静电火花引起的爆炸，要限制和减少粉尘输送速度，增加湿度，输送管道要平滑，减少积尘，并定期清理集尘箱(袋)。

(7) 粉碎设备检修时要严控动火，清理粉尘，防止粉尘爆炸事故的发生。

(8) 定期检测粉尘的浓度，对操作者进行定期体检，防止职业病的发生，保护操作者的身体健康。

2. 电气设施造成的危害及防护措施

白酒生产制造过程中，要接触到大量的水汽及其他腐蚀性物质，作业环境潮湿，电气设备和电源线等易出现老化破裂现象，常常造成电气伤害、伤亡及起火爆炸事故。应采取如下防护措施：

(1) 应加强对生产过程中电气设备的接地、接零保护，并进行定期检测，确保接地良好。从安全技术上减少和杜绝伤害、伤亡事故的发生。

(2) 加强对坑、台、高空作业岗位人员的管理工作，严格按照有坑必有盖，有台必有栏的原则，完善坑、台等的安全防护，对高空作业(2m或2m以上高空作业)岗位要设置必要的安全防护栏，以防止高空作业时，人、物坠落造成的伤害和伤亡事故。

(3) 所用的电气设施(电器设备及电线)，其绝缘性要绝对可靠，电器设备和作业场所要保持干燥，通风要良好。禁火区所用的电器设备要采取防爆型，电气线路要外穿铁管或用铠装电缆，架设要牢固、整齐，不得随意拖拉。车间照明要良好，工作行灯要采用安全电压。

(4) 加强动火审批制度。严禁在烟火禁区域内动火施工等，确因工作需要动火的，要严格执行审批制度，并加强动火点监护，采取必要的防护措施，防止火灾和爆炸事故的发生。

(5) 起重设备和行车要严格操作规程，操作人员要经过培训，持证上岗，并定期检查和复训，确保设备的正常运行。

3. 白酒生产过程中的消防管理

白酒生产过程中，原材料、辅助材料、半成品、成品、包装材料均是易燃易爆物品。同时，各种材料的种类多、数量大、存放分散、危险性高，因此，消防管理工作难度大，尤其白酒贮存库，更是白酒生产过程中的消防安全工作的重点和难点。应采取如下防护措施：

(1) 有条件的要设专职的消防机构，配备必要的专职消防人员和消防设施，也可以成立厂义务消防队，并定期进行模拟演练，确保在出现情况时忙而不乱，能迅速形成战斗力。

(2) 重大消防重点部位(如白酒库和原辅材料库)要重点做好消防工作，特别是库房的周围道路要畅通无阻，不得堆放其他物品和停放车辆。否则出现火情时，消防人员及消防车辆无法靠近火灾现场，贻误战机。

(3) 出现火情时要立即切断电源，关闭一切汽管、酒管和油管，再视火情采取不同的灭火措施。不论什么情况，都要坚持先控制，后灭火的原则，将火情控制在一定范围内进行灭火。对于较大和较为严重的火情，要立即向当地消防部门报警，请求灭火。

4. 其他方面的危害及防护技术措施

(1) 对所有设备和管道包扎好保温隔热层，减少能量消耗，改善工作条件，不需包扎保温材料的设备，管路走向位置要合理。并有防护措施，以防烫伤操作者。

(2) 加强厂内各种机动车辆的管理工作，车辆驾驶员要持证上岗。厂区道路要挂出限速标志和停车标牌，防止厂区内道路交通事故的发生。

(3) 要逐步改善白酒生产条件，加强生产管理和设备管理工作，消除跑、冒、滴、漏现象的发生，使生产向机械化、自动化发展，为作业人员创造良好的工作环境。

(4) 白酒包装要由手工灌装逐步向机械化发展。作业人员必须加强个人防护，戴好护目镜和有关护具，要及时清理破碎的玻璃碎片，经常冲洗作业场所，保持作业现场的整洁。

(5) 化验人员和培菌人员，要严格按照操作规程操作，正确使用各种仪器和药品，加强作业场所的通风，严禁违章作业。

二、白酒生产过程中事故的处理

白酒生产过程中，劳动力密集，工作环境潮湿，电气设备使用的频率高。严格的安全管理措施和完善的安全管理制度，只能相对地、有限度地减少伤亡事故及其设备、电器事故的发生。然而事故的发生有其必然性，发生了事故就要采取有效的处理措施。

(1) 生产过程中的事故调查和处理原则　在劳动生产过程中发生了事故，就要进行调查分析，目的是掌握情况，查明原因，分清责任，拟定改革措施，防止事故的重复发生。事故的调查分析与处理要切实做到“三不放过”，即事故原因分析不清不放过，事故责任者和周围群众不受到教育不放过，没有采取有效的防范措施不放过。

同时在事故调查处理中应建立坚强的领导，坚持实事求是的原则，具备科学的行动方案和手段。

(2) 事故发生后的反思　要认真从事故中吸取教训，防止同类事故的重复发生，同时要坚持杜绝“三违”(违章作业、违章指挥、违反劳动纪律)现象。要严格各项规章制度的执行，强化“危险作业审批手续”，对查出的事故隐患要限期整改，并确保整改质量。

(3) 生产过程中的各类事故的应急处理　事故发生后的应急处理措施一般有以下几个方面：

① 事故发生后应该首先救护受伤害者。

② 采取措施制止事故的蔓延扩大，防止二次灾害。

③ 设立警戒线，迅速撤离所有无关人员，并禁止入内，在可燃气体、液体泄漏挥发场

所，还要断绝通道。

④ 认真保护事故现场，保护与事故有关的物体、痕迹、状态等不被破坏，以利于事故的及时调查处理。

⑤ 按事故的性质和程度，及时向有关方面报告。

随着我国国民经济的发展和技术进步，白酒生产已由过去的手工生产，逐步转向机械化和电气化生产，先进的科学生产工艺和科学管理方法将会代替传统的生产和管理，安全管理工作也会随之同步发展。只有不断地改进和加强安全管理工作，才能促进白酒工业的发展，改善白酒生产的发展环境。

第二章　白酒生产工艺管理

第一节　白酒生产工艺的制定

一、有关白酒生产工艺的概念

1. 白酒生产工艺

白酒生产工艺是人们利用一定的生产手段对劳动对象(如高粱、甘薯、小麦、大麦、大米等原料)进行加工酿造,使之成为满足人们需要的白酒产品的生产过程。它是人们在长期的酿酒生产实践中积累并经过总结的操作经验,通常以工艺文件的形式固定下来,并应用于实际生产中。

2. 酿酒工艺规程

酿酒工艺规程与其他行业的工艺规程一样,是具体指导工人进行产品加工和操作的技术文件,它是反映酿酒工艺过程和操作方法的文件总称。其主要内容包括: 半成品或产品的制造流程;加工的工序、步骤;具体操作技巧和方法;加工中的注意事项;采用的设备、仪器、工具的型号和规格;原材料或半制品的用量、质量和使用条件;加工后的技术要求、检测手段和方法等。酿酒工艺规程的文件形式一般有: 工艺流程卡、工艺卡片、工序卡片等。

二、白酒工艺与生产效益的关系

1. 白酒工艺与产品质量的关系

白酒产品的质量是由产品的一系列标准来衡量的,因此产品只有达到技术标准,才能符合产品质量的要求,而如果没有先进合理的工艺,没有认真执行工艺规程的人来进行生产,是无法生产出符合设计要求,达到技术标准的产品的。这也是全国白酒厂家虽然成千上万,但能拥有先进工艺、成为名白酒厂家的却寥寥无几的主要原因之一。先进合理的工艺和认真严格执行工艺是白酒产品质量的保证。目前有些白酒企业,特别是采用固态发酵法者,不仅在工艺质量上,而且在执行工艺的严肃性上还注意得很不够,不能认真严格地执行工艺和全部按工艺要求统一生产。这样不仅失去了工艺的先进性,而且给白酒生产工艺的管理带来了困难,也很难保证产品质量。

2. 白酒工艺与产品产量的关系

白酒生产工艺在一定的历史条件下具有其合理性,它不仅可以指导工人正确地进行生产,防止操作失误,减少消耗,而且也直接影响白酒的产量。

3. 工艺与产品成本的关系

白酒生产工艺既然关系到白酒的产量和质量，自然也与白酒产品的成本密切相关。而且从成本的形成过程看，白酒产品的酿造成本是由工艺流程中每道工序的工时、物资消耗和占用，以及设备工装的消耗等费用构成的，因此，除了工艺本身的先进合理程度外，是否按工艺要求进行生产，对产品的成本影响也很大。实践证明，白酒生产中控制成本，都是从狠抓生产工艺、杜绝各个环节的浪费和通过不断改进、提高工艺水平而达到的。

三、制定工艺的指导思想

1. 突出质量重点

在制定白酒生产工艺时，要考虑的因素可能很多。如找到更先进的操作方法，产品品种变化，新材料、新技术和新装备的应用等等，但不管出于何种考虑，最根本的是必须保证产品的质量。如果在制定工艺时，不把质量因素放在首要位置，则是十分危险的。白酒市场的竞争，不外乎是产品质量的竞争、价格竞争和服务竞争，而质量竞争是最主要的。几十年来我国酿酒新技术、新工艺不断涌现，为白酒产品质量的提高提供了技术上的保证，这也正是把提高产品质量作为制定工艺的前提而不断努力的结果。但任何新工艺的使用，并不是一帆风顺的。例如有些企业在很早以前就开始研究，并在生产中试用多层泥发酵法了，但当时多次应用结果表明，由于发酵泥质量欠佳，还不能很好地提高白酒质量，故只得停止应用。直到20世纪90年代初才在一些白酒企业应用成功，从而极大地提高了这些企业的名优酒得率。

2. 兼顾产量提高

在相同投料的情况下，努力提高出酒率，提高白酒产量，历来是各白酒企业长期不懈的追求目标。因此，考虑产量的提高是制定工艺规程的一个重要因素。但这种产量提高是以保证质量为前提的，也即在保证质量的前提下，努力提高出酒率。如在现在的固态法发酵生产中，多层泥发酵已得到一些企业的运用。但实践证明，在一个发酵池中，也并不是多层泥的层数越多越好，泥太多了不仅对产品质量没有多大的提高，更主要的是降低了出酒率。为此，需要选择一个既能保证产品质量，又能提高出酒率的适当的多层泥的层数和位置。有时企业为适应市场需要，大幅度地提高产品产量，而降低了质量的要求。然而，那种对产品质量不负责任的行为，必将会受到市场经济规律的无情惩罚。

四、制定工艺的依据

1. 本单位历年来先进工艺的总结

对很多白酒企业来说，都有较长的生产历史，有的经历了上百年、甚至上千年的酿酒史，有着很丰富的工艺经验积累。每次制定工艺都是对以前工艺的去粗取精的过程，既剔除了过去工艺中不再适应现行生产的部分，又保留采用了适合生产需要的老工艺、好经验。正是经过这样长期的实践总结、筛选，最后才形成了适合本厂的、具有本企业特点的先进工艺。正因如此，现在的许多固态发酵法白酒工艺中还留有许多传统工艺，特别是在某些操作方法上各具传统特点。

2. 积极吸收适应本单位实际的外单位的先进工艺

在实施本单位生产工艺的基础上，积极吸收外单位的经验，经过试验，重新确立适应本单位实际的先进工艺是企业制定工艺的重要途径。尤其是新创建的白酒企业，从一开始就要全面引进外单位的先进工艺为我所用。随着科学技术的发展，信息传播速度的加快，企业之间技术交流的日益广泛和深入，吸收采用外单位先进工艺的现象将越来越普遍，越来越成为制定工艺的重要依据。有的名酒厂采用了人工老窖培养工艺，改变了过去只有千年老窖才能出好酒的传统，使新建的窖池也能淌出和数年老窖一样的好酒。这一工艺在全国技术经验交流会上介绍后，迅速被众多厂家接受、采用，极大地推动了我国白酒工艺技术的发展。

3. 本企业工艺的不断创新

先进的工艺更需要依靠本单位对工艺的不断研究、创新。它包含了对本企业新老工艺的完善、创新和对外来引进工艺的创新。只有创新才有生命力，才能加快工艺水平的提高，才能使白酒产量和质量在原有的基础上有新的重大的突破。例如多个国家名酒厂，几十年来一直注重酿酒工艺的研究和创新，在生产实践中先后创造了浓香型固态发酵的人工老窖培养技术，缩短了窖池成熟时间；改变了传统的老五甑生产法，创造了多层泥发酵工艺等多项重大的工艺革新，提高了出酒率和名优酒得率，为企业的发展提供了有力的保证。有些企业还通过改变酿酒原料的品种、配比或工艺方法，促进了本企业白酒风味的协调、完善等等，这无不得益于对原工艺的大胆创新和改革。

五、制定工艺必须注意的几个问题

1. 安全性

安全是工业生产的前提，没有安全就不能进行有秩序的生产。因此，保证工艺的安全性是制定白酒生产工艺的首要条件。特别是随着白酒企业规模的扩大，企业的电气化、机械化程度越来越高，安全生产问题就显得更为突出。为了达到安全生产，杜绝生产中的事故隐患，必须在制定工艺时考虑工艺在实施过程中的安全性，如工艺路线的设计、工艺控制、设备操作方法等方面的安全因素，做到首先从工艺上保证安全生产。

2. 技术先进性

工艺的先进性表现在技术和操作上。技术上先进的工艺要能够稳定或提高白酒的产量和质量，直接增加企业的经济效益；要能够降低大量的能源消耗和物料损耗。操作上先进的工艺要便于工人操作，降低劳动强度，节省劳动时间，提高劳动生产率。有时，操作的先进性和生产技术的先进性可能要产生矛盾，这时就需要权衡利弊，综合考虑，选择适宜的工艺方案。

3. 实用性

白酒企业在制定工艺时，还必须考虑工艺对本企业生产的实用性，即这些工艺是否可行或是否合算，在目前企业条件下能否按要求做到。有人认为工艺技术越先进、自动化程度越高越好。诚然，在条件允许的情况下，应力求工艺技术先进些、自动化程度高些。但在条件达不到的情况下，要避免采用不成熟的工艺技术或在设备等方面过多地投入；有些技术当时可能是最先进的，但还可能处于实验阶段，与生产应用有很大的距离，或实施起来在资金、技术、人力上投人过大，而效果却不理想。在实践中可以经常发现，许多在理论上非常先进的工艺或被称为效果极佳的工艺，却在生产实际中经过反复的试验仍然难以应用推广。其中有些是生产条件达不到实验室的要求；而有些是因为经济上不合算，成本太高所致。有些工艺在操作上盲目地要求过高标准，浪费不必要的人力、物力和能源，这都影响该工艺的应用。

4. 可操作性

工艺制定出来后，由生产第一线的工人进行具体操作时，要能够或通过一定努力能够达到工艺的要求。要避免制定那些理论上可以做到，而实际操作中行不通的工艺，造成工艺与生产实际相脱节。这样产品质量也很难达到工艺设计的要求。因此，这就要求我们的工艺设计人员不仅要有相当高的理论水平，而且要具有丰富的实践经验，在制定工艺时，做到从实际出发，理论联系实际。在制定工艺或工艺具体推行时，也要多下基层、多征求基层干部和职工对工艺的意见，了解执行中工艺本身存在的问题，从而及时改进，以适应生产的要求。

需要强调的是，制定出来的合理的工艺是以上几种因素的综合要求的结果。在保证工艺安全性的前提下，强调工艺的实用性、可操作性，并不是不主张工艺要有先进的技术；如果只强调技术的先进性而没有实用性、可操作性，或者只强调实用性、可操作性，失去了技术的先进性，则都是不合理的。应使制定出来的工艺既安全、实用，又技术先进、可操作，它们之间是矛盾的统一。

5. 在制定工艺的方法上，采用民主集中制的原则

制定生产工艺应采取民主集中的方式。一是因为我们在制定工艺时，需要考虑的因素较多，如以上介绍的工艺的安全性，技术的先进性、实用性和可操作性等等问题，而要求个别人在各个方面都考虑得全面适当则是困难的。采取民主集中制，则可使参加制定工艺的各个方面的人员，从各个角度提出意见，然后综合考虑，形成集中统一的意见，这样才有利于制定出一套比较完善的工艺。二是可以充分发挥更多人在制定工艺上的主观能动性，同时也有利于提高管理者的工艺技术水平。三是白酒企业内的部门较多，有直接从事酿酒生产的，也有从事辅助生产的，即使同是酿酒生产的部门采用相同的工艺，但有时各个车间之间的情况也不尽相同。因此，民主集中制也有利于让制定工艺的负责人了解更多的工艺情况，使制定出来的工艺在本企业内具有更为广泛的应用性。四是采用民主集中制，既是一个制定工艺的过程，也是一个宣传贯彻新工艺的过程，通过民主集中制，在对新工艺达到共识后，利于更顺利、更彻底地执行新工艺。古井贡酒厂的压池子工艺和烧压池子调醅工艺的制定过程，就是严格按照民主集中制的方法制定的。众所周知，固态法发酵由于受夏季气温高的影响，酒醅入池温度高，故存在酒醅易受有害菌的感染，明显降低产品产量、质量等问题。为此，古井贡酒厂采取了从每年的四五月份起，按新工艺把所有池子都入完酒醅后，不再继续生产，进行安全度夏。此工艺该厂称“压池子工艺”。而从每年的九月份起，气温变凉后，开始重新加料生产。由于经过长达四五个月的发酵后，母醅的理化指标和感官品评与正常季节生产的母醅有很大的不同，需要对酒醅进行较大的调整，这时采用的工艺该厂称“烧压池子调醅工艺”。对这两项每年生产中重要的生产工艺的制定，由主管酿酒生产的总工程师负责，并在压池子和调醅生产前要求车间召集有经验和技术的工人、班组长和其他车间管理人员一起讨论制定当年的压池子和烧压池子调醅工艺。其工艺基本框架可以由下面确定;也可由上面确定,下面讨论,每个人各抒己见,充分发扬民主。工艺制订后再逐级上报,逐级讨论制定,直至最后由总工程师组织有关部、分厂、车间领导和工艺人员对各分厂报送的工艺意见进行一次全面讨论后确定。但这时的工艺还不是最后的执行工艺,还要经过当排前一个星期的试生产,并通过试生产对制定的工艺进行全面检验和必要的调整,直至完全适合正常生产要求,此工艺才算最后确定。试生产期间各单位要全面认真收集试生产池子的所有必要的生产参数、质量信息,看其是否能达到压池子或调醅的各项工艺要求或工艺是否适合于生产等。而后将情况如实尽快上报,再按新的要求进行调整。经过这样反复的制定、检验,直至最终制定出令人满意的工艺,这时的工艺才算是正式的工艺,才算完成了工艺的制定过程。

第二节　制定与工艺相适应的操作规程

一、操作规程是落实工艺的基础

1. 操作规程是生产工艺内容的具体化

生产工艺一般在文字上比较简略,内容也较少,不是面面俱到。因此,如果只有生产工艺,还很难保证操作工人生产出满足工艺要求的产品。而操作规程则是具体指导工人进行产品加工和操作的技术文件,它对从原材料投入生产起,直至形成最终产品的整个生产过程的每一个操作都要作出具体的规定,如生产制造流程、加工工序、具体操作技巧和方法等,以及加工过程中的注意事项、采用的设备、工具的型号、规格等都要作详细的说明。操作工人只要严格按照操作规程的规定去做,就一定能生产出满足工艺要求的白酒产品。操作规程的内容之多,规定之详细是工艺不能比拟的。

2. 操作规程是落实工艺的保证

操作规程不仅对加工工具、加工方法、工序和步骤等都作了具体详细的说明,还对加工过程中的半成品、成品的质量要求也有具体的要求。如原材料的用量、质量和使用条件,特别是加工后的技术要求、检测手段和方法等。这就把落实工艺包含在生产操作的过程之中,保证了工艺的落实。

3. 就操作规程的特性而言,它的科学性、统一性、稳定性等也是落实工艺的基础

操作规程和生产工艺一样,具有较高的科学性,它一般是经过长期的生产实践、精心筛选的结果,它是使工艺得到正确有效实施、保证操作质量的科学基础。随着我国白酒工业的发展,白酒企业规模越来越大,白酒生产已经由过去的小作坊式的生产发展为大规模的社会化大生产,为了组织好大规模生产,保证产品产量、质量的稳定提高,指导工人的操作,已不是单靠个别师傅的个人经验和言传身教,而是需要一整套严谨统一的操作规程。只有依靠全厂统一的详尽的操作规程,才能做到无论企业生产规模有多大,生产工序有多繁杂,只要按操作规程操作,就能保证工艺落实。此外,操作规程和工艺一样,具有相对的稳定性。它一经制定,未经允许,任何个人和单位均不能擅自另行制订或更改。如果操作规程由于工艺变化,采用新设备、新方法等原因,需要变更,那也必须经过严格的审批和更改程序。然后固定下来，形成新的操作规程。由此可见，操作规程的相对稳定性，也有利于工艺质量的稳定。

二、操作工具要求

1. 坚固、耐用、轻巧

白酒生产就总体而言，自动化程度较低，特别是固态法酿酒，至今手工操作还占有很大的比重，使用的工具较简单，对其性能的要求也较低，一般要求坚固、耐用、轻巧即可。这样可以减少工具不必要的损坏，降低生产资料消耗，节约工时。轻巧的工具可以降低劳动消耗，利于操作。

2. 使用方便、安全

操作工具还应考虑使用时的方便程度和安全操作，以此来提高劳动效率和减少事故。因此，应大力提高职工技改的积极性，动员干部和职工对操作工具不断创新改进。实践证明，白酒企业在这方面的潜力也是很大的。

3. 机械化、自动化程度应逐步提高

随着社会的发展和科技的进步，白酒企业的自动化程度比过去有了很大的提高，机械化、自动化设备和某些先进的仪器在白酒生产中得到了应用。但就白酒行业的整体而言，自动化程度还很低，即使是目前的名白酒厂基本上也是如此。自动化程度高，企业的生产力水平虽高，但设备、厂房等固定资产投资较大，且产品质量目前还不易达到手工操作的水平。这些因素均制约了先进的自动化、机械化操作工具在白酒企业中的迅速推广和应用。但随着我国社会的发展和机械化酿酒技术水平的提高，白酒企业的机械化、自动化水平也将会越来越高。机械化车间原来的名酒率和出酒率都很低，赶不上手工车间，这也是由于机械化酿酒历史太短，没找到合适的工艺的缘故。但经过数年来酿酒职工的精心钻研、努力探索，在机械化酿酒技术方面已得到迅速的提高，使机械化酿制的白酒，无论从质量还是产量上有的已毫不逊色于手工车间，有些方面甚至超过了手工酿制的白酒，因而打破了机械化不如手工酿制白酒的陈旧观念。

三、操作方式方法要求

1. 动作简单，节约时间

操作规程中的操作方法应尽可能地简单，不要有多余的不必要的动作，以能满足生产要求为宜，否则，既浪费人力，又浪费时间，甚至影响产量和质量。当然，作为操作工人，在具体操作时还需平时刻苦多练，掌握操作技巧，做到熟能生巧，才能达到规程的要求。如固态发酵生产中的上甑操作，要想达到上甑动作简单、运用自如的水平，必须要经过长时间的操作训练和细心体会。实际上，上甑水平如何已作为衡量操作工操作技能高低的一项重要标志。

2. 劳动强度低

劳动强度低可以使操作者保持充沛的精力和体力从事生产操作，保证操作质量，有利于细致操作和安全生产。因此，应尽可能地提高机械化程度，以机械操作代替繁重的体力劳动。

3. 保证质量要求

操作的最终目的是满足生产质量要求，因此，操作方法的设计、选择要以能否满足生产要求为标准。操作方法既不能过于粗放、简单，也不应过于精细、繁杂。粗放、简单，达不到生产质量要求；过于精细、繁杂，既费时费力，也不经济合算，有时甚至还会起到副作用。如固态发酵操作中的出窖酒醅的堆积操作，若简单粗放了，则粮醅混合不均匀，达不到质量要求。但若过于精细，反复操作，则不仅浪费时间、人力，而且会使母醅中的酒精成分和香味物质散发过多。

4. 注意卫生和安全

白酒生产原料富含淀粉，操作上应注意卫生，避免有害菌的感染，影响产品产量和质量。如做醅时摊晾时间不能过长，注意环境卫生等。操作方法上也要注意安全，须杜绝操作中一切不利于安全的方法。

四、操作质量标准

白酒生产操作程序很多，对操作质量标准，要求文字说明明了、正确。如固态白酒生产中的打楂方法，摘酒操作的质量标准要求；还有些感官质量标准，如复壮泥的操作质量标准、出窖酒醅的堆积、上甑操作质量，以及做出的粮醅手感等操作质量标准的描述等必须以文字的形式说明清楚。而对有些操作质量标准的要求，能够测量其数值的，如原料破碎、加浆水的数量、配醅数、高粱、稻壳的数量、上甑时间、糊化时间、流酒速度、入池温度、水分、酸度、淀粉的浓度等，都需要有明确的数据或范围。只有这样才能对操作质量进行控制、检查，也便于记录。

第三节　工艺实施的检查与指导

一、工艺的宣传、贯彻

各级管理人员和每个操作工人都要吃透工艺精神。管理人员要熟知全部工艺，知道工艺原理，并能向职工讲解、传授。操作工人要熟知他所从事的操作范围内的工艺要求及工艺标准，也能逐步理解工艺原理，这样更有利于工艺水平的提高。

在新工艺出台前，要组织管理人员和操作工人一起学习，不仅要了解新工艺的要求，还应使他们知道实施新工艺的必要性、优越性，增强新工艺实施过程中的自觉性。

新工人上岗前必须进行工艺教育。很多企业的实践证明，对新工人上岗前进行一定时期的与生产有关的知识技能教育和培训，是提高新工人技术素质的行之有效的办法，而其中工艺教育是岗前培训的最重要的一个内容。它对提高新工人的工艺水平，增强工艺纪律，减少工艺操作中的盲目性，缩短新工人的成长时间等都可起到积极的促进作用。

对调到新岗位前的老工人，也要进行该新岗位的工艺培训。随着白酒企业内部劳动用工制度改革的逐步深入，企业内人员的优化组合、自由选择，企业劳动工人在内部部门或岗位间的调动将会更加频繁，但调到新岗位的工人对新岗位范围内的工艺不一定了解或熟悉，甚至很陌生，因此，有必要对调到新岗位的老工人进行工艺培训。有些白酒厂已经实行了岗位资格证书制度，实行持证上岗。这种资格证书是通过考试和考核取得的，其中该岗位的工艺内容和操作技能考核是其核心内容。

二、工艺实施的检查与指导

在生产中对原先工艺及新工艺实施的效果如何，需要及时的检查和进行必要的指导。其方式可分为自检与互检、上级对下级的检查、兼职检查与专职检查等几种。自检是操作工人对自己工作成果、本班组对本班组工作、本车间对本车间工作的检查等。互检为班组成员之间，上下道工序之间，相关的车间、分厂、部门之间的检查。如辅助车间、分厂与酿酒车间、分厂之间，质检部门与生产部门之间，供应部门与生产部门之间等，为了把各自工作做好而进行的互相检查监督的行为。上级对下级的检查，主要表现为班组长对本组成员工作的检查;带班长、工段长对班组长，车间对班组、对带班长的检查与指导;生产部门对下属各单位工艺实施的检查与指导等。兼职的检查，主要为有关管理人员不仅要对工艺实施的效果负责检查与指导，而且还要负责自己分工的其他工作。专职的工艺检查则是专门设立的工艺检查组或工艺检查员，专门负责所辖范围内各单位、各人的工艺检查和指导。工艺实施的检查与指导，不仅需要操作工人、工艺检查人员具有强烈的工作责任心，更要有明确的岗位责任制来作为保证。

白酒生产工艺的检查手段，一般是通过人的感官，如操作的方法、效果的检查、酒醅的手感、颜色、气味、酒味的品尝，看花摘酒酒花的判断等;有些项目，如对酒醅淀粉、水分、酸度和对温度、酒度、时间等，则可通过化验或测量进行。

工艺实施中哪里不符合要求，哪里出了问题，都应立即纠正或采取妥善的预防性措施，一般应有一个专职的工艺技术检查与指导小组，负责工艺实施中的检查、指导与协调工作。

三、现场观摩交流

为了更快、更好、更普遍地提高职工的工艺技术水平，最直观有效的方法就是现场观摩、交流。现场观摩交流可分为日常性的和有重点、有针对性的两种方式。日常性的如班组内成员间的以好带差、以老带新的现场观摩交流和有重点的技能训练。这种方式的好处是，时间较机动、充足，机会多，无须怎么组织，水平提高快，参加人员多，技能交流面广。有重点、有针对性的现场观摩交流，如车间内，全厂范围内的技术表演或技术比武等，它的特点是操作难度大，工艺操作水平高，技术提高快。但需要组织、协调，参加人员、参观交流时间等要受到一定条件的限制。总之，这两种形式的现场观摩交流各有所长，各具特色，可把两者结合起来，穿插进行。日常性的要多而广，重点的要少而精。如全厂范围内的技术比武可每年或每2年举行1～2次;日常性的技术交流，可结合各单位实际情况，有计划地经常性地开展。

第四节　及时修订与完善工艺

一、及时修订与完善工艺的重要性

及时修订与完善工艺，可以保持现行工艺的合理性。在实际生产中，有些工艺参数随着时间的推延，可能会与生产要求有些差距，例如较合理的参数比原先工艺规定的范围稍大或稍小，这样的环节多了，若不及时修订，就会影响工艺质量或生产工艺秩序，破坏工艺纪律，动摇工艺的地位。

及时修订与完善工艺，还可以保证现行工艺的先进性。现代科学技术的发展和酿酒技术交流的日益广泛、深入，使先进酿酒技术转化为现实生产力、应用于生产的速度明显加快，一项先进工艺可能经过不多长时间又会被更先进的工艺所取代。这就要求我们熟悉专业技术，随时关注酿酒新技术、新工艺的发展和应用，并尽快地将其应用到本企业的酿酒生产中去，对原来工艺进行及时修订与完善，以保持工艺的领先地位。

每次工艺的修订与完善，对执行工艺乃至全企业从事酿酒生产的管理人员和操作工人的专业技术水平是一个提高。通过工艺的修订与完善，加强了对干部和职工的工艺教育，可以促进整体的技术革新活动的开展，调动广大干部和职工参与工艺的修订与完善，充分发挥各级人员的主观能动性，使大家都来关心工艺、关注生产，精化操作。此外，也是对全体干部和职工进行了工艺纪律教育，使他们了解、熟悉工艺修订与完善的程序，知道不是任何人都可以对工艺自作主张、任意变动的，它需要经过一定的严格的修订与完善程序。因此，有助于保持执行工艺的严肃性。

二、修改工艺文件的条件与范围

(1) 当发现原工艺文件有缺陷、错误，与实际生产操作不符时，例如生产中有时会发现工艺文件的规定在参数上范围过大，不够精细，对操作者不能起有效的制约作用；有时工艺范围规定得过小，没有给操作者根据实际需要留应有的活动余地，工艺管得过死，没有考虑酿制过程中各种自然、人为因素的影响，致使操作者无所适从；有的在操作的阐述上不够全面、正确，难以与生产实际相符，或者在理论上可行，但在实践中却难以做到。

(2) 采用先进技术时，必须按技术革新试验程序，经过一定时期的试生产后，事实证明确实比原工艺好的，才能正式更改工艺文件。

(3) 当应用新材料、新装备后，不一定对所有的原工艺都作改变。有些新材料、新装备采用后，对原有生产工艺要求不影响，则应保持不变；而只有在对原工艺影响较大、按原工艺不能继续正常生产时，才有修改工艺的必要，切勿盲动。

(4) 白酒企业应根据市场要求不断改变产品性能，调整产品结构和种类，包括白酒的香型等也可能发生不断地演变，这样，原有的工艺就很难适应新产品的需要，必须对其进行适当的修改。

(5) 工艺更改的范围与时机。工艺文件的更改范围要视具体情况而定，可以是工艺文件的某一种，也可以是多种甚至全套，包括产品技术条件、技术标准、工艺操作规程、工艺装备、有关图纸等；也可以是某种文件的某一段、某一局部。工艺文件的修订时机，可以定期的，如每两年对工艺文件进行一次全面的修订；也可以是随时的，如对于某些重大的或重要的工艺变动，需要对工艺文件进行及时的修订。

三、工艺文件的更改程序

为了保持工艺文件的严肃性和稳定性，更改工艺文件必须通过一定程序，不能擅自更改，更不能在文件更改前在实际生产中改变工艺规程。在一般情况下，更改工艺的程序如下。

(1) 向工艺主管部门的有关人员反映所发现的问题，并提出更改方案或共同协商更改途径。建议提出者一般是第一线的工人、基层管理人员。发现的问题，也可能是工艺检查员或上级领导在工艺检查中发现的，或者在质量统计、管理过程中发现的。

(2) 对不成熟或无把握的更改方案，应填写工艺试验报告单，并经批准后进行一定数量和批次的试验，严禁任何个人或领导自作主张，不经试验，盲目使用或推广。对由此而给生产造成影响或损失的，要按工艺纪律严肃处理，追查有关人员的责任。

(3) 工艺试验结果通过鉴定，或对不需试验的成熟方案，经填写工艺更改申请书后，再交技术部门办理车间内外有关部门的令签，直至总工程师批准等手续。试验结果的鉴定，一定要实事求是，要防止不顾工艺试验结果好坏，随意鉴定，或在工艺试验过程中不负责任，最后按主观意愿编造试验效果。

(4) 由技术部门将已批准方案，交厂技术主管部门正式签发，生效后投入使用，并撤换收回旧文件。新工艺的正式使用从厂部下发的正式文件之日起执行。工艺文件的发行要严格履行登记回收制度，防止工艺文件发放的紊乱和生产技术的泄密。

(5) 在特殊情况下，如必须立即更改工艺，否则就要影响正常生产或造成损失时，首先应与技术人员协商出一个临时工艺，由技术部门发出临时更改通知，然后再补办申请审批手续。工艺文件的更改、审批一般由生产技术部门和总工程师负责。

第五节 强化工艺的全面实施

一、全面落实工艺的重要性

白酒产品质量的好坏，主要是由生产工艺决定的，只有在全厂范围内贯彻执行统一的、正确的生产工艺，才能保证产品质量。工艺落实不全面、不彻底、不统一，势必要影响白酒产品质量，给质量诊断、质量管理造成紊乱。生产计划、生产指标、劳动组织、劳动时间等生产管理也是根据工艺要求确定的，若工艺落实不全面、彻底，则生产管理中的各个环节都将受到不同程度的影响，因此就难以保证正常的生产秩序。

全面落实工艺是使工艺在生产中经受检验，发现不足，总结经验教训，保证生产工艺正常的制定、实施、修改、完善等工艺管理的需要。此外，工艺的宣传、贯彻和全面实施过程，本身就是在生产实践中开展的工艺教育的重要步骤。因此，强调工艺的全面实施，也有利于提高干部和职工的工艺技术素质、严肃工艺纪律。

二、执行岗位操作合格证制度

确保工艺得到全面实施的一个极重要的方法，就是执行岗位操作合格证制度。执行岗位操作合格证制度，可以大大提高岗位操作质量，加强岗位责任，有利于激励广大操作工人自觉苦练操作技能，提高工艺技术水平，减少或消除违反工艺的操作。其做法是上岗前应对新工人或调到新岗位前的老工人进行新岗位的应知应会知识和技能培训，然后进行知识考试和技能考核，只有通过了该岗位的考试和考核，才有资格领取该岗位的上岗证。

三、实施工艺的原则

实施生产工艺的指导思想是，既要有利于保证工艺的全面贯彻执行，又要有利于白酒生产实际运用。白酒行业经长期的生产实践，初步总结出适合生产实际需要的工艺实施原则为：大的管住、管好，小的放开搞活。大的管住、管好是指工艺中的重要参数、重要质量控制环节、控制点上的工艺要素一定要管住、管好，执行中不能有丝毫活动余地，任何部门或个人都不能搞特殊化，必须无条件地执行。小的方面则应放开搞活，白酒行业、特别是固态发酵法白酒生产，有些操作或生产环节的经验性和不确定性成分还较大，还带有较浓厚的传统行业的不精确性的特点。长期的生产实践证明，若试图采用其他有些行业(如高新技术行业)的工艺管理方式，把白酒生产的方方面面、各种操作都规定得十分细致，执行得丝毫不差，完全一致，则往往反而难以取得理想的生产效果。固态发酵法的每个窖池是相对独立的，各窖池的酒醅质量，可在一定范围内加以控制和测量，但在目前的生产条件下，其不可控制、不可测量等因素的差异性将依然存在，而这些又往往是影响白酒酿造的重要因素。因此，有必要在一定的工艺范围内给以适当的灵活性，才能取得较好的生产效果。但要注意它的前提是在一定的允许幅度范围之内，而绝不是无原则的放任自流。同时为了提高操作中实际掌握工艺灵活性的水平，需要不断提高重要岗位上操作工人以及班组长、带班长等各级管理人员的实际酿酒技艺，对有关岗位人员进行技工或技师的考核认定，增强这些人员的技艺素质，壮大高技艺人员的队伍。事实说明，这个原则对固态发酵法白酒生产的工艺实施尤为重要。

四、制定严格的管理制度与激励机制

工艺的各项规定是生产者必须服从的纪律，是生产大法，严格执行工艺是生产中各级人员最起码的职责。但为了确保工艺的执行，还需要制定严格的工艺管理制度，设置工艺管理机构和配备工艺管理员，实行明确的岗位责任制，一级抓一级，层层负责，责任到人，并对工艺的执行情况进行经常性的或突击性的检查和监督。对工艺执行好的单位和个人，要给予表扬和奖励；对违背工艺纪律、不完全执行工艺或有意违反工艺者，要进行严厉批评，并按工艺纪律严肃查处。

第六节 技术革新

一、开展技术革新的意义

白酒企业在经过了较长时期的发展后，必定会由竞相上规模、扩大产品产量的外延式发展方式转变为靠内部挖潜、革新、改造，提高产品质量的内涵式发展方式。相比较而言，内涵式扩大再生产具有投资少、时间短、收效快的经济效果。因此，大搞技术革新，充分挖掘企业潜力，是应该坚持的一项长期任务，是白酒企业提高产量、质量和经济效益的最重要手段之一。

技术革新是企业一项群众性活动。在生产实践中，一线职工最了解生产过程和工艺特点，最了解生产的关键和薄弱环节。因此，最能抓住技改的要害，也最能取得明显的效果。此外，通过开展合理化建议和职工技术革新活动，可以充分调动职工的积极性和创造性，增强主人翁责任感。在开展技术革新的过程中，也可使职工的技术水平得到很大提高，自身价值得到了实现。

二、技术革新的内容

白酒企业技术革新的主要内容有如下。

(1) 改革工具、设备，提高机械化、自动化水平，提高操作的正确性，降低劳动强度，改善劳动条件，延长劳动手段的使用寿命。这方面内容很广泛，在技术革新成果中占有很大的比重，它具有时间短、见效快、职工兴趣浓的特点。

(2) 改进工艺过程，推广先进操作方法，提高产品质量。这方面需要职工有较高的工艺素质和丰富的操作经验，它的成果可以直接给生产带来经济效益。

(3) 创造和采用新材料、新技术，节约资源，降低消耗，提高效益等。

传统白酒行业在生产工具、设备、工艺和材料、技术等方面均比较落后，而现代生产技术、设备、材料等方面的发展则为在白酒生产的各个方面进行技术革新提供了广泛的物质和技术基础。因此，白酒企业的技术革新大有潜力可挖。然而，企业的所有技术革新活动都要以提高企业生产技术水平和经济效益为中心，以全面超额完成生产任务，提高产品产量和质量为目标，不能偏离这个主题，否则，技术革新就没有生命力。

三、技术革新的方法

搞好技术革新首先要领导重视，加强组织领导，成立技术革新领导小组，倡导职工结合生产实际，大搞技术革新，把懂技术、有经验、有革新热忱的职工组成攻关小组，紧紧围绕技术关键和生产薄弱环节确定主攻方向。具体革新时，要注意从小处着手，大处着眼；要充分发动职工，找出阻碍生产发展和影响生产率提高的因素，然后同心协力去攻关。革新中对难度较大的项目，可请工程技术人员协同攻克难关，重大的革新项目还必须报请上级有关部门批准。成功后的技改项目要及时总结鉴定，在全厂推广应用。此外，还要把革新鉴定成果用新工艺规程和定额固定下来，使革新成果在生产中继续扩大，发挥更大、更持久的作用。

四、激 励 机 制

对有成果的技术革新人员，应按其贡献大小，给以一定的精神鼓励和物质奖励。但要注意物质奖励应分给直接从事革新工作的人员，不应搞平均主义。否则，会使群众的积极性受到挫伤而影响革新活动的开展。

第七节　白酒生产过程中的环境保护

我国大大小小的白酒企业多达1万多家，总排污量相当大，因此，白酒企业在轻工行业中是个污染大户。随着全世界对环境保护问题的越来越重视，最近几年，我国也相继出台了一系列的法规和政策。所以，每个白酒厂家现在都面临着如何防治污染这一难题。

一、污染物的来源及排放标准

1. 来源

白酒企业在生产过程中产生的主要污染物为高浓度的有机废水，其次有废气、废渣、粉尘及其他物理污染物。各种污染物均可对周围环境造成不同程度的污染，对周围的动植物(包括人类)可造成不同程度的危害。至于各污染物具有什么样的危害作用，这里不作详细叙述。表5-2-1列出了白酒企业中各种污染物的来源。

表 5-2-1　白酒企业中主要污染物的来源

项目	污染物	主要来源
废水	蒸馏锅底水、冷却水	酿酒车间
	洗瓶水	包装车间
	冲洗水	酿酒、制瓶、制曲等车间及公共厕所
废气	粉尘	破碎、制曲、包装等车间
	氧化硫、一氧化碳、氮氧化合物、苯并(a)芘	燃煤锅炉
废渣	酒糟、炉渣	酿酒车间、锅炉
物理性污染物	噪声等	各车间

2. 排放标准(废水)

白酒企业产生的主要污染物一般属于二类污染物。在排污单位排污口取样，其最高允许排放浓度见表5-2-2。

表5-2-2仅列出了几个主要的控制指标，其他污染物控制指标及分级标准详见有关专业资料。因大多数酒厂位于远离城市的小镇上，所以这些酒厂的排污可按二级标准的“现有”栏执行。

表 5-2-2　第二类污染物允许排放浓度　单位: mg/L

项目	一级标准		二级标准		三级标准
	新扩改	现有	新扩改	现有	
pH值	6~9	6~9	6~9	6~9	6~9
色度(稀释倍数)	50	80	80	100	—
悬浮物	70	100	200	250	400
生物化学需氧量(BOD_5)	30	60	60	80	300
化学需氧量(COD_{cr})	100	150	150	200	500

二、污染物的“防”与“治”

白酒厂家如何控制污染，减少排污量以及如何治理污染，更好地保护周围环境，以下分两个方面介绍。

1. 如何搞好白酒企业的环境管理工作

(1) 环境管理的内容

① 组织污染源调查，弄清和掌握污染状况，建立污染源档案，并定期开展监测。

② 编制环保规划，提出恰当的环保目标，与企业的生产目标综合平衡，把环保规划纳入企业的生产发展规划中。

③ 制定便于考核的污染物控制指标、环保设施运转指标、绿化指标等，同生产指标一样进行考核，作好环境状况有关指标的统计。

④ 建立各种管理制度，严格控制新污染。

⑤ 加强基本建设技术措施工程的管理。

⑥ 积极采用防治污染的新工艺、新技术。

⑦ 搞好环境教育和技术训练，提高各级领导干部、广大职工的环保意识和技术水平。

(2) 环境管理的主要手段

① 经济手段：白酒企业在进行环境管理时，采取内部收排污费(结合各车间情况，下达排污控制指标，对达不到指标要求的收费)，把环境保护列入统一评分计奖的指标(一般占10～15分)等经济手段。

② 技术手段：在制定产品标准、工艺文件、操作规程等工作中，把环保的要求统一考虑在内。

③ 行政手段：将环保列入岗位责任制，纳入生产调度，以督促、检查、批评、表扬、奖励、惩罚行政手段，促使各科室和生产车间直至生产岗位按要求完成环保任务。

④ 教育手段：开展环保教育，提高职工的环保意识，通晓环境质量的变化过程，了解保护环境的意义。使企业的领导与广大职工能同心协力，自觉为保护环境进行不懈地努力。

2. 污染物的治理

白酒企业(包括酒精厂)的主要污染物是高浓度的有机物废水。酿造酒生产采用固态发酵法、半固态发酵法和全液态发酵法。目前，我国大多采用固态发酵法。不论是大曲酒还是高纯度酒精，它们在生产过程中都有蒸馏这道工序，因此，都会产生高浓度的有机物废水——蒸馏锅底水以及温度稍高的冷却水。另外，在白酒生产过程中，还会产生粉尘、噪声、废气及大量废渣——酒糟。下面主要谈谈如何治理蒸馏锅底水和冷却水。

3. 废水(污水)的治理

(1) 锅底水

① 成分分析：锅底水主要成分为蛋白质、焦糖、黑色素、泛酸及其他胶体物质等。其COD_{cr}：20000～50000mg/L，BOD：15000～25000mg/L，SS：5000～7000mg/L，呈酸性。

② 治理方法：根据上面分析得知，锅底水属高浓度的有机废水。如果锅底水排放较集中，是很容易统一收集起来的，可采用厌氧消化法加以治理，其一般流程为：

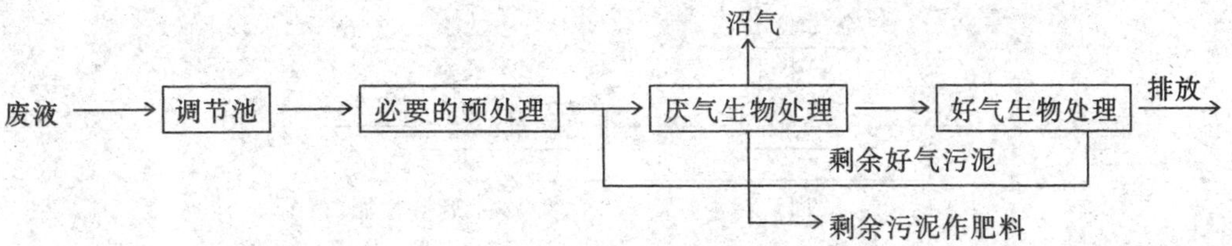

近年来在生产上得到广泛应用的是厌氧接触消化池,其工艺流程为:

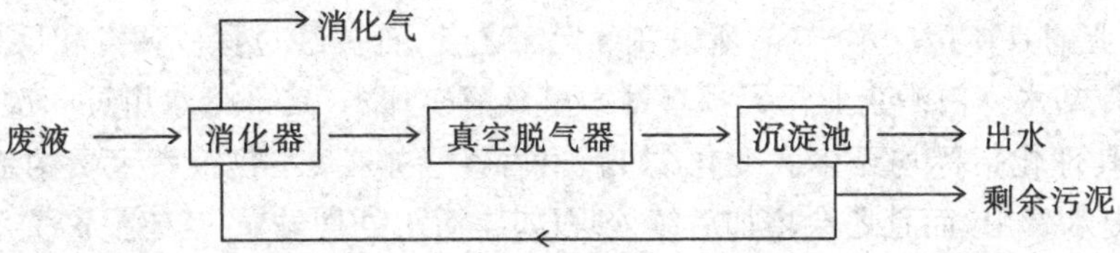

还有其他的厌氧处理工艺,如:普通消化池、厌氧滤池、上流式厌氧污泥床、两相厌氧消化工艺等。

如果排放口分布较分散,锅底水不易集中收集起来,则应考虑与其他污染物浓度较低的污泥混合排放,然后在总排放口进行处理。如果污水BOD大于1000mg/L,要考虑用厌氧生物处理;当BOD小于1000mg/L时,可考虑用好氧生物处理法,但污水BOD/COD比值应大于0.45才行(一般白酒企业废水都能满足这个条件)。当BOD值接近1000mg/L时,可采用生物转盘或高负荷生物滤池处理工艺。下面为生物转盘及高负荷生物处理的典型流程图。

1) 生物转盘处理系统基本工艺流程:

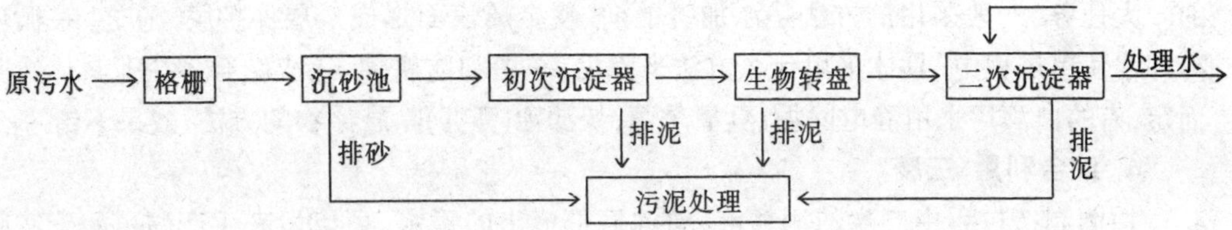

2) 高负荷生物滤池典型流程:

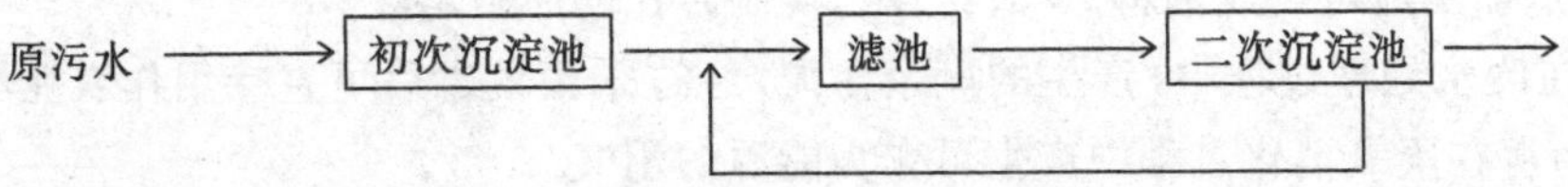

当原污水浓度较高,且对处理水要求也高时,可采用二段滤池处理系统,举例如下。

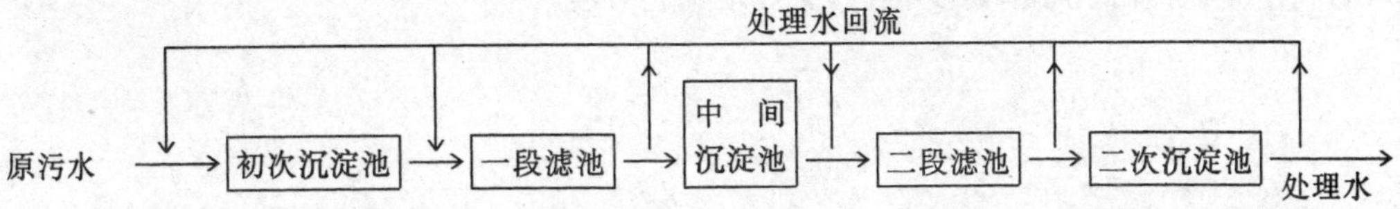

当污水BOD值不高(远小于1000mg/L)时,可采用活性污泥处理工艺,其最基本流程为:

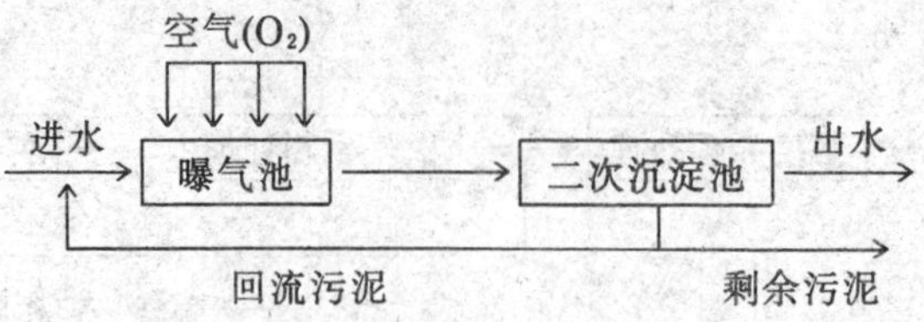

属于这种处理方法的有：传统活性污泥法、阶段曝气法、生物吸附法、完全混合法和延时曝气法等。

因每个企业的具体情况不一样，所以在确定工艺前，都要经过深入调查和反复研究。

(2) 蒸馏冷却水　白酒企业每天都要用大量蒸馏冷却水，这部分水用过一次后，仅水温有所升高，其理化指标均无多大变化。如果用后直接排掉，不仅浪费宝贵的地下水资源，增加总的提水费用，而且还会增加后续处理(如建污水处理站)的基建投资费用，所以，这部水最好稍经处理后重复利用。下面为冷却水循环利用的典型工艺流程：

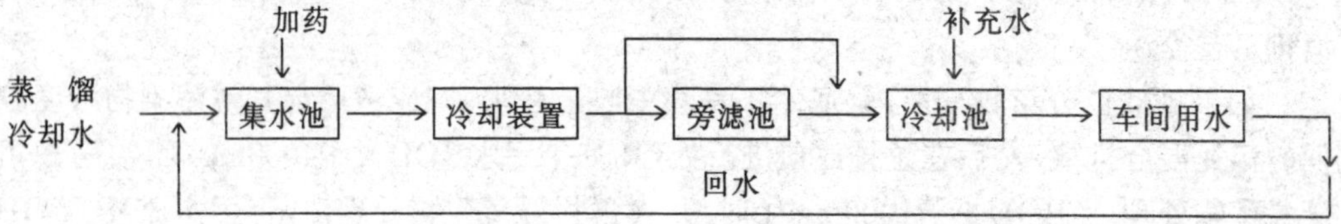

冷却水在循环使用的过程中，水中悬浮物、硬度和细菌均有增加，当积累到一定程度时，系统中就会结垢——水垢和污垢。为防止结垢，可采用加除垢剂和过滤除悬浮物的方法。杀菌可用加氯、臭氧、漂白粉以及用紫外线消毒等方法。此外，应注意冷却水在循环使用过程中，热交换器和管道要受到不同程度的腐蚀，因此，防止或减少腐蚀是循环冷却水的一大任务。一般采用的方法是添加缓蚀剂，使金属表面形成一层保护膜。总之，在循环冷却水使用过程中，具体采用什么方法来除垢、杀菌和防腐蚀，还应结合各企业具体情况而定。有的白酒厂采用静电除垢、臭氧杀菌、快滤池(旁滤)除悬浮物的方法，效果不错。

4. 综合利用“三废”

白酒制造过程中产生的酒糟液、窖池底部流出的黄水，可以用来生产腐殖酸磷铵肥料。在这些废液中加一定比例的氨水，充分混合反应后，将沉淀物干化即得固体腐殖酸磷铵。

酒糟经过加工后可制成饲料，炉渣可作为烧制砖瓦的原材料。

另外，在废水处理过程中，产生的剩余污泥，经过杀菌消毒后可直接用作农业肥料。有的污水、污泥在厌氧消化过程中产生可作为能源的沼气。

总之，各企业应尽量采用较成熟的工艺，对污染进行综合治理和利用，做到最大限度的利用废物，降低消耗，减少排污，更好地保护环境。

第三章　白酒生产的质量管理

白酒生产的质量管理是白酒企业管理工作中的一个重要方面。由中国质量管理协会主编的《中国质量管理》一书对工业企业质量管理方面的内容介绍十分详细，故本章仅结合白酒企业实际，对某些质量管理方法予以简单的介绍。

第一节　白酒生产质量管理的发展阶段

白酒生产的质量管理是把白酒企业内部各个部门在质量发展、质量保证和改进等方面的努力结合起来的一个有效体系，以便使白酒生产达到最佳经济水平，并生产出消费者满意的产品的工作。

根据质量管理的发展，大致可以按时间顺序或由低级到高级的质量管理层次分为三个阶段：单纯的质量检验阶段、统计质量控制阶段和全面质量管理阶段。但我国的白酒企业基本上只经历了第一和第三这两个质量管理阶段，而较少经过统计质量控制阶段这个过程。

一、单纯的质量检验阶段

在这一阶段，人们对质量管理的理解还只限于质量的检验，即通过严格的检验来控制和保证转入下道工序的产品质量。早期的白酒酿造，产品的质量检验主要依靠手工操作者的手艺和经验，对产品质量进行鉴别、把关，由操作者自身进行管理或者由工段长进行管理，完全体现着手工作坊式的管理方式。后来，随着白酒企业的发展，企业规模逐步壮大，这一职能又转移到了专职的检验人员，用一定的检测手段负责全厂的产品检验工作，人们称为检验员的质量管理。这种质量管理的特点是单纯靠检测剔出废品，以保证产品质量。其方法是全数检验或抽样检验，其作用只能是事后把关，不让不合格品出厂，而不能在生产中起到预防控制作用。在全面质量管理在我国白酒企业推行之前或现在，我国为数不少的中小型白酒企业的质量管理基本上还处在这一管理阶段，即传统的质量管理阶段，甚至现在一些小型白酒企业的质量管理还处在单纯质量检验的初步阶段。因此，提高质量管理水平是这些企业的当务之急。

二、统计质量控制阶段

这一阶段白酒质量管理的特点是利用数理统计原理在生产工序间进行质量控制，预防产生不合格品并检验产品质量，它由专业的质量控制工程师和技术人员负责。这标志着由事后检验的观念转变为预测质量事故发生并预先加以预防的观念。但由于过于强调质量控制的统计方法，因而在一定程度上限制了它的普及推广。这一质量管理方法在60～70年代，曾在我国一些大中型军工企业推广应用过，由于白酒企业那时规模还普遍较小，故没有被应用。但这并不是说这一质量管理方法在现在或今后的白酒企业中没有或不会被采用，它的管理特点和方法还是容易被一些没有推行全面质量管理或偏重质量管理统计方法而忽视了其他预防性管理措施和群众性基础工作的白酒企业在自觉或不自觉地被采纳运用着。

三、白酒生产的全面质量管理阶段

它是在统计质量管理基础上进一步发展起来的，它的一个显著特点是重视人的因素，强调企业全员参加，全过程的各项工作都要进行质量管理。它运用系统的观点，综合而全面地分析研究白酒生产中的质量问题。它的管理方法和手段更加丰富、完善，从而能把产品质量真正地管起来，产生更高的经济效益。我国的一些大中型白酒企业在80年代已普遍推行了全面质量管理。90年代在质量管理上又进一步向国际管理水平看齐，相继依据国际通用质量管理标准ISO9000系列进行白酒的质量管理，取得了显著的效果。

第二节 白酒生产质量管理的内容

关于白酒生产的质量管理，可依据国际质量管理标准ISO9000系列中主要的相关要素阐述如下。

一、建立质量保证体系

1. 确定质量方针和进行方针目标管理

确定质量方针和进行方针目标管理是白酒企业适应市场经济、发展壮大企业自身的需要，也是ISO9000系列标准中强调的第一大要素，即管理职责需要明确的内容。

质量方针是指导白酒企业的质量宗旨和质量方向，体现了白酒企业管理者对质量的指导思想和承诺。因此，白酒企业首先应慎重明确以提高本企业白酒产品质量，适应国民经济发展和提高人民群众的物质生活质量为宗旨的质量方针。

质量目标是指导和组织白酒企业整个质量管理工作的战略目标，是向白酒企业全体人员提出质量管理的长远和近期的质量奋斗方向。因此，白酒企业的第一管理者必须亲自参与本企业目标的制订和展开工作，此项工作必须自始至终都处于第一管理者的亲自领导和过问之下，对它的工作进展情况一定要有清楚的了解，并进行适当的指导与协调。

在制定目标时要全面考察各方面因素和实际情况，如生产技术条件和产品销售的市场环境调查。总之，要使制定的目标有充分的依据，要可行，不致于目标值过低和过高。过低了，实际的能力没有得到完全的发挥；过高了，目标难以实现，有时为了实现过高的目标容易滋生出一些不正当的扰乱企业管理秩序的短期行为，最终必将会影响产品的质量目标的实现。企业既要制定适应国民经济和人民生活发展需要的长期的质量目标，又要有中、短期的目标。目标展开要彻底，总目标要经过分项目、分部门、分层次的逐步分解，直至最后分解落实到各班组及个人的小目标。目标也要分轻重缓急，对于重大的质量目标和措施，如紧迫的质量改进，各职能部门要设有专项的目标计划，以便集中精力保证重点目标的实现。质量方针目标的实现最终靠的是全体职工的共同努力。因此，质量方针目标的制订、开展，要进行广泛的宣传，动员和组织全体职工为企业方针目标的制定献计献策，并为其实现而努力。

为了保证方针目标的实现，便于管理，必须建立明确的岗位责任制，对所有与质量有关的管理、执行、验证把关人员，乃至每一位职工都应明确各自的职责和权利，做到责、权、利相统一。目标的考核要认真定期执行，按月或季度对计划任务书进行检查，防止计划任务书和目标计划相脱节而使其流于形式。对目标的考核要采取科学合理的评价方法，杜绝弄虚作假，干扰考核的公正性和准确性。考核结果要明确地把完成情况和遗留问题如实地反映出来，要防止走马观花，毫无结果的考核。目标的考核要和工资奖惩制度挂勾，拉开奖金分配档次，实行质量否决权制度。

2. 加强统一领导，设置质量管理机构

为了保证质量体系的建立和正常运行，必须由白酒企业最高管理者委派一名管理者，全面负责本企业质量工作，设立综合性质量管理机构和配备相应数量的专职质量管理人员，负责日常的质量管理工作，建立质量手册和文件化质量体系。

二、生产过程质量控制的内容

1. 设计控制

白酒企业的设计主要是指产品或工艺设计，它是根据客户的要求，或是通过市场调研，适应消费者的需要，或是根据未来白酒技术的发展趋势而进行的。设计开始时，必须对设计的适宜性进行评审，同时应做好新产品、新工艺的开发计划，明确各部门的分工、进度安排及人员和资源的配备。对开发的新产品或新工艺半成品，需要在适当的时候组织设计人员和与开发有关的职能部门的代表，以及有关权威人士参加评审和验证。有些新产品通过了本企业的验证合格后即可投放市场，但也有些新产品需要通过国家有关部门或消费者的确认。

2. 过程控制

为使白酒产品的质量保持稳定，不出现大的波动，必须对白酒生产过程进行控制，使影响过程质量的所有因素，包括工艺参数、人员、设备、材料、加工和测试方法、环境等都要加以控制。此外，在一定时期和条件下，对白酒生产过程中某些质量特征关键部门或薄弱环节，必须进行重点控制，建立工序质量控制点。例如白酒生产中的制曲工序、原料粉碎工序和酿造过程中的摘酒工序；半成品酒的入库把关和成品酒的勾兑工序等，都是对产品质量有重大影响的关键工序，应设置工序控制点，进行重点质量控制。

对被列为工序控制点的工序，要明确工艺参数、条件，对工序点进行更多频次的检验把关，要制定特别的工艺管理办法，对人员进行相应的技能培训和认定。

3. 采购

白酒生产的采购对象主要为各种酿酒原辅材料和成品酒的容器具等，如酿酒用粮、制曲用粮、稻壳、酒瓶、瓶盖、包装盒之类。采购的质量好坏直接影响着白酒企业最终产品的质量。因此，对影响采购的关键环节要进行控制。

采购前要调查供货单位的供货能力、供货质量和信誉，审查其质量体系的有效性，规范交货标准和条件，建立采购产品档案，订立采购合同，明确采购产品的验证。对某些顾客提供的产品，如有的顾客提供他们自己的酒瓶或包装盒到酒厂进行灌装，则应如同采购产品一样，也要进行到货验证，并进行标识，贮存好。任何有关产品遗失、损坏或不适用，都应及时记录，并向提供产品的顾客报告。

4. 产品标识和可追溯性

标识可以区分不同类别、不同规格、不同批次、不同年份和季节的产品;能有效地识别了解从投料到产品全过程的生产运行情况，实现产品的可追溯性。通过标识还可以追踪某个产品或某批白酒产品的原始状态、生产过程，以便查找不合格品产生的原因，以利于采取相应的纠正措施。

5. 检验和试验

在白酒的生产过程中，对许多环节都需要进行测量、检验和试验，以确定其各项特征是否符合工艺要求，为白酒生产中及时发现和消除不合格品，采取各种预防性措施。

检验分为进货检验、过程检验和最终检验。进货检验可以采取抽检和检查提供货物的检验报告、审核确认等方法，不允许使用未经验证合格的采购产品。白酒生产的过程检验也是非常必须的，它可以减少或避免不合格品的产出和流转至下一过程，同时可以及时采取一些必要的措施加以纠正。但对某些过程的检验并不是十分严格的，如固态发酵法白酒生产过程中对酒醅入池条件的检验控制，虽然也很重要，但其生产过程的质量最后主要靠“量质摘酒”来把关，也即生产过程中对白酒半成品的最终检验。最终检验是白酒产品检验的最重要手段，并为最终产品符合规定要求提供证据。此外，所有检验过程的检验、试验记录必须保存完好，以便作为产品符合质量的证据和为技术总结提供原始资料。这是产品可追溯性的重要部分。

6. 不合格品的控制

白酒生产过程中也易产生不合格品，如原料的粉碎度达不到工艺要求，曲的理化指标过低，酒质够不上应有的档次要求等。对出现的不合格品，要及时作出标识，做好记录，提出对不合格品的处置办法并作好记录，单独存放。同时通报与不合格品有关的职能部门和当事人，对发现的不合格品应根据其性质、严重程度、造成损失的大小，决定由哪级处理。对不合格品的处置方法有：返工，通过对不合格品的重新必要的加工，使其满足规定要求。降级使用或改作他用，作为次品处理，也是常用的处理办法。如对入库的半成品酒或将要出厂的成品酒，经过检测和品尝达不到应有的质量，可以降级，作低档次酒处理。对有严重质量问题的产品可以作为报废处理。

对发生不合格情况的产品，除了要作好记录外，还要按记录追溯发生不合格品的场所、时间和有关责任人，对其进行必要的处理。此外，对返工后的产品还需进行再检验。

7. 纠正和预防措施

白酒企业要通过定期分析不合格品的类型，处理顾客意见和不合格品报告等各种与产品质量有关的质量信息，发现生产过程中需要改进的重点和采取必要的纠正和预防措施。如固态发酵法白酒生产中，制酒车间作为一个整体单位，若车间内班组摘酒工序因控制不当，可能会导致班组间攀比优质酒数量而放松整体质量的问题。为此，酿酒车间可采取预防措施：每天对各班组取样，集中到车间统一编号、品评，并与质量奖惩挂勾，这一办法弥补了车间在质量管理环节上存在的缺陷，从而保证了摘酒工序的正常管理。

8. 培训和技术统计

白酒生产各环节的质量把关和质量管理，都需要大量的具有相应素质的人员。而人员素质的提高需要不断的培训。培训要有针对性，不同岗位培训的内容不一样，特别是对某些从事特殊岗位、关键岗位的人员，需要具有特殊的技能。对他们除了要进行培训外，还必须对这类人员进行考核和资格认定，如对锅炉工、电工、行车工和摘酒工、品酒员等岗位的考核和认定。同时注意保存培训记录。

统计技术在白酒生产中具有广泛的应用性。如排列图、因果分析图、检查表法、分层法、相关图法、直方图和控制图等统计方法都可应用于白酒生产的工序控制。它们在查找不合格品原因、评价产品和工序特性等方面，都发挥着重要的作用，因而是搞好白酒生产质量管理的重要手段。

第四章 白酒生产的设备管理

第一节 白酒设备管理的任务和内容

国务院《全民所有制工业交通企业设备管理条例》中规定:"企业设备管理的主要任务,是对设备进行综合管理,保持设备完好,不断改善和提高企业技术装备素质,充分发挥设备的效能,取得良好的投资效益。"白酒企业的设备管理,要认真贯彻执行国务院规定的这一主要任务,并积极探索,总结新的经验,不断提高设备管理水平。

白酒生产设备管理的主要内容包括:设备管理机构及职责,购置设备的前期管理,设备的使用和维护保养,设备的修理及更新改造,设备的基础管理,设备检查与评比,教育与培训等几方面。

第二节 设备管理机构及职责

大中型白酒企业的设备拥有量较多、自动化程度较高,其设备管理组织机构的设置应从实际出发,根据本企业的具体情况而定。把专业管理和修理部门的组织机构和力量配备齐全。按照统一领导、分级管理的原则,各级管理部门都应建立健全设备管理机构,并明确其职责。

一、主管设备的厂长(经理)职责

(1) 负责组织贯彻执行国家和上级对设备管理的方针、政策、条例和有关规定。对企业设备管理全面负责,保证主要生产设备完好,无重大设备事故。

(2) 根据本企业的实际情况,建立健全设备管理机构及人员配备,使各类人员责、权、利三者结合起来。

(3) 审批下属设备管理部门的设备增添、更新、改造等各类计划及有关设备的报告和统计报表。

(4) 主持重大设备事故的分析、处理工作。

二、设备科科长职责

(1) 在主管设备厂长(经理)的领导下,负责建立设备部门的各级责任制,并根据本企业的具体情况制定实施细则。

(2) 负责组织企业内部的设备检查和评比。推广设备使用和维护的先进经验,制止违章作业，使全厂生产设备经常处于完好的状态，以保证安全生产。

(3) 组织编制、汇总设备购置、更新改造计划。做好设备选型和购置，备件的加工和采购工作，并保证其优质廉价，合理储备，以满足全厂设备维修的需要。

(4) 负责设备事故的分析和抢修；做到“三不放过”，防止发生类似的设备事故。

(5) 负责配合有关部门做好业务与技术培训工作，并组织发放操作证。

三、车间设备主任职责

(1) 贯彻执行设备管理、使用和维护工作的各项规章制度，努力保证实现厂部对车间的有关考核指标。

(2) 认真贯彻以预防为主、维护保养和计划检修并重的原则，保证车间设备技术状况良好，使设备经常保持整齐、清洁、润滑、安全。

(3) 如发生设备事故，及时组织有关人员调查、分析和抢修，分清事故性质，追查责任，严肃处理并及时采取防范措施。

(4) 对车间设备管理员、维修工、操作工要经常进行“三好”、“四会”、维护保养和安全知识教育，配合厂部抓好技术培训工作。

(5) 定期组织检查设备，开展保养设备竞赛活动，对一贯遵守操作规程、精心维护设备者，应及时给予表扬和奖励。

(6) 正确处理好生产和设备的关系，在生产任务和设备维修任务发生矛盾时，要根据先维修、后生产的原则，合理安排。

第三节　购置设备的前期管理

一、购置设备规划

设备管理部门应根据企业生产的发展、新产品的开发以及设备的更新改造等情况，结合现有设备能力、资金潜力综合考虑购置设备的方案。组织有关人员调查研究，反复座谈论证，拟订出设备投资规划方案，以及费用预算、实施程序和经济效果的预测，报厂长审批决策。

购置设备的前期管理工作程序，如图5－4－1所示。

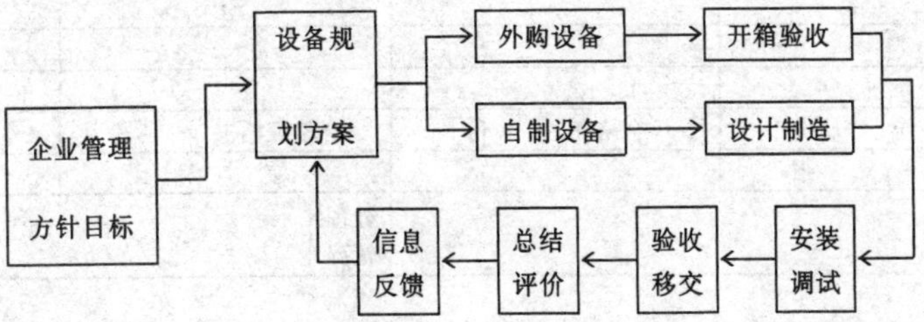

图 5－4－1　购置设备的前期管理工作程序

二、外购设备的选型与购置

(1) 设备选型首先必须考虑生产上适用，技术性能好，能满足生产工艺和产品设计的要求，并能提高生产效益。另外要考虑设备的先进性，并要求标准化、自动化程度高，易于操作，节约能源。劳保、安全和环保技术等也要符合国家要求。还须考虑经济上合理，要求购置价格低，投资效益高。

(2) 购买设备时，先找出几家(最少3家)质量信得过的同类型设备的制造厂或供货商，再一一联系询价(附询价记录表)，以寻出设备价格最低、性能良好，以及售后服务质量高的设备专业制造厂。经过评价筛选，定出一个供货单位，与该单位就某些细节进行磋商，双方达成统一的意见，最后签订合同。合同书必须符合国家经济法令政策和规定。

(3) 根据合同签定的交货日期，要求按期到货。新设备到厂入库时必须做到：开箱检查(附设备开箱验收单)，登记入库，资料和到货通知的收管。如使用单位现场已具备安装条件，可将设备直接送到使用单位安装，但入库检查和入库手续必须照办。

设备询价记录及开箱验收单，如表5－4－1、表5－4－2所示。

表 5-4-1　　设备购置询价记录

时间：　　年　　月　　日　　　　询价人：________

售货单位				
报价人				
电话				
设备名称、型号规格 ＼ 价格/元				
合计				

表 5-4-2　　设备开箱验收单

验收日期：　　年　　月　　日　　　　验收编号：

设备名称		制造厂家	
型号规格		出厂编号	
台数		出厂日期	
合同号		箱号	
到货日期		发货日期	

附件清点	名称	数量	名称	数量
随机文件	装箱单　份 图纸　张	合格证　份	合格证明书　份	说明书　份
缺件检查			处理情况	
备注				

检验员签字	接收人签字	其他参与人员签字

三、自制设备的管理

(1) 下达任务书，并规定各项技术指标、费用预算、验收标准及完成日期。以此作为自制设备竣工验收的依据。

(2) 设计方案要有全部的技术文件：如图纸使用说明书、验收标准、易损件和标准件图表。交有关部门进行可行性分析和技术经济综合评价。

(3) 制造竣工验收时，有设备部门组织有关单位，进行质量检查，总结鉴定，签发合格证，收取技术资料归档，决算报表报财务部门转入固定资产。

四、设备的安装、调试和验收移交

安装设备，如订货合同规定由供方负责，则在设备进厂后，使用单位已具备了合格的安装设备条件和场所时，可通知供方到厂安装，直到调试运转成功。

待设备运转正常后，即可进行验收移交。由设备管理部门组织安全环保部门、档案管理部门、使用单位和安装单位，共同鉴定安装质量、精度、安全、环保、运行情况及试车记录。在全体验收人员无异议后，即可填写设备交用验收单，使用单位签字同意接收。至此设备安装遂告竣工。设备交用验收单实例，如表5－4－3所示。

表 5-4-3 设备交用验收单

厂名 年 月 日

<table>
<tr><td>设备型号</td><td>设备名称</td><td>主要规格</td><td>制造厂</td><td>购(造)原值</td><td>制造年份</td><td>使用部门</td><td>设备编号</td></tr>
<tr><td></td><td></td><td></td><td></td><td></td><td>年 月</td><td></td><td></td></tr>
<tr><td rowspan="2">文件资料</td><td rowspan="2"></td><td colspan="6">随机配套主要机床附件</td></tr>
<tr><td>名称</td><td>型号规格</td><td>数量</td><td>名称</td><td>型号规格</td><td>数量</td></tr>
<tr><td>精度检查</td><td></td><td></td><td></td><td></td><td></td><td></td><td></td></tr>
<tr><td rowspan="3">机床运转情况</td><td rowspan="3"></td><td></td><td></td><td></td><td></td><td></td><td></td></tr>
<tr><td colspan="6">随机安装的电器设备及电动机</td></tr>
<tr><td>名称</td><td>型号规格</td><td>功率/kW</td><td>名称</td><td>型号规格</td><td>功率/kW</td></tr>
<tr><td>验收意见</td><td></td><td></td><td></td><td></td><td></td><td></td><td></td></tr>
<tr><td>转交部门负责人</td><td>使用部门设备员</td><td>设备主管负责人</td><td colspan="2">验收日期</td><td rowspan="2">备注</td><td colspan="2" rowspan="2"></td></tr>
<tr><td></td><td></td><td></td><td colspan="2">年 月 日</td></tr>
</table>

注：凡是技革技措项目，完工交付使用后，应在备注栏内填清是否可列入固定资产，并填清金额。

第四节　设备的使用和维护保养

设备的使用和维护保养工作是设备管理工作中的一个重要环节。企业为了确保设备的使用寿命，充分发挥设备的工作效率，降低维修费用，预防和减少事故的发生，必须按照《设备管理条例》规定，建立健全的设备操作、使用、维护规程和岗位责任制。操作工要严格执行操作维护规程，加强对设备的使用维护管理，并定期检查评比，促使设备保持在完好的技术状态。

一、设备的使用

1. 岗前培训

新工人在使用设备前，必须进行岗前培训，学习有关设备的结构、性能、使用、维护及安全技术等方面的知识。在师傅的指导下，学习实际操作技能。通过理论和实践的学习，熟悉了设备性能和技术规范，懂得了设备的结构，掌握了操作方法、安全技术规程和润滑保养知识，并经设备管理部门考核合格，取得了操作证后，方可独立操作设备。

2. 设备“三定”制度

设备使用实行“定机、定人、定岗”的三定制度，要求操作人员严格遵守岗位责任制，并能正确使用设备和落实日常维护工作。对流水作业线设备，因岗位较多，故应选定机(组)长，并固定各个岗位的操作工，由组长负责协调设备的使用和维护保养。

3. 交接班制度

若主要生产设备实行两班以上生产，则必须执行设备交接班制度，每台设备应设有“交接班记录簿”。对设备运行中发生的问题、故障、维修等情况，都要填写清楚。接班人接班时与交班人双方当面检查，如无异议，则双方在记录本上签字。连续生产的设备，可在运行中完成交接班手续。如接班人不能当面接班，可由带班长代替签字。接班人如发现设备有异常现象，记录不清，情况不明，可拒绝签字接班。接班人签字接班后，设备发生问题，由接班人负责。

交接班记录簿封面及交接班记录表，如表5－4－4、表5－4－5所示。

表 5-4-4　　交接班记录簿封面

×　×　×　厂(公司)
交接班记录簿
设备编号：________
名称、型号规格：________
单　位：________
接班人：________
(保持完整，用完交回)

表 5-4-5　　交接班记录　　年　月　日

设备各部位情况＼班次	一	二	三
设备清洁润滑			
传动机构状况			
零部件缺损			
电器情况			
安全装置			
开车检查			
其　他			
产　量			
故障事故			
处理情况			
台时记录			

班			班			班		
一班	接班人		二班	接班人		三班	接班人	
	交班人			交班人			交班人	

二、设备维护保养的四项要求

1. 清洁

设备必须保持内外清洁，周围无杂物、垃圾。班前、班后操作工须对设备进行认真检查，并擦拭各个部位。要求设备表面无油污、无锈蚀、无粉尘;各部位不漏油、水、汽。

2. 整齐

设备安装要协调规范，安全防护装置齐全。工具、工件(或产品)须定位放置。线路、管道要求整洁。

3. 润滑

设备润滑要做到：定时、定点、定质、定量。保持油毡、油线清洁，油标清晰，油路畅通，油质符合要求，所需加油工具齐全。

4. 安全

操作工应熟悉设备结构，有较强的安全意识，遵守安全操作规程，并保持设备安全防护装置齐全可靠，做到不发生设备事故和人身伤亡事故。

三、特种设备的维护、检查监测

特种设备一般包括：动力、起重、运输、仪器、仪表、压力容器等。由于这些设备一旦发生事故，对财产和人身安全都有较大的危害，因而在使用、培训、维护检查等方面要有特殊的要求。企业要保持特种设备完好率达100%。

1. 特种设备的定期检查

企业设备管理部门应专门建立特种设备台帐卡片和档案。根据设备特点，作好定期检查检测计划，报上级劳动安全检测检查站备案，到时按期检测。锅炉、电梯1年1次，行车、低压容器2～3年1次。每次检测后，若发现有问题，则都需及时整改，经整改并复检合格后，方可投入正常使用。检测表和整改记录应收集入档。

2. 特种设备操作工的培训

对企业锅炉操作工、电梯、行车工等，在上岗前必须派到上级劳动安全部门进行专业培训，在取得劳动安全部门发放的操作合格证后，方可上岗。

第五节 设备的修理及更新改造

一、设备的检查、维修

对设备的检查和维修，主要通过对设备巡回检查，发现异常现象，及时进行针对性的修理，以保持设备正常运行，并充分利用零配件的使用寿命，来降低维修费用，提高单位效益。

车间维修工，须坚持班前、班后、班中巡回检查设备，监测异状，发现问题，填写设备巡回检查记录(见表5－4－6)，及时进行分析处理。

表 5-4-6 **设备巡回检查及修理记录**

单位: 年 月 日

<table>
<tr><td rowspan="9">设备巡回检查记录</td><td>传动机构有无异音、异状现象</td><td></td></tr>
<tr><td>零部件损坏情况</td><td></td></tr>
<tr><td>安全防护装置状况</td><td></td></tr>
<tr><td>电器情况</td><td></td></tr>
<tr><td>有无漏油、漏水、漏汽</td><td></td></tr>
<tr><td>润滑装置是否齐全、清洁、畅通</td><td></td></tr>
<tr><td>润滑“五定”执行情况</td><td></td></tr>
<tr><td>其 他</td><td></td></tr>
<tr><td>检查人</td><td></td></tr>
<tr><td>设备修理记录</td><td colspan="2">设备修理情况。所修设备名称、编号及更换配件名称。
检修人:</td></tr>
</table>

二、设备的项修和大修

白酒的销售季节性较强，一般在炎热的夏季都有计划地限产(停产)。企业可充分利用这个有利时间进行设备的项修和大修。

1. 编制设备项修和大修计划

(1) 切实掌握需修设备的实际技术情况，分析其修理的难易程度、工作量大小和轻重缓急，以及与有关部门商定修前技术、维修准备和可能完成的时间。

(2) 于每年年末开始着手做好资料的收集和分析工作。设备管理部门，通过调查研究，汇总编制设备修理项目和各类材料配件，送设备管理负责人审定，然后报主管厂长批准。

2. 修理计划的实施

(1) 设备使用单位应按修理计划规定的时间，按期将设备移交给承修的单位。如设备在安装现场进行修理，使用单位应彻底擦拭设备，并把设备所在的现场打扫干净，为修理作业提供必要的场地。

(2) 设备解体后，发现在编制计划时未预测的问题，要尽快发出技术文件和图纸，补充未预测到的修换件、材料明细表。

(3) 修理组长必须每日了解各部位的修理作业实际进度及计划完成情况。对修理工人提出的意见和要求，从技术上和组织上采取措施，及时解决，做到不发生停工待料和延误进度的现象。

3. 竣工验收

(1) 设备大修完毕，经修理单位试运转并自检合格后，再认真检查修理质量和查阅各项修理记录是否齐全完整，是否完成修理技术任务书规定的修理内容并达到规定的质量标准和技术条件。在各部门人员一致确认无误后，可在设备修理竣工报告单上签字，使用单位方可接收。

(2) 设备修理竣工验收后，由修理单位将修理技术任务书，修换件、材料明细表，试车及精度检查记录等，作为附件随同设备修理竣工报告单报送设备管理部门整理存档，留作考查。

(3) 设备大修后，应有保修期，具体期限由企业自定。一般应不少于3个月。在保修期内，如果由于修理质量不良而发生故障，则修理单位应负责及时抢修，其费用由修理单位承担。如用户使用不当而发生故障，则修理单位也应承担排除故障的工作，其费用由用户自负。

三、设备的更新改造

1. 设备更新改造的必要性

白酒企业面对市场的激烈竞争，愈来愈需要提高设备装备技术素质，加速企业设备的改造和更新，以提高产品质量，提高参与市场经济的竞争能力。促进企业经济效益的提高。

2. 更新改造设备范围

(1) 若设备老化、陈旧、生产效率低，则必须进行更新改造。

(2) 设备虽然能满足生产要求，但局部修换件频繁，工作量大，可进行改造，更换为耐用的机件或材料。

3. 设备更新改造计划的编制和审批。

(1) 计划的编制和审批要与设备大修计划同时进行。

(2) 施工和验收，参照大修设备进行。

第六节 设备的基础管理

一、设备的编号与登记

当新设备验收交接后，为了便于清点、保管、统计和核对，必须按时移交验收单，进行登记，列入固定资产，并进行设备统一编号。建立设备台帐和卡片，财务部门建立固定资产明细帐。每年年终由设备管理部门组织有关人员核查全厂机器设备固定资产，保证帐、卡、物三者相符。

二、设备的档案管理

设备档案是指设备从规划、设计、制造、安装、验收、使用、维修、更新改造直至报废的全过程中形成的图纸、文件、凭证和记录等资料。各类资料，通过不断收集、整理、鉴定等工作，组卷建立设备档案。

设备档案应包括设备的前期管理资料和设备投产后的管理资料。

1. 设备前期管理的主要资料

(1) 购置设备的申请报告及批准书。

(2) 选购设备的技术经济分析资料。

(3) 设备的购置合同。

(4) 自制设备设计任务书和鉴定书。

(5) 设备装箱单及设备开箱检验单。

(6) 设备检验合格证及随机图纸、使用说明书等。

(7) 设备交用验收单。

2. 设备投产后的主要管理资料

(1) 设备登记卡。

(2) 开动台时记录。

(3) 使用单位移动记录。

(4) 设备事故报告及分析处理记录。

(5) 设备大修记录。

(6) 设备报废报批表。

三、闲置设备的封存与处理

对闲置设备要及时处理给需要的单位，暂时不能处理的设备，应将设备擦拭干净，导轨及光滑面涂油防锈，覆盖防尘罩后，待处理给需用的单位。

四、设备的移装与调拨

凡已安装并列入固定资产的设备，若在企业内部调动或移动安装位置，必须经设备部门同意，报厂长批准后方可实施。分厂、车间不得擅自移位或调动。

多余的设备向外调拨，必须经厂长批准后，由设备部门负责填写设备的资产原值和已提折旧金额，与调入单位办理转帐和设备档案转移手续。设备确定为有偿调拨出售时，设备部门可采取招标形式，竞价出售。由财务部门收款后，办理设备出厂手续，设备部门和财务部门注销资产台帐和卡片。

五、设备的事故分析及处理

1. 设备事故分类

设备因非正常损坏而造成停产或效能降低，可称为设备事故。设备事故分一般事故和重大事故、特大事故三类。

2. 设备事故分析处理

(1) 事故发生后，操作者应立即切断电源，防止事故扩大，并保持现场，向组长或设备管理员报告。一般事故由车间负责人组织有关人员在设备部门参与下进行调查分析及处理。重大事故及特大事故由主管厂长组织设备、安全和发生事故单位的人员进行调查分析，查出原因。坚持“三不放过”的原则(原因分析不清不放过，没有防范措施不放过，责任者和群众不受教育不放过)。

(2) 发生事故单位，应在事故发生后3日内认真填写事故报告单。一般事故报设备管理部门签署处理意见；重大事故报主管厂长批示；特大事故，报上级主管部门，听候处理指示。

(3) 对事故责任者应严肃处理，按情节轻重、责任大小，分别给予批评教育、行政处分或经济处罚。触犯刑律者以法制裁。

(4) 对抢救、抢修有显著功绩者，按情况给予表扬和奖励。

(5) 对设备事故隐瞒不报或弄虚作假的单位和个人，要加重处罚。追究领导责任。

六、设备的报废

1. 设备报废的条件

(1) 超过使用年限，主要结构陈旧，精度低劣，生产效率低，无修理价值的设备。

(2) 因事故或意外灾害，使设备遭受严重损坏，无法修复使用的设备。

(3) 严重影响安全及环境保护，若进行修复改造又不经济的设备。

(4) 因产品换型、工艺变更，又不宜改造利用的设备。

(5) 按国家有关规定，应淘汰的高耗能设备。

2. 设备报废申批程序

(1) 使用单位提出申请，设备部门组织鉴定。符合报废条件的，填写设备报废申报表(见表5－4－7)，报总会计师和厂长批准。

(2) 设备和财务部门,核销帐目及资产卡片。

表 5-4-7　　**设备报废申请表**

企业名称:　　　　　　　　　　　　　　年　月　日

设备名称		已使用年限	
规格型号		原　值	
设备编号		已提折旧金额	
数　量		净　值	
设备重量		估计残值	
使用部门		报废损失	
设备现状及报废原因			
鉴　定意　见			
报废后处理意见			
分　厂意　见		设备部门意　见	
总会计师意　见		厂　长意　见	

企业盖章:　　　　　　　　　　　　　　经办人:

3. 报废设备的处理

(1) 作价售给能利用的单位(国家规定淘汰的设备不得转让)。

(2) 把能利用的零部件拆除留用,不能利用的作为原材料和废料处理。

第七节　检查与评比

一、目　的

设备通过检查与评比,能总结推广先进单位的设备管理经验,克服不足之处,相互取长补短,共同提高设备管理水平。

二、作　用

(1) 可以促进企业内部和企业之间的设备维护保养和检修的劳动竞赛,不断总结、交流、推广现代设备管理经验,发挥设备的最佳效能,提高企业的经济效益。

(2) 可以使设备处于良好的技术状态,保质保量地完成生产任务。

(3) 可以发挥职工当家作主、爱护设备的好风气,自觉做到文明生产,激发劳动者的热情。

(4) 可以促进企业在设备管理方面不断革新,逐步提高科学管理水平。

机电设备检查缺陷整改通知书及设备管理考核细则,如表5－4－8、表5－4－9所示。

表 5-4-8　　机电设备缺陷整改通知书

被检查单位		检查单位		限期整改时间	
序号	存在缺陷	整改情况	整改时间	整改人	负责人

表 5-4-9　　设备管理考核细则

被检查单位:　　　　得分:

项目	检查内容	评分标准	标准分	得分	评语
一、设备管理基础工作30分	1. 被检查单位主要生产设备的“操作”、“维护保养”和“检修”三规程,保持齐全完整,并认真执行	缺1项扣1分,不全面按比例扣分	每条3分		
	2. 认真执行设备管理制度,包括:(1)岗位责任制;(2)维护保养;(3)设备润滑;(4)备品备件;(5)设备事故;(6)特种设备管理等制度	缺1项扣0.5分 缺1项扣1分			
	3. 建立健全设备台帐、卡片,做到帐、卡、物三相符	不符实按比例			
	4. 严格执行本单位制定的设备管理考核细则,定期检查评比,奖惩纳入奖金分配	扣分 若无,不得分			
	5. 各单位要有一负责人分管设备管理工作,并设一名专(兼)职设备管理员	同上			
	6. 设备管理员每月2日前汇总统计上月份的主要生产设备经济技术指标及设备运行时间统计表,报设备动力科	同上 缺1项扣1分			
	7. 编制主要设备标准件、易损件明细表或图册	缺1项扣1分			
	8. 认真做好每天的设备巡回检查、检修记录。设备发生事故及时上报并做好详细记录	发现1例做不			
	9. 主要生产设备实行定人、定机、定岗位管理,操作工做到“三好”、“四会”,遵守五项纪律	到扣1分 不按要求做不			
	10. 新增设备必须填写申报单,报设备科和有关领导核批。验收设备,必须有设备科、档案室参加,同时移交设备所有材料	得分			
二、设备完好情况70分	1. 操作系统及各种仪器、仪表、阀门灵敏可靠	有1处不合格扣1分	10		
	2. 各传动系统运转正常,变速齐全		10		
	3. 润滑系统装置齐全,管道完整,油路畅通,油标醒目,油质符合要求		10		
	4. 安全防护装置齐全,灵敏可靠		10		
	5. 电器设备的各项电器参数必须符合要求,有良好的接地或接零装置		10		
	6. 配电屏(箱)内的各种继电保护装置,必须灵敏、安全可靠		10		
	7. 设备内外清洁,无油垢,无锈蚀,无漏油、漏水、漏汽、漏电现象		5		
	8. 设备品牌完整,清洁醒目		5		

附 录

一、名 词 解 释

(一) GB/T15109—94白酒工业术语

1. 原辅料

(1) 高粱 禾本科蜀黍属植物种子，又名红粮，为中国传统的酿造白酒的原料。按其淀粉分子结构的差异，分为粳高粱和糯高粱。

(2) 玉米 禾本科玉蜀黍属植物种子，又名玉蜀黍、苞谷等，淀粉含量丰富，是酿酒的原料之一。

(3) 小麦 禾本科小麦属植物的种子，富含淀粉，也含蛋白质，为制曲、酿酒的原料之一。

(4) 大麦 禾本科大麦属植物的种子，含淀粉和蛋白质，为制曲的原料之一。

(5) 稻米 禾本科稻属的稻谷脱壳、去皮的颖果。按其淀粉分子结构的不同，又分为糯米、粳米、籼米。其质地纯正，蛋白质和脂肪含量较低，是酿酒和制小曲的原料。

(6) 甘薯 旋花科牵牛属的地下块根，多年生蔓草，又名红薯、白薯、红苕、地瓜、山芋等，是适宜的酿酒原料。由于鲜甘薯不易保存，多加工成薯干以供常年使用。

(7) 马铃薯 茄科茄属，多年生草本地下块茎，又名土豆、山药蛋等。由于鲜马铃薯不宜常年大量保存，多加工成马铃薯干，供酿酒用。

(8) 豌豆 豆科豌豆属植物的种子，皮薄，含淀粉和蛋白质，是制造大曲的原料之一。

(9) 麦麸 系小麦加工为面粉的副产物，可作酿酒微生物的培养基，也多作为麸曲的主要原料。

(10) 稻壳 又称砻糠。系稻谷在加工大米时脱下的外壳，是酿造白酒过程中主要的填充辅料。

2. 生产设备及器具

(1) 甑 也称甑桶、甑锅，呈圆筒形，上口略大于下口，用木材、水泥或金属材料制成，是蒸粮和蒸酒的主要设备。另有活动甑和翻动甑等类型。

(2) 甑箅(底箅) 用竹或金属材料制成，放在甑桶的底部，以托住酒醅或粮醅。

(3) 甑盖 又名云盘、迫盖、天盘。系甑桶上的盖，用木质或金属材料制成，中心有导汽孔。

(4) 锅龙 又名过汽筒。系甑与冷却器连接的过汽导管。

(5) 冷却器 用高锡、铝或不锈钢等金属材料制成，是将蒸出的酒汽冷却成酒液的设备。

(6) 扬楂机 为电机与风翼联体，上部有料斗的器具，使出甑的物料扬冷、打散、疏松。

(7) 曲模 大曲成型用的模具。

(8) 陶坛　中国白酒的传统贮酒容器,用陶土烧制而成。

(9) 酒海　用荆条编制而成,内裱糊多层桑皮纸和天然涂料,用以贮盛白酒的传统大容器。

(10) 酒篓　用荆条编制而成,内裱糊多层桑皮纸和天然涂料,用以盛酒的老式小容器。

(11) 酒箱　用木板制成,内裱糊多层桑皮纸和天然涂料,系老式贮酒的大容器。

(12) 贮酒池　用钢筋水泥建成,内壁涂食用级涂料,或贴以陶板、玻璃、瓷板等,用作贮酒的大型容器。

(13) 窖　系固态发酵容器之一,以黄泥、石条、砖、水泥、木材等建成,形状多呈长方体。

(14) 人工老窖　使用时间较长的泥窖,将人工培菌的粘土敷贴在窖池的四壁和底部而成的发酵窖称人工老窖。

(15) 地缸　固态发酵容器之一,用陶土烧制而成。

3. 糖化发酵剂

以含淀粉和蛋白质的原料为培养基,培养多种微生物,并富集了大量的酶类,用作酿酒、糖化和发酵的制剂。

(1) 大曲　酿酒用的糖化剂和发酵剂,多为一种砖形粗酶制剂。其微生物区系为霉菌、酵母菌和细菌,并有一定数量的放线菌。

① 高温曲:在制大曲过程中,最高升温在60～65℃范围而制成的大曲。

② 中温曲:在制大曲过程中,最高升温在50～60℃范围而制成的大曲。

③ 低温曲:在制大曲过程中,最高升温在40～50℃范围而制成的大曲。

(2) 小曲　酿酒用的糖化剂和发酵剂的一种,有方块、圆球等形状。因传统制造时加入了各种中草药,故又称药曲或酒药。其主要微生物区系为根霉、毛霉和酵母菌等。

(3) 麸曲　以麦麸为原料,采用纯种微生物接种制备的一类糖化剂。

(4) 帘子曲　以麦麸为原料,采用纯种微生物接种,在竹帘子上培养制备的麸曲。

(5) 液体曲　在液体培养基中接种纯粹培养的曲霉菌,并在无菌、控温下通风培养而成的一类糖化剂。

(6) 通风曲　以麦麸为原料,采用纯种微生物接种,在长方形水泥池中控制通风培养而成的麸曲。

(7) 机械制曲坯　将一定粉碎度的制大曲原料加水后,在固定的金属模中机械压制成型。

(8) 曲坯　大曲原料压制成型后的块状物。

(9) 踩曲　传统制大曲时,将粉碎的制大曲原料加水拌匀后,放入曲模中以人工踩压、脱模成型的操作。

(10) 上霉　又称长霉。系制曲过程中,在曲坯的外表生长出菌斑(霉菌菌丝体)的现象。

(11) 晾霉　在制曲培养中,当霉菌菌丝体已长出,打开门窗,降低曲室和曲坯表面的温度和水分的操作。

(12) 翻曲　将堆积的曲坯上下层调位，每块曲坯的上下面对调，以增加通风供氧，排除二氧化碳，调节温度和湿度，使其培养均匀的操作。

(13) 曲母　又称母曲。在大曲制作时，接种所用少量的曲种。

(14) 酒母　酿酒工业所用的酵母菌扩大培养物。

(15) 产酯酵母　用于白酒生产中能产生酯类香味物质的酵母菌。

4. 酿酒

(1) 楂　酿酒原料经粉碎后的粉粒，又称楂子。

(2) 立楂　新投产时，楂子经拌料、蒸煮糊化、加糖化发酵剂，第1次酿酒发酵的程序。

(3) 醅　又称醅子、糟醅。酒醅蒸完酒后的发酵物料。

(4) 酒醅　系已发酵完毕等待蒸酒的物料。

(5) 回糟　酒醅蒸酒后，不加入新的楂子，加糖化发酵剂，再次入窖发酵的醅子。

(6) 扔糟　又称丢糟。不再发酵利用的物料。

(7) 培菌糟　在小曲酒生产中，在蒸熟的原料和配糟中拌入小曲，在缸或槽中或地面上堆积培菌糖化后的物料。

(8) 不过心　原料蒸煮后表面已熟，但未熟透，有硬心。俗称生心。

(9) 返生　在小曲酒生产的糖化阶段，发生淀粉老化的现象。

(10) 开窝　熟料下曲进入大缸后，在物料中间均匀地筑一个空穴，使空气流通，便于霉菌的繁殖和糖化。

(11) 大楂和二楂　在配醅时加入较多新原料入窖发酵的物料。

(12) 小楂　又称粮糟。在配醅时加入较少新原料的物料。

(13) 排　从新原料投料开始至蒸酒结束的一次生产周期。

(14) 掉排　又称垮窖。系一排或连续几排的生产结果与正常相比，少出酒或不出酒的现象。

(15) 窝酒　由于装甑不妥，酒气不能均匀地穿过酒醅，造成部分酒醅中的酒蒸不出来。

(16) 坠甑　装甑蒸酒时，由于装甑不妥或蒸汽突然减少等原因，使甑内酒醅下陷，造成醅中的酒蒸不出来，或酒度低，流酒尾的时间拖长的现象。

(17) 大火追尾　蒸酒将结束时，加大进汽量或加大火力，蒸出酒醅中残余的酒和酸。

(18) 地温　为掌握下曲和入窖的温度，参考酿酒车间通风干燥处接触地面设置的温度计的温度。

(19) 封窖　以专用的粘土或塑料布抹在(压在)窖面的发酵物料上，将窖面密封，隔绝空气以进行发酵的操作。

(20) 踩窖　待发酵物料进入窖后，人工适当踩压，以免发酵物料间存留过多的空气，并防止过分地塌陷的一道工序。

(21) 滴窖　发酵过程中窖底部酒醅中含水量较高，在起窖时，让窖内的酒醅沥去部分黄水。

(22) 黄水　发酵过程中，逐渐渗于窖底部的棕黄色液体。

(23) 烟水　小曲酒生产过程中，当蒸粮达到一定程度后，向甑内被蒸物料进行泼水的操作。

(24) 泼量 又称闷头量，为使出甑后的物料充分吸水膨胀而泼入的热水。

(25) 老五甑法 将窖中发酵完毕的酒醅分成五次蒸酒和配醅的传统操作法。在正常情况下，窖内有4甑酒醅，即大楂、二楂、小楂和回糟各1甑。

(26) 清六甑法 每班做两个楂、两个回糟，扔掉两个糟的酿酒操作法。在正常情况下，窖内有4甑酒醅。

(27) 清楂法 单独立楂、单独蒸酒的操作方法。

(28) 续楂法 原料与发酵好的酒醅混蒸，即蒸料糊化与蒸酒在甑内同时进行的操作方法。

(29) 辅料清蒸 为消除稻壳等辅助填充料的异杂味和杂菌的操作过程。

(30) 掐头去尾 在蒸酒时，截馏酒头和酒尾。

5. 成品及半成品

(1) 白酒 又称烧酒。是中国特有的一种蒸馏酒，系由淀粉质原料，加入糖化发酵剂，经固态、半固态或液态发酵、蒸馏、贮存、勾兑而制得。

① 大曲酒：以大曲为糖化发酵剂酿制而成的白酒。

② 小曲酒：以小曲为糖化发酵剂酿制而成的白酒。

(2) 酱香型 具有类似酱香气的白酒。以贵州茅台酒为代表，又称茅型。

(3) 浓香型 以己酸乙酯为主体的复合香气的白酒。以四川泸州老窖大曲酒为代表，又称泸型。

(4) 清香型 以乙酸乙酯为主体的复合香气的白酒。以山西杏花村汾酒为代表，又称汾型。

(5) 米香型 以乳酸乙酯和乙酸乙酯及适量的β－苯乙醇为主体的复合香气的白酒。以广西桂林三花酒为代表。

(6) 凤香型 以乙酸乙酯和己酸乙酯为主体的复合香气的白酒。以陕西西凤酒为代表，又称凤型。

(7) 酒基 又称基酒。作为勾兑用主要部分的酒，或在生产液态法白酒时，使用的食用酒精。

(8) 勾兑 把具有不同香气和口味的同一类型的酒，按不同比例掺兑调配，起到补充、衬托、制约和缓冲的作用，使之符合同一标准，保持成品酒一定风格的专门技术。

(9) 微机勾兑 应用计算机、气相色谱和传统勾兑参数，进行科学的结合，使计算机按照勾兑师输入的思维推理程序，给出最佳的配方和调味酒组合及其用量的技术。

(10) 调香和调味 以适合的白酒或食用酒精为基础，采用香味特征性强的酒或有关香味物质，以调整成品酒的香气和口味，使突出典型风格的技术。

(11) 空杯留香 将酒杯中的酒倒掉，放置一定时间后所嗅闻到杯中的残留香气。

(12) 串香 在甑中以含有乙醇的蒸汽穿过固态发酵的酒醅或特制的香醅，使馏出的酒中增加香气和香味的操作。

(13) 酒头 蒸馏初期截馏出酒度较高的酒－水混合物。含有较多的白酒香味物质。

(14) 酒尾 蒸馏后期截馏出酒度较低的酒－水混合物。含有较少的白酒香味物质。

(15) 贮存　新蒸出的白酒口感辛辣，经过在贮酒容器中贮存一定时间后，使酒体谐调而柔和，是白酒生产中必要的工艺过程。

(16) 老熟　白酒在贮存过程中，或经人工催陈，经过了缓慢的或加速的物理、化学反应，达到酒质的除杂增香，口感柔和的过程。

(二) 其他

1. 纯种培养

指从自然界中分离得到的纯种微生物，经过培养用于白酒生产的培菌操作。

2. 杂菌

是专指非纯种培养的微生物。

3. 茬

指大曲断面，常用来判断大曲品种、质量的优劣。

4. 配醅

又称配料。指新料与醅配合在一起。

5. 粮醅比

投料时，新料与醅的配合比例。

6. 粮曲比

新投原料与加曲量的比例。

7. 粮糠比

新投原料与辅料的投入比例。

8. 粮糟

在浓香型白酒生产中，新原料与醅混合的物料。

(1) 母糟　投入较多量的新原料与醅混合发酵的物料。

(2) 面糟　投入少量新原料与醅混合发酵的物料。

(3) 红糟　面糟出窖蒸馏取酒后，只加曲不投粮，再入窖发酵的物料。

(4) 双轮底糟　每窖留下的母糟(底糟)经二排发酵的物料。其中第1排不出窖，但要加曲，经两个生产周期发酵。

9. 晾堂

蒸酒、加糖化发酵剂、扬冷醅子的场地。

10. 跟窖

封窖后，为防止窖面上的窖皮泥干裂，造成杂菌和空气侵入酒醅而采取用泥封死的操作。

11. 堵头铺底

将较热的醅子放在窖内易受凉的部位。如在窖的两头或窖底铺上较热一点的发酵醅子，使整个窖子发酵酒醅品温保持一致的操作。

12. 定温蒸烧

当入窖酒醅发酵到一定时间后，酒醅温度达到指定温度，说明发酵已成熟，即可蒸酒的操作。这是烟台麸曲白酒操作法经验之一。

13. 清蒸清烧

原料和酒醅分别蒸料和蒸酒的操作。

14. 清蒸混入

原料和辅料清蒸与醅子混合入窖发酵的操作。

15. 混蒸混烧

原料和酒醅混合在一起同时蒸料和蒸酒的操作。

16. 打泡

蒸酒时，酒气在甑口与甑盖衔接处冲出，造成酒损，严重时会造成人员烫伤事故的现象。

17. 固态发酵法

以固态蒸料糊化，固态糖化与发酵及蒸馏生产白酒的方法。

18. 液态发酵法

以液态蒸煮糊化，液态糖化与发酵及蒸馏生产白酒的方法。

19. 半固态发酵法

(1) 先糖化后发酵法　采用固态培菌糖化，进行液态发酵、蒸馏生产米香型白酒的方法。

(2) 边糖化边发酵法　采用固态蒸料糊化，进行边糖化边发酵，经蒸馏生产豉香型白酒的方法。

20. 原度酒

又称原浆酒或单体酒。是从车间生产出来的未经勾兑的酒。

21. 基础酒

经勾兑后基本符合某种质量标准，初具某一等级应有风格特色的酒。

22. 调味酒

又称精华酒。采用特殊工艺生产制备的某一种或数种香味成分含量特别高的用于弥补基础酒的缺陷的酒。

23. 成品酒

理化、卫生和感官指标全部达到产品标准，经鉴定合格可以出厂销售的酒。

24. 蒸馏酒

系指以含糖或淀粉原料，经糖化、发酵、蒸馏而制得的白酒。

25. 复制酒

又称配制酒。系指发酵酒或蒸馏酒作为酒基，经添加可食用的辅料配制而成的饮料酒。

(1) 新型白酒　指以食用酒精为酒基的复制白酒。属于复制酒的一种。

(2) 营养型复制白酒　以食用酒精、固态法发酵白酒为酒基，加入食用香料，既是食品又是药品的物品或允许使用的补剂、甜味剂、调味剂等，经科学方法加工而成的白酒。

二、历届全国评酒会简况及第五届全国评酒会国家名酒、优质酒名录

(一) 历届全国评酒会简况

1. 第一届全国评酒会

(1) 时间 1952年。

(2) 地点 北京市。

(3) 主持单位 中国专卖事业总公司。

(4) 评酒办法 根据市场销售信誉,结合化验分析结果,评议推荐国家名白酒。

(5) 主持评酒工作专家 朱 梅 、辛海庭。

(6) 评酒结果 根据北京试验厂(现北京酿酒总厂)研究室进行化验分析的结果和推荐意见,将历史悠久,在国内外有较高的信誉,不仅经销全国而且出口的贵州茅台酒、山西汾酒、泸州大曲酒、陕西西凤酒命名为国家名酒。

2. 第二届全国评酒

(1) 时间 1963年10月。

(2) 地点 北京市。

(3) 主持单位 原食品工业部食品工业局。

(4) 评酒办法 按混合编组大排队的办法进行品评。

品评由评酒委员独立思考,按酒的色、香、味百分制写评语,采取密码编号,分组淘汰,经过初赛、复赛和决赛,按得分多少择优推荐。

(5) 主持评酒工作专家及评酒委员

主持评酒工作专家:周恒刚。

评酒委员:见附录-表1。

附录-表1 第二届国家白酒评委名单

单位	姓名	性别	年龄	职务	职称	备注
北京酿酒总厂	龚文昌	男				
河北省轻工业厅	胡子良	男				
辽宁省锦州凌川酒厂	李宗民	男				
贵州省轻工业厅	曹述舜	男				
山西省汾酒厂	申德禄	男			技师	
江苏省洋河酒厂	崔尚明	男		厂长		
四川省制糖发酵研究所	陈茂椿	男				
陕西省西凤酒厂	郝仲文	男		厂长		
广西桂林三花酒厂	马凤鸣	男		厂长		
河北省沙城酒厂	解一杰	男		厂长		
原轻工部食品发酵研究所	熊子书	男				

(6) 评酒结果 共评出国家名酒8种,国家优质酒9种。

8种国家名酒为:五粮液(四川宜宾),古井贡酒(安徽亳州),泸州老窖特曲酒(四川泸州),全兴大曲酒(四川成都),茅台酒(贵州仁怀),西凤酒(陕西西凤),汾酒(山西杏花村),董酒(贵州遵义)。

9种国家优质酒为:双沟大曲酒、龙滨酒、德山大曲酒、金州湘山酒、桂林三花酒、凌川白酒、哈尔滨高粱糠白酒、合肥薯干白酒、沧州薯干白酒。

3. 第三届全国评酒会

(1) 时间 1979年。

(2) 地点 辽宁省大连市。

(3) 主持单位 原轻工业部。

(4) 评酒办法 采取密码编号，分型评比的方法。样品少的一次决赛，超过6个的进行初评、复评、终评。同一省的酒初评不碰面，上届名酒不参加初评，复评时作为种子选手分别编在各小组进行品评。

评比按香型、生产工艺和糖化剂分别编为大曲酱香、浓香和清香；麸曲酱香、浓香和清香；米香；其他香型及液态、低度等组，分别进行评比。

评比办法是按酒的色泽10分、香气25分、口味50分、风格15分打分，总计100分。

(5) 主持评酒工作专家及评酒委员

主持评酒工作专家：周恒刚、耿兆林。

评酒委员，除少数特聘外，大部分是经考核聘请为国家白酒评酒委员。名单见附录-表2。

附录-表2 第三届国家白酒评委名单

单　位	姓　名	性 别	年 龄	职 务	职 称	备　注
贵州遵义董酒厂	贾翘彦	男				
陕西西凤酒厂	李大信	男				
甘肃徽县酒厂	杨万青	男				
河南伊川杜康酒厂	张建有	男				
湖北武汉酒厂	祝志荣	男				
湖南常德酒厂	鲍沛生	男				
广东省糖酒公司	何锡贞	男				
安徽淮北濉溪酒厂	房艺武	男				
河北省三河县酒厂	金凤兰	女				
山西杏花村汾酒厂	王　仓	男				
内蒙古轻工业科学研究所	沈怡方	男				
辽宁省食品工业研究所	刘洪晃	男				
吉林省吉林江城酒厂	周复茂	男				
黑龙江省玉泉酒厂	洪永凯	男				
轻工业部食品发酵研究所	熊子书	男				
四川宜宾地区糖酒公司	叶贤佐	男				
贵州省轻工业研究所	曹述舜	男				
广西桂林三花酒厂	夏义雄	男				
江苏省洋河酒厂	梁邦昌	男				
北京酿酒总厂	龚文昌	男				
山东省一轻厅	于树民	男				
黑龙江省轻工业厅	高月明	男				

(6) 评酒结果 通过评比，由评酒委员会推荐，轻工业部审定，第三届全国评酒会共评出国家名白酒8种，国家优质酒18种。

8种国家名白酒：茅台酒，汾酒，五粮液，剑南春酒，古井贡酒，洋河大曲酒，董酒，泸州老窖特曲酒。

18种国家优质酒：西凤酒，宝丰酒，郎酒，武陵酒，双沟大曲酒，淮北口子酒，丛台酒，白云边酒，湘山酒，三花酒，长乐烧酒，迎春酒，六曲香酒，哈尔滨高粱糠白酒，燕潮酩酒，金州曲酒，双沟低度大曲酒(酒精分39％)，坊子白酒。

4. 第四届全国评酒会

(1) 时间　1984年5月7日至5月16日。

(2) 地点　山西省太原市。

(3) 主持单位　中国食品工业协会。

(4) 评酒办法　采用按香型、糖化剂编组，密码编号，分组初评淘汰，再进行复赛，选优进行决赛的办法。

本届参赛样品较多，考虑到评酒效果和时间，把30名评酒委员分成两组：一组评浓香型，另一组评浓香型以外各种香型的酒。

为作好保密工作，每轮评分结果，都以密码编号出现，将出线酒返回编组，重新编号进入下一轮评比。酒样编码后当即密封，评比结束组织有关方面共同拆封，按得分多少择优推荐，再由国家质量奖审定委员会审查定案。

(5) 主持评酒工作专家及评酒委员

主持评酒工作专家：组成专家组，名单见附录－表3。

附录－表3　　第四届全国白酒评比专家组成员名单

单　位	姓　名	性 别	年 龄	职 务	职 称	备　注
河北省廊坊市轻工业局	周恒刚	男		高级工程师	副局长	专家组组长
江苏省轻工食品工业总公司	沈怡方	男		高级工程师	总工	专家组副组长
黑龙江省商业学院	曾纵野	男		教授		
黑龙江省食品工业公司	高月明	男		高级工程师		
贵州省轻工业研究所	曹述舜	男		高级工程师	所长	
沈阳市浑河农场酒厂	沈宇光	男		高级技师		

评酒委员：1984年4月在江苏省淮安市考核并择优录取聘请30名国家白酒评酒委员，名单见附录－表4。

附录－表4　　第四届国家白酒评委名单

单　位	姓　名	性 别	年 龄	职 务	职 称	备　注
河北省三河县酒厂	金凤兰	女	29	科长		
辽宁省食品工业研究所	刘洪晃	男	47	室主任	工程师	
江苏省洋河酒厂	梁邦昌	男	46	厂长	工程师	
吉林省榆树县造酒厂	张武举	男	34	科长	助工	
黑龙江省玉泉酒厂	洪永凯	男	49	副厂长	工程师	
山东省蓬莱县酒厂	周复茂	男	46	厂长	工程师	
广西桂林饮料厂	夏义雄	男	46	副厂长	工程师	
湖南省常德市酿酒公司	鲍沛生	男	43	副经理	工程师	
四川省绵竹酒厂	徐占成	男	36	副厂长	助工	商业系统

续表

单 位	姓 名	性 别	年 龄	职 务	职 称	备 注
河北省永清县酒厂	王 岳	男	30	科长	技术员	
内蒙古喀喇沁旗乃林酒厂	武庆尉	男	42	副厂长	助工	农牧渔系统
贵州省茅台酒厂	季克良	男	45	厂长	工程师	
湖北省武汉酒厂	祝志荣	男	32	副厂长	助工	
北京市昌平县酒厂	何云龙	男	44	科长	工程师	
安徽省淮北市酒厂	张国强	男	30		技术员	
陕西省西凤酒厂	李大信	男	45	副厂长	工程师	
陕西省西安市酒厂	白希智	男	45	厂负责人	工程师	商业系统
黑龙江省肇东县酒厂	栗永清	男	36	厂长	工程师	
贵州省遵义董酒厂	贾翘彦	男	41	副厂长	工程师	
新疆农四师七十二团	李祖功	男	46	副团长	工程师	农牧渔系统
辽宁省抚顺市酿酒厂	潘维符	男	43	主任工程师	工程师	
内蒙古轻工业公司	范仲仁	男	49	副科长	工程师	
河南省伊川杜康酒厂	张建有	男	34	科长	工程师	
湖北省宜昌市酒厂	景学镇	男	40	厂长	工程师	
河南省宝丰酒厂	邢明月	男	47	副厂长	技师	
安徽省酿酒工业公司	蔡凌云	男	52	副科长	技师	
天津市酿酒厂	王福之	男	58	副厂长		
河南省温县农场酒厂	陈继才	男	33	厂长	技师	农牧渔系统
甘肃省徽县酒厂	杨万春	男	46	副厂长	工程师	
山东省索镇酒厂	曲学塾	男	42	厂长	工程师	

(6) 评酒结果　国家质量奖审定委员会于1984年8月6日发表通报公布了预评名单，广泛征求各方面意见并于1984年8月31日定案发奖。

获得这次国家优质食品金质奖(国家名酒称号)的有13种：贵州茅台酒，山西汾酒，四川五粮液，江苏洋河大曲酒，四川剑南春酒，安徽古井贡酒，贵州董酒，陕西西凤酒，四川泸州老窖特曲酒，四川全兴大曲酒，江苏双沟大曲酒，武汉黄鹤楼酒，四川郎酒。

获得银质奖(国家优质酒称号)的有27种：湖南武陵酒，哈尔滨特酿龙滨酒，河南宝丰酒，四川叙府大曲酒，湖南德山大曲酒，湖南浏阳河小曲酒，广西湘山酒，广西三花酒，江苏双沟特液(低度)，江苏洋河大曲酒(低度)，天津津酒(低度)，河南张弓大曲酒(低度)，河北迎春酒，辽宁凌川白酒，辽宁大连老窖酒，山西六曲香酒，辽宁凌塔白酒，哈尔滨老白干酒，吉林龙泉酒，内蒙古赤峰陈曲酒，河北燕潮酩酒，辽宁金州曲酒，湖北白云边酒，湖北西陵特曲酒，黑龙江中国玉泉酒，广东玉冰烧酒，山东坊子白酒。

5. 第五届全国评酒会

(1) 时间　1989年1月10日至1月20日。

(2) 地点　安徽省合肥市。

(3) 主持单位　中国食品工业协会。

(4) 评酒办法

① 按基层申报的产品香型、酒度、糖化剂分类进行品评。香型分为酱香、清香、浓香、米香、其他香型5类。

酒度分为40～55度(含40度和55度)、40度以下两档。

糖化剂分为大曲、麸曲和小曲3种。

② 酒样密码编号。采用淘汰制，进行初评、复评、终评。

③ 评酒采用百分制，其中：色泽10分，香气25分，口味50分，风格15分。去除每组酒样的最高及最低分后计分统计。

④ 对上届获得国家名酒(金质奖)和国家优质酒(银质奖)进行复查认定。

由于参加评比的酒样多(362种以上)，在评酒时，将评酒委员(含特邀评委)分为4大组进行品评。其中第一、二组进行上届名酒和优质酒的复查；第三组进行浓香型白酒以外其余香型白酒的新评；第四组进行浓香型白酒的新评。

(5) 主持评酒工作专家及评酒委员

主持评酒工作专家：组成专家组，名单见附录－表5。

附录－表5　　第五届全国白酒评比专家组成员名单

单位	姓名	性别	年龄	职务	职称	备注
江苏省轻工食品工业公司	沈怡方	男	56	教授级高级工程师	总工	专家组组长
大连市金州酿酒总公司	于桥	男	56	高级工程师	总经理	专家组副组长
黑龙江省食品工业公司	高月明	男	56	高级工程师	经理	
贵州省轻工业研究所	曹述舜	男	60	高级工程师	所长	
四川省酒类科学研究所	曾祖训	男	58	教授级高级工程师	所长	
大连市龙泉酿酒股份公司	王贵玉	男	34	工程师	经理	

评酒委员：1988年12月10日至12月13日在湖南长沙市考核了全国白酒评酒委员。根据考试成绩，择优录取44名正式评委(6名评酒专家业务组的成员免试录取)。同时，也特聘了35名特邀全国评酒委员。名单见附录－表6和附录－表7。

附录－表6　　第五届全国白酒评酒委员名单

单位	姓名	性别	年龄	职务	职称	备注
江苏高沟酒厂	李静	女	24	科长	助理工程师	
哈尔滨松花江酒厂	韩印	男	36	厂长	工程师	
辽宁凤城老窖酒厂	李树林	男	43	厂长	工程师	
四川渠县酒厂	蔡小忠	男	36	副厂长	工程师	
四川射洪沱牌酒厂	岳光荣	男	36	副厂长	工程师	
四川成都全兴酒厂	胡森	男	39	主任	工程师	
江苏宝应酒厂	陈处达	男	36	副厂长	工程师	
贵州茅台酒厂	季克良	男	49	总工程师	高级工程师	
四川泸州曲酒厂	吴晓平	女	35	主任	工程师	

续表

单　位	姓　名	性 别	年 龄	职 务	职 称	备　注
陕西西安酒厂	白希智	男	50	副厂长	工程师	
黑龙江肇东市制酒厂	栗永清	男	41	厂长	工程师	
四川宜宾地区酒管局	肖静锋	男	34	科长	工程师	
大连市金州酒厂	栾作禄	男	37	副科长	工程师	
四川德阳市酒管局	谢义贵	男	28	科长	工程师	
河南汝阳县杜康酒厂	程国熙	男	42	副厂长	工程师	
黑龙江富裕老窖酒厂	赵志昌	男	32	副厂长	助理工程师	
四川宜宾五粮液酒厂	范国琼	女	31	副主任		
湖北园林青酒厂	周怡庭	男	38	副厂长	工程师	
辽宁省食品工业研究所	刘洪晃	男	51	主任	高级工程师	
河南宝丰酒厂	邢明月	男	52	副厂长	高级工程师	
河南宋河酒厂	孙前聚	男	42	副厂长	高级工程师	
河北永清酒厂	王　岳	男	37	副厂长	工程师	
四川邛崃文君酒厂	何　毅	男	38	主任	工程师	
黑龙江阿城市玉泉酒厂	洪永凯	男	52	副厂长	工程师	
内蒙古宁城县八里罕酒厂	李　印	男	49	副厂长	高级工程师	
四川双流县二峨曲酒厂	胡义明	男	33	厂长	工程师	
广西桂林市酿酒总厂	夏义雄	男	50	总工程师	工程师	
江苏沛县沛公酒厂	史桂华	女	31	科长	助理工程师	
吉林榆树县造酒厂	张武举	男	40	副厂长	工程师	
河南伊川县杜康酒厂	张建有	男	38	副厂长	工程师	
河北三河县酒厂	金凤兰	女	35	副厂长	工程师	
湖北武汉酒厂	祝志荣	男	37	总工程师	工程师	
吉林德惠县酿酒厂	李忠岩	男	26	科长	工程师	
吉林梅河口酿酒厂	殷金生	男	35	科长	工程师	
江苏泗洪县双洋酒厂	陈建明	男	28	科长	工程师	
贵州贵阳酒厂	傅若娟	女	51	副厂长	高级工程师	
山东蓬莱酒厂	周复茂	男	50	厂长	工程师	
湖北咸宁市浮泉酒厂	李　净	男	25	厂长助理	助理工程师	
吉林长春市酿酒总厂	林长友	男	27	科长	工程师	
吉林市江城酒厂	胡永和	男	31	副科长	助理工程师	
河南汝阳杜康酒业总公司	陶立成	男	36	总经理	工程师	
安徽淮北口子酒总厂	张国强	男	33	厂长助理	工程师	
辽宁抚顺市轻工业局	潘维符	男	49	副总工程师	工程师	
四川眉山县三苏酒厂	李克明	男	36	副厂长		

附录-表7 第五届全国白酒评比会特邀评酒委员名单

单位	姓名	性别	年龄	职务	职称	备注
安徽省酿酒工业公司	丁柏年	男	39	副经理	工程师	
江苏省军区后勤部	丁前胜	男	35	科长	工程师	
山东省一轻食品工业公司	于树民	男	57	总工	高级工程师	
山西祁县六曲香酒厂	万　钧	男	49	总工	高级工程师	
天津酿酒厂	王福之	男	62	副厂长	高级工程师	
山东景芝酒厂	王海平	男	54	副厂长	工程师	
湖南常德市德山大曲酒厂	王建斌	女	35	科长		
山西太原市徐沟酒厂	白富贵	男	43	厂长	工程师	
安徽阜阳地区工业局	张树森	男	58	副局长	工程师	
山西汾酒厂	张桂仙	女	31	科长	助理工程师	
哈尔滨龙滨酒厂	张　娣	女	46	科长	工程师	
安徽亳州市古井酒厂	孙松华	男	44	副厂长	工程师	
山东索镇酒厂	曲学塾	男	47	厂长	工程师	
宝鸡市经济委员会	李大信	男	49	副主任	工程师	
新疆伊犁大曲酿造公司	李祖功	男	52	总经理	高级工程师	
陕西西凤酒厂	李金宝	男	37	主任	助理工程师	
甘肃陇南春酒厂	杨万春	男	51	厂长	高级工程师	
北京昌平酒厂	何云龙	男	48	副厂长	工程师	
广东省糖酒公司	何锡贞	男	56	科长	高级工程师	
江苏双沟酒厂	陈森辉	男	51	厂长	高级工程师	
江西四特酒厂	陈燕如	男	34	厂长	工程师	
河南温县古温酒厂	陈继才	男	37	厂长	工程师	
内蒙古赤峰市乃林酒厂	武庆尉	男	47	厂长	工程师	
湖南长沙酒厂	罗雄伟	男	34	副科长	助理工程师	
内蒙古轻工业公司	范仲仁	男	54	副经理	高级工程师	
河南张弓酒厂	郭宗武	男	54	厂长	工程师	
四川剑南春酒厂	徐占成	男	40	副厂长	高级工程师	
江苏洋河酒厂	梁邦昌	男	51	厂长	高级工程师	
贵州遵义市董酒厂	贾翘彦	男	46	副厂长	高级工程师	
湖北宜昌市政府	景学镇	男	45	副市长	工程师	
山东曲阜市酒厂	曾奇栋	男	45	厂长	高级经济师	
江苏泰州酒厂	葛崇凯	女	53	总工	高级工程师	
贵州习水东风酒厂	蔡世强	男	36	副厂长	工程师	
湖南省政府食品工业办公室	鲍沛生	男	49	副主任	高级工程师	
四川泸州市酿酒研究所	赖高淮	男	54	所长	高级工程师	

(6) 评酒结果　获得这次金质奖(国家名酒称号)的有17种，其中13种为上届国家名酒经本届复查确认，新增加4种，即武陵酒、宝丰酒、宋河粮液、沱牌曲酒。

获得银质奖(国家优质酒称号)的有53种，其中25种为上届国家优质酒经本届复查确认，新增加28种。

经复查确认的国家名酒和国家优质酒中有部分降度、低度酒可分别用国家名酒和国家优质酒的标志。

(二) 第五届全国评酒会国家名酒及优质酒名录

1. 第五届国家名酒名录(见附录-表8)

附录-表8　　**第五届国家名酒名录**

序号	酒　名	生产单位	牌号,香型,酒精含量
1	茅台酒	贵州茅台酒厂	飞天,贵州牌,大曲酱香,53%
2	汾　酒	山西杏花村汾酒厂	古井亭、汾字、长城牌,大曲清香,65%、53% 汾字牌汾特佳酒,大曲清香,38%
3	五粮液	四川宜宾五粮液酒厂	五粮液牌,大曲浓香,60%、52%、39%
4	洋河大曲酒	江苏洋河酒厂	洋河牌,大曲浓香,55%、48%、38%
5	剑南春酒	四川绵竹剑南春酒厂	剑南春牌,大曲浓香,60%、52%、38%
6	古井贡酒	安徽亳县古井酒厂	古井牌,大曲浓香,60%、55%、38%
7	董　酒	贵州遵义董酒厂	董牌,小曲其他香,58% 飞天牌董醇,小曲其他香,38%
8	西凤酒	陕西西凤酒厂	西凤牌,大曲其他香,65%、55%、39%
9	泸州老窖特曲酒	四川泸州曲酒厂	泸州牌,大曲浓香,60%、52%、38%
10	全兴大曲酒	四川成都酒厂	全兴牌,大曲浓香,60%、52%、38%
11	双沟大曲酒	江苏双沟酒厂	双沟牌,大曲浓香,53%、46% 双沟特液,大曲浓香,39%
12	黄鹤楼酒	武汉市武汉酒厂	黄鹤楼牌,大曲清香,62%、54%、39%
13	郎　酒	四川古蔺县郎酒厂	郎泉牌,大曲酱香,53%、39%
14	武陵酒	湖南常德市武陵酒厂	武陵牌,大曲酱香,53%、48%
15	宝丰酒	河南宝丰酒厂	宝丰牌,大曲清香,63%、54%
16	宋河粮液	河南省宋河酒厂	宋河牌,大曲浓香,54%、38%
17	沱牌曲酒	四川省射洪沱牌酒厂	沱牌,大曲浓香,54%、38%

注: (1) 国家名酒顺序不分先后。
(2) 序号1～13为上届国家名酒经本届复查确认。
(3) 序号14～17为本届新评的国家名酒。

2. 第五届国家优质酒名录(见附录-表9)

附录-表9　　**第五届国家优质酒名录**

序号	酒　名	生产单位	牌号,香型,酒精含量
1	特酿龙滨酒	哈尔滨市龙滨酒厂	龙滨牌,大曲酱香,55%、50%、39%
2	叙府大曲酒	四川宜宾市曲酒厂	叙府牌,大曲浓香,60%、52%、38%
3	德山大曲酒	湖南常德市德山大曲酒厂	德山牌,大曲浓香,58%、55%、38%
4	浏阳河小曲酒	湖南浏阳县酒厂	浏阳河牌,小曲米香,57%、50%、38%

续表

序号	酒　名	生 产 单 位	牌号,香型,酒精含量
5	湘山酒	广西全州湘山酒厂	湘山牌,小曲米香,55%
6	三花酒	广西桂林酿酒总厂	象山牌,小曲米香,56%
7	双沟特液	江苏双沟酒厂	双沟牌,大曲浓香,33%
8	洋河大曲酒	江苏洋河酒厂	洋河牌,大曲浓香,28%
9	津　酒	天津市天津酿酒厂	津牌,大曲浓香,38%
10	张弓大曲酒	河南宁陵张弓酒厂	张弓牌,大曲浓香,54%、38%、28%
11	迎春酒	河北廊坊市酿酒厂	迎春牌,麸曲酱香,55%
12	凌川白酒	辽宁锦州市凌川酒厂	凌川牌,麸曲酱香,55%
13	老窖酒	大连市白酒厂	辽海牌,麸曲酱香,55%
14	六曲香酒	山西祁县六曲香酒厂	麓台牌,麸曲清香,62%、53%
15	凌塔白酒	辽宁朝阳市朝阳酒厂	凌塔牌,麸曲清香,60%、53%
16	老白干酒	哈尔滨市白酒厂	胜洪牌,麸曲清香,62%、55%
17	龙泉春酒	吉林辽源市龙泉酒厂	龙泉春牌,麸曲浓香,59%、54%、39%
18	陈曲酒	内蒙古赤峰市第一制酒厂	向阳牌,麸曲浓香,58%、55%
19	燕潮酩酒	河北三河燕郊酒厂	燕潮酩牌,麸曲浓香,58%
20	金州曲酒	大连市金州酒厂	金州牌,麸曲浓香,54%、38%
21	白云边酒	湖北松滋白云边酒厂	白云边牌,大曲兼香,53%、38%
22	豉味玉冰烧酒	广东佛山市石湾酒厂	珠江桥牌,小曲其他香,30%
23	坊子白酒	山东坊子酒厂	坊子牌,麸曲其他香,59%、54%
24	西陵特曲酒	湖北宜昌市酒厂	西陵峡牌,大曲兼香,55%、38%
25	中国玉泉酒	黑龙江阿城玉泉酒厂	红梅牌,大曲兼香,55%、45%、39%
26	二峨大曲酒	四川省二峨曲酒厂	二峨牌,大曲浓香,38%
27	口子酒	安徽省濉溪县口子酒厂	口子牌,大曲浓香,54%
28	三苏特曲酒	四川省眉山县三苏酒厂	三苏牌,大曲浓香,53%
29	习　酒	贵州习水酒厂	习水牌,大曲酱香,52%
30	三溪大曲酒	四川省泸州三溪酒厂	三溪牌,大曲浓香,38%
31	太白酒	陕西省眉县太白酒厂	太白牌,大曲其他香,55%
32	孔府家酒	山东省曲阜酒厂	孔府牌,大曲浓香,39%
33	双洋特曲酒	江苏省双洋酒厂	重岗山牌,大曲浓香,53%
34	北凤酒	黑龙江省宁安县酒厂	芳醇凤牌,麸曲其他香,39%
35	丛台酒	河北省邯郸市酒厂	丛台牌,大曲浓香,53%
36	白沙液	湖南省长沙酒厂	白沙液牌,大曲其他香,54%
37	宁城老窖酒	内蒙古宁城八里罕酒厂	大明塔牌,麸曲浓香,55%
38	四特酒(优级)	江西省四特酒厂	四特牌,大曲其他香,54%
39	仙潭大曲酒	四川省古蔺县曲酒厂	仙潭牌,大曲浓香,39%

续表

序号	酒　名	生产单位	牌号,香型,酒精含量
40	汤沟特曲酒	江苏省汤沟酒厂	香泉牌,大曲浓香,53% 汤沟特液,大曲浓香,38%
41	安　酒	贵州省安顺市酒厂	安字牌,大曲浓香,55%
42	杜康酒	伊川杜康酒厂 汝阳杜康酒厂	杜康牌,大曲浓香,55% 杜康牌,大曲浓香,52%
43	诗仙太白陈曲酒	四川省万县太白酒厂	诗仙牌,大曲浓香,38%
44	林河特曲酒	河南省商丘林河酒厂	林河牌,大曲浓香,54%
45	宝莲大曲酒	四川省资阳酒厂	宝莲牌,大曲浓香,54%、38%
46	珍　酒	贵州省珍酒厂	珍牌,大曲酱香,54%
47	晋阳酒	山西太原徐沟酒厂	晋阳牌,大曲清香,53%
48	高沟特曲酒	江苏省高沟酒厂	高沟牌,大曲浓香,39%
49	筑春酒	贵州军区酒厂	筑春牌,麸曲酱香,54%
50	湄窖酒	贵州省湄潭酒厂	湄字牌,大曲浓香,55%
51	德惠大曲酒	吉林省德惠酒厂	德惠牌,麸曲浓香,38%
52	黔春酒	贵州省贵阳酒厂	黔春牌,麸曲酱香,54%
53	濉溪特液	安徽省淮北市口子酒厂	濉溪牌,大曲浓香,38%

注: (1) 序号1～25为上届国家优质酒经本届复查确认(顺序不分先后)。
(2) 序号26～53为本届新评的国家优质酒(按酒名笔划为序)。

三、第五届全国白酒评委考试题解答

本届国家级白酒评委考核出题的指导思想是: 紧密围绕评酒的实际品评鉴别能力,能较全面地掌握目前我国五大香型十大类别的风格特征及其感官评定标准,并具有一定的评酒理论知识。

由于本届考生多,除上届国家评委外,大部分又都是省、部级评委,因而对于基本功方面的色香味不再考核,而围绕某些香型酒中容易出现的质量问题,以单体添加入白酒中进行鉴别,并将香型、质量差异、酒度差、重现性等因素,根据不同情况融合在一起,对于各种香型及类别酒都作了全面考核。这样就增加了评酒能力鉴别的广度和深度,理论试题和对于征集到的或经调配后用于考核的酒样事先都经专家业务组集体讨论,品尝后再确定考题。现将考核试题解答如下。

(一) 理论考题(总分20分)

1. 影响评酒效果的因素有哪些方面?为什么会产生顺位(序)效应和后效应? (4分)

答:

(1) 影响评酒效果的因素

① 身体健康状况; (0.5分)

② 心理因素; (0.5分)

③ 评酒能力及经验; (0.5分)

④ 评酒环境。 (0.5分)

(2) 产生顺位效应和后效应的原因

① 由于感官器官疲劳，评酒的准确性逐渐降低，就会产生顺位效应。 (1分)

② 因为味在口腔中消失较慢，当前杯酒样的味还未完全消失时，又尝下一杯酒样，就会产生后效应。 (1分)

2. 乙酸乙酯、丁酸乙酯、己酸乙酯、乳酸乙酯、β-苯乙醇和糠醛分别在我国哪个香型或哪个名优酒中含量较多？ (3分)

答:

乙酸乙酯——清香型 (0.5分)

丁酸乙酯——董　酒 (0.5分)

己酸乙酯——浓香型 (0.5分)

乳酸乙酯——米香型或有的其他香型 (0.5分)

β-苯乙醇——玉冰烧酒 (0.5分)

糠　　醛——酱香型 (0.5分)

3. 浓度为100mg/L的己酸乙酯、乙酸乙酯、丁酸乙酯、乳酸乙酯依其香气大小排列出顺序，并说明排列的依据。 (3分)

答:

己酸乙酯＞丁酸乙酯＞乙酸乙酯＞乳酸乙酯

(0.5分)　(0.5分)　(0.5分)　(0.5分)

排列的依据是根据其香味阈值的大小而排列。 (1分)

4. 目前国内部优以上的其他香型白酒中有几个类型？写出每类中一个代表性的产品名称及其风格特征。 (4分)

答:

(1) 目前国内部优以上的其他香型白酒有6个类型。 (1分)

(2) 每类型的代表性的产品及其风格特征

① 兼香型——白云边酒； (0.3分)

浓酱兼而有之。 (0.2分)

② 药香型——董酒； (0.3分)

药香谐调舒适。 (0.2分)

③ 芝麻香型——景芝白干(或纳尔松)； (0.3分)

类似芝麻香感明显。 (0.2分)

④ 凤香型——西凤酒(现已独立成型)； (0.3分)

诸味谐调。 (0.2分)

⑤ 特型——四特酒； (0.3分)

浓、清、酱兼而有之。 (0.2分)

⑥ 豉香型——玉冰烧酒； (0.3分)

“豉香”突出。 (0.2分)

5. 修改下列各类香型优质白酒的评语 (4分)

(1) 清香型: 微黄透明,香气幽雅,酒体醇厚。 (原题)

清香型: 无色透明,清香纯正,醇甜柔和。 (修正题1分)

(2) 浓香型: 香气浓郁,绵甜纯净,口味醇和。 (原题)

浓香型: 窖香浓郁,绵甜爽净,香味谐调。 (修正题1分)

(3) 酱香型: 酱香带焦,幽雅细腻,绵爽醇厚。 (原题)

酱香型: 酱香突出,幽雅细腻,酒体醇厚,空杯留香持久。 (修正题1分)

(4) 米香型: 酯香清秀,绵甜清净,回味悠长。 (原题)

米香型: 蜜香清雅,醇甜柔和,回味怡畅。 (修正题1分)

6. 对普通白酒的感官质量,应有哪些基本要求? (2分)

答: 无色透明(0.5分),香味较谐调(1分),无明显的邪杂味(0.5分)。

(二) 实际评酒鉴别能力考试

1. 对酒度的鉴别 (5分)

(1) 酒样配制 取酒精含量60%的北京二锅头,按每降5%酒精含量的酒度差别加入蒸馏水稀释,从原酒到各种稀释后的酒样中分别添加905号抗凝剂0.2%,混匀备用。

(2) 考题 取6只空酒杯,分别倒入酒精含量为60%、55%、50%、45%、40%酒样各一杯,密码编号,要求按酒度由高到低排列顺序(其中酒精含量45%为重现)。

(3) 答案

附录-表10

酒度(酒精含量)	60%	55%	50%	45%	45%	40%
按杯号排列	5	1	0	2	4	3

(4) 给分标准 最高度和最低度各0.5分,其余次序排列对的每杯各得1分,没有答出重复性,但次序排列对者扣1分。

(5) 说明 本轮次考题选用二锅头白酒为酒基,降度后加抗凝剂的处理方法。一般来说,可以除去看酒花鉴别酒度的辅助手段,完全以品尝白酒为判断依据,比以往酒精加水降度有所改进。酒样由常规的5个增加到6个,其中又增加一个45%(酒精含量)的重现性,这就增加了答题的难度。

2. 香型鉴别 (5分)

(1) 考题 5杯密码编号的不同酒样,要求写出各自的香型及评语。

(2) 答案

附录-表11

酒杯编号	1	2	3	4	5
酒　　样	西凤酒	六曲香酒	四 特 酒	枝江小曲酒	白云边酒
标准答案	其他香型(凤香型)	清 香 型	其他香型	米 香 型	其他香型(兼香型)

(3) 给分标准 每一杯香型酒给1分。

3. 香型鉴别和重现性 (10分)

(1) 考题 5杯密码编号的不同酒样,要求写出其各自的香型,并写出其中重现的酒样。

(2) 答案

附录-表12

酒样编号	1	2	3	4	5
酒　样	浏阳河小曲酒	浏阳河小曲酒	岳阳小曲酒	三 花 酒	岳阳小曲酒
标准答案	米香型和2号重　现	米香型和1号重　现	米香型和5号重　现	米 香 型	米香型和3号重　现

(3) 给分标准

① 每杯香型答对者给0.4分共2分。

② $1^{\#}=2^{\#}$　给4分。重现两杯酒打分不一致者一律不给分。

③ $3^{\#}=5^{\#}$　给4分。重现两杯酒打分不一致者一律不给分。

4. 香型鉴别及质量差异　(5分)

(1) 考题　5杯密码编号的不同酒样，要求写出其各自的香型及质量差别(仅要求抓两头，即最好和最差者，中间不计)。

(2) 答案

附录-表13

酒样编号	1	2	3	4	5
酒　样	汾　酒	黄鹤楼酒	六曲香酒	凌 塔 酒	桃山特曲酒
香　型	清 香 型	清 香 型	清 香 型	清 香 型	清 香 型
名　次	1			5	

(3) 给分标准

① 每杯香型答对者给0.2分，共1分。

② 最高和最差者各给2分，共4分。

5. 酱香型的酒度差异及质量差异　(10分)

(1) 考题　5杯密码编号的不同酱香型酒样，要求判别出其酒度差异及质量差异，打分。

(2) 答案

附录-表14

酒样编号	1	2	3	4	5
酒　样	郎　酒	龙滨酒	龙滨酒	龙滨酒	茅台酒

注：$2^{\#}$、$3^{\#}$、$4^{\#}$其酒精含量分别为55%、50%、39%。

(3) 给分标准

① 质量差异：$1^{\#}$或$5^{\#}$给分高于$2^{\#}$者给4分。

② 酒度差异：

附录-表15

酒样编号	3	4	1	2	5
酒度顺位	4	3	1	2	5
得　分	2	2		2	

6. 浓香型酒的质量差异 (10分)

(1) 考题 对5杯密码编号的不同酒样，要求写评语及打分，以判别质量间的差异。

(2) 样品编号及制备

附录-表16

酒样编号	1	2	3	4	5
酒　　样	宁城老窖	金州曲酒 外加己酸乙酯	金州曲酒 外加糖	金州曲酒 外加窖泥蒸馏液 及丁酸	宁城老窖

(3) 给分标准

① 1#与5#重现打分相同者得2分。

② 1#与5#评语一致者得2分。

③ 2#评语写出香大于味或外加己酸乙酯者得2分，写出欠协调者得1分。

④ 3#评语写出甜度过大或外加甜味料者得2分。

⑤ 4#评语写出有窖泥臭或丁酸臭者得2分，酸味过大者得1分。

7. 香型及其特征的鉴别 (10分)

(1) 考题 5杯密码编号的不同酒样，要求写出各自的香型及其特征。

(2) 答案

附录-表17

酒样编号	1	2	3	4	5
酒　　样	西凤酒	云春酒	白沙液	董　酒	纳尔松酒
答　　案	其他香型(凤香型)	其他香型(药香型)	其他香型(兼香型)	其他香型(药香型)	其他香型(芝麻香型)

(3) 给分标准

写出每杯酒样的香型及特征者各得1分。

8. 浓香型酒的重现性 (10分)

(1) 考题 6杯密码编号的不同浓香型酒样，要求找出其中重现的酒样，写评语及打分。

(2) 酒样

附录-表18

酒样编号	1	2	3	4	5	6
酒　　样	洋河大曲酒	沱牌曲酒	洋河大曲酒	沱牌曲酒	洋河大曲酒	宋河粮液

(3) 给分标准

① 1#、3#、5#三者给分一致者得6分，其中仅答对两个者得4分。

② 2#、4#两者给分一致者得4分。

9. 酱香型低度酒的重现性 (5分)

(1) 考题 5杯密码编号的酒样，要求找出其中重现的酒样，写评语及打分。

(2) 酒样 1#～5#均是郎酒和龙滨酒混合后的一种低度酒，即5杯一样。

(3) 给分标准 答对1对者得2分，3杯一样得3分，4杯一样得4分，5杯一样得5分。

10. 无题 (10分)

(1) 考题 5杯密码编号的不同酒样,要求写出各自的香型、评语及打分。

(2) 答案

附录-表19

酒样编号	1	2	3	4	5
酒样	黄鹤楼酒	桃山特曲酒	六曲香酒	黄鹤楼酒	桃山特曲酒
答案	清香型和4#重现	清香型和5#重现	清香型	清香型和1#重现	清香型和2#重现

(3) 给分标准

① 答对香型每杯0.4分,共2分。

② 1#与4#,2#与5#两对重现,每对答对者得4分。

③ 3#为麸曲清秀型风味,质量丰满上不及其余大曲清香,打分高于1#、2#、4#或5#者扣1分。

四、白酒的国家标准、行业标准

(一) 白酒的国家标准

1. GB2757—81蒸馏酒及配制酒卫生标准的感官指标及理化指标

(1) 感官指标 透明无色液体(配制酒可有色),无沉淀杂质,无异臭异味。

(2) 理化指标 见附录-表20。

附录-表20

项目	指标
甲醇,g/100ml	
以谷类为原料者	≤0.04
以薯干及代用品为原料者	≤0.12
杂醇油(以异丁醇与异戊醇计),g/100ml	≤0.20
氰化物(以HCN计),mg/L	
以木薯为原料者	≤5
以代用品为原料者	≤2
铅(以Pb计),mg/L	≤1
锰(以Mn计),mg/L	≤2
食品添加剂	按GB2760—81规定

注: 以上系指酒精含量60%蒸馏酒的标准,高于或低于60%者,按60%折算。

2. GB10781.1～10781.3—89浓香型、清香型、米香型白酒的技术要求

(1) GB10781.1—89浓香型白酒

① 感官要求: 见附录-表21。

附录－表21

项目	优级	一级	二级
色泽	无色，清亮透明，无悬浮物，无沉淀		
香气	具有浓郁的己酸乙酯为主体的复合香气	具有较浓郁的己酸乙酯为主体的复合香气	具有己酸乙酯为主体的复合香气
口味	绵甜爽净，香味谐调，余味悠长	较绵甜爽净，香味谐调，余味较长	入口纯正，后味较净
风格	具有本品突出的风格	具有本品明显的风格	具有本品固有的风格

② 理化要求：见附录－表22。

附录－表22

项目	优级	一级	二级
酒精含量，%	41.0～59.0		
总酸(以乙酸计)，g/L	0.50～1.70	0.40～2.00	0.30～2.00
总酯(以乙酸乙酯计)，g/L	≥2.5	≥2.00	≥1.50
己酸乙酯，g/L	1.50～2.50	1.00～2.50	0.60～2.00
固形物，g/L	≤0.40		

注：(1) 酒精含量的允许公差为±1.0%。
(2) 酒精含量40.0%～49.0%，固形物可为0.50g/L。
(3) 优级、一级、二级酒均不得加入非自身发酵产生的物质。

③ 卫生指标：按GB2757执行。

(2) GB10781.2—89清香型白酒

① 感官要求：见附录－表23。

附录－表23

项目	优级	一级	二级
色泽	无色，清亮透明，无悬浮物，无沉淀		
香气	清香纯正，具有乙酸乙酯为主体的清雅、谐调的复合香气	清香较纯正，具有乙酸乙酯为主体的香气	清香较正，具有乙酸乙酯为主体的香气
口味	口感柔和，绵甜爽净，谐调，余味悠长	口感柔和，绵甜爽净，较谐调，余味较长	较绵甜爽净，有余味
风格	具有本品突出的风格	具有本品明显的风格	具有本品固有的风格

② 理化要求：见附录－表24。

附录－表24

项　　目	优　　级	一　　级	二　　级
酒精含量，%	41.0～59.0		
总酸(以乙酸计)，g/L	0.40～0.90	0.35～1.10	0.30～1.40
总酯(以乙酸乙酯计)，g/L	1.40～4.20	1.20～4.20	1.00～4.20
乙酸乙酯，g/L	0.80～2.60	0.65～2.60	0.50～2.60
固形物，g/L	≤0.40		

注：(1) 酒精含量的允许误差为±1.0%。
(2) 酒精含量40.0%～49.0%，固形物可为0.50g/L。
(3) 优级、一级、二级酒均不得加入非自身发酵产生的物质。

③ 卫生指标：按GB2757执行。

(3) GB10781.3—89米香型白酒

① 感官要求：见附录－表25。

附录－表25

项　目	优　　级	一　　级	二　　级
色　泽	无色、清亮透明，无悬浮物，无沉淀		
香　气	米香纯正，清雅	米香纯正	米香较纯正
口　味	绵甜，爽洌，回味怡畅	绵甜，爽洌，回味较畅	纯正，尚爽洌
风　格	具有本品突出的风格	具有本品明显的风格	具有本品固有的风格

② 理化要求：见附录－表26。

附录－表26

项　　目	优　　级	一　　级	二　　级
酒精含量，%	41.0～57.0		
总酸(以乙酸计)，g/L	≥0.30	≥0.25	≥0.20
总酯(以乙酸乙酯计)，g/L	≥1.00	≥0.80	≥0.40
固形物，g/L	≤0.40		

注：(1) 酒精含量的允许误差为±1.0%。
(2) 酒精含量41.0%～49.0%，固形物可为0.50g/L
(3) 优级、一级、二级酒均不得加入非自身发酵产生的物质。

③ 卫生指标：按GB2757执行。

3. GB11859.1～11859.3—89低度浓香型白酒、低度清香型白酒、低度米香型白酒的技术要求

(1) GB11859.1—89低度浓香型白酒

① 感官要求：见附录－表27。

附录-表27

项　目	优　级	一　级	二　级
色　泽	无色，清亮透明，无悬浮物，无沉淀		
香　气	具有浓郁的己酸乙酯为主体的复合香气	具有较浓郁的己酸乙酯为主体的复合香气	有己酸乙酯的香气，无异臭
口　味	绵甜爽净，香味谐调，余味较长	绵甜较爽净，香味谐调	入口醇正，后味较净
风　格	具有本品突出的风格	具有本品明显的风格	具有本品固有的风格

② 理化要求：见附录－表28。

附录－表28

项　目	优　级	一　级	二　级
酒精含量，%	35.0～39.0		
总酸(以乙酸计)，g/L	0.35～1.50	0.30～1.80	0.30～2.00
总酯(以乙酸乙酯计)，g/L	≥2.00	≥1.50	≥1.20
己酸乙酯，g/L	1.20～2.00	0.60～2.00	0.40～2.00
固形物，g/L	≤0.70		

注：酒精含量的允许误差为±1.0%

③ 卫生指标：甲醇、杂醇油、铅按GB2757执行。

(2) GB11859.2—89低度清香型白酒

① 感官要求：见附录－表29。

附录－表29

项　目	优　级	一　级	二　级
色　泽	无色，清亮透明，无悬浮物，无沉淀		
香　气	清香纯正，具有乙酸乙酯为主体的清雅、谐调的复合香气	清香较纯正，具有乙酸乙酯为主体的香气	具有乙酸乙酯的香气，无异臭
口　味	口感柔和，绵甜谐调，余味爽净	口感柔和，绵甜谐调，较爽净	较绵甜、爽净
风　格	具有本品突出的风格	具有本品明显的风格	具有本品固有的风格

② 理化要求：见附录－表30。

附录－表30

项　目	优　级	一　级	二　级
酒精含量，%	35.0～39.0		
总酸(以乙酸计)，g/L	0.30～0.90	0.25～1.20	0.20～1.20
总酯(以乙酸乙酯计)，g/L	1.20～3.80	1.00～3.80	0.80～3.80
乙酸乙酯，g/L	0.65～2.20	0.50～2.20	0.40～2.20
固形物，g/L	≤0.60		—

注：酒精含量的允许误差为±1.0%。

③ 卫生指标：甲醇、杂醇油、铅按GB2757执行。

(3) GB11859.3—89低度米香型白酒

① 感官要求：见附录－表31。

附录－表31

项　目	优　级	一　级	二　级
色　泽	无色，清亮透明，无悬浮物，无沉淀		
香　气	米香纯正、清雅	米香纯正	米香较醇正
口　味	绵甜，爽洌，回味怡畅	绵甜，爽洌，回味怡畅	醇正，尚爽洌
风　格	具有本品突出的风格	具有本品明显的风格	具有本品固有的风格

② 理化指标：见附录－表32。

附录－表32

项　目	优　级	一　级	二　级
酒精含量，%	35.0～39.0		
总酸(以乙酸计)，g/L	≥0.25	≥0.20	≥0.10
总酯(以乙酸乙酯计)，g/L	≥0.60	≥0.45	≥0.30
固形物，g/L	≤0.60		—

注：酒精含量的允许误差为±1.0%。

③ 卫生指标：甲醇、杂醇油、铅按GB2757执行。

4. GB/T14867—94凤香型白酒的技术要求

(1) 凤香型白酒

① 感官要求：应符合附录－表33的规定。

附录－表33

项　目	优等品	一等品	合格品
色　泽	无色，清亮透明，无悬浮物，无沉淀		
香　气	醇香秀雅，具有乙酸乙酯为主、一定量己酸乙酯为辅的复合香气	醇香纯正，具有乙酸乙酯为主、一定量己酸乙酯为辅的复合香气	醇香较正，具有乙酸乙酯为主、一定量己酸乙酯为辅的复合香气
口　味	醇厚丰满，甘润挺爽，诸味谐调，尾净悠长	醇厚甘润，谐调爽净，余味较长	较醇厚，甘润谐调，爽净，有余味
风　格	具有本品突出的风格	具有本品明显的风格	具有本品固有的风格

② 理化要求：应符合附录－表34的规定。

附录－表34

项　目	优等品	一等品	合格品
酒精含量(20℃)，%	40.1～55.0		
总酸(以乙酸计)，g/L	≥0.35	≥0.30	≥0.25
总酯(以乙酸乙酯计)，g/L	≥1.60	≥1.50	≥1.40
乙酸乙酯，g/L	≥0.60	≥0.50	≥0.40
己酸乙酯，g/L	0.15～0.50	0.12～0.50	0.10～0.50
固形物，g/L	≤0.80		

注：(1) 酒精含量的允许公差为±1.0%。

(2) 优等品、一等品、合格品均不得加入非自身发酵产生的物质。

③ 卫生要求：应符合GB2757的规定。

(2) 低度凤香型白酒

① 感官要求：应符合附录－表35的规定。

附录－表35

项　目	优等品	一等品	合格品
色　泽	无色，清亮透明，无悬浮物，无沉淀		
香　气	醇香秀雅，具有乙酸乙酯为主、一定量己酸乙酯为辅的复合香气	醇香纯正，具有乙酸乙酯为主、一定量己酸乙酯为辅的复合香气	醇香较纯正，具有乙酸乙酯为主、一定量己酸乙酯为辅的复合香气
口　味	醇厚甘润，谐调爽净，有余味	醇厚甘润，谐调，味爽净	较醇厚，甘润，爽净
风　格	具有本品突出的风格	具有本品明显的风格	具有本品固有的风格

② 理化要求：应符合附录－表36的规定。

附录－表36

项　目	优等品	一等品	合格品
酒精含量(20℃)，%	35.0～40.0		
总酸(以乙酸计)，g/L	≥0.20	≥0.15	≥0.10
总酯(以乙酸乙酯计)，g/L	≥1.00	≥0.80	≥0.60
乙酸乙酯，g/L	≥0.40	≥0.35	≥0.30
己酸乙酯，g/L	0.12～0.40	0.10～0.40	0.08～0.40
固形物，g/L	≤0.90		

注：酒精含量的允许公差为±1.0%。

③ 卫生要求：应符合GB2757的规定。

(二) 白酒行业标准的技术要求

QB1498—92液态法白酒

1. 原辅材料

所用酒基必须符合GB10343的要求。

2. 感官要求

感官要求见附录－表37。

附录－表37

项　目	优　级	普通级
色　泽	无色透明，无悬浮物，无沉淀	
香　气	具有纯正、舒适、协调的香气	有较纯正、协调的香气
口　味	具有醇甜、柔和爽净的口味	有较醇甜、柔和的口味
风　格	具有本品的风格	

3. 理化要求

理化要求见附录－表38。

附录－表38

项　　目	优　　级	普　通　级
酒精含量，%	25.0～55.0	
总酸(以乙酸计)，g/L	0.30～1.00	0.20～1.00
总酯(以乙酸乙酯计)，g/L	0.40～1.00	0.20～1.00
固形物，g/L	≤0.60	

注：(1) 酒精含量的允许公差为±1.0%。
(2) 酒精含量40.0%以下(含40.0%)，固形物可不大于0.70g/L。

4. 卫生要求

卫生要求见附录－表39。

附录－表39

项　　目	优　　级	普　通　级
甲醇，g/L	≤0.40	
杂醇油，g/L		
铅，mg/L	≤1.00	

注：卫生要求的各项指标按酒精含量60%折算；酒精含量40%以下(含40%)，按实际酒精含量折算。

五、白酒工业书刊

(一) 主要书籍(不包括译本)

1. 贾思勰著：齐民要术，北魏
2. 朱肱著：北山酒经，宋朝
3. 苏东坡著：东坡酒经，宋朝
4. 宋应星著：天工开物，明朝
5. 陈騊声著：发酵工业，中华书局，1931
6. 陈騊声著：农产制造，中华书局，1931
7. 孙颖川等著：酒花测验烧酒浓度法，黄海化学工业研究社，1933
8. 方心芳著：汾酒酿造情况报告，黄海化学工业研究社，1934
9. 方心芳、金培松著：高粱酒之研究，黄海化学工业研究社，1935
10. 中央工业试验所著：酿造研究，商务印书馆，1937
11. 胡山源著：古今酒事，世界书局，1939
12. 陈騊声著：酿造学总论(上下册)，商务印书馆，1941
13. 陈騊声著：酿造学分论(上下册)，商务印书馆
14. 方乘著：农产酿造，中华书局，1948
15. 孙颖川等著：汾酒用水及其发酵秕之分析，黄海化学工业研究社，1949
16. 陈騊声著：酿造学实验，商务印书馆，1951
17. 陈騊声著：实用微生物学实验，商务印书馆，1951
18. 陈騊声著：高等酿造学，商务印书馆，1953

19. 陈驹声著: 实用微生物学,商务印书馆,1953
20. 陈驹声著: 酶化学,商务印书馆,1954
21. 朱梅编著: 白酒酿造,轻工业出版社,1955
22. 朱洗著: 巴斯德,中国青年出版社,1956
23. 地方工业部编: 烟台酿酒操作法,轻工业出版社,1956
24. 食品工业部制酒工业局编: 酒糟的利用,食品工业出版社,1957
25. 万良适、吴伦熙主编: 汾酒酿造,食品工业出版社,1957
26. 石声汉著: 从齐民要术看中国古代的农业科学知识,科学出版社,1957
27. 中国科学院自然科学名词编订室编: 拉汉微生物名称,科学出版社,1958
28. 高士其编著: 微生物漫谈,科学普及出版社,1958
29. 张建军等著: 农村小酒厂,科学普及出版社,1958
30. 轻工业部食品二局编: 新原料酿酒,轻工业出版社,1958
31. 陕西省工业厅编: 西凤酒酿造,轻工业出版社,1958
32. 轻工业部食品二局编: 橡子制酒精和白酒,轻工业出版社,1958
33. 轻工业部食品二局编著: 制酒工业生产技术经验,轻工业出版社,1958
34. 周恒刚编著: 麸曲白酒生产工人基本知识,轻工业出版社,1958
35. 彭华秀编: 怎样办小型白酒精馏站,轻工业出版社,1958
36. 陈驹声编著: 液体曲研究,轻工业出版社,1958
37. 邹志鹗编: 稻草酿酒和酒糟造纸,轻工业出版社,1958
38. 轻工业部食品二局编: 多快好省办酿酒工业的经验,轻工业出版社,1958
39. 食品工业部制酒管理局编: 制酒工业科学研究报告选集,轻工业出版社,1958
40. 安徽省轻工业报编辑室编: 制曲和酿酒,安徽人民出版社,1959
41. 河南轻工业局食品处编著: 酿酒技术,河南人民出版社,1959
42. 轻工业出版社编: 酒精与白酒生产技术,轻工业出版社,1959
43. 周恒刚编著: 白酒生产,轻工业出版社,1959
44. 秦含章编: 老姆酒酿造法概要,轻工业出版社,1959
45. 彭华秀编著: 小曲白酒生产工人基本知识,轻工业出版社,1959
46. 四川省商业厅等编: 泸州老窖大曲酒,轻工业出版社,1959
47. 中国科学院编译出版委员会名词室编: 英汉微生物名词,科学出版社,1959
48. 沈阳市酿酒工业公司著: 酒精的充分利用,轻工业出版社,1960
49. 无锡轻工业学院编: 生物化学,中国财政经济出版社,1961
50. 石声汉编: 齐民要术选读本,农业出版社,1961
51. 北京轻工业学院等编: 微生物学,中国财政经济出版社,1962
52. 无锡轻工业学院等编: 酿酒工艺学,中国财政经济出版社,1962
53. 北京轻工业学院等编: 发酵工业分析,中国财政经济出版社,1962
54. 方心芳著: 应用微生物学实验法,中国财政经济出版社,1962
55. 无锡轻工业学院编: 发酵生产设备,中国财政经济出版社,1963
56. 中国糖业烟酒公司等编: 糖烟酒商品养护知识,中国财政经济出版社,1964

57. 周恒刚编著: 糖化曲,轻工业出版社,1965
58. 轻工业部食品工业管理局编: 烟台酿制白酒操作法,轻工业出版社,1965
59. 鲁宝重编著: 酶学概论,科学出版社,1965
60. 俞大绂等著: 微生物学,科学出版社,1965
61. 中国科学院微生物研究所编: 微生物在工业上的应用,科学出版社,1970
62. 天津酶制剂厂等编著: 微生物酶制剂,天津人民出版社,1971
63. 中国科学院微生物研究所编: 常见与常用真菌,科学出版社,1973
64. 中国科学院微生物研究所编: 微生物诱变育种,科学出版社,1973
65. 周恒刚、沈震寰编著: 麸曲白酒生产基本知识,轻工业出版社,1975
66. 科学出版社组织编写: 真菌名词及名称,科学出版社,1976
67. 河北省廊坊地区工业局编著: 白酒生产微生物,轻工业出版社,1977
68. 王福荣编著: 白酒生产分析检验,轻工业出版社,1978
69. 陈驹声著: 中国微生物工业发展史,轻工业出版社,1979
70. 钱存柔、董碧虹编: 微生物学基础知识及实验指导,科学出版社,1979
71. 郭杰炎、蔡武城编著: 微生物酶,科学出版社,1980
72. 曾纵野编著: 中国名酒志,中国旅游出版社,1980
73. 黑龙江商学院等编: 中国酒,中国财政经济出版社,1980
74. 无锡轻工业学院等编: 微生物学,轻工业出版社,1980
75. 天津轻工业学院等编著: 工业发酵分析,轻工业出版社,1980
76. 华南工学院等编著: 酒精与白酒工艺学,轻工业出版社,1980
77. 大连轻工业学院主编: 生物化学,轻工业出版社,1980
78. 中国科学院微生物研究所菌种保藏手册编著组: 菌种保藏手册,科学出版社,1980
79. 范秀容、沈萍编: 微生物学实验,高等教育出版社,1980
80. 华南工学院等编著: 发酵工程与设备,轻工业出版社,1981
81. 于文泉、刘红彦编: 酒类商品知识,中国商业出版社,1981
82. 晋久工编著: 白酒生产问答,山西人民出版社,1981
83. 周恒刚编著: 白酒生产工艺学,轻工业出版社,1982
84. 沈怡方编著: 液体发酵法白酒生产,轻工业出版社,1983
85. 中国微生物菌种保藏委员会编著: 中国菌种目录,轻工业出版社,1983
86. 刘荣志编著: 糖化酶生产和酿酒工艺,湖南科学技术出版社,1983
87. 王金山编著: 饮料酒酿造技术,黑龙江科学技术出版社,1983
88. 刘蔚起编著: 酒·包装·装璜,湖南科学技术出版社,1983
89. 商业部教育司编: 酒类商品知识,知识出版社,1984
90. 章名春编著: 工业微生物诱变育种,科学出版社,1984
91. 轻工业部食品工业局、轻工业出版社编: 中华美酒,轻工业出版社,1985
92. 袁庆辉、刘雁然编著: 发酵生产设备,轻工业出版社,1985
93. 文景明主编: 酒家杏花村,山西人民出版社,1985

94. 尉文树编著: 世界名酒知识,中国展望出版社,1985
95. 辽宁商业厅教材编审委员会等编: 烟酒糖茶四百题,工人出版社,1985
96. 哈尔滨市第二商业局编著: 副食品商品知识,黑龙江人民出版社,1985
97. 徐嘉生、马静承编著: 饮酒与健康,轻工业出版社,1985
98. 白毓谦、方善康编著: 微生物学实验技术,山东大学出版社,1986
99. 郭宗武、汇传编著: 白酒的尝评勾兑与调味,河南科学技术出版社,1986
100. 吴衍康编著: 浓香型曲酒微生物技术,四川科学技术出版社,1986
101. 沈尧坤、曾祖训编著: 白酒气相色谱分析,轻工业出版社,1986
102. 万国光编著: 中国的酒,人民出版社,1986
103. 才燕、秋华编著: 酒!?科学技术文献出版社重庆分社,1986
104. 周德庆主编: 微生物学实验手册,上海科学技术出版社,1986
105. 秦含章著: 现代酿酒工业综述,中国食品出版社,1987
106. 沈国坤、蒲青编著: 低度酒制作技术,四川科学技术出版社,1987
107. 万国光著: 酒话,科学普及出版社,1987
108. 蒋荣荣: 酒海大观,山西人民出版社,1988
109. 夏家馂著: 中国人与酒,中国商业出版社,1988
110. 蔡定域编著: 酿酒工业分析手册,轻工业出版社,1988
111. 张树政、王修垣主编: 工业微生物学成就,科学出版社,1988
112. 张树政主编: 酶制剂工业(全二册),科学出版社,1988
113. 《白酒生产工艺和设备》编写组编: 白酒生产工艺和设备,轻工业出版社,1988
114. 周于德等编著: 酒的知识,轻工业出版社,1988
115. 景泉等编: 酒曲生产实用技术,中国食品出版社,1988
116. 梁雅轩、廖鸿生编著: 酒的勾兑与调味,轻工业出版社,1989
117. 赵元森编著: 低度白酒工艺,中国商业出版社,1989
118. 万吉善等编: 白酒质量检验手册,中国计量出版社,1989
119. 高富良编: 茶点酒水知识,高等教育出版社,1989
120. 李钟庆编著: 微生物菌种保藏技术,科学出版社,1989
121. 李友荣、马辉文编著: 发酵生理学,湖南科学技术出版社,1989
122. 陈惠英等编著: 饮食与安全家庭饮食200禁,中国卓越出版社,1990
123. 无锡轻工业学院编: 微生物学(第二版),轻工业出版社,1990
124. 焦瑞身、周德庆主编: 微生物生理代谢实验技术,科学出版社,1990
125. 康明官编著: 白酒工业手册,轻工业出版社,1991
126. 李大和、黄圣明编著: 浓香型白酒生产技术,轻工业出版社,1991
127. 程丽等编著: 茶酒治百病,上海科学技术文献出版社,1991
128. 刘久年、刘仁骅编著: 饮酒的科学,上海科学技术出版社,1991
129. 陈驹声主编: 发酵工业词典,轻工业出版社,1991
130. 农业部乡镇企业局编: 微生物发酵工业生产与污染防治,中国环境科学出版社,1991

131. 余世谦著: 茶酒烟,上海科技教育出版社,1991
132. 中国预防医学科学院标准处编: 食品卫生国家标准汇编(2),中国标准出版社,1992
133. 徐维恭、徐杰编著: 饮酒知识趣谈,金盾出版社,1992
134. 知识出版社编: 酒醇茶香,知识出版社,1992
135. 杜连祥等编著: 工业微生物学实验技术,天津科学技术出版社,1992
136. 孙方勋编著: 世界葡萄酒和蒸馏酒知识,中国轻工业出版社,1993
137. 黄长江编著: 知识趣闻博览(三),北京经济学院出版社,1993
138. 高景炎等编著: 白酒精要,知识出版社,1993
139. 刘宝家等编: 食品加工技术、工艺和配方大全续集1(下),科学技术文献出版社,1993
140. 秦含章著: 新编酒经,人民日报出版社,1993
141. 陆寿鹏主编: 白酒工艺学,中国轻工业出版社,1994
142. 康明官编著: 中外名酒知识及生产工艺手册,化学工业出版社,1994
143. 肖冬光等编著: 酿酒活性干酵母的生产与应用技术,内蒙古人民出版社,1994
144. 熊子书编著: 酱香型白酒酿造,中国轻工业出版社,1994
145. 诸葛健、王正祥编著: 工业微生物实验技术手册,中国轻工业出版社,1994
146. 劳动部教材办公室组织编写: 白酒生产工艺学,中国劳动出版社,1995
147. 章克昌主编: 酒精与蒸馏酒工艺学,中国轻工业出版社,1995
148. 康明官编: 白酒工业新技术,中国轻工业出版社,1995
149. 熊子书著: 中国名优白酒酿造与研究,中国轻工业出版社,1995
150. 李大和编著: 白酒勾兑技术问答,中国轻工业出版社,1995
151. 吴建平编著: 小曲白酒酿造法,中国轻工业出版社,1995
152. 陈功、王福林编著: 白酒气相色谱分析疑难问答,中国轻工业出版社,1996
153. 沈怡方、李大和编著: 低度白酒生产技术,中国轻工业出版社,1996
154. 钱松、薛惠茹编著: 白酒风味化学,中国轻工业出版社,1997
155. 秦含章编著: 白酒酿造的科学与技术,中国轻工业出版社,1997
156. 陶文沂主编: 工业微生物生理与遗传育种学,中国轻工业出版社,1997
157. 李大和主编: 浓香型大曲酒生产技术(修订版),中国轻工业出版社,1997
158. 张克旭主编: 代谢控制发酵,中国轻工业出版社,1998
159. 陈功编著: 固态发酵法生产技术,中国轻工业出版社,1998
160. 沈怡方主编: 白酒生产技术全书,中国轻工业出版社,1998

(二) 主要刊物

1. 中国酿酒工业协会、中国轻工报社: 中国酒,中国酒杂志社,月刊
2. 黑龙江省酿酒专业协会: 酿酒,酿酒杂志编辑部,双月刊
3. 贵州省轻工业科学研究所: 酿酒科技,酿酒科技编辑部,双月刊

六、白酒工业大事记

(一) 建国以来白酒行业的重要会议

(1) 全国第一届酿酒会议是1955年11月3日至19日在唐山召开的。会议由中央地方工业部主持，沙千里部长在会上作了重要报告。这次会议着重学习讨论了烟台酿酒“低温入窖，定温蒸烧，养糟挤回，黄曲加酵母”的操作法。同时交流了小曲酒和酒精制造的经验；对白酒的质量标准第一次作了适当的规定；会议期间还举办了新酒源展览。会上根据全国酿酒行业存在的问题，认真讨论了贯彻国家第一个五年计划中关于酿酒工业的规定；会议提出了全酿酒行业为国家节约12.5万吨粮食的号召。会后全国酿酒企业掀起了增产节约粮食、推广烟台操作法的热潮，收到了极大的经济效益与社会效益。

(2) 原轻工业部在70年代，连续三次召开全国性会议，研究液态法白酒生产问题。首先是在通县召开了由内蒙古轻工研究所和北京酿酒总厂主持的一步法科研与大试生产的初步成效会。会后这项成果在部分省(市)进一步试验应用。1974年，原轻工业部又在安徽省当涂酒厂和马鞍山酒厂召开了一步法液态白酒新工艺总结会议，会上充分交流了一步法白酒正、反两方面的经验，并指出仍须深化研究总结。1977年，原轻工业部主持，在江苏省无锡市无锡县玉祁酒厂召开了全国液态法白酒现场会，听取了玉祁酒厂的经验介绍，参观了现场，品评了各地带来的一步法、二步法的液态白酒，会议肯定了“液态除杂、固态增香、固液勾兑”工艺技术路线。一直沿用至今，也是今后发展的技术基础。

(3) 1978年12月，在湖南长沙召开了全国名优白酒提高产品质量工作会议。会议由原轻工业部食品工业局主持，潘裕仁副局长根据会前组织工作组的调查以及会议期间的充分讨论，在总结中提出：白酒行业要认真学习推广应用茅台、汾酒、泸州试点的各项经验；纠正了部分酒厂在掌握质量上的偏差，强调了酒体的香味协调完整性；提出了发展名酒要学创结合，继承发扬与改进提高相结合，要不断地开发创造新产品、新香型，适应不同类型消费者的需要；并决定进行国家第三届评酒。1979年在辽宁省大连市进行的第三届评酒就是本着这次会议精神，考核录取评酒委员，白酒划分香型评比，打破名优质酒终生制的制度。湖南会议是文革后的一次白酒行业“拨乱反正”、具有历史意义的重要会议。

(4) 80年代初，由原轻工业部主持，在山东省烟台市召开了全国白酒、酒精行业节能工作专业会议。会上由山东省蓬莱酒厂介绍了沼气发酵和烟道余热利用、锅炉改造等技术和管理的经验，使吨酒耗煤达到0.4t水平。会后在全国各地酒厂掀起了降低煤耗、节约能源的热潮，为全国白酒、酒精行业节能起到了很大的推动作用。

(5) 全国酿酒工业增产节约工作会议于1987年3月22日至26日在贵阳市召开，这是由国家经委、轻工业部、商业部、农牧渔业部联合召开的一次重要会议。参加会议的有国家有关部、29个省、市、自治区的酿酒主管部门、高等院校、科研单位、生产企业和新闻等单位，共470人。会上共收到典型经验资料80份。有提高产品质量、降低消耗、开展增产节约的经验；有改变产品结构、降低酒度的经验；有开展横向联合的经验；有依靠技术进步，采用新技术的经验。专家们做了专题学术报告。轻工业部副部长康仲伦代表一委三部做了重要报告，分析了全国酿酒行业的形势与任务后指出，我国酿酒行业必须坚持优质、低度、多品种的发展方向，逐步实现四个转变，即“高度酒向低度酒转变；蒸馏酒向酿造酒转变；粮食酒向果类酒转变；普通酒向优质酒转变”的方针。会议要求白酒行业年产量控制在300万吨；白酒酒度要求降低10度，普通白酒要降到55度以下，大力研究40度以下的低度白酒；通过价格、税收政策，扶持低度白酒发展。对优质白酒要努力增产，在进一步提高质量风味的前提下，发展以食用酒精为基酒，采用串、勾、调新技术的产品。在技术上要不断总结探索优质白酒的生产规律，如优良菌种的分离、选育应用；发酵、蒸馏、陈化机理的深入剖析。对低度酒的混浊处理也要有所突破。成品酒的勾兑和检测方法要求逐步采用新的技术、新装备。

此外，原轻工业部、商业部、农业部等有关部及各省、市、自治区，都针对行业和地方实际情况召开过专题、专项各种形式的会议。例如：大跃进中的商丘会议、建阳会议；节粮、节煤的烟台会议；原料基地的沙城会议；酒类发展规划的杏花村会议等。每次会议都使白酒行业向前推进一步。

(二) 建国以来白酒行业主要的生产技术试点

(1) 烟台试点　1955年初，原中央地方工业部组织全国11个省、市、自治区的先进工人、工程技术干部和管理人员共70多人，在山东省烟台市酒厂进行以薯类原料为中心的"烟台试点"。这次试点是在烟台、威海两个酒厂多年生产实践基础上，进行分析化验，从实践到理论，再从理论到实践，科学地总结出"低温发酵，定温蒸烧，适当安排发酵期，做好曲子酵母"的经验，达到提高出酒率的目的。此操作法经全国第一届酿酒工业会议审议肯定，并作为1956年节约12.5万吨粮食的重要保证。烟台酿酒操作法是当时酿制白酒技术的典型，不但是薯干原料酿酒操作的规范，也是其他原料酿酒工艺的重要参考依据。更重要的是培训了一大批技术骨干，创造了以点带面的工作经验，给后来白酒工艺的发展提供了宝贵的经验，也是白酒科研以及生产管理上的重要起步。烟台白酒操作法时至今日在白酒生产上仍有指导意义。

(2) 金陵试点　1956年9月至11月，中央食品工业部组织10个省、市、自治区的53人，在南京市金陵酒厂进行了提高薯干酒质量的技术试点。实验证明，生产薯干酒采取干蒸原料、混烧的方法，可以排除部分甘薯气味，再增添生香菌种则效果更好。成品酒经适量的高锰酸钾与活性炭处理，可以改善酒味。若进一步兑入少量(8%)发酵期较长的大曲酒，则更臻完善。对比试验延长发酵期1个月，成品酒基本上无甘薯气味，并具有大曲酒的醇香。

(3) 东北区试点　1953年至1954年，东北行政委员会地方工业局组织东北三省的曲师、酒师及工程技术管理干部，分两次在辽阳、长春进行试验。在白色曲霉菌中选育了优良菌株，制订了东北制曲、制酒操作法，使出酒率提高到(含曲)31.71%，接近32%的先进水平，为国家积累资金、节约粮食作出了贡献。

(4) 周口试点　1957年的周口橡子酿酒试点，对各地的橡子进行了分析，选出了适宜橡子原料的曲霉及酵母菌，制订了橡子原料酿酒操作法，利用橡子酒糟养猪试验，制曲配料对比试验等，都取得了一定成绩。橡仁三排平均淀粉出酒率71.31%，带皮橡子五排平均出酒率为69.38%。橡子与薯干混合发酵，比两者单烧的出酒率都高，并提高了产品质量。选用黑曲霉代替黄曲霉制曲，使全国出酒率大幅度地提高。

(5) 涿县试点　1957年，中央食品工业部总结了全年均衡生产、夏季不掉排的先进经验，提出了白酒生产的"稳、准、细、净"的操作法。"稳"就是生产条件不轻易变动，"准"是严格配料、严格操作，淀粉浓度、水分、酸度和温度，都合乎规定要求；"细"就是原料细、操作细、管理细；"净"就是搞好卫生，文明生产。根据上述操作，最后又落到产量"稳"字上来，四字之间有不可分割的相互联系。

采取降温控酸的有效措施，保证了酒醅的内在质量，缩短了发酵期，减少了曲子、酒母用量，降低了入池淀粉浓度，控制了入池酸度，使夏季薯干原料出酒率达59.10%，并有效地防止了夏季掉排现象。

(6) 四川小曲酒试点　1957年5月中央食品工业部组织12个省、市、自治区的158人参加了小曲酒试点。在劳模李友澄和冉启才的指导下，结合各地经验进行试验，对全国小曲酒生产技术作了全面的总结。试点制订了"四川糯高粱小曲酒操作法"。1964年，四川省又组织专业班子，先后查定了江津等8个酒厂的高粱、包谷(玉米)小曲酒现行操作法，然后在永川柏林酒厂两次组织高粱小曲酒试点和绵竹包谷小曲酒试点，对原有操作法作了以下改进。

一是操作简化，减少了"烟水"和"打造"两项操作，并把高粱包谷原料的操作统一起来。二是关键明确，即:三减(减少初蒸时间、熟粮水分和用曲量);一嫩(出箱嫩);四配合(原糖、水分、团烧温度与配糟的配合)。经过44次定型操作，原料出酒率可达65%，平均为52.51%;淀粉利用率85.69%，比1957年提高2.85%。吨酒耗煤856.9kg，比1957年降低36.6%。操作时间缩短1.5～2h，还降低了劳动强度。

(7) 泸州老窖试点　1957至1958年，中央食品工业部与四川糖酒研究室，对泸州老窖大曲酒进行了总结，通过传统操作法与现行操作法的标定对比，摸清了影响白酒质量的因素和改进方法。即:熟糠拌料、窖池宜小、降低窖帽、回酒发酵、延长发酵期等技术措施，使浓香型白酒质量得到迅速提高。试点测定老窖窖底酒醅的产酒质量高于窖边，窖边又高于上面酒醅的酒，明确了浓香型酒醅接触窖泥的关系，为后来人工老窖提供了依据。参加试点的有五粮液、剑南春和全兴大曲酒厂，各厂在吸收泸州综合操作法经验后，产品质量都得到了很大的提高，这些经验至今仍为各厂所遵循。

(8) 修订烟台操作法试点　1963年3月轻工业部组织9个省、市、自治区的有关工作技术人员，对执行8年的烟台操作法进行修订试点。经过2个多月的工作，将要点修改为:"麸曲酵母，合理配料，低温入窖，定温蒸烧"。黄曲改为黑曲，多种酵母改为一种，操作更加具体，强调配料与低温入窖、定温蒸烧的关系，增添了安全度夏措施及生产计划，推广了通风晾楂操作。

操作法制定后，在各厂进行验证，在原来出酒率高的基础上又提高了2%～3%。向各省推广后，出酒率都显著上升。

(9) 茅台试点　1964～1966年的两期茅台试点，抽调各省、市、自治区的技术人员30余名参加。试点取得的主要成果是:肯定了6项操作，澄清了"三老"之争，取得了4项成果，提出了4项课题，练出了一批新兵。茅台的试点为全国白酒行业作出了6项新的突破性成绩。

一是从茅台酒厂的窖中分离出己酸菌株，并对该菌株作了形态及死亡温度、耐酒精和消化糖类等生理试验。证明了其代谢产物己酸乙酯是茅台酒三种典型体的主体香气成分之一，为确认浓香型白酒的主体香成分提供了科学依据。此项成果对全国浓香型白酒的发展起到了推动作用。

二是在堆积和发酵材料中，分离出了产酯能力强的汉逊酵母和球拟酵母，从辽宁凌川和哈尔滨龙滨酒厂开始应用并推广到白酒麸曲生产中，提高了麸曲酱香型白酒的质量，这是国内最早的记录。

三是通过对茅台酒厂的天锅蒸酒和立管冷却器的对比试验和总结，在保证产品质量的前提下，使出酒率提高了3%～5%。

四是在试点中通过试验和分析，对茅台酒三种典型体之一的酱香成分，首次判断可能是4－乙基愈创木酚。

五是试点中不仅研究了三种典型体的主要成分，同时对白酒杂味进行了首次探索。经测定，新酒中都含有硫化氢、硫酸、二乙基硫、丙烯醛和硫铵等。若加热处理后，则失去了新酒味。为白酒的除杂、老熟增香提供了科学依据。

六是茅台试点是采用“倒插笔”的思路和工作方法，此方法为以后国内各地试点提供了一条少走弯路的经验。

(10) 汾酒试点　1964年3月至1965年5月，为了总结提高汾酒生产技术和传统经验，进一步探讨提高汾酒质量的规律，由中央轻工业部与山西省轻工业厅组织35名工程技术人员一起在汾酒厂进行试点。

试点中对汾酒的大曲、酿酒、成品进行了系统的科学总结，共研究了200多个项目，进行了3000多次试验，取得了20000多个科学数据，和该厂一起，制订了汾酒酿造工艺学，汾酒酿造用微生物实验法，汾酒品质尝评法，汾酒酿造化学分析等60多万字的技术资料。初步摸清了汾酒的生产规律，揭开了汾酒生产质量的奥秘，破除了不少迷信，提高了汾酒质量和产量，为汾酒以后的快速发展，奠定了一定的科学基础。

(11) 液态法白酒的各项试点　60年代初国家科委在《关于酿酒工业及其技术装备政策的若干规定(草案)》中指出:“今后10年白酒的生产工艺应以液态发酵为发展方针”。1966年轻工业部发酵研究所与山东临沂酒厂进行了白酒串香试点，以薯干为原料，加麸皮氮源、生香酵母、回香醅，延长发酵期，采用90％(体积分数)的酒精串香，产品质量较好。

1967年，轻工业部发酵研究所又与山东青岛酒精厂一起，组织全国7个地区15名工程技术人员，进行白酒串香试点，仿老窖风味，产品称“麸香白酒”，其质量较好，经济效益和机械化程度提高，提高劳动生产率7.4倍。

1975年，轻工业部将液态白酒列入科研项目，内蒙古轻工所从四川五粮液老窖泥中分离出己酸菌30号菌株，经扩大培养用于液态发酵，明显地改变了白酒的质量，这是一项重要的突破。此后，黑龙江省轻工业研究所研制复合式蒸馏塔，使酸的提取率平均为5％，酯的提取率平均为34％。

1973年，辽宁省轻工厅组织一批技术力量在金县试点。首先分析论证了固态与液态法生产的酒在风味上不同的主要原因。经过试验总结，提出了“液态除杂、固态增香、固液勾兑”的技术路线。经各地实践证明，到目前为止，这条路线仍然是切实可行的。

1975年，黑龙江省轻工厅组织的玉泉试点，首先提出:浓香型白酒“增己降乳”的措施，并通过蒸馏查定得知，酒尾中的油滴是棕榈酸乙酯、油酸乙酯、亚油酸乙酯及其他高级脂肪酸及其酯类。首次纠正了过去误认为油滴是杂醇油的说法，并且提出了充分利用优质浓香白酒生产中的“酒头、酒尾、香糟、黄水”变废为宝的技术路线，生产出了具有龙江风格的新型白酒，这类白酒目前已占全省白酒总产量的60％以上。

70年代北京红星白酒采用串香蒸馏;80年代四川商业厅对浓香型曲酒进行研究，采用常压间歇蒸煮，多种微生物混合发酵，重点研究成酯的规律和量比关系，使产品达到了中档浓香型大曲酒质量的水平，为液态法白酒生产又开拓了新路子。四川文君酒厂在发酵过程中导进沼气，可促进己酸乙酯生成，进而总结为“G法新工艺”，揭示了老窖泥中甲烷杆菌的存在，并与己酸菌共栖于老窖中。这一发现，有着重要的生态学意义。

80年代中期，"北斗"试点中提出了己酸菌与甲烷菌共酵，并加入放线菌以减少产品泥臭味的技术理论，在生产实验中得到了验证。北斗计划使山东、河北、江苏、安庆等地酒厂的浓香型大曲酒的产量、质量跃进了一大步。

(12) 麸曲白酒质量的各项试点 60年代初凌川试点，摸清了5种生香酵母的关系，并对白酒成分运用纸上层析、电泳、容量分析等方法进行了剖析。同时，改进了制酒工艺，对窖内酒醅微生物(细菌)进行分离和产物试验，为后来试点工作中如何改进白酒质量提出了新的课题。

70年代的金州试点、芦台试点、北京的昌平试点，通过大量的试验和科学总结，证明麸曲是可以生产好酒的。凌川白酒、芦台春酒、燕潮酩酒、迎春酒、华都酒等优质酒，都是大量试点后的产品。

(13) 1958年，原轻工业部在周口组织重点省(市)技术力量对代用品原料进行试点，在试点取得成果的基础上，连续举办2期学习班，为全国代用品原料酿酒奠定了技术基础。其他地区，都举行过各种专题试点，并取得一些良好的效果。白酒界的人常说:白酒行业的发展和起家是试点的结果，这话不过份。

(三) 建国以来举办的全国性各种白酒培训班

(1) 烟台操作法技术培训班。全国第一届酿酒会议后，从1955年底到1956年上半年，由中央地方工业部主持，山东省负责主办了三次烟台操作法技术培训班，共培训全国各地的学员近200人，为烟台酿酒技术在全国迅速推广奠定了技术基础和培养了骨干力量。

(2) 全国麸曲优质酒技术培训班。于1982年5月在大连陆军学院举办，参加此次学习班的有辽宁、吉林、黑龙江、内蒙古、山西、山东等省共56人。讲课主要内容是白酒微生物，白酒发酵机理，麸曲白酒工艺。对麸曲白酒提高质量和出酒率有很大推动作用。

(3) 白酒勾调技术培训班。轻工业部于1980年在四川省成都市全兴酒厂举办了全国第一次白酒勾调训练班，由轻工业部酿酒处杨文华处长主持，四川省糖烟酒公司主办。参加学员有全国各地推荐的50多人。历经1个月讲课、实习、参观训练，大大提高了勾酒知识和技术水平，这对全国白酒质量均衡提高，特别是浓香型白酒普遍上档次起到了极大的作用。

各地对此次学习班反映良好，要求轻工部继续举办，为了满足各地要求，于1981年在江苏省双沟酒厂举办了第二期勾调学习班。学习班内容同第一期，这次参加学员50多人。

(4) 白酒气相色谱分析技术培训班。轻工业部于1979年委托内蒙古轻工研究所在江苏省洋河酒厂举办全国第一期白酒气相色谱分析技术培训班。由多位高级工程师授课和辅导、实验。参加培训班的学员，是以国家名、优质酒厂为主的化验分析技术人员共60多人。通过40多天的基本理论学习和实践操作，达到了培训班的预期目的，首次为白酒行业培训了高技术人才，使气相色谱技术开始步入了白酒行业。

轻工业部又于1981年委托江苏省食品发酵研究所和江苏省日用化工研究所在江苏省洋河酒厂举办第二期气相色谱技术培训班。参加学员共64人。学习班为进一步普及应用气相色谱分析技术、推动白酒行业的白酒质量提高，作出了应有的贡献。这两期学习班后，为全国重点白酒省(市)各自举办气相色谱学习班提供了师资基础，也为目前白酒生产工艺控制管理，微机勾兑等开发应用技术奠定了基础。

(5) 毛细管色谱分析技术培训班。轻工业部食品发酵科研所，于1993年在山东省泰安酿酒总厂举办全国白酒行业毛细管色谱分析技术培训班。这次学习班使色谱分析技术又提高到一个新水平。

(6) 营养型复制白酒学习班。中国白酒协会于1995年委托黑龙江省酿酒协会主办营养型复制白酒学习班，参加学习班的有5个省、市的近50名有一定实践经验的学员，经过半个月的讲课、实习、参观，经考试认为普遍掌握了理论和应用技术。1997年1月8日至1月14日在哈尔滨市举办了第二期营养型复制酒学习班，参加此次学习班的有来自16个省、市、自治区的72名学员。学习班虽然时间短，但内容丰富，学员们掌握了设计营养酒配方和生产框架的基本技能，达到可在本地区企业研究和指导生产的目的，对白酒行业节约粮食、与世界酒类接轨，开创了新的途径，为更好地发展营养型复制酒奠定了人才和技术基础。

(四) 建国以来全国性白酒评酒会

建国以来我国白酒共举行了五次评酒。第一次是1952年由中国专卖事业总公司主持，根据检测、市场销售，符合入选条件者，经第二届全国专卖会议审议通过就诞生了。第二次是1963年由轻工业部主持在北京举行，各地推荐白酒评委15名，由轻工业部审查同意，经过二周认真评比，从75个送样中，评出名白酒8个，优质酒9个。第三次是1979年在辽宁省大连市举行。仍由轻工业部主持，成立全国评酒会领导小组，邀请外贸，商业代表及各酒种知名专家组成，领导全部评酒工作。评委考核录取22人，参赛的白酒样品106个，分香型、分酒度、分原料品种、分糖化剂，密码编号，以百分制，淘汰法经初评、复评及决赛，最后以得分多少，择优录取办法评出国家名、优质酒。此次共评出名酒8个，优质酒18个。第四次是1984年在山西省太原市举行，由中国食品工业协会主持，邀请7名白酒专家成立评酒专家组。从71名考生中录取34名评酒委员。从各地推荐的148个样品中，评出国家名酒13个，优质酒27个。第五届是1989年由中国食品工业协会主持，在安徽省合肥市举行。考核录取评酒委员44名，特邀评委34名。从各地推送的361个样品中，评出17个名酒厂家的高中低度名酒43个产品，优质酒录取了53个厂家的77个产品。五届评酒，对我国白酒行业具有很大的促进和鞭策作用，无论从质量、数量、品种上，还是从国家积累和建设资金上看，都有着显著的意义。评比情况请参阅本书第三篇、第十二章白酒的品评。

(五) 全国白酒行业技术协作组活动

(1) 我国白酒行业量大面广。解放初期多为敌伪遗留下来的小烧锅和手工作坊，设备简陋，工艺落后。1949年以来白酒行业经恢复改造，特别是经第一个五年计划的发展，产量日益增加，企业规模不断扩大，生产技术迫切需要指导。为此，1963年轻工业部主持组织了名酒厂技术协作组活动。

第一次名酒厂技术协作组于1963年在山西汾酒厂组建，由轻工业部酒局朱梅先生主持。参加酒厂是第一届评酒会评出的四大名白酒(汾酒、泸州老窖酒、西凤酒、茅台酒)厂。汾酒厂为组长厂，协作组活动内容，首先是拟定技术协作章程，其次是厂际开展技术交流。

第二次名酒厂技术协作活动是在1964年，在陕西省西凤酒厂召开，轻工业部酒处李惠敏先生参加了会议。这次会议吸收了第二届国家评酒会被评为八大名白酒的另外4个酒厂，即五粮液酒厂、古井酒厂、全兴酒厂、董酒厂。会议除了交流各厂的生产技术管理经验外，重点是制订八大名酒厂的部颁标准(草稿)，为名白酒开展劳动竞赛提供了依据。

第三次名白酒技术协作活动，于1965年在四川泸州曲酒厂召开。这次会议除了由名白酒厂参加外，还吸收了国家优质酒厂和有关省(市)的管理部门和大专院校科研单位的代表参加，与会者共100多人。会议重点介绍提高产品质量，降低消耗成本，开发新品种和企业管理等方面的经验。

第四次名、优质酒技术协作会议，是在1973年于山西汾酒厂举行，会议请著名酿酒专家秦含章先生，做汾酒试点以后的技术报告，同时还交流了各地提高产品质量的经验和作法，以及企业改造规划方面的经验。

第五次名、优质酒厂技术协作活动，是在1975年于贵州省茅台酒厂进行的，会议除了参观茅台酒生产现场外，还重点研究了名白酒厂的课题成果，大会介绍了白酒生产机械化的经验，会议对各地带来的产品进行了品评鉴定，并提出了每个产品的改进意见。

第六次名、优质酒技术协作会议是在1980年于安徽省古井酒厂召开的，参加会议代表有150多人，由轻工业部酒处杨文华处长和组长厂共同主持。名白酒厂作了课题报告，同时邀请科研单位做了学术报告，还品评了各自带到会上的产品。此次会议对酱香型酒以后发展有很大的推动作用。

第七次名、优质白酒技术协作会是在1983年四川省五粮液酒厂召开的。这次会议参加的人数是历届会议最多的一次，与会者有各方面代表约200人。会上发表了不少技术论文和报告。虽然这次会议规模较大，但会议的主持者和组织者，均深感这种形式满足不了协作者的要求。一是人多不方便；二是香型不同，达不到深入交流的目的。此次会议是由轻工业部主持的名、优质白酒的最后一次协作活动。

(2) 中国白酒协会于1985年成立后，根据行业的实际情况和要求，于1989年按产品类型对参加白酒协会的358个会员厂，划分为若干技术协作组。这些技术协作组一般每年召开一次协作会议。每次会议都针对突出问题开展研讨；对形势的统一看法，对技术难关的攻克和技术专题的培训等作出了很大的成绩。凤香型协作组成立以来干了很多大事。统一了凤香型生产工艺和产品质量标准，行业标准和国家标准正式批准执行；成立技术咨询服务小组，进行技术指导和培训；每年对同类香型产品进行互评检查；采取分散与集中相结合的方式，安排课题进行技术攻关；每次有目的地邀请全国著名专家做技术报告，使与会代表开阔视野，增加知识，使协作组成员受到启发；西凤酒厂具体帮助北凤、太白两个酒厂在全国第五届评酒会上荣获国家优质酒称号。

(六) 建国以来白酒行业主要科研成果

1. 白酒微生物的研究

(1) 人工发酵窖泥及己酸菌、甲烷菌的研究　从20世纪60年代初开始，前中国科学院西南生物研究所(现中国科学院成都生物研究所)、四川食品研究所(现四川省食品发酵工业研究设计院)与泸州曲酒厂协作；70年代，内蒙古轻工研究所以及辽宁大学与沈阳老龙口酒厂协作；80年代，河北省廊坊食品工业研究所与有关酒厂组成北斗研究小组；90年代，中国科学院成都生物研究所等单位对人工发酵窖泥的培养方法，己酸菌的分离、培养及应用于固态法和液态法白酒的发酵等方面，先后进行了大量的研究工作，从而揭示了“老窖泥”之谜，在提高浓香型白酒质量方面取得了显著的成果，其中一些研究成果达到了国际先进水平。

(2) 酯化酶产生菌　1992年8月，中国科学院成都生物研究所与四川成都全兴酒厂协作，从大曲中分离选育出9055#酯化酶产生菌。此菌以麸皮为主要营养物质，采用厚层固态通风发酵方式制得粗酶制剂，应用于浓香型白酒生产，缩短了发酵周期，并使产品质量得以提高。

(3) 生香酵母　从20世纪60年代初起，辽宁锦州凌川酒厂以及内蒙古轻工研究所与包头酒厂协作，在酿制优质白酒过程中，利用生香酵母的产酶特性进行了产酯条件和生产应用的研究，取得了明显的效果。1994年，宜昌食用酵母基地与天津轻工业学院协作，研制和生产了活性生香干酵母，为酒厂简化生产工序，提高白酒质量提供了商品酵母。

(4) 酶制剂及活性干酵母　20世纪60年代，由无锡酶制剂厂研制和生产的糖化酶，90年代，由宜昌食用酵母基地研制和生产的耐高温酒用活性干酵母，都为酒厂简化制曲和自培酒母生产工序作出了贡献，同时在节约酿酒用粮和提高白酒出酒率方面，取得了显著的效果。

(5) 大曲、小曲中微生物的分离、鉴定　原中国科学院菌种保藏委员会，轻工业部食品发酵科学研究所，贵州省轻工研究所，陕西省轻工业研究所，四川省食品发酵研究设计院与有关酒厂协作，分别对汾酒的低温大曲、茅台酒的高温大曲、西凤酒的高温大曲以及四川小曲中的微生物进行了分离与鉴定等研究工作，取得了较好的研究成果，为探明大曲、小曲中微生物的分布状况及其在酿造中的作用提供了科学依据。所分离得到的一些优良霉菌、酵母菌及细菌菌株，经扩大纯培养后，分别应用于各类优质白酒的生产中，获得了良好的效果。

(6) 黑曲霉2号与根霉曲菌株　20世纪80年代以来，河北省廊坊食品工业研究所与辽宁朝阳酒厂协作，分离和选育了优良新菌种——黑曲霉2号和根霉曲菌株，并分别进行了生产和应用研究，为生料酿制白酒和提高出酒率及提高白酒质量提供了条件。

此外，近年来在放线菌、甲烷菌及其他细菌等白酒微生物的研究方面，也取得了一定进展。

2. 酿酒工艺的研究

(1) 液态发酵法白酒的研究　从20世纪50年代中期开始，为了改革传统白酒生产的状况，原轻工业部食品发酵工业科学研究所，内蒙古、黑龙江、吉林、辽宁、四川、河南等科研单位与有关酒厂协作，对液态发酵法白酒进行了大量的研究。所取得的科研成果有串香法、调香法、全液发酵法及固液结合法等不同工艺路线，在改善和提高液态发酵法白酒质量方面获得了丰硕的成果，为传统白酒生产工艺的改革作出了贡献。

(2) 低度白酒的除浊　生产低度白酒的技术关键之一是除浊问题。众多的大专院校及科学研究单位，对此进行了广泛的研究。其成果已应用于生产厂的有冷冻法、各种吸附剂的吸附法、膜处理法、离子交换法、分子筛处理法等。

(3) 大容器贮存　1982年江苏省双沟酒厂与原轻工业部食品发酵工业科学研究所共同研究的大容器贮酒的科研项目，通过了技术鉴定。认为大容器贮存浓香型优质酒是可行的，所使用的材质经济上合理，建议因地制宜，推广应用。

(4) 麸曲优质白酒的研究　20世纪60年代以来，为了提高麸曲白酒质量，生产企业和有关科研单位开展了麸曲优质白酒的研究工作，取得了较大的科研成果。如，麸曲清香型老白干酒、凌塔白酒;麸曲浓香型金州曲酒、燕潮酩酒;麸曲酱香型迎春酒、燕岭春酒、黔春酒等,均先后获得了国家优质酒的光荣称号。麸曲芝麻香型梅兰春酒、纳尔松酒,获取了省优和部优的光荣称号。

(5) 固态发酵法小曲酒的分析定型　自80年代以来,四川省酒类研究所通过了“对固态发酵法小曲酒的生产工艺和香味成分的研究”的鉴定,提出了固态发酵法小曲酒不属于米香型白酒,而与麸曲清香型和大曲清香型白酒相类同,应确定为小曲清香型白酒的论断。

(6) 微机勾兑　1984年,四川省五粮液酒厂对基础酒的数字组合与电子计算机勾兑的研究获得成功,从而将传统工艺与高新技术结合起来,初步摆脱了历来只凭经验勾兑的繁重劳动。

(7) 生料酿酒　1982～1984年,河北省食品工业研究所与辽宁省朝阳酒厂协作,对生料酿制白酒的研究获得成功,于1985年通过了技术鉴定。此项研究成果表明,生料酿制白酒对降低煤耗、电耗、降低辅料用量、降低劳动强度、降低成本、增加投料量,以及有效地提高白酒质量,均具有显著的效果。

(8) 低度营养型复制酒　1994年,黑龙江省酿酒协会组织有关生产企业,对低度营养型复制酒的研究获得成功,为解决白酒的营养问题,为市场增添新品种,为企业增加经济效益具有一定的意义。此项科研成果已在有关省、市、自治区推广应用,并收到了显著的效果。

3. 分析技术及白酒香味成分的研究

(1) 白酒气相色谱分析技术的研究　1975年,内蒙古轻工研究所研制成功DNP混合柱分析白酒香味成分。为推广应用这一科研成果,1979年,原轻工业部在江苏省洋河酒厂举办了第一期全国白酒气相色谱分析技术培训班,为国家名优酒厂和一些科研单位首次培养了色谱分析技术人才,推动了全国白酒行业分析技术的进步,为白酒香味成分的研究和应用打下了良好的基础。

(2) 白酒香味成分的研究　从60年代末到90年代,随着分析技术的进步,原轻工业部食品发酵科学研究所、中科院大连化物研究所、内蒙古轻工研究所、原轻工业部山西日化研究所、山西食品工业研究所、陕西省轻工业研究所、江苏省日化研究所、江苏省食品发酵研究所、以及黑龙江省轻工业研究所等科研单位开展了白酒香味成分的剖析和研究工作。通过采用先进的色谱分析手段和色谱质谱与光谱联用技术,剖析白酒香味成分,取得了突破性的进展。迄今为止,已检出白酒香味成分12大类300余种。其中可定量的达180种以上。白酒香味成分的剖析和研究成果,对推动白酒生产技术的进步和发展具有巨大的推动作用。

4. 白酒香型的研究

(1) 凤香型　从1980～1992年,陕西省轻工业研究所与陕西省西凤酒厂协作,通过对西凤酒的香味成分及香型的研究,取得了较好的研究成果。初步明确了凤香型酒的特征,于1992年通过国家主管部门正式确认为凤香型,并制定了新香型的原则和条件。对推动新香型的研究起到了积极作用。

(2) 豉香型　1981年,江苏省日化研究所、江苏省食品发酵研究所与广东佛山石湾酒厂协作,通过对玉冰烧酒的香味成分和生产工艺的研究,为玉冰烧酒从米香型的误区分离出来，确认为豉香型，提供了科学的依据。

(3) 特香型、芝麻香型、兼香型　从1990～1994年，原轻工业部食品发酵工业科学研究所(现中国轻工食品工业科研所)与江西省四特酒厂、山东景芝酒厂、湖北省白云边酒厂协作，通过对四特酒、景芝白干酒、白云边酒的香味组分的剖析和研究，为确认特香型、芝麻香型和兼香型提供了科学的依据。

5. 白酒生产机械化的研究

(1) 通风制曲　1963年，原轻工业部食品发酵工业科学研究所、沈阳烧酒厂、北京酿酒总厂对机械通风制麸曲研究获得成功。为改革制曲工艺，减轻工人繁重的体力劳动强度，改善生产条件，取得了明显的效果。

(2) 大曲培养新工艺　1985年，山东省景芝酒厂对大曲进行架式培养新技术的研究，获得了成功，并通过了技术鉴定。这项研究成果表明，将大曲培养由卧式发酵改为立式培养，是对大曲培养技术的改革，它改善了劳动条件，减轻了劳动强度，为大曲生产实现机械化、自动化创造了有利的条件。

1989年，四川大学应用技术研究所与四川泸州曲酒厂协作，对架式大曲发酵微机控制系统及制曲工艺的研究，获得了成功。该研究成果表明，可缩短制曲周期，提高大曲质量，减轻劳动强度。该项成果获四川省科技进步二等奖。

(3) 通风晾楂　在白酒生产过程中，出甑酒醅降温操作劳动强度大。为改善劳动条件，有关酒厂与科研单位通过对晾楂设备的研究和总结，确认以链板履带式晾楂机较为先进，其机械化水平较高。此外，还有地面晾楂、地下通风晾楂、振荡式晾楂等装置，其结构简单，也较为适用。

(4) 蒸馏设备　1976年，转盘甑蒸馏装置由辽宁大连酒厂为生产麸曲白酒而首创。于同年9月，原轻工业部在河南省南阳召开的全国白酒机械化会议上，介绍了该装置，并受到好评。此后，经各有关酒厂改进，又分为“三工位”和“四工位”两种形式。这种蒸馏设备仍保留间歇式蒸馏，对白酒质量具有保证作用。与此同时，还出现了活动甑桶。

七、历年全国白酒及其他酒类产量状况对照

附录－表40　　1978～1997年全国各种酒类产量对比　　单位：万吨

年　度	饮料酒总　量	白　酒	啤　酒	黄　酒	葡萄酒	果露酒	酒　精
1978	246.85	143.7	40.4	40	6.4	16.35	40.6
1979	309.83	187.94	51.59	47.39	6.51	16.4	45.08
1980	368.48	215.28	68.78	43.15	7.79	33.4	49.31
1981	446.5	245.7	90.9	55.3	11.1	43.5	52.99
1982	493.1	253.3	117.3	59.1	11.8	51.6	59.96
1983	604	290.17	163.36	62.46	12.86	75.7	65.36
1984	711	317.10	223.96	62.3	15.99	91.9	72.74
1985	851	337.96	310.44	65.7	23.25	114.32	83.24
1986	985.27	350.77	413.00	86.85	25.33	109.32	92.53
1987	1194.6	431.03	540.43	90.31	27.87	104.96	102.55

续表

年　度	饮料酒总　量	白　酒	啤　酒	黄　酒	葡萄酒	果露酒	酒　精
1988	1357.29	468.54	662.77	85.9	30.85	109.23	108.78
1989	1284.63	448.31	643.41	83.66	27.18	82.07	107.79
1990	1385	513.91	692.23	75.5	25.4	78.2	129.3
1991	1538.92	524.48	838.37	80.64	24.19	71.24	136
1992	1752.71	547.43	1020.66	93.26	24.6	66.66	145.03
1993	1967.43	593.67	1190.08	103.61	23.62	56.45	151.24
1994	2233	651.29	1414.66	104.81	18.03	44.26	170.47
1995	2567.34	798.62	1568.82	134.53	22.91	42.45	227.81
1996	2650.94	801.3	1681.91	119.70	17.03	31.00	200.28
1997	2834.11	781.79	1888.94	121.63	18.55	23.20	213.28

注：以上数字，仅供参考。

附录－表41　　历年全国白酒产量在饮料酒总产量中的比重

年　度	白酒在饮料酒中的比重	年　度	白酒在饮料酒中的比重
1949	10.8/15.62(69.14%)	1982	253.3/493.1(51.37%)
1957	41.5/66.94(62.0%)	1983	290.17/604(48.04%)
1962	32.01/78.85(40.60%)	1984	317.10/711(44.60%)
1963	46.1/89.89(51.28%)	1985	337.96/851(39.71%)
1965	58.42/89.05(65.60%)	1986	350.77/985.27(35.60%)
1971	55.9/133.24(41.95%)	1987	431.03/1194.6(36.08%)
1972	93.41/152.48(61.26%)	1988	468.54/1357.29(34.52%)
1973	96.26/163.3(58.95%)	1989	448.31/1284.63(34.90%)
1974	111.98/185.17(60.47%)	1990	513.91/1385(37.11%)
1975	127.1/211.55(60.02%)	1991	524.48/1538.92(34.08%)
1976	126.23/211.76(59.61%)	1992	547.43/1752.71(31.23%)
1977	136.44/237.98(57.33%)	1993	593.67/1967.43(30.17%)
1978	143.7/246.85(58.21%)	1994	651.29/2233(29.17%)
1979	187.94/309.83(60.66%)	1995	798.62/2567.34(31.11%)
1980	215.28/368.48(58.42%)	1996	801.3/2650.94(30.23%)
1981	245.7/446.5(55.03%)	1997	781.79/2834.11(27.59%)

注：(1) 以上数字，仅供参考。

(2) 表中所列分子/分母，系为当年白酒产量与饮料酒总产量之比。

附录－表42　　分地区1996年白酒产量情况

地　区	1996年白酒产量/万吨	1996年白酒在饮料酒总产量中的比重/%	地　区	1996年白酒产量/万吨	1996年白酒在饮料酒总产量中的比重/%
全　国	801.30	30.25	内蒙古	13.90	28.54
北　京	9.35	9.01	辽　宁	25.41	17.57
天　津	4.34	40.49	吉　林	12.89	14.33
河　北	27.78	19.75	黑龙江	36.56	25.17
山　西	18.88	64.46	上　海	1.69	6.04

续表

地　区	1996年白酒产量/万吨	1996年白酒在饮料酒总产量中的比重/%	地　区	1996年白酒产量/万吨	1996年白酒在饮料酒总产量中的比重/%
江　苏	60.99	39.46	海　南	1.47	49.49
浙　江	8.68	3.83	四　川	111.82	58.70
安　徽	55.86	42.04	贵　州	34.24	81.04
福　建	3.71	3.13	云　南	20.51	61.85
江　西	11.95	22.77	西　藏		
山　东	131.01	36.29	陕　西	5.66	20.26
河　南	42.21	32.78	甘　肃	3.79	17.96
湖　北	50.68	39.03	青　海	1.91	60.06
湖　南	24.11	46.53	宁　夏	0.81	13.52
广　东	38.27	26.79	新　疆	6.69	30.41
广　西	36.11	59.38			

注: 以上数字,仅供参考。